固井工艺技术

（修订版）

张明昌　编著

中国石化出版社

内 容 提 要

本书通过图文并茂的形式系统地介绍了固井技术的发展、套管柱与固井施工设计、注水泥工艺、固井工具附件、如何提高固井质量、复杂井固井技术、固井过程中复杂情况的预防与处理、挤水泥补救工艺、固井油气层保护、固井设备、油井水泥及外加剂、固井质量测井与评价技术、水泥试验仪器设备等内容，并结合实际内容列举了现场应用实例，使读者更容易理解和掌握。

本书编写内容全面、系统，非常适合固井、完井及钻井专业技术人员参考使用，更适合年轻技术人员阅读和学习。

图书在版编目(CIP)数据

固井工艺技术/张明昌编著．—修订本．—北京：
中国石化出版社，2016.11(2025.2 重印)
ISBN 978-7-5114-4299-4

Ⅰ．①固…　Ⅱ．①张…　Ⅲ．①固井-技术　Ⅳ．①TE256

中国版本图书馆 CIP 数据核字(2016)第 254336 号

中国石化出版社出版发行

地址：北京市东城区安定门外大街 58 号
邮编：100011　电话：(010)57512446
发行部电话：(010)57512575
http://www.sinopec-press.com
E-mail:press@sinopec.com
北京捷迅佳彩印刷有限公司印刷
全国各地新华书店经销

*

787×1092 毫米 16 开本 41 印张 988 千字
2017 年 1 月第 1 版　2025 年 2 月第 4 次印刷
定价：128.00 元

再版说明

目前，国内还没有一本对固井工艺技术系统介绍的书籍，无法将固井工艺技术较全面地传授给年轻工程技术人员，使他们系统地掌握固井知识，为我国油气勘探开发服务，为国家石油事业做出贡献。

本书从2007年出版后经过两次再版，一些读者认为本书具有很好的实际应用价值，建议作者能随固井新技术的发展再扩充内容，更好地为现场人员和年轻技术人员提供学习和参考。同时作者本人也早有扩充本书内容的打算，多年前就开始收集资料。根据作者本人多年积累的固井现场经验、科研经验、科技成果、专利、新技术应用、施工案例，再结合国内、外固井新技术的发展进行了系统的组织和编写，经过3年的努力，形成了本书。

书中内容通过图文并茂的形式，系统地介绍了固井技术的发展、套管柱与固井施工设计、注水泥工艺、固井工具附件、如何提高固井质量、复杂井固井技术、固井过程中复杂情况的预防与处理、挤水泥补救工艺、固井油气层保护、固井设备、油井水泥及外加剂、固井质量测井与评价技术、水泥试验仪器设备等。一些固井新技术和专利技术是首次介绍；固井复杂情况预防与处理、各种挤水泥补救工艺是长期工作中的总结与提炼；复杂井固井技术涵盖了高温、高压、漏失、腐蚀、长封固段、非常规井等各种复杂情况下的固井工艺方法和技术；各种固井工具的工作原理、操作流程以及各种固井施工流程、挤水泥流程、堵漏流程等都通过图示的方式系统讲解，使读者容易理解和领会；本书结合实际内容列举了现场应用实例，读者能通过现场实例更容易理解和掌握。本书编写内容全面、系统，非常适合固井、完井及钻井专业技术人员参考使用，更适合年轻技术人员阅读和学习。

再版说明

前 言

固井是钻井工程中的最后一道工序，固井的成功和固井质量的好坏直接影响到整个钻井工程的成败及油气井的生产寿命，固井完井方案和现场施工也对油气层保护具有很大的影响，因此固井工程是钻井工程中最关键的一道环节。近年来，国内外在固井工艺技术、固井工具、油井水泥及外加剂、水泥浆体系等方面做了大量研究，取得了长足进展，并在石油勘探开发中起到了显著作用。

编写本书的目的，是为油田钻井、固井工程技术人员提供一本实用技术参考书，也为石油院校和研究院所的石油工程专业的学生及技术人员提供一本技术参考资料。本书的内容主要为作者本人多年的现场经验积累和对多种复杂井、特殊工艺井处理方法的优化总结，同时结合了国内外固井新技术的发展，具有较强的实用性。由于本书内容是固井现场技术人员必须用到的知识，因此可作为固井工程技术人员以及钻井技术人员的作业指导书。

本书内容共分十三章，内容包括：第1章绪论，第2章套管柱与固井施工设计要点；第3章常用固井工艺；第4章固井工具附件。第5章如何提高固井质量；第6章复杂井固井技术；第7章固井过程中复杂情况的预防与处理；第8章挤水泥补救工艺及应用；第9章固井油气层保护技术；第10章固井设备；第11章油井水泥及外加剂；第12章固井质量测井与评价技术；第13章水泥浆试验仪器设备。

本书约98万字，其中第3章~第8章、第10章~第13章由张明昌编写；第1章、第2章和第9章由张然编写(约10万余字)。在本书编写过程中得到了中国石化石油工程研究院、胜利石油管理局渤海钻井固井公司、中国石油大学、中国石油工程重点实验室、中石化重点固井完井实验室等单位的大力支持和帮助。本书内容补充后由中国石化石油工程研究院固井高级工程师杨红旗、固井高级工程师陶谦、固井高级工程师刘学鹏、固井高级工程师刘建、中海油测井专家(教授级高级工程师)魏涛等进行了校对并提出修改建议。修改建议基本全部予以采纳。其中：杨红旗对第4章~第6章、第8章、第9章的内容进行了校对，并提出了修改建议；陶谦对第1章～第3章、第7章、第10章的内容进行了校对，并提出了修改建议；刘学鹏对第11章的内容进行了校对，并提出了修改建议；刘建、刘学鹏对第13章的内容进行了校对，并提出了修改建议；魏涛对第12章的内容进行了校对，并提出了修改建议。杨红旗、刘学鹏、陶谦、魏涛、刘建、彭汉修帮助收集了部分资料。作者对以上单位和个人表示衷心的感谢。

由于作者水平有限，加上编写比较仓促，书中难免出现一些不妥甚至错误之处，欢迎读者批评指正。

目　录

第1章　绪　论

1.1　固井的发展过程

1.1.1　世界油气井固井技术的发展过程

1.1.1.1　第一次使用水泥浆封堵井内水层

世界石油工业的发展是从美国、英国等西方国家开始的，美国石油工业通常是以1859年追克井的钻进为起点，直到1903年才在加利福尼亚烙木波斯油田使用水泥浆封堵井内油层上部的水层。据说他们使用的方法是：法兰克福联合石油公司把50袋纯硅酸盐水泥与水混合好后，用捞砂筒送到井内，28d以后把井眼内的水泥钻掉，再钻开下部的油层后完井，这样水层就被有效封堵(图1-1)。于是这种方法成为一种有效、可行的方法，不久该方法在加利福尼亚州具有同样情况的井中得到推广应用。后来发展成为早期的套管注水泥固井(图1-2)。

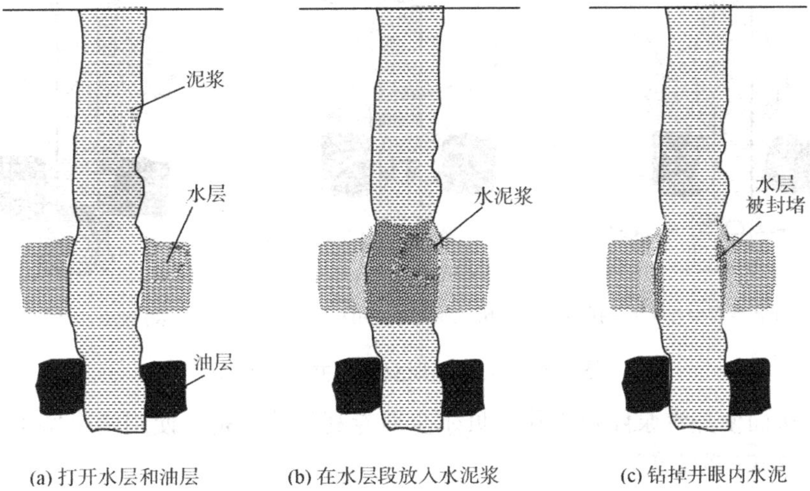

图1-1　1903年加利福尼亚烙木波斯油田使用水泥浆封堵水层示意图

1.1.1.2　第一次提出了双塞固井法

经过早期的捞砂筒固井法及简单的套管固井法的慢慢使用，人们不断总结经验，对固井方法不断完善，1910年A. A. 贝尔金斯(A. A. Perkins)在加利福尼亚油田提出了双塞固井法(图1-3)，并申报了专利，从此代替了早期的捞砂筒固井法及简单的套管固井法。近代固井技术也就由此产生。那时的隔离塞是用生铁做的，其上装有皮板，用以刮掉套管内壁上的钻井液，固井泵是蒸汽泵，当蒸汽泵把套管内的钻井液替净时，塞子被承托环阻挡，导致注

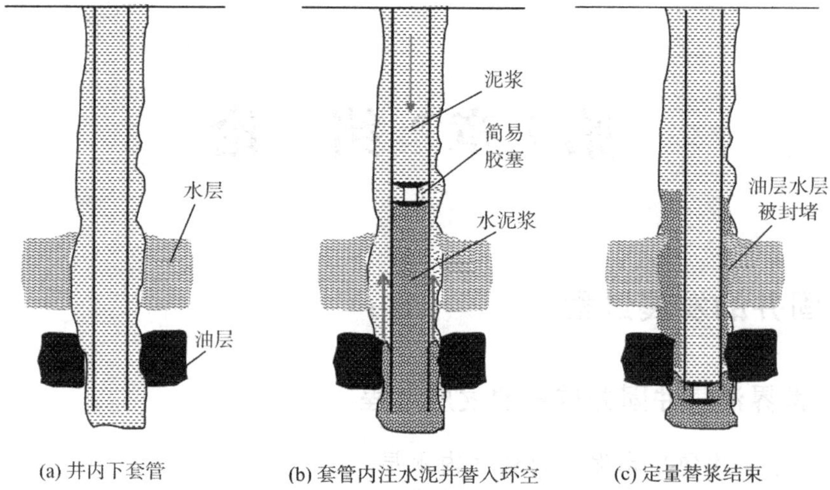

图 1-2　早期的套管注水泥示意图

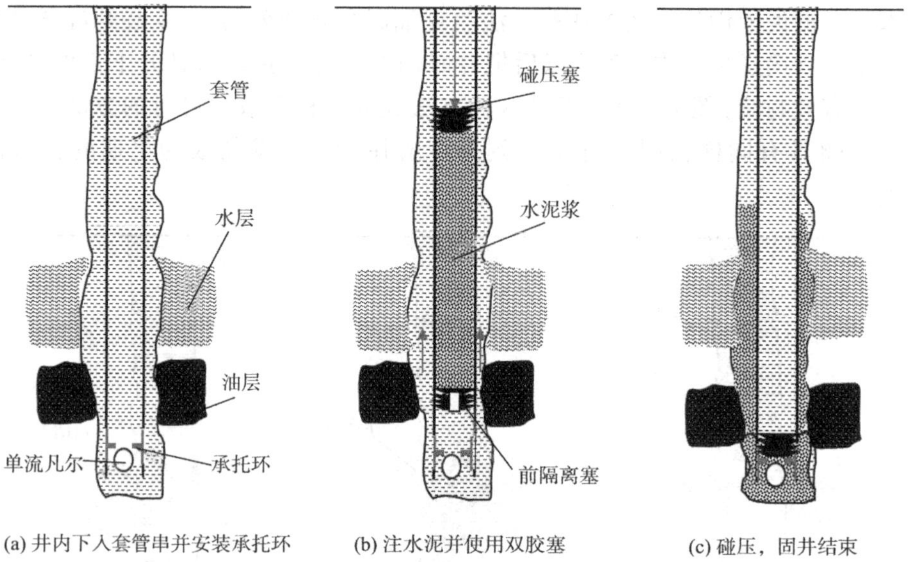

图 1-3　贝尔金斯双塞固井法示意图

入压力上升，从而使蒸汽泵停止工作。贝尔金斯专利的特点是：使用两个塞子，一个前隔离塞，一个后隔离塞(碰压塞)。

1.1.1.3　第一个专业化固井公司的成立

早期的固井施工都是由钻井队自己施工的(图 1-4)，固井设备也是以钻井设备为主，1919 年哈里伯顿(Halliburton)在俄克拉荷马州成立了新方法油井固井公司，这标志着固井走出了专业化公司的第一步。

1.1.1.4　固井技术发展

早期的固井水泥及水泥添加剂的种类很少，直到 1930 年，只有一种水泥用于固井，没有任何外加剂；到 1940 年，已发展 2 种水泥和 3 种外加剂；经过 25 年以后，到 1965 年已有 8 个级别的 API 水泥和 38 种外加剂用于固井；到 1975 年，虽然常用的 API 水泥已减少到

4个级别，但外加剂却增加到44种。

图1-4 早期的固井施工现场

早期的固井都是以袋装水泥经过现场人工破袋进行固井施工的，破袋速度慢、劳动强度大、水泥供应速度不均匀，很不适合高质量固井和大水泥量固井，更不能完成水泥外加剂与水泥干混，后来发展了散装水泥系统，从散装水泥的拉运、储存、混拌和现场下灰，形成了全密闭过程。

我国是20世纪70年代开始研制生产散装水泥系统的，先是研究生产了散装水泥的拉运和储存及下灰设备，主要是气动运灰车、气动下灰罐车和气动储灰罐；80年代后期最早在胜利油田又研制开发了散装水泥混拌设备。目前，我国散装水泥系统在固井中的应用已达到国际先进水平。

早期的固井泵是以蒸汽双缸泵(1921～1947年)为主，后来逐渐发展成为动力驱动双缸泵(1939～1955年)、立式双缸双作用泵(1939～1954年)和三缸柱塞泵(1947～现在)。早期的混浆设备是漏斗混合器，后来发展成为龙卷风混合器、多喷嘴混合器和高能混合器。总之，固井设备不断向轻便性、高功率、高泵压、高造浆能力、高安全性、数据自动采集和自动化控制方向发展。

早期的固井也几乎没有固井附件，自美国贝尔金斯发明隔离塞以来，才开始有了固井附件，人们为了实现多种固井工艺方法、提高固井质量和保证施工安全，不断研究开发多种固井附件，目前已有碰压塞、隔离塞、扶正器、泥饼刷、套管外封隔器、分级箍、水泥头、浮箍、浮鞋、套管予应力地锚、旋流器、旋流短节、尾管悬挂器、漂浮接箍等20多个种类的100多种型号及尺寸的固井工具附件，并且每个种类均已系列化，为解决各种复杂井的固井施工提供了保证。

1.1.2 我国油气井固井的发展过程

我国油气井固井的发展是从20世纪50年代开始的，最早发展于玉门油田、克拉玛依油田、大庆油田和胜利油田。早期没有专门的固井公司，50年代末才相继成立了固井专业队伍(固井大队)。以胜利油田为例，1961年8月，为了加快华北地区石油勘探步伐，华北石油勘探处和华东石油勘探局合并，固井队从当时华北石油勘探处固井试油联队中剥离并成立固井队，在接收玉门调来的一批技术骨干后形成拥有30多人规模的固井队，这即为胜利固井队伍的前身。建队初期，固井设备十分简陋，队内仅拥有6部水泥车，其中华北石油勘探处2部(一部亚斯、一部玛斯)，华东石油勘探局2部，以及从银川石油勘探局调来的2部水泥车(一部旧玛斯水泥车，一部斯可达水泥车)。当时配备的机修工具仅为2台老虎钳。1964年在钻井工程处成立了固井队，1965年12月从大庆调入10台水泥车后成立钻井指挥部固井大队。当时，我国石油工业处于发展初期，走向苏联“老大哥”学习的路线，而当时苏联的钻井和固井技术也较为落后。我国的固井技术基本在参考苏联技术模式摸索着发展。

当时使用的套管全部从苏联进口，采用苏联 ГОСТ—632—64 标准圆锥丝扣连接方式，分为Д、К、Ё、Л、М、Р共6个级别，15个不同规格的套管，并形成包括曲率、尺寸误差、加工精度、丝扣误差等技术检验要求。由于当时套管质量较差，形成了串连试压、水浸聚焦探伤、外观检查等检验方法和手段，建立了具有规模检测能力的套管场，这个做法在当时取得了良好的效果。

在油井水泥方面，由于胜利油田临近淄博的山东铝厂三分厂，当时在建材部管庄水泥研究所的技术支持下，在该厂生产普通水泥的基础上，每年给油田批量生产75℃油井水泥。当时除75℃油井水泥外，深井用的油井水泥还有两个品种，一个是四川嘉华水泥厂生产的95℃油井水泥，另一个是苏州立新水泥厂生产的120℃油井水泥。

当时的水泥化验设备也很简陋，采用苏联固井水泥浆试验标准，使用国产静态化验测试仪器，通过设定水灰比、现场取水样和钻井液，在设定水泥浆密度后，采用手工搅拌方式搅拌后，上水浴锅进行养护，养护期间要不断地检测初凝和终凝，并相应完成养护48小时抗折强度的检验。对难度大的固井施工，需要将从现场取回的钻井液样品，分别按不同比例和水泥浆混合搅拌，测试受钻井液污染后的水泥浆试验数据。调整水泥浆性能的外加剂品种也较少，结合当时现场使用钙基钻井液的条件，在表层固井中使用无水 $CaCl_2$ 作促凝早强剂，一般使用剂量在2%左右。缓凝剂有单宁酸、烤胶、褐煤等。以后随着KCl和聚丙烯铣胺钻井液的使用，又相应开发了铁铬盐、磺化丹宁和CMC等外加剂。

套管设计采用等强度设计方法，即按照选用套管抗挤毁强度，计算出满足抗挤安全系数≥1.25后，自下而上进行设计，再根据满足抗丝扣滑脱的负荷，依照抗拉安全系数≥1.8进行自上而下的校核。由于上部套管的抗拉负荷最大，安全系数通常难以达到要求，选择同尺寸提高一个钢级或壁厚来满足，形成一个中间壁薄、两端壁厚的套管排列次序。水泥浆量根据测井提供的平均井径，按不同地区、不同井眼尺寸、水泥塞高度、封固段长度进行计算，并按照总量的10%～20%计算附加量。现场施工采用人工配浆的落后方法，注水泥是“人海战术”或称“杀猪式”固井。固井理论的资料、书籍也非常匮乏，当时仅有郝俊芳教授翻译的苏联的《固井工程》一书；北京石油学院苏联专家盖维年编写的《钻井工程》讲义；建材工业出版社出版的《胶凝物质工艺学》及周万江编写的《油井水泥》。文献资料很少，根本不能满足生产需要。当时的固井工程技术人员面对实际困难，不断探索、不断研究，克服了种种困难，在固井装备与固井技术方面做了大量工作，使固井装备和固井技术有了长足发展。在固井设备及固井工具附件研制方面做了大量卓有成效的工作，主要有气动灰罐车、固井管汇车、供水车、中功率和大功率水泥车以及各种固井新工具附件的研制；在固井技术方面主要在提高水泥浆顶替效率方法研究、新固井工艺技术研究、水泥浆体系研究、固井外加剂开发等方面开展了大量工作；通过科技攻关及产业化应用，解决了油田多项固井难题，各项成果都广泛应用到了固井生产中，取得了良好的经济效益和社会效益。

1.2 固井在油气开发中的重要意义

1.2.1 固井的概念

固井是每开次钻井工程的最后一次作业，是衔接钻井和采油的关键工程，固井就是用合

入量比钻杆内容积少0.5m³)→放回压检查回压凡尔是否倒流→上提钻杆循环出多余的水泥浆[图3-3(b)]。

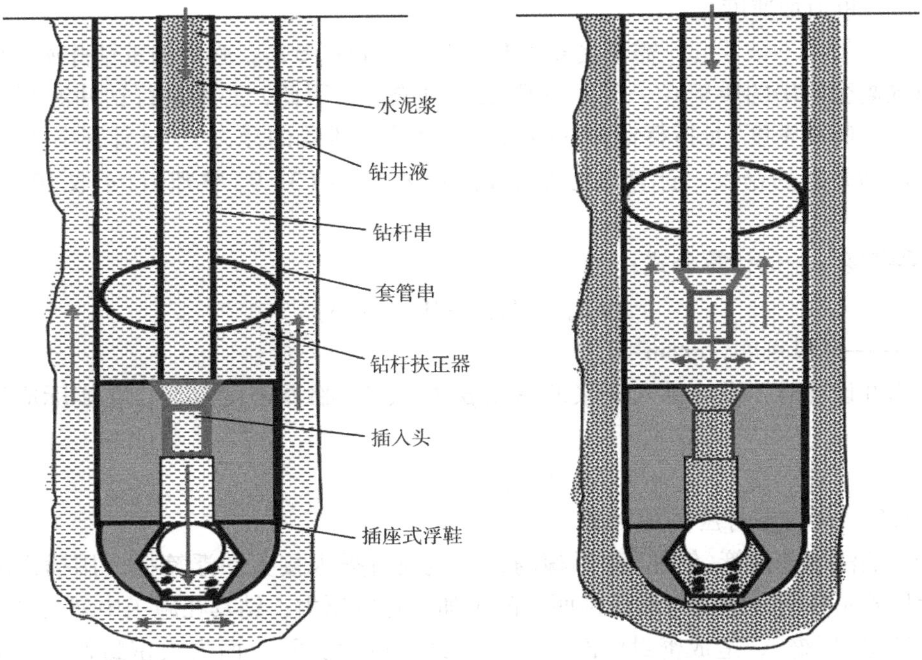

(a) 下入钻杆，插头插入插座，注入水泥浆

(b) 替浆结束，起钻循环

图3-3 内插法固井管串结构与工艺流程图

3.2.3 内插法固井的相关计算

3.2.3.1 套管串浮力计算

大直径套管固井一般是表层套管固井或大直径技术套管固井，要求水泥返出地面，固井施工后，管外环空全部为水泥浆。为了保证套管不被浮起，套管串所受的浮力 F_f 必须小于套管串的重量 G_t。

套管串所受的浮力 F_f 的计算公式为：

$$F_f = 10^{-7} S_w H \rho_s g \tag{3-8}$$

式中 F_f——套管串所受的浮力，kN；

S_w——套管外截面积，cm^2；

H——浮箍深度，m；

ρ_s——水泥浆密度，g/cm^3；

g——重力加速度。

套管串质量 G_t 的计算公式为：

$$G_t = 10^{-3} qH + 10^{-7} S_n H \rho_n g \tag{3-9}$$

式中 G_t——套管串质量，kN；

q——每米套管质量，N/m；

H——浮箍深度，m；

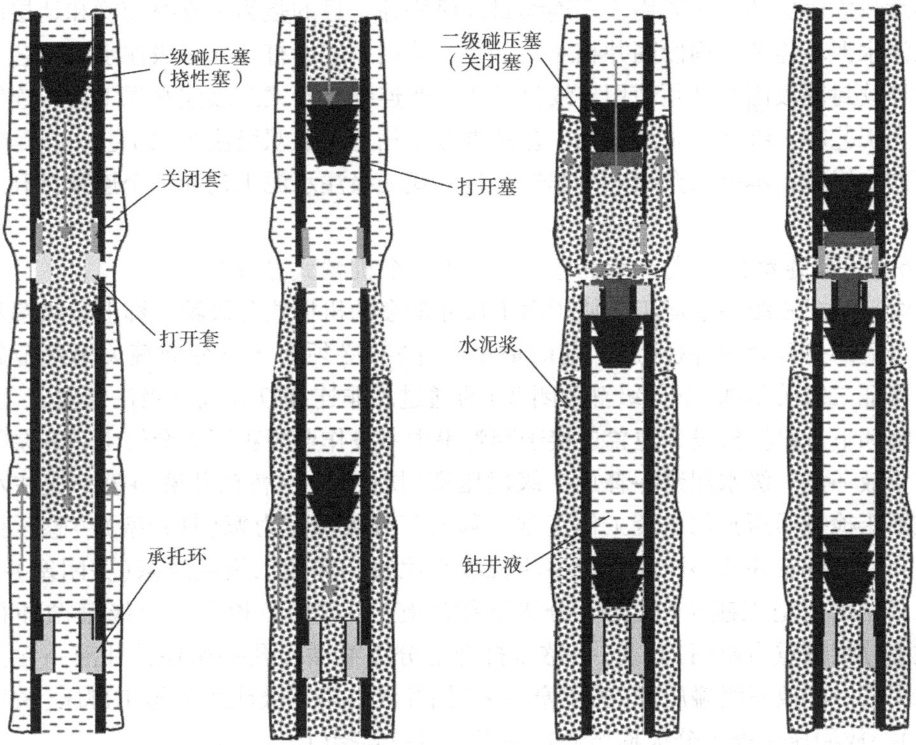

(a) 一级注水泥压塞　(b) 替钻井液、释放打开塞，二级注水泥　(c) 打开塞打开循环孔、水泥浆进入环空　(d) 二级注水泥碰压关闭循环孔

图 3-13　“机械式分级箍”双级连续式注水泥工艺流程示意图

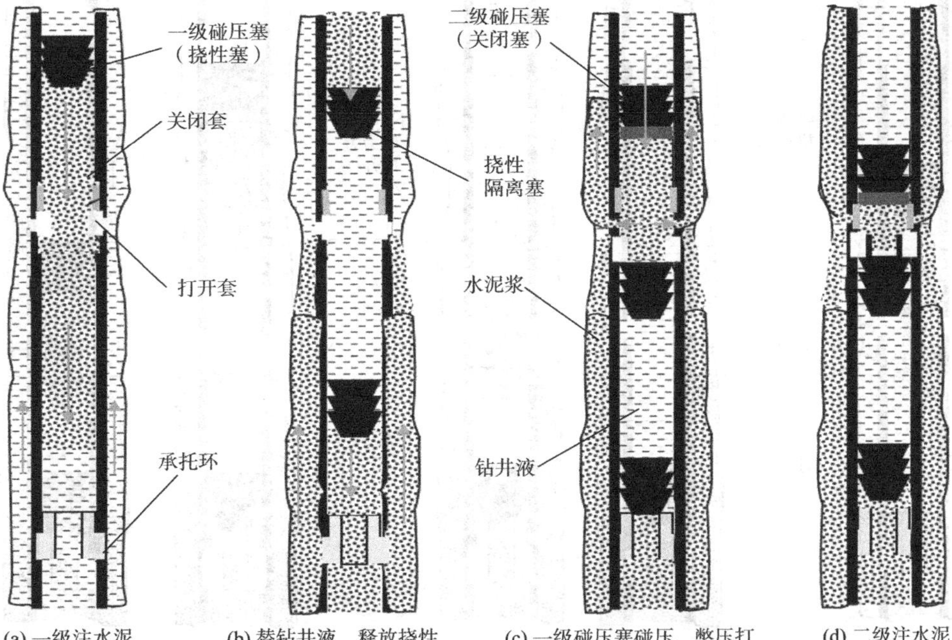

(a) 一级注水泥　(b) 替钻井液、释放挠性隔离塞、二级注水泥　(c) 一级碰压塞碰压、憋压打开循环孔、水泥进入环空　(d) 二级注水泥碰压关闭循环孔

图 3-14　“压差式分级箍”双级连续式注水泥工艺流程示意图

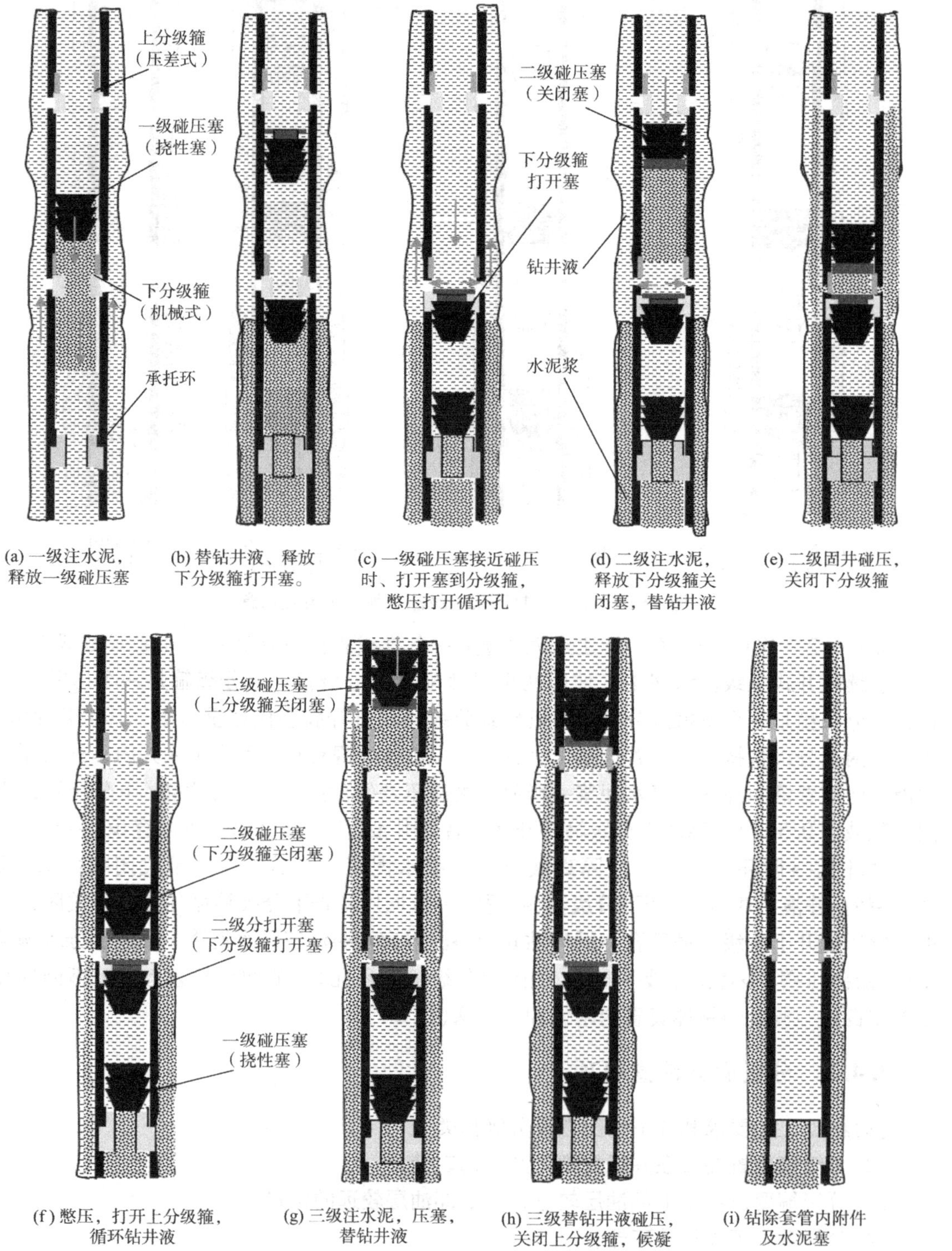

于地锚都要连接于套管底部，所以连接方式大致相同，下面以“ZYM－7－Ⅱ型组合式套管预应力地锚”为例介绍预应力固井的管串结构，由于该地锚包含引鞋和回压凡尔，因此管串结构相对简单，其管串结构为（自下而上）：地锚＋2根套管＋承托环＋套管串（图3－17）。

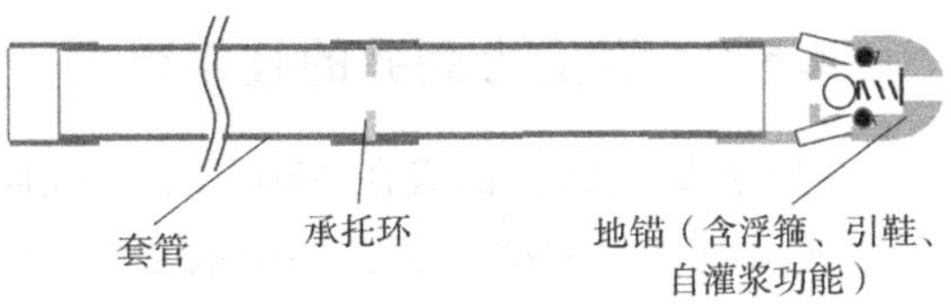

图3－17　预应力固井的管串结构示意图

3.5.8.2　预应力固井工艺流程

下面以“ZYM－7－Ⅱ型组合式套管预应力地锚”为例介绍预应力固井工艺流程。使用“ZYM－7－Ⅱ型组合式套管预应力地锚”进行预应力固井，其工艺流程为：向井内下入套管串→将地锚下到设计位置→连接管线开泵循环→投球→用水泥车憋压8～10MPa地锚坐挂→上提套管检查坐挂情况→若已坐挂成功，提拉到设计吨位并用吊卡或卡瓦固定套管→继续憋压到15MPa憋通球座→循环泥浆→注隔离液→注水泥浆→释放碰压塞→定量替钻井液→碰压→放回压候凝（图3－18）。

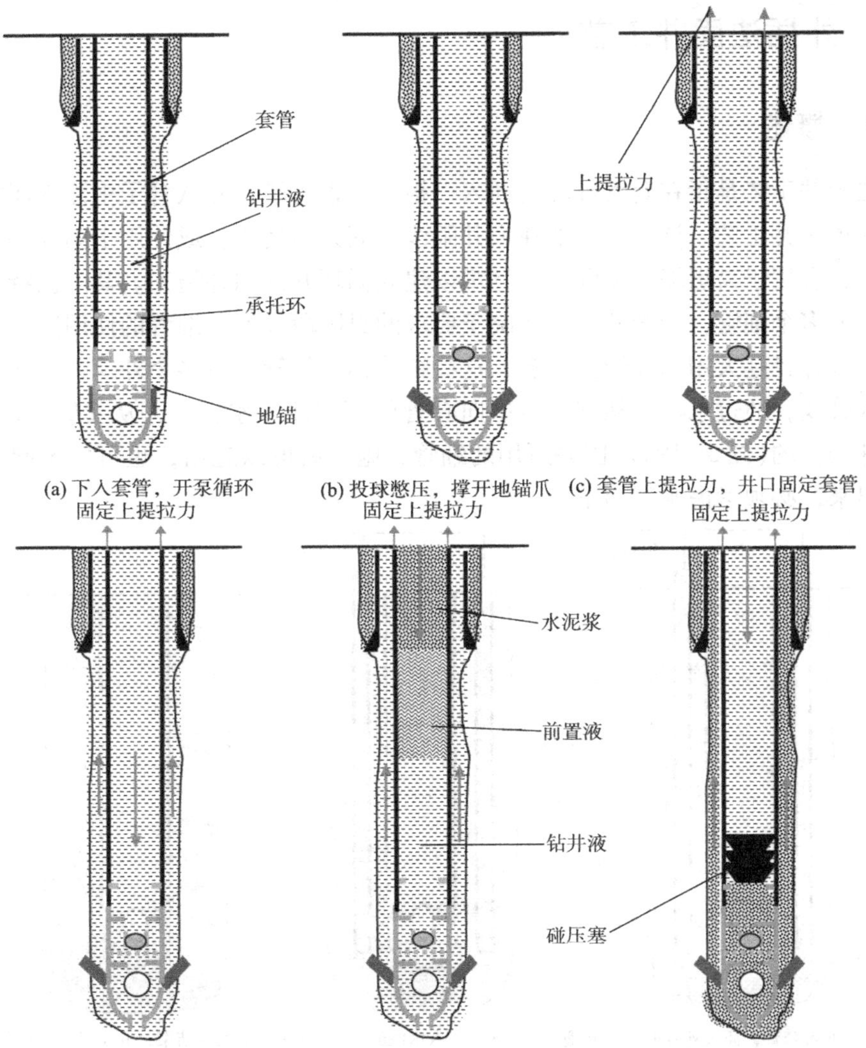

(a) 下入套管，开泵循环　(b) 投球憋压，撑开地锚爪　(c) 套管上提拉力，井口固定套管
固定上提拉力　固定上提拉力　固定上提拉力

(d) 继续憋压，打开循环孔，循环　(e) 注入前置液，注入水泥浆　(f) 压塞，替钻井液，碰压

图3－18　预应力固井工艺流程示意图

管线节流)→替入隔离液→替入钻井液，使水泥浆到预定位置→关井口返出阀门，施工结束→候凝→钻除套管内水泥塞(图 3-21)。

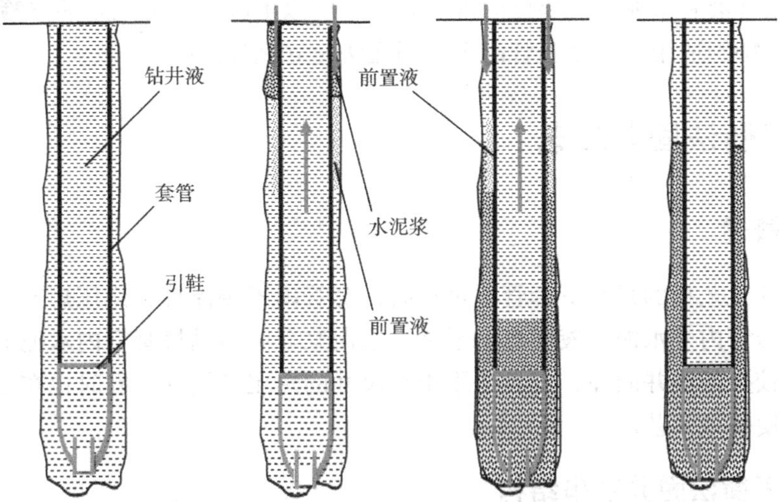

(a) 向井内下入套管串，反循环钻井液　(b) 环空注前置液，注水泥浆　(c) 替前置液，替泥浆，水泥浆到预定位置　(d) 钻除水泥塞

图 3-21　反注水泥法固井工艺流程示意图(井底不漏失的井)

2)井底漏失的井。

对于井底漏失严重的井，钻井液会直接漏入地层，不会进入套管(图 3-22)。因此，井底严重漏失的井最宜采用反注水泥固井工艺施工。

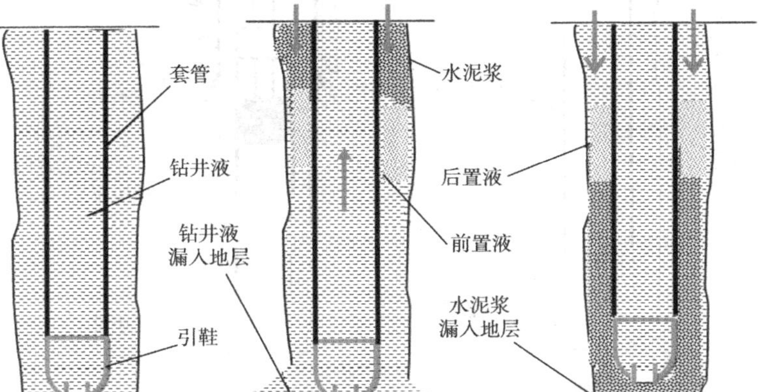

(a) 向井入下入套管串反循环钻井液　(b) 注前置液，注水泥，泥浆漏失　(c) 替后置液，替泥浆，水泥面到设计位置，水泥浆漏失

图 3-22　反注水泥法固井工艺流程示意图(井底漏失的井)

3.8.3　特点

反注水泥法固井工艺的特点是：

(1)减少了因水泥浆上返时底部回压过大而造成的水泥浆漏失，从而保证水泥浆返高；

(2)由于水泥浆在环空向下流动，对产层的回压较小，降低了水泥浆对产层的污染；

3.13.3.2　水泥充填封隔器完井工艺流程

水泥浆充填封隔器完井工艺是在钻井液充填封隔器完井工艺的基础上发展起来的一种完井工艺。其工艺流程为：按下套管规程下入套管串→开泵循环钻井液→投碰压塞并泵送→碰压→下入专用工具→分别用水泥浆胀开封隔器[图3-31(a)]→憋压打开分级箍→开泵循环钻井液→注入前置液→注入水泥浆[图3-31(b)]→释放关闭塞→替钻井液→碰压关闭分级箍[图3-31(c)]→放压检查回压凡尔是否倒返→候凝。

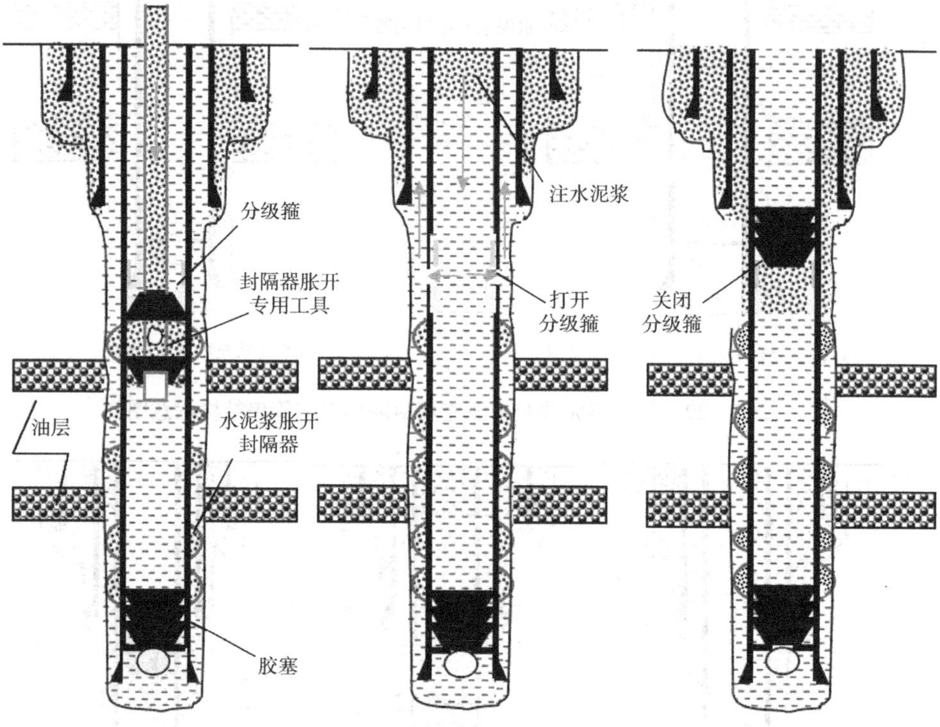

(a) 下入套管串循环泥浆，投胶塞碰压，再下入专用工具用水泥浆胀开封隔器　(b) 憋压打开分级箍，循环泥浆，开始注水泥　(c) 关闭塞碰压关闭分级箍，固井结束

图3-31　水泥浆充填封隔器完井工艺流程示意图

3.13.4　特点

封隔器完井工艺具有以下特点：

(1)封隔器完井，施工程序比较复杂，但施工风险小；

(2)由于不用注水泥浆固井，产层不受水泥浆污染；

(3)使用双封隔器，能有效保证层间封隔；

(4)通过对封隔器以上套管注水泥封固后，与上部不注水泥固井的封隔器完井相比，可提高油井寿命；

(5)由于上部已注水泥固井，能保证产层与上部油气水层的有效封隔；

(6)若采用水泥浆充填封隔器工艺，与钻井液充填封隔器完井工艺相比可大大提高封隔器完井的油井寿命；

(7)该工艺适用于低渗井，是油气井增产的一个很好的手段；

在 $11\frac{3}{4}$in 技术套管内下 $9\frac{5}{8}$in 可膨胀套管，将其膨胀至接近上层 $11\frac{3}{4}$in 技术套管内径，膨胀后内径为 10.00in。目前常用的 $13\frac{3}{8}$in 技术套管与 $9\frac{5}{8}$in 技术套管间没有中间套管，在 $9\frac{5}{8}$in 技术套管和 7in 套管间也没有套管，$9\frac{5}{8}$in 技术套管和 7in 技术套管间也可加一层 $7\frac{5}{8}$in 膨胀套管，膨胀至接近 $9\frac{5}{8}$in 技术套管内径，膨胀后原 $7\frac{5}{8}$in 套管内径增加到 7.935in。

总之，使用可膨胀管能为同深度的井相对减小所下套管的直径，减少套管层次，由于钻井井径减小，所需的钻井液、隔水导管及相应的附件就减少，大大降低钻井费用；井眼直径越小其钻井速度将越快，可大大提高钻井速度；由于最终井眼直径相对增大，井眼的裸露面积也相对增大，可以提高油井的产能。在油田开发后期，套管损坏井越来越多，大直径井眼便于维修。

3.16.3.2 封堵复杂地层

在钻井过程中钻遇复杂地层时，必须下套管封隔，否则无法继续钻进，如按常规套管程序下入套管，井眼会大大减小，若有多个复杂层，可能井眼很快小到无法继续钻进或很难钻到目的层，因此采用膨胀套管来封隔复杂地层是最好的办法，可大大降低井眼减小的速度。对于目前常用的井身结构，在不增大井眼直径和不减小完井套管直径的条件下，可多下 2 ~ 4 层膨胀套管来封隔复杂地层，增加了处理复杂情况的空间，有利于安全钻井。多层技术套管的井身结构对复杂地质条件下的深井、超深井钻井具有重大意义。在不增加井眼尺寸和不降低完井套管尺寸的条件下，应用膨胀套管封隔复杂地层将会显著提高油田勘探开发效益。

3.16.3.3 进行套管补贴

在油井生产过程中，由于套管的长期腐蚀老化，会发生窜漏或断裂，膨胀管可满足长井段的补贴需求，工艺简便可靠，且膨胀后不影响螺纹的密封性能，修复后的井径略小于原来套管内径，基本不影响后期作业(图 3-38)。对漏失部位进行有效封堵的同时也加固了老井套管，提高了套管的抗外挤强度。膨胀管串两端的密封橡胶件具有耐压、耐高温、耐腐蚀等特性，可保证较长的有效期限。

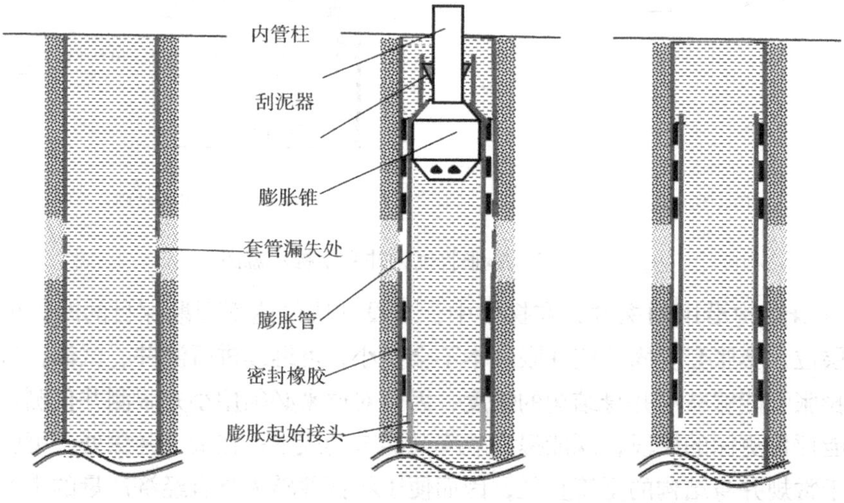

(a) 原井眼套管损坏　(b) 用实体膨胀管膨胀工艺补贴修复　(c) 钻掉多余附件

图 3-38 用膨胀管补贴修复套管工艺流程示意图

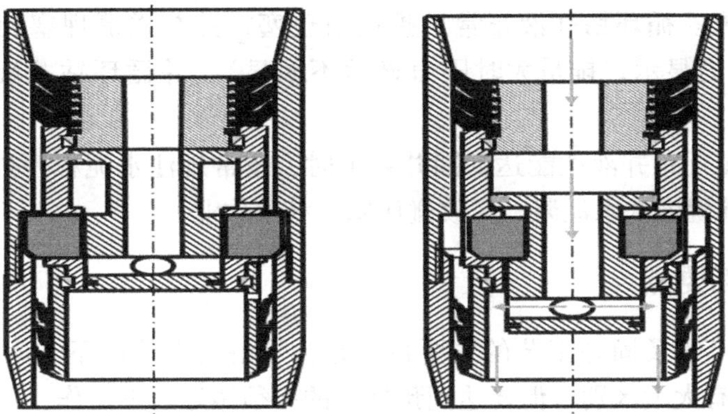

(a) 漂浮减阻器原始状态

(b) 憋压剪断销钉，打开芯下移，泥浆进入掏空段套管

图3-47　下套管漂浮减阻器工作原理示意图

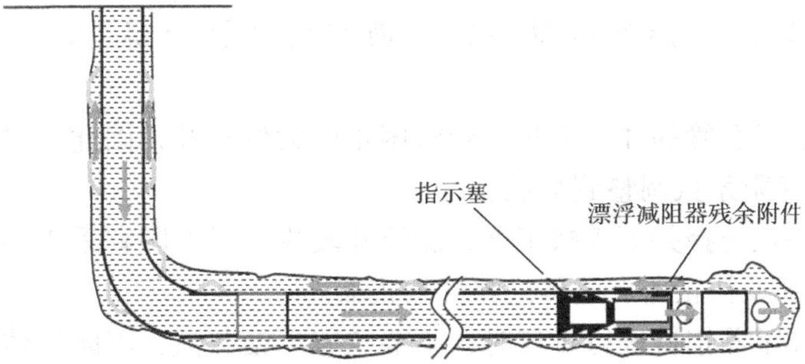

图3-48　清理塞将漂浮减阻器残余附件推到井底

3.18.5　下套管及固井工艺流程

使用漂浮减阻器下套管及固井工艺流程为：

(1)确定漂浮减阻器的位置。根据下套管设计和对套管串的减阻要求，确定漂浮套管段长度和漂浮段位置，漂浮段顶部即为漂浮减阻器的位置。

(2)确定漂浮减阻器、附件及参数。根据对应套管钢级、壁厚和扣型选择漂浮减阻器和相应辅助部件的结构及强度参数，并根据井深和钻井液密度确定各销钉剪切压力。

(3)下套管前对套管及附件编号。在下套管前，按漂浮减阻器、专用浮鞋及专用浮箍的设计位置分别对下入井内的套管及附件编号。

(4)套管及附件下入。下套管时按下套管作业规程进行操作，按套管及附件编号顺序下入，专用浮鞋至漂浮减阻器之间不灌钻井液，漂浮减阻器以后下入的套管按规定灌满钻井液。

(5)憋通漂浮减阻器销钉。当下完套管灌满泥浆时，用水泥车(或钻井泵)憋压，当憋到打开芯销钉设计压力时，打开芯销钉剪断，打开芯打开，漂浮减阻器上部钻井液流入下部掏空段套管内，漂浮减阻器下部掏空段套管内空气被置换排出。

(6)套管内灌钻井液。当掏空段套管内空气完全排出时，向套管内灌钻井液，一直到灌满为止。

(7)憋断浮鞋堵头销钉循环钻井液。套管内灌满泥浆后，用水泥车(或钻井泵)慢慢憋压剪断浮鞋堵头销钉，建立循环。

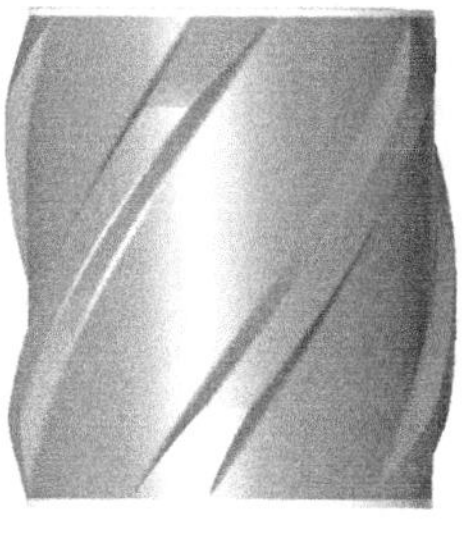

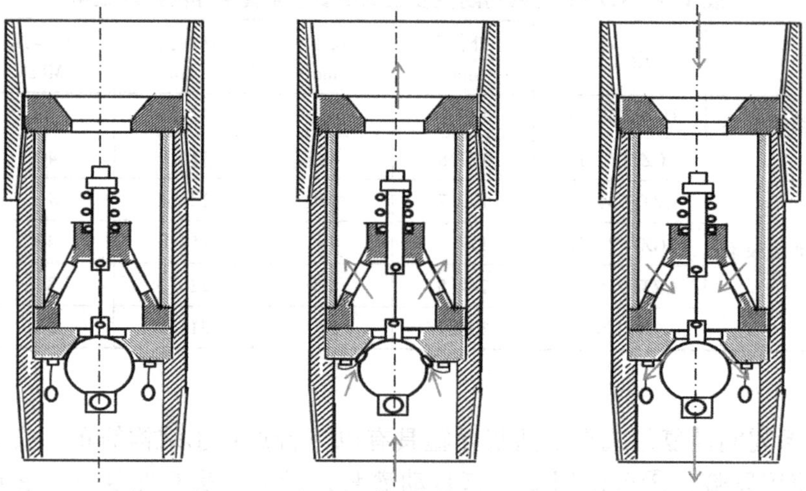

(a) 自灌浆浮箍原始状态　(b) 垫环使球体离开，套管自动灌浆　(c) 开泵循环，冲掉垫环，浮箍复原

图 4-34　RZTF 型柔性复位式自动灌浆浮箍工作原理示意图

表 4-5　RZTF 型系列柔性复位式自动灌浆浮箍技术数据

名　称	规　格	外径/mm	长度/mm	钻后内径/mm	正向承压/MPa	反向承压/MPa
普通柔性自动灌浆套管浮箍	RZTF5½ - B	139.7	450	121.4	45	30
	RZTF7 - B	177.8	480	154.8	40	30
可钻柔性自动灌浆套管浮箍	RZTF5½ - K	139.7	450	121.4	45	30
	RZTF7 - K	177.8	480	154.8	40	30
	RZTF9⅝ - K	244.5	520	220.5	35	28
	RZTF13⅜ - K	339.7	520	315.3	30	25

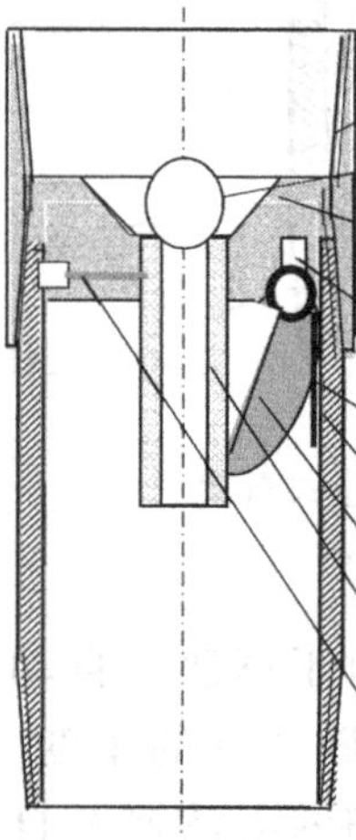

图 4-35　合叶复位式自动灌浆浮箍结构示意图

4）特点。

RZTF 型柔性复位式自动灌浆浮箍主要特点是：①结构简单，安装方便，便于操作；②无使用风险；③可使用双浮箍自动灌浆；④由于是柔性复位，凡尔球自由度大，不易发生卡回压凡尔事故；⑤适用于井壁易掉块，或堵漏钻井液及井下杂物、岩屑较多的井。

4.2.2.4　合叶复位式自动灌浆套管浮箍

合叶复位式自动灌浆套管浮箍是一种以合叶形式的单向阀门为结构特点的套管浮箍。该浮箍的最大优点是结构简单，但密封效果较差；一般在技术套管固井中使用。

1）结构组成。

合叶复位式套管自动灌浆浮箍主要由以下部件组成：套管接箍、铝制承托环、阀盖固定栓、阀盖弹簧、浮箍外筒、阀盖、塑料挡管和铜球等(图 4-35)。

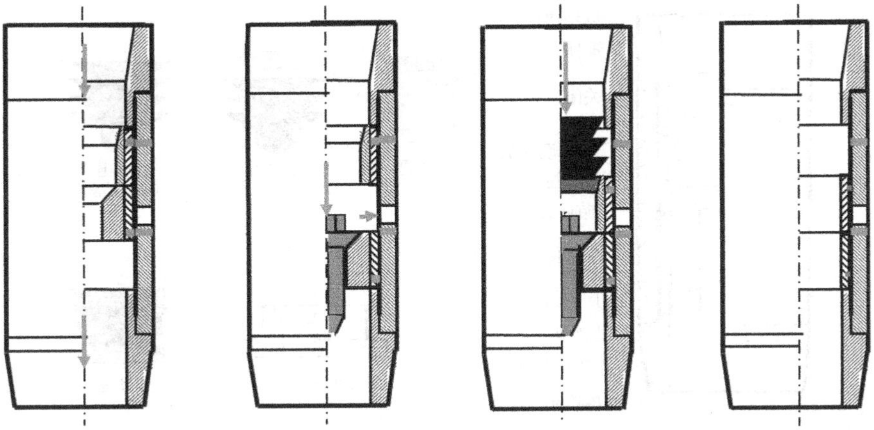

(a) 原始状态，循环孔关闭，一级注水泥　(b) 投重力打开塞，憋压，打开套销钉剪断，循环孔打开　(c) 二级注水泥碰压，关闭套销钉剪断，循环孔关闭　(d) 钻掉打开套铝座和关闭套铝座及其他附件

图 4-42　机械式分级箍重力塞打开工作原理示意图

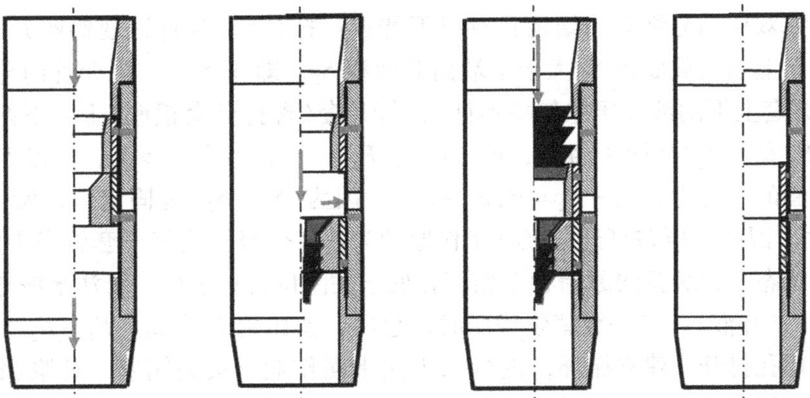

(a) 原始状态，循环孔关闭，一级注水泥　(b) 一级替浆过程释放连续打开塞，打开塞到达打开套，憋压，打开套销钉剪断，循环孔打开　(c) 二级注水泥碰压，关闭套销钉剪断，循环孔关闭　(d) 钻掉打开套铝座和关闭套铝座及其他附件

图 4-43　机械式分级箍连续塞打开工作原理示意图

完井工艺的固井作业等。重力塞打开方式和连续塞打开方式的区别是：重力塞打开方式适合于一级、二级封固段不连续的双级注水泥固井，或底部有漏失层的双级注水泥固井；连续塞打开方式适用于一级、二级封固段连续，且底部没有漏失层的双级注水泥固井。

4.2.3.2　机械压差双作用分级箍

1)结构。

机械压差双作用分级箍主要由以下部件组成：母扣接头、本体、关闭套铝座、关闭套、关闭套销钉、打开套、打开套销钉、打开套铝座、公扣接头等。配有附件：重力塞、连续打开塞、一级碰压塞(挠性塞)、承托环、关闭塞(图4-44)。

2)工作原理。

机械-压差双作用分级箍的工作原理分为：重力打开塞打开循环孔工作原理(简称重力塞打开工作原理)、连续打开塞打开循环孔工作原理(简称连续塞打开工作原理)和压差打开循环孔工作原理。重力塞打开工作原理和连续塞打开工作原理与前面介绍的机械式分级箍相

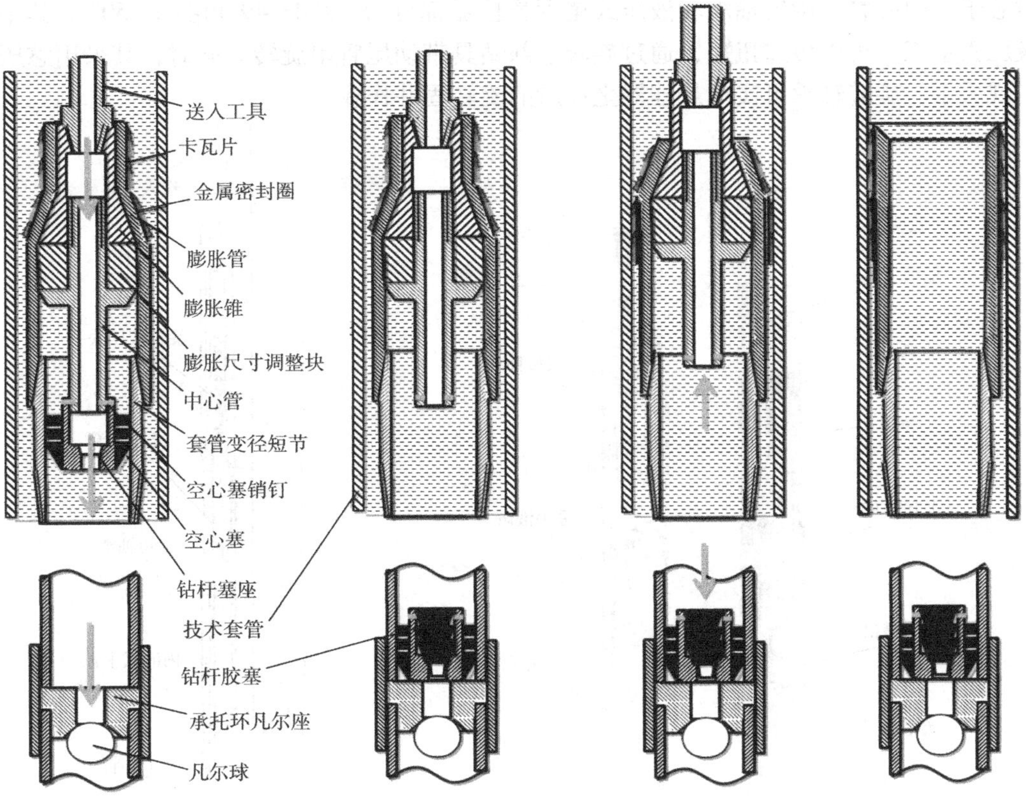

(a) 下完套管，开泵循环钻井液，进行注水泥施工　(b) 钻杆塞和空心塞耦合并碰压，固井替浆结束，准备坐挂尾管　(c) 憋压并上提钻具，膨胀锥上移，胀开膨胀管，瓦片挤入外层套管，实现坐挂　(d) 尾管坐挂完毕，起出送入工具

图4-48　膨胀式尾管悬挂器结构与工作原理示意图

作规程将尾管串下入到设计井深；开泵循环钻井液；进行注水泥作业、释放钻杆塞、替浆、钻杆胶塞与空心塞耦合、碰压；憋压并上提钻具，使膨胀锥上移，将膨胀管胀开，卡瓦片挤入外层套管(技术套管)，实现尾管坐挂(图4-48)。上提钻具，循环出多余水泥浆，起出钻具。

3)特点。

膨胀式尾管悬挂器主要有以下特点：①坐挂位置准确；②相当于带有顶部封隔器，能防止油气浸窜；③下套管时不受上提下放幅度的影响；④下套管过程中，可循环钻井液，不受控排量制；⑤必须先注水泥后坐挂，有一定的施工风险；⑥悬挂力相对小，不适合长尾管和大直径尾管固井；⑦适用于尾管较短的井和小直径套管下套管固井；⑧适用于封固段上部有气层的井，以及气井难以压稳的井；⑨多用于开窗井下套管固井。

4.2.4.4　旋转式尾管悬挂器

旋转式尾管悬挂器是在下入尾管过程和悬挂器坐挂后可以旋转套管的一种尾管悬挂装置，简称旋转尾管悬挂器。该悬挂器能提高水泥顶替效率，有助于复杂井段的尾管下入，多用于小直径尾管的固井施工。

1)结构。

旋转式尾管悬挂器结构与常规液压尾管挂相比增加了转动部分和液压丢手部分。旋转尾管悬挂器主要由以下部件组成：送入接头、塞帽(防泥沙进入)、回接筒、液压丢手总成、

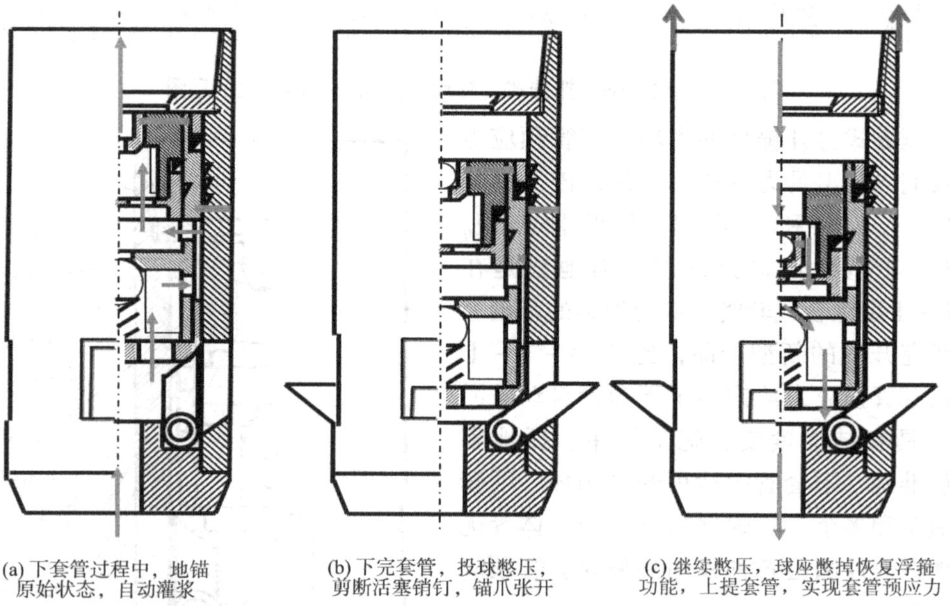

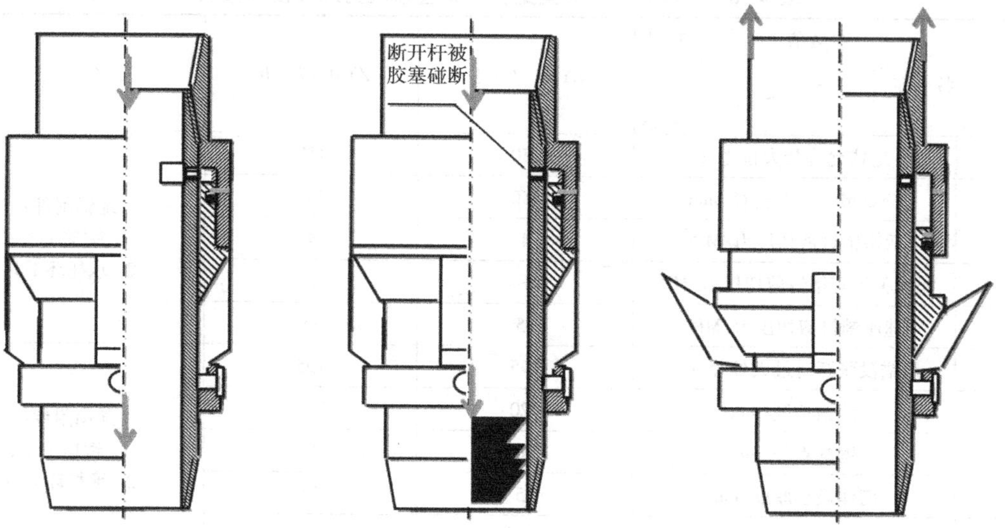

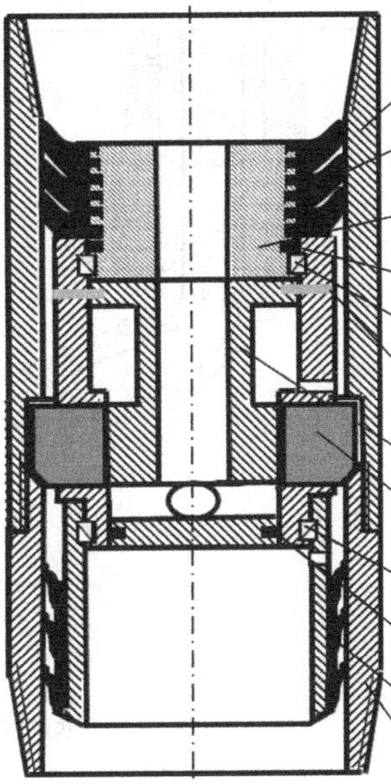

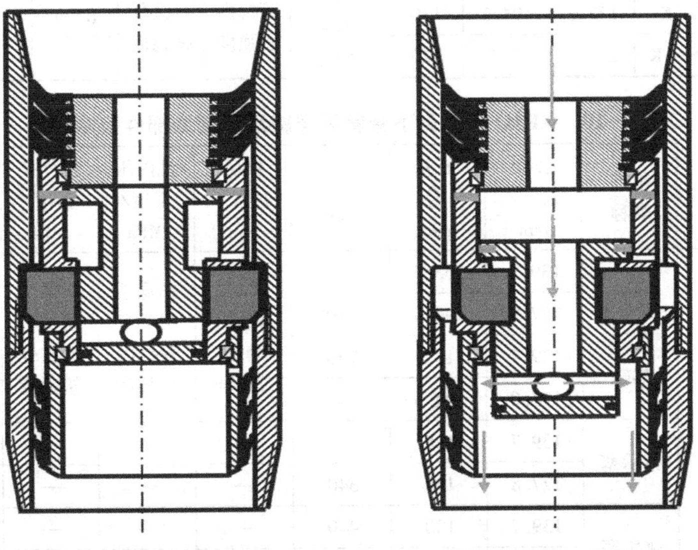

碰压塞到达加压器时，碰压，放压[图 4-77(b)]；再憋压剪断剪切销钉，立即停泵，观察压力表压力，对于上部无封隔器的长封固段井，静止 10～20min 左右，等待水泥浆流动阻力增大时，再慢慢向环空泵送液体，实现环空底部加压。对有顶部封隔器的井，可立即向环空泵送液体，环空憋压到设计压力值，实现环空底部加压[图 4-77(c)]。

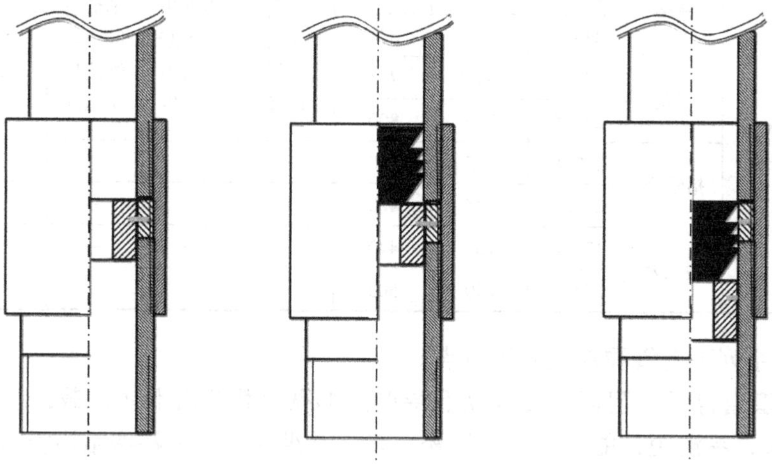

(a) 加压器连接于套管串底部浮箍以上部位，套管节箍，下完套管，循环钻井液，固井施工

(b) 注水泥、释放胶塞，替浆，胶塞到达加压器，碰压

(c) 加压，销钉剪断，压力恢复静液柱压差值，慢慢泵入钻井液，压力升高，实现环空加压

图 4-77　简易式环空底部加压器工作原理示意图

3)特点。

简易式环空底部加压器主要有以下特点：①结构简单，成本低；②易操作；③由于碰压塞在套管内长距离运行后发生磨损，造成碰压后密封不好，从而引起剪断销钉误差大，有时剪不断销钉，特别是有顶部封隔器的井；④仅适用于没有顶部封隔器的井；⑤适用于相对浅的井。

4.2.9.2　胶塞密封式环空底部加压器

胶塞密封式环空底部加压器是中国石化石油工程技术研究院开发的高新技术产品(已获国家发明专利)，适用于油田开发、地质勘探等钻井固井施工中的环空憋压作业，可以有效实现对井底直接增压，能避免因水泥浆黏滞力导致井口环空憋压无法有效传递的缺陷，特别适用于无技术套管井、长封固段井及上部使用封隔器的井的固井作业，尤其是针对含有高压油、气、水层的封固段具有明显的优势。

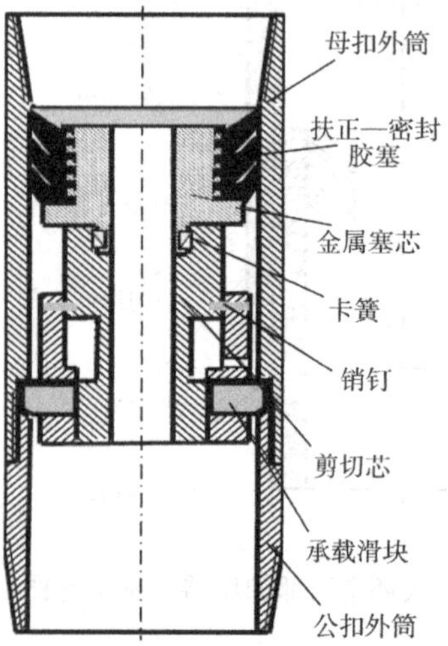

图 4-78　胶塞密封式环空底部加压器结构示意图

1)结构。

胶塞密封式环空底部加压器结构主要由以下部件组成：母扣外筒、扶正-密封胶塞、金属塞芯、卡簧、销钉、剪切芯、承载滑块和公扣外筒等(图 4-78)。

2)工作原理。

胶塞密封式环空底部加压器工作原理为：将加压器连接于套管串浮箍上部 5m 左右的位置，按操作规程向井内下入套管，下完套管后，循环钻井液、固井施工[图 4-79(a)]；当固井

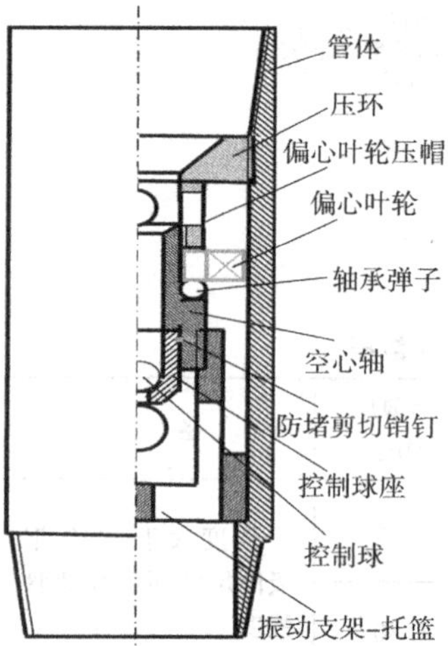

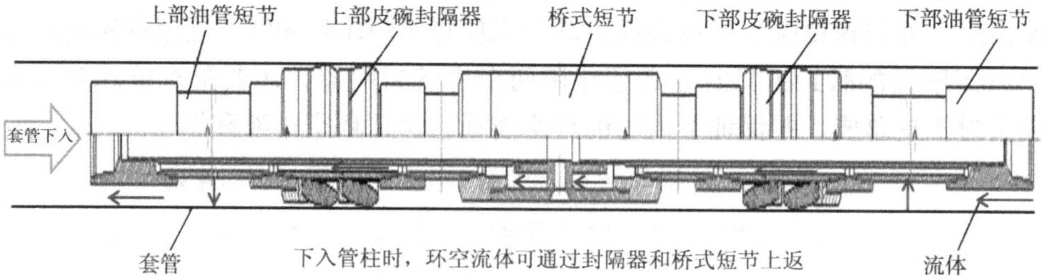

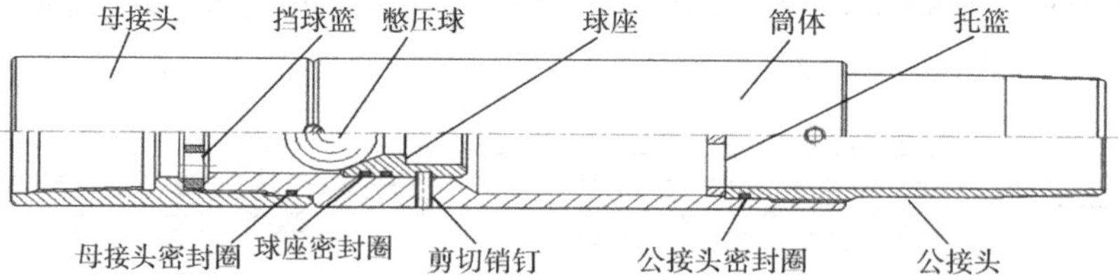

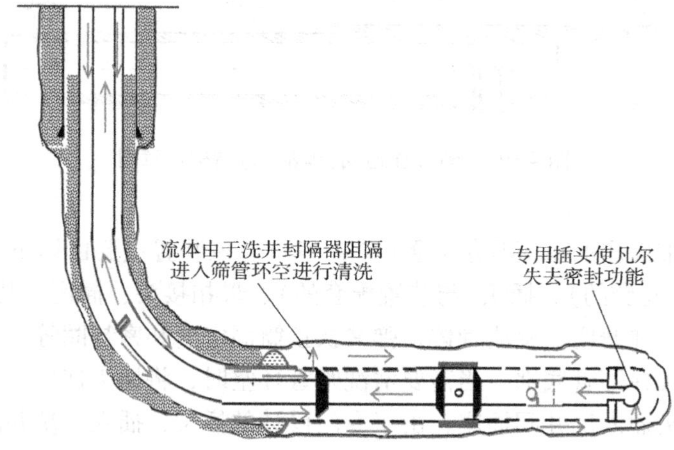

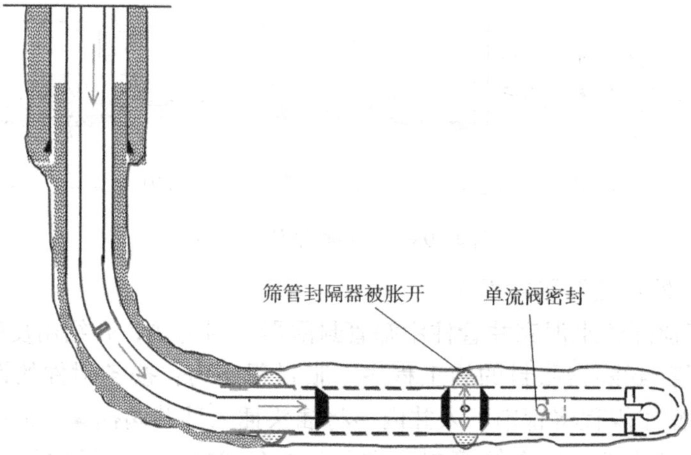

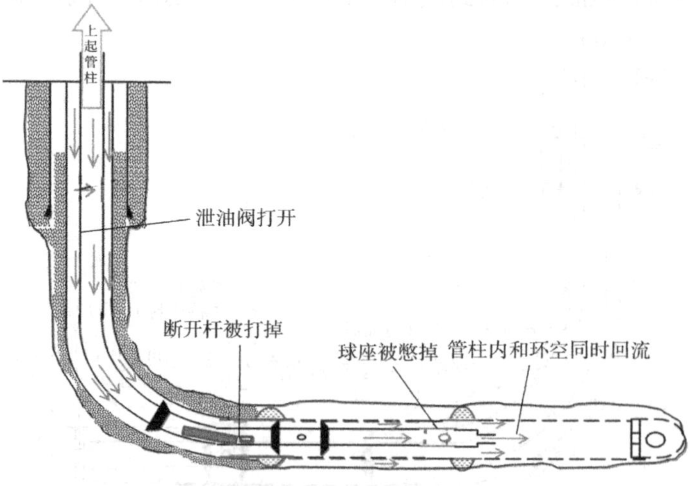

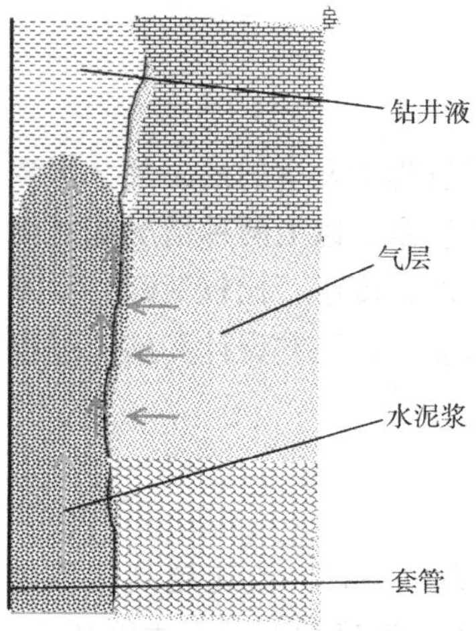

图5-9　水泥浆高速流动时吸出地层流体示意图

稳，但也不能保证候凝过程中油气水不上窜。因为候凝过程中水泥浆液柱在凝固过程初期会发生失重。就是在水泥浆刚开始凝固时，由于水泥浆逐渐形成胶液结构，并与井壁和套管产生接触应力从而使水泥浆柱的压力下降，从开始形成胶液结构到生成固体 CSH 凝胶，水泥浆液柱压力会逐渐降低，压力逐渐降低为水泥柱孔隙中的液体压力。由于液柱压力下降的极限值是其骨架内的液体压力，所以水泥浆柱压力降低的最低值为水柱的压力。如图5-10所示，当水泥浆柱压力降低到 C 点以下时，液柱开始不能压稳油气层，会发生油气上窜，影响固井质量[图5-10(a)]。

5.5.2.2　防止水泥浆候凝过程中油气水上窜的措施

防止水泥浆候凝过程中油气水上窜应从以下几个方面着手：一是保证水泥浆失重后的液柱压力仍大于地层油气水压力；二是尽量缩短水泥浆胶凝时间(也就是从水泥浆失重到水泥浆形成强度时间)；三是使水泥浆本身具有防窜功能，即使发生失重高压流体也不能进入水泥浆。常用的方法有：

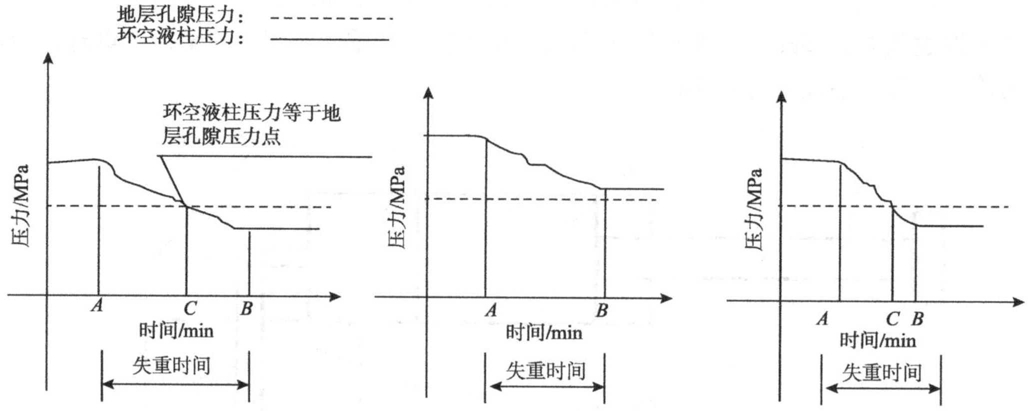

(a) 水泥浆失重造成环空液柱压力低于地层孔隙压力　(b) 水泥浆失重后环空液柱压力仍高于地层孔隙压力　(c) 缩短水泥浆失重时间减少失重时的油气水浸机会

图5-10　水泥浆凝固期间各种失重现象示意图

(1)采用失重压力补偿技术。

固井设计时首先做好防失重压稳平衡设计，保证水泥浆失重后，环空液柱压力仍大于地层孔隙压力，仍能压稳油气水层[图5-10(b)]，在设计方法上，对水泥浆失重采用失重压力补偿技术来解决，常用措施有：①采用双凝水泥浆体系固井。双凝水泥浆体系固井是将封固段的水泥浆设计为稠化时间不同的两种浆体系，上段为缓凝水泥浆段(稠化时间长)，下段为速凝水泥浆段(稠化时间短)，下段水泥浆段是高压层段，当下段水泥浆开始凝固失重时，上段水泥浆还处于流体状态，能提供足够的液柱压力压稳高压层，当上段水泥浆开始凝固失重时，下段水泥浆已凝固封住了高压层，从而解决了失重对油气水浸的影响(图5-11)；②固井后环空憋压。固井后环空憋压技术是通过对水泥浆失重后的压力计算，

成固井失败。因此，必须采取防漏措施进行固井。下面介绍几种关于针对裂缝及溶洞性漏失井固井防漏工艺及措施。

1)采用防漏水泥浆体系固井。

对漏失不太严重的裂缝及溶洞性漏失井固井，若固井前堵漏基本成功，固井时可采用防漏水泥浆体系固井，即使固井过程发生漏失，防漏水泥浆中的堵漏材料可在漏层井壁处发生桥堵，水泥浆也不会发生漏失(图 6-14)。

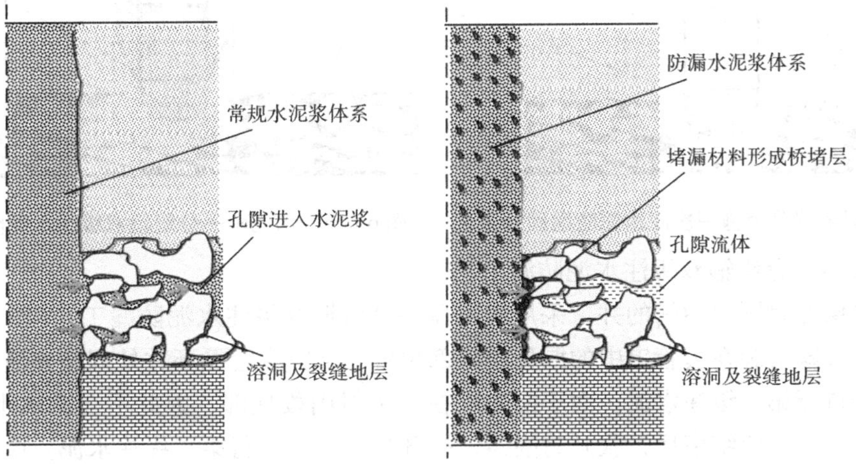

(a) 常规水泥浆体系发生水泥浆漏失　(b) 防漏水泥浆体系不发生水泥浆漏失

图 6-14　防漏水泥浆体系桥堵溶洞及裂缝性漏层示意图

2)封隔器分级箍一次注水泥防漏工艺。

对底部井径规则的井，可采用封隔器分级箍一次注水泥防漏固井工艺(图 6-15)。将封隔器安装在漏失层顶部，封隔器以下有盲引鞋，固井前胀开封隔器，打开分级箍，进行注水泥作业，确保封隔器以上地层的封固质量。此工艺管串结构是：盲引鞋(可钻式)+封隔器+分级箍+套管串。施工程序是：按操作规程下入套管串到设计井深，用水泥车向套管内憋压，胀开封隔器，稳压 5min，继续憋压打开分级箍，循环钻井液，当钻井液性能达到固井要求后，注前置液、水泥浆，释放碰压塞，替钻井液，碰压，关闭分级箍，放压检查分级箍是否关闭好，固井结束。

3)水泥伞—分级箍双级注水泥防漏工艺。

对底部井径扩大严重的漏失井，采用水泥伞—分级箍双级注水泥防漏工艺(图 6-16)。水泥伞安装在漏失层顶面，底部为盲水泥引鞋，旋流短节在水泥伞上部，分级箍和水泥伞相距约 30~50m，采用双级注水泥工艺施工，靠水泥伞的支承力，第一级注水泥先把漏失层上部 30~50m 套管进行封固，再打开分级箍循环，待水泥凝固后，漏层就被封住，再对上部井段进行二级注水泥固井。此工艺管串结构是：盲水泥引鞋+水泥伞+旋流短节+3~5 根套管+浮箍+套管串+水泥头。施工程序是：按操作规程下入套管串到设计井深，注隔离液，注水泥浆，投一级碰压塞，替钻井液，碰压，用水泥车向套管内憋压打开分级箍(或投重力塞打开分级箍)，循环钻井液，当一级水泥浆凝固后，开始二级注水泥作业：注二级前置液，注二级水泥浆，释放二级碰压塞(关闭塞)，替钻井液，碰压，关闭分级箍，放回压检查分级箍是否关闭好，固井结束。

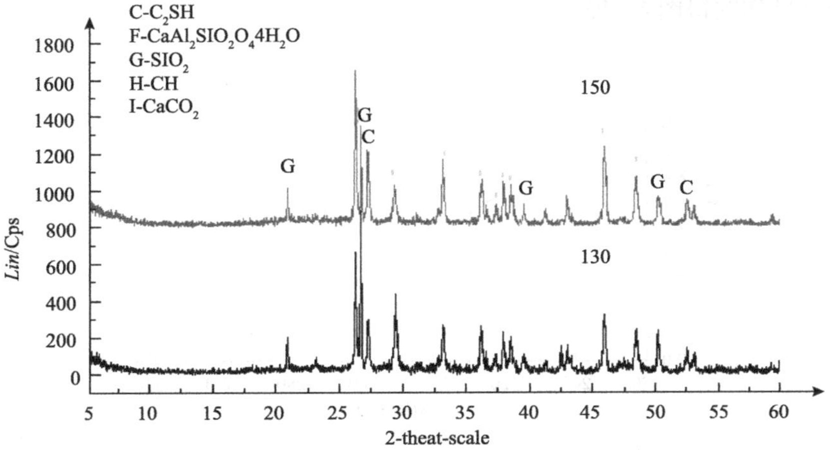

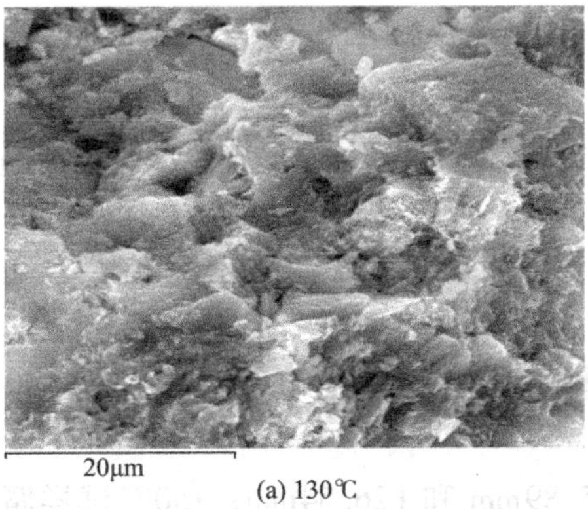

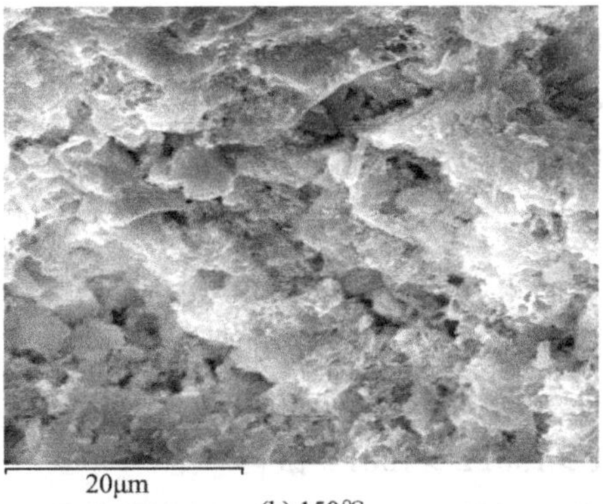

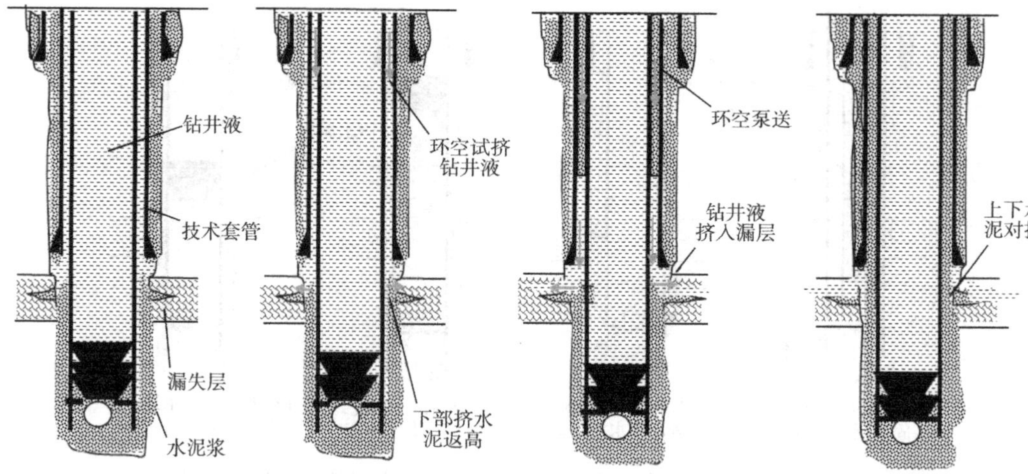

(a) 井底挤水泥，封固漏层以下井段　(b) 环空试挤钻井液 1~2m³，候凝1~2h　(c) 从套管外环空挤入水泥浆　(d) 上下两次挤水泥在漏失点对接

图 7-5　上部有技术套管井下套管漏失，分段上下挤水泥对接补救工艺示意图

(3)彻底洗井调整钻井液性能。

下套管前，应充分循环洗井，清除井底泥砂和岩屑，以防下套管时钻井液上返形成砂堵，造成井漏。同时调整钻井液性能，防止井壁掉块，保护井壁稳定；提高流动性，以减小流动阻力，防止因上返流动阻力过大压漏地层。

(4)通井划眼。

下套管前，根据套管直径和刚度确定通井管柱，反复通井划眼，消除凸台和缩径井段，使井眼轨迹圆滑畅通，消除下套管的卡阻现象，确保套管下入顺利。

(5)合理选用扶正器。

对于实施堵漏作业的井眼下套管，一定要选用对井壁损伤较小的扶正器，不然，会把井壁上的堵漏材料刮掉，造成堵漏失效。一般选用弹性扶正器，尽量不用刚性扶正器，更不要使用螺旋扶正器。

(6)控制套管下放速度。

漏失井下套管，应严格控制下套管速度，套管下放速度过快，钻井液回流速度快，会增加流阻形成反回压，易压漏地层，因此，应严格控制下套管速度。应以控制回流速度不超过下套管前循环钻井液时的回流速度为原则。

(7)下套管中途循环钻井液。

下套管中途循环钻井液，有利于调整钻井液性能和清除钻井液中的沉砂和岩屑，既能增加钻井液流动性，又能防止下套管过程钻井液回流形成砂堵，避免压漏地层。

(8)使用自动灌浆浮箍。

下套管使用自动灌浆浮箍，既不用专门停止下套管灌钻井液，又能减小环空回流速度，可有效防止压漏地层。

(9)下完套管缓慢开泵。

套管下完后，开泵循环时，一定要小排量开泵，等顶通后，再逐步提高排量。在每一次提高排量前，循环压力必须稳定后才能进行，以防激动压力压漏地层。

7.5.2.3 处理方法

(1)套管内挤水泥。

由于吃入量很大，按排量1.0m^3/min注入前置液和水泥浆，注入前置液3m^3（原设计5m^3）；注入水泥浆48m^3（原固井设计量没变）；注水钻井液压力6～15MPa。

(2)替钻井液碰压。

替钻井液正常，泵压8～18MPa；替入92m^3（原设计92.5m^3）；停止替入；由于是技术套管，为防止碰坏套管没有碰压。挤水泥流程如图7-8所示。

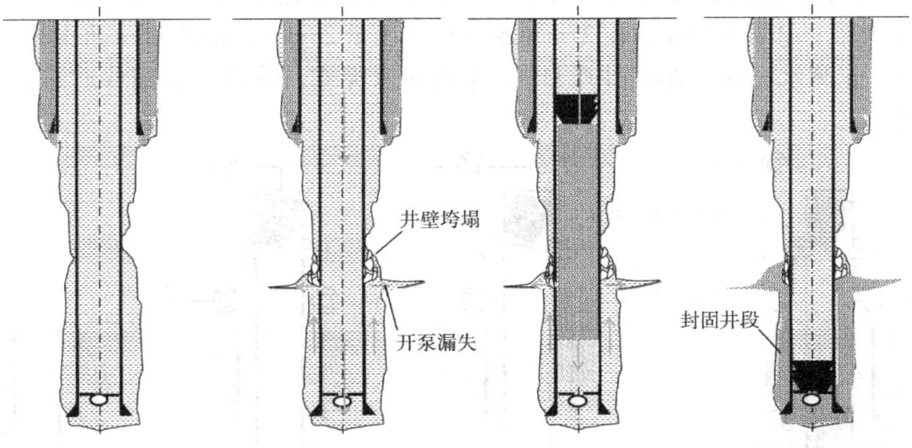

(a) 套管下到设计井深　(b) 井壁垮塌，开泵井漏，井口失返　(c) 套管内直接挤水泥　(d) 挤替浆到设计量，水泥封固漏层以下井段

图7-8 郝3-8井ϕ244.5mm技术套管挤水泥流程示意图

(3)测固井水泥返高和固井质量。

水泥返至井深1120m位置，固井质量1900m以下为优质，1900m以上为合格。

7.5.2.4 处理结果

由于技术套管重点封固套管鞋以上100m，能够保证三开钻进和支撑上部套管重量，即达到固井目的。本次挤水泥固井质量优良，水泥返高与设计返高相差不大，而且上部井段没有要封隔的重要层位，因此，上部不再进行挤水泥作业。

7.5.3 胜3-2-2井固井胶塞没压下去

7.5.3.1 基本数据

(1)井号：胜3-2-2井；

(2)井别：生产井；

(3)位置：胜利油田胜利区块；

(4)钻井开次：二开完钻；

(5)钻头尺寸×井深：ϕ215.9mm×2350m；

(6)套管类别及尺寸：ϕ139.7mm生产套管；

(7)井型：直井；

(8)钻井液密度：1.22g/cm^3；

(9)固井方式：常规一次注水泥。

胜3-2-2井井身结构如图7-9所示。

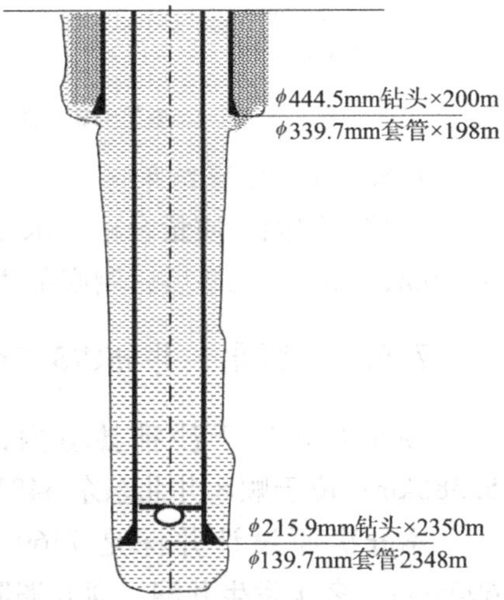

图7-9 胜3-2-2井二开固井前井身结构示意图

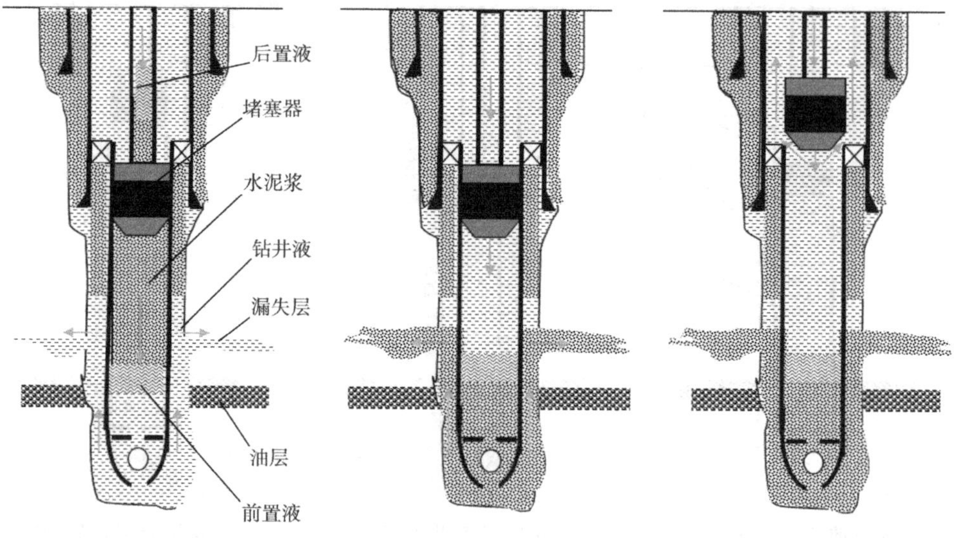

(a) 挤入前置液，挤水泥，挤入后置液，挤替浆，下部钻井液进入漏失层　(b) 继续挤替浆，替到设计量结束，部分水泥浆进入漏失层　(c) 起出堵塞器，循环钻井液，候凝，挤水泥结束

图 8-5　尾管内下堵塞器挤水泥工艺示意图

起钻具、循环、候凝，挤水泥结束(图 8-6)。"下入钻杆挤水泥工艺"具有以下特点：①可实现目的层的封隔；②适合替空井段破裂压力较高、吃入量较小的井；③必须有封井器；④由于无法碰压，必须留 50～100m 水泥塞。

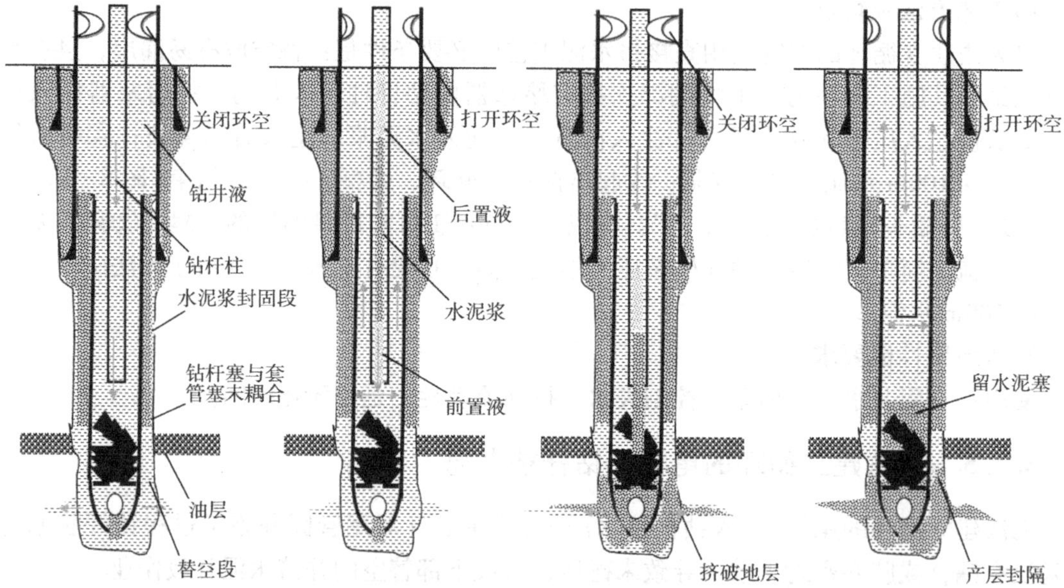

(a) 关闭环空，试挤，测吃入能力　(b) 打开环空，注入前置液、水泥浆、后置液　(c) 后置液出钻杆时关闭环空，挤替钻井液　(d) 留50~100m水泥塞，打开环空，循环候凝

图 8-6　无法建立循环的尾管下钻杆挤水泥工艺示意图

2)水泥浆性能要求。

使用正常固井水泥浆体系，严格控制失水，提高流动性，延长稠化时间，控制挤入量。

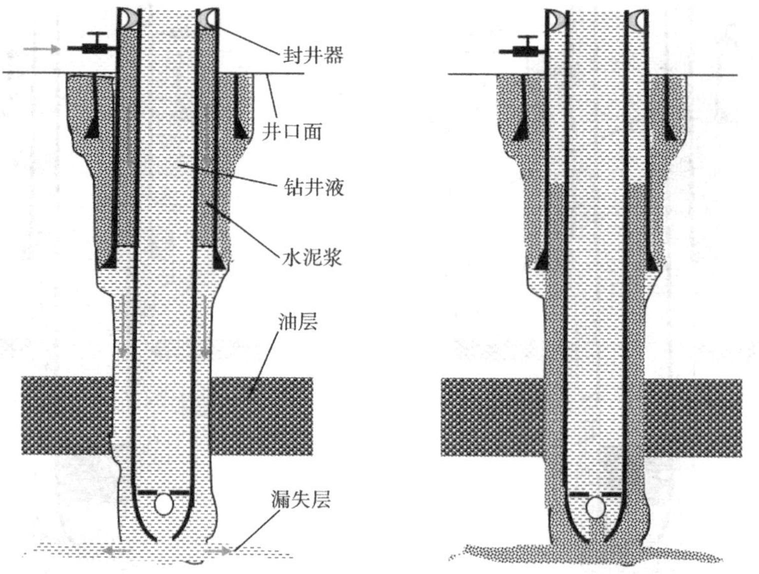

(a) 关封井器，挤入前置液，挤水泥浆，钻井液开始进入漏失层

(b) 挤替钻井液，水泥浆进入漏失层，到达设计位置停止替浆

图 8-10　从井口套管外环空挤水泥固井工艺示意图

时关封井器，继续挤入水泥浆到设计量、挤替后置液、挤替钻井液，使水泥末端到达钻柱底部；⑥上提钻柱、循环、起出钻柱，挤水泥结束(图 8-11)。“尾管顶部环空挤水泥回接工艺”具有以下特点：①施工简单，安全可靠；②施工成本低；③技术套管鞋以下必须有漏失层；④要有封井器。

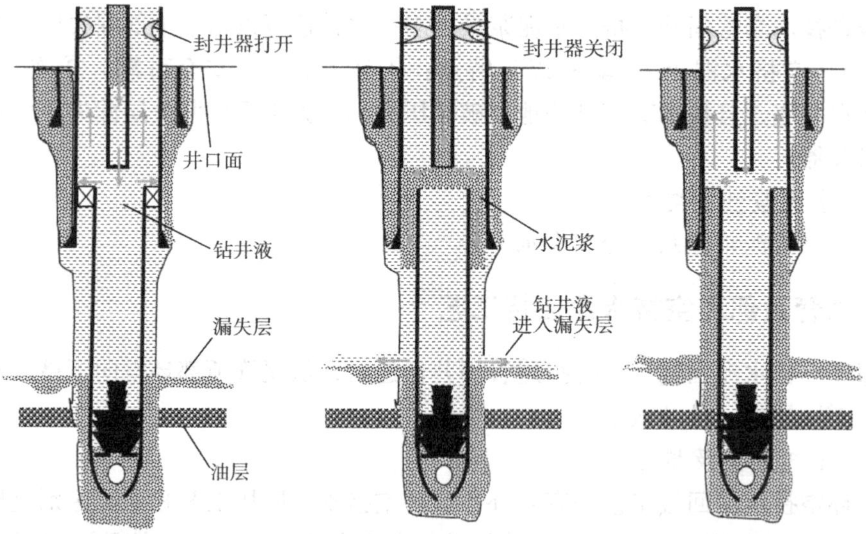

(a) 注入前置液，注入水泥浆，注入后置液，下部钻井液返回井口

(b) 前置液到达尾管顶部时关封井器，水泥浆下行进入环空，环空钻井液进入漏失层

(c) 水泥浆末端到达尾管顶部时，上提钻柱，循环钻井液，起出钻柱

图 8-11　尾管顶部环空挤水泥回接工艺示意图

8.1.9.2　水泥浆性能要求

使用正常固井水泥浆体系，控制失水。

8.1.10　尾管环空内直接挤水泥固井工艺

尾管环空内直接挤水泥固井工艺是指对井底发生严重漏失的井，直接从尾管顶部环空向下部挤入水泥浆，使环空内钻井液全部进入井底漏失层的一种漏失井补救固井工艺。

8.1.10.1　工艺方法及特点

该工艺与从井口套管外环空挤水泥固井工艺相似。施工条件是：①漏失层在井底，下套管后不能建立循环；②严重漏失，吃入量大；③从井底以上到技术套管鞋井段的地层破裂压力系数均大于井底的漏失压力系数。施工工艺与尾管顶部环空挤水泥回接工艺大致相同。不同之处在于下完尾管后，套管内与环空和漏失层是连通的，挤水泥之前必须堵死其尾管内通道，不然，水泥浆会同时进入尾管内和尾管外环空，既造成尾管灌香肠(尾管内灌满水泥)，又造成环空水泥不足，影响固井质量。从尾管环空内直接挤水泥固井工艺施工流程为：下完尾管，开泵循环井口不返，压力在正常循环压力左右，不升高。说明井下严重漏失，且吃入量很大，这时，按以下步骤操作：①释放钻杆塞、泵送钻杆塞；②钻杆塞与套管塞耦合；③碰压、稳压 10min；④上提中心管；⑤注入前置液、按设计量注入水泥浆(适当增加附加量)；⑥当前置液到达中心管时关封井器，继续注入水泥浆、注入后置液、替钻井液；⑦水泥浆尾部到达尾管顶部 30～50m 时结束替浆；⑧上提钻杆、循环、起出钻具，挤水泥结束(图 8-12)。“尾管环空内直接挤水泥固井工艺”具有以下特点：①施工简单，安全可靠；②施工成本低；③可有效解决井底漏失固井难题，具有井底堵漏效果，对技术尾管再钻井非常有利；④能保证水泥封固高度；⑤井底漏失层必须具有较大的吃入量；⑥要有封井器。

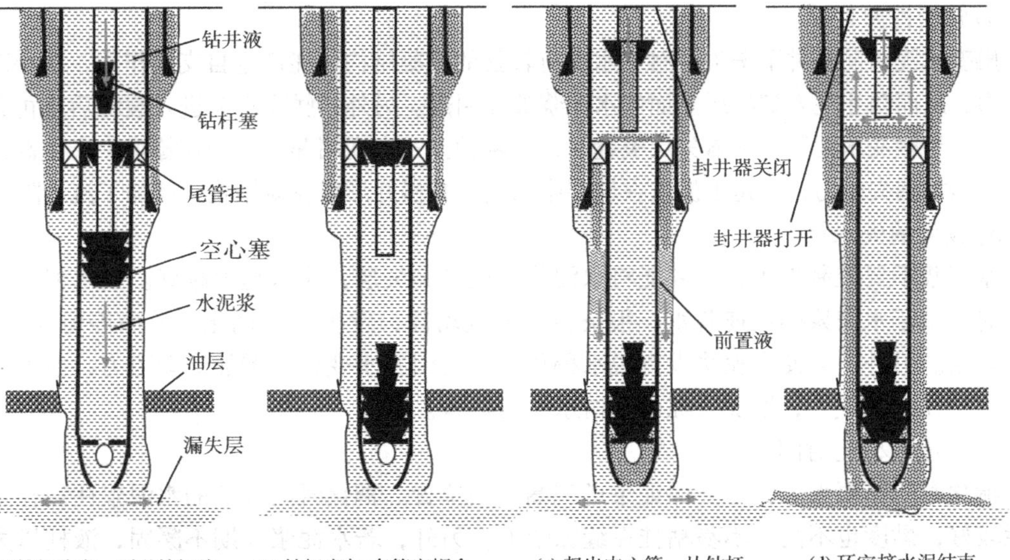

(a) 压钻杆胶塞，泵送钻杆胶塞，钻井液进入漏失层　(b) 钻杆塞与t套管塞耦合，碰压，稳压10min，保证尾管内通道堵死　(c) 起出中心管，从钻杆向环空挤入前置液，水泥浆，后置液，挤替钻井液，前置液出钻杆时关封井器　(d) 环空挤水泥结束，开封井器，上提钻杆柱，循环钻井液、候凝

图 8-12　从尾管环空内直接挤水泥固井工艺示意图

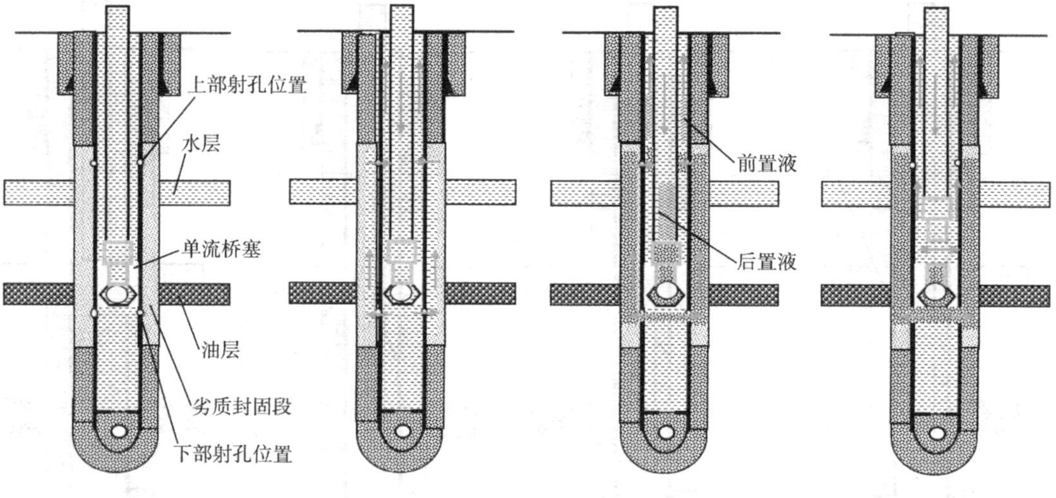

(a) 预计修复段套管上下射孔，坐封单流桥塞，下入管柱，插头插入桥塞座
(b) 开泵顶通环空通道，循环冲洗环空通道
(c) 注入前置液，注入水泥浆，注入后置液，注入顶替液
(d) 上提管柱拔出插头，循环，起出管柱

图 8-19　管柱－单流桥塞组合射双孔注水泥补救工艺示意图

个方向流动，以达到最好的封隔效果。封隔产层下部水层挤水泥工艺方法是：在水层顶部位置套管上射孔，使用管柱（油管或小钻杆）和单流桥塞（或套管内封隔器）组合进行挤水泥作业。管柱－单流桥塞组合封隔产层下部水层挤水泥工艺流程是：①在水层顶部射孔；②在射孔顶部坐封单流桥塞；③下入底部带有桥塞插头的管柱并将插头插入桥塞插座；④试挤，测吃入压力和吃入排量；⑤若能建立循环（产层投产时已经射孔），彻底清洗窜水通道；⑥注入前置液、按设计量注入水泥浆、注入后置液；⑦替入顶替液；⑧水泥浆尾部到达桥塞插座时停泵、上提油管柱、循环、候凝、钻掉桥塞（图 8-20）。

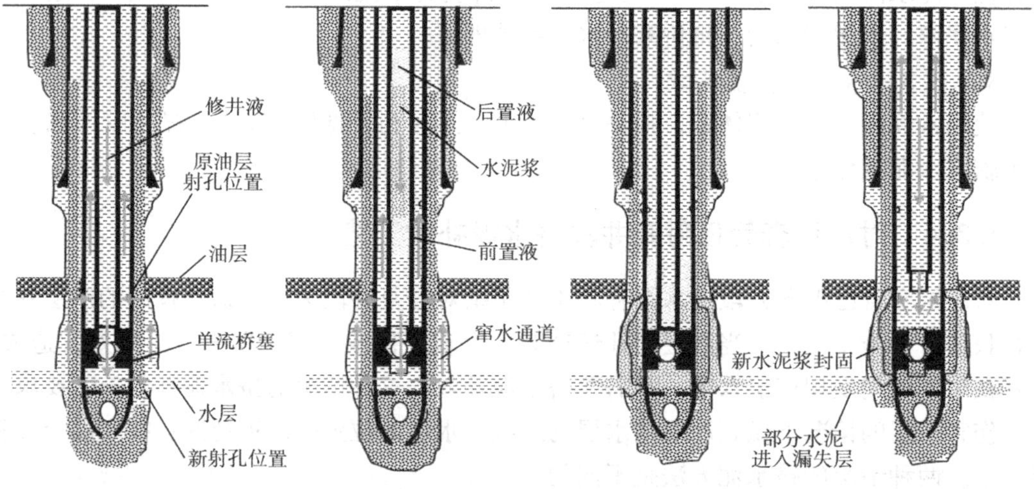

(a) 坐封桥塞，下入管柱，将插头插入插座，建立循环，清洗窜水通道
(b) 注入前置液、水泥浆、后置液，替入顶替液
(c) 继续替入顶替液，使水泥浆尾部到达桥塞座时停止
(d) 拔出插入头，循环修井液，挤水泥结束

图 8-20　管柱桥塞组合封隔产层下部水层挤水泥工艺流程示意图

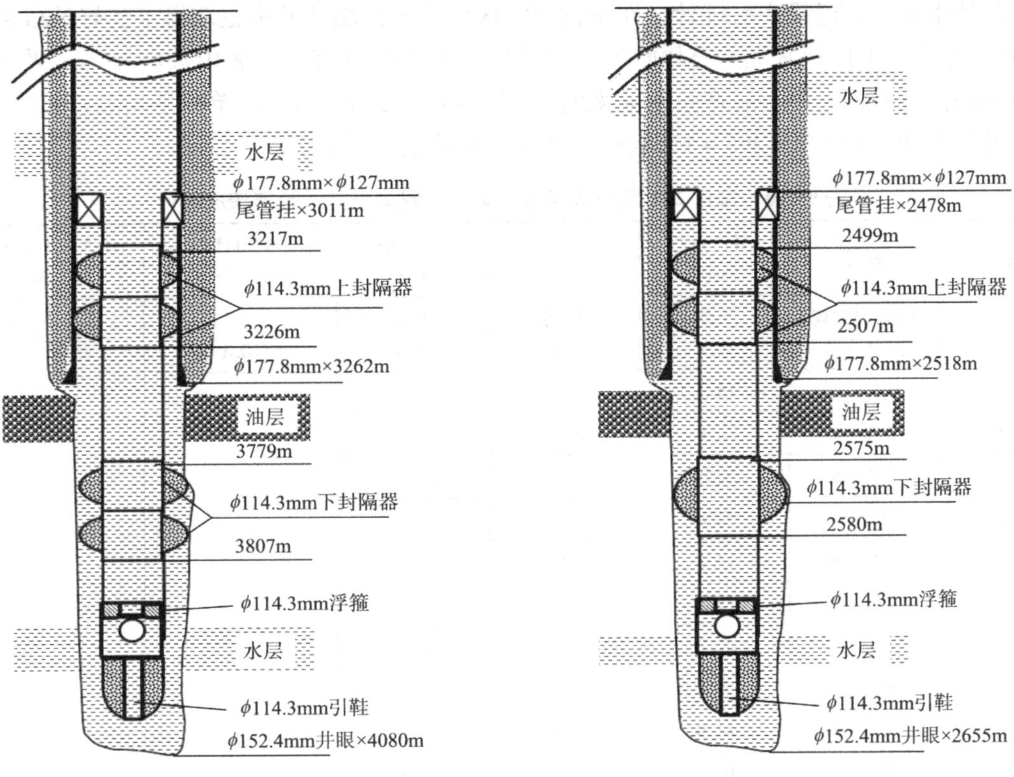

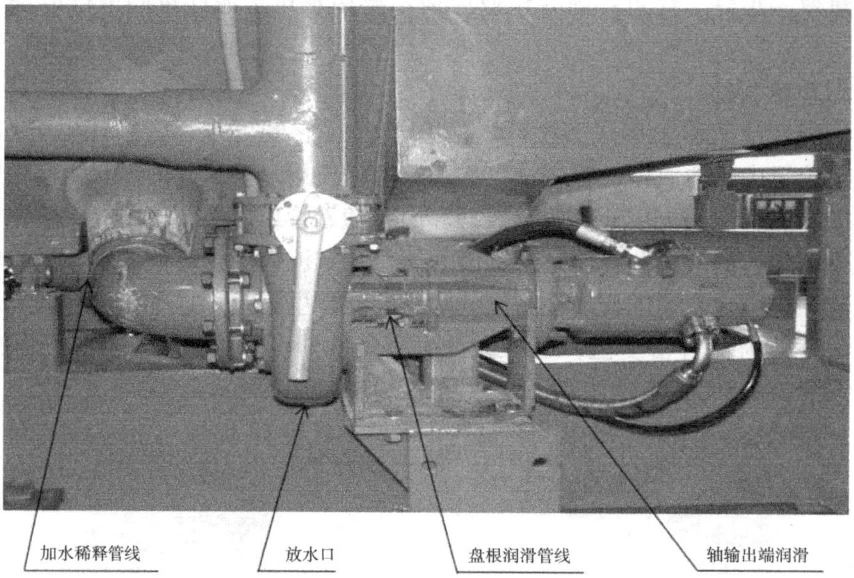

潮、易实现自动化操作、易于环保、劳动强度低、水泥损耗少和节约包装费等优点，目前在各油田广泛使用。

10.3.3 海上钻井平台粉状物料储存及密闭输送系统

每个海上钻井平台都配有粉状物料储存及密闭输送系统，其主要作用是：储存固井用水泥、油井水泥外加剂、粉状钻井液材料、各类加重剂及减轻剂等；现场也可以对以上材料按比例要求进行气动混拌作业，以满足钻井过程中的工程需要。最常用的功能是储存水泥和重晶石粉。

10.3.3.1 中油海5号、6号、7号、8号自升式钻井平台

1)系统概述。

中油海5号、6号、7号、8号自升式钻井平台具有同样的粉状物料密闭输送系统，每个平台均由5只储罐构成，分为水泥储存、重晶石粉储存两个系统。水泥储存系统由3只罐及配套的控制流程系统构成，重晶石粉系统由两只罐构成。两个系统分别独立，又可以根据现场需要进行快速联通，两个系统的每个罐均能单独地进料、出料，可以实现在钻井平台两舷供应物料。每个罐在完成卸料作业后，罐内物料的最大残留量不大于满载容量的5%。本系统安装于海洋钻井平台，控制阀门全部采用电控气动阀，该系统具有以下特点：

(1)结构紧凑，流程安装充分体现人性化，日常使用及维护、保养方便。

(2)所有操作均在控制台模拟流程上集中控制。

(3)各罐物料质量、压力、阀位开启状态均在显示屏上显示，便于监控。

(4)储料罐及排空管线均设有安全泄压阀，具有超压报警及自停功能，确保整个系统的安全可靠性。

(5)相同物料储罐之间具有倒罐功能，为日常生产提供便利。

(6)具有统一除尘、管线清扫、余料回收功能。

(7)本系统设有电控气动扫线装置，用于清扫管线。全部输料管汇采用卡箍式连接，当出现管道堵塞造成输料不畅时，可以利用扫线扫除或人工快速拆卸排除。

2)结构组成

中油海5号、6号、7号、8号钻井平台粉状物料密闭输送系统主要由以下部件组成：3只水泥储罐，2只重晶石储罐，1只水泥缓冲罐，1只重晶石分离罐，1只压缩空气储罐，1只除尘器(带引风机)、1套水泥输送控制台、1套重晶石输送控制台，以及与之配套的管线流程、各种阀门和显示仪表等(图10-36)。

(1)水泥储灌。

外形尺寸$\phi3200\text{mm}\times H6000\text{mm}$；最高工作压力0.45MPa。每个罐均配套有流化床、人孔、观察孔、进料管、出料管、排空管、空气干管、安全阀和电子称重装置等。

(2)重晶石储罐。

外形尺寸：$\phi3200\text{mm}\times H6000\text{mm}$；最高工作压力0.45MPa。每个罐均配套有流化床、人孔、观察孔、进料管、出料管、排空管、空气干管、安全阀和电子称重装置等。

(3)水泥缓冲罐。

水泥缓冲罐应用于密闭输灰系统与固井注水泥设备之间，主要是保证输送管线水泥的流态化，稳定注水泥设备混浆系统的干水泥均匀供给，防止输送管线气流冲击和堵塞及水泥浆

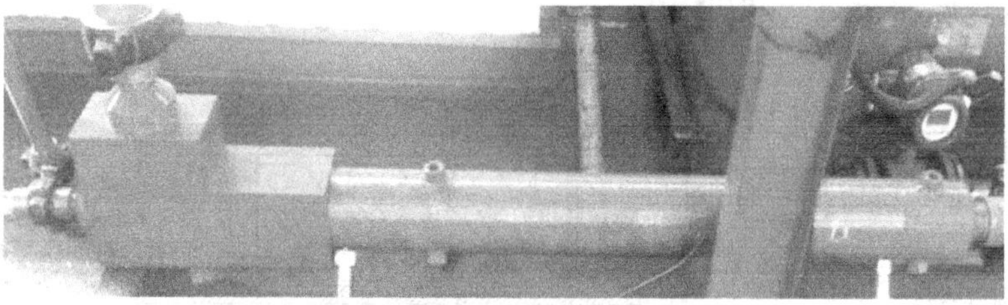

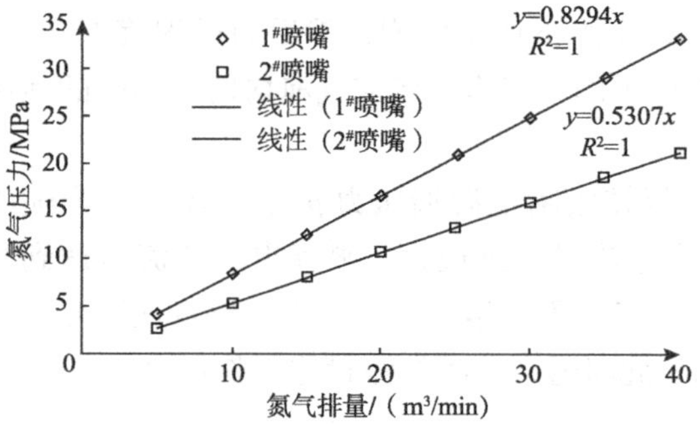

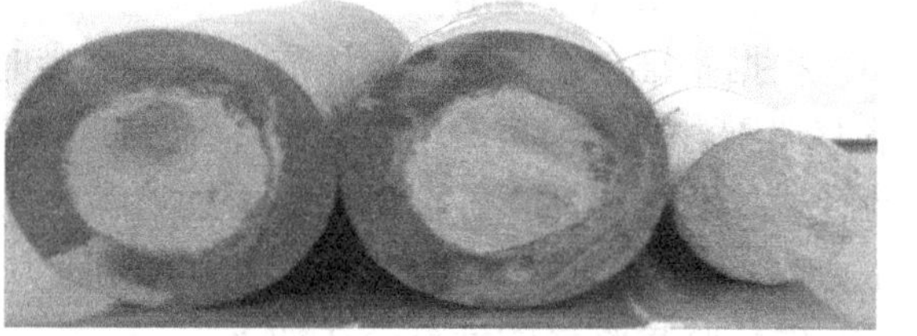

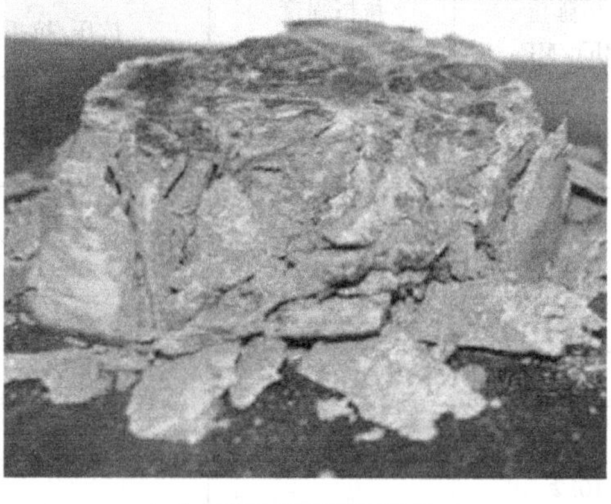

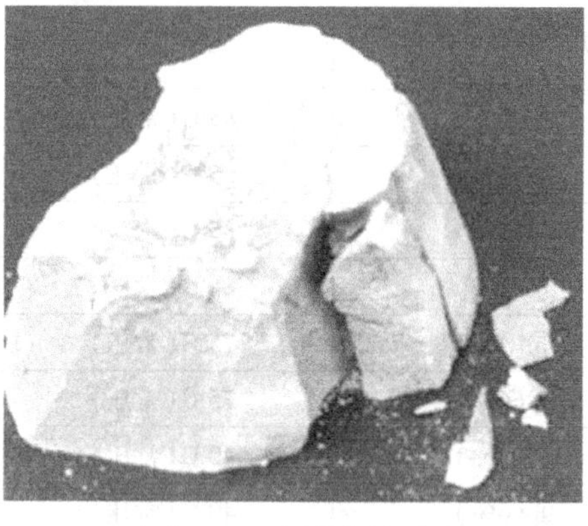

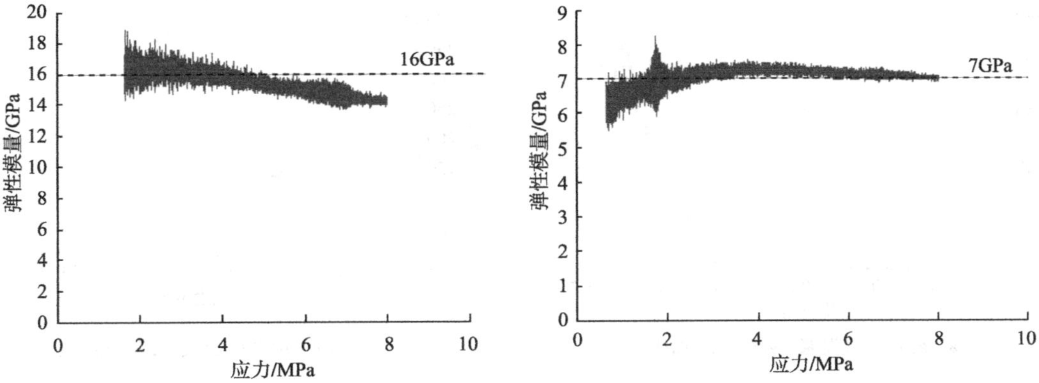

基浆配方：JHG+1%DZJ-Y+6%FSAM+0.035%B+0.15%DZH-2+2.3%DZS+2.5%Msi+44%H_2O

（a）基浆样水泥石弹性模量

SFP水泥浆配方：JHG+3%~6%SFP-1+1%DZJ-Y+0.1%SFP-2+6%FSAM+0.035%B+0.15%DZH-2+2.3%DZS+2.5%Msi+44%H_2O

（b）6%SFP水泥石弹性模量

图 11-5　基浆样水泥石与 SFP 水泥石弹性模量对比

5）不同纤维及不同加量对抗折机械性能的影响。

采用德国高精密抗折试验机进行抗折机械性能测试。本次选择四种配方，即不加 FSA 和纤维材料的基浆和另外三种分别加入 3% SFP 和不同种类及不同加量的纤维材料（DZH）的水泥浆（表 11-14）。制作 12 块样品分别进行测试，从测试结果可以看出，加入 SFP－1、SFP－2 对水泥石起裂强度影响不大，都在载荷 150N 左右，但是对后期裂纹扩展影响较大，图 11-6(a)为基浆抗折试验曲线，消除自由挠度后的实际加载挠度仅为 0.3mm 时，试件断裂，且峰值小于 250N，后期无假塑裂纹扩展，充分反映了原浆在起裂后裂纹的快速扩展过程，以及原浆的脆性。图 11-6(b)～图 11-6(d)为 SFP 加量相同，但纤维产品不同且加量也不同时对水泥石柔性系数的影响。对比图 11-6(b)和图 11-6(c)可以发现，在适当增加纤维体积率的情况下，能够有效地提高水泥石的抗折性能（柔性），同时纤维的抗拉强度、弹性模量、断裂延伸率以及纤维表面处理程度都在很大程度上影响水泥石的柔性。表 11-14 为采用 JCI－SF4 解释方法的解释结论，表中弯曲韧性系数是对水泥石柔性的评价系数，该数值越高，水泥石柔性、抗弯曲性能越好。

表 11-14　样品配方及解释结果

配方编号	配方	弯曲韧性系（JCI－SF4）
1	JHG +6% FSAM +0. 1% DZH +43% H_2O	3521. 5
2	HG +3% SFP +1. 5% DZS +6% FSAM +0. 1% DZH +0. 1% FB-1 +44% H_2O	4965. 6
3	JHG +3% SFP +1. 5% DZS +6% FSAM +0. 1% DZH +0. 2% FB-2 +44% H_2O	6743
4	JHG +3% SFP +1. 5% DZS +6% FSAM +0. 1% DZH +0. 3% FB-2 +44% H_2O	8613. 2

6）水泥浆水化过程膨胀性分析。

将 SFP 水泥浆与常规水泥浆采用 CHANDLER 5265U 分析仪器对水泥浆水化过程中的膨胀性进行试验分析，其膨胀特性曲线如图 11-7 所示。

由图 11-7 看出，常规水泥浆在水化凝固过程中随时间的增加而发生轻微收缩；而 SFP

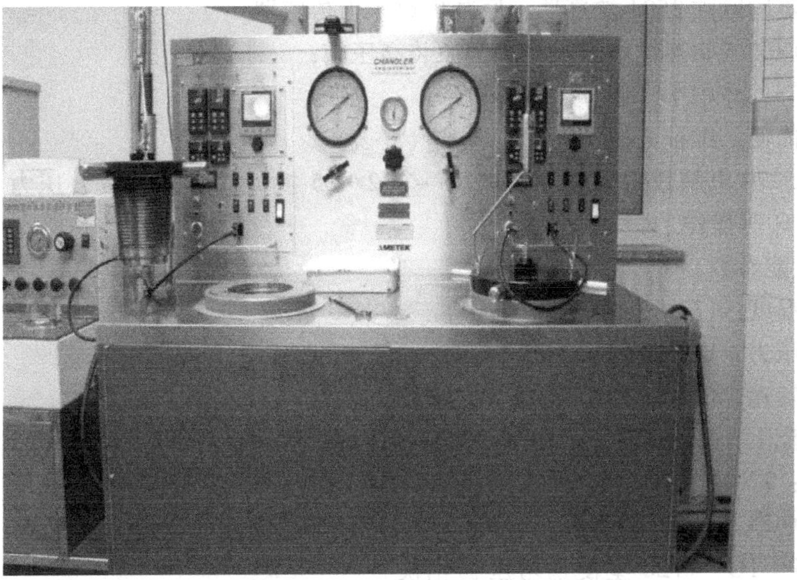

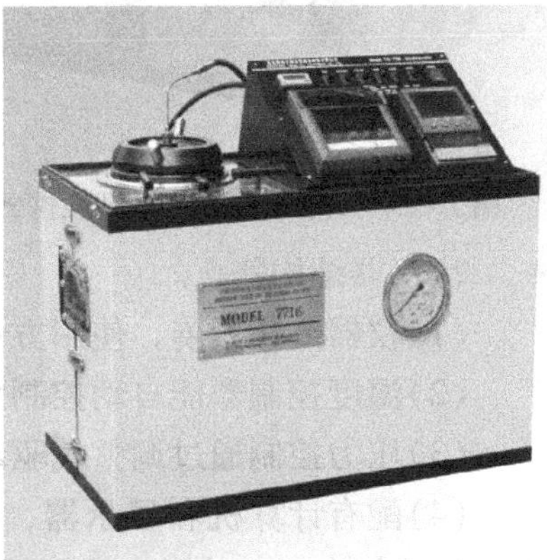

适的设备、工艺及固井工作液将井内下入的套管串与地层或外层套管之间的环形空间进行有效封固。常用的固井方法有注水泥固井及MTC固井。注水泥固井就是利用注水泥设备采用某种工艺在下入套管的井眼中对套管外某段环空(或整个环空)注水泥，使套管和地层或外层套管之间的环形空间得到有效封固(图1-5)；MTC固井就是利用碱激活方法将钻井液转变成像水泥浆一样可固化的凝胶，使套管和地层或外层套管之间的环形空间得到有效封固。

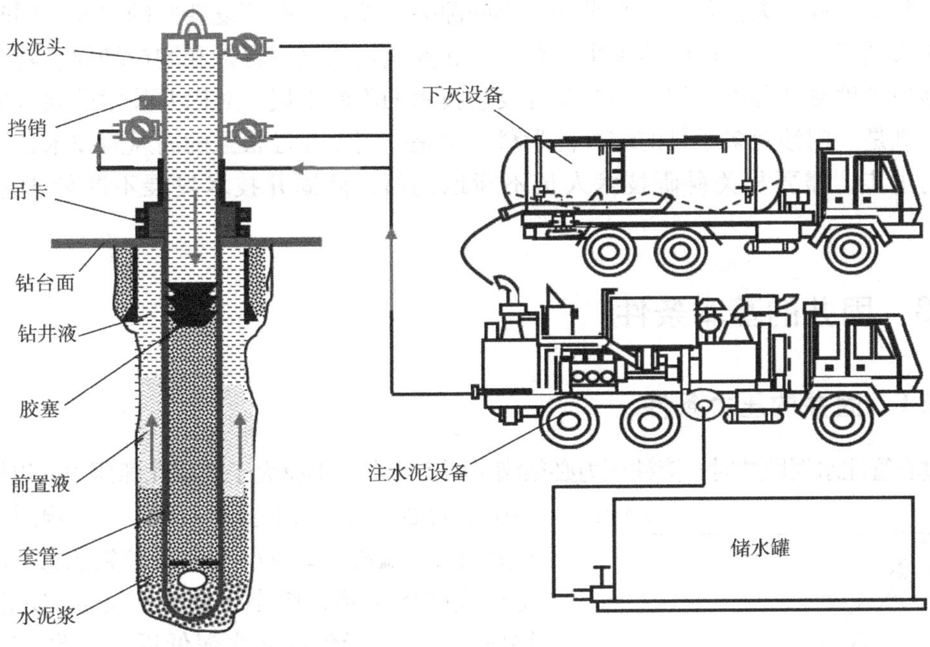

图1-5 常规注水泥固井工艺流程示意图

1.2.2 固井的意义

油气井固井的目的是：封隔疏松、易塌、易漏、高压等地层；封隔油、气、水层，防止互窜；安装井口、控制油气流，以利于钻进和生产；除此之外，固井还有助于防止套管腐蚀、通过水泥浆的快速凝固阻止井喷、减少钻下部井段时套管所受的冲击载荷、悬挂套管、长期生产过程对套管的保护等。对固井质量的基本要求：固井施工后，要在套管与井壁或外层套管之间形成一个完整的水泥环，使套管与水泥、水泥与井壁或外层套管形成良好的胶结，保证油气水层互不窜通，达到有效封隔的目的。固井的重要性：固井是钻井过程的最后一个环节，是一口井的关键性工程，固井的成败，不仅关系到一口井的前期钻井工程的成败，而且固井质量的好坏也会对油井的后期生产产生较大影响。一口油气井设计生产周期通常为十几年，甚至几十年，若固井质量不好，不仅对后续的钻进(对技术套管而言)、试油带来困难，而且对油井的生产寿命影响极大。因此，必须贯彻“油井百年大计，固井质量第一”的方针，搞好固井工作。

1.2.3 固井技术的发展现状

随着石油工业的不断发展，钻井、勘探、开发的水平不断提高，固井技术的发展基本上与钻井技术保持同步，从最初的单级固井到现在的多级固井；从最初几百米深的浅井固井到现在数千米甚至上万米深的超深井固井；从最初固井的简单计算到固井软件的开发，从最初的固井仅为封固地层满足生产需求发展到今天的固井保护油气层；从最初的纯水泥浆固井到现在的 MTC 技术、替代水泥胶凝材料固井技术；固井的概念和方法已被大大拓展。固井技术的发展主要包括：固井工艺、固井设备、固井水泥浆体系、固井外加剂、固井工具附件、固井软件等的发展，并针对复杂井形成了配套技术，现在的固井技术不但能解决漏失井、高压井、长封固段井、大位移井、水平井、小间隙井、盐膏层井等复杂井的固井，同时把固井的作用扩大到不仅是为了能够达到生产要求，还要实现油气层保护和增产增效。随着勘探开发区块地质条件复杂程度增加，钻井及开发新技术的不断发展，对固井技术的要求也越来越高，固井既是一门涉及多学科的综合性学科，又是一门专业性很强的高风险技术，固井技术的发展与进步，需要相关科研技术人员不断地创新，使固井技术发展不断处于世界领先水平。

1.3 固井的基本条件

1.3.1 固井的压力条件

通过套管注水泥固井时，液柱压力必须满足两个要求：①应大于地层孔隙压力，以控制地层空隙中的油、气、水不会进入环空，影响固井质量或固井时发生溢流；②应小于地层破裂压力（对于高渗地层或破碎地层，应小于漏失压力），防止压破地层发生漏失，导致固井水泥低返。因此，套管注水泥固井井下压力必须满足以下条件（图1-6），即：

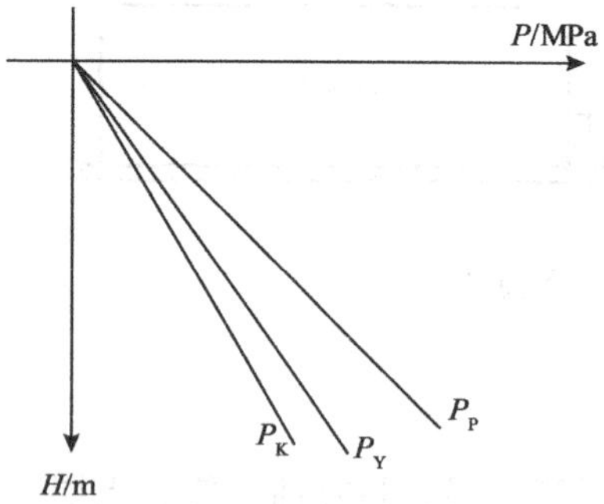

图 1-6　固井施工中液柱压力、破裂压力、孔隙压力之间的关系图

$$P_P > P_Y > P_K$$

式中　P_P——地层破裂压力，MPa；

P_Y——液柱压力，指动态液柱对地层的压力（静态时为静液柱压力），MPa；

P_K——地层孔隙压力，MPa。

1.3.2 固井的井眼条件

由于从套管内通过井底向套管外环空注水泥，在水泥浆的流动过程中，会受到钻井液、地层水、地层油气、井壁稳定、地层渗透性、井底沉砂、井眼形状等因素的影响，因此要想将套管顺利下入井内，将水泥浆顺利泵送到预定位置，并且保证固井质量，井眼必须满足如下条件：

（1）满足下套管和固井施工的基本条件：

①油气水不溢流；

②井下不漏失；

③井壁不垮塌掉块；

④井斜变化曲率小于套管允许曲率；

⑤井底清洁（无岩屑、砂子）。

（2）保证固井质量基本条件：

①套管居中，居中度大于 67%；

②环空间隙大于 19mm，并且小于 50mm；

③水泥浆密度大于钻井液密度，密度差大于 0.12g/cm^3；

④油水上窜速度小于 10m/h，气体上窜速度小于 15m/h；

⑤井径扩大率小于 10%，且井眼相对规则，井径变化率小，无明显糖葫芦井眼或大肚子井眼现象。

第2章　套管柱与固井施工设计要点

2.1　各层套管的作用

在油气井钻井中，由于地层复杂，钻进过程会出现井漏、井涌(严重时会井喷)、井壁垮塌、缩径、盐浸等多种复杂情况，造成无法继续钻进，因此，要想继续钻进，必须将此复杂井段下套管封固，再用小尺寸钻头向下继续钻进，所以无法用同一尺寸钻头钻到目的层，特别是深井，必须在钻遇多个复杂层时下多层套管，并且把环空用水泥封固，封隔复杂地层，然后依次用较小尺寸钻头继续钻进；另外，在钻完一口井时，为了形成一个有效的生产通道，并且使各层的流体不互相串通，也必须下一层套管，并用水泥封固环空；同时，在油气井钻井和开采过程中，需要安装多种井口设备，如钻井液循环设备、防喷器、套管头、采油树等，必须有一个牢固的井口，因此，在钻深部地层前必须下一个表层套管。一口井内下入的套管，根据其功用，可分为表层套管、技术套管和油层套管(或生产套管)三种(图2-1)。

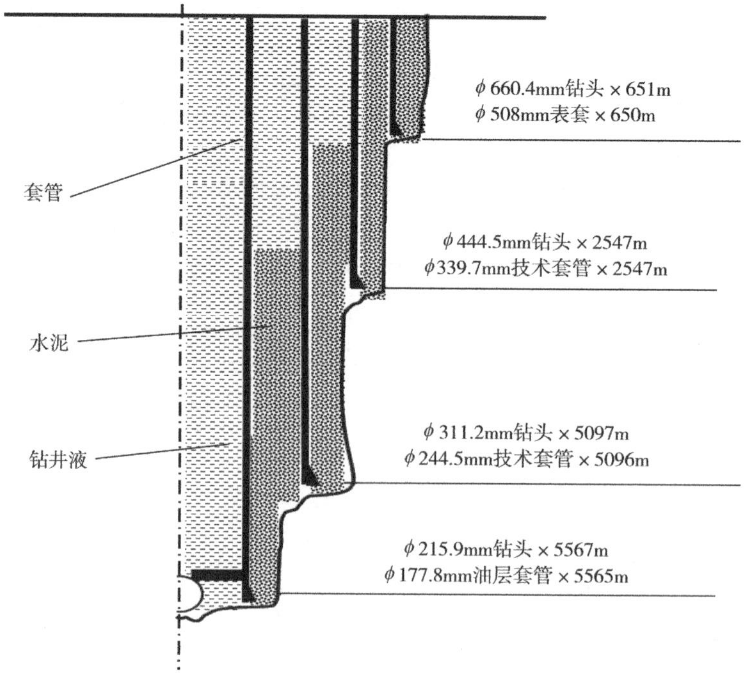

图2-1　SLW-2井井身结构示意图

(1)表层套管：用于封隔上部松软的易坍塌地层和易漏失地层，保护浅表层水资源，安装井口设备，支承技术套管和油层套管，较深的表层套管还可以用来安装封井器。

(2)技术套管：用于封隔用钻井液难于控制的复杂地层，保证继续正常钻进。通常在以下情况出现时需要下技术套管：①钻遇漏层、高压层、严重坍塌层、缩径层等，使钻进难以进行。②即将钻遇高压层、漏失层、盐岩层、缩径层或其他复杂地层，需要大幅度改变钻井液体系。③下部地层有难以预测的地层压力，必须安装封井器防止钻井过程发生井喷。

(3)油层套管：用于把油、气层封隔，以及对不同压力的油气层分隔开来，为开采层创造油气通道，保证长期稳定生产，满足开采和增产措施的要求。

2.2　套管柱设计应考虑的因素

2.2.1　表层套管

表层套管设计主要考虑的因素包括：

(1)上部地层的松软程度、地层破裂压力、是否能承受钻井液柱压力；

(2)地层岩性稳定情况：是否坍塌、严重水敏或缩径；

(3)地层漏失情况：是否有高渗层、破碎层、裂缝等造成钻井液漏失；

(4)是否有浅气层；

(5)设计井深；

(6)固井工艺方法；

(7)井口装置。

根据以上因素作出套管柱设计，确定表层套管的尺寸、钢级、壁厚、下深和需要使用的套管附件。

2.2.2　技术套管

技术套管设计主要考虑的因素包括：

(1)上层套管尺寸；

(2)钻井液密度；

(3)套管下入深度和套管自重；

(4)钻机额定提拉负荷；

(5)下部要打开地层的孔隙压力和下部开钻准备采用的钻井液密度；

(6)固井后的套管可能受到的最大外挤压力；

(7)钻进和生产过程中套管可能受到的内压力；

(8)要保证固井施工所需要的环空间隙；

(9)环空油水气层分布情况，是否需要有效封隔；

(10)裸眼段的复杂情况，是否有坍塌、缩径、漏失、未压稳的高压层；

(11)固井工艺方法。

根据以上因素开展套管柱设计，确定技术套管的尺寸、钢级、壁厚、下深及需要使用的套管附件，同时确定是否使用一次性下入套管一次固井，还是使用一次性下入套管分两级固井。特殊需要时，亦可以采用先下入尾管固井，然后再进行套管回接固井来完成。

2.2.3 生产套管

生产套管设计主要考虑的因素包括：

(1)目的层位置，是油层还是气层及压力系数；

(2)目的层上下的水层位置及压力系数；

(3)压稳产层使用的钻井液密度；

(4)套管下入深度和套管自重；

(5)钻机额定提拉负荷；

(6)生产过程中套管最大掏空度；

(7)固井后的套管受到的外挤压力；

(8)钻进和生产过程中套管可能受到的内压力；

(9)上层套管尺寸和下深；

(10)要保证固井施工所需要的环空间隙；

(11)生产要求有效封固段长度，计划封固段长度；

(12)裸眼段的复杂情况，是否有坍塌、缩径、漏失、未压稳的高压层。

根据以上因素作出套管柱设计，确定生产套管的尺寸、钢级、壁厚、下深及需要使用的套管附件，同时确定是否使用一次性下入套管一级固井，还是使用一次性下入套管分两级固井。特殊需要时，也可以使用先下入尾管，固井后再回接，然后再固井来完成。

2.3 套管柱强度设计方法

套管柱强度设计方法很多，其实质并无太大差别，都是使套管强度大于所受的有效外载荷，并保持一定的余量。下面以三轴强度设计步骤做一简单介绍。

2.3.1 行业对安全系数的要求

为了规范设计，使套管柱的强度设计既能保证其套管下入和生产过程的安全性，又不产生浪费现象，行业对管柱的强度安全系数进行了规定，抗挤安全系数(简称抗挤系数) $S_c=1.0\sim1.125$；抗内压安全系数(简称抗内压系数) $S_i=1.05\sim1.15$；抗拉安全系数(简称抗拉系数) $S_t=1.6\sim2.0$。

2.3.2 原始数据的确定

原始数据是根据地层的基本质料、目前施工参数、下套管固井后继续施工的设计参数、选用的套管类型及油气开发的特殊要求等来确定的。设计原始数据主要包括表2-1的内容。

表2-1 设计原始数据

项目名称	项目名称	项目名称
井别	下次最小钻井液密度/(g/cm^3)	套管下入总长/m
井号	地层水密度/(g/cm^3)	掏空系数
套管类型	天然气相对密度	抗挤系数(S_c)

续表

项目名称	项目名称	项目名称
套管下深/m	地层压力梯度/(MPa/m)	抗内压系数(S_i)
水泥返深/m	上覆岩层压力梯度/(MPa/m)	抗拉系数(S_t)
固井时钻井液密度/(g/cm^3)	地层破裂压力梯度/(MPa/m)	是否塑变地层
下次最大钻井液密度/(g/cm^3)	岩石的泊松比	

2.3.3　套管性能参数

对准备选用的套管，应由供应商或生产厂家提供套管性能参数，常用套管性能参数在钻井手册上可以查得。必须提供的套管性能参数见表 2-2。

表 2-2　套管性能参数

项目名称	项目名称	项目名称
直径/mm	单位长度质量/(kg/m)	钢级
抗挤强度/MPa	扣型	抗内压强度/MPa
壁厚/mm	抗拉强度/kN	管体屈服强度/kN

2.3.4　套管三轴应力强度计算公式

套管在井内会受到外力的作用，在考虑三轴应力载荷时，套管三轴应力强度计算公式为：

三轴抗挤强度：

$$p_{ca} = p_{co}\left[\sqrt{1 - \frac{3}{4}\left(\frac{\sigma_a + p_i}{Y_p}\right)^2} - \frac{1}{2}\left(\frac{\sigma_a + p_i}{Y_p}\right)\right] \tag{2-1}$$

三轴抗内压强度：

$$p_{ba} = p_{bo}\left[\frac{r_i^2}{\sqrt{3r_o^4 + r_i^4}}\left(\frac{\sigma_a + p_o}{Y_p}\right) + \sqrt{1 - \frac{3r_o^4}{3r_o^4 + r_i^4}\left(\frac{\sigma_a + p_o}{Y_p}\right)^2}\right] \tag{2-2}$$

三轴抗拉强度：

$$T_a = 10^{-3}\pi(p_i r_i^2 - p_o r_o^2) + \sqrt{T_o^2 + 3 \times 10^{-6}\pi^2 r_o^4} \tag{2-3}$$

式中　p_{ca}——三轴抗挤强度，MPa；

p_{ba}——三轴抗内压强度，MPa；

T_a——三轴抗拉强度，MPa；

p_{co}——抗挤强度，MPa；

p_{bo}——抗内压强度，MPa；

T_o——抗拉强度，MPa；

p_o——管外液柱压力，MPa；

p_i——管内液柱压力，MPa；

Y_p——管材屈服强度，MPa；

σ_a——轴向应力，MPa；

r_o——套管外径，mm；

r_i——套管内径，mm。

2.3.5 设计方法及步骤

先按抗挤强度自下而上进行设计，同时进行抗拉强度和抗内压强度校核。当选择的抗拉强度和抗内压强度不满足要求时，选择比以上更高一级的套管，改为抗拉强度设计或抗内压强度设计，进行抗挤强度校核，直到满足设计要求为止。

2.3.5.1 确定第一段套管的钢级和壁厚

计算套管鞋处的有效外挤力 P_{ce1}，并根据套管三轴抗挤强度 $P_{ca1} \geqslant S_c \times P_{ce1}$ 的原则，确定第一段套管的三轴抗挤强度，并通过计算确定最小套管强度，在通过手册选择第一段套管的钢级和壁厚，列出套管性能参数表。

2.3.5.2 确定第一段套管的下入长度

第一段套管的下入长度 L_1 取决于第二段套管的下入深度 H_2，由于越往上外挤力越小，因此第二段套管应选比第一段套管强度低一级的，第二段套管的下入深度 H_2 采用式(2-4)计算。

$$H_2 = \frac{-b + \sqrt{b^2 - 4ac}}{2a} \tag{2-4}$$

式中，a、b、c 见中华人民共和国石油天然气行业标准《套管柱强度设计方法》附录 A。

第一段套管的下入长度为：

$$L_1 = H_1 - H_2 \tag{2-5}$$

式中 L_1——第一段套管的下入长度，m；

H_1——第一段套管的下入深度，m；

H_2——第二段套管的下入深度，m。

2.3.5.3 对第一段套管顶部进行抗内压强度校核

按三轴抗内压公式计算出第一段套管顶部的三轴抗内压强度 p_{ba1}，并计算出有效内压力 p_{be1}，则第一段套管的抗内压安全系数为：

$$S_{i1} = p_{ba1}/p_{be1} \tag{2-6}$$

如果 $S_{i1} \geqslant S_i$，则满足要求，否则选择高一级的套管改为抗拉设计。

2.3.5.4 对第一段套管顶部进行抗拉强度校核

按三轴抗内压公式计算出第一段套管顶部的三轴抗拉强度 T_{a1} 及有效拉力 T_{e1}，则第一段套管抗拉安全系数为：

$$S_{t1} = T_{a1}/T_{e1}$$

如果 $S_{t1} \geqslant S_t$，则满足要求。按上述步骤继续设计第二段、第三段，直到设计井深为止。

按上述抗挤设计到第 n 段套管时，如果抗拉强度或抗内压强度不满足，则应选用高一级套管，改为按抗拉强度设计该段套管。

2.3.5.5 按套管抗拉强度计算该段套管的下入长度 L_{on}

2.3.5.6 计算三轴应力下该段套管的下入长度 L_{an}

计算出 L_{on} 及 L_{an} 后，如果 $L_{on} - L_{an} \leqslant 0.01$，则认为：$L_{on} = L_{an}$，否则，重复上述计算，直

到满足 $L_{on} - L_{an} \leq 0.01$ 为止。然后进行该段套管抗内压和抗挤强度校核，直到满足设计井深为止。

公式推导参见中华人民共和国石油天然气行业标准《套管柱强度设计方法》。

2.4　固井施工设计要点

固井施工设计简称固井设计，其设计要点主要考虑以下几个方面。

2.4.1　设计原则

设计原则应满足勘探、开发和钻井施工工程的要求，满足储层增产改造要求和 QHSE 规范要求。

2.4.2　设计依据

设计依据主要参考以下方面：钻井地质设计、钻井工程设计、技术规范、油田增产改造需求及井筒实钻资料。

2.4.3　设计内容

设计内容应包括两部分，一是设计基础参数部分；二是工程设计部分。基础参数部分包括：井位、井型及钻井目的，钻井参数，井眼岩性分布，井身结构，钻井液体系及性能，钻井过程中发生的复杂情况，油气水层分布情况及压力系数和裸眼层最低破裂压力系数和固井的目的及完井工艺方法等；工程设计部分包括：套管尺寸和管串结构，工具附件功能及安放位置，套管强度计算及校核，下套管技术要求，本次固井采用的水泥浆体系及固井工艺方法，水泥浆、前置液、压塞液性能和用量及注替排量要求，施工压力及平衡压力计算，水泥浆性能试验及大样复查要求，水泥浆抗污染实验要求，固井技术难点及主要技术措施，施工中可能发生的问题及预案等。

2.4.4　管柱设计

固井套管柱包括套管和套管附件。

2.4.4.1　套管及管柱

应根据完井要求和井下复杂情况选择套管并确定管柱结构；管柱强度应按行业标准进行强度计算和校核，符合标准要求。

2.4.4.2　套管附件

常用套管附件包括：浮箍、浮鞋、承托环、扶正器、旋流器、刮泥器、漂浮接箍、尾管挂、分级箍、套管外封隔器等。套管附件选择和安放位置应符合行业标准要求。套管附件安装位置应考虑以下问题：

(1)套管鞋距离浮箍的距离应根据井深、套管直径、固井工艺方法及开发要求进行确定，常规情况下应不小于 20m，特殊情况下应不小于 10m。

(2)旋流器宜使用在井径扩大严重井段的下部，安装时应定位并固定牢固。

(3)大位移井套管柱设计时，若使用漂浮接箍，根据计算套管浮重减轻后能满足套管下入摩阻要求为原则，确定漂浮接箍的安装位置。

(4)井斜大于45°的井段，宜选用弹簧复位式浮箍、浮鞋。

(5)分级箍易放在离二级固井封固段的目的油气层底部较近且井壁规则、稳定的位置，这样有利于油气层的封固质量。

(6)套管外封隔器应安装在高压油气层顶部井径规则处。

2.4.5 水泥浆设计

2.4.5.1 考虑因素

(1)地层孔隙压力、地层破裂压力、地层漏失压力和地层承压能力试验值；

(2)地层流体性质；

(3)井底静止温度和循环温度；

(4)水泥封固段长度和环空间隙大小；

(5)井型和固井施工工艺；

(6)甲方的特殊要求。

2.4.5.2 主要性能

1)密度。

水泥浆密度确定应参考地层孔隙压力、地层破裂压力、地层漏失压力和地层承压能力试验值，一般应比同井使用的钻井液密度高0.24g/cm^{3}以上，水泥浆密度提高困难时也应高出0.12g/cm^3。漏失井和异常高压井应根据地层破裂压力和平衡压力原则设计水泥浆密度。

2)稠化时间。

水泥浆稠化时间不小于施工时间与附加安全时间之和，尾管固井的水泥浆稠化时间至少应为配浆开始至提出(或倒开)中心管并将多余水泥浆冲洗至地面的总时间加附加时间；分级固井的一级水泥浆稠化时间至少应为从配浆开始至打开循环孔并将多余水泥浆冲洗至地面的总时间加附加时间。

3)水泥浆配方。

依据水泥类型、地层流体性质、地层岩性、井底温度、井底压力和后期改造作业等确定外加剂、外掺料的类型和加量。

4)抗压强度。

常规密度水泥浆抗压强度参见行业标准SY/T 6544中的规定，常规密度水泥浆24h抗压强度不低于14MPa；超低密度水泥浆用于封固产层时，24h抗压强度不低于10MPa，72h抗压强度应大于或等于14MPa。

5)沉降稳定性。

低密度和常规井水泥浆上下密度差不大于0.03g/cm^3，定向井、水平井和大斜度井上下密度差小于或等于0.01g/cm^3，超高密度水泥浆不大于0.05g/cm^3，其余的水泥浆不大于0.03g/cm^3。

6)滤失量及游离液。

对水平井、定向斜井和需要对油气层保护的井固井，滤失量及游离液的要求比较严格，其他井相对宽松一些，行业标准有详细的要求可供参考。

7)其他性能试验。

根据井的复杂情况可能需要增加其他性能试验，如流变性试验、抗污染试验、力学性能试验、防气窜试验等，具体可参考相应行业标准。

2.4.6　前置液设计

2.4.6.1　前置液设计依据及条件

(1)油气井钻井液类型、性能指标及流变参数；

(2)注水泥设计中水泥浆类型、性能指标及流变参数；

(3)固井施工确定的顶替流态；

(4)井深、井温(井口、井底循环温度、井底静止温度)、地层孔隙压力、地层破裂压力、地层漏失压力、地层承压能力试验值；

(5)注水泥设计确定的平衡压力计算条件；

(6)井壁稳定条件及岩性。

2.4.6.2　前置液用量的确定

(1)依据流变参数及井眼几何尺寸确定紊流临界流速。

(2)冲洗液用量。在不造成油气浸及井壁垮塌的原则下设计用量，一般占环空高度200～500m或紊流接触时间5～10min。

(3)隔离液用量。隔离液使用一般有两个目的，一是将水泥浆钻井液隔离，防止水泥浆被污染；二是调节液柱压力。当以隔离为目的时，浅井一般用量达到隔离段300m左右即可，深井水泥浆行程距离长，可以适当增加数量；当以调节液柱压力为目的时，可根据要调节的压力来确定隔离液的密度和用量。

2.4.6.3　冲洗液性能要求

冲洗液性能应符合以下要求：

(1)流变性接近牛顿流体；

(2)热稳定性好，在井底温度范围内性能保持稳定；

(3)具有能降低钻井液黏度、切力的稀释性能，对钻井液中油基成分具有润湿反转作用，与钻井液、隔离液及水泥浆有良好的相容性；

(4)对水泥浆无促凝作用；

(5)不腐蚀套管；

(6)冲洗液应不影响水泥胶结强度，应有利于水泥胶结强度的提高。

2.4.6.4　隔离液性能要求

隔离液性能应符合以下要求：

(1)不影响工程设计对水泥浆滤失量和稠化时间的要求；

(2)悬浮性能，热稳定性；

(3)塞流隔离液的触变力强、动塑比较高，悬浮顶替效果；

(4)对油基钻井液的润湿性能，有利于提高水泥界面胶结力；

(5)控制失水量，不腐蚀套管。

2.4.7 主要参数设计

2.4.7.1 水泥返高(深)位置

(1)表层、海洋导管、储气库固井、稠油热采井水泥应返至地面(泥面)。

(2)尾管固井水泥返至尾管悬挂器顶部100~200m。

(3)产层固井水泥返高(深)应符合地质和开发要求，一般情况下要求水泥返到目的层以上200m。

(4)含盐膏层的井返至盐膏层顶部以上或底部以下200m。

(5)双级固井应按油气层位置、地质要求、地层破裂压力、地层漏失压力、地层承压能力试验值，确定一级、二级水泥返高(深)，一般情况下不要求一级、二级水泥连续地固井，水泥返高按各段目的层以上不少于200m考虑；技术套管水泥返高(深)应符合钻井工程设计要求。

(6)产层固井裸眼段水泥一次封固长度不宜超过800m，封固段过长，上部质量难以保证。

2.4.7.2 水泥浆量

1)常规固井。

常规固井作业水泥浆量为下水泥塞、封固段套管外环空容积及附加量之和。

2)内管法固井。

(1)表层固井水泥浆量设计应根据本地区经验和返出井口的水泥浆密度与实际入井水泥浆密度差不超过0.2g/cm^{3}确定附加量；

(2)非表层固井为下水泥塞、封固段套管外环空容积及附加量之和。

3)双级固井。

(1)第一级为下水泥塞、封固段套管外环空容积及附加量之和；

(2)第二级为套管外环空容积及附加量之和。

4)尾管固井。

尾管固井的水泥浆量为套管外环空容积、上水泥塞(长度100~200m)、下水泥塞及附加量之和。

2.4.7.3 顶替液量

1)常规固井。

常规固井作业顶替液量为套管承托环以上管柱内容积之和。

2)内管法固井。

内管法固井的顶替液量应比内管柱的内容积少0.5~1m^3，根据内管长度确定。

3)双级固井。

(1)非连续式注水泥的第一级为承托环以上管柱的内容积；第二级为分级注水器以上管柱的内容积。

(2)连续打开式注水泥的第一级顶替液应包括两段，第一段为承托环至分级注水器段的管柱的内容积减去50m套管内容积；第二段为分级注水器以上管柱内容积，第二级同非连续式注水泥。

(3)连续式注水泥的第一级为承托环至分级注水器段的套管柱的内容积减去 50m 套管内容积；第二级同非连续式注水泥。

4)尾管固井。

尾管固井顶替液量为碰压座以上管柱的内容积。

5)压塞液。

压塞液量应以保证将胶塞压下去来确定用量，一般为 1 ~ 3m^3；有时也将压塞液作为调节管内外压力平衡使用，这时就要根据情况来确定使用量。

2.4.7.4　施工参数设计

1)净液柱压力。

净液柱压力应小于地层破裂压力、地层漏失压力、地层承压能力试验值，同时应大于裸眼段地层孔隙压力。

2)施工压力。

(1)环空静液柱压力与环空流动阻力之和应小于地层破裂压力、地层漏失压力、地层承压能力试验值；

(2)设计的注、替压力不应超过设备泵入能力。

3)注替排量。

(1)水泥浆流态宜按紊流设计；

(2)如果水泥浆不能达到紊流，前置液应达到紊流；

(3)设计的注替排量应小于漏失临界排量；

(4)若目的层井段扩径严重、紊流临界流速较高时，地层破裂压力或固井施工设备能力不允许紊流顶替时，宜采用塞流顶替或有效层流顶替。

2.4.8　主要技术措施

主要技术措施包括：井眼准备、钻井液性能调整、套管下入；套管柱附件及工具安装和使用、固井施工作业程序、施工注意要点、异常情况的处理等。不同井型和不同的施工难度要有不同的技术措施，可参考行业标准执行。

2.4.9　候凝方式

一般固井应采取管内敞压方式候凝，特殊情况下可在环空加压候凝，这样套管与水泥环之间不易产生微间隙；当回压凡尔失灵时，可采取关井候凝；一般不要采取套管内憋压候凝。

2.4.10　应急(下套管、固井复杂)预案设计

应急(下套管、固井复杂)预案包括以下几个方面：

(1)下套管发生井漏、井涌、遇阻、遇卡、尾管提前坐挂、井下落物等复杂情况的预防与处理措施；

(2)开泵循环发生井漏、井涌、循环通道堵塞等复杂情况的处理措施；

(3)固井工具失效的处理措施；

(4)注替水泥发生蹩泵、井漏、井涌，或注替设备、工具、管线不能正常工作等复杂情况的处理措施。

2.5 固井施工设计实例

2.5.1 河坝1井 ϕ339.7mm 技术套管固井施工设计

河坝1井位于四川盆地东北部通南巴构造带，是中国石化的一口区域探井，该井由胜利石油管理局黄河钻井总公司第四分公司承担钻井任务；由黄河钻井总公司固井公司承担固井设计与施工。本次设计是 ϕ339.7mm 技术套管固井施工设计。该井是一口大直径套管长封固段固井，井径扩大率严重、使用水泥量超大。采用固井工艺方法为：双级注水泥施工。设计完成日期：2002年7月5日。

2.5.1.1 概况

(1)井位：

地理位置：四川省通江县涪阳区陈河乡西浴溪村九组。

构造位置：四川盆地东北部通南巴构造带河坝场高点。

(2)井别：区域探井。

(3)井型：直井。

(4)二开设计井深：ϕ444.5mm 钻头×3350m。

(5)二开实际井深：ϕ444.5mm 钻头×2182m。

(6)目的层：下三叠统嘉陵江组二段、飞仙关组三段、石炭系黄龙组。兼探上三叠统须家河组、上二叠统长兴组、下二叠统茅口组。

(7)完钻层位：志留系中统。

(8)完井方式：裸眼完井。

(9)ϕ339.7mm 技术套管固井设计原则：封上部陆相易塌中低压地层，为下部复杂地层钻进创造条件。

(10)固井方式：双级固井。

2.5.1.2 二开固井后井身结构

1)井身结构及套管程序见表2-3。

表2-3 井身结构及套管程序

开钻次序	钻头尺寸×井深/mm×m	套管尺寸×井深/mm×m	管鞋位置	备注
导管	860×22	762×20		
一开	660.4×150	508×147.92		
二开	444.5×2182	339.7×2181	下河溪庙组上部	分级箍1090m

2)井身结构示意图如图2-2所示。

2.5.1.3 ϕ339.7mm 技术套管双级固井难点分析及重点技术措施

1)钻井情况描述如下：

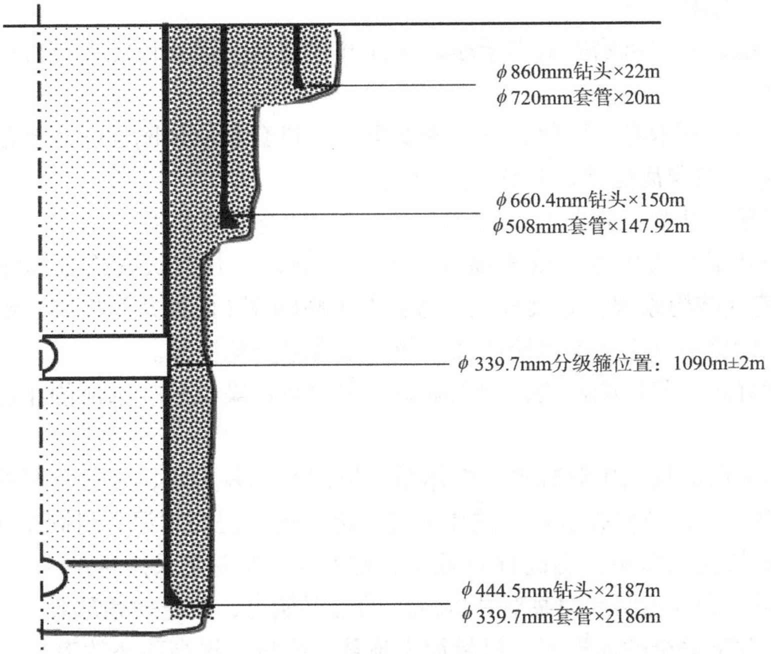

图2-2　河坝1井ϕ339.7mm技术套管固井后井身结构示意图

河坝1井20表层套管下深147.92m，ϕ444.5mm(17½in)钻头二开原设计钻至3350m完钻下ϕ339.7mm(13⅜in)技术套管，给打开千佛崖以下的高压层创造条件。在钻至2181.52m时，因为井眼不畅通，多次通井划眼，处理钻井液，发生钻具落井事故，井内残留ϕ444.5mm钻头和ϕ444.5mm随钻打捞杯，总长0.98m，经多次打捞成功。后发现ϕ508mm(20in)表层套管破裂，且套管鞋脱落，经打水泥塞磨铣，表层套管鞋已磨掉，井眼落物已经处理干净。现井下掉块严重，井径扩大率严重超标(平均井径扩大率达41%)，继续钻进困难，不能按设计井深完钻，提前下ϕ339.7mm技术套管中完。

2)施工难点分析。

(1)井眼大肚子，有严重的“糖葫芦”特征，固井时会在死区积累石块、沙子等，在水泥浆上返时易形成砂堵。

(2)由于水泥浆量过大，注水泥浆时间长，水泥浆在裸眼长期低速流动，可能会发生脱水稠化或静止稠化。

(3)分级箍没有连续打开塞，很难保证两级水泥封固段连续。若保证两级水泥封固段连续，必须使一级固井时水泥浆返至分级箍以上，由于窜槽和水泥量大等因素会造成严重超返，存在分级箍无法正常打开的风险。

(4)由于水泥量大，现场不能同时储备两级固井的水泥，一、二级固井时间间隔可能很长，二级固井时易造成分级箍关闭套不能正常关闭。

(5)大套管，大井眼固井，多数井段水泥浆返速过低达不到紊流，固井质量很难保证。

(6)井眼不规则，井壁极不稳定、掉块严重，不敢多下扶正器，这样套管大部分不能居中会严重影响固井质量。

(7)水泥量大，设备运转时间长，降低了设备的可靠性。

3）重点技术措施如下：

（1）下套管前，井内落物应清理干净，保证井眼通畅。泥浆性能要能保持井壁稳定；钻具加扶正器通井。

（2）下套管时采用卡盘，以保证下套管安全；井口套管应加刚性扶正器居中，固井完成时应迅速反洗井口坐卡瓦位置，并及时坐卡瓦。

（3）准备三根短套管，分别为2m、3m、5m，以调整套管长度。

（4）分级固井工具采用进口威德福重力式分级箍，入井前认真检查和测量分级注水泥器，并了解清楚其结构原理；分级箍位置选择在1090m处（此处井径规则，地层岩性稳定）。

（5）采用抗污染、低失水前置液体系，最大限度地避免混浆。

（6）认真做好水泥浆性能检测，稠化试验、水泥浆污染试验、水泥静止启动试验和现场复查实验。

（7）固井施工两级均采用双凝水泥浆体系，控制水泥浆失水，延长领浆的候凝时间，以利于打开分级箍，也保证候凝过程液柱压力向下部传递，提高水泥环封固质量；同时提高水泥浆流动性，降低流动摩阻，提高顶替效率；前500m水泥浆采用密度1.50～1.90g/m^{3}的过渡水泥浆体系，合理控制水泥浆对井内沉砂的悬浮能力，防止砂堵憋泵。

（8）在保证井下安全的前提下，尽量加大顶替浆排量，提高顶替效率。

（9）及时观察井口返出情况，储备钻井液，保证有足够的顶替浆。

2.5.1.4　固井基本数据

1）钻井液性能见表2-4。

表2-4　钻井液性能

泥浆体系	密度/(g/cm^3)	黏度/s	API滤失量/mL	泥饼/mm	切力/(Pa/Pa)	pH	含砂/%	固相含量/%
聚合醇防塌钻井液	1.49	130	3.8	0.5	12.5/31	9.5	0.3	26

2）套管数据见表2-5。

表2-5　套管数据

套管外径/mm	钢级	壁厚/mm	扣型	公称质量/(kg/m)	下入井段/m	封固井段/m
339.7（13⅜in）	SM95TS	12.19	偏梯扣	101.29	0～2186	0～2187

3）套管强度校核。

（1）按全掏空情况（表2-6）：

表2-6　按全掏空情况校核

井段/m	钢级	壁厚/mm	扣型	段重/kN	抗拉安全系数	抗挤安全系数	抗内压安全系数	设计钻井液密度
0～2180	SM95TS	12.19	BTC	2164	3.64	0.69	1.30	1.40

（2）按井掏空度40%情况（表2-7）：

表 2-7　按井掏空度 40%情况校核

井段/m	钢级	壁厚/mm	扣型	段重/kN	抗拉安全系数	抗挤安全系数	抗内压安全系数	设计钻井液密度
0～2180	SM95TS	12.19	BTC	2164	3.64	1.11	1.19	1.40

4)管串结构设计。

(1)套管串结构：ϕ339.7mm 浮鞋 + ϕ339.7mm 套管 2 根 + ϕ339.7mm 浮箍 + ϕ339.7mm 套管1 根 + 承托环 + ϕ339.7mm 套管串 + 分级箍(1090m) + ϕ339.7mm 套管串至井口(管串连接螺纹口型均为偏梯扣)。

(2)套管扶正器：套管扶正器型号为：ϕ444.5mm × ϕ339.7mm 弹性带定位销整体式扶正器。安装方法为：2086～2186m 每 1 根套管 1 只，共 10 只，分级箍上下各加 2 只，全井共需 12 只。

(3)关键连接点要求：最下部 50m 套管以及分级箍上下套管丝扣使用套管丝扣胶粘接。

(4)河坝 1 井 ϕ339.7mm 管串结构图(图 2-3)：

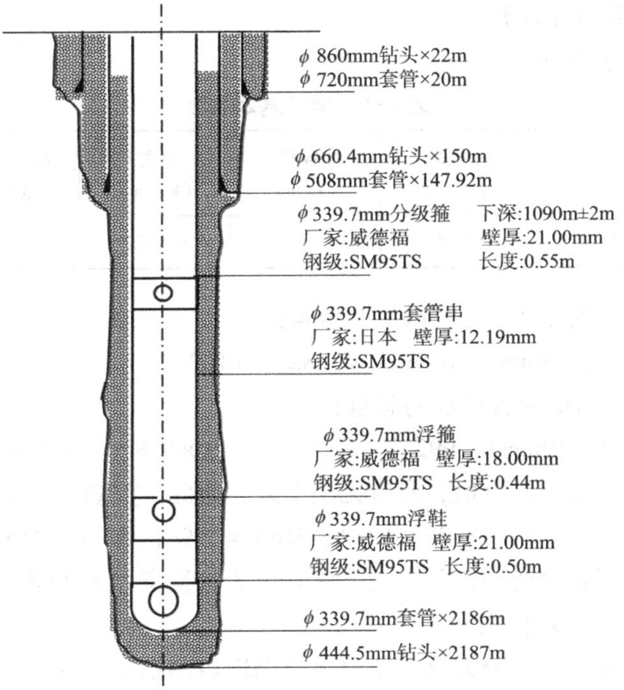

图 2-3　河坝 1 井 ϕ339.7mm 套管柱结构示意图

说明：套管扶正器的下入数量和具体下入位置，以及磁性定位短节的具体位置应根据现场实际井眼情况再进行确定。

(5)管串结构表(表 2-8)：

表 2-8　管串结构

名　称	尺寸/mm	钢级	壁厚/mm	扣型	产地	数量/只	下深/m	备注
浮鞋	ϕ339.7	SM95TS	21.00	BTC	威德福	1	2186	抗硫
套管	ϕ339.7	SM95TS	12.19	BTC	日本	2		抗硫

续表

名　称	尺寸/mm	钢级	壁厚/mm	扣型	产地	数量/只	下深/m	备注
浮箍	ϕ339.7	SM95TS	21.00	BTC	威德福	1		抗硫
套管	ϕ339.7	SM95TS	12.19	BTC	日本	1		抗硫
承托环	ϕ339.7				威德福	1		
套管串	ϕ339.7	SM95TS	12.19	BTC	日本			抗硫
分级箍	ϕ339.7	SM95TS	21.00	BTC	威德福	1	1090	抗硫
套管串	ϕ339.7	SM95TS	12.19	BTC	日本	—井口		抗硫

2.5.1.5　下套管负荷计算

(1)套管下入过程载荷计算：

套管基本参数见表2-9。

表2-9　套管基本参数

套管尺寸/mm	壁厚/mm	内容积/(L/m)	外容积/(L/m)	单重/(kN/m)	泥浆密度/(g/cm^3)	浮力系数
ϕ339.7	12.19	78.08	90.64	0.9927	1.49	0.82

按灌满泥浆计算，每下1m套管增加的悬重：

ϕ339.7mm(壁厚12.19mm)：$0.9927\times0.82=814(N)$

按掏空计算，每下1m套管增加的悬重：

ϕ339.7mm(壁厚12.19mm)：$992.7-90.64\times1.49\times9.8=-330.8(N)$

由于套管全掏空后悬重是负值，套管无法下入，因此，前期必须灌钻井液才能下入。钻井液最少灌入比例为：$330.8/(78.08\times1.49\times9.8)=29\%$；即钻井液最少灌入比例为29%，综合考虑摩擦阻力为保证套管的正常下入，钻井液灌入量宜大于29%。

(2)下套管最大掏空度计算：

浮箍、浮鞋凡尔可承受的最大反向压力为20MPa(额定值)，为保证套管柱的有效密封，考虑下套管动载荷的影响，最大反向压力以20MPa×70%计算为14MPa，则下套管最大可掏空度为：$14\times100/1.49=939(m)$

(3)轴向载荷计算：

按掏空939m计算，可减少的大钩负荷为：

$78.08\times939\times1.49\times9.8/1000=1070.6(kN)$

套管在井眼内总浮重为：

$0.9927\times2186\times0.82=1779.4(kN)$

套管掏空939m后悬重为：$1779.4-1070.6=708.8(kN)$

2.5.1.6　水泥量计算

1)电测井径数据见表2-10。

表2-10　电测井径数据

井段/m	段平均井径/in	井段/m	段平均井径/in	井段/m	段平均井径/in
0～100	25	463～485	25	1045～1149	25
100～125	19.6	485～560	26.2	1149～1177	24.5
125～135	23	560～596	25.5	1177～1785	26.1
135～173	26.6	596～625	20	1785～1805	25
173～194	22	625～660	23	1805～1815	26.1
194～210	21	660～701	24.5	1815～1825	24.5
210～215	23	701～752	21.5	1825～1885	26
215～228	26	752～775	24	1885～1914	20.5
228～250	23	775～798	24.5	1914～1935	26
250～292	25	798～884	26.6	1935～1963	25.5
292～309	23	884～930	18	1963～1987	21
309～397	26.5	930～977	19	1987～2125	26
397～410	24	977～1005	21	2125～2144	23
410～450	20.5	1005～1025	25	2144～2179	26
450～463	23.5	1025～1045	23	2179～2187	21

备注：1. 最小井径：18in；2. 最大井径：26.6in（部分井段实际井径超出仪器测量范围）；3. 平均井径：24.653in；4. 平均环容：213.587L/m；5. 平均井径扩大率：40.875%；6. 环空总容积：470.357m^3；7. 大于26in井段占总井段的53.2%。

2）水泥浆量计算：

（1）一级固井：封固井段：1090～2187m。

①水泥浆量计算（表2-11）：井眼尺寸按实际电测井径（表2-10）进行计算。

表2-11　水泥浆量计算

井段/m	段长/m	环空容积/m^3	水灰比/%	密度/(g/cm^3)	水泥量/t	备注
1090～1590	500	126	65	1.60	115	1090～1590m为过渡密度段
1590～1687	97	25	55	1.80	30	
1687～2187	500	114	38	1.98	162	
水泥塞	35	2.8（内容）	38		4	
合计	水泥总量：311t，附加10%为：342t					

②配浆水量：按水灰比50%计算，不附加配浆用水量为：311×50%=155.5（m^3）；考虑附加量及前置液用水，实际应准备配浆水量为：210m^3。

③顶替液量：78.08L/m×2155m=168.3m^3。

（2）二级固井：井眼尺寸按实际电测井径（表2-10）进行计算，封固井段：0～1090m。

①水泥浆量计算：

裸眼环空容积：191m^3；

重叠段环空：（182.92-90.63）L/m×148m=13.7m^3；

合计水泥浆量：204.7m^3。

②按水泥造浆率为0.74m^3/t计算，水泥不附加用量为：200.2/0.74 = 270(t)，考虑附加量，现场准备水泥320t。

③配浆水量：不附加用水量为：270 × 50% = 135(m^3)；考虑附加量及前置液用水，实际应准备配浆水量为：190m^3。

④顶替液量：78.08L/m × 1090m = 85m^3。

3)水泥浆体系设计。

(1)一级固井采用双凝低失水水泥浆体系及性能要求，如表2-12所示。

表2-12 一级固井采用双凝低失水水泥浆体系及性能要求

注入顺序	水泥浆密度/(g/cm^3)	自由水/%	流动度/cm	失水量/[mL/(6.9MPa·30min)]	稠化时间/min	24h抗压强度/MPa
领浆	1.50~1.90	<0.1	≥24	<300	500~560	≥14
尾浆	1.95~2.00	<0.1	≥24	<300	300~360	≥14

(2)一级固井水泥浆柱设计见表2-13。

表2-13 一级固井水泥浆柱设计

注入顺序	密度/(g/cm^3)	封固井段/m	封固段长/m	水泥浆量/m^3
领浆	1.50~1.90	1090~1687	597	151.0
尾浆	1.95~2.00	1687~2187	500	114.0

(3)二级固井采用双凝低失水水泥浆体系及性能要求，如表2-14所示。

表2-14 二级固井采用双凝低失水水泥浆体系及性能要求

注入顺序	水泥浆密度/(g/cm^3)	自由水/%	流动度/cm	失水量/[mL/(6.9MPa·30min)]	稠化时间/min	24h抗压强度/MPa
领浆	1.78~1.85	<0.1	≥24	<300	300~360	≥14
尾浆	1.88~1.95	<0.1	≥24	<300	240~300	≥14

(4)二级固井水泥浆柱设计见表2-15。

表2-15 二级固井水泥浆柱设计

注入顺序	密度/(g/cm^3)	封固井段/m	封固段长/m	水泥浆量/m^3
领浆	1.70~1.85	0~300	300	52.0
尾浆	1.85~1.98	300~1090	790	148.0

2.5.1.7 替浆返速计算

由电测井径可知，平均环容：213.587L/m，最大井径处环容：254.4L/m，最小井径处环容：73.52L/m，替浆排量按3.0m^3/min计算得：

全井平均替浆返速：0.84m/s；

最大井径处替浆返速：0.70m/s；

最小井径处替浆返速：2.54m/s。

2.5.1.8　施工压力计算

(1)一级固井：

循环压力：6.0MPa；

管内外压差：(1.98g/cm^3 × 500m + 1.88g/cm^3 × 100m + 1.70g/cm^3 × 500m − 1.49g/cm^3 ×1100m)/100 =4.0MPa；附加流动阻力：3.0MPa；

最高顶替压力预计：13.0MPa；

碰压(附加 3.0MPa)：16.0MPa。

(2)二级固井：

循环压力：4.0MPa；

管内外压差：(1.95g/cm^3 × 790m + 1.80g/cm^3 × 300m − 1.49g/cm^3 × 1090m)/100 =4.6MPa；

附加流动阻力：2.0MPa；

最高顶替压力预计：10.6MPa；

碰压(附加 5.0MPa)：15.6MPa。

2.5.1.9　施工程序(表 2-16)

表 2-16　施工程序

序　号	工作内容	液体密度/(g/cm^3)	排量/(m^3/min)	液体量/m^3	施工时间/min	泵压/MPa
1	前置液	1.00	1.0	15.0	8	4
2	注领浆	1.50～1.95	2.0	151.0	73	4
3	注尾浆	1.95～2.00	2.0	114.0	83	0
4	压胶塞	1.00	1.0	2.0	5	0
5	替泥浆	1.49	3.0	166.0	67	13.0
6	碰压					16.0
7	投重力塞打开循环孔				60	
8	循环多余水泥浆				90	
	一级施工时间累计				386	
9	循环候凝，准备二级固井				24h	4
10	前置液	1.00	1.0	6.0	5	2
11	注领浆	1.70～1.85	2.0	52.0	26	2
12	注尾浆	1.90～1.95	2.0	148	74	0
13	压胶塞	1.00	1.0	2.0	5	0
14	替泥浆	1.49	3.0	82.6	35	10.6
15	碰压，关孔					15.6
	二级施工时间累计				145	

2.5.1.10 固井所需材料统计(表2-17)

表2-17 固井所需材料统计

材料名称	类别/型号	单位	用量
水泥	API-G级(嘉华)	t	320
缓凝剂	FHH-5	t	4.0
分散剂	FHJZ-2	t	4.0
消泡剂	FHXP-1	t	1.6
降失水剂	FHJ-1	t	7.2
浮鞋	ϕ339.7mm，梯扣	只	1
浮箍	ϕ339.7mm，梯扣	只	1
分级箍	ϕ339.7mm，梯扣	套	1
套管扶正器	ϕ444.5mm×ϕ339.7mm，弹性	只	12
套管扶正器	ϕ444.5mm×ϕ339.7mm，刚性	只	4
扶正器卡箍		只	12
套管丝扣胶			井队准备
套管密封脂			井队准备
短套管	ϕ339.7mm	根	3

2.5.1.11 固井技术要求

(1)井眼准备。

①电测以前通井、循环，保证电测工具顺利下入。

②电测资料取准、取全。

③电测完通井、堵漏，对起钻遇阻、卡井段做短程起下钻或划眼，确保井眼畅通、无键槽、井下无沉砂，无落物，套管下入顺利。

④井内钻井液性能保持稳定，性能达到固井要求。

⑤通井及注水泥前均应以大排量洗井，上返速度大于1m/s。循环过程密切注意井口返出情况，保证井内岩屑清除干净，循环碰压稳定。

(2)设备准备。

①检查、准备下套管工具：吊卡、卡盘，大钳、卡瓦、灌浆管线等。

②下套管前对所有设备、仪表全面检查，保证安全可靠，运转正常。

③各台钻井泵要求上水良好，高压管汇无刺漏。

④认真检查悬吊系统，井口、游车、天车一条线，下ϕ339.7mm套管前应根据大钩负荷更换大绳，确保下套管安全。

(3)下套管作业。

①各层次套管及附件、工具等送井后要认真检查，通径、丈量、清洗丝扣，不合格套管严禁下入；套管及附件、工具上钻台时要戴好护丝，严禁碰撞。

②按下入次序对套管进行编号、记录。

③下入浮鞋、浮箍时，浮箍(或承托环)以下几根套管要涂丝扣胶，其他套管丝扣涂好螺纹密封脂。

④按设计要求安装套管扶正器。

⑤控制下放速度，每根套管不少于20s；下套管中途禁止停顿，根据情况可以在3～5m范围提放管柱，防止粘卡，并时刻注意悬重变化。

⑥套管内及时灌满钻井液。裸眼段每下入10根灌满一次，套管开始下入时应根根灌钻井液，减少套管浮力。灌浆过程注意活动套管。

⑦下入分级箍时，应轻吊轻放，上扣时不要用大钳卡本体，防止损坏内部结构。

⑧下完套管后先灌满钻井液，再小排量开泵循环洗井，直至钻井液性能达到施工要求，井眼干净。

(4)固井施工准备。

①现场准备足够的固井用水。一级固井要求准备210m^{3}配浆淡水，二级固井准备190m^{3}配浆淡水。

②提前2d配好配浆用水，按设计加量加入外加剂，并搅拌均匀；固井施工以前做好大样复查及水泥浆抗污染试验，满足设计要求。

③提前检查注水泥设备、下灰设备、压风机、供水泵等固井设备，确保运转正常、施工连续。

④认真检查水泥头及各闸门、管线，要求连接牢靠，灵活好用，以保证施工安全顺利。

⑤严格按照设计密度和数量注入前置液、水泥浆等液体，水泥浆密度保持均匀，保证固井质量。

⑥固井施工过程密切注意井口返出情况，及时回收和储备返出钻井液。

⑦检查校对流量计等各仪表，确保准确；施工时应采用流量计和钻井液罐同时计量，相互核对，减小数据采集误差。

⑧做好注水泥时的水泥浆密度记录及固井时效记录。

2.5.1.12 设备、工具清单

(1)固井设备、工具见表2-18。

表2-18 固井设备、工具

序号	名 称	单位	数量	备 注
1	双机双泵混浆橇	台	2	
2	立式罐	个	11	30t
3	压风机	台	2	
4	供水泵	台	2	
5	水泥头(T扣)	只	1	ϕ339.7mm
6	高压水龙带	m	100	70MPa
7	供水管线	m	200	ϕ50.8mm
8	供气管线	套	8	
9	下灰管线	根	4	9m
10	下灰管线	根	4	4.5m
11	流量计	台	1	
12	弯头	只	8	ϕ50.8mm×70MPa
13	旋塞阀	只	6	ϕ50.8mm×70MPa
14	三通	只	3	ϕ50.8mm
15	稠化仪	只	1	

(2)下套管工具见表2-19。

表2-19 下套管工具

序号	名 称	单位	数量	备 注
1	ϕ339.7mm套管吊卡	只	3	
2	ϕ339.7mm垫叉	只	1	
3	ϕ339.7mm大钳	套	2	
4	灌泥浆管线	根	1	
5	循环接头(T扣)	只	1	
6	卡盘	只	1	井队准备

2.5.2 泌页HF1井ϕ139.7mm生产尾管固井设计

泌页HF1井位于南襄盆地泌阳凹陷深凹区，地理位置为河南省唐河县王集乡，是中国石化的一口预探井，也是一口准备固井后分段压裂的长段水平井；该井由河南油田钻井公司承担钻井任务，由中国石化石油工程技术研究院与河南油田石油工程技术研究院负责固井设计；由河南油田固井公司负责固井施工任务。本次固井设计是针对泌页HF1井ϕ139.7mm生产尾管固井施工。设计完成时间2011年11月18日。

2.5.2.1 钻井资料

1)井身结构见表2-20。

表2-20 井身结构

开钻次序		井段/m	钻头系列/mm	套管程序/mm	水泥返高(深)/m	备注
一开		0~400	444.5	339.7	地面	
二开	导眼	400~2446	311.2	244.5		
	水平井	400~2656	311.2	244.5	地面	
三开		2656~3722	215.9	139.7	地面	

2)下套管前钻井液性能。

(1)钻井液类型。

钻井液类型为：白油基钻井液。

(2)主要性能指标。

①完钻钻井液性能要求见表2-21。

表2-21 完钻钻井液性能要求

密度/(g/cm^3)	漏斗黏度/s	动切力 *YP*/Pa	切力/Pa		塑性黏度 *PV*/mPa·s	pH
			初切	终切		
1.55	65	12.7	4.6	13	30	9

②下套管后钻井液性能要求见表2-22。

表2-22　下套管后钻井液性能要求

密度/(g/cm³)	漏斗黏度/s	动切力 *YP*/Pa	切力/Pa		塑性黏度 *PV*/mPa·s	pH
			初切	终切		
1.50~1.55	60~70	10.0~13.0	4.0~5.5	12~15	25~35	9

3)钻进过程中的情况。

(1)钻井参数。

钻进排量：32~36L/s；立管压力：21~24MPa。

(2)复杂情况

钻进过程中有掉块现象；未发生井漏；钻开产层后钻井液密度最低点1.45g/cm³时无后效。

2.5.2.2　地质资料

1)地破试验。

未做地破试验。

2)井温数据。

泌阳凹陷地温梯度在3.2~4.0℃/100m之间，推测井底3722m处静止温度可能达到110℃左右。根据泌页1井经验及河南油田当地实际地温梯度，推出井底静止温度为110℃。

3)实钻地质分层见表2-23。

表2-23　实钻地质分层

地层层位			安深1		泌页HF1(垂深)		地层产状/(°)		故障提示
系	组	段	深度/m	厚度/m	深度/m	厚度/m	倾向	倾角	
第四系+新近系	Q+N								
古近系	EL		801		772				防卡 防塌 防喷 防漏
	核桃园组	Eh_3	1243	442	1212	440	62	5	
		Eh_2	1853	610	1822	610	65	68	
		Eh_3 Ⅰ	2056	203	2023	201	66	68	
		Eh_3 Ⅱ	2308	252	2270	247	70	7	
		Eh_3 Ⅲ	2663	355	2550▼		74	71	
		EhⅣ	2885	222					
		Eh_3 Ⅴ	3051	166					
		Eh_3 Ⅵ	3209	158					
		Eh_3 Ⅶ	3364	155					
		Eh_3 Ⅷ	3489	125					
	大仓房组		3510▼						

2.5.2.3　固井目的及方法

1)固井目的。

封固裸眼井段，满足长水平井多级分段压裂要求。

2)固井方法。

尾管固井及套管回接固井。

3)固井要求。

悬挂器放置于直井段，设定位置为：1850m 左右，回接后套管内径保证桥塞顺利通过，同时要求对悬挂器整体包括回接插头进行70MPa 抗内压试验，为后期压裂施工提供保障。

2.5.2.4 固井难点及主要技术措施

1)固井难点。

(1)水平井段套管对井壁的侧向力很大，由于水平段较长，导致下套管摩阻较大，使套管很难顺利下至预定位置。

(2)水平井段套管所受的重力方向不再是轴向而是径向，这一重力极易导致套管偏心，甚至贴边，使套管与井壁窄边的钻井液驱替困难，容易窜槽。

(3)水平井段钻进时采用了油基钻井液，造成井壁及套管清洗困难，并影响胶结质量。

(4)固井液体对于油基泥浆存在破乳、絮凝问题，存在安全隐患。

(5)水泥浆析水量在水平段上部易形成水道，影响固井质量。

(6)目的层为低孔低渗的页岩储层，固井后需要采取压裂增产措施，页岩气分段压裂对固井胶结质量提出了较高的要求，在满足生产井段水泥浆胶结质量良好的前提下，要求水泥石具有良好的弹性、韧性和耐久性。

2)主要技术措施。

(1)认真做好通井或划眼工作，采用不低于套管刚度的管串通井至井底。同时调整好钻井液的润滑性及其他各项性能。

(2)管串结构“引鞋居中”和双弓弹性扶正器及刚性扶正器复合扶正工艺保证套管正常下入和居中。

(3)采用白油、洗油冲洗液、高密度冲洗液、低密度水泥浆四级冲洗工艺保证井眼清洗效果。

(4)采用弹性水泥浆体系，提高水泥石胶结能力和抗冲击能力。

(5)利用固井设计软件进行辅助计算，保证井内压力平衡和优选施工参数，确保施工安全和提高顶替效率。

2.5.2.5 套管柱设计校核及管串结构

1)设计安全系数选定。

抗挤设计系数：1.00；抗内压设计系数：1.05；抗拉设计系数：1.60。

2)套管柱强度校核(依据钻井设计)。

套管柱强度设计见表2-24。

表2-24 套管柱强度设计

套管程序		井段	套管尺寸/mm	套管规范			段长/m	质量			安全系数		
				钢级	壁厚/mm	扣型		每米质量/(N/m)	段重/kN	累重/kN	抗挤	抗内压	抗拉
油层套管	射孔完井	0～1850	139.7	P110	10.54	LTC	1850	335.45	620.6	620.6			
		1850～3707	139.7	P110	10.54	LTC	1872	335.45	628.0	1248.6	3.10	1.12	2.39

说明：1. 本表为理论计算数据，套管送井时应根据井下实际情况和实际钻井液密度重新校核；

2. 为确保套管紧扣质量，要求施工单位具有扭矩自动记录仪的套管钳，提交扭矩记录曲线和有关资料。

3)管串结构(由下至上)见表 2-25。

表 2-25　管串结构

名称	尺寸×钢级×壁厚×扣型	根数	段长/m	下深/m
钻余	127mm×S135×9.17mm×NC50			—
钻杆	127mm×S135×9.19mm×NC50	N1	1277	—
钻杆	139.7mm×S135×11.57mm×NC50			
送入工具	127mm×S135×9.19mm×NC50	1	—	—
悬挂器	139.7mm×LTC	1	4.26	1845.74
套管	139.7mm×P110×11.51mm×LTC	N1	1827.13	1850
球座	139.7mm×LTC	1	0.3	3672.62
套管	139.7mm×P110×10.54mm×LTC	1	11	3672.92
浮箍	139.7mm×LTC	1	0.21	3673.13
套管	139.7mm×P110×10.54mm×LTC	1	11	3684.13
浮箍	139.7mm×LTC	1	0.21	3684.34
套管	139.7mm×P110×10.54mm×LTC	2	22	3706.34
引鞋	139.7mm×LTC	1	0.66	3707

说明：各个入井附件(浮箍、浮鞋)具体入井管串长度以现场丈量排列为准，准备短钻杆 2~3 根，调整套管下入深度；下塞 45m；口袋 15m。

4)扶正器安放位置(尾管固井方式)见表 2-26。

表 2-26　扶正器安放位置

井段顶深/m	井段底深/m	扶正器类型	扶正器型号(ϕmm×ϕmm)	安放间距/m	安放数量/只
2599	3707	双弓弹扶	215.9×139.7	11	100
2400	2599	刚性直条	215.9×177.8	11	19
1850	2400	刚性旋流	215.9×177.8	22	25
备注	刚性扶正器在 244.5mm 套管管鞋以上连续加 2 个，悬挂器以下 2 根套管连续加 2 个。 在斜段加刚性直条扶正器，直井段采用刚性旋流扶正器，其他采用弹性扶正器位置根据井眼实际情况进行调整				
总计	弹性扶正器：100 只			刚性扶正器：46 只	

2.5.2.6　水泥浆与前置液设计

1)弹性水泥浆设计。

(1)水泥浆体系设计与特殊要求。

①领浆固井封固段 1850~2240m，采用 1.90g/cm^3 防气窜水泥浆体系；

尾浆固井封固段 2240~3707m，采用 1.88g/cm^3 弹塑性水泥。

②做水泥浆 1.92g/cm^3 的密度高点水泥浆稠化试验，稠化时间满足施工要求，试验条件同水泥浆稠化试验；做温度 100℃的温度高点试验，稠化时间满足施工要求，试验条件同水泥浆稠化试验。

(2)水泥浆性能要求见表2-27。

表2-27 水泥浆性能要求

项　目	冲洗浆	领浆	尾浆
水泥浆密度/(g/cm^3)	1.75	1.90	1.88
稠化时间(30Bc)/min	320~400	210~270	150~210
稠化过渡时间(40~100Bc)/min	—	≤30	≤30
API 失水(BHCT×6.9MPa×30min)/mL	—	≤50.0	≤50.0
自由液/mL	—	0.5	0
48h 顶部抗压强度(BHST×0.1MPa)/MPa	—	≥8.50	≥14.0
48h 抗压强度(BHST×0.1MPa)/MPa	—	≥14.0	≥14.0
初始稠度/Bc	≤15	≤20.0	≤25.0

2)水泥浆污染试验。

(1)污染试验养护条件为90℃×0.1MPa，污染稠化时间试验条件：同水泥浆试验条件。

(2)试验性能要求见表2-28。

表2-28 水泥浆污染试验性能要求

水泥浆	钻井液	隔离液	常温流动度/cm	90℃流变性(参考)	稠化时间/min
50%	50%		≥24	153/101/65/36/9/4	>210
75%	25%		≥23	168/138/75/44/10/6	>210
25%	75%		≥21	156/112/65/33/10/5	>210
50%		50%	≥23	58/33/25/16/5/4	>210
	50%	50%	≥22	46/30/25/15/4/3	>210
70%	20%	10%	≥21	152/116/95/80/20/14	>210
20%	70%	10%	≥23	143/98/78/51/11/9	>210
1/3	1/3	1/3	≥21	132/100/93/75/20/13	>210

3)前置液及后置液设计。

(1)固井前置液设计见表2-29。

表2-29 固井前置液设计

前置液类型	前置液密度/(g/cm^3)	设计占环空长度/m	所需用量/m^3	准备量/m^3
防破乳剂(白油)	0.85	150	5~6	6
油水反转冲洗液	1.02	300	13~15	15
加重冲洗液	1.5	300	13~15	15
低密度水泥浆	1.75	200	10	6

(2)固井后置液设计见表2-30。

表2-30　固井后置液设计

类　型	密度/(g/cm^3)	占套管长度/m	所需用量/m^3	准备量/m^3
压塞液	1	90	1	1

(3)几点说明：

①加重隔离液的密度根据固井前钻井液和水泥浆的密度进行确定，原则是：$\rho_{钻井液} < \rho_{加重隔离液} < \rho_{领浆}$，确保三者之间具有一定的密度差，以提高顶替效率，冲洗液、隔离液要与水泥浆和钻井液相容。

②在不造成油气水浸和地层坍塌的原则下，满足8~10min紊流冲洗时间，若冲洗排量无法达到紊流冲洗可适当增加冲洗量。

由于采用油基钻井液完钻，附着在井壁和套管壁上的油膜很难被冲洗干净，会影响水泥石的胶结质量。使用高效冲洗液能有效驱替套管壁和井壁油膜，提高水泥石与套管壁和井壁的界面胶结质量。

③高效的冲洗液应具有如下性能：A. 具有良好的流变性能。冲洗液对钻井液具有很好的稀释性能，降低了钻井液的黏度和切力；冲洗液塑性黏度低，具有较低的紊流排量，有利于提高水泥浆的顶替效率。B. 具有良好的清洗能力，能有效清除油膜，稳定井壁，良好的沉降稳定性能。C. 具有较小的失水性，减少对油气层的污染。D. 具有较好的加重性，加重后浆体比较稳定，无沉降、分层等现象，与钻井液和水泥浆有良好的相容性。

该井采用SCW冲洗液，在做好对油基钻井液冲洗效果设计的同时，还应做好室内冲洗液与现场钻井液、水泥浆相容性试验，性能满足要求方可入井。

2.5.2.7　固井参数设计

1)水泥浆用量计算。

水泥浆用量、配浆水与干水泥量施工中根据实测井径和封固要求对水泥用量进行修正(表2-31)。

表2-31　水泥浆用量

名称		封固井段/m 自	封固井段/m 至	井径/套管外径/mm	单位环容/(L/m)	段长/m	段容积/L	折合灰量/t	累计容积/m^3
重叠段	领浆	1850	2239.6	223.4/139.7	23.5	389.5	9.15	11.88	9.15
重叠段	尾浆	2239.6	2599	223.4/139.7	23.5	359.4	8.45	10.97	17.6
裸眼段		2599	3707	233.2/139.7	27.37	1113	30.5	34.0	48.1
口袋		3707	3722	233.2/—	42.7	15	0.64	0.75	48.74
下塞		3663	3707	—/139.7	11.06	44	0.49	0.64	49.23
合　计									49.23
附加10%为：54.2m^3									52
折合水泥/t									72

说明：1. 裸眼段井径实测扩大率为：8%；

2. 尾浆分界点为2239.6m处；

3. SFP弹塑性防气窜水泥浆体系由北京中石化工程院准备；

4. 水泥浆用量、配浆水与干水泥量施工中根据实测井径和封固要求对水泥用量进行修正。

2）顶替量计算（以实际入井管串为准）见表2-32。

表2-32 顶替量计算

管柱	底深/m	外径/mm	壁厚/mm	分段长/m	内容积/(L/m)	段容积/m^3
钻杆	1288.5	ϕ127	9.19	1288.5	9.27	11.93
5.5in 钻杆	1688.5	ϕ139.7	11.57	399.97	10.67	4.62
加重钻杆	1857	ϕ139.7	22.0	168.5	7.24	1.22
套管	3648.8	ϕ139.7	10.54	1791.8	11.05	19.9
合计	37.7m^3					

说明：采用三种方式同时计算顶替量，以人工计量为准，到量后未碰压时，在理论体量基础上最多附加下塞容积50%。

3）施工工艺流程见表2-33。

表2-33 施工工艺流程

顺序	操作内容	工作量/m^3	密度/(g/cm^3)	排量/(m^3/min)	压力/MPa	施工时间/min	累计时间/min	累计注替量/m^3
1	管汇试压		1.00		25			
2	防破乳剂（白油）	6	0.85	1.0		6		
3	冲洗液	15	1.02	1.0		15		
	加重冲洗液	15	1.5～1.6	1.5		8.5		
4	低密度水泥浆保护液	10	1.7～1.8	1.8～2.1		5.5		
5	注领浆	20	1.8～1.87	1.8～2.1		10		
6	注入水泥浆	32	1.87～1.9	1.8～2.1		20		
7	释放胶塞					2		
8	替入压塞液	1	1.00	1.0		1		
9	替井浆	15	1.55	2.1～1.8		9.5		
10	替清水浆	21.7	1.02	2.1～1.8		10.5		
11	检查回流					4		
12	循环，冲洗喇叭口					35	137	
根据施工时间，确定水泥浆稠化时间。最终碰压压力：18～22MPa								

说明：考虑到加重冲洗液在注入井内后已有部分出环空，为了确保冲洗液、隔离液的清洗效果，使环空返速达到1.0～1.2m/s，为了提高顶替效率、保证施工安全，设计排量范围如下：

注加重隔离液：1.0～1.5m^3/min；　　注水泥浆：1.0～1.5m^3/min；

压胶塞：0.8～1.0m^3/min；　　替浆：1.8～2.1m^3/min（水泥浆返速1.2m/s）。

4）相关施工压力计算。

（1）拔中心管前环空内外压差（原井浆替浆）见表2-34。

表2-34 拔中心管前环空内外压差(原井浆替浆)

管内				环空			
流体	密度/(g/cm^3)	垂深/m	压力/MPa	流体	密度/(g/cm^3)	垂深/m	压力/MPa
钻井液	1.55	2410	32.39	钻井液	1.55	284	4.26
				白油	0.85	513	1.91
				冲洗液	1.02	1086	5.73
				加重冲洗液	1.5	1659	8.43
				低密度先导浆	1.75	1850	3.2
				领浆	1.9	2359	10.43
				尾浆	1.9	2410	
合计压力			36.64	合计			33.96
备注：停泵后，拔中心管前管外与管内压差 -2.68MPa							

(2)拔中心管前环空内外压差(清水替浆)见表2-35。

表2-35 拔中心管前环空内外压差(清水替浆)

管内				环空			
流体	密度/(g/cm^3)	垂深/m	压力/MPa	流体	密度/(g/cm^3)	垂深/m	压力/MPa
钻井液	1.55	2410	7.8	钻井液	1.55	284	4.26
清水	1.02	1900	18.6	白油	0.85	513	1.91
				冲洗液	1.02	1086	5.73
				加重冲洗液	1.5	1659	8.43
				低密度先导浆	1.75	1850	3.2
				领浆	1.9	2359	10.43
				尾浆	1.9	2410	
合计压力			26.4	合计			33.96
备注：停泵后，拔中心管前管外与管内压差7.56MPa							

(3)施工过程流量动态模拟曲线如图2-4所示。

(4)施工过程压力动态模拟曲线如图2-5所示。

(5)施工过程当量密度动态模拟曲线如图2-6所示。

2.5.2.8 固井前各方准备工作

1)井眼准备。

(1)调整钻井液性能，防止井壁掉块，以保证下套管和固井过程安全。

(2)井队制定有效的通井措施，认真通井，保证套管的顺利下入。

(3)通井到底，大排量充分循环，保证井内泥浆密度均匀，井眼干净。

2)固井公司准备。

(1)完钻时到现场充分了解井况，掌握施工设计内容。

(2)将所制定的技术措施与固井施工的各方交底，提前做好准备。

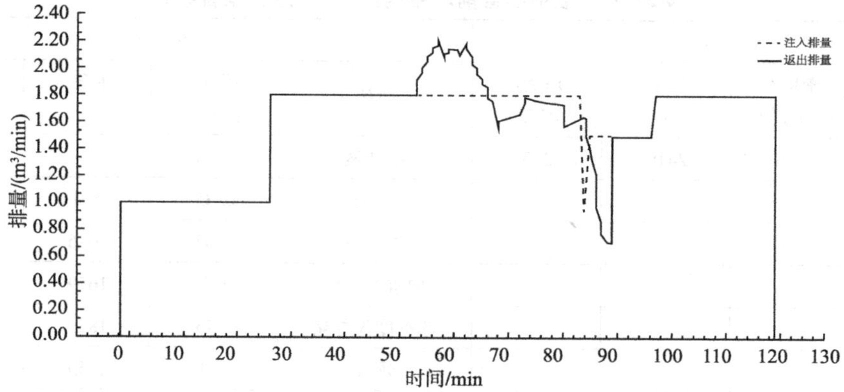

图 2-4　泌页 HF1 井 ϕ139.7mm 尾管固井流量动态模拟曲线

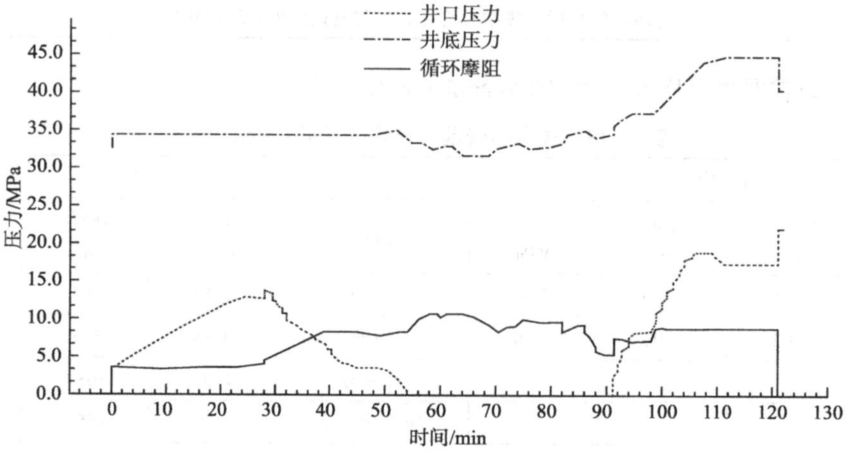

图 2-5　泌页 HF1 井 ϕ139.7mm 尾管固井压力动态模拟曲线

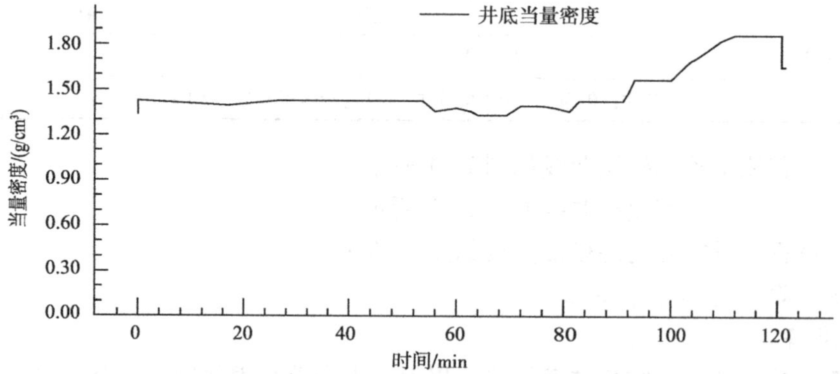

图 2-6　泌页 HF1 井 ϕ139.7mm 尾管固井当量密度动态模拟曲线

(3)提前做好水泥浆试验、配制好配浆液后做大样复查试验。

(4)固井附件及工具送井前、后认真检查。

(5)对参与施工的全套设备认真检查保养，以保证连续施工。

(6)对井口工具及管汇进行检查，保证其灵活、可靠；与工具服务方一道在下套管前应将固井工具及附件送至井场，在固井监理的监督下与钻井工程师一起认真组装、检查，检查内容包括：尺寸、扣型、钢级、试压数据、内径规通过记录等。

(7)对下套管工具认真检查落实，包括：吊钳、吊卡、井口板(垫叉)、循环接头、配合接头、灌浆管线等，并提前送至井场。

3)钻井队准备。

(1)下套管前，井队应对全套钻井设备、仪表进行一次认真严格的检查保养，使之状态良好。指重表反应灵敏，大泵缸套直径应适当，上水良好。

(2)井队在下套管前确认防喷器闸板芯子满足井内管串要求，并制定防喷措施。

(3)与专业下套管队配合做好下套管工具准备，对下套管工具认真检查。

(4)井队工程师负责对送达的工具、附件、物资进行清查，测量工具和附件尺寸，并进行合扣，发现问题及时反映。

(5)对送井套管逐项进行检查、洗扣，并做好记录，油公司监督进行复查；套管检查丈量时，录井公司应派人记录。检查内容包括：接箍、管体、螺纹外表缺陷；钢级与壁厚；直线度；长度；通内径，通径规按API标准加工等。不合格套管不得入井，需另行放置，并标记清楚。

(6)管串排定后，在套管接箍上标明入井编号，对要加扶正器的套管，在距公扣1m处写上“扶正器”字样(或做上记号)，以免错下或漏加。

(7)所有入井管具在入井前，必须进行通径，见通径规方能入井；防止井内和套管内落物。

(8)必须按设计要求下入扶正器，保证套管居中度。

(9)清理井场，提供足够宽敞的场地，以便固井设备入场摆放；同时井队应提前做好排污准备，防止环境污染。

4)录井队准备。

(1)与井队一起丈量、排列并核对入井的套管、工具、附件和钻具，要求准确无误。

(2)对下套管过程进行全程记录，保证套管和钻柱按排列的顺序入井，并记录套管余扣。

(3)替浆过程中使用泵冲和钻井液罐液面两种方式计量，并进行相互对照。

(4)与固井公司、井队一起做好固井数据统一工作。

5)工具服务方准备。

(1)提供详细的工具技术参数及操作手册。

(2)负责与工具相关的所有技术服务及操作指导。

2.5.2.9　下套管工作要求

(1)下套管前应做好以下工作：认真通井，通井时不能简化钻具结构，落实双扶通井措施；保证钻井液黏度<70s、塑性黏度<20mPa·s、动切力<10、$Kf<0.07$，使之具有较好的稳定性和流变性；对井控装置进行全面检查；对所下入的套管进行逐根通径、丈量、检扣、洗扣、编号，通径规符合API标准。

(2)套管上钻台应戴好护丝，并用标准通径规进行二次通径，井场内只能使用一只通径规，通径规要有专人保管；所有入井钻具也必须用标准通径规进行二次通径后方可入井。

(3)下套管时，井队要注意防止井口落物，严防通径规或其他物件掉入套管内；套管螺纹必须擦干净，上钻台前均匀涂好标准套管密封脂；套管上扣应按API标准紧扣，余扣不能超1扣，并做好扭矩曲线，确保套管紧扣质量；下部8根套管及附件均匀涂上强力黏合剂。

(4)按设计要求加好扶正器，确保套管居中。

(5)在尾管悬挂器入井前，必须灌满钻井液，准确称重；尾管悬挂器供应商服务人员必须到现场服务；悬挂器吊上钻台时应系尾绳，注意防止磕碰；悬挂器的反扣与送入工具连接时，用链钳以两人力量上够扣数为宜，不得用大钳紧扣，上扣时，大钳位置应避开液缸处，并在通过转盘、封井器时慢放，防止磕碰；尾管坐挂作业，应该严格按照工具方服务工程师指令进行操作。

(6)连接送入工具后，转盘必须处于锁死状态，上提下放钻具应控制速度。

(7)下套管过程中应尽可能减少中途停顿，缩短套管在井下静止时间；裸眼段灌浆时应上下活动套管，其活动距离不少于3m；如需中途循环钻井液，需控制泵压不能超过悬挂器坐挂液缸销钉的剪切压力。

(8)球座以下套管逐根灌满浆，往后坚持根根灌浆，每10根灌满浆一次；钻具每3柱灌满一次，下完套管应灌满浆后记录尾管悬重。

(9)套管进入裸眼段以后，严格控制套管下放速度，不得猛提猛放，送入钻具下放速度控制在1.5分/柱以上，防止压力激动压漏地层。

(10)下套管过程中钻井队派专人观察钻井液返出情况。如井口不返钻井液，应及时在环空灌满钻井液。

2.5.2.10 注水泥施工要求

(1)注水泥前召开固井施工交底会，落实各环节工作；固井队介绍施工作业指导书和水泥浆大样复查报告，井队汇报固井配合岗位人员落实情况，在全部准备工作到位后开始注水泥施工。

(2)固井队在注水泥前召集参加施工人员会议，对施工过程的各个环节和注意事项交代清楚；井队在注水泥前也需要召开会议，对各个配合作业岗位人员安排做好部署。

(3)水泥浆密度允许偏差为$\pm 0.02g/cm^3$，确保连续注水泥施工；注替过程中连续监控施工排量、压力，各工序连续时间，设备工况及井口返浆等。

(4)准确计量替浆量，采用两个专罐分别计量替入和返出泥浆；施工中同时进行流量计计量、人工罐计量和泵冲计量，并且多方相互核对，提高计量精度，误差较大时以人工计量为准。

(5)若替浆量达到理论计算量后还没碰压，最多再替$0.3m^3$停止替浆。

(6)固井结束后，进行正循环洗井，洗井结束后起钻。

(7)严格按设计施工，若有异常及时向现场技术领导汇报。

(8)候凝时间大于48h，且在施工时所取水泥浆样凝固有强度后，下钻扫水泥塞，测声幅质量，测声幅前禁止降低井浆密度以及套管试压。

2.5.2.11 施工预案

1)安全预案如下：

(1)下套管后发生井漏时，进行堵漏作业。

(2)一旦发现溢流或井涌，以井队应急指挥为主，按井控“四七”动作控制井口，固井公司按二级井控响应。

(3)高压管线、闸门应有备用，施工中一旦发生刺漏，高压管线巡视人员应立即通知工程指挥人员，暂停施工进行整改或更换管线、闸门。

(4)固井施工前应巡回检查固井设备并试运行，备用一台水泥车及关键部件，检查所有固井设备的超压保护装置，必须做到灵敏、可靠，如有失灵待整改后才能参加施工；施工中一旦发生设备故障，应立即通知工程指挥人员，并采取迅速检修或由工程指挥人员决定更换设备。

(5)水泥化验必须遵循先做小样，再配大样，再做大样复查的实验程序，若发现有不安全因素，立即通知本井工程指挥人员，以便请示甲方及时处理。

(6)根据路途远近及道路交通情况，做好出发时间安排，留出一定的富余时间，若因故延误，应立即与甲方取得联系，进行协商解决或由领导决策采取相应措施。

(7)施工过程中对高压区域设置警戒线，安排有经验的工作人员在施工期间巡查；其他人员未经同意不得进入警戒线内。

(8)施工现场严禁吸烟。

(9)分管技术领导到现场，施工中出现技术问题及时决策处理。

2)环保预案如下：

(1)严格遵守当地环境部门的有关规定及有关HSE环境保护措施。

(2)配置生活、工业废物回收袋，将生活、工业废物用塑料袋装好后统一处理。

(3)配制混合水时，尽量减少配浆液外溢，在倒换管线时，用容器盛接，避免管线内溶液外流，减少对井场场地的污染；配完药品后，不能将盛装药品的桶倒放，以免残余药品外流。

(4)安装除尘设备，施工时水泥排空管线连接至井场外并进行除尘处理；配置污油桶，施工时将水泥车柱塞润滑机油接在桶里，统一处理，防止直接排放到井场上。

(5)施工完后，要求水泥车在井场内不得用固井水冲洗，并且不得倾倒固井水，应开至井队指定地点并以指定方式进行上述作业。

3)健康预案如下：

(1)准备防尘面罩、手套，在配制隔离液及药品时给工作人员佩戴，防止药品飞溅灼伤作业人员；要求无关人员应远离作业现场，以免吸入对人体有害的气体。

(2)施工时，非本岗位人员不得窜岗、乱岗，不得无故进入高压区，注意安全。

(3)严格要求现场固井施工人员正确穿戴各种防护用品(工衣、工鞋、手套、安全帽、防护镜等)。

(4)要求所有参加施工人员必须做到不伤害别人，不伤害自己，不被别人伤害。

(5)井场施工过程中，井队的医生现场值班，若出现员工受伤、疾病突发等，应根据情况采取相应急救措施，或送往就近的医院。

(6)在固井作业场所，配备清水、苏打水等以备急用。

2.5.2.12 固井所需设备和附件

固井所需设备和附件见表2-36。

表 2-36 固井所需设备和附件

材料名称	性能/规格	单位	用量
单级单泵水泥车		台	2
双机双泵水泥车		台	1
灰罐车	20t	台	4
水泥罐	30t	个	4
压风机		台	2
供水设备	潜水泵	套	4
配药水罐	$40m^3$	个	2
配药水罐	$15\sim20m^3$	个	3
闸门	35MPa	个	6
悬挂器	70MPa	套	1
水泥头		只	1
套管吊卡		只	3
套管钳头		套	1
浮鞋		只	1
浮箍		只	1
套管扶正器	刚性	只	94
套管扶正器	弹性	只	45

2.5.2.13 泌页 HF－1 井 ϕ139.7mm 尾管固井大样实验报告

1)配方及性能见表 2-37。

表 2-37 水泥浆配方及性能

送样单位		中国石油化工股份有限公司石油工程技术研究院				
井名		泌页 HF－1 井		井 深		3722m
套管下深		3707m		固井方式		尾管固井
井底静止温度		℃	井底循环温度	90℃	井底压力	40MPa
水泥型号		JHG		混合水		
水泥浆配方		1. 领浆：JHG＋5% FSAM＋2.5% DZJ－Y＋0.5% H＋1.5% DZS＋0.3% DZH－2＋44% H_2O 2. 尾浆：JHG＋4% SFP－1＋0.05% SFP－2＋5% FSAM＋2.5% DZJ－Y＋0.5% H＋1.6% DZS＋0.3% DZH－2＋44% H_2O				
配方序号	密度/(g/cm^3)	剪切应力读数		API 失水/30min		自由液
1	1.90	冷浆：290/161/113/62/5/4 90℃：146/81/56/29/3/2		90℃×6.9MPa	35mL	0mL
2	1.88	冷浆：294/159/111/5/4/2 90℃：232/140/105/67/21/18		90℃×6.9MPa	34mL	0mL

续表

<table>
<tr><td rowspan="2">配方序号</td><td rowspan="2">试验条件</td><td colspan="6">稠化试验</td></tr>
<tr><td>稠度</td><td>30Bc</td><td>40Bc</td><td>70Bc</td><td>100Bc</td><td>初始稠度</td></tr>
<tr><td>1</td><td>90℃ ×40MPa ×40min</td><td>时间/min</td><td>313</td><td>316</td><td>318</td><td>322</td><td>7Bc</td></tr>
<tr><td>2</td><td>90℃ ×40MPa ×40min</td><td>时间/min</td><td>221</td><td>223</td><td>224</td><td>226</td><td>8Bc</td></tr>
<tr><td rowspan="2">配方序号</td><td colspan="7">强度/MPa</td></tr>
<tr><td>养护条件</td><td colspan="2">抗压强度</td><td colspan="2">养护条件</td><td colspan="2">抗压强度</td></tr>
<tr><td>1</td><td>50℃ ×48h</td><td colspan="2">17.7</td><td colspan="2">90℃ ×48h</td><td colspan="2">24.5</td></tr>
<tr><td>2</td><td>90℃ ×24h</td><td colspan="2">18.39</td><td colspan="2">90℃ ×48h</td><td colspan="2">22.1</td></tr>
<tr><td colspan="2">实验依据</td><td colspan="6"></td></tr>
<tr><td colspan="2">实验结果评价</td><td colspan="6">水泥浆体系满足现场施工要求</td></tr>
</table>

2)稠化曲线。

(1)配方 1(领浆)稠化曲线如图 2-7 所示。

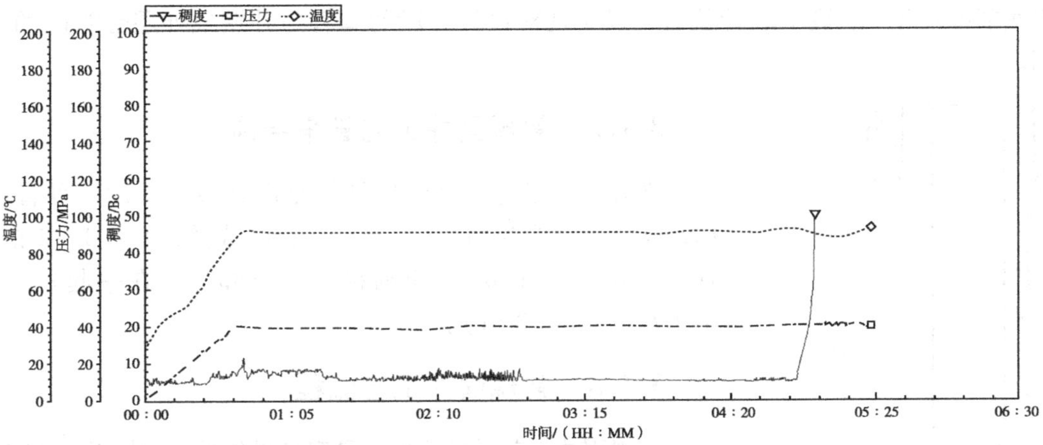

图 2-7　泌页 HF-1 井 ϕ139.7mm 尾管固井领浆稠化曲线

(2)配方 2(尾浆)稠化曲线如图 2-8 所示。

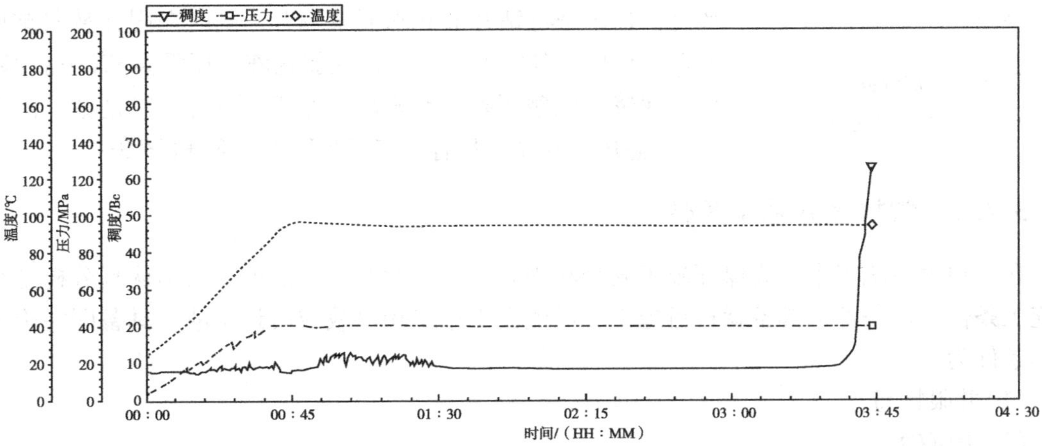

图 2-8　泌页 HF-1 井 ϕ139.7mm 尾管固井尾浆稠化曲线

第3章　常用固井工艺

3.1　常规固井工艺

3.1.1　概述

常规固井工艺是用水泥车、下灰车及其他地面设备配制好水泥浆，通过泵入前置液、下胶塞(隔离塞)与钻井液隔离后，一次性地通过高压管汇、水泥头、套管串将水泥浆注入井内，从管串底部进入环空，到达设计位置，以实现对设计井段的套管与井壁或外层套管间的有效封固。

3.1.2　常规固井工艺管串结构

常规固井工艺的套管串结构是固井最基本的一种管串结构，其管串结构为(自下而上)：引鞋(或浮鞋)+(1~2根)套管+浮箍+碰压节箍(有时碰压节箍和浮箍在一起)+套管串+水泥头(图3-1)。

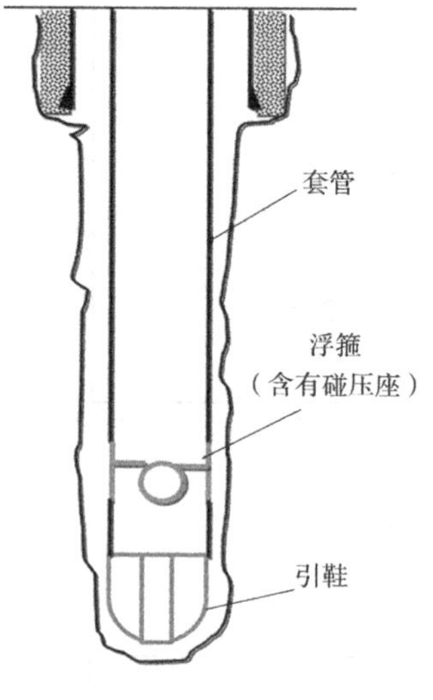

图3-1　常规固井工艺管串结构示意图

3.1.3　常规固井工艺流程

常规固井工艺是最简单、最容易操作的一种固井工艺流程。水泥头上有多个管汇连接接头和闸门，可连接注水泥管线、压胶塞管线和替入顶替液管线，水泥头内部装有碰压胶塞，碰压胶塞的作用是将钻井液和水泥浆隔开，同时在固井替浆结束时起碰压作用，其施工流程为：注前置液→压隔离塞(下胶塞)→注水泥浆→压碰压塞(上胶塞)→替顶替液(一般是钻井液或清水)→碰压→候凝。只有大直径套管用隔离塞(图3-2)。

3.1.4　常规固井基本条件

在常规固井施工中，为保证施工安全和固井质量，固井施工之前，必须认真分析是否具备施工条件，若条件不具备就盲目施工，可能会带来工程事故或质量事故。具备固井施工的基本条件为：

(1)井眼畅通；

(2)无沉砂；

(3)井径规则，井径扩大率小于15%(严格要求应小于10%)；

(4)固井前井下不漏失；

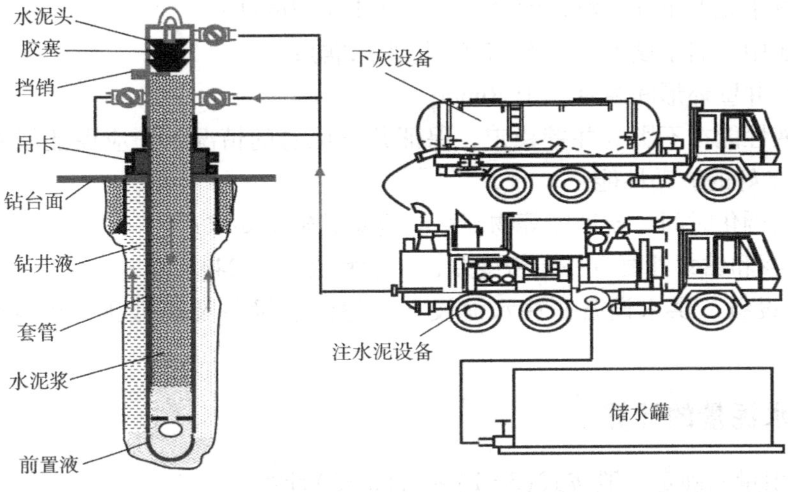

(a) 注前置液、水泥浆流程

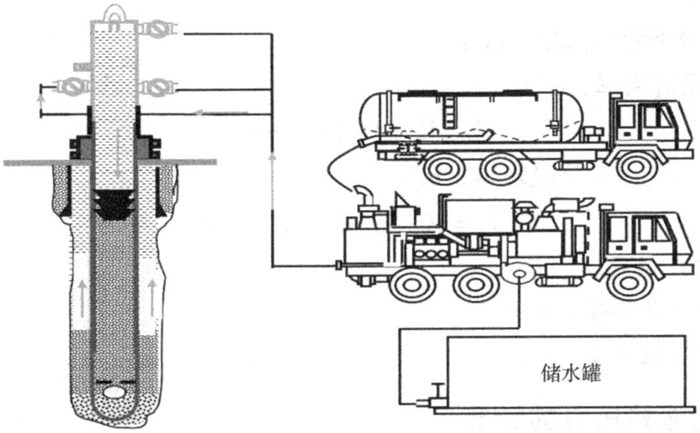

(b) 替钻井液流程

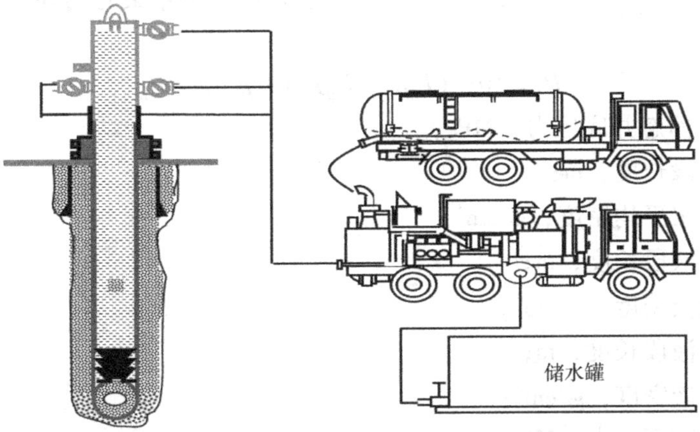

(c) 碰压，固井结束

图 3-2　常规固井工艺流程示意图

(5)钻井液中无严重油气浸，油气上窜速度小于10m/h；

(6)套管居中，居中度不小于66.7%(行业标准)；

(7)套管与井壁环形间隙宜大于20mm；

(8)钻井液性能在不影响井壁稳定、保证井下压稳的情况下，应保证低黏度、低切力、低密度，具有良好的流动性能；

(9)水泥浆稠化时间、流动度等物理性能应满足施工要求；

(10)水泥浆和钻井液要有一定密度差，一般宜大于0.24g/cm^3；

(11)下灰设备、供水设备、注水泥设备、替泥浆设备及高低压管汇等性能满足施工要求。

3.1.5 水泥量的计算

固井水泥用量的确定一般按式(3-1)~式(3-3)计算：

$$G = V/p \tag{3-1}$$

式中 G——水泥质量，t；

V——水泥封固的总体积，m^3；

p——干水泥造浆率，m^3/t。

$$V = V_1 + V_2 + V_3 \cdots + V_n \tag{3-2}$$

式中 V_1、V_2、$V_3 \cdots V_n$——分段环容，m^3。

$$V_n = 10^{-6}\pi(D_n^2 - d_n^2)L_n/4 \tag{3-3}$$

式中 D_n——分段井眼直径，mm；

d_n——分段套管外径，mm；

L_n——分段井段长度，m。

3.1.6 环空液柱压力的计算

3.1.6.1 静态井底压力的计算

固井中的静态井底压力，即静液柱压力，一般指注水泥结束时的环空液柱压力，其计算公式为：

$$P_J = 10^{-3}(L_S\rho_S + L_q\rho_q + L_z\rho_z)g + P_b \tag{3-4}$$

式中 P_J——环空静态井底压力，MPa；

L_S——水泥段长度，m；

ρ_S——水泥浆平均密度，g/cm^3；

L_q——前置液段长度，m；

ρ_q——前置液密度，g/cm^3；

L_z——钻井液段长度，m；

ρ_z——钻井液密度，g/cm^3；

P_b——环空憋压压力，MPa；

g——重力加速度。

3.1.6.2　动液柱压力的计算

固井中的动液柱压力，一般指固井过程中的液柱压力，其计算公式为：

$$P_d = 10^{-3}(L_S\rho_S + L_q\rho_q + L_z\rho_z)g + P_L \tag{3-5}$$

式中　P_d——环空动液柱压力，MPa；

P_L——环空流动阻力产生的压力，MPa。

固井施工中环空动液柱压力 P_d 是动态变量，它与环空流体位置及环空流速有关，应分析井底压力动态变化过程以指导施工设计，一般可以选择有代表性的液柱在某一瞬间位置或某一时刻进行分析、计算。

3.1.6.3　固井压力平衡设计的基本条件

根据环空压力计算，并对比几个关键位置(或关键时刻)的环空动液柱压力 P_d 值及环空静液柱压力 P_J，比较出最小环空静液柱压力 P_{min} 和最大环空动液柱压力 P_{max}。

固井设计必须满足式(3-6)条件：

$$P_{min} > P_k;\ P_{max} < P_p \tag{3-6}$$

式中　P_{min}——最小环空静液柱压力，MPa；

P_{max}——最大环空动液柱压力，MPa；

P_k——地层孔隙压力，MPa；

P_p——地层破裂压力，MPa。

3.1.7　下套管速度的计算

下套管时，为了控制钻井液回流速度，保证井壁稳定，以及防止压漏地层，必须控制套管下放速度。套管下放速度(V_X)计算公式为：

$$V_X = V_H U_H / U_{TW} \tag{3-7}$$

式中　V_X——套管下放速度，m/s；

V_H——钻井液环空回流速度，m/s；

U_H——每米套管外环形容积，L/m；

U_{TW}——每米套管外容积，L/m。

由式(3-7)看出，套管下放速度(V_X)与钻井液环空回流速度(V_H)成正比，与每米套管外环形容积(U_H)成正比，与每米套管外容积(U_{TW})成反比。由于每米套管外环形容积和套管外容积都是固定值，所以套管下放速度由钻井液环空回流速度决定，套管下放速度越快钻井液环空回流速度就越大，回流速度过大会影响井壁稳定。对钻井液环空回流速度的要求与地层性质有关，对易塌、易漏、油气活跃地层钻井液环空回流速度就要定的小一些，比较稳定的地层钻井液环空回流速度可以定的大一些。因此，稳定的地层下套管速度可以快一些，不稳定的地层下套管速度就要慢一些。

3.1.8　地面及井下管串附件

常规固井施工常用固井管串附件主要有：引鞋、浮鞋、浮箍、旋流短节、承托环、扶正器、刮泥器、胶塞、水泥头等。其种类、作用及使用位置见表3-1。

表 3-1 常规注水泥的地面及井下管串附件

名称	种类	作用	使用位置
引鞋	可钻式引鞋	引导套管下入井内	连接于套管最下端
	不可钻式引鞋		
浮箍	可钻式浮箍	起单流阀的作用，防止固井后水泥浆倒流。自灌浆式浮箍在下套管时可以向套管内回流钻井液	连接于底部第二或第三根套管上端
	不可钻式浮箍		
	自灌浆式浮箍		
浮鞋	可钻式浮鞋	引导套管下入井内。兼有单流阀的作用，防止固井后水泥浆倒流	连接于套管最下端
	不可钻式浮鞋		
旋流短节	有旋流嘴旋流短节	使水泥浆上返时形成旋流； 引鞋插到井底时作为上返通道	引鞋上面，浮箍下面
	无旋流嘴旋流短节		
承托环	可钻式承托环	起阻碍胶塞下行作用，是人工井底的位置	在浮箍上面隔一根套管处，现多和浮箍组合成一体
	不可钻式承托环		
扶正器	弹性扶正器	扶正套管，减小套管偏心度；防止下套管过程中套管粘卡	依据产层、井径和设计计算加入
	刚性扶正器		
	滚轮扶正器		
刮泥器	环式刮泥器	清除井壁疏松泥饼和稠钻井液，有利于提高水泥浆的顶替效率，增强水泥与井壁的胶结程度	按设计位置加入，一般安放在目的层或套管下部
	针型刮泥器		
	旋转式刮泥器		
胶塞	上胶塞(碰压塞)	分隔钻井液与水泥浆，刮除井壁泥膜，碰压	钻井液与水泥浆之间
	下胶塞(隔离塞)		
水泥头	单塞水泥头	存放胶塞，连接注水泥、替钻井液及压胶塞管汇	井口套管或联顶节上
	双塞水泥头		

3.2 内插法固井工艺

3.2.1 概述

内插法固井工艺是通过下部连接有浮箍插头的小直径钻杆柱通过套管内部插入套管串底部的插座式浮箍(或插座式浮鞋)的插座内，与环空建立循环，用水泥车通过钻杆柱向套管外环空注水泥的一种固井工艺。该工艺一般用于大直径套管固井。采用内插法固井工艺注水泥能减少水泥浆在套管内与钻井液的掺混，缩短顶替钻井液时间，同时水泥浆可提前返出从而减少因附加水泥量过大而造成的水泥浪费和环境污染。

3.2.2 内插法固井管串结构与工艺流程

内插法固井工艺套管串结构为(自下而上)：插入式浮鞋 + 套管串(也可以为：引鞋 + 1 根套管 + 插入式浮箍 + 套管串)。钻杆串结构为：插入头 + 钻杆扶正器 + 钻杆串[图 3-3(a)]。内插法固井工艺流程为：注入前置液→注入水泥浆[图 3-3(a)]→替入钻井液(替入量比钻杆内容积少0.5m³）→放回压检查回压凡尔是否倒流→上提钻杆循环出多余的水泥浆[图3-3(b)]。

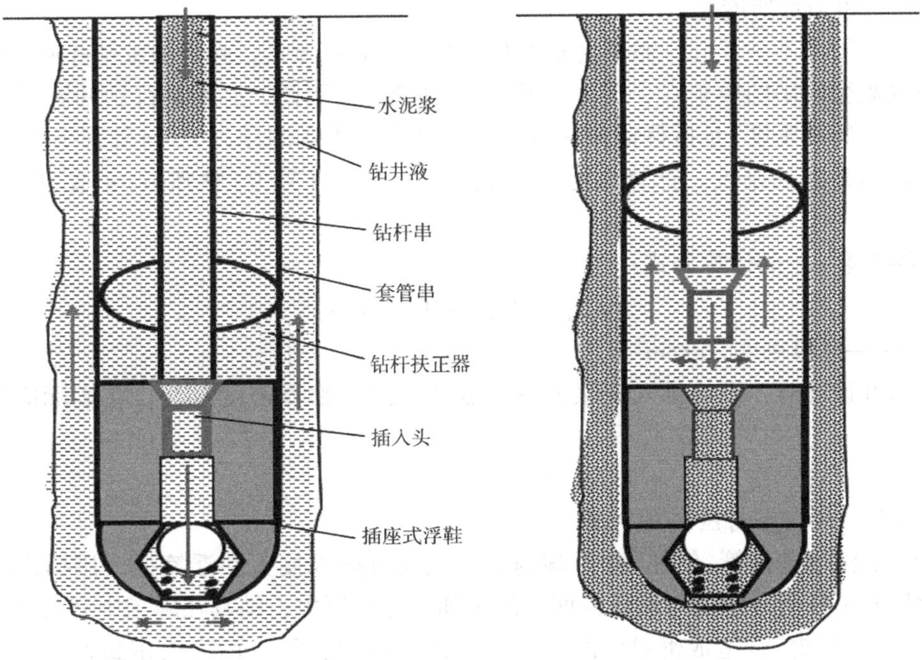

图3-3　内插法固井管串结构与工艺流程图

3.2.3　内插法固井的相关计算

3.2.3.1　套管串浮力计算

大直径套管固井一般是表层套管固井或大直径技术套管固井，要求水泥返出地面，固井施工后，管外环空全部为水泥浆。为了保证套管不被浮起，套管串所受的浮力 F_f 必须小于套管串的重量 G_t。

套管串所受的浮力 F_f 的计算公式为：

$$F_f = 10^{-7} S_w H \rho_s g \tag{3-8}$$

式中　F_f——套管串所受的浮力，kN；

S_w——套管外截面积，cm^2；

H——浮箍深度，m；

ρ_s——水泥浆密度，g/cm^3；

g——重力加速度。

套管串质量 G_t 的计算公式为：

$$G_t = 10^{-3} qH + 10^{-7} S_n H \rho_n g \tag{3-9}$$

式中　G_t——套管串质量，kN；

q——每米套管质量，N/m；

H——浮箍深度，m；

S_n——套管内截面积，cm^2；

ρ_n——套管内泥浆密度，g/cm^3；

g——重力加速度。

要保证套管串不被浮起，需满足 $G_t \geq F_f$。若计算后 $G_t \leq F_f$，必须加重钻井液，即加大 ρ_n 的值，以提高套管串的质量 G_t，使 $G_t \geq F_f$ 后方可施工。因此，必须进行钻井液"临界密度" ρ_{min} 的设计。"临界密度"是指替钻井液结束时，套管串所受的浮力 F_f 与套管串的质量 G_t 相等时套管内钻井液的密度。计算方法是把式(3-8)和式(3-9)整理后(g 取 $10m/s^2$)即可得出。

"临界密度" ρ_{min} 的计算公式：

$$\rho_{min} = (S_w\rho_s - 10^{-3}q)/S_n \tag{3-10}$$

式中 ρ_{min}——临界密度，g/cm^3。

在做固井设计时，设计替入泥浆的密度 ρ_s 要大于"临界密度" ρ_{min}，在实际应用中，一般按：

$$\rho_s = \rho_{min} + (0.1 \sim 0.2) \tag{3-11}$$

3.2.3.2 钻柱坐封压力的计算

由于内插法固井内管(钻柱)和浮箍的连接是通过插入接头和浮箍插座用插入的方法连接的，所以若不在密封球面与承压锥面之间施加一定的压力，钻具在施工中就会在反向压力的作用下产生"回缩"，造成密封球面与承压锥面之间"脱开"，而失去密封作用。因此，在设计中进行坐封压力的计算是非常有必要的。

坐封压力 F_z 的计算公式为：

$$F_z = 10^{-3}P_{max}S_m \tag{3-12}$$

式中 F_z——密封球面与承压锥面之间施加的压力(坐封压力)，kN；

P_{max}——施工最大泵压，MPa；

S_m——密封面积，cm^2。

3.3 尾管固井工艺

3.3.1 概述

尾管固井是指不延伸至井口的套管固井，这段不到井口的套管称作尾管。较短的尾管可坐于井底，但绝大部分要求必须实施尾管悬挂，这样管柱不至于大幅度弯曲，利于保证固井质量，便于进行增产作业。悬挂器装在尾管顶部，尾管由尾管悬挂器悬挂于上层套管内壁。还有特殊的尾管形式，不悬挂于上层套管内壁，而靠水泥环支持，称为"保护性"尾管，主要用于处理大漏层、异常高压层、严重坍塌层、键槽井段等，亦属于钻进尾管范畴。尾管固井的主要目的有：经济性要求；满足使用复合钻具或复合油管；改善钻井或注水泥环空水力条件等。

3.3.2 尾管悬挂器类型

常见尾管悬挂器类型见表3-2。

表3-2　常用尾管悬挂器类型

类　型	作用机理	特　点
水泥环悬挂器	利用水泥环强度支承尾管	成本低，只适用于“保护性”尾管
卡块悬挂器	靠卡块台阶悬挂尾管	成本低，结构简单，悬挂负荷小，只适用于较短的尾管
台阶悬挂器		
机械式悬挂器	“J”型槽式是转动套管座卡瓦；轨道式是上下活动套管座卡瓦	可靠性差，悬挂负荷较小，只使用浅井和尾管较短的井，可套管回接
液压式悬挂器	下尾管后，投球憋压，液缸的环形活塞推动卡瓦坐挂	可靠性强，悬挂负荷较大，易操作，可用于深井、长尾管井，可套管回接
多功能悬挂器	在液压式基础上增加功能	带顶部封隔器，内嵌卡瓦，自动丢手，可回接

3.3.3　尾管固井管串结构与工艺流程(以液压式尾管悬挂器为例)

最常用的尾管悬挂器是液压式尾管悬挂器。使用液压式尾管悬挂器固井施工时，套管串结构与送入钻杆串结构为：引鞋+1根套管+浮箍+1根套管+浮箍+1根套管+球座短节(含托篮)+尾管串+尾管悬挂器+反扣接头+送入钻杆+钻杆水泥头。其工艺流程为：按作业规程下入尾管及送入钻杆到设计位置→开泵循环[图3-4(a)]→投球→憋压剪断坐挂销钉悬挂器坐挂[图3-4(b)]→对尾管头加压30~50kN→旋转转盘进行倒扣，观察转盘扭矩并记录旋转圈数→若旋转圈数已超过反扣接头丝扣圈数且转盘扭矩降低则试提中心管→若悬重减少且基本等于空钻杆浮重证明倒扣成功→下放钻柱加压80~100kN于悬挂处→憋压剪断球座销钉→开泵进行循环钻井液[图3-4(c)]→注前置液→注水泥浆→释放钻杆胶塞→替钻井液[图3-4(d)]→钻杆塞与空心胶塞偶合(偶合前降低替入排量)→碰压[图3-4(e)]→放回压检查浮箍是否倒流→上提中心管循环出多余的水泥浆[图3-4(f)]→起钻候凝。

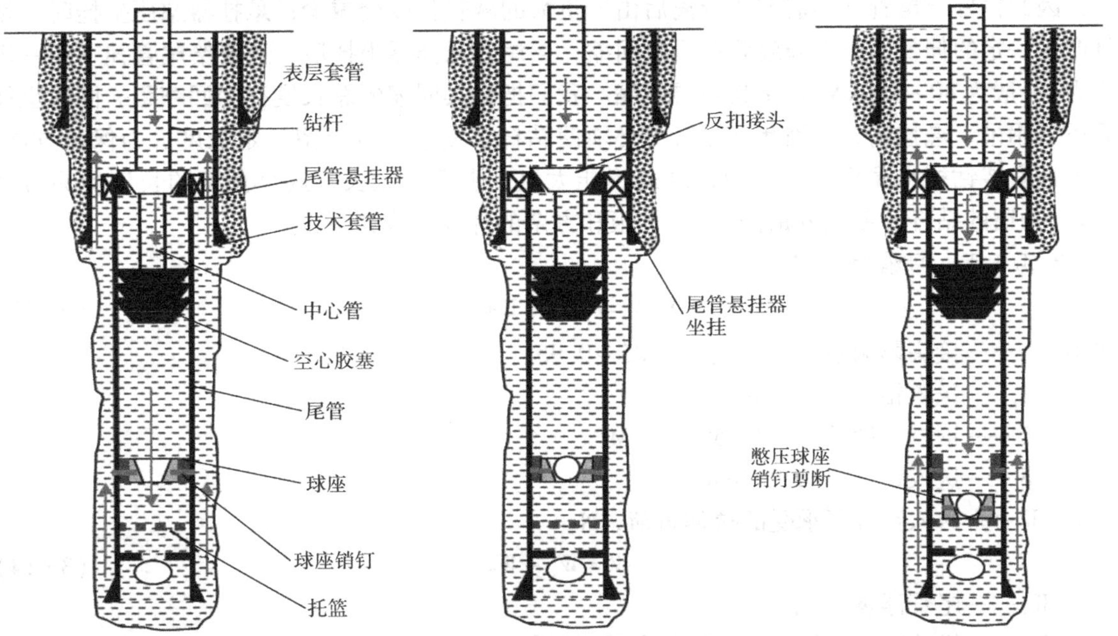

(a) 下入尾管，循环钻井液　(b) 投球憋压，悬挂器坐挂　(c) 倒扣，憋掉球座，循环钻井液

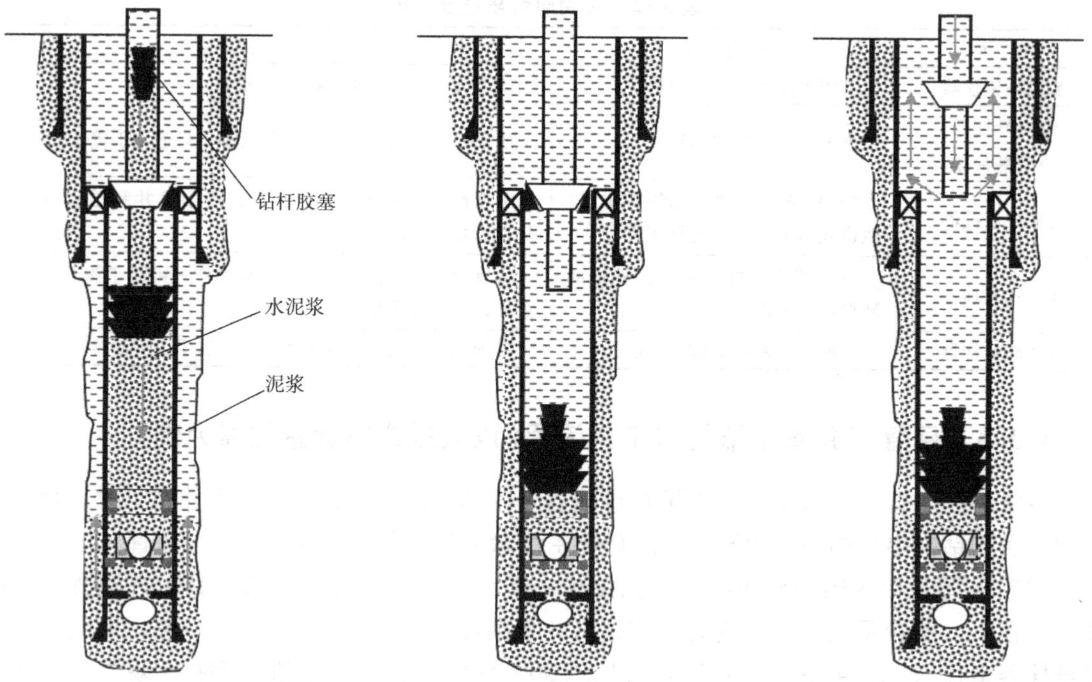

(d) 注水泥浆，投钻杆胶塞，替浆　　(e) 钻杆胶塞与空心胶塞偶合，碰压　　(f) 提出中心管，循环钻井液

图 3-4　液压式尾管固井管串结构与工艺流程示意图

3.3.4　尾管送入钻杆回缩距的计算

尾管悬挂器坐挂后，尾管的全部浮重都加在了尾管悬挂器上，送入钻杆的负荷就要减轻，因此钻杆与尾管悬挂器倒扣分离后由于负荷的减轻长度会减少；悬挂器憋压坐挂时，钻具产生一定的伸长，压力释放后钻具要回缩；当尾管悬挂器坐挂后，还要给尾管挂下压一定压力(一般为 80 ~ 100kN)，钻具还要回缩。我们把钻具回缩的总长度称为回缩距。同时坐挂后还要用吊卡悬挂钻具，因此下尾管时必须使钻杆在钻盘面以上留一定长度。为保证方便、合理地安装钻杆水泥头，预留的长度既不能太短，也不能太长，这个预留的长度称为方余(因为预留的钻杆多数是方钻杆)。回缩距和方余的计算公式如下：

3.3.4.1　回缩距计算公式

$$\Delta L_{回} = KWL/(100ES) \tag{3-13}$$

式中 K——接头影响系数，一般取 0.85 ~ 0.95；

L——送入钻具长度，m；

E——钢材弹性系数，2.059×10^5 MPa；

S——送入钻具截面积，cm^2；

W——送入钻具所承受的拉伸负荷，N。

$$W = W_1 + W_2 \tag{3-14}$$

W_1——尾管浮重，N；

W_2——投球憋压坐挂时钻具附加负荷，N。

$$W_2 = 100\pi D^2 P/4 \tag{3-15}$$

D——送入钻具内径，cm；

P——坐挂压力，MPa。

3.3.4.2　方余计算公式

$$\Delta L_{方} = \Delta L_{回} + \Delta L' + L_1 + L_2$$

式中　$\Delta L'$——坐挂后下压时钻杆回缩距。

$$\Delta L' = KW'L/(100EF) \quad (3-16)$$

W'——下压质量，N；

L_1——吊卡高度，m；

L_2——钻杆(方钻杆)母接头长度，m；

F——下压压力，N。

3.3.5　各类尾管的特点及使用目的

按尾管的使用目的可分为四类，即生产尾管、技术尾管、保护尾管和回接尾管。不同使用方法的尾管，具有不同的特点(表3-3)。

表3-3　各类尾管的使用目的和特点

分　类	目　的	特　点
生产尾管	作完井套管	节约套管，可使用复合油管柱增加产能
技术尾管	封固复杂地层，为继续钻进提供条件，等同于技术套管	节约套管，封隔复杂地层，可改变钻井液密度，特殊情况下可以回接，具有机动性
保护尾管	修复套管，堵漏	管柱较短，要求较高的封固质量，以处理复杂情况
回接尾管	可向上回接至井口，同时可注水泥封固，作技术套管和完井套管使用	提高套管抗外挤和抗内压强度，具有完井作业的机动性，回接段套管受磨损小

3.3.6　常用尾管与井眼和上层套管尺寸的搭配

尾管与井眼和上层套管尺寸的搭配与井的设计深度、钻井的复杂程度和现有套管及工具货源有关系。一般情况下，尾管与井眼和上层套管尺寸的搭配要保证套管与井眼的环形间隙大于19mm，这样能保证水泥环厚度，提高固井质量。环形间隙过大的情况一般不会出现，因为环形间隙过大既会造成钻井成本增高，也会造成钻井速度减慢。在钻深井或超深井以及井下情况复杂需要套管层次多时，也可以适当降低环形间隙。常用的尾管与井眼和上层套管尺寸的搭配见表3-4。

表3-4　常用尾管与井眼和上层套管尺寸的搭配

尾管尺寸/mm	上层套管尺寸/mm	井眼尺寸/mm	重叠长度/m	水泥环厚度/mm	常用系列
88.9(3½in)	139.7(5½in)	118	50～150	14.6	※
101.6(4in)	139.7(5½in)	118	50～150	8.2	
101.6(4in)	177.8(7in)	152.4(6in)	50～150	25.4	※
114.3(4½in)	177.8(7in)	152.4(6in)	50～150	19.1	※
127(5in)	193.7(7⅝in)	168.3(6⅝in)	100～150	20.7	

续表

尾管尺寸/mm	上层套管尺寸/mm	井眼尺寸/mm	重叠长度/m	水泥环厚度/mm	常用系列
127(5in)	177.8(7in)	152.4(6in)	100～150	12.7	※
127(5in)	177.8(7in)	155.6(6⅛in)	100～150	14.3	※
139.7(5½in)	193.7(7⅝in)	168.3(6⅝in)	100～150	14.3	
139.7(5½in)	244.5(9⅝in)	215.9(8½in)	150～200	38.1	※
177.8(7in)	244.5(9⅝in)	215.9(8½in)	150～200	19.1	※
177.8(7in)	244.5(9⅝in)	219.1(8⅝in)	150～200	20.7	
193.7(7⅝in)	244.5(9⅝in)	215.9(8½in)	200～250	11.1	
193.7(7⅝in)	273.1(10¾in)	241.3(9½in)	200～250	23.8	
244.5(9⅝in)	298.5(11¾in)	269.9(10⅝in)	200～250	12.7	
244.5(9⅝in)	339.7(13⅜in)	317.5(12½in)	200～250	36.5	※

3.3.7 提高尾管固井质量的主要技术措施

(1)彻底洗井，保证井眼干净、钻井液均匀、井壁稳定。

(2)由于单流阀失灵时无法控制水泥浆的倒流，因此管串结构中应使用两个浮箍，以提高单流阀的管串防倒流能力。

(3)条件允许的情况下，注水泥施工时尽可能转动或上下活动套管。

(4)加足够数量的套管扶正器。

(5)井径要与尾管尺寸匹配合理，水泥环厚度应大于19.05mm(¾in)。试验证明，水泥环厚度小于19.05mm时水泥环封固能力不能满足固井要求。

(6)使用合适的前置液，包括冲洗液和隔离液。

(7)保证水泥浆与钻井液的密度差不小于0.24g/cm^3；特殊情况下也应不小于0.12g/cm^3。

(8)严格控制水泥浆失水小于50mL，防止水泥浆环空脱水使稠化时间变短，造成工程事故，同时有效提高水泥浆性能保证固井质量。

(9)为保证喇叭口处水泥环质量，注水泥量设计时，应考虑喇叭口以上设计不少于50m水泥塞，需要回接的尾管喇叭口处水泥环质量更重要。提出中心管冲洗超返水泥浆时，至少离开喇叭口60～100m，不应对喇叭口处环空水泥浆造成冲击，以保证喇叭口处环空水泥浆质量。

(10)当地层不漏时，应设计足够量的附加水泥量，以提高水泥浆与地层紊流接触时间，提高顶替效率，同时也有利于保证喇叭口处水泥环质量。但对于附加的超返水泥浆的稠化时间要充分考虑能否安全循环出井口。

(11)对深井尾管，可采用反循环法冲洗超返的多余水泥，但应核算反循环压力是否会压漏地层。

(12)对于长尾管，应按尾管喇叭口处温度条件作出的水泥浆性能为依据来决定侯凝时间。

(13)对于有漏失层的尾管固井，可采用正注反挤相结合的办法解决。即正注水泥到漏层，再从喇叭口处环空反挤水泥回接。

3.3.8　尾管回接固井工艺

尾管固井的目的有两个，一个是为了节约套管，减少钻井投资；另一个是为了减少一次下套管负荷，或者减少一次固井封固段，减少一次固井环空流动阻力和井底压力，防止固井时压漏地层。当为后一种情况时，尾管固井后，还需要套管回接以保证上部井段的抗内压能力。套管回接固井工艺与常规固井基本相同，只是套管串下部结构有所不同，下面作一简单介绍。

3.3.8.1　回接套管管串结构

常用回接套管管串结构有两种。对于一般井的尾管回接，对回接处密封要求不太高，一般先注水泥后回接。对于气井、高压井、外层套管磨损严重的井、尾管重叠段封固不好的井的尾管回接，对回接处密封要求高，一般要求先回接套管，试压，然后再注水泥作业。

1)先注水泥后回接工艺管串结构。

先注水泥后回接工艺回接套管管串结构为(自下而上)：回接插头 +1 ~2 根套管 + 浮箍 + 套管串(图3-5)。

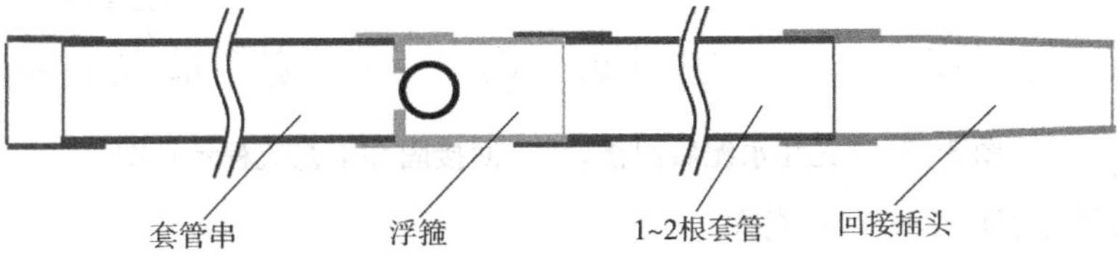

图3-5　一般井的尾管回接管串结构示意图

2)先回接后注水泥工艺管串结构。

先回接后注水泥工艺回接套管管串结构为(自下而上)：回接插头 + 分级箍 + 套管串(图3-6)。

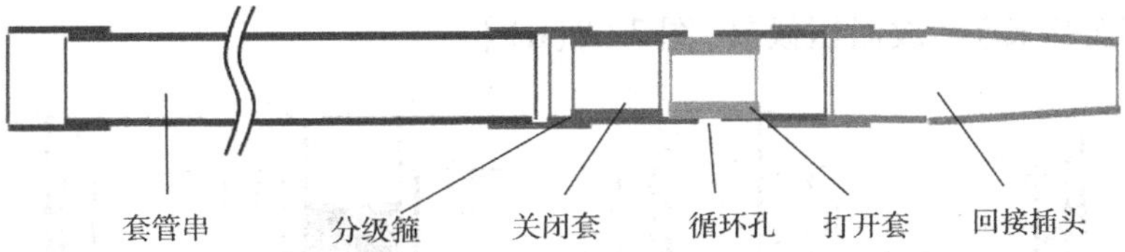

图3-6　高密封要求井的尾管回接管串结构示意图

3.3.8.2　尾管回接固井工艺流程

下面分“先注水泥后回接套管”和“先回接套管后注水泥”两种情况介绍回接固井工艺流程。

1)先注水泥后回接套管工艺流程。

先注水泥后回接套管工艺就是在下完套管后先不回接套管(即插头先不插入回接筒)，首先进行注水泥作业，注水泥结束后再进行套管回接。该回接工艺是较常用的一种工艺，其工艺流程为：尾管固井作业→候凝→下带挂刀钻头的钻具清洗回接筒内壁→按下套管作业规程下回接套管→将插入头试插入回接筒→试压→将插入头提出回接筒 1 ~2m→循环泥浆[图3-7(a)]→注隔离液→注水泥浆→释放隔离塞→定量替钻井液[图3-7(b)]→下放套管使插入头插入回接筒→下压 10 ~20t→放回压候凝[图3-7(c)]。

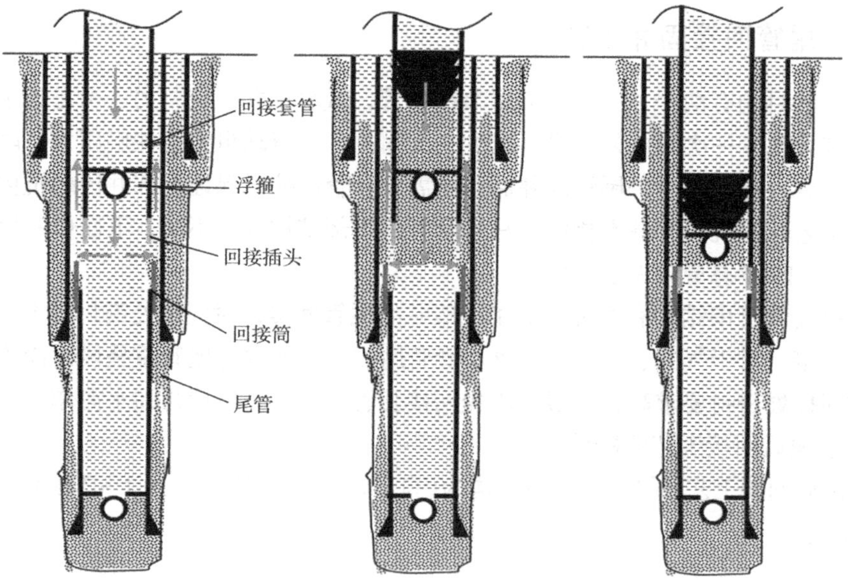

(a) 下入回接套管，循环　(b) 注入前置液与水泥浆，压塞　(c) 碰压,下放套管，在回接处下压10~20t，固井结束

图3-7 “先注水泥后回接套管”回接固井工艺流程示意图

2)先回接套管后注水泥工艺流程。

先回接套管后注水泥工艺就是在下完套管后首先回接套管(即插头首先插入回接筒)，进行试压合格后再进行注水泥作业。该回接工艺一般用于对套管密封要求较高的井的套管回接，其工艺流程为：尾管固井作业→候凝→下带挂刀钻头的钻具清洗回接筒内壁→按下套管作业规程下回接套管串→将插入头试插入回接筒→下压 10 ~ 20t→试压[图3-8(a)]→打开分级箍→循环泥浆[图3-8(b)]→注前置液→注水泥浆→释放关闭塞[图3-8(c)]→替钻井液→碰压(关闭分级箍)→放回压候凝[图3-8(d)]。

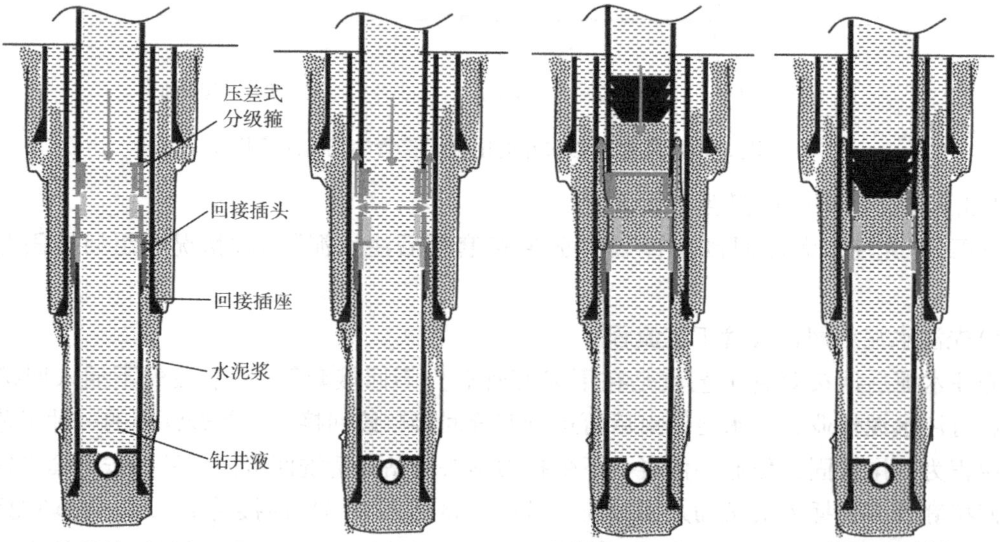

(a) 下入套管，插头插入插座，试压　(b) 憋开分级箍，循环　(c) 注前置液，注水泥浆，压胶塞　(d) 碰压，关闭分级箍，回接固井结束

图3-8 “先回接套管后注水泥”回接固井工艺流程示意图

3.4　分级固井工艺

3.4.1　概述

分级固井工艺是把可以通过地面控制打开和关闭的一种特殊工具串连接于套管中的一定位置，在固井时使注水泥作业分两次(级)或多次(级)施工完成，该特殊工具称为分级注水泥器，简称分级箍。分级箍按打开方式不同分为：机械式分级箍、压差式分级箍和机械压差双作用分级箍三种。机械式分级箍是靠投重力塞，再憋压推动打开套打开循环孔；压差式分级箍是靠直接憋压，使打开套上下产生压力差推动打开套打开循环孔；机械压差双作用分级箍具备直接憋压打开和投重力塞打开两种功能。所有的分级箍的关闭都是靠注水泥后释放关闭塞，在碰压时关闭塞推动关闭套下移，关闭循环孔。

不同的分级箍具有不同的功用和特点，见表 3−5。

表 3−5　不同分级箍的功用和特点表

类　型	打开方式	主要附件及功用	特　点
机械式分级箍	投重力塞憋压打开循环孔；或用打开塞打开循环孔(连续注)	挠性塞：一级注水泥碰压塞	适用于井眼不畅通、易憋泵等复杂井固井
		重力塞：重力下落就位打开塞	
		打开塞：泵送就位打开塞	
		关闭塞：二级注水泥碰压关闭塞	
压差式分级箍	直接憋压在打开套两端产生压差打开循环孔	挠性塞：一级注水泥碰压塞。 关闭塞：二级注水泥碰压关闭塞	1. 适用于井眼畅通、不易憋泵的井固井； 2. 适用于一、二级封固段连接的井； 3. 适用于一、二级连续注水泥的井
机械压差双作用分级箍	具有投重力塞憋压打开循环孔和直接憋压打开循环孔两项功能，也可以用打开塞打开循环孔	挠性塞：一级注水泥碰压塞	1. 适用于井眼畅通、不易憋泵的井固井； 2. 适用于一二级封固段连接的井； 3. 适用于一二级连续注水泥的井； 4. 直接憋压打不开循环孔时，可投重力塞憋压打开
		重力塞：重力下落就位打开塞	
		打开塞：泵送就位打开塞	
		关闭塞：二级注水泥碰压关闭塞	

3.4.2　分级固井适用范围

(1)一次要求注水泥量过大的井；

(2)封固段过长的井；

(3)地层破裂压力系数低的井；

(4)地层渗透性漏失严重的井；

(5)封固段中间有严重漏失层的井；

(6)下部有高压层，固井候凝期间需要防止候凝失重的井；

(7)上下封隔层距离较远，而中间不需水泥封隔的井；

(8)井深，套管过长，上部需要水泥封固支承的井；

(9)可利用分级箍与套管外封隔器配合，完成筛管顶部注水泥、封隔器完井；

(10)各种堵漏工艺的施工。

3.4.3 分级固井工艺分类

使用分级箍把单级固井改变成多级固井的工艺都是分级固井工艺，由于分级箍和使用方法的不同，分级固井工艺可分为多种类型，按施工方式分有："非连续打开式"、"连续打开式"和"连续式注水泥"。按注水泥次数分有：双级注水泥工艺、三级注水泥工艺，四级注水泥工艺也可以实施，但很少见到。分级固井工艺分类、工艺特点及适应井型见表3-6。

表3-6 分级固井工艺分类、工艺特点及适应井型

<table>
<tr><th colspan="3">分 类</th><th>打开方式</th><th>工艺特点</th><th>适应井型</th></tr>
<tr><td rowspan="5">双级注水泥工艺</td><td>非连续打开式</td><td rowspan="2">机械式分级箍</td><td>一级替钻井液碰压后，投重力塞憋压打开循环孔。用关闭塞碰压关闭循环孔</td><td>一级固井碰压正常后，投重力锤憋压打开分级箍，循环正常后再进行二级固井。二级固井碰压时关闭套关闭</td><td>1. 两级封固段不连接的井；
2. 失重影响较突出的井；
3. 井下复杂、井眼不畅通的井；
4. 漏失井</td></tr>
<tr><td rowspan="2">连续打开式</td><td>一级替钻井液中途释放重力塞，且碰压时憋压打开循环孔。用关闭塞碰压关闭循环孔</td><td>一级固井替钻井液过程中，当替浆剩余时间接近(大于)重力塞下落时间时，释放重力塞，碰压后，停顿较短时间即刻憋压打开分级箍，建立循环。二级注水泥完成后释放关闭塞，并替钻井液碰压关闭循环孔</td><td>1. 两级封固段要求连接的井；
2. 井下复杂井眼不畅通的井</td></tr>
<tr><td>压差式分级箍</td><td>一级替钻井液碰压时憋压，在打开套两端产生压差打开循环孔。用关闭塞碰压关闭循环孔</td><td>一级固井替钻井液结束时，一级碰压塞到达承托环，碰压，并继续憋压，分级箍打开，开泵循环钻井液；二级注水泥完成后释放关闭塞，替钻井液碰压，关闭循环孔</td><td>1. 两级封固段要求连接的井；
2. 井下不复杂、井眼畅通的井</td></tr>
<tr><td rowspan="2">连续式注水泥</td><td>机械式分级箍</td><td>一级替钻井液中途释放打开塞，憋压打开循环孔。用关闭塞碰压关闭循环孔</td><td>一级固井替钻井液过程中，当替量接近分级箍以下套管内容积时，释放打开塞，随后注入二级水泥浆。当打开塞到达分级箍时，分级箍打开，二级水泥浆由循环孔返出。注完水泥后释放关闭塞，并替钻井液碰压关闭循环孔</td><td>1. 两级封固段要求连接的井；
2. 井下复杂、井眼不畅通的井；
3. 要求快速完成注水泥施工的井。</td></tr>
<tr><td>压差式分级箍</td><td>一级替钻井液碰压后憋压，在打开套两端产生压差打开循环孔。用关闭塞碰压关闭循环孔</td><td>一级固井替钻井液过程中，当替量稍少于分级箍以下套管内容积时，释放隔离塞，随后注入二级水泥浆。当碰压塞到达承托环时，压力升高，分级箍打开，二级水泥浆由循环孔返出，注完水泥后释放关闭塞，替钻井液碰压，关闭循环孔</td><td>1. 两级封固段要求连接的井；
2. 要求快速完成注水泥施工的井</td></tr>
<tr><td colspan="3">三级注水泥工艺</td><td>由两个配套的分级箍完成。为了施工可靠，一般使用机械式分级箍</td><td>一般使用机械式分级箍，类似于双级注水泥工艺的操作，先进行一级注水泥施工，打开下部分级箍，再进行二级注水泥施工，打开上部分级箍，最后进行三级注水泥施工</td><td>超长封固段的井</td></tr>
</table>

3.4.4　双级注水泥工艺套管柱结构

双级注水泥工艺套管柱结构为(自下而上)：浮鞋 +2 根套管 + 浮箍 + 碰压节箍 + 套管串 + 分级箍 + 套管串 + 水泥头。

3.4.5　双级注水泥工艺流程

3.4.5.1　非连续打开式双级注水泥工艺流程

非连续打开式双级注水泥工艺只有一种方式，是使用机械式分级箍，用重力打开塞打开分级箍，来完成双级注水泥作业。重力塞是一个后端带打开座的重锤，待一级注水泥碰压后，将重力塞投入套管内，重力塞在重力的作用下自由下落，当重力塞到达分级箍打开套后，通过憋压剪断打开套销钉，打开分级箍，循环处理钻井液，达到二级固井的条件后，再完成二级注水泥作业。其工艺流程为：将分级箍按设计位置连接于套管串中→按作业规程下入套管串→开泵循环钻井液→注前置液→注一级水泥浆→释放一级碰压塞(挠性塞)→替钻井液→碰压→放回压检查回压凡尔是否工作正常→释放重力塞→憋压打开循环孔→循环钻井液→注前置液→注二级水泥浆→释放二级碰压塞(关闭塞)→替钻井液→碰压(关闭循环孔)→放回压检查分级箍循环孔是否关闭→候凝(图 3-9)。

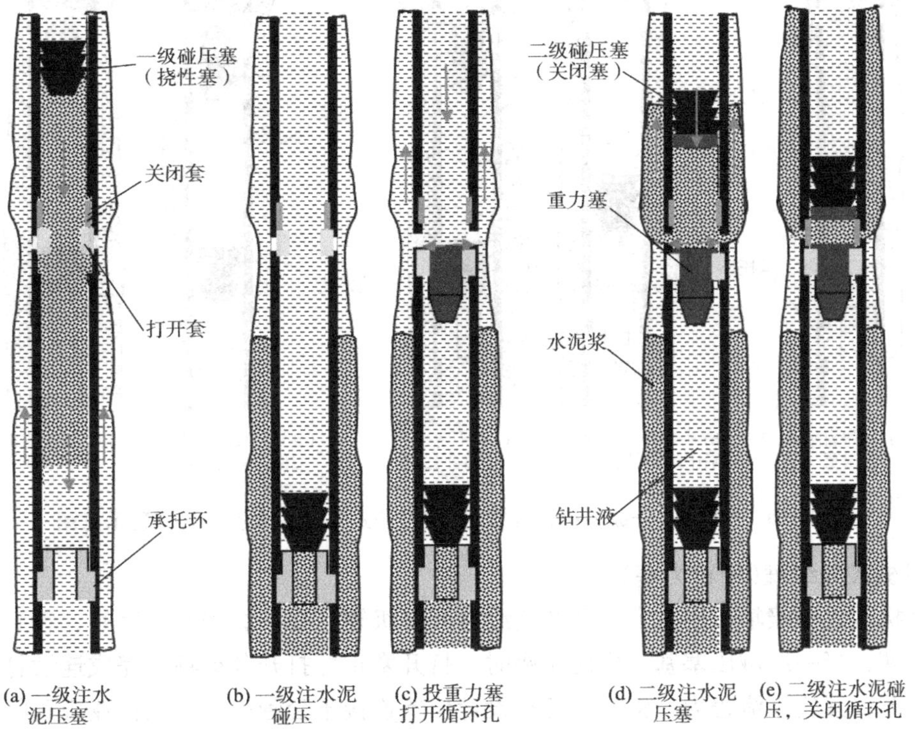

图 3-9　非连续打开式双级注水泥工艺流程示意图

3.4.5.2　连续打开式双级注水泥工艺

“连续打开式”是指一级和二级注水泥时，环空上返的流体中途不停止，能连续流动。连续打开式双级注水泥工艺有三种方式：第一种方式是使用机械式分级箍，用泵送打开塞(是一个前端带有打开座，后面有胶翼的胶塞）打开分级箍，完成连续打开式双级注水泥作业；第二种方式是在替钻井液中途释放重力塞，打开分级箍，完成连续打开式双级注水泥作业；第三种方式是使用压差式分级箍，直接憋压打开分级箍，完成连续打开式双级注水泥作业。

1）机械式分级箍（泵送打开塞）。

使用机械式分级箍，用泵送打开塞连续打开分级箍，在一级固井替浆时，替到设计量时释放打开塞，当一级碰压塞基本到碰压座时，打开塞正好打开分级箍，完成连续打开式双级注水泥工艺，其施工流程为：将分级箍按设计位置连接于套管串中→按作业规程将套管串下入井内→开泵循环钻井液→注前置液→注水泥浆→释放挠性塞（一级碰压塞）→替钻井液（分级箍以下管内容积减去0.5m^3）→释放打开塞→替钻井液（分级箍以上管内容积）→打开循环孔→循环钻井液→注隔离液→注二级水泥浆→释放关闭塞（二级碰压塞）→替钻井液→碰压（关闭循环孔）→放回压检查循环孔是否关闭良好→候凝（图3-10）。

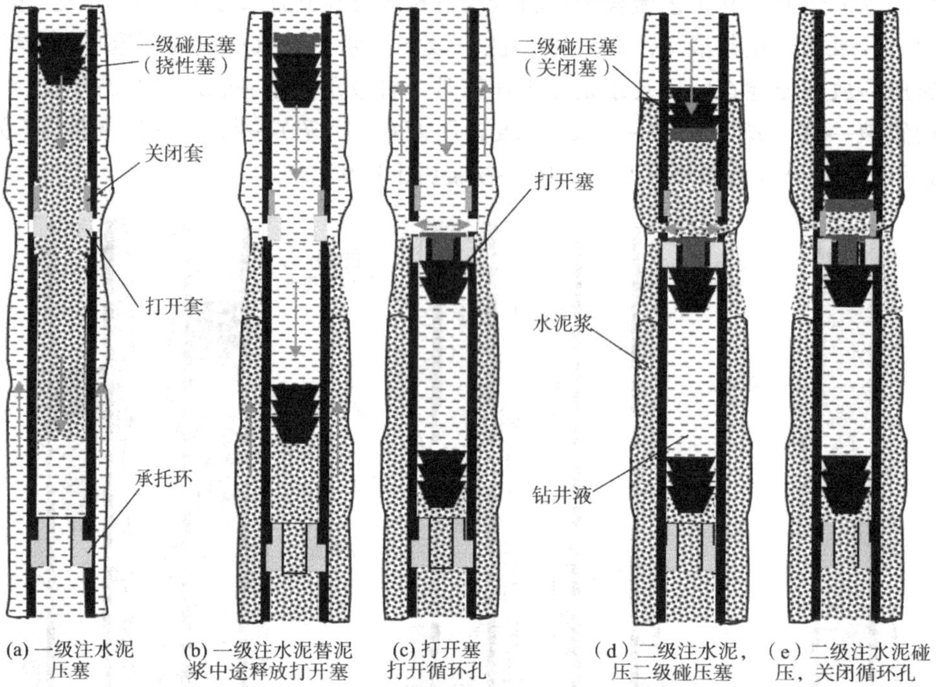

图3-10 “机械式分级箍用打开塞”连续打开式双级注水泥工艺流程示意图

2）机械式分级箍（用重力塞）。

使用机械式分级箍，用重力打开塞连续打开分级箍，在一级固井替浆时，替到设计量时释放重力塞，当一级碰压塞基本到碰压座时，打开塞正好打开分级箍，完成连续打开式双级注水泥工艺，其施工流程为：将分级箍按设计位置连接于套管串中→按作业规程将套管串下入井内→开泵循环钻井液→注隔离液→注一级水泥浆→释放一级碰压塞（挠性塞）→替钻井液→当剩余替浆时间稍大于重力塞下落时间时释放重力塞（注意：重力塞下落速度是在泥浆中自由下落的速度和浆体流速的叠加）→继续替钻井液→碰压→憋压打开循环孔→循环钻井液→注二级水泥浆→释放二级碰压塞（关闭塞）→替浆→碰压（关闭循环孔）→放回压检查循环孔是否关闭良好→候凝（图3-11）。

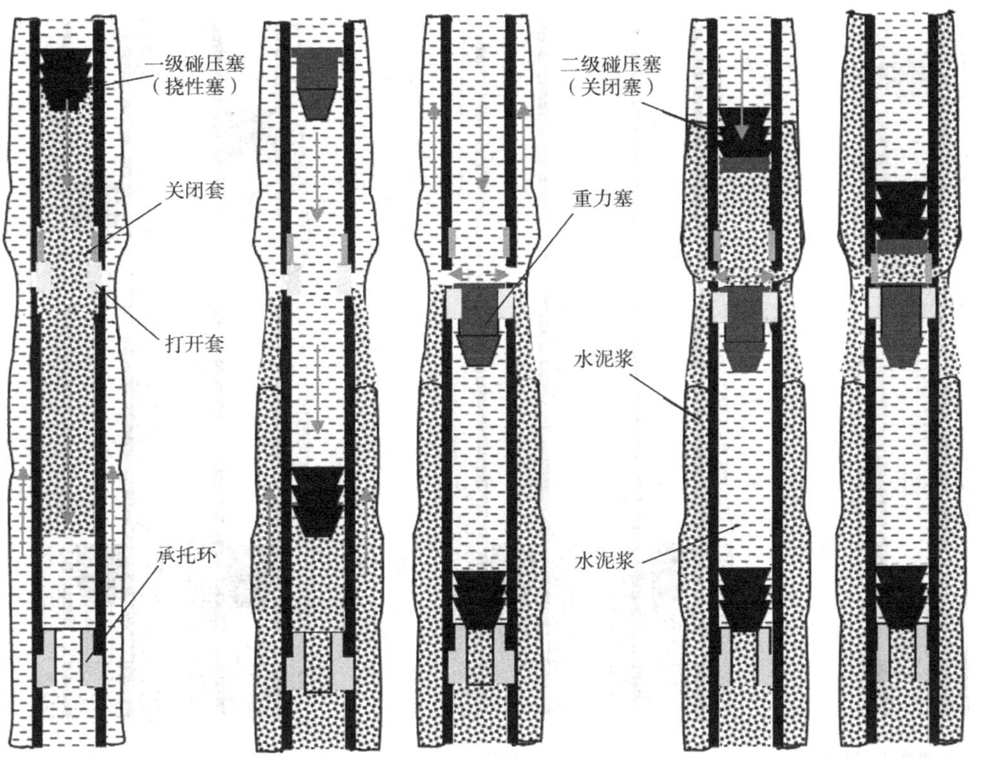

图3-11　“机械式分级箍用重力塞”连续打开式双级注水泥工艺流程示意图

3）压差式分级箍。

使用压差式分级箍，憋压连续打开分级箍，在一级固井碰压后，马上进行憋压，打开分级箍，完成连续打开式双级注水泥工艺（该工艺若一级固井不能碰压会导致失败！一般情况下不使用），其施工流程为：将分级箍按设计位置连接于套管串中→按作业规程将套管串下入井内→开泵循环泥浆→注隔离液→注一级水泥浆→释放一级碰压塞（挠性塞）→替钻井液→碰压→憋压（压力可根据需要调整）打开循环孔→循环钻井液→注隔离液→注二级水泥浆→释放二级碰压塞（关闭塞）→替泥浆→碰压（关闭循环孔）→放回压检查循环孔是否关闭良好→候凝（图3-12）。

3.4.5.3　双级连续式注水泥工艺

“双级连续式注水泥工艺”是指一级和二级注水泥时，一级水泥浆在环空刚结束上返时，二级注入的水泥浆就能接替上返，保证两级水泥浆在时间上和封固段上的连续。双级连续式注水泥工艺有两种方式：一种方式是使用机械式分级箍，用泵送打开塞打开分级箍，完成双级连续式注水泥作业；另一种方式是使用压差式分级箍，在一级固井碰压后直接憋压打开分级箍，完成双级连续式注水泥作业。

1）机械式分级箍。

使用机械式分级箍，完成双级连续式注水泥，是在一级固井替浆替到一定量（一般为：分级箍至承托环套管容积减去0.5m^3）时，释放打开塞，并改为注入水泥浆代替替浆，当一

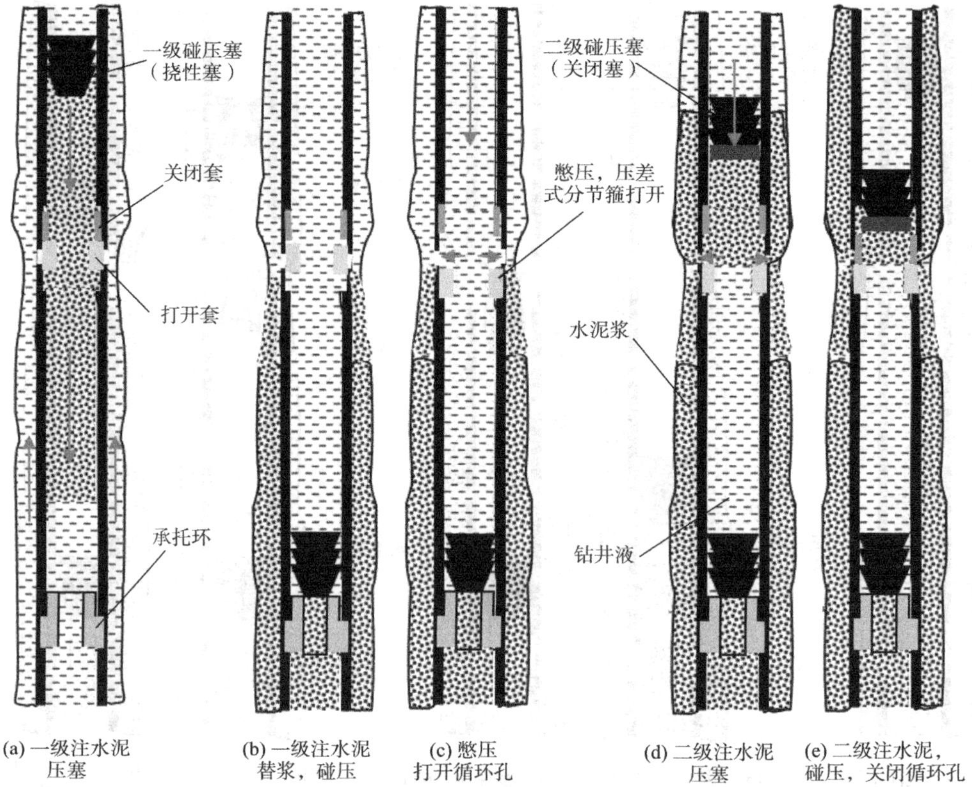

图 3-12 “压差式分级箍”连续打开式双级注水泥工艺流程示意图

级碰压塞基本到碰压座时，打开塞正好打开分级箍，而打开塞后面的水泥浆即进入环空，实现了环空水泥浆的连续上返，完成双级连续式注水泥工艺，其施工流程为：将分级箍按设计位置连接于套管串中→按作业规程将套管串下入井内→开泵循环钻井液→注前置液→注一级水泥浆→释放一级碰压塞(挠性塞)→替钻井液(分级箍以下管内容积减去 0.5m^3)→释放打开塞→注前置液→注二级水泥浆→释放二级碰压塞(关闭塞)→替钻井液→碰压(关闭循环孔)→候凝(图 3-13)。

2)压差式分级箍。

使用压差式分级箍，完成双级连续式注水泥，是在一级固井替浆替到一定量时，释放挠性隔离塞，并改为注入水泥浆代替替浆，当一级碰压塞到碰压座时，憋压打开分级箍，挠性隔离塞后面的水泥浆即进入环空，实现了环空水泥浆的连续上返，完成双级连续式注水泥工艺，其施工流程为：将分级箍按设计位置连接于套管串中→按作业规程将套管串下入井内→开泵循环钻井液→注前置液→注入一级水泥浆→释放一级碰压塞(挠性塞)→替钻井液(分级箍以下管内容积减 0.5m^3)→释放挠性隔离塞→注二级水泥浆→释放二级碰压塞(关闭塞)→替钻井液→一级碰压塞碰压→憋压打开循环孔(二级水泥浆进入环空)→替钻井液→碰压(关闭循环孔)→候凝(图 3-14)。

3.4.6 三级固井工艺流程

非连续打开式三级注水泥工艺一般适用于超长封固段，既可用于连续封固段固井，也可

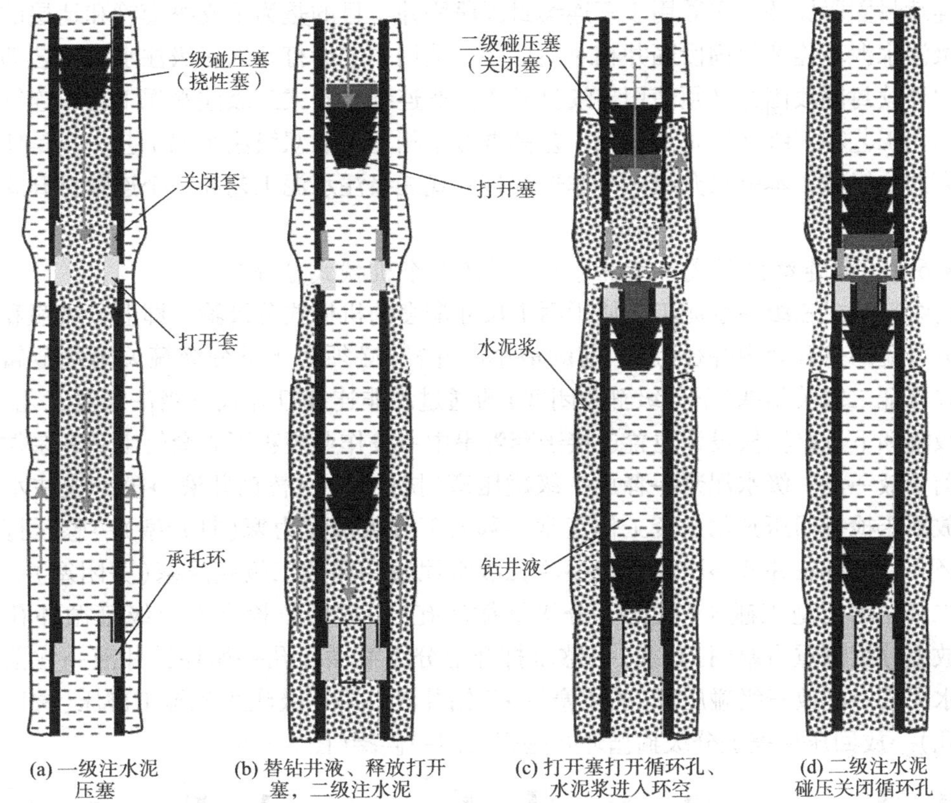

图 3-13 “机械式分级箍”双级连续式注水泥工艺流程示意图

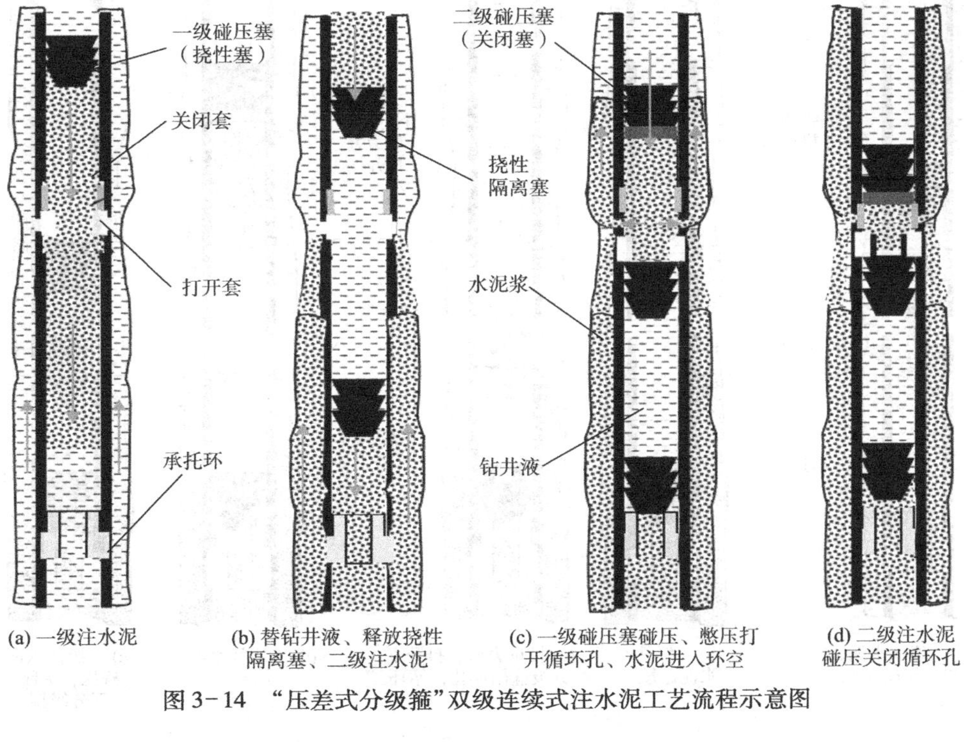

图 3-14 “压差式分级箍”双级连续式注水泥工艺流程示意图

用于不连续封固段固井，多数用于不连续封固段固井，目的是为了支撑套管和地层的局部封隔，三级注水泥不连续封固段固井相对简单些，使用非连续打开式三级注水泥工艺即可。三级注水泥连续封固段固井必须使用连续打开式。非连续打开式三级注水泥工艺、连续打开式三级注水泥工艺和三级连续式注水泥工艺都类似于相对应的双级注水泥工艺，只是使用两个尺寸配套的分级箍，本书只介绍一个非连续打开式三级注水泥工艺和一个连续打开式三级注水泥工艺。

3.4.6.1　非连续打开式三级注水泥工艺(两个机械式分级箍)

非连续打开式三级注水泥工艺使用两个尺寸配套的机械式分级箍，即上分级箍和下分级箍，上分级箍的打开套内井径(施工前的最小内井径)必须大于下分级箍关闭塞金属头最大外径，以保证二级关闭塞(下分级箍关闭塞)的通过。非连续打开式三级注水泥工艺流程为：将上分级箍和下分级箍按设计位置连接于套管串中→按作业规程下入套管串→开泵循环钻井液→注前置液→注一级水泥浆→释放一级碰压塞(挠性塞)→替钻井液→第一级注水泥施工碰压→放回压检查回压凡尔是否工作正常→释放下分级箍重力塞(打开塞)→憋压打开下分级箍循环孔→循环钻井液→注前置液→注二级水泥浆→释放二级碰压塞(关闭塞)→替钻井液→第二级注水泥施工碰压(关闭下分级箍循环孔)→放回压检查下分级箍循环孔是否关闭→释放上分级箍重力塞(打开塞)→憋压打开上分级箍循环孔→循环钻井液→注前置液→注三级水泥浆→释放三级碰压塞(关闭塞)→替钻井液→第三级注水泥施工碰压(关闭上分级箍循环孔)→放回压检查上分级箍循环孔是否关闭→候凝(图 3-15)。

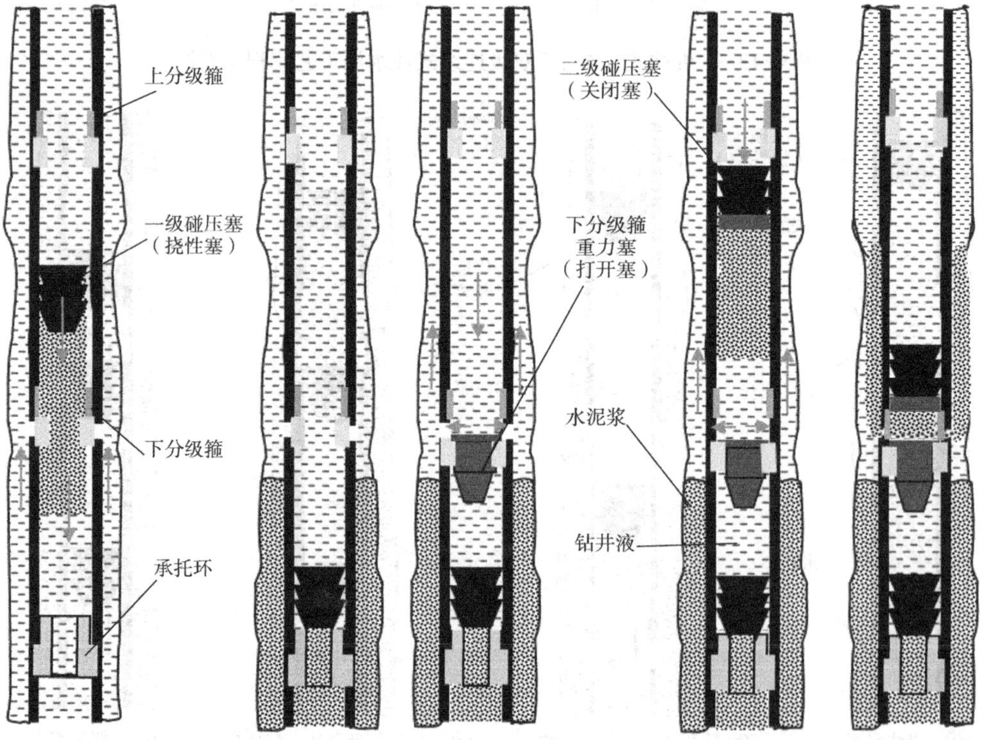

(a) 一级注水泥，投一级碰压塞　(b) 一级注水泥碰压　(c) 投重力塞，打开下分级箍循环孔，循环　(d) 二级注水泥压塞　(e) 二级注水泥碰压，关闭下分级箍

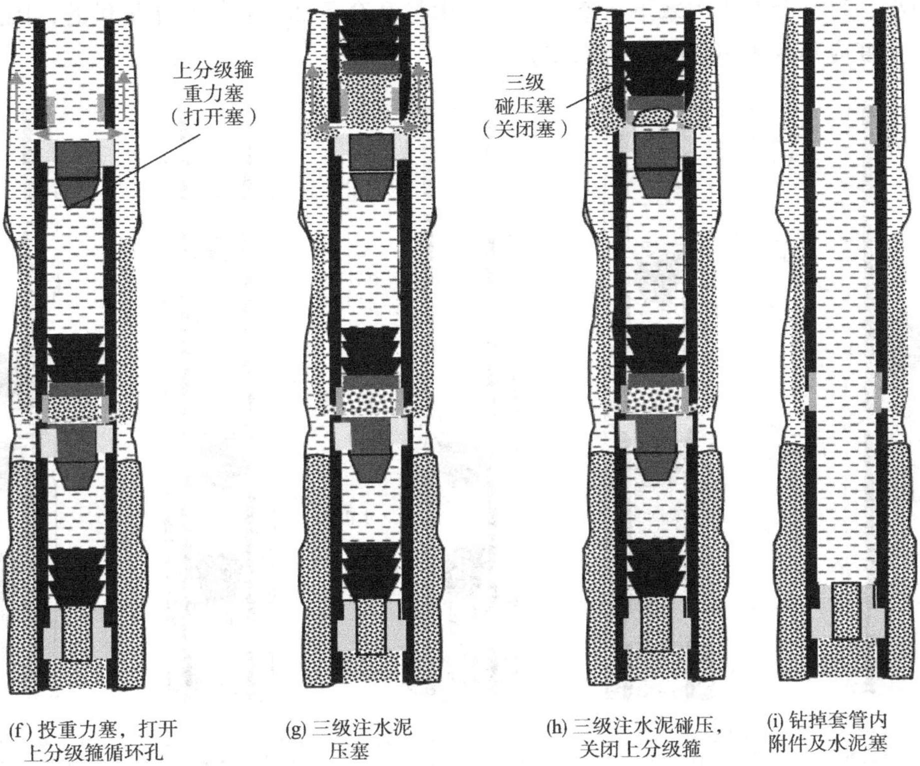

图3-15 非连续打开式三级注水泥工艺流程示意图

3.4.6.2 连续打开式三级注水泥工艺（一个机械式分级箍和一个压差式分级箍）

连续打开式三级注水泥工艺使用两个尺寸配套的分级箍，上分级箍是一个压差式分级箍，下分级箍是一个机械式分级箍，机械式分级箍用打开胶塞代替重力塞。其工艺流程为：将上下两个分级箍按设计位置连接于套管串中→按作业规程将套管串下入井内→开泵循环钻井液→注前置液→注入一级水泥浆→释放一级碰压塞（挠性塞）→替钻井液（下分级箍以下管内容积减去0.5m^3）→释放下分级箍打开塞→替钻井液（下分级箍以上管内容积）→打开下分级箍循环孔→循环钻井液→注隔离液→注二级水泥浆→释放下分级箍关闭塞（二级碰压塞）→替钻井液→碰压（关闭下分级箍循环孔）→放回压检查下分级箍循环孔是否关闭良好→继续憋压打开上分级箍循环孔→循环钻井液→注隔离液→注三级水泥浆→释放上分级箍关闭塞（三级碰压塞）→替钻井液→碰压（关闭上分级箍循环孔）→放回压检查上分级箍循环孔是否关闭良好→候凝→钻掉套管内附件和水泥塞（图3-16）。

3.4.7 分级固井注意事项

（1）根据工艺要求和井下情况选择分级箍类型；

（2）分级箍位置要放在井径规则、井壁稳定处；

（3）分级箍要放在距上部油层较近，距下部油层较远的位置；

（4）分级箍上下要加扶正器；

（5）分级箍丝扣要涂密封胶；

（6）使用常规重力打开式分级箍，由于液体不可压缩，有混合物的液体即使可压缩但也压缩量很小，打开套及重力塞下行空间主要是由打开套下部的套管膨胀提供的，因此分级箍以下管串长度应不少于100m(经验数据)。

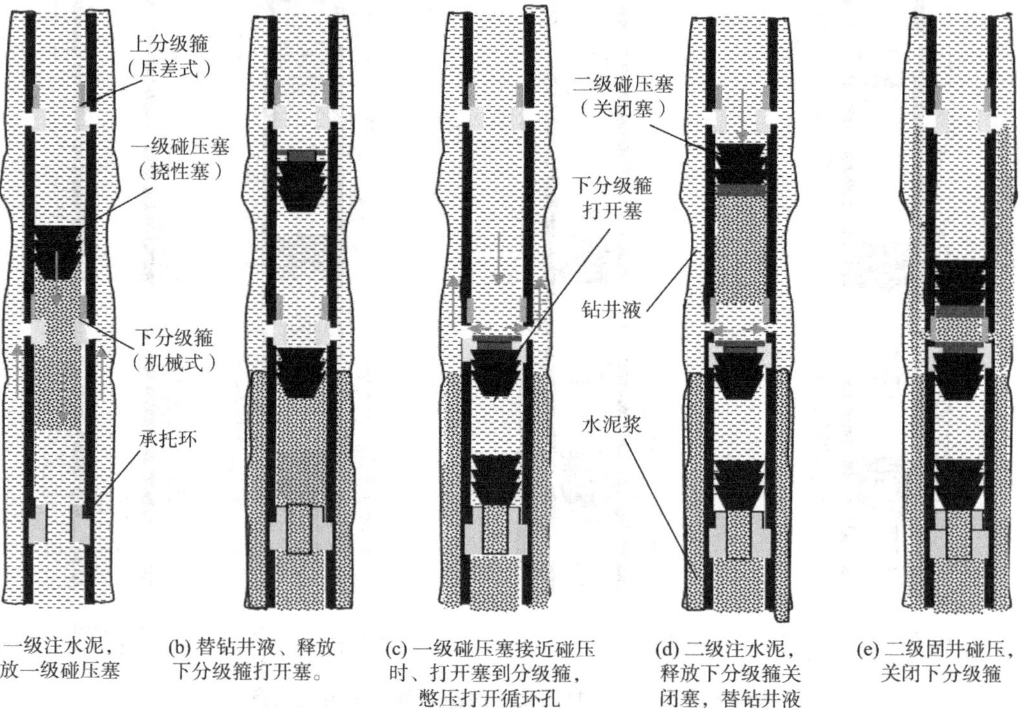

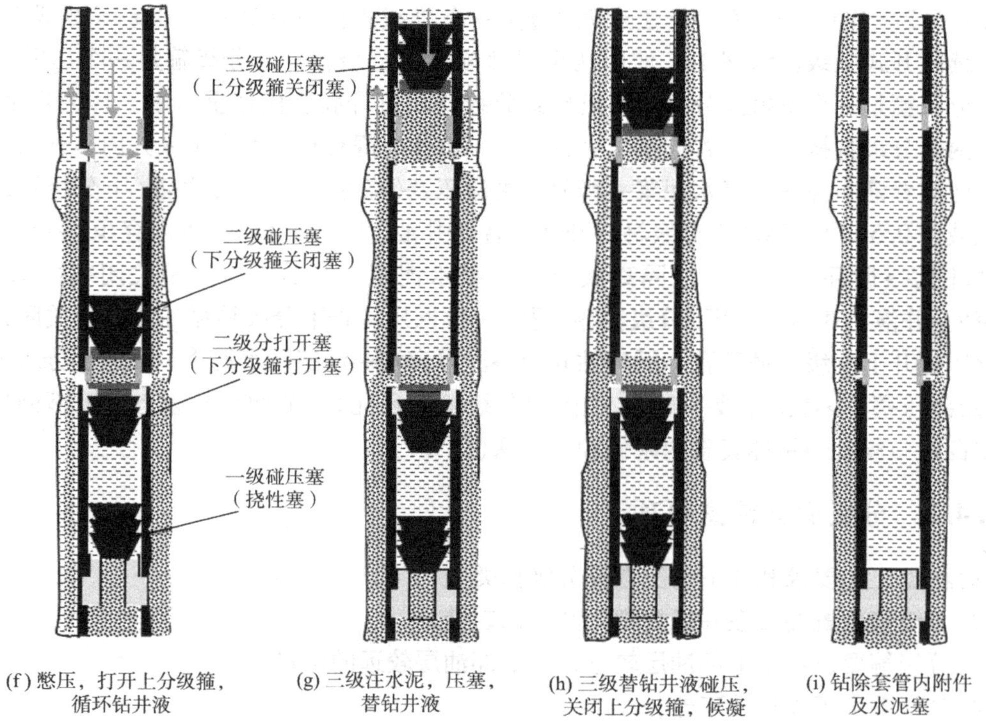

图3-16 连续打开式三级注水泥工艺流程示意图

3.5　预应力固井工艺

3.5.1　概述

预应力固井是在稠油热采井固井中使用的一种固井工艺技术。由于稠油油田在开采时，稠油流动性差或没有流动性，必须在油层中注入高温蒸汽，使稠油在高温下具有流动性，才能将其开采上来。热采井注入高温高压蒸汽时，套管和水泥石会发生高温膨胀，由于套管和水泥的热膨胀系数不同(套管膨胀率大；水泥膨胀率很小，几乎不膨胀)，因此会发生套管挤坏、水泥拉坏、套管和水泥脱节等现象，造成油井损坏。为防止以上问题发生，在注水泥前或水泥浆凝固前，给套管提拉一定的拉力，使套管内部预先产生拉应力，然后再等水泥浆凝固，从而平衡(减小)套管受热膨胀时所产生的压应力，防止原油热采过程中套管膨胀损坏。

3.5.2　热应力计算

套管柱受热条件下，产生的最大热应力计算公式为：

$$\sigma_{max} = \lambda E \Delta T \tag{3-17}$$

式中　σ_{max}——套管所承受的最大热应力，kPa；

λ——金属线膨胀系数，12.1×10^{-6}℃$^{-1}$·MPa；

E——钢材弹性模量，kPa；

ΔT——温度增加值,℃。

不同温度下钢材的弹性模量见表 3-7。

表 3-7　不同温度下钢材的弹性模量

钢　级	因　数					
	20℃	200℃	250℃	300℃	350℃	400℃
N-80	2.10	1.69	1.52	1.39	1.20	1.13
P-110	2.10	1.88	1.81	1.76	1.70	1.66

注：E = 因数 × 980665 × 10^7 kPa。

3.5.3　预应力计算

套管最小预应力计算公式为：

$$\Delta\sigma = \sigma_{max} - A\sigma_s \tag{3-18}$$

式中　$\Delta\sigma$——套管最小预应力，kPa；

A——高温条件下套管强度降低系数，0.66；

σ_s——套管最小屈服应力，kPa。

3.5.4　预拉力计算

套管柱应当施加的最小预拉力计算公式为：

$$F = 10^{-4}\Delta\sigma S \qquad (3-19)$$

式中 F——套管预拉力，kN；

S——套管管体截面积，cm^2。

3.5.5 套管伸长计算

套管柱伸长计算公式为：

$$\Delta L = 10^4 HF/(ES) \qquad (3-20)$$

式中 ΔL——预拉力 F 作用下的套管实际伸长，m；

H——套管柱长度，m。

3.5.6 常用预应力固井方法及特点

常用预应力固井方法及特点见表3-8。

表3-8 常用预应力固井方法及特点

常用方法（按预应力方式）	操作程序	特 点
"双凝水泥"法	采用稠化时间差较大的双凝水泥，底部水泥凝固后，套管提预拉力，待上部水泥凝固	1. 施工简单； 2. 成本低； 3. 水泥浆的黏切力造成预拉力不准确
先固地锚法	先在井底固30～50m的地锚，凝固后下上部套管，捞住地锚提拉后固井	1. 地锚定位准确； 2. 拉力准确； 3. 施工复杂； 4. 成本高
一次性地锚法	一次性地锚接于套管底部，下完套管后提拉力固井	1. 施工简单； 2. 拉力准确； 3. 成本低； 4. 定位准确度不高

3.5.7 预应力固井的水泥及材料

预应力固井一般都应用于高温热采井，为减少水泥石强度的高温衰减，应在水泥中加入热稳定剂，常用配方见表3-9。

表3-9 热采井热稳定剂常用配方

井 型	配 方
热采井	G级水泥+(30%～40%)硅粉+其他性能要求的外加剂
	G级水泥+35%石英粉+2%坂土+(10%～20%)珍珠岩+其他性能要求的外加剂
	G级水泥+60%火山灰+3%硅藻土+50%硅粉+其他性能要求的外加剂

3.5.8 预应力固井管串结构与工艺流程

3.5.8.1 预应力固井管串结构

目前，预应力固井多数使用一次性地锚方式，不同的地锚工具具有不同的连接方式，由于地锚都要连接于套管底部，所以连接方式大致相同，下面以“ZYM－7－Ⅱ型组合式套管预应力地锚”为例介绍预应力固井的管串结构，由于该地锚包含引鞋和回压凡尔，因此管串结构相对简单，其管串结构为(自下而上)：地锚+2根套管+承托环+套管串(图3－17)。

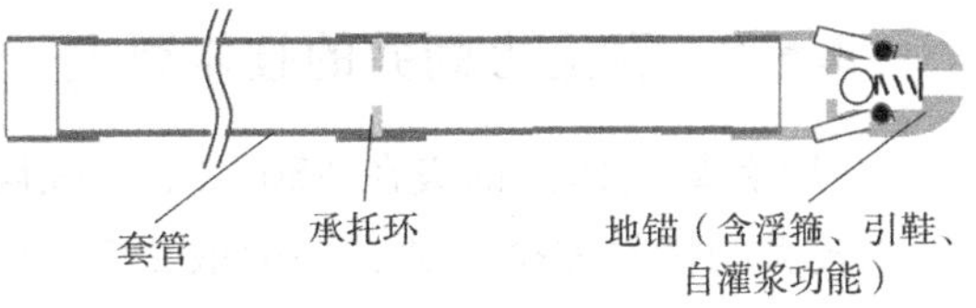

图3－17　预应力固井的管串结构示意图

3.5.8.2　预应力固井工艺流程

下面以“ZYM－7－Ⅱ型组合式套管预应力地锚”为例介绍预应力固井工艺流程。使用“ZYM－7－Ⅱ型组合式套管预应力地锚”进行预应力固井，其工艺流程为：向井内下入套管串→将地锚下到设计位置→连接管线开泵循环→投球→用水泥车憋压8～10MPa地锚坐挂→上提套管检查坐挂情况→若已坐挂成功，提拉到设计吨位并用吊卡或卡瓦固定套管→继续憋压到15MPa憋通球座→循环泥浆→注隔离液→注水泥浆→释放碰压塞→定量替钻井液→碰压→放回压候凝(图3－18)。

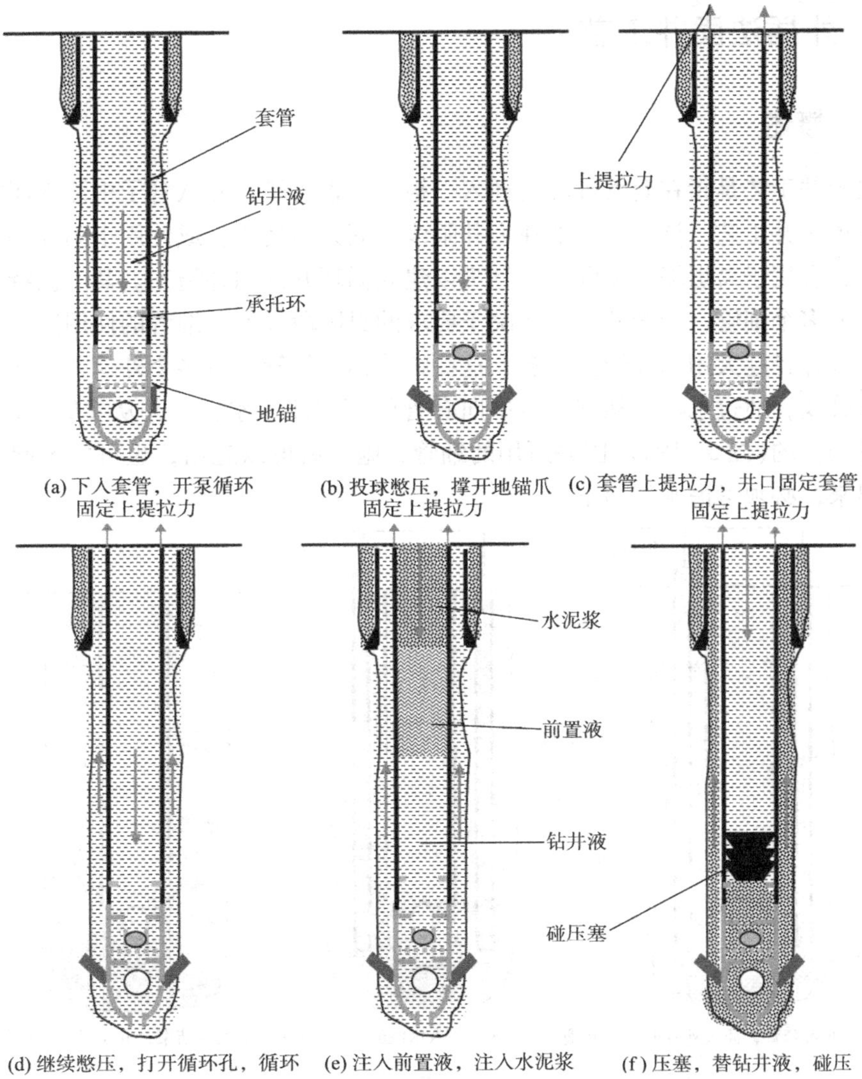

图3－18　预应力固井工艺流程示意图

3.5.9 预应力固井的技术要点

(1)套管选择：钢级在N80以上，强度较高的连接螺纹，一般以梯形螺纹为主，强度设计取较大的抗拉安全系数，一般取2.3～2.5。

(2)加密使用套管扶正器，以保证套管居中度，最大限度地提高水泥浆的顶替效率，保证水泥胶结质量。

(3)要求水泥全部封固套管柱，水泥浆要有足够的附加量，确保水泥浆返出地面(一般不少于$10m^3$)，保证上部水泥环质量。

(4)水泥必须加入硅粉热稳定剂，加入量控制在水泥重量的35%～40%。在水泥减轻剂的设计选用中尽量不用膨润土，可用微珠代替。火山灰—石灰系列水泥具有较好的抗高温性能。

(5)由于泡沫水泥热传导系数低，具有较好的保温性，在预应力固井中宜采用。

3.6 外插法固井工艺

3.6.1 概述

外插法固井工艺是指在套管外环空插入一根或多根管子，并从管子中注水泥完成套管固井施工的一种固井工艺。该工艺一般在大井眼浅井固井中使用，或使用于固井环空低返事故的补救施工，多用于易坍塌、易漏失，且难以建立循环井的固井施工。其工艺特点是在套管外环空中插入多个细管，细管的长度取决于要求的封固段长度，细管的使用数量根据井径大小决定，一般井径越大用的细管数越多，这些细管称为外管。将多个外管并联在一起，并汇入一根注入管线，通过水泥车从该管线中向套管外环空注入水泥，并从套管外环空中返出，以达到固井的目的(图3-19)。固井所用的细管，施工后可以起出，也可以不起出来，若要将细管起出来，必须考虑水泥面下降。

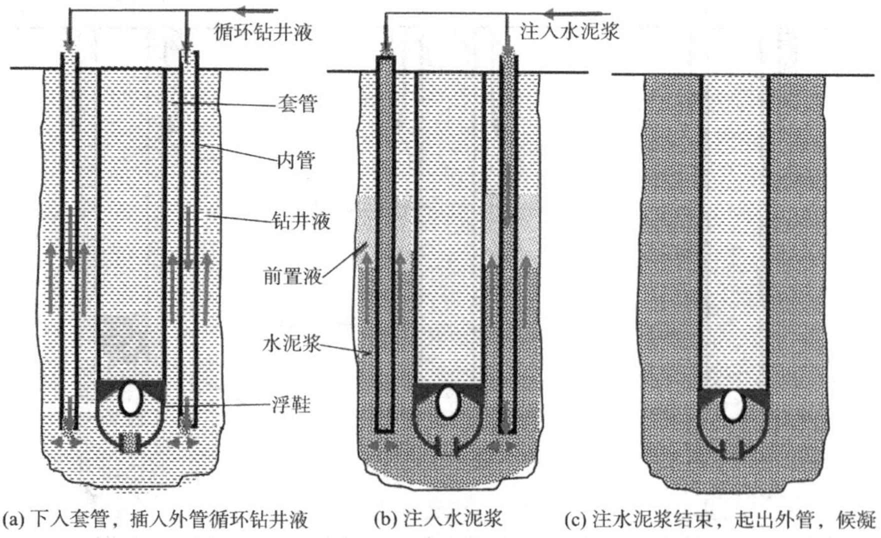

图3-19 外插法固井管串结构与工艺流程示意图

3.6.2 管串结构与工艺流程

外插法固井工艺的管串结构比较简单，只在套管底部安装一个浮鞋或盲引鞋即可。其管串结构为(自下而上)：盲引鞋+管串[图3-19(a)]。外插管串使用油管或其他管子，没有严格要求，只是上端要配多通接头，以保证汇入一根管线连接循环泵和水泥车[图3-19(a)]。其工艺流程为：按操作规程向井内下入套管串→插入外管→注入前置液→注入水泥浆→起出外管(根据情况，不起也可以，若起外管补满环空水泥浆)→候凝(图3-19)。

3.6.3 特点

外插法固井具有以下特点：

(1)水泥用量计算误差小，节约水泥；

(2)流动阻力小，不易漏失；

(3)水泥浆与钻井液掺混少；

(4)施工时间短，水泥浆不易脱水稠化；

(5)只适用于浅井；

(6)一般用于大尺寸套管固井和不能建立循环井的固井；

(7)有时也作为对固井水泥低返井的补救施工；

(8)在上部有技术套管的油气井固井中，当封固质量不好环空窜气时，外插法固井也可作为封堵环空的一种方法。

外插法固井时，套管尺寸越大，用的外管数量越多，一般至少两根以上，外管数量越多，水泥浆上返时越不易发生窜槽，封固质量越好。外插法固井施工完后，使用的外管根据情况可以起出，也可以丢在环空中。

3.7 先注水泥后下套管固井工艺(延迟固井)

3.7.1 概述

先注水泥后下套管固井工艺又称为延迟固井，是指先用钻具向井眼底部注入一定量的水泥浆，然后起出钻具，再把套管串下入水泥浆中待凝的一种固井工艺。该工艺一般在小环空间隙或超大环空间隙的套管固井中使用，使用该工艺的井一般较浅且注水泥量较少。另外，该工艺要求水泥浆的稠化时间较长，且抗污染、性能稳定。

3.7.2 管串结构与工艺流程

使用先注水泥后下套管工艺固井的管串结构比较简单，只在套管底部安装一个盲引鞋即可。其管串结构为(自下而上)：盲引鞋+套管串[图3-20(d)]。其工艺流程为：钻具通井并循环钻井液→注入前置液→注入水泥浆→注入后置液→起出钻具→按操作规程向井内下入套管串→候凝(图3-20)。

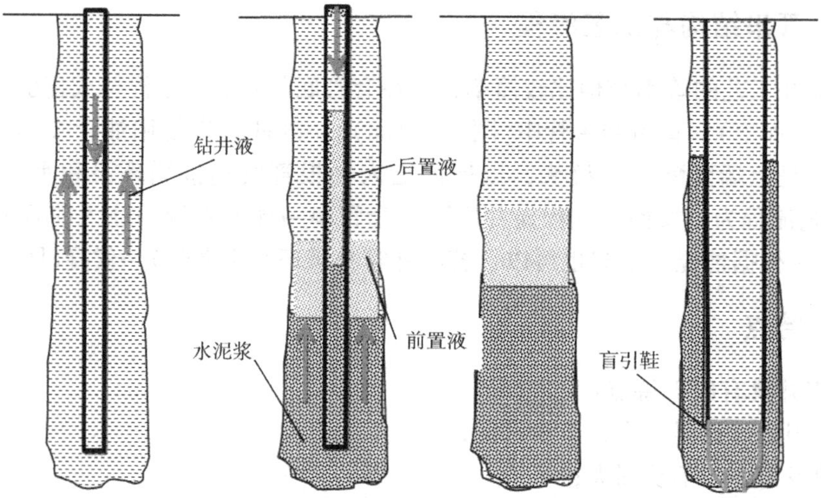

(a) 循环钻井液　(b) 注入前置液，注入水泥浆注，注入后置液　(c) 起出钻具　(d) 下入套管

图 3-20　先注水泥后下套管固井工艺流程示意图

3.7.3　特点

先注水泥后下套管固井工艺的特点是：

(1)水泥浆在环空充满率高，注水泥流动阻力小不易漏失；

(2)水泥浆与钻井液掺混少；

(3)要求水泥浆稠化时间长且流动性好；

(4)只适用水泥量较少且井深较浅的井；

(5)对较小环空间隙或超大环空间隙的井该工艺更加有效；

(6)比较适合浅表层套管和导管固井。

3.8　反注水泥固井工艺

3.8.1　概述

反注水泥固井工艺指的是从环空注入水泥浆，并替浆到设计位置，流体反向从底部环空进入套管，从井口返出的一种固井工艺。对漏失严重的井施工时流体可能直接进入地层。该工艺一般用于套管底部地层有严重漏失发生井的固井施工。

3.8.2　管串结构与工艺流程

1)井底不漏失的井。

对于井底不漏失的井，由于流体要反向流动进入套管，因此管串中不能有正向浮箍，其管串结构为：(自下而上)引鞋＋套管串。其工艺流程为：按操作规程向井内下入套管串→开泵反向循环→从环空注入前置液→从环空注入水泥浆(若与钻井液密度差大，应考虑返出管线节流)→替入隔离液→替入钻井液，使水泥浆到预定位置→关井口返出阀门，施工结束→候凝→钻除套管内水泥塞(图 3-21)。

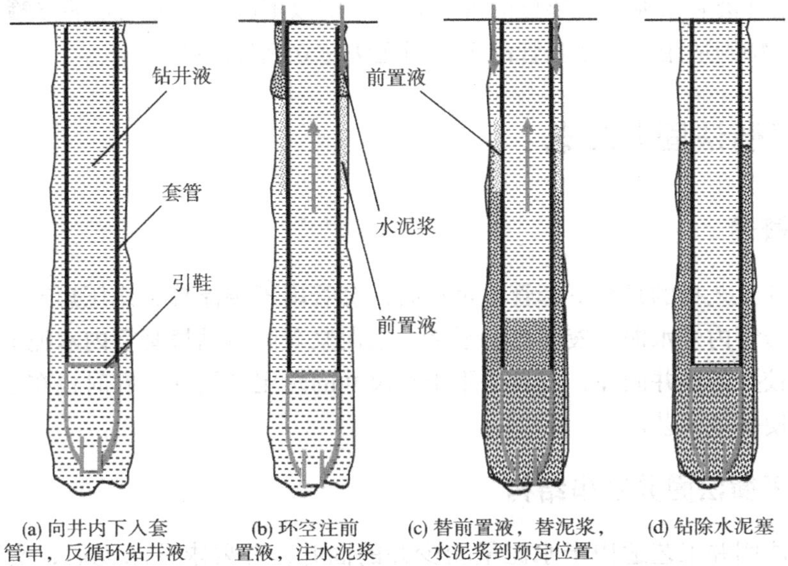

图 3-21　反注水泥法固井工艺流程示意图(井底不漏失的井)

2)井底漏失的井。

对于井底漏失严重的井，钻井液会直接漏入地层，不会进入套管(图 3-22)。因此，井底严重漏失的井最宜采用反注水泥固井工艺施工。

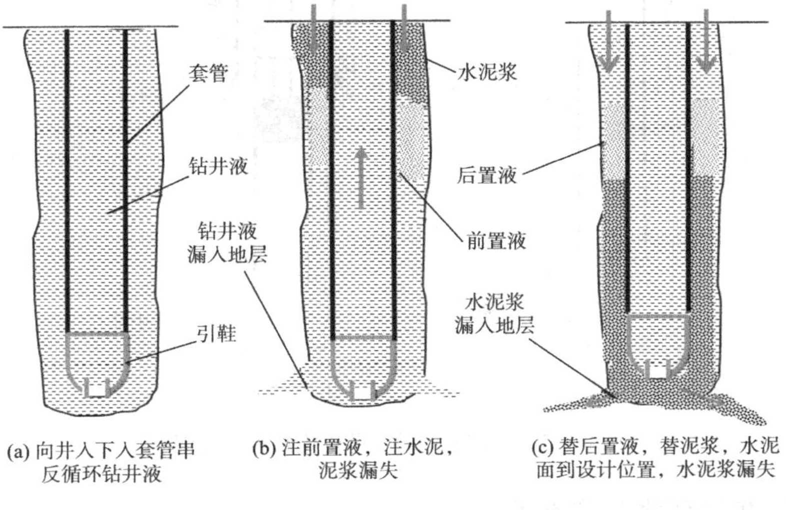

图 3-22　反注水泥法固井工艺流程示意图(井底漏失的井)

3.8.3　特点

反注水泥法固井工艺的特点是：

(1)减少了因水泥浆上返时底部回压过大而造成的水泥浆漏失，从而保证水泥浆返高；

(2)由于水泥浆在环空向下流动，对产层的回压较小，降低了水泥浆对产层的污染；

(3)水泥浆顶替效率低，易产生钻井液窜槽；
(4)为保证套管底部固井质量，需要部分水泥浆返入套管，固井后要钻少量水泥塞；
(5)由于钻井液和水泥浆需要反向进入套管，所以不能使用带凡尔的浮箍；
(6)该工艺特别适用于下完套管由于井漏无法建立循环的井。

3.9 平衡法固井工艺

3.9.1 概述

平衡法固井工艺指的是在下套管注水泥时，套管串不装浮箍和碰压短节，水泥浆计量泵入井底后，让套管内外水泥浆液面自动平衡，水泥浆凝固后钻掉套管内水泥即可。该工艺一般用于水泥量较少的浅井固井，或者适用于小尺寸的短尾管固井，有时也在下套管后发现浮箍失灵时被迫使用该工艺。

3.9.2 平衡法固井管串结构

由于平衡法固井工艺适用于水泥量较少井的固井，并要求注水泥后，套管内外水泥平衡，施工时不需要碰压，因此管串结构比较简单，常规固井工艺管串结构去掉浮箍和碰压座即可。其管串结构为，常规工艺：引鞋+套管串+水泥头[图3-23(a)]；尾管工艺：引鞋+2根套管+球座短节+套管串+尾管挂+送入工具[图3-23(b)]。

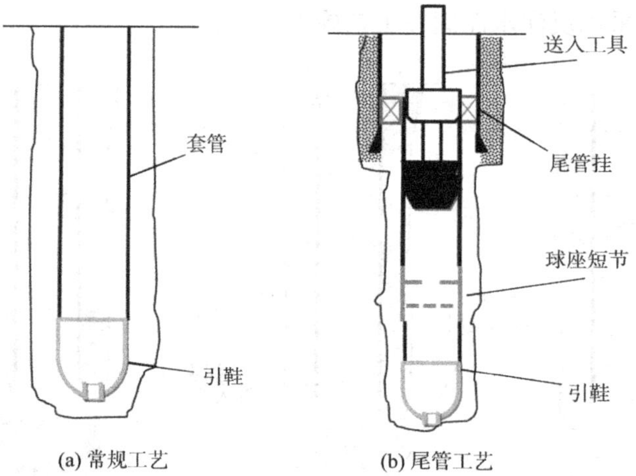

图3-23 平衡法固井工艺管串结构示意图

3.9.3 平衡法固井工艺流程

平衡法固井工艺流程非常简单，就是按同类固井工艺流程施工程序，替浆结束时不碰压，敞压候凝即可。以常规平衡法固井工艺流程为例，其工艺流程为：按操作规程向井内下入套管串→循环钻井液→注前置液→注水泥浆→隔离胶塞→替顶替液(计算量到套管内外水泥浆等高处)→打开水泥头闸门让水泥浆自动平衡→候凝(图3-24)。

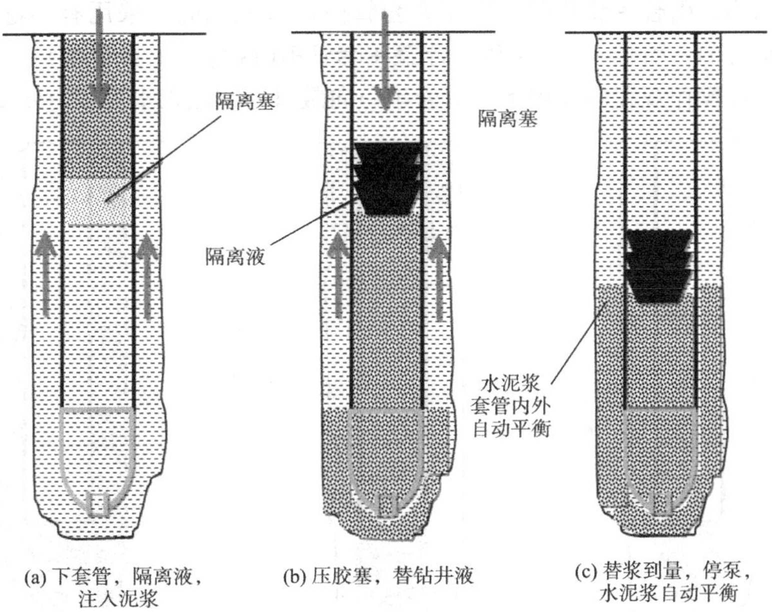

图 3-24　平衡法固井工艺流程示意图

3.9.4　特点

平衡法固井工艺的特点是：

(1) 由于替浆结束时使水泥浆自动平衡，可以保证不会替空，从而保证套管鞋处固井质量；

(2) 由于套管内外水泥浆自动平衡后，套管内肯定有水泥塞，能保证人工水泥塞质量；

(3) 必须要钻水泥塞，延长工期；

(4) 比较适用小水泥量的短封固段井；

(5) 也比较适用于碰压不好判断的井，比如深井小尾管固井；

(6) 在干井筒底部存在漏失的井固井中，经常采用固底部漏失层，初凝后用环空灌注法固漏失层上部井段；

(7) 该工艺不易在较长封固段井中使用，以防钻大量水泥塞，浪费材料和工时。

3.10　环空灌注法固井工艺

3.10.1　概述

环空灌注法固井工艺指的是在下完套管后，从套管外环空直接敞口灌注水泥浆的一种固井工艺。该工艺和“外插法固井工艺”“反注水泥固井工艺”都不相同，差别在于环空灌注法固井工艺是向井内敞口灌注。该工艺一般用于干井筒固井，常用于气体钻井固井和用其他方式挖掘的干井筒固井。

3.10.2　管串结构与工艺流程

环空灌注法固井工艺一般有两种管串结构，需要套管内留水泥塞时，采用无浮箍管串结构，其管串结构为：引鞋+套管串；不需要套管内留水泥塞时，采用有浮箍(或盲鞋)管串结构，其管串结构为：引鞋+2根套管+浮箍+套管串(或盲鞋+套管串)。[图3-25(a)]。其工艺流程为：按操作规程向井内下入套管串→向敞口环空注入水泥浆→候凝(图3-25)。

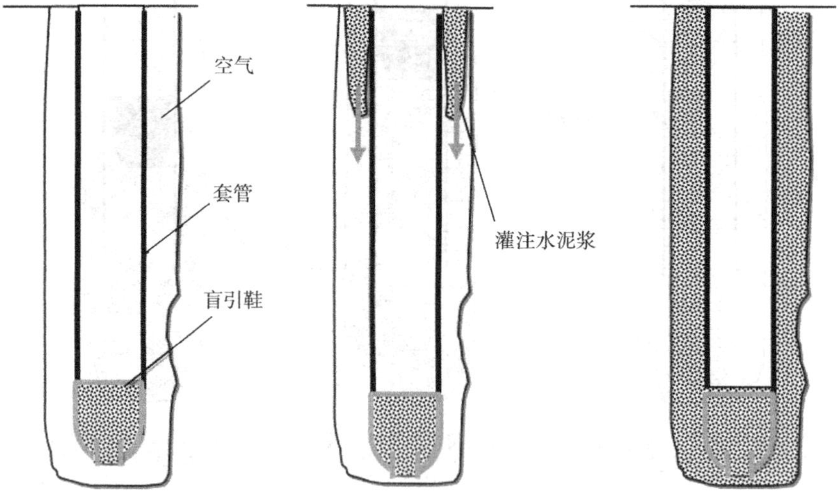

(a) 向井内下入套管串　(b) 向敞口环空注水泥浆　(c) 水泥浆注满，候凝

图3-25　环空灌注法管串结构与固井流程图(用盲引鞋)

3.10.3　特点

环空灌注法固井工艺的特点是：

(1)由于环空中没有其他液体，因此该工艺顶替效率高，无窜槽现象发生，固井质量好；

(2)由于注水泥浆前套管内无液体，不能掌握漏失层情况，很难预测固井时是否会发生井漏；

(3)由于该工艺是自下而上逐步灌注水泥浆固井，因此，在有漏失层的井固井时，可通过不连续灌注水泥浆解决固井漏失问题，也就是在漏失层部位灌注一段水泥浆，停下来，等漏失层的水泥浆初凝后再继续灌注水泥浆，到逐步灌满为止；

(4)该工艺比较适用于气体钻井完成的干井筒固井，以及通过其他方式挖掘的干井筒固井。

3.11　选择式注水泥固井工艺

3.11.1　概述

选择式注水泥固井工艺指的是根据开发要求，在裸眼井段的某一小段进行注水泥固井。该工艺可以保证水泥浆不污染封固段上下的产层，又能保证将来对产层实施压裂、酸化措施。该工艺多用于需要裸眼完井的低渗产层固井，且固井后需要实施压裂、酸化等增产措施的井，如果此类井用封隔器完井，由于封隔器封隔跨度小，纵向承压能力低，难以实现增产措施；也可以用于两产层要求绝对封隔且必须要保护产层不受水泥浆污染井的固井。

3.11.2　管串结构与工艺流程

选择式注水泥固井的工艺要点是将分级注水泥器、多个套管外封隔器分别连接于套管串中，用专用工具将封隔器分别胀开，打开分级箍进行选择式注水泥，然后关闭分级箍，循环出多余水泥浆，起出专用工具。不同的产层结构和不同的开发方案对选择式注水泥固井管串结构与工艺流程的要求是不一样的。

胜利采油研究院与胜利渤海固井公司在胜利油田车古 204 –3 井成功地使用了选择式注水泥固井技术。以车古 204 –3 井为例介绍选择式注水泥固井管串结构和工艺流程。车古 204 –3 井管串结构为：引鞋 + 筛管 + 盲管 + 封隔器 + 专用分级箍 + 套管串 + 循环阀短节 + 封隔器 +1 根套管 + 封隔器 + 套管串[图 3–26(a)]。其工艺流程为：按操作规程向井内下入套管串→下入专用工具→自下而上逐次胀开封隔器→憋压打开循环孔→循环钻井液→注入水泥浆→下压专用工具关闭分级箍→上提专用工具到扩孔短节→循环清洗→起出专用工具(图 3–26)。

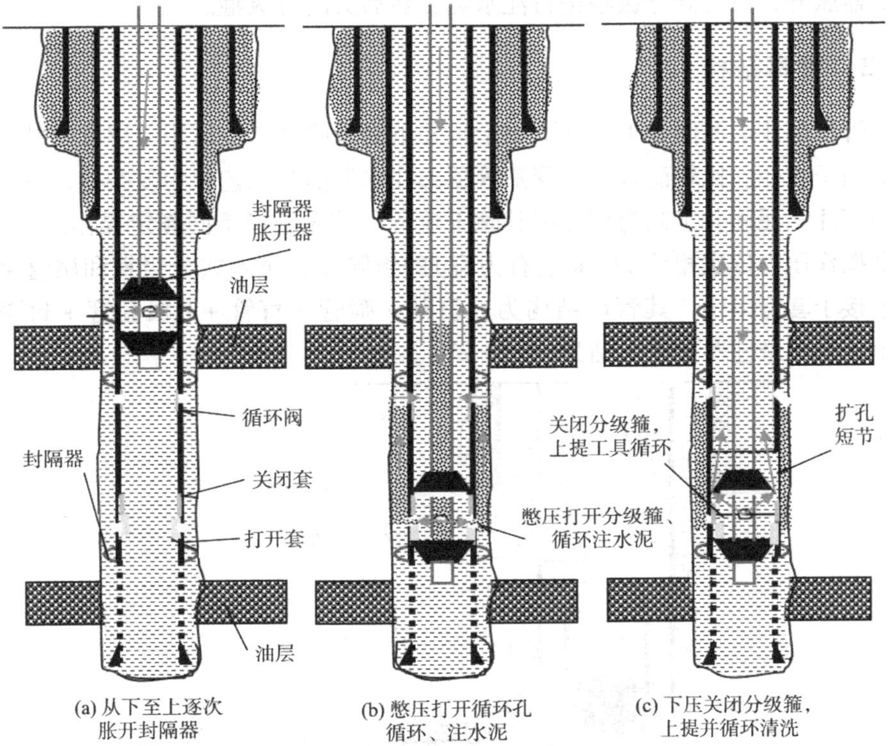

图 3–26　选择式注水泥固井管串结构与工艺流程示意图

3.11.3　特点

选择式注水泥固井工艺的特点是：

(1) 封固段位置能准确定位；

(2)层间封固相对封隔器完井承压能力强，具备产层后期改造的能力；

(3)由于施工过程中水泥浆不从产层经过，产层不受水泥浆污染，能较好地保护油气层；

(4)该工艺比较适用于后期需要采取增产措施的低渗油藏；

(5)该工艺施工必须有配套的专用工具才能完成。

3.12 筛管顶部注水泥固井工艺

3.12.1 概述

筛管顶部注水泥固井工艺是指由筛管完井的井，为了提高油井寿命，增大筛管尺寸，将筛管和上部套管用同一尺寸，并对筛管上部的套管进行注水泥固井的一种施工工艺。该工艺多用于水平井开发和需要增产的低渗油田开发，也可以在直井中应用。利用筛管完井可以大大提高产量，既适用于全井下套管固井，也适用于尾管固井。工艺方法是：将筛管顶部的套管注水泥固井，同时保证不污染封固段以下的产层，既达到增产的目的，又能延长油井寿命。其工艺特点是：在套管串结构中，筛管上部分别安装盲管、封隔器、分级注水泥器，固井前将封隔器胀开，再打开分级箍进行注水泥，然后关闭分级箍。

3.12.2 管串结构

由于筛管顶部注水泥固井工艺既适用于全井下套管固井，也适用于尾管固井，既适用于水平井也适用于直径。比较而言，尾管筛管顶部注水泥固井工艺较为复杂些，我们以水平井尾管筛管顶部注水泥固井工艺为例介绍其施工流程。首先选择不同额定操作压力(按操作顺序，以每个操作压力依次相差 5MPa 左右为宜)的封隔器、压差式分级箍和尾管悬挂器，按顺序位置连接于套管串中，其管串结构为：引鞋 + 筛管 + 盲管 + 1 根套管 + 封隔器 + 分级箍 + 套管串 + 尾管悬挂器 + 送入钻具(图 3-27)。

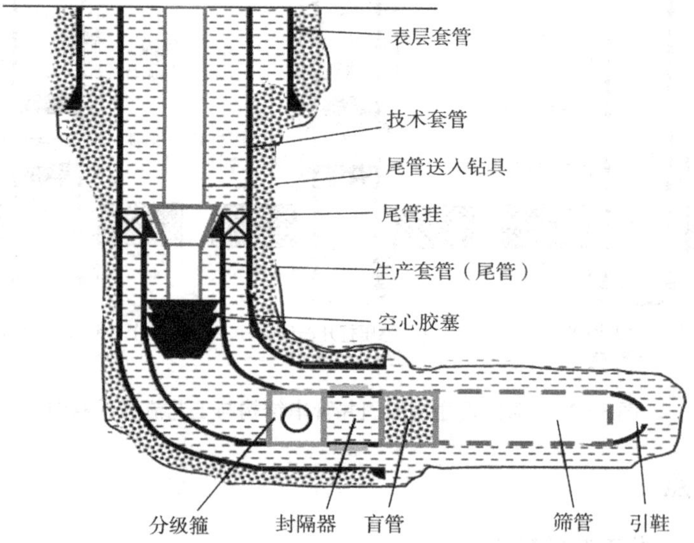

图 3-27 尾管施工的筛管顶部注水泥固井工艺管串结构示意图

3.12.3　工艺流程

尾管筛管顶部注水泥固井工艺施工流程应考虑尾管挂的坐挂、封隔器的胀封、分级箍打开各项操作的先后顺序，顺序的实现取决于各销钉的剪切压力设置，如果顺序错乱将会导致施工失败。当各项准备工作做好后，其工艺流程为：按下套管规程下入尾管及送入钻具→憋压坐挂尾管悬挂器→继续憋压胀开封隔器→继续憋压打开分级箍→开泵循环钻井液[图3-28(a)]→注入前置液→注入水泥浆→释放钻杆胶塞→替钻井液(在钻杆胶塞与空心胶塞偶合时降低替浆排量)[图3-28(b)]→碰压关闭分级箍→放压检查回压凡尔是否倒返→提出中心管开泵循环出多余水泥浆→固井结束[图3-28(c)]→起出钻具→候凝，钻掉分级箍内套和盲管，电测交井投入生产使用[图3-28(d)]。

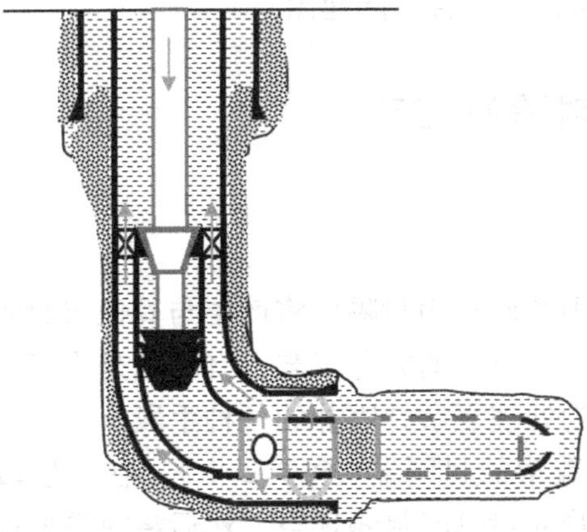

(a) 憋压坐挂尾管挂，胀开封隔器并打开分级箍，循环

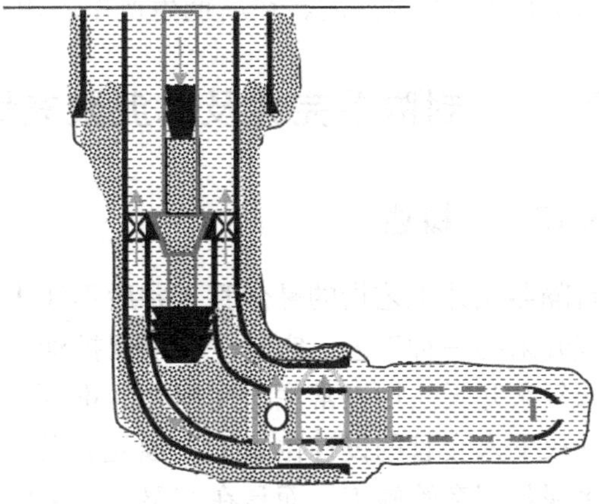

(b) 注水泥浆，释放钻杆塞，替泥浆

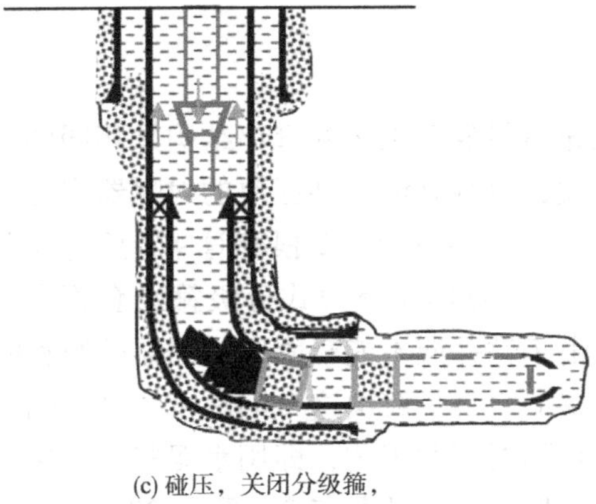

(c) 碰压，关闭分级箍，上提钻具，循环

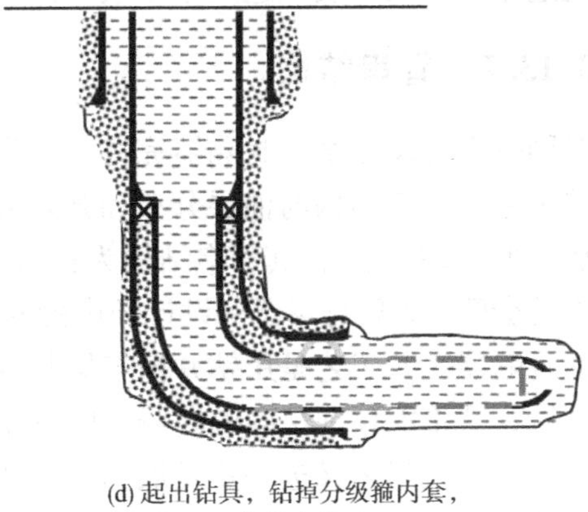

(d) 起出钻具，钻掉分级箍内套，钻掉盲管

图3-28　筛管顶部注水泥固井工艺施工流程示意图

我国在20世纪90年代开始研究筛管顶部注水泥固井工艺在水平井中的应用，现已广泛应用于各油田。胜利油田草桥地区、塔里木油田塔中地区、大港油田、江苏油田等都从上世纪末开始推广应用该固井工艺，并不断对工具附件、水泥浆体系改进和完善，使该工艺逐步成熟，在推广应用中取得了显著成果，现已作为低渗油田增产的一个有效措施。

3.12.4 特点

筛管顶部注水泥固井工艺的特点是：

(1)由于筛管以上套管由水泥封固，可延长筛管工艺完井的寿命；

(2)固井时水泥浆与油气层有封隔器封隔，不污染油气层；

(3)筛管顶部注水泥固井工艺比下套管固井后再下入筛管的常规筛管完井工艺增大了筛管尺寸，使筛管尺寸和上部套管相同，有利于后期作业和增产；

(4)比较适合长段水平井筛管完井；

(5)对低渗油田的开发特别有效；

(6)可以在直井中使用筛管顶部注水泥固井技术；

(7)用该工艺固井后，在后期生产中若出现问题，筛管不能起出。

3.13 封隔器完井及水泥浆充填封隔器工艺

3.13.1 概述

封隔器完井工艺指的是套管入井后不注水泥固井而是用封隔器将产层与其他层封隔，进行油气开采的一种工艺。它是一种以保护油气层为主要目的完井工艺，有时也是为了解决一些特殊复杂井无法用正常注水泥固井的难题，作为处理复杂井固井的一种手段。该工艺是在裸眼井段下入套管的设计位置上，预先安装一定数量的封隔器(至少2个)，在产层段不采用注水泥封固套管施工，而是在产层上下采用套管外封隔器封隔环空，然后将封隔器以上套管注水泥封固。此工艺多用于低渗井，以保护产层不受水泥浆污染，达到增产的目的。这种工艺既适用于单层开发也适用于多层开发；既适用于全井下套管也适用于尾管。

3.13.2 管串结构

对同一个开发方案，封隔器完井工艺和水泥充填封隔器工艺的管串结构是相同的。封隔器完井工艺的管串结构与油层分布和开发方案有关，以胜利油田某区块的封隔器完井管串结构为例[图3-29(a)]，其管串结构为：引鞋+1根套管+浮箍+2根套管+2只封隔器+设计长度的套管+2只封隔器+设计长度的套管+1只封隔器+重力式分级箍+套管串。最初采用的封隔器完井工艺是用钻井液充填封隔器，由于钻井液不能凝固，封隔器胶筒长时间腐蚀损坏后，就不能保证层间的封隔，降低了油井寿命。为了解决这一问题，提高封隔器完井的油井寿命，该工艺又进一步发展为水泥浆充填封隔器完井工艺，即用水泥浆代替钻井液充填封隔器，其管串结构不变。这样可大大提高封隔器完井的油井寿命[图3-29(b)]。

3.13.3 工艺流程

3.13.3.1 钻井液充填封隔器完井工艺流程

钻井液充填封隔器完井工艺是初期的封隔器完井工艺。该工艺施工相对简单，其工艺流程为：按下套管规程下入套管串[图3-30(a)]→开泵循环钻井液→投碰压塞并泵送→碰压→继续憋压胀开封隔器→投重力打开塞→憋压打开分级箍→开泵循环钻井液→注入前置液→

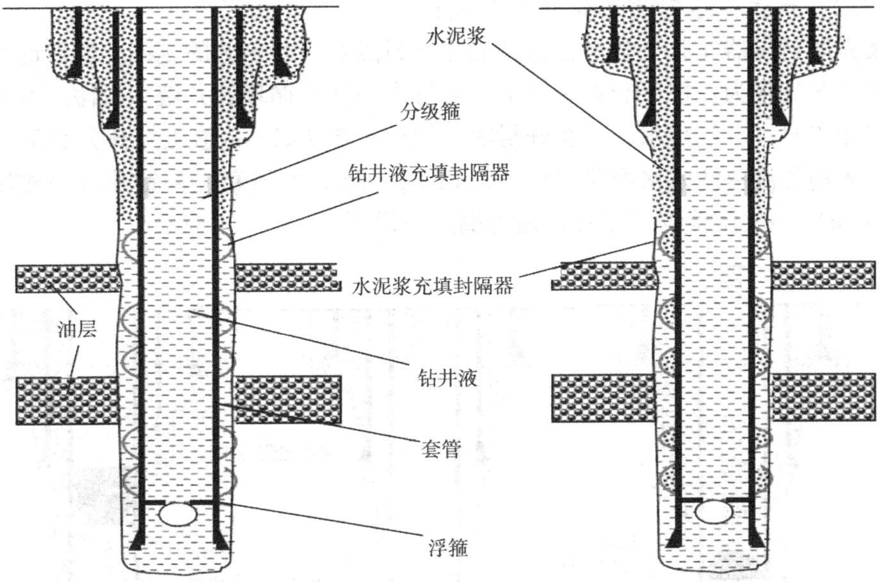

(a) 钻井液充填封隔器完井管串结构

(b) 水泥浆充填封隔器完井工艺

图 3-29 封隔器完井及水泥充填封隔器工艺管串结构示意图

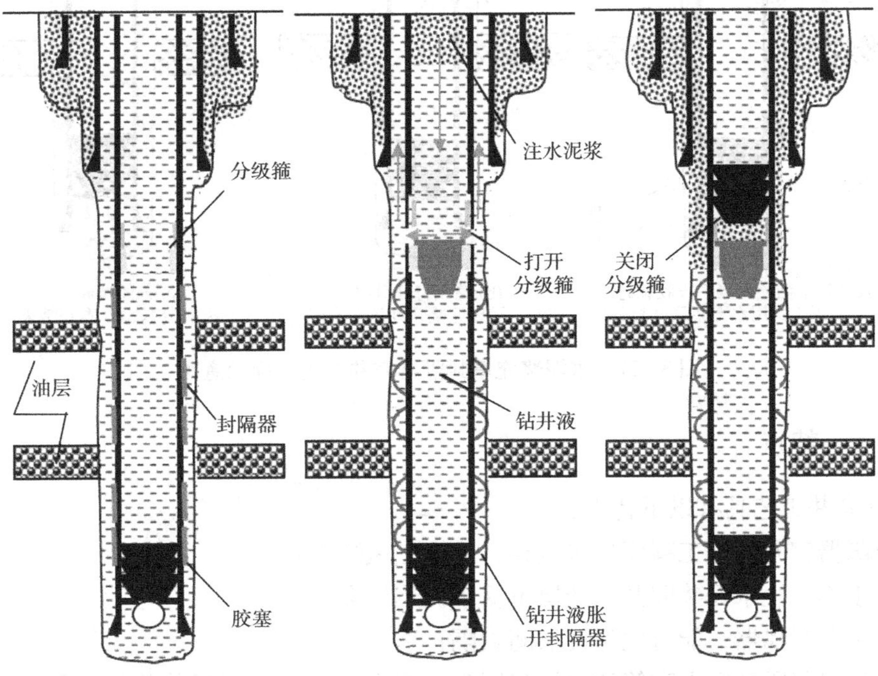

(a) 下入套管串，循环，泵入胶塞

(b) 憋压胀开封隔器，投重力塞，憋压打开分级箍，开始注水泥浆

(c) 关闭塞碰压，关闭分级箍，固井结束

图 3-30 钻井液充填封隔器完井工艺流程示意图

注入水泥浆[图 3-30(b)]→释放关闭塞→替钻井液→碰压关闭分级箍[图 3-30(c)]→放压检查回压凡尔是否倒返→候凝。

3.13.3.2　水泥充填封隔器完井工艺流程

水泥浆充填封隔器完井工艺是在钻井液充填封隔器完井工艺的基础上发展起来的一种完井工艺。其工艺流程为：按下套管规程下入套管串→开泵循环钻井液→投碰压塞并泵送→碰压→下入专用工具→分别用水泥浆胀开封隔器[图3-31(a)]→憋压打开分级箍→开泵循环钻井液→注入前置液→注入水泥浆[图3-31(b)]→释放关闭塞→替钻井液→碰压关闭分级箍[图3-31(c)]→放压检查回压凡尔是否倒返→候凝。

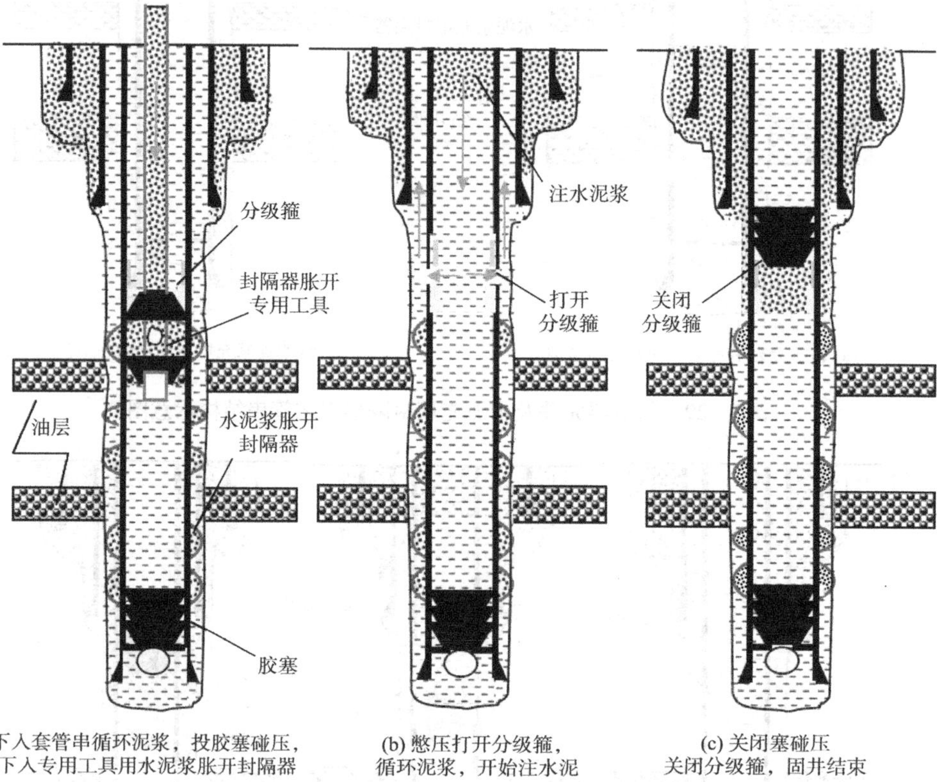

图3-31　水泥浆充填封隔器完井工艺流程示意图

3.13.4　特点

封隔器完井工艺具有以下特点：

(1)封隔器完井，施工程序比较复杂，但施工风险小；

(2)由于不用注水泥浆固井，产层不受水泥浆污染；

(3)使用双封隔器，能有效保证层间封隔；

(4)通过对封隔器以上套管注水泥封固后，与上部不注水泥固井的封隔器完井相比，可提高油井寿命；

(5)由于上部已注水泥固井，能保证产层与上部油气水层的有效封隔；

(6)若采用水泥浆充填封隔器工艺，与钻井液充填封隔器完井工艺相比可大大提高封隔器完井的油井寿命；

(7)该工艺适用于低渗井，是油气井增产的一个很好的手段；

(8)该工艺也适用于井下复杂，难以实现用正常注水泥工艺施工的井，以减少固井工程事故。

3.14 干井筒固井工艺

3.14.1 概述

干井筒固井工艺是指在干井筒中直接下入套管并进行注水泥作业的一种固井工艺。干井筒指的是对采用气体钻进完成且没有向井内注入液体介质的井。干井筒固井工艺就是针对气体钻井中需要干井筒固井时所采用的一种固井工艺，由于干井筒井下情况复杂，因此干井筒固井工艺往往不是使用单一的固井工艺，一般使用多种固井工艺的组合工艺。组合工艺所涉及到的固井工艺方法有：常规固井工艺、内插法固井工艺、平衡法固井工艺和环空灌注法固井工艺。下面介绍几种典型的干井筒固井管串结构与固井工艺流程。

3.14.2 管串结构与固井工艺流程

3.14.2.1 “井下正常井”干井筒固井管串结构与固井工艺流程

对于井下正常、无有明显漏失层，且井壁稳定的干井筒固井一般采用常规固井工艺，但是对于较深的井，由于水泥浆从套管内注入下落时，基本为自由落体运动，下落速度很快，对下部结构形成很大的冲击力，为防止冲坏下部结构(主要是浮箍)，往往在浮箍上端安装一个缓冲短节。管串结构如图3-32所示。固井工艺流程与常规固井工艺相同。

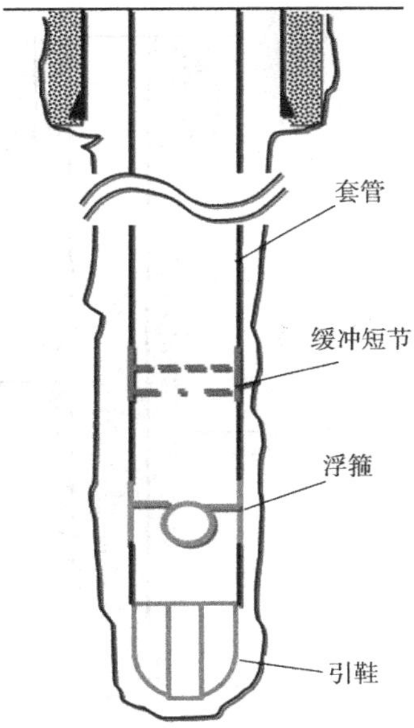

图3-32 干井筒固井管串结构示意图

对于大尺寸井眼(13⅜in以上井眼)的干井筒固井可采用插入法固井工艺施工，管串结构与施工流程与插入法固井工艺相同，但必须计算水泥浆对套管的漂浮力，保证套管不被浮起，校对插入式浮箍的正向和反向承压能力，确保施工安全。

3.14.2.2 “井下漏失井”干井筒固井管串结构与固井工艺流程

对于井下有明显漏失层，或井壁不稳定、易坍塌掉块的井，干井筒固井一般采用组合工艺固井。即先采用平衡法固井工艺封固底部漏层(井较浅时也可以采用常规固井工艺)，水泥面返至漏层上面即可(如果不漏，只是易坍塌掉块，可以使封固段稍微长一点)，待水泥浆初凝后，再用环空灌注法完成漏层以上封固段的固井施工，环空灌注时可以分几次间歇完成，以防压漏地层。对于需要直接环空灌注水泥浆的井，应考虑并计算浮箍的反向承压能力。对于较深的井，为防止水泥浆下落时冲坏浮箍，也要在浮箍上端安装一个缓冲短节。管串结构与“井下正常井”干井筒固井管串结构(图3-32)相同。固井工艺流程为：按操作规程向井内下入套管串→从套管内注入水泥浆→用平衡法使水泥浆返至漏层以上(管内外水泥浆自动平衡)→等候到水泥浆初凝→环空灌注水泥浆(根据漏失情况，可间歇分几次)→候凝(图3-33)。

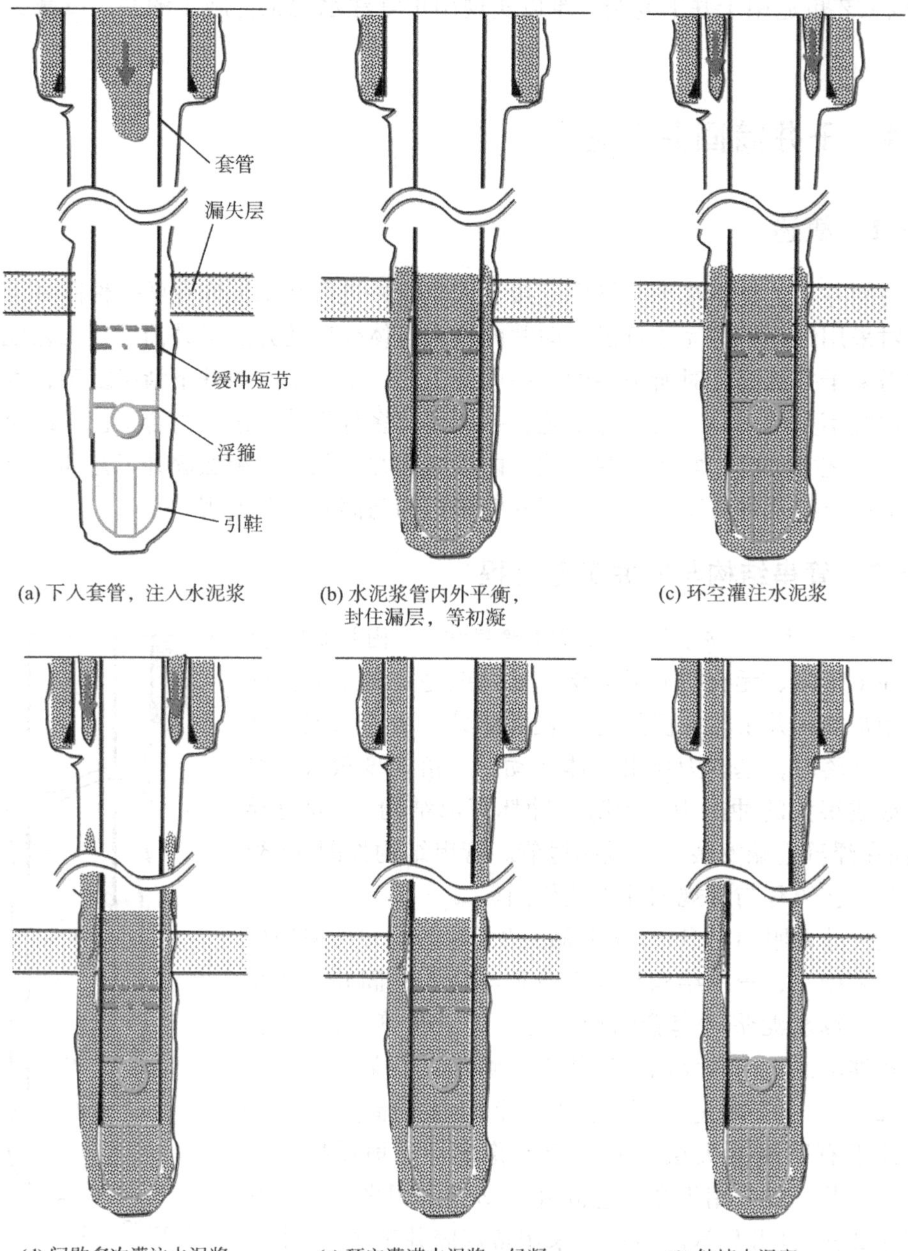

(a)下入套管，注入水泥浆　(b)水泥浆管内外平衡，封住漏层，等初凝　(c)环空灌注水泥浆

(d)间歇多次灌注水泥浆　(e)环空灌满水泥浆，候凝　(f)钻掉水泥塞

图3-33　干井筒固井工艺流程示意图

3.14.3　特点

干井筒固井工艺具有以下特点：

(1)由于井筒内没有液体，注水泥施工时不会窜槽，不会混浆，有利于保证固井质量；

(2)施工泵压低，容易泵送；

(3)由于水泥浆基本为自由落体(与井壁和套管也有一定摩擦力)运动，下落速度会逐渐加快，井较深时，会对下部结构产生较大的冲击力，必须使用缓冲短节或高强度浮箍；

(4)水泥浆泵送或灌注过程中，必须设法让井筒内的气体排出，不然影响固井质量，常用的方法是降低灌注排量或间歇灌注；

(5)如果采用常规固井工艺施工，必须考虑水泥浆注入时对套管产生的下拉力；

(6)当采用环空灌注法固井施工时，不但要考虑水泥浆注入时对套管产生的下拉力，还要考虑水泥浆对套管的漂浮力；

(7)对于较浅的井多数采用常规固井工艺，对于较深或者井下有漏失的井往往采用多种工艺组合的方法完成固井；

(8)该工艺多用于由气体钻井工艺完成的井眼的固井，多数为技术套管固井。

3.15　水下释放塞固井工艺

3.15.1　概述

水下释放塞固井工艺是应用于海上深水钻井平台固井的一种固井工艺。该工艺是为深海浮式钻井装置(平台)完成技术套管和生产套管注水泥而配套的一种固井工艺。浮式钻井装置的特点是井口及套管悬挂器都在海底泥面上，不同于陆地的地面井口，自升式钻井装置的井口位于海面上，因此，浮式钻井装置在固井过程中，需要解决井下的套管胶塞组释放问题，从而完成固井工艺过程。

3.15.2　浮式钻井装置注水泥工艺特点

海洋浮式钻井装置钻井工艺的最大特点是采用水下井口系统，即井口系统位于海底泥面，而其他固定式钻井装置或自升式钻井平台的井口系统在装置上且位于海水面之上(称之为地面井口系统)。因此，地面井口系统配套的注水泥工艺无法满足水下井口系统的注水泥要求。水下井口系统注水泥主要有以下特点。

(1)在地面井口系统注水泥工艺中，套管胶塞安装在地面套管水泥头内，而在水下井口系统中，由于井口不在水面上部，套管也就延伸不到水面上部钻井平台，套管胶塞只能安装在水下井口头处。

(2)在地面井口系统注水泥工艺中，套管胶塞通过特殊设计的挡销固定在套管水泥头内，固井时通过解除挡销释放套管胶塞。而水下井口系统在注水泥工艺中必须把套管胶塞置于井口下部的套管中，并且要有专门的“水下胶塞释放系统”。

(3)水下井口系统连接水下防喷器组及各层套管，该系统主要包括：泥垫、低压井口头(ϕ914.4mm)、高压井口头(ϕ476.2mm)、井口防腐帽、水平仪以及高压井口头内坐挂的各尺寸套管悬挂器(ϕ339.7mm、ϕ244.5mm 和 ϕ177.8mm)、密封组件、防磨补心。该系统是浮式钻井装置注水泥工艺的重要载体，“水下胶塞释放系统”必须设计在水下井口系统套管悬挂器的下部。

3.15.3　水下释放塞注水泥工艺

水下释放塞注水泥工艺主要由钻井平台面上的钻杆水泥头(其内安装有钻杆上、下胶塞)和井下的套管胶塞组(包括套管上、下胶塞)两大部分构成，钻杆上、下胶塞的主要目的是解决井下套管上、下胶塞的释放问题。在钻台面上按照要求释放相应的钻杆上、下胶塞后，当其到达井下相应的套管上、下胶塞位置时，由于其两者的特殊结构设计，憋压到一定压力值后，剪切套管上、下胶塞的销钉，从而释放套管上、下胶塞，实现固井工艺过程。

3.15.3.1　水下胶塞释放系统组成

水下胶塞释放系统主要包括以下6个部分(自上而下)：钻杆水泥头；送入钻杆；压力平衡阀；套管胶塞组(套管上胶塞、套管下胶塞)；套管串部分(含套管悬挂器等)；浮箍浮鞋等(图3-34)。送入钻杆在钻杆水泥头和水下井口部分之间。水下胶塞释放系统的主要部件是：钻杆水泥头、水下释放平衡阀和套管胶塞组(图3-35)。

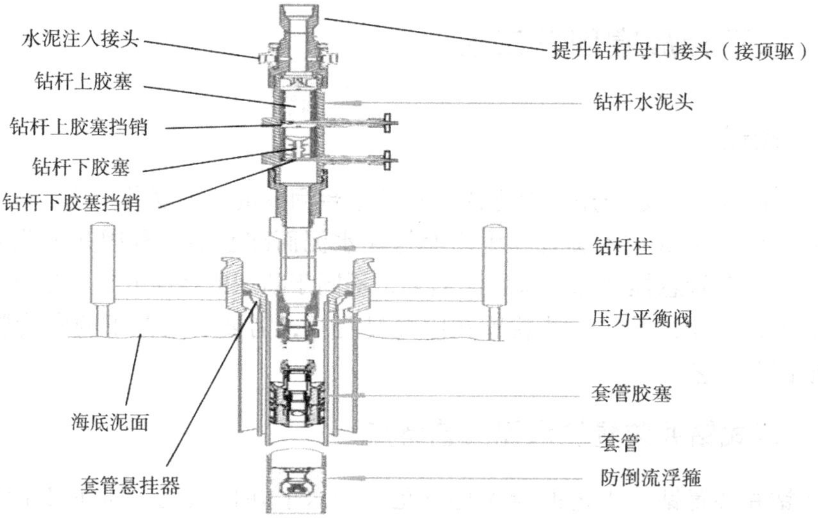

图3-34　典型的水下释放塞注水泥系统

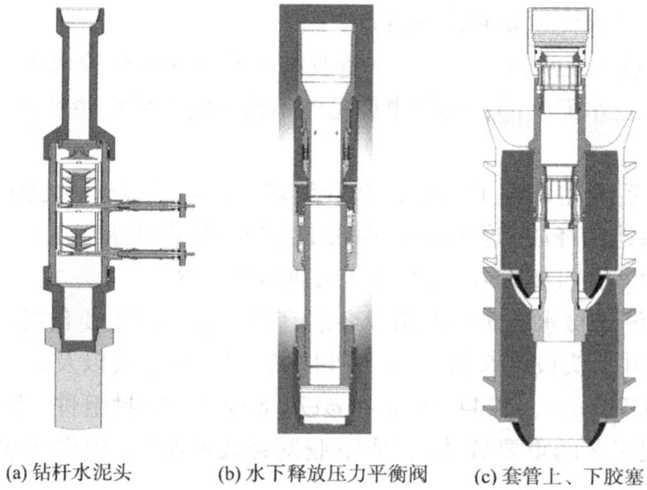

图3-35　水下胶塞释放系统主要部件

钻杆水泥头与尾管固井的双塞钻杆水泥头类似，主要是用来提供注水泥入口、释放钻杆胶塞、释放憋压球、与顶驱连接建立循环等。套管胶塞组是安装在套管悬挂器下部的套管胶塞，包括套管上胶塞和套管下胶塞，注水泥期间分别用钻杆塞(或投球)将其释放。套管下胶塞是隔离塞，到浮箍后可以被击穿使水泥浆进入环空，主要用来清刮套管、隔离水泥浆与钻井液，减少水泥浆污染；套管上胶塞是碰压塞，主要用来清刮套管、隔离水泥浆与钻井液及碰压等。压力平衡阀连接于套管胶塞组上部，其主要作用为：平衡水下释放系统管内外压差，避免胶塞非正常释放。压力平衡阀工作原理为：由于剪切释放套管下塞时会产生一定的高压，该压力会沿套管壁窜入套管上胶塞上部，当该压力大于管内压力时，便推动平衡阀上的单向阀，打开连接平衡阀内外的通孔，释放掉该压力。

3.15.3.2 水下释放胶塞固井工艺流程

(1)连接套管胶塞组与压力平衡阀。将套管胶塞组与压力平衡阀连接好以后，再连接于套管悬挂器送入工具下部的钻杆上。

(2)确定套管胶塞组与压力平衡阀下入位置。套管胶塞组与压力平衡阀应下入到套管悬挂器以下的套管内合适位置。若使用复合套管时，如13⅜in套管变20in套管时，套管胶塞组必须要下到下部的13⅜in套管内，而不能放在两种套管之间的变径部位，连接好套管悬挂器及其送入工具。该工作需要在平台上提前完成，并置于甲板或立于井架防止碰撞，方便到时下入。

(3)下入套管串和套管胶塞组与压力平衡阀。按照设计和操作规程下完套管后，连接提前预接好的套管悬挂器及其送入工具(其内已经安装有套管胶塞组与压力平衡阀)，用送入钻杆送套管串到设计位置，将套管悬挂器坐到18¾in高压井口头内。

(4)循环钻井液。按照固井设计要求循环并调整钻井液，使井眼和钻井液性能达到固井要求，准备注水泥作业。

(5)释放钻杆下胶塞开始注水泥作业。注水泥前，释放钻杆下胶塞(或投球)，使其通过送入钻杆坐入套管胶塞组，憋压使泵压值达到套管下胶塞销钉的剪切值(一般为5～8MPa，Weatherford公司13⅜in套管下胶塞的剪切压力为5.5～8.3MPa)，剪断套管下胶塞剪切销钉，套管下胶塞脱离套管胶塞组下行，开始注前置液和注水泥作业。

(6)击穿套管下胶塞水泥浆进入环空。当泵注水泥浆或顶替水泥浆到一定量(井口至浮箍的套管内容积)时，套管下胶塞到达浮箍位置，泵压上升，击穿循环孔，水泥浆进入套管外环空，可继续注水泥或替浆作业。由于击穿压力不高(一般为6～8MPa，Weatherford公司13⅜in套管下胶塞的击穿压力为5.5～8.3MPa)，一般情况下击穿压力地面显示不明显，有时观察不到。

(7)释放钻杆上胶塞开始替浆。注完水泥后，释放钻杆上胶塞，开始替入钻井液，钻杆上胶塞下行驱除钻杆内水泥，当其到达套管胶塞组时，泵压值上升，当压力达到套管上胶塞的销钉剪切压力值时(一般为13～18MPa，Weatherford公司13⅜in套管上胶塞的剪切压力为13.8～17.2MPa)，套管上胶塞销钉被剪切，从而脱离套管胶塞组下行，继续顶替水泥浆直到碰压。注意：为了防止憋压剪切释放套管下胶塞的同时把套管上胶塞提前释放，而造成工艺失败，一般设计的套管上胶塞的剪切压力值是远远高于套管下胶塞的剪切压力值。

(8)起出送入钻具施工结束。碰压结束后，放压检查回流，正常后从钻台面拆下钻杆水泥头，按照套管悬挂器送入工具的倒扣操作要求倒开送入工具，起出送入钻杆串、套管悬挂器送入工具以及水下释放平衡阀，水泥浆候凝，施工结束。

3.16 膨胀管固井工艺

3.16.1 概述

膨胀管技术是将特种材料及特殊加工工艺与技术生产的套管柱下入井底，用液力或机械力的方式使套管直径扩大，发生永久变形，从而实现增大套管内径的目的，达到满足后期钻井作业和修井作业对井径的要求。膨胀管主要分为实体膨胀管、膨胀波纹管和和膨胀筛管等。由于膨胀筛管用于完井作业，不需要对其固井作业；膨胀波纹管虽然应用于钻井过程中的复杂情况处理，但膨胀工艺是通过液压膨胀，膨胀后内径需要专用工具修复，所以很难对膨胀波纹管进行固井作业。因此，膨胀管固井主要是指对实体膨胀管的固井作业，也就是实体膨胀管下入井底后，先进行套管注水泥及替钻井液作业，然后再进行管柱膨胀作业，水泥浆候凝后即达到膨胀管固井的目的。膨胀管技术主要用于钻井过程中的复杂情况处理，如井下漏失、井壁坍塌和套管修补等，超深井井身结构的套管层次过多时，也可以应用此工艺增加套管层次。该工艺可有效处理井下复杂情况，解决深井、超深井钻井技术难题，是近几年发展起来的一项新技术。国外对此项技术研究较多，现已趋于成熟，并在世界许多油田投入使用，取得了显著的经济效益，国内也正在技术研究和试验及推广当中，中国石化石油工程技术研究院对膨胀波纹管技术的研究已经取得成功，并在多口井中应用；胜利油田钻井技术研究院对实体膨胀管技术的研究也取得了重大进展，并在多个油区推广应用。

膨胀管技术被称为“21 世纪钻井完井界最富革命性的技术”，从而成为本世纪石油钻采行业的核心技术之一。随钻扩眼在钻进的同时形成扩大井眼，此项技术被西方的钻井技术专家称为继随钻测量和随钻测井之后的又一重大技术突破。

3.16.2 管串结构和工艺流程

实体膨胀管固井工艺的管串结构分两个部分，即实体膨胀管管串结构和内管管串结构两部分。内管管串结构是膨胀工具部分，膨胀工艺完成后要起出井外，在下入井内时，和实体膨胀管同时下入井内。实体膨胀管管串结构（自下而上）为：塞座浮箍 + 膨胀起步管 + 膨胀管串[图 3-36(a)]。内管管串结构（自下而上）为：膨胀头 + 钻杆串（中间带刮泥器）。实体膨胀管固井工艺流程为：按设计下入实体膨胀管串→循环钻井液→注入前置液→注入水泥浆→释放钻杆胶塞→替钻井液→碰压→憋压上提钻杆串，膨胀实体管串→候凝（图 3-36）。

3.16.3 膨胀管技术的优点

3.16.3.1 优化井身结构

膨胀套管用于井身结构优化，可以相对增大井眼尺寸，减少套管层次，放缓井眼锥度、增加最大钻井深度，提高建井效率、减少建井成本（图 3-37）。

由于深井和超深井的不断开发，随着井眼不断加深，井下复杂情况不断出现，不得不下入直径越来越小的套管。采用可膨胀管及随钻扩眼技术就能减小井眼逐渐变小的速度，延长大的井径和套管内径，进而提高钻井效率；有了可膨胀管，就能钻更小、更深的井眼，并使最大井深处的套管具有相对更大的直径，有利于提高油气井产量；利用膨胀套管裸眼尾管技

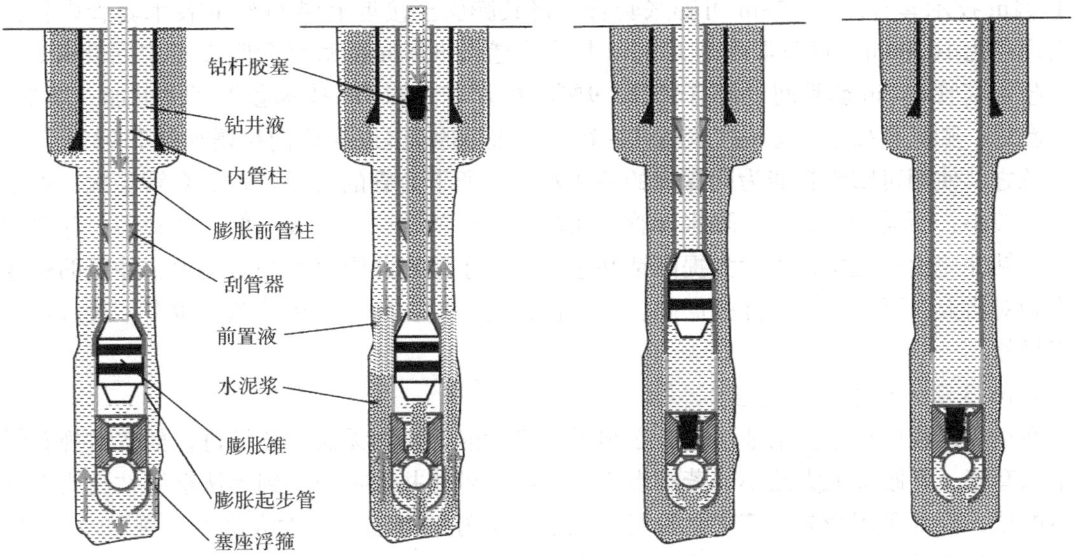

(a) 原始膨胀管柱及内管柱下入井内设计位置，循环钻井液　(b) 注前置液，注水泥浆，释放胶塞，替钻井液　(c) 碰压，憋压上提钻杆，实体管直径膨胀　(d) 钻杆全部起出，实体管膨胀完毕，候凝

图 3-36 实体膨胀管固井工艺管串机构和工艺流程示意图

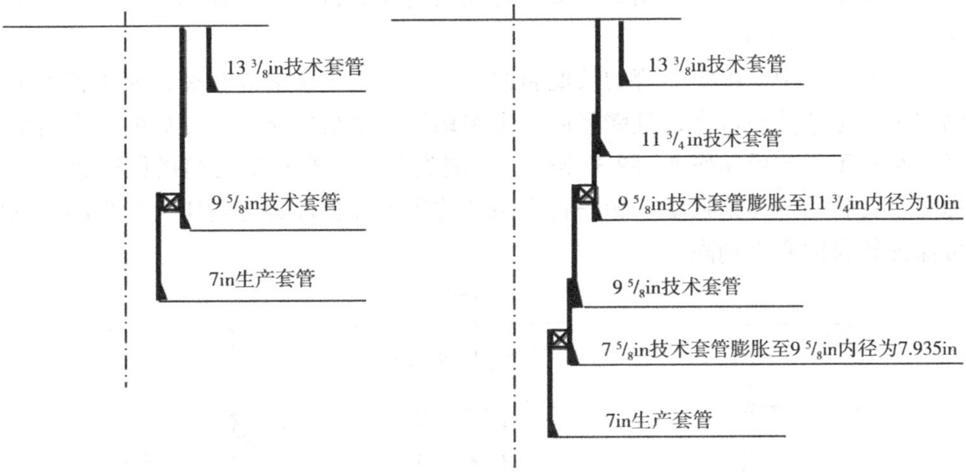

(a) 常用井身结构　(b) 优化后的井身结构

图 3-37 膨胀管优化井身结构示意图

术可将常规井身结构沿用到探井；在探井中，当设计层位达不到勘探目的时，可加深到比原设计更深的层位，膨胀套管固井使井眼基本不会变小，可继续进行测井、试油，进一步完成勘探；由于可膨胀管能够减小井身结构的锥度，因而对原来必须用小井眼测井仪测试的井，用常规测井仪就能评价更深的层段，既能提高效率又能节约成本；在最大井深处，可膨胀管裸眼尾管的直径大于常规井身结构的尾管直径，因而便于将探井转为具有经济产量的生产井；可膨胀裸眼尾管系统可在技术套管下部裸眼井段增加套管长度，而井径减小可以忽略，相当于减少了套管层次；与常规井身结构相比，使用膨胀管可使用较小尺寸套管，可以显著降低套管成本。

根据图 3-37 的井身结构分析，在 $9\frac{5}{8}$in 与 $13\frac{3}{8}$in 套管间可增加一层 $11\frac{3}{4}$in 技术套管，

在 $11\frac{3}{4}$in 技术套管内下 $9\frac{5}{8}$in 可膨胀套管，将其膨胀至接近上层 $11\frac{3}{4}$in 技术套管内径，膨胀后内径为 10.00in。目前常用的 $13\frac{3}{8}$in 技术套管与 $9\frac{5}{8}$in 技术套管间没有中间套管，在 $9\frac{5}{8}$in 技术套管和 7in 套管间也没有套管，$9\frac{5}{8}$in 技术套管和 7in 技术套管间也可加一层 $7\frac{5}{8}$in 膨胀套管，膨胀至接近 $9\frac{5}{8}$in 技术套管内径，膨胀后原 $7\frac{5}{8}$in 套管内径增加到 7.935in。

总之，使用可膨胀管能为同深度的井相对减小所下套管的直径，减少套管层次，由于钻井井径减小，所需的钻井液、隔水导管及相应的附件就减少，大大降低钻井费用；井眼直径越小其钻井速度将越快，可大大提高钻井速度；由于最终井眼直径相对增大，井眼的裸露面积也相对增大，可以提高油井的产能。在油田开发后期，套管损坏井越来越多，大直径井眼便于维修。

3.16.3.2　封堵复杂地层

在钻井过程中钻遇复杂地层时，必须下套管封隔，否则无法继续钻进，如按常规套管程序下入套管，井眼会大大减小，若有多个复杂层，可能井眼很快小到无法继续钻进或很难钻到目的层，因此采用膨胀套管来封隔复杂地层是最好的办法，可大大降低井眼减小的速度。对于目前常用的井身结构，在不增大井眼直径和不减小完井套管直径的条件下，可多下 2～4 层膨胀套管来封隔复杂地层，增加了处理复杂情况的空间，有利于安全钻井。多层技术套管的井身结构对复杂地质条件下的深井、超深井钻井具有重大意义。在不增加井眼尺寸和不降低完井套管尺寸的条件下，应用膨胀套管封隔复杂地层将会显著提高油田勘探开发效益。

3.16.3.3　进行套管补贴

在油井生产过程中，由于套管的长期腐蚀老化，会发生窜漏或断裂，膨胀管可满足长井段的补贴需求，工艺简便可靠，且膨胀后不影响螺纹的密封性能，修复后的井径略小于原来套管内径，基本不影响后期作业(图 3-38)。对漏失部位进行有效封堵的同时也加固了老井套管，提高了套管的抗外挤强度。膨胀管串两端的密封橡胶件具有耐压、耐高温、耐腐蚀等特性，可保证较长的有效期限。

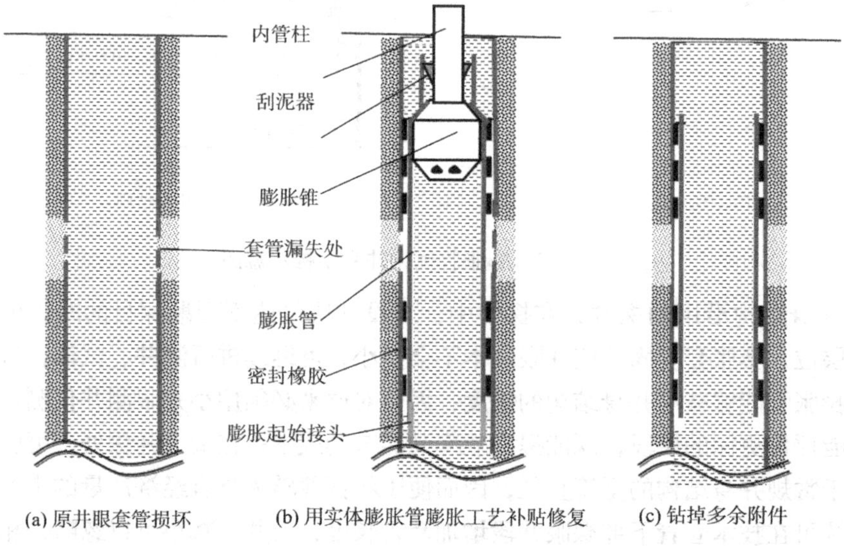

图 3-38　用膨胀管补贴修复套管工艺流程示意图

3.16.3.4　用于老井侧钻

随着油田开发进入中后期，老井侧钻已经成为油田稳产、增产的一种有效手段。但由于老井侧钻大部分在 ϕ139.7mm(5½in)或 ϕ177.8mm(7in)套管内进行，这相应也存在许多问题，主要表现在：①小套管小间隙固井，固井质量难以保证，严重影响了油井的寿命；②小套管内封隔器卡封难度大，分层开采受到影响；③不能采用大孔径射孔枪；④无法实现机械防砂。正是由于上述原因，使得套管内侧钻井不能发挥其应有的作用。膨胀管的研究和应用，为提高套管内侧钻井的完井质量提供了一种有效的方法。实体膨胀管技术在侧钻井上应用，具有如下优点：①注水泥后膨胀管膨胀使水泥浆充填效率提高；②固井质量较好；③大大增加了完井套管内径，完井后的内通径大于传统的侧钻井尾管直径，有利于生产作业；④膨胀管尾管技术的发展，可有效解决较小井眼尾管固井上部环空间隙过小的问题，增加了尾管挂处的过流面积，提高尾管固井的成功率和尾管固井质量。

3.17　注水泥塞工艺

3.17.1　概述

井下注水泥塞一般是在井下存在复杂情况需要封堵处理、套管开窗、弃井或底部井段没有油气层需进行封填等情况下使用。浅井注水泥塞相对容易，深井注水泥塞和小井眼注水泥塞都比较困难。井下注水泥塞的突出难点表现在：水泥塞长度过短的水泥塞和小井眼注水泥塞，水泥塞由于用水泥量较少，容易因计量误差问题造成注水泥塞不成功；水泥塞段长过长容易造成固死钻杆事故（常说的插旗杆事故）。深井注水泥塞和大直径水泥塞易造成泥浆对水泥浆的污染和掺混，也容易造成工程事故及影响水泥塞质量。常规注水泥塞方法是：向井内下入钻杆，将钻杆下到设计水泥塞底部，通过钻杆向井内注水泥浆，再用钻井液顶替，使水泥浆到达设计位置，上提钻杆到水泥塞顶部，循环出超返水泥浆。对于深井和水泥塞较短的井，可使用水泥塞定位器注水泥塞，以准确定位水泥塞位置，降低施工风险和提高注水泥塞质量，同时提高注水泥塞成功率。对于超长水泥塞施工，用常规方法施工有很大风险，也很难保证质量，要采用“超长水泥塞”注水泥塞工艺，以确保施工安全和水泥塞质量。

3.17.2　“常规注水泥塞”管串结构和工艺流程

常规注水泥塞管串结构和施工工艺都比较简单，但施工技术性要求并不简单，特别是小井眼水泥塞、超大井眼水泥塞、短水泥塞和强度要求高的水泥塞等，要一次注塞成功都是不容易的。若盲目施工，可能会出现水泥塞打不住、质量达不到要求和造成工程事故等问题。常规注水泥塞管串结构为：钻杆串，没有其他装置[图 3-39(a)]。其工艺流程为：将钻杆串下到设计水泥塞底部位置[图 3-39(a)]→注入前置液→注入水泥浆→注入后置液→替入钻井液[图 3-39(b)]→替到设计替浆量停泵→起钻到设计水泥塞顶部 10～15m→开泵循环出超返水泥浆[图 3-39(c)]→注水泥塞结束。

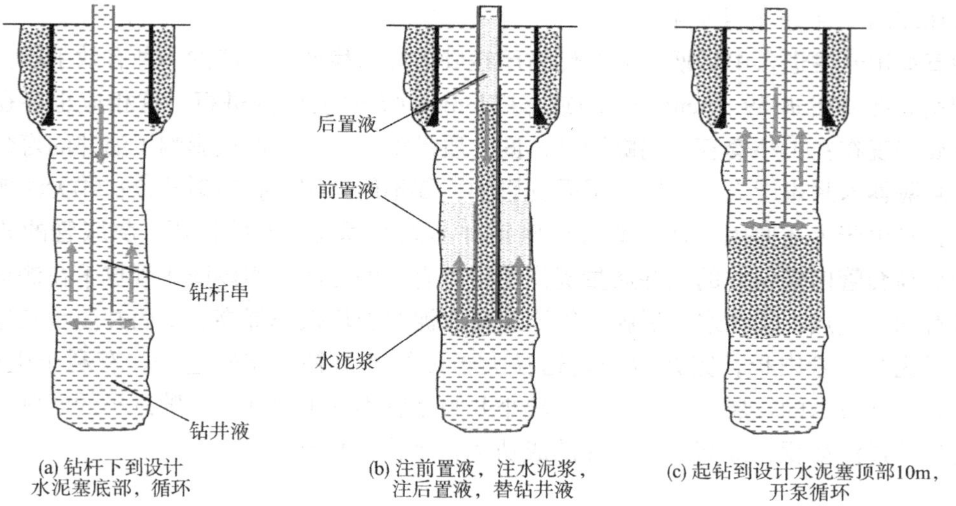

图 3-39 “常规注水泥塞”管串结构和施工工艺流程图

3.17.3 “用水泥塞定位器注水泥塞”管串结构和工艺流程

3.17.3.1 水泥塞定位器结构组成

水泥塞定位器是注水泥塞的专用工具，目前中国石化石油工程技术研究院开发了两种水泥塞定位器，有 SSDQ－Ⅰ型不同尺寸的水泥塞定位器系列产品和 SSDQ－Ⅱ型不同尺寸的水泥塞定位器系列产品，均获得国家专利。它适用于油田开发、地质勘探等钻井过程中的注水泥塞作业，可以有效地使水泥塞正确定位，减少水泥用量，降低施工风险，减少打水泥塞事故，同时可大大提高水泥塞质量和注水泥塞一次成功率，提高经济效益。本产品是根据注水泥塞施工中经常出现的事故和问题，有针对性地研究开发出来的，具有结构简单、操作方便、性能可靠等独特的优点。SSDQ－Ⅰ型水泥塞定位器结构主要由以下部件组成[图 3－40(a)]：本体、销钉、胶塞座、胶塞座托蓝凡尔座、凡尔球、凡尔弹簧、引鞋和一个胶塞。SSDQ－Ⅱ型水泥塞定位器结构主要由以下部件组成[图 3－40(b)]：本体、销钉、胶塞座、胶塞座托蓝凡尔座、凡尔板、凡尔弹簧、自动灌浆筒、自动灌浆筒销钉、引鞋和一个胶塞。

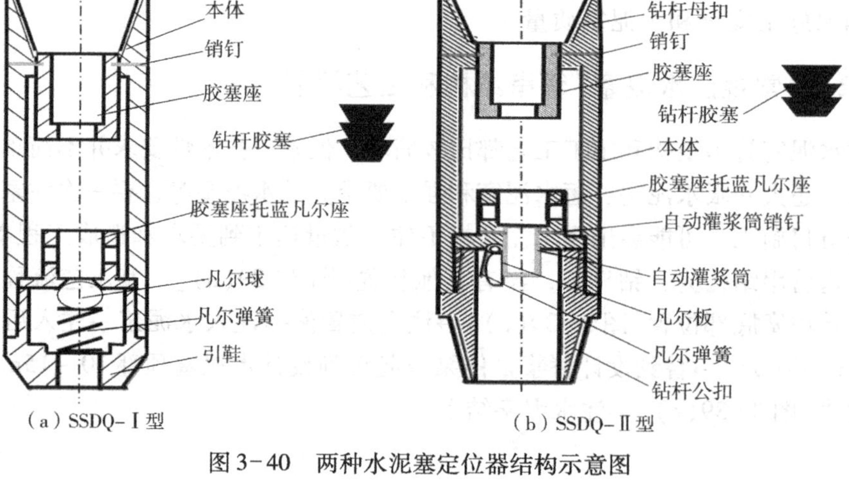

图 3-40 两种水泥塞定位器结构示意图

3.17.3.2　“用水泥塞定位器注水泥塞”注入管串结构与工艺流程

1）SSDQ－Ⅰ型水泥塞定位器。

使用SSDQ－Ⅰ型水泥塞定位器注水泥塞时，根据井下情况和注水泥浆量，可选用定位器的两种不同使用方式施工，即“回压凡尔方式”和“无回压凡尔方式”施工。当采用“回压凡尔方式”注水泥塞时，水泥浆顶替到位置后不倒流，但下套管中途必须循环灌钻井液；当采用“不用回压凡尔方式”注水泥塞时，水泥浆顶替到位置后，若内外压力不平衡会有轻微倒流或抽吸现象，但下套管中途可自动灌钻井液。当使用方式确定后，根据施工压力选择钻杆胶塞座销钉，然后将水泥塞定位器连接在钻杆串底部，即可下钻施工。

（1）“回压凡尔方式”注水泥塞施工注入管串结构和工艺流程。“回压凡尔方式”注水泥塞施工注入管串为钻杆，管串结构（自下而上）为：水泥塞定位器＋钻杆串［图3－41（a）］。其工艺流程为：下入钻杆→每下钻500～1000m开泵循环一次（将钻杆内灌满钻井液）→将定位器下到设计水泥塞的底部位置→开泵循环调整钻井液性能→注入前置液→注入钻杆外水泥浆量→释放钻杆胶塞→注入钻杆内水泥浆量→替隔离液→替钻井液→碰压→憋断销钉→上提钻杆使定位器到设计水泥塞顶部以上10～15m位置→开泵循环→候凝（图3－41）。

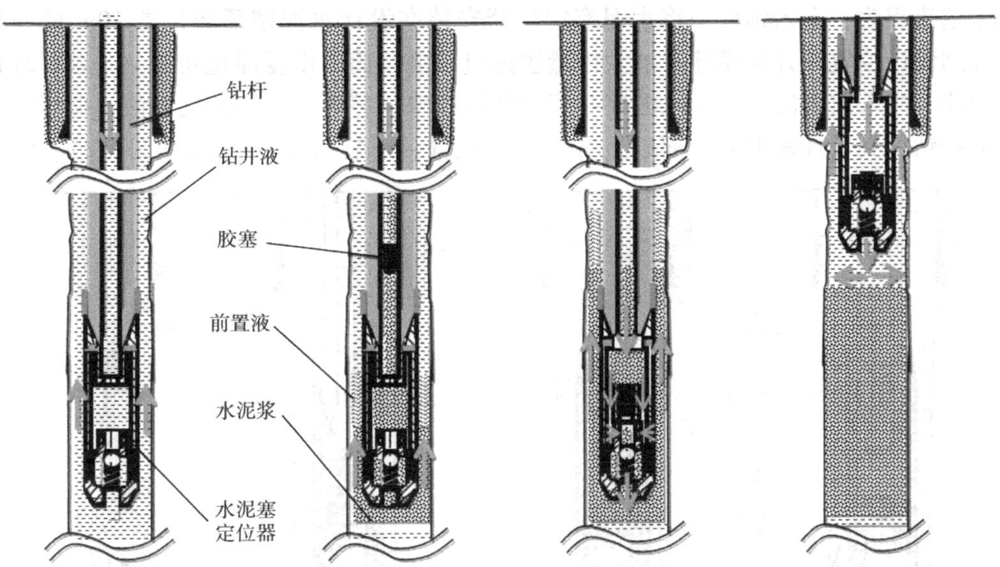

(a) 下入钻杆，定位器到设计水泥塞位置底部，循环钻井液　(b) 注入前置液，注入水泥浆，压胶塞，替钻井液　(c) 胶塞碰压，憋压剪断销钉　(d) 上提钻杆到水泥塞顶部，开泵循环，候凝

图3－41　“回压凡尔方式”注水泥塞工艺流程示意图（用SSDQ－Ⅰ型水泥塞定位器）

（2）“无回压凡尔方式”注水泥塞施工注入管串结构和工艺流程。“无回压凡尔方式”（将凡尔球及凡尔弹簧拿掉）注水泥塞施工，其注入管串结构与“回压凡尔方式”注水泥塞施工的注入管串结构相同，管串结构（自下而上）为：水泥塞定位器＋钻杆串［图3－41（a）］。只是在施工工艺流程上有一点区别，在下入钻杆过程中不用循环灌钻井液，其他施工工艺流程与“回压凡尔方式”注水泥塞施工工艺流程相同（图3－41）。

（3）SSDQ－Ⅰ型水泥塞定位器技术数据。

SSDQ－Ⅰ型水泥塞定位器根据常用钻杆尺寸配套设计，有ϕ88.9mm（3½in）和ϕ127mm（5in）两种型号，主要技术数据见表3－10。

表3-10 SSDQ水泥塞定位器技术数据

名 称	型 号	外径/mm	长度/mm	胶塞金属头直径/mm	剪销压力/MPa
水泥塞定位器	SSDQ 3½in - Ⅰ	105.0	800.0	40.0	10
	SSDQ 5in - Ⅰ	150.0	870.0	55.0	10

2)SSDQ - Ⅱ型水泥塞定位器。

SSDQ - Ⅱ型水泥塞定位器是在SSDQ - Ⅰ型水泥塞定位器的基础上研发出的一种新型专利产品，它根据SSDQ - Ⅰ型水泥塞定位器的现场使用情况，总结使用中在操作方面存在的不足，并进行了进一步完善，比SSDQ - Ⅰ型水泥塞定位器有以下优势：①压塞后不用注水泥，容易操作；②注完水泥浆上提钻杆时水泥浆下流阻力小，不会产生抽吸引起的置换，提高水泥塞质量；③具有自动灌浆装置，可在下入钻杆过程中自动灌浆。使用SSDQ - Ⅱ型水泥塞定位器注水泥塞时，将水泥塞定位器连接到钻杆串中距离设计水泥塞顶部以上10～15m的位置进行施工。其注入管串结构为：钻杆串 + 水泥塞定位器 + 钻杆串[图3-42(a)]。其施工工艺流程为：下入钻杆→将水泥塞定位器安装在设计水泥塞顶部位置10m处→继续下入钻杆到设计位置→开泵循环并加大排量憋掉自动灌浆筒，恢复浮箍功能→开泵循环调整钻井液性能→注入前置液→注入水泥浆→释放钻杆胶塞→替隔离液→替钻井液→碰压→憋断销钉→上起钻杆到设计水泥塞顶部以上10～15m位置→开泵循环→候凝(图3-42)。

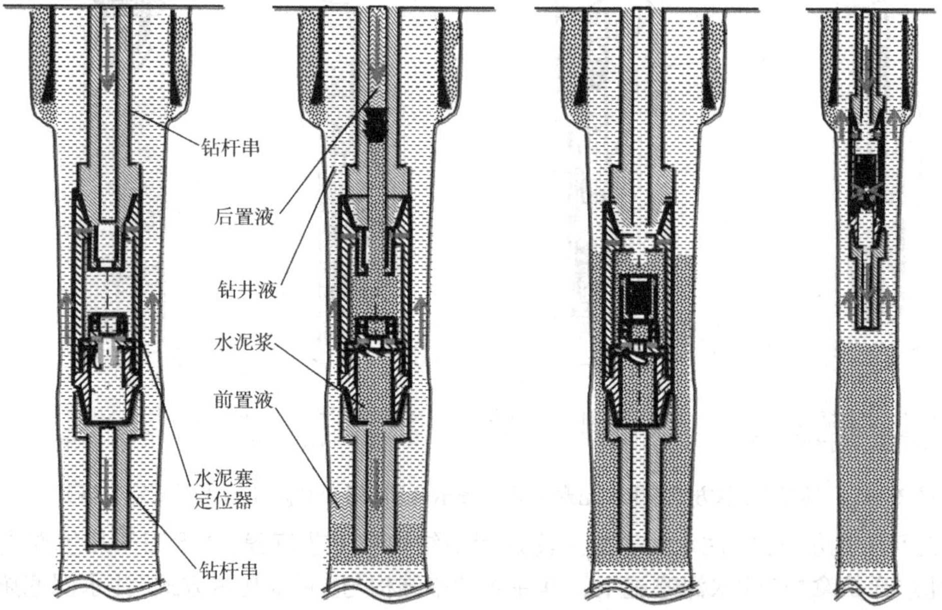

(a) 下入钻杆串到设计位置，循环钻井液　(b) 增大循环排量，憋掉自动灌浆筒，注入前置液，注入水泥浆，压胶塞，注入后置液　(c) 替钻井液，碰压，憋压剪断胶塞座销　(d) 上提钻杆到水泥塞顶部15m，循环钻井液，候凝

图3-42 “回压凡尔方式”注水泥塞工艺流程示意图

3.17.3.3 “超长水泥塞”注入管串结构与工艺流程

对于超长(段长500m以上)水泥塞注水泥塞施工，由于水泥量的附加和窜槽及混浆的影

响，注入在井下的水泥段长度可能达到700～1000m，（按实际500m段长水泥塞计算），随着设计段长增加还会更长。在这种情况下，在如此长的水泥浆段中上提钻杆串，会有很大风险，因此用常规注水泥塞工艺是不能施工的，必须使用“超长水泥塞”注水泥塞工艺。该工艺的主要特点是将长封固段改为短封固段，分多次注水泥塞，每段水泥塞控制在不超过300m。“超长水泥塞”注水泥塞工艺注入管串结构与常规注水泥塞工艺注入管串结构相同。其施工工艺流程为：①下入钻杆串到设计水泥塞底部→②开泵循环钻井液→③注入前置液，注入水泥浆（不超过300m段长的量）→④注入后置液→⑤替钻井液（使钻杆内外水泥面基本平衡）→⑥上提钻杆到水泥塞顶部→⑦循环钻井液（活动钻杆）→⑧放出返出的多余水泥浆→⑨处理钻井液性能→重复③～⑨→直到注完设计水泥浆量为止→起出钻杆串→候凝（图3-43）。

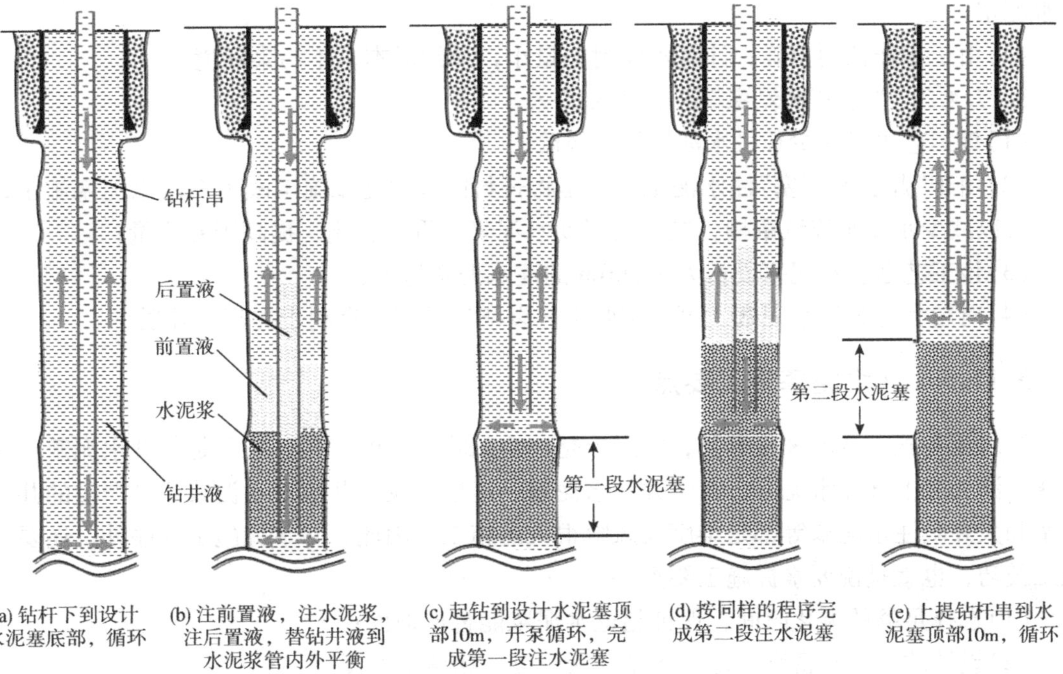

图3-43 “超长水泥塞”注入管串结构与工艺流程示意图

3.17.4 各种注水泥塞工艺的特点

3.17.4.1 常规注水泥塞工艺

（1）注入管串结构和施工工艺简单，容易操作；

（2）不需要专门工具，仅钻井用设备就可以注入水泥塞或者只用井场水泥车就可以施工；

（3）只适用于要求不高的填井水泥塞施工，比较适合尺寸在ϕ215.6mm（8½in）～ϕ244.5mm（9⅝in）的井眼，并且井径变化率不大的井注水泥塞；

（4）封固段长度适合在100～300m之间；

（5）由于井越深误差越大，该工艺不适合深井、超深井注水泥塞；

（6）对质量和位置要求高的水泥塞施工失败率高；

（7）由于操作控制不精确，计算水泥附加量大，会造成浪费，并且多余水泥浆要返出井口造成污染。

3.17.4.2 “使用水泥塞定位器”注水泥塞工艺

(1)必须使用一个水泥塞定位器专用工具施工;

(2)由于施工替钻井液时需要碰压，水泥塞位置准确;

(3)最适用于质量和位置要求高的水泥塞施工，特别是小于 ϕ215.9mm(8½in)的小井眼注水泥塞和大于 ϕ244.5mm(9⅝in)的大井径的井眼注水泥塞;

(4)比较适合封固段长度小于100m 的短水泥塞施工;

(5)适合对质量和位置要求高的水泥塞施工，如钻井过程中需要开窗井侧钻时注水泥塞，可以提高成功率;

(6)由于井越深误差越大，常规注水泥塞工艺难以完成，该工艺比较适合深井、超深井注水泥塞;

(7)由于操作控制精确，计算水泥附加量小，节约成本，不污染环境。

3.17.4.3 “超长水泥塞”注水泥塞工艺

(1)该工艺可以减少长段水泥塞施工风险;

(2)由于“超长水泥塞”注水泥塞工艺是将长封固段水泥塞施工改为短段水泥塞施工，因此，可以减少水泥浆连续窜槽，减少候凝期水泥浆失重的影响，提高固井质量;

(3)该工艺适合水泥塞段长大于500m 的注水泥塞施工;

(4)对超大井眼注水泥塞，可选用此工艺以塞流顶替，有利于提高固井质量。

3.17.5 注水泥塞施工要点

注水泥塞施工看起来很容易，实际上是一个风险很大的工作，特别是深井水泥塞、短水泥塞、漏失井上部注水泥塞、高温井注水泥塞、地层水及钻井液对水泥浆污染严重的井注水泥塞和大井眼注水泥塞等都是难度及风险很大的施工。因此，除掌握施工程序外，还要掌握施工技巧，也就是说要掌握施工要点。

(1)选择足够的稠化时间，保证超返水泥浆能替出地面;

(2)设计的水泥浆密度一定大于钻井液密度，密度差尽量大一点;

(3)按水泥塞底部的实际温度做水泥浆试验;

(4)水泥浆前后都要使用隔离液;

(5)做好水泥浆、钻井液及隔离液的掺混试验和污染试验;

(6)替泥浆量按替到水泥塞顶部计算;

(7)对短水泥塞施工，水泥浆上返时应使用塞流上返，这样会提高顶替效率，减少水泥浆与钻井液掺混，提高水泥塞质量;

(8)对较短的水泥塞，由于计量存在误差，替完钻井液后，水泥浆不一定在设计位置，应从井口卸开钻杆静置5min，使钻杆内外水泥自动平衡，若替过了，让水泥浆倒回来，若没替到位置，让水泥浆继续下流到达设计位置;

(9)对过长的水泥塞，采用“超长水泥塞注水泥塞工艺”，采取两次或多次施工以减少施工风险;

(10)注完水泥浆后，在水泥浆中上提钻杆时，速度要慢，以使钻杆内水泥浆留在水泥塞段，不至于带上来，造成混浆;

(11)要将钻杆上提到水泥塞顶部以上10～15m再循环钻井液，以防水泥塞高度达不到设计要求；

(12)循环钻井液时要活动钻杆，以防超返的残余水泥浆粘住钻杆，造成固死钻杆事故；

(13)对于漏失井注水泥塞，最好注完水泥浆直接起钻杆，不要循环钻井液，以防循环时的循环回压将水泥浆压入漏层；

(14)对深井水泥塞、小井眼注水泥塞和水泥塞段较短的水泥塞施工，应使用水泥塞定位器施工，以保证水泥塞质量，减少施工风险和提高一次施工成功率。

3.18　漂浮法下套管及固井工艺

3.18.1　概述

漂浮法下套管及固井工艺是使用漂浮减阻器(漂浮接箍)下套管并注水泥的一种固井工艺。使用漂浮减阻器下套管可以减少下套管阻力，该工艺适用于大位移井及长水平段井的下套管及固井施工。其工艺特点是在下套管时通过对斜井段或水平段某段套管进行掏空，提高套管漂浮力，减少下套管摩阻，保证套管下入，下完套管后，再通过各项操作程序由钻井液将空气置换出来，建立循环，完成固井作业。目前，我国在海滩、海上及非常规井的下套管固井中使用较多。

3.18.2　下套管漂浮减阻原理

使用下套管漂浮减阻器减少套管下入阻力，其漂浮减阻原理是：在斜井和水平井下套管时，将承压浮鞋和浮箍连接于套管串底部，不灌钻井液下入套管串，在设计位置连接漂浮减阻器，再继续按操作规程下入套管，并灌入钻井液；漂浮减阻器以下套管段被掏空，换成了空气，增加了套管漂浮体积，套管的浮力会大大增加，减少了套管在斜井段及水平井段对井壁的正压力，从而降低斜井或水平井下套管的摩擦阻力(图3-44)。

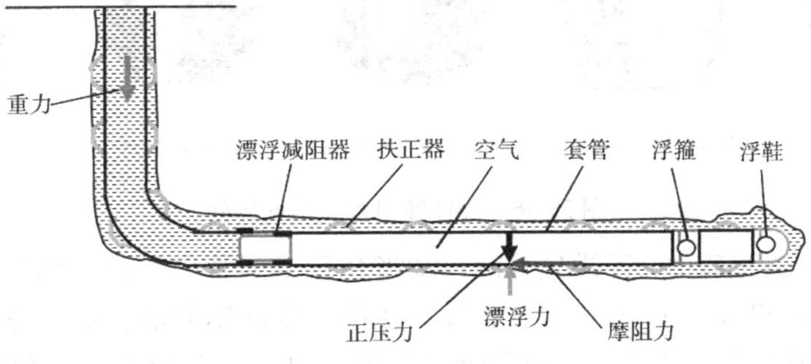

图3-44　漂浮减阻器减阻原理示意图

3.18.3　下套管漂浮减阻器结构及附件

以中国石化石油工程技术研究院研制的XPJQ型下套管漂浮减阻器为例，介绍下套管漂浮减阻器的结构及附件。

3.18.3.1 漂浮减阻器结构

XPJQ 型下套管漂浮减阻器主要由以下部件组成：钢制外筒、密封胶塞、金属塞芯、胶塞密封圈、胶塞卡簧、打开芯销钉、打开芯、承载滑块、扶正胶塞卡簧、打开芯密封圈、扶正胶塞和承载短节等(图 3-45)。

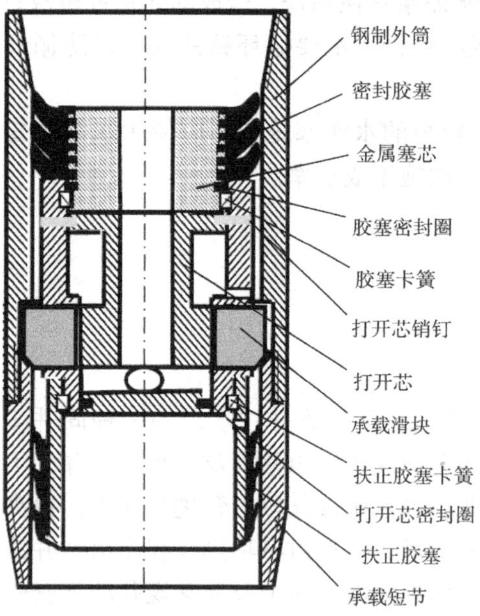

图 3-45　下套管漂浮减阻器结构示意图

3.18.3.2 漂浮减阻器附件

使用下套管漂浮减阻器下套管固井时需配套辅助部件，配合使用的辅助部件有：可钻式防落物浮箍、高承压漂浮旋流鞋、剪销式套管清理塞(简称清理塞，又称：指示塞)防转碰压塞。下套管漂浮减阻器及辅助部件如(图 3-46)。

3.18.4 漂浮减阻器使用方法及工作原理

漂浮减阻器使用方法是：根据套管减摩阻要求，进行设计计算，确定套管串漂浮段长度和位置，并确定套管串结构设计。管串结构为(从底部开始)：专用浮鞋 +2 根(或 1 根)套管 + 专用浮箍 + 套管串 + 漂浮减阻器 + 套管串。

漂浮减阻器工作原理为：①按下套管操作规程下入套管，在下套管过程中，不灌钻井液；②当套管下到管串的设计漂浮段顶部时，连接漂浮减阻器[图 3-47(a)]；③继续下套管，并按规定灌钻井液，此时漂浮减阻器下部套管段已被掏空，增加了漂浮力，下套管阻力减少；④当套管下完后，继续将套管灌满钻井液；⑤憋压到设计压力，漂浮减阻器打开芯销钉剪断，打开芯打开；⑥上部钻井液进入下部掏空段套管内[图 3-47(b)]，置换出掏空段套管内的空气；⑦当空气被排放完时，灌满套管内钻井液，然后憋通高承压旋流鞋销钉，循环钻井液，循环钻井液正常后，释放清理塞并泵送以清理套管内残余附件到达套管底部(图 3-48)；⑧继续循环处理钻井液，准备固井施工。

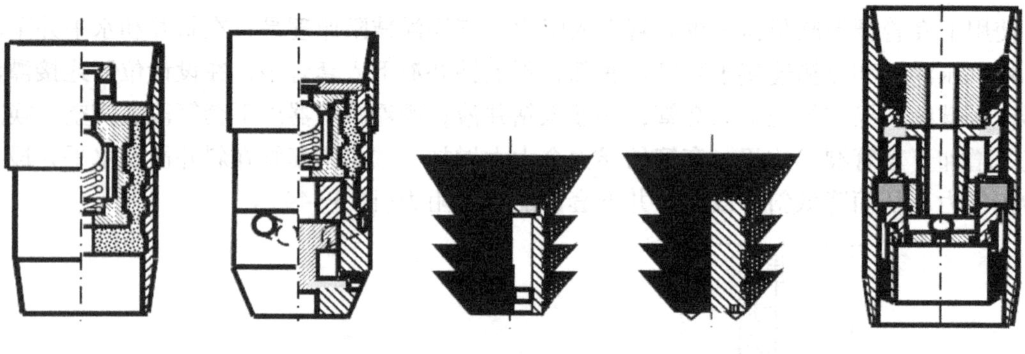

图 3-46　漂浮减阻器及辅助部件

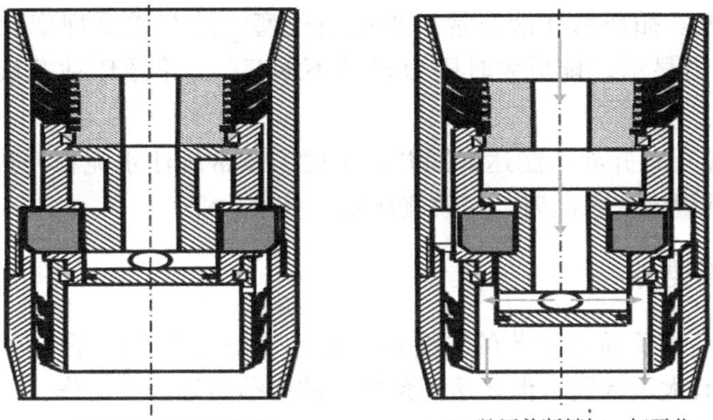

图 3-47　下套管漂浮减阻器工作原理示意图

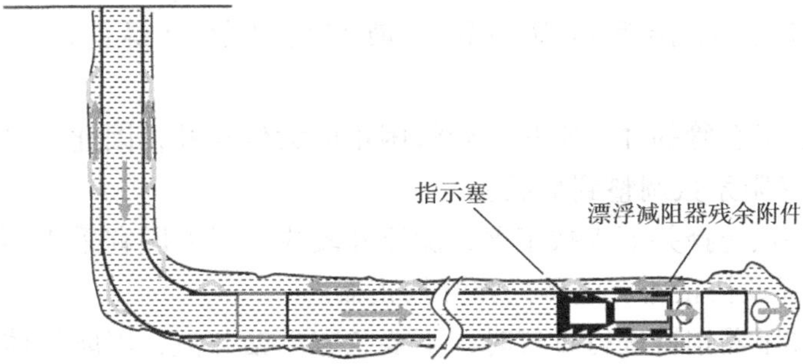

图 3-48　清理塞将漂浮减阻器残余附件推到井底

3.18.5　下套管及固井工艺流程

使用漂浮减阻器下套管及固井工艺流程为：

(1)确定漂浮减阻器的位置。根据下套管设计和对套管串的减阻要求，确定漂浮套管段长度和漂浮段位置，漂浮段顶部即为漂浮减阻器的位置。

(2)确定漂浮减阻器、附件及参数。根据对应套管钢级、壁厚和扣型选择漂浮减阻器和相应辅助部件的结构及强度参数，并根据井深和钻井液密度确定各销钉剪切压力。

(3)下套管前对套管及附件编号。在下套管前，按漂浮减阻器、专用浮鞋及专用浮箍的设计位置分别对下入井内的套管及附件编号。

(4)套管及附件下入。下套管时按下套管作业规程进行操作，按套管及附件编号顺序下入，专用浮鞋至漂浮减阻器之间不灌钻井液，漂浮减阻器以后下入的套管按规定灌满钻井液。

(5)憋通漂浮减阻器销钉。当下完套管灌满泥浆时，用水泥车(或钻井泵)憋压，当憋到打开芯销钉设计压力时，打开芯销钉剪断，打开芯打开，漂浮减阻器上部钻井液流入下部掏空段套管内，漂浮减阻器下部掏空段套管内空气被置换排出。

(6)套管内灌钻井液。当掏空段套管内空气完全排出时，向套管内灌钻井液，一直到灌满为止。

(7)憋断浮鞋堵头销钉循环钻井液。套管内灌满泥浆后，用水泥车(或钻井泵)慢慢憋压剪断浮鞋堵头销钉，建立循环。

(8)投放清理塞。循环钻井液正常后投放清理塞，并泵送清理塞到浮箍位置(到浮箍时有2～3MPa的压力显示，排量大时压力显示不明显)，并循环钻井液1～2周，调整钻井液性能。

(9)注水泥施工。钻井液性能达到固井要求时，按常规注水泥程序进行释放隔离塞(有时候不用)、注入前置液和水泥浆、释放碰压塞、替浆作业。

3.18.6 施工要点

采用漂浮法下套管及固井工艺的主要目的是为了解决套管的下入问题。从固井工艺上讲，与常规固井没有太大区别，但要达到预期目的必须做好以下工作：

(1)漂浮减阻器(漂浮接箍)的内径尺寸和强度应和套管一致。

(2)认真分析井身结构特点，做好下套管摩阻计算，确定套管串的掏空位置和长度。

(3)漂浮接箍的打开压力(销钉剪切压力)是钻井液柱压力与附加压力(表压)之和，钻井液柱压力是通过漂浮接箍位置与钻井液密度计算而得的；附加压力一般设计为10～12MPa。

(4)采用漂浮法下套管的井，都是下套管困难的大位移井，因此，尽管采取套管漂浮措施，也要将钻井液摩阻系数调整到最低。

(5)根据井眼特点选择并下入扶正器，漂浮井段或大斜度段宜采用不易损坏的弹性扶正器，如非铰链双弓弹性扶正器、整体式弹性扶正器。

(6)憋通漂浮减阻器销钉进行排气时，不要急着灌钻井液，以防气体排不干净，待气体排完后再灌满钻井液。

(7)泵送清理塞时应计量，将剪销时的泵入量与套管内容积进行核对以判断清理塞及附件是否到浮箍位置。

(8)漂浮法下套管固井工艺流程和常规固井工艺流程相同，没用其他特殊要求。

3.19 泡沫水泥固井工艺

3.19.1 概述

泡沫水泥固井工艺是指利用气体作为水泥充填介质以降低水泥浆密度的一种固井工艺。由于泡沫水泥浆具有密度低、失水低、驱替效果好、防气窜能力强、水泥石弹性好、导热系数低、渗透率低等优点，因此，该工艺多用于漏失井、长封固段井、页岩气井和热采井等固井。常用的泡沫水泥固井工艺有两种：化学发泡泡沫水泥固井工艺和机械发泡泡沫水泥固井工艺。化学发泡泡沫水泥固井工艺技术最早在前苏联开始使用，并于20世纪90年代在我国部分油田(如：胜利油田)开始应用；机械发泡泡沫水泥固井工艺技术最早在美国开始使用，20世纪80年代末在我国个别油田开始试用，由于国内没有发泡设备，应用较少。2015年，中国石化石油工程研究院研发了机械充氮泡沫水泥浆固井设备，氮气泡沫水泥浆固井工艺技术开始在胜利油田、涪陵页岩气田广泛应用，并取得了良好的效果。

3.19.2 化学发泡泡沫水泥固井工艺

化学发泡泡沫水泥固井工艺是通过两种以上的化学剂在水泥凝固前发生化学反应产生气体，从而形成泡沫水泥浆的一种固井工艺。主要化学剂有：泡沫发生剂(发泡剂)、泡沫催生剂(催泡剂)、泡沫稳定剂(稳泡剂)和其他调整水泥浆性能的外加剂。

3.19.2.1 工艺流程

化学发泡泡沫水泥固井工艺是通过常规注水泥设备(水泥车、下灰罐等)、催泡液供应设备(催泡液灌、催泡液输送泵)和混合器等完成施工的。施工流程为：①将发泡剂、稳泡剂和调整水泥浆性能的其他外加剂干混在水泥中；②将混合器连接于注水泥入井管线中；③将催泡液输送泵连接于混合器；④将催泡剂配制成溶液存放在催泡液灌中；⑤注水泥设备按设计排量和密度向井内泵注水泥浆；按催泡液与水泥浆比例确定催泡液泵送排量；⑥催泡液泵送设备按设计排量向混合器泵送催泡液；⑦含有发泡剂的水泥浆与催泡液混合时发生化学反应，形成泡沫水泥浆(图 3-49)。

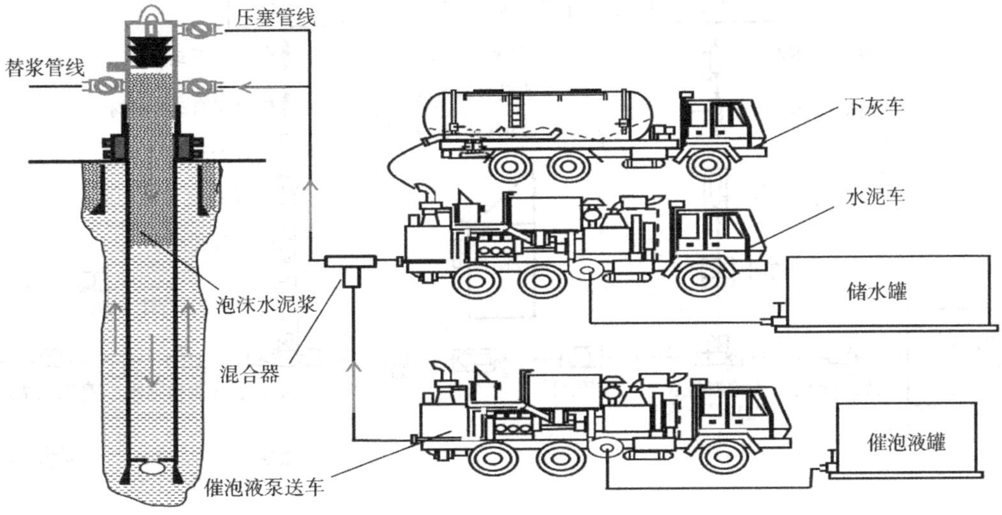

图 3-49 化学发泡泡沫水泥固井工艺示意图

3.19.2.2 工艺特点

化学发泡泡沫水泥固井工艺具有以下特点：

(1)工艺简单。化学发泡泡沫水泥固井工艺使用设备较少，除常规固井所用的设备外只需要增加混合器、催泡液灌、输液泵即可。现场易操作、施工成本低。

(2)混合比例易控制。由于含有发泡剂的水泥浆可以有效控制排量和密度注入，因此，只要控制一定浓度的催泡液，按设计的泵入速度泵入，就能控制泡沫水泥浆的出口密度。

(3)发泡水泥密度误差大。化学发泡产生的泡沫水泥浆密度与以下因素有关：发泡剂加量、催泡剂加量、水质、水泥浆中的其他添加剂性质、发泡剂在水泥中混拌的均匀度、催泡剂溶液均匀度、温度、压力等因素。由于影响因素较多，因此，实际配制的泡沫水泥浆密度与设计密度相比误差较大。

(4)泡沫在水泥中的分布不均匀。由于发泡剂在干水泥中混拌的均匀度和催泡剂溶液的均匀度很难达到十分均匀；另外，受井下压力和供灰的影响，水泥车的泵送速度和水泥浆密度也很难保证一致；此外，由于催泡剂溶液泵入速度的波动，泡沫在水泥中的分布可能不均匀。

3.19.3 机械发泡泡沫水泥固井工艺

3.19.3.1 主要设备组成与工艺流程

机械发泡泡沫水泥固井工艺通常是以在配好的水泥浆中充入氮气的方式来实现，也称为机械充氮发泡泡沫水泥固井工艺。充氮发泡泡沫水泥固井系统主要包括以下设备和部件：水泥浆泵送设备、氮气注入设备、泡沫发生器、发泡液注入设备、发泡液与水泥浆混合器、发泡液高压管汇系统、水泥浆高压管汇系统、供氮管汇系统、自动控制系统和固井参数实时监控系统(图3-50)。

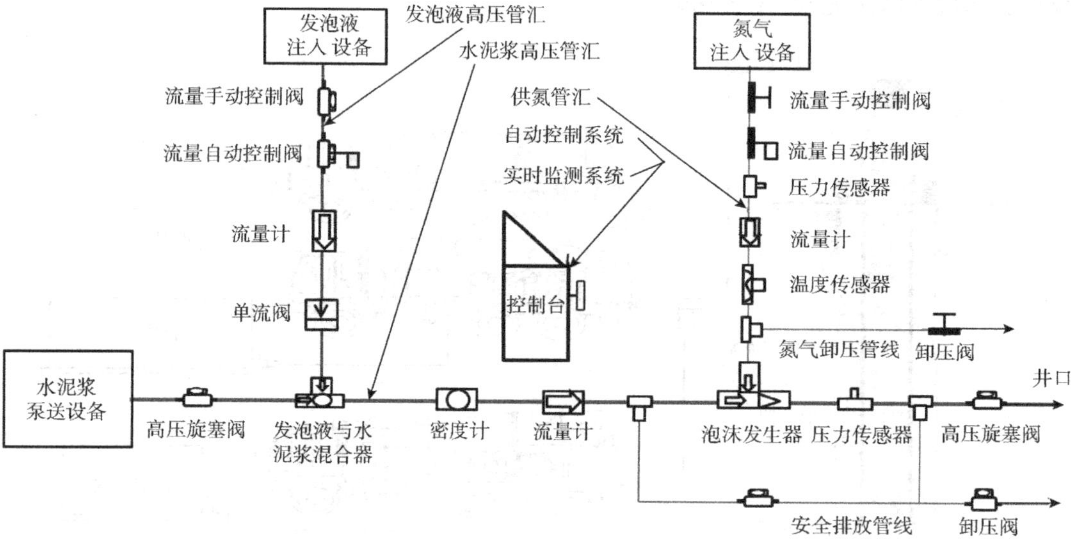

图3-50 充氮发泡泡沫水泥浆固井设备组成示意图

充氮泡沫水泥固井施工流程为：①根据设计固井参数要求正常连接安装注水泥设备；②将充氮泡沫水泥造浆设备连接于注水泥入井管线中，该设备包含：发泡液与水泥浆混合器、泡沫发生器、氮气注入设备等；③根据氮气用量提供氮气罐车并连接；④将发泡剂配制成溶液存放在发泡液灌中(在充氮泡沫水泥造浆设备上)；⑤注水泥设备按设计排量和密度向井内泵注水泥浆；⑥按设计要求注入发泡液与氮气量；⑦水泥浆、氮气和发泡液经过泡沫发生器后，即形成泡沫水泥浆(图3-51)。

3.19.3.2 工艺特点

机械充氮发泡泡沫水泥固井工艺主要具有以下特点：

(1)泡沫均匀。机械充氮泡沫水泥与其他泡沫水泥浆相比，具有泡沫细小，泡沫均匀，密度易控制等优点。

(2)水泥浆密度易调节。以手动或自动控制方式调节氮气的注入量，根据设计要求调节水泥浆密度，水泥浆密度控制方式简单，控制精度高。

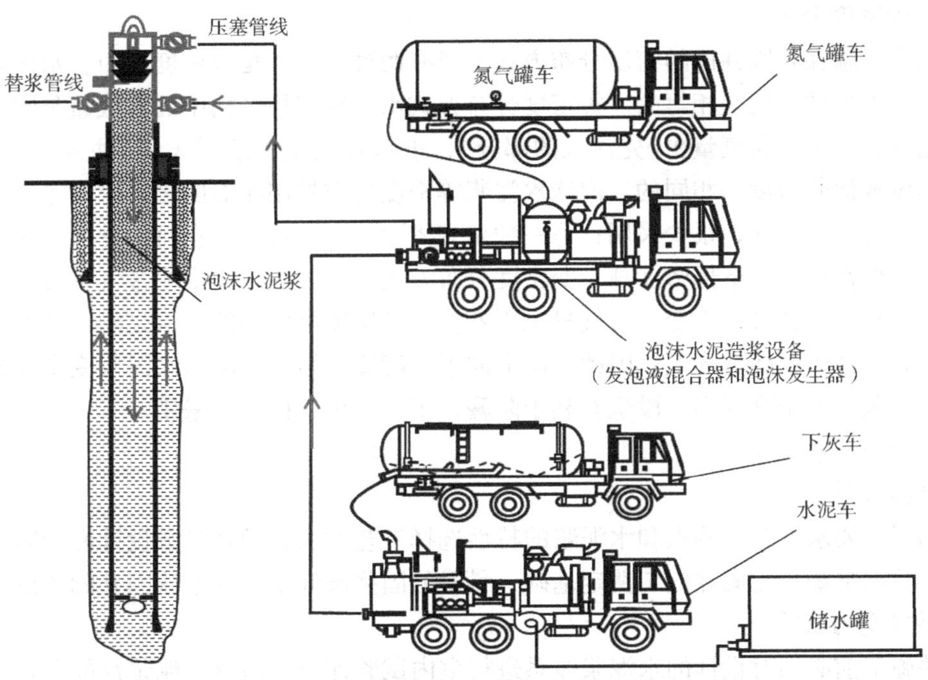

图3-51　充氮发泡泡沫注水泥工艺流程示意图

(3)水泥石具有良好的机械性能。由于泡沫细小，分散均匀，因此，在同等密度条件下，充氮泡沫水泥与其他低密度水泥相比，水泥石强度较高、渗透率较低、弹性好，抗冲击能力强。试验证明，常规水泥石冲击20余次，水泥环就出现了裂缝，而泡沫水泥浆冲击300余次，水泥环仍保持很好的机械完整性和密封能力。

(4)可实现自动控制。泡沫水泥造浆设备可通过软件程序实现氮气比例自动控制，水泥浆密度实时监控和数据采集；能够自动控制发泡液、氮气的供应量，实现自动控制密度。

(5)成本较高。机械充氮泡沫水泥固井施工时，需要增加专门的泡沫水泥造浆设备和氮气供应罐，使用设备较多，工艺较复杂、成本较高。

3.19.4　泡沫水泥固井要点

3.19.4.1　发泡工艺的选择

由于机械充氮发泡的水泥石性能优于学发泡的泡沫水泥石性能，而机械充氮发泡泡沫水泥固井的成本相对较高。因此，在固井质量要求高的泡沫水泥浆固井中，如产层段固井、需要压裂改造的井段固井等，宜选用“机械充氮发泡泡沫水泥固井工艺”；在固井质量要求不高的泡沫水泥浆固井中，如低密度水泥浆充填固井、非产层段固井等，宜选用“化学发泡泡沫水泥固井工艺”。

3.19.4.2　密度设计

1)密度的确定。

由于气体的可压缩性，泡沫水泥浆的密度与井下压力有关，在相同氮气量的泡沫水泥浆中，压力越高密度会越高，因此，必须根据目的井段的深度和钻井液密度设计水泥浆密度，再根据密度与压力的关系确定地面配制密度(常压密度)，以确定泡沫水泥浆中的含气量。

2)井段密度分布。

泡沫水泥浆在封固井段的密度分布方式一般有两种：一种是等密度分布，水泥浆在目的井段不同井深处的密度是相等的。等密度分布方式水泥浆浆柱结构中的含气量是随井深的变化而变化的，即上部含气量少(先注入的部分)，下部含气量逐渐增大(后注入的部分)，以保证封固段水泥浆密度是相同的。泡沫水泥浆等密度分布控制相对困难，采用等密度封固井段也不利于防漏，因此，很少采用；另一种是变密度分布，水泥浆在目的井段的密度是逐渐变化的，上部密度低，下部密度高。变密度分布方式不需要水泥浆中的含气量发生变化，即注入的水泥浆密度和排量不变，含气量也不变，井口密度是相同的，但是随着井下深度增加而压力增高气体体积能比降低，因此，由上向下密度逐渐增高。泡沫水泥浆变密度分布控制相对容易，采用变密度封固井段也有利于防漏，工艺简单，被广泛采用。

3.19.4.3 技术要点

1)严格设计。

根据固井要求、井下特点和水泥浆的特性选择工艺方法、做好参数设计和计算，确保工艺合理、数据准确，为固井施工奠定基础，科学的固井设计是实现泡沫固井的关键。

2)做好室内试验。

固井施工前必须对设计的水泥浆体系进行室内试验评价，检查水泥浆性能是否满足施工要求；水泥石性能是否满足固井质量要求和后期作业要求。确保固井施工顺利和质量合格。

3)根据使用目的确定密度。

泡沫水泥浆密度越高其强度越高，固井目的差异对泡沫水泥的性能要求也不一样。对于漏失井固井，通常要求密度低，但也不是密度越低越好，在保证动液柱压力不压漏地层的条件下密度越高越好，有利于提高强度，提高固井质量；对于热采井固井，主要是提高水泥环的隔热能力，无需将泡沫水泥浆密度设计过低，有利于保证水泥石强度；对于固井后需要压裂改造的井固井，主要目的是降低水泥石弹性模量，提高水泥环的弹性，宜无需使用太低密度的泡沫水泥浆，这样有利于提高水泥石强度，增强水泥石综合性能；对于充填式固井，水泥浆性能要求低，只满足套管支撑即可，这种井固井可选用化学发泡的泡沫水泥浆固井，可节约成本。

4)设计非泡沫水泥浆帽。

由于泡沫水泥浆固井多用于低密度钻井液固井中，而固井时，泡沫水泥浆顶部液柱密度过低会发生泡沫水泥浆脱气现象，使水泥浆中的气体脱离水泥浆发生上移，以致窜出井口诱发井涌，另外水泥浆脱气也会使水泥浆性能发生变化，引起水泥浆提前稠化。因此，在泡沫水泥固井时，泡沫水泥浆前面应设计一段(100~200m)正常密度的水泥浆作为顶盖，以防止泡沫水泥浆发生脱气，保证施工安全和固井质量。

5)防水泥浆脱气。

由于泡沫水泥浆发生脱气会诱发井涌或发生水泥浆提前稠化来来工程事故，影响固井质量，因此，泡沫水泥浆固井时必须做好防脱气工作。造成泡沫水泥浆脱气的原因主要有：①稳泡剂性能失效，稳泡剂失效会使泡沫不稳定，发生泡沫破裂以致形成脱气；②泡沫形成不均匀，对于化学发泡往往由于发泡剂混拌不均而引起泡沫形成不均匀，对于机械充氮发泡由于输气比例控制不好或气浆混拌不均匀而引起泡沫形成不均匀；③泡沫水泥上行时顶部压力小，未采用增压措施或水泥浆顶盖。对于以上情况，必须在设计时，做好固井前实验检查，严格控制每个环节的施工操作。

3.20 MTC技术在固井中的应用

3.20.1 概述

MTC技术也就是常说的钻井液转变成固井液技术。MTC技术就是将高炉矿渣加入钻井液中，并使用处理剂使其达到固井液性能(定时可以凝固并达到设计强度)进行固井作业，以达到套管固井的目的。由于使用该项技术固井后，油井寿命是否会受到影响还未得到论证，因此还没有得到大多数人的认可，多数用于技术套管固井，该项技术从20世纪90年代开始在我国推广使用以来，分别在胜利、华北、四川、新疆等油田进行了数百口井的应用，并取得了很好的效果，为以后进一步的深入研究奠定了基础。

3.20.2 施工方法和工艺流程

MTC固井工艺方法与水泥浆固井工艺方法基本相同，套管管串结构也完全一样，其工艺方法都是在地面混成合格的浆体后注入井内。它们的区别在于：水泥浆固井是用水泥车将水泥配成水泥浆后直接注入井内，一般不能用钻井泥浆泵注入，而MTC固井既可以采用水泥车将处理好的钻井液和矿渣连续混合并注入井内，也可以批混后用钻井泥浆泵注入井内。

3.20.3 典型MTC配方及性能

MTC配方可根据钻井液类型、钻井液性能、矿渣性能和井下温度等情况进行配置，下面是几种常用的典型MTC配方及性能。

3.20.3.1 典型配方

(1)矿渣+1号钻井液+4%A处理剂+1.5%B处理剂+1.5%C处理剂；

(2)矿渣+2号钻井液+4%A处理剂+2%B处理剂+1.5%C处理剂；

(3)矿渣+3号钻井液+6%A处理剂+4%B处理剂+1.0%C处理剂；

(4)矿渣+4号钻井液+7%A处理剂+5%B处理剂+1.0%C处理剂。

3.20.3.2 常规性能

4种典型配方的常规性能见表3-11。

表3-11 典型MTC配方的常规性能

配方	密度/(g/cm³)	BHCT/℃	BHST/℃	钻井液类型	钻井液密度/(g/cm³)	流变参数				稠化时间/min	抗压强度(24h/48h)/MPa
						n	K/Pa·s^n	PV/mPa·s	YP/Pa		
1	1.85	68	85	阳离子聚黄	1.94	0.76	0.2	49.5	4.3	195	16.6/18.0
2	1.76	50	60	正电胶	1.15	0.8	0.14	36	2.56	98	16.7/17.4
3	1.60	47	58	聚合物正电胶	1.16	0.63	0.18	13.5	2.3	250	9.1/12.2
4	1.48	54	65	聚合物正电胶	1.15	0.77	0.09	18.0	1.53	215	8.7/11.3

3.20.3.3 其他性能

(1)失水：视钻井液性能而定，一般可控制在100~600mLz之间；

(2)析水：可控制到0或接近0；

(3)沉降稳定性：不低于同密度水泥浆；

(4)收缩性：凝固后体积无收缩；

(5)静胶凝强度过渡时间：较短，接近直角稠化。

3.20.4 MTC固井的特点

3.20.4.1 MTC固井的优点

使用MTC固井有以下优点：①不使用水泥浆；②可以降低固井时钻井液窜槽问题；③可有效解决长封固段固井、漏失井固井、小间隙井固井、等复杂井固井问题；④能充分利用废弃的钻井液，节约成本；⑤将废弃的钻井液用于固井有利于环境保护等。

3.20.4.2 MTC固井的缺点

使用MTC固井有以下缺点：①MTC凝固后形成的固体物强度衰减速度比水泥石快，因此目前产层固井很少使用MTC固井；②由于MTC浆体性能受钻井液性能影响很大，因此每口井都要调整配方，调整配方麻烦；③配制MTC浆体的激活剂为强碱性，固井后对套管腐蚀性比水泥高；④由于MTC固井需要准备矿渣和多种处理剂，因此井数较少的MTC固井并不节约成本。

第4章　固井工具附件

在油气井下套管固井中，由于施工工艺的需要或为了提高固井质量及施工安全，在下入的套管串中必须配套使用一些辅助工具，这些在套管串中使用的辅助工具称为固井工具附件。

4.1　常规固井套管工具附件

常规固井套管工具附件是指完成常规固井所使用的基本工具附件。常规固井套管工具附件主要有：引鞋、浮箍、浮鞋、旋流短节、承托环、扶正器、泥饼刷、胶塞、水泥头和水泥伞等。

4.1.1　引鞋

引鞋是引导套管下入的工具。引鞋分为可钻式引鞋和不可钻式引鞋。可钻式引鞋结构由钢接箍和水泥或易钻的铝制材料及生铁组成[图4-1(a)、图4-1(b)]，主要用于技术套管固井；不可钻式引鞋结构由全钢制成，主要用于生产套管固井[图4-1(c)]。引鞋的主要作用是作为下套管导向装置，连接在套管最下端，以保证下套管时套管不戳向井壁，使套管顺利入井。其工作原理是：当套管下行触到不规则井壁时，引鞋前端弧形端头会使套管下行力(重力或下推力)产生侧向力，使套管串前端向井眼中心移动，确保套管不戳向井壁，可继续下行。

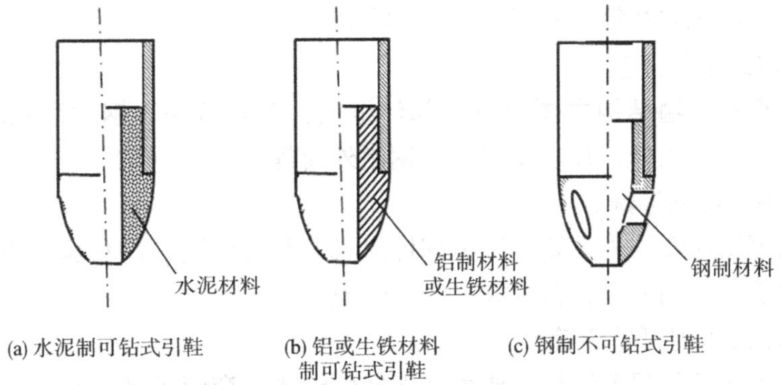

图4-1　套管引鞋结构示意图

4.1.2　浮箍

浮箍是安装在套管串中的单流装置，也就是一个套管串单流阀，由于在下套管时对套管产生漂浮作用，所以叫“浮箍”。

4.1.2.1 浮箍功能及工作原理

浮箍的功能主要有三个：①单流阀功能，使套管内的流体流出套管进入环空后不能倒流，下套管时，将浮箍安装在套管串底部的引鞋以上，当注水泥施工替浆结束后，水泥浆密度大于钻井液密度，环空液柱压力大于套管内液柱压力，水泥浆因有浮箍而不会倒流，从而控制套管内水泥塞长度并保证套管外水泥浆返高，若没有浮箍，打开井口后水泥浆会倒流，造成留水泥塞事故和水泥浆低返事故；②漂浮作用，由于下套管时单流阀能控制流体进入套管，增加套管浮力，对套管有漂浮作用，因此把它称为浮箍，漂浮作用可以减轻套管下入时的钻机负荷；③承托环功能，目前生产的浮箍，都带有承托环，具备碰压功能，不用专门安装承托环。其工作原理是：当浮箍上部压力大于浮箍下部压力时，阀球下移，液体正向流过浮箍阀座；当浮箍上部压力小于浮箍下部压力时，阀球上移，堵塞阀座孔使液体不能通过，起到单流阀的作用。

4.1.2.2 浮箍的分类

浮箍分为常规浮箍、专用浮箍和多功能浮箍。常规浮箍是指只具备浮箍的三个基本功能的浮箍。专用浮箍是指专门用于某种施工工艺的浮箍，如插入式浮箍，它是专门用于插入式固井施工的浮箍。多功能浮箍是指除具备浮箍的三个基本功能外还具备其他附加功能的浮箍，如自灌浆浮箍，该浮箍除具备浮箍的三个基本功能外，还具备自动灌浆功能。常规浮箍按结构可分为：浮球式浮箍、弹簧凡尔式浮箍和弹簧舌板式浮箍；按管内附件材料可分为：水泥式浮箍、非水泥材料可钻式浮箍和全钢式浮箍；按附加功能可分为：自灌浆式浮箍和非自灌浆式浮箍；按承压能力可分为：低承压式浮箍、中承压式浮箍和高承压式浮箍；按可钻性可分为：可钻式浮箍和不可钻式浮箍。

1)常规套管浮箍结构。

常规套管浮箍种类很多，下面介绍几种有代表性的常规套管浮箍：

(1)浮球式铝制可钻浮箍。

浮球式铝制可钻浮箍结构主要由以下部件组成：套管接箍、铝制承托环－凡尔座、钢制外筒、凡尔球、铝制凡尔托篮、等[图4-2(a)]。

(2)弹簧凡尔式全钢浮箍。

弹簧凡尔式全钢浮箍结构主要由以下部件组成：套管接箍、钢制承托环－凡尔座、凡尔、凡尔弹簧、凡尔扶正杆、凡尔扶正座、钢制外筒等[图4-2(b)]。

(3)舌板式铝制可钻浮箍。

舌板式铝制可钻浮箍结构主要由以下部件组成：套管接箍、铝制承托环－凡尔座、阀盖固定栓、阀盖弹簧、钢制外筒、舌板阀等[图4-2(c)]。

(4)弹簧凡尔式水泥可钻浮箍。

弹簧凡尔式水泥可钻浮箍结构主要由以下部件组成：套管接箍、铝制承托环、铝制凡尔座、钢制外筒、凡尔、弹簧、水泥、扶正杆等[图4-2(d)]。

2)不同浮箍特点。

不同结构和用不同材料生产的浮箍具有不同的特点，下面对几种不同特征的套管浮箍的特点作一介绍。

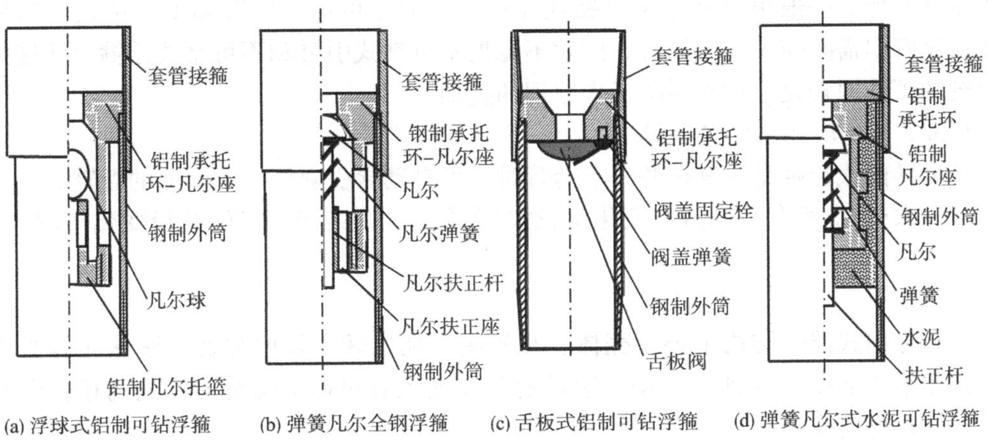

图4-2　常规套管浮箍结构示意图

(1)浮球式浮箍。

浮球式浮箍具有以下特点：①由于浮球是利用浮力和回流冲力复位的，因此适用于水泥浆与钻井液密度差大的井；②由于浮球材料一般为尼龙、胶木、树脂等非金属材料，耐温性和强度相对金属较低，因此适用于浅井和低温井；③适用于水泥浆密度大于浮球密度的井；④适用于直井。

(2)全钢式浮箍。

全钢式浮箍具有以下特点：①由于其为全钢制造、弹簧复位，因此适用于深井、高温井；②适用于定向井、水平井；③由于其具有不可钻性，所以适用于生产套管；④适用于水泥浆与钻井液密度差小的井；⑤适用于套管内外压差较大的长封固段井。

(3)可钻式浮箍。

可钻式浮箍具有以下特点：①芯部部件为可钻材料制造，强度相对低，因此适用于套管内外压差相对小的井；②适用于固井后还要继续钻进的技术套管固井；③常用于大尺寸套管固井。

(4)弹簧舌板式浮箍。

弹簧舌板式浮箍具有以下特点：①由于舌板具有耐冲刷，强度相对低、密封效果差的特点，因此适用于套管内外压差相对小的井；②适用于固井后还要继续钻进的技术套管固井；③常用于大尺寸套管固井。

其他浮箍都综合了以上特点，在选用浮箍时，可参考以上特点进行分析选择。

4.1.3　浮鞋

浮鞋是引鞋和浮箍的组合体，它既有引鞋的功能又有浮箍的功能。通常是把引鞋和浮箍组合在一起制作成浮鞋，可节省一个套管短节。

4.1.3.1　常规浮鞋

常规浮鞋分为可钻式浮鞋和不可钻式浮鞋。可钻式浮鞋用于技术套管固井；不可钻式浮鞋用于生产套管固井(很少使用)。

可钻式浮鞋一般为水泥制作(图4-3)，也可使用可钻性金属材料制作；不可钻式浮鞋一般为全钢制作。一般很少制作不可钻式浮鞋，因为不可钻式引鞋和不可钻式浮箍用于产层，产层套管串需要使用旋流短节，因此不能把不可钻式引鞋和不可钻式浮箍直接连接在一起。浮鞋的工作原理是浮箍和引鞋工作原理的叠加。

4.1.3.2　旋转自导向式浮鞋

旋转自导向式浮鞋是在复杂井眼下套管时，可自动导引套管下入方向的浮鞋。主要适用于狗腿度较大(井斜变化率和方位变化率较大)的复杂井眼或糖葫芦(井径变化率较大)井眼下套管。

1)结构。

旋转自导向式浮鞋结构主要由壳体、凡尔座、凡尔球、复位弹簧、滚珠和偏头引鞋组成。其具体结构如图4-4所示。偏头引鞋的背面加工有对称的螺旋向反的沟槽，以利用摩擦阻力产生自导向作用。

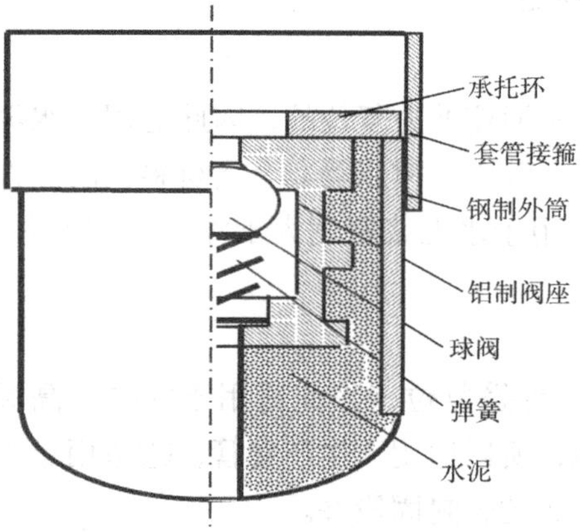

图4-3　套管浮鞋结构示意图

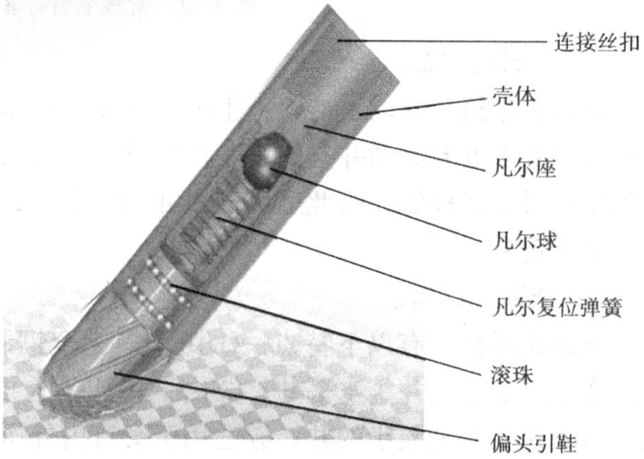

图4-4　旋转自导向式浮鞋结构示意图

2)自导向原理如下：

旋转自导向式浮鞋安装于套管下端。下套管过程中，旋转自导向式浮鞋接触不规则井壁，在井壁摩擦分力的作用下引鞋会向相应的方向旋转，直到左旋的螺旋槽与右旋的螺旋槽同时与井壁发生接触，井壁对它们分别产生的摩擦分力大小相等、方向相反，旋转力矩互相抵消时，偏头引鞋才停止转动。此时，偏头引鞋下端引导能力较强的大球面始终朝向所接触的井壁，即使遇到较大的曲折井段也能顺利通过，由此增强了引导能力，确保套管能够顺利下入。同时，旋转自导向式浮鞋还具有高承压能力的浮箍功能。具有比常规浮箍较高的抗回压能力和密封能力。

3)特点。

(1)下套管时，具备旋转自导向功能，防止套管遇阻；

(2)抗回压能力较常规浮箍提高50%以上；

(3)密封效果好，抗冲刷；

(4)比较适用于狗腿度较大的复杂井眼或糖葫芦井眼下套管。

4.1.4　旋流短节

旋流短节是用来使水泥浆在套管外环空上返时形成旋流的装置。水泥浆在环空形成旋流后可以提高水泥浆顶替效率。它的另一个作用是当引鞋插到井底泥砂中时，可作为钻井液的流动通道。旋流短节的结构和制作一般有两种形式：一种是在短套管上按螺旋线钻孔后镶上旋流嘴[图 4-5(a)]；另一种是在短套管上直接按螺旋线钻孔[图 4-5(b)]。第一种结构有较好的旋流作用，其工作原理是：当水泥浆经过旋流孔时，水泥浆的流向在旋流嘴的导向作用下按套管外圆切线方向流动，并形成旋流。

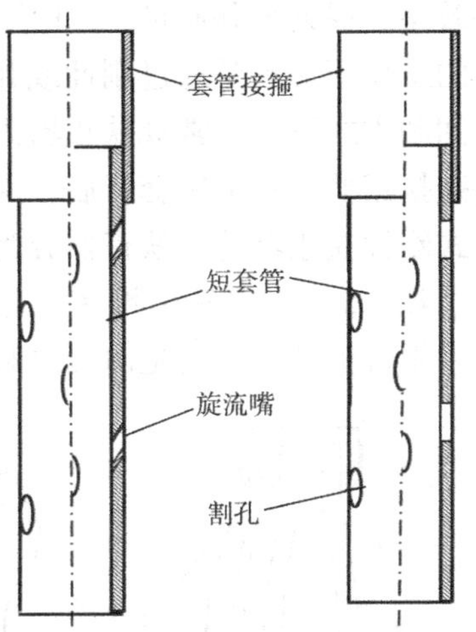

(a) 旋流孔上有旋流嘴的旋流短节　(b) 套管上直接割孔的旋流短节

图 4-5　套管旋流短节结构示意图

4.1.5　承托环

承托环是用于套管固井替浆时胶塞碰压的套管附件，也是确定套管内人工水泥塞位置高度的装置。带有承托环的短节称为碰压短节(也叫坐落短节)。常规固井的承托环安装在浮箍上部，镶在两套管端部的接箍内[图 4-6(b)]，有的承托环和浮箍直接设计在一起(即浮箍内含有承托环)。承托环按用途或材料性质，可分为可钻式承托环和不可钻式承托环两种。可钻式承托环由铝、铜、生铁或其他可钻材料制成，多用于技术套管固井。探井中可能还要加深的生产套管也使用可钻式承托环。不可钻式承托环由钢材料制成，主要用于生产套管固井。承托环结构如图 4-6(a)所示。其工作原理是：在套管内形成一个小于碰压胶塞直径的内孔，当碰压胶塞运行到此位置时不能继续下行，泵送压力会急速升高，即称为碰压[图 4-6(b)]。此时，固井替浆结束，人工水泥塞顶部就在此位置。

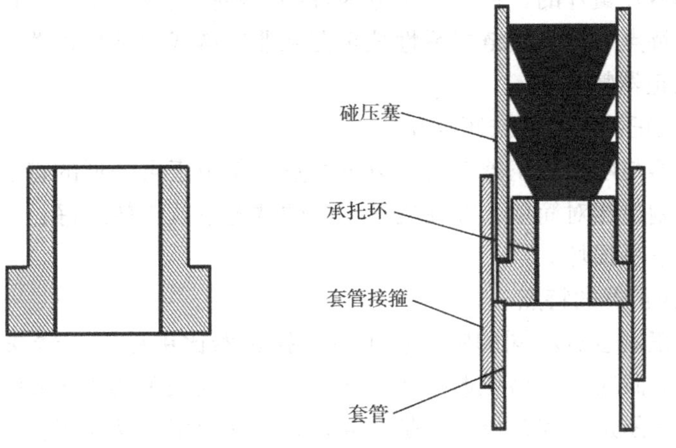

(a) 承托环结构　(b) 承托环安装位置及工作原理

图 4-6　承托环结构原理示意图

4.1.6　扶正器

扶正器是在套管下入井内时用来扶正套管以保证套管居中的装置。扶正器的作用是提高套管在井内的居中度，使套管周围环空间隙均匀，水泥浆上返时速度四周对称，提高固井顶替效率，保证固井质量；同时下套管使用扶正器也能减少下套管过程中套管粘卡。所有扶正器的工作原理都是通过刚性或弹性支撑使套管离开井壁向井眼中心位置靠近，只是支撑开始时间和方式不同。常规扶正器入井时即开始支撑，如常规弹性扶正器、常规刚性扶正器等；特殊扶正器是在下完套管后，通过液压操作才开始支撑，如液压撑开式弹性扶正器、液压撑开式刚性扶正器等。扶正器分为常规弹性扶正器、常规刚性扶正器和特殊扶正器三种类型。

4.1.6.1　常规弹性扶正器

常规弹性扶正器是由套箍和弓型弹簧片组成的扶正器(图4-7)。

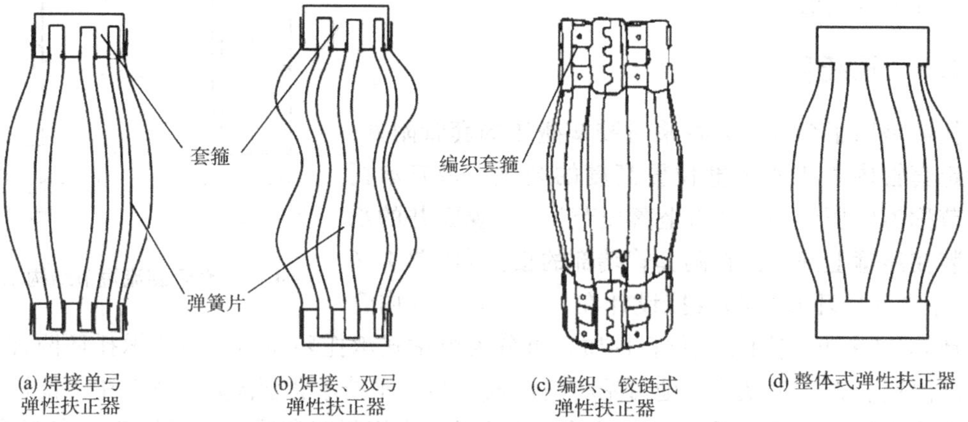

图4-7　常规弹性扶正器结构示意图

1)常规弹性扶正器分类。

常规弹性扶正器的种类较多，按弓型弹簧片形状，可分为单弓弹性扶正器和双弓弹性扶正器；按套箍与弓型弹簧片的连接方式可分为焊接弹性扶正器、编织弹性扶正器和整体式弹性扶正器；按套箍特点可分为铰链式弹性扶正器和非铰链式弹性扶正器。

2)常规弹性扶正器特点。

(1)常规弹性扶正器与刚性扶正器相比。

常规弹性扶正器与刚性扶正器对比有以下特点：①由于可变形的特点，易在复杂或小井眼处下入；②加工制造相对简单；③在支撑力够的情况下扶正效果好；④套管下入时不能转动；⑤在复杂井眼下易损坏。

(2)不同弹性扶正器的特点。

不同的弹性扶正器也有不同的特点：①双弓扶正器比单弓扶正器扶正力大，扶正效果好，在穿过糖葫芦井眼时，不易变形损坏；②铰链式弹性扶正器比非铰链式弹性扶正器容易在套管上安装，也容易运输和存放，但是在复杂井眼处使用时易损坏；③编织式弹性扶正器与焊接式弹性扶正器相比，由于焊接式焊口易脆裂，所以焊接式弹性扶正器在井下易断裂损坏；④整体式弹性扶正器与编织式弹性扶正器或焊接式弹性扶正器相比，由于整体式扶正器的套箍与扶正片没有重叠部分，所以收缩后的外径最小，易于在小间隙井中使用，也不易破坏。

根据不同弹性扶正器的特点，在使用时可根据井下环境条件和套管串的扶正需求进行选择。

4.1.6.2　常规刚性扶正器

常规刚性扶正器是指由扶正器筒体和刚性扶正条组成的扶正器(图 4-8)。

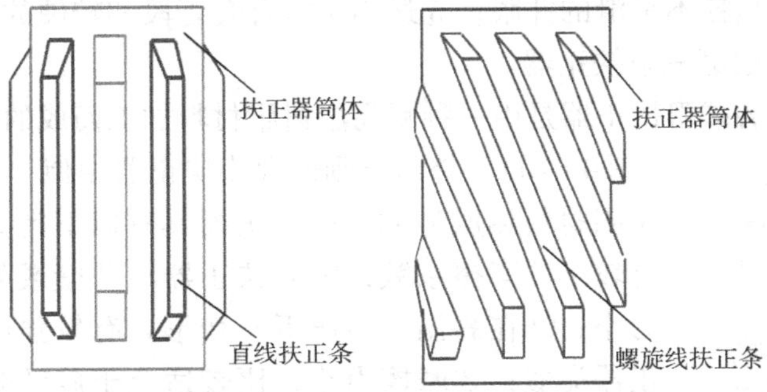

(a) 直条刚性扶正器　(b) 螺旋刚性扶正器

图 4-8　常规刚性扶正器结构示意图

1)常规刚性扶正器分类。

常规刚性扶正器按扶正条形状可分为直条刚性扶正器和螺旋刚性扶正器。

2)刚性扶正器特点。

(1)刚性扶正器和弹性扶正器相比。

刚性扶正器和弹性扶正器相比有以下特点：①强度高，不易损坏；②易使用于井壁较硬的井眼和要求扶正力大的井眼；③下入阻力大；④由于与井眼或外层套管必须保留足够的间隙，因此扶正效果差；⑤难以通过具有缩径性质的复杂井眼。

(2)直条刚性扶正器与螺旋刚性扶正器相比。

直条刚性扶正器与螺旋刚性扶正器相比有以下特点：①下入套管相对阻力小；②加工简单；③扶正效果差；④水泥浆上返时不能产生旋流。

(3)螺旋刚性扶正器与直条刚性扶正器相比。

螺旋刚性扶正器与直条刚性扶正器相比有以下特点：①由于扶正器周向与井眼接触角大，相对扶正套管效果好；②水泥浆上返时可产生旋流，对提高水泥浆顶替效率有利；③由于扶正条与套管下行方向有夹角，因此下套管相对阻力大；④加工工艺相对复杂。

使用时可根据井下环境条件，以及套管串的扶正需求和对提高固井质量的需求进行考虑选择。

4.1.6.3　特殊扶正器

特殊扶正器是指在特殊情况下使用的扶正器。特殊扶正器根据井下复杂情况要求或特殊工艺井的要求设计制造。目前主要有：滚轮扶正器、高温树脂螺旋耐磨减阻扶正器、液压撑开扶正器和旋转扶正器等。

1)滚轮扶正器。

滚轮扶正器是在扶正条上装有滚轮的刚性扶正器(图 4-9)。安装滚轮的目的是减小下套管摩擦阻力，将滑动摩擦变为滚动摩擦。该扶正器主要用于大斜度定向井、大位移井、长段水平井等下套管阻力比较大

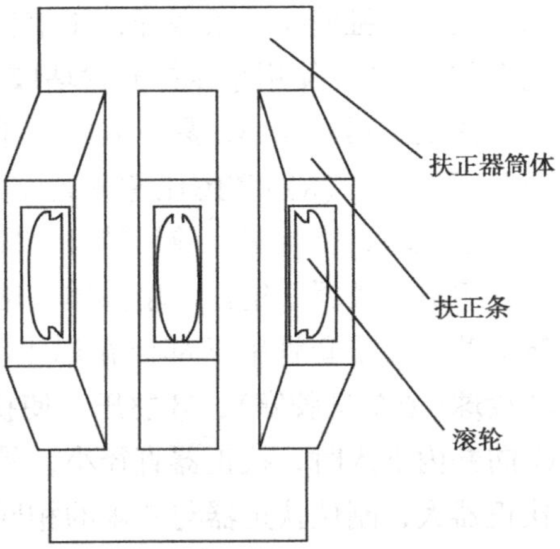

图 4-9　刚性滚轮扶正器结构示意图

的井。滚轮扶正器主要由以下部件组成：扶正筒体、扶正条和滚轮。滚轮扶正器有以下特点：①下套管摩擦阻力小；②具有刚性扶正器的其他特点；③加工工艺较复杂；④不适用于松软地层井段和过于粗糙不平滑的井眼；⑤适用于重合套管段和较硬的裸眼井段。

2)高温树脂螺旋耐磨减阻扶正器。

高温树脂螺旋耐磨减阻扶正器是由一种耐高温树脂材料加工而成的一种特殊刚性扶正器(图4-10)。外形与刚性螺旋扶正器相似。其结构组成为：高温树脂材料热成型体。该扶正器具有以下特点：①高温树脂材料有较小的摩擦系数，因此扶正器与井壁或外层套管之间的摩擦力小；②在高温、高压下不变形，有较强的支撑力，与刚性扶正器类似；③摩擦力小，比较适合于旋转套管固井；④由于外形和强度类似于刚性扶正器，因此具有刚性扶正器的优缺点。

图4-10　高温树脂螺旋耐磨减阻扶正器示意图

3)液压撑开式套管扶正器。

液压撑开式套管扶正器是一种扶正片(或条)可操作型扶正器，在下入套管时扶正片(或条)不被撑开，套管到位后再把扶正片(或条)撑开。由于该工具的扶正片(或条)和套管短节合为一体，其实该扶正器是一个扶正短节(图4-11)。液压撑开式扶正器分为液压撑开式弹性套管扶正器和液压撑开式刚性套管扶正器。液压撑开式弹性套管扶正器主要由以下部件组成：套管接箍密封圈、液缸外筒、环形活塞、销钉、弹性扶正片、扶正片导向支撑套、筒体、扶正片定位套、扶正片固定箍[图4-11(a)]等。其工作原理为：①将液压撑开式弹性套管扶正器和球座/托篮短节[图4-12(a)]分别安装于套管串设计位置；②下入套管串；③下完套管后投球，憋压，钻井液推动环形活塞，环形活塞推动弹性扶正片使扶正片撑开；④扶正套管居中。在大斜度井及水平井中使用时，不用球座/托篮短节，使用憋压撑开封堵胶塞[图4-12(b)]代替投球并泵送到井底，其他操作相同。液压撑开式刚性套管扶正器主要由以下部件组成：套管接箍、密封圈、液缸外筒、环形活塞、销钉、扶正条撑开锥、扶正条体、扶正条固定螺丝和筒体[图4-11(b)]。其工作原理为：①将液压撑开式刚性套管扶正器和球座/托篮短节分别安装于套管串设计位置；②下入套管串；③下完套管后投球憋压，钻井液推动环形活塞，环形活塞上的撑开锥使扶正条撑开；④使套管居中。同理，在大斜度井及水平井中使用时，不用球座/托篮短节，使用憋压撑开封堵胶塞代替投球并泵送到井底，其他操作相同。

该扶正器外径小，易下入，使用时应与配套附件一起使用。配套附件主要有：球座托篮短节[图4-12(a)]和憋压撑开封堵胶塞[图4-12(b)]。球座/托篮短节主要由以下部件组成：承托环、密封圈、剪切销钉、球座、筒体和球座托篮等。憋压撑开封堵胶塞主要由以下部件组成：胶翼、销钉、堵塞体、堵塞体座、支撑筒体和堵塞体托篮等。使用时，球座/托篮短节安装于套管串下部浮箍以上。液压撑开式套管扶正器操作程序为：①下入套管串；②投球(或泵送胶塞)；③憋压，使扶正片(或条)撑开，完成套管扶正。该扶正器的特点是：①向井内下入时，扶正器直径小，易下入；②液压撑开式弹性扶正器的扶正力要比常规弹性扶正器大，刚性扶正器与常规的相同；③非常适合于复杂井眼下套管使用，特别是对于要求支撑力大且难以下入常规扶正器的井眼；④使用时必须配有球座/托篮短节(或憋压撑开封堵胶塞)一起使用；⑤操作相对复杂；⑥成本高。

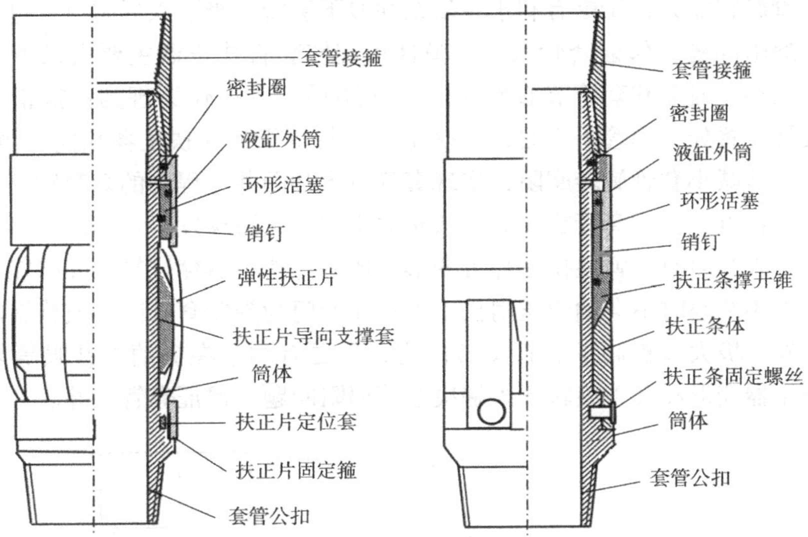

(a) 液压撑开式弹性套管扶正器　(b) 液压撑开式刚性套管扶正器

图 4-11　液压撑开式套管扶正器示意图

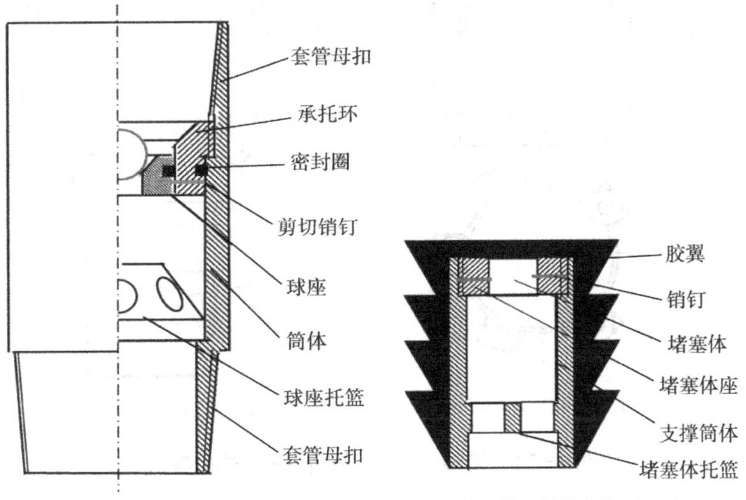

(a) 球座/托篮短节　(b) 憋压撑开封堵胶塞

图 4-12　液压撑开式套管扶正器配套附件示意图

4) 可旋转套管扶正器。

可旋转套管扶正器是一种专门为旋转下套管和旋转套管固井而设计的一种专用扶正器。该工具分为可旋转套管刚性扶正器和可旋转套管弹性扶正器。

可旋转刚性套管扶正器主要由以下部件组成：筒体、扶正条、转动轮和轮轴等[图 4-13 (a)]。其工作原理为：扶正器由定位箍定位在套管柱设计位置处，套管下入时，其扶正器特征和常规刚性扶正器相同，当套管旋转时，转动轮转动大大减小套管转动摩阻，实现套管下入和固井过程中的套管转动功能。可旋转刚性套管扶正器特点为：①套管旋转时，扶正器不转动，轮子发生转动，大大减小了套管的转动阻力；②套管下入井内时与常规刚性扶正器一样，没有增加其他阻力；③专门为旋转套管固井或旋转尾管固井而设计的专用扶正器，极大地提高了套管旋转能力；④更有利于在复杂井段下套管，当下入遇阻时，可利用套管旋转下入解决套管遇阻问题，保证套管入井。弹性可旋转套管扶正器主要由以下部件组成：筒体、扶正片、挡环、衬套和套管节箍等[图4-13(b)]。其工作原理为：扶正器由定位箍定位在套管柱设计位置处，套管下入时，其扶正特征与常规弹性扶正器相同，当套管旋转时，滚珠转动，极大地减小套管旋转摩阻，实现套管下入和固井过程中的套管转动功能。弹性可旋转套管扶正器特点为：①套管旋转时，扶正器不转动，滚珠发生转动，减小了套管的转动阻力；②套管下入井内时，弹性扶正片可变形，比刚性扶正器穿过复杂井眼能力强；③由于中间有衬套，过小井眼时不会轴向压扁扶正器；④专门为旋转套管固井或旋转尾管固井而设计的专用扶正器，极大地提高了套管旋转能力；⑤更有利于在糖葫芦井眼等复杂井段下套管，可利用扶正器变形和套管旋转下入解决套管遇阻问题，保证套管入井。

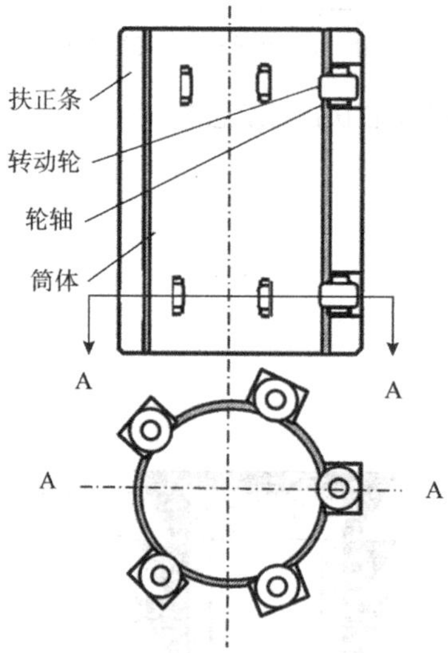

(a) 旋转套管用刚性扶正器

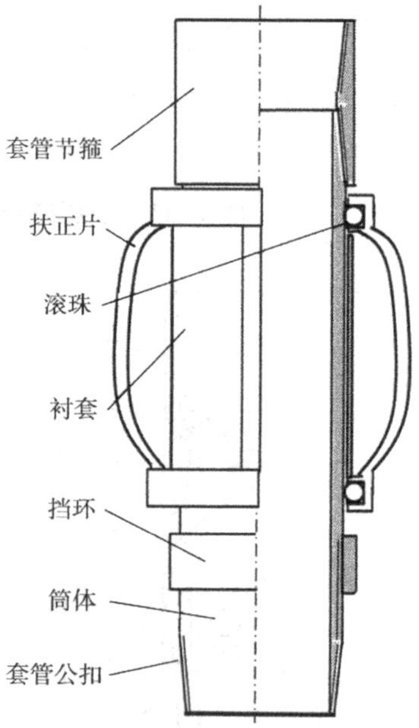

(b) 旋转套管用弹性扶正器

图4-13　旋转套管用可旋转扶正器示意图

5)偏心式刚性滚轮扶正器。

偏心式刚性滚轮扶正器是一种扶正器安装后与套管不同心的刚性滚轮扶正器。该扶正器在套管下入井内时，可利用特殊原理自动使厚度大的扶正条朝下，使套管更加居中，同时有效直径小于常规刚性扶正器，提高小井眼下入能力，减小摩阻。偏心式套管刚性滚轮扶正器主要由以下部件组成：本体、左旋扶正棱、右旋扶正棱、滚轮等(图4-14)。其中，高度最高的一对左旋扶正棱和右旋扶正棱上设置滚轮，滚轮对面的扶正棱厚度最小，滚轮由轮子和滚柱轴承构成，滚动摩擦力极小。偏心式刚性滚轮扶正器扶正原理为：在套管柱中使用该扶正器，套管下入过程中，旋向不同的扶正棱与井壁接触时，会使扶正器朝

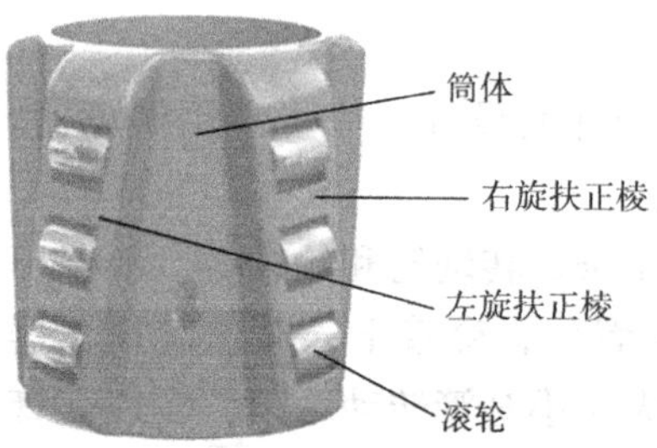

图4-14　偏心式套管刚性滚轮扶正器结构示意图

不同旋向发生旋转，直到旋向不同的两条最高的扶正棱同时与井壁下侧接触，此时由于使扶正器旋转的力矩大小相同，旋向相反，扶正器停止旋转，由于最高的两条扶正棱位于下侧，套管被抬高，使得其轴心基本与井眼轴心重合，达到最好扶正效果。偏心式刚性滚轮扶正器特点：①由于直径小于常规刚性扶正器，所以通过能力强；②该扶正器摩擦力小，摩阻系数为 0.02；③扶正效果好，偏离间隙比接近 100%。相对于理想扶正器和缩径扶正器而言，其同时具有较好的通过和扶正能力，三者扶正效果对比情况如图 4-15 所示。

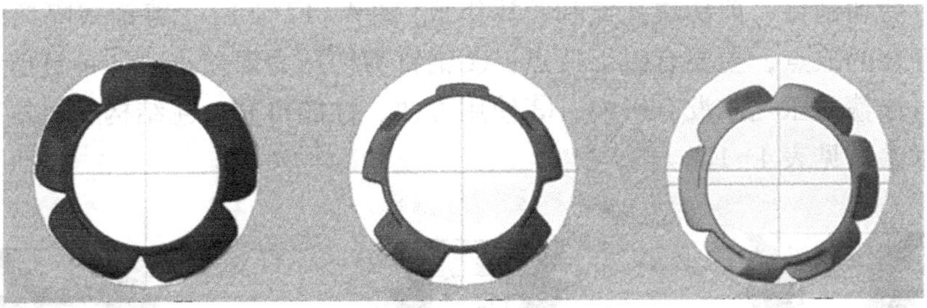

(a) 刚性扶正器理想扶正状态（此状态常无法下入，无法实现）　(b) 偏心刚性扶正器扶正状态（直径小能下入，可以实现）　(c) 常规刚性扶正器扶正状态（上部有间隙，套管不居中）

图 4-15　套管刚性扶正器扶正效果对比示意图

4.1.7　泥饼刷

泥饼刷是在下套管过程中用来刮削井壁上泥饼的套管附件，以达到清洁井壁、提高固井质量的目的。泥饼刷安装在套管上，在下套管过程中随套管的上提、下放运动，实现泥饼刮削功能。泥饼刷按结构分有两种：一种是刷式(或针式)泥饼刷，主要由套箍和钢丝刷组成[图 4-16(a)]；另一种是刮泥绳式泥饼刷，由套箍和弹性钢丝刷泥绳组成[图 4-16(b)]。其使用方法是：用定位箍将泥饼刷安装于套管柱设计位置(多安装于目的层下部)，当套管下到目的层时，在设计重点刷洗位置反复上下活动套管，以刷洗掉井壁上的虚泥饼，达到提高固井质量的目的。

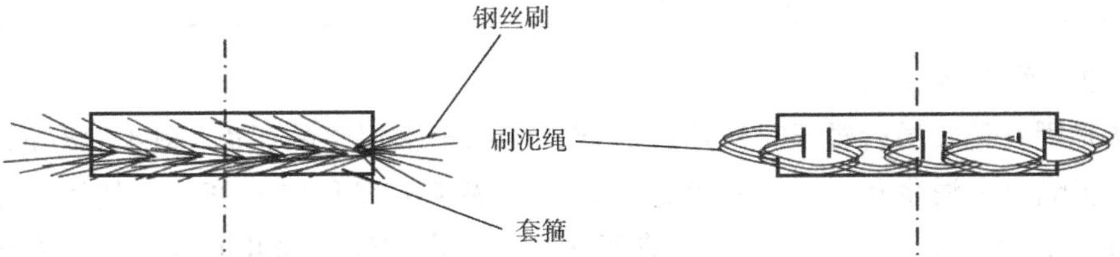

(a) 刷式泥饼刷　(b) 刮泥绳式泥饼刷

图 4-16　泥饼刷结构示意图

4.1.8　常规固井胶塞

常规固井胶塞是一种由橡胶和金属芯制作而成的塞子，它在固井中起替浆的碰压作用及水泥浆与钻井液的隔离作用。

4.1.8.1　结构和特点

常规固井胶塞按功能(按安装位置)可分为：碰压塞(上胶塞)和隔离塞(下胶塞)。碰压塞结构主要由胶翼和铝制塞芯组成[图4-17(c)]。隔离塞有隔膜式和剪销式(胜利渤海固井公司专利产品)两种形式。隔膜式隔离塞结构主要由空心塞芯、胶翼和隔膜组成[图4-17(a)]。隔膜式隔离塞有如下特点：①结构简单；②成本相对低；③破坏的隔膜容易卡浮箍凡尔，造成回压凡尔工作失灵；④隔膜击穿压力误差大。剪销式隔离塞结构主要由空心塞芯、剪切块、剪切销钉、剪切块托篮和胶翼组成[图4-17(b)]。剪销式隔离塞克服了隔膜式隔离塞所存在的缺点，主要有以下特点：①销钉剪切压力误差小；②销钉剪切后剪切块落在托篮上，对浮箍回压凡尔没有影响；③使用方便、性能可靠；④结构相对复杂；⑤成本相对高。其技术参数见表4-1。

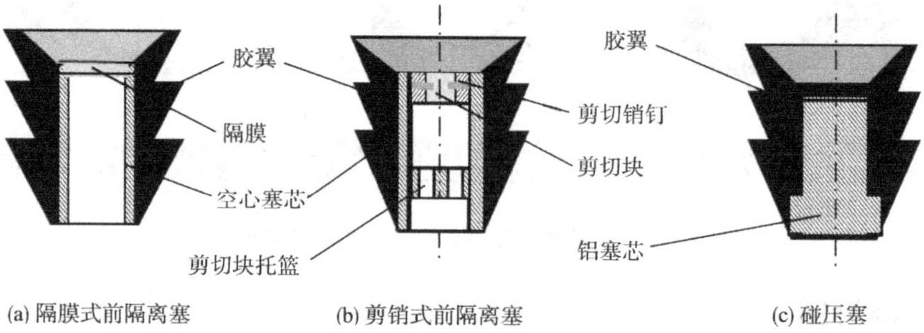

图4-17　常规固井胶塞结构示意图

表4-1　剪销式前隔离塞技术参数

规　格	177.8mm	244.5mm	273.1mm	339.7mm
隔离塞长度/mm	180	230	250	280
最大胶翼直径/mm	168	233	262	328
胶翼内本体直径/mm	138	198	227	293
销钉剪断压力/MPa	0.3	0.3	0.3	0.3
剪切块直径/mm	45	50	50	50

4.1.8.2　使用方法和作用

碰压塞是固井替浆最后碰压时使用的胶塞，使用于水泥浆的后面[图4-18(a)]。其主要作用有是：①隔离水泥浆和顶替液；②碰压作用。隔离塞又称空心塞，它使用于水泥浆前部[图4-18(a)]，其主要作用是：①隔离前部钻井液与水泥浆，防止其掺混；②提前刮掉套管壁上的残余钻井液，以防被碰压塞刮掉时污染水泥浆。常规固井胶塞使用方法及程序为：①下入套管串；②处理钻井液达到固井条件；③注入前置液；④释放隔离塞；⑤注入水泥浆；⑥释放碰压塞；⑦替入钻井液，当隔离塞到达承托环时销钉剪断(或隔膜击穿)；⑧水泥浆穿过隔离塞流动，隔离塞完成隔离任务；⑨当碰压塞到达隔离塞顶部时，碰压，固井结束(图4-18)。

4.1.9　水泥头

水泥头是固井作业时使各种注入管线汇集于套管的工具。水泥头使用时安装于套管串顶部，主要用于安装胶塞和固井管汇的连接，是套管固井注水泥、替钻井液和压胶塞的入口汇接装置。

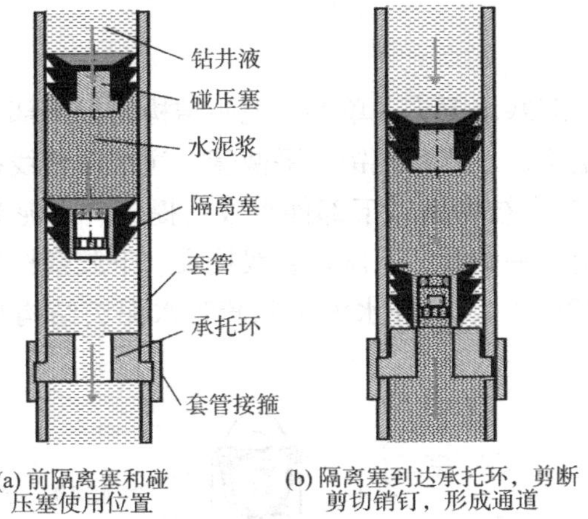

图4-18 常规固井用胶塞使用方法示意图

4.1.9.1 水泥头分类和用途

水泥头按功用可分为：常规固井水泥头和特殊固井水泥头。常规固井水泥头是用于常规固井工艺施工的水泥头；特殊固井水泥头是用于特殊固井工艺施工的水泥头，如：分级固井水泥头和旋转水泥头等。水泥头按可装胶塞数量可分为单塞水泥头和双塞水泥头；按使用的管串可分为：套管水泥头和钻杆水泥头；套管水泥头主要用于全井下套管固井作业。钻杆水泥头主要用于尾管固井作业和深海固井作业。按功能分，可分为：不可旋转水泥头和旋转水泥头。旋转水泥头可分为：转盘驱动旋转水泥头和顶驱驱动旋转水泥头(图4-19)。不可旋转水泥头用于下套管和固井时不需要旋转套管的固井作业；旋转水泥头用于下套管和固井时需要旋转套管的固井作业。

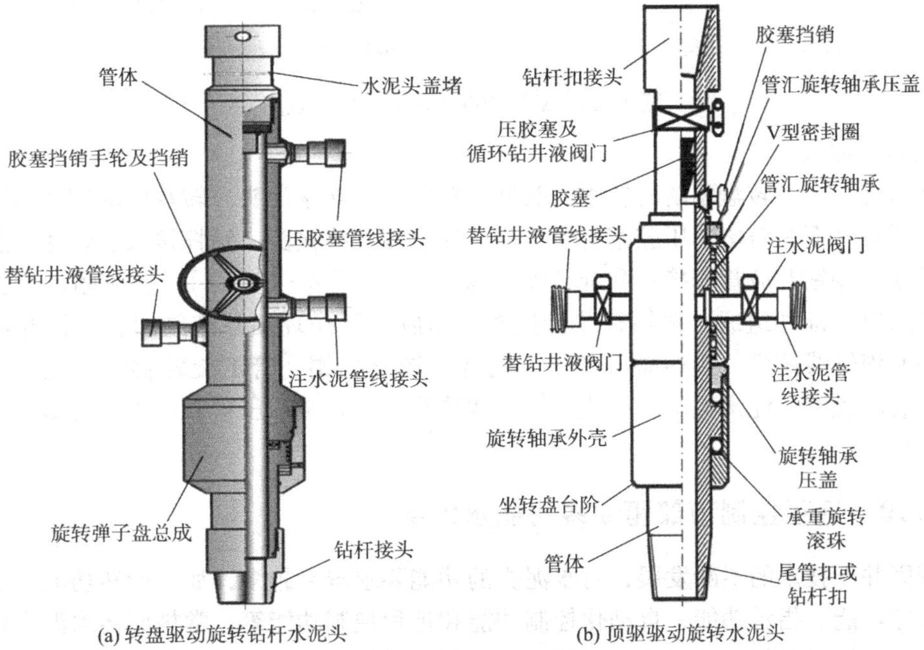

图4-19 旋转水泥头结构示意图

4.1.9.2　结构

1)常规水泥头。

常规水泥头包括单塞水泥头和双塞水泥头。单塞水泥头结构由以下部件组成：提环、水泥头盖堵、压塞管线接头、胶塞定位杆、胶塞挡销、平衡管、注水泥管线接头和替钻井液管线接头等[图4-20(a)]。双塞水泥头结构由以下部件组成：提环、水泥头盖堵、上压塞管线接头、胶塞定位杆、上胶塞挡销、平衡管、下压塞管线接头、下胶塞挡销、注水泥管线接头和替钻井液管线接头等[图4-20(b)]。钻杆水泥头和套管水泥头结构基本相同，只是尺寸和接头扣型有所不同。

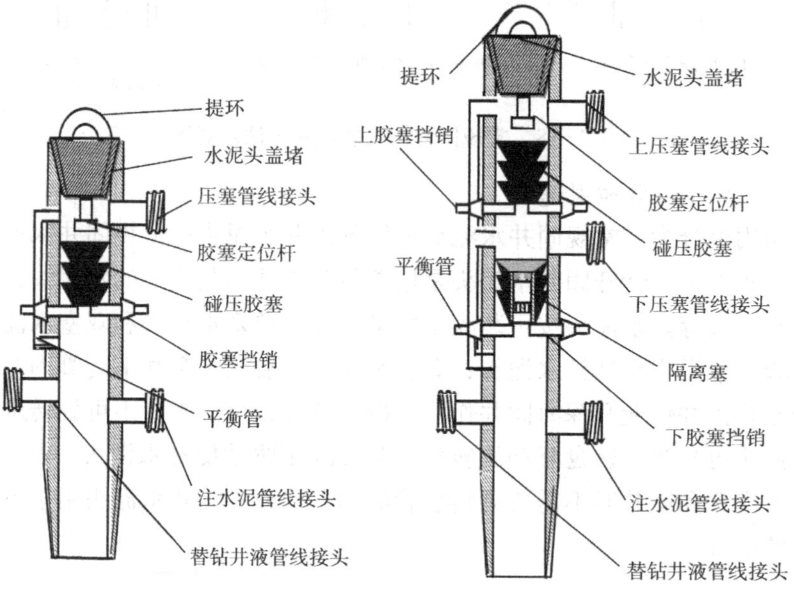

(a) 单塞水泥头结构　　(b) 双塞水泥头结构

图4-20　常规固井水泥头结构示意图

2)旋转水泥头。

旋转水泥头包括转盘驱动旋转水泥头和顶驱驱动旋转水泥头。转盘驱动旋转水泥头由以下部件组成：水泥头盖堵、压胶塞管线接头、注水泥管线接头、钻杆接头、管体、胶塞挡销及控制手轮、替钻井液管线接头和旋转弹子盘总成等[图4-19(a)]。顶驱驱动旋转水泥头结构主要由以下部件组成：顶钻杆公母接头、压胶塞及循环钻井液阀门、替钻井液管线接头、替钻井液管线阀门、旋转轴承外壳、管体、胶塞挡销、管汇旋转轴承压盖、V型密封圈、管汇旋转轴承、注水泥阀门、注水泥管线接头、旋转轴承压盖和承重旋转滚珠等[图4-19(b)]。

4.1.10　远程控制顶部驱动多功能水泥头

随着固井新技术的不断发展，对水泥头的功能要求越来越多，如：旋转功能、多塞释放功能、投球功能、指示功能、自动化控制功能和远程控制功能等。常规旋转水泥头存在着旋转空间大、抗拉强度低、抗扭能力小等不足，只能进行常规尾管固井作业；同时即没有投坐封球功能，并且作业过程中间需要停泵，无法保证施工连续。而海上固井以及需要多球多塞的特殊固井作业，都具有工艺复杂和投入高、风险大等特点，因此常规水泥头无法满足需求，远程控制顶部驱动多功能水泥头能满足上述要求，可实现自动化固井，降低人工操作的风险，是水泥头自动化发展的一个方向。

目前，哈里伯顿(Halliburton)公司研制生产了Commander1000远程控制顶驱水泥头(简称CTDCH水泥头)[图4-21(a)]；贝克休斯(Baker Hugh)公司研制生产了Launch PRO远程控制顶驱水泥头[图4-21(b)]；威德福(Weatherford)公司研制生产了BA-RCTDH远程控制顶驱水泥头[图4-21(c)]。以上三种水泥头都是远程控制顶部驱动多功能水泥头，具有旋转、多塞释放、投球、功能指示、自动化控制、远程控制等功能。下面以威德福(Weatherford)公司BA-R CTDH水泥头为例作一介绍。

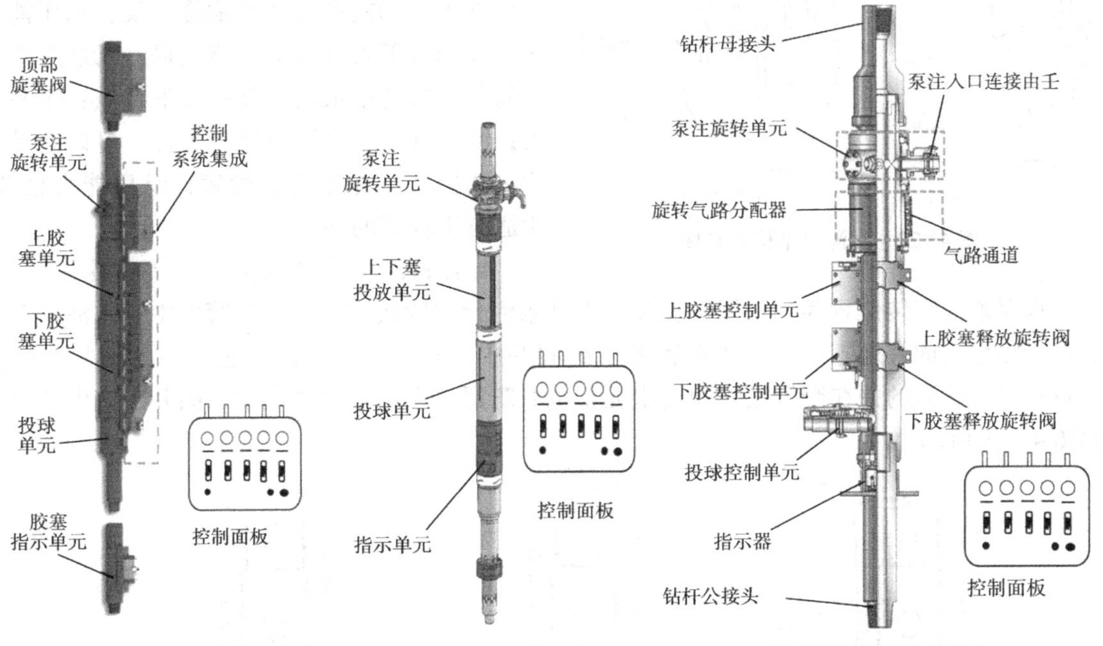

(a) 哈里伯顿远程控制水泥头　(b) 贝克休斯远程控制水泥头　(c) 威德福远程控制水泥头

图4-21　远程控制水泥头

4.1.10.1　结构组成

威德福远程控制水泥头(BA-RCTDH水泥头)是一种可远程控制的顶驱旋转式水泥头。水泥头结构由以下部件组成：钻杆母接头、泵柱旋转单元、旋转气路分配器、上胶塞控制单元、下胶塞控制单元、投球控制单元、指示器、钻杆公接头、控制面板等[图4-21(c)]。

4.1.10.2　技术参数和特点

主要技术参数为：①额定抗拉负荷：7108kN；②工作压力：69MPa；③额定扭矩：108466N·m；④额定转速：20r/min；⑤总长度：4153mm。主要特点为：①可预装胶塞；②坐封球也可预装到投球器中；③投胶塞、投球均通过控制箱完成；④各种投塞操作均可从指示器中观察到；⑤固井管线阀门可控；⑥控制气源来至井队钻机气源；⑦结构紧凑、操作方便，工序衔接快、可靠；⑧可远距离控制。

4.1.11 水泥伞

水泥伞是在套管外环空悬浮支撑水泥浆，防止水泥浆下沉的装置。使用于悬空封固段注水泥施工中，防止水泥浆与钻井液因密度差而引起的颗粒沉降置换，从而防止造成水泥浆下沉，保证固井质量。

4.1.11.1 结构特点与分类

水泥伞按形状可分为：伞型水泥伞和橄榄型水泥伞。两种水泥伞结构基本相同，只是形状不同，结构由以下部件组成：套箍、弹簧片及帆布(图4-22)。伞型水泥伞具有以下特点：①易下入；②帆布与井壁重叠段长，承压能力强；③套管下入过程中不能上提；④适应于较浅的井。橄榄型水泥伞具有以下特点：①易下入；②套管下入过程中可以上提，可以活动套管；③帆布与井壁重叠段短，承压能力稍差；④适应于较深的井。

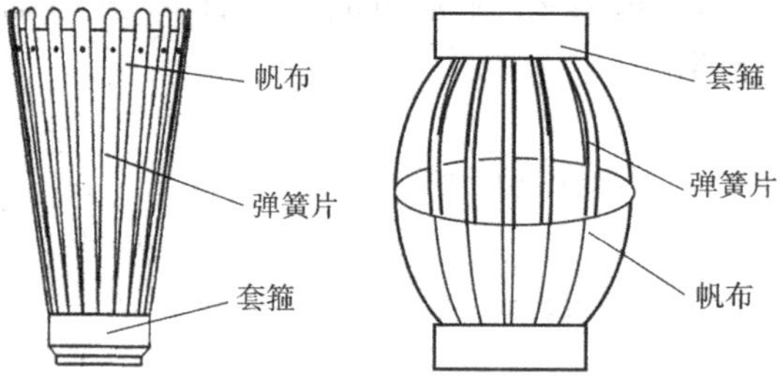

(a) 伞型水泥伞结构　　(b) 橄榄型水泥伞

图4-22　水泥伞结构示意图

4.1.11.2 安装位置与使用方法

水泥伞的安装位置为：水泥伞安装于设计水泥封固段底部位置的套管串中。水泥伞多用于双级注水泥固井施工中，以及套管悬空的固井中(套管鞋离井底较远的井的固井作业)，井底有轻微渗漏的井在套管底部使用水泥伞也有防漏效果。水泥伞在双级固井工艺中的应用如图4-23所示。

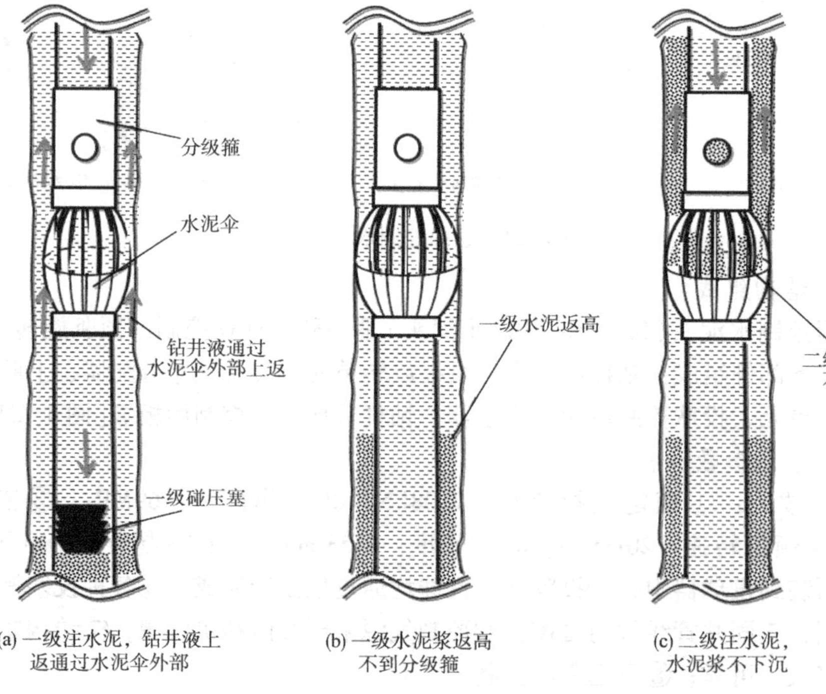

(a) 一级注水泥，钻井液上返通过水泥伞外部　　(b) 一级水泥浆返高不到分级箍　　(c) 二级注水泥，水泥浆不下沉

图4-23　水泥伞在双级注水泥固井中的应用示意图

4.1.12　旋流器

4.1.12.1　旋流器基本介绍

旋流器是在固井过程中，能使水泥浆在环空上返时形成旋流的装置。用于糖葫芦井眼和大肚子井眼固井中，使水泥浆在环空上返过程中能充满大肚子井段，减少钻井液窜槽，提高第二界面固井质量。旋流器按安装方式可分为：常规旋流器和旋流短节。常规旋流器结构由以下部件组成：金属筒体、旋流胶翼、固定螺钉[图4-24(a)]。旋流短节结构由以下部件组成：套管接箍、套管本体、旋流胶翼[图4-24(b)]。旋流器的安装：在使用常规旋流器时，按设计下入的井深位置安装于对应的套管串外部并固定。在使用旋流短节时，按设计下入的井深位置连接于对应的套管串中。旋流器具有以下特点：①由于管体以外只有胶翼部分，没有其他金属骨架，因此易随套管下入；②不影响下套管过程中活动套管；③由于能使水泥浆上返时产生旋流，可提高大肚子井眼的充填效果，提高二界面固井质量。旋流短节与常规旋流器相比有以下优点：①由于没有外套筒体，金属体直径小，更有利于套管下入；②旋流段长(可以加长到一根套管的长度)，更适合大肚子井段较长的井。使用要点：①旋流器安装于大肚子井眼底部效果更好；②大肚子井段较长时，应安装多个旋流器或选用旋流短节。

4.1.12.2　XLQ－Ⅰ型系列旋流器介绍

XLQ－Ⅰ型系列旋流器是近年来在油田钻井固井行业发展起来的一个新型技术产品，它能够适合多种套管尺寸，形成了技术系列，并在使用中取得了很好的效果。下面对XLQ－Ⅰ型旋流器的用途、结构特点、工作原理、技术数据及使用效果作一简单介绍。

1)用途及结构组成。

XLQ－Ⅰ型旋流器能利用旋流技术提高水泥浆在环空的充填能力和水泥浆对钻井液的顶替效率，能有效解决"大肚子"井眼和"糖葫芦"井眼固井窜槽问题，是提高固井质量的有效工具。XLQ－Ⅰ型旋流器由以下部件组成：固定螺钉、金属筒体和橡胶翼(图4-25)。

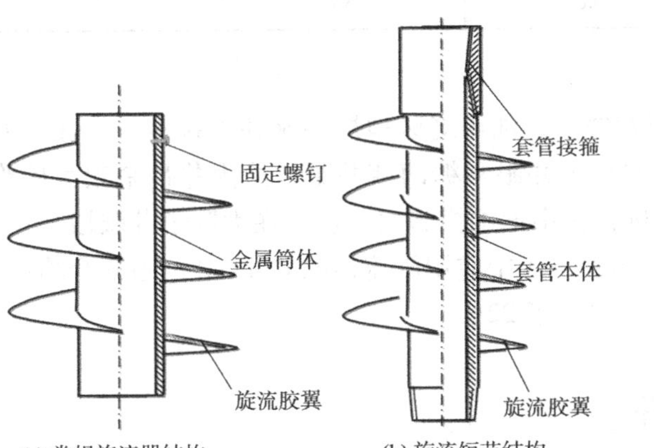

(a) 常规旋流器结构　　(b) 旋流短节结构

图4-24　旋流器结构示意图

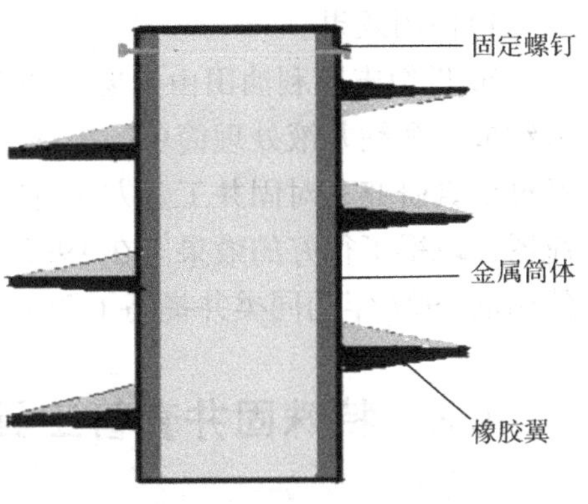

图4-25　XLQ－Ⅰ型旋流器结构示意图

2)工作原理。

将旋流器安装在"大肚子"井眼处的套管上(偏下部的位置)，螺旋型橡胶导流翼与井壁紧密吻合(或接近井壁)，使之形成螺旋通道，水泥浆和钻井液在通过时形成旋流，由于离心力的作用，流体沿切线方向向外流动，增大流体的径向扩充面积，提高水泥浆的充填能力，大大提高第二界面固井质量(图4-26)。

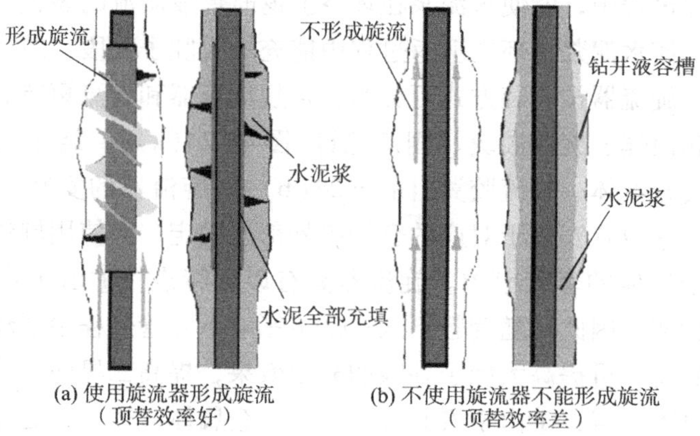

图4-26　XLQ－Ⅰ型旋流器工作原理示意图

3)技术数据。

XLQ－Ⅰ型系列旋流器技术数据见表4-2。

表4-2　XLQ－Ⅰ型系列旋流器技术数据

参数 尺寸 / 项目	114.3mm	127mm	139.7mm	177.8mm
内径/mm	118	131	143	182
最大外径/mm	150	180	213	215(240)
筒体外径/mm	124	137	149	188
长度/mm	40	40	50	50

4)使用效果。

20世纪末胜利油田由于老区调整井开发增多，油田老区地层注水井干扰多，快速钻井，节约成本和钻井液处理简单，出现了一些大肚子井眼和糖葫芦井眼，给固井带来很大困难。经过认真研究，对固井工艺方法进行了改进，其中增加措施之一就是在大肚子井眼段使用旋流器，取得了很好的效果。在1998~2000年的三年中应用旋流器的井88口，固井合格率比使用前1997年的同类井提高了3%；优质率提高了22%。

4.2　特殊固井套管工具附件

特殊固井套管工具附件是指特殊工艺井及特殊井固井时使用的有特殊要求的固井工具附件。如：内插法固井使用的插入式浮箍、尾管固井使用的尾管挂、预应力固井使用的地锚、具有自灌浆功能的自灌浆浮箍等。

4.2.1　内插法固井工具

4.2.1.1　插入式浮箍、浮鞋

插入式浮箍和插入式浮鞋是一种带有插座的浮箍和浮鞋，是内插法固井专用工具，采用内插法固井时，将插入式浮箍(浮鞋)安装在套管串底部，然后下入带有插入头的内管，将插入头插入插座内，进行注水泥作业。插入式浮箍(浮鞋)的结构与可钻式浮箍(浮鞋)类似，只是多了一个插座[图 4-27(a)]。插入式浮鞋是插入式浮箍与可钻式引鞋的组合体[图 4-27(b)]。插入式浮箍和插入式浮鞋与常规浮箍和浮鞋相比有以下特点：①配有一个插座，与内插法固井使用的内插头尺寸相配合，为内插法固井专用工具；②内插法固井多为大尺寸的技术套管或表层套管固井，该工具多为可钻式；③内插法固井时，为防止固井过程中套管漂浮，要通过内管向浮箍加压，要求插入式浮箍和浮鞋正向承压能力强。插入式浮箍和插入式浮鞋相比具有以下特点：插入式浮箍一般用于较深的内插法固井，为了防止固井后水泥浆倒返还可以在管串底部增加一个浮鞋；插入式浮鞋一般用于较浅的内插法固井，可节约一个浮鞋，由于替浆量少，计量误差小，替浆时可在浮鞋上面留一定量的水泥塞(50m 左右)，保证下部固井质量。

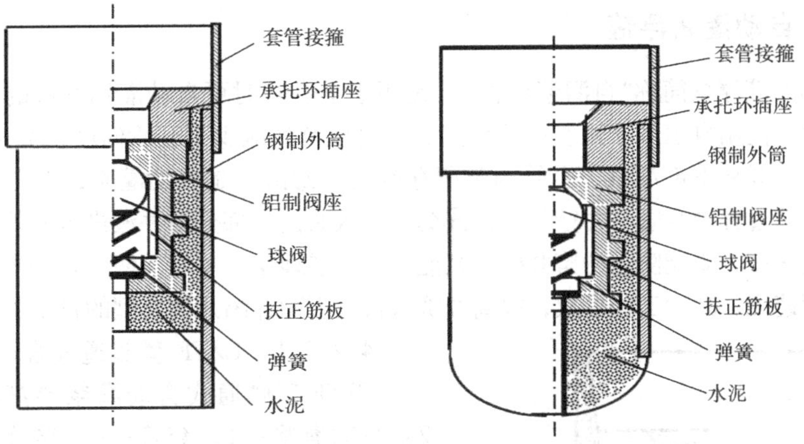

图 4-27　插入式浮箍、浮鞋结构示意图

4.2.1.2　插入头与钻杆扶正器

插入头、钻杆扶正器是与插入式浮箍(浮鞋)配套使用的工具。插入头结构由以下部件组成：钻杆母接头、密封圈、插入头等[图 4-28(a)]。钻杆扶正器分为刚性钻杆扶正器和弹性钻杆扶正器。刚性扶正器适用于井斜较大以及狗腿度较大的井；弹性扶正器适用于井斜较小以及狗腿度较小的井。刚性钻杆扶正器结构由以下部件组成：钻杆母接头、刚性扶正片、钻杆公接头等[图 4-28(b)]。弹性钻杆扶正器结构由以下部件组成：套箍、弹性扶正片等[图 4-28(c)]。使用方法：在内插法固井中，插入头与钻杆扶正器(刚性)连接于钻杆串(也称为内管)的下端，钻杆串下到井底后，将插入头插入浮箍或浮鞋的插座内，并下压一定吨位，通过钻杆串向环空循环钻井液，循环正常后开始注水泥固井作业。在施工过程中，钻杆扶正器确保扶正插头在套管内居中，已准确插入阀座。使用弹性钻杆扶正器时，可用一根短钻杆将扶正器定位于钻杆串中，使用方法同刚性扶正器。

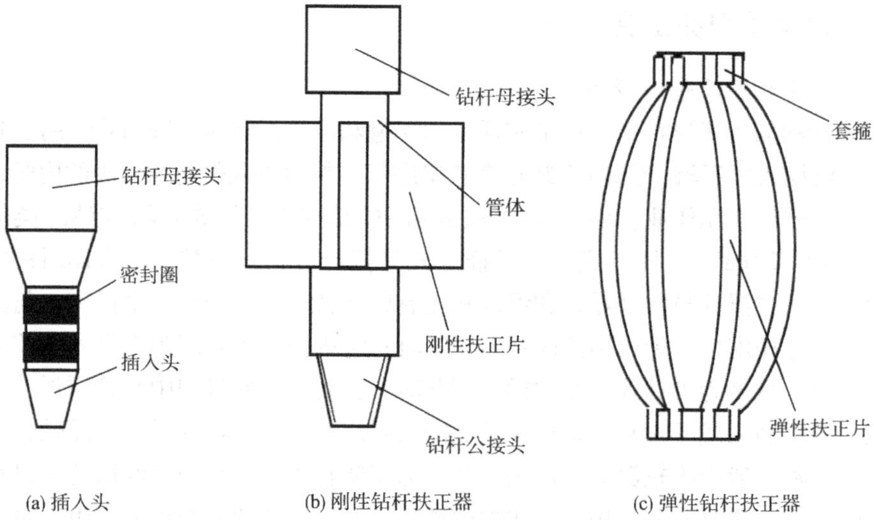

图 4-28 内插法固井插入头与钻杆扶正器结构示意图

4.2.2 自动灌浆浮箍

自动灌钻井液浮箍简称“自灌浆浮箍”，是用于下套管时可自动灌钻井液的一种兼有自灌浆功能的浮箍。使用自灌浆浮箍有以下优点：①可以有效减少下套管时间；②不用人工灌浆，降低劳动强度；③从下部灌浆，套管内不积存空气；④由于是自动灌浆，下套管中途不用停止，减少下套管过程中套管与井壁粘卡；⑤套管下入时由于部分钻井液进入套管内，减少了环空钻井液回流速度，既能防止冲垮井壁，又能防止压漏地层。总之，使用自动灌浆浮箍，可大大提高下套管速度，减少工程事故，提高经济效益。下面介绍几种典型的自动灌浆浮箍。

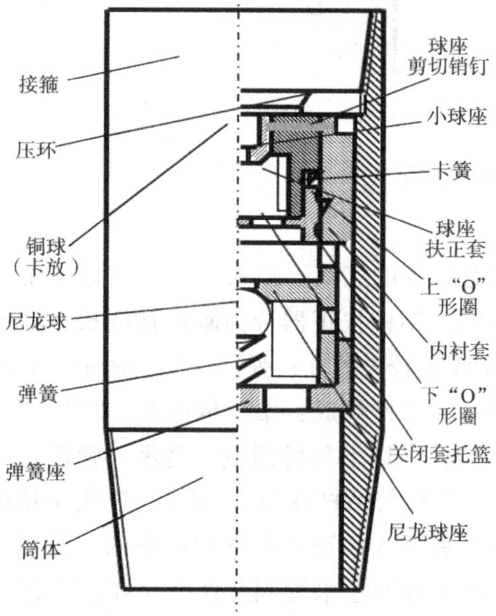

图 4-29 CZTF 型侧通式自灌浆浮箍结构示意图

4.2.2.1 CZTF 型侧通式自动灌浆浮箍

CZTF 型侧通式自动灌浆浮箍（C：侧通式；Z：自动灌浆；T：套管；F：浮箍）是胜利渤海钻井固井公司与东营万邦石油科技有限责任公司共同开发的专利产品，主要特点是：安装方便，无使用风险，便于操作，可使用双浮箍自动灌浆，性能可靠，密封效果好，特别是在水平井及大斜度井中使用更具优势。

1）结构组成。

CZTF 型自灌浆浮箍由以下部件组成：接箍、铜球、压环、球座、球座剪切销钉、内衬套、球座扶正套、卡簧、上“O”形圈、下“O”形圈、关闭套托篮、尼龙球、尼龙球座、弹簧、弹簧座、筒体（图 4-29）。

2）工作原理。

CZTF 型自灌浆浮箍工作原理为：在下套管

过程中，钻井液通过尼龙球座下侧孔，通过尼龙球座与本体间的环形通道，再通过尼龙球座上侧孔，通过托篮、小球座进入上部套管，以达到自动灌浆的目的[图4-30(a)]，下完套管后，正常开泵循环钻井液，处理钻井液性能，井下情况达到固井要求时，将一小金属球投入套管内，金属球到达小球座时，用水泥车或钻井泵憋压3MPa，销钉外剪切面剪断，球座扶正套连同关闭套托篮下行，关闭上旁通孔，自锁簧锁死[图4-30(b)]，再憋压10MPa销钉内剪切面剪断，小球座下行到托篮，回压凡尔恢复正常工作[图4-30(c)]。

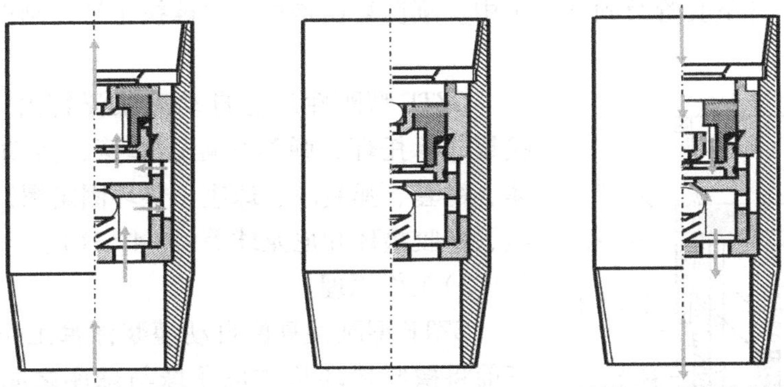

(a) 自灌浆浮箍原始状态，下套管过程自动灌浆　(b) 投球憋压，关闭套剪切销钉剪断，侧孔关闭　(c) 继续憋压，剪断球座剪切销钉，恢复回压阀功能，建立循环

图4-30　CZTF型侧通式自灌浆浮箍工作原理示意图

3)技术数据。

CZTF型系列自灌浆浮箍技术数据见表4-3。

表4-3　CZTF型系列自灌浆浮箍技术数据

名　称	型　号	外径/mm	长度/mm	钻后内径/mm	外侧剪销压力/MPa	内侧剪销压力/MPa	投球直径/mm	适用井型
普通型侧通式自动灌浆套管浮箍	CZTF5½ - BZ	139.7	490	不可钻	3	10	35	直井产层套管
	CZTF7 - BZ	177.8	520	不可钻	3	10	40	
可钻型侧通式自动灌浆套管浮箍	CZTF5½ - KZ	139.7	490	121.4	3	10	35	直井技术套管
	CZTF7 - KZ	177.8	520	154.8	3	10	40	
	CZTF9⅝ - KZ	244.5	550	220.5	3	10	50	
	CZTF13⅜ - KZ	339.7	550	315.3	3	10	50	
斜井普通侧通式自动灌浆套管浮箍	CZTF5½ - BX	139.7	490	不可钻	3	10	35	斜井、水平井油层套管
	CZTF7 - BX	177.8	520	不可钻	3	10	40	
斜井可钻侧通式自动灌浆套管浮箍	CZTF5½ - KX	139.7	490	121.4	3	10	35	斜井、水平井技术套管
	CZTF7 - KX	177.8	520	154.8	3	10	40	
	CZTF9⅝ - KX	244.5	550	220.5	3	10	50	
	CZTF13⅜ - KX	339.7	550	315.3	3	10	50	

4)特点。

CZTF型自灌浆浮箍具有以下特点：①功能可靠；②下套管中途可以循环钻井液；③浮箍功能恢复容易控制；④结构较复杂；⑤成本高；⑥适用于深井、复杂井。

4.2.2.2 GZTF型刚性复位自动灌浆浮箍

GZTF型刚性复位自动灌浆浮箍(G：刚性复位；Z：自动灌浆；T：套管；F：浮箍)是胜利油田渤海钻井固井公司与东营万邦石油科技有限责任公司联合开发的高新技术专利产品，主要用于油气井下套管及固井施工中。刚性复位是指凡尔球扶正杆是刚性的。

1)结构组成。

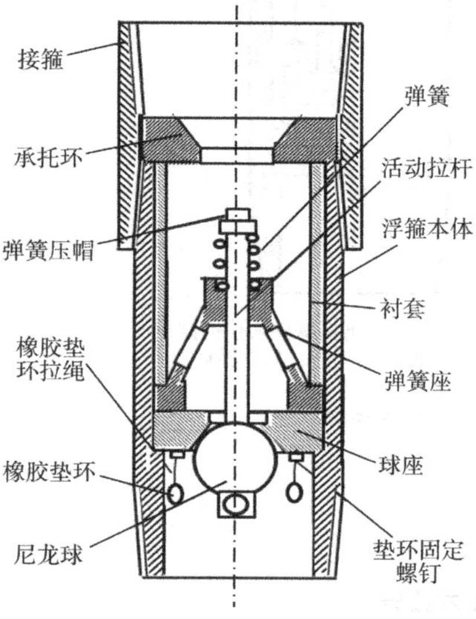

图4-31 GZTF型刚性复位式自动灌浆套管浮箍结构示意图

GZTF型刚性复位自动灌浆浮箍由以下部件组成：接箍、承托环、弹簧压帽、弹簧、活动拉杆、浮箍本体、衬套、弹簧座、球座、垫环固定螺钉、橡胶垫环拉绳、橡胶垫环和尼龙球等(图4-31)。

2)工作原理。

GZTF型刚性复位自动灌浆浮箍工作原理为：下套管前将橡胶垫环垫在尼龙球与球座之间，使之形成缝隙，在下套管过程中，钻井液通过尼龙球与球座之间的缝隙进入套管内，以达到自动灌浆的目的。下完套管后，开泵循环钻井液，橡胶垫环被流体冲出，停泵时尼龙球密封于球座，自动灌浆浮箍恢复正常(图4-32)。自灌浆速度取决于橡胶垫环的粗细，也就是取决于尼龙球与球座之间的缝隙大小，可利用调节橡胶垫环粗细的办法调节自灌浆速度。

3)技术数据。

GZTF型系列自灌浆浮箍技术数据见表4-4。

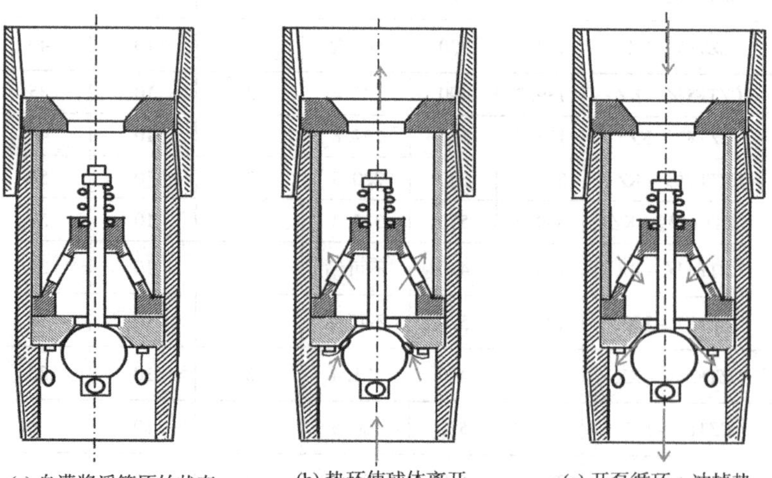

(a)自灌浆浮箍原始状态　(b)垫环使球体离开，套管自动灌浆　(c)开泵循环，冲掉垫环，浮箍复原

图4-32 GZTF型刚性复位式自动灌浆浮箍工作原理示意图

表 4-4　GZTF 型系列刚性复位式自动灌浆套管浮箍技术数据

名　称	型　号	外径/mm	长度/mm	钻后内径/mm	正向承压/MPa	反向承压/MPa
普通柔性自动灌浆套管浮箍	GZTF5½-B	139.7	450	121.4	45	30
	GZTF7-B	177.8	480	154.8	40	30
可钻柔性自动灌浆套管浮箍	GZTF5½-K	139.7	450	121.4	45	30
	GZTF7-K	177.8	480	154.8	40	30
	GZTF9⅝-K	244.5	520	220.5	35	28
	GZTF13⅜-K	339.7	520	315.3	30	25

4)特点。

GZTF 型系列刚性复位式自动灌浆浮箍具有以下特点：①结构简单，安装方便，便于操作；②无使用风险；③可使用双浮箍自动灌浆；④由于是刚性复位，密封效果好，特别是在水平井及大斜度井中使用更有优势；⑤由于橡胶垫环没有专门固定，所以功能可靠性差。

4.2.2.3　RZTF 型柔性复位自动灌浆浮箍

RZTF 型柔性复位自动灌浆浮箍(R：柔性复位；Z：自动灌浆；T：套管；F：浮箍)是胜利油田渤海钻井固井公司与东营万邦石油科技有限责任公司联合开发的高新技术专利产品，主要用于油气井下套管及固井施工中。柔性复位是指凡尔球扶正杆是柔性的。

1)结构组成。

RZTF 型柔性复位自动灌浮箍主要由以下部件组成：接箍、承托环、弹簧压帽、弹簧、活动拉杆、浮箍本体、衬套、弹簧座、悬绳、球座、垫环固定螺钉、橡胶垫环拉绳、橡胶垫环、尼龙球和尼龙球固定杆等(图 4-33)。

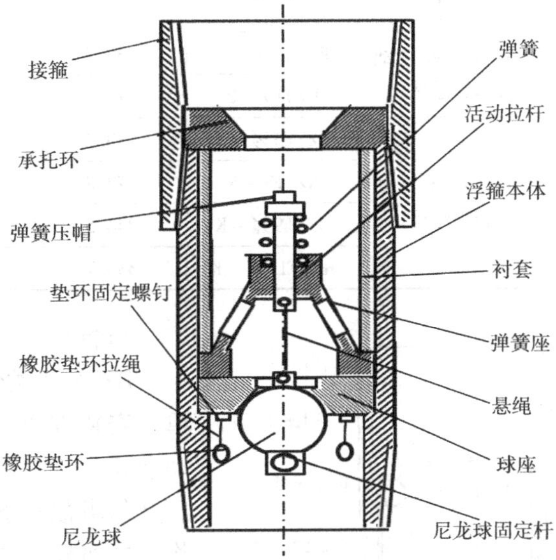

图 4-33　RZTF 型柔性复位式自动灌浆浮箍结构示意图

2)工作原理。

RZTF 型柔性复位自动灌浆浮箍工作原理为：下套管前将橡胶垫环垫在尼龙球与球座之间，使之形成缝隙，在下套管过程中，钻井液通过尼龙球与球座之间的缝隙进入套管内，以达到自动灌浆的目的。下完套管后，开泵循环钻井液，橡胶垫环被流体冲出，停泵时尼龙球密封于球座，自动灌浆套管浮箍恢复正常浮箍功能，(图 4-34)。自动灌浆速度取决于橡胶垫环的厚度，也就是取决于尼龙球与球座之间的缝隙大小，可利用调节橡胶垫环粗细的办法调节自灌浆速度。

3)技术数据。

RZTF 型系列柔性复位式自动灌浆浮箍技术数据见表 4-5。

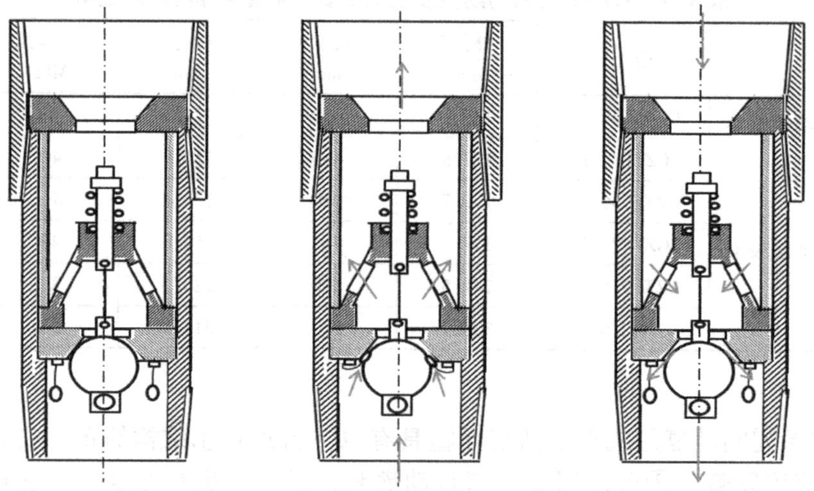

图 4-34　RZTF 型柔性复位式自动灌浆浮箍工作原理示意图

表 4-5　RZTF 型系列柔性复位式自动灌浆浮箍技术数据

名　称	规　格	外径/mm	长度/mm	钻后内径/mm	正向承压/MPa	反向承压/MPa
普通柔性自动灌浆套管浮箍	RZTF5½-B	139.7	450	121.4	45	30
	RZTF7-B	177.8	480	154.8	40	30
可钻柔性自动灌浆套管浮箍	RZTF5½-K	139.7	450	121.4	45	30
	RZTF7-K	177.8	480	154.8	40	30
	RZTF9⅝-K	244.5	520	220.5	35	28
	RZTF13⅜-K	339.7	520	315.3	30	25

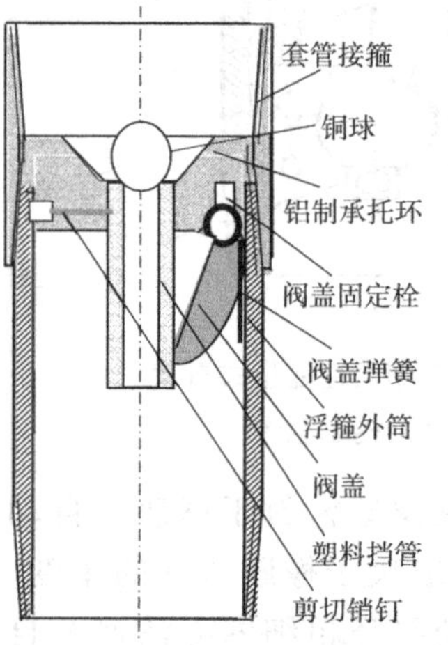

图 4-35　合叶复位式自动灌浆浮箍结构示意图

4）特点。

RZTF 型柔性复位式自动灌浆浮箍主要特点是：①结构简单，安装方便，便于操作；②无使用风险；③可使用双浮箍自动灌浆；④由于是柔性复位，凡尔球自由度大，不易发生卡回压凡尔事故；⑤适用于井壁易掉块，或堵漏钻井液及井下杂物、岩屑较多的井。

4.2.2.4　合叶复位式自动灌浆套管浮箍

合叶复位式自动灌浆套管浮箍是一种以合叶形式的单向阀门为结构特点的套管浮箍。该浮箍的最大优点是结构简单，但密封效果较差；一般在技术套管固井中使用。

1）结构组成。

合叶复位式套管自动灌浆浮箍主要由以下部件组成：套管接箍、铝制承托环、阀盖固定栓、阀盖弹簧、浮箍外筒、阀盖、塑料挡管和铜球等（图 4-35）。

2)工作原理。

合叶复位式自动灌浆套管浮箍的工作原理为：在套管下入过程中，钻井液通过塑料挡管内孔进入套管内[图4-36(a)]，实现套管自动灌浆，当下完套管时，投入铜球，铜球下落到橡胶挡管球座处[图4-36(b)]，憋压，将塑料挡管憋掉，自动灌浆浮箍恢复正常浮箍功能[图4-36(c)]。投入铜球后，也可以开泵泵送，这样铜球可在更短的时间到达球座，到达球座后随时将橡胶挡管憋掉(立管压力表压力只有轻微升高显示，有时观察不到)、自动灌浆浮箍恢复正常浮箍功能。合叶复位式自动灌浆浮箍的自动灌浆速度，可通过塑料挡管内径大小调节。

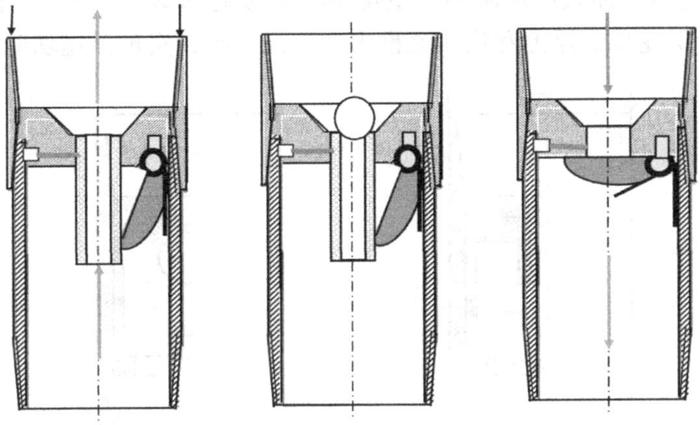

(a) 套管下入，钻井液上返，自动灌浆　(b) 套管下完，投球　(c) 憋掉塑料挡管，恢复单流阀功能

图4-36　合叶复位式自动灌浆浮箍工作原理示意图

3)特点。

合叶复位式自灌浆套管浮箍主要特点是：①结构简单，安装方便，便于操作；②无使用风险；③凡尔球自由度大，不易发生卡回压凡尔事故；④凡尔相对抗冲刷磨损；⑤适用于大直径技术套管固井、套管内外静液柱压差较小的固井或井下杂物及岩屑较多的井。缺点是：密封效果差，反向承压能力差。

4.2.2.5　排量控制复位式自动灌浆套管浮箍

排量控制复位式自动灌浆套管浮箍是一种以循环排量控制复位的自动灌浆浮箍。该浮箍的最大优点是不用投球，操作方便，可用于双浮箍自动灌浆，但下套管中途循环时要控制排量。

4.2.2.5.1　直井用排量控制复位式自动灌浆浮箍

直井用排量控制复位式自动灌浆浮箍，是专门用于直井的自灌浆浮箍。

1)结构。

直井用排量控制复位式自动灌浆套管浮箍主要由以下部件组成：外筒、承托环、剪切销钉、自灌浆筒管、衬套、尼龙球凡尔和凡尔球托篮(图4-37)。

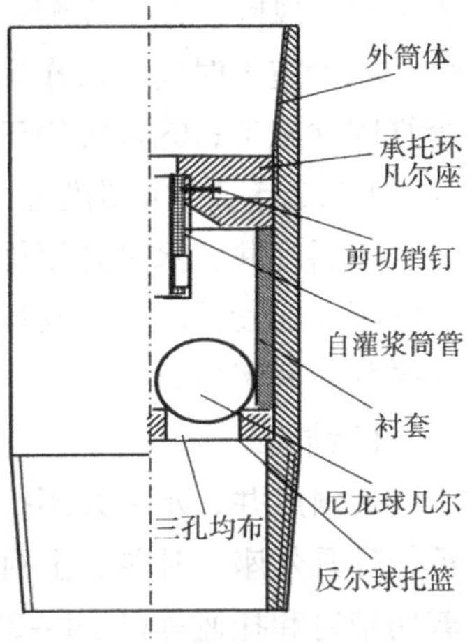

图4-37　直井用排量控制复位式自动灌浆套管浮箍结构示意图

2)工作原理。

直井用排量控制复位式自动灌浆套管浮箍的工作原理分两部分，一是排量控制复位原理，二是自动灌浆原理。排量控制复位原理是：设计自灌浆筒管的长度和内径，使钻井液在规定排量下的流动阻力对筒管产生的推力等于剪切销钉的剪切力，当开泵循环排量等于或大于规定排量时，销钉剪断，筒管下落，浮箍功能复位，实现排量控制。自动灌浆原理是：将排量控制复位式自灌浆浮箍安装于套管串设计位置，下入套管串时，钻井液通过自灌浆筒管向套管内流入，实现自动灌浆[图4-38(a)]；若有特殊情况需要循环钻井液时，钻井液可通过自灌浆筒管从套管内向环空流动，实现钻井液循环(应控制排量不超过设计剪断销钉排量)；当套管串下完后，加大排量循环，使排量达到或超过设计剪断销钉排量，销钉剪断，自灌浆筒管下落，尼龙球靠浮力和反向流推力到达凡尔座，实现浮箍功能[图4-38(b)]。

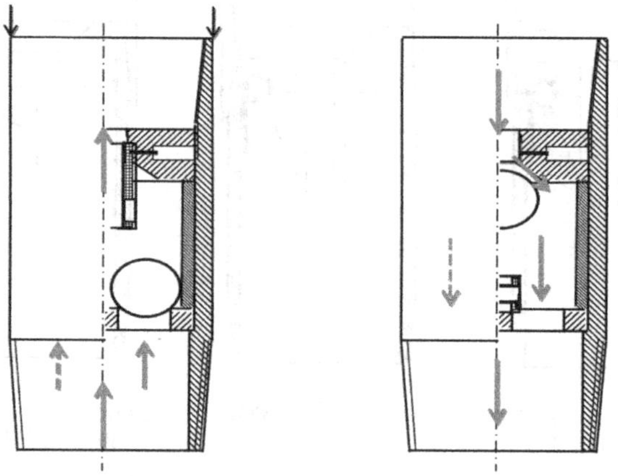

(a) 套管下入，钻井液通过托篮孔和自灌浆筒管进入套管内　(b) 套管下完，开泵循环，加大排量，自灌浆筒管下落，恢复浮箍功能

图4-38　直井用排量控制复位式自动灌浆浮箍结构示意图

3)特点。

直井用排量控制复位式自动灌浆套管浮箍主要有以下特点：①可以提高下套管速度，减少下套管风险；②下完套管后，自动灌浆结束浮箍复位时，不用投球，可用循环排量控制复位，减少施工时间，操作简单，提高效率；③制造成本低，价格便宜；④适用于各种直井下套管固井施工；⑤也可用于使用浮箍的其他施工作业。

4.2.2.5.2　大斜度井、水平井用排量复位式自动灌浆浮箍

大斜度井、水平井用排量控制复位式套管自动灌浆浮箍，是专门为大斜度井、水平井下套管固井而设计的自灌浆浮箍。该浮箍的最大优点是自动灌浆、浮箍复位、凡尔密封等功能不受井斜的影响。

1)结构。

大斜度井、水平井用排量控制复位式自动灌浆套管浮箍主要由以下部件组成：外筒体、承托环凡尔座、凡尔、上衬套、凡尔弹簧、凡尔扶正座、自灌浆调压嘴、剪切体、下衬套、剪切销钉和托篮等(图4-39)。

2)工作原理。

大斜度井、水平井用排量控制复位式自动灌浆套管浮箍的工作原理分两部分，一是排量

控制复位原理，二是自动灌浆原理。排量控制复位原理是：设计自灌浆调压嘴内径，使钻井液在规定的排量下的流动阻力对调压嘴产生的推力等于剪切销钉的剪切力，当开泵循环排量等于或大于规定排量时，销钉剪断，调压嘴随同剪切体下落，浮箍功能复位，实现排量控制。自动灌浆原理是：将排量控制复位式自动灌浆套管浮箍安装于套管串设计位置，下入套管串时，钻井液通过托篮孔、自灌浆调压嘴和凡尔座孔向套管内灌入，实现自动灌浆功能[图 4-40(a)]；若下套管中途有特殊情况需要循环钻井液时，钻井液可通过凡尔座孔、自灌浆调压嘴和托篮孔从套管内向环空流动，实现钻井液循环(应控制排量不超过设计剪断销钉排量)；当套管串下完后，加大循环排量，使排量达到或超过设计剪断销钉排量，销钉剪断，剪切体下落，回压凡尔实现浮箍功能[图 4-40(b)]。

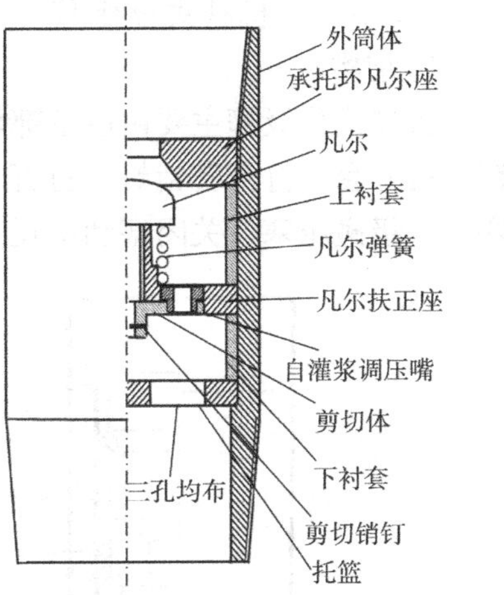

图 4-39　大斜度井、水平井用排量控制复位式自动灌浆套管浮箍结构示意图

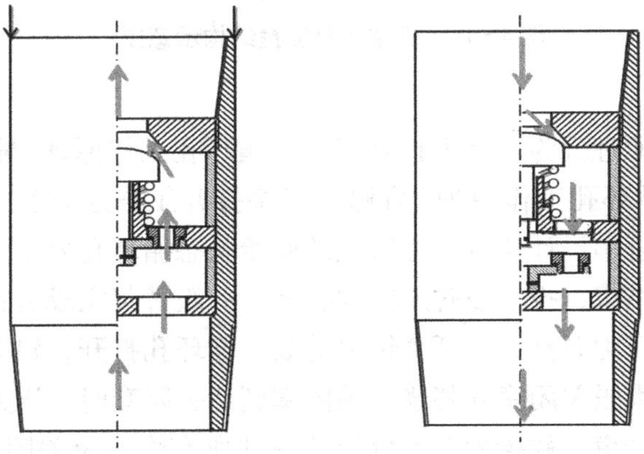

(a) 套管下入，钻井液通过托篮孔、调压嘴和凡尔座进入套管

(b) 套管下完，开泵循环、加大排量、销钉剪断，剪切体下落，恢复浮箍功能

图 4-40　大斜度井、水平井用排量控制复位式自动灌浆浮箍结构示意图

3) 特点。

大斜度井、水平井用排量控制复位式自动灌浆套管浮箍主要有以下特点：①可以提高下套管速度，减少下套管风险；②自动灌浆结束浮箍复位时，不用投球，可用循环排量控制复位，操作简单，提高效率；③凡尔由扶正座扶正，密封不受井斜影响，可用于大斜度井和水平井；④可用于直井的下套管和固井作业。

4.2.3　分级注水泥器(分级箍)

分级注水泥器简称分级箍，是分级注水泥固井作业的专用工具。分级箍主要分为机械式分级箍、压差式分级箍、机械压差双作用分级箍三种类型。由于机械压差双作用分级箍可代替压差式分级箍，所以常用的分级箍只有两种，即机械式分级箍和机械压差双作用分级箍。

4.2.3.1　机械式分级箍

1)结构。

机械式分级箍主要由以下部件组成：母扣接头、本体、关闭套铝座、关闭套、关闭套销钉、打开套、打开套销钉、打开套铝座和公扣接头等。配有附件：重力打开塞、连续打开塞、一级碰压塞、关闭塞和承托环(图4-41)。

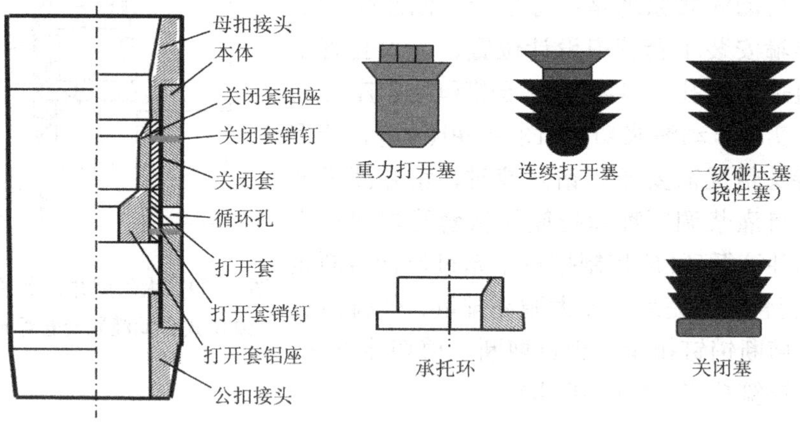

图4-41　机械式分级箍结构示意图

2)工作原理。

机械式分级箍工作原理分为：重力打开塞打开循环孔工作原理(简称重力塞打开工作原理)和连续打开塞打开循环孔工作原理(简称连续塞打开工作原理)。重力塞打开工作原理是：将分级箍连接于套管串设计位置，分级箍的原始状态循环孔处于关闭位置，进行一级注水泥作业；一级注水泥结束，投一级碰压塞并替浆，一级替浆完成后投重力塞，当重力塞到达打开套时，憋压，使压力升高，打开套销钉剪断，循环孔打开，建立循环；进行二级注水泥作业；二级注水泥结束投关闭塞并替浆，关闭塞到达关闭套时，压力升高，关闭套销钉剪断，关闭循环孔，固井结束。候凝后钻掉分级箍内的所有附件及关闭套铝座和打开套铝座，进入下道工序(图4-42)。连续塞打开工作原理是：将分级箍连接于套管串中的设计位置，分级箍的原始状态循环孔处于关闭位置，进行一级注水泥作业；一级注水泥结束，投一级碰压塞并替浆，在替浆一定量时释放连续打开塞，当连续打开塞到达打开套时，憋压，使压力升高，打开套销钉剪断，循环孔打开，套管内液体通过循环孔向环空流动，实现连续打开，并建立循环；可进行二级注水泥作业；二级注水泥结束投关闭塞并替浆，当关闭塞到达关闭套时，压力升高，关闭套销钉剪断，关闭循环孔，固井结束。候凝后钻掉分级箍内的所有附件及关闭套铝座和打开套铝座，进入下道工序(图4-43)。

3)特点。

机械式分级箍主要有以下特点：①由投重力塞打开打开套，比较可靠；②下套管过程不受外界压力影响，中途可大排量循环钻井液，套管上提或下放速度不受控制；③可以通过连续打开塞，在一级固井结束后连续打开分级箍；④可以通过使用连续打开塞实现两级连续注水泥作业；⑤比较适用于深井和复杂井下套管固井；⑥比较适合两级封固段不连接的双级固井作业；⑦不适合需要利用泵送压力打开分级箍的特殊固井施工，如筛管顶部注水泥、特殊

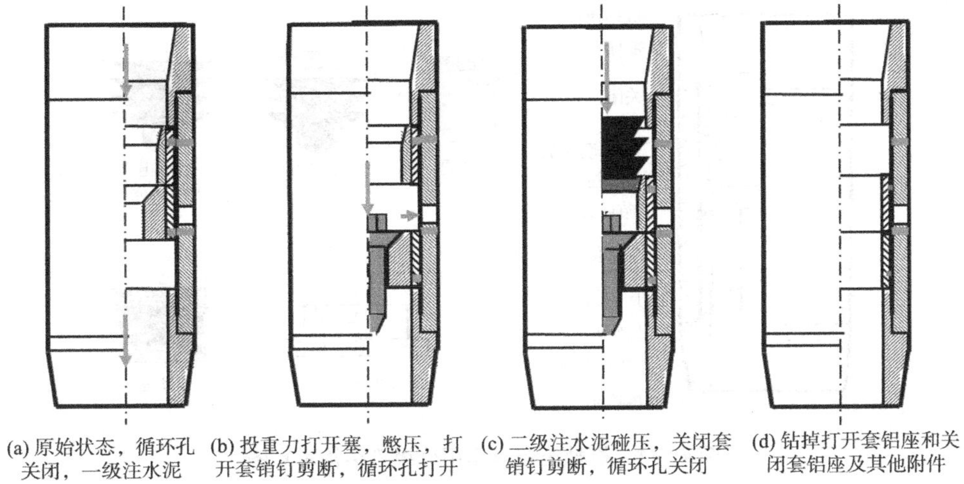

图4-42　机械式分级箍重力塞打开工作原理示意图

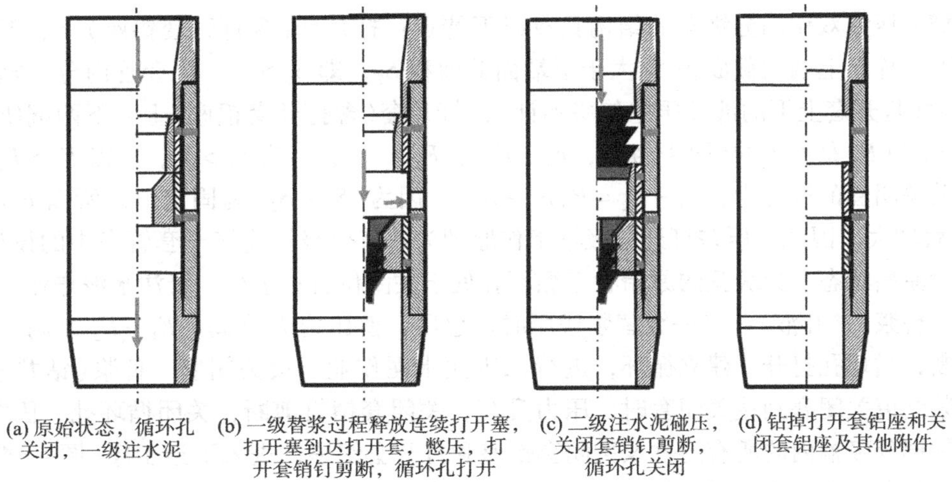

图4-43　机械式分级箍连续塞打开工作原理示意图

完井工艺的固井作业等。重力塞打开方式和连续塞打开方式的区别是：重力塞打开方式适合于一级、二级封固段不连续的双级注水泥固井，或底部有漏失层的双级注水泥固井；连续塞打开方式适用于一级、二级封固段连续，且底部没有漏失层的双级注水泥固井。

4.2.3.2　机械压差双作用分级箍

1)结构。

机械压差双作用分级箍主要由以下部件组成：母扣接头、本体、关闭套铝座、关闭套、关闭套销钉、打开套、打开套销钉、打开套铝座、公扣接头等。配有附件：重力塞、连续打开塞、一级碰压塞(挠性塞)、承托环、关闭塞(图4-44)。

2)工作原理。

机械－压差双作用分级箍的工作原理分为：重力打开塞打开循环孔工作原理(简称重力塞打开工作原理)、连续打开塞打开循环孔工作原理(简称连续塞打开工作原理)和压差打开循环孔工作原理。重力塞打开工作原理和连续塞打开工作原理与前面介绍的机械式分级箍相

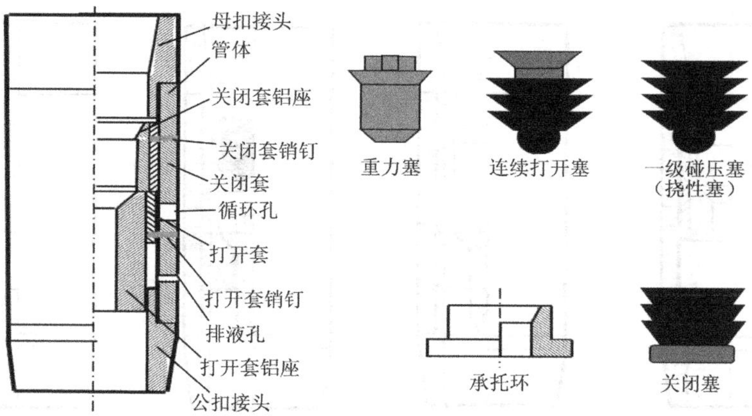

图 4-44　机械压差双作用分级箍结构示意图

同，下面只介绍压差打开工作原理。

“压差打开”指的是在套管内憋压时，利用在打开套上下端产生的压力差将循环孔打开。由于机械－压差双作用分级箍的结构具有以下特点：打开套(含打开套铝座)上、下两端面截面积不一样，上端面截面积 S_1 大于下端面截面积 S_2，即 $S_1 > S_2$。当套管内分级箍处的压力为 P 时(打开套上下的液柱压差忽略不计)，打开套(含打开套铝座)上、下两端所产生的作用力 F_1 和 F_2 是不等的(图 4-45)，$F_1 = PS_1$，$F_2 = PS_2$，因为 $S_1 > S_2$，所以 $F_1 > F_2$。又因为，推动关闭套的推力为：$F_1 - F_2 = P(S_1 - S_2)$，因为 $(S_1 - S_2)$ 为固定值，所以 P 增大时，$F_1 - F_2$ 就增大。因此，压差打开分级箍工作原理为：将分级箍连接于套管串中的设计位置，分级箍为原始状态，分级箍的原始状态循环孔处于关闭位置；进行一级注水泥作业、投一级碰压塞、替浆(钻井液)；当一级替浆碰压时，憋压，使压力 P 升高，$F_1 - F_2$ 升高，打开套销钉剪断，循环孔打开，建立循环；进行二级注水泥作业、投关闭塞、替浆(钻井液)；当二级替浆结束关闭塞到达关闭套时，压力升高，关闭套销钉剪断，关闭循环孔，固井结束。候凝后钻掉分级箍内的所有附件及关闭套铝座和打开套铝座，进入下道工序(图 4-45)。若用压差打开方式不能将分级箍打开，可再采用投重力塞方式将分级箍打开。工作原理和操作程序与机械式分级箍相同(图 4-42)。

3)特点。

机械－压差双作用分级箍主要有以下特点：①具有机械－压差打开分级箍的双功能优势；②不用投重力塞，可以直接憋压打开分级箍；③可以通过连续打开塞，在一级固井结束后连续打开分级箍；④可以通过使用连续打开塞实现两级连续注水泥作业；⑤直接憋压打开失败后，可再使用投重力塞打开分级箍；⑥不适用井下复杂易憋泵井的固井。

4.2.3.3　各种分级箍的使用要点

不同分级箍及不同的打开方式，适用于不同类型井的固井，若使用不当会带来一些工程问题，严重时会带来工程事故，比如：对于复杂井眼或较深的井不易使用压差式分级箍和机械－压差双作用分级箍，否则在下套管中途循环时或施工过程压力异常时，可能会把分级箍打开，造成施工无法进行，引起工程事故。另外，要求两级固井封固段连接的井不宜使用重力打开方式施工，否则，可能造成分级箍打不开。各种分级箍的打开方式、主要附件及使用要点见表 4-6。

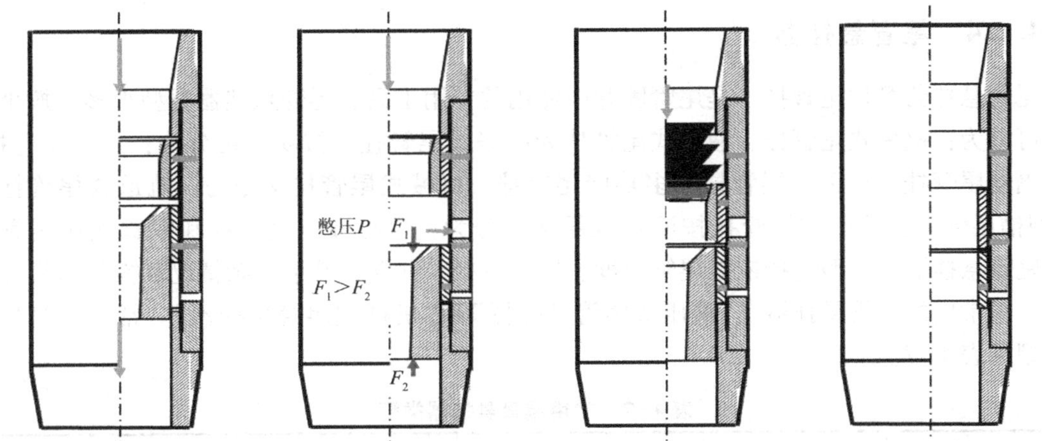

(a) 原始状态，循环孔关闭状态，一级注水泥　(b) 一级固井碰压，憋压，打开套销钉剪断，循环孔打开　(c) 二级固井碰压，关闭套销钉剪断，循环孔关闭　(d) 钻掉打开套铝座和关闭套铝座及其他附件

图 4-45　机械－压差双作用分级箍压差打开工作原理示意图

表 4-6　分级箍的打开方式、主要附件及使用要点

类　型	主要附件及功用	打开方式	使用要点
机械式	挠性塞：一级注水泥碰压塞	重力塞打开循环孔	1. 适用于井眼不畅通、易憋泵等复杂井固井； 2. 适用于一级、二级封固段不连接的井； 3. 适用于较深的井固井
	重力塞：重力打开塞，重力就位憋压打开		
	连续塞：连续打开塞，泵送就位，憋压打开	连续塞打开循环孔	1. 适用于一级、二级封固段需要连接的井； 2. 适用于一级、二级连续注水泥的井； 3. 适用于较深的井固井
	关闭塞：二级注水泥碰压塞，碰压，憋压关闭		
压差式	挠性塞：一级注水泥碰压塞	直接憋压打开循环孔	1. 适用于井眼畅通、不易憋泵的井固井； 2. 适用于一级固井碰压可靠的井； 3. 适用于一级、二级连续注水泥的井； 4. 适用于一级、二级封固段连接的井
	关闭塞：二级注水泥碰压塞		
机械压差双作用	挠性塞：一级注水泥碰压塞	重力塞打开循环孔	1. 适用于井眼畅通、不易憋泵的井固井； 2. 适用于一级、二级封固段不连接的井； 3. 适应较浅的井固井
	重力塞：重力打开塞，重力就位憋压打开		
	连续塞：连续打开塞，泵送就位，憋压打开	连续塞打开循环孔	1. 适用于一级、二级封固段需要连接的井； 2. 适用于一级、二级连续注水泥的井； 3. 适用于较浅的井固井； 4. 适用于井眼畅通、不易憋泵的井固井
	关闭塞：二级注水泥碰压塞，碰压，憋压关闭	直接憋压打开循环孔	1. 适用于井眼畅通、不易憋泵的井固井； 2. 适用于一级固井碰压可靠的井； 3. 适用于一级、二级连续注水泥的井； 4. 适用于一级、二级封固段连接的井； 5. 直接憋压打不开时，可再投重力塞打开

4.2.4 尾管悬挂器

尾管悬挂器简称尾管挂，是尾管固井中使用的专用工具。尾管悬挂器类型很多，按坐挂方式可分为：机械式尾管挂、液压式尾管挂和膨胀式尾管挂。按功能可分为：旋转尾管挂、带封隔器尾管挂、自丢手尾管挂和多功能尾管挂。机械式尾管挂又分为：轨道式尾管挂和“J”型槽尾管挂。液压式尾管挂按液缸数量又可分为：单缸液压尾管挂和双缸液压尾管挂等。尾管悬挂器的类型选择依据尾管长度、尾管直径、井深、井下复杂情况和操作可靠性等因素。最常用的尾管悬挂器是“液压式尾管悬挂器”和“机械式尾管悬挂器”。常见尾管悬挂器类型见表4-7。

表4-7 常用尾管悬挂器类型

类型	作用机理	特点
水泥环悬挂	利用水泥环强度支承尾管	成本低；只使用保护性尾管
卡块悬挂器	靠卡块、台阶悬挂尾管	成本低；结构简单；悬挂负荷小，只适用较短的尾管
台阶悬挂器		
机械卡瓦悬挂器	“J”型槽式是转动套管坐卡瓦；轨道式是上下活动套管坐卡瓦	可靠性差；悬挂负荷较小；只适用浅井和尾管较短的井；可套管回接
液压卡瓦悬挂器	下尾管后，投球憋压，液缸的环形活塞推动卡瓦坐挂	可靠性强；悬挂负荷较大；易操作；可使用于深井、长尾管井；可套管回接

4.2.4.1 机械式尾管悬挂器(轨道式)

轨道式机械尾管悬挂器是通过换轨导向销钉变换轨道的方式使尾管卡瓦坐挂的一种尾管悬挂工具。该悬挂器悬挂力较小，深井操作困难，多用于较浅的井和较短尾管井的固井施工。

1)结构。

轨道式机械尾管悬挂器主要由以下部件组成：送入工具、回接筒、尾管挂本体、密封套总成、卡瓦、摩擦弹簧片、推杆支撑筒、中心管、空心塞销钉、空心塞、套管接箍、短套管和换轨销钉等[图4-46(a)]。

2)工作原理。

轨道式机械尾管悬挂器工作原理为：将轨道式机械尾管悬挂器连接于尾管串顶部；按下套管作业规程下入尾管串到设计井深，此时换轨销钉处于轨道短槽内(原始状态)；上提送入钻具1~2m(上提距离必须大于短槽长度)，依靠弹簧片的摩擦力使换轨销钉在导向槽内自动进入长槽；再下放送入钻具(距离大于长槽长度)，在弹簧片的摩擦阻力的作用下，尾管头锥体下移时使卡瓦进入尾管头锥体与上层套管间隙内，卡死尾管头，实现尾管坐挂；下压钻具15~20t，使尾管挂坐牢。(图4-46)。上提钻具使尾管挂承压5t左右，倒扣，保持钻具下压10~15t，开泵循环钻井液，调整钻井液性能，转入正常注水泥作业。

3)特点。

轨道式机械尾管悬挂器主要有以下特点：①结构简单、价格便宜；②易操作；③下套管时不受外界压力影响，中途可大排量循环钻井液；④一次坐挂不成功，可以再次坐挂，可以反复多次操作；⑤可以先倒扣后注水泥，不会发生固井后送入钻具倒不开的问题；⑥下套管

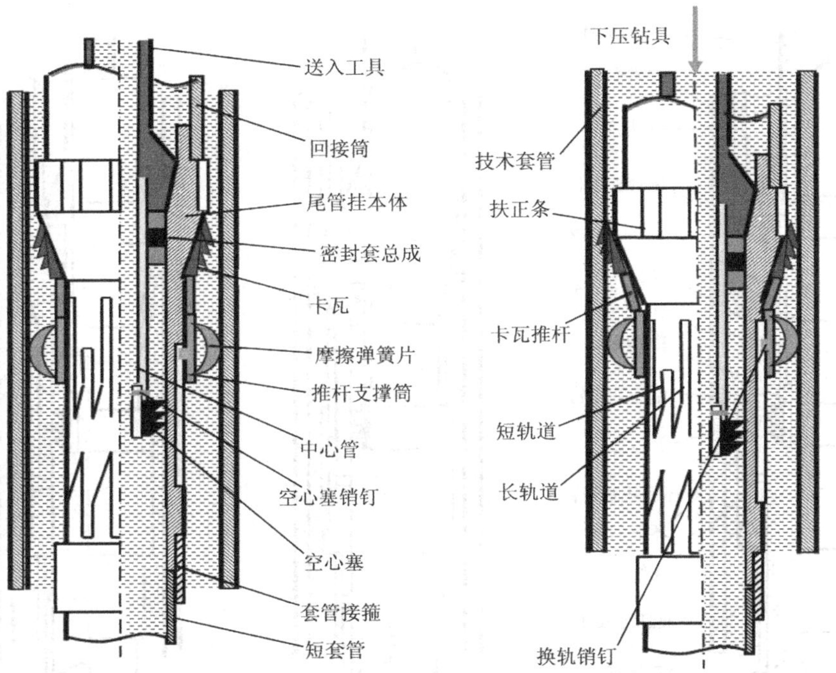

(a) 尾管悬挂器原始状态，换轨销钉在短轨道内　　(b) 上提并下放，使换轨销钉进入长轨道，下压钻具，坐挂

图4-46 轨道式机械尾管悬挂器结构与工作原理示意图

过程中，套管上提下放幅度不能过大，以防提前坐挂；⑦坐挂位置精度误差大；⑧悬挂力小，只适用相对较短的尾管；⑨适用于相对浅的井和小直径套管下套管固井。

4.2.4.2 液压式尾管悬挂器

液压式尾管悬挂器是通过套管内憋压，使液体进入环形液缸推动活塞使尾管卡瓦坐挂的一种尾管悬挂工具。该悬挂器悬挂力较大，易深井操作，多用于较深的井和较长尾管井的固井施工。

1)结构。

液压式尾管悬挂器主要由以下部件组成：送入工具、回接筒、尾管本体、密封套总成、卡瓦、中心管、卡瓦推杆、空心塞销钉、空心塞、环行活塞销钉、环行活塞、液缸、套管接箍、套管接头、球座座套、球座、球座销钉和球座托篮等[图4-47(a)]。

2)工作原理。

液压式尾管悬挂器的坐挂原理为：将液压式尾管悬挂器连接于尾管串顶部，按下套管操作规程下入尾管串到设计井深；开泵循环钻井液；停泵，从井口将一铜球投入送入钻具内，铜球下落到球座(也可以泵送)；井口憋压，当压力升高到一定值时，环形活塞销钉剪断；钻井液从进液孔进入环形液缸，环形活塞上移，通过推杆推动卡瓦沿锥体上行，进入锥体与上层套管间隙；下放送入钻具，实现尾管悬挂器坐挂，下压钻具15～20t，使尾管挂坐牢(图4-47)。上提钻具使尾管挂承压5t左右，倒扣，保持钻具下压10～15t，憋压，剪断球座销钉，开泵循环钻井液，调整钻井液性能，转入正常注水泥作业。

3)特点。

液压式尾管悬挂器主要有以下特点：①坐挂位置准确；②悬挂力大，悬挂能力强；③下套管时不受上提下放幅度的影响；④下套管过程中，可循环钻井液，但必须控制排量，循环

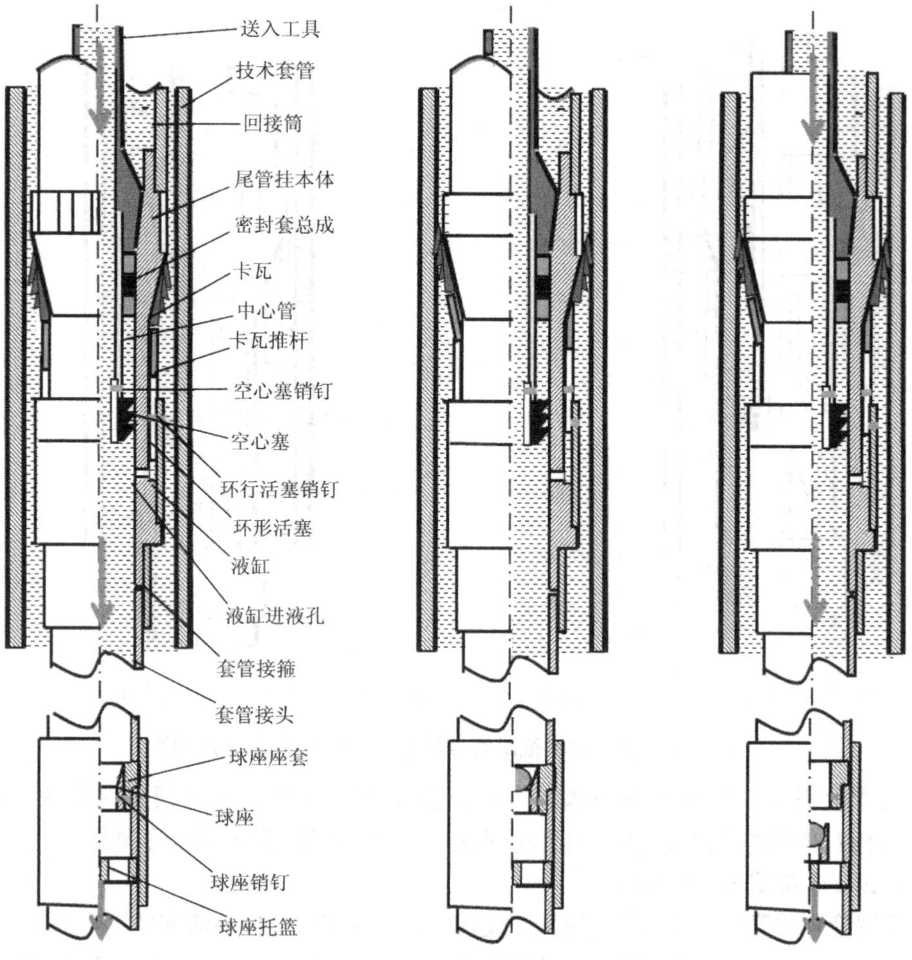

(a) 尾管悬挂器原始状态，下完套管，开泵循环　(b) 投球，憋压，下压钻具，尾管坐挂　(c) 倒扣，憋掉球座，循环

图 4-47　液压式尾管悬挂器结构与工作原理示意图

压力应小于坐挂销钉剪断压力；⑤可以先倒扣后注水泥，不会发生固井后送入钻具倒不开的问题；⑥结构相对复杂，操作也相对复杂；⑦不能重复坐挂，一次坐挂不成功，很难再坐挂成功，（由于活塞销钉已经剪断，只能加大排量靠流动压差式坐一下，但成功率很低）；⑧适用于深井和大直径套管下尾管固井。

4.2.4.3　膨胀式尾管悬挂器

膨胀式尾管悬挂器是通过膨胀锥及套管内憋压，使套管膨胀从而使尾管卡瓦坐挂的一种尾管悬挂工具。该悬挂器具有顶部密封能力，多用于开窗井和小直径尾管的固井施工。

1）结构。

膨胀式尾管悬挂器主要由以下部件组成：送入工具、卡瓦片、金属密封圈、膨胀管、膨胀锥、膨胀尺寸调节块、中心管、套管变径短节、空心塞销钉、空心塞、钻杆胶塞座、钻杆胶塞、承托环凡尔座和凡尔球等[图 4-48(a)]。

2）工作原理。

膨胀式尾管悬挂器的坐挂原理为：将膨胀式尾管悬挂器连接于尾管串顶部，按下套管操

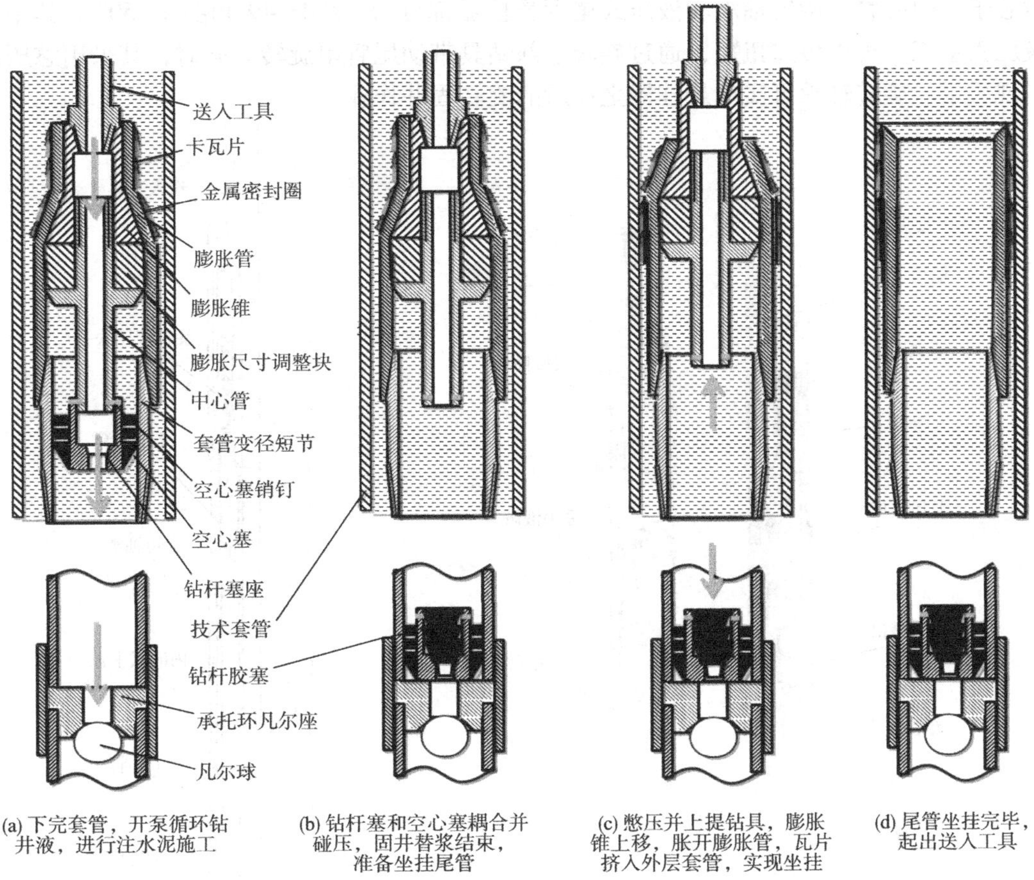

图4-48 膨胀式尾管悬挂器结构与工作原理示意图

作规程将尾管串下入到设计井深；开泵循环钻井液；进行注水泥作业、释放钻杆塞、替浆、钻杆胶塞与空心塞耦合、碰压；憋压并上提钻具，使膨胀锥上移，将膨胀管胀开，卡瓦片挤入外层套管(技术套管)，实现尾管坐挂(图4-48)。上提钻具，循环出多余水泥浆，起出钻具。

3)特点。

膨胀式尾管悬挂器主要有以下特点：①坐挂位置准确；②相当于带有顶部封隔器，能防止油气浸窜；③下套管时不受上提下放幅度的影响；④下套管过程中，可循环钻井液，不受控排量制；⑤必须先注水泥后坐挂，有一定的施工风险；⑥悬挂力相对小，不适合长尾管和大直径尾管固井；⑦适用于尾管较短的井和小直径套管下套管固井；⑧适用于封固段上部有气层的井，以及气井难以压稳的井；⑨多用于开窗井下套管固井。

4.2.4.4 旋转式尾管悬挂器

旋转式尾管悬挂器是在下入尾管过程和悬挂器坐挂后可以旋转套管的一种尾管悬挂装置，简称旋转尾管悬挂器。该悬挂器能提高水泥顶替效率，有助于复杂井段的尾管下入，多用于小直径尾管的固井施工。

1)结构。

旋转式尾管悬挂器结构与常规液压尾管挂相比增加了转动部分和液压丢手部分。旋转尾管悬挂器主要由以下部件组成：送入接头、塞帽(防泥沙进入)、回接筒、液压丢手总成、密封芯子、中心管、旋转轴承和液压式尾管悬挂器部分等(图4-49和图4-50)。其中，旋转液压丢手工具可以传递扭矩，通过旋转上部钻具带动尾管串旋转。同时，其采用憋压的方式实现丢手。旋转轴承可实现悬挂器坐挂后的旋转固井作业。

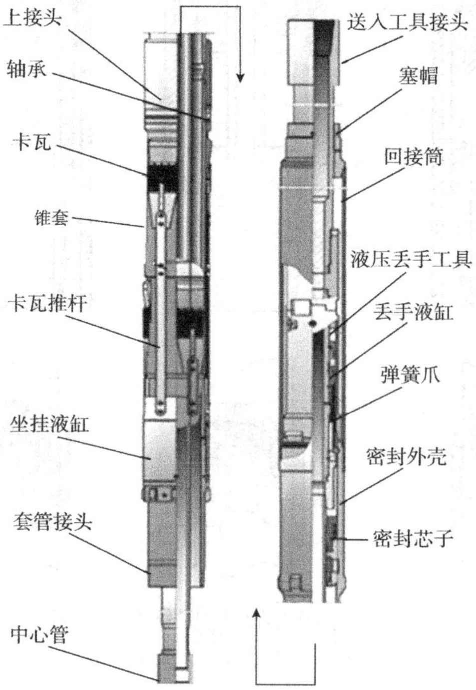

图4-49 非内嵌卡瓦式液压式旋转尾管悬挂器结构示意图

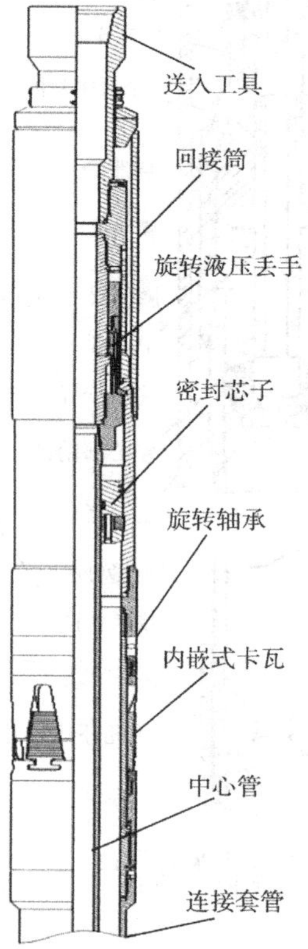

图4-50 内嵌卡瓦式液压式旋转尾管悬挂器结构示意图

旋转式尾管悬挂器结构特点为：如图4-49所示为旋转悬挂器与液压丢手组装后的结构示意图，悬挂器上部连接密封总成，下部连接尾管；密封总成上端与液压丢手工具相连，同时，丢手工具的中心管与密封外壳之间安装密封芯子，保证尾管与送入工具之间密封；密封总成的上部连接回接筒，在回接筒的顶部和液压丢手工具之间，设置了塞帽，用于阻止泥浆中的固相和其他杂物落入到回接筒内，避免引起丢手失效。

轴承是旋转悬挂器的关键部件，位于锥套的上方、上接头的下方，用于承受尾管的重量，保证旋转尾管作业顺利实施。为了防止钻井液、水泥浆中的固相进入到轴承跑道，在轴承的内孔、外圆均设计了耐高温、耐磨的密封圈，这样可以保证滚子和跑道在相对洁净的工况下工作，利于轴承的承载能力和寿命。

液压丢手工具的作用是：将旋转尾管悬挂器及尾管送入到井内设计位置，在坐挂后与尾管脱离。在注水泥过程中，可实施旋转尾管。

弹性爪是连接送入钻具与尾管的关键零件，其凸台可进入密封外壳的内环槽，通过凸台可将整个尾管提起。当坐挂完毕，下放钻具，憋压剪断液缸剪钉，则丢手液缸在液压力作用下带动弹性爪上行，可将弹性爪的凸台从密封外壳的环槽内拽出，从而实现钻具与尾管的丢手。

2）工作原理。

旋转式尾管悬挂器为液压控制操作，采用投球憋压的方式实现坐挂。其坐挂和旋转原理为：使用专用送入工具将尾管串送入井内到设计深度，投球，当球到达球座后憋压，压力通过悬挂器本体上的传压孔传到液缸内，压力推动液缸上行，剪断液缸剪钉，再推动推杆支撑套，并带动卡瓦上行，卡瓦沿锥面胀开，楔入悬挂器锥体和上层套管之间的环状间隙里，当钻具下放时，尾管重量被支撑在上层套管上。继续打压，送入工具上液压丢手实现送入工具与悬挂器的脱离，然后憋通球座，建立正常循环；循环钻井液具备固井条件后，进行注水泥、替浆作业，在注水泥和替浆过程中可通过钻台驱动设备（转盘或顶驱）驱动送入钻具正转，从而通过悬挂器转动部件带动尾管串一起转动，提高水泥浆顶替效率；最后将送入工具和密封芯子提离悬挂器并循环出多余水泥浆，起钻，候凝。

3）旋转尾管悬挂器入井管串排列。

旋转尾管悬挂器入井管串排列为：钻具 + 送入工具 + 密封总成 + 旋转悬挂器 + 尾管串 + 球座 + 尾管 + 浮箍 + 尾管 + 浮鞋；固井时的管串排列为：旋转水泥头 + 钻具 + 送入工具 + 密封总成 + 旋转悬挂器 + 尾管串 + 球座 + 尾管 + 浮箍 + 尾管 + 浮鞋。

4）旋转尾管固井程序。

旋转尾管固井程序为：①按操作规程将尾管串下入井内，在入井过程中如遇阻，可通过旋转尾管协助解阻；②当尾管到达设计位置，循环钻井液；③循环正常后，从井口投球；④当球到达球座位置时，将循环通道堵死，缓慢开泵，压力开始上升，当压力达到7 ~ 8MPa时，液缸剪钉被剪断，卡瓦上行直至楔紧在锥体与上层套管间；⑤下放尾管，实现坐挂；⑥确保坐挂成功后，下压钻具 10t，继续憋压至 13MPa 左右，液压丢手销钉剪断，液缸带动弹性爪上行脱离密封外壳，实现钻具与尾管的丢手；⑦确保丢手成功后，继续憋压至 18MPa，剪断球座剪钉，恢复循环；⑧当钻井液性能达到固井要求时开始注水泥作业进行注前置液、注水泥、替浆；⑨当水泥浆将要进入环空时，以 15 ~ 20r/min 的速度旋转尾管。⑩水泥浆上返到目的层以上时，停止旋转套管；⑪碰压，上提钻具，循环出回接筒以上多余的水泥浆；⑫起钻候凝。

如果液压丢手不成功，则可在憋通球座后，再次上提钻具判断是否丢手。如果在憋通球座后，仍不能使送入工具脱离尾管，则可采用紧急方式实施机械丢手。首先，下压钻具 3 ~ 5t，左转钻具 1/6 圈，剪断扭矩套上的剪钉，下压钻具，再上提钻具 1 ~ 1.5m，判断是否丢手成功。

5）特点。

旋转尾管悬挂器具有以下特点：①可实现尾管串下入和固井过程中的旋转，防止套管下入遇阻和提高固井质量；②液压控制实施坐挂，易控制；③只需通过憋压控制即可实现尾管挂的丢手，丢手无需找中和点；④具备应急机械丢手功能，作为备用以防万一；⑤胶塞、球座均设计有锁紧机构，且具有良好的可钻性；⑥悬挂器配有扶正环，既可以保证悬挂器居中，又可以保护液缸、卡瓦不受损伤；⑦悬挂力同液压尾管挂，悬挂能力强。

4.2.5　套管预应力地锚

套管预应力地锚是在套管下入井内后，可使套管抓住地层，对套管进行提拉预应力的一种工具。该工具主要用于稠油热采井下套管固井。由于稠油黏度高，流动性差，甚至在原始环境中不能流动，用正常开采方式无法采出稠油，需要注入高压蒸汽进行热采。由于稠油热采时，套管受热膨胀会使套管伸长，而水泥受热后由于水泥热胀系数很低基本不伸长，这样会出现三种情况：①造成水泥与套管脱离，形成油气水通道；②水泥胶结质量好没有损坏，将套管挤坏；③套管没有损坏，与水泥胶结也没有脱离，而是将水泥石拉裂，使之破碎。因此，在热采井固井时，固井前对套管施加预拉应力，抵消或减少套管受热膨胀时所产生的内压应力。在下套管时，套管串底部安装地锚，套管串下到设计位置后，使地锚张开抓住地层，给套管施加上提拉力，使套管内部产生拉应力，然后注水泥固井，水泥浆凝固后拉应力存在套管内部，当套管受热膨胀时以抵消所产生的压应力。目前常用的套管预应力地锚有多种类型，按打开方式可分为：碰压憋压打开式地锚、投球憋压打开式地锚和排量控制打开式地锚；按功能可分为：单功能式地锚和多功能组合式地锚(简称组合式地锚)；按固井后地锚内通径可分为：实心式地锚和空心式地锚；实心式地锚还可分为：可钻式地锚和不可钻式地锚。各种形式的地锚都有自己的特点，可根据不同的井型进行选择。

4.2.5.1　碰压憋压抓挂式套管预应力地锚

1)结构。

碰压憋压抓挂式套管预应力地锚主要由以下部件组成：筒体、压环、剪切销钉、卡簧、碰压座－凡尔座、凡尔托篮、锚爪推座、锚爪推杆、锚爪、锚爪固定轴和引鞋等(图4-51)。

2)工作原理。

碰压憋压抓挂式套管预应力地锚的抓挂原理为：将碰压憋压抓挂式套管预应力地锚连接于套管串底部，当套管串下到设计井深后，开泵循环钻井液，循环钻井液正常后，进行注水泥作业、释放碰压塞、替浆、碰压，然后憋压，剪断剪切销钉，碰压座－凡尔座、凡尔托篮、锚爪推座、锚爪推杆一起下移，撑开锚爪吃入地层，实现抓挂，上提套管到设计吨位，完成套管预应力(图4-52)。

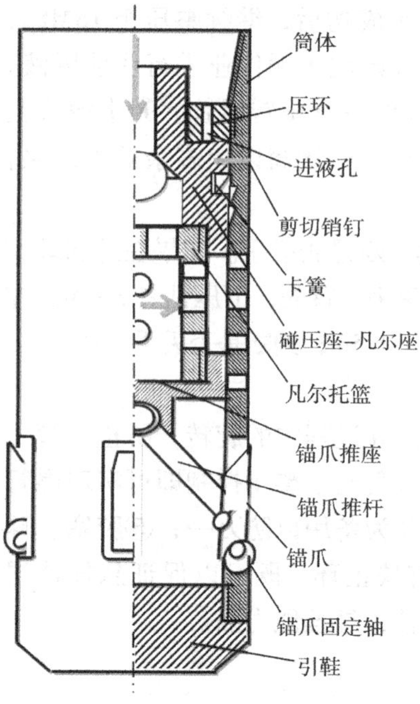

图4-51　碰压憋压抓挂式套管预应力地锚结构示意图

3)特点。

碰压憋压抓挂式套管预应力地锚主要有以下特点：①抓挂位置准确；②下套管中途可以循环钻井液；③操作简单；④由于固井后再施加预应力，水泥浆的黏滞力会影响上提拉力对下部套管的传递，造成下部套管达不到预应力效果；⑤由于必须碰压塞到位才能操作地锚抓挂，因此，若固井施工中因某种原因造成无法碰压时，就无法进行套管预应力。

4.2.5.2　投球憋压打开式套管预应力地锚

投球憋压打开式套管预应力地锚是指地锚爪的打开方式是通过投球憋压方式打开，并进行抓挂地层。这里介绍一种既是“投球憋压打开式”又是一种“组合式”的地锚。组合式套管预应力地锚是一种集多功能为一体的套管预应力地锚工具。ZYM－7型(Z：组合式；Y：预应力；M：地锚；7：公称尺寸7in)组合式套管预应力地锚就是一种

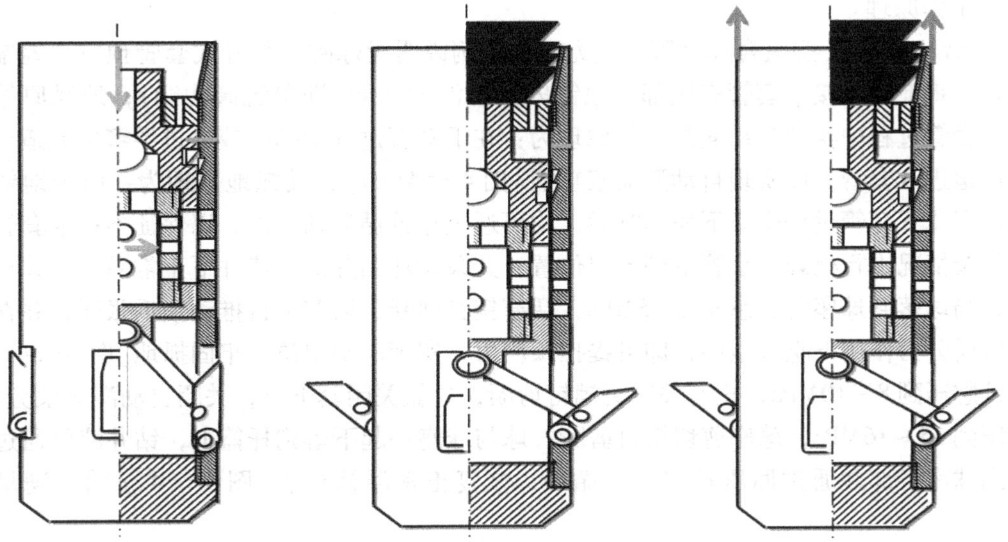

(a) 下完套管，地锚原始状态，循环钻井液，固井施工

(b) 固井替浆结束，胶塞碰压，憋压，销钉剪断，锚爪推座下移，锚爪撑开

(c) 锚爪吃入地层，地锚锚死，上提套管串，实现套管预应力

图 4-52　碰压憋压抓挂式套管预应力地锚工作原理示意图

以投球憋压方式打开锚爪的多功能套管预应力地锚。我们以该工具为例作一介绍，该工具分为 ZYM－7－Ⅰ 和 ZYM－7－Ⅱ 两种类型。ZYM－7－Ⅱ 型组合式套管预应力地锚是在 ZYM－7－Ⅰ 型组合式套管预应力地锚的基础上进一步研究开发的新型产品，比 ZYM－7－Ⅰ 型组合式套管预应力地锚多了下套管自动灌泥浆功能，具有结构紧凑、施工简单、抓地牢固、定位准确、下套管中途可开泵循环、下套管自动灌浆和多个工具附件功能组合一体等优点，更能有效地满足各种稠油热采井套管预应力固井的要求。

1)结构。

以 ZYM－7－Ⅱ 型组合式套管预应力地锚为例说明投球憋压打开式套管预应力地锚的结构。ZYM－7－Ⅱ 型套管预应力地锚主要由以下部件组成(图 4-53)：筒体、压环、球座－托篮关闭套剪切销钉、卡簧安装套、活塞体卡簧、托篮关闭套卡簧、活塞剪切销钉、球座扶正套、托篮关闭套密封圈、托篮关闭套、球座、活塞体、锚爪胀开器、锚爪固定销、阀球、弹簧、锚爪、引鞋及地锚座。另外还配置两个附件：一个承托环和一个铜球。承托环是为了保证固井后套管底部有足够的人工水泥塞，把它装在地锚以上两根套管处，作为固井碰压装置；铜球用来操作地锚使用。

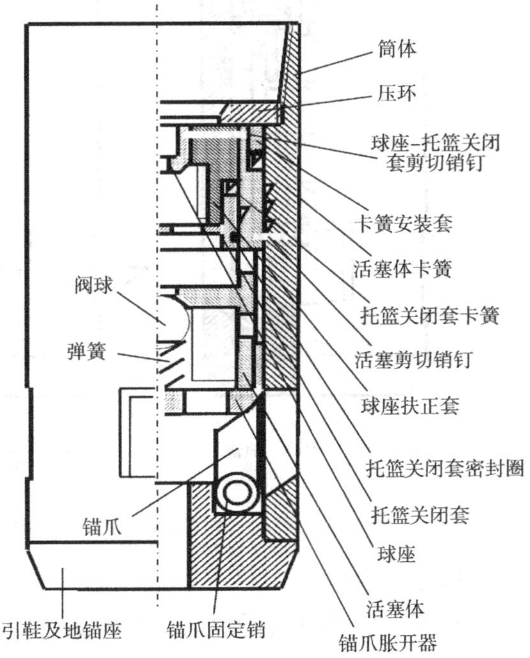

图 4-53　ZYM－7－Ⅱ 型组合式套管预应力地锚结构示意图

2)工作原理。

以ZYM－7－Ⅱ型组合式套管预应力地锚为例说明投球憋压打开式套管预应力地锚的工作原理。将地锚连接于套管串底部，地锚内部有浮箍功能(即单流阀功能)，地锚原始状态能在下套管过程中实现自动灌浆，其原理为：在下套管过程中钻井液通过浮箍主流道外侧的环形通道进入套管，以实现自动灌泥浆功能[图4－54(a)]；其抓地原理为：由于地锚是连通的，因此下套管过程中或下完套管后，均可通过浮箍循环钻井液，以保证不粘卡套管或对其他复杂情况进行处理；套管下到预定位置，开泵循环钻井液，待井下正常后，从井口投一铜球，当球落到球座时，憋压4～5MPa，活塞销钉剪断，活塞下行推动锚爪张开，并在下推力的横向分力作用下吃入地层，即可提拉预应力，实现准确定位、牢固抓地[图4－54(b)]；再继续憋压到8～10MPa，托篮关闭套销钉剪断，托篮关闭套下行，关闭自动灌泥浆旁通孔，再憋压到15～16MPa，球座剪切销钉剪断，球与球座一起下落到托篮上，钻井液可通过球座上部到球座下部并通过回压凡尔进行循环，恢复正常浮箍功能[图4－54(c)]，满足固井要求。

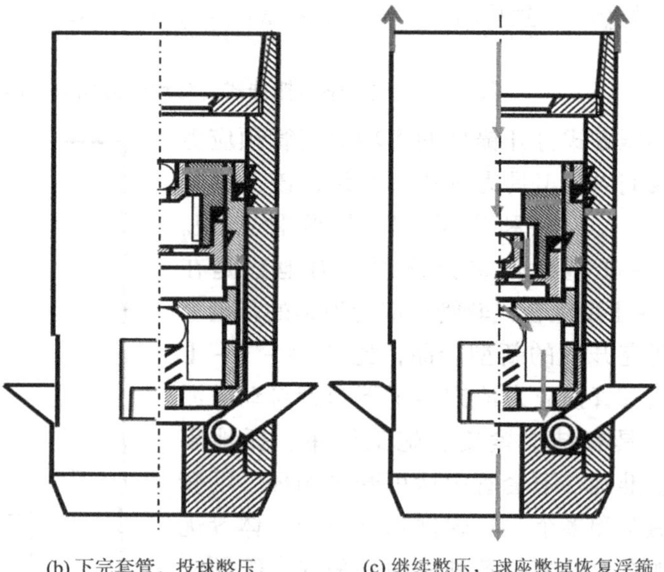

(a)下套管过程中，地锚原始状态，自动灌浆

(b)下完套管，投球憋压，剪断活塞销钉，锚爪张开

(c)继续憋压，球座憋掉恢复浮箍功能，上提套管，实现套管预应力

图4－54　ZYM－7－Ⅱ型组合式套管预应力地锚工作原理示意图

3)技术数据。

ZYM－7－Ⅱ型组合式套管预应力地锚技术数据见表4－8。

4)特点。

目前应用效果最好的“投球憋压打开式套管预应力地锚”是ZYM－7－Ⅱ型组合式套管预应力地锚，在胜利油田预应力固井中应用非常广泛。ZYM－7－Ⅱ型组合式套管预应力地锚主要有以下特点：①抓挂位置准确；②抓地牢固；③下套管中途可以循环钻井液；④具有自动灌浆功能，下套管过程可自动灌钻井液，既节约时间，又减少了因套管灌浆静止而粘卡套管的可能性；⑤多功能组合为一体，同时具有地锚、浮箍、引鞋、自灌浆多种功能；⑥结构相对复杂。

表 4-8　ZYM-7-Ⅱ型组合式套管预应力地锚技术数据

序号	名称　参数值　型号	ZYM-7-Ⅰ	ZYM-7-Ⅱ	备注
1	地锚允许最大拉力/t	150	150	地锚附件： 1. 铜球 1 个； 2. 承托环 1 只
2	锚爪最大张开直径/mm	350	405	
3	活塞销钉剪切压力/MPa	4	4	
4	托篮关闭套销钉剪切压力/MPa		8	
5	球座销钉剪切压力/MPa	15	15	
6	地锚没张开时最大外径/mm	195	195	地锚附件： 1. 铜球 1 个； 2. 承托环 1 只
7	地锚长度/mm	720	780	
8	铜球直径/mm	50	45	
9	筒体最小厚度/mm	15	16	
10	锚爪数量/只	3(均布)	3(均布)	

4.2.5.3　空心式套管预应力地锚

空心式套管预应力地锚是指地锚内部无附件的一种套管预应力装置。使用空心式套管预应力地锚固井后不用专门钻除地锚附件，该地锚非常适合预应力固井后还要继续钻进井的固井。

1)结构。

空心式套管预应力地锚主要由以下部件组成：套管接箍、管体、断开杆、液缸、剪断销钉、密封圈、环形活塞锥体、锚爪、锚爪固定铆钉、锚爪固定套等(图 4-55)。

2)工作原理。

空心式套管预应力地锚的抓挂原理为：将空心式套管预应力地锚连接于套管串下部的浮箍及承托环上部，当套管串下到设计井深后，开泵循环钻井液，循环正常后，进行注水泥作业、释放碰压塞、替浆、碰压塞到达断开杆时，将断开杆碰断，环形活塞锥体下行，锚爪撑开，吃入地层，实现抓挂，上提套管到设计吨位，达到套管预应力要求(图 4-56)。

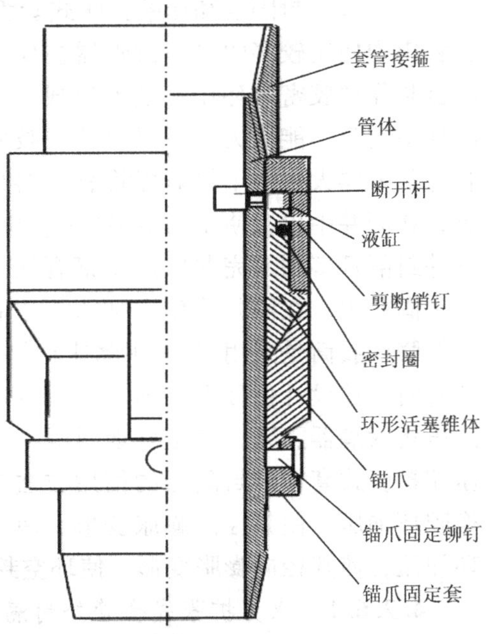

图 4-55　空心式套管预应力地锚结构示意图

3)特点。

空心式套管预应力地锚主要有以下特点：①固井后地锚内无附件，对固井后再钻开油气层的井比较有益，不用再钻附件；②结构简单，操作方便；③下套管中途可循环钻井液；④由于套管内径以外可增加的厚度有限，因此锚爪强度不可能太大，抓挂力较小；⑤由于抓挂点在承托环以上，影响抓挂深度，对套管下部完井要求及预应力要求较严格的

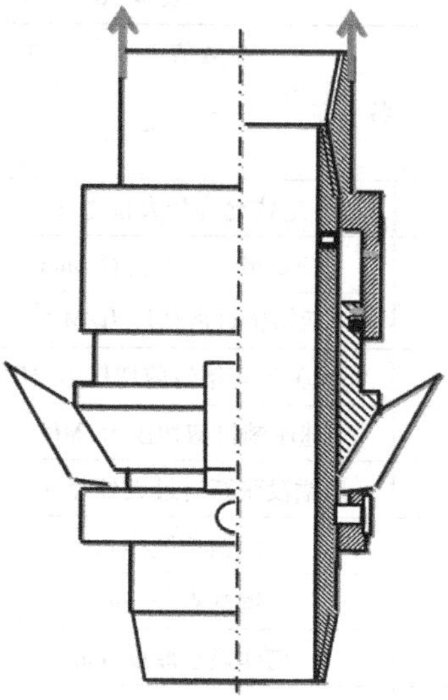

(a) 套管下完，套管地锚处于原始状态，循环钻井液，固井施工

(b) 压胶塞替浆，胶塞碰断断开杆，进液孔打开

(c) 胶塞碰压，憋压，液体通过进液孔进入液缸，推动环形活塞撑开锚爪，地锚锚住地层，上提套管，实现套管预应力

图 4-56　空心式套管预应力地锚工作原理示意图

井可能需要对井眼加深，以多下两根套管，来保证产层段的完井及预应力要求。

4.2.6　套管外封隔器

套管外封隔器是用来封隔套管外环空的工具。主要用于封隔器完井和套管固井中，实现封隔油气层和防止固井候凝期间的油、气、水上窜。目前使用的套管外封隔器有水力扩张式套管外封隔器和压缩扩张式套管外封隔器以及遇油/遇水自膨胀套管外封隔器。在套管串中使用较多的单一封隔器主要是水力扩张式套管外封隔器；压缩扩张式套管外封隔器是靠橡胶密封环压缩变形形成环空密封的，由于橡胶压缩变形量是有限的，可密封的环空间隙不能太大，所以只能在技术套管内使用，不能用于裸眼井段。压缩扩张式套管外封隔器大多用于封隔尾管悬挂器顶部，多数是与尾管悬挂器组合在一起的复合式工具，在固井中单独使用的不多(在修井和储层改造工具中有时使用)。遇油/遇水自膨胀套管外封隔日多用于完井中用于筛管完井或不注水泥的套管完井中，以封隔产层；有时也用于固井中，在固井管串中加入可以在生产后期水泥与套管产生间隙时起到修复作用；它的膨胀胶筒是采用遇油/水膨胀材料制成的。水力扩张式封隔器使用方法是：在固井下套管时，按设计位置把它连接于套管串中，注水泥、替泥浆结束后，用水泥车对套管内加压将封隔器胀开，以更好地封隔油气水层，或阻隔油气水上窜。尾管悬挂器顶部配有压缩扩张式套管外封隔器的使用方法为：在尾管固井结束后，通过下压钻具对封隔器的橡胶环加压，使其径向膨胀变形，使环空封隔；也可以利用液缸活塞，通过液力对橡胶环加压，使其径向膨胀变形，使环空封隔。

4.2.6.1　水力扩张式套管外封隔器结构组成

水力扩张式套管外封隔器是通过套管内憋压使液体进入橡胶膨胀腔，从而使之胀封的一种封隔器。该封隔器膨胀直径大，非常适合于固井时的环空封隔，作为防窜工具广泛用于固井中。

1)结构。

水力扩张式套管外封隔器主要由以下部件组成：套管接箍、管体、密封箍、膨胀胶筒、阀件短节、阀件、断开杆和套管公扣短节等(图4-57)。

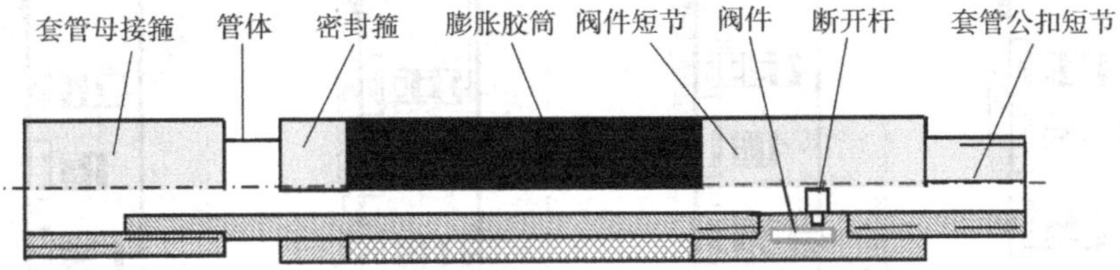

图4-57 水力扩张式封隔器结构示意图

水力扩张式套管外封隔器的控制机构主要由阀件短节内的阀件组成，控制阀件总成及相邻部件结构主要由以下部件组成：管体、胶筒、限压关闭阀、限压关闭阀销钉、单流阀、开启锁紧阀、开启锁紧阀销钉、活塞推杆、阀压帽、阀弹簧、活塞密封圈、阀活塞和断开杆等(图4-58)。

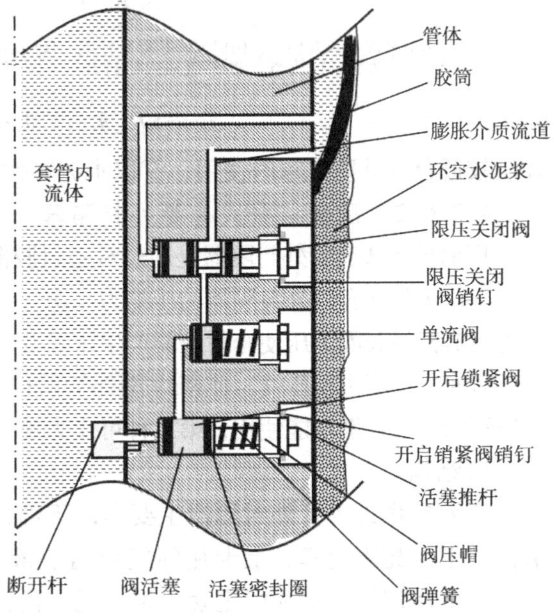

图4-58 水力扩张式封隔器阀件结构示意图

2)工作原理。

水力扩张式套管外封隔器工作原理为：将封隔器按设计位置连接于套管串中，按下套管作业规程下套管到设计井深，循环钻井液，这时断开杆堵塞着膨胀介质流道入口，管内流体在高压力下不能进入膨胀腔内，封隔器不会胀封，以保证处理井下各种复杂情况、循环钻井液及注水泥施工时泵压过高而不会造成封隔器膨胀[图4-59(a)]；在替钻井液过程中，当碰压胶塞运行到封隔器断开杆时，断开杆被胶塞顶断，流体入口打开[图4-59(b)]，由于套管内压力小于锁紧阀销钉剪断压力，锁紧阀不会打开，管内流体不能进入膨胀腔内，封隔器不胀封；当碰压胶塞运行到阻流环时，套管内压力升高，当升高达到一定值时，锁紧阀销钉剪断，阀打开，管内液体通过锁紧阀、单流阀和限压阀进入中心管与胶筒间的膨胀腔内，使胶筒变形膨胀与井壁紧密接触形成密封[图4-59(c)]。当内外压差达到预定压力值时，限压阀销钉剪断，限压阀关闭，将流道堵死，此时套管内压力的大小对膨胀腔内的压力已无任何影响，实现安全胀封。井口放压，锁紧阀自动锁紧，实现永久性关闭[图4-59(d)]。

3)特点。

水力扩张式套管外封隔器主要有以下特点：①可根据设计需要连接于套管串任意处；②膨胀外径大，可适应较大井眼；③封隔器坐封段长，常规的封隔器坐封长度为1~2m，有特殊要求时，可做到7~8m；④易操作，无施工风险；⑤封隔器膨胀就位后到水泥浆凝固前，严禁动套管，否则胶皮会损坏；⑥在完井中使用时，应考虑胶皮腐蚀老化；⑦纵向承压能力相对低；

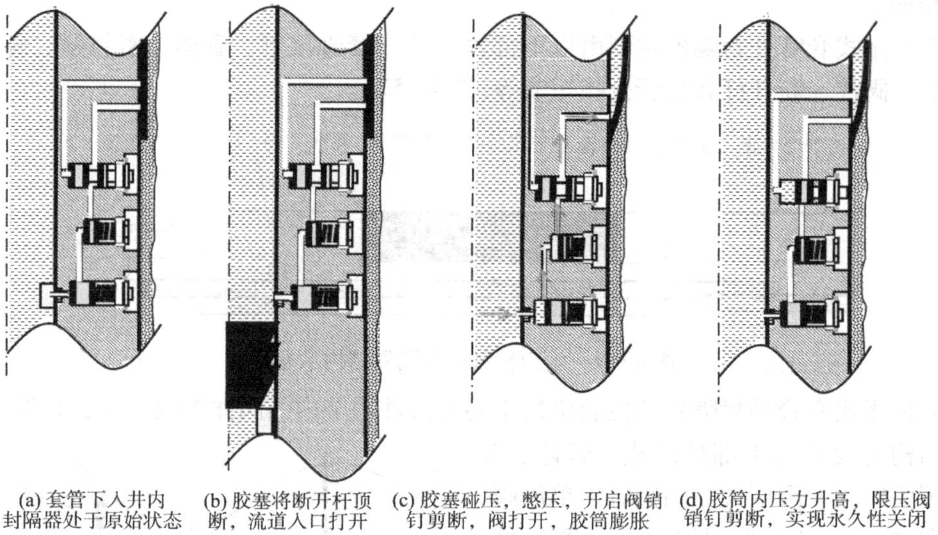

图 4-59　水力扩张式封隔器工作原理示意图

⑧比较适合固井防气窜时使用；⑨以水泥浆作为充填介质可以使用在封隔器完井中。

4.2.6.2　压缩扩张式套管外封隔器

压缩扩张式套管外封隔器是通过对密封胶圈(或胶筒)进行轴向压缩而产生封隔的一种封隔器。压缩扩张式套管外封隔器的压缩力来源一般由两种方式提供，第一种是通过钻具或套管从上部直接对密封胶圈下压使密封胶圈产生压缩变形形成密封；第二种是通过套管内部加压推动液缸活塞对密封胶圈进行压缩，使密封胶圈产生压缩变形形成密封。第一种多数为安装在尾管上，作为尾管的一个辅助功能使用；第二种可作为单一封隔器使用。下面以第二种为例作一介绍。

1)结构。

压缩扩张式套管外封隔器主要由以下部件组成：套管接箍、上锥体固定环、上锥体、上卡瓦、上卡瓦固定套、上卡瓦固定铆钉、液缸、活塞隔环、卡簧、下活塞、密封胶圈、压环、下卡瓦铆钉、卡瓦固定套、下卡瓦、内筒体、上活塞、上活塞密封圈、上活塞销钉、上活塞密封圈、上活塞销钉和下锥体固定环等(图 4-60)。

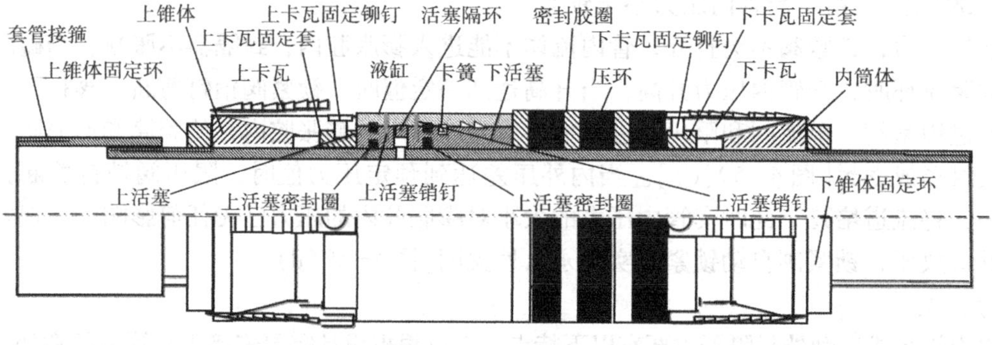

图 4-60　压缩扩张式封隔器结构示意图

2)工作原理。

压缩扩张式套管外封隔器工作原理为：将封隔器按设计位置连接于套管串(应放在技术套管

内位置)中，按下套管作业规程下入套管到设计井深位置，循环钻井液，钻井液性能达到要求后，开始固井施工[图4-61(a)]；固井替泥浆结束，胶塞碰压，憋压，上下活塞销钉剪断，上活塞上行，上卡瓦坐死；下活塞下行，下卡瓦坐死，下活塞继续下行，三个密封胶圈挤压变形形成密封，卡簧锁死，形成永久性密封，完成封隔器坐封[图4-61(b)]。

3)特点。

压缩扩张式套管外封隔器主要有以下特点：①操作简单，使用可靠；②可用多组密封胶圈，纵向承压能力强；③下套管中途可以循环，但循环时，应控制循环压力；④坐封段较短；⑤由于卡瓦已坐死，井口套管可以微动；⑥只能在技术套管内使用；⑦比较适合封固上部重合段，以防止气窜。

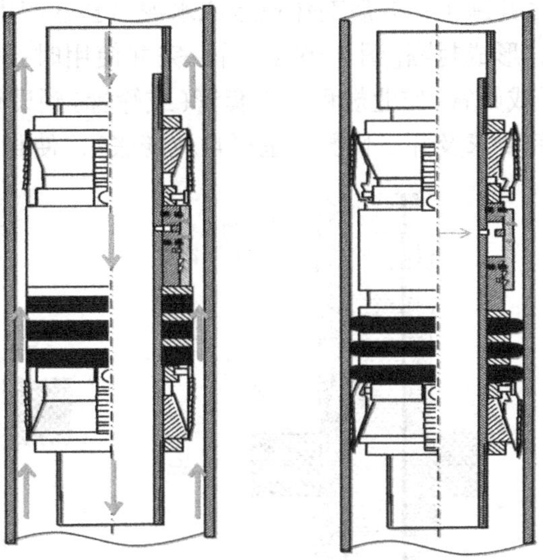

(a) 封隔器连接于套管串中，下完套管循环钻井液，固井施工

(b) 固井碰压，憋压，液体进入进液孔，活塞推动卡瓦坐挂、橡胶圈挤压胀封

图4-61　压缩扩张式封隔器工作原理示意图

4.2.6.3　自膨胀套管外封隔器

自膨胀套管外封隔器是指遇油/遇水自膨胀套管外封隔器。该封隔器有三种类型：遇油自膨胀套管外封隔器、遇水自膨胀套管外封隔器、遇油/遇水自膨胀套管外封隔器。遇油自膨胀套管外封隔器的膨胀胶筒是由遇油膨胀材料制成的；遇水自膨胀套管外封隔器的膨胀胶筒是由遇水膨胀材料制成的；遇油/遇水自膨胀套管外封隔器的膨胀胶筒是由遇油或遇水均膨胀的材料制成的，或是由遇油膨胀胶筒和遇水膨胀胶筒组合制成的。下面以由遇油膨胀胶筒和遇水膨胀胶筒组合制成的遇油/遇水自膨胀套管外封隔器为例做一介绍。

1)结构。

遇油/遇水自膨胀套管外封隔器主要由以下部件组成：套管母接箍、管体、上限位箍、上遇油膨胀胶筒、遇水膨胀胶筒、下遇油膨胀胶筒和下限位箍等(图4-62)。

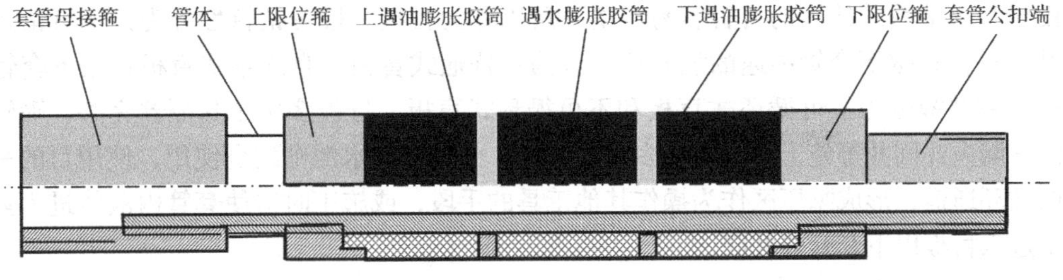

图4-62　遇油/遇水自膨胀套管外封隔器结构示意图

2)工作原理。

遇油/遇水自膨胀套管外封隔器工作原理分两种情况：固井使用和完井使用。固井使用时：①将封隔器按设计位置连接于套管串，按下套管作业规程下入套管到设计井深位置；

②固井施工；③后期作业造成水泥与套管产生缝隙时，油气或水上窜经过封隔器，封隔器膨胀，形成封隔[图4-63(a)]。完井使用时：①将封隔器按设计位置连接于套管串，按下套管(或筛管)作业规程下入套管(或筛管)到设计井深位置；②注入膨胀液到封隔器位置(根据时间要求及井下情况，也可自然膨胀)，使封隔器膨胀；③实现产层封隔[图4-63(b)]。

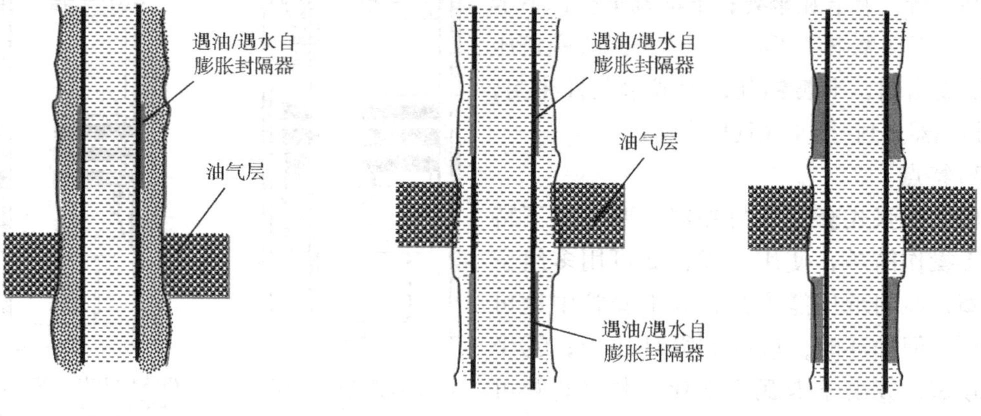

(第一界面后期窜油/水时实现封隔)
(a)自膨胀封隔器在固井中应用

(膨胀前套管下入)　(膨胀后封隔油气层)
(b)自膨胀封隔器在完井中应用

图4-63　遇油/遇水自膨胀套管外封隔器工作原理示意图

3)特点。

遇油/遇水自膨胀套管外封隔器主要有以下特点：①操作简单，使用可靠；②膨胀胶筒可以任意增加长度，纵向承压能力强；③可以通过调整膨胀液浓度控制膨胀时间；④固井使用时，应将自膨胀封隔器放在油层与水层之间或油层上部，也可以安放在技术套管内；⑤由于纵向承压能力与外部井径有关，因此选择膨胀井段位置时应选择井径规则且不扩大处；⑥既适合于完井管串使用也适合于固井管串使用；⑦完井管串中使用的自膨胀封隔器膨胀率一般为200%~500%，固井管串中使用的自膨胀封隔器膨胀率应小于10%。

4.2.7　盲板

盲板是为实现某种特殊固井、完井工艺而使用的内部不连通的套管短节。其实是一个盲管，由于和采油系统使用的盲管容易混淆，所以称为盲板。按可钻特性分为：不可钻式盲板和可钻式盲板；按下套管中途的灌浆特点分为：普通式盲板和自灌浆式盲板；按下套管中途能否循环钻井液分为：可循环式盲板和不可循环式盲板。盲板多用于封隔器完井、筛管顶部注水泥、漏失井固井等施工中。盲板多与封隔器、分级箍或水泥伞配合使用，使用目的是阻隔套管内循环通道，形成憋压区作为操作其他工具的手段，或施工时迫使套管内液体进入环空上行，不进入盲板以下套管或井眼。

4.2.7.1　普通盲板

普通盲板是指具备不连通功能，不具备其他功能的盲板。多使用于井下不复杂、较浅的井。

1)结构。

普通盲板结构比较简单，分为不可钻式盲板和可钻式盲板两种。水泥芯可钻式普通盲板主要由套管短节和水泥组成[图4-64(a)]；铝芯可钻式普通盲板主要由套管短节和铝制盲芯组成[图 4-64(b)]；不可钻式普通盲管由套管短节和钢盲芯组成[图 4-64(c)]。

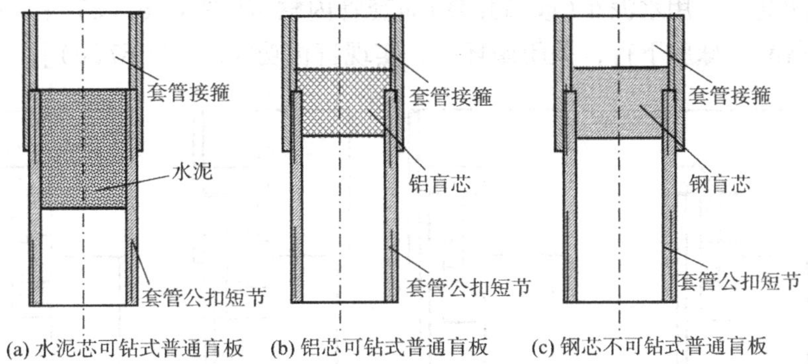

图 4-64　普通盲板结构示意图

2)安装位置。

由于盲板多与封隔器、水泥伞、分级箍和旋流短节配合使用，如何搭配由施工工艺确定，但安装位置基本是固定的。使用盲板时，一般将盲板安装于封隔器、分级箍或水泥伞的下部，并按设计位置连接于套管串中(图4-65)。普通盲板一般用于井壁稳定、井下不复杂的井。

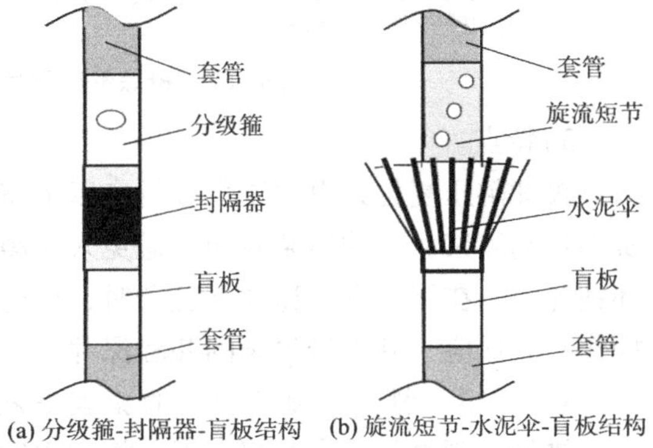

图 4-65　盲板安装位置示意图

3)特点。

普通盲板具有以下特点：①结构简单、成本低，使用可靠；②操作简单，使用方便；③下套管中途不能循环钻井液，下套管时遇到复杂情况无法处理；④适用于井下不复杂的井和较浅的井；⑤水泥充填盲板承压相对低，只能用于套管内外压差相对小的井。

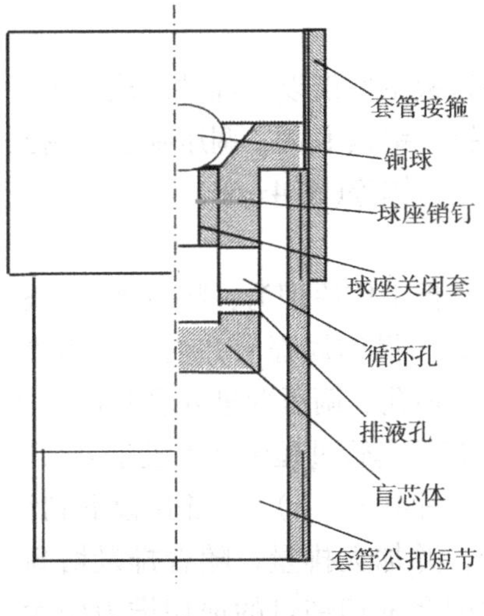

图 4-66　投球憋压复位式自灌浆盲板结构示意图

4.2.7.2　投球憋压复位式自灌浆盲板

投球憋压复位式自灌浆盲板是一种在下套管时可以自动向套管内灌钻井液，下完套管后可以投球使其复位，实现盲板功能的装置。自灌浆盲板多用于井壁不稳定、井下复杂，需要下套管中途循环处理钻井液的井。

1)结构。

投球憋压复位式自灌浆盲板主要由以下部件组成：套管接箍、铜球、球座销钉、球座关闭套、盲芯体和套管公扣短节等(图 4-66)。

2)工作原理。

投球憋压复位式自灌浆盲板工作原理为：将自灌浆盲板按设计位置连接于套管串中，按操作规程下套管，下套管过程中，钻井液通过循环孔、球座关闭套进入套管内，实现自动灌浆[图 4-67(a)]；若下套管过程中井下情况复杂时，可以随时循环钻井液[图4-67(b)]；当套管下到设计井深后向套管内投一铜球，待球落到球座关闭套时，用水泥车(或钻井泵)向套管内憋压[图4-67(c)]；当压力升到一定值时球座销钉剪断，球座下行，关闭循环孔，实现盲板功能[图4-67(d)]。

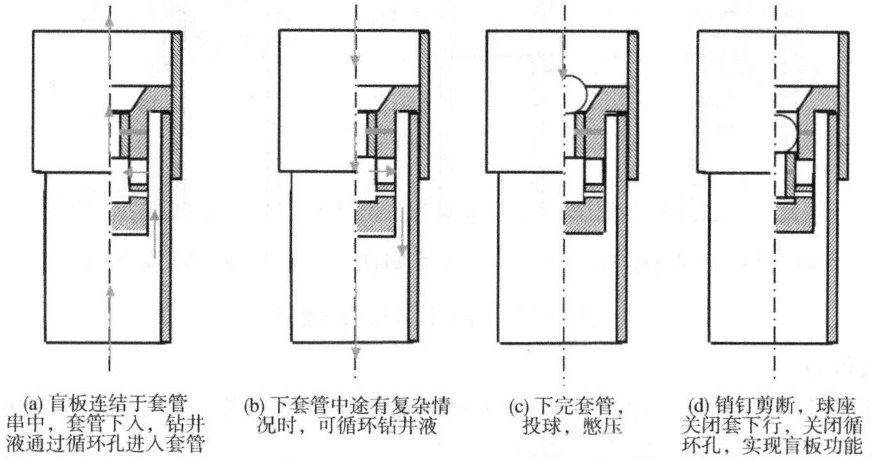

图4-67 投球憋压复位式自灌浆盲板工作原理示意图

3)特点。

投球憋压复位式自灌浆盲板具有以下特点：①结构简单，使用可靠；②下套管过程中可实现自动灌浆，节约灌浆时间，避免人工灌浆时套管静止造成套管粘卡；③下套管中途可循环钻井液，在下套管中途井下复杂时，可进行循环钻井液处理；④下完套管后需要投球憋压操作；⑤适应于井下较复杂的井和深井。

4.2.7.3 排量控制复位式自灌浆盲板

排量控制复位式自灌浆盲板是指利用循环排量变化可以使自灌浆盲板复位，恢复盲板功能的装置。该盲板是在“投球憋压复位式自灌浆盲板”的基础上发展起来的，更有利于控制。

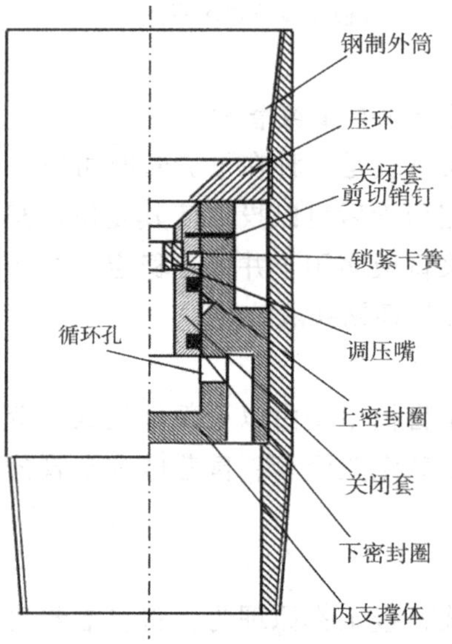

图4-68 排量控制复位式自灌浆盲板结构示意图

1)结构。

排量控制复位式自灌浆盲板主要由以下部件组成：钢制外筒、压环、关闭套剪切销钉、锁紧卡簧、调压嘴、上密封圈、关闭套、下密封圈和内支撑体等(图4-68)。

2)工作原理。

排量控制复位式自灌浆盲板工作原理为：将自灌浆盲板按设计位置连接在套管串中，按操作规程向井内下入套管，下套管过程中，钻井液通过循环孔、调压嘴进入套管内，实现自动灌浆[图4-69(a)]；若下套管过程中井下发生复杂情况时，可以随时循环钻井液[图4-69(b)]；当套管下到设计井深后，开泵循环钻井液，并加大排量，随着排量增高，调压嘴阻流压力上升，对关闭套剪切销钉的剪切推力增大，当剪切推力升高到一定程度时，销钉剪断，球座下行，关闭循环孔，实现盲管功能[图4-69(c)]。

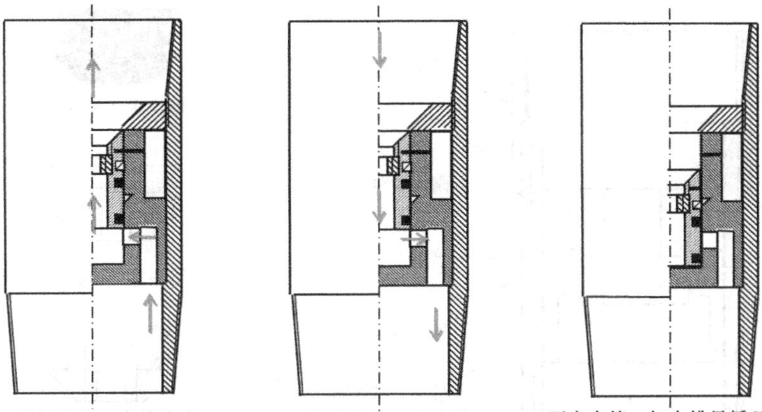

(a) 盲板连结于套管串中，套管下入，钻井液通过循环孔进入套管内　(b) 下套管中途有复杂情况时，可循环钻井液　(c) 下完套管，加大排量循环，销钉剪断，球座关闭套下行，关闭循环孔，实现盲板功能

图 4-69　排量控制复位式自灌浆盲板工作原理示意图

3)特点。

排量控制复位式自灌浆盲板具有以下特点：①操作方便，使用可靠；②下套管可实现自动灌浆，节约灌浆时间，避免人工灌浆时套管静止造成套管粘卡；③在下套管中途井下复杂时，可进行循环钻井液处理，但应控制排量不超过循环孔关闭设计排量；④下完套管后不需要投球憋压操作，通过调节循环排量即可控制盲板复位；⑤适用于井下较复杂的井。

4.2.8　套管漂浮接箍

套管漂浮接箍是一种能在下套管时使套管产生额外漂浮力以减小套管下入摩擦阻力的装置。该装置一般在大斜度井、水平井和大位移井下套管固井中使用，可以有效解决因摩阻过大套管难以下入的问题，在套管重量负荷过大时也可作为减轻套管浮重的一种工具。随着大位移井和长段水平井的增多，套管难以下入的问题也越来越多，套管漂浮接箍工具就显得越来越重要。21 世纪初，我国各油田使用的套管漂浮节箍都是从西方国家进口的，目前，我国也研发了具有自主知识产权的套管漂浮工具，经现场应用，性能更加优越。

4.2.8.1　DAVIS 漂浮接箍(Davis Flotation Collar)

DAVIS 漂浮接箍(DFC)是美国(DAVIS-LYNCH，INC)设计生产的一种专利产品。

1)结构。

DAVIS 漂浮接箍主要由以下部件组成：套管接箍、阀体、阀体销钉(有时使用弹子)、阀座、阀座销钉和漂浮节箍外筒等[图 4-70(a)]。其他附件有：碰压塞(上胶塞)、隔离塞(下胶塞)和清理塞(指示塞)[图 4-70(b)]。

2)使用方法。

漂浮接箍是在大位移定向井和水平井下套管时，用来漂浮套管减小摩阻的工具。其使用时的管串结构为(自下而上)：浮鞋+2 根套管(灌满泥浆)+浮箍+套管串(不灌钻井液，充满空气)+漂浮接箍+套管串(图 4-71)。由于漂浮段套管内充满了空气，该段套管(含内部介质)的重量会大大减轻，重力与浮力之差会减小，从而减小了对井壁的正压力，由于摩阻与正压力成正比，也就大大降低了下套管摩阻。

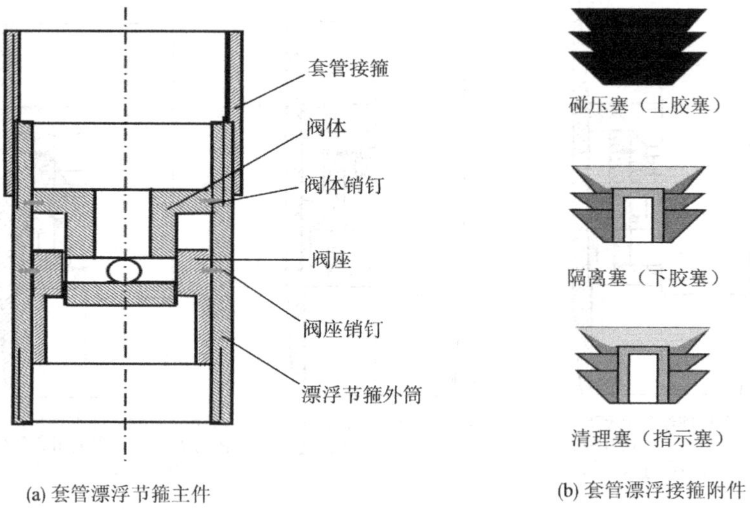

图 4-70　DAVIS 漂浮节箍结构示意图

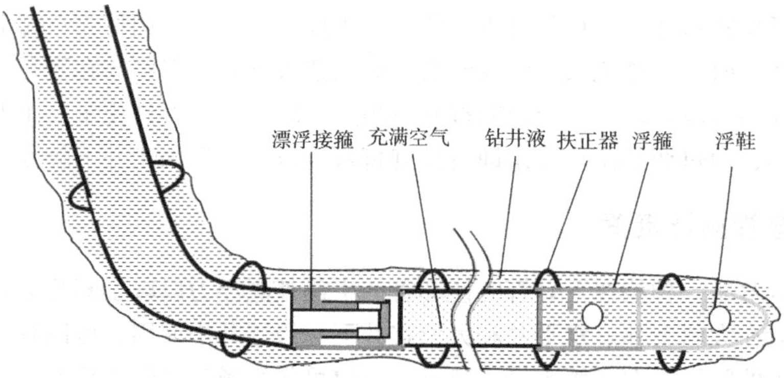

图 4-71　漂浮接箍在套管串中的链接方法示意图

3)工作原理。

DAVIS 漂浮接箍工作原理为：漂浮接箍连接于套管串中设计位置，漂浮接箍中间有一个阀体，阀体以下套管充满空气(无钻井液)，阀体以上套管充满钻井液。当套管下入斜井或水平井井内时，充满空气段套管产生漂浮以减轻对底部井壁的压力，从而减轻套管下行阻力，对井径不规则的井眼效果更好。套管下完后，漂浮接箍处于原始状态[图 4-72(a)]。然后通过地面设备(水泥车或钻井泵)给套管内加压，阀体销钉(或弹子)剪断，阀体下行，打开循环孔[图 4-72(b)]，管内钻井液进入下部套管，置换出空气，空气排出井口；进行井口灌钻井液补充；小排量循环钻井液，并向套管内释放指示塞，泵送循环；当指示塞到达漂浮接箍时，压力升高，剪断阀座销钉，阀体、阀座随指示塞一起下行[图 4-72(c)]，到达浮箍时，压力升高击穿指示塞[图 4-72(d)]，恢复正常循环。释放下胶塞(前隔离塞)，进行注水泥，释放上胶塞(碰压塞)替泥浆，碰压，固井结束[图 4-72(e)]。

4)漂浮接箍使用操作程序。

(1)在第一根套管下部连接浮鞋，并按规定的扭矩值紧好扣，然后下入井内。

(2)在浮鞋上部连接 1 ~2 根套管，灌满钻井液，检查浮鞋回压阀密封情况。

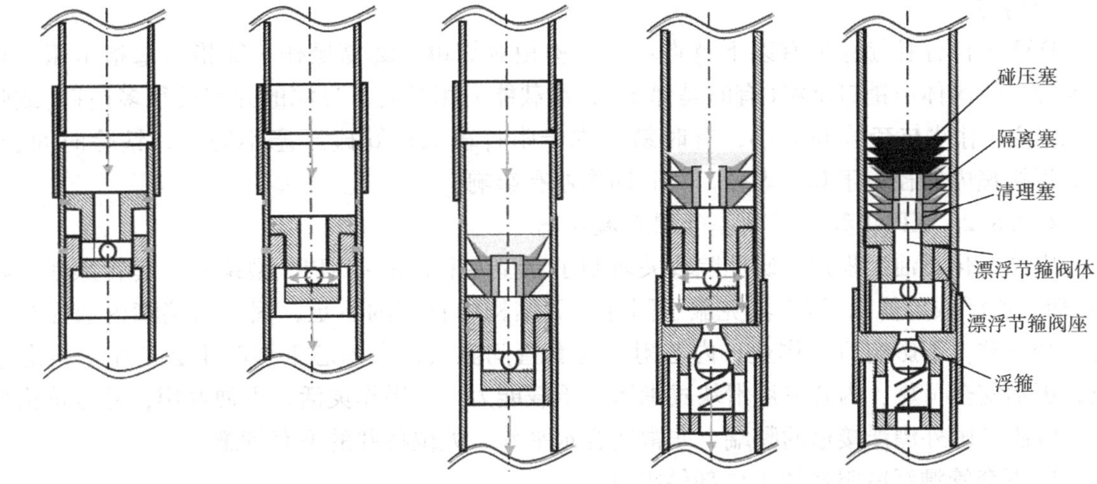

(a) 下套管，漂浮接箍下入前不灌钻井液，下入漂浮接箍　(b) 灌钻井液，下完套管，憋压，阀体销钉剪断，阀体打开，钻井液进入下部套管，气体排出　(c) 释放清理塞，清理塞到达漂浮接箍，剪断阀座销钉，一起下行　(d) 阀体、阀应随清理塞到达浮箍，清理塞被击穿，继续循环　(e) 碰压塞及隔离塞到达浮箍：碰压，固井结束

图4-72　DAVIS漂浮接箍工作原理示意图

(3)连接浮箍，并按规定的扭矩值上好扣，然后下入井内。

(4)在不灌钻井液的情况下连接并下入套管，套管连接处按规定的扭矩值上好扣，并下入扶正器。

(5)继续下入套管至漂浮接箍的设计位置，然后连接并下入漂浮接箍。

(6)继续连接并下入套管，并在下套管过程中灌满钻井液。

(7)将套管下至设计井深位置。

(8)憋压8~12MPa(表压)，剪断漂浮接箍阀体销钉，推开阀体流通孔打开(销钉剪切压力为：液柱压力与井口表压值之和)。

(9)钻井液进入漂浮接箍以下套管内，套管内空气被置换排出。

(10)向套管内灌满钻井液。

(11)憋压8~10MPa，打开承压浮鞋(没有承压浮鞋的可省略此步骤)。

(12)缓慢建立循环。

(13)建立循环后，释放指示塞(绿色)，用钻井液顶替至漂浮接箍位置。当清理(指示)塞到达漂浮接箍前，将顶替排量调至0.3~0.5m^3/min，当清理塞到达漂浮接箍时，压力升高，阀座销钉剪断，阀座随清理塞一起下行，继续顶替。

(14)继续顶替到清理塞距离浮箍1~2m^3时，再次降低排量至0.3~0.5m^3/min，注意压力升高，直至塞子破裂，循环钻井液。

(15)循环正常后，准备注水泥施工。

(16)释放隔离塞(下胶塞)(橙色)，按程序注水泥。

(17)注完水泥后，释放碰压塞(上胶塞)(黑色)，顶替钻井液。当胶塞达到浮箍时降低顶替排量至0.5~0.8m^3/min，以致碰压，碰压压力要超过替浆最后压力4~6MPa。

(18)放压，检查浮箍工作是否正常。

5)特点。

DAVIS 漂浮接箍主要有以下特点：①结构相对简单；②易操作；③指示塞指示压力相对准确；④阀体由销钉承载(有时是弹子)，承载能力相对弱，过深的井需要很多销钉(或弹子)；⑤内附件与套管间隙小，有时易出现卡附件事故；⑥碰压塞不防转，钻除时间长；⑦漂浮接箍内通径小于套管内径，对后期作业有影响。

4.2.8.2　XPJQ 型系列下套管漂浮减阻器

中国石化石油工程技术研究院攻关研制了新型专利产品：XPJQ 型系列下套管漂浮减阻器(简称漂浮减阻器)，该工具克服了国外工具结构中存在的不足，固井后接箍内通径与套管内径一致，不影响后续作业；内芯附件与套管间隙大，在内芯下移时不会产生卡内芯事故；更加安全可靠，内芯采用滑块式承压，承载能力大，操作灵活、方便好用，并且价格便宜，解决了国外漂浮接箍的弊端，非常适合水平井、大位移井的下套管施工。

1)下套管漂浮减阻系统工作部件组成。

XPJQ 型下套管漂浮减阻系统由一个主部件和四个辅助部件组成，主部件为：下套管漂浮减阻器(专利产品)；辅助部件为：可钻式防落物浮箍(专利产品)、高承压漂浮旋流鞋(专利产品)、剪销式套管清理器(简称清理塞)、防转碰压塞，XPJQ 型下套管漂浮减阻系统主要部件组成如图 4-73 所示。

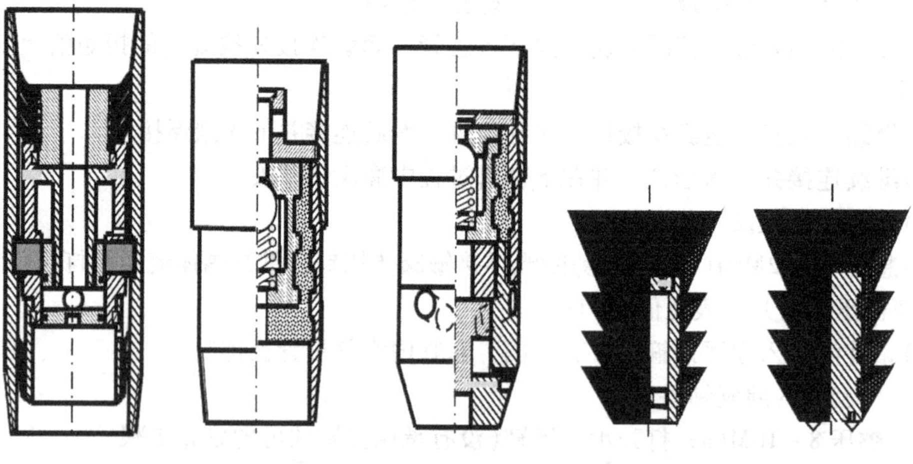

(a) 下套管漂浮减阻器　(b) 可钻式防落物浮箍　(c) 高承压漂浮旋流鞋　(d) 套管清理塞　(e) 防转碰压塞

图 4-73　XPJQ 型下套管漂浮减阻系统主要部件示意图

2)下套管漂浮减阻器结构。

XPJQ 型下套管漂浮减阻器(X：下套管；P：漂浮；J：减阻；Q：器)结构主要由以下部件组成：钢制外筒、密封胶塞、金属塞芯、胶塞密封圈、胶塞卡簧、打开芯销钉、打开芯、承载滑块、扶正胶塞卡簧、打开芯密封圈、扶正胶塞和承载短节等(图 4-74)。

3)下套管使用漂浮减阻器减阻原理。

在下套管过程中，影响套管下入的力主要有套管重力、套管浮力、套管与井壁的摩擦阻力和钻井液的黏滞力等，影响最大且最可调的是摩擦阻力，由于摩擦阻力与摩擦系数和正压力成正比，而摩擦系数与钻井液性能与地层岩石性能有关，地层岩石性能基本不会改变，钻井液性能调节有限，因此摩擦系数调到一定程度后不可再调，只有降低套管对井壁的正压力才是降低摩擦阻力的最好途径，井眼越倾斜，套管对井壁的正压力越大，水平井最为明显。可以利用增大斜井段和水平段套管的浮力来减少套管对井壁的正压力从而减少摩擦阻力。使用漂浮减阻器就是通过对套管的漂浮减少套管对井壁的正压力，其工作原理为：根据设计计算选择确定套管串的漂浮段长度，漂浮段下端由高承压漂浮旋流鞋密封，漂浮段上端由漂浮减阻器密封，漂浮段中间充填空气以减轻套管串对井壁的正压力，从而降低套管串与井壁的摩擦阻力，使套管顺利下入井底，再通过各部件的程序操作，达到固井施工条件，完成固井施工。

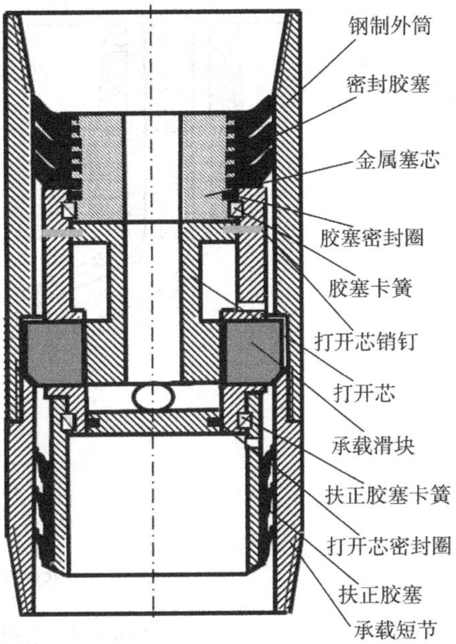

图4-74　XPJQ型下套管漂浮减阻器结构示意图

4）XPJQ型下套管漂浮减阻器工作原理。

根据套管减摩阻要求，进行设计计算，确定套管串漂浮段长度和位置，并确定套管串结构。XPJQ型下套管漂浮减阻器工作原理为：在下套管过程中，连接漂浮减阻器前套管内不灌钻井液，当套管下到设计漂浮段顶部时，连接漂浮减阻器[图4-75(a)]；再继续下套管，并按规定向套管内灌钻井液，当下完套管后，继续将套管灌满钻井液，憋压到设计压力(一般设计表压10MPa左右)，漂浮减阻器打开芯销钉剪断，打开芯打开，上部钻井液进入下部掏空段套管内[图4-75(b)]，置换出掏空段套管内的空气，当空气被置换完时，套管内灌满钻井液，然后憋通高承压旋流鞋销钉，循环钻井液，正常后释放清理塞并泵送钻井液以清理套管内残余附件到达套管底部；清理塞到达浮箍时压力升高，剪断清理塞销钉，建立循环[图4-75(c)]；继续循环处理钻井液，准备固井施工。

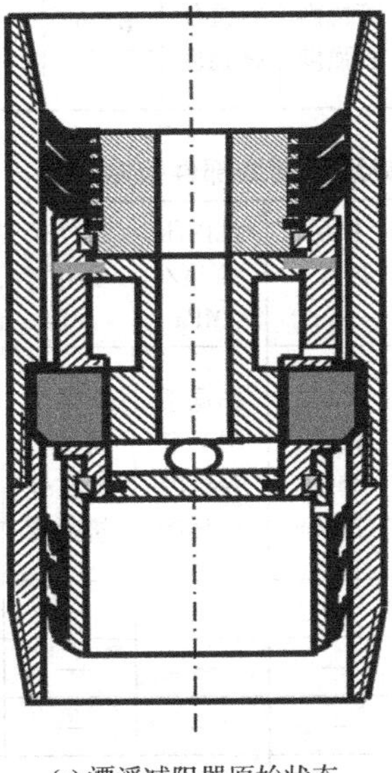

(a) 漂浮减阻器原始状态

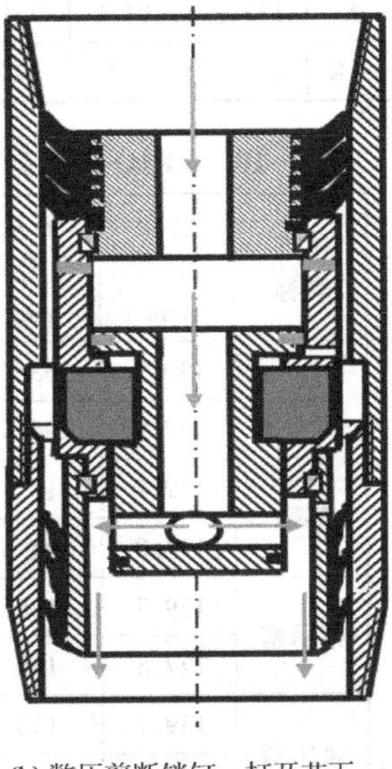

(b) 憋压剪断销钉，打开芯下移，泥浆进入掏空段套管

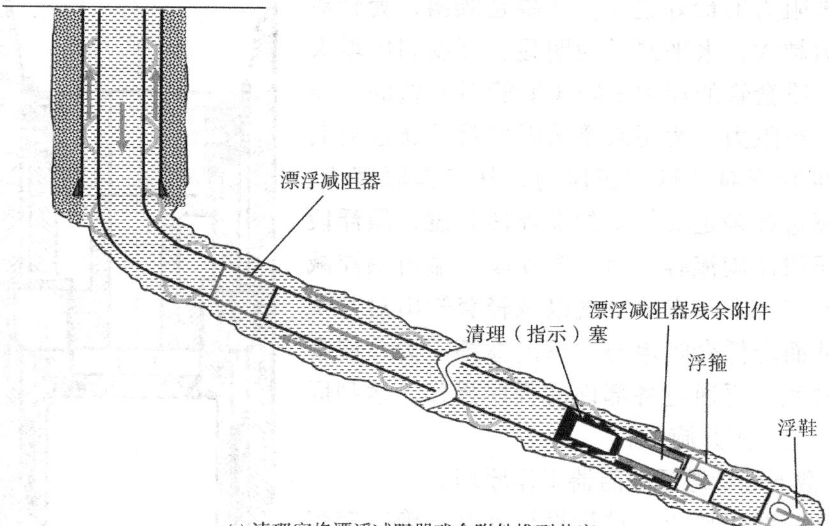

(c) 清理塞将漂浮减阻器残余附件推到井底

图 4-75　XPJQ 型下套管漂浮减阻器工作原理示意图

5）XPJQ 型系列下套管漂浮减阻器及辅助部件技术参数。

XPJQ 型系列下套管漂浮减阻器技术数据见表 4-9。漂浮减阻器辅助部件技术参数见表 4-10。

表 4-9　XPJQ 系列下套管漂浮减阻器技术数据

名　称	型　号	公称尺寸/mm	最大外径/mm	长度/mm	钻后内径/mm	抗内压强度/MPa	抗外挤强度/MPa	单销剪压/MPa	备　注
普通漂浮减阻器	XPJQ5½ - P	139.7	153	968	基本等同同类套管内径	不低于同类套管抗内压强度	不低于同类套管抗外挤强度	6、9	用销钉数调节总剪切压力，共6个销钉
	XPJQ 7 - P	177.8	194.5	1100				6、9	
可钻式漂浮减阻器	XPJQ 7 - K	177.8	194.5	1100				6、9	内芯可钻
	XPJQ 9⅝ - K	244.5	270	1200				5、8	

表 4-10　XPJQ 型系列下套管漂浮减阻器辅助部件技术数据

名称	型　号	附件名称	公称尺寸/mm	最大外径/mm	长度/mm	钻后内径/mm	抗内压强度/MPa	抗外挤强度/MPa	指示塞剪销压/MPa	备　注
普通漂浮减阻器	XPJQ 5½ - P XPJQ 7 - P	浮箍	139.7	153.7	510	等同同类套管内径	不低于同类套管抗内压强度	不低于同类套管抗外挤强度	—	
			177.8	194.5	510				—	
		浮鞋	139.7	152	743				—	
			177.8	194.5	743				—	
		指示塞	139.7	126	340	—	—	—	3	
			177.8	155	340	—	—	—	3	
		碰压塞	139.7	130	440	—	—	—	—	
			177.8	160	440	—	—	—	—	

续表

名称	型　号	附件名称	公称尺寸/mm	最大外径/mm	长度/mm	钻后内径/mm	抗内压强度/MPa	抗外挤强度/MPa	指示塞剪销压/MPa	备　注
可钻式漂浮减阻器	XPJQ 7 – K、XPJQ $9\frac{5}{8}$ – K	浮箍	177.8	194.5	510	等同同类套管内径	不低于同类套管抗内压强度	不低于同类套管抗外挤强度	—	内芯可钻
			244.5	270	530				—	
		浮鞋	177.8	194.5	743				—	
			244.5	270	800				—	
		指示塞	177.8	155	340	—	—	—	3	
			244.5	235	400	—	—	—	3	
		碰压塞	177.8	160	440	—	—	—	—	
			244.5	240	500	—	—	—	—	

6）XPJQ 型系列下套管漂浮减阻器特点。

XPJQ 型下套管漂浮减阻器主要有以下特点：①纵向载荷由滑块承载，承载能力强，且滑块导向角度大，易滑脱，能在套管内轻松下行；②纵向密封由特殊结构胶塞密封，能实现大间隙密封，且密封能力强；③漂浮减阻器通径与套管内径一致，不存在缩径段，对后续作业无影响；④内附件与套管间隙大，且由上下胶塞扶正，不会出现卡附件事故；⑤剪销式清理塞（指示塞）压力准确，且无破碎物下落，不会对浮箍、浮鞋造成影响；⑥碰压塞防转，提高钻除效率；⑦浮鞋高抗回压，且具有旋流功能，不会产生漂浮失效，同时能提高水泥浆顶替效率；⑧漂浮减阻器密封件，具有耐油、耐高温、耐腐蚀性能。

4.2.9　环空底部加压器

环空底部加压器是用来在固井后通过环空底部对环空加压的一种工具，以防止水泥浆候凝失重时油气水上窜。该工具主要用于无技术套管的长封固段井固井（无法从井口处环空加压）和有顶部封隔器的尾管固井中。环空底部加压器是近几年刚刚发展起来的一种高压井固井防油气窜工具。

4.2.9.1　简易式环空底部加压器

简易式环空底部加压器是一个类似可以剪切的承托环。结构比较简单。

1）结构。

简易式环空底部加压器是一种最初使用的环空底部加压工具。简易式环空底部加压器主要由以下部件组成：套管接箍、剪切套支撑环、剪切销钉、剪切套和套管公扣短节等（图4-76）。

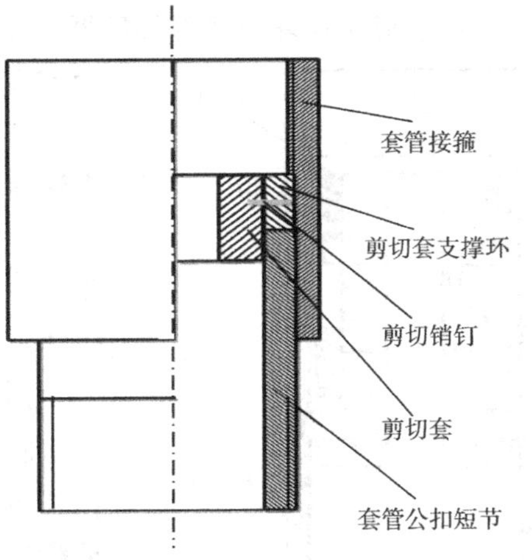

图4-76　简易式环空底部加压器结构示意图

2）工作原理。

简易式环空底部加压器工作原理为：将加压器连接于套管串中的浮箍上部5m左右的位置，按操作规程下套管，下完套管后，循环钻井液、固井施工［图4-77（a）］；当固井替浆碰压塞到达加压器时，碰压，放压[图4-77(b)]；再憋压剪断剪切销钉，立即停泵，观察压力表压力，对于上部无封隔器的长封固段井，静止10～20min左右，等待水泥浆流动阻力增大时，再慢慢向环空泵送液体，实现环空底部加压。对有顶部封隔器的井，可立即向环空泵送液体，环空憋压到设计压力值，实现环空底部加压[图4-77(c)]。

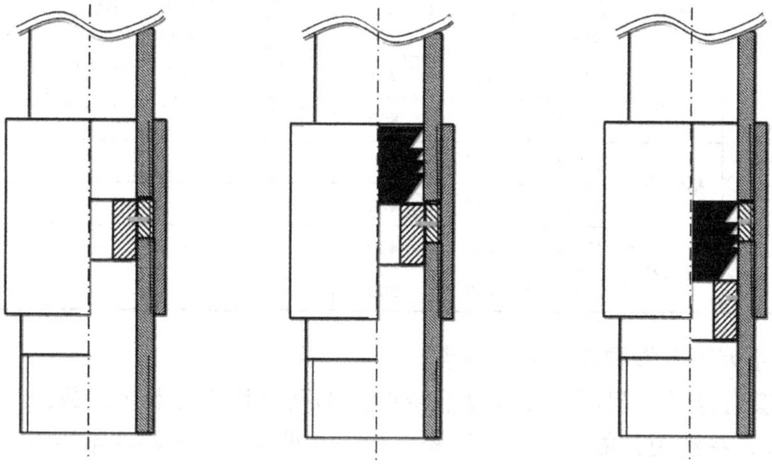

图4-77　简易式环空底部加压器工作原理示意图

3)特点。

简易式环空底部加压器主要有以下特点：①结构简单，成本低；②易操作；③由于碰压塞在套管内长距离运行后发生磨损，造成碰压后密封不好，从而引起剪断销钉误差大，有时剪不断销钉，特别是有顶部封隔器的井；④仅适用于没有顶部封隔器的井；⑤适用于相对浅的井。

4.2.9.2　胶塞密封式环空底部加压器

胶塞密封式环空底部加压器是中国石化石油工程技术研究院开发的高新技术产品(已获国家发明专利)，适用于油田开发、地质勘探等钻井固井施工中的环空憋压作业，可以有效实现对井底直接增压，能避免因水泥浆黏滞力导致井口环空憋压无法有效传递的缺陷，特别适用于无技术套管井、长封固段井及上部使用封隔器的井的固井作业，尤其是针对含有高压油、气、水层的封固段具有明显的优势。

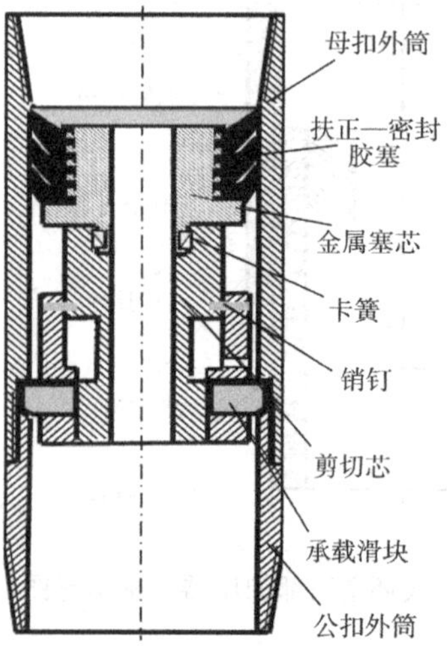

图4-78　胶塞密封式环空底部加压器结构示意图

1)结构。

胶塞密封式环空底部加压器结构主要由以下部件组成：母扣外筒、扶正-密封胶塞、金属塞芯、卡簧、销钉、剪切芯、承载滑块和公扣外筒等(图4-78)。

2)工作原理。

胶塞密封式环空底部加压器工作原理为：将加压器连接于套管串浮箍上部5m左右的位置，按操作规程向井内下入套管，下完套管后，循环钻井液、固井施工[图4-79(a)]；当固井替浆碰压塞到达加压器时，碰压，放压[图4-79(b)]；再憋压剪断剪切销钉，立即停泵，观察压力表压力，对于上部无封隔器的长封固段井，静止10~20min左右，使水泥浆流动阻力增加，再慢慢向环空泵送液体，实现环空底部加压。对有顶部封隔器的井，可立即向环空泵送液体，环空憋压到设计压力值，实现环空底部加压[图4-79(c)]。

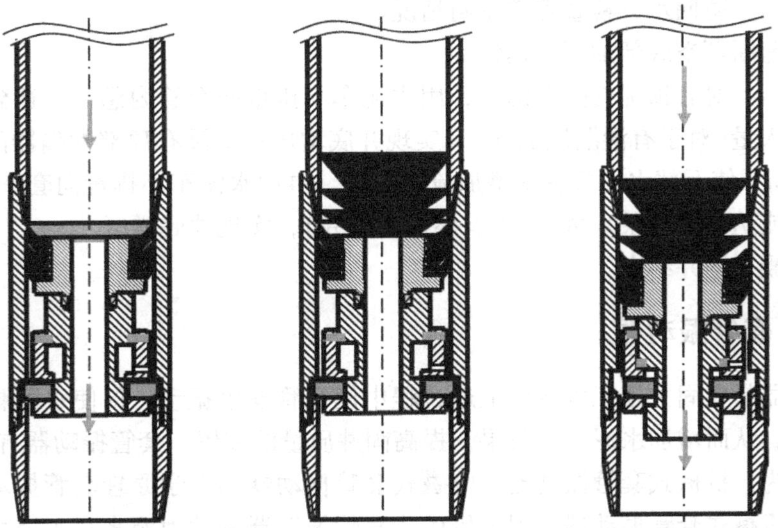

(a)环空底部加压器原始状态，连接于浮箍以上5m左右的套管串中，循环钻井液，固井施工　(b)胶塞碰压，胀封上部封隔器　(c)憋压，剪断销钉，剪切芯下移，滑块进入剪切芯槽，继续憋压向套管外环空加压

图4-79　胶塞密封式环空底部加压器工作原理示意图

3)技术数据。

JYQ型系列胶塞密封式环空底部加压器技术数据见表4-11。

表4-11　JYQ型系列胶塞密封式环空底部加压器技术数据

名　称	型　号	公称尺寸/mm(in)	最大外径/mm	长度/mm	钻后内径/mm	单销剪压/MPa	备　注
环空底部加压器	JYQ-140	140 (5½)	153	569	124	1.25	强度大于P110钢级同尺寸同内径套管强度
	JYQ-178	178 (7)	196	700	160	1.50	

4)特点。

JYQ型系列胶塞密封式环空底部加压器主要有以下特点：①操作方便，性能可靠；②由于有专门的胶塞密封，密封效果好，即使碰压胶塞在套管内磨损损坏，也能保证碰压时的密封，保证销钉正常剪断；③环空增压压力准确，成功率高；④加压器通径与套管一致，不存在缩径段，对后续作业无影响；⑤纵向载荷由滑块承载，承载能力强；且滑块滑脱能力强，内套轻松下行，加压器内芯下行时不易卡死；⑥无薄弱部件，下入后对整体管串结构无影响；⑦适用于有顶部封隔器的井和无顶部封隔器的长封固段井。

5)现场使用方法和程序。

①推荐管串结构为(自下而上)：专用浮鞋+2根(或1根)套管+浮箍+1根短套管(或

套管）+底部环空加压器+套管串+固井水泥头。

②按下套管作业规程进行下入套管及附件。

③下完套管后，循环钻井液达到固井要求。

④按固井设计进行固井施工。

⑤替浆碰压，防回水，检查浮箍密封情况。

⑥憋压，剪断环空底部加压器销钉。

⑦环空加压：对有顶部封隔器的井，用水泥车小排量向套管内憋压，达到设计压力值，或达到规定泵入量（对于有渗漏层的井），实现井底增压；对没有顶部封隔器的长封固段井，静止10～20min，使上部水泥浆脱水增加流动阻力，再用水泥车小排量向套管内憋压，达到设计压力值，或达到规定泵入量（对于有渗漏层的井），实现井底增压。

⑧关井候凝，固井结束。

4.2.10 套管振动器

套管振动器是在固井施工水泥浆上返过程中使套管发生振动，促使水泥颗粒合理排布，加速水泥水化，从而增加水泥充实效果，提高固井质量的装置。套管振动器有多种类型，按振动原理可分为：机械式套管振动器、电磁式套管振动器和声学原理套管振动器等。目前，使用较多的是机械式套管振动器，因为机械式套管振动器的动力源来自于液力转换，所以，以井下流体为动力比较容易实现。机械式套管振动器按振动形式可分为：偏心轮振动器和压差往复式振动器。机械式套管振动器使用方法为：将振动器连接于套管串浮箍上部位置，在固井施工时，流体经过振动器，振动器发生振动，从而带动套管一起发生机械振动，使水泥浆中的水泥颗粒发生快速运动，优化排列位置，加速水化速度，提高充填效果，达到提高固井质量的目的。

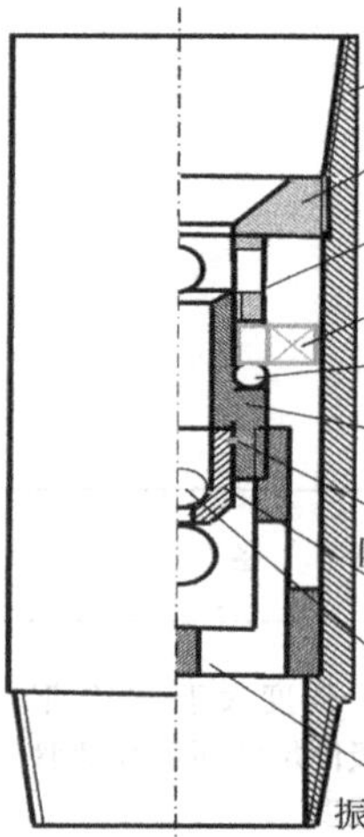

图4-80 可控式偏心轮套管振动器结构示意图

4.2.10.1 可控式偏心轮套管振动器

可控式偏心轮套管振动器是一种利用偏心轮原理使套管发生振动的装置，该装置开始振动时间可以控制。

1）结构。

可控式偏心轮套管振动器结构主要由以下部件组成：管体、压环、偏心叶轮压帽、偏心叶轮、轴承弹子、空心轴、防堵剪切销钉、控制球座、控制球和振动支架－托篮等（图4-80）。

2）工作原理。

可控式偏心轮套管振动器工作原理为：将套管震动器连接于套管串中的浮箍上部5m左右的位置，按下套管操作规程下套管柱到设计位置；下完套管后，正常开泵循环钻井液；按固井设计正常注水泥施工［图4-81（a）］；当固井注水泥结束后，投球、压塞、替钻井液，当球到达控制球座时，空心轴内主流道堵塞，流体改道从空心轴外叶轮环空流动，推动叶轮旋转，由于叶轮是偏心叶轮，因此，旋转时会发生振动，从而带动套管一起振动［图4-81（b）］；此时水泥浆基本进入环空，套管振动有利于提高固井质量；若振动过程中有异常情况，如叶轮卡死或通道堵塞时，压力升高，防堵剪切销钉剪断，控制球座下落到振动支架－托篮内，流体返回到空心轴内流动，实现防堵塞功能，保证固井施工正常进行[图4－81(c)]。

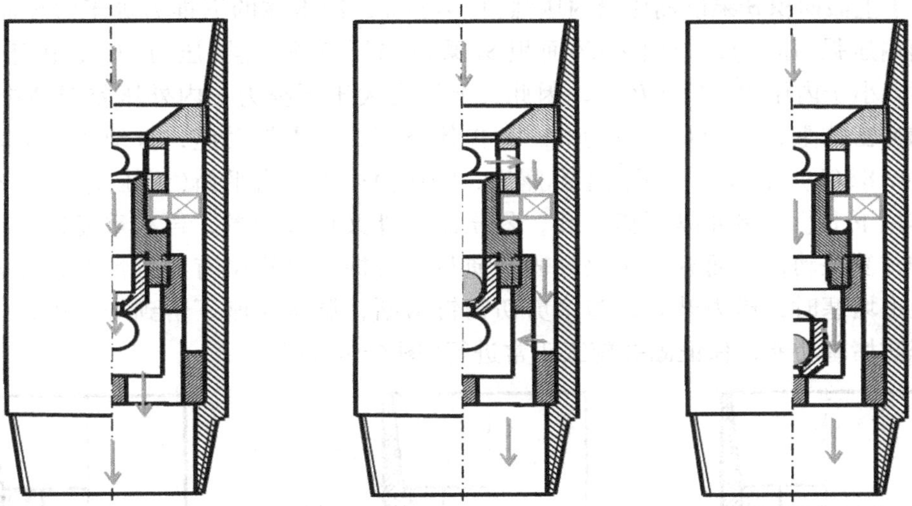

(a) 振动器连接于套管串中的浮箍以上位置，循环钻井液、注水泥，流体从空心轴内流动，偏心轮不转动

(b) 注完水泥，投球、压塞、替浆，当球到达控制球座时，流体通过叶轮环空流动，振动器振动

(c) 若有叶轮卡死等异常情况时，压力升高，防堵剪切销钉剪断，流体返回空心轴内流动

图4－81 可控式偏心轮套管振动器工作原理示意图

3)特点。

可控式偏心轮套管振动器主要有以下特点：①可以通过振动改善水泥浆性能，提高水泥浆在环空的充填效果，提高固井质量；②由于投球时间可以掌握，因此，振动开始时间可以控制，在下套管及固井前的循环钻井液过程中不发生振动，以防提前长时间振动，影响其他部件或振坏装置；③振动器使用时，将装置连接在套管串浮箍上部，对套管串结构设计和固井施工设计基本没有负面影响，不增加任何风险；④操作方便，性能可靠；⑤振动器设计有防堵塞装置，在振动过程中若发生流道堵塞，可剪断防堵剪切销钉，打开空心轴内流道，保证固井正常施工；⑥由于需要投球，仅适用于直井固井施工。

4.2.10.2 压差往复式套管振动器

1)结构。

压差往复式套管振动器结构主要由以下部件组成：管体、压环、冲击体、弹簧、隔压筒、振动座、防堵剪切销钉、调压球座、调压球和调压座托篮等(图4－82)。

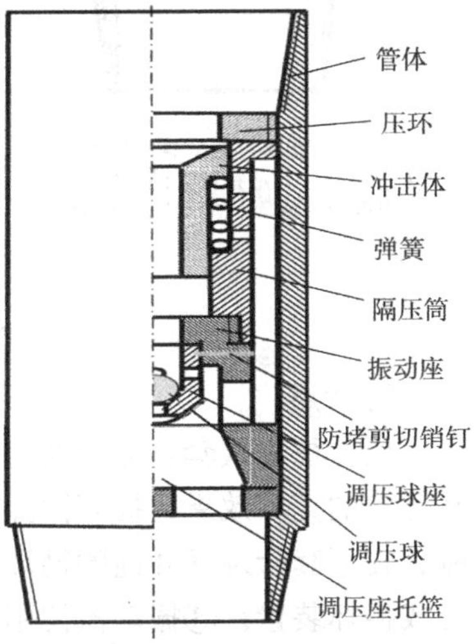

图4－82 压差往复式套管振动器结构示意图

2)工作原理。

压差往复式套管振动器工作原理为：将套管振动器连接在套管串浮箍上部5m左右的位置，按下套管操作规程下套管到设计位置；下完套管后，正常开泵循环钻井液；按固井设计正常注水泥施工[图4－83(a)]；当固井注水泥结束后，投球、压塞、替钻井液；当球到达调压球座时，调压球座主

流道堵塞，流体全部从调压孔流动，调压座上下形成压差，由于调压座下部与隔压筒外部连通，从而使隔压筒内外形成压差，即隔压筒内部压力大于外部压力（压强），由于冲击体的上推力等于上截面积 S 乘以隔压筒内压强（压力）$P_{内}$，冲击体的下推力等于内环面积 S_1 乘以隔压筒内压强（压力）$P_{内}$ 加上外环面积 S_2 乘以隔压筒外压强（压力）$P_{外}$，由于 $S = S_1 + S_2$，外压力小于内压力（$P_{外} < P_{内}$），因此，上推力大于下推力，内外压差越高推力越大，当推力加冲击体重力大于弹簧弹力时，冲击体下行，冲击振动座，振动座带动套管一起振动[图 4-83(b)]；此时隔压筒上孔露出，隔压筒内外压力平衡（无压差），振动体在弹簧力的作用下上行，堵死隔压筒上孔，隔压筒内外又形成压差，再次重复以上动作，形成连续的往复振动，从而有利于提高固井质量；若振动过程中有异常情况，如调压孔堵死或外通道堵塞时，压力升高，防堵剪切销钉剪断，调压球座下落到托篮内，形成新通道，实现防堵塞功能，保证固井施工正常进行[图 4-83(c)]。

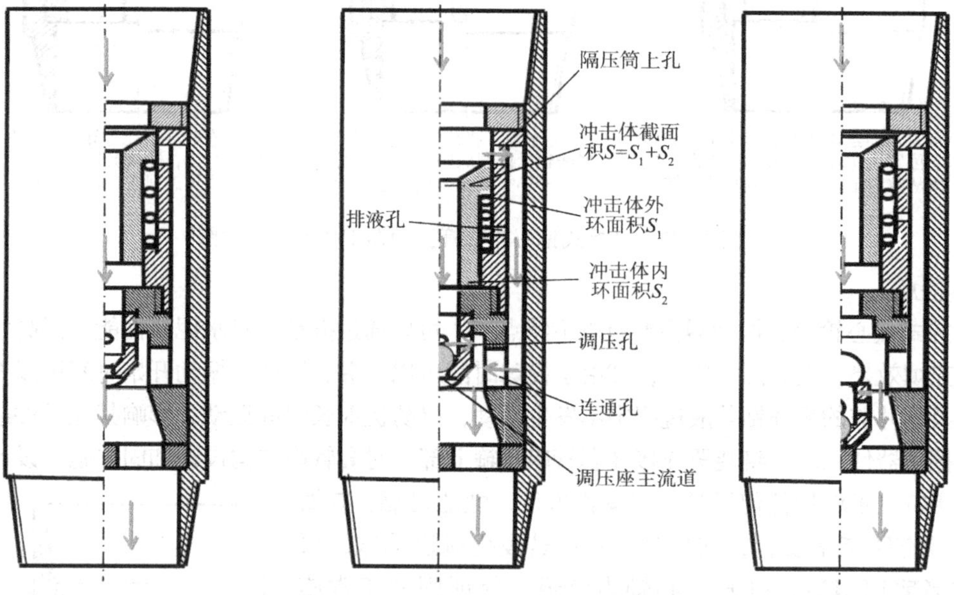

(a) 将振动器连接于套管串中的浮箍以上位置，下完套管，循环钻井液、注水泥、流体从调压座主孔流动

(b) 注完水泥，投球、压塞、替浆，球到达调压座时，主孔堵死，隔压筒内外压差升高，冲击体下行，冲击振动座，隔压筒上孔打开，内外压力平衡，冲击体靠弹簧复位。立即又重复以上动作，形成振动

(c) 若有异常情况管路堵塞时，压力升高，防堵剪切销钉剪断，球座下落，打开主流道

图 4-83　压差往复式套管振动器工作原理示意图

3）特点。

压差往复式套管振动器主要有以下特点：①可以通过振动改善水泥浆性能，提高水泥浆在环空的充填效果，提高固井质量；②由于投球时间可以掌握，因此，振动开始时间可以控制，在下套管及固井前的循环钻井液过程中不发生振动，以防提前长时间振动，影响其他部件或振坏装置；③振动器使用时，将装置连接于套管串浮箍上部，对套管串结构设计和固井施工设计没有负面影响，不增加任何风险；④振动器部件无精密件，不易发生损坏，运行可靠；⑤操作方便，性能可靠；⑥振动器设计有防堵塞装置，在振动过程中若发生流道堵塞，可剪断防堵剪切销钉，打开空心轴内流道，保证固井正常施工；⑦由于需要投球，仅适用于直井固井施工；若改用胶木球也可用于定向井和水平井固井施工。

4.2.11　套管胀缩吸补器

套管胀缩吸补器是一种在稠油热采井生产过程中，套管受热伸长时，能吸收套管伸长的长度，套管降温缩短时，能补偿套管缩短的长度的工具。该工具在热采井固井时的套管串中使用。

4.2.11.1　波纹管密封式套管胀缩吸补器

1)结构。

波纹管密封式套管胀缩吸补器结构主要由以下部件组成：套管接箍、套管短节、上压盖、外筒体、波纹管、中心管和下压盖等(图4-84)。

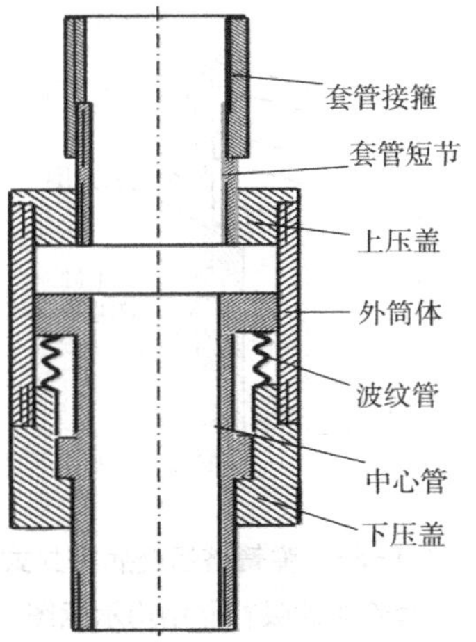

图4-84　波纹管密封式套管胀缩吸补器结构示意图

2)工作原理。

波纹管密封式套管胀缩吸补器工作原理为：将波纹管密封式套管胀缩吸补器连接于套管串设计注蒸汽层段上部位置，按下套管操作规程将套管柱下入到设计井深，按热采井固井设计进行固井施工，候凝，交井投产[图4-85(a)]；当稠油热采井生产过程中向井内注蒸汽时，井底温度升高，套管受热逐渐伸长，中心管开始向内收缩(波纹管伸展增长)，吸收套管热胀增加的长度[图4-85(b)]；当停止向井内注蒸汽时，地层慢慢降温，套管逐渐收缩变短，中心管开始向外伸长(波纹管压缩变短)，补偿套管冷缩减少的长度[图4-85(c)]。

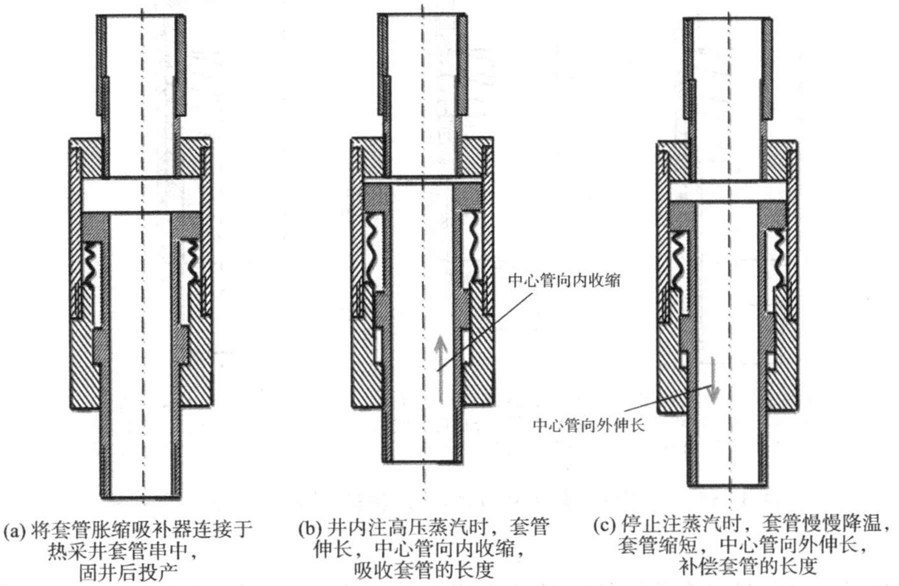

图4-85　波纹管密封式套管胀缩吸补器工作原理示意图

3)特点。

波纹管密封式套管胀缩吸补器主要有以下特点：①加工工艺简单；②密封效果好；③可适用于热采井管串结构及固井作业；④由于波纹管耐压能力差，所以装置耐压能力较差；

⑤由于波纹管反复伸缩后，会发生疲劳破坏，所以使用寿命短；⑥由于波纹管回缩时要占用空间，加上总壁厚要三层管子叠加，所以装置外径偏大，要充分考虑套管下入问题。

4.2.11.2 弹簧挤压金属密封式套管胀缩吸补器

1)结构。

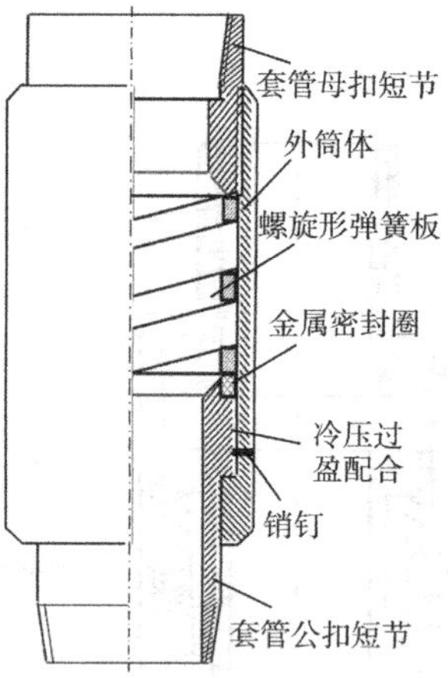

图4-86 弹簧挤压金属密封式套管胀缩吸补器结构示意图

弹簧挤压金属密封式套管胀缩吸补器结构主要由以下部件组成：套管母扣短节、外筒体、螺旋形弹簧板、金属密封圈、销钉和套管公扣短节等(图4-86)。

2)工作原理。

弹簧挤压金属密封式套管胀缩吸补器工作原理为：将弹簧挤压金属密封式套管胀缩吸补器连接于套管串设计注蒸汽层段上部位置，按下套管操作规程将套管柱下入到设计井深，按热采井固井设计进行固井施工作业，候凝，交井后进入投产[图4-87(a)]；当稠油热采井生产过程中向井内注入蒸汽时，井底温度开始升高，套管受热逐渐伸长，此时，套管公扣短节开始向内移动收缩，吸收套管热胀增加的长度[图4-87(b)]；当停止向井内注入蒸汽时，井底温度慢慢降低，套管开始逐渐收缩变短，套管公扣短节开始逐渐向外移动伸长，补偿套管冷缩减少的长度[图4-87(c)]；螺旋形弹簧板始终挤压金属密封圈，使其保证密封。

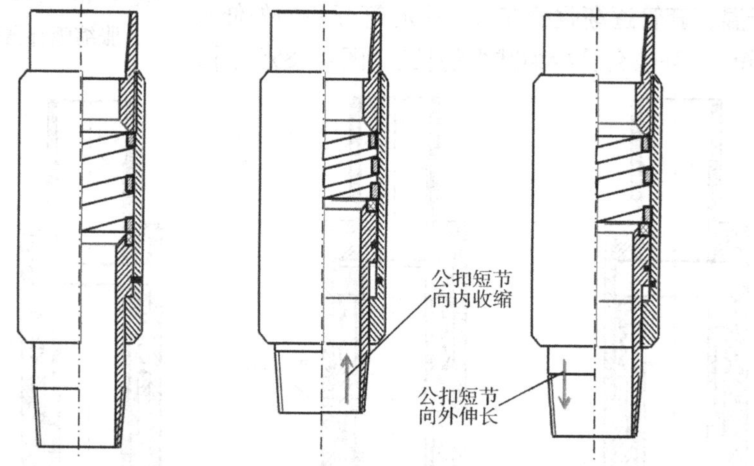

(a)将套管胀缩吸补器连接于热采井套管串中，固井后投产　(b)井内注高压蒸汽时，套管伸长，公扣短节向内收缩，吸收套管的长度　(c)停止注蒸汽时，套管慢慢降温，套管缩短，公扣短节向外伸长，补偿套管的长度

图4-87 弹簧挤压金属密封式套管胀缩吸补器工作原理示意图

3)特点。

弹簧挤压金属密封式套管胀缩吸补器主要有以下特点：①加工工艺简单；②采用冷压紧配合和弹簧挤压金属密封，密封效果好；③由于采用弹簧片挤压式金属密封，因此耐压能力强；④由于伸缩过程中没有变形部件，因此，不会发生疲劳破坏，使用寿命长；⑤由于管壁是两层结构，可以有效控制管径，所以装置外径不会太大，容易下入套管；⑥可适用于热采井管串结构及固井作业。

4.2.12　封隔器胀封工具

对于特殊完井工艺，例如筛管完井、封隔器完井、选择注水泥工艺固井等，这些特殊工艺的套管串中有时封隔器需要逐个胀封，这就必须由专门的封隔器胀封工具来完成。下面介绍几种不同的封隔器胀封工具。

4.2.12.1　由皮碗封隔器组成的胀封工具

1）皮碗封隔器结构组成。

皮碗封隔器是一种靠皮碗作为环空密封元件的封隔器。皮碗封隔器主要由以下部件组成：外端母扣接头、内筒管、外皮碗定位环、内皮碗定位环、内端母扣接头、内密封皮碗、内皮碗保护环、外密封皮碗、外皮碗保护环和承压环等（图4－88）。使用皮碗封隔器作为套管（筛管）外封隔器的胀封工具时，必须使用两个皮碗封隔器，还要配有桥式短节和其他附件，组成胀封工具总成。并保证下入时的环空连通，保证环空排液和循环。

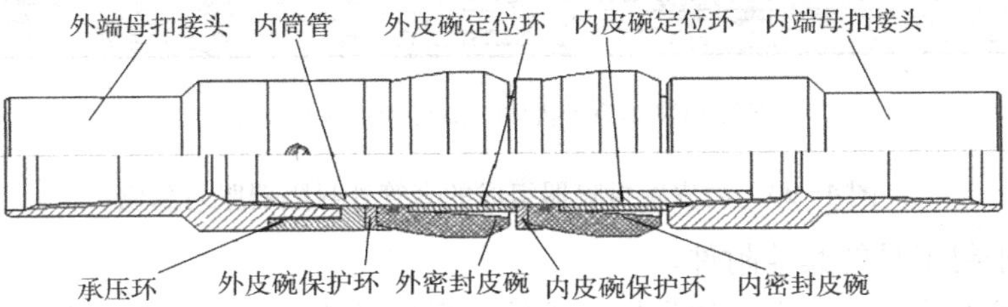

图4－88　皮碗封隔器结构示意图

2）桥式短节结构组成。

桥式短节是特殊的双重管柱，在保证内管内和外管外有连通管的情况下，两管夹层也保证连通，并且两个流道是独立的（图4－89）。桥式短节主要由以下部件组成：上油管短节、上端部接头、上部内管体、外管体、下部内管体、下端部接头、下油管短节、上部外筒密封圈、上部内筒密封圈、过桥管体、下部内筒密封圈和下部外筒密封圈等。桥式短节与皮碗封隔器一起组成胀封工具总成，以保证管内流体通过内外通孔进入套管（筛管）封隔器，实施胀封，同时保证下入时的环空连通和环空排液及井液循环。

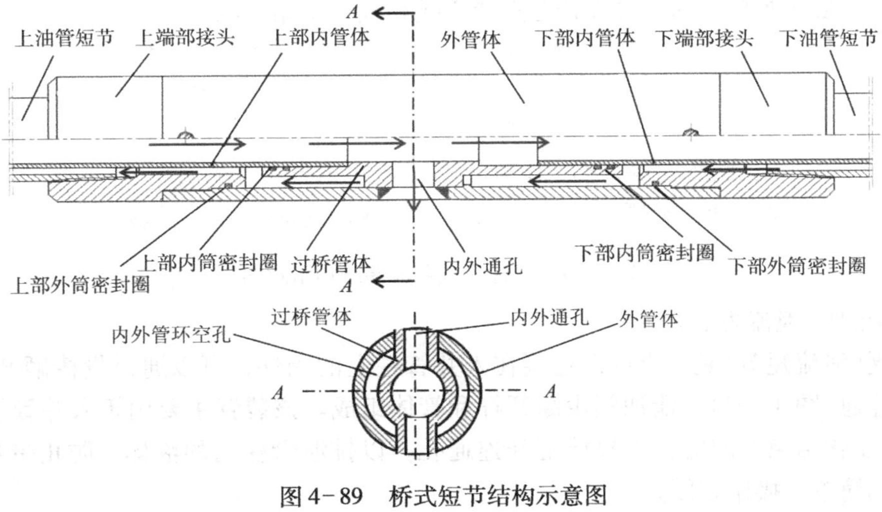

图4－89　桥式短节结构示意图

3)由皮碗封隔器组成的套管(筛管)封隔器胀封总成。

由皮碗封隔器组成的套管(筛管)封隔器胀封总成主要由以下部件组成：上部油管短节、上部皮碗封隔器、桥式短节(出液孔短节)、下部皮碗封隔器和下部油管短节组成等(图4-90)。该装置主要用来胀封井下套管或筛管上的封隔器，以及筛管环空洗井等。在使用时，上部连接送入管柱，下部连接可泄压式单流阀(球座短节)以及引鞋。使用球座(不预先放球)时，也可在底部安装插头插入洗井阀进行正向洗井。送入管柱小钻杆或油管均可。由于胀封总成有内外管间隙流道，并且有桥式短节，因此在管柱向井内下入时，环空流体可以通过胀封总成向上流动，防止推活塞现象造成无法下入。同理管柱上起时，环空流体也可以通过胀封总成向下流动或管柱内外建立循环。

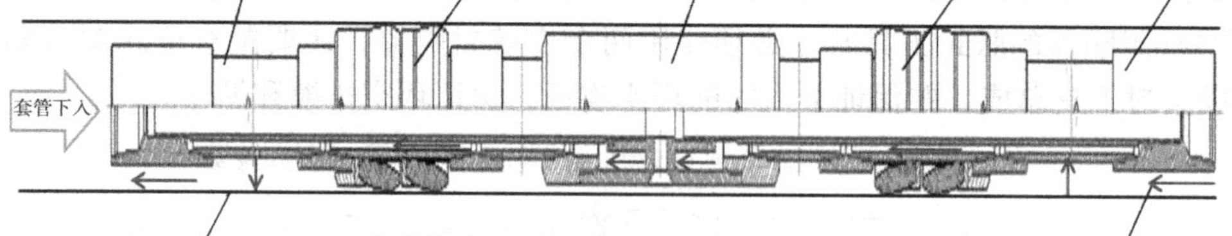

图4-90 由皮碗封隔器组成的套管外封隔器胀封总成

4)封隔器胀封工具的其他附件。

封隔器胀封工具除送入管柱和胀封总成外，根据具体情况还应配有其他附件。其他附件主要有：可泄压式单流阀、泄油阀(泄流短节)、单个封隔器和洗井阀(在筛管串底部使用)。多数胀封工具入井后，往往承担多项任务，如胀封单个套管(筛管)封隔器、胀封多个套管(筛管)封隔器、清洗筛管环空等。需要根据井下需求配置管串结构。

(1)可泄压式单流阀。

可泄压式单流阀是一个球座可以剪切掉的反向单流装置(图4-91)。可泄压式单流阀主要由以下部件组成：母接头、挡球篮、憋压球、球座、筒体、托篮、母接头密封圈、球座密封圈、剪切销钉、公接头密封圈和公接头等。该装置主要用于下入的工具管柱正向憋压时的封堵、密封和筛管环空的反向洗井。可泄压式单流阀也可以在下入管柱时不先把球放入，下完管柱根据需要再投球。这样可以任意选择正循环或者反循环洗井。

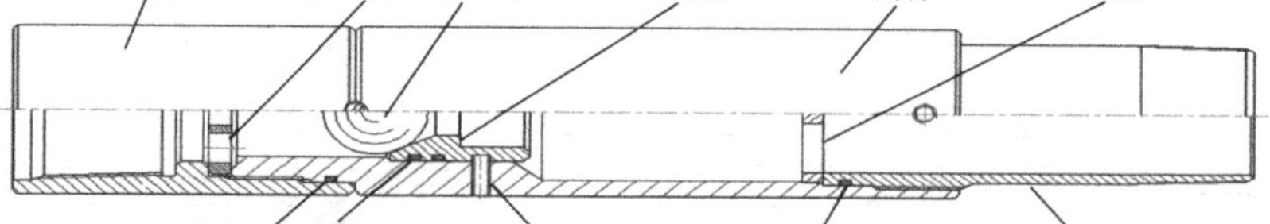

图4-91 可泄压式单流阀结构示意图

(2)泄油阀(泄流短节)。

泄油阀(泄流短节)是一个可以连接在入井管柱上的阀件，可以通过投棒砸开连通孔使管柱内外连通(图4-92)。泄油阀由断开杆和管体组成。该装置主要用于入井管柱(带封隔器的管柱)工作结束上起时，可投棒砸开连通孔，以排泄管柱内的液体，防止带喷起管柱。该工具结构简单，操作方便。

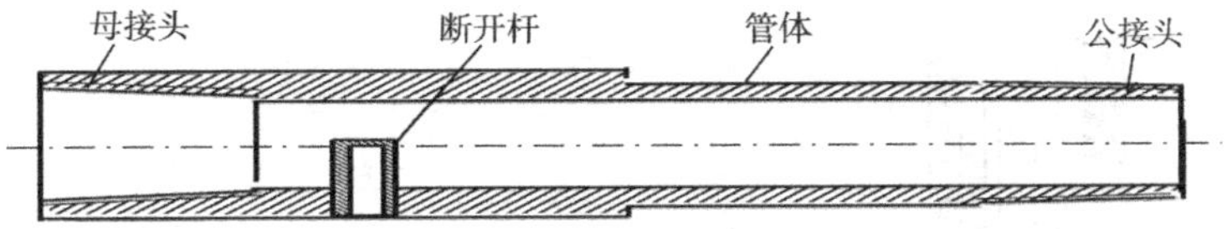

图4-92 断开连通阀(泄油阀)结构示意图

(3)洗井阀。

洗井阀是一个带插座的单流凡尔装置(图4-93)。该装置主要由以下部件组成：插头母扣接头(与下入管柱配套的)、插头(与装置配套的)、母扣接头、插座、凡尔球、凡尔弹簧、弹簧扶正筒、引鞋、弹簧座、旋流管体、弹簧扶正筒固定套和密封圈等。洗井阀的使用方法为：在下筛管时连接在筛管底部，当需要清洗筛管环空时，将插头连接在清洗管柱底部，管柱下到井底后将插头插入洗井阀插座，由于专门设计的插头，插入后洗井阀凡尔失去密封功能，因此既可进行正循环洗井也可进行反循环洗井。

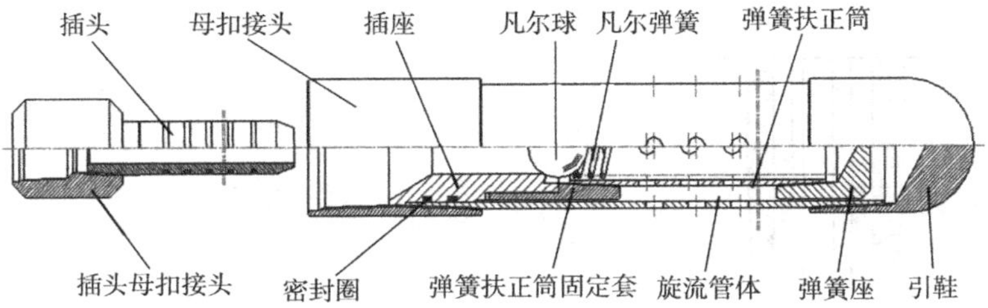

图4-93 洗井阀结构示意图

5)套管(筛管)外封隔器胀封程序。

以最常见的筛顶部注水泥完井管柱中筛管封隔器胀封为例，介绍由皮碗封隔器组成的胀封工具对套管(筛管)封隔器胀封的施工程序。胀封程序为：按各附件的设计距离连接好管串(图4-94)→按操作规程将管串下入井内→将插头插入洗井阀插座，此时，洗井阀凡尔已失去密封功能，胀封总成正好在筛管封隔器处[图4-94(a)]→反循环洗井清洗筛管环空[图4-94(b)]→正向打压胀封筛管封隔器[图4-94(c)]→憋掉单流阀球座→投棒打开泄油阀→起出管柱[图4-94(d)]。

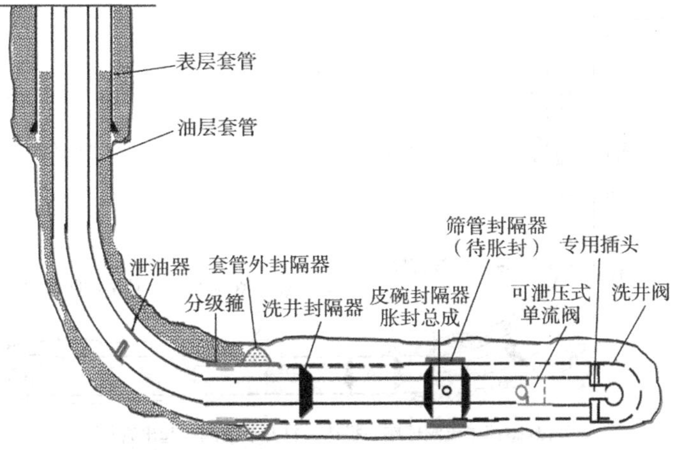

(a) 连接管串，下入井内设计位置

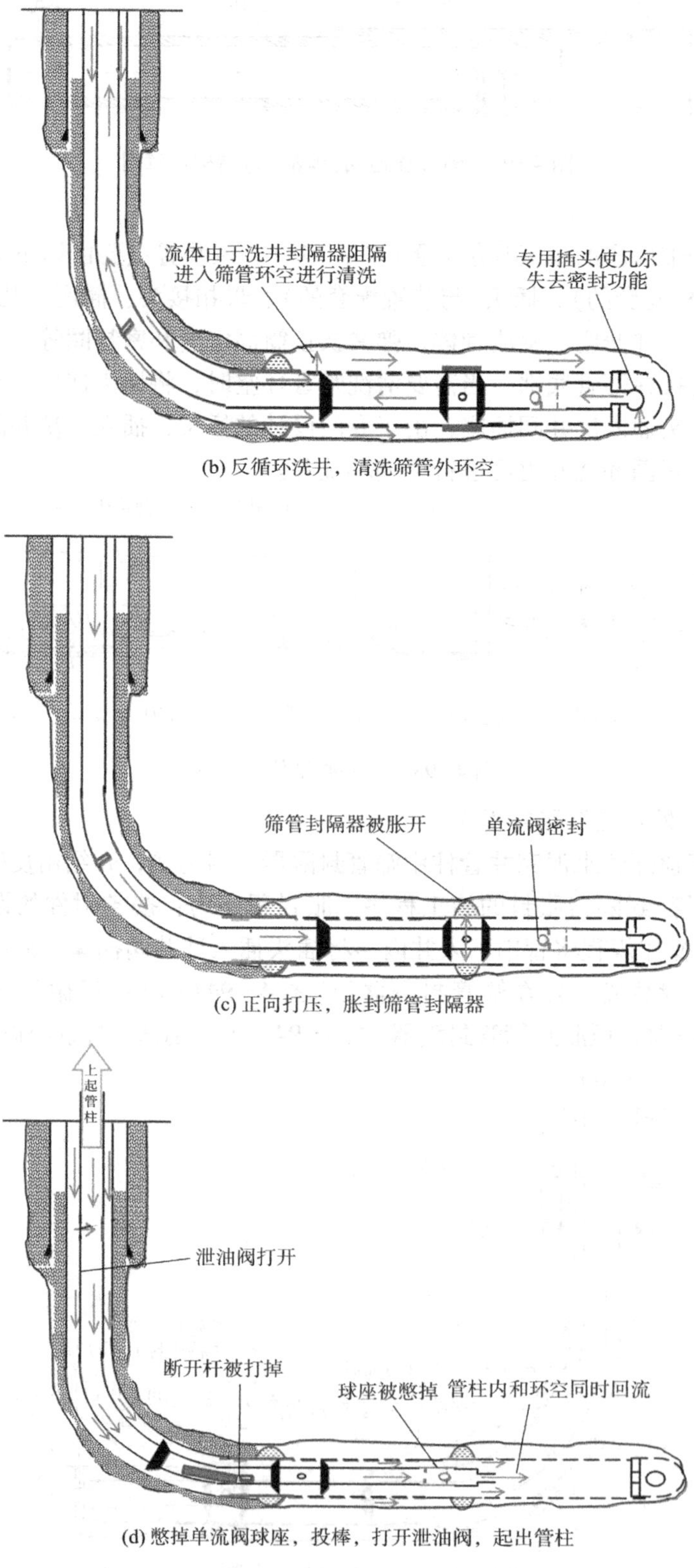

(b) 反循环洗井，清洗筛管外环空

(c) 正向打压，胀封筛管封隔器

(d) 憋掉单流阀球座，投棒，打开泄油阀，起出管柱

图4-94　洗井、胀封筛管封隔器管串结构示意图(使用皮碗封隔器)

4.2.12.2　由 k344 封隔器组成的胀封工具

1) k344 型封隔器结构。

k344 型封隔器是胜利油田采油院研究开发的一种可回收式封隔工具。该工具主要由以下部件组成：母扣接头、胶筒上端内固定套、内筒、胶筒下端内固定套、公扣接头、连接短节、胶筒伸缩保护套、胶筒下端外压套、胶筒和胶筒下端外压套等(图 4-95)。k344 型封隔器可与节流器及其他附件配合组成套管(筛管)封隔器胀封工具。该工具主要在筛管环空洗井、修井、找堵水等作业中使用。作为套管(筛管)外封隔器胀封工具使用时，需要使用两个 k344 型封隔器，并且中间要安装一个节流器，组成胀封工具总成。

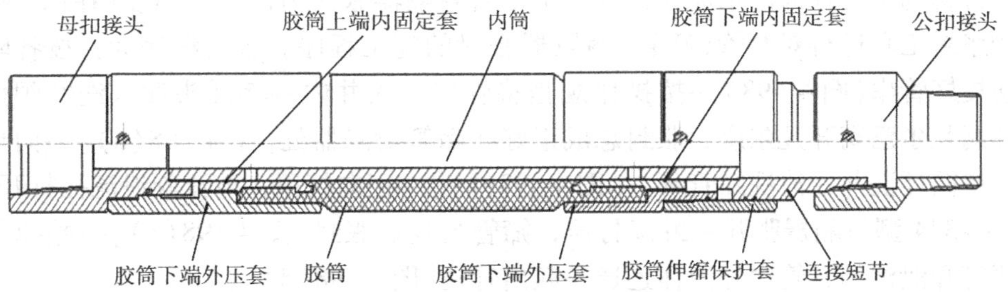

图 4-95　k344 型封隔器结构示意图

2) 节流器结构。

节流器是一个压力泄流短节，当管路中的压力升高到一定值时，旁通孔会打开，使流体外泄。节流器主要由以下部件组成：母丝扣接头、复位弹簧、弹簧固定箍、管体、打开套密封圈、打开套和端部密封圈等(图 4-96)。节流器可与 k344 型封隔器及其他附件配合组成套管(筛管)封隔器胀封总成。

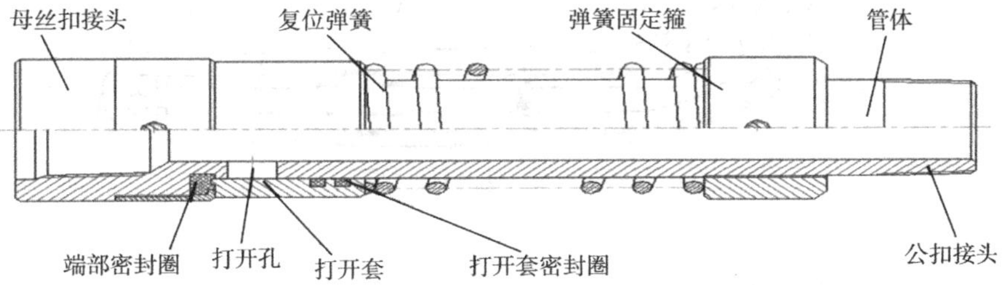

图 4-96　节流器结构示意图

3) 由 k344 型封隔器组成的套管(筛管)封隔器胀封总成。

由 k344 型封隔器组成的套管(筛管)封隔器胀封总成由以下部件组成：上部胀封管串公接头、上部 k344 型封隔器、节流器、下部 k344 型封隔器和下部胀封管串公接头(图 4-97)。该装置主要用来胀封井下套管或筛管上的封隔器，以及筛管环空洗井等。在使用时，上部连接送入管柱，下部连接可泄压式单流阀(球座短节)以及洗井阀或引鞋。送入管柱使用小钻杆或油管均可。由于管内压力低时节流阀泄流孔处于关闭状态，并且 k344 型封隔器处于回缩状态，因此在管柱向井内下入时，环空流体可以正常向上流动，不会出现推活塞现象造成无法下入。同理，管柱上起时，环空流体也可以正常向下流动或管柱内外建立循环。直井下完管柱时可采用向井内球座投球的方式进行密封憋压操作，斜井或水平井可预先将球装在球座内，用挡球篮限制，使球和球座一起随管柱入井，下完管柱后即可憋压操作。

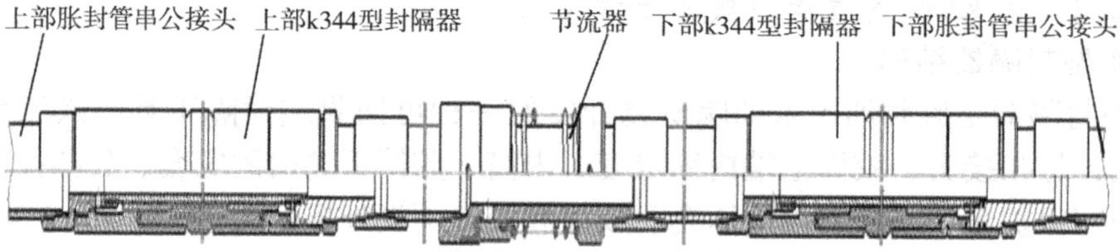

图 4-97　由 k344 型封隔器组成的套管外封隔器胀封总成

4)套管外封隔器胀封程序。

以最常见的筛管顶部注水泥完井管柱中筛管封隔器胀封为例，介绍使用由 k344 型封隔器组成的胀封工具进行对套管(筛管)封隔器胀封的施工程序。胀封程序为：按各附件的设计距离连接好管串(图 4-98)→按操作规程将管串下入井内→将插头插入洗井阀插座，此时，洗井阀凡尔已离开凡尔座，胀封总成正好在筛管封隔器处[图 4-98(a)]→向环空泵送清洗液，反循环洗井，清洗筛管环空[图 4-98(b)]→正向打压，节流阀泄流孔打开(管内压力升高)→k344 型封隔器胀开→继续打压，筛管封隔器胀封[图 4-98(c)]→憋掉单流阀球座→投棒打开泄油阀，管内外液体连通→起出管柱[图 4-98(d)]。

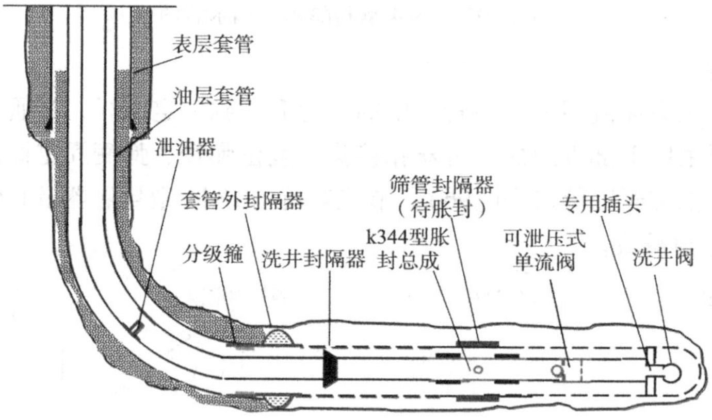

(a) 连接管串，下入井内设计位置

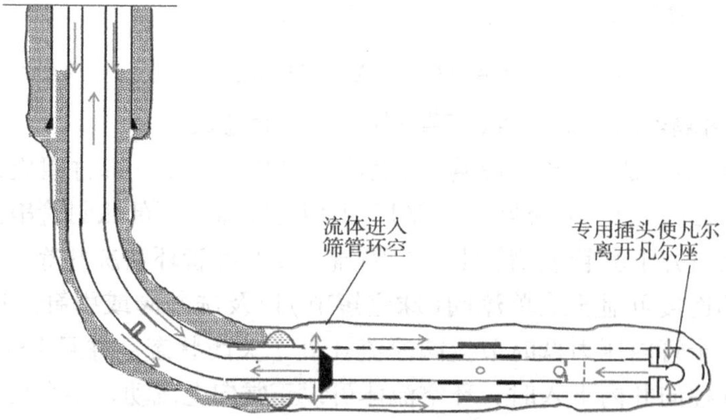

(b) 向环空泵送清洗液，反循环洗井，清洗筛管外环空

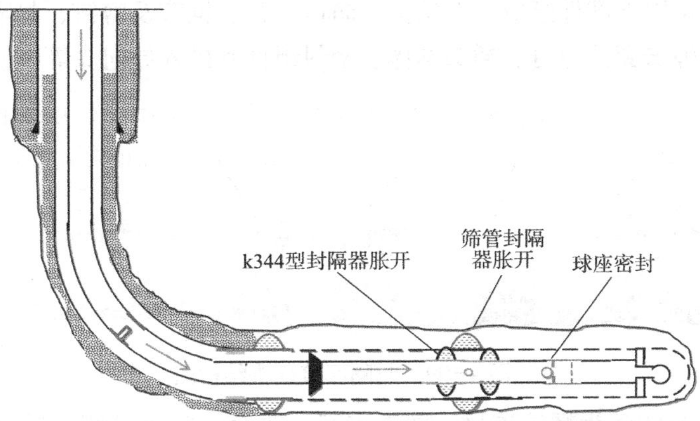

(c) 管内打压，节流阀打开，k344型封隔器胀开，继续打压胀开筛管封隔器

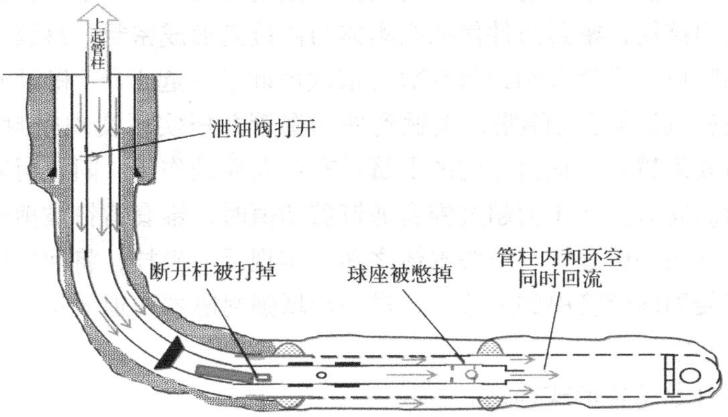

(d) 憋掉单流阀球座，投棒，打开泄油阀，压力泄掉，k344型封隔器复位，起出管柱

图 4-98　洗井、胀封筛管封隔器管串结构示意图(使用 k344 型封隔器)

4.3　固井新工具的研发与应用实例

4.3.1　尾管固井回接补救装置的研究与应用

4.3.1.1　概述

高压油气井尾管固井中由于油气压力过高和井下复杂，有时防窜工艺措施难以实施到位，固井后产生环空气窜。哈萨克斯坦阿克纠宾、四川普光等油气田，均采用尾管固井及尾管回接固井方式，已有多口井因气窜出现了不同程度的井口带压问题，为安全生产带来极大风险。气窜一旦发生，常规回接固井很难解决，补救措施困难，重建井筒完整性成本高。因此，在尾管固井发生环空气窜的情况下，研制一种新型安全高效的防气窜回接固井装置及配套施工工艺，有效补救尾管固井后的气窜问题，对保护套管、增加油气井安全性、延长油气井寿命等，均具有重要意义。

4.3.1.2　结构原理

超高压防气窜回接装置主要由以下部件组成：封隔回接插头、浮箍、铣鞋、固井胶塞和丢手工具(短回接时使用)等。其中，封隔回接插头采用顶部封隔器与回接插头一体式结构，封隔回接插头结构主要由以下部件组成：上接头、防退卡瓦、锥套及剪钉、封隔胶筒、卡簧、锁紧套剪钉、锁紧套、弹簧套及剪钉、插头本体、密封组件和插入导向头等(图4-99)。

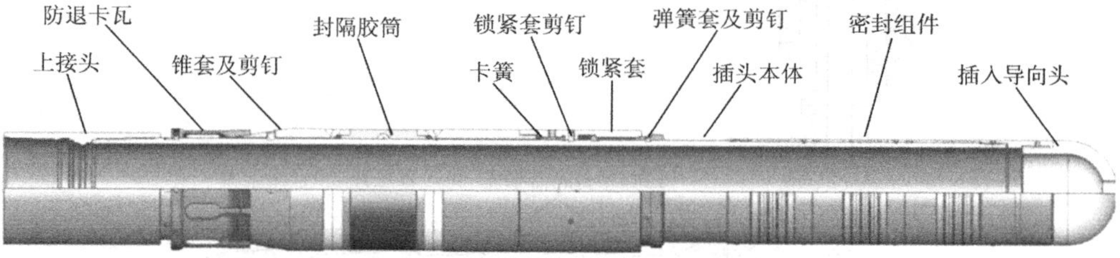

图4-99　封隔回接插头结构图

上接头与插头本体间为螺纹连接，防退卡瓦、锥套、封隔胶筒、锁紧套、弹性套均套在插头本体上，可相对于插头本体滑动。密封组件则固定在插头本体上。固井替浆结束后，下放管串，插头插入回接筒，密封组件使插头本体与回接筒形成密封。继续下放管串，弹簧套接触回接筒顶部喇叭口，弹簧套和锁紧套剪钉依次剪断后一起上行(相对上行，实际是内管下行)挤压封隔胶筒，胶筒径向膨胀，接触到外层套管并压实后实现密封，防止环空窜气。挤压力越大，密封效果越好。锁紧套内的卡簧具有单向移动作用，阻止封隔胶筒胀封后的回退，保证永久密封。同时，挤压力超过锥套剪钉剪切值时，锥套剪钉被剪断，锥套上行，将防退卡瓦张开，楔紧在外层套管与插头本体之间，实现反向坐挂，将回接插头锚定在外层套管上，防止水泥浆凝固前套管串的上移，并进一步增强封隔器防退效果，提高密封能力。

4.3.1.3　设计要点

1)插头密封组件及结构形式选择。

“V”型圈适用的密封间隙大，密封效果好，但在插头多次试插过程中易脱落；“O”型圈被金属环固定，相对“V”型圈不易脱落，但密封能力差，适用的密封间隙小；硫化矩形圈密封件固定牢固，密封效果好，但适用的密封间隙小。地面试验“V”型圈与“O”型圈组合密封形式和硫化矩形圈结构的密封能力均能达到70MPa。前者用于各种情况下的回接，后者主要用于尾管固井后的直接回接。密封组件至少3组，且各密封组件独立固定，防止一组脱落后影响其他组件的密封效果。

2)封隔器提前胀封技术。

常规的剪钉设计，在下入过程中阻力超过剪钉剪断值时就会直接造成封隔器提前胀封。收缩套与锁紧套结构设计，在遇到大量套管泥饼作用时收缩套自动收缩，也易发生提前胀封事故。封隔回接插头采用弹性套和锁紧套的特殊结构设计，使插头在入井过程中受到的各种阻力被传至插头本体上，锁紧套剪钉免受力不被剪断，有效防止了封隔器提前胀封事故的发生。

3)封隔器结构形式的选择。

三胶筒封隔器适用的密封间隙大、套管内径不规则范围宽、易密封，但密封能力低，且因三个胶筒之间外径不一致，在钻井液密度高、泥饼或岩屑床多、井壁不稳定、沉砂多、循环排量大时易发生提前胀封而受到使用限制。金属膨胀式封隔器密封能力高，使用安全，但适用的密封间隙范围小，密封效果受居中度、套管椭圆度、套管接箍等因素影响较大。单胶筒封隔器具有三胶筒类似的密封适应性，且密封能力高，试验可达70MPa，外径一致，在复杂情况下使用较安全，是优先选用的结构形式。

4)防凸机构。

在封隔胶筒上下设计有防凸机构。坐封前，外径小于插头最大外径，保持最大过流通道；坐封时，外径变大，将封隔胶筒限制在上下防凸机构中间，防止胶筒破裂。同时，防凸机构对封隔胶筒有一定的牵制作用，防止排量过大时发生提前胀封。

5)防退卡瓦。

为弥补防退卡簧回退造成的密封能力降低，设计有防退卡瓦，大大提高了防退能力。对于短回接不固井的施工，防退卡瓦能够将回接插头锚定在外层套管上，确保了丢手成功，并且防止因尾管环空压力大而上顶插头使插头上移造成的密封失效。

6)插入导向头。

“马蹄形”插入导向头虽然不需要钻除，但不能保证一次性插入成功，甚至插入失败。选用易钻材料的“半球形”插入导向头，能够保证一次性插入成功。同时，舍弃侧循环孔，增加一组密封件，保证插头的密封能力。

7)气密封扣技术的应用。

直接将上接头两端及插头本体加工成与套管一致的气密封扣，既方便了与套管直接连接，又保证了气密封效果。

4.3.1.4 技术参数

超高压封隔回接插头主要技术参数见表4-12。

表4-12 新型封隔回接插头主要技术参数

规格/mm	最大外径/mm	内径/mm	过流面积/cm^2	材质	坐封压力/kN	密封能力/MPa	耐温/℃
177.8	211	157	38.7	P110或110S	300~500	70	150
193.7	235	168.3	48.94	P110或110S	300~500	70	150

4.3.1.5 回接工艺

1)管串结构。

(1)回接固井管串：封隔回接插头+2根套管+浮箍+回接套管串+心轴式套管悬挂器+联顶节+套管水泥头。

(2)短回接固井管串：封隔回接插头+2根套管+浮箍+套管+锁紧座+短回接套管串+丢手工具+送入钻具+钻杆水泥头。

(3)短回接不固井管串：封隔回接插头+套管+丢手工具+送入钻具。

2)工艺流程。

(1)井筒准备：先下入大尺寸钻头扫塞至回接筒顶部，再换小尺寸钻头钻穿尾管悬挂器，并对回接筒位置及以上50m套管反复刮管和冲洗。使用高密度钻井液的井，宜进行全井刮管。

(2)磨铣回接筒：下入专用铣鞋，到位后用40~50r/min的转速反复磨铣回接筒内表面3~4次，最后一次加钻压30~50kN，磨铣5min，记录中和点位置的铣鞋深度。大排量循环一周，起钻检查铣鞋磨损情况，判断回接筒磨铣修复状况，决定是否可以下套管。

(3)排列回接管串：以磨铣测得的回接筒顶深为依据排列回接管串长度，并附加计算的回缩距。

(4)下套管、试插：插头接近回接筒时，先大排量循环30min，再改为小排量，缓慢下放套管串。当泵压突然升高、悬重陡然下降时停泵，下压20～50kN，憋压5～8MPa，检查插头是否插入及密封性。

(5)调长：回接管串要根据试插结果调整好心轴悬挂器以下回接管串长度，短回接管串要调整好钻余。

(6)固井：将回接插头置于回接筒顶部以上0.5～1.0m位置循环后固井。

(7)插头插入、坐封封隔器：带压缓慢下放管串，将回接插头插入回接筒。下压至100～120kN，弹簧套剪钉剪断；下压至120～150kN，锁紧套剪钉剪断，封隔器胀封；继续下压至300～500kN，封隔器完全胀封，防退卡瓦胀开。

(8)坐挂心轴悬挂器：对于常规回接，继续下放管串，将剩余管串重量坐挂在套管头上。

(9)试压：按设计要求进行试压。

(10)倒扣丢手：对于短回接，调整至丢手工具受压50～100kN，正转有效倒扣25圈以上，拔出送入工具。

短回接固井，无第(8)步；短回接不固井，无第(6)、第(8)步。

3)技术要点。

(1)扫上水泥塞必须扫到回接筒顶部位置，否则残留水泥环将导致插头插不到位，并影响密封效果。

(2)扫上水泥塞过程必须保护好回接筒喇叭口。喇叭口损伤严重将导致插头插不进去，并在插头插入过程中刮坏密封件。采取的工艺是根据尾管倒扣后上提下放钻具实测的回接筒顶部深度，提前3～5m降低钻压和转速，发现扭矩突然增大或钻时延长不超过半分钟，立即停止钻进。

(3)磨铣回接筒必须准确判断磨铣到位。回接筒喇叭口损伤严重时，铣鞋不能进入回接筒，在喇叭口处也能磨出一圈痕迹。只有铣鞋底部的磨痕直径等于悬挂器密封外壳左螺纹内径且铣鞋直肋上有周向磨痕时，才证明铣鞋确实磨铣到位。

(4)插头试插时要严格控制下压力，不能超过50kN，以防止未固井而封隔器提前坐封事故的发生。

(5)精确计算回缩距与调长。回缩距的计算与管串调长直接关系到施工的成败。井口坐挂点以下回接套管过长，将造成心轴悬挂器无法坐挂，过短则造成封隔器坐封下压力不够或插头无法插入回接筒。

精确回缩距由套管与钻杆自由伸长量之差、封隔器坐封行程、下压力及固井前后浮力差作用下的管串收缩长度组成。目前，对固井前后的浮力差计算无统一观点，一般按套管为闭口条件计算，计算出的浮力差偏大，使插头的最终下压力过大。笔者考虑了水泥浆不返至井口情况及替入重泥浆因素影响，计算结果更准确。

常规回接回缩距：试插后，套管与钻杆自由伸长之差已校正，回缩距主要由下压力及固井后浮力差作用下的管串收缩长度和封隔器坐封行程组成。

4)有关计算。

(1)固井前后浮力变化的计算：

$$\Delta W = (\rho_1 - \rho_2)\frac{\pi D^2 \times H}{40000} - (\rho_3 - \rho_2)V \tag{4-1}$$

式中　ΔW——固井后浮力差，t；

ρ_1——水泥浆密度，g/cm^3；

ρ_2——钻井液密度，g/cm^3；

ρ_3——重泥浆密度，g/cm^3；

D——回接套管外径，cm；

H——封固段长度，m；

V——重钻井液体积，m^3。

(2)回缩距计算：

$$\Delta l = K\frac{10g}{EF}\left(\Delta W \times L - \frac{\Delta W}{2}H\right) + K\frac{10g}{EF}(W \times L) + l_1 \tag{4-2}$$

式中　Δl——坐挂点以下回缩距，m；

g——重力加速度，$9.8m/s^2$；

L——回接套管长度，m；

F——回接套管管体截面积，cm^2；

W——插头下压力，t；

l_1——封隔器坐封行程，m；

E——钢材弹性系数，2.059×10^5MPa；

K——接头影响系数，一般取 0.85 ~0.95，无量纲。

(3)套余计算：

$$\Delta L \geqslant \Delta l + l_2 + l_3 \tag{4-3}$$

式中　ΔL——套余，m；

l_2——套管母接箍长度，m；

l_3——吊卡高度，m。

(4)短回接回缩距：固井后尾管浮力差采用公式(4-1)计算。回缩距按水泥浆返至丢手工具位置计算：

$$\Delta l = K\frac{10g \times H}{EF_1}\left(\frac{\Delta W}{2} + W\right) + K\frac{10g \times L}{EF_2}(\Delta W + W) + l_1 \tag{4-4}$$

$$\Delta L \geqslant \Delta l + l_2 + l_3 \tag{4-5}$$

式中　Δl——回缩距，m；

ΔL——方(钻)余，m；

H——尾管长度，m；

F_1——尾管管体截面积，cm^2；

L——送入钻杆长度，m；

F_2——送入钻杆管体截面积，cm^2；

l_2——钻杆母接箍长度，m；

l_3——吊卡高度，m。

5)长度调节。

对于心轴悬挂器回接，根据试插结果，在心轴悬挂器以下增加计算出的回缩距套管长度，心轴悬挂器坐挂后的套余大于计算值；对于卡瓦式回接，除满足套余大于计算值外，还要确保井口坐挂时套管接箍避开坐挂点；短回接则要求固井前插头刚插到位状态时的钻余大于计算值。

4.3.1.6 现场应用

1)应用情况。

超高压封隔回接装置在四川地区高压气井中已应用8井次，均取得成功，封隔器坐封明显，密封效果良好，有效解决了尾管固井后的气窜难题。其中：3口井尾管固井后有气窜风险，回接固井后无气窜，达到防气窜效果；2口井尾管固井后气窜，回接或短回接固井后无气窜，3口井尾管固井后气窜，短回接不固井后无气窜，气窜问题得到有效解决。具体应用情况见表4-13。

表4-13 新型超高压封隔回接装置应用情况统计

井 号	规格/mm	钻井液密度/(g/cm^3)	施工方式	坐封现象	试压/MPa	尾管固井气窜情况	回接后封固效果
元坝205-1	177.8	1.26	回接固井	明显		有气窜风险	无气窜
元陆704	193.7	2.14	回接固井	明显		气窜	无气窜
元坝1-1H	193.7	1.44	回接固井	明显		有气窜风险	无气窜
元坝272H	193.7	1.3	回接固井	明显		有气窜风险	无气窜
元坝272-1H	193.7	2.15	短回接固井	明显		气窜	无气窜
江沙105HF	177.8	2.04	短回接不固井	明显	30	气窜	无气窜
江沙104HF	177.8	2.03	短回接不固井	明显	30	气窜	无气窜
江沙102-4	177.8	2.05	短回接不固井	明显	29.7	气窜	无气窜

2)应用实例。

(1)元陆704井现场应用。元陆704井是中石化西南分公司在四川元坝地区所钻的一口陆相地层开发井，三开完钻井深5168m，钻井液密度2.14g/cm^3，采用ϕ273.05mm×ϕ182mm尾管固井后发生气窜，严重影响后续完井作业，决定采用ϕ193.7mm超高压封隔回接装置回接至井口并固井。

2013年8月3日，井队严格按照工艺要求完成扫塞、刮管作业后，将插头及回接套管下至预定位置，并顺利完成固井施工，下压400kN坐封封隔器，环空试压10MPa无压降，扫塞后全井试压55MPa合格，气窜问题得到有效解决。

(2)江沙105HF井现场应用。

江沙105HF井是西南分公司在川西地区部署的一口开发评价井，以沙溪庙中浅层气藏为目的层，完钻井深2698m，油层套管采用ϕ244.5mm×ϕ139.7mm尾管悬挂固井，悬挂器下深1230m。该井尾管固井后气窜严重，用2.0g/cm^3泥浆无法压稳，点火节流循环，致使后续试气作业无法进行。决定采用ϕ177.8mm超高压封隔回接装置短回接不固井工艺进行补救。

短回接管串：封隔回接插头+2根套管+丢手工具+送入钻具。

采用短回接不固井方案，尾管短，风险大，一旦密封时效，工具无法正常取出，后续处理工作十分被动。要求插头及封隔器必须密封可靠，防退卡瓦必须坐挂牢固。

经过充分准备，严格按照施工流程作业，插头插入后下压50kN，试压5MPa无压降，继续下压至500kN，封隔器胀封，试压30MPa，稳压30min无压降。送入钻具顺利丢手，循环后放喷管线火焰熄灭，气窜问题得到圆满解决。

4.3.1.7 结论

(1)现场多口井应用证明，超高压封隔回接装置既能用于尾管固井后发生环空气窜的尾管回接固井，又能用于尾管固井后发生环空气窜的补救，且成功率高、防气窜效果好。

(2)该装置在复杂井况中使用具有更高的施工安全性与封隔密封可靠性；尤其适用高压气井的尾管回接与环空窜气的补救施工。

(3)保证施工成功的关键是必须严格执行推荐的各项工艺流程。

4.3.2 XPJQ型漂浮减阻器的研制与应用

4.3.2.1 概述

随着我国海上油气田和非常规油气田的不断勘探开发，丛式井钻井技术、分段压裂储层改造技术也相继发展，从而使大位移井、长水平段水平井数量增加。然而大位移井、长段水平井套管下入存在一定的技术难题，主要表现在水平段长、位垂比大、套管自重加压有限，水平段及造斜段套管与井壁或上层套管壁间摩阻增大，严重影响套管正常下入，甚至造成套管粘卡事故，带来重大经济损失。针对该技术难题，国外公司开展过大量研究，开发了套管漂浮节箍，虽然解决了套管下入难题，但由于结构缺陷，事故时有发生，主要表现在：①固井后节箍内通径比套管内径小，影响后期作业；②内芯附件与套管间隙小，在内芯下移时易产生卡内芯事故；③销钉承载，承载能力差，同时价格昂贵，影响了该类工具的推广应用。中国石化石油工程技术研究院通过对大位移井下套管困难的原因和国外漂浮节箍的缺点进行分析，开发了XPJQ系列下套管漂浮减阻器，该工具克服了国外工具结构中存在的不足，固井后节箍内通径与套管内径一致，内芯附件与套管间隙大，在内芯下移时不会产生卡内芯事故，更加安全可靠，内芯采用滑块承压，承载能力大，操作简单，解决了当前漂浮节箍的缺点，适合水平井、大位移井的下套管作业。并在胜利油田胜2－平17井、埕北6GA－16井和埕北6GA－17井取得成功应用。

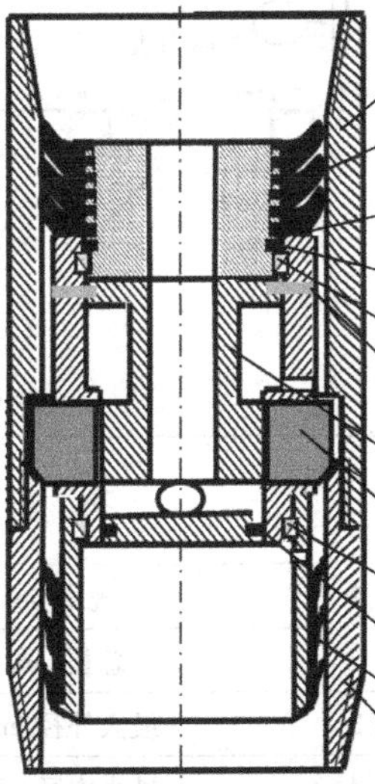

图4-100 下套管漂浮减阻器结构示意图

4.3.2.2 套管漂浮减阻器的研制

1)下套管漂浮减阻器结构。

XPJQ型下套管漂浮减阻器主要由以下部件组成：钢制外筒、密封胶塞、金属塞芯、胶塞密封圈、胶塞卡簧、打开芯销钉、打开芯、承载滑块、扶正胶塞卡簧、打开芯密封圈、扶正胶塞和承载短节等(图4-100)。

2)漂浮减阻器辅助部件。

使用下套管漂浮减阻器下套管固井时，须配套辅助部件，配合使用的辅助部件有：可钻式防落物浮箍、高承压漂浮旋流鞋、剪销式套管清理塞（简称清理塞；又称指示塞）和防转碰压塞。下套管漂浮减阻器及辅助部件如图 4-101 所示。

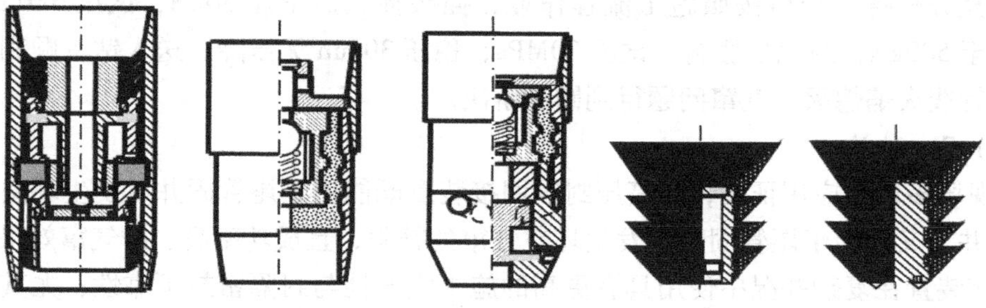

(a) 下套管漂浮减阻器　(b) 可钻式防落物浮箍　(c) 高承压漂浮旋流鞋　(d) 套管清理塞　(e) 防转碰压塞

图 4-101　漂浮减阻器及辅助部件

4.3.2.3　地面实验

为了保证各组件在井下更加可靠，确保达到设计要求，在实验室及试验场地对主要受力件、密封件及剪切件进行了专门的单项试验，其中包括滑块剪切及承压试验、密封胶塞的试验、漂浮减阻器剪钉剪切试验等，试验参数均达到设计要求。下套管漂浮减阻器总成组装好后，又进行了两次地面功能试验，试验连接如图 4-102 所示，主要是试验下套管漂浮减阻器总成及辅助部件总成的功能运行情况及技术参数，经过两次试验测试，各功能运行动作可靠、好用，技术参数达到设计要求，试验数据见表 4-14。

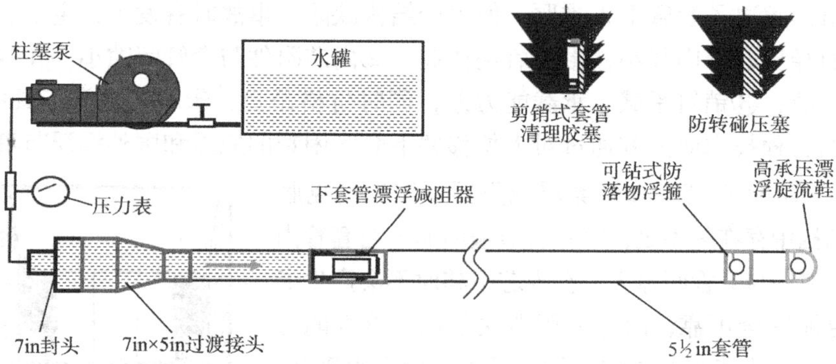

图 4-102　地面功能试验部件连接示意图

表 4-14　漂浮减阻器地面试验基础数据

工具名称	序号	项　目	设计参数	试验数据		说　明
				第一次	第二次	
下套管漂浮减阻器	1	规格/in	5½	5½	5½	1. 两次试验均没发生泄漏和部件损坏
	2	总长/mm	980	980	980	
	3	最大外径/mm	ϕ153	ϕ153	ϕ153	
	4	最小内径/mm	ϕ118.6	ϕ118.6	ϕ118.6	
	5	上下接头扣型	LTC	LTC	LTC	

续表

工具名称	序号	项　目	设计参数	试验数据		说　明
				第一次	第二次	
下套管漂浮减阻器	6	密封能力/MPa	>40	45	46	2. 各功能运行动作灵活、可靠
	7	设计打开压力/MPa	24～25	24	24.6	
	8	旋流鞋打开压力/MPa	7～8	7.5	8	
	9	清理指示器打开压力/MPa	2～3	3	2.5	
套管	10	规格/in	5½	5½	5½	3. 销钉剪切压力准确
	11	扣型	LTC	LTC	LTC	
	12	壁厚/mm	9.17	9.17	9.17	
	13	套管总长度/m	20	20	20	

表 4-14 中试验数据显示，地面试验各项指标达到设计要求，可以进行入井使用。

4.3.2.4　现场应用

2014 年 2 月 4 日、2016 年 1 月 23 日和 2016 年 2 月 21 日分别在胜利油田胜 2－平 17 井、埕北 6GA－16 井和埕北 6GA－17 井对 XPJQ 系列 139.7mm(5½in)和 177.8mm(7in)下套管漂浮减阻器产品进行了现场应用，下套管过程顺利，下套管漂浮减阻器的各项功能灵活、好用，各参数指标达到设计要求。现场使用情况如下：

1)胜 2－平 17 井基本资料。

胜 2－平 17 井是一口水平井，完钻井深：2748m；垂深：2180.76m；井眼尺寸：216mm(8½in)；造斜点位置：1792m；*A* 点位置：2432.34m；*B* 点位置：2737.53m；钻井液密度：1.25g/cm^3；套管尺寸：139.7mm；套管下深：2747.2m。

2)埕北 6GA－16 井基本资料。

埕北 6GA－16 井是一口海上大位移定向斜井，完钻井深：3222m；垂深：1414.56m；井眼尺寸 216mm；造斜点位置：97m；最大井斜：74.1°/2078.74m；钻井液密度：1.12g/cm^3；套管尺寸：177.8mm；套管下深：3219.9m。

3)埕北 6GA－17 井基本资料。

埕北 6GA－17 井是埕北 6GA－16 井的姊妹井，完钻井深：3286m；垂深：1406.36m；井眼尺寸：216mm；造斜点位置：97m；最大井斜：74.18°/2221.94m；钻井液密度：1.10g/cm^3；套管尺寸：177.8mm；套管下深：3283.49m。

4)现场施工参数与设计参数对比。

胜利油田胜 2－平 17 井、埕北 6GA－16 井和埕北 6GA－17 井下套管漂浮减阻器现场使用实际施工参数与设计参数对比见表 4-15。

表 4-15　下套管漂浮减阻器现场应用参数与设计参数对比

井　号	项　目	设计值	实际值	备　注
胜 2－平 17	掏空段长度/m	300	305.5	
	减阻器打开压力/MPa	24～26	25.3	液柱：22.3 表压：3

续表

井　号	项　目	设计值	实际值	备　注
胜2－平17	旋流鞋打开压力/MPa	5～7	5	
	清理指示塞打开压力/MPa	1～2	1	
	排气时间/min	20～30	28	
	灌浆时间/min	15～25	21	
	固井情况	—	—	施工顺利
埕北6GA－16	掏空段长度/m	900	931.21	
	减阻器打开压力/MPa	24～26	25.3	液柱：12.3 表压：13
	旋流鞋打开压力/MPa	5～7	5	
	清理指示塞打开压力/MPa	1～2	1	
	排气时间/min	30～50	35	
	灌浆时间/min	40～60	48	
	固井情况	—	—	施工顺利
埕北6GA－17	掏空段长度/m	900	903.8	
	减阻器打开压力/MPa	23～25	23.9	液柱：11.9 表压：12
	旋流鞋打开压力/MPa	5～7	6	
	清理指示塞打开压力/MPa	4～5	5	
	排气时间/min	10～20	10	
	灌浆时间/min	40～50	45	
	固井情况	—	—	施工顺利

4.3.2.5　结论

(1)XPJQ系列下套管漂浮减阻器结构设计新颖，克服了国外同类产品结构中存在的不足和弊端。其优点表现为：①固井后节箍内通径与套管内径一致；②内芯附件与套管间隙大，在内芯下移时不会产生卡内芯事故，更加安全可靠；③内芯采用滑块承压，承压能力大，操作方便好用；④内芯与外筒的大间隙密封采用胶塞式密封，密封能力强，密封可靠；⑤价格便宜，节约成本。

(2)XPJQ系列下套管漂浮减阻器通过地面实验及现场试用，各项功能运行灵活，操作方便，施工参数符合施工要求，达到了现场应用的条件。

(3)该产品能有效解决大位移井、长段水平井下套管摩阻大的问题，可在大位移井、长段水平井中推广使用。

(4)该工具无风险部件，对使用环境和条件基本无特殊要求。

4.3.3　ϕ139.7mm筛管顶部注水泥免钻塞固井完井工艺技术

4.3.3.1　概述

在胜利油田，中深及深层水平井完井常采用ϕ139.7mm筛管顶部注水泥固井工艺，可以减少完井费用，但施工中存在钻塞时间长、卡钻、套筛管损坏、影响后期作业管柱的下入等诸多问题。为此，胜利油田钻井工艺研究院研究开发了 ϕ139.7mm 筛管顶部注水泥免钻塞固井完井工艺，该工艺可有效地解决上述问题。ϕ139.7mm 筛管顶部注水泥免钻塞固井工具依据现场完井工艺技术要求，在现有筛管顶部注水泥免钻塞固井工具的基础上改进研制而成，并在国内首次完成3口井的现场实验应用。该工具完善了胜利油田免钻塞固井完井工具系列，达到了节约完井时间、保护完井管柱、降低施工风险、提高油气井开发的效果，具有较好的推广意义。

4.3.3.2　ϕ139.7mm 免钻塞固井工具的研制

1）研制思路。

在筛管顶部注水泥施工中，采用筛管顶部注水泥免钻塞固井技术可以避免常规筛管顶部注水泥工艺存在的钻塞时间长、卡钻、套筛管损坏、作业管柱下入遇阻、遇卡等诸多问题。国外各大公司常采用内管式筛管顶部注水泥免钻塞固井工艺，但此技术作业时间较长，存在插旗杆风险，胜利油田目前使用的无内管打捞式 ϕ177.8mm 免钻塞筛管顶部注水泥固井技术虽然在浅层油藏水平井中得到成功应用，但存在以下弊端：①下套管过程不可循环，套管下入不到位时无法循环处理，以及存在灌浆不及时引发循环通道提前打开的风险；②打捞时存在活塞效应，且井眼越深活塞效应越显著，拉拔力越大，存在打捞失败风险；③循环通道关闭不可靠，固井结束后需要憋压候凝；④部分打捞筒式免钻塞固井工具为提高抗拉载荷采用了钢结构，打捞不成功时，难以钻除。针对以上问题，依据 ϕ139.7mm 筛管顶部注水泥固井完井技术要求，在现有免钻塞固井工具及双级注水泥器基础上，通过增加球座、模块化封隔胶筒、可移动密封机构、固定锁块，优化剪切销钉压力级差，形成了全新的 ϕ139.7mm 筛管顶部注水泥免钻塞固井工具。

2）工具结构。

ϕ139.7mm 筛管顶部注水泥免钻塞固井工具主要由分级注水泥装置、封隔胶筒、可捞取内套总成三大部分组成，其具体结构如图4-103所示。

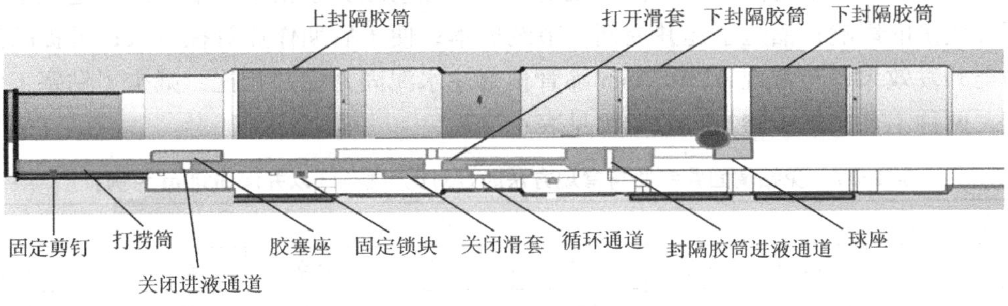

图4-103　ϕ139.7mm 筛管顶部注水泥免钻塞固井工具结构

3）工作原理。

ϕ139.7mm 筛管顶部注水泥免钻塞固井工具工作原理为：依据设计要求连接管串结构；按操作规程将管串下入到设计井深；投入胶木球，至球座的锁球装置锁闭；打压，钻井液通过封隔胶筒进液通道，胀封下封隔胶筒；继续打压，打开滑套下行，循环通道打开建立循环；注水泥固井，顶替；固井胶塞到达胶塞座后，推动胶塞座一起下行至打捞筒内部并锁闭；露出上部进液通道，打压胀封上封隔胶筒；继续打压，关闭滑套下行，关闭固井循环通道；同时，可捞取内套总成密封失效，上下连通，消除打捞时的活塞效应；固井候凝后，直接下入打捞工具至打捞筒内部；上提解锁，剪断固定剪钉，起出可捞取内套总成。

4）技术参数。

根据应用井的环境、井身结构、实钻情况等优化压力性能参数，上封隔胶筒打开、关闭压力可设定为5~7MPa，下封隔胶筒打开、关闭压力可设定为7~9MPa，分级注水泥装置循环通道的打开压力可设定为15~16MPa、关闭压力5~7MPa。工具尺寸及适应井径见表4-16。

表4-16　ϕ139.7mm免钻塞固井工具技术参数

最大外径 D/mm	内径 d_0/mm	打捞后内通径/mm	壁厚/mm	封隔胶筒长度/m	适用井径/mm
190±2	124.3	d_0-3	7.72	1.15~2.50（单胶筒）	$D+15\sim1.57D$
	121.4		9.17	2.50~5.00（双胶筒）	

5）技术优势与特点。

与现有ϕ177.8mm筛管顶部注水泥免钻塞固井工具相比，新改进的ϕ139.7mm筛管顶部注水泥免钻塞工具具备以下优势和特点：①球座设计，下套管过程可以循环，便于套管顺利下入，此外无需灌浆，缩短下套管时间；②工具憋压后可消除活塞效应，减少打捞提拉负荷，减少了井深对打捞力的影响；③采用锁块悬挂，降低打捞提拉负荷；④剪钉固定，防止可捞取总成移位；⑤下封隔胶筒采用模块化设计，可选用压缩金属笼式或水力扩张式等类型，大大提高了工具对井径、地层岩性适应性；⑥增加了上封隔胶筒，碰压后可形成环空封隔，避免了向筛管内漏水泥事故；⑦打捞筒采用易钻的铝合金材料，同时设计有防转机构，打捞不成功时可下钻钻除；⑧打捞筒与下部结构设置反扣连接，若打捞不成功打捞工具无法脱手时可通过倒扣提出上部打捞筒，下部结构通过下钻钻除。

4.3.3.3　ϕ139.7mm免钻塞固井完井工艺

ϕ139.7mm筛管顶部注水泥免钻塞固井完井工艺沿用原来的无内管打捞方式，固井后打捞出内套总成，增加了打捞的可靠性和成功率，该工艺减少了钻塞弊端，同时避免了钻塞过程对固井质量的影响；缩短了建井周期，节约成本；便于后期作业管柱下入；可提高油井使用寿命与开发效果。与常规ϕ139.7mm筛管顶部注水泥固井完井相比，减少了钻塞工序和完井时间，两种工艺实施步骤与时效对比见表4-17。

表4-17　免钻塞固井完井与常规方法时效对比分析表（以井深3000m为例）

完井方式	工序						
常规完井	下套管	固井碰压	候凝	测井	钻塞	铣井	总计
	18h	0	36h	24h	24h	15h	117h
免钻完井	下套管	固井碰压	候凝及打捞	候凝	测井	铣井	总计
	12h	0	20h	16h	24h	10h	82h
节约完井时间							35h

典型的免钻塞固井完井工艺管柱结构为：引鞋+洗井或砾石充填装置+筛管串+1根套管+分段管外封隔器（筛管分段完井应用）+1根套管+筛管串+套管串+免钻塞固井工具+套管串与扶正器组合+辅助固井工具+套管串与扶正器组合至井口。后期酸洗砾

石充填作业采用的内管柱结构为：油管+洗井封隔器+内插管。其管柱结构如图4-104所示。

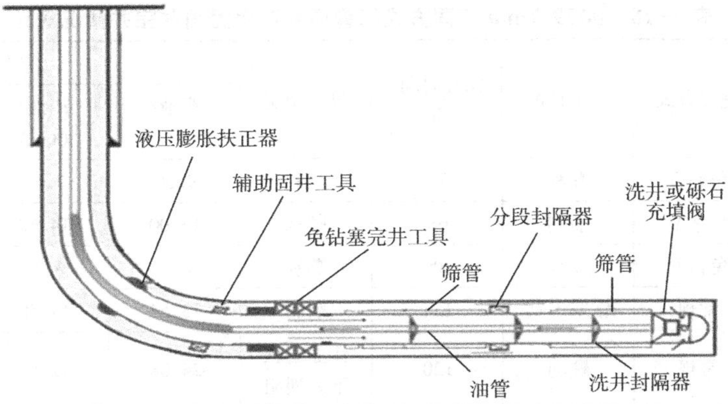

图4-104 ϕ139.7mm筛管顶部注水泥免钻塞固井完井工艺管柱结构示意图

施工程序为：①通井，下入完井管串；②投球，打压9~12MPa后稳压，胀封液压膨胀扶正器和免钻塞完井工具的下封隔胶筒；③继续打压至16~18MPa，打开注水泥循环通道；④循环钻井液；⑤循环正常后固井施工；⑥碰压，胀封上部封隔胶筒和辅助固井工具，关闭注水泥循环通道；⑦关井候凝，更换防喷器闸板；⑧下入打捞工具，打捞出内套总成，电测固井质量；⑨下入ϕ116mm磨鞋通井至人工井底；⑩酸洗、砾石充填作业；⑪投产。

打捞工艺流程为：①精确丈量打捞钻杆长度，“ϕ73mm钻杆+打捞工具”下至免钻塞固井工具上方1~2m的位置，循环钻井液一周；②免钻塞固井工具上方存在钻井液固化沉淀物或水泥浆混浆时，利用打捞工具加压20~30kN钻除；③将打捞工具下至免钻塞固井工具打捞筒内，加压50kN，上提管柱，观察指重表负荷显示有无变化，如没有变化，反复、缓慢下放及上提管柱，直至负荷存在明显变化；④观察指重表变化情况，当其超过可捞取总成销钉剪断载荷150~250kN，然后再降至原负荷时，打捞成功；⑤低速平稳上提管柱，同时严密观察指重表指数，起钻期间发生阻卡时，可采取上下活动管柱解卡、倒扣解卡的方式；⑥起出可捞取总成，检查其完整性。

4.3.3.4 现场试验

1)试验概况。

2013年，采用ϕ139.7mm筛管顶部注水泥免钻塞固井完井技术在D81区块进行了3口井的试验应用。3口井均采用打孔筛管顶部注水泥免钻塞固井完井方式，即水平油层段下入ϕ139.7mm×N80×ϕ9.17mm×24孔/米的打孔筛管，上部下入ϕ139.7mm筛管顶部注水泥免钻塞固井工具，注水泥固井完井。3口井管柱下入顺利，投球打压正常，封隔胶筒胀封完全，筛管内未漏失水泥浆，分级注水泥循环通道正常打开，固井过程顺利，碰压后分级注水泥循环通道关闭，打捞载荷符合设计要求。目前3口井生产正常，未出现套管损坏变形或上部油气水窜的问题，已累计采油6000余吨，达到预期完井目的。

2)实验效果。

3口试验井与同期采用常规筛管顶部注水泥固井的5口井固井完井情况进行对比，对比情况见表4-18，从统计结果看，采用ϕ139.7mm筛管顶部注水泥免钻塞固井完井平均可节约完井时间52h，而且避免了钻塞、投产作业风险，防止套管及水泥环破裂造成的水窜。

表4-18　ϕ139.7mm不同方式筛管顶部注水泥固井完井情况对比

井　号	完井方式	施工情况	完井时间/h	投产情况	生产情况		
					产液/(m^3/d)	产油/(t/d)	含水率/%
D81-P1	免钻塞	顺利	75	顺利	9.30	7.40	20.43
D81-P2	免钻塞	顺利	68	顺利	16.00	14.60	8.75
D81-P4	免钻塞	顺利	85	顺利	4.20	3.20	23.81
C56-P5	常规	钻塞卡钻	154	顺利	23.54	14.50	38.40
C56-P3	常规	顺利	120	作业管柱下入遇阻	24.08	12.67	52.62
C56-P1	常规	碰压未关闭	115	顺利	27.56	9.47	65.64
S13-X9	常规	顺利	123	上部水窜	封井停产		
S13-X11	常规	套管错断	128	大修侧钻	12.05	9.85	18.26

4.3.3.5　结论

(1)ϕ139.7mm筛管顶部注水泥免钻塞固井完井工艺克服了常规筛管顶部注水泥工艺难点，解决了ϕ177.8mm筛管顶部注水泥免钻塞固井完井技术弊端，提高了可靠性和成功率，是实现筛管顶部注水泥免钻塞固井完井技术的一次改进和完善。

(2)配套的ϕ139.7mm筛管顶部注水泥免钻塞固井完井技术，减少了钻塞程序，节约完井时间，避免了钻塞作业，有效保护水泥环、套筛管的钻塞损坏，提高油井开发效果。

(3)3口井的试验结果表明，开发的ϕ139.7mm筛管顶部注水泥免钻塞固井工具性能稳定、可靠，能满足现场完井技术要求，适合规模化推广。

(4)ϕ139.7mm筛管顶部注水泥免钻塞固井完井技术应用还存在管柱内通径减小、无法实现任意位置选择性固井等问题，今后应开展等通径、选择性免钻塞固井完井技术研发。

第5章 如何提高固井质量

油井百年大计，固井质量第一。一口井的固井质量不好，会影响开发效果，严重时会使前期所做工程工作量毁于一旦，甚至全井报废。对于生产套管固井，固井质量是关系到油井能否正常开采和油井寿命长短的关键因素。对于技术套管固井，固井质量是关系到能否进一步向深部地层钻进，达到勘探和开发目的的因素；同时，一旦产层套管封固不合格时，技术套管封固段也可作为阻止油气上窜的第二道屏障。固井质量直接关系到油田勘探开发效益，因此保证和提高固井质量是钻井完井过程中的一个关键环节。钻进过程井身质量再好，若固井质量不好，达不到预期目的，或无法进行生产，这口井也无法达到开发的目的。所以，我们在钻井完井过程中必须把固井质量放在重要的位置。提高固井质量应主要从以下几个方面着手。

5.1 保证套管正常下入

套管能否正常下入到井内设计位置，是固井方案能否正常实施的前提，必须根据井眼情况制定合理的下套管措施，下面介绍常规井下套管和特殊井下套管的关键技术措施。

5.1.1 常规井下套管措施

常规井下套管除严格执行《下套管作业规程》外，在以下几个方面要更加重视：

(1)下套管前通井，保证没有遇阻点、卡点和缩径点。

(2)井眼循环干净，井底与钻井液中无大量岩屑、泥砂。

(3)处理钻井液性能，保证井壁稳定，不坍塌、不掉块。

(4)钻井液有良好的润滑性，并且流动性良好，性能基本接近完钻时钻井液性能。

(5)确保压稳地层流体，保证井眼不涌、油气水不上窜，油气水较活跃的地层，油气上窜速度应达到行业标准规定的要求(油层上窜速度应≤10m/h；气层上窜速度应≤15m/h)。

(6)井下必须无漏失现象，若有漏失，必须先堵漏后下套管。

(7)凡准备入井的套管，各项参数必须符合设计要求。

(8)套管及入井工具附件在运、送、装卸过程中，严禁碰撞，护丝应带齐上紧。

(9)送到井场的套管，必须按行业标准和作业规程进行严格细致检查。

(10)对套管进行通内径、丈量长度、清洗丝扣、编号、编排套管顺序。

(11)要严格执行套管供应商提供的套管紧扣扭矩进行紧扣。

(12)套管必须按规定安装扶正器。

(13)下套管过程要连续灌钻井液，掏空长度应小于规定值。

(14)下套管过程中临时停止下套管时，必须活动套管。

(15)控制下放速度，使钻井液环空返速小于规定值。

(16)清理好井口，严防井下落物。

5.1.2 特殊井下套管措施

特殊井一般是指存在特殊情况的井、特殊轨迹井和特殊工艺井，如套管负荷过重的井、大斜度井、水平井和大位移井、漏失井等。此类井下套管应在执行常规井下套管技术措施的基础上，根据井的难度采取相应的其他措施。

5.1.2.1 套管负荷过重的井

当套管有效负荷超过钻机额定提升负荷的70%时，一般采用以下办法解决套管负荷超重的问题。

1)采用套管掏空法。

采用套管掏空法以减轻套管有效悬重。即在套管串中使用高抗回压浮箍，在下套管时保持一定量的掏空度。

2)采用漂浮接箍(漂浮减阻器)下套管。

采用漂浮接箍(漂浮减阻器)下套管既能减小斜井段和水平段摩阻，又能减小套管浮重，而且该方法能准确地确定减轻的重量值，是减少下套管负荷的较好的办法。

3)采用尾管固井及回接固井工艺。

当套管有效负荷超过钻机有效提升负荷过多时，可将套管一次性下入改为分两次下入，即先以尾管的形式下入下部套管段，进行尾管固井，待水泥浆凝固后，再下入上部套管段与底部套管回接，并进行固井，从而解决了套管负荷过重的问题。

5.1.2.2 大斜度井、水平井和大位移井

大斜度井、水平井和大位移井下套管的主要难点是克服套管下入摩阻大的问题，一般根据井的难易程度分别采取以下措施。

1)钻井液减阻技术。

对于水平位移不大的大斜度井、水平井，一般为减小摩阻，在钻井液中混入原油或加入减阻剂，以降低套管下入摩阻；并且在大斜度井段和水平井段的套管中加入足量的高支承力扶正器(有时用刚性扶正器)，以防压差粘卡套管；由于下入了足量的扶正器，在固井时能保证套管在井内居中，有助于提高水泥浆顶替效率。

2)滚动减阻技术。

对于位移较大的井除采取以上措施外，还可以在钻井液中加入塑料球，使套管局部滑动摩擦变为滚动摩擦，以减小套管下入摩阻；另外在技术套管内和地层坚硬的井眼处可使用滚子扶正器，进一步减小磨阻，保证套管正常下入。

3)套管漂浮技术。

套管下入时，套管自身重力克服摩擦阻力，摩擦阻力为套管自重在接触面垂直方向正压力产生，对于位垂比较大的大位移井(一般大于2)，由于井眼垂直段较短，下套管时，垂直井段重力推动力较小，而大斜度井段和水平段较长，不但不产生重力推动力，反而使摩阻加大(由于重力变成了对井壁的正压力，而摩阻与正压力成正比)，因此套管下入更加困难，

对于此类井，可采用“套管漂浮技术”降低套管对井壁的正压力，从而降低摩阻，实现套管正常下入。

(1)大位移井下套管困难的原因分析。

在下套管过程中，影响套管下入的力主要有：套管重力、套管浮力、套管与井壁的摩擦阻力和钻井液的黏滞力(图 5-1)等。

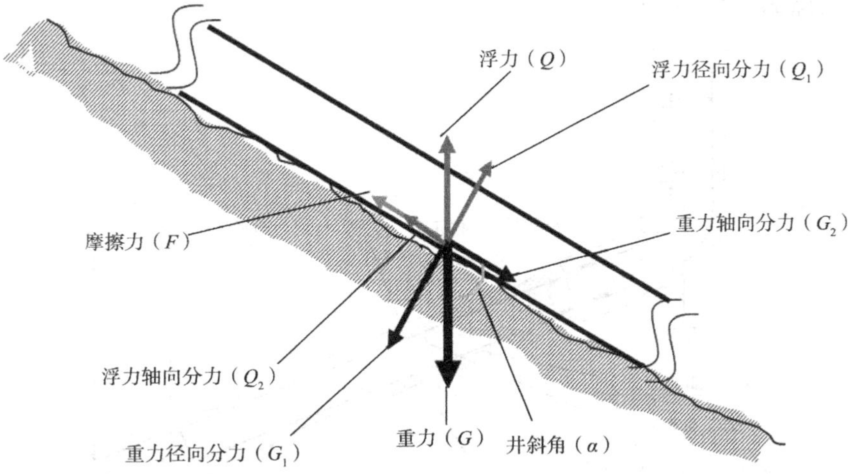

图 5-1　套管串在井内受力示意图

要保证套管下入，必须满足下列条件：

$$G \times \cos\alpha \geqslant V \times \rho \times \cos\alpha + F \tag{5-1}$$

$$F = \mu \times N \tag{5-2}$$

$$N = (G - Q) \times \sin\alpha \tag{5-3}$$

$$Q = V_{漂} \times \rho \tag{5-4}$$

式中　V——套管体积；　G——套管质量；

ρ——井眼流体密度；　Q——浮力；

α——井斜角；　F——摩擦力；

$V_{漂}$——漂浮体积；　N——正压力。

μ——摩擦系数；

上式中，井斜角、重力、流体密度、套管体积和摩擦系数在特定井段为常数，摩擦力 F 为可变量，由式(5-2)可知，影响摩擦力最直接的因素是正压力 N，只有通过降低 N 值才能降低摩擦阻力 F 值。

由式(5-2)、式(5-3)看出，当井眼钻完以后，井斜角 α 为固定值，套管串重力 G 为固定值，只有通过增大浮力 Q 才能降低 N 值，从而减小摩擦力 F。由式(5-4)可知，增大浮力 Q 的办法是增大漂浮体积，可以通过封堵某一段套管使该段套管漂浮体积变为套管外体积，这样增加了漂浮体积，从而增大浮力 Q。因此，增加斜井段或水平段的套管浮力，可以降低大位移井下套管摩擦阻力。

(2)使用套管漂浮减阻器(漂浮接箍)减阻。

根据上述分析，如果将斜井段或水平段套管内的钻井液掏空，漂浮体积就变成了套管外体积，套管的重量没变，套管的浮力会增大，增加了套管离开井壁的正推力，从而使套管对井壁的正压力减小，摩擦力降低。因此，在下套管时，采用套管漂浮技术以减小套管下入摩阻。套管漂浮技术是通过使用漂浮接箍或套管漂浮减阻器来实现。使用方法是在套管串中的设计位置连接漂浮减阻器(或漂浮接箍)，使大斜度井段或水平段的某段套管不灌入钻井液，以增加套管的漂浮体积，增加漂浮力，减小套管对井壁的正压力，降低套管下入摩阻(图 5-2)。

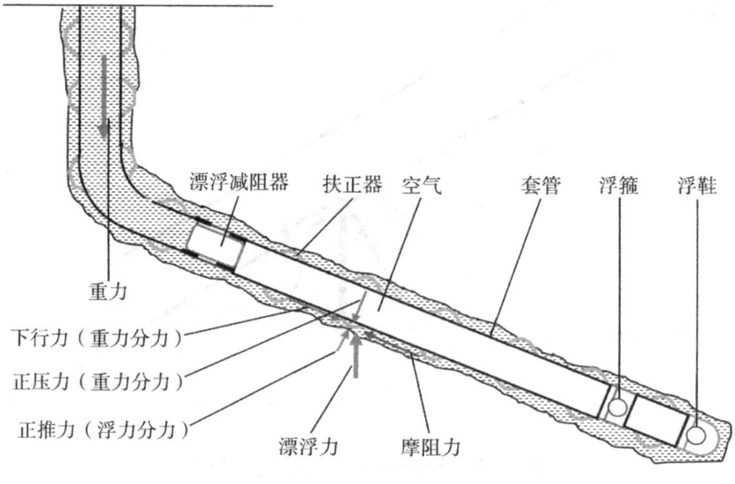

图 5-2　漂浮减阻器减阻原理示意图

5.1.2.3　漏失井

1)钻井过程中一直漏失的井。

对于在钻井过程中一直漏失的井，在下套管前必须进行堵漏，防止在下套管过程中一旦发生井漏，造成无法处理的复杂情况；若井下有高压油、水、气层，下套管过程发生井漏时，会造成环空液面下降，可能带来井涌或井喷事故。

2)下套管前堵漏成功的井。

对于下套管前堵漏成功的井，在下套管时也要采取防漏措施，防止下套管过程中再次发生井漏。一般采用以下措施：

(1)减小环空流阻。通过提高钻井液的流动性，降低循环钻井液时的流动阻力，从而降低钻井液上返时的动液柱压力，减小对井底的回压。

(2)严格控制套管下放速度。降低环空钻井液回流速度，从而降低流动阻力，减小套管下入过程的动液柱压力，以防压漏地层。

(3)使用“自灌浆浮箍”。使用“自灌浆浮箍”实现下套管自动灌浆，使套管下入时流向环空的钻井液减少，既能减少下套管时间，又能减小环空流体返速，达到降低环空流阻的目的；同时不需要停止下套管灌钻井液，防止套管粘卡。

(4)补充环空液面。下套管过程中，始终观察环空钻井液液面，若发现液面降低，应及时补充钻井液，避免因轻微漏失使液柱压力降低，从而诱发油气水浸入井内造成井涌等复杂情况。

3)下套管过程发生井漏的处理办法。

对于井下较复杂的严重漏失井，尽管采取了一些防漏措施，但也可能在下套管过程中发生井漏；有些钻井过程中没有发生漏失的正常井，由于井眼复杂，井下坍塌或缩径等原因，也可能在下套管过程中造成井下憋漏。对于下套管过程井下发生漏失的井，可采取以下措施。

(1)开泵循环钻井液。增加钻井液流动性，降低流动阻力，减小井底的动液柱压力；同时将井下的岩石掉块及沉砂循环至沉砂池。

(2)若不能建立循环，应及时向环空灌满钻井液。以防环空液柱面下降，不能压稳油、气、水层，造成井涌。

(3)上提套管，并活动套管，试开泵循环。若还不能建立循环，再继续上提，直到开泵建立循环为止；循环处理钻井液，携带井眼内掉块和沉砂，当钻井液性能达到要求、井下干净时，再慢慢下入套管。

(4)若还不能解决漏失问题，建议起出套管，下钻堵漏。保证井眼不漏后再重新下入套管。

5.1.2.4　下套管时间较长的复杂井

一些井因井深并存在井下复杂情况，如易涌、易漏、井下掉块、缩径等，下套管速度不能过快，需要很长时间才能下完套管。由于钻井液长时间静止或没有系统循环钻井液，会导致井下情况变得更为复杂，如高压油、气、水向上运移带来井涌或溢流的风险；钻井液启动阻力增加带来开泵井漏的风险等。对于此类井必须采取以下措施。

(1)下套管中途循环钻井液，并对钻井液性能进行处理，使得钻井液始终保持良好的流动性；通过循环排出地层进入钻井液中的气体，确保钻井液均匀并保持设计密度。

(2)对于特殊工艺井，如“筛管顶部注水泥”、“封隔器完井”等需要使用盲管的井，必须使用“可循环式”盲管以保证下套管过程中循环钻井液，防止下套管过程中井下发生复杂情况时无法处理。

(3)下套管过程中，始终观察环空钻井液液面，若发现液面降低，应及时补充钻井液，避免因液柱压力降低而诱发油、气、水浸入环空，引起溢流或井涌。

(4)根据井眼特点，选用适合井眼特点的扶正器，合理设计扶正器间距并加足扶正器，以避免套管下入过程中发生压差卡套管。

5.1.2.5　井径不规则的井

对于井径不规则的井，在认真执行常规下套管措施的前提下，还要着重加强以下措施。

(1)选用导向性能和质量较好的引鞋，在前 5 根套管连续使用高弹性扶正器，并在引鞋附近固定 1 只扶正器，以保证套管导向，在下入过程中套管不戳向井壁。

(2)下入的扶正器必须采取定位措施。最常用的方法是使用定位箍将扶正器定位，以防止套管上提或下放时扶正器被卡在小井眼处。

扶正器不使用定位箍定位为什么会卡在小井眼处呢？我们通过扶正器定位箍防卡套管原理进行分析(图 5-3)：把定位箍安装在扶正器中间并离开套管接箍，当套管下放到小井眼处时，定位箍挡住扶正器下端，扶正器通过弹性变形向上拉长，直径变小，顺利穿过小井眼井段[图 5-3(a)]，然后恢复原状；当套管上提到小井眼处时，定位箍挡住扶正器上端，扶正器通过弹性变形向下拉长，直径变小，顺利穿过小井眼井段[图 5-3(b)]，然后恢复原状。如果不用扶正器定位箍定位，当套管下放到小井眼处时，扶正器被推到套管接箍处，使扶正器发生弹性压缩，直径变大，卡住套管，不能下行[图5-3(c)]，从而发生卡套管事故。同理，当套管上提到小井眼处时，扶正器会被下推到套管接箍处，使扶正器发生弹性压缩，直径变大，卡住套管，不能下行[图5-3(d)]，从而发生卡套管事故。因此，在复杂井眼下套管时必须对扶正器定位。另外，扶正器定位也能提高扶正效果，有利于提高固井质量。

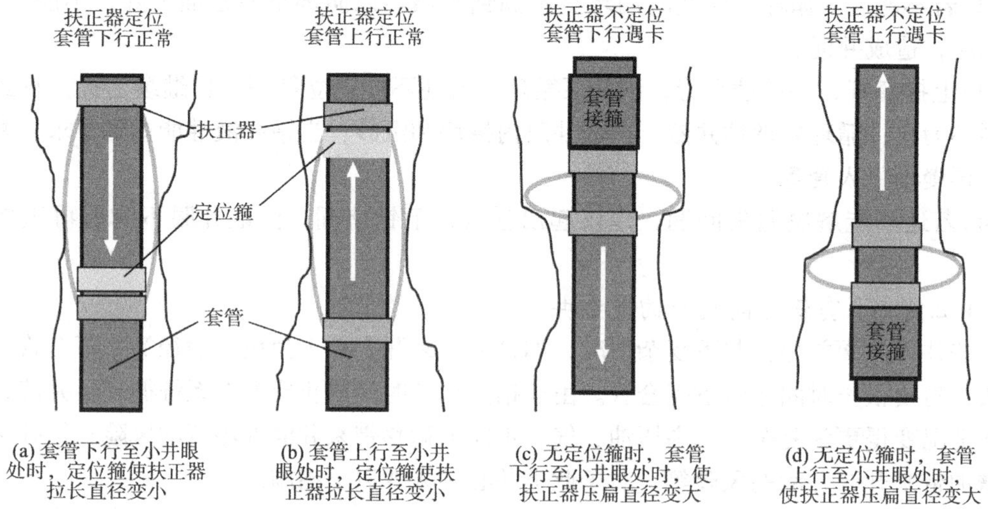

图5-3　扶正器定位箍工作原理

5.2　选择合适的水泥浆体系

选择合适的水泥浆体系是保证固井质量的关键因素之一。不同的井型要选用不同的水泥浆体系，高压井应选择高压井水泥浆体系，漏失井应选择漏失井水泥浆体系等。高压井水泥浆体系或漏失井水泥浆体系也分很多类，如何选择要根据目的井对水泥浆体系的性能要求确定。

5.2.1　常规水泥浆体系及性能

常规水泥浆体系是指对原始水泥浆性能不做大幅度调整的水泥浆体系。该水泥浆体系由G级水泥按国家《油井水泥》标准水灰比(0.44)配制水泥浆，密度为1.89～1.91g/cm^3，其他性能符合国家《油井水泥》标准，稠化时间按施工要求调节。水泥浆体系的性能相对容易调整，其性能要求：流动性好，稠化时间满足施工要求，失水不用严格控制，使用常规水灰比配出的密度，水泥石强度不用专门调整，不用外掺料，只用少量的外加剂调整稠化时间和流动度即可。

5.2.2　不同类型井固井对水泥浆体系要求

钻井完钻期间，要认真了解井下情况，掌握井眼岩性、钻井液性能、油、气、水活跃情况、漏失情况、井底温度以及其他复杂情况等，还要掌握固井的目的、准备使用的固井工艺方法和预计施工时间、投产前和投产后准备采取的井下储层改造措施等。选择水泥浆体系，根据施工要求及固井质量要求确定水泥浆性能参数，做好水泥浆性能设计，选择适合井下要求及施工要求的水泥和水泥外加剂，认真做好室内试验及小样和大样复查工作。典型的固井施工对水泥浆体系与性能要求如下：

(1)无复杂情况的普通井固井。

这里所讲的无复杂情况的普通井是指对于井眼无漏失层，无活跃油、气、水层，井壁相对稳定，无其他复杂层，井径变化率在10%以内，钻井液密度在1～1.6g/cm^3之间，环空间隙介于20～50mm，封固段长度介于500～1200m，井底温度在30～120℃的井。具备以上条件的井固井，施工相对较容易，不易发生工程事故，固井质量也相对容易得到保证，对于此类井固井一般采用常规水泥浆体系。

(2)高压井固井。

这里所讲的高压井是指钻井液密度大于1.6g/cm^3，无其他复杂情况的井。对于高压井固井，固井难点突出表现在：①钻井液黏度高，流动性差；②钻井液与水泥浆密度差小；③高压油气水易进入水泥浆液柱内；④候凝失重表现突出等特点。因此，固井时表现为：水泥浆顶替效率差、容易发生钻井液窜槽、水泥浆与钻井液易掺混(混浆)、候凝失重明显等问题，使用常规水泥浆体系难以保证固井质量。对于此类井固井一般采用高压井水泥浆体系，其性能特点是：水泥浆密度高(应保证与钻井液密度差大于0.24g/cm^3)，流动性好(大于20cm)，初始稠度低(应小于25Bc)，胶凝过渡时间短，稠化时间满足施工要求；其他性能达到行业标准要求。

(3)水平井及大斜度井固井。

水平井及大斜度井是指封固段在水平段或大斜度井段的井。对于水平井及大斜度井固井，固井难点表现在：①由于水泥浆的自由水和沉降稳定性对水平段和大斜度井段的固井质量影响比较大，会造成上部井壁形成水带或者上部环隙固井质量差；②由于水泥浆在水平段或斜井段受重力影响，提高顶替效率难度较大；③水平井及斜井下井壁易形成沟槽，易积聚泥砂和岩屑，影响顶替效率，同时易形成砂堵。因此，对于水平井及大斜度井固井一般采用低失水水泥浆体系，其性能特点是：水泥浆具有较低的失水(小于50mL)；零自由液；沉降稳定性好；水泥浆流动性好；稠化时间满足施工要求；其他性能没达到行业标准要求。

(4)漏失井固井。

这里所讲的漏失井是指钻井过程中发生过钻井液漏失，在裸眼井段存在漏失层的井，下套管前堵漏成功的井也属于漏失井。对于漏失井固井，固井难点表现在固井过程中防漏。

一般漏失分为三种情况：①破裂性漏失；②渗透性漏失；③裂缝及溶洞性漏失。三种漏失情况对水泥浆体系有不同的要求，因此，不同的漏失井有不同的防漏水泥浆体系。破裂性漏失对水泥浆体系的性能要求是：水泥浆密度要低，必要时使用低密度水泥浆体系，目的是减小液柱压力防止压破地层；流动性要好，目的是减小流动阻力，防止水泥浆上返时因流动阻力过大压破地层；稠化时间满足施工要求；其他性能满足行业标准要求。渗透性漏失对水泥浆体系的性能要求是：水泥浆失水要低，目的是减少水泥浆在高渗透层失水，以防水泥浆脱水提前稠化带来工程事故；控制水泥浆密度，必要时使用低密度水泥浆体系，目的是减少液柱压力，防止因压差过大使水泥浆及滤液过多进入地层；提高水泥浆流动性，目的是减小流动阻力，防止水泥浆上返时因流阻过大使水泥浆进入地层；具有一定的堵漏性能；稠化时间满足施工要求；其他性能满足行业标准要求。裂缝及溶洞性漏失对水泥浆体系的性能要求是：水泥浆要有堵漏特性，如增加堵漏纤维或其他堵漏材料，目的是使水泥浆到达漏失层时封堵漏失层段，以减少和防止水泥浆漏失；增加水泥浆稠度，增加水泥浆在漏失层的挂阻作用，并配合堵漏材料产生更好的堵漏效果；控制水泥浆密度，必要时使用低密度水泥浆体系，目的是降低液柱压力，防止因压差过大使水泥浆更容易进入地层；稠化时间满足施工要求；尽量减少附加时间；其他性能满足行业标准要求。

(5)高温井固井。

这里所讲的高温井是指井下静止温度大于120℃的井和稠油热采井。目前，一些超深井或有异常高温的井已经达到200℃以上，热采井注蒸汽温度超过300℃(已达到350℃)。对于高温井固井，主要有两大难点：①常温水泥外加剂在施工过程中会高温失效，使水泥浆性能在高温条件下发生突变，带来工程事故，必须使用具有抗高温能力的水泥外加剂，但在热采井固井中不存在这种情况；②对一般水泥来讲，水泥浆凝固后在高温环境下强度会快速衰减，因此必须使用抗高温强度衰减能力强的水泥浆体系，防止固井后封固失效。在高温下固井施工的井(深井、超深井及异常高温井)和只在后期生产作业时才产生高温的井(稠油热采井)，其对固井水泥浆体系要求是有差别的。在高温环境下固井施工的井水泥浆体系性能要求为：一般采用抗高温水泥浆体系，水泥外加剂在高温下不失效；水泥石强度有较好的抗高温衰减能力；稠化时间满足施工要求；其他性能满足行业标准要求。只在后期生产作业时才产生高温的井固井水泥浆体系性能要求为：水泥石强度有较好的抗高温衰减能力；水泥石有较低的热传导系数，隔热效果要好；稠化时间满足施工要求；其他性能满足行业标准要求。

(6)气井固井。

气井是指生产层是气层或要封固的裸眼段存在气层的井。气井固井的难点是：①气层难以压稳，气体上窜速度快，固井过程中或固井后易发生气浸，严重影响固井质量；②气浸严重时会发生溢流或井涌的风险。对于气井固井一般采用防气窜水泥浆体系或微膨胀水泥浆体系。其性能要求是：水泥浆具有较好的防气窜能力；具有微膨胀特性；稠化过渡时间要短(40～100Bc的时间小于20min)，稠化曲线要呈现直角稠化趋势；稠化时间满足施工要求；其他性能满足行业标准要求。

(7)长封固段井固井。

长封固段井是指一次性注水泥有效封固段长度大于1500m的井(严格来讲大于1200m即为长封固段井)。有效封固段是指必须保证质量的封固段，不包括对固井质量不作要求只为了充填环空的封固段。长封固段井固井难点是：①水泥浆上返时易发生连续窜槽；②水泥浆行程过长易发生脱水稠化；③封固段上下温差大，上部水泥浆不易凝固；④易压漏地层。对于长封固段井固井一般采用适应大温差的广谱型水泥浆体系，其性能特点是：水泥浆具有较好的适应大温差能力，上部水泥浆能按时凝固；严格控制失水，防止水泥浆上返时脱水提前稠化；水泥浆流动性要好，提高顶替效率，减小流动阻力；在满足强度要求的情况下，尽量能使用较低密度水泥浆，以降低压破地层的风险；稠化时间满足施工要求；其他性能满足行业标准要求。

(8)非常规油气井固井。

非常规油气是指在目前技术条件下不能采出或采出不具经济效益的石油和天然气资源。一般包括致密和超致密砂岩油气、页岩油气、超重(稠)油、沥青砂岩、煤层气、水溶气和天然气水合物等。非常规油气井是指开采非常规油气的井。目前，重点开采的非常规油气有：致密和超致密砂岩油气、页岩油气和煤层气，这些非常规资源的开发多采用长段水平井压裂技术。而长段水平井压裂对水泥封固质量要求高，并且要求水泥具有较高的弹韧性。因此，对于非常规油气井固井一般采用弹韧性水泥浆体系，其性能特点是：水泥石弹性模量相对较低(5～8GPa)；水泥浆胶结强度较好；由于是水平井固井，应控制失水量(小于 50mL)和自由液量(零或接近零)；稠化时间满足施工要求；其他性能满足行业标准要求。

(9)打水泥塞施工。

打水泥塞施工一般是指封隔弃井水泥塞、工程填井水泥塞和井眼侧钻水泥塞的注水泥施工。打水泥塞施工对水泥浆体系的性能要求一般分两种情况：一是填井或弃井用的长段水泥塞(大于 300m)；另一种是开窗侧钻用的短水泥塞。两种情况对水泥浆性能要求是不一样的。长段水泥塞施工对水泥浆体系性能要求是：由于长段水泥塞注水泥施工主要考虑顶替效率，一般采用紊流顶替，因此，要求水泥浆流动性能好；水泥浆与钻井液要有一定密度差(大于 0.24g/cm^3)；稠化时间满足施工要求；其他性能满足行业标准要求。较短水泥塞对水泥浆体系性能要求是：由于较短水泥塞注水泥施工多数是为了开窗侧钻，对水泥塞质量有更高的要求，由于水泥塞较短，不能高速顶替，一般采用塞流顶替，因此，要求水泥浆有较高的稠度；与钻井液有一定密度差(大于 0.24g/cm^3)；水泥石强度要高；稠化时间满足施工要求；其他性能满足行业标准要求。

(10)挤水泥施工。

挤水泥施工是指对固井质量不好的井进行挤水泥补救施工或对下套管后无法建立循环的井补救固井施工。挤水泥的主要难点是：①对挤入压力高的井，如何将水泥浆挤入水泥石的窜槽通道，或挤入水泥石与地层的缝隙，或挤入地层；②对挤入压力低的井，如何使挤入的水泥浆不漏失，存留在目的层段。水泥浆在高压下经过小间隙时最大的风险是脱水提前稠化，失去流动性。因此，高压挤水泥施工一般采用低失水、高流性水泥浆体系，其性能特点是：水泥浆具有较低的失水量；流动性要好，以减小进入流动阻力；稠化时间具有较长的施工时间安全余量；其他性能满足行业标准要求。对于低压挤水泥，应防止水泥浆漏失，挤水泥结束时，应保证封固段液柱压力低于漏失压力，保证水泥浆柱不下沉。因此，低压挤水泥施工一般采用高失水、高黏度水泥浆体系，其性能特点是：水泥浆具有较高的失水量(不控制失水)；水泥浆黏度高，以增加水泥浆进入地层流阻；稠化时间满足施工要求；其他性能满足行业标准要求。

(11)水泥浆堵漏施工。

水泥浆堵漏是指在钻井过程中发生严重漏失时，用水泥浆进行堵漏的施工。水泥浆堵漏的要点是如何将水泥浆停留在漏层靠近井眼周围，并且使水泥浆与辅助堵漏材料桥堵在漏失缝洞处，以封堵漏层。因此，水泥浆堵漏施工一般采用堵漏水泥浆体系，其性能特点是：水泥浆加有堵漏材料(如纤维、锯末等)；水泥浆有较高的稠度；不要控制失水；稠化时间满足施工要求；其他性能满足行业标准要求。

5.3 提高水泥浆顶替效率

5.3.1 紊流顶替

水泥浆在环空上返时，按流速大小会呈现三种流型：塞流、层流和紊流(图5-4)。当流速较小(一般水泥浆至少低于0.4m/s)时呈塞流，流体像柱塞一样，在环空中基本是同速度平行上返，顶替效率较高，但由于水泥浆上返速度太慢，当水泥浆量较大时，替浆时间太长，施工风险较大，因此一般只在水泥浆量很少固井施工时采用，或替浆的某一时间段采用(多数在替浆结束前一段时间)。当流速增加到某一范围内时，则为层流，其特点是流体质点运动的轨迹与流体流动的方向平行，但流速不同，流核流速大，往边界层逐渐减小，这种流态中间的高速水泥浆容易提前穿过钻井液，发生窜槽，顶替效率低，固井时最好避开此流速。当流速超过某一值(一般大于1m/s)时，呈紊流状态，这个值称为："临界流速"，此时各质点以较高流速做不规则运动，整个液柱整体推进，并且流体质点的不规则运动有利于冲刷井壁，顶替效率较高。紊流顶替是提高水泥浆顶替效率最有效的措施之一。

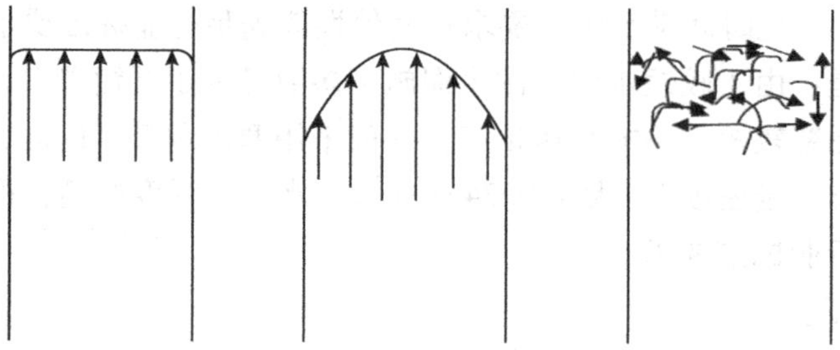

(a) 塞流流型图　(b) 层流流型图　(c) 紊流流型图

图5-4　水泥浆在环空上返时的三种流型示意图

5.3.2 保证井眼规则

井眼规则是提高顶替效率的前提条件。若井径扩大严重，在井眼较大处水泥浆上返速度低，不能达到紊流；井眼不规则，大肚子处会形成钻井液死区，水泥浆不能顶替，形成钻井液残留，严重影响水泥浆的顶替效率(图5-5)。另外，在"大肚子井眼"处会堆积沉砂，造成砂子和岩屑不能从井底循环上来，当水泥浆上返经过此处时，由于水泥浆携砂能力较强，极易在上部小井眼处发生砂堵憋泵，引发工程事故和导致固井质量差。所以，要保证固井质量，首先保证井眼规则。井眼规则包括井径规则和井身轨迹规则两个方面，对于定向井，井斜变化率要控制在设计范围内，并且要均匀。

5.3.3 保证套管居中

钻井液流动阻力与环空间隙大小成反比，当套管不居中时，造成套管与井眼间的环空间

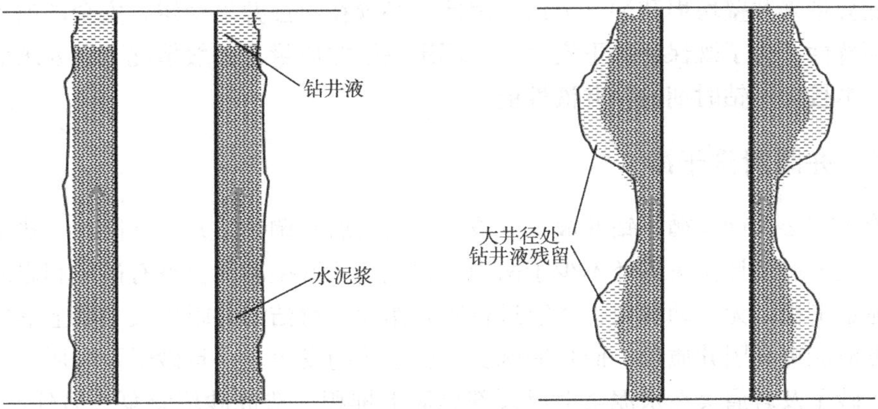

(a) 井径规则，水泥浆顶替效率高　　(b) 井径不规则，水泥浆顶替效率差

图5-5　井径规则对顶替效率的影响示意图

隙偏差大，使套管外环空窄边的流阻升高，而宽边的流阻减小，从而导致环空流速偏差(图5-6)。使宽边的水泥浆高速流动，窄边钻井液发生滞留，产生窜槽现象。套管严重不居中时会贴井壁，在套管贴近井壁的一边形成死区，造成水泥浆不能进入环隙，出现无水泥现象。因此，保证套管居中是提高固井质量的重要因素，套管居中度的大小严重影响紊流临界流速的大小。套管居中度为65%时，间隙小的一边比间隙大的一边临界流速会提高2.5倍左右(斯仑贝谢实验数据)。若套管偏心严重，小间隙处的流体很难达到紊流，钻井液很难被顶替出去。为提高水泥浆顶替效率，一般要求套管居中度大于75%。

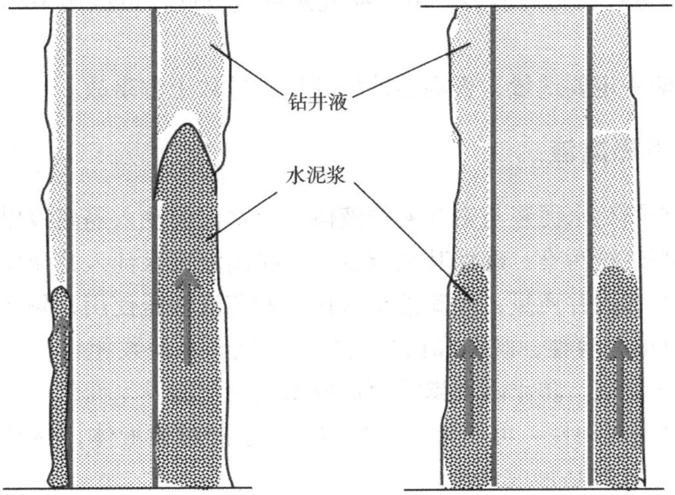

(a) 套管偏心造成间隙小的一边流速慢　　(b) 套管居中环空流速均衡

图5-6　套管不居中导致环空流速偏差

5.3.4　良好的钻井液性能

固井前，钻井液必须有良好的流动性，在满足井下要求的情况下尽量减小钻井液的黏度和密度，以减小钻井液的流动阻力，提高水泥浆的顶替效率。但是，密度和黏度并不是越低

越好，太低会带来井壁垮塌和油气上窜。因此，必须在保证井下稳定、安全的前提下提高钻井液的可顶替性，为了既保证井下安全，又不影响固井质量，一般情况下，要求固井前的钻井液性能基本接近完钻时期的钻井液性能。

5.3.5 井眼清洗干净

固井施工前必须彻底循环钻井液，以清洗井底岩屑和调整钻井液性能。一般情况下，下完套管后，至少按设计排量循环不少于两周，并且钻井液振动筛上没有砂子和岩屑返出，泵压表压力显示平稳，无波动现象，才能进行固井作业。清洁的井眼以及井壁上形成薄而致密的泥饼，不但能提高固井质量，而且能减少工程事故的发生。一旦砂子及岩屑没有清洗，固井施工时，砂子及岩屑会在水泥浆上返顶部界面上堆积，造成砂堵憋泵；另外，井眼清洁，井壁上形成薄而致密的泥饼，可以提高水泥石与套管及地层之间的胶结强度。

5.3.6 使用冲洗液

冲洗液是用来清洗套管与井壁的液体，注水泥前注入冲洗液，有利于冲洗井壁和套管，提高水泥与套管及地层间的胶结强度。冲洗液具有以下特点：

(1)具有较高的流动性，较低的临界流速，易达到紊流，有利于提高顶替效率；

(2)具有很强的冲洗能力，冲洗液一般密度很低，流动性较好，具有较强的冲刷能力，对虚泥饼有很好的冲刷作用；

(3)冲洗液含有表面活性剂，具有很好的润湿反转作用，对油污清除效果较好；

(4)具有平衡液柱压力的能力，由于冲洗液密度较低，可以用来调节液柱压力，防止压漏地层。

但使用冲洗液一定要适量，否则会冲垮井壁，导致工程事故。

5.3.7 使用隔离液

隔离液是用来隔离水泥浆与钻井液的液体。注水泥前注入隔离液以减少水泥浆与钻井液的掺混，防止水泥浆被污染，确保其性能良好，隔离液可保证入井流体间的相容性，从而提高固井施工的安全和固井质量，隔离液也常作为调节液柱压使用，隔离液具有以下特点：

(1)具有良好的相容性，既能和钻井液相容又能和水泥浆相容，也能三者相容，可以有效隔离钻井液和水泥浆，防止两者掺混而造成水泥浆性能发生变化，导致固井工程事故；

(2)具有较好的流动性，可作为冲洗液与水泥浆的过渡液体，临界流速一般小于水泥浆(但高于冲洗液)，较容易形成紊流；

(3)具有调节环空液柱压力的能力，由于隔离液的用量范围较大，密度可调范围大，可以在井下密度压力窗口较窄时，用来调节液柱压力，既能防止压漏地层，又能防止油气上窜。

总的来讲，当隔离液以隔离功能为主要目的时，其性能要求以中性、相容性为好，流动性好，其他性能可按井下要求进行调整。

5.3.8 清除井壁泥饼

清除井壁泥饼可有效提高固井质量。清除井壁泥饼特别是虚泥饼，有助于提高水泥浆与地层胶结强度，提高封隔效果，清除井壁泥饼的方法有三种：一种是机械清除；另一种是液力清除；第三种方法是利用化学固化法，改变泥饼性质。机械清除泥饼是利用泥饼清除工具来完成，常用的泥饼清除工具是泥饼刷(参见第 4 章)。液力清除是通过改变冲洗液性能和利用紊流顶替技术来完成，对于井壁稳定的井也可以改变循环流体(钻井液)性能，在固井前进行清洗。化学固化法是在固井前在钻井液中加入化学处理剂，循环钻井液，使泥饼发生固化，提高其强度和与水泥浆的胶结能力，从而提高固井质量。有的泥饼固化剂可加在固井前置液中，以改善泥饼胶结能力。“MTC”前置液就具有较好的泥饼固化功能。可增强泥饼强度，提高固井质量。

5.3.9　采用双胶塞固井

双胶塞固井是指固井施工时，在注水泥浆前后各使用一个胶塞的固井作业。注水泥浆前使用的胶塞叫隔离塞，也叫下胶塞(空心塞)；注水泥浆后使用的胶塞叫碰压塞，也叫上胶塞。隔离塞的作用是：①将水泥浆与前面的钻井液隔开，防止水泥浆被钻井液污染，导致水泥浆性能变化，影响固井质量和造成工程事故；②刮掉套管壁上的残余钻井液，以防被碰压塞刮掉时污染水泥浆，影响固井质量。碰压塞的作用是：①将水泥浆与后面的流体隔开，防止水泥浆与钻井液掺混，引起水泥浆性能变化，影响固井质量和造成工程事故；②与承托环配合起碰压作用，在套管串设计人工井底位置安装一个承托环，当替入的钻井液推动碰压塞到达承托环时，泵压升高，表示替浆结束。采用双胶塞固井可以减少水泥浆两端与钻井液的掺混，保证水泥浆性能的稳定。更重要的是，前隔离塞能有效刮削套管内壁残余的钻井液，提高固井施工的安全性和固井质量(图 5-7)。常用的前隔离塞有隔膜式和剪销式两种(参见第 4 章)。

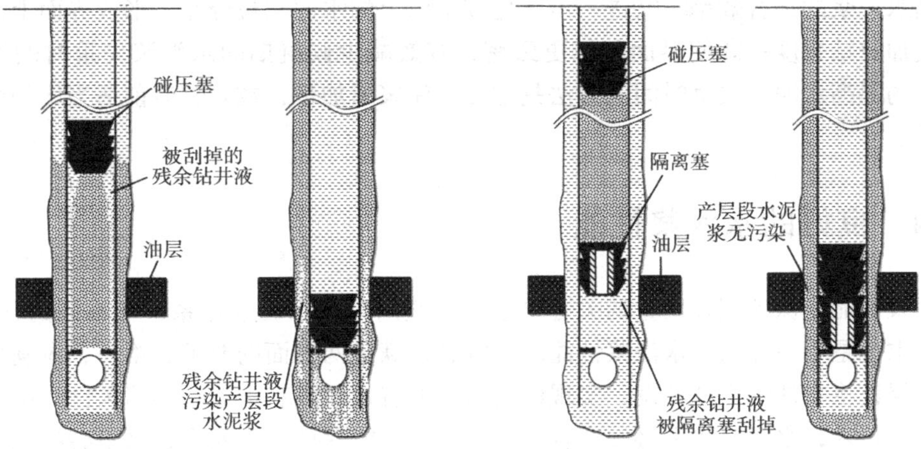

(a) 不使用双塞固井影响固井质量示意图　　(b) 使用双塞固井可提高固井质量示意图

图 5-7　采用双塞固井提高固井质量示意图

5.3.10　水泥浆与钻井液应有足够的密度差

水泥浆与钻井液的密度差越大越有利于提高顶替效率，但过高的水泥浆密度会带来高的调整难度和成本。水泥浆密度超高(大于 2.5g/cm^3)也会影响其他性能，带来施工风险和质量风险。因此，一般的情况下，要求水泥浆与钻井液的密度差应大于0.24g/cm^3，特殊情况下也应大于0.1g/cm^3。

5.3.11 水泥浆上返时活动套管

在水泥浆上返过程中，活动套管是提高水泥浆顶替效率比较有效的方法之一。活动套管对固井质量有以下好处：①改变流动的流场，打断窜槽通道，使窜槽通道不再连续；②搅乱并消除由于套管严重贴边引起的纯钻井液窜槽部位，使少量的钻井液混入水泥浆中，对水泥浆性能影响较小；③活动套管相当于对水泥浆搅拌，可进一步促进水泥浆水化；④如果旋转活动套管，水泥浆的旋转离心力能促使水泥浆产生径向流动，可有效提高大肚子井径处的顶替效率。井眼不规则的井、小间隙井固井活动套管对提高固井质量效果更加明显。活动套管一般有两种方式；一种是在短距离范围内上提下放套管；另一种是旋转套管。上提下放活动套管相对简单，但存在提起来放不下去的风险。旋转活动套管效果最好，风险也小，但必须有专门的固井旋转水泥头和与其配套的扶正器、尾管挂等专用工具。旋转套管专用扶正器必须保证扶正器与套管之间能自由转动，否则，在旋转套管时会导致扶正器损坏，或者破坏地层，严重时会造成卡套管事故。能活动套管的井一般是井眼比较稳定，钻井液摩阻较低，套管长度比较短，井斜比较小的井。

5.3.12 增加水泥浆与井壁及套管的紊流接触时间

增加水泥浆与井壁及套管之间的紊流接触时间(简称增加接触时间)，是提高固井质量的一个重要因素。增加接触时间也就是使水泥浆在上返时有足够的时间与目的层井壁和套管接触。增加接触时间具有以下好处：①能充分将目的层井壁或套管上的钻井液或虚泥饼洗净，提高水泥浆的顶替效率；②进一步优化胶结面上的水泥颗粒分布，形成界面上水泥颗粒级配，增加胶结强度；③使界面胶结更致密，有效减少候凝期间水泥浆失重时的油气水上窜。常用的提高水泥浆接触时间的方法是增加水泥浆附加量，或者领浆前适当增加注入低密度水泥浆。

5.4 良好的水泥浆性能

水泥浆性能是保证固井质量的关键要素。即使同一种水泥浆体系，在不同的井上使用，对性能要求也是不一样的，水泥浆性能的调整必须满足两方面的要求：第一，应满足固井质量要求，保证将来油气生产开发，实现油气水层的有效封隔和水泥环的耐久性；第二，应满足固井施工要求，水泥浆体系必须适合井下条件，既能保证施工安全，又不会在施工或候凝过程中影响固井质量。最基本的要求是：有较好的流动性，合适的稠化时间和密度，并有足够的早期强度，对于有特殊要求的井，还要保证失水、流变性、弹韧性、防气窜性能和防漏性能等各项性能指标达到设计要求，以满足固井质量和施工安全。因此，固井施工前应按设计要求调整好水泥浆性能。

5.5 防止油气水浸窜

固井施工中的油、气、水浸窜分两种情况：一种是固井施工过程中发生的油、气、水浸窜；另一种是固井候凝过程中由水泥浆失重而引起的油、气、水浸窜。以上两种情况都对固井质量产生较大的影响。对于气井，其严重性更为突出，由于气的密度小，比较活跃，浸窜严重时会明显降低钻井液密度，诱发井涌，严重时会造成工程事故。在固井设计和施工过程中都应高度重视。

5.5.1 防止固井过程中油气水浸窜

在固井过程中，由于水泥浆在环空中高速流动，根据流体力学原理，流速越高压强越低，如过去的杀蚊剂喷雾器(图5-8)就是应用这个原理，在高速气流流动下会产生低压强，将杀蚊药吸出。同理，固井水泥浆上返时，环空压力会因水泥浆在环空中高速流动而降低，将地层液体吸出(图5-9)，特别是在近平衡固井中表现更为明显。同时流速增高也会使流动阻力增加，当综合作用产生的液柱压力低于地层孔隙压力时，地层中的油气水就会出来，特别是油气比较活跃的高压井，液柱与地层压差小，表现更为突出，为防止固井过程中的油气上窜，在固井设计时，必须考虑平衡压稳问题，也就是要做动态压力平衡设计，不然，在水泥浆上返过程中，高压油气水会随水泥浆一起上行，严重影响固井质量，严重时，会使液柱压力降低，发生溢流和井涌事故。

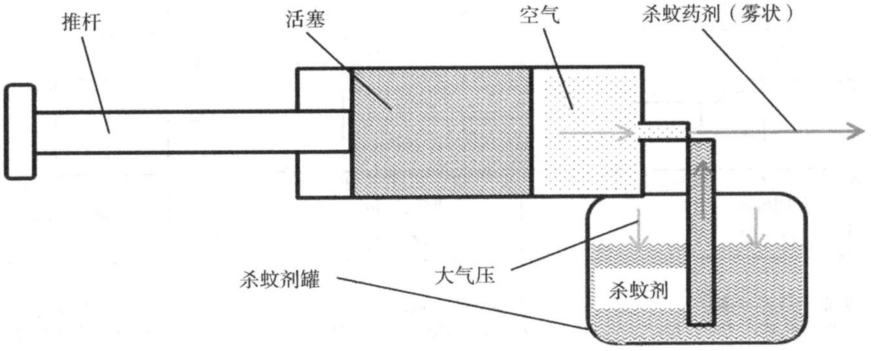

图5-8　杀蚊剂喷雾器示意图

5.5.2 防止固井候凝过程水泥浆失重造成油气水上窜

固井候凝过程水泥浆失重是指在凝固初期，水泥浆逐步形成固体架构，部分重量已悬挂于套管壁和井壁上，但还没形成强度，其液柱压力会降低，逐步向液柱内部流体柱压力靠近，当液柱压力降低到小于高压油气水层压力时，油气水就会上窜，进入水泥封固段，形成油气水通道，严重影响固井质量。以上现象我们称为水泥浆候凝失重现象(简称候凝失重)。水泥浆候凝失重在高密度钻井液井和长封固段井中表现最为明显。

5.5.2.1　水泥浆候凝过程中油气水上窜原因分析

在固井施工中，即使采取了压稳油气水层措施，并通过压力计算做到了油气水层的压

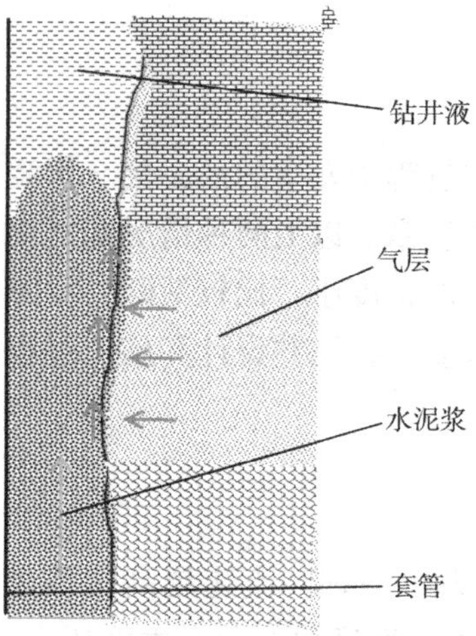

图5-9 水泥浆高速流动时吸出地层流体示意图

稳，但也不能保证候凝过程中油气水不上窜。因为候凝过程中水泥浆液柱在凝固过程初期会发生失重。就是在水泥浆刚开始凝固时，由于水泥浆逐渐形成胶液结构，并与井壁和套管产生接触应力从而使水泥浆柱的压力下降，从开始形成胶液结构到生成固体CSH凝胶，水泥浆液柱压力会逐渐降低，压力逐渐降低为水泥柱孔隙中的液体压力。由于液柱压力下降的极限值是其骨架内的液体压力，所以水泥浆柱压力降低的最低值为水柱的压力。如图5-10所示，当水泥浆柱压力降低到*C*点以下时，液柱开始不能压稳油气层，会发生油气上窜，影响固井质量[图5-10(a)]。

5.5.2.2 防止水泥浆候凝过程中油气水上窜的措施

防止水泥浆候凝过程中油气水上窜应从以下几个方面着手：一是保证水泥浆失重后的液柱压力仍大于地层油气水压力；二是尽量缩短水泥浆胶凝时间(也就是从水泥浆失重到水泥浆形成强度时间)；三是使水泥浆本身具有防窜功能，即使发生失重高压流体也不能进入水泥浆。常用的方法有：

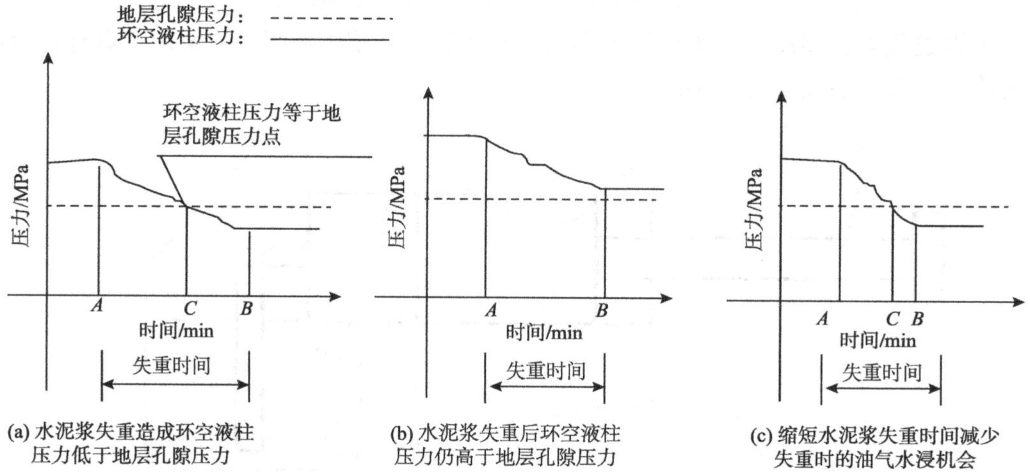

图5-10 水泥浆凝固期间各种失重现象示意图

(1)采用失重压力补偿技术。

固井设计时首先做好防失重压稳平衡设计，保证水泥浆失重后，环空液柱压力仍大于地层孔隙压力，仍能压稳油气水层[图5-10(b)]，在设计方法上，对水泥浆失重采用失重压力补偿技术来解决，常用措施有：①采用双凝水泥浆体系固井。双凝水泥浆体系固井是将封固段的水泥浆设计为稠化时间不同的两种浆体系，上段为缓凝水泥浆段(稠化时间长)，下段为速凝水泥浆段(稠化时间短)，下段水泥浆段是高压层段，当下段水泥浆开始凝固失重时，上段水泥浆还处于流体状态，能提供足够的液柱压力压稳高压层，当上段水泥浆开始凝固失重时，下段水泥浆已凝固封住了高压层，从而解决了失重对油气水浸的影响(图5-11)；②固井后环空憋压。固井后环空憋压技术是通过对水泥浆失重后的压力计算，得出液柱压力与地层压力的差值，在固井后通过关闭环空封井器向环空内加压，以实现对环空压力的补偿，从而达到压稳油气水层的目的．环空憋压方法有两种：一是井口环空憋压，使用该方法必须有技术套管和封井器；二是环空底部加压，该方法是利用环空底部加压器来完成(参见第 4 章)；③采用双级注水泥工艺。通过两次注水泥工艺，先利用较短的封固段对高压层进行封固，由于封固段较短水泥浆失重不会影响压稳，待一级水泥浆凝固后再进行二级注水泥作业，这样就解决了水泥浆失重带来的影响；④采用尾管固井及回接固井工艺。该工艺是通过先进行尾管固井作业，对高压层进行封固，待尾管水泥浆凝固后再进行尾管回接作业，与双级注水泥的道理基本相同，解决了水泥浆失重带来的高压流体浸窜问题；⑤采用低密度水泥浆充填固井工艺。对于上部井段没有油气层，对固井质量要求不高的井，上部水泥段可使用稠化时间较长的低密度水泥浆作为充填段，既解决了对套管的支撑，又解决了下部水泥浆失重时的压稳问题，同时还节约成本；⑥固井前注入加重钻井液。该方法是在注水泥前注入提前配制好的加重钻井液，水泥浆凝固时，加重钻井液在水泥浆柱上方，可弥补水泥浆失重而减小的液柱压力，该方法不适合水泥浆返出地面的井，也不适合漏失井等。

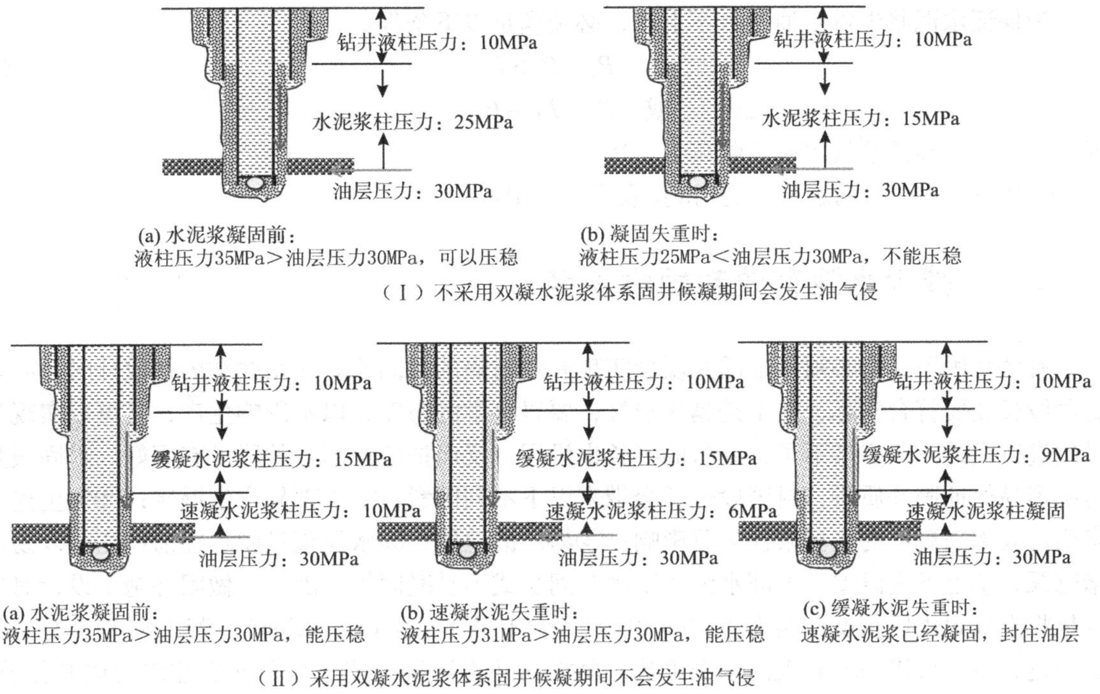

图 5-11　采用双凝水泥浆体系固井防止候凝失重引起油气浸

(2)缩短水泥浆胶凝过渡时间。

选择胶凝过渡期较短的水泥浆体系，缩短水泥浆失重过程，减少油气水浸入的时间和机会[图 5-10(c)]，常用措施有：采用直角稠化水泥浆体系或近直角稠化水泥浆体系。

(3)采用防窜水泥浆体系。

通过改变水泥浆内部结构，使水泥浆不具有渗透性，即使地层压力大于液柱孔隙压力，油气水也无法进入水泥浆内，常用措施有：使用防气窜水泥浆体系、非渗透水泥浆体系等。

(4)水泥浆凝固过程产生内部压力。

使水泥浆在凝固过程中内部产生阻止油气水进入的压力，防止油气水进入水泥浆中，常用措施有：使用膨胀水泥浆体系以及泡沫水泥浆体系。

5.5.2.3 水泥浆失重后的压力平衡计算

水泥浆失重时，液柱压力会降低，最低为水柱压力。因此，在开展固井平衡设计时，失重后的液柱压力按水的液柱压力计算。对于同一凝固时间的水泥浆，失重后环空液柱压力 P_s 为：

$$P_s = 0.01(H_z \times \rho_z + H_g \times \rho_g + H_s \times \rho_s) \tag{5-5}$$

式中 P_s——失重后环空液柱压力，MPa；

H_z——环空钻井液柱高度，m；

ρ_z——环空钻井液密度，g/cm^3；

H_g——环空隔离液柱高度，m；

ρ_g——环空隔离液密度，g/cm^3；

H_s——环空失重水泥柱高度，m；

ρ_s——水密度为：1g/cm^3。

为保证水泥浆失重后油气水不上窜，必须满足以下条件：

$$P_s + P_j > P_k \tag{5-6}$$

$$\text{或} \quad P_s > P_k - P_j$$

式中 P_k——高压油气水层空隙压力，MPa；

P_j——水泥浆的胶凝强度（试验取得），MPa。

5.6 减少水泥有效封固段长度

有效封固段是指必须保证固井质量实现有效封隔的封固段。在钻井和固井设计时，有效封固段长度要符合实际，并不是越长越好，要以科学的态度，以不影响生产，且可以实现为目的进行设计。若实现不了，要求的再长也没用，反而把应该固好的段没有固好。封固段越短越容易保证固井质量，封固段过长会带来以下不利因素：①上部易产生混浆；②发生连续窜槽；③带来更大的水泥浆柱失重影响；④易压漏地层；⑤水泥浆易脱水提前稠化；⑥易砂堵憋泵；⑦上下大温差，上部水泥浆凝固时间长或不易凝固等。因此，做固井施工设计时应尽量将有效封固段长度控制在1000m以内（特殊情况也应小于1200m）。若工程要求有效封固段过长时，可以采取双级注水泥工艺，尾管固井再回接工艺进行分两次注水泥固井作业。对于上部井段对固井质量要求不高的井，可采用低密度水泥充填和其他技术措施解决，以保证固井质量和施工的安全性。

5.7 使用水泥外加剂

用物理方法调节水泥浆性能存在局限性，调节幅度不会太大。想对水泥浆性能进一步优化和提高，以满足施工要求和质量要求，必须进行化学调节。化学调节是指使用水泥外加剂对水泥浆性能进行调节。用外加剂对水泥浆进行性能调节是目前最常用的一种手段，它既能调节水泥浆施工性能，如密度、流动度、稠度、稠化时间、失水、流变性等，也能调节水泥浆凝固后的性能，如强度、弹韧性、渗透性、高温强度抗衰减能力等。从而达到不同井的施工要求，保证固井质量和施工安全。

5.8　尽量提高水泥浆密度

对同一种水泥浆来说，密度越高强度越高。一般情况下，水泥浆的主要性能如抗压强度、稠度、滤失量和自由水，都随水泥浆的密度变化而变化，密度越高对固井质量越好，但是密度过高会导致稠化时间缩短，带来施工风险，所以，必须在保证井下安全的情况下提高水泥浆密度。

5.9　给水泥浆增加物理能量

一般来讲，在水泥浆初凝之前，给它施加物理能量，如给水泥浆搅拌、高速流动、振动等，可有效改变水泥浆性能，使水泥浆流动性增加、失水量减少、水泥石强度增高。这主要是因为给水泥浆增加能量可使水泥浆颗粒进一步优化排布，使水泥浆颗粒表面积更充分与水接触，加速水分进入水泥颗粒之间，提高水化速度并使水化更充分。因此，在注水泥过程中，尽量给水泥浆施加更多的能量，增加水泥浆的流动性、颗粒碰撞、颗粒微观运移等。常用的方法有：高能混合器配浆、机械搅拌、液力搅拌、批混水泥浆注入、给水泥浆磁场增能、震动增能等。目前，这些方法多在固井施工过程中所采用。

5.10　避免工程事故

固井工程事故是造成质量事故的一大危害，严重的工程事故必然造成质量事故。最常见的工程事故有：①固井憋泵，会导致留水泥塞、水泥浆低返；②替空，会造成套管下部无水泥、无人工水泥塞；③井漏，会造成水泥浆低返，污染油、气层；④固钻具(插旗杆)，一般发生在尾管固井和打水泥塞施工，会带来很大的经济损失，一旦发生固钻具事故，需要倒扣处理(倒不开就要爆炸松扣处理)和下磨鞋磨铣，也有可能发生把上部技术套管磨穿的风险；⑤水泥浆倒返，可能造成留水泥塞和低返。特别是在尾管固井或者双级注水泥一级固井施工中，若发生水泥浆倒返时，无法采取有利的挽救措施。多数工程事故都很难补救，即使可以补救，补救成功率也很低。因此，必须对固井进行精心设计，对各环节把关，以保证施工顺利，排除工程事故，保证固井质量。

5.11　其他重要措施

5.11.1　采用振动固井技术

振动固井技术是指在固井施工水泥浆上返过程中，使水泥浆发生振动，从而提高固井质量的一种固井技术。使水泥浆振动的方法有：机械振动、电磁波振动、声学振动等。最常用的方法是机械振动。机械振动是通过固井套管振动器来完成(参见第4章)。使用方法是：

将机械式固井套管振动器连接于套管串中，通过控制振动器使套管在水泥上返时发生振动，从而带动水泥浆振动，以提高固井质量。

5.11.2 水泥浆扩充技术

水泥浆扩充技术是指对于大井径和糖葫芦井眼固井时，使水泥浆向外扩充提高充填效率的一种技术。在大肚子井眼或糖葫芦井眼固井时，水泥浆往往沿着套管附近的环空中部向上流动，大井径的井壁附近成为死区，发生严重钻井液窜槽，影响固井质量。采用水泥浆扩充技术可以较好地解决以上问题。水泥浆扩充技术是由水泥浆专用扩充工具来完成，常用的水泥浆扩充工具有：固井旋流器、固井旋流扶正器、固井旋流短节、旋流引鞋等(参见第4章)。

5.11.3 水泥浆批混技术

水泥浆批混技术是指固井注水泥前先将水泥浆提前配制好，然后再注入井内的一种固井技术(或方法)。由于该固井技术要提前配制水泥浆，因此能保证固井水泥浆性能完全达到设计要求，有利于提高固井质量。但是必须使水泥浆稠化时间延长；另外，提前配制的水泥浆在循环和注入时，时间顺序会被打乱，造成水泥浆稠化时间的不确定性，具有一定的施工风险。水泥浆批混技术多用于注入水泥浆量较少的井，多数是小尾管固井。

5.11.4 使用膨胀水泥体系

膨胀水泥体系是指在水泥浆凝固过程中可以发生体积膨胀的水泥浆体系。使用膨胀水泥体系可带来以下好处：①在水泥浆凝固过程中发生体积膨胀，产生膨胀压力，以抑制高压油气水在水泥浆候凝期间浸入水泥浆内，从而不会发生油、气、水窜；②水泥膨胀还可以弥补水泥浆上返时，由于钻井液窜槽而形成的环空微间隙；③由于水泥浆凝固时膨胀，增加了水泥与套管和井壁间的胶结强度，提高固井质量。膨胀水泥浆体系更适合使用于高压井固井。

5.11.5 使用防漏固井工艺

固井过程中，特别是长封固段井和地层承压能力低的井，必须防止固井过程中的水泥浆漏失。固井过程一旦发生漏失，会引起水泥浆低返，造成固井失败；对于油气水活跃的井或压力窗口较小的井，井漏会诱发井涌，严重时会造成井喷。所以，对于钻井过程中发生过漏失的井，要认真分析漏失原因和漏失类型，做好固井防漏设计，同时，在固井施工中要加强防漏措施。

5.11.6 使用特殊水泥浆体系

对于特殊环境下的固井，如对热采井、严重漏失井、盐膏层井、非常规井和冻土地区井等特殊环境的井进行固井施工时，必须采用适合井型特点和地区特点的水泥浆体系，否则，即使能完成固井施工，也无法保证固井质量。

5.12　提高固井质量技术应用实例

5.12.1　使用套管扶正器提高开窗井固井质量

5.12.1.1　基本情况

1998 年胜利油田为解决老井修复布置了 60 余口开窗井。开始的开窗井井身结构设计为：ϕ139.7mm(5½in)套管开窗下入 ϕ101.6mm(4in)套管；ϕ177.8mm(7in)套管开窗下入 ϕ127mm(5in)套管。这些配合结构对固井质量影响主要存在两大问题：一是环空间系太小，无法下入扶正器，导致套管贴井壁不能居中，造成水泥浆上返时窜槽(图 5-12)；二是水泥环太薄，胶结质量差，水泥石容易破碎，固井质量难以保证。

5.12.1.2　未使用扶正器固井质量现状

以 ϕ139.7mm 套管开窗下入 ϕ101.6mm 套管和 ϕ177.8mm 套管开窗下入 ϕ127mm 套管的井身结构共完钻开窗井 12 口，其中 5 口井合格，7 口井不合格，固井质量合格率 42%，多数井段声波幅度在 40% 以上。

5.12.1.3　采用措施

为解决套管不居中问题，通过改变井身结构，将 ϕ139.7mm 套管开窗下入 ϕ88.9mm(3½in)套管，ϕ177.8mm 套管开窗下入 ϕ101.6mm(4in)套管。封固段每根套管使用一只弹性扶正器，保证套管居中(图 5-13)，并且增加水泥环厚度。

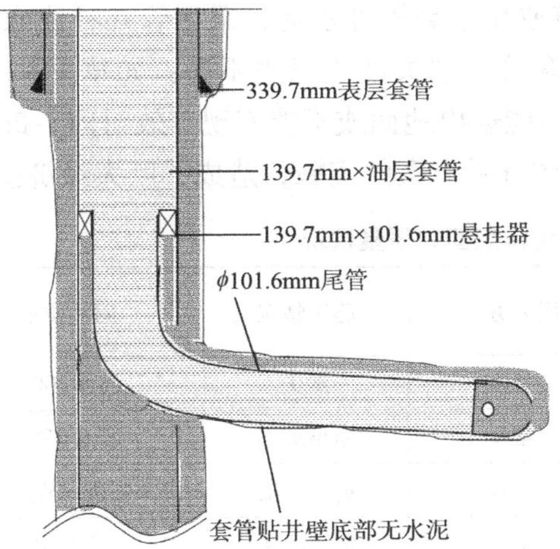

图 5-12　ϕ139.7mm 套管开窗下 ϕ101.6mm 尾管无法下入扶正器

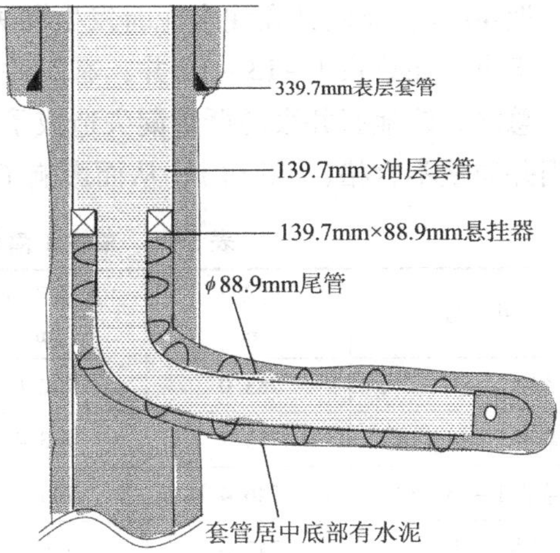

图 5-13　ϕ139.7mm 套管开窗下 ϕ88.9mm 尾管可以下入扶正器

5.12.1.4　实施效果

共完成开窗井 65 口，以 ϕ139.7mm 套管开窗下入 ϕ88.9mm(3½in)套管和 ϕ177.8mm 套管开窗下入 ϕ101.6mm(4in)套管井身结构的井共 53 口，固井质量全部合格，其中优质井 41 口，固井质量合格率 100%，优质率 77%，彻底解决了开窗井固井质量差的问题。

5.12.2 防漏工艺提高易漏失井固井质量

5.12.2.1 基本情况

草古1潜山油藏位于胜利油田草20断块与陈坡村之间，草古1潜山为残丘山形态，西南以石村断层为界，西北以鞍部与草20潜山相连，向东南逐渐抬高，走向为西北至东南，整体向东北倾没。潜山顶部埋深660~880m，有几个局部山头，形成高低起伏较为明显的构造形态，但整体为南高北低，东高西低。该潜山主要为奥陶系和寒武系地层，主体为奥陶系地层。储层为马家沟组地层，岩性以深灰色灰岩、泥灰岩、泥质白云岩为主。由于该潜山经历了漫长的风化、剥蚀、淋滤及构造运动的频繁改造，加上灰岩地层性脆质纯，易溶易漏，导致地层严重破碎，形成了十分发育的缝洞网络。表现为：①潜山面存在砾石层；②钻井时钻井液漏失严重；③溶洞发育，钻进时有放空现象；④岩心表现为缝洞发育；⑤测井解释为渗透层发育；⑥成像测井证实地层缝洞发育。

5.12.2.2 初始固井情况

草古1潜山构造的井眼完钻原则是构造高部位钻进潜山60m，低部位钻进潜山20m，其余钻进潜山40m。由于该潜山地层缝洞十分发育，一旦钻开潜山就发生严重的井漏，通常采用锯末、棉籽皮和水泥浆堵漏。有的漏失井即使在钻井中堵漏成功，但在固井时又发生了井漏：例如草古1-12-12井，注水泥浆17m^3，仅3m^3水泥浆返出套管外就发生井漏，水泥浆只进不出，导致固井质量不合格；有的井在固井时水泥浆已返出了地面，但在候凝期间又发生了漏失：如草古1-14-14井，固井时未发生漏失，水泥浆返出约6m^3，测声波显示水泥低返465m；有的井在注水泥时发生漏失，测声波显示套管外水泥，采用管外补注水泥也无济于事：如草古1-13-13井；有的井在下完套管后漏失严重只进不出：如草1-15-9井。总之，该地区井眼的严重漏失造成了水泥浆不能返出地面或不能实现有效封固，最终导致固井质量不合格(表5-1)，从而影响了油田整体开采方案的实施，造成了巨大经济损失。

表5-1 草古1潜山油藏采用常规固井质量情况

井号	井深/m	套管下深/m	固井方式	施工情况	固井质量
草古1-11-7	783.0	782.6	常规	漏失	低返300m
草古1-14-14	753.7	753.4	常规	返出地面	低返465m
草古1-13-13	746.4	745.7	常规	返出地面	无水泥
草古1-15-9	747.5	746.5	常规	漏失补注	不合格
草古1-12-12	776.5	775.3	常规	漏失	低返600m

5.12.2.3 采用措施

1)尝试使用封隔器-分级箍防漏固井工艺。

针对油藏特征和漏失特点，使用了一种新型的"封隔器-分级箍防漏固井工艺"和管串结构。管串结构(图5-14)：引鞋+1根割孔套管+浮箍+套管串+套管外封隔器+分级箍+套管串至井口。固井工艺方法为：①一级注水泥、压一级碰压塞、替浆、碰压，封固分级箍以下井段(35m左右)；②憋压，胀封封隔器，打开分级箍；③二级注水泥、压关闭塞、替浆、碰压、关闭分级箍，封固分级箍以上井段。封隔器安放在潜山顶界面以上位置。该工艺具有以下优点：可两级注水泥连续施工；缺点是：①封隔器必须保证有效封隔；②潜山顶界面上部井眼必须规则。

该防漏工艺在草古 1－8－10 井中的应用效果不是很理想，水泥浆返出地面后仍发生了漏失。分析认为，潜山顶部界面处井径不规则或缝洞斜向分布发育造成封隔器封隔不好导致漏失。

2)采用水泥伞－分级箍防漏固井工艺。

在分析草古 1－8－10 井中应用封隔器－分级箍防漏固井工艺效果不理想的基础上，又研究设计了一种管串结构和固井工艺方法，即：“水泥伞－分级箍防漏固井工艺”。管串结构(图 5－15)：盲引鞋＋水泥伞＋旋流短节＋1 根套管＋浮箍＋3 根套管＋压差式分级箍＋套管串至井口。盲引鞋、水泥伞和旋流短节直接连接在一起再与上部套管与附件连接，水泥伞下入漏层顶界以下 10m 左右位置。固井工艺方法为：①采用双级注水泥工艺，先一级注水泥、压一级碰压塞、替浆、碰压，封固分级箍以下井段(35m 左右)；②憋压，打开分级箍，循环钻井液，候凝；③二级注水泥、压关闭塞、替浆、碰压、关闭分级箍，封固封隔器以上井段。该工艺具有以下优点：①由于循环孔在水泥伞内，流体不会直接冲击漏层，避免再次漏失；②水泥伞起到支撑水泥浆柱的作用；③一级封固段控制在 30～50m，使一级固井封固段增加较小的液柱压差，水泥伞可以承担。缺点是：①必须待一级水泥浆凝固后再进行二级注水泥；②要严格控制一级封固段长度和水泥浆量。该防漏固井工艺在草古 1 潜山构造区块得到了广泛的推广应用。

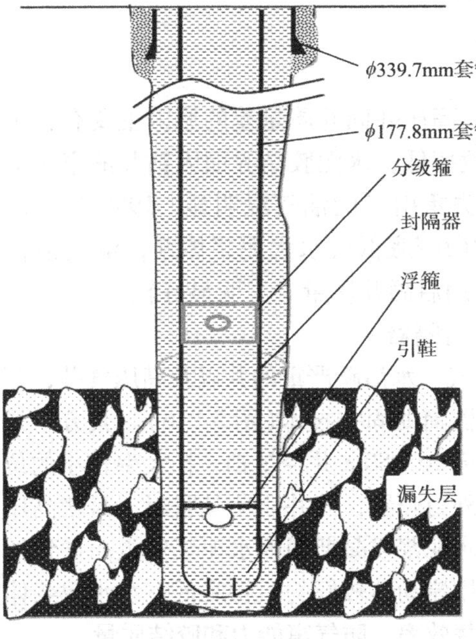

图 5－14　封隔器－分级箍防漏固井工艺管串结构示意图

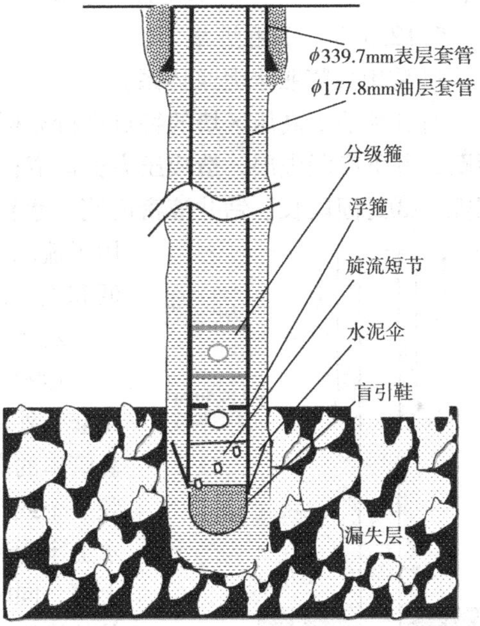

图 5－15　水泥伞－分级箍防漏固井工艺管串结构示意图

5.12.2.4　实施效果

“水泥伞－分级箍防漏固井工艺”在草古 1 潜山油藏和滨 674 区块共固井 45 口，均取得了很好的效果，固井合格率100%，优质率89%。最先在草古1潜山油藏使用的4口井固井情况见表5-2。合格率100%，优质率75%。取得了良好的应用效果。

表5-2 草古1潜山油藏采用防漏工艺固井质量情况

井号	井深/m	套管下深/m	固井方式	施工情况	固井质量
草古1-8-10	826.8	826.4	封隔器-分级箍	漏失	合格
草古1-16-10	722.4	722.1	水泥伞-分级箍	返出地面	优质
草古7-12-8	744.7	744.3	水泥伞-分级箍	返出地面	优质
草古1-9-9	828.5	828.0	水泥伞-分级箍	漏失补注	优质

5.12.3 采用封隔器防气窜技术提高高压井固井质量

5.12.3.1 基本情况

1997~2000年，胜利油田在郝家、利津、坨庄等高压区块钻井较多，三开钻井液密度在1.6~2.1g/cm^{3}之间，井深3000~4500m，各层套管尺寸：表层套管ϕ339.7mm；技术套管ϕ244.5mm；油层套管ϕ139.7mm。起初油层套管固井使用常规一次注水泥固井，水泥浆体系为G级缓凝水泥，附加措施：环空憋压。

5.12.3.2 原来固井质量情况

1997年统计，全年共固高压井53口，优质井13口、合格井36口、不合格井4口，固井合格率92.5%，优质率24.5%，固井质量不理想。

5.12.3.3 采用措施

1)使用微膨胀水泥浆体系。

对胜利油田高压区块的特点进行分析后认为，高压井固井质量差的原因主要有：①油气活跃，井下有漏失层，造成压力窗口窄；②顶替效率低，水泥胶结界面因钻井液窜槽引起微间隙；③封固段长、钻井液密度高，水泥浆候凝失重引起的油气浸明显。1998年，选择使用了流动性较好的微膨胀低失水水泥浆体系，解决顶替效率低和失重问题，应用后固井质量有了明显好转。

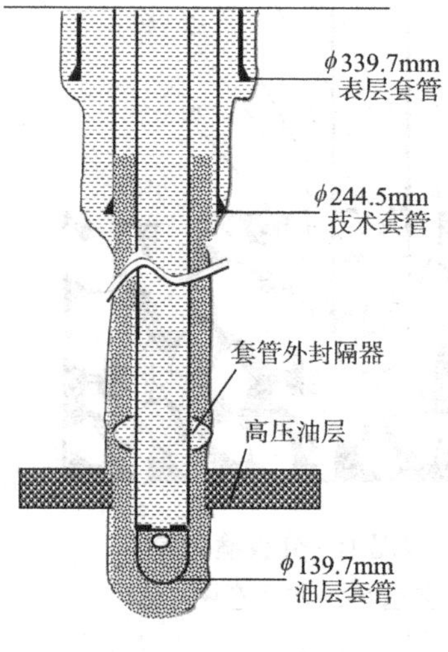

图5-16 封隔器在高压井固井中的应用示意图

2)使用套管外封隔器。

1999年对油、气、水活跃严重的井以及高压气井，开始采用套管外环空封隔器辅助固井技术(图5-16)。其方法是：在套管串的高压层顶部10~50m井径规则、扩大率较小的位置安装一个或两个套管外封隔器，固井后使其胀封，封堵高压油气水上窜通道，防止水泥浆候凝期间因水泥浆失重而导致油气水上窜，同时配合使用流动性较好的微膨胀低失水水泥浆体系和其他措施，提高顶替效率、防气窜能力和胶结质量。

5.12.3.4 实施效果

此方案使用后，高压井固井质量得到提高(表5-3)，并将该方案逐步推广应用到各个高压油区，取得了良好的应用效果。

表 5-3　东营地区 1997 ~ 1999 年间高压井固井质量情况

固井时间	钻井液密度/(g/cm^3)	固井措施	固井数/口	合格井数/口	优质井数/口	合格率/%	优质率/%
1997 年	1.6 ~ 2.0	G 级缓凝水泥浆，环空憋压	53	49	13	92.5	24.5
1998 年	1.6(2.0	微膨胀低失水水泥浆，环空憋压	44	42	14	95.45	31.8
1999 年	1.6 ~ 2.0	高流动性的微膨胀低失水水泥浆，环空憋压	36	36	15	100	41.6
	1.6 ~ 2.0	1. 采用管外封隔器 2. 微膨胀水泥浆	11	11	8	100	72.7

从表 5-3 中数据可以看出，封隔器与高压井固井水泥浆体系配合使用能更有效地提高固井质量，采用封隔器的高压井固井合格率和优质率明显高于其他高压井。

5.12.4　旋转套管技术提高固井质量

5.12.4.1　基本情况与固井质量现状

胜利油田浅海埕北区块，2009 年及 2010 年先后完钻了 CB156 井、CB6D-4 井、CB 斜 601 井和老井侧钻井 CB 侧 169 井，固井质量大都是勉强合格(表 5-4)，其原因是：①封固段过短或过长，引起水泥浆与钻井液混浆或窜槽；②定向斜井，套管难以居中，易贴边；③井径不规则；④小间隙。

表 5-4　埕北区块采用常规固井方案固井质量情况

井　号	套管类型	井深/m	井斜/(°)	固井段长/m	施工方案	固井质量	合格率/%	优质率/%
CB156	177，8mm 尾管	2630	1.46	575	常规固井	合格	100	0
CB6D-4	114.3mm 尾管	1638	33.3	270	常规固井	合格		
CB 侧 169	114.3mm 尾管	1696	46	1093	常规固井	合格		
CB 斜 601	244.5 技术套管	2002	2.4	1720	常规固井	合格		

5.12.4.2　采用旋转尾管固井技术

2010 年 7 月 CB11NC-1 井三开完钻，该井设计下入 ϕ139.7mm 尾管固井，为提高该区块的固井质量，经研究准备在该井采用旋转尾管固井技术，旋转尾管固井可带来如下好处：

(1)有助于尾管的下入。在尾管下入过程中，如果遇阻，普通尾管悬挂器不能有任何转动，而旋转尾管悬挂器可以转动管串，将有助于克服阻力，使尾管顺利下入。

(2)有助于提高小间隙井固井质量。通过尾管的旋转，可使水泥浆均匀地分布在尾管周围。

(3)有助于防止环空窜流通道的形成。套管在井中是不可能完全居中的，水泥浆一般会尽可能选择通道宽松的一侧流动，空间小的一侧往往有钻井液滞留，顶替效率差，形成窜流通道。而当套管进行旋转时，套管周边均会有水泥浆通过，所以可避免窜流通道的形成。尤其在含有高压气层的井，旋转尾管固井显得更为重要。

(4)有助于提高顶替效率。旋转尾管并结合循环冲洗，有利于冲洗井壁上的泥饼。通过旋转套管还可改变环形空间顶替液体流场，增加周向旋流，改善轴向顶替效率(图 5-17)，使水泥浆均匀分布在套管周围，提高顶替效率，提高一、二界面固井质量。

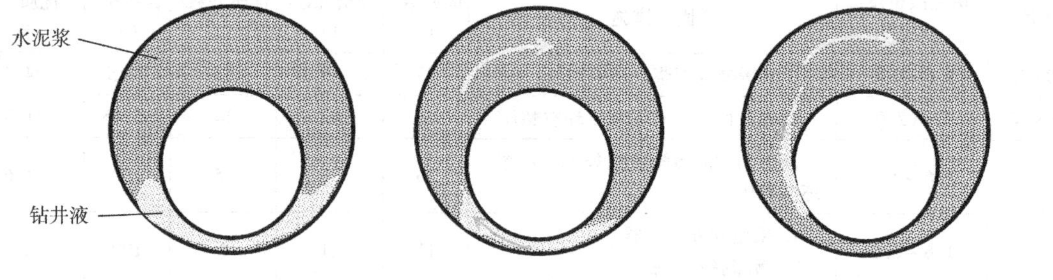

(a) 环空窄边处积存钻井液　　(b) 套管开始转动，钻井液被带动　　(c) 钻井液被甩入水泥浆中一起上行

图5-17　旋转套管提高顶替效率示意图

5.12.4.3　CB11NC－1井基本数据

CB11NC－1井是一口勘探开发一体化定向井，井深2433.6m，ϕ244.5mm技术套管下深2109m，裸眼段长319m，平均井径235mm，最大井斜24.4°/2113.96m，悬挂器位置1922.2～1924.9m，与上层技术套管重叠184m，尾管长度509m。

本井自上而下共钻遇平原组，垂直深度350m；明化镇组，垂直深度1220m；馆陶组上段，垂直深度1700m；馆陶组下段，垂直深度2000m；东营组，垂直深度2230m；完钻层位中生界(未穿)，垂直深度2280m。CB11NC－1井井身结构数据见表5-5和图5-18。

表5-5　CB11NC－1井井身结构数据

套管层次	钻头直径/mm	井深/m	套管直径/mm	套管钢级	套管壁厚/mm	套管扣型	套管下深/m
隔水导管	桩入	68	1000				68
表层套管	444.5	449	339.7	J55	10.92	短圆	449.80
技术套管	311.2	2110	244.5	N80	11.05	长圆	2108.60
尾管	215.9	2432.5	139.7	N80	9.17	长圆	2430.3

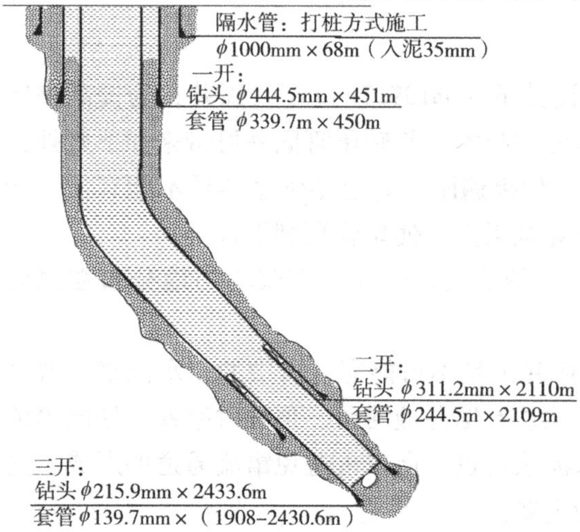

图5-18　CB11NC－1井井身结构示意图

5.12.4.4　实施效果

从测试通井过程管串悬重和扭矩开始，至送入工具成功从井内起出，历时48h，最终安全、顺利地完成了整个旋转尾管固井施工。其中，坐挂、丢手、憋球座均一次性完成，悬挂器轴承承载26t，从水泥出尾管鞋时开始旋转，至水泥返到悬挂器处停止旋转，累计旋转时间为30min。

候凝48h，电测固井质量优质。图5-19为CB11NC－1井的裸眼段固井质量部分变密度测井曲线，裸眼段的CCL曲线数值基本保持在5%以下，固井质量为优质。表5-6为CB11NC－1井ϕ139.7mm尾管固井质量统计表，从表5-6和图5-19中可以看出，该井与先前采用常规尾管固井的 CB156 井、CB6D－4 井等 4 口井相比，固井质量明显提高，CB11NC－1 井固井质量为优质井，原先的 4 口井均为合格井。提高固井质量的主要原因就是采用了旋转尾管技术。

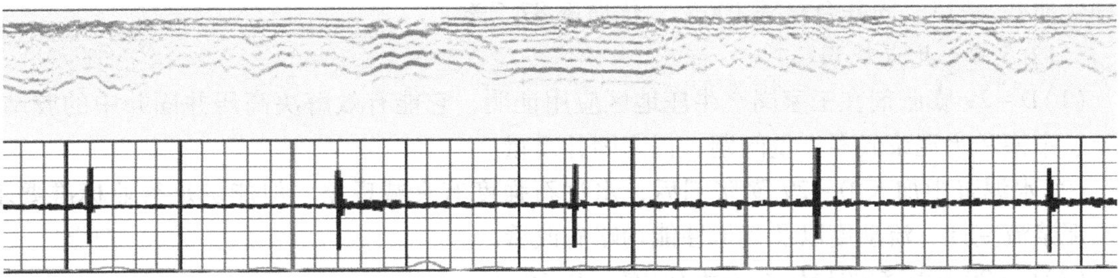

图5－19 CB11NC－1 井 ϕ139.7mm 尾管固井质量部分变密度测井图

表5－6 CB11NC－1 ϕ井 139.7mm 尾管采用旋转尾管固井方案固井质量情况

井 号	套管类型	井深/m	井斜/(°)	固井段长/m	施工方案	固井质量	合格率/%	优质率/%
CB11NC－1	139.7mm 尾管	2426.5	24.4	530	旋转尾管固井	优秀	100	100

5.12.5 采用防气窜水泥浆体系提高高压井固井质量

5.12.5.1 基本情况与固井质量情况

自 1983 年开始，胜利油田在王家岗、牛庄地区打开了沙河街组的高压油气层，由于该组油层压力系数高(0.21 以上)，加上当时解决高压井固井的手段有限，因此，该地区的固井质量始终不理想，1983～1985 年上半年该地区固高压井 9 口，采用了双凝水泥和环空憋压等措施，并没有获得满意的效果，声幅测井固井质量合格率仅为33%。

5.12.5.2 原因分析及采用措施

1. 原因分析

经过对固井质量进行综合分析认为，造成固井质量差的原因主要有：①钻井液流动性差，虚泥饼厚，顶替效率低；②钻井液密度高，流动性差，与水泥浆密度差小，水泥浆上返时易窜槽；③水泥浆候凝期间失重引起油气浸窜。

2. 采用措施

1985 年胜利固井公司从美国引进了 D－29 膨胀剂，准备在高压井中尝试使用，使用膨胀剂可解决以下问题：①水泥浆凝固时发生膨胀可增加水泥与地层和套管的贴紧程度，提高胶结强度；②水泥浆凝固期间膨胀时可将窜槽的钻井液和虚泥饼挤入地层消除窜槽通道；③D－29 膨胀剂是发气膨胀剂，凝固过程产生的气泡形成膨胀压，抑制水泥浆失重时油气向环空浸窜。

同年下半年在王家岗、牛庄地区 7 口高压井中应用，D－29 加量为0.2%～0.4%，声幅质量测井结果为 7 口井全部合格，其中优质井 6 口，固井质量合格率 100%，优质率 86%。取得了很好的效果。

5.12.5.3　推广效果

由于在王家岗、牛庄地区应用该体系取得了好的效果，因此开始在其他高压油区推广使用，截至1986年底，胜利油田使用D－29膨胀水泥浆体系固井65口，65口井全部合格，其中优质井57口，固井合格率100%，优质率87.7%。

5.12.5.4　几点认识

(1)D－29膨胀剂在王家岗、牛庄地区应用证明，它能有效解决高压井固井中的胶结质量差、窜槽和水泥浆候凝失重问题，提高固井质量。

(2)水泥浆中加入D－29膨胀剂后，水泥石强度有衰减现象，但能满足行业标准要求；对水泥浆流变性、流动度以及其他性能均略有改善。

(3)D－29膨胀剂的最优加量为0.2%～0.4%。

5.12.6　利用综合措施解决PATOLON－2ST井固井质量问题

PATOLON－2ST井是PATOLON－2井的侧钻井，PATOLON－2井ϕ177.8mm尾管固井在候凝期间发生溢流，固井质量不合格，经挤水泥补救效果也不理想，无法实现勘探目的，被迫打水泥塞开窗侧钻，重新钻PATOLON－2ST井，再下入ϕ177.8mm尾管固井，以达到勘探目的。在PATOLON－2ST井ϕ177.8mm尾管固井时，采用综合防漏和防窜措施，固井质量达到优质，取得了复杂井固井的极好效果。

5.12.6.1　PATOLON－2井基本情况

PATOLON－2井位于缅甸实皆省(SAGAING)钦比(Chinbyit)西约26km处，距PATOLON－1井6.5km，是缅甸D区块Patolon构造带①号圈闭北高点的一口预探井。其钻井目的：一是落实Patolon构造带①号圈闭北高点塔本组含油气性及储量规模；二是了解提林组地层及储层发育特征。该井四开采用ϕ215.9mm钻头钻至井深3428.2m时漏失卡钻，后由2976m侧钻至井深3380.37m中完，下入ϕ177.8mm尾管固井。

5.12.6.2　PATOLON－2井基本数据及井身结构

1. 基本数据

PATOLON－2井四开使用ϕ215.9mm钻头，完钻井深：3380.37m；设计下入ϕ177.8mm尾管，下深：3379m；尾管挂位置：2102m；钻井液密度1.74g/cm^3；电测井底温度：79℃(3380m)；最大井斜：15.56°/2370.0m。

2. 井身结构

PATOLON－2井井身结构数据见表5－7。

表5－7　PATOLON－2井井身结构数据

套管层次	钻头尺寸×井深/mm×m	套管尺寸×下深/mm×m	水泥返高/m	备　注
一开表层套管	ϕ660.4×447	ϕ508×446	地面	
二开技术套管	ϕ444.5×1632	ϕ339.7×1616	地面	
三开技术套管	ϕ311.2×2369	ϕ244.5×2367	地面	
四开	ϕ215.9×3380	ϕ177.8×3379	—	悬挂器2102m

PATOLON－2井井身结构如图5－20所示。

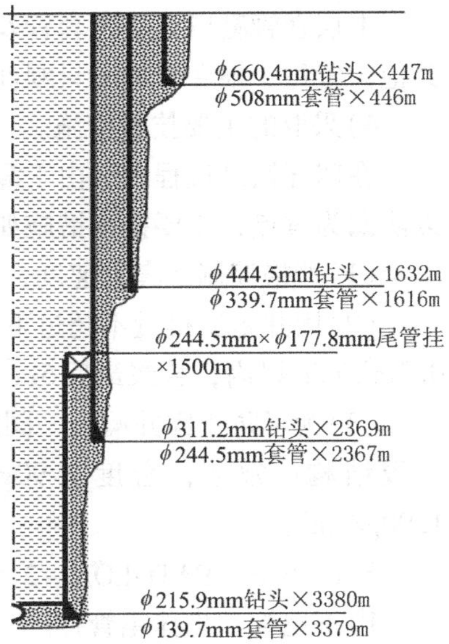

图5－20　PATOLON－2井井身结构示意图

5.12.6.3　PATOLON－2井四开复杂情况

1）漏失严重。

当四开钻至井深3428.2m时发生漏失卡钻，该井段共有8处漏失点，其中2980.6m、3101.19m两处发生失返性漏失。由于裸眼段存在多处漏失并且漏失压力接近钻井液密度，固井防漏困难。

2）高压层活跃。

高压层属于气层和气水同层，气层顶部位置：2290.1m，气层底部位置接近井底，高压层段约1000m，气层顶部就在上层套管鞋处，距离尾管挂顶部很近，压稳困难。

3）裸眼段压力窗口窄。

钻井过程中经常发生井漏，并始终有地层油、气、水进入钻井液，压力窗口很小，压力窗口当量钻井液密度大概在1.70～1.75g/cm³，堵漏后稍微大一些。

4）一直没有完全压稳油气水层。

钻井液中始终有油气水显示，说明钻井液始终都没有效压稳油气水层，高压层属于高压低能类型，一直存在向环空浸入气体现象，固井气窜很难解决。

5.12.6.4　PATOLON－2井ϕ177.8mm尾管固井措施

1）管串结构。

ϕ177.8mm浮鞋＋2根ϕ177.8mm套管＋ϕ177.8mm浮箍（弹簧式）＋3根ϕ177.8mm套管＋ϕ177.8mm球座＋ϕ177.8mm套管串＋ϕ177.8mm尾管悬挂器＋送入ϕ127mm钻具。

2）水泥浆性能与注入量。

（1）水泥浆性能。

水泥浆性能试验情况见表5－8。

表5－8　PATOLON－2井ϕ177.8mm尾管固井水泥浆主要性能

项　目	密度/（g/cm³）	试验条件	稠化时间/min	SPN值
领浆	1.90	75℃×60MPa×60min	405	0.98
中间浆	1.85	75℃×60MPa×60min	274	2.32
尾浆	1.90	75℃×60MPa×60min	230	1.46

（2）水泥浆注入量。

注入领浆10m³；注入中间浆11m³；尾浆5m³。

3）扶正器安放位置及数量。

（1）弹性扶正器。

裸眼段每4根套管加1只弹性扶正器，共加入24只。

（2）刚性扶正器。

上层套管鞋以上2根套管及悬挂器以下2根套管，每根套管加1只刚性扶正器，重叠段其他位置每4根套管加1只刚性扶正器，共加入7只。

4)采取的主要技术措施。

在四开钻进过程中，由于漏失严重，没有发现良好的油气显示，因此，技术措施的制定以防漏为重点，主要技术措施如下：

(1)严格控制下套管速度，防止产生过大的激动压力而压漏地层。

(2)固井施工排量不超过下套管作业完成后循环处理钻井液时的排量。施工排量控制在0.9m^3/min以内，替浆最后5m^3采用0.4m^3/min塞流顶替。

(3)为了防止固井漏失，同时兼顾重叠段及套管鞋处的固井质量，环空浆体结构设计为三级结构：领浆，密度1.90g/cm^3；加纤维的中间浆，密度1.85g/cm^3；尾浆，密度1.90g/cm^3。

5.12.6.5　PATOLON－2井ϕ177.8mm尾管固井施工情况

1)下尾管、坐挂尾管挂。

2010年3月30日进行下套管作业，套管下入顺利，井口返浆正常；坐挂悬挂器顺利；开泵环空返出正常；循环钻井液三周以上，排量0.8m^3/min，泵压5.9MPa。

2)固井施工。

3月31日进行固井施工，施工顺利，各项指标达到设计要求，其中：

(1)注入隔离液8.4m^3，密度为1.76g/cm^3；排量0.76m^3/min，泵压8MPa。

(2)注入领浆10.5m^3；排量0.99m^3/min，泵压11.6MPa。

(3)注入中间浆11m^3；排量1m^3/min，泵压11.3MPa。

(4)注入尾浆5m^3；排量1.16m^3/min，泵压10.6MPa。

(5)压胶塞、替浆，排量0.4～0.96m^3/min，泵压4.6～8.19MPa；碰压正常，压力5.16～9.13MPa。共替入泥浆40m^3，放压不倒流，回压凡尔工况良好。

3)起钻5柱循环。

起钻5柱，起至1926.23m，开泵循环100min，循环排量1.2m^3/min，泵压5.3MPa，放出混浆17.85m^3。

4)起出钻具候凝。

停泵、起钻至1460.59m，环空灌满钻井液，观察无漏失和溢流后，候凝。

5)异常情况。

候凝约30min，发现井口有钻井液流出，发生溢流，溢流1h液面上涨1.8m^3，

溢流逐渐明显增大，马上关井，关井套压最高3.19MPa，立压1.75MPa，关井期间将套压稳定在3MPa；关井2h后，开封井器循环，入口密度1.74g/cm^3，出口密度1.72g/cm^3，压力3.35MPa，全烃值25%，最高40.48%，循环2h后，出口密度降低为1.64g/cm^3。

6)采取补救措施。

(1)压井。加重钻井液，循环压井，经过逐步提高钻井液密度最后提到2.1g/cm^3，压井成功。

(2)探塞。在成功压井后，下入ϕ216mm钻头，没有探到上塞，探得回接筒位置2102.28m。

(3)试挤。试挤钻井液 $10m^3$，排量 $0.5m^3/min$，压力6.5MPa，压力基本稳定。

(4)制定处理方案。决定对2100～2403m进行挤水泥补救。

7)挤水泥施工情况。

2010年4月3日，钻具下至2090m，循环一周后，关环空试挤钻井液 $3.6m^3$，排量 $0.4m^3/min$，立压5.5MPa，套压3.9MPa；打开环空，注前置液 $4m^3$，注水泥浆 $20m^3$，当前置液 $3m^3$ 出钻具后，关井，挤入 $14m^3$(其中水泥浆 $2.0m^3$、后置液 $1m^3$、钻井液 $11m^3$)。开井，替钻井液 $4.5m^3$，起10柱，循环洗井一周，灌满钻井液，关井，间断挤入 $5m^3$，直到水泥浆稠化时间(300min左右)，关井憋压候凝。

8)发生溢流的原因分析。

(1)固井设计没有重视防气窜。由于本开次在钻进过程中没有发现良好的油气显示，但多处井段发生漏失，固井施工设计中以防止固井漏失为重点，对高压水层发生水窜的认识不足，在设计中没有针对水窜采取有效的工艺措施。

(2)水泥浆候凝失重时不能压稳高压水层。通过对压井过程中使用的钻井液密度及地层出水等情况分析，认为是2783m左右的水层发生水窜，引发了溢流。

在使用 $1.94g/cm^3$ 钻井液压井时，仍然有轻微的溢流，假如是2783m的水层发生水窜，按压井液柱折算在该处的当量密度为 $1.72g/cm^3$，这与固井前的钻井液密度基本平衡。

固井采用的三凝浆体结构，从发生溢流的结果来看，在中间浆失重时，不能有效压稳下部水层。2783m处为中间浆封固，当中间浆失重时，该处的当量密度为 $1.68g/cm^3$，是不能压稳的。

(3)地层压力判断有误差。由于高压气水层属于高压低能类型，当时判断地层压力当量密度 $1.70g/cm^3$ 左右，从溢流压井过程分析地层压力当量钻井液密度至少 $1.73g/cm^3$ 以上。

(4)没有及时发现溢流和关井。采用开井候凝的方式，不能及早地发现溢流。在发现后，又没有及时关井或采取节流循环等措施(发现溢流1.5h后才关井)，导致大量的地层水窜出，冲掉了环空的水泥浆，为水窜留下了通道，即使水泥浆凝固后，也不能有效地阻止地层水的窜出。

9)电测固井质量。

电测固井质量情况：3160～3370m，10%～20%；2100～2160m，10%～20%(挤水泥井段)；其他井段声幅基本大于40%或是空套管。

10)最终解决方案。

由于固井质量不合格，无法达到勘探目的，经研究决定，打水泥塞将现井眼报废，在上部1802m处开窗侧钻，重新钻PATOLON－2ST井，再下入 $\phi177.8mm$ 尾管固井。

5.12.6.6　PATOLON－2ST井基本数据及井身结构

1)基本数据。

PATOLON－2ST井是PATOLON－2井的一口开窗侧钻井，是一口预探井；其钻井目的是为了彻底搞清PATOLON－2井测试的流体性质，认清该圈闭资源情况。该井在PATOLON－2井 $\phi244.5mm$ 套管1802.15m位置开窗，用 $\phi215.9mm$ 钻头侧钻至井深2280m中完，下入 $\phi177.8mm$ 尾管悬挂固井。钻井液密度 $1.60g/cm^3$；电测井底温度：63℃(3380)m；最大井斜：27.29°/2016.61m。

2)井身结构。

PATOLON－2ST井井身结构数据见表5-9。

表5-9　PATOLON－2ST井井身结构数据

套管层次	钻头尺寸×井深/mm×m	套管尺寸×下深/mm×m	水泥返高/m	备注
一开表层套管	ϕ660.4×447	ϕ508×446	地面	
二开技术套管	ϕ444.5×1632	ϕ339.7×1616	地面	
三开技术套管	ϕ311.2×2369	ϕ244.5×2367	地面	
开窗	ϕ215.9×2280	ϕ177.8×2279	1505	开窗点：1802m 尾管挂：1595m

PATOLON－2ST井井身结构如图5-21所示。

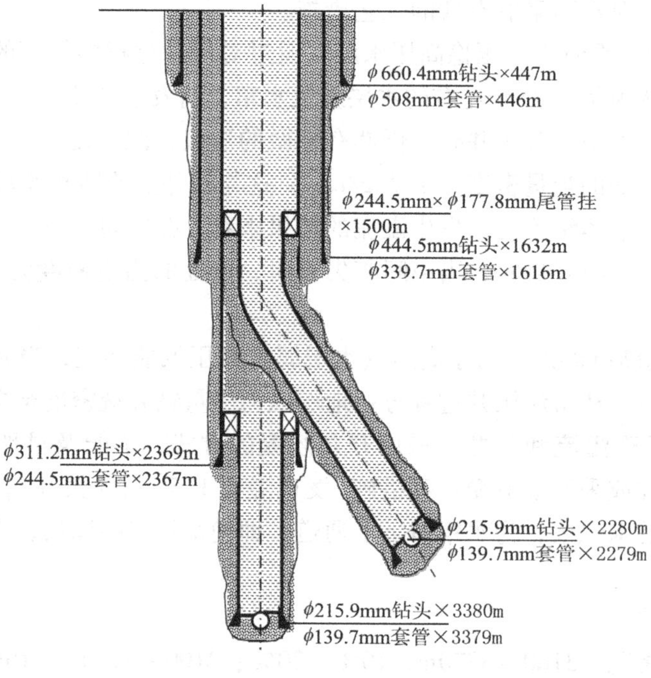

图5-21　PATOLON－2ST井井身结构示意图

5.12.6.7　PATOLON－2ST井开窗后复杂情况

1)漏失严重。

开窗后钻井过程中，钻井液密度1.50g/cm^3，地层就发生漏失且漏失严重，钻井液漏失情况见表5-10。

表5-10　PATOLON－2ST井开窗后钻井过程钻井液漏失情况

序　号	时　间	井　段/m	出口情况	漏失量/m^3	漏失钻井液密度/(g/cm^3)	处理过程
1	2010－6－09	2105.56～2117.53	返出	7.70	1.47	打堵漏浆8m^3
2	2010－6－10	井深2146.38	返出	3.00	1.50	
3	2010－6－11	2195.65～2196.0	返出	14.60	1.50	打堵漏浆10m^3

续表

序　号	时　间	井　段/m	出口情况	漏失量/m^3	漏失钻井液密度/(g/cm^3)	处理过程
4	2010-6-12	2196.0~2213.0	返出	155.40	1.52	打堵漏浆 49.1m^3
5	2010-6-13	2223.21~2232.0	返出	56.60	1.55	
6	2010-6-14	井深 2232.0	返出	42.30	1.55	水泥坂土浆堵漏
7	2010-6-15	2232	返出	13.00		

2)气层活跃。

2010 年 6 月 17 日中完短起时，测得油气上窜情况：钻井液密度 1.57g/cm^3，全烃值 74%，油气上窜速度 184m/h。调整入口钻井液密度为 1.60g/cm^3，油气上窜速度 60m/h，全烃值 5.5%，出口密度 1.58g/cm^3。2010 年 6 月 14、18 日两次坂土水泥浆堵漏后，钻塞过程中钻井液密度 1.60g/cm^3，全烃值 4%，油气上窜速度 13.99m/h，气层十分活跃，气层活跃情况见表 5-11。

表 5-11　PATOLON-2ST 井开窗后气层活跃情况

日　期	井深/m	迟到时间/min	钻头位置/m	后效位置/m	全烃值/%		钻井液性能	计算上窜速度/(m/h)
					最大	基值	密度/(g/cm^3)	
2010-6-6	1826.31	30	1810	1597	7.58	4.07	1.40↘1.35	20.3
2010-6-8	1999.84	34	1999	1957	2.189	0.360	1.41	43.3
2010-6-9	2028.60	36	1817	1957	3.87	0.526	1.42	31.6
2010-6-11	2146.38	39	2141	1957	12.18	1.310	1.48↘1.39	63.9
2010-6-11	2178.78	43	2146	1957	37.43	2.537	1.49↘1.43	101
2010-6-14	2232.00	35	1779	1957	9.167	1.274	1.56↘1.45	132.2
2010-6-14	2232.00	75	2230	1957	13.48	1.43	1.56↘1.53	29.0

3)裸眼段压力窗口窄。

开窗后钻井过程中经常发生井漏的同时，钻井液中始终有油气水浸情况，在不进行堵漏的情况下，压力窗口为负值，不堵漏时漏失压力当量密度为 1.50g/cm^3 左右，高压气层当量密度超过 1.60g/cm^3，只有靠堵漏来提高承压能力，勉强压稳高压气层。

5.12.6.8　PATOLON-2ST 井 ϕ177.8mm 尾管固井主要措施

1)管串结构。

ϕ177.8mm 浮鞋 +2 根 ϕ177.8mm 套管 + ϕ177.8mm 浮箍(弹簧式) +2 根 ϕ177.8mm 套管 + ϕ177.8mm 浮箍(弹簧式) +1 根 ϕ177.8mm 套管 + ϕ177.8mm 球座 + ϕ177.8mm 套管串 + ϕ177.8mm 尾管悬挂器 + 送入 ϕ127mm 钻具。

2)扶正器安放位置及数量。

(1)弹性扶正器。裸眼井段 2190~2270m，每根套管加 1 只，1802~2190m 每 2 根套管加 1 只。共加入 23 只。

(2)刚性扶正器。上层套管鞋以上 2 根套管及悬挂器以下 2 根套管，每根套管加 1 只刚性扶正器，重叠段其他位置每 3 根套管加 1 只刚性扶正器，共加入 8 只。

3)水泥浆。

设计注入水泥浆 17m³(领浆 9.5m³,尾浆 7.5m³),水泥浆性能大样复查结果见表5-12。

表 5-12 PATOLON-2ST 井 ϕ177.8mm 尾管固井水泥浆性能

<table>
<tr><td rowspan="3">水泥浆配方</td><td>领　浆</td><td colspan="9">嘉华 G 级水泥 700g + 领浆配浆水 322g</td></tr>
<tr><td>尾　浆</td><td colspan="9">嘉华 G 级水泥 800g + 尾浆配浆水 337.1g + ZP-22.4g + 纤维 1.6g</td></tr>
<tr><td>隔离水泥浆</td><td colspan="9">嘉华 G 级水泥 475g + 隔离水泥浆配浆水 322g</td></tr>
<tr><td rowspan="2">配方序号</td><td rowspan="2">密度/(g/cm³)</td><td colspan="2" rowspan="2">剪切应力读数</td><td colspan="4">API 失水/(mL/30min)</td><td colspan="3" rowspan="2">自由液/mL</td></tr>
<tr><td colspan="2">℃×6.9MPa</td><td colspan="2">API 失水</td></tr>
<tr><td>领浆</td><td>1.90</td><td colspan="2">–/208/142/75/5/3</td><td colspan="2">52℃×6.9MPa</td><td colspan="2">23</td><td colspan="3">0</td></tr>
<tr><td>尾　浆</td><td>1.95</td><td colspan="2">–/243/173/89/4/3</td><td colspan="2">52℃×6.9MPa</td><td colspan="2">21</td><td colspan="3">0</td></tr>
<tr><td>隔离水泥浆</td><td>1.70</td><td colspan="2"></td><td colspan="2"></td><td colspan="2"></td><td colspan="3"></td></tr>
<tr><td colspan="2">流动度</td><td>领浆</td><td>23cm</td><td colspan="4">尾浆</td><td colspan="3">21cm</td></tr>
<tr><td rowspan="2">配方名称</td><td rowspan="2">密度/(g/cm³)</td><td colspan="2" rowspan="2">稠化实验条件</td><td colspan="6">稠化时间</td><td>初稠</td></tr>
<tr><td>稠度/Bc</td><td colspan="2">30</td><td>40</td><td>70</td><td>100</td><td></td></tr>
<tr><td>领浆</td><td>1.90</td><td colspan="2">52℃×34MPa×35min</td><td>时间/min</td><td colspan="2">261</td><td>263</td><td>268</td><td>271</td><td>18.6</td></tr>
<tr><td>尾浆</td><td>1.95</td><td colspan="2">52℃×34MPa×35min</td><td>时间/min</td><td colspan="2">129</td><td>134</td><td>138</td><td>139</td><td>18.9</td></tr>
<tr><td>隔离水泥浆</td><td>1.70</td><td colspan="2">52℃×34MPa×35min</td><td>时间/min</td><td colspan="5">300min 未稠</td><td>5</td></tr>
<tr><td rowspan="2">配方名称</td><td colspan="10">抗压强度实验</td></tr>
<tr><td colspan="3">养护条件</td><td colspan="2">项目</td><td colspan="5">强度/MPa</td></tr>
<tr><td>水泥浆</td><td colspan="3">60℃×24h×21MPa</td><td colspan="2">底部强度</td><td colspan="5"></td></tr>
<tr><td>水泥浆</td><td colspan="3">60℃×24h×21MPa</td><td colspan="2">底部强度</td><td colspan="5"></td></tr>
</table>

4)固井施工主要技术措施。

(1)下套管前进行一次全井坂土水泥浆堵漏,提高地层承压能力,为压稳气层打好基础。

(2)下套管和固井施工,确保压稳地层,控制油气上窜速度小于 15m/h。

(3)严格控制套管下入速度,防止产生过大的激动压力而压漏地层;固井施工排量控制不超过固井前最大安全循环排量,减小动液柱压力。

(4)使用非渗透防气窜、低失水水泥浆体系,水泥浆体设计为双凝结构,双凝界面 1802m 在尾浆中加入 0.2% 的堵漏纤维,以防止固井期间发生漏失。

(5)适当增加水泥浆附加量,确保水泥浆正常返至喇叭口以上 90m,以弥补可能漏失的水泥浆。

(6)尾浆中加入氮气膨胀剂,并严格控制水泥浆的 API 失水,防止候凝时气窜。

(7)用密度 1.4~1.7g/cm³ 的超缓凝水泥浆作隔离液,增加水泥浆接触时间。

(8)采用循环加压的方式候凝,拔出中心管,起钻 3 柱后,从环空反挤水泥浆 0.5~1m³,挤入压力控制在 2MPa 以内,防止开窗口处气层的上窜,并打乱气体上窜通道。之后开泵循环，在尾浆凝固前，将排量逐步提高到2.1m^3/min，直到尾浆凝固后8h，再停止循环关井候凝。

5.12.6.9　PATOLON－2ST井ϕ177.8mm尾管固井情况

2010年6月20日对PATOLON－2ST井ϕ177.8mm尾管进行固井作业，各项参数符合设计要求，固井施工顺利。其中：注入水泥浆17m^3（领浆9.5m^3，尾浆7.5m^3），领浆密度1.90g/cm^3，尾浆密度1.96g/cm^3。

5.12.6.10　PATOLON－2ST井ϕ177.8mm尾管固井质量情况

2010年6月25日对PATOLON－2ST井ϕ177.8mm尾管固井质量进行了电测检测，通过CBL和VDL综合评价得出如下结论：

(1)裸眼段封固为优质井段占67%，22%井段为中等胶结，11%井段胶结较差。综合评价为优质。

(2)重叠井段：1764～1802m井段胶结质量较好，优质井段占41.1%。喇叭口～1763m井段交结质量中等。

(3)2010年6月25日对喇叭口及套管进行试压作业：试压15MPa，稳压10min，压力不降。试压合格。

PATOLON－2ST井ϕ177.8mm尾管固井质量总体评价为优质井。

5.12.6.11　几点认识

通过PATOLON－2ST井ϕ177.8mm尾管固井的成功说明：

(1)对于复杂井固井，特别是压力窗口窄的复杂井固井，必须先堵漏建立一定的压力窗口，为压稳油、气、水层提供条件。

(2)压稳油、气、水层是固好井的前提条件。

(3)在多个复杂情况汇集在一起时，应认真分析，绝不要重视一个因素而忽略了另一个因素，导致前功尽弃。

(4)在复杂井固井时往往安全风险和质量风险并存，在制定措施时一定要同时考虑，要在保证施工安全的同时保证固井质量。

(5)对待复杂井固井要多种措施同时使用，而且要分析每种措施带来的负面影响，要将措施应用得恰到好处。

第6章　复杂井固井技术

由于影响固井质量的因素是多方面的，因此，提高固井质量是一个系统工程，应从多方面入手提高固井质量。每口井的复杂情况都有区别，即使是井身结构相同的邻井，井下情况也有差别，因此固井方案不能死搬硬套，要认真分析，灵活应对。固井的成败取决于分析原因是否正确，针对措施是否对路，并不取决于花钱多少。所谓复杂井就是固井质量影响因素较难分析的井，对应措施较难掌握的井。要想解决好复杂井固井问题，就要系统掌握影响复杂井固井的因素和需要采取的解决措施。在解决复杂因素时，要会分析哪些是主要因素，哪些是次要因素，才能有主有次地制定方案，解决固井难题。

6.1　定向井、水平井固井

6.1.1　概述

定向井、水平井固井即为斜井固井，其注水泥工艺与直井基本相同，除掌握与直井固井要求相同的资料外，还需要掌握井的斜深、垂深、井眼轨迹和钻井液体系等数据。

6.1.2　固井工艺难点

(1)斜井段及水平段钻进时，井眼底部容易形成沟槽，给井眼清洗造成困难，同时影响固井顶替效率；

(2)斜井段套管与井壁可能发生长段面积的多处接触，会造成套管贴井壁处无水泥；

(3)套管在环空严重偏心，使窄边钻井液不能被有效清除，影响固井顶替效率；

(4)水泥浆在水平段及斜井段顶部会产生游离水，易形成集中的水带，影响固井质量和封隔效果；

(5)由于套管的弯曲和贴边造成下套管阻力增大；

(6)普通API螺纹受弯曲应力后，容易发生螺纹密封能力下降；

(7)一些直井中常用的固井附件有的可能不能在水平井中使用，需要使用特制的套管附件。

6.1.3　下套管的难点分析和要求

6.1.3.1　满足套管下入的井眼条件

1)对井眼曲率要求。

允许套管下入的最小曲率半径 R_t 为：

$$R_t = 0.125 \times \frac{L_t^2}{0.74\Delta d - f} \tag{6-1}$$

式中　R_t——曲率半径，mm；

L_t——单根套管平均长度，mm；

Δd——套管接箍外径与井径差值，mm；

f——间隙值，mm(软地层 $f=1$，硬地层 $f=3\sim6$)。

井眼的曲率 K 为：

$$K = \frac{1}{R_t} \tag{6-2}$$

设计要求套管允许弯曲变形的最大曲率 $K_c > K$

$$K_c = K_1 K_2 E \frac{d_c}{2\sigma_s} \tag{6-3}$$

式中　K_c——允许的最大曲率，1/mm；

K_1——设计所取的安全系数(1.2~1.25)；

K_2——螺纹应力集中系数(N80 以上钢级取 1.75，J55 及以下钢级取 2.0~2.5)；

E——钢的弹性系数，kPa/m^2；

σ_s——套管最小屈服极限，kPa；

d_c——允许下入的最大套管外径。

2)以全角变化率计算允许套管下入校核的经验公式。

最大全角变化率 $\Delta\alpha_{zmax}$ 的计算公式：

$$\Delta\alpha_{zmax} = 2\arcsin\sqrt{\sin^2\frac{\alpha_2-\alpha_1}{2}+\sin\alpha_1\sin\alpha_2\cos^2\frac{\Delta\phi}{2}} \tag{6-4}$$

式中　$\Delta\alpha_{zmax}$——最大全角变化率，(°)；

α_1——始井斜角，(°)；

α_2——终井斜角，(°)；

$\Delta\phi$——方位角度变化，(°)。

套管弯曲挠度 Z_0 的计算公式：

$$Z_0 = 5\times10^6\frac{qL^4\sin\Delta\alpha_{zmax}}{3.84EI} \tag{6-5}$$

允许套管下入应满足条件：

$$d+2Z_0<D(\text{条件公式}) \tag{6-6}$$

式中　d——套管外径，cm；

D——井径，cm；

Z_0——套管弯曲挠度，cm；

q——每米套管质量，kg/m；

I——转动惯量$[I=\pi(d^4-d_i^4)/4]$，cm^4；

d_i——套管内径，cm；

E——钢材弹性系数，kPa/m^2；

L——套管长度，m。

6.1.3.2　下套管摩阻分析和措施

1)下套管摩阻分析。

大斜度井段下套管，仅有一小部分质量能使套管柱下移，当井斜角超过70°时，管柱质量的90%作用于井眼下侧，若方位变化大，则情况更为严重。井眼允许下入的摩阻分析图如图6-1所示。

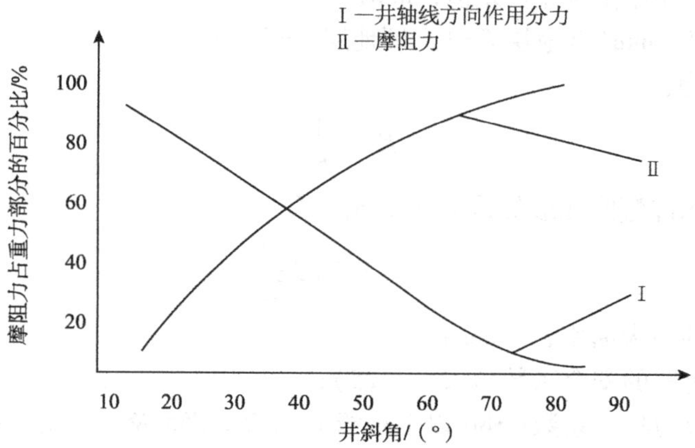

(a) 摩阻力随井斜角增大而增大

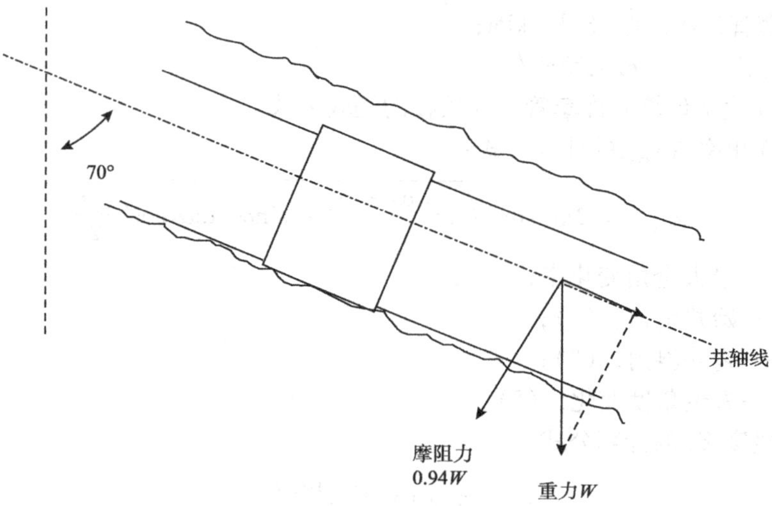

(b) 当井斜角超过70°时，管柱重量的90%以上作用于井眼下侧

图6-1 斜井管柱受力分析示意图

2)降低下套管摩阻措施。

(1)降低泥饼摩擦阻力，加入塑料小球或混入原油及其他润滑剂。

(2)斜井段管柱至少每根套管加入一只扶正器，大斜度井加入能够降低摩阻的刚性扶正器和树脂扶正器。

(3)在造斜井段、硬地层井段和套管重合段使用滚轮扶正器或者刚性扶正器，保证降低摩阻并具有扶正能力。

(4)对位移过大的井采用套管漂浮技术，以降低斜井段或水平井段摩阻，即使用漂浮节箍或漂浮减阻器。

(5)设计下入的套管应与井眼尺寸相匹配。套管尺寸过大会增加下套管难度，也给固井增加难度；套管尺寸过小，环空间隙就会过大，固井质量难以保证，也浪费钻井成本。下入套管的最佳尺寸是与钻进的钻铤尺寸相接近。

6.1.4　固井工艺的特殊要求

定向井、水平井固井，除满足常规井固井工艺要求外还有一些特殊要求。

(1)套管居中要求。

在定向井、水平井中保证套管居中比在直井中要困难，因此，必须按扶正器安放位置和套管居中计算来选择和下入套管扶正器，确定什么位置应下什么类型的扶正器；在数量上至少保证每单根套管下一只扶正器，并使用定位箍定位，在地层较硬的井段和套管重合段应加入刚性套管扶正器，保证套管距中度大于0.67。

(2)水泥浆自由水和失水要求。

为防止在斜井段及水平井段水泥环上侧面形成水带，影响固井质量，应控制水泥浆自由水量为零或接近零，使水泥浆失水量小于50mL。改变API自由水测定方法，配浆后先将水泥浆置于井下温度条件下养护，测试量筒倾斜至井下实际斜度或45°，然后测定自由水。

(3)前置液性能要求。

根据钻井液体系和地层特性，确定前置液体系的基本液，控制较小的失水量，加入适量的表面活性剂，达到对井下最大清洗要求，使其具有冲洗和隔离两项功能。正常情况下，应保证前置液占环空长度200m以上。

(4)钻井液性能及洗井要求。

下套管过程应分段循环钻井液，以清理水平段及斜井段沉砂和岩屑；注水泥前充分循环处理钻井液，使其性能达到设计要求，在不影响井下安全的情况下，尽量降低黏度和切力。

(5)水泥浆性能要求。

应保证水泥浆与钻井液具有较大的密度差和流动性，尽量调整水泥浆密度高一些、提高水泥浆流动性，以提高顶替效率。

(6)顶替液要求。

对于顶替液的要求应从两方面考虑：一是尽量减轻密度，以使套管具有较大的漂浮力，使套管更加居中；二是固井后要保证测井仪器的正常下入，以防测井遇阻而必须下钻通井，对固井质量造成不利的影响。因此，顶替液应密度低、流动性好、抗污染，清水就是很好的顶替液。

6.2　高压井固井

6.2.1　概述

高压井固井是指封固高压油、气、水层的固井，或在裸眼封固段内有高压油、气、水层的固井。高压的概念是以压力梯度来表示的。以前认为当压力梯度值超过14kPa/m(当量泥浆密度1.40g/cm^3)时就属高压范围。随着钻井技术的不断进步，处理高压井的钻井技术能力及固井技术越来越高，也越来越成熟，因此，在人们心目中高压的概念也随之变化。目前，压力梯度值超过16kPa/m时才认为是高压井。以后随着钻井技术和固井技术的不断进步，对高压井的认识还会随之改变。

6.2.2 高压井固井难点

高压井固井的难点主要表现在以下几个方面：

(1)钻井液密度高，流动性差，与水泥浆的密度差小，因此，水泥浆上返时易发生窜槽。

(2)浆体密度高，流动阻力大，施工泵压高。

(3)油、气、水活跃，固井过程易发生油气水浸窜。

(4)水泥浆与钻井液密度差小，驱替效果差，易掺混，提高顶替效率困难，容易造成水泥浆污染，引起工程事故。

(5)由于密度大，流阻大，容易压漏地层，特别是下套管期间和固井水泥浆上返期间更为突出。

(6)水泥浆在候凝期间失重表现突出，不能有效传递液柱压力，导致不能压稳油气水层，会发生油气水浸。由于高压井的液柱压力一般接近高压层压力，所以一旦发生失重就易产生高压层失稳，发生候凝期间的油气水浸窜。

6.2.3 常用固井措施

高压井固井除使用常规固井措施外，还要增加以下措施：

(1)采用高压井固井水泥浆体系。

由于高压井存在着钻井液密度高、油气活跃的特点，固井时易发生钻井液窜槽、油气浸窜等问题，必须开发研究各种适应高压井固井的水泥浆体系。目前，全国各油田分别开发了适应各种不同类型高压井的水泥浆体系，并进行了广泛应用。常用的高压井水泥浆体系有：低失水微膨胀水泥浆体系、高密度低失水水泥浆体系、高流性低失水水泥浆体系、非渗透防气窜水泥浆体系和胶乳防气窜水泥浆体系等，分别使用于各个油田，并取得了较好的效果。胜利油田高压油区使用的高压井水泥浆体系和性能参数见表6-1。高压水泥浆体系在胜利油田的使用效果见表6-2。

表6-1 20世纪末胜利油田各地区高压井水泥浆体系性能

地　区	钻井液密度/(g/cm^3)	水泥浆体系	密度/(g/cm^3)	API失水/mL	流动度/cm	初稠/Bc	24h强度/MPa	膨胀率/%	稠化时间/min
河家史口辛镇	1.5~1.9	微膨胀低失水水泥浆体系	1.85~1.90	<200	20~22	<15	>15	10~20	200~300
坨庄利津	1.5~2.0	高密度低失水水泥浆体系	1.90~1.95	<200	20~22	<15	>18	–	200~300
王家岗牛庄	1.4~1.9	高流性低失水水泥浆体系	1.85~1.90	<200	23~25	<10	>16	–	200~300

表6-2　高压井水泥浆体系在部分高压油区的使用情况及质量对比

地　区	水泥浆体系	钻井液密度/(g/cm^3)	固井数/口	合格井数/口	优质井数/口	合格率/%	优质率/%	固井日期
河家	G级缓凝水泥浆	1.5～2.0	34	32	6	93.75	21.9	1997.1～1998.7
	微膨胀低失水体系		32	32	7	100	36	1998.7～1999.10
坨庄	G级缓凝水泥浆	1.5～2.0	17	16	7	94.12	41.2	1997.1～1998.7
	高密度低失水体系		6	6	3	100	50	1998.7～1999.10
史口	G级缓凝水泥浆	1.5～2.0	8	7	3	87.5	37.5	1997.1～1998.7
	微膨胀低失水体系		3	3	2	100	66.7	1998.7～1999.10
辛镇、利津、王家岗、牛庄	G级缓凝水泥浆	1.5～2.0	10	8	1	80	10	1997.1～1998.7
	高流性低失水体系 高密度低失水体系		4	4	1	100	25	1998.7～1999.10
平均	G级缓凝水泥浆	1.5～2.0	69	63	17	91.3	26.9	1997.1～1998.7
	新水泥浆体系		45	45	13	100	28.9	1998.7～1999.10

从表6-2中数据看出，在河家、坨庄、史口等地区使用高压井水泥浆体系的固井合格率和固井优质率均明显提高，合格率平均提高8.7%，优质率平均提高2%。

(2)采用双凝水泥。

所谓双凝水泥固井是指在固井封固段中使用两种凝固时间不同的水泥浆体系进行固井。其方法是：从高压层以上50～100m至井底的下部封固段用速凝水泥浆，上部封固段用缓凝水泥浆，固井后水泥浆短时间内先凝固，这段水泥浆发生失重现象时，上段水泥浆还未达到初凝，这时整个环空压力仍大于高压层的地层孔隙压力，高压流体不能流入井内；待上段水泥浆凝固发生失重现象时，下部高压层段的水泥浆已形成较高的凝胶强度或已凝固，有效地阻止了高压地层流体向环空水泥内浸窜。

(3)环空憋压。

对于上部有技术套管的高压井，固井后可关闭封井器在环空憋一定压力，以弥补水泥浆候凝失重时所损失的压力。环空憋压的大小根据计算的失重压力和技术套管鞋处的破裂压力确定。对于上部没有技术套管的长封固段井和带有套管外顶部封隔器井的固井，可采用环空底部加压的办法弥补水泥浆候凝失重时所损失的压力。底部环空加压由专门的底部环空加压器完成(参见第4章)。

(4)分段固井。

对于难以压稳和漏失严重的高压井，可采用分段固井的办法解决。即将一次固井分为两次固井，先将高压层或漏失层进行封固，待水泥浆凝固后再固上部井段，这样就解决了压稳、漏失和失重问题。分段固井最常用的方法是双级注水泥工艺和尾管固井再回接工艺。

(5)应用套管外封隔器。

对油、气、水活跃严重的井，以及高压气井，可采用套管外封隔器环空封隔辅助固井技术(图6-2)。其方法是：在套管串的高压层顶部位置安装一个或两个套管外封隔器，固井后使其胀封，封堵高压油气水上窜通道，防止在水泥浆候凝期间因水泥浆失重而导致油气水上窜。此方法可以有效解决高压井固井候凝过程中的油气水上窜问题，特别是对无技术套管无法进行环空憋压的井，以及封固段较长、水泥浆失重严重的井。封隔器放在高压层上部10~50m井径规则、扩大率较小的位置。20世纪末套管外封隔器环空封隔辅助固井技术在个别油田试用，取得了很好的效果，从本世纪初开始，在全国多个油田推广。1999年胜利油田开始在高压井固井中使用套管外封隔器，以解决高压井固井中的难题，并逐步在各个高压油区推广应用，取得了明显的效果(表6-3)。

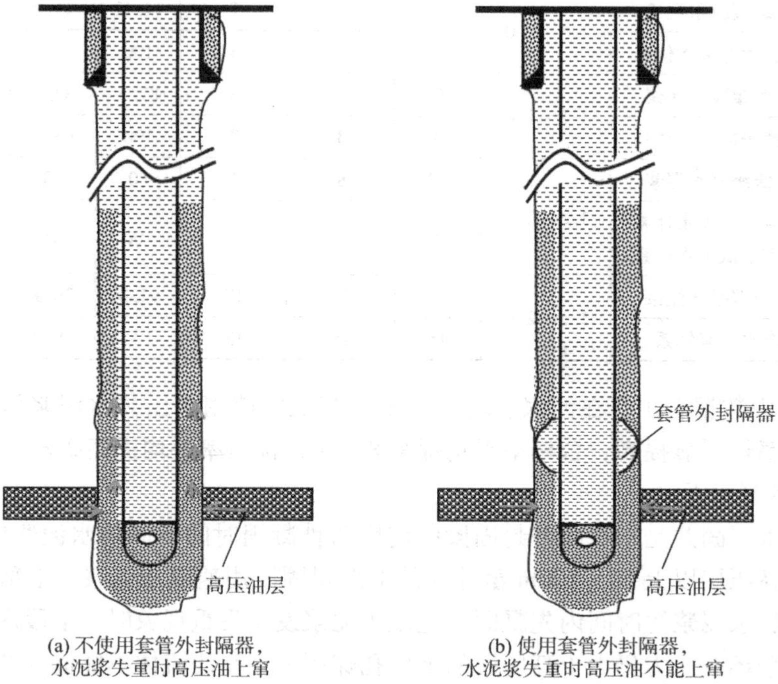

图6-2　封隔器在高压井固井中的应用示意图

表6-3　东营地区1997~1999年间用不同固井措施固高压井质量情况对比

固井时间	钻井液密度/(g/cm^3)	主要固井措施	固井数/口	合格井数/口	优质井数/口	合格率/%	优质率/%
1997年	1.6~2.0	G级缓凝水泥浆，环空憋压	53	49	13	92.5	24.5
1998年	1.6~2.0	微膨胀低失水水泥浆，环空憋压	44	42	14	95.45	31.8
1999年	1.6~2.0	高流动性的微膨胀低失水水泥浆，环空憋压	36	36	15	100	41.6
	1.6~2.0	1. 采用管外封隔器； 2. 高流动性的微膨胀低失水水泥浆	11	11	8	100	72.7

从表6-3中数据可以看出，封隔器与高压井固井水泥浆体系配合使用能更有效地提高固井质量，用封隔器的高压井固井合格率和优质率明显高于历年高压井固井的合格率和优质率。在解决固井难题时，多项高压井固井措施配合使用效果最好，在高压油、气、水层段使用微膨胀水泥浆体系，以抑制油、气、水的外窜，同时解决因钻井液窜槽而产生的水泥环与套管和地层之间的微间隙；采用高流动性、高密度水泥浆体系，以提高钻井液的顶替效率和水泥石强度；在高压层上部采用管外封隔器，对高压层进行有效封隔，以防固井后油气水上窜。

(6)高压层以上下技术套管。

合理使用技术套管把上部易漏层封住，一是保证用重钻井液压稳油气水层时，上部不漏；二是固井后可环空憋压，平衡地层压力，不使高压油、气、水上窜，同时也可以降低封固段的长度。

(7)采用化学方法防窜。

①膨胀剂。在水泥浆中加入膨胀剂使水泥浆在凝固过程中发生膨胀，膨胀时形成膨胀压从而提高水泥浆柱对气层的压力，以达到防油气窜的目的。20 世纪 80 年代中期在胜利油田高压井固井中就开始使用 D－29 膨胀剂，王家岗地区高压井固井质量由原来的 36% 提高到 100%，取得了显著效果。

②气锁剂(GASBLOCK)。气锁剂也称为防气窜剂，它是一种以胶乳为主体的处理剂，加入胶乳溶剂配成的水泥浆具有以下优点：分散性好；胶凝期短；能有效控制水泥浆 API 失水；圈闭孔隙水不逸出，凝固期水泥质内不透气。其防窜机理为胶乳颗粒完全分散在水泥浆中且稳定，直至水泥凝固，当气浸入时使水泥孔隙中的胶乳脱水，从而使完全分散于水泥中的胶乳颗粒聚集形成不透气膜，以阻止气体继续浸入，具有自动封闭功能。

(8)采用封隔器完井工艺。

封隔器完井工艺就是用套管外封隔器封隔油气层，以代替产层固井的工艺，有时为了提高油井寿命，采取对上部套管固井，以及采取水泥充填封隔器。该工艺主要针对超高压井、小间隙井、油水层相距较近且孔隙压力相差较大的井，这些井采用正常固井难度大，水泥环质量难以保证。对此类型的井可采用封隔器完井工艺，即用多个封隔器把油层上下封隔，然后通过分级注水泥器完成上部井段注水泥作业，以保证上部套管的水泥环支承(图 6－3)。封隔器完井由钻井液充填发展为水泥充填，进一步提高了油井寿命。封隔器完井也是对高压低渗油藏固井的一种保护油气层措施。

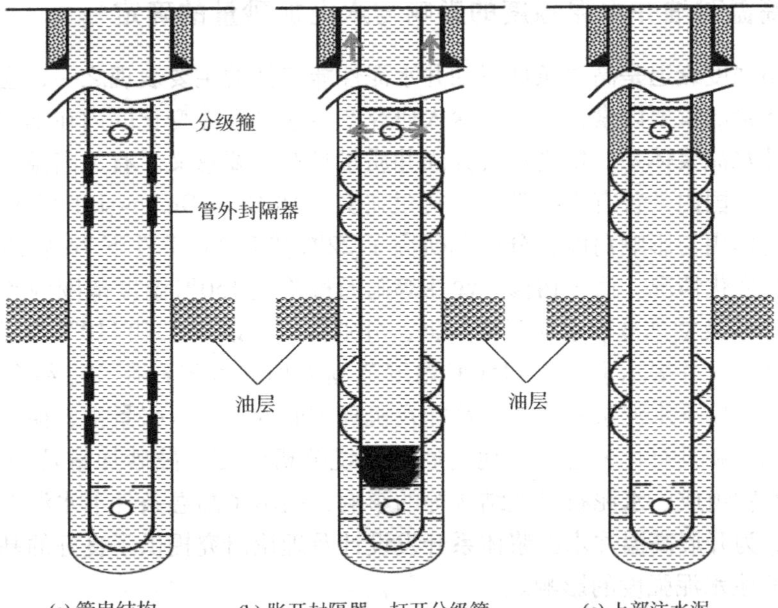

图 6－3　封隔器完井工艺示意图

6.3 高温井固井

6.3.1 概念

所谓高温井是指井底目的层温度高的井。高温井包括两个方面：一是钻井和固井时的自然温度高，也就是注水泥时井下温度高；二是所固的井将在投产后采用高温开发工艺，如稠油热采井。热采井是指对稠油采用注入高温蒸汽的方法进行开采的井。这种井井深一般在2000m以内，钻进时井下温度并不高，但在稠油开采时，饱和压力下温度高达300～350℃，同时这种井承受高达200℃温差。钻井和固井时的自然高温井，一般是深井、超深井和异常高温井。一般地层地温梯度在2.74℃/100m左右，习惯上认为井深每33m地层温度增加1℃。超出此标准，将被认为井下异常高温，井下有异常高温地层的井称为异常高温井，如地热井。有的地热井地温梯度达10℃/100m以上。一般情况下，井下温度高于120℃的井就认为是高温井。

6.3.2 高温井对固井的影响

(1)高温会对水泥石造成强度破坏，加速强度衰减；

(2)高温及大温差对套管柱形成热应力，由于套管与水泥石热膨胀系数不一致，造成固井后套管与水泥脱节；

(3)高温对井口装置附件的固定和密封要求更高；

(4)高温对固井水泥和外加剂有更高的要求，常规水泥和外加剂在高温下性能减退，不能满足施工要求，必须使用高温固井水泥浆体系。

6.3.3 高温对油井水泥强度的影响与水泥加砂量的确定

水泥石高温强度衰退是高温条件下油井水泥性能特征的主要表现之一，也是影响高温井固井水泥封固质量的重要因素，因此，深入研究产生这种性能变化的内在本质及规律，对于合理设计高温井水泥浆体系，提高油气井固井质量具有重要意义。有关高温水热条件下水泥石强度衰退问题，国内外曾有大批学者进行过研究，如Eliza GrabowskiJ等从SiO_2对水泥石孔隙率及强度的作用与影响角度，分析和研究了22℃和230℃条件下7d后的水泥石渗透率及强度的发育与变化情况。而丁树修、沈伟等则通过检测150℃温度范围内和特定养护时间条下G级水泥原浆及掺加硅砂水泥强度数据，分别得出了以95℃和110℃为强度衰退临界温度略有差别的结论，并揭示了110～150℃温度范围内加砂水泥石存在二级台阶强度发育的规律。有关高温条件下水泥浆及水泥石性能及机理方面的研究，张景富、徐明等人的研究成果则更加深入系统和具有代表意义，他们通过系统分析温度、硅砂加量及外加剂等对G级油井水泥水化产物组成、水泥石显微结构等的影响，揭示了高温条件下水泥石强度产生衰退的规律及本质，为开展高温井水泥浆体系开发设计及理论研究提供了良好的基础。

1)温度对原浆水泥强度的影响。

为了进一步研究温度对原浆水泥强度的影响，利用高温高压养护釜和高温高压胶凝强度仪等仪器设备，按照API标准开展实验测试和分析。图6-4给出了24h和48h养护时间条件下温度对强度变化的影响情况。结果表明，随着温度的升高，水泥石强度曲线存在两个明显的衰退点，即当温度增加时，在110℃之前强度基本呈增加趋势或基本不下降，而当超过110℃后，随温度增加强度开始下降；当温度达到150℃后再一次产生较明显的衰退变化。据此，可以将110℃和150℃分别看作产生强度衰退的两个临界温度点。

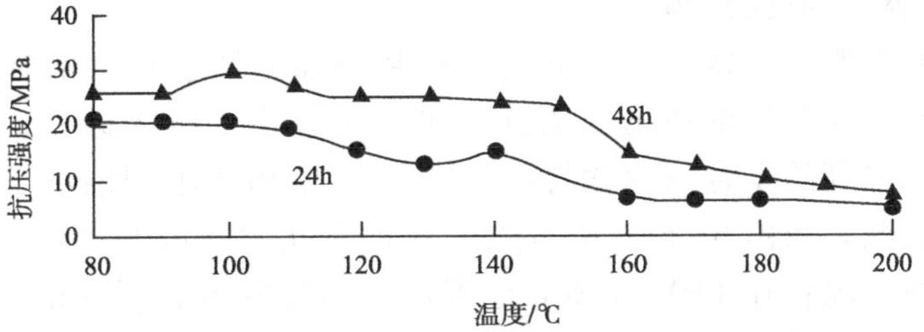

图6-4 温度对水泥原浆强度的影响

通过实验结果分析进一步表明(图6-5)，当温度在110℃以下范围内时，水泥石强度随养护时间的延长在达到最高值后或变得较平稳或仍具有上升的趋势，如在80℃、90℃、100℃条件下养护时，当在15h左右达到一个较高强度值后，强度仍平缓增长，这种增长趋势一直到接近4d的时间后，才有所减缓，但其强度值已达到了较高的水平。在温度达到110℃条件下，养护时间达到48h时，强度曲线即开始平缓延伸，表明水泥浆体的水化已达到了一个较完善的程度，充分体现了提高温度对水泥浆体水化的加速作用。而当温度超过110℃后，随着养护温度的提高，水泥石强度发育曲线出现了较明显的规律性变化，即早期随着时间的延长强度增大，达到一定程度后则随时间的增长而开始衰退降低，强度的这种衰退程度随温度的增高而增强，而产生衰退的起始时间随温度的增高而提前。如130℃时48h左右开始产生衰退，150℃时14h左右开始呈衰退趋势，而在170℃时其衰退点则提前至6h左右，且强度衰退程度明显。但当温度达到180℃后，强度发育曲线在最初达到一个较大值后，随养护时间的增长，强度不产生明显的衰退(如200℃时)，但其强度值很低。

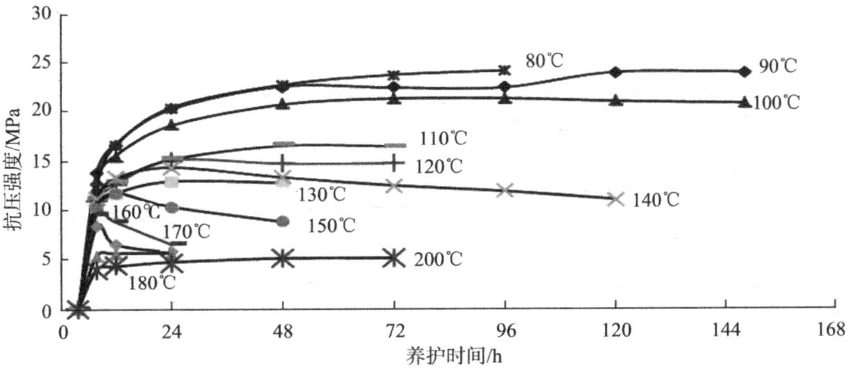

图6-5 不同温度条件下水泥原浆强度的发育特点

相关文献的研究结果表明，在110℃温度范围内，由水泥水化所形成的CSH(Ⅱ)及C_2SH_2凝胶能够在水泥石中形成良好的凝聚网络结构，因此对水泥强度的发展是有利的。但温度超过110℃后，CSH凝胶将转变为高碱性水化硅酸二钙水合物(C_2SH)，这种产物具有较大的结晶尺寸，能够在水泥石中结成渗透率相对较高、强度却较低的板块状物料，因而必将削弱水泥石的强度；同时，当温度进一步提高时，由于所生成的水化物结晶完善程度受到限制、晶体脱水、水泥石体孔隙增大等也会明显地影响水泥石的强度。温度超过 150℃后，导致强度再一次产生较明显的衰退，很可能与上述因素有关。因此，水泥石强度的变化规律，与水泥浆体水化及水化产物特性随温度的变化规律有着十分密切的联系。

2）温度对加砂水泥强度的影响。

大量的研究结果表明，高温条件下向水泥浆中加入适量含有活性 SiO_2 的材料能够使水泥石强度得到不同程度的改变。为此，进一步分析了掺入硅砂的 G 级水泥浆体系在不同温度条件下强度的发育与变化特点。图 6-6 给出了不同温度下添加 30% 硅砂的水泥浆强度发育状况。由图 6-6 分析可见，养护时间对强度发育规律大致可按不同的温度范围分为两种情况：在 110～150℃ 范围内，强度发展为明显的二级台阶式持续增长。即在早期养护时间内，水泥石强度随时间增长而增大，但增大到一定程度后，随时间的继续延长，水泥石强度基本保持原有水平（或微弱的上升或下降趋势），达到某一时间后，强度值再一次随着时间的增加而显著增大，直至发展到一定程度后继续平缓增长。但该种台阶式发育形式当温度达到 150℃ 时即变得不十分明显了，此时台阶所持续的时间相对很短。而在 160～200℃ 范围内，早期强度发展迅速，几乎在 24h 内即达到最高值，而后随时间增长强度便以不同幅度下降，温度越高下降幅度越明显。由于在适宜的温度条件下加入的硅砂能够与原浆水泥形成的水化产物发生反应而得到 $C_5S_6H_5$ 及 C_6S_6H（150℃后），改变了水泥石的化学组成及微观结构，从而提高了抗压强度。然而，由于硅砂与水化产物间的反应是靠参与反应的物质的界面接触及通过最初产物层扩散接触而进行的，温度增高有助于提高反应的速度。如在 110～150℃ 温度范围内，由于硅砂参与反应的速度并不十分快，因此最初所获得的强度增长实际上可能仍是由最初的水泥早期水化所形成的产物而造成的，而产生第二次强度增长则主要是由硅砂反应生成高强度产物的结果。而在温度范围为 160～200℃ 时，硅砂参与反应的速度快，与水泥的水化几乎同时进行，因此表征在强度曲线上并不存在明显的强度再增长的迹象。

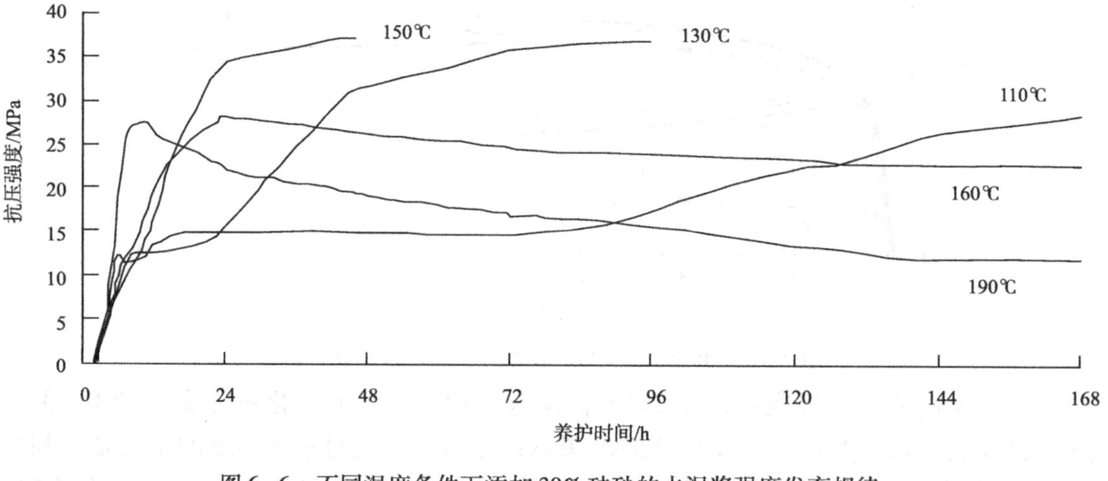

图 6-6　不同温度条件下添加 30% 硅砂的水泥浆强度发育规律

3)加砂量对水泥石强度的影响。

研究以水灰比为0.5及0.55为配浆条件，检测了48h时不同温度下加量对强度的影响，表6-4给出了不同加砂量条件下温度对48h水泥强度的影响情况。分析可见，当加砂量小于10%时，在最初的温度变化范围内，其强度发展规律与原浆基本没有差别，且强度低于原浆，只是在190℃后强度高于原浆；在温度低于110℃条件下，随着加砂量的增加，强度略呈下降的趋势；当温度超过110℃后，加量超过25%时，随着加砂量的增加，强度才逐渐增大，加量达到30%时所获得的强度均高于原浆。因此，从满足工程性能及水泥浆成本等方面考虑，可以将30%~40%定义为较合理的硅砂加量。

表6-4 不同温度下硅砂加量对强度的影响

温度/℃	加砂含量						
	0	10%	20%	25%	30%	35%	40%
100	30.52	30.52	21.59	27.63	26.14	25.04	28.19
110	27.31	21.79	25.53	24	22.1	16.2	22.26
120	—	—	—	19.95	18.34	21.37	25.25
130	24.88	21.59	21.52	19.96	25.25	26.28	35.25
140	—	—	—	20.41	22.63	36.01	42.04
150	23.2	14.05	42.77	32.52	37.86	50.84	45.52
160	14.92	8.24	41.9	40.16	51.4	50.36	46.82
170	12.74	6.46	25.12	45.6	52.78	57.07	55.79
180	—	—	—	25.15	29.47	28.34	30.11
190	8.42	11.41	23.19	22.7	22.2	25.35	31.83
200	—	—	—	10.49	13.29	21.29	28.67

上述结果的产生仍然与硅砂和水泥水化产物间的作用及形成的水泥石混合体微观结构有关。当硅砂加量较低时(如10%)，反应后产生的能够改善高温下水泥石强度的反应产物$C_5S_6H_5$及C_6S_6H的数量极少，致使水泥石中原有的硅酸二钙水合物仍占主导地位，达不到改善水泥石强度的目的。当加量较高的情况下，硅砂与水化产物作用减少了导致水泥高温下具有低强度高渗透特征的高碱性水化硅酸二钙水合物(C_2SH)含量，而生成了大量的具有较高的强度和较低的渗透率的$C_5S_6H_5$，抑制了水泥高温强度的衰退现象，因此，水泥石强度比原浆大。显然，提高硅砂的加量能够获得相对较多的有利于改善水泥石强度的物质。但$C_5S_6H_5$的最高稳定温度约为150℃，超过此温度后将转变为C_6S_6H，由于C_6S_6H仍能够在水泥石中形成网架结构，因此使水泥石强度保持了相对较高的水平，但因其所形成的网架结构相对较粗大，削弱了其强度，因此比$C_5S_6H_5$组成的水泥石的强度低。

上述分析表明，较低的加砂量并不能有效地改善水泥石的强度在高温下所产生的衰退现象，然而过大的加砂量也不能使强度得以更大幅度地提高，相反还可能会引起强度的下降。这是因为水泥中各熟料是按一定比例混配的，高温下所形成的产物数量与熟料的配比有关，作为通过参与反应而使产物组成发生变化的硅砂，其最佳加量必然与水泥的矿物组成相匹配。由于硅砂所进行的反应从硅砂界面开始逐渐向颗粒内部进行，当硅砂加入量过大时，水泥石结构中必定会残存一些产生点蚀或面蚀、表面伴生结晶产物的硅砂粒子，这些晶体粒子与硅砂的联结力不强，因而破坏了水泥石的结构完整性，必然造成强度衰退。因此，根据具体的井深及井温等条件，通过实验研究的方法优选合理的硅砂加量对于深井水泥浆体系设计来说是非常必要的。

4）加砂温度点和加砂量的确定。

（1）由于随着温度的提高水泥石强度存在110℃和150℃两个明显的衰退点。说明井底温度大于110℃时水泥石强度发生衰退，因此，我们把井下温度110℃确定为加砂温度。

（2）高温下，加入硅砂能够有效抑制水泥石高温强度衰退现象，实验证明加砂量过少不能抑制强度衰退，加量过大也会影响水泥石强度，合理的加量为30%～40%。

6.3.4 高温井固井的水泥及材料

为提高高温井固井后水泥石抵抗强度衰减的能力，根据高温对油井水泥强度的影响分析，一般在水泥中加入高温强度稳定剂，常用的高温强度稳定剂就是石英砂和硅粉。其常用配方见表6-5。

表6-5 高温井固井推荐水泥浆配方

井 型	配 方
一般高温井	G级水泥+35%硅粉+其他性能要求的添加剂
热采井	G级水泥+35%石英砂+2%坂土+(10%～20%)珍珠岩+其他性能要求的添加剂 G级水泥+60%火山灰+3%硅藻土+50%硅粉+其他性能要求的添加剂

6.3.5 允许温升值与套管材质的关系

由于套管柱随温度变化而产生压缩应力，其压缩应力随温度的变化值为K，设温度变化为ΔT℃，应力计算的经验公式如下：

$$\sigma_{压} = K \times \Delta T \tag{6-7}$$

式中 $\sigma_{压}$——因温度增加形成的压应力，MPa；

ΔT——温度变化值，℃；

K——单位温度变化套管内压缩应力变化值，MPa/℃（常温时K=2.48，温度升高K值变小）。

为控制最大压应力对套管的破坏，不同钢级套管的允许温升值见表6-6。

表6-6 各种钢级套管的允许温升值

套管钢级	H40	J55	K55	C75	N80	C95	P110	V150
最小屈服强度/MPa	275.6	379.6	379.6	516.9	551.3	655.3	758.3	1034.9
允许温升值/℃	111	153	153	208	222	264	305	417

为了增大允许温升值，热采井常采用预应力固井。

6.3.6　套管受热伸长与热应力公式

1)套管受热伸长值 ΔL 的计算。

$$\Delta L = \alpha \cdot L \cdot \Delta T \tag{6-8}$$

式中　ΔL——套管受热伸长值，m；

L——套管长度，m；

ΔT——温度增加值,℃；

α——钢材线膨胀系数。

一般情况下，在 200℃ 以内，α 为$(11.7 \sim 15)\times 10^{-6}$/℃。用于套管计算时，取值 0.1245cm/100m/℃。α 与温度关系如图 6-7 所示。

2)套管受热伸长值 ΔL 与热应力的关系。

$$\Delta L = \frac{L \cdot F}{A \cdot E} \tag{6-9}$$

式中　E——弹性系数，$(2.1 \sim 1.5)\times 10^5$MPa；

F——温度变化产生的力，kN；

A——管体截面积，mm²；

L——受热管体长度，m。

E 与温度关系如图 6-8 所示。

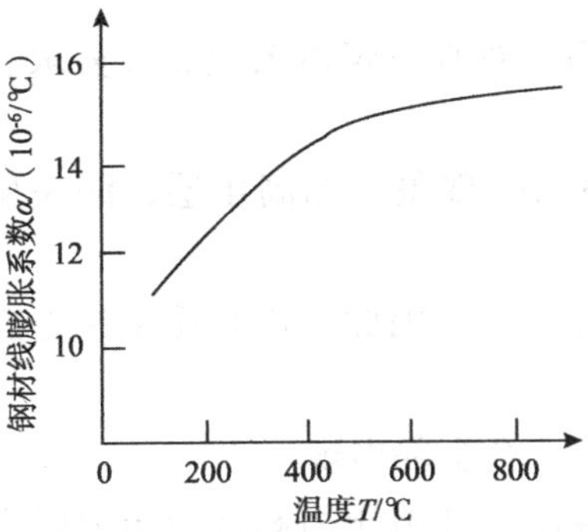

图 6-7　钢材受热线膨胀系数 α 与温度的关系图

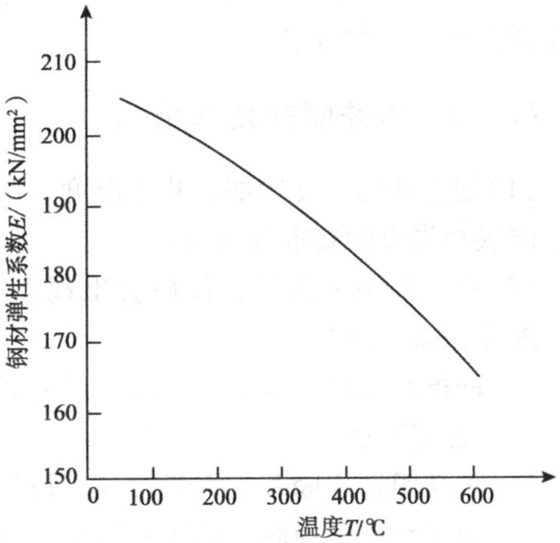

图 6-8　钢材弹性系数 E 与温度的关系图

3)热应力公式：

$$\sigma = \frac{F}{A} \tag{6-10}$$

$$\sigma = \alpha \cdot E \cdot \Delta T \tag{6-11}$$

式中　σ——热应力，kN。

6.3.7　高温井固井的要点

(1)温度引起的轴向载荷以及形成的弯曲破坏是管柱方面的主要问题。因此，在套管选择方面，考虑使用具有较大抗拉强度类型的螺纹，一般选择梯形螺纹以及抗拉强度更大的其他特殊螺纹，抗拉安全系数选择在2.0~3.0为宜。尽可能地使水泥全部封固套管柱。

(2)水泥必须加入石英砂或硅粉高温强度稳定剂，加入量控制在水泥重量的35%~40%。在水泥减轻剂的设计选用中尽量不用膨润土，可用微珠代替。火山灰—石灰系列水泥具有较好的抗高温性能。

(3)加密设计使用套管扶正器，尽量提高顶替效率。当设计水泥返出地面时，要保证一定量的水泥浆返出地面($10m^3$ 以上)，保证上部水泥环封固质量。

(4)对于稠油热采井，考虑到注蒸汽时的热效率问题，应选用水泥石导热系数较低的水泥浆体系，如泡沫水泥浆体系等。

6.4 深井及超深井固井

6.4.1 概念

深井及超深井固井的划分，没有严格规定，固井的难度也不完全取决于井深，但一般来讲，随着井深的增加固井难度随之增大。随着钻井固井装备、技术的不断提高，对深井及超深井固井的划分也随之变化。目前，一般认为井深在4000~6000m深的井为深井，超过6000m的井为超深井。深井注水泥概念还包括套管尺寸与井深的相对深度的概念因素，对于大尺寸套管固井，深井的概念要比小尺寸套管浅一些。如 $9\frac{5}{8}$in 套管下深超过5000m，就含有超深井注水泥的特点。

6.4.2 深井固井技术难点

(1)随着井的深度增加，井下温度、压力会逐渐升高，对水泥浆体系抗高温要求、防气窜、防候凝失重的要求会更高。

(2)由于裸眼井段长，往往会出现多项复杂情况叠加的现象。如高压层、漏失层、垮塌、缩径、盐岩层等。

(3)同裸眼多产层现象的出现，层间封隔的要求更加严格，因此对固井质量有更高的要求，固井难度增加。

(4)长裸眼造成固井封固段过长，长封固段固井的难点会全部出现。

(5)由于存在长裸眼，高压和漏失层会出现在同一裸眼，孔隙压力和破裂压力接近的情况(通常称压力窗口小)时常出现，固井施工难度和风险加大。

(6)由于井深的增加，套管层次会增多，各层相邻套管的尺寸差也会减少，从而使小间隙固井增多。

(7)深井事故率相对增多，处理事故往往会伴随着井眼状况的恶化，影响水泥浆的顶替效率。

(8)由于井深带来的套管层次增多、长裸眼井段增多、复杂情况叠加的情况增多、小间隙井眼增多。因此，为解决以上难题，特殊工艺固井情况相应增多，如尾管固井及回接工艺、内插法固井工艺、双级固井工艺、膨胀套管工艺、注水泥塞工艺等，给固井施工带来很大困难和风险。

6.4.3 常用的深井固井工艺

由于深井具有套管层次多、裸眼井段长、穿越复杂层位多等特点，深井固井往往是通过多种固井工艺和水泥浆体系复合运用来完成的。常用工艺技术见表6-7。

表6-7 常用的深井固井工艺

工艺技术	适应情况
双凝水泥固井技术	长封固段井；水泥浆失重影响较大
多级注水泥工艺	封固段超长；有漏失层；水泥浆失重影响较大
尾管固井工艺	封固段超长；环空间隙小；双级注水泥工艺难以解决；有漏失层；失重影响较大；为节约套管
尾管回接工艺	套管负荷大；封固段超长；对套管抗内压要求高
内插法固井工艺	大井径技术套管或表层套管
膨胀套管固井技术	封隔漏失层；封隔坍塌层；减少套管层次
饱和盐水水泥浆固井技术	井下有盐岩层
注水泥塞工艺	开窗侧钻；填井；弃井
水泥浆堵漏工艺	封堵漏层
低密度水泥充填技术	封固段超长；充填段对固井质量要求不高；充填封固段为支撑套管
超高密度水泥浆固井技术	超高压井(要求水泥浆密度大于2.4g/cm^3)
超低密度水泥浆固井技术	超低压井，严重漏失井(要求水泥浆密度小于1.3g/cm^3)

6.4.4 常用的深井固井水泥及添加剂

由于深井的突出表现为井下温度高、压力高、穿越复杂层多、固井水泥浆流经路线长等特点，因此对水泥及外加剂的要求高，使用外加剂的种类也多，要考虑抗高温性能、抗污染性能、相互的配伍性等。常用的深井固井水泥及添加剂见表6-8。

表6-8 常用的深井固井水泥及添加剂

		使用说明
水泥	G级	基本水泥，应用时加入硅粉和缓凝剂。根据设计要求加入改善其他性能外加剂
	E级	高温条件下使用的API标准水泥，适应温度100℃
	F级	高温条件下使用的API标准水泥，适应温度120℃
水泥外加剂	高温强度稳定剂	石英砂，加量35%～40%；硅粉，加量40%～50%
	其他外加剂	根据设计要求加入加重剂、减轻剂、缓凝剂、降失水剂、膨胀剂、防气窜剂、分散剂、消泡剂等，这些外加剂必须抗高温，有时还需要抗盐

6.4.5 深井固井技术要点

(1)固井设计参数收集齐全准确，合理运用固井工艺与水泥浆体系，认真做好固井设计。

(2)根据井下具体情况和质量要求，选择合适的固井工艺。

(3)科学的套管强度设计，套管串及附件的检查、安装，下套管作业质量控制。

(4)科学选择固井水泥浆体系，严格把关水泥和外加剂质量，并认真做好室内试验和大样复查。

(5)认真做好压力平衡计算，确保下套管及注水泥施工全过程井下压力平衡，保证即压稳又不漏。

(6)认真细致的井眼准备，包括井眼的清洗和钻井液除砂，进出口密度差应小于0.03g/cm^3。通过短起下钻检查井底沉砂与井壁稳定情况，沉砂高度应小于0.5m。通井及下套管后彻底循环钻井液，以相应排量检查地层是否满足注水泥施工的承压要求。

(7)由于深井固井水泥浆行程长，与钻井液掺混的机会增加，碰压塞刮套管内壁所积累的残余钻井液量增加，从而在套管鞋处形成较多的劣质水泥浆及混浆，影响底部固井质量，因此宜采用双塞固井工艺，以避免出现上述问题。

(8)由于深井固井施工井下的复杂性，短时间的停顿就可能带来固井失败。

因此，必须保证施工设备、管汇的可靠性，做到连续施工。

(9)由于深井井下压力高，施工时间长，为保证安全施工，从设计开始就要考虑控制管内外静液柱压差，一般控制在5MPa以内，极限情况不超过10MPa。

(10)对水泥浆性能要求要比常规固井更严格一些，根据设计要求完成水泥浆性能试验。

深井水泥浆性能的基本要求见表6-9。

表6-9 深井水泥浆性能基本要求

项 目	要 求
密度	依据平衡压力固井要求加重或减轻密度值，但应大于钻井液密度。一般水泥浆密度应大于钻井液密度，不少于0.24g/cm^3，特殊情况时应不少于0.1g/cm^3
稠化时间	模拟注水泥实际流程确定升温时间及温度、压力值。试验温度直井按循环最高温度，一般为实测井底温度的75%~85%，水平井按实测井底温度。最高压力按水泥返至设计返高时的环空总静液柱压力加流动阻力。稠化时间为施工总时间附加1~3h
失水	一般小于200mL，尾管应小于100mL或更低，自由水应小于1.4%。大斜度井、水平井和小间隙井应更严格控制失水和自由水，一般要求失水小于50mL，自由水为0
抗压强度	养护压力20.7MPa，养护温度为井底静止温度，24h应大于14MPa；长封固段顶部水泥浆，按封固段顶部温度养护48h强度不小于3.5MPa
初始稠度	应小于25Bc，流动度应大于20cm
其他性能	要根据井上情况，分别做抗污染、流变性、沉降稳定性、防气窜能力、高压密度等试验

6.5　长封固段井固井

6.5.1　概念

长封固段井固井是指有效封固段超过 1500m 的固井作业(严格讲，有效封固段超过 1200m 就算长封固段固井)。有效封固段是指对固井质量有较高要求的封固段。有效封固段多是准备开发的产层段。一些为支撑套管而进行低密度充填的封固段不列为有效封固段，不列为有效封固段的井段对固井质量没有过高要求，可以延长稠化时间，降低水泥浆密度，不采用过高的质量措施，从而减少施工难度，节约成本。封固段越长，固井质量越难以保证，因此有效封固段的长度应尽量优化缩短，满足工程和开发需要即可，不要随意增加。一旦确立为有效封固段，就要采取一切措施将井固好，保证固井质量。

6.5.2　长封固段井的固井难点

长封固段井的固井难点主要是：①由于水泥浆在环空运行时间长，水泥浆与钻井液的掺混机率增加，混浆后的水泥浆顶替效率更低，易发生水泥浆连续窜槽；②由于水泥浆悬砂能力强，水泥浆顶部会连续积砂，易发生砂堵憋泵；③水泥浆在裸眼井段连续运行会逐渐脱水，特别是在高渗砂岩地层，长时间脱水会造成水泥浆稠化时间缩短；④对于地层破裂压力较低的地层，水泥浆段的增长，会使环空液柱压力增加，易压漏地层；⑤由于水泥浆失重而引起的环空液柱压力降低的幅度与水泥封固段长度成正比，因此，长封固段井候凝时水泥浆失重表现更加突出；⑥由于水泥浆稠化时间是按井底循环温度设计的，而封固段上下温差较大，上部温度过低造成上部水泥浆凝固时间过长、强度发展较慢。

6.5.3　长封固段井常用的固井技术措施

解决长封固段井固井的技术思路：①使之变成短封固段，如采用双级注水泥固井，采用尾管固井及再回接固井，多下一层技术套管等；②降低液柱压力，如采用低密度水泥浆体系；③降低流动阻力，如采用高流型水泥浆体系、提高水泥浆流动性；④对上部无需开采的井段降低质量要求，如采用低密度充填技术；⑤采用特殊固井技术，如 MTC 固井技术。具体如何采用这些措施，应根据不同的井型和井下情况进行选择。常用固井技术措施与适应井型见表 6-10。

表 6-10　长封固段井常用固井技术措施与适应井型

固井措施	适应井型
分级注水泥	超长封固段井；产层较多且层间间距大，要求封固质量高；井底有渗漏层；封固段长对水泥浆候凝失重影响较大的井
低密度水泥浆体系	一般长封固段井；以防压漏地层为主的井。对渗透性漏失和破裂性漏失的井最为合适
低密度水泥充填	长封固段且上部对质量要求不高的井
MTC 固井	技术套管长封固段固井；注水泥量较大的长封固段井，或超大间隙及超小间隙的不标准井眼井，糖葫芦井眼井
尾管固井	井较深，井下有高压层、漏失层、盐岩层等复杂层的长封固段井固井；环空间隙小、双级注水泥固井难以完成的井
尾管回接固井	上层套管要求抗内压能力高；尾管重合段固井质量不好的井

长封固段井最常用的固井措施是分级注水泥技术、低密度水泥浆体系及低密度水泥充填技术。目前，各油田正在使用的低密度水泥浆体系有：粉煤灰水泥浆体系、坂土粉水泥浆体系、漂珠水泥浆体系、玻璃微珠水泥浆体系、泡沫水泥浆体系和充氮(气)水泥浆体系。最经济实用的低密度水泥浆体系是粉煤灰水泥浆体系和坂土粉水泥浆体系，但密度可调范围在1.5~1.7g/cm^3。可调密度较低的低密度水泥浆体系是粉煤灰漂珠水泥浆体系和玻璃微珠水泥浆体系，密度可调到1.2~1.4g/cm^3，但费用较高。泡沫水泥浆体系和充氮水泥浆体系井底有效密度一般可调到1.3~1.6g/cm^3，井底有效密度的大小与井深有关。

6.5.4 长封固段井固井实例

胜利油田在解决长封固段井固井问题上采用多套方案，根据井型和井下特点合理选择，双级注水泥固井、尾管固井、低密度水泥充填、MTC固井等技术都取得了很好的效果。下面以泡沫水泥浆体系在胜坨地区的研究与应用为例作一介绍。

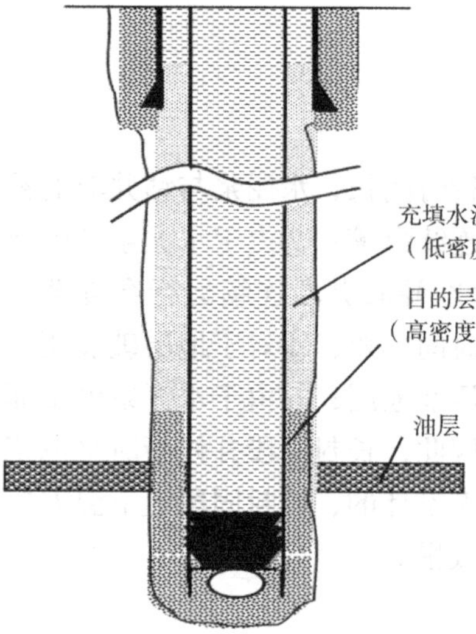

图6-9 低密度水泥浆充填技术减少液柱压力

由于胜坨地区是老开发油区，地下长期注水，地层压力紊乱，易漏易涌，同时井壁不稳定，垮塌、掉块严重，而该地区的主力油层段是井底以上约800m以内，上部油层为不开采油层。按甲方开发方案要求，重点封好下部主力油层，对上部地层只需要用水泥封固，以保护套管和封堵其他层位。由于该区块井底很容易漏失，用常规固井方法很难完成。因此，2000年胜利油田对该地区进行了泡沫水泥充填式固井技术的应用(图6-9)，即在主力油层段采用优质的高密度水泥浆，在固井质量要求不高的上部井段采用低密度水泥浆体系充填。当年共施工8口井，取得了较好的效果(表6-11)。

表6-11 泡沫水泥充填固井在胜坨地区的应用情况统计

井　号	水泥类型	外加剂量占水泥质量比/%	实验条件(水灰比)(温度)(压力)	密度/(g/cm^3)		抗压强度(42℃，24h)/MPa	流动度/cm	稠化时间/min	使用井段/m		质量评价
				地面	井下				泡沫水泥浆	G级降失水水泥浆	
坨2-3-90	G级高抗	SiO_2：40 FCA：1.5 FCB：0.75 FCF：2.0 FCP：3.0	0.75 35℃ 10MPa	1.02	<1.45	7.5	26	136	200~1000	0~200 1200~2256	合格
坨3-9-225	G级高抗	同上	同上	1.01	<1.45	7.8	25	120	200~1200	0~200 1200~2300	合格

续表

井　号	水泥类型	外加剂量占水泥质量比/%	实验条件（水灰比）（温度）（压力）	密度/（g/cm³）		抗压强度（42℃，24h）/MPa	流动度/cm	稠化时间/min	使用井段/m		质量评价
				地面	井下				泡沫水泥浆	G 级降失水水泥浆	
坨 3－3－更 123	G 级高抗	FCA：1.5 FCB：1.0 FCF：2.0	0.50 35℃ 0.1MPa	1.00	<1.45	8.3	27	135	200～1200	0～200 1200～2240	合格
坨 143－x2	G 级高抗	同上	同上	1.05	<1.45	8.1	25	108	200～1600	0～200 1600～3055	优
坨 144－3	G 级高抗	同上	同上	1.02	<1.45	8.3	22	127	200～1300	0～200 1300～2475	优
坨 143－1	G 级高抗	同上	同上	1.00	<1.45	8.4	25	101	200～1200	0～200 1200～2287	优
坨 144－x2	G 级高抗	同上	同上	1.09	<1.45	8.9	25	147	200～1300	0～200 1300～2469	优
坨 145－x4	G 级高抗	同上	同上	1.06	<1.45	8.1	26	135	200～1100	0～200 1100～2164	优

6.6　漏失井固井

6.6.1　概念

漏失井固井是指对井下有漏失层的井固井。漏失井主要表现在钻井过程中发生钻井液漏失，以及固井过程中环空静液柱压力与流动阻力之和超过地层漏失压力，从而造成水泥浆漏失。

6.6.2　漏失井分类

漏失井按漏失性质可分为三类：裂缝及溶洞性漏失、渗透性漏失和地层破裂性漏失。裂缝及溶洞性漏失一般发生在潜山溶洞或断层及岩层破碎带；渗透性漏失一般发生在高渗透砂岩层及细小碎裂缝地层；地层破裂性漏失发生在地层破裂压力系数较低的岩层，是在固井过程中环空静液柱压力与流动阻力之和超过地层破裂压力而引起的井下水泥浆漏失。

6.6.3　固井过程中常见的漏失现象

固井过程中经常发生漏失，但漏失的情况和时间点各有不同，固井漏失主要表现在以下几个方面：

（1）固井前的漏失。

固井前的漏失是指钻井过程、下套管过程及下完套管后循环过程的漏失。这种漏失在固井前可以先进行堵漏处理。

（2）注水泥过程的漏失。

注水泥过程的漏失是指固井前期注水泥过程发生的漏失。发现这种漏失后，可以根据情况进行增减注入水泥浆量和调整注入排量，通过改变固井方案进行处理。

(3)替钻井液过程的漏失。

替钻井液过程的漏失是指在固井后期替钻井液过程发生的井下漏失。发现这种漏失后，只能靠调整替浆排量减少漏失量。

(4)实施其他措施造成的漏失。

实施其他措施造成的漏失主要是指在固井过程中应用一些工程措施时而引起的漏失。如环空憋压、双级固井投重力塞时间过长、尾管固井起中心管后循环排量过大等引起的漏失。对于这种漏失，应在固井设计时充分考虑影响因素，做好细致计算，避免发生此类漏失。

(5)工程事故引起的漏失。

工程事故引起的漏失主要指固井施工过程中因发生其他工程事故而引发的井下漏失。如砂堵憋泵、水泥浆脱水提前稠化、井壁垮塌等引发的漏失。对于这种漏失，应在固井设计和施工过程中，充分考虑影响因素并做好水泥浆试验，严格执行施工设计要求，不具备施工条件绝不盲目施工，避免发生此类漏失。

6.6.4 不同类型地层漏失的不同特征

不同的漏失类型具有不同的漏失特征。我们把地层孔隙压力用 P_k 表示；破裂压力用 P_p 表示；井筒的动液柱压力用 P_y 表示。以此来分析不同类型地层漏失的不同特征。溶洞及裂缝性漏失和渗透性漏失的主要表现是液柱压力(P_y)大于孔隙压力(P_k)；而破裂性漏失的主要表现是液柱压力(P_y)大于破裂压力(P_p)。

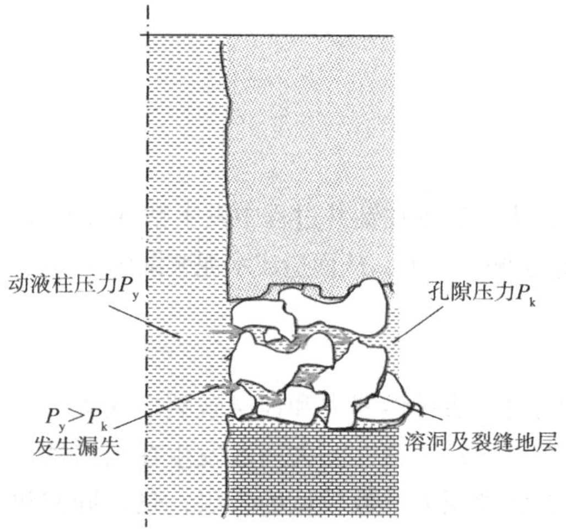

图 6-10　溶洞及裂缝地层漏失示意图

1)溶洞及裂缝性漏失。

在有溶洞及裂缝性地层的裸眼井筒内，当井筒内的液柱压力大于溶洞及裂缝内的孔隙压力时，在压差的作用下流体就会流入溶洞及裂缝内，从而发生流体漏失，这种流体的漏失就是溶洞及裂缝性漏失(图 6-10)。溶洞及裂缝性漏失的条件是：动液柱压力大于孔隙压力，即 $P_y>P_k$；其漏失特征是：向井内泵入钻井液时，只进不出(也称为失返)或大量进入仅有少量返出。

2)渗透性漏失。

在有高渗透性地层的裸眼井筒内，当井筒内的液柱压力大于渗透层内的孔隙压力时，在压差的作用下，流体就会流入渗透层内，从而发生流体漏失，这种流体的漏失就是渗透性漏失(图 6-11)。渗透性漏失的条件是：动液柱压力大于孔隙压力，即 $P_y>P_k$；其漏失特征是：向井内泵入钻井液时，返出量小于泵入量。

3)破裂性漏失。

在有易破裂性地层的裸眼井筒内，当井筒内的动液柱压力大于易破裂层的破裂压力时，地层就会被压破，并产生裂缝，流体就会流入裂缝内，从而发生流体漏失，这种流体的漏失就是破裂性漏失(图 6-12)。破裂性漏失的条件是：动液柱压力大于破裂压力，即 $P_y>P_p$；

其漏失特征是：向井内泵入钻井液时，由于流体密度的增加或流阻的增大，当液柱对地层的压力超过一定值时，地层发生破裂，流体突然发生漏失，随之压力表压力会有一定下降。往往表现为：井口突然失返，环空液面下降。通常，我们进行的破裂压力测试，所表现的现象就是破裂性漏失现象。

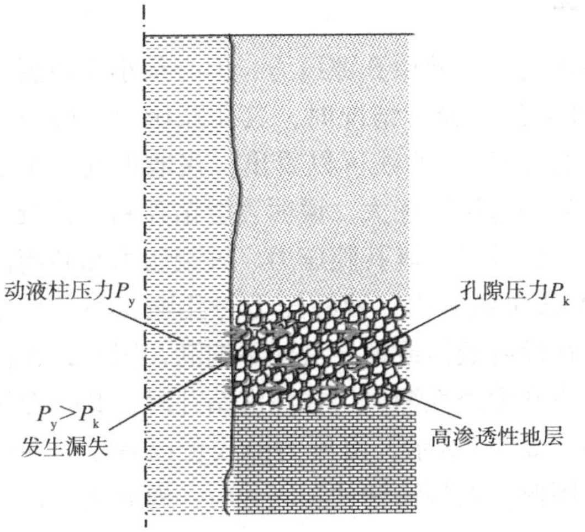

图6-11　高渗透性地层漏失示意图

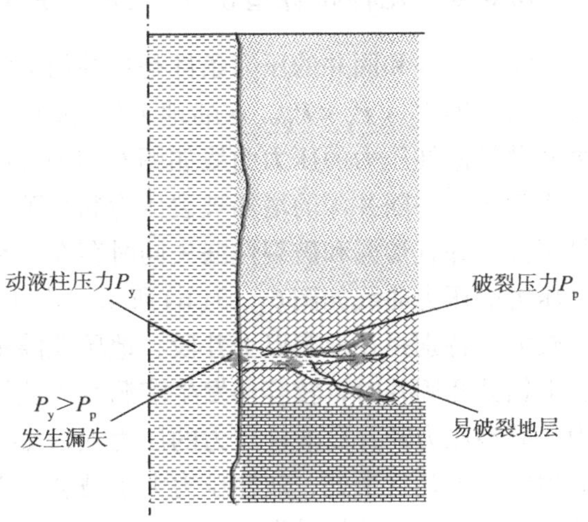

图6-12　易破性地层漏失示意图

6.6.5　漏失层特点和对应处理办法

6.6.5.1　溶洞及裂缝性漏失

由于溶洞及裂缝性漏失其漏失层的特点是孔隙大、连通性好、漏失阻力小，吃入能力大，因此，溶洞及裂缝性漏失一旦发生，往往表现为只进不出，也就是循环钻井液时呈现失返现象。对此类漏失层的处理办法是：①使用大颗粒堵漏材料进行桥堵；②增加流体黏度，配合颗粒或纤维堵漏材料使之留存在溶洞及裂缝入口处；③使用具有凝固性质的高黏度堵漏材料，进行间歇式堵漏；④固井时，提高水泥浆黏度，在水泥浆中加入纤维或其他堵漏材料，使水泥浆低速经过漏层；⑤漏失较严重时，必须采用漏失井固井防漏工艺。

6.6.5.2　渗透性漏失

由于渗透性漏失其漏失层的特点是孔隙较小、连通较性好、漏失阻力较大，吃入能力相对较小，因此，渗透性漏失发生时，往往表现为进多出少，也就是循环钻井液时呈现泵入多返出少的现象。对此类漏失层的处理办法是：①增加流体黏度，并适当降低流体密度；②流体中加入小颗粒或短纤维堵漏材料，使井壁形成非渗透性泥饼；③固井时，提高水泥浆黏度、降低失水、并加入短纤维或其他堵漏材料，必要时可使用低密度水泥浆体系固井，以减少液柱压力；④漏失较严重时，采用漏失井固井防漏工艺进行固井；⑤轻微渗漏不影响固井作业，只是调整好水泥浆性能，使其具有防漏能力，适当增加水泥浆量即可。

6.6.5.3　破裂性漏失

破裂性漏失其漏失层的特点是地层被压破，产生裂缝和通道，并不断向外延伸，只要压力不降，吃入能力很大，因此，破裂性漏失发生时，往往表现为只进不出，也就是循环钻井液时呈现泵入失返现象。若降低排量，流阻减小流体有可能返出。对此类漏失层的处理办法是：①减小流体密度，降低液柱压力；②增加流体流动性，减小流动阻力；③若井下有高压层，无法降低流体密度时，可对漏失层挤水泥，以增加地层破裂压力；④使用低密度水泥浆体系固井，减小液柱压力，防止压破地层；⑤漏失较严重时，采用漏失井固井防漏工艺。

6.6.6 几种特殊情况下的压力曲线特征

满足钻井和固井的压力条件是：井筒的液柱压力大于地层孔隙压力，但必须小于地层破裂压力，即 $P_k < P_y < P_p$。在陆地上钻井时，若井下没有异常情况时，其孔隙压力、破裂压力和井筒液柱压力的压力曲线如图 6-13(a)所示，由压力曲线可以看出，在地表处三个压力都为零，并随井深的增加破裂压力和孔隙压力的差值逐渐加大，说明表层钻井和固井较容易漏失，并且渗漏和破裂性漏失同时存在。在高山钻井时，其孔隙压力、破裂压力和井筒液柱压力的压力曲线如图 6-13(b)所示，由压力曲线可以看出，液柱压力与孔隙压力差值始终较大，特别是在地表以上井段，地层孔隙中往往没有液体或地层液体不饱满，因此，在高山上钻井和固井时，较容易发生溶洞及裂缝性漏失和渗透性漏失。在深海钻井时，其孔隙压力、破裂压力和井筒液柱压力的压力曲线如图 6-13(c)所示，由压力曲线可以看出，在海底泥线以下几百米处，液柱压力大于破裂压力，因此，在深海钻井和固井时，海底泥线以下的导管和表层固井较易发生破裂性漏失。

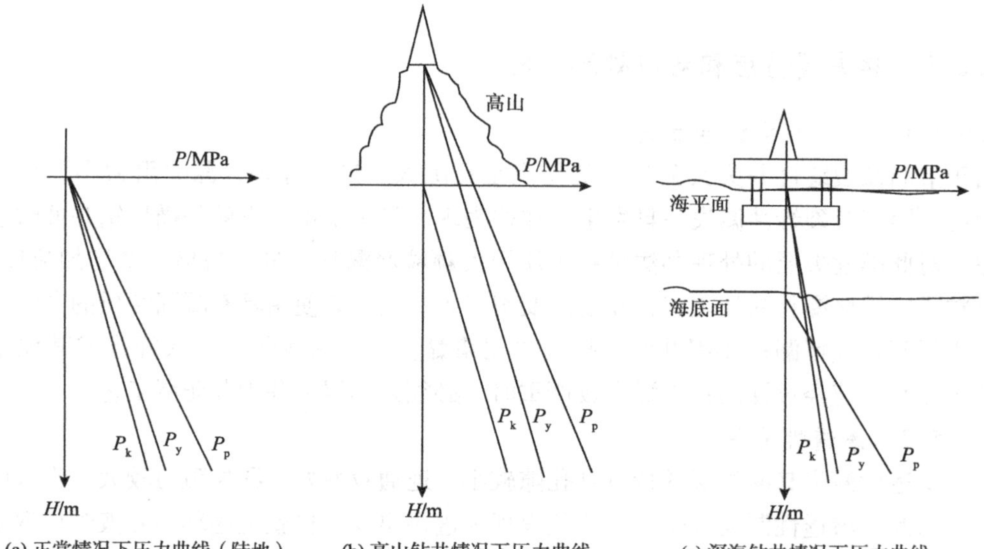

(a) 正常情况下压力曲线（陆地） (b) 高山钻井情况下压力曲线 (c) 深海钻井情况下压力曲线

图 6-13 陆地、高山、深海地层孔隙压力、破裂压力及液柱压力曲线特征

6.6.7 常用漏失井固井防漏工艺及技术措施

6.6.7.1 裂缝及溶洞性漏失井

对裂缝及溶洞性漏失井的固井，多数裂缝及溶洞漏失层就是产层，由于裂缝及溶洞层的孔隙压力低于钻井液液柱压力，所以发生漏失，水泥浆向产层的漏入不仅造成固井失败，还会污染产层。若为了保护产层，必须先固井，然后再继续钻开漏层(产层)，进行开采。若不是产层，即使可以采取先堵漏后固井的办法，但在下套管固井时，也极可能发生漏失，造

成固井失败。因此，必须采取防漏措施进行固井。下面介绍几种关于针对裂缝及溶洞性漏失井固井防漏工艺及措施。

1）采用防漏水泥浆体系固井。

对漏失不太严重的裂缝及溶洞性漏失井固井，若固井前堵漏基本成功，固井时可采用防漏水泥浆体系固井，即使固井过程发生漏失，防漏水泥浆中的堵漏材料可在漏层井壁处发生桥堵，水泥浆也不会发生漏失（图 6-14）。

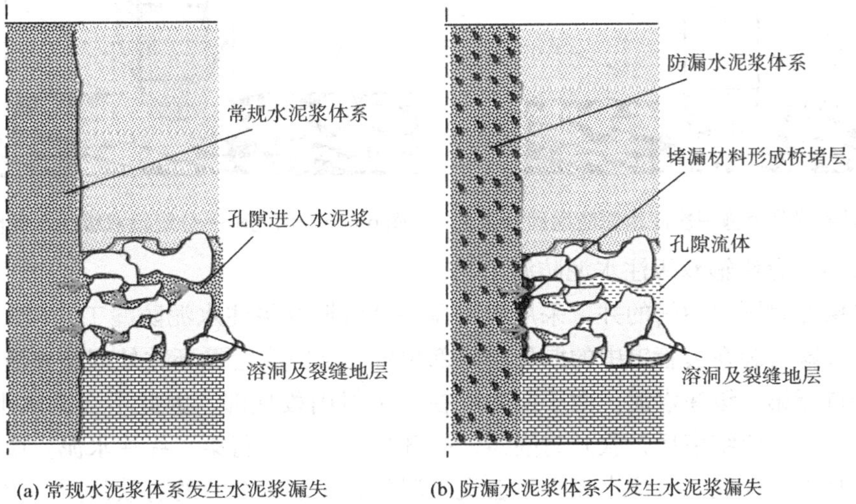

图 6-14　防漏水泥浆体系桥堵溶洞及裂缝性漏层示意图

2）封隔器分级箍一次注水泥防漏工艺。

对底部井径规则的井，可采用封隔器分级箍一次注水泥防漏固井工艺（图 6-15）。将封隔器安装在漏失层顶部，封隔器以下有盲引鞋，固井前胀开封隔器，打开分级箍，进行注水泥作业，确保封隔器以上地层的封固质量。此工艺管串结构是：盲引鞋（可钻式）+ 封隔器 + 分级箍 + 套管串。施工程序是：按操作规程下入套管串到设计井深，用水泥车向套管内憋压，胀开封隔器，稳压 5min，继续憋压打开分级箍，循环钻井液，当钻井液性能达到固井要求后，注前置液、水泥浆，释放碰压塞，替钻井液，碰压，关闭分级箍，放压检查分级箍是否关闭好，固井结束。

3）水泥伞—分级箍双级注水泥防漏工艺。

对底部井径扩大严重的漏失井，采用水泥伞—分级箍双级注水泥防漏工艺（图 6-16）。水泥伞安装在漏失层顶面，底部为盲水泥引鞋，旋流短节在水泥伞上部，分级箍和水泥伞相距约 30 ~ 50m，采用双级注水泥工艺施工，靠水泥伞的支承力，第一级注水泥先把漏失层上部 30 ~ 50m 套管进行封固，再打开分级箍循环，待水泥凝固后，漏层就被封住，再对上部井段进行二级注水泥固井。此工艺管串结构是：盲水泥引鞋 + 水泥伞 + 旋流短节 + 3 ~ 5 根套管 + 浮箍 + 套管串 + 水泥头。施工程序是：按操作规程下入套管串到设计井深，注隔离液，注水泥浆，投一级碰压塞，替钻井液，碰压，用水泥车向套管内憋压打开分级箍（或投重力塞打开分级箍），循环钻井液，当一级水泥浆凝固后，开始二级注水泥作业：注二级前置液，注二级水泥浆，释放二级碰压塞（关闭塞），替钻井液，碰压，关闭分级箍，放回压检查分级箍是否关闭好，固井结束。

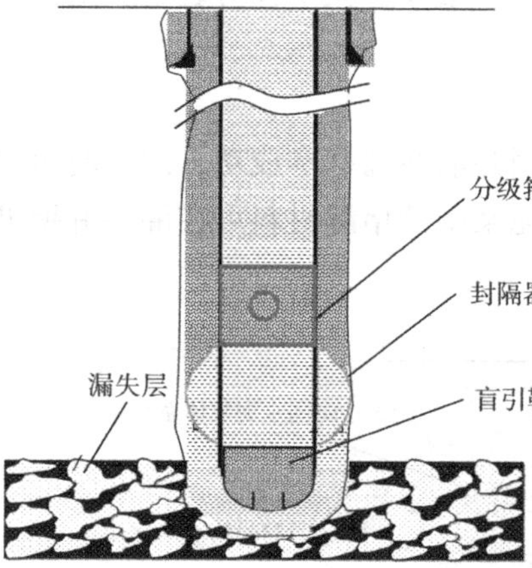

图6-15　封隔器分级箍一次注水泥防漏固井工艺

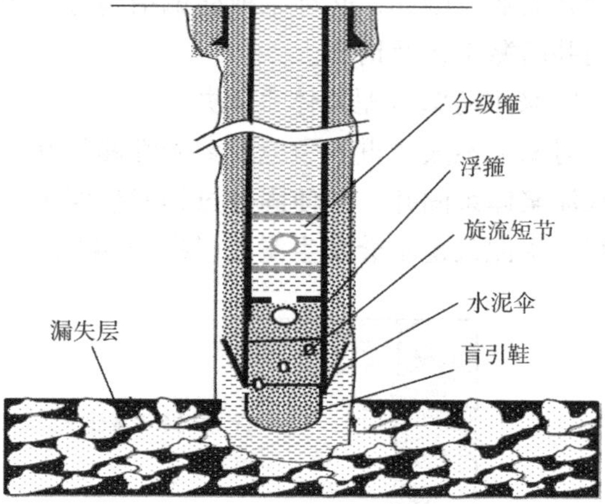

图6-16　水泥伞—分级箍双级注水泥防漏工艺

4)封隔器—分级箍双级注水泥防漏工艺。

对漏失层在封固段中间的井，采用封隔器—分级箍双级注水泥防漏工艺(图6-17)。将封隔器及分级箍安装在套管串中的漏失层顶部位置。下完套管循环并处理钻井液，达到固井条件后，先进行第一级注水泥；由于漏失层在一级封固段顶部，因此不会造成水泥浆漏失，一级注水泥替钻井液结束后，胀开封隔器，打开分级箍，进行第二级注水泥。由于封隔器对漏层进行了封隔，因此二级注水泥也不会发生漏失，保证了全井的有效封固。此工艺管串结构是：引鞋+旋流短节+2根套管+浮箍+套管串+封隔器(漏失层顶部位置)+分级箍+套管串。为防浮箍失灵也可以用两个浮箍。施工程序是：按操作规程下入套管串到设计井深，注隔离液，注水泥浆，投一级碰压塞，替泥浆，碰压，用水泥车向套管内憋压胀开封隔器，稳压5min，继续憋压打开分级箍(或投重力塞打开分级箍)，循环钻井液，进行二级注水泥作业(为保证安全，通常要等到一级水泥浆凝固后再进行二级注水泥作业)，注二级前置液，注二级水泥浆，释放二级碰压塞，替泥浆，碰压，关闭分级箍，放压检查分级箍是否关闭好，固井结束。

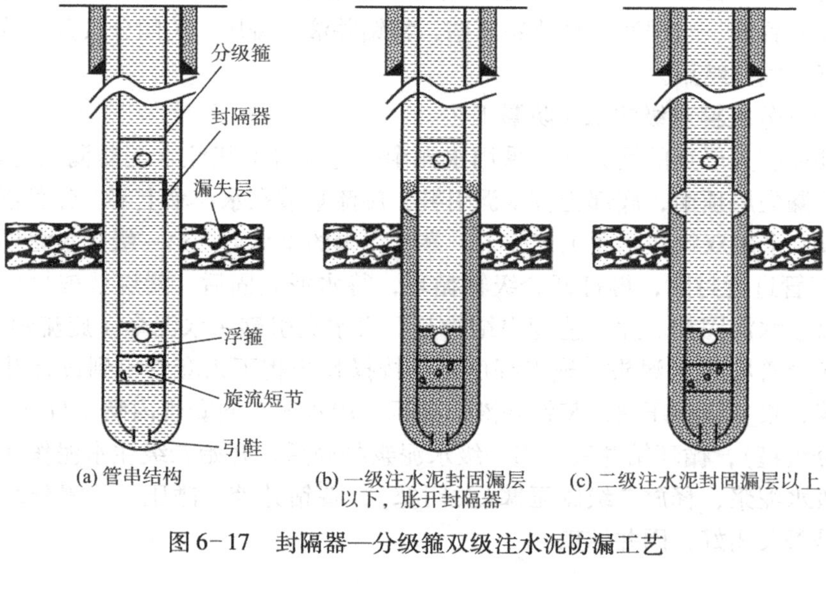

图6-17　封隔器—分级箍双级注水泥防漏工艺

6.6.7.2　渗透性漏失井

对渗透性漏失井的固井，渗透性漏失井多数是在高渗透性砂岩层和碎裂缝性灰岩层漏失。漏失主要是由微孔隙和微小缝隙的连通渗透引起的。当渗透层的孔隙压力低于流体液柱压力时，就发生漏失。因此，渗透性地层漏失主要原因是由地层的高渗透性和液柱压力与地层孔隙压力之差引起的。解决渗透性漏失问题要从两方面着手：一是降低环空液柱压力；二是堵塞地层孔隙，降低其渗透性。常用的方法有以下几种：

(1)采用双级注水泥工艺，降低单级注水泥长度，减少液柱与孔隙的压差，防止固井时水泥浆渗漏。

(2)采用尾管固井及回接固井工艺，由于尾管固井时上部送入钻杆较套管管外环隙大，流动阻力小；既可降低一次注水泥固井封固段长度，又能减小水泥浆上返时的流动阻力，能减少液柱与孔隙之间的压差，防止固井时水泥浆渗漏。

(3)采用低失水堵漏水泥浆体系，严格控制水泥浆失水，增加水泥浆黏度，并在水泥浆中加入堵漏材料，如短纤维、温控变形堵漏材料、时控溶胀堵漏材料等，以降低地层孔隙渗透能力(图6-18)，防止固井过程中水泥浆漏失。

(4)采用低失水低密度水泥浆体系，能降低地层孔隙渗透能力，又能减少液柱与孔隙的压差，更能有效防止固井时水泥浆渗漏。

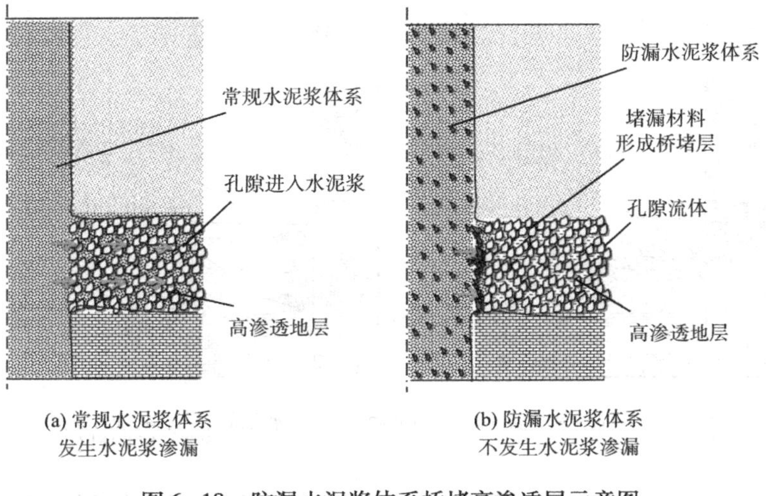

图6-18　防漏水泥浆体系桥堵高渗透层示意图

6.6.7.3　地层破裂性漏失井

对地层破裂性漏失井的固井，由于漏失层是破裂压力系数较低的易破地层，漏失主要是由于地层破裂压力低于固井过程中环空动液柱压力而引起的。解决此类漏失要从降低环空液柱压力入手，也可以想办法提高地层破裂压力。固井常用技术措施有：

(1)采用双级注水泥工艺固井，避免一次性固井封固段过长，以降低环空液柱压力，防止固井时压破地层。

(2)采用尾管固井及回接固井工艺，由于尾管固井时上部送入钻杆较套管管外环隙大，既可降低一次注水泥固井封固段长度，又能减小水泥浆上返时的流动阻力，极大减小液柱对地层的有效压力，防止固井时压破地层。

(3)采用低密度水泥浆体系，以降低环空液柱压力，防止固井时压破地层。

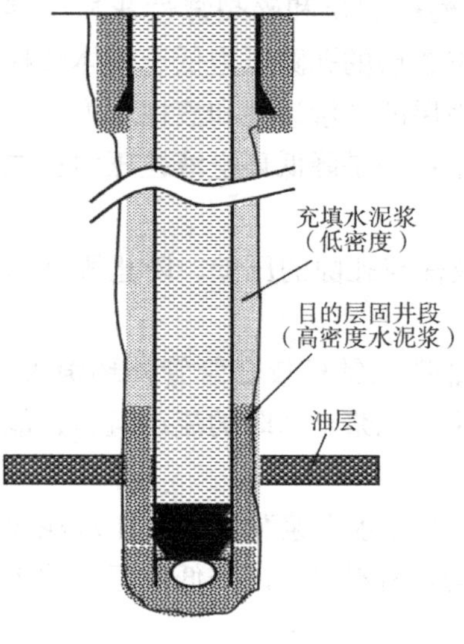

图6-19　采用水泥浆充填技术降低液柱压力

(4)对于上部非油气层井段，封固段只是为了支承套管，对质量要求不高的井，可采用低密度水泥浆充填技术(图6-19)。只在底部开采层使用高密度水泥浆，而在上部井段采用低密度水泥浆充填，以降低环空液柱压力，防止固井施工时压破地层而发生井漏。

(5)对于井下存在高压层，确实不能降低液柱压力的井，在固井前，对破裂压力低的易漏失地层，进行挤水泥或挤入其他堵漏材料，可以提高地层破裂压力，避免固井时发生井漏(图6-20)。

6.6.7.4　漏失井固井应用实例

胜利油田在解决漏失井固井问题上采用多套方案，根据井型和井下特点合理选择、使用了双级注水泥固井、尾管固井、低密度水泥充填、防漏水泥浆体系等防漏工艺和技术措施，都取得了很好的效果。下面以泡沫水泥浆在草桥古潜山稠油油藏的研究与应用为例作一介绍。

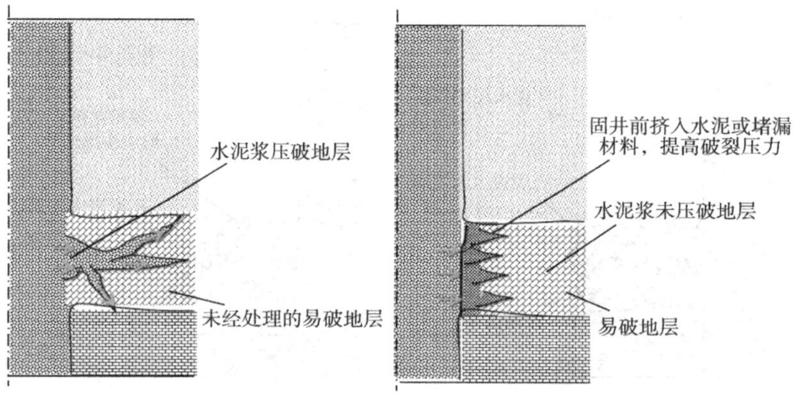

(a) 易破地层未挤入水泥或堵漏材料，水泥浆压漏地层发生漏失　(b) 固井前挤入水泥或堵漏材料，提高地层破裂压力，固井水泥浆未压漏地层

图6-20　固井前对易破地层挤入水泥或堵漏材料提高地层破裂压力示意图

由于草桥地区油藏压力系数低，极易发生井漏，尽管从固井工艺上做了防漏改进，但若不配合防漏水泥浆体系或低密度水泥浆体系的应用，一些钻井过程漏失严重的井还是在固井时发生漏失。另外，草桥地区属于稠油热采区块，降低水泥石导热系数，提高热采效率也需要重点考虑。由于泡沫水泥浆体系既能降低液柱压力，防止固井时发生井漏，同时又具有比一般水泥浆导热系数低的特点，有较好的隔热效果，用泡沫水泥能提高热采井的热采效率。鉴于以上原因，在该地区推广应用了泡沫水泥浆体系固井，取得了较好的效果(表6-12)。表6-12中的草古1-22-12井和草古更106是严重漏失井，用泡沫水泥配合水泥伞-分级箍双级注水泥防漏工艺，固井施工顺利，固井质量优质。草古100-平8和草古100-平10是水平井，技术套管固井进入A点，重点是保证套管鞋处的质量，上部的泡沫水泥主要是为隔热而设计的，2口井的固井施工顺利完成，固井质量合格。由此看出，泡沫水泥既能解

决漏失井固井、长封固段井固井的技术要求，又能应用于热采井固井以提高热采效率。

表6-12 草古潜山油藏泡沫水泥固井情况统计

井号	水泥类型	外加剂掺（占水泥重量）/%	实验条件（水灰比）（温度）（压力）	密度/(g/cm^3)		抗压强度（42℃，24h）/MPa	稠化时间/min	使用井段/m		质量评价
				地面	井下			泡沫水泥浆	G级降失水水泥浆	
草古1-22-12	临朐G级中抗	SiO_2：40 FCA：1.5 FCB：0.75 FCF：2.0 FCP：3.0	0.75 35℃ 10MPa	1.01	<1.4	6.8	127	200~700	0~200 700~737	优
草古更106	临朐G级中抗	同上	0.75 35℃ 10MPa	1.09	<1.4	7.2	112	200~750	0~200 750~797	优
草古100-平8	G级中抗	SiO_2：40 FCA：1.0 FCB：0.5 FCF：2.0 FCP：2.0	0.55 40℃ 10MPa	1.1	<1.5	6.7	131	200~680	0~200 680~712	合格
草古100-平10	G级中抗	同上	0.55 40℃ 10MPa	1.1	<1.5	6.2	110	200~750	0~200 750~787	合格

6.7 小井眼小间隙固井

6.7.1 概念

一般套管与井壁之间的环空间隙小于19mm($4\frac{3}{2}$in)时属于小间隙井，小于ϕ215.9mm($8\frac{1}{2}$in)的井眼属于小井眼。小井眼井一般都属于小间隙井。造成小井眼、小间隙井的原因一般有两种情况：一是低产量浅井的简易开采，为了节约投资；二是复杂井、深井和超深井，由于地层复杂而且井深，需要下入多层次的技术套管。

6.7.2 固井难点

小井眼及小间隙井固井时会带来如下问题：①套管不易居中，扶正器安装困难或扶正效果差，造成套管贴井壁；②水泥环太薄，不能形成足够的强度；③固井时流动阻力大，对地层回压大，易压漏地层；④由于套管外环隙小，水泥浆失水对水泥浆性能影响大，水泥浆易失水变稠或脱水稠化；⑤套管外环隙小，小井径处环隙更小，由于水泥浆悬浮能力强，因此水泥浆柱顶面易堆砂，在小井径处易发生砂堵憋泵。

6.7.3 普通小井眼小间隙井固井措施

对普通小井眼、小间隙井固井主要采取以下措施：

(1)使用多级注水泥工艺降低封固段，以减小流阻、降低泵压、防止压漏地层；同时防止水泥浆脱水稠化和固井过程中砂堵憋泵等问题。

(2)使用扶正器时，应使用整体弹性扶正器，可提高通过能力和扶正效果。

(3)尽量使用足够的扶正器，提高套管的居中度和水泥浆的顶替效率。

(4)严格控制水泥浆失水，防止水泥浆在环空失水变稠，而使流阻进一步增加；同时防止水泥浆脱水稠化，造成提前凝固。

(5)水泥环薄，须使用胶结强度高、韧性好的水泥浆体系，提高水泥石的胶结能力和抗破碎能力。

(6)注水泥施工要控制施工排量，防止流阻过大压漏地层；也可以避免砂堵憋泵；更重要的是防止返速过高冲垮井壁造成憋泵事故。

(7)合理使用前置液，提高水泥浆的顶替效率，但前置液应控制失水，以防冲垮井壁。

6.7.4　小井眼小间隙开窗井固井工艺措施

小井眼小间隙开窗井是指在油田老区开发井中进行开窗侧钻的井。打开窗井主要目的是进行老井修复，提高产量。开窗井固井，往往都是小井眼小间隙井固井。常见的开窗井有 ϕ139.7mm(5½in)套管开窗和 ϕ177.8mm(7in)套管开窗。开窗井固井除遵照一般小间隙井固井措施外，还要注意以下几点：

(1)采用合理的井眼与套管结构。

有些油田在 ϕ139.7mm(5½in)套管开窗时，下入 ϕ101.6mm(4in)套管，ϕ177.8mm(7in)套管开窗时下入 ϕ127mm(5in)套管，这都是不合理的配合结构，主要问题就是环空间隙太小，固井质量难以保证，且易发生固井事故。合理的配合结构是：ϕ139.7mm 套管开窗下入 ϕ88.9mm(3½in)套管，ϕ177.8mm 套管开窗下入 ϕ114.3mm(4½in)套管或下入 ϕ101.6mm 套管。井眼与套管结构不合理，增加固井难度，主要表现为环隙太小无法使用扶正器，造成套管严重贴井壁，底部无水泥(图6-21)，而且水泥环太薄，胶结质量很差并容易破碎，固井质量难以保证。因此，需采用合理的井眼套管结构。

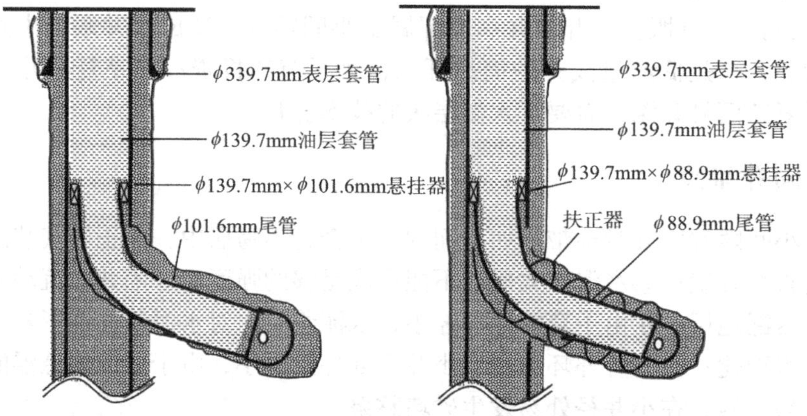

(a) ϕ139.7mm套管开窗下 ϕ101.6mm尾管，环隙太小造成尾管底部贴井壁固井无水泥　　(b) ϕ139.7mm套管开窗下 ϕ88.9mm尾管可下扶正器保证套管居中

图6-21　开窗井下入不同套管串结构对固井质量的影响

(2)使用长中心管尾管挂。

套管开窗下尾管，一般都是用ϕ73.0mm(2⅞in)或ϕ88.9mm(3½in)小钻杆送入尾管。由于小钻杆易弯曲，在给尾管加压时，作用在尾管顶部的压力不真实。当受施工高压作用时，小钻杆弯曲上行，若中心管过短，会在高压注水泥和替钻井液过程中造成中心管向上反弹，失去堵塞作用，导致短路，造成固井失败。因此，应选用长中心管尾管挂，防止高压替浆时尾管短路。

(3)裸眼段扩孔，套管加扶正器。

在小间隙井固井中，套管与井眼间隙过小时，难以下入扶正器，套管不能扶正，套管与井壁贴在一起，造成套管与井壁间无水泥；即使能扶正套管，水泥环也很薄，胶结强度差，水泥石易破碎，固井质量难以保证。为解决以上两大问题，最有效的办法是将裸眼段扩孔，使套管与井壁间隙增大，同时能与套管一起下入弹性扶正器，这样不但能加足扶正器，保证套管居中，而且还增加了水泥环厚度，保证固井质量。

(4)选择高强度韧性好的水泥浆。

一般情况下，水泥浆密度越高水泥石的强度越高。所以，开窗井固井时，水泥浆的密度尽量高一些，使用高分子聚合物类型的添加剂，降低水泥浆的失水，同时在水泥浆中加入纤维等材料提高水泥石的韧性。由于环空间隙小，固井时泵送阻力较大，因此要尽量提高水泥浆的流动性，胶乳水泥浆体系是一种比较适合开窗井固井的水泥浆体系。

(5)使用过渡法(批混法)注入水泥浆。

因为小井眼开窗井固井一般注入水泥量较少，因此，为保证注入的水泥浆质量，可采用过渡注水泥的方式进行施工。也就是先配制水泥浆注入过渡灌中，密度达到要求并搅拌均匀，然后再注入井内。这样既可以保证水泥浆密度，又能增加流动性，有利于减阻、防漏、提高固井质量。

6.8 糖葫芦井眼固井

6.8.1 概念

我们所说的“糖葫芦”井眼是指井径极不规则的井眼。造成“糖葫芦”井眼的原因往往有以下几种情况：一种是地层不稳定，井壁坍塌、掉块，形成糖葫芦井眼；另一种是钻井液性能不好造成井壁坍塌、掉块形成糖葫芦井眼；还有一种是处理井下事故而造成的“糖葫芦”井眼。总之，糖葫芦井眼会给固井带来很大困难。

6.8.2 固井难点

“糖葫芦”井眼固井的突出难点主要表现在以下几个方面：

(1)循环钻井液过程中，大肚子井眼处已形成死区，易积存泥砂和岩屑，不能彻底清洗井眼[图6-22(a)]。

(2)在水泥浆上返过程中，在大井眼处容易形成死区，积存残余钻井液，不能有效驱替，发生窜槽[图6-22(b)]。

(3)水泥浆的高悬浮能力会把泥砂和岩屑带到小井眼处，容易形成砂桥，发生砂堵憋泵[图6-22(c)]。

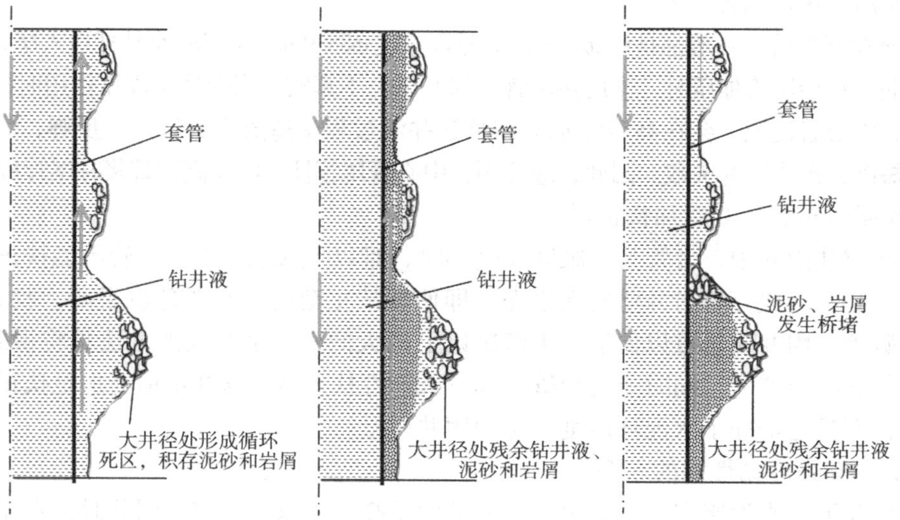

(a) 循环钻井液，大井径处形成死区
(b) 水泥浆上返，大井径处残余泥砂和岩屑
(c) 水泥浆上返，在小井眼处形成砂堵

图 6-22　糖葫芦井眼对固井的危害示意图

总之，糖葫芦井眼固井的关键就是要解决大井眼窜槽和小井眼砂堵的问题。

6.8.3　解决“糖葫芦”井眼的固井措施

目前，解决糖葫芦井眼固井的常用办法是：

(1)对于钻井液密度较低的井，尽量提高水泥浆和钻井液的密度差，以提高顶替效率，解决窜槽问题。

(2)使用高效冲洗液，彻底清洗大井眼处井壁的残余钻井液，提高水泥浆的顶替效率。

(3)使用高悬浮性隔离液，提高携砂能力，防止砂堵憋泵。

(4)注入过渡性水泥浆(从低密度逐渐过渡到高密度)，以防水泥浆急剧携砂造成砂堵憋泵。

(5)对封固段较短的“糖葫芦”井眼井固井，可采用塞流顶替，提高水泥浆驱替效果。

(6)在大井眼处使用旋流发生器，提高水泥浆的充填和置换能力。使用旋流器是解决糖葫芦井眼和大肚子井眼固井的有效措施。当水泥浆到达旋流器时，水泥浆会旋转流动，浆体在离心力的作用下，向外充填，提高顶替效果。目前使用的旋流器是 XLQ－I 系列旋流器(参见第 4 章)。

6.9　气井固井

6.9.1　概述

气井固井是指封固目的层位是气层的固井或以产气为主的产层套管固井。在主要封固段内存在活跃气层的固井也属于气井固井。

6.9.2　气井固井难点

气井固井不同于油井固井，它比油井固井要困难得多，气井固井的突出难点主要表现在以下几个方面：

(1)气比油水相对活跃，固井时气体更易浸窜到钻井液和水泥浆中。

(2)气体进入钻井液或水泥浆中后，对流体密度的影响比油和水影响更严重，会使流体密度迅速降低，造成井下失稳。

(3)气体在钻井液或水泥浆中的上窜速度快，一旦不能压稳，会发生气体严重上窜以至井涌或井喷。

(4)气井固井候凝时，水泥浆失重引起地层流体外窜表现更为突出。

(5)一旦固井质量不好，气体更容易通过劣质水泥封固段中的缝隙或通道上窜，可能会窜出井口。

(6)由于气井一旦失稳，气体上窜速度快，并且气体将井底压力传递到井口，若关闭井口，会造成井口压力突然升高，给上部套管和套管头增加很大的内压载荷，因此要求上部套管和套管头必须具有较强的抗内压强度。

(7)气井一旦发生井涌或井喷，液柱压力会迅速降低，以致降低为气柱压力，可能带来井壁坍塌和套管挤毁的风险。

(8)含硫化氢的气井还能引起套管及附件的腐蚀和脆断，一旦失控涌出井口对人体有严重的毒害作用。

6.9.3　常用固井措施

由于气井固井较油井固井更加困难，因此，气井固井除采取常规固井措施外，还要采用以下措施：

(1)按气井设计要求，做套管强度设计。

(2)选用气密封扣套管及附件。

(3)对于含硫化氢气体的井，应选用抗硫套管及附件。

(4)使用非渗透防气窜水泥浆体系。

(5)套管及套管头的抗内压应按全掏空设计。

(6)水泥浆应尽量按返到地面设计。

(7)利用双级注水泥、尾管固井及回接、低密度充填等固井工艺尽量减小有效封固段长度，以减少水泥封固段内的钻井液窜槽、气体浸窜、候凝失重等影响，确保固井质量。

(8)利用封隔器辅助固井，防止候凝时的气体浸窜和候凝失重等影响。

(9)尾管固井重合段使用套管外封隔器，或使用带顶部封隔器的尾管悬挂器。

(10)气层段使用膨胀水泥浆体系，可有效抑制水泥浆候凝失重时的气体上窜。

(11)固井结束后关封井器候凝或环空憋压。对封固段长的井和上部没有技术套管的井，可使用底部环空加压器进行环空加压。

6.10 欠平衡井固井

6.10.1 概述

欠平衡井固井是指对利用欠平衡钻井技术钻开油气层的井进行下套管注水泥作业。利用欠平衡钻井技术所钻的井，大多是开发低渗透性岩层的油气井，其目的是减少钻井过程对油气层的污染，因此，固井、完井中的主要问题也是考虑如何防止对油气层的污染问题。

6.10.2 欠平衡井固井难点

为了防止固井过程水泥浆滤液对产层的污染，对欠平衡井固井主要存在以下难点：

(1)由于欠平衡井多是钻开低渗透性油气藏，而欠平衡井是负压钻进(环空液柱压力小于地层压力)，若进行水泥浆固井，必须是正压固井(环空液柱压力大于地层压力)，若采用负压固井(欠平衡固井)，地层油气会向环空水泥浆柱浸入。不能保证固井质量。

(2)若采用正压固井(液柱压力大于地层孔隙压力)，水泥浆滤液及水泥颗粒会进入地层，造成孔隙堵塞，污染油气层，使固井后产量降低，严重时会不出油气。

(3)由于在欠平衡钻井过程中，产层流体部分已在钻井过程中随钻井液排出，使产层液体相对亏欠或压力较原始压力有所降低，当水泥浆接触地层时，其滤液和水泥颗粒更容易浸入。

6.10.3 常用完井及固井措施

为使欠平衡钻开的产层不受水泥浆滤液和水泥颗粒的污染，对欠平衡井从完井方式及固井工艺上要统一考虑油气层保护的问题，一般主要采用以下工艺措施：

(1)裸眼完井工艺。

裸眼完井的工艺是在进入欠平衡井段之前下入技术套管固井，然后利用欠平衡钻井技术钻开油气层并完井[图6-23(a)]。裸眼完井的优点是：①不发生固井水泥浆对产层的污染，有利于保护油气层；②地层与井眼的连通性好，出油面积大，有利于提高产量。缺点是：①对不稳定的地层井壁易发生坍塌；②对出砂的地层不易防砂；③若产层附近有水层或产层有底水都无法处理，因此，裸眼完井只适用于产层井壁稳定不出砂的井。

(2)筛管完井工艺。

筛管完井工艺是在进入欠平衡井段之前下入技术套管固井，然后欠平衡钻开油气层，下入筛管并完井[图6-23(b)]。筛管完井的优点是：①不发生固井水泥浆对产层的污染，有利于保护油气层；②地层与井眼的连通性好，出油面积大，有利于提高产量；③可防止不稳定的地层发生坍塌，有利于井壁稳定；④对出砂的地层可以防砂；⑤对出砂严重的地层可以在筛管外填入砾石，进一步提高防砂能力。缺点是：若产层附近有水层或产层有底水都无法处理，因此，筛管完井适用于产层井壁不稳定出砂严重的井。

(3)筛管顶部注水泥完井工艺。

筛管顶部注水泥完井工艺是在利用欠平衡钻井技术钻开油气层后，下入套管和筛管复合管柱，将筛管段与套管段用封隔器封隔，然后对封隔器以上套管进行注水泥固井，水泥浆既不污染油气层，又能提高油井寿命[图6-23(c)]。筛管顶部注水泥完井工艺的优点是：①不发生固井水泥浆对产层的污染，有利于保护油气层；②地层与井眼的连通性好，出油面积大，有利于提高产量；③可防止不稳定的地层发生坍塌，有利于井壁稳定；④对出砂的地层可以防砂；⑤由于上部套管固井，可提高油井寿命；⑥由于筛管尺寸和上部套管相同，有利于后期修井作业。缺点是：若产层附近有水层或产层有底水都无法处理，因此，该工艺适用于多种情况下的欠平衡钻完井固井，在水平井中使用较多，有利于提高产量。

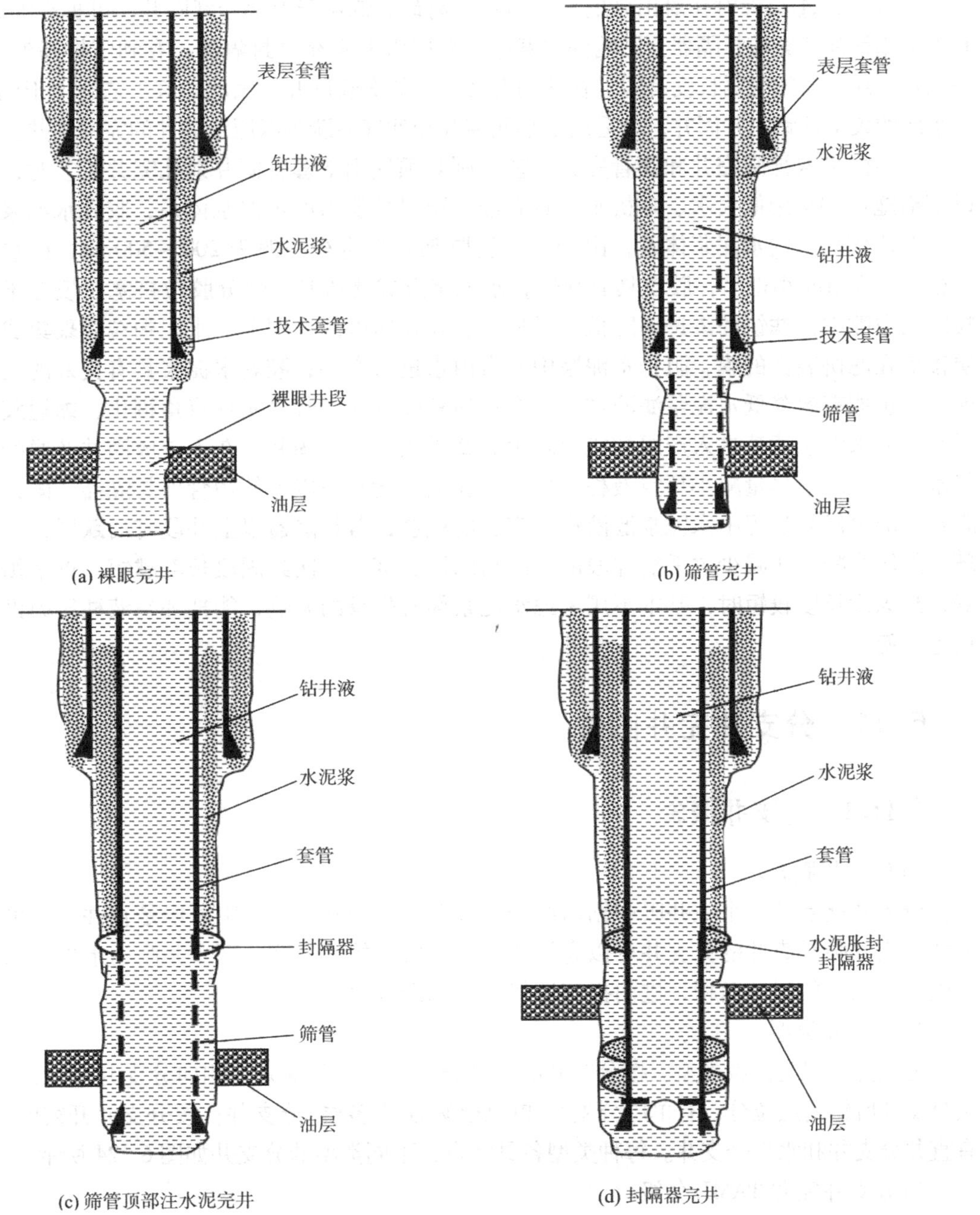

图6-23 欠平衡钻井开发油气层常用完井方法

(4)封隔器完井工艺。

封隔器完井工艺是在利用欠平衡钻井技术钻开油气层后，在套管串的产层上下位置各加1~2个封隔器，下完套管柱后，用钻井液或水泥浆胀开封隔器，然后对封隔器以上套管进行注水泥固井，最后产层射孔进行开采[图6-23(d)]。封隔器完井工艺的优点是：①不发生固井水泥浆对产层的污染，有利于保护油气层；②地层与井眼的连通性好，出油面积大，有利于提高产量；③由于是套管射孔，在一定程度上，可防止不稳定的地层发生坍塌，有利于井壁稳定；④套管射孔对出砂的地层也可以防砂；⑤由于上部套管固井，可提高油井寿命；⑥若采用钻井液充填封隔器会影响油井寿命，采用水泥浆充填封隔器，有利于提高油井寿命。缺点是：封隔器的封隔长度有限，在使用寿命上不如套管固井，因此，该工艺适用于油层下部有水层的欠平衡钻完井固井，也适用于小间隙井和油气活跃难以压稳的井的完井固井。

若不能采取裸眼完井和筛管完井工艺，则必须使用下套管固井射孔完井工艺时，可采取以下措施：①采用低失水、零析水，具有油气层保护能力的水泥浆体系，胶乳水泥浆体系就是一个比较合适的水泥浆体系，由于常用乳胶剂颗粒直径一般为200~500nm，比水泥颗粒粒径20~50μm小得多，胶粒具有弹性，水泥浆形成滤饼时一部分胶粒挤塞、填充于水泥颗粒间的空隙中使滤饼的渗透率降低。另外，胶粒在压差的作用下在水泥颗粒间聚集成膜，这层覆盖在滤饼表面的膜，阻止水泥浆中的自由水进入产层；胶乳水泥浆具有良好的失水控制能力，也能有效降低水泥浆滤液进入产层；另外胶乳水泥浆可实现直角稠化，缩短胶凝过渡时间，使水泥浆滤液进入产层的机会减少。②采用近平衡固井，在不造成固井及候凝过程油气水浸的情况下尽量减小环空液柱压力。③在欠平衡井段以上使用管外封隔器，固井后马上胀封，减少候凝过程中水泥浆滤液进入产层的机会，若封隔器以上井段有活跃层，可在上部环空憋压候凝。④减少欠平衡井段的一次封固段长度，一次封固段长度越短，近平衡效果越好，封固段长度较短时，基本不用考虑水泥浆候凝失重的影响，能把环空液柱压力设计得更接近平衡。

6.11 分支井完井固井

6.11.1 分支井概念

1)分支井概念。

分支井就是从一个主井眼中钻出两个或多个井眼的井，主井眼可以是直井，也可以是水平井。主井眼是直井的分支井可以有效地开采多层段的油气藏，而主井眼为水平井的多分支井能增加油藏的泄油面积，进而提高油气产量和采收率。

2)分支井类型。

分支井可以为多种类型。按分支井的方位分，有同向分支井、侧向分支井和反向分支井；按分支井所钻的层位分，有单层分支井和层状(两层或多层)分支井；按分支井开窗的位置分，有直井分支井和水平分支井。每种类型各具特点，不同类型的分支井如图6-24所示。

3)分支井完井TAML分级。

1997年3月，在英国阿伯町成功地举办了第一届国际多底井钻井完井技术研讨会，依据如下6条原则，将多底井分为6个等级(图6-25)。

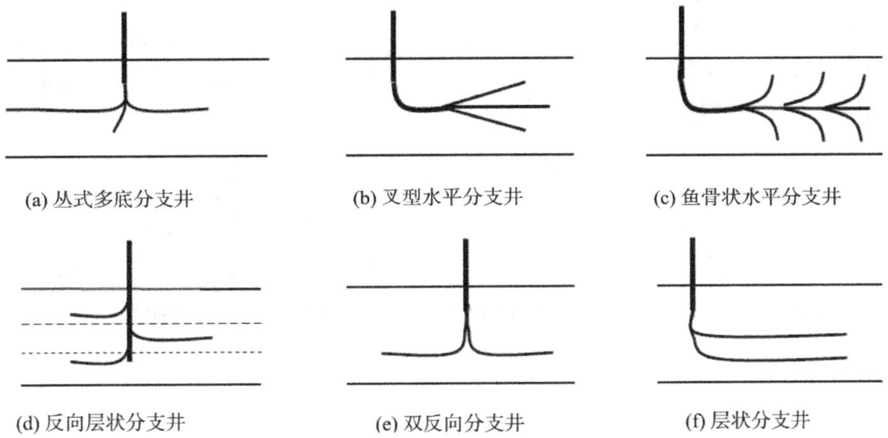

图6-24　分支井类型示意图

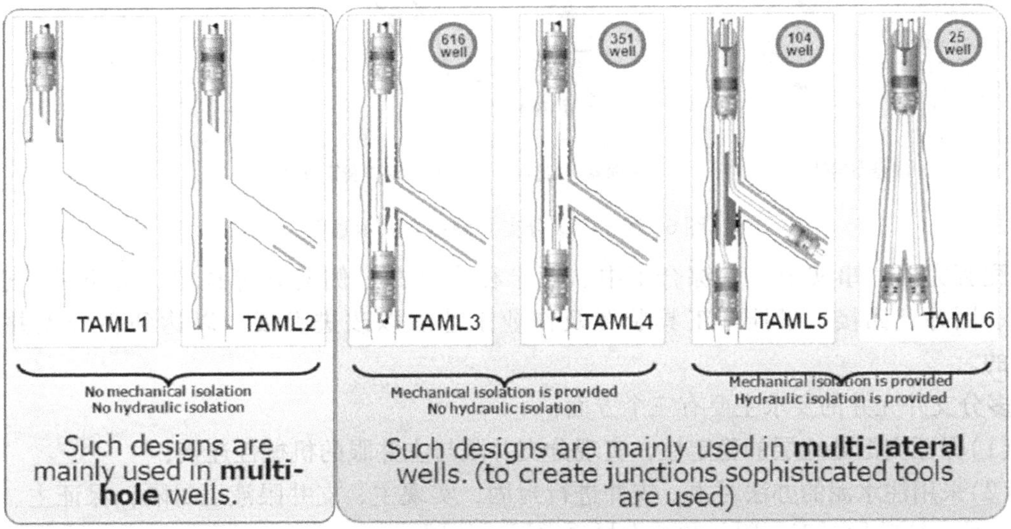

图6-25　分支井完井 TAML 分级示意图(据 SPE-171264-MS)

(1)重新进入各分支井段的能力(Re-entry Capability);

(2)叉口部位的机械完整性(Junction Mechanical Integrity);

(3)叉口部位的防砂效果(Junction Sand Exclusion);

(4)叉口部位的压力密封性(Junction Pressure Integrity);

(5)建井的难易程度(Simple Installation);

(6)作业风险(Operational Risk)。

4)各级分支井钻井侧钻方式。

根据不同分支井完井的钻井难度，各有不同的侧钻方式，各级分支井钻井侧钻方式如图6-26所示。

6.11.2　分支井对完井及固井要求

分支井完井技术是近几年来随着多分支井钻井技术的发展而出现的一项新技术，并

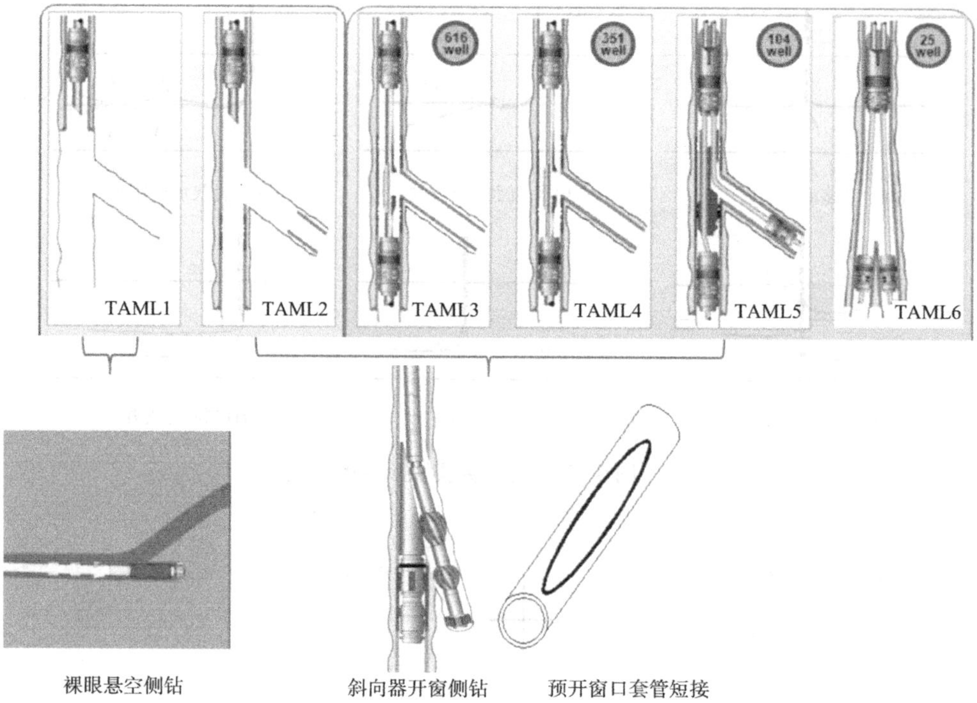

图 6-26　各级分支井侧钻方式示意图

逐步配套完善。事实上，它综合了中、短半径水平井、侧向井等技术，对下井、造斜、封隔、固井、回接、悬挂等工具装置及作业工艺加以改进发展，以达到多分支井完井的目的。

多分支井完井的要求主要有三个方面：

(1)保证交汇处地层的稳定性，实现分支井眼与主井眼的机械性连接；

(2)采用注水泥的办法对主、支井进行封固，实现主、支井眼液压封隔，保证主、支井压力完整，特殊情况下，固井和液力封隔器同时使用；

(3)根据需要能实现有所选择地进入各分支井眼。

水平井技术和分支井技术的根本区别在于前者重点是钻井技术，而后者重点是完井技术。分支井完井作业的最大技术难点在于对主井眼与分支井眼交汇处的处理，所以，以往国外钻出的分支井多为裸眼完井或简单地下入筛管完井，较少考虑主、支井交汇处的回接、悬挂、密封等问题。近几年，贝克·休斯和斯派里森两大公司较好地处理了上述问题。

6.11.3　完井设计所考虑的因素

考虑完井设计时，应特别注意下列因素：

(1)油藏的适应性。

钻分支井的目的是以最低的钻井和完井成本，最大限度地提高油气井产量。用分支井开采单一产层时，能优化泄油方式，增加裂缝的裸露和限制因压差产生水锥或气锥的可能性；当用分支井开采不同的产层时，可以开采那些用其他开采方法不经济的油藏。在大多数情况下，一口多分支井要比一口单一的直井或水平井节约成本，其经济优势主要来源于产量和储量的增加。

(2)造斜交汇处的地层特性。

同常规井一样，当选择是否下套管时，必须考虑井眼的稳定性，此外，因使用分支系统，还必须仔细研究分支井交汇处的地质情况，适应性最强的完井应该使交汇处的造斜点位于坚硬的胶结地层。然而，如果地质情况或其他井下状况无法实现这种理想的方案时，应在完井设计中考虑使用机械支撑或液压封隔来实现。

(3)交汇处的压差。

即使交汇处的地层最初坚硬，但完井设计必须考虑到随着油井生产，油层压力不断下降，地层将会发生什么变化。只在油井生产的最初几个月保证支撑是不够的，还必须保证设计的分支井在油井寿命期内能正常生产。如果随着压力降的出现，交汇处的地层不能保持其完整性，需考虑交汇处的液压密封问题，需要固井或是使用液压密封装置。

(4)开采力学与开采方式。

由于各分支井的产层压力不同，需要对开采力学进行分析研究，开采力学对分支井完井设计影响很大，尤其是在层间封隔方面。当用分支井开采多个储层时，诸多因素要求采用封隔的双管柱生产方法，即一井分采；另一方面，因套管和油管尺寸以及上部井眼设备的限制，常要求在分支井交汇处采用合采并用一根管柱输至地面。目前，已有了能满足合采或封隔的双管柱开采要求的多分支系统，合采使分支井设计具有较大的灵活性，然而，这两种系统各有利弊。

(5)再进入能力。

设计一口分支井时，最后需要考虑的是将来修井时能够再次进入一个或几个生产井眼要求。当然，设计一套不需再次进入的多分支系统肯定要容易些。然而，要获得最佳的油井寿命，必须定期进行洗井和采取增产措施，这就需要再次进入。因此，必须根据需求设计分支井眼的再进入功能，能满足再次进入的分支井完井设计包括能实现有选择地通过油管再次进入各翼分支井的复杂的先进工艺要求。

6.11.4 常用完井类型

随着分支井完井技术的进步和各种不同类型的完井系统的出现，从而增加了分支井完井的类型，作业人员可以根据地层情况、井下状况、地面设备及其他情况设计不同的完井方法，以求获得最佳的开采效益。下面根据目前资料，介绍几种不同类型的分支井完井方法。

6.11.4.1 主、支井均为裸眼完井

主、支井均为裸眼的完井方法是各种类型的完井方法中最简单的一种(图6-27)，采用此完井方法是从主井眼的裸眼中钻多个分支井，或者为了增加泄油面积，从生产套管的下面钻多个分支井眼。钻分支井眼采用常规钻井技术，不提供机械支撑或液压密封，井内没有完井设备，也

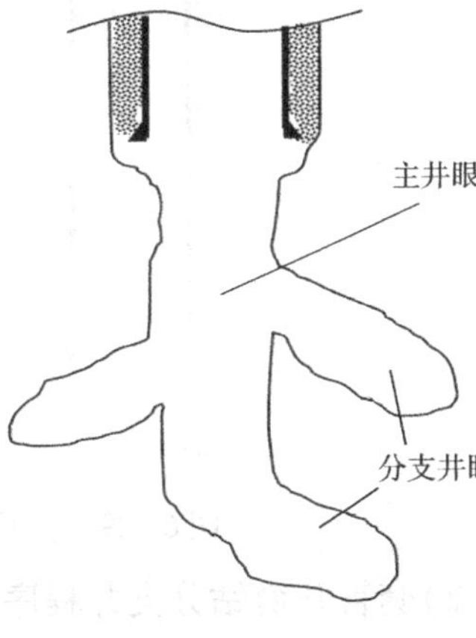

图6-27 主、支井眼均为裸眼的分支井完井方法示意图

就是主、支井眼均为裸眼完井，该完井方法采用一井合采进行生产。自1980年以来，水平钻井技术得到广泛应用，在美国已完成了几百口此种类型的分支井，尤其是在得克萨斯的奥斯汀白垩地区。

该完井方法的优点是成本低，工艺简单，不需要磨铣开窗，没有需要回收的造斜器，也没有需要注水泥的尾管，不用安装生产控制设备。但是，这种完井方法也有许多缺点：①因没有套管支撑，只能用于那些自然稳定性很好的地层；②无法实现对产层的控制，只能采用合采而且无法实施选择性关井；③容易出现井眼坍塌；④无法进入各分支井眼以采取修井作业或实施增产措施。

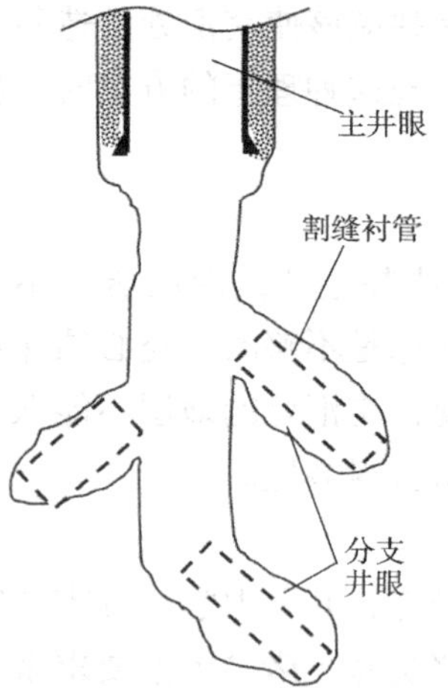

图6-28　在分支井眼内下入割缝衬管的分支井完井方法示意图

6.11.4.2　主井裸眼，支井眼下入割缝衬管

主井裸眼，支井眼下入割缝衬管的完井方法比主、支井均为裸眼完井方法复杂一些，其方法是使用一裸眼封隔造斜器先钻上翼分支井，钻井作业完成后，在回收造斜器之前在上翼分支井内下入割缝衬管，然后采用相同的方法完成下翼分支井。该完井方法的优点是减少了分支井生产期间井眼坍塌的可能性，而且还能进入下面的产层(图6-28)。此完井方法也采用一井合采进行生产。

6.11.4.3　主井眼下套管，分支井裸眼或简单下入割缝衬管的常规完井

1)完井方法。

主井眼下套管，分支井裸眼或简单下入割缝衬管的完井方法比上述两种完井方法复杂，即主井眼下套管，分支井裸眼或简单下入割缝衬管或预制滤砂管完井(图6-29)。

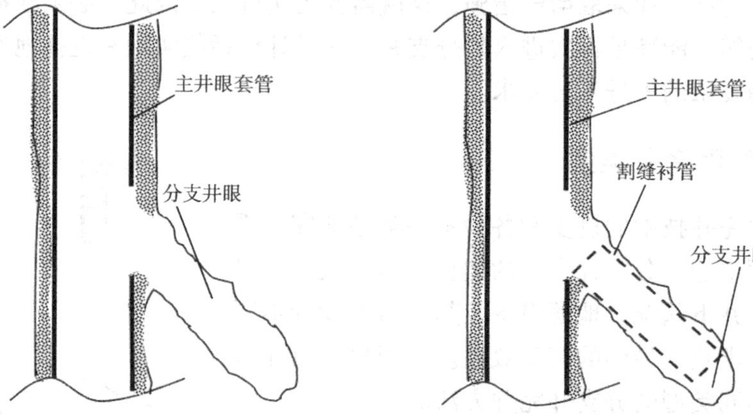

(a) 主井眼下套管，分支井裸眼　(b) 主井眼下套管，分支井下入割缝衬管

图6-29　主井眼下套管，分支井裸眼或下入割缝衬管完井示意图

2)套管开窗钻分支井程序。

应用主井眼下套管，分支井裸眼或简单下入割缝衬管的完井方法时，钻分支井的作业程序是：主井眼钻井完成后，下套管注水泥固井，并根据需要对主井眼采取增产措施后，将一

个定向封隔桥塞下至计划造斜点的下面，然后下入造斜器并坐放在封隔器内，对造斜器定向之后即可开始磨铣套管开窗，钻分支井眼。分支井钻到预定深度后，回收造斜器（图6-30），这时分支井既可裸眼完井，也可下入割缝衬管或预制滤砂管完井。该完井方法因需要磨铣套管开窗和回收造斜器，因此其风险要大于前两种完井方法。然而，由于主井眼下入套管，因而最大限度地减少了井眼坍塌的可能性，同时提供了分支井间的液压封隔。

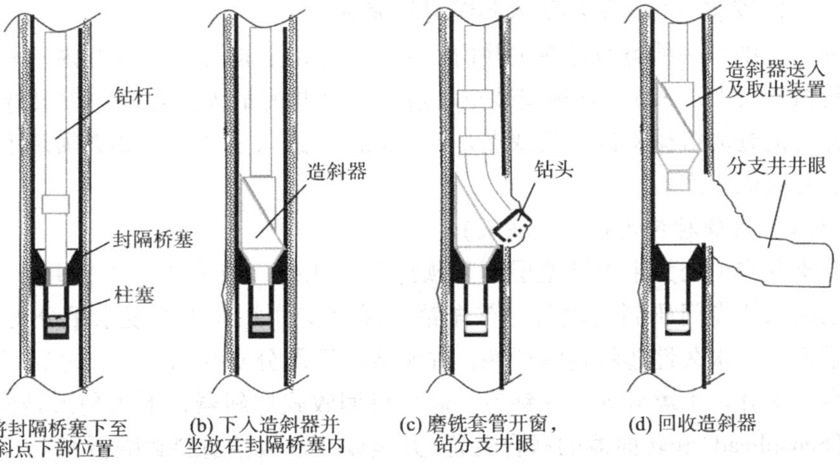

图6-30　套管开窗钻分支井程序示意图

3）在分支井交汇处下入再进入开关短节完井。

该完井方法中封隔两翼分支井最常用的方法是：在封隔器桥塞上方的分支井开窗口处下入一个再进入开关短节，并两端封隔，开关短节上装有一个开关滑套，滑套打开时，两翼分支井的生产为合采，如果下部产层枯竭或出水，在下封隔器内放一个关闭柱塞，这样便可关闭下部产层的生产；如果需要对上部产层关井时，只需简单地关闭滑套即可（图6-31）。

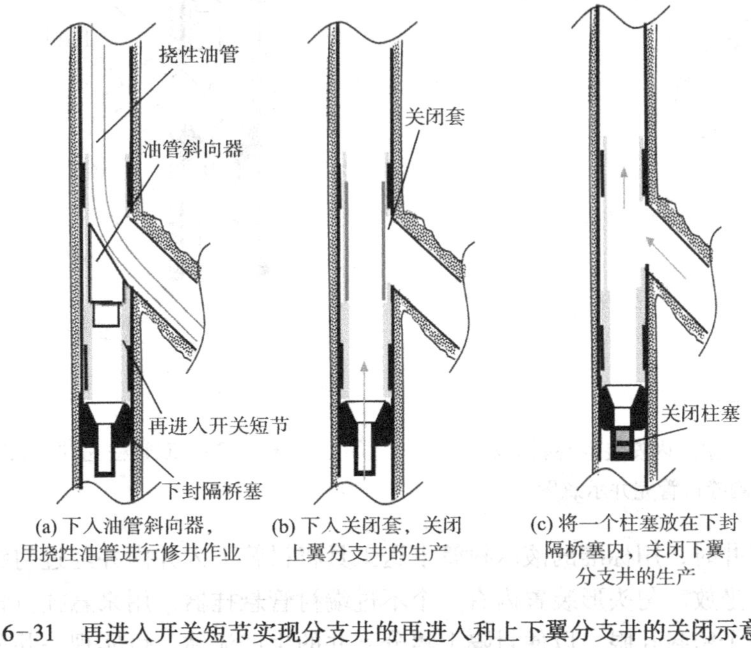

图6-31　再进入开关短节实现分支井的再进入和上下翼分支井的关闭示意图

该类完井方法的优点是：①实现主井眼支撑和生产控制的成本低；②可以有选择地封隔两翼分支井的生产；③可以实现上部分支井眼的再进入，进行后期修井作业。

其缺点是：①在分支井交汇处可能存在井眼稳定问题，如果此处地层不坚硬，易发生井眼塌坍；②无法实现分采，只能在交汇处进行合采；③井内安装滑套，无法实现下分支井再进入，要想实现分支井再进入的唯一方法是先从井内起出上部井眼完井设备。

4）在主井内安装空心造斜器下入割缝衬管完井。

该完井方法中另一种类型是在主井内安装一个空心斜向器，分支井内下入割缝衬管并使其通过套管窗口（图6-32）。这种安装空心造斜器完井的最大优点是：以最低的追加费用实现了分支井交汇处的机械支撑。其缺点是：①无法再进入主井眼；②必须采用合采；③不能关闭主、支井眼的生产。

6.11.4.4　双管柱完井（一井分采）

如果分支井交汇处为未固结地层而且预计存在压差，应采用此类完井方法（图6-33）。此完井方法需采用专门研制的设备，首先钻下翼分支井并采用常规水平分支井完井方法完井，然后下入一个永久性造斜封隔桥塞，并坐放在下翼分支井的上面，之后下入可回收式造斜器钻上翼分支井。上翼分支井完钻后，起出可回收式造斜器，下入勺形转向器总成[勺头形导向体（Scoophead）和转向器的联合装置]并坐放在永久性造斜封隔桥塞上，勺形转向器使用的定向锚卡与可回收式造斜器的相同，以使转向器对准磨铣的套管窗口。勺头形部分包括一个供下部产层用的流道和能容纳一个供上部产层完井用的不超过顶端的衬管悬挂器，另外它还包括一个封隔下部产层用的可密封孔。

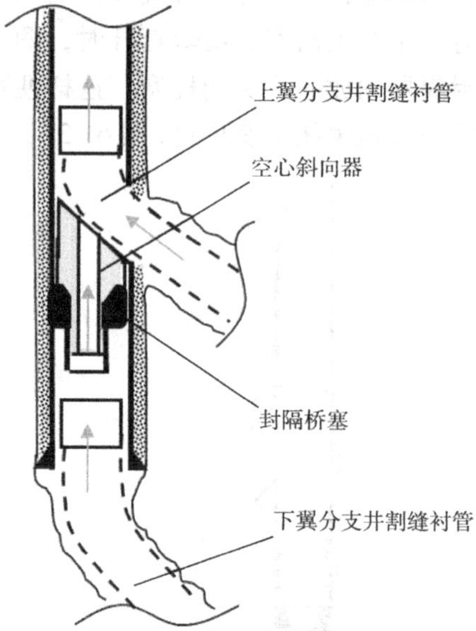

图6-32　在主井内安装空心斜向器下入割缝衬管完井示意图

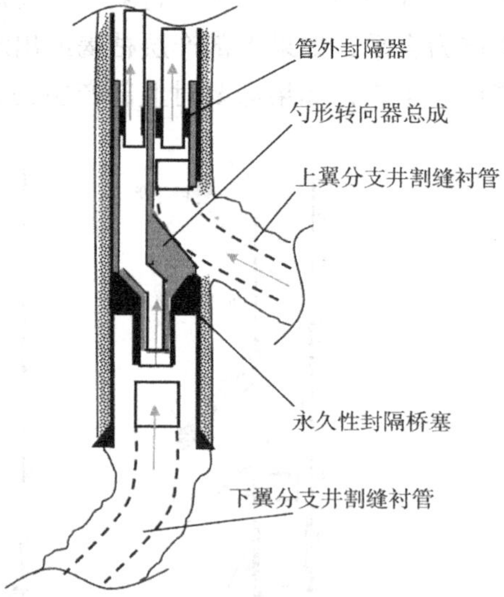

图6-33　双管柱完井示意图

上部产层完井时，用标准的液压衬管下送工具将衬管下入井内并经过勺头形装置进入上翼分支井，然后坐放。勺头形装置内有一个不过端衬管悬挂器，用来悬挂衬管，不过端衬管悬挂器内含有一个密封孔眼，以便封隔上翼分支井的生产流体。可实现一井分采。

该类完井方法的优点是：①能保证两个独立产层或储层的压力完整性；②采用常规双管柱完井设备。

其缺点是：①生产管柱尺寸较小；②需要很多设备；③仅限于两翼分支井。

6.11.4.5 主井眼下套管选择性再进入单管柱完井(一井合采)

主井眼下套管选择性再进入单管柱完井方法，主要是用于那些需要增加与油藏的接触面积，但预计将来可能出现水锥或气锥问题而必须有选择地封隔各产层的分支井，这种完井方法在所有类型的完井方法中可能是一种比较理想的完井方法(图6-34)。同上述的双管柱完井方法一样，分支井衬管须经勺头形转向器组合装置才能进入分支井眼，这样在勺头部位便留有两个密封孔眼。

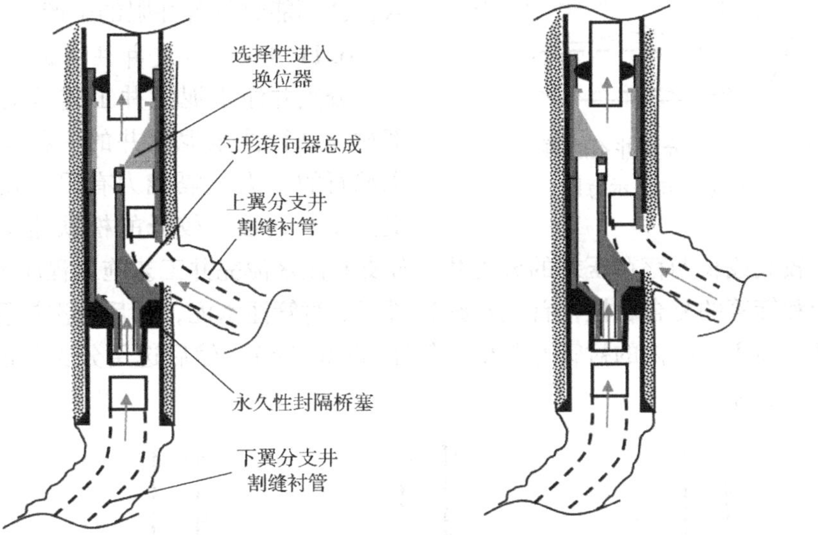

(a) 换位器通道口通向下翼分支井　　(b) 换位器通道口通向上翼分支井

图6-34 下套管选择性再进入单管柱完井方法示意图

该完井系统的中心是一个称为选择性再进入工具(SRT)的换向"Y"型短节，SRT与勺头形装置密封连接，内部有一个标准的换位工具，如果要进入下翼分支井，向下移动SRT内的一个套筒，使换位器通道口通向下翼分支井，反之，向上移动套筒，使换位器通道口通向上翼分支井，便可进入上翼分支井眼。采用SRT选择性再进入工具可使用较大尺寸的生产油管，但只能合采。

该完井方法的优点是：①SRT可实现有选择地再进入；②用永久性封隔桥塞可封隔所有的分支井眼；③全部生产可通过单油管输至地面；④分支井眼内因下入衬管和滤砂管而不会出现井眼失稳的问题。

其缺点是：①复杂程度高；②只能采用合采；③成本高。

6.11.4.6 限制主、分支井再进入的完井

限制主、分支井再进入的完井方法主要用于薄而长的油藏，在美国奥斯汀白垩地层用得很多。该完井方法确保井眼稳定，而且至少能进入其中一个分支井眼。其完井程序为：在裸眼的主井眼内下入一个特殊衬管，衬管底部有一个预开的窗口(图6-35)，在窗口的下面装有一个开孔转向器或造斜板，并对其定向，这样使进入衬管的钻井工具转向通过窗口，定向

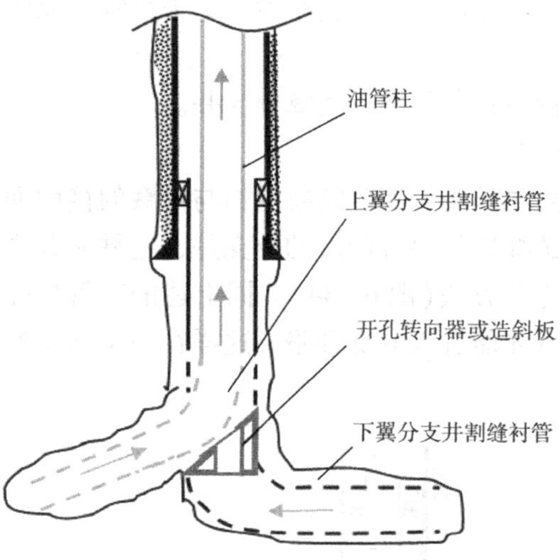

图6-35　主分支井不能再进入的完井方法示意图

钻分支井眼，最后使用生产封隔器按常规下入割缝衬管与油管柱的复合管柱，割缝衬管经造斜板进入裸眼分支井内。

该完井方法的优点是：①可以在新井或老井上安装；②增加了裸露的泄油面积；③因下入衬管或滤砂管，井眼稳定；④第二根衬管被当作油管的一部分下入井内，而且所用油管能够回收；⑤采用标准的完井技术。

其缺点是：①难以实现主分支井眼的再进入；②不能封隔各井眼的生产。

6.11.4.7　分支井注水泥完井

分支井注水泥完井工艺是对分支井筛管顶部衬管进行注水泥固井的一种完井工艺，由于水泥石的水力封隔能力有限，该工艺不适合分支井交汇处强度较低的松软地层，以及预计生产时压力降较大或长期存在压差的分支井。分支井注水泥完井工艺施工程序为：分支井完钻井下入衬管和筛管的复合管柱，首先对筛管顶部的衬管注水泥，然后清洗衬管上部的超返水泥，最后磨铣掉主井眼内的衬管并起出造斜器(图6-36)，然后选用分支井进入系统或下入再进入开关滑套完井。

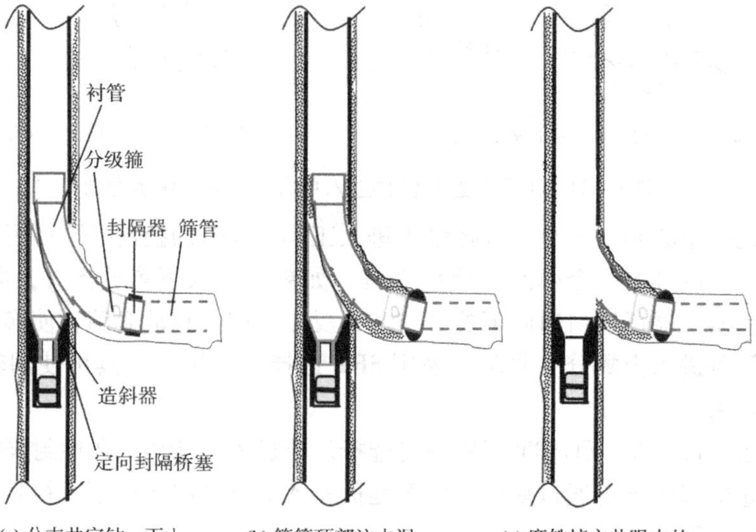

(a)分支井完钻，下入衬管和筛管的组合管柱　(b)筛管顶部注水泥，封固衬管　(c)磨铣掉主井眼内的衬管并起出造斜器

图6-36　分支井注水泥完井方法示意图

该完井方法的优点是：①分支井交汇处实现了很好的机械支撑；②防止交汇处出现坍塌的可能性；③交汇处实现了砂控。

其缺点是：①风险和成本均有所增加；②交汇处虽然实现了机械支撑，但却没有实现足够的水力封隔，交汇处的水泥环最初可以承受几百个psi的压力差，但如果压力差不断变化或不断增加，随着时间的推移，水泥环可能会破裂。因此，该方法也具有一定的局限性。

6.11.4.8 分支井下套管并注水泥回接完井

分支井下套管并注水泥回接完井方法是最为复杂的一种完井方法，采用该完井方法可以保证油井在寿命期内分支井交汇处压力的完整性。对于开发那些要求严格进行层间封隔多裂缝的油藏来说，该方法为最佳选择。该完井工艺的施工程序是：在新钻的主井眼套管串中，将带有机械卡口(卡口处为可钻材料或可开关滑套)的专用“套管窗口短节”按设计的分支井窗口位置串接在套管串上，然后下套管固井，待水泥浆凝固后，用钻头钻穿窗口并钻出分支井眼，再将分支井套管下入分支井，最后注水泥固分支井并将分支井套管与主井套管进行机械连接。各翼分支井之间的封隔可以利用标准的完井和流道控制设备来实现，利用选择性再进入工具或目前正在研发的某些方法可以实现选择性再进入。

该完井方法的优点是：①较好地实现了主井眼与分支井眼套管的刚性回接；②分支井下套管并注水泥后，不存在井眼稳定问题；③保证了主、支井之间的压力完整性。

其缺点是：①施工难度较大；②分支井数量越多，风险也越大；③下井工具和回接装置结构复杂；④如操作不当或主、支井交汇处岩屑堆积，有可能造成回接失败。

6.12 高酸性腐蚀性气井固井

6.12.1 概念

高酸性腐蚀性气井是指钻井目的层含有腐蚀性、毒性气体的井。高酸性腐蚀性气体一般是 CO_2 或 H_2S，或者两者同时存在。四川东北地区普光气田和元坝气田就是典型的高酸性腐蚀性气田，其特点是：井深(5000～8000m)，地层压力高，井下压力系统复杂且温度更高，并含有腐蚀性、毒性气体，固井难度更大，对水泥浆的防气窜能力、防腐能力和抗温能力有很高的要求。

6.12.2 高酸性腐蚀性气体对固井的危害

6.12.2.1 高酸性腐蚀性气体对套管的影响

室温下，H_2S 能使套管腐蚀，从而容易产生硫化氢腐蚀脆性断裂(简称氢脆)，即使 H_2S 浓度较低也可使套管腐蚀断裂。在较高温度下，硫化氢气体不会引起套管氢脆断裂(SSCC)，但会发生腐蚀而使套管损坏。另外，在具有酸性气体(CO_2)的高压井中，对套管的腐蚀也非常严重，CO_2 浓度越高腐蚀越严重。

6.12.2.2 高酸性腐蚀性气体对水泥石的影响

高酸性腐蚀性气体 CO_2、H_2S 对水泥石有很强的腐蚀作用，酸性腐蚀性气体对水泥石的腐蚀加速了水泥石的破坏。CO_2 腐蚀水泥石，腐蚀深度随腐蚀层孔隙率增加呈线性增加，而孔隙率是由水泥浆体系的组成所决定的。CO_2 腐蚀油井水泥石，其腐蚀深度与腐蚀层密度的方根成反比，即随腐蚀层密度的增加而降低。高温 H_2S 腐蚀油井水泥，腐蚀层深度与环境各因素的关系除酸性气体浓度外，其他趋势与高温 CO_2 腐蚀趋势相同，腐蚀层孔隙率是主要影响因素。高温 CO_2 腐蚀油井水泥石相，从低温到高温、从无腐蚀到腐蚀演变过程规律

性历经了 $Ca(OH)_2$、$Ca_3AlFe(SiO_4)(OH)_8$、Ca_2FeAlO_5、$Ca_3(Fe_{0.87}Al_{0.13})_2(SiO)_{1.65}(OH)_{5.4}$ 和 $Ca_2Fe_{1.28}Al_{0.72}O_5$ 反应、转变和托勃莫来石[$Ca_5(OH)_2Si_6O_{16} \cdot H_2O$]、$CaCO_3$ 生成，最后形成以托勃莫来石[$Ca_5(OH)_2Si_6O_{16} \cdot H_2O$]和腐蚀相 $CaCO_3$ 为主的腐蚀层。

6.12.2.3　高温 CO_2 腐蚀对油井水泥浆体结构的影响及其演变机理

(1)浆体组成、压力、时间不变，即腐蚀层孔隙率和生成物密度、水化产物组成和时间不变，温度对腐蚀深度 X_C 的影响。

①理论趋势。

设 $A = \varepsilon_\mu \sqrt{\frac{t}{\rho}}$，此时 A 为定值，则：

$$X_C = 3.90 \times 10^{-7} A \sqrt{\frac{T^{\frac{1}{2}}}{\Omega_{HS}}} \tag{6-12}$$

式中　ε_μ——硬化水泥浆体腐蚀层孔隙率，无因次；

t——腐蚀时间，s；

ρ——酸性气体腐蚀硬化油井水泥浆体固体生成物(腐蚀层)的密度，kg/m^3；

X_C——为酸性气体腐蚀水泥石的深度，m；

T——腐蚀反应的温度，K；

Ω_{HS}——碰撞积分，是 K_BT/ε_{HS} 函数，可查表 6-13 获得。

查表计算得到不同温度下的 Ω_{HS}。

表 6-13　不同温度的 Ω_{HS}

温度 T/K	403	413	423	433
K_BT/ε_{HS}	1.01	1.04	1.06	1.09
Ω_{HS}	1.433	1.413	1.401	1.381

用式(6-12)作图得图 6-37。图 6-37 为腐蚀层孔隙率和生成物密度、水化产物组成和时间不变，腐蚀深度 X_C 随温度的变化趋势图。

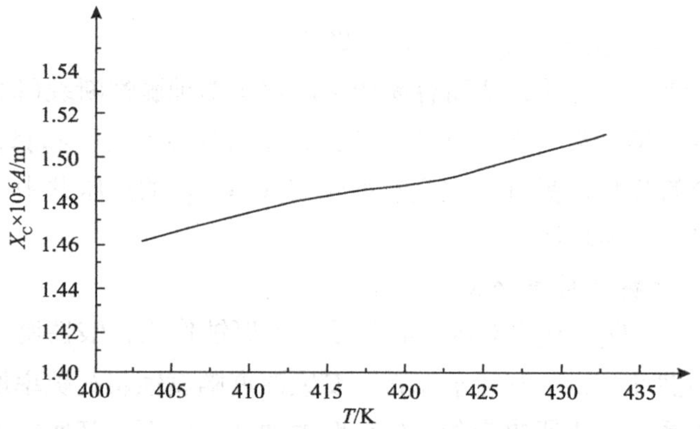

图 6-37　腐蚀深度 X_C 随温度的变化趋势图

图 6-37 表明，理论上，高温 CO_2 腐蚀深度随温度升高而增加，但变化幅度较小。在实际工程或试验中，即使是水泥浆体组成、水灰比不变，在温度升高时由于水化产物可能发生

的转变、腐蚀生成物及水化产物结晶程度的升高，水泥浆体腐蚀层孔隙率降低、密度升高，因此，不变是不存在的。由于密度变化主要是由腐蚀产物结晶程度提高所致，因此其密度提高较小，而孔隙率的变化起决定作用，决定腐蚀深度 X_C 随温度的变化趋势。

②结果分析与讨论。

实验条件：

浆体组成：JHG +35% 硅粉 +44% H_2O

CO_2 腐蚀，温度 130℃、W/C =0.44，150℃、W/C =0.46

图 6-38 为不同温度 CO_2 腐蚀试样腐蚀层的 XRD 谱图。该图表明，两组样品中的主要矿物为 $CaCO_3$、C_2SH、$CaAl_2SiO_2O_8 \cdot 4H_2O$ 和 SiO_2；130℃中的 $CaCO_3$ 主峰明显低于 150℃，而 SiO_2 主峰却远高于 150℃。由此可知，碳化温度高，水化产物组成相同，但含量和结晶状态不同。温度高，SiO_2 反应更加完全，水化产物多，$CaCO_3$ 的生成量多，结晶好。

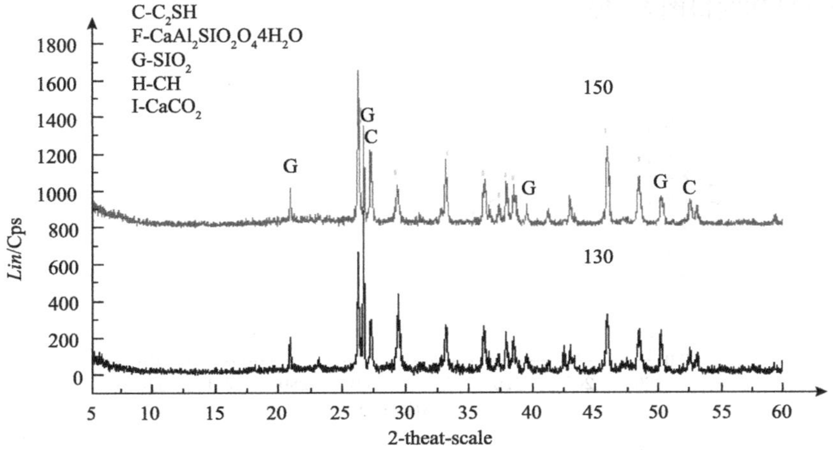

图 6-38 油井水泥石不同温度 CO_2 腐蚀层的 XRD 谱图

图 6-39 为不同温度 CO_2 腐蚀层 SEM 图像。该图表明，尽管 150℃腐蚀试样水灰比高 0.02，但腐蚀层矿物结晶程度高，无大孔且孔隙分布均匀；130℃腐蚀试样矿物结晶程度差，存在明显的较大孔隙，腐蚀层孔隙较高。

(a) 130℃　　(b) 150℃

图 6-39 油井水泥石不同温度 CO_2 腐蚀层的 SEM 照片

实际测得 130℃和 150℃试样腐蚀层厚度 X_C 分别为 5.95mm 和 4.72mm，即 X_C 随温度升高呈下降趋势。

综上所述，温度对腐蚀深度的影响趋势受腐蚀层孔隙率和密度影响，腐蚀层孔隙率高和密度小，则腐蚀深度大。温度高、水化产物结晶程度高和水化产物量较多，则腐蚀深度降低。

(2)腐蚀温度、时间和腐蚀层孔隙率不变，腐蚀层密度对腐蚀深度 X_C 的影响。

①理论趋势。

设 $A = \varepsilon_{\mu}\sqrt{\dfrac{tT^{\frac{1}{2}}}{\Omega_{HS}}}$，此时 A 为定值，则：

$$X_C = 3.90 \times 10^{-7} A\sqrt{\frac{1}{\rho}} \tag{6-13}$$

对式(6-13)作图得图 6-40。

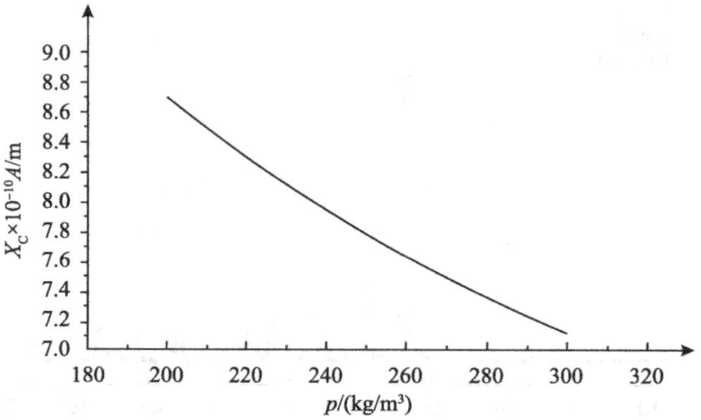

图 6-40 腐蚀深度 X_C 与腐蚀层密度的趋势图

图 6-40 表明，腐蚀层深度随腐蚀层密度的增加而降低。这是由于扩散通道降低所致。

②结果分析与讨论。

实验条件：

浆体组成：F1：JHG +35% 硅粉 +44% H_2O

F2：JHG +6% FSAM +1.5DZS +35% 硅粉 +0.44H_2O

CO_2 腐蚀，温度 130℃、W/C =0.44

图 6-41 为 130℃ CO_2 腐蚀样品腐蚀层的 XRD 谱图，图 6-42 为 150℃ CO_2 腐蚀样品腐蚀层的 XRD 谱图。图 6-41 和图 6-42 表明，温度相同时，腐蚀层矿物种类基本相同，但 XRD 峰高不同，说明矿物生成量和结晶程度不同。

图 6-43 和图 6-44 分别为 130℃和 150℃ CO_2 腐蚀样品腐蚀层的 SEM 图像。图中表明，致密度顺序为 150F1 > 130F1 > 130F2 > 150F2 试样；腐蚀层厚度顺序同样应为 150F1 > 130F1 > 130F2 > 150F2 试样。

实际测得 130℃试样腐蚀层厚度 X_C 分别为 F15.89mm 和 F26.54mm；150℃试样腐蚀层厚度 X_C 分别为 F14.72mm 和 F27.10mm。X_C 随腐蚀层密度变化趋势与理论趋势相同，即腐蚀层密度高，X_C 降低。

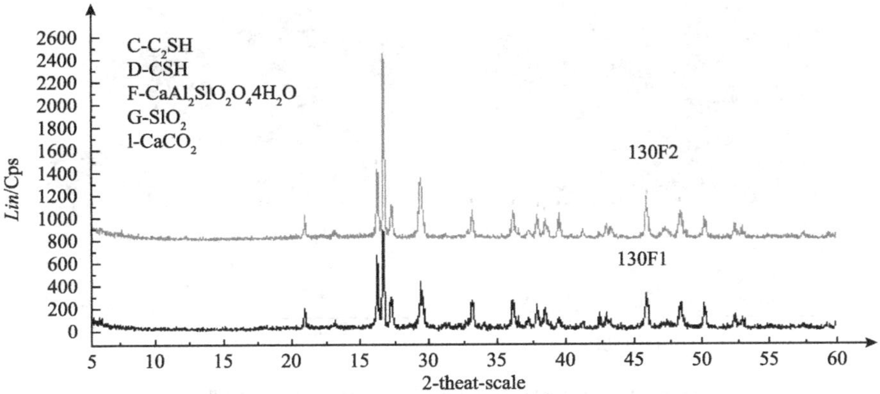

图 6-41　130℃ CO_2 腐蚀样品腐蚀层的 XRD 谱图

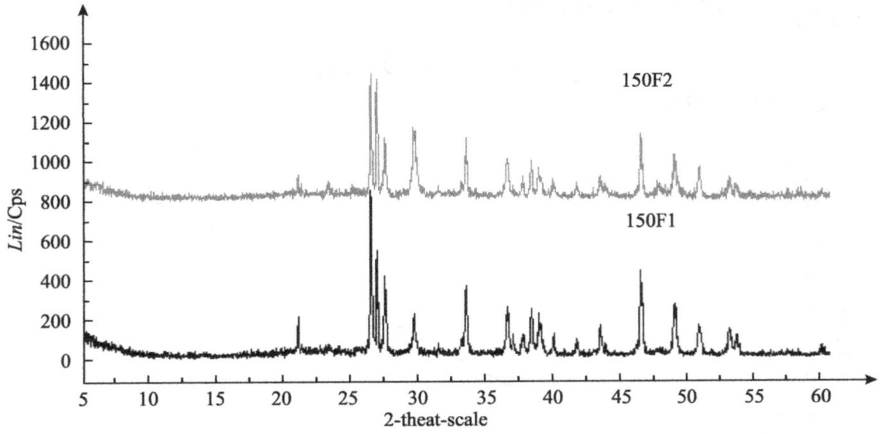

图 6-42　150℃ CO_2 腐蚀样品腐蚀层的 XRD 谱图

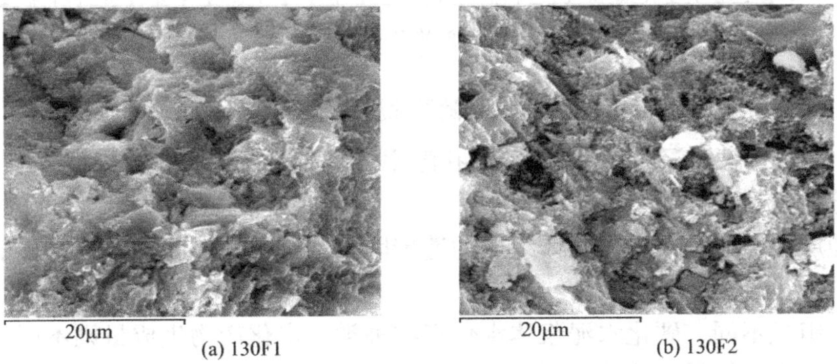

(a) 130F1　　(b) 130F2

图 6-43　130℃ CO_2 腐蚀样品腐蚀层的 SEM 图像

综上所述，水泥浆体组成不同，水化产物形成量不同，导致水泥浆体的密度不同，形成腐蚀层的密度也不同，水化产物多，水泥浆体密度高，腐蚀层密度高，X_C 降低。

(3)腐蚀温度、时间和腐蚀层密度不变，腐蚀层孔隙率对腐蚀深度 X_C 的影响。

①理论趋势。

(a) 150F1　　(b) 150F2

图 6-44　150℃ CO_2 腐蚀样品腐蚀层的 SEM 图像

设 $A=\sqrt{\dfrac{tT^{\frac{1}{2}}}{\rho\Omega_{HS}}}$，此时 A 为定值，则：

$$X_C = 3.90\times10^{-7}A\varepsilon_{\mu} \tag{6-14}$$

对式(6-14)作图得图 6-45。

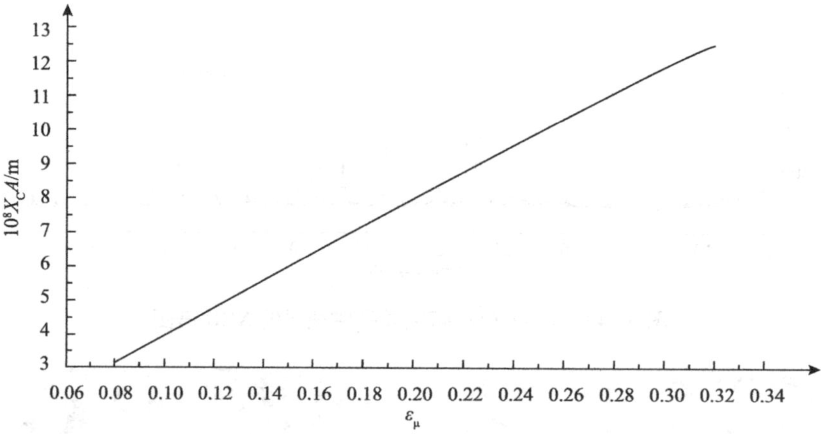

图 6-45　腐蚀深度 X_C 随腐蚀层孔隙率 ε_{μ} 的变化趋势

图 6-45 表明，腐蚀深度 X_C 随腐蚀层孔隙率 ε_{μ} 的增加而呈现线性增加。

②结果分析与讨论。

试样腐蚀层孔隙率是由水泥浆体组成的遗传因素和酸性气体腐蚀生成物质的物理性质共同决定的。

水泥浆体组成不同，硬化水泥浆体水化产物种类、水化产物生成量则不同，即水化后固体比例不同，其直接结果是孔隙率不同，这种遗传作用在使用中是无法补救的。

水泥浆体组成不同，硬化水泥浆体在受到酸性气体腐蚀时，与酸性气体反应生成新物质的量就不同，这种不同改变了孔隙率、孔结构和孔分布。

6.12.3　高酸性腐蚀性气体井固井措施

6.12.3.1　套管与附件选择

选用耐腐蚀套管和工具附件。美国腐蚀工程师协会(NACE)认为，如果使用的气体压力在65psi(0.448MPa绝对压力)以上，而气体中的H_2S分压大于0.05psi(3.45×10^{-4}MPa绝对压力)，则必须选择抗硫化氢材料制成的套管，以阻止硫化氢腐蚀脆性断裂的发生。

H_2S达到氢脆的浓度与气体的压力有关(表6-14)。

表6-14　不同压力下发生氢脆时H_2S的浓度值

气体压力/psi(MPa)	氢脆时H_2S的浓度/ppm	备　注
100(0.689)	510	
1000(6.895)	51	
10000(68.48)	5.1	
20000(137.895)	2.6	

从工程安全方面考虑，当H_2S气体的分压大于0.03psi(2.07×10^{-4}MPa绝对压力)时，则应使用抗硫化氢材料的套管或套管附件。

6.12.3.2　防腐水泥浆体系

1)在水泥浆中添加超细材料。

由于水泥石孔隙率是影响水泥石腐蚀速度的一个关键因素，因此，可通过在水泥浆中添加超细材料，使水泥尽可能形成紧密堆积结构，降低水泥石孔隙率，可降低酸性气体对水泥石的腐蚀速度，如：使用加入5%偏高岭土的水泥浆可明显改善水泥石结构，降低孔隙率，可消除内外层过渡层；也可以加入超细无机添加剂，可降低水泥浆体的孔隙率，优化孔结构，进而提高水泥石强度和抗腐蚀性能等。

2)选用较高密度的水泥浆。

由于酸性气体对水泥石产生腐蚀时，其腐蚀深度与腐蚀层密度的方根成反比，即随腐蚀层密度的增加而降低。因此，在固井设计时，尽量采用较高密度的水泥浆固井，即使有漏层存在，也应尽量从工艺方法上解决防漏问题。

3)减少水泥中硅酸钙的含量。

由于酸性气体对水泥石的腐蚀主要是与水泥中的硅酸钙发生反应。因此，可以在固井水泥浆体系中加入外掺料，以减少硅酸钙的含量，从而降低水泥石的腐蚀。

4)优化传统油井水泥浆体系。

在传统油井水泥浆中加入具有如下性质的物质：

(1)研发可与氢氧化钙生成在高温酸性气体中可存在的稳定相，且能提高腐蚀层密度的材料，如含Ba^{2+}等物质。

(2)可在硬化水泥石孔隙水中析出能有效降低水泥石孔隙率的物质。

6.13　非常规油气井固井

6.13.1　概念

非常规油气井固井是指对开发非常规油气资源的井进行下套管固井。非常规油气资源泛指在地质条件或开采工艺有别于常规油气，通过常规开采手段不能得到经济产量的石油天然气资源。主要包括：油砂、油页岩、稠油、页岩油、致密砂岩油、致密砂岩气、煤层气、页岩气、天然气水合物、深源气和浅层生物气等。

自2002年以来，美国主要采用水平井技术和分段压裂技术开发页岩油气，使美国页岩油气得到迅速发展，目前85%的开发井通过水平井加分段压裂技术开采；近年来我国也在各油田探区对致密砂岩油气、页岩油气的开发采用水平井分段压裂技术，并取得了一定效果。

6.13.1.1 非常规油气的发展(致密砂岩油气、页岩油气)

目前，美国是页岩气开发最成功的国家，加拿大页岩气开发也取得了一定的成效，其他国家和地区还处于起步阶段。

美国页岩气资源潜力盆地有50多个，其中40多个已被不同程度地勘探。

页岩作为一种重要的非常规资源，在我国可采资源量约为31万亿立方米。页岩气"十二五"发展规划提出，2015年中国页岩气产量为65亿立方米，到2020年力争达到800亿立方米。截至2013年，仅中石化目前完钻页岩油气井39口，川渝地区多个区块取得良好显示。

6.13.1.2 非常规油气常用开采方法(致密砂岩油气、页岩油气)

1)直井压裂。

直井压裂是在产层中钻直井并下套管固井，然后进行压裂的施工。该方法成本相对较低，但对页岩油气来讲一般达不到开发效果，因此，一般直井压裂用于致密砂岩油气的低成本压裂或在页岩评价井中使用。

2)水平井裸眼分段压裂。

水平井裸眼分段压裂是在产层中钻水平井，在水平段下入带有分段封隔器和压裂滑套的套管串，然后进行分段压裂的施工。该方法压裂裂纹扩散面积大，较下套管固井分段压裂成本相对较低，但一旦压破水层就不好控制。该方法主要应用于致密砂岩气井和页岩气井，主要针对产层附近无水层的井。

3)水平井固井分段压裂。

水平井固井分段压裂是在产层中钻水平井并下套管固井，然后进行分段压裂的施工。由于已经下套管固井，分段压裂时各段压裂互不干扰，投产后可分段控制。该方法多用于致密砂岩油、气井和页岩气井，特别是考虑避水和准备后期改造的井。

6.13.2 非常规油气井对固井技术的要求

非常规油气井固井对固井质量及水泥石力学性能要求较高。由于非常规油气井均采用分段压裂技术，为了保证分段压裂效果，水泥环必须在压裂施工作业中保证不漏、不窜，实现对各层位的有效封隔，对水泥石性能要求主要表现在以下几个方面：

(1)多级分段压裂水泥石必须具备良好的力学性能；水泥石在满足基本抗压强度基础上，还必须具有良好的弹性和韧性，降低射孔压裂联作对水泥石的损伤。

(2)水泥石与地层、套管胶结质量要求高。保证多级分段压裂以及在高施工压力条件下两个界面的胶结质量。

(3)水泥石密封完整性要求高。保证在施工过程、候凝过程、射孔、压裂过程和后期生产过程中，水泥环有效的密封，保证层间不漏、不窜，确保有效的压裂效果和生产效果。

6.13.3　非常规油气水平井固井技术难点

由于非常规油气多以长水平井分段压裂进行开发，而页岩层具有易水敏的特点，多用油基钻井液钻井，加上对固井质量又有更高的要求，因此固井难度相对较大，主要表现在以下几个方面：

(1)水平段长，摩阻大，套管下至设计井深困难；

(2)长水平段井在钻井过程中易磨出沟槽，造成积存岩屑和泥砂，井眼难以清洗干净；

(3)水平段套管受重力影响易造成套管下垂，不易居中，严重影响顶替效率；

(4)油基钻井液清洗困难，一旦残余钻井液滞留在井壁，使水泥浆不能与井壁接触，影响胶结质量，严重时会形成长段窜槽带；

(5)水平井分段压裂完井，由于压裂时，套管会受力膨胀和伸长，对水泥浆胶结质量和水泥石弹韧性有更高的要求；

(6)由于水平井固井，重力会对水泥浆产生影响，水泥浆顶部易产生水带，影响固井质量，因此，要求水泥浆具有零析水、低失水，沉降稳定性好的性能；

(7)采用长段水平井分段压裂的井，一般封固段都很长(光水平段就有 1000 ~ 2000m)，若返到地面会更长，长封固段井固井会给固井带来更大的难度，特别是易连续窜槽、易混浆等，严重影响固井质量；

(8)一旦环空固井质量不好，分段压裂时会造成环空裂纹连通，后期生产存在环空气窜的风险。

6.13.4　非常规固井关键技术

6.13.4.1　水泥浆体系

由于非常规油气井不但是长段水平井，而且下套管固井后还要分段压裂，因此要求水泥浆具有较高的胶结强度，具有较好的韧性，凝固期间不收缩或具有微膨胀性能，压裂过程中一旦破裂，应具有自修复能力。常用的水泥浆体系主要有以下几种。

(1)弹韧性可膨胀水泥浆体系。

弹韧性可膨胀水泥浆体系具有较强的胶结能力，在致密油气井固井时，具有抵抗油气浸的能力，在压裂期间可抵抗水泥石的应力变化，避免出现裂纹和微间隙。根据目的层的岩性特征，杨氏模量可控制在 3000 ~ 8000MPa 或 3 ~ 8GPa(常规水泥浆凝固后杨氏模量为 10 ~ 18GPa)；水泥浆凝固时的膨胀率控制在 1% ~ 3% 较为合适，其他性能按常规固井要求，以提高顶替效率和施工安全为主。

(2)自愈合水泥浆体系。

这里讲的自愈合水泥浆体系是指具有自愈合功能的弹韧性水泥浆体系。该水泥浆体系是一种以苯丙胶乳为基础的水泥浆体系，它既能保证水泥石有较低的弹性模量和较高的胶结强度，又能在水泥环压裂损坏后，在遇到碳氢化合物(气、油)时，引发自愈合性能。

(3)泡沫水泥浆体系。

泡沫水泥浆体系具有良好的弹韧性和防气窜性能，同时在低压漏失层又可以防漏，比较适合易漏失的非常规油气井固井。

最好的泡沫水泥浆体系是充氮泡沫水泥浆体系，使用专门的氮气混合装置混合，常规水泥车泵送，混合比例容易控制，混配的泡沫水泥浆泡沫均匀，气泡小，顶替效率高；由于氮气泡沫水泥石具有可压缩和可膨胀性以及相对较好的韧性，不会增加水泥环裂缝产生和裂缝扩大的风险，泡沫水泥的持久性好，利于后期压裂改造。

6.13.4.2 前置液体系

由于非常规油气井的开发是通过长段水平井分段压裂来实现的，而且，钻开页岩层的长段水平井使用油基钻井液来完成，因此，固井过程中井眼的清洗至关重要。前置液的性能和冲洗方法的选择是解决井眼清洗的一个关键因素，这里的前置液包含冲洗液和隔离液。

(1)溶解稀释型冲洗液。

该冲洗液在国内有一些同类产品，也有进口产品(哈里伯顿 Mud Flush)，所起作用是降低井壁附近的钻井液黏度，冲洗虚泥饼，提高顶替效率，提高界面胶结质量。

(2)双作用驱油冲洗液(Tune Spacer)。

双作用驱油冲洗液可以作为冲洗液和隔离液使用。密度可调，具有良好的润湿反转作用，将油润湿界面改变为水润湿界面，对清洗油污和井壁上的残余油基钻井液有良好的效果。

(3)柔性塞隔离清洗液。

柔性塞隔离清洗液是一种高黏，具有清洗能力的隔离液，是具有隔离和清洗双作用的前置液。既能控制水泥浆和钻井液掺混，又能对井壁起清洗作用，比较适合低速顶替、具有较好的驱油能力，用隔离液黏度提高顶替效率，有效清洗井壁，并能有效实现对虚泥饼的溶解和驱除。

(4)摩擦型隔离冲洗液。

摩擦型隔离冲洗液是由颗粒矿渣与悬浮清洗液配置而成，是隔离和清洗双作用前置液。密度调节范围大，具有高摩擦系数，就像用砂纸打磨井壁上的油泥，然后由清洗液清洗后带走。其清洗原理是机械清洗和化学清洗相结合，对油基钻井液的清洗效果十分明显。

6.13.4.3 套管居中技术

由于长段水平井下套管摩阻较大，下入套管扶正器既能保证套管居中，又能减小摩阻。因此，扶正器的选择和安放直接影响套管下入和扶正效果。下面是几种适用于长段水平井下套管固井的扶正器与套管居中度设计软件和数值力学分析软件。

(1)高弹性整体式扶正器。

高弹性整体式扶正器是一种由弹簧钢整体成型的扶正器。恢复力强，根据弹簧片厚度和热处理情况恢复力能达到1~3t，具有较高的支撑能力，扶正效果好；由于是整体结构，下入过程无损坏风险；由于具有高弹性，通过能力强；由于是整体式，与套箍没有重合点，弹簧片全部变形后具有近似套管节箍的直径，可顺利通过小直径井眼或缩径井眼，比较适合在小间隙井中使用。

(2)半刚性旋流扶正器。

半刚性旋流扶正器是一种由特殊材料制造的扶正器。具有刚性扶正器优势，支撑力强，能在大狗腿度井眼中保证居中；下入过程遇阻超过10t后，肋片变形，外径减小，可通过小井眼；同时水泥浆上返时能够产生环空旋流，提高顶替效率。

(3)编织式弹性整体式扶正器。

编织式弹性整体式扶正器是一种相对整体式扶正器，它没有焊口，扶正片和套箍是编织在一起的，不会在井下断裂破坏，也不会散架破坏。编织式弹性扶正器有两种形式：单弓式和双弓式。最常用的是双弓式，恢复力强，达到0.5t以上，能有效支撑套管，比较适合在水平段使用。由于是弹性扶正器，通过力较强；价格较便宜。

(4)套管居中度设计软件和数值力学分析软件。

套管居中度设计软件和数值力学分析软件是科技不断发展的产物，能以快速、精确的分析和计算不同扶正器和不同安装方法对套管的扶正效果，广泛应用于固井设计和固井准备过程中。目前的固井软件有进口软件，也有我国自己开发的固井设计软件，中石化石油工程技术研究院开发的固井设计软件，现已广泛应用于多个油田，并发挥了很好的作用，使用套管居中度设计软件和数值力学分析软件设计扶正器使用数量和安装位置，能保证76%以上的居中度，保证套管的顺利下入和固井质量。

6.13.5 提高非常规油气井固井质量的工艺措施

(1)漂浮下套管技术。

由于非常规油气井都是超长水平井或大位移井，因此下套管摩阻大是一个非常突出的问题。解决下套管困难问题，除采用常规的减阻方法外，还可采用漂浮下套管技术。该技术是采用套管漂浮减阻器(漂浮节箍)将水平段或大斜度井段的某段套管掏空，使套管有效重量减小，利用浮力减小下套管摩阻，保证套管顺利下入，套管漂浮减阻器请参见第4章。

(2)漂浮替浆技术。

水平段替浆液采用低密度保护液，既利于套管漂浮提高居中度，又利于后期完井作业。

(3)多段组合型前置液清洗技术。

根据实际井况，采用三级或者四级前置液清洗技术，可对不同段的冲洗液进行功能设计，以提高顶替效率。比如：第一级是溶解型冲洗液，负责对井壁残余油基钻井液进行溶解；第二级是高流性紊流冲洗液，可将溶解后的残余油基钻井液冲走；第三级是摩擦型冲洗液，可通过机械摩擦的方式擦掉井壁剩余钻井液；第四级是低密度水泥过渡液，进一步冲刷井壁，同时提高水泥浆对井壁的接触时间。通过四级清洗，会极大提高顶替效率，保证界面胶结质量。

(4)超短候凝以快制气技术。

对于致密油气井，多数属于高压低渗井，由于产层的渗透率很低，即使钻井液压不稳油气层，油气浸入钻井液也不明显，更不会发生井涌。但是在固井候凝期间，油气会浸入环空，严重影响固井质量。因此，合理缩短水泥浆候凝时间，减少凝固期的过渡时间，并采取合适的工艺技术，保证顶替到位后，水泥浆快速凝固，控制气窜。

(5)封隔器技术。

在高压低渗层顶部使用套管外封隔器，实现固井施工后环空的快速封隔。封隔器尽量靠近油气活跃的高压层，如果高压层井段较长或裸眼井径不规则，可考虑使用两个或多个封隔器，会取得更好的效果。

(6)振动固井技术。

振动固井技术有多种振动方法，可根据实际情况选择使用。振动固井有利于水泥颗粒的重新排布，提高水泥颗粒充实度，降低渗透性，提高水泥石胶结质量和水泥石强度。

(7)底部环空增压技术。

在防止水泥浆候凝失重引起油气浸问题上，由于长封固段井在环空上部加压时，钻井液和水泥浆的黏滞阻力和骨架效应使上部的压力很难传递到井底，因此，上部环空加压起不到应有的效果。采用底部环空加压，能保证有效压稳油气层。采用底部环空加压应有专门的环空底部加压器，中石化石油工程技术研究院具有该工具的专利产品。

6.13.6 页岩气水平井固井现场应用

自2010年开始，中石化石油工程技术研究院开展了非常规油气固井技术研究，并在多个探区进行了应用，形成了一系列针对非常规油气井固井的产品和技术，主要包括：建立了弹韧性水泥石评价方法；自主研发了弹韧性水泥浆体系和新型高效洗油冲洗液，以及相关外加剂和外掺料；开发了漂浮接箍、环空底部加压器、井底震动器等特殊工具；形成了长水平段井固井综合施工配套工艺技术；制订了国内首个页岩气水平井固井技术规范；完成了15口井中石化重点非常规井固井，其中封固水平段最长1650m，压裂级数最多22级，承受最高97MPa压裂压力，固井质量合格率100%，优质率87%，解决了非常规油气水平井固井关键技术难题，满足了大型分段压裂施工要求，表6-15是中石化工程技术研究院先期完成的8口非常规固井统计。

表6-15 中石化工程技术研究院先期完成的非常规固井统计

井名	施工单位	井深/m	水平位移/m	水泥浆类型	隔离液类型	钻井液		压裂段数	固井质量	备注
						类型/黏度/s	密度/(g/cm³)			
建页HF1	江汉油田	1720	1238	SFP	SCW-D	柴油基/156	1.47	7	合格	未按设计加扶正器
泌页HF1	河南油田	3722	1300	SFP	SCW-M	白油基/60	1.54	15	特优	
泌页2HF	河南油田	4408	1880	SFP	SCW-M	白油基/82	1.55	15	特优	井温125℃
涪页HF1	南方勘探分公司	3564	1454	SFP	SCW-D	柴油基/115	1.73	12	优质	
新页HF1	西南分公司	4075	1206	SFP	SCW-D	柴油基/85	2.15	7	优质	
彭页2HF	华东分公司	3990	1930	SFP	SCW-D	柴油基/120	1.30		优质	水平段1650m
彭页3HF	华东分公司	4190	1498	SFP	SCW-D	柴油基/72	1.34	22	优质	
彭页4HF	华东分公司	3652	1760	SFP	SCW-M	柴油基/105	1.25		优质	

6.14 复杂井固井应用实例

6.14.1 毛坝 1 井 ϕ177.8mm 套管固井技术

6.14.1.1 概述

毛坝 1 井是 2002 年中石化在南方海相区布置的一口天然气预探井，该井位于四川省达州市宣汉县毛坝乡弹子村八组，地面海拔 550m，构造位置为四川盆地东断褶带黄金口构造带毛坝场－双庙场潜伏背斜带毛坝场背斜南西翼。该井设计井深 4500m，目的层以下三叠系飞仙关组二、三段(T_1F^2、T_1F^3)为主，兼探上三叠系嘉陵江组(T_3J)、上三叠系须家河组(T_3X)、下侏罗系自流井组一段(J_1Z^1)。完钻层位是下三叠系飞仙关组一段(T_1F^1)。该井是一口漏失、高压、小间隙、盐膏层等复杂情况为一体的高难度复杂井，又是一口高压气井，要求全井封固，固井施工和候凝过程可能会发生井漏、水泥浆稠化憋泵、水泥浆盐岩层污染、水泥浆候凝时发生气窜或井涌等事故，经过对该井的认真研究，采取了多种工艺技术与水泥浆体系配套技术，使该井固井成功，创造了该地区复杂井固井先例。

6.14.1.2 毛坝 1 井完钻情况

1)完钻情况。

该井三开钻井液类型为多元醇聚黄钻井液，设计密度 1.40g/cm^3，三开钻进在井深 4321m 以前发生过多次井漏，经堵漏后正常，在钻至 4321m 时发现高压气层，被迫关井加重钻井液压井，钻井液密度在加重到 1.80g/cm^3 时发生井漏，堵漏后继续加重，陆续加到 2.02g/cm^3 气层还没有压稳，推算油气压力当量钻井液密度不低于 2.02g/cm^3 左右，钻至 4365m 提前完钻。

2)完钻参数。

钻头直径 ϕ215.9mm；完钻井深 4365m；钻井液密度：压井前 1.40g/cm^3，压井后 2.02g/cm^3；技术套管下深：ϕ244.5mm × 2763.41m；最大井径 355.6mm；最小井径 215.9mm；平均井径 242.57mm；井底破裂压力当量钻井液密度：堵漏前 1.80g/cm^3；堵漏后 2.0～2.05g/cm^3；高压气层位置：4321～4334m；井底温度 120℃；完钻前累计漏钻井液：600m^3。完钻时井身结构参数见表 6－16。

表 6－16 毛坝 1 井井身结构参数

项 目	钻头直径/mm	完钻井深/m	套管直径/mm	套管下深/m	固井方式	水泥返高
导管	660.4	12.5	508.0	12.5	一级固井	地面
一开	444.5	308.1	339.7	308.1	一级固井	地面
二开	311.2	2764.5	244.5	2763.4	双级固井	地面(全井封固)
三开	215.9	4365	177.8			地面(全井封固)

6.14.1.3 固井方案

1)设计要求。

为保护高压气层不受水泥污染，全井下 ϕ177.8mm 套管，套管下深 4323m，水泥全井封固。

2)固井方案选择。

方案一：一次下套管一次固井。

若采用一次下套管一次固井会带来如下问题：

(1)环空间隙小，下套管过程及开泵循环时会造成井漏；

(2)固井候凝期间产生严重失重，失重压力达 43MPa，会造成环空液柱无法平衡而井涌或严重气窜，造成固井失败；

(3)造成水泥浆上返时连续窜槽，影响固井质量；

(4)高温水泥返到井口，造成上部水泥浆长期不凝固。

方案二：双级注水泥固井。

由于环空间隙小，全井下套管过程及开泵循环时回流阻力很大，利用固井循环阻力的计算公式[钻井手册(甲方)]算出毛坝 1 井 ϕ177.8mm 双级一级固井循环阻力，见表 6-17、表 6-18，表中替浆排量为 1.80m³/min。双级一级固井循环阻力较大，引起井底回压很大，会压漏地层，而漏层又是产层，不但会固井失败造成低返，而且造成水泥浆严重污染产层，使产量降低，试产不真实。另外，由于下套管钻井液回流速度大，长时间下套管会造成严重气浸或井涌。因此，选用双级注水泥固井有压漏地层的风险。

表 6-17 毛坝 1 井 ϕ177.8mm 套管双级固井一级固井管内流动阻力计算

套管长度 L/m	内径 d/mm	流速 V/(m/s)	流体密度 ρ/(g/cm³)	摩阻系数 λ	压降 P/MPa	备注
4500	152.5	1.64	1.80	0.04	2.86	替浆排量为 1.80m³/min

表 6-18 毛坝 1 井 ϕ177.8mm 套管双级固井一级固井环空流动阻力计算

套管外径 d/mm	环空外径 D/mm	长度 L/m	流速 V/(m/s)	流体密度 ρ/(g/cm³)	摩阻系数 λ	环空压降 P/MPa	备注
177.8	220.5	2600	2.25	1.80	0.04	11.10	替浆排量为 1.80m³/min
177.8	220.5	200	2.25	1.95	0.06	1.39	
177.8	259.1	1900	1.08	1.95	0.06	1.59	
合计						14.08	

双级注水泥一级固井流动阻力合计：14.08MPa + 2.86MPa = 16.94MPa

方案三：尾管固井再回接。

使用尾管固井再回接方法固井可大幅度地降低循环回流阻力，降低压漏地层的风险，同时可减少连续下套管时间，防止下套管过程发生严重气浸。表 6-19 和表 6-20 是采用尾管固井循环流阻的计算值。

表 6-19　毛坝 1 井 ϕ177.8mm 尾管固井管内流动阻力计算

长度 L/m	内径 d/mm	流速 V/(m/s)	流体密度 ρ/(g/cm³)	摩阻系数 λ	压降 P/MPa	备　注
2600	108.0	3.24	1.80	0.04	9.10	替浆排量为 1.80m³/min
1900	152.5	1.64	1.80	0.04	1.21	
合　计					10.31	

表 6-20　毛坝 1 井 ϕ177.8mm 尾管固井环空流动阻力计算

管住外径 d/mm	环空外径 D/mm	长度 L/m	流速 V/(m/s)	流体密度 ρ/(g/cm³)	摩阻系数 λ	环空压降 P/MPa	备　注
127	220.5	2600	1.18	1.80	0.04	1.41	替浆排量 1.80m³/min
177.8	220.5	200	2.25	1.95	0.06	1.39	
177.8	259.1	1900	1.08	1.95	0.06	1.59	
合　计						4.39	

尾管固井流动阻力合计：4.39MPa + 10.31MPa = 14.70MPa。

采用尾管固井和双级固井两种不同的方案施工，总的流动阻力虽然只相差 2.2MPa，但环空阻力却相差近 10MPa，而且环空阻力的回压全部作用在产层，也是最易漏的部位，因此采用双级固井比采用尾管固井施工更易压漏地层，采用尾管固井再回接的办法固井成功率会更高，由此看来，采用尾管固井再回接方案是最佳方案。

3)固井后井身结构。

固井后井身结构如图 6-46 所示。

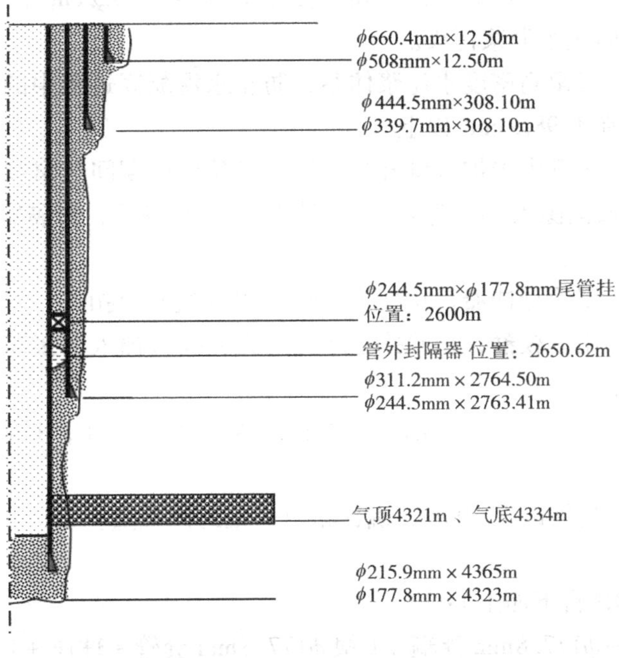

图 6-46　固井后井身结构示意图

6.14.1.4　固井技术

1)技术难点。

(1)由于钻进过程不断有气浸和气涌，因此固井时应主要防气窜，这是本次固井的主要难点。

(2)长尾管(1723m)施工，尾管坐挂有一定风险。

(3)封固段长，虽然采用尾管施工降低了环空阻力，但环空阻力仍然很大，固井时有压漏的可能。

(4)钻进时多次发生井漏，共计漏失约600m^3，固井时容易再次压漏。

(5)水泥浆候凝时会造成失重，导致天然气上窜。

(6)属于小间隙固井，流动阻力大，不但易发生井漏，且水泥浆上返时易砂堵及脱水稠化。

(7)由于钻遇盐膏层较多，钻井液中大量Ca^{2+}造成水泥浆无法抵抗钻井液的污染，水泥浆与钻井液的污染实验在15min就发生凝固。必须解决水泥浆与钻井液掺混问题。

2)技术措施。

(1)为降低下套管回流阻力和对地层的回压，下套管前适当降低钻井液密度、黏度和切力，以提高流动性。

(2)尾管坐挂后循环洗井，根据循环排量和压力推算地层承压能力，以此确定固井浆柱结构及施工排量和压力，施工过程净液柱当量密度原则控制在1.96g/cm^3左右，动液柱当量密度不大于2.05g/cm^3，防止井漏和气窜；使用套管外封隔器解决候凝失重问题，保证固井质量。

(3)配制密度为1.90g/cm^3的钻井液和密度为1.80～1.90g/cm^3的加重隔离液作为前置液，提高顶替效率，防止水泥浆污染。

(4)采用微膨胀防气窜高密度水泥浆体系，防止水泥凝固过程中的体积收缩；目的层封固段水泥浆密度控制在1.98g/cm^3以上。

(5)在气层顶部的尾管串中加放管外封隔器，避免候凝期间气窜和气涌造成质量事故和工程事故。由于裸眼段间隙太小，为防止下套管时刮坏封隔器，封隔器下在ϕ244.5mm技术套管底部。

(6)采用抗硫液压尾管悬挂器，扣型为：NK－3SB气密封扣。

(7)回接插头上使用分级箍，在回接注水泥前先将插头插入回接筒，以保证回接后套管回接处的密封。

(8)尾管固井后，大排量循环顶部钻井液，增大环空回压，提高候凝质量，并防止气窜。

(9)水泥上返至悬挂器以上100m，确保喇叭口处封固质量。

3)管串结构设计。

(1)尾管管串结构(自下而上)：

ϕ177.8mm浮鞋＋ϕ177.8mm浮箍＋1根ϕ177.8mm套管＋球座＋1根ϕ177.8mm套管＋ϕ177.8mm碰压座＋ϕ177.8mm套管串＋ϕ177.8mm过渡接头ϕNK－3SB公×LTC母)＋ϕ177.8mm管外封隔器＋ϕ177.8mm过渡接头(LTC公×NK－3SB母)＋ϕ177.8mm套管串＋

ϕ244.5mm×ϕ177.8mm 尾管悬挂器总成+ϕ127mm 钻杆+ϕ127mm 水泥头。

(2)回接套管管串结构(自下而上):

ϕ177.8mm 回接插入头+ϕ177.8mm 分级箍+ϕ177.8mm 套管串至井口。

4)尾管固井水泥浆性能及用量设计。

尾管固井水泥浆性能及用量设计见表6-21和表6-22。

表6-21 ϕ177.8mm 尾管固井水泥浆性能设计与室内实验

项目		水泥浆密度/(g/cm^3)	自由水/%	流动度/cm	失水/mL	实验温度/℃	实验压力/MPa	稠化时间/min	24h抗压强度/MPa
导浆	设计	1.95~2.00	<0.1	≥23	<150	105	60	250~300	≥14
	实验性能	2.0	0.05	25	120	105	60	285	17
尾浆	设计	1.95~2.00	<0.1	≥23	<100	105	60	150~180	≥14
	实验性能	2.0	0	24	80	105	60	165	18

表6-22 ϕ177.8mm 尾管固井水泥浆用量计算

井段/m			电测井径/in	单位环容/(L/m)	段长/m	段容积/L
	自	至				
上水泥塞	2527	2577.4		38.19	50	1910
重叠段	2577.4	2763.14		13.36	185.74	2481
裸眼段	2765	2820	11	36.48	55	2007
	2820	2880	10	25.84	60	1551
	2880	3030	9.4	19.90	150	2979
	3030	3075	8.6	12.65	45	569
	3075	3110	9.5	20.90	35	732
	3110	3175	10	25.84	65	1680
	3175	3200	9.2	18.06	25	451
	3200	3275	12	48.14	75	3610
	3275	3460	10.5	31.06	185	5747
	3460	3540	12	48.14	80	3851
	3540	3560	10	25.84	20	517
	3560	3775	8.65	13.04	215	2803
	3775	3840	9	16.21	65	1054
	3840	4310	8.5	11.78	470	5537
下水泥塞	4266.06	4310.18		18.27	44.12	806
合计						38284

水泥用量确定：不附加水泥量39m^3，设计注入水泥量42m^3，用嘉华G级水泥。

5)尾管回接固井水泥浆性能及用量设计。

尾管回接固井水泥浆性能设计与室内实验见表6-23和表6-24。

表 6-23 φ177.8mm 尾管回接固井水泥浆体系性能要求与室内实验

项目	水泥浆密度/(g/cm^3)	自由水/%	流动度/cm	失水量/mL	实验温度/℃	实验压力/MPa	稠化时间/min	24小时抗压强度/MPa
设计	1.90~1.95	<0.1	≥23	<200	75	40	220~300	≥14
实验性能	1.95	0.05	25	150	75	40	275	17

表 6-24 φ177.8mm 尾管回接固井水泥量计算

封固井段/m	段长/m	单位环容/(L/m)	累计容积/m^3	附加 10%
0~2580	2580	13.36	34.5	38.0

6)前置液性能及用量设计。

(1)尾管注水泥前置液性能及用量(表 6-25)。

表 6-25 φ177.8mm 尾管注水泥前置液性能及用量

体系名称	密度/(g/cm^3)	环空高度/m	用量/m^3
无钙低密度泥浆	1.90	300	6
高抗污染加重隔离液	1.80~1.90	300	6

(2)尾管回接固井前置液性能及用量设计(表 6-26)。

表 6-26 φ177.8mm 尾管回接固井前置液性能及用量设计

体系名称	密度/(g/cm^3)	环空高度/m	用量/m^3
高抗污染隔离液	1.02	250	4

6.14.1.5 方案实施情况

1)尾管施工。

该井在 2002 年 12 月 16 日下完套管，套管下深 4310.18m，尾管顶位置 2586.64m，尾管总长 1732.78m。

2002 年 12 月 17 日进行尾管固井施工，共注入水泥浆 $43m^3$；密度最高 $2.01g/cm^3$，最低 $1.86g/cm^3$，平均 $1.96g/cm^3$。目的封固段密度平均 $1.98g/cm^3$，注水泥、替浆、胀封隔器正常，碰压 20MPa；施工顺利。

2)回接施工。

2002 年 12 月 19 日进行尾管回接，下套管，回接插入，试压，憋压(12MPa)打开分级箍，固井施工均正常。注入水泥浆 $38.5m^3$，密度最高 $2.00g/cm^3$，最低 $1.90g/cm^3$，平均 $1.95g/cm^3$，施工顺利。

3)施工评述。

该井尾管固井及回接施工完全达到设计要求，水泥浆全井封固，质量合格，试压合格，该井试气日产量 $33\times10^4m^3$，无阻流量 $100\times10^4m^3$。

6.14.1.6 几点认识

(1)毛坝 1 井是一口漏失、高压、小间隙、盐膏层等复杂情况为一体的高难度复杂井，该井的固井成功是固井多项配套技术共同使用的结果。

(2)高压气井固井必须以压稳气层为前提，最重要的是控制水泥候凝期间气体向上运移，以防止固井后水泥气窜和井涌。

(3)小间隙固井，必须做好下套管防漏工作，该井采用了适当降低钻井液密度，减小钻井液流阻和液柱净压力，控制下放速度，降低回流速度等措施。

(4)套管回接采用先插入后固井的办法，可插入后试压，能保证插入处的密封。

(5)使用管外封隔器是解决高压气井固井的有效措施。

6.14.2 油基钻井液长段水平井固井技术研究与在泌页HF1井应用

6.14.2.1 概述

泌页HF1井是中石化在南襄盆地泌阳凹陷深凹区的一口预探井，主要用于探明该地区的致密油气情况。该井地理位置为河南省唐河县王集乡，构造位置为南襄盆地泌阳凹陷深凹区，主要目的层段为古近系核桃园组核三段，完钻层位为核三段Ⅲ砂组，泌页HF1井井区是页岩油气勘探有利“甜点区”，由于其邻井显示较好，因此，泌页HF1井井区资源潜力较大。该井采用长段水平井钻探，固井后进行分段压裂试产和开发。由于固井后要采取分段压裂措施，因此，对泌页HF1井ϕ139.7mm($5\frac{1}{2}$in)生产套管固井质量有较高的要求。ϕ139.7mm生产套管固井的重点是ϕ139.7mm尾管固井，针对ϕ139.7mm尾管固井的难点，中石化石油工程技术研究院与河南油田石油工程技术研究院进行了深入研究，开发了SFP水泥浆体系、SCW冲洗液、研究制定了配套固井工艺，顺利完成了ϕ139.7mm尾管固井施工，电测固井质量为优质，为后期分段压裂奠定了基础。

6.14.2.2 泌页HF1井完钻时基本情况与下套管要求

1)完钻前井下情况。

该井三开是一长段水平井，由ϕ215.9mm钻头钻进，完钻井深(即*B*点位置)3722m，造斜点2055m，*A*点位置2661m；钻井液类型为白油油基钻井液，完钻时密度1.55g/cm^3；钻进排量为32~36L/s，泵压为21~24MPa；钻进过程无发生井漏，钻开产层后钻井液密度最低点1.45g/cm^{3}时无后效；钻进过程中井壁有掉块现象；未做地破试验；泌阳凹陷地温梯度在3.2~4.0℃/100m之间，根据河南油田当地实际地温梯度及泌页1井经验，推出井底静止温度110℃。

2)井身结构情况及本次固井要求。

本次固井施工为三开下ϕ139.7mm尾管固井施工，有效封固全部环空井段，重点封固尾管井段，满足长水平井多级分段压裂要求。准备采用尾管固井及再回接工艺，悬挂器放置于直井段，悬挂器设定位置1850m左右，回接内径要满足泵送桥塞顺利通过，同时要求对悬挂器整体包括回接插头进行70MPa抗内压试验，为后期压裂施工提供保障。泌页HF1井井身结构及参数见表6-27和图6-47。

表6-27 泌页HF1井井身结构

开钻次序	钻头尺寸/mm	井深/m	套管尺寸/mm	套管下入井段/m	水泥浆返深/m
一开	444.5	401	339.7	0~400	地面
直井导眼	311.2	2446			注水泥回填至2000
二开	311.2	2656	244.5	0~2655	地面
三开	215.9	3722	139.7	回接段：0~1850	地面
				尾管段：1850~3721	1850

注：尾管悬挂器位置在直井段。

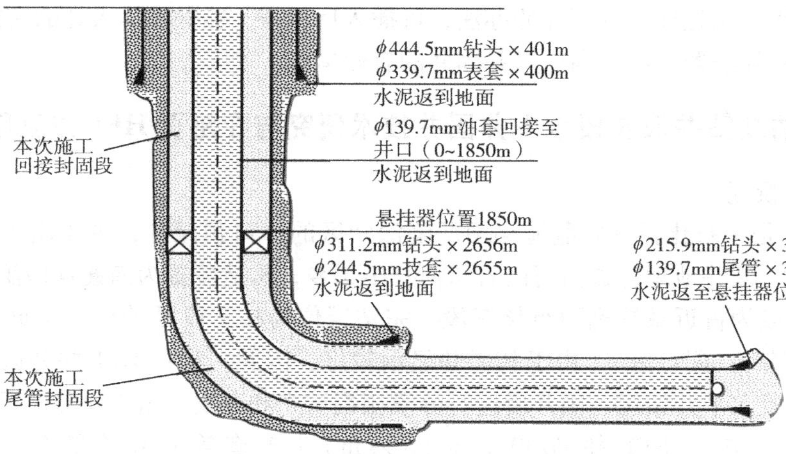

图6-47 泌页HF1井井身结构示意图

6.14.2.3 ϕ139.7mm 尾管固井难点及主要技术措施

1)固井难点。

(1)套管在水平井段对井壁产生很大的侧向力，由于水平段较长，导致下套管摩阻较大，使套管很难顺利下至预定位置。

(2)水平井段套管所受的重力方向不再是轴向而是径向，这一重力极易导致套管偏心，甚至贴边，使套管与井壁窄边的钻井液驱替困难，容易窜槽。

(3)水平段采用了油基钻井液，造成井壁及套管清洗困难，并影响胶结质量。

(4)固井液体对于油基泥浆存在破乳、絮凝问题，存在安全隐患。

(5)水泥浆析水量在水平段上部形成水道，影响固井质量。

(6)目的层为低孔低渗的页岩气储层，均需要采取压裂增产措施，页岩气大型压裂与分段压裂均对固井胶结质量提出了较高的要求，在满足生产井段水泥浆胶结质量良好的前提下，要求水泥石具有高强的弹性、韧性以及耐久性。

2)主要技术措施。

(1)认真做好通井或划眼工作，采用不低于套管刚度的钻具组合通井至井底。同时调整好钻井液的润滑性及各项性能。

(2)管串结构“引鞋居中”和双弓弹性扶正器及刚性扶正器扶正工艺保证套管正常下入和居中。

(3)采用白油、高效冲洗液、高密度冲洗液、低密度水泥浆四级冲洗工艺保证井眼清洗效果。

(4)采用弹韧性水泥浆体系，提高水泥石胶结能力和抗冲击能力。

(5)利用固井设计软件进行辅助计算，保证井内压力平衡和优选施工参数，利于井内施工安全和提高顶替效率。

6.14.2.4 泌页1井 ϕ139.7mm 尾管固井施工情况

1)管串结构。

泌页1井 ϕ139.7mm 尾管固井管串结构见表6-28。

表6-28　泌页1井 ϕ139.7mm尾管固井管串结构(自下而上)

名　称	尺寸×钢级×壁厚×扣型	根数/根	段长/m	下深/m
钻余	127mm×S135×9.17mm×NC50			—
钻杆	127mm×S135×9.19mm×NC50	N1	1277	—
钻杆	139.7mm×S135×11.57mm×NC50			
送入工具	127mm×S135×9.19mm×NC50	1	—	—
悬挂器	139.7mm×LTC	1	4.26	1845.74
套管	139.7mm×P110×11.51mm×LTC	N1	1827.13	1850
球座	139.7mm×LTC	1	0.3	3672.62
套管	139.7mm×P110×10.54mm×LTC	1	11	3672.92
浮箍	139.7mm×LTC	1	0.21	3673.13
套管	139.7mm×P110×10.54mm×LTC	1	11	3684.13
浮箍	139.7mm×LTC	1	0.21	3684.34
套管	139.7mm×P110×10.54mm×LTC	2	22	3706.34
引鞋	139.7mm×LTC	1	0.66	3707

2)扶正器安放位置。

泌页1井 ϕ139.7mm尾管固井扶正器安放位置见表6-29。

表6-29　泌页1井 ϕ139.7mm尾管固井扶正器安放位置

井段顶深/m	井段底深/m	扶正器类型	扶正器型号	安放间距/m	安放数量
2599	3707	双弓弹性扶正器	ϕ215.9mm×ϕ139.7mm	11	100
2400	2599	刚性旋流扶正器	ϕ215.9mm×ϕ139.7mm	11	19
1850	2400	刚性旋流扶正器	ϕ215.9mm×ϕ139.7mm	22	25
备　注	刚性扶正器在 ϕ244.5mm套管鞋以上连续加2个，悬挂器以下2根套管连续加2个。在斜段加刚性旋流扶正器，水平段采用双弓弹性扶正器，其他采用刚性旋流扶正器，位置根据井眼实际情况进行调整				
总　计	弹性扶正器：100只		刚性扶正器：46只		

3)前置液设计。

泌页1井 ϕ139.7mm尾管固井前置液设计见表6-30。

表6-30　泌页1井 ϕ139.7mm尾管固井前置液设计

前置液类型	前置液密度/(g/cm^3)	占环空长度/m	所需用量/m^3	准备量/m^3
防破乳剂(白油)	0.85	150	5~6	6
油水反转冲洗液	1.02	300	13~15	15
加重冲洗液	1.5	300	13~15	15
低密度水泥浆	1.75	200	10	6

4)水泥浆用量。

泌页1井 ϕ139.7mm尾管固井水泥浆用量计算见表6-31。

表 6-31 泌页 1 井 ϕ139.7mm 尾管固井水泥用量计算

名　称		封固井段/m		井径/套管外径/mm	单位环容/(L/m)	段长/m	段容积/L	折合灰量/t	累计容积/m^3
		自	至						
重叠段	领浆	1850	2239.6	223.4/139.7	23.5	389.5	9.15	11.88	9.15
重叠段	尾浆	2239.6	2599	223.4/139.7	23.5	359.4	8.45	10.97	17.6
裸眼段		2599	3707	233.2.37/139.7	27.37	1113	30.5	34.0	48.1
口袋		3707	3722	233.2/—	42.7	15	0.64	0.75	48.74
下塞		3663	3707	—/139.7	11.06	44	0.49	0.64	49.23
合　计									49.23
附加后设计									52
折合水泥/t									68.96

5)施工工艺流程。

泌页 1 井 ϕ139.7mm 尾管固井施工流程见表 6-32。

表 6-32 泌页 1 井 ϕ139.7mm 尾管固井施工流程

序号	操作内容	注入量/m^3	密度/(g/cm^3)	排量/(m^3/min)	压力/MPa	施工时间/min	累计时间/min
1	管汇试压		1.00		25		
2	防破乳剂(白油)	6	0.85	1.0		6	
3	冲洗液	15	1.02	1.0		15	
	加重冲洗液	15	1.5~1.6	1.5		8.5	
4	低密度水泥浆保护液	10	1.70~1.75	1.8-2.1		5.5	
5	注领浆	20	1.8~1.87	1.8~2.1		10	
6	注入水泥浆	32	1.87~1.9	1.8~2.1		20	
7	释放胶塞					2	
8	替入压塞液	1	1.00	1.0		1	
9	替井浆	15	1.55	2.1~1.8		9.5	
10	替清水浆	21.7	1.02	2.1~1.8		10.5	
11	检查回流					4	
12	循环，冲洗喇叭口					35	137

6)水泥浆试验基本情况。

泌页 1 井 ϕ139.7mm 尾管固井水泥浆大样试验的性能参数见表 6-33。

图 6-48 是领浆和尾浆稠化曲线。

表 6-33　泌页 1 井 ϕ139.7mm 尾管固井水泥浆配方基本性能(大样)

送样单位	中国石油化工股份有限公司石油工程技术研究院				
井名	泌页 HF-1 井		井深	3722m	
套管下深	3707m		固井方式		尾管固井
井底静止温度	—	井底循环温度	90℃	井底压力	40MPa
水泥型号	JHG		混合水		
水泥浆配方	领浆：JHG +5% FSAM +2.5% DZJ - Y +0.5% H +1.5% DZS +0.3% DZH -2 +44% H_2O 尾浆：JHG +4% SFP -1 +0.05% SFP -2 +5% FSAM +2.5% DZJ - Y +0.5% H +1.6% DZS +0.3% DZH -2 +44% H_2O				

配方序号	密度/(g/cm³)	剪切应力读数	API 失水/30min		自由液
1	1.90	冷浆：290/161/113/62/5/4 90℃：146/81/56/29/3/2	90℃ ×6.9MPa	35mL	0mL
2	1.88	冷浆：294/159/111/5/4/2 90℃：232/140/105/67/21/18	90℃ ×6.9MPa	34mL	0mL

配方序号	试验条件	稠化试验					
		稠度	30Bc	40Bc	70Bc	100Bc	初始稠度
1	90℃ ×40MPa ×40min	时间/min	313	316	318	322	7Bc
2	90℃ ×40MPa ×40min	时间/min	221	223	224	226	8Bc

配方序号	强度/MPa			
	养护条件	抗压强度/MPa	养护条件	抗压强度/MPa
1	50℃ ×48h	17.7	90℃ ×48h	24.5
2	90℃ ×24h	18.39	90℃ ×48h	22.1
试验依据				
试验结果评价	水泥浆体系满足现场施工要求			

7)前置液基本情况。

泌页 1 井 ϕ139.7mm 尾管固井前置液设计与基本性能见表 6-34。

表 6-34　泌页 1 井 ϕ139.7mm 尾管固井前置液设计与基本性能

冲　洗　液	
配方	现场水 +8% SCW -1 +4% SCW -2 +0.5% SCW -04 +1% SCW -5
试验条件	90℃
密度	1.02g/cm³
流变	养护前：151/145/137/110/16/13；养护后：95/63/41/30/11/9
冲洗液隔离液	
配方	现场水 +8% SCW -1 +4% SCW -2 +0.5% SCW -04 +140% 加重剂 +1% SCW -5
试验条件	90℃
密度	1.55g/cm³
流变	105/62/33/20/10/8

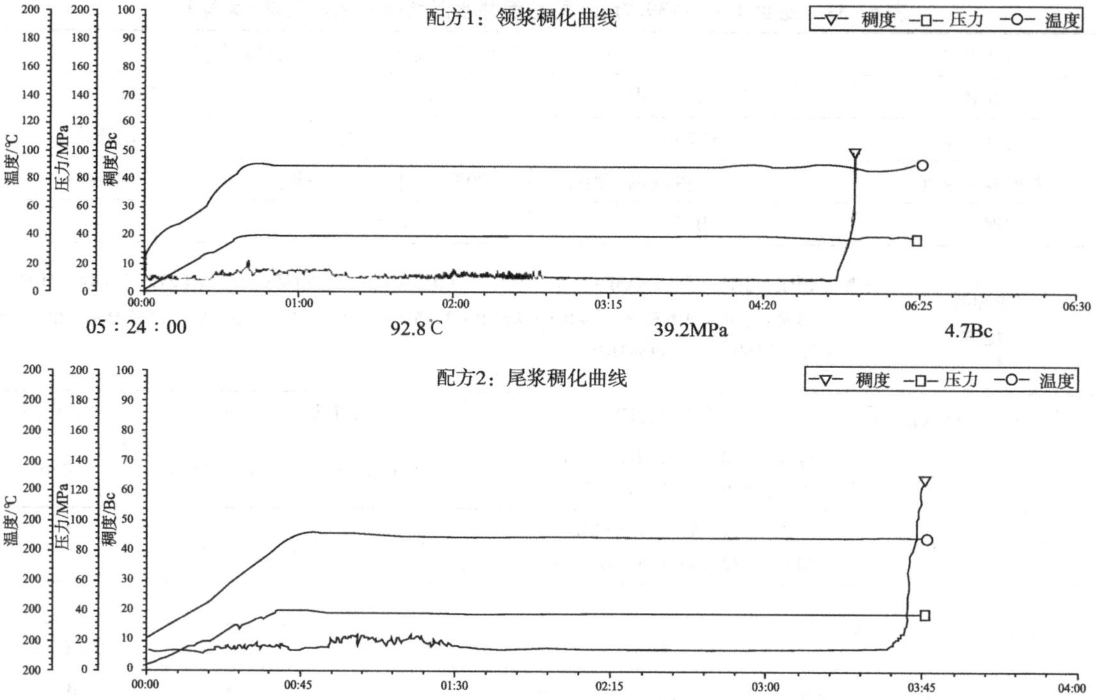

图6-48　泌页1井ϕ139.7mm尾管固井领浆和尾浆稠化曲线

8)施工情况。

2011年11月22日12:30套管下到目的层；12:30～16:00尾管悬挂作业；16:00～18:22开泵循环，排量32L/s，压力由19.8MPa降至17.6MPa，黏度由84s降至73s，钻井液密度1.55g/cm^3，完钻时钻井液黏度63s；18:50冲洗管线试压，试压压力30MPa；18:55注白油6m^3；19:05注冲洗液15m^3，排量1.15m^3/min，压力6～9.5MPa；19:17注隔离液，密度1.55g/cm^3，排量1.15m^3/min，注入量15m^3；19:55注冲洗液2m^3；20:00注低密度先导水泥浆10m^3，密度1.70～1.75g/cm^3，排量1m^3/min；20:29双机注领浆20m^3，压力15.5～16.5MPa，排量1.8m^3/min；20:30注尾浆30m^3；21:02压胶塞1m^3，排量1.17m^3/min，压力1.5MPa；21:03大泵替浆15m^3，排量1.8～1.9m^3/min，压力6～7MPa；21:18大小胶塞复合，排量0.5m^3/min，压力6.3MPa；21:22大排量替浆，排量1m^3/min，压力16MPa，替浆过程泵压升高速度过快，替浆排量逐步降低，碰压排量0.35m^3/min，压力16.5MPa，设计总替量37.7m^3，实际替量38m^3，碰压正常。

9)固井质量。

固井质量测井评价情况：封固层位2588～3707m；实测人工井底3644m。变密度测井对固井质量综合评定为优质；其中优良封固段达90%(图6-49)。

10)结论与建议。

(1)通过试验得到了针对泌页1井的合理水泥浆配方；

(2)SFP水泥浆体系具有较好的膨胀性，且防气窜性能良好；

(3)泌页1井现场应用效果表明：SCW冲洗液能够有效清除井壁油基钻井液形成的油膜，能够有效保证一、二界面的封固质量。

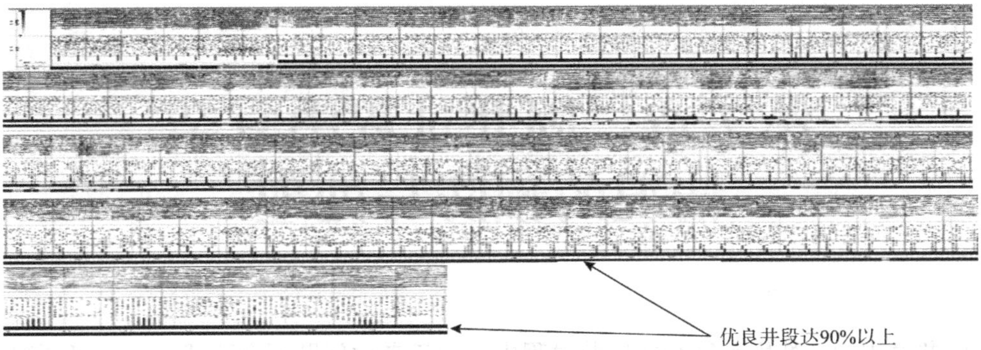

图6-49　泌页1井 ϕ139.7mm 尾管固井变密度测井图

第7章 固井过程中复杂情况的预防与处理

在固井过程中，特别是复杂井固井过程中，由于考虑问题不全面或一些不可预测因素的影响，可能在固井过程中出现一些复杂情况，若处理不当或处理不及时会带来工程事故，严重时会造成井眼报废。也有一些井由于自身复杂，固井难度很大，在施工前已预料到要出现问题或极可能出现问题，在固井施工前必须制定相应的施工应急预案，以防突发问题出现时束手无策，以致失去处理问题的良机，造成无法挽回的损失。

7.1 下套管后无法建立循环

套管固井最基本的条件是下套管后能建立循环，若下套管后无法建立循环，就无法进行正常固井施工，必须根据具体情况进行相应处理。下套管后不能建立循环的井可分为四种情况：①井底破裂压力小于环空静液柱压力与循环阻力之和，引起井底发生严重漏失；②套管遇卡或井壁垮塌造成环空不畅通；③套管内落物，造成套管内不畅通；④套管串中的工具附件出了故障，如：封隔器提前胀开、分级箍打不开、尾管悬挂器球座憋不掉等。有时，以上几种情况可能同时存在，当发生以上情况时，应分析具体原因制定相应处理方案。

7.1.1 井下严重漏失造成下套管后无法建立循环

7.1.1.1 原因分析

井底严重漏失造成下套管后无法建立循环的井，一般在下套管前就有所预料，即使下套管前堵漏非常成功，下套管时也可能发生井漏，造成下套管后开泵无法建立循环的情况。发生这种情况的井多数存在以下原因：

(1)井底地层破裂压力过低，当套管下放产生激动压力时，液柱压力和激动压力之和超过了地层破裂压力，因此发生井漏；

(2)井底是潜山溶洞层和断裂破碎层，当套管下放产生激动压力时，液柱压力和激动压力之和超过了地层漏失压力，因此发生井漏；

(3)在固井前已经采取了堵漏措施，下套管前井底已不漏失，但仍不能承受下套管激动压力；

(4)下套管过程中扶正器和套管的节箍的刮碰造成近井壁裂缝封堵层破坏，使原来堵漏成功的井再次发生井漏。

7.1.1.2 处理方法

(1)起出套管继续堵漏。

若上提套管，套管遇卡不严重，悬重在钻机安全负荷之内，可优先考虑起出套管，然后下钻通井循环，处理钻井液，采取堵漏措施。堵漏成功后，重新下套管固井。

(2)套管不能起出，且漏层在井底。

对于漏层就在井底的井，若上提套管，套管遇卡严重不能起出时，可采用“井底挤水泥堵漏，上部射孔注水泥补救工艺”进行补救。其工艺流程为：①分别以 0.3m³/min、0.5m³/min、0.8m³/min 和 1.0m³/min 的排量向地层挤入钻井液 0.5 ~ 1m³，累计 2 ~ 4m³，并记录相应压力和挤入过程中压力的变化情况；②确定挤水泥排量和挤入的水泥浆量；③若挤入泵压不高(小于 15MPa)，吃入量较大(大于 0.5m³/min)，等排量泵送过程压力不升高，可采用方案一：“从套管直接挤水泥”，否则，采用方案二：“下入钻杆挤水泥”。方案一作业流程：①按设计的排量直接向井内挤入隔离液、水泥浆，压胶塞、替钻井液、碰压；②候凝，套管内试压，声幅测井，确定水泥返高；③在返高上部射孔；④建立循环；⑤注入前置液、水泥浆，压隔离塞、替钻井液，封固上部井段(图 7-1)。方案二作业流程：①下入钻杆柱到井底位置；②注入前置液、水泥浆、后置液，替钻井液；③当前置液到井底时关闭钻杆与套管环空，继续替入钻井液；④水泥浆尾部距离井底 60 ~ 100m 时停止替入；⑤打开钻杆与套管环空，起钻循环；⑥候凝，钻水泥塞、套管内试压，声幅测井，确定水泥返高；⑦在返高上部射孔；⑧建立循环；⑨注入前置液、水泥浆，压隔离塞、替钻井液；⑩水泥浆尾部距离井底 60 ~ 100m 时停止替入，关井候凝，封固上部井段(图 7-2)。若射孔后仍不能建立循环，采用挤水泥的办法封固上部井段。

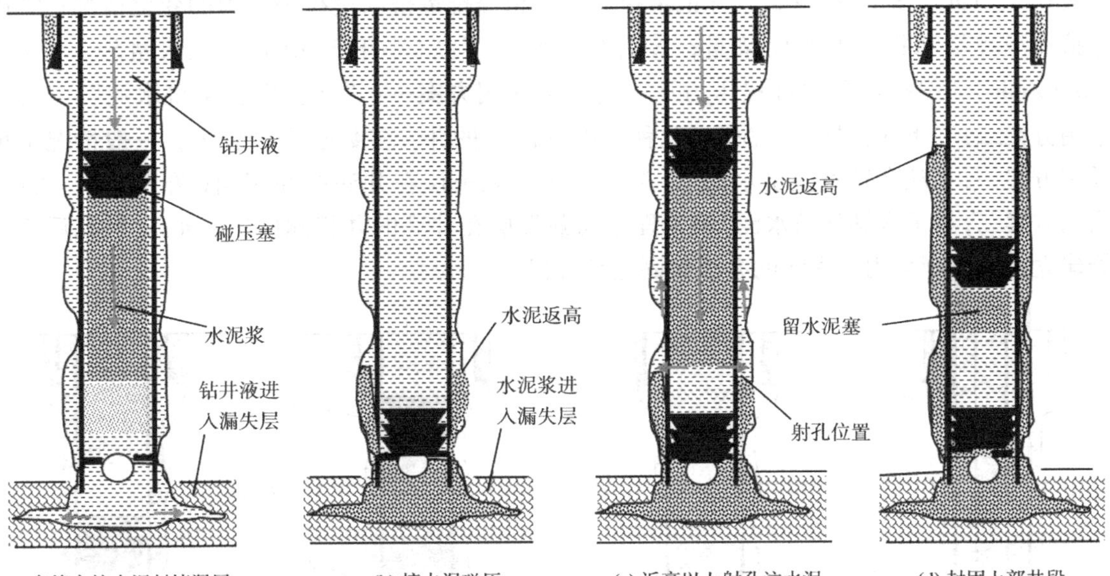

图 7-1　套管内直接挤水泥再上部射孔注水泥补救工艺示意图

(3)套管不能起出，且漏层在裸眼中间，上部无技术套管。

漏层在裸眼中间且上部无技术套管的井，多数是因上部井段垮塌或砂堵，造成堵塞点以下破裂压力较低的裸眼层段岩石破裂而产生漏失。此类井的解决办法与漏层在井底的井基本相同，只是要分析判断漏层位置(多数是卡点位置)。采用“分段挤、注水泥补救工艺”完成。用与上面相同的方法测试漏层吃入压力和吃入能力，确定挤入排量和挤入水泥浆量。其工艺流程为：①分别以 0.3m³/min、0.5m³/min、0.8m³/min 和 1.0m³/min 的排量向漏层挤入钻

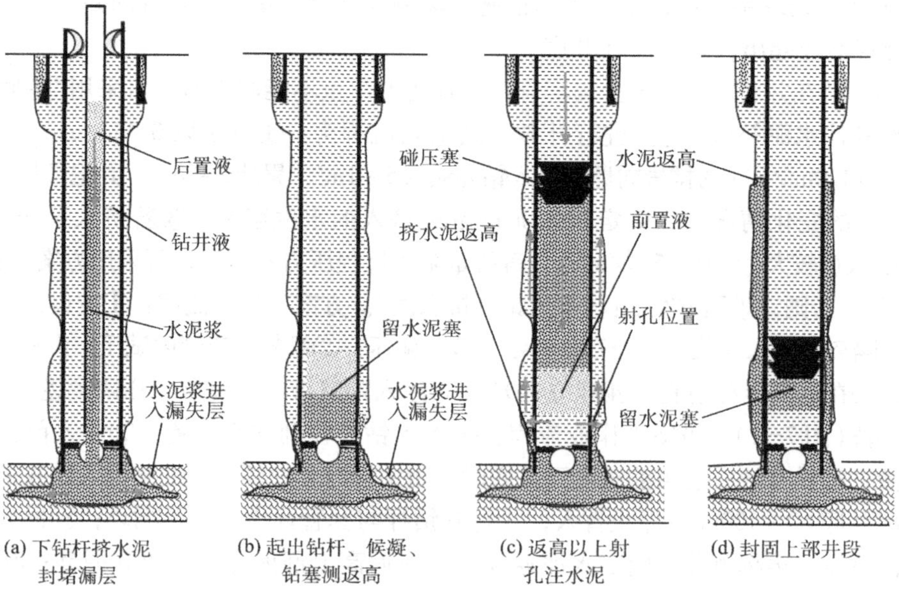

(a) 下钻杆挤水泥封堵漏层　(b) 起出钻杆、候凝、钻塞测返高　(c) 返高以上射孔注水泥　(d) 封固上部井段

图 7-2　下钻杆挤水泥再上部射孔注水泥补救工艺示意图

井液 0.5～1m³，累计 2～4m³，并记录相应压力和等排量挤入过程中压力的变化情况；②确定挤水泥排量和挤入的水泥浆量；③若挤入泵压不高(小于 15MPa)，吃入量较大(大于 0.5m³/min)，等排量泵送过程压力不升高，可采用方案一："从套管直接挤水泥"，否则，采用方案二："下入钻杆挤水泥"。此种情况的漏失的井，多数吃入量较大，一般情况下可采用方案一，"从套管直接挤水泥"，施工程序同漏失层在井底的井相同(图 7-3)；否则，采用方案二，"下入钻杆挤水泥"施工程序同漏失层在井底的井相同(图 7-4)。射孔后若不能建立循环，则采用挤水泥的办法封固上部井段。

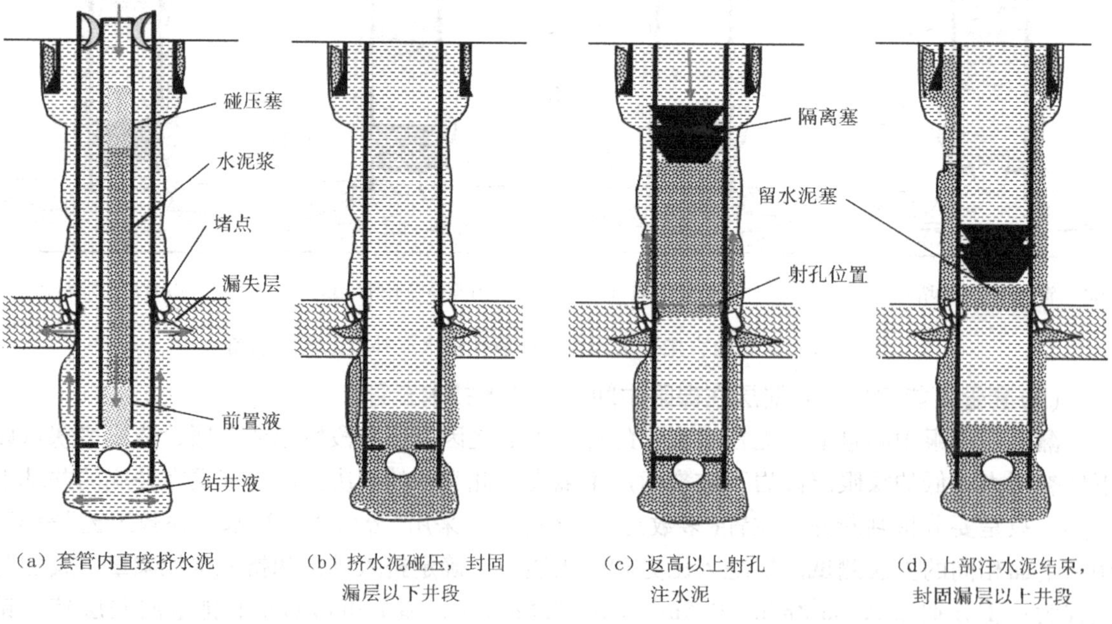

(a) 套管内直接挤水泥　(b) 挤水泥碰压，封固漏层以下井段　(c) 返高以上射孔注水泥　(d) 上部注水泥结束，封固漏层以上井段

图 7-3　漏层在裸眼中间分段挤(直接挤)注水泥补救工艺示意图

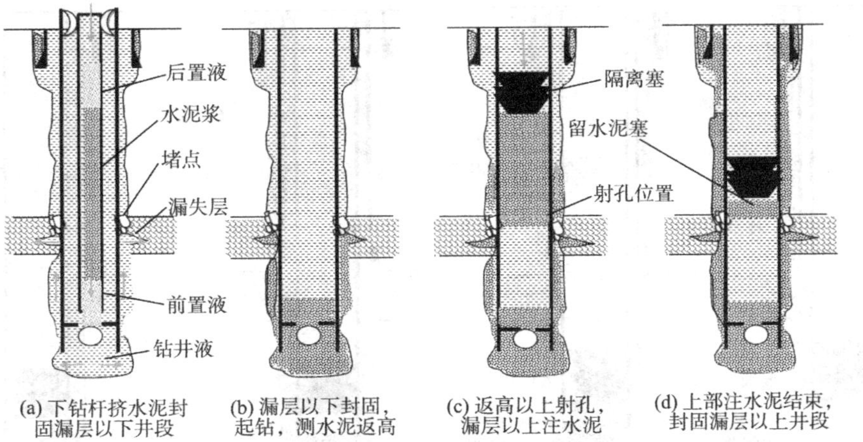

图7-4 漏层在裸眼中间分段挤(钻杆挤)注水泥补救工艺示意图

(4)套管不能起出，且漏层在裸眼中间，上部有技术套管。

对于漏层在裸眼中间，上部有技术套管的井套管补救固井时，可采用“上下分段挤水泥对接补救工艺”进行补救。也就是先采用直接挤水泥的办法封固漏层以下套管，然后，再从环空向下挤水泥与下部水泥进行对接，已达到全部封固的目的，由于上下挤水泥的吃入层都是漏失层，因此，对接位置一定是漏失层位置。其工艺流程为：①测试地层吃入量和相应的吃入压力，按不同排量向地层挤入钻井液 $2\sim3m^3$，并记录相应压力和压力的变化情况；②确定挤水泥排量和挤入水泥浆量；③根据设计的排量和挤入水泥浆量按正常固井的程序直接对漏失点以下井段进行挤水泥作业(即挤入前置液、水泥浆，压碰压塞、替钻井液、碰压)；④从环空试挤钻井液 $1\sim2m^3$，候凝；⑤到水泥浆失去流动性时，大约1~2h即可；⑥从环空按设计量挤入水泥浆；⑦顶替后置液、钻井液，将水泥浆泵送到设计位置，封固漏层以上井段(图7-5)。由于上下两次挤水泥施工，都将大量钻井液挤入了漏失层，因此，能使用此种方法的井必须具备漏失层有足够的吃入量，且漏失层以上裸眼段没有比该漏失层破裂压力更低的漏失层，此类井的漏失层都距离技术套管鞋比较近。

7.1.1.3 预防措施

对于钻井过程中发生过钻井液漏失的井，以及地层承压能力较低容易发生漏失的井，下套管作业时都有可能造成下套管后无法建立循环。因此，为保证下套管后开泵正常，在下套管前应采取以下预防措施。

(1)充分堵漏。

对钻井过程中发生过漏失的井，应在下套管前进行充分堵漏，井下不漏时才能进行下套管作业。

(2)做井眼承压测试。

对已完成堵漏但仍对承压能力没有把握的井，或预计下套管过程可能发生漏失的井，最好进行井眼承压测试。测试堵漏后的地层承压能力，以判断下套管过程中是否会发生井漏，或者下套管后能否建立循环。否则，应进行进一步堵漏或挤水泥，以提高地层的承压能力，防止下套管作业漏失，确保下套管后建立循环。

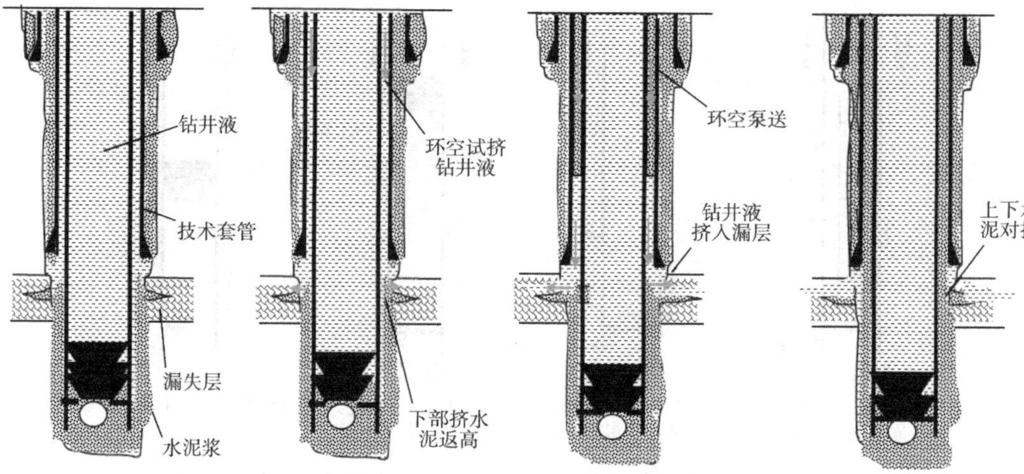

图 7-5　上部有技术套管井下套管漏失，分段上下挤水泥对接补救工艺示意图

(3)彻底洗井调整钻井液性能。

下套管前，应充分循环洗井，清除井底泥砂和岩屑，以防下套管时钻井液上返形成砂堵，造成井漏。同时调整钻井液性能，防止井壁掉块，保护井壁稳定；提高流动性，以减小流动阻力，防止因上返流动阻力过大压漏地层。

(4)通井划眼。

下套管前，根据套管直径和刚度确定通井管柱，反复通井划眼，消除凸台和缩径井段，使井眼轨迹圆滑畅通，消除下套管的卡阻现象，确保套管下入顺利。

(5)合理选用扶正器。

对于实施堵漏作业的井眼下套管，一定要选用对井壁损伤较小的扶正器，不然，会把井壁上的堵漏材料刮掉，造成堵漏失效。一般选用弹性扶正器，尽量不用刚性扶正器，更不要使用螺旋扶正器。

(6)控制套管下放速度。

漏失井下套管，应严格控制下套管速度，套管下放速度过快，钻井液回流速度快，会增加流阻形成反回压，易压漏地层，因此，应严格控制下套管速度。应以控制回流速度不超过下套管前循环钻井液时的回流速度为原则。

(7)下套管中途循环钻井液。

下套管中途循环钻井液，有利于调整钻井液性能和清除钻井液中的沉砂和岩屑，既能增加钻井液流动性，又能防止下套管过程钻井液回流形成砂堵，避免压漏地层。

(8)使用自动灌浆浮箍。

下套管使用自动灌浆浮箍，既不用专门停止下套管灌钻井液，又能减小环空回流速度，可有效防止压漏地层。

(9)下完套管缓慢开泵。

套管下完后，开泵循环时，一定要小排量开泵，等顶通后，再逐步提高排量。在每一次提高排量前，循环压力必须稳定后才能进行，以防激动压力压漏地层。

若采取一系列措施后，下套管后仍不能建立循环或勉强建立循环，可改变固井施工工艺，采用漏失井固井工艺进行固井施工作业(参见第6章)。

7.1.2　套管内堵塞造成下套管后无法循环

7.1.2.1　原因分析

套管内堵塞造成下套管后无法循环的原因主要有以下几个：

(1)下套管过程中落物。

在下套管过程中，由于操作人员的工作失误以及不遵守作业规程等原因，经常出现面纱、手套、榔头、通径规、刷子等工具及物品落入套管内，落物造成套管通道堵塞，使下完套管后无法建立循环。此类堵塞的位置往往是套管串浮箍位置或尾管窜的空心塞位置以及球座位置。

(2)钻井液不干净。

下套管灌浆时，有时灌入的钻井液中含砂量高或有异物，或钻井液罐中有泥砂或异物被泵入套管内，在下套管中泥砂或赃物下沉并积聚在浮箍或其他附件上，由于积聚泥砂过多，在下完套管开泵时形成堵塞，造成无法正常开泵，无法建立循环。

(3)工具附件出问题。

对于一些特殊工艺固井，如尾管固井、双级注水泥固井、筛管顶部注水泥固井等，可能由于工具装配问题、质量问题或入井前的检查不落实等原因造成工具故障，如尾管投球坐挂时球尺寸出现错误、胶塞提前落入井内等。都会造成管内堵塞，无法建立循环。

(4)没按规定对套管及钻杆通径。

有些下套管或下尾管作业没有按规程进行套管通径或送入钻具通径，对变形的套管和内径不符合要求的送入钻杆没有及时发现，被误下入井内，造成投球或投胶塞后球(或胶塞)被卡住不能下行，形成堵塞无法建立循环。

7.1.2.2　处理方法

套管内堵塞造成下套管后无法建立循环的处理方法主要有以下几种：

(1)起出套管重新下入。

一般情况下，套管内发生堵塞造成下套管后无法建立循环时，在套管粘卡不严重，有把握起出套管时，首先考虑起出套管，排除故障后再重新下入。起出套管进行处理是首选方案。

(2)对能产生较小循环排量的情况。

一些井下完套管后，开泵时套管内发生堵塞，套管无法起出，但在较高泵压下可产生较小的排量，但达不到固井施工要求，无法进行固井施工。如：通径规掉入套管内，高压下可以建立循环，但排量很小。这种情况一般可采取长时间高压循环，以冲刷过流间隙，使之不断增大，而泵压逐渐降低。然后，再逐渐提高循环排量，使泵压再次升高，再继续循环降压，以至使排量达到固井施工要求，实施正常固井作业。

(3)开泵完全循环不通的情况。

另有一些井下完套管后，开泵时套管内发生堵塞，套管无法起出，在加大泵压下仍不能产生流量，这种情况只有采取下钻(用反扣钻杆)钻(或磨)掉堵塞部位，建立循环，然后进行固井作业。固井作业时因碰压座及浮箍被钻掉不能碰压，也不能阻止水泥浆倒流，因此，必须采取定量替浆和关井候凝措施。

7.1.2.3 预防措施

为防止下套管后套管内发生堵塞现象，造成下套管后无法建立循环，下套管时应采取如下措施：

(1)制定下套管作业规程和技术要求。

下套管作业前，应制定详细的下套管作业规程和技术要求，并在下套管前组织参加下套管人员和相关人员认真学习，并熟练掌握。目前，对下套管作业有专门的行业标准《下套管作业规程》，但对特殊井要制定更严格的特殊技术要求。

(2)做好关键环节的把关。

对关键环节要重点把关，如：下套管前套管必须通径，尾管送入钻具必须通径；选择合格的井下工具附件，做好特殊附件入井前的检查和测量、型号核对等；工具附件的安放位置准确无误。

(3)防套管内落物。

应制定下套管过程中预防套管内落物措施，对井口工作人员进行防落物教育，了解落物的危害性；清理井口杂物，使非下套管用物品全部离开井口。

(4)进入套管的钻井液要干净。

下套管过程向套管内灌入的钻井液和下完套管泵入井内的钻井液要干净，无泥砂和赃物。

7.2 循环过程突然通道堵塞

循环过程突然通道堵塞是指下完套管后，开泵循环钻井液正常，在循环中途突然泵压升高，发生憋泵的现象。

7.2.1 循环过程中井壁垮塌造成环空堵塞

7.2.1.1 原因分析

循环过程中井壁垮塌造成环空堵塞的原因主要有以下几个：

(1)钻井液性能无法维持井壁稳定。

在循环过程中由于钻井液性能没有及时处理，使密度降低、黏度及切力降低、失水增加，导致泥页岩水化膨胀，井壁垮塌；钻井液密度过低也会导致井壁失稳，产生井壁掉块或坍塌；井壁的坍塌及掉块会造成突然憋泵。

(2)下套管速度过猛。

违背下套管作业规程，对套管猛提、猛下，速度过快，会冲撞井壁引起井壁垮塌。

(3)套管及工具选型不符合井眼特点。

套管及井下工具的选型不合理也会引起井壁垮塌，如扶正器选型、套管下入引导附件组合、套管刚度等。在井壁不稳定的井段不能选用刚性扶正器，引鞋导向组合要保证引鞋离开井壁(在套管前端固定弹性扶正器)，在斜井与水平井中，套管柱的可弯曲度应符合井眼曲率等。

(4)循环排量过大。

循环排量过大，会造成很大的冲击力，首先冲刷掉泥饼，造成井壁失稳，从而引起井壁垮塌，发生憋泵。

7.2.1.2　处理方法

由于循环过程中井壁垮塌造成环空堵塞后，很难起出套管，常用的处理方法主要有以下几种：

(1)对于小排量循环井口有少量返出的情况。

一些井下完套管后，在循环过程中井壁发生垮塌造成环空堵塞，或岩屑堆积造成环空堵塞，但开泵时井口仍可产生较小的返出排量，大部分钻井液漏失到地层中。这种情况一般可采取长时间循环，逐步冲开堵塞点，使返出量逐渐增多，再逐步加大排量，以至使排量达到固井施工要求，实施正常固井作业。

(2)开泵完全循环不通的情况。

另有一些井套管下到设计井深后，在循环过程中井壁发生垮塌造成环空堵塞，或岩屑堆积造成环空堵塞，但开泵时井口没有返出，流量全部漏失到地层中。这种情况应采用漏失井固井工艺进行施工作业(参见第6章)。

7.2.1.3　预防措施

为防止循环过程中井壁垮塌造成环空堵塞，无法继续循环，下套管前及下套管期间应采取如下措施：

(1)下套管前调整钻井液性能。

应按照要求认真处理钻井液，使钻井液性能达到规定要求，密度、黏度、切力应满足井眼稳定的要求，绝不要因已完钻为节约钻井液处理剂而对钻井液性能降低要求，钻井液性能的突变会引起井壁失稳；一般要求钻井液性能应保持完钻时的性能。

(2)下套管前应按规定通井及划眼。

下套管前，根据套管直径和刚度确定通井管柱结构，反复通井划眼，消除凸台和缩径井段，使井眼轨迹圆滑畅通，消除下套管的卡阻现象，防止下套管时井壁掉块；消除过小间隙井段。

(3)合理选用扶正器。

对于堵过漏的井眼及井壁不稳定的井眼下套管，一定要选用对井壁损伤较小的扶正器，不然，会把井壁上的堵漏材料刮掉，或使井壁掉块，循环时形成沉砂堆积，引起憋泵。一般选用弹性扶正器，尽量不用刚性扶正器，更不要使用螺旋扶正器。

(4)控制上提、下放速度。

下套管过程中，上提及下放套管时不要过猛，以防碰坏井壁；下入套管时，下放速度不要过快，以防发生回流速度过快，损伤或冲垮井壁。

(5)小排量开泵控制循环排量。

下完套管后，开泵循环时，应小排量开泵，并逐步增加排量，在增加排量前，泵压必须稳定；正常循环时，环空返速不要超过钻井过程中环空最大返速。

(6)固井前调整钻井液性能达到设计要求。

下完套管循环时，也应按要求处理钻井液性能，使性能达到固井设计要求，确保井壁稳定。

7.2.2 循环过程中砂堵造成环空堵塞

7.2.2.1 原因分析

循环过程中砂堵造成环空堵塞的原因主要有以下几个：

(1)沉砂及岩屑堆积。

有时下套管前洗井不彻底，沉砂及岩屑没有循环干净，在下套管过程中，沉砂及岩屑下沉到井底，在井底和大肚子井眼处会存在泥砂及岩屑。当下完套管后，环空变小，开泵循环时砂子及岩屑慢慢上移，待上升到小间隙(如尾管挂处，或缩径处等)处时，泥砂及岩屑会在小井眼处形成堆积，产生堵塞，造成憋泵。

(2)循环排量过大。

循环排量过大，会使井眼内泥砂及岩屑在小井眼处快速堆积，大大增加砂堵的机率和速度。

(3)通井及划眼不充分。

下套管前，通井划眼没有做好，没有消除凸台和缩径井段，井眼轨迹不圆滑畅通，从而导致下套管时的遇阻、遇卡，在活动套管时井壁掉块，增加井底沉砂，增大了沉砂及岩屑堆积的可能性。

(4)特殊工具使环空间隙变小。

由于特殊工具的使用，如尾管挂、封隔器等，它们的直径都远远大于套管节箍外径，会使环空间隙减小，大大增加砂堵憋泵的可能性。

7.2.2.2 处理方法

循环过程中出现砂堵憋泵后，若及时恰当地进行处理，会使复杂情况消除，若处理不当或不及时，会使问题进一步恶化。常用的处理方法主要有以下几种：

(1)压力突然升高井口没有失返的情况。

对于循环压力突然升高井口没有失返的情况，证明还没有堵死，应按以下步骤处理：①立即降低排量，并观察泵压和井口返出情况，这时井口会继续返出，压力会降低，但压力不稳定，会时高时低，证明还有砂堵现象；②慢慢小排量循环，逐渐向上携带泥砂；③当压力稳定时再逐步提高排量，进一步携带泥砂；④以此类推，以至使排量达到固井施工要求。处理钻井液性能达到施工要求，实施正常固井作业。

(2)压力升高井口失返的情况。

对于发现循环压力升高井口失返的情况，应按以下步骤处理：①立即停泵，待15～30min，让砂子慢慢下沉；②砂子下沉后，慢慢小排量开泵；③若出现井口返出，可采取7.2.2.2中(1)的步骤处理。若井口没有返出可小幅度活动套管，再慢慢小排量开泵，若出现井口返出，同样可采取7.2.2.2中(1)的步骤处理。若井口还是没有返出，可重复做几次。经多次后还不能实现井口返出，应采用漏失井固井工艺进行施工作业(参见第6章)。

7.2.2.3 预防措施

为防止循环过程中出现砂堵憋泵，在下套管前及下套管期间应采取如下措施：

(1)充分大排量洗井。

下套管前，应大排量循环充分洗井，清除井底泥砂和岩屑，以防下完套管循环时形成泥砂及岩屑堆积，引起堵塞造成憋泵。

(2)按规定通井及划眼。

下套管前，根据套管直径和刚度确定通井管柱结构，反复通井划眼，消除凸台和缩径井段，使井眼轨迹圆滑畅通，消除下套管的卡阻现象，防止下套管时井壁掉块；消除过小间隙井段，以防循环钻井液时造成砂堵憋泵。

(3)控制工具附件外径。

对于使用特殊工具的井，应严格控制工具外径，尽量不超过套管节箍外径，实在不能减小的，要保证环空过流面积不小于 50mm 直径孔眼的面积，平均环隙宜不小于 10mm。

(4)保证下套管时的钻井液性能。

下套管前，应按要求认真处理钻井液，使钻井液性能达到规定要求，能确保井壁稳定，无掉块，具有较好的携砂能力和流动性。

(5)下套管不要野蛮操作。

下套管过程中，上提及下放套管时不要过猛，以防碰坏井壁使井壁掉块；下入套管时，要控制下放速度不要过快，以防回流速度过大，损伤或冲垮井壁。

(6)根据井下情况适时坐挂尾管。

对于尾管固井，如果井底有泥砂，应不要先坐挂尾管挂，防止坐挂后过流面积变小，另外坐挂后套管不能左右摆动，因为易卡住大砂子形成砂堵。

(7)小排量开泵缓慢提速。

下完套管后，开泵循环时，应小排量开泵，慢慢增加排量，泵压不稳时不要盲目增加排量；环空返速不要超过钻井过程中环空最大返速，防止冲刷井壁掉块。

(8)调整好固井钻井液性能。

下完套管循环钻井液时，也应按要求处理钻井液性能，使钻液性能达到固井设计要求，以及确保井壁稳定和流动性，确保固井施工安全和固井质量。

7.3　固井过程中的事故处理

7.3.1　注水泥过程中设备发生故障

7.3.1.1　原因分析

在注水泥过程中，注水泥设备发生故障，影响固井施工，常见故障有：配混浆系统故障、水泥泵故障(卡凡尔、密封件刺漏等)、发动机故障、高压管汇系统故障等。产生故障的主要原因如下：

(1)设备没有按时维修保养。

注水泥设备及辅助设备必须按规定运转时间进行保养和维护，并在每次施工完毕后进行清洗和检查，在施工前进行检查和试运转，保证设备完好；否则可能给施工带来隐患。

(2)操作不当。

不按操作规程操作设备，会导致设备故障，如：设备启动前的检查、设备启动程序、天冷地区设备起动前的跑温、各个阀门打开和关闭顺序、注水泥泵换挡顺序、顶压操作要点等都要按规程操作，否则，会造成设备故障。

(3)异常高泵压或其他辅助设备异常。

异常高泵压会给设备突然增加负荷，如操作人员不冷静沉着处理，手忙脚乱可能会造成处理不当，引起设备故障。辅助设备异常也会带来问题，如：下灰设备供灰量突然不足，会造成操作人员控灰操作不当，导致下灰系统堵塞；供水设备供水不足也会影响排量和密度调节，处理不当可能会带来设备故障。

(4)注水泥设备能力不能满足施工要求。

由于对施工难度估计不足，注水泥设备选型不当，额定压力和排量不能满足井下要求，也是造成施工过程设备故障的原因之一。

(5)水泥浆性能无法达到要求。

水泥浆体系存在问题或配浆水及配浆材料存在问题，无法实现水泥浆设计性能，如稠度和密度出现矛盾，由于浆体太稠，无法配出设计密度；若按设计密度注入水泥浆，水泥浆有失去流动性的风险，可能带来设备故障。再如水泥浆产生大量气泡，很难完成设计密度，若硬提高密度，可能带来设备事故等。

7.3.1.2　处理方法

在注水泥过程中设备发生故障时，应按以下步骤处理：

(1)排除设备故障。

根据水泥浆稠化时间和触变性，确定排除故障最长时间，在安全时间内快速排除设备故障。若能在规定时间内将故障排除，可继续按设计施工，否则，将采取其他应急方案处理。

(2)更换设备。

若设备故障无法排除，当施工现场有备用设备时，可快速更换设备，使施工继续进行。

(3)将已注入的水泥浆循环出来。

若设备故障无法排除，施工现场也没有备用设备时，马上分析是否能将已注入井内的水泥浆循环出来，条件是水泥浆剩余稠化时间应大于将水泥浆循环出来所需要的时间，并有一定的安全附加时间。若时间满足要求，应立即将已注入的水泥浆顶替出来，并处理钻井液，重新固井施工。

(4)改变设计直接进入替浆程序。

若设备故障无法排除，施工现场也没有备用设备时，水泥浆稠化时间也不允许将已注入的水泥浆替出。这时，可计算已注入的水泥浆能否封固目的产层，若能封固目的产层，可改变设计，直接进入替浆程序。待水泥浆凝固后测水泥返高和固井质量，若已经封固产层，可顺利交井。否则，进行射孔挤水泥补注上部井段。

7.3.1.3　预防措施

为保证注水泥设备的可靠性，使注水泥过程中设备不发生故障，保证固井施工顺利，必须做好以下几个方面的工作：

(1)设备选择应满足固井要求。

固井设计时，应认真分析和计算施工最高压力和注入参数，选择的固井设备额定参数应满足施工要求。

(2)设备定期维护检查。

严格按规定时间做好设备的维护和保养，做好设备的回场检验和定期检验确保设备完好。

(3)施工前做好设备试运转。

在固井施工前，必须对固井设备进行检查和试运转，同时对泵送设备和高压管汇进行试压，试压压力应高于施工最高压力。

(4)严格执行操作规程。

设备操作应严格按操作规程进行，不要越步操作，如：在寒冷地区若不进行设备起动后的低速跑温，可能会因低温机油太稠使发动机拉缸，极大减少发动机寿命，使发动机功率降低，严重时发生发动机活塞烧死，造成机械事故；再如：设备顶压时，不应采用机械传动(发动机转速大于 1800r/min 时为机械驱动)直接顶压，这样很不安全，控制不好易造成机械事故；应使用液力变矩器进行液力驱动(发动机转速小于 1800r/min 时为液力驱动)顶压，这样才能安全等。

(5)提高操作人员处理设备故障能力。

设备操作人员必须熟练掌握设备结构原理和操作规程，提高处理设备故障的能力，并制定各种设备故障处理预案。在固井施工过程中，做好设备的各种检查和试运转，按操作规程操作设备，尽可能地避免设备故障。一旦出现异常情况时，应沉着应对，不要慌张，按预案进行处理，排除故障或减小问题造成的后果。

(6)施工技术人员提高工程应急处理能力。

施工技术人员应掌握固井施工设备的技术参数和特点，合理安排设备的使用，降低设备故障对工程的影响，必要时应对关键要害设备多上一台备用设备，以防万一；制定因设备故障带来的工程应急预案，提高工程应急处理能力。

7.3.2　注水泥及替浆过程流量计发生故障

7.3.2.1　原因分析

注水泥及替浆过程流量计发生故障，会使注入的水泥浆量以及替浆量无法确定，进而无法准确判断施工是否继续或结束，给固井施工带来很大的质量风险和安全风险。造成流量计发生故障的主要原因有以下几个：

(1)卡叶轮。

固井中使用的流量计多数是叶轮流量计，最常出现的故障是卡叶轮故障。注水泥浆卡叶轮的原因多数是水泥中含有异物，含有铁块(水泥加工时带进来的)或水泥受潮结块等。替钻井液流量计卡叶轮的原因主要是钻井液中含有异物、棉纱、塑料布以及堵漏材料等脏物。

(2)维修保养不及时。

每进行一口井施工，必须按规定对流量计保养和维护一次，并进行一次精度校正，保证仪器完好和准确，否则可能给施工带来隐患。

(3)超长时间运转。

流量计超长时间运转一般发生在替钻井液使用的流量计中，有时将流量计过早地连接于替钻井液管线，但井下还没循环干净，钻井液性能还不具备施工条件，还需要进一步循环钻井液，这种情况下会使流量计运转时间大大增长，可能造成提前损坏。

(4)电源电压不稳。

由于井场用电多由自发电机发电提供，电压不稳定，特别是当用电设备多时，更容易出现异常，给流量计使用带来很大风险。

7.3.2.2　处理方法

在注水泥及替浆过程中流量计发生故障时，应按以下方法处理：

(1)对卡叶轮问题。

在注水泥及替浆过程若发生流量计叶轮被卡，应立即记录时间，并用榔头敲打叶轮壳体，使其卡叶轮物体通过，并使流量计恢复正常，若用榔头敲打叶轮壳体无法解决问题，可通过记录时间和先前的瞬时排量来换算出后期的注入量。若在注水泥早期出现故障，可更换叶轮壳体，重新记录后面的累计流量。

(2)电压不稳问题。

若是电压不稳造成的流量计问题，可让井队关掉其他无关紧要的用电设备，确保电压稳定。

(3)仪表故障。

若是二次仪表故障，可马上记录时间，并更换备用的二次仪表。

(4)替浆过程流量计发生故障。

若替钻井液过程流量计发生故障，应立即记录时间，确定当前泵速和排量，进行计时确定替入量；对可记录冲数的钻井液泵，也可记录冲数，来换算替入量；对要求替量相对准确的固井施工，可改为使用水泥车替浆，水柜计量，确保准确替量。

7.3.2.3　预防措施

为保证注水泥及替浆过程中流量计不发生故障，确保固井施工顺利。必须做好以下几个方面的工作：

(1)做好流量计的定期维护和精度标定。

流量计必须按时维护保养，及时检修。每口井施工完后，都要进行维护保养和流量标定，确保其可靠性和准确性。

(2)现场要有备用仪表。

为防止固井施工过程中流量计发生故障，现场施工时必须增加备用流量计，可在必要时进行更换。

(3)采用多种计量方式互补。

为防止流量计在施工过程发生故障，可采用多种计量方式进行相互补充。如：注水泥时可使用注入水量或注入干水泥量进行换算出水泥浆量；替浆时可使用钻井液灌计量、泵冲数计量、时间计量等多种方法计量。当流量计发生故障时，可参考其他方式计量数据，以保证顺利施工。

7.3.3　固井过程中压力不稳或异常升高

7.3.3.1　原因分析

固井过程中的压力不稳或异常升高现象是固井憋泵事故的前兆，常称为憋泵现象，现象特征是：在同一排量下的泵送压力不稳定，压力呈现出忽高忽低或异常升高的特点。其原因主要有以下几个：

(1)水泥浆闪凝。

水泥浆闪凝现象会导致固井过程压力波动和异常，水泥浆闪凝是指水泥浆的稠化曲线中间有稠度高点，这个稠度高点并没有使水泥浆达到稠化至凝固的程度，但在此点水泥浆流动阻力很大，一旦水泥浆停止流动，可能就很难再重新启动泵送。所以水泥浆闪凝会使泵送压力突然升高，出现压力波动，闪凝期间不要停泵，以防停泵后难以启动。若泵压一直升高就不是闪凝了。

(2)环空砂堵。

若固井前没有充分洗井或井壁失稳发生掉块现象，都可能会在固井期间出现砂堵现象。由于水泥浆有较好的悬浮能力，水泥浆上返过程中，水泥浆携带岩屑和泥砂一起上行，当到达小间隙处时，岩屑和泥砂会产生堵塞现象，泵压升高。当岩屑和泥砂流过小间隙处时，泵压降低。若形成的砂桥不能通过小间隙处，则会导致憋泵或井漏。

(3)水泥浆有脱水稠化现象。

对于高失水的水泥浆，在上返过程中遇到高渗透砂层时，在液柱压力和地层压力所形成的压差作用下，会发生脱水，使水泥浆变稠，流动阻力增加。脱水严重时，会使水泥浆稠化，失去流动性，发生憋泵。地层渗透率越高、液柱压力与地层压力差越大、环空间隙越小、水泥浆失水值越高脱水稠化现象表现越明显。

(4)地层水及钻井液污染水泥浆。

在整个固井施工过程中，水泥浆会与钻井液或地层水接触，若水泥浆抗污染能力差，会使水泥浆增稠，并导致流动阻力增大，使泵压增高。

(5)铁矿粉加重水泥浆磁化。

在高压井固井中，有时需要铁矿粉加重水泥浆，铁矿粉经过套管或钻杆时，有时会出现磁化现象，使铁矿粉吸附在套管(或钻杆)壁上，失去流动性，当铁矿粉在管壁上聚集较多时，会阻碍流体流动，使流阻增加，导致泵压升高，严重时会发生憋泵。

7.3.3.2 处理方法

在固井过程中若出现泵压不稳和异常升高现象应及时处理，以防问题恶化，造成工程事故。

(1)注水泥过程泵压异常。

在注水泥过程中若出现憋泵现象，应立即停注，进行压胶塞，并顶替钻井液。若能将水泥浆顺利替出套管，可能出现的最大问题就是水泥低返，必要时可以挤水泥补救，大大减少事故损失，有时也能满足封固要求。

(2)替钻井液过程泵压异常。

在替钻井液过程中若出现泵压异常现象，分两种情况处理：①若是压力波动，说明环空有砂堵现象，可以降低替钻井液排量，疏散沉砂堆积，减轻或消除憋泵，尽量增加水泥浆返高；②若是压力异常快速连续升高，大多是水泥浆提前稠化，则采取原排量替钻井液，当压力过高时再逐渐降低排量，直到出现碰压现象或达到套管(或设备)能承受的极限压力为止。这样可避免钻水泥塞或减少钻塞长度。待进行固井质量测井后，根据质量情况制定下一步补救措施。

7.3.3.3 预防措施

为防止固井过程中的压力不稳或压力异常升高现象的发生，应采取以下措施：

(1)固井前充分洗井。

固井前必须循环钻井液充分洗井，一般至少按设计排量循环两周以上。循环合格的基本标志是：①在振动筛上返出的钻井液中无岩屑和泥砂；②在规定排量下循环不少于两周；③在同一排量下压力表稳定，无压力波动。

(2)钻井液性能达到设计要求。

按设计要求调整钻井液性能，保证钻井液流动性好、井壁稳定，不发生井壁坍塌和掉块。一般要求调整钻井液性能接近完钻时性能。

(3)大样试验水泥浆性能达到设计要求。

按水泥浆性能设计调配好水泥浆配方，做好室内试验和水泥浆性能评价；做好现场送井材料的把关和大样复查试验；使水泥浆除达到设计性能外，性能还应稳定、稠化曲线平稳，无闪凝现象，控制水泥浆失水、提高流动性；做不同配比的水泥浆、前置液与钻井液的抗污染试验，保证抗污染能力达到施工要求。

(4)防止铁矿粉磁化。

对于铁矿粉加重的水泥浆，一定要保证水泥浆悬浮能力，沉降稳定性符合要求，铁矿粉和水泥的混拌要均匀，降低失水，保证良好的流动性。选用胶塞芯体直径较小、胶翼部分较大的胶塞，确保一旦有铁矿粉磁化现象时胶塞不被卡住。

7.3.4 固井施工过程中突然发生井漏

固井施工过程中突然发生井漏，其现象表现为井口突然失返或泵入排量未变化而返出量减少。固井时井漏是造成固井水泥低返的原因之一。

7.3.4.1 原因分析

固井施工过程中突然发生井漏的原因主要有以下几个：

(1)地层破裂压力低造成漏失。

地层破裂压力低是固井过程中发生井漏的原因之一。在固井施工过程中，当液柱压力与环空流动阻力之和大于地层破裂压力时，即会发生井漏。这种漏失是液柱压力升高，地层被压漏。

(2)水泥浆超返过多可能引起井漏。

在水泥浆量设计时，由于一些原因的考虑往往附加量过大，加上测井误差和钻井液窜槽的影响，使水泥返高远远超过设计返高，实际液柱压力与设计液柱压力相比增加很多，这样会导致本不该漏失的井发生固井漏失。

(3)环空砂堵造成漏失。

若固井前洗井不够充分或井壁不稳定发生掉块，都可能会在井底或大井径处积存岩屑和泥砂；在固井期间水泥浆上返时，由于水泥浆有较好的悬浮能力，使岩屑、泥砂堆积，并与水泥浆一起上行；当到达小间隙处时，岩屑和泥砂会产生堵塞现象，泵压升高，对地层回压增大；当液柱压力与环空阻力之和大于地层漏失压力时，即会发生井漏；当岩屑和泥砂流过小间隙时，泵压降低，漏失缓解；若形成砂桥不能通过小间隙处时，则会产生失返性漏失。

(4)水泥浆脱水稠化引起漏失。

对于高失水的水泥浆，在上返过程中遇到高渗透地层(多数是砂岩地层)时，在液柱压力和地层压力所形成的压差作用下发生脱水，使水泥浆增稠，流动阻力增加，当液柱压力与环空流动阻力之和大于地层漏失压力时，即会发生井漏。脱水严重时，会使水泥浆失去流动性，发生失返性漏失或憋泵。

(5)井壁垮塌造成漏失。

由于钻井液黏度、切力过低，失水过大等原因不能保持井壁稳定；或循环排量过高，对井壁高强度冲刷，都可能引起井壁垮塌，井壁垮塌会造成环空堵塞，引起流体上返阻力增大，从而压破地层发生井漏；若地层破裂压力过高时，会发生憋泵。有时，钻井液密度过低也会造成井壁失稳，引起井壁掉块或垮塌。

7.3.4.2　处理方法

在固井过程中若出现井下漏失现象应及时处理，可缓解漏失，减少固井水泥浆低返现象的发生，尽量提高水泥浆返高。常见处理方法如下：

(1)注水泥过程中发生漏失。

若在注水泥过程中发现注入排量没变而井口返出量变少，即已发生井漏。此类情况多发生在水泥浆出套管以后，随着水泥浆液柱的增高，对地层的压力增大、上部混浆增多污染增多、水泥浆脱水的几率增大，都会导致动态液柱压力不断升高，增大压漏地层的可能性。一旦发现漏失，应立即降低注入排量，以减小流动阻力；同时，不要停止注入水泥浆，以防再启动时，破坏水泥浆结构力过大使漏失加重。即使发生漏失，也不要减少注入水泥浆量，因为水泥浆有堵漏效果，在漏层中脱水后会起堵漏作用，有利于返高的增加。

(2)替浆时发生失返性漏失。

在替钻井液过程中若发生井口不返，但泵压稳定。这时处理办法分为两种情况：一种是液柱压力升高地层被压漏，这种情况的表现是替钻井液压力不升高，有时反而出现压力降低的现象，井口返出钻井液量慢慢减少，甚至不返，处理办法是：发现后，立即降低替钻井液排量，以减小环空流动阻力，降低动液柱压力，可减少漏失，使返高上升。另一种是环空形成砂堵造成下部地层压漏或环空水泥浆脱水稠化造成下部地层压漏，这种情况的表现是替钻井液压力升高较快，井口返出钻井液流量快速降低，以至失返，这种情况的水泥返高不会再上升，处理办法是：继续正常排量替钻井液(在压力允许的情况下)，以尽快的速度将套管内水泥浆替出，以防套管内留水泥塞。

7.3.4.3　预防措施

防止固井施工过程中突然发生井漏，应采取以下措施：

(1)充分洗井。

固井前彻底洗井，按设计循环排量循环两周以上；压力表压力稳定，无跳动现象；返出钻井液的振动筛上无岩屑和泥砂，确保井眼清洁。

(2)钻井液性能达到设计要求。

按设计要求调整钻井液性能，钻井液应流动性好，具有悬砂能力，保持井壁稳定，不发生井壁坍塌和掉块。一般要求调整后的钻井液性能基本接近完钻时的性能。

(3)水泥浆性能要求。

水泥浆性能必须达到设计要求，做好配方选择和室内试验评价，对水泥浆用料应严格把关，除性能达到要求外，还应使水泥浆性能稳定、稠化曲线平稳无闪凝现象，控制水泥浆失水，提高流动性，认真做好水泥浆的大样复查试验，做不同配比的水泥浆、前置液与钻井液的污染试验，抗污染能力满足施工要求。

(4)合理选择固井施工工艺。

对地层破裂压力小于正常固井过程中动液柱压力的井，可采取双级注水泥固井或低密度水泥浆固井。

7.3.5 替浆过程中发现碰压塞没压入井内

7.3.5.1 原因分析

(1)挡销没开到位。

固井注水泥结束后释放碰压塞时，胶塞挡销没开到位，会使胶塞被卡在挡销端部，可能使胶塞压不下去，造成胶塞不能正常释放。

(2)压塞泵不上水。

压胶塞时，压塞泵不上水会造成胶塞不能被释放。不上水的原因往往是井下压力高或压塞泵上水凡尔被卡死，也可能是其他设备故障。

(3)忘记装胶塞。

有时施工人员疏忽，忘记了将碰压胶塞装入水泥头，并且安装水泥头时没有检查。在替浆过程中才发现问题，影响正常固井施工。

7.3.5.2 处理方法

在替浆过程中若发现没有安装碰压塞或碰压塞没有被释放，可采取以下措施处理：

(1)定量顶替。

在替浆过程中若发现没有安装碰压塞，应立即采用两种及以上计量方式，两种计量方式相互校对，防止一种计量方式发生故障而造成被动。以替入量作为固井结束的依据。

(2)留足够的水泥塞。

由于无碰压塞会导致水泥浆与钻井液发生掺混，因此，为保证下部套管固井质量和人工水泥塞质量，必须留足够的人工水泥塞；同时留水泥塞也可以防止替空。依据一般经验，应留 50~100m 的水泥塞。

7.3.5.3 预防措施

为防止在替浆过程中不发生碰压塞未安装或碰压塞没有被释放等问题，应做好以下工作：

(1)做好水泥头的维修保养。

每次施工完后，都要对水泥头进行维护保养，对不合格的部件及时更换，确保各部件的灵活好用和可靠性。

(2)做好安装水泥头前的检查。

水泥头安装后送到井口之前，必须认真检查水泥头内各附件是否安装到位，并落实尺寸、型号是否符合要求。

(3)做好压塞设备的检查和试运转工作。

按规定对压塞设备进行定期维护保养。在施工前对压塞设备应认真检查，并进行试运转，确保压塞的可靠性。

(4)按操作规程操作。

对水泥头的各项操作，必须严格执行操作规程，特别是开销和关销动作，安装胶塞时必须将挡销关到底，在压塞前打开挡销时必须将挡销开到位。

(5)选择有胶塞释放指示功能的水泥头。

随着水泥头设备的不断发展，水泥头的种类越来越多、越来越先进，新研发的水泥头已具备胶塞释放指示功能，有利于掌握胶塞释放情况。因此，可尽快选用此种功能的水泥头。

7.3.6　固井过程中发生憋泵事故

固井过程中发生憋泵是指在固井注水泥或替浆过程中，泵送压力突然升高，以致超过设备的额定负荷，无法进行泵送。憋泵带来的后果是：一是套管内留水泥塞；二是水泥返高达不到设计位置，发生低返。

7.3.6.1　原因分析

造成固井过程中憋泵的原因一般有三个：

(1)套管内堵塞。

套管内堵塞主要包括：回压凡尔堵塞、前隔离塞(空芯心塞)出故障、碰压塞提前入井、井内落物、特殊工具故障等。

(2)套管外堵塞。

套管外堵塞主要包括：套管外环空砂堵、井壁垮塌以及胀封工具提前胀开等。

(3)水泥浆提前稠化。

水泥浆提前稠化主要包括：水泥浆稠化时间过短、水泥浆受钻井液污染、地层水对水泥浆污染、水泥浆在高渗层脱水稠化等。

7.3.6.2　处理方法

对于固井过程中的憋泵事故，几乎没有能在当时即可缓解问题的处理办法，只有过后补救处理，一般采用以下方法处理：

(1)对水泥浆没出套管的憋泵。

对可起出套管的井，在水泥浆没出套管而发生憋泵事故时，首先试起套管，若在钻机负荷内可以起出套管，可采用更换套管重新固井的办法处理。步骤是：①起出套管柱；②下钻通井，循环钻井液，调整钻井液性能；③下套管；④注水泥施工。

对无法起出套管的井，在水泥浆没出套管而发生憋泵事故时，可采用钻水泥塞后将环空顶通再重新注入水泥浆固井的办法进行处理，步骤是：①钻水泥塞；②顶通环空，建立循环；③调整钻井液性能；④注水泥固井。若不能顶通，可采取用套管内外挤水泥方案处理(参见第 8 章)。

(2)对水泥浆已出套管的憋泵。

对于水泥浆已出套管的憋泵事故，可采用测井后射孔挤水泥的办法处理(参见第 8 章)。

7.3.6.3　预防措施

(1)选择合格的套管附件。

选择符合设计要求、质量合格的套管附件，特别是像浮箍、尾管挂、分级箍、封隔器等与流量及压力关系较大的工具附件。并在下套管前认真检查，按操作规程安装于套管串中。

(2)严格执行下套管作业规程。

在下套管过程中，严格执行下套管作业规程，防止套管内落物，注意保管好使用的丝扣刷、棉纱、手套、榔头等，不要掉入套管内。

(3)固井前调整钻井液性能。

固井前必须按要求调整钻井液性能，保证井壁稳定，不坍塌、不掉块并且具有较好的悬浮能力和流动性。

(4)彻底洗井保证井下清洁。

固井前应彻底循环钻井液洗井，至少按规定的排量循环两周以上，无压力波动，振动筛上返出的钻井液无岩屑和泥砂，保证井下清洁。

(5)做好水泥浆性能试验。

选择性能稳定、稠化曲线平稳、无闪凝现象的水泥浆体系，按照相关行业标准做好水泥浆体系室内试验和性能评价，做好配浆材料的把关、大样试验、抗污染实验，各项性能符合设计要求，控制水泥浆失水并提高流动性，保证水泥浆性能稳定。

(6)保证施工连续。

连续施工是防止固井憋泵的一个重要措施。由于水泥浆具有较强的触变性，一旦停顿，再启动时启动阻力远远大于流动阻力，特别是长封固段井，表现更为明显，很可能因压力过高无法启动，造成憋泵，或将地层憋漏，引起漏失；对于具有闪凝现象的水泥浆更是如此。因此，在注水泥和替钻井液过程中尽量避免施工停顿。

7.3.7 固井替浆计量超额而没碰压

固井替浆计量超额而没碰压是指固井过程中注水泥结束，进入替钻井液作业时，替入量已到设计量，甚至已超过设计量，但还没有碰压。在这种情况下，现场技术人员很难做出决定，继续替入可能替空，停止替入可能留水泥塞。

7.3.7.1 原因分析

造成固井替浆计量超额但没碰压的原因主要有以下几个：

(1)碰压塞没进入井内。

忘记安装碰压胶塞或安装了碰压胶塞但没有压下去，都会造成固井替钻井液计量超额而不碰压现象。

(2)碰压塞损坏。

由于碰压塞橡胶质量、尺寸原因，或者深井胶塞行程距离长、温度高的原因，胶塞到承托环时发生胶翼破坏不能密封，会造成不碰压。胶塞击穿也造成不能碰压。

(3)承托环碰坏。

承托环碰坏也会造成不能碰压。目前，承托环与浮箍多为一体式结构，只有在特殊工艺固井时才单独使用承托环。总之，承托环或碰压座脱落和损坏会造成无法碰压。

(4)套管短路。

若套管出现问题，如脱扣、断裂等情况，会使套管发生短路；套管短路会造成不能碰压。尾管固井时，尾管挂中心管堵塞器(密封芯子)也可能发生短路，短路时也会出现不碰压现象。

(5)计量误差。

如果流量计误差过大，记录替浆量已够设计量，甚至超过设计量，但实际替入量并没有到设计量，肯定没有碰压显示，这时，往往被认为不能碰压。

7.3.7.2　处理方法

对固井替浆计量超额还没碰压的情况，处理方法应根据井的类型和施工的具体情况而定。通常处理方法如下：

(1)继续替浆。

对于井较浅、注水泥浆量较少且井下情况不复杂的井，若水泥浆剩余稠化时间远远超过将水泥浆循环出来所需的时间，则可认为是流量计误差。可采取继续替浆，若真是计量误差，会马上碰压，固井结束。若是胶塞及碰压座损坏等原因，无法碰压，可将水泥浆循环出来。待处理钻井液后，再重新注水泥浆固井。

(2)结束替浆。

对于井较深、注水泥浆量较多且井下情况复杂的井，若发现记录的替入钻井液量已够设计量，不能盲目再继续替入，最多再替入量不应超过承托环以下套管内容积的50%，若还没碰压，也要立即停泵，结束替入钻井液。在声幅测井时，若发现有少量水泥塞，但不影响后期完井作业，即可交井。若水泥塞影响后期完井作业，下钻钻塞即可。若采取继续替入钻井液，可能存在将下部套管外环空替空的风险，由于底部一般多为产层，一旦替空，可能很难补救，严重时会造成全井报废，带来极大损失。

7.3.7.3　预防措施

(1)保证碰压塞质量。

选择质量合格的碰压胶塞，特别是胶翼要耐磨、耐温；耐压能力要符合要求；尺寸必须合适，过大会加速磨损，过小会影响密封。

(2)保证碰压座或承托环质量。

承托环或碰压座必须性能可靠，能承受足够的碰压冲击载荷，并能承受套管内试压的设计压力，对可钻式的承托环有同样的要求。

(3)严格检查下入套管。

下套管前，对准备入井的套管应按规定进行严格检查，对管体是否变形，丝扣是否损坏，是否有试压记录，是否有合格证等，都要详细核实，确保入井套管质量，以防套管破坏或密封失效而发生短路。

(4)防止尾管挂短路。

尾管挂的中心管外环空堵塞装置是保证尾管挂内外密封的关键部件，由于中心管可以上下活动和转动，因此在反复多次相对运动后，可能降低其密封和承压能力，在操作尾管坐挂时应尽量避免不必要的中心管反复活动；另外，坐挂尾管后的循环钻井液时间也不要过长，因为在高压下循环钻井液会使中心管外环空堵塞装置振动疲劳受损，降低承压能力，承压能力降低易引起尾管挂短路。

(5)及时校对流量计。

在每口井固井施工完成后，必须对流量计进行维护保养，并进行精度校核，其误差应控制在1%以内，以保证记录替浆量完成后，即使没碰压，剩余水泥浆量也不会形成太多的水泥塞，不会影响后期完井作业。

7.3.8 固井碰压后放压有回流

固井碰压后放压有回流是指固井碰压结束放回水时，回压凡尔有倒流现象，也就是水泥浆倒流。

7.3.8.1 原因分析

造成固井碰压后放回压有回流现象的原因主要有以下几个：

(1)浮箍单流阀失灵。

浮箍单流阀失灵是造成固井碰压后放回压有回流的常见原因之一。造成浮箍单流阀失灵的原因往往是卡凡尔、凡尔球强度不够发生破坏、非金属凡尔球高温变软、循环钻井液时间长磨损破坏等。

(2)碰压时过载将浮箍损坏。

由于碰压座多与浮箍加工在一起，因此当碰压冲击力过大时或浮箍质量存在问题时，会把浮箍碰坏，使水泥浆倒流。

(3)套管破裂。

有时套管质量存在问题或套管丝扣没上紧，会造成固井期间流体发生短路，使放回压时发生倒流。

7.3.8.2 处理方法

当出现固井碰压后放回压有回流现象时，应按以下方法进行处理：

(1)回流不大，向井内泵液压力升高。

对于回流不大的井，说明承托环(碰压环)是好的，凡尔球密封不好；应立即关上回水阀门，判断放出了多少回水，再用水泥泵向井内泵液顶压，顶入放出的回水数量；若压力仍能升高，说明碰压塞也是好的；再放压观察是否回流，若不回流，即可敞压候凝；若还是回流，可重复几次以上操作；若仍回流，关井候凝。

(2)回流不大，向井内泵液压力不升。

放回水回流不大，说明承托环是好的，凡尔球密封不好；首先应马上关闭回水阀门，判断放出了多少回水，再用水泥泵向井内泵液顶压，顶入放出的回水数量；若压力升高到一定值基本不再升高，说明碰压塞不能密封了；再放压观察是否回流，并记录放出回水的量，若不回流，即可敞压候凝；若还是回流，可重复几次以上操作，但顶入量不能大于放出的量，否则会把套管底部顶空；若仍回流，关井候凝。

(3)回流很大，向井内泵液压力不升。

放回水回流很大，说明承托环损坏，也可能是套管损坏，可通过顶入压力判断，若顶入压力接近管内外液柱压差，可能是承托环损坏，若顶入压力远远小于管内外液柱压差，可能是套管短路；不管是哪种损坏，处理办法是一样的，首先应马上关闭回水阀门，判断放出的回水数量，再用水泥泵向井内泵液顶压，顶入放出回水的数量，不能多顶，否则会把套管底部顶空；关井候凝。

7.3.8.3 预防措施

(1)选择适应井下环境、质量合格的碰压塞。

选择的碰压胶塞应适应井下温度条件和其他环境，质量合格，胶翼要耐磨、耐温；胶芯耐压能力要符合要求；尺寸必须合适，过大会加速磨损，过小会影响密封。

(2)浮箍及碰压座应符合设计要求。

根据井型选择合格的回压凡尔或浮箍，对于高温井应考虑耐高温性能，对于大斜度井、水平井应考虑凡尔球的自重偏心问题等，浮箍及碰压座必须性能可靠，能承受足够的碰压冲击载荷，并能承受套管内试压的设计压力，在高流量循环钻井液的环境下，应具备抗冲刷能力。对可钻式的浮箍及碰压座，有同样的要求。

(3)保证入井套管质量。

下套管前，对准备入井的套管应按规定进行严格检查，对管体是否变形，丝扣是否损坏，是否有试压记录，是否有合格证等，都要详细落实，确保入井套管质量，以防套管破坏而发生短路。

(4)钻井液不含大块岩屑和杂物。

在下套管灌入钻井液和循环钻井液时，应保证入井的钻井液干净，无大块岩屑和杂物，同时防止井内落物。注水泥时，也要保证水泥浆内无杂物。

(5)设计合适的碰压附加压力。

碰压附加压力不要选择过大，过大会增加额外的冲击力，有时会损坏套管和碰压座浮箍，碰压碰断套管的案例很多，必须引起重视，碰压附加压力一般选择为3～5MPa比较合适。

(6)技术套管不要碰压。

对于技术套管固井，最好不要碰压，泵入到设计量时，即可关井候凝。因为技术套管固井后，还要钻进，有点水泥塞无关紧要。若碰压时一旦碰坏浮箍，就会造成处理被动；最重要的是一旦碰断套管，可能整口井报废，修复成功的概率很低，造成很大损失，因此不必冒险。

7.4 特殊工艺固井中的事故预防与处理

7.4.1 双级注水泥固井

7.4.1.1 双级注水泥分级箍打不开

1)原因分析。

双级注水泥分级箍打不开，主要是发生在“重力打开式分级箍”上，因为“压差重力双作用分级箍”靠憋压打不开时，也要用重力塞打开，单纯的压差式分级箍现在很少用，因此只研究分析“重力打开式分级箍”打不开的问题即可。“重力打开式分级箍”打不开的原因主要有：①分级箍自身质量问题，多为销钉剪不断，或销钉弯曲后将打开套与外筒体塞紧，不能下行；②分级箍受拉或受压负荷过大，导致分级箍打开套变形；③分级箍以下套管太短，分级箍打开时，重力塞和打开套一起下行，由于液体不可压缩，下行空间主要靠套管膨胀变形产生，因此，若下部套管太短，会因变形量不足而使分级箍无法打开；④一级注入水泥超返严重，若一级注水泥超返过多，由于重力塞下行需要时间，会使水泥浆长时间静止造成启动压力增大，甚至失去流动性而难以重新恢复，造成分级箍打不开；⑤超返水泥浆性能差或受污染等原因，也会使超返的水泥浆失去流动性，使分级箍打不开。

2)处理方法。

根据固井设计、下套管情况和实际施工情况认真分析打不开的原因。根据原因可按以下方法处理：若是分级箍自身质量问题，且一级水泥未返到分级箍时，可下钻对重力塞加压将分级箍打开；若分级箍受拉或受压(多是受拉的情况)过重引起分级箍变形造成分级箍打不开，且一级水泥未返到分级箍时，可待一级水泥浆凝固后，下放或上提套管释放分级箍处的载荷，再憋压打开分级箍；若是一级注入水泥超返严重、超返水泥浆性能差或受污染原因引起，只能先测井确定一级水泥浆返高，再射孔注水泥补救(参见第8章)。

3)预防措施。

为防止双级注水泥固井施工分级箍打不开的问题发生，必须做好以下几个方面的工作：①选择质量合格、适合固井工艺要求和井下环境要求的分级箍；②双级注水泥固井设计时，应保证分级箍以下套管长度不小于100m(经验数据)，否则，由于液体可压缩量很小，在下部套管变形量太少时打开套不能下行，导致分级箍打不开；③分级箍以下套管负荷不能太重，否则会造成分级箍受拉变形导致分级箍打不开；④对于套管触到井底的井，不要使分级箍承受过大压力负荷，防止分级箍受压变形而打不开；⑤要控制超返水泥浆量，提高超返水泥浆稠化时间和流动性，降低水泥浆触变性；⑥将分级箍设计在井壁稳定的位置，以防冲垮井壁；⑦对于一二级封固段连续的井，可采用连续打开塞打开分级箍。

7.4.1.2　双级注水泥分级箍关闭不严

1)原因分析。

双级注水泥分级箍关闭不严的原因主要有：①分级箍自身质量问题，多为销钉剪不断，或销钉弯曲后将关闭套与外筒体塞紧，不能下行；②分级箍受拉或受压过重造成分级箍变形；③分级箍孔眼冲刷变大或变形；④孔眼处积存脏物或存有脱水凝固的水泥。双级注水泥分级箍关闭不严的具体表现有两种：一种是憋不住压；另一种是能憋住压，但放压水泥浆倒流。

2)处理方法。

双级注水泥分级箍关闭不严的处理方法应按不同的表现情况进行处理：①对于憋不住压的情况处理办法是：该情况说明关闭套没关严，同时关闭塞不密封，应停止继续憋压，若还能倒流，则把憋压时注入的液体放回来。不然，会将分级箍外面的水泥浆顶空，将来套管会试不住压。②对能憋住压但放压水泥浆倒流的情况处理方法是：该情况说明关闭套没关严，但关闭塞是密封的，首先用较简单的办法顶压，再放压，检查是否还倒流。若还是倒流，再反复做几次，若还不能解决，可调整套管悬重使分级箍处于中和点位置，再进行憋压关闭。

3)预防措施。

为防止双级注水泥分级箍出现关闭不严的情况，应注意以下几点事项：①选择质量合格、适合固井工艺要求和井下环境要求的分级箍；②认真测量、核对关闭塞和关闭套耦合尺寸；③分级箍以下套管负荷不能太重，否则会造成分级箍受拉变形导致关闭套不能下行；④对于套管触到井底的井，不要使分级箍承受压力负荷过大，防止分级箍受压变形，造成关闭套不能关严；⑤一级注水泥结束后打开分级箍循环时，循环时间不要过长，以防冲蚀循环孔，造成关闭套关不死；⑥二级注水泥施工前落实关闭塞应装在水泥头内。

7.4.1.3　压差式分级箍一级注水泥施工没碰压

1)原因分析。

使用压差式分级箍双级注水泥施工，一级注水泥施工没碰压的原因主要有：①一级碰压塞胶翼磨损或变形，不能密封；②碰压塞没有压下去；③碰压塞与碰压座没有耦合好；④计量误差，碰压塞未下行至碰压座。

2) 处理方法。

目前，很少使用单纯的压差式分级箍，多使用压差 - 重力双作用打开式分级箍。两种分级箍的处理方法有所差别：对于纯压差式分级箍一级注水泥施工没碰压的处理办法是：若没碰压，放回水不倒流，且一级水泥浆没返到分级箍，可采取等一级水泥浆初凝后再憋压打开分级箍。对压差 - 重力双作用打开式分级箍一级注水泥施工没碰压的处理方法是：投入重力打开塞，打开分级箍。

3) 预防措施。

为防止压差式分级箍一级注水泥施工没碰压的情况发生，应注意以下几点事项：①选择质量合格、适合固井工艺要求和井下环境要求的分级箍，对于复杂井和一级固井返高超过分级箍的井尽量不要采用压差式分级箍，特别不要采用纯压差式分级箍；②认真测量和核对一级碰压塞和碰压座耦合尺寸；③对于深井、高温井应考虑胶塞的耐温性和抗磨性；④检查和校对好流量计，保证计量准确，最好使用两种以上计量方式，以防其中一种计量方式出现偏差时影响施工作业；⑤安装水泥头前应检查水泥头内是否已安装好碰压塞。

7.4.1.4　一级固井碰压后放压倒流

1) 原因分析。

一级固井碰压后放压倒流的原因是浮箍回压凡尔失灵，造成浮箍回压凡尔失灵主要原因有：①回压凡尔球卡死；②回压凡尔球或凡尔座在循环钻井液过程中冲蚀产生沟槽，不能密封；③凡尔球高温变软，失去密封能力。

2) 处理方法。

(1) 一级水泥返高不到分级箍的井。

一级固井替浆碰压后，若放回水倒流，说明浮箍失灵。可计量向井内替入不超过碰压座以下套管容积一半的流体，然后再原量放回，并观察是否倒流，若不倒流，敞压候凝，打开分级箍，二级固井。若倒流，可反复操作，并观察，直到不倒流时，敞压候凝，打开分级箍，二级固井。若仍然倒流，则关井候凝，待水泥浆凝固后，再打开分级箍，进行二级固井。

(2) 对于水泥返高超过分级箍的井。

一级固井替浆碰压后，若放回水倒流，说明浮箍失灵。用上面(1)的方法处理，若处理后仍然倒流，关井候凝，测水泥返高，射孔，进行上部挤水泥补救。

3) 预防措施。

为防止一级固井碰压后放回压倒流的情况发生，应认真做好以下工作：①选用双浮箍设计，在套管串中使用两个浮箍，提高可靠性和保险系数；②彻底洗井和处理钻井液，保证钻井液干净，无杂物；③对于深井、高温井应考虑浮箍的耐温性和抗冲蚀性；④下套管防止向套管内落物；⑤水平井和大斜度井应采用复位性能好的弹簧式回位浮箍。

7.4.2　尾管固井

7.4.2.1　尾管坐挂不住

1) 原因分析。

尾管坐挂不住的原因主要有：①上层套管坐挂处磨损严重或不干净；②悬挂套管过重，超过了尾管挂的悬挂能力；③换轨摩擦装置摩阻太小(轨道式机械尾管悬挂器)，使换轨销钉不能进入长轨道，无法坐挂；④球与球座不密封(液压尾管悬挂器)憋压达不到坐挂压力；⑤坐挂销钉剪断压力偏小(指液压式尾管悬挂器)，液缸推力不够，不能形成足够的坐挂力；⑥尾管坐挂卡瓦硬度不够，属于尾管挂自身质量问题等原因。

2)处理方法。

尾管坐挂不住的处理方法分“机械式尾管挂”和“液压式尾管挂”两种情况对待。对于“机械式尾管挂”的处理方法是：可适当增加上提与下方的长度，更换位置反复坐挂；对于“液压式尾管挂”的处理方法是：若憋不住压，说明投下的球与球座不密封，可采取反复开泵、停泵使球活动就位，然后进行坐挂；若球与球座仍不能密封，但增大排量可憋起压力，可采取大排量憋压坐挂；若能憋住压力，则可更换位置、适当增加坐挂压力和适当延长坐挂时间，进行坐挂。

3)预防措施。

为防止尾管无法正常坐挂的情况发生，应注意以下几点：①按不同井深、尾管重量和井的复杂程度选择尾管悬挂器的类型，严把质量关；②上层套管的坐挂位置要选择环空水泥质量好、套管内无损伤且不是接箍处；③在下入尾管前，对坐挂位置要进行刮泥清洗，保证坐挂处清洁；④入井前认真检查尾管挂型号、质量、关键部位及部件尺寸，如憋压球、套管胶塞(空心塞)、钻杆胶塞等；⑤送入钻具应通径，以防憋压球和钻杆胶塞不能通过；⑥下入尾管及尾管悬挂器时，应严格执行操作规程，避免提前坐挂现象，以防损伤卡瓦。

7.4.2.2　尾管提前坐挂

1)原因分析。

对于尾管悬挂器提前坐挂的原因，不同类型的悬挂器有所不同。对于“轨道式机械尾管挂”，尾管悬挂器提前坐挂的原因主要是：下套管期间套管上下活动时，上提距离太长，造成换轨销钉提前换轨，引起提前坐挂；对于“液压式尾管挂”，尾管悬挂器提前坐挂的原因主要是：下套管期间开泵循环时，循环压力过高造成坐挂销钉提前剪断，发生坐挂。

2)处理方法。

不同类型的悬挂器提前坐挂的处理方法有所不同。对于“轨道式机械尾管挂”，处理方法是：上提解挂，再上提超过尾管挂的长轨道长度换轨，即可恢复正常，继续下入尾管，待下到设计位置时重新坐挂；对于“液压式尾管挂”，处理方法是：停止循环，上提尾管解挂，再慢慢下入尾管，到设计位置后再按操作程序进行坐挂(只能用加大排量加压坐挂)。若还需要很长的距离下到设计位置，最好起出套管，更换尾管挂部件后，再重新下入。

3)预防措施。

为防止尾管挂提前坐挂的情况发生，应严格执行尾管使用操作规程：①对于“轨道式机械尾管挂”，在下尾管过程中活动套管时，上提幅度不应超过其安全长度；②对于“液压式尾管挂”，在下尾管过程中循环钻井液时，尾管挂位置的套管内外压力差应小于坐挂销钉的剪切压力，一般要求循环表压小于坐挂销钉压力，以防坐挂销钉提前剪断发生坐挂；③对于循环压力高的井，可选用较高的坐挂销钉压力；④对于超深井及复杂井，可采用压力平衡式防提前坐挂悬挂器。

7.4.2.3　尾管固井没碰压

尾管固井替浆计量达到设计量而没碰压是指尾管固井过程中，注水泥结束进行顶替钻井液时，替入量已达到，甚至超过设计量，但没有碰压。

1)原因分析。

造成尾管固井替浆到量甚至超额但没碰压的原因主要有以下几个：

(1)钻杆胶塞与套管胶塞没有耦合。

在尾管固井替浆过程中，钻杆胶塞与套管胶塞(空心胶塞)没有耦合或没有充分耦合，在胶塞下行过程中会使两塞分离，不能成为一体，造成两塞无法隔离流体不能下行，或即使能下行，但也与水泥浆不同步，造成不能碰压。

(2)钻杆塞胶翼不密封。

在尾管替浆过程中，若钻杆塞磨损严重或胶翼变形，以及密封圈脱落，与套管塞耦合时，会发生耦合不完全或耦合后不能保证密封，会使空心塞销钉剪不断，耦合塞下不去，因此不能产生碰压。

(3)套管塞胶翼磨损或变形不能密封。

若尾管段较长或胶翼质量差、不耐高温，造成空芯塞或套管塞在套管内运行过程中，胶翼磨损或变形不能密封，会在碰压时泄漏，严重时不能碰压。

(4)套管塞剪切压力要合适。

套管塞剪切压力必须合适，剪切压力过小会使空心塞提前落井，或者两塞耦合时没压力显示，不能有效判断。剪切压力过大，由于两塞都由可钻性材料制成，会使套管塞销钉难以剪断，或者发生销钉孔变形，将剪切销钉挤弯使套管塞挤死不能下行，同时胶皮被击穿，流体窜流，使组合胶塞不能下行，不能碰压。

(5)中心管环空密封套短路。

对于高压井尾管固井或因井下情况复杂循环钻井液时间过长，同时存在循环压力高、压力波动严重等情况，可能会引起尾管挂中心管环空密封套(堵塞器)密封失效，尾管悬挂器环空密封套短路，造成不能碰压。

(6)尾管串中间短路。

若尾管串中某个部位发生破坏，如脱扣、断裂等情况，会使套管发生短路。套管短路可能导致不能碰压。

(7)计量误差。

如果流量计误差过大，记录替浆量达到甚至超过设计量，但实际替入量并没有到设计量，仍没有碰压显示，这时也可能认为不能碰压。

2)处理方法。

对尾管固井记录替浆计量超过设计量还没碰压的情况，处理方法应根据井的类型和施工的具体情况而定。通常处理方法如下：

(1)继续替浆量控制在不超过碰压座以下套管容积的一半。

尾管固井替浆时，若记录替浆量达到设计量但还未碰压，可以继续替入，但替入量不能超过碰压座以下套管容积的一半，否则，一旦替空将难补救。若上述方式不能碰压，可放回水观察是否倒流，若不倒流，起钻循环，若倒流，说明浮箍失灵，记录放回流体量，再计量替入。若还未碰压，则放回替入量。继续放回水，并计量，然后再替入，重复以上操作几次，以使浮箍复位。若浮箍一直不能复位，可以不立即起出中心管，但要活动中心管，并继续放回水，让水泥浆适当倒流，使超返水泥浆向下补充，防止水泥浆倒流而引起喇叭口处无水泥。

(2)直接结束替浆。

对于深井尾管、较短的尾管、对固井质量要求较高的气井尾管或固井后还要下钻钻进的尾管，若发现记录的替入钻井液量已够设计量，不能盲目地再继续替入，以防替空造成全井报废。在声幅测井时，若发现有少量水泥塞，下钻钻塞即可。

3)预防措施。

(1)保证胶塞质量。

选择质量合格的钻杆胶塞和套管胶塞，特别是胶翼的耐磨、耐温；耐压能力要符合要求；尺寸必须合适，过大会加速磨损，过小会影响密封效果。两塞耦合部位尺寸要合适，密封圈质量及装配要可靠。

(2)空心塞剪切压力要合适。

套管胶塞剪切压力必须合适，即不能太小，又不能过大。销钉剪切压力的大小，应保证空心塞在大排量循环时不会提前落井，在剪切时钻台压力表有压力显示；同时还要保证剪切体剪切销钉后，孔眼不变形；另外还要保证剪切压力误差要小。套管胶塞剪切压力一般选择为6～10MPa。

(3)严格检查下入套管。

下套管前，对准备入井的套管应按规定进行严格检查，检查内容主要包括：套管型号、钢级、尺寸、壁厚、扣型等是否正确，管体是否变形，丝扣是否损坏，是否有试压记录，是否有合格证等。确保入井套管质量，以防套管破坏而发生短路。

(4)及时校对流量计。

每口井固井施工完成后，流量计必须进行维护保养，并进行精度校核，其误差应控制在1%以内，以保证替浆量完成后即使没碰压，剩余量也不会形成太长的水泥塞，不影响完井的后期作业，仍可以直接交井。

(5)钻杆塞与套管塞耦合前应降低排量。

尾管固井替钻井液时，在钻杆塞到达套管塞之前，要将泵送排量降低到1m^3 以下，以防钻杆塞对空心塞冲击太大，造成空心塞提前落井不能与钻杆塞耦合。一般提前1m^3 左右降低排量，降低后的排量一般在0.5～1.0m^3。

7.4.2.4　施工过程尾管悬挂器中心管外环空密封套短路

1)原因分析。

尾管悬挂器中心管外环空密封套短路的原因主要有：①中心管外环空密封套自身质量问题；②倒扣后上提中心管距离过长，使中心管提出密封套，再插入时将密封套插坏，导致不能密封；③循环钻井液时间过长或经常活动钻具，由于钻具长时间振动或者经常上下活动，会使密封套内部磨损，降低密封能力；④循环压力过高，且压力波动严重，使密封套疲劳损伤，密封效果降低；⑤尾管悬挂器坐挂后，下压吨位不足，造成高压循环时，钻具反弹回缩，发生短路等。

2)处理方法。

尾管悬挂器中心管外环空密封套短路的征兆是循环压力突然降低，明显低于正常循环压力，前置液提前返出井口等。对于尾管悬挂器环空密封套短路的情况，应按以下方法处理：对于在固井以前发现尾管挂中心管外环空密封套短路的井，处理方法是：必须起出钻具，下入相应堵塞器插头进行尾管固井作业。若尾管挂顶部有回接筒，也可以用钻具连接回接头下入，与尾管回接筒连接，进行尾管固井作业。对于在固井过程中发现尾管挂中心管外环空密封套短路的井，处理方法是：应立即减小排量，增加钻具下压吨位，以减少短路漏失。碰压后或替浆量达到设计量后，马上将钻具起出井口，以防短路流出的水泥浆固住钻具。

3)预防措施。

为防止尾管挂中心管外环空密封套短路的情况发生，应认真做好以下工作：①下尾管前认真通井、循环洗井，处理钻井液性能，减小流动阻力；②开泵不能过猛，应减小激动压力，循环泵的上水要好，不要拆凡尔循环，以减小循环过程中的激动压力；③循环时间不要过长，对于较复杂的井，充分洗井并调整好钻井液性能后再坐挂尾管；④尾管挂操作过程中，上提钻具不要过长，要在规定范围之内，以防将中心管提出密封套；⑤坐挂后，尾管挂顶部用钻具加压相应的吨位，根据循环压力和施工压力情况确定下压吨位，一般为10~20t。

7.4.2.5　钻具提出中心管时上提阻力大

1)原因分析。

尾管固井替钻井液完成后，钻具提出中心管时，有时上提拉力远远大于送入钻具浮重，甚至出现无法提出的现象。上提阻力大的原因主要有：①反扣接头挂扣，在下压吨位期间，被倒开的送入工具反扣接头与尾管挂反扣接头发生咬扣，造成上提不动；②超返水泥浆稠化或增稠严重，流动性变差，黏滞力增加，使钻具上提阻力增大；③超返水泥浆被钻井液掺混和污染，流动性严重变差，流动阻力增加；④超返水泥浆过多，可能淹没钻具几百米，由于水泥浆的强触变性，使钻具上提阻力增加等。

2)处理方法。

替钻井液完成后，钻具上提阻力增加，应按以下方法处理。发生提不动现象时，处理方法是：这种情况多数是反扣接头挂扣，应使钻具旋转，使扣脱开，然后再进行上提钻具操作；对于上提钻具时阻力明显增加，悬重远远大于送入钻具浮重时，处理方法是：这种情况一般是超返水泥浆稠化、水泥浆与钻井液相容性差、水泥超返过多等原因造成的，应马上快速起钻，将钻具起出井口，以防水泥浆固住钻具，发生“插旗杆”事故。

3)预防措施。

为防止尾管固井钻具上提阻力大的情况发生，应认真做好以下工作：①尾管到开扣完成下压吨位时，不要再转动钻盘或顶驱，以防倒开的扣再咬住；②设计足够的稠化时间，满足固井施工、工具操作、起出钻具和循环出超返水泥浆的全过程，并留有附加时间；③水泥浆与钻井液相容性好，若水泥浆抗污染能力较差，应在水泥浆前、后和循环出的水泥浆后部使用隔离液；④合理设计水泥浆量，特别是深井和超深井，既要保证目的层的有效封固，又不能因水泥浆量过多而带来施工风险；⑤坐挂尾管悬挂器的各种操作要熟练，连续性要好，不要在操作过程中浪费时间。

7.4.3　预应力固井

预应力固井是指热采井固井，热采井固井前或水泥凝固前要给套管预应力，其固井施工和常规固井基本相同，固井中常出现的问题也类似，但预应力固井工艺的特点导致常出现的问题在常规固井中不存在，下文将进行详述。

7.4.3.1　地锚抓不住地层

1)原因分析。

预应力固井时，地锚抓不住地层的原因主要有以下几个：①地锚选型不合适，由于预应力固井使用的地锚有多种类型，不同类型的地锚适应不同的井型，有的地锚适用于软地层，有的地锚适用于较硬的地层，地锚选择不合适可能造成地锚抓地时易滑脱；②锚爪还没抓牢地层就开始提拉，使井壁破坏；③提拉过猛使井壁破坏；④锚爪处井径过大，锚爪吃入深度不够；⑤有时在固井前提拉力并固定好，在固井碰压时，发生压力冲击把地层拉坏等。

2)处理方法。

预应力固井时，地锚抓不住地层，应按以下方法处理：对于已抓住地层，但拉力不够，套管有上移现象的情况，处理方法是：应停止继续上拉，记住上拉吨位和套管伸长，把拉力放回，使套管坐回原吊卡位置，进行固井施工，替浆完成后，再将套管上提到原来提拉的伸长和吨位，并固定套管候凝；对于完全抓不住地层的情况，处理方法是：应停止上拉，使套管坐回原吊卡位置，改变水泥浆稠化时间，将底部100m套管使用速凝水泥浆，上部套管使用稠化时间较长的缓凝水泥浆，进行固井施工。待底部速凝水泥浆凝固时，上提套管到设计吨位，由于上部水泥浆黏滞力的影响，伸长可能达不到设计要求，并固定套管候凝。

3)预防措施。

预应力固井时，为防止地锚抓不住地层情况的发生，应认真做好以下工作：①根据地层硬度、井眼实际井径和预提拉力选择合适的预应力地锚；②提拉力时，应在锚爪抓牢后再进行上提；③上提拉力不要过猛，应缓慢上提；④若完钻时发现井径过大，可更换适应大井径的锚爪；⑤对于地锚抓地不太牢固的井，上提拉力和套管伸长后，先不要固定，放回原处，进行固井施工。待固井碰压结束后，再将套管提拉到固井前提拉的吨位和套管伸长，以防受固井碰压的影响。

7.4.3.2　上提拉力与套管伸长不吻合

1)原因分析。

在预应力固井时，地锚抓住地层后，上提拉力与套管伸长不吻合的原因主要有以下几个：①套管粘卡。下套管后，套管长时间不活动，套管与井壁发生粘卡，上提套管时，只是卡点以上套管被拉伸，因此拉力与套管伸长量不吻合。②固井碰压以后提拉套管。固井碰压后提套管时，时间衔接不及时，停止时间太长，水泥浆黏滞力会使套管在受拉时增加套管伸长阻力，因而达不到设计伸长。③采用双凝水泥浆进行预应力固井。采用双凝水泥法预应力固井时，下端水泥凝固后才能提拉套管，所以提拉套管时，上部水泥浆黏滞力会使套管受拉时增加套管伸长阻力，因此拉力与套管伸长不吻合等。

2)处理方法。

预应力固井时，发生上提拉力与套管伸长不吻合的情况，应按以下方法处理：对于还没进行地锚抓地操作的井，发现套管遇卡时，应先解卡再进行地锚抓地操作；对于进行地锚抓地操作后发现套管伸长与拉力不吻合的井，应固定套管，进行固井施工。在固井施工过程中，套管发生振动，会使拉力逐渐向下传递，当固井施工结束后，再测试同位置的悬重，若发现降低很多，可以补充并增加套管伸长。

3)预防措施。

预应力固井时，为防止上提拉力与伸长不吻合的情况发生，应认真做好以下工作：①固井前调整好钻井液性能，降低泥饼摩擦系数；②在提拉套管之前，需要长时间循环钻井液时，应定时活动套管；③使用足够量的套管扶正器，应每个套管加一只，既有利于套管居中，又有利于防套管粘卡；④若需要固井后再提拉套管的井，固井前应进行先提拉，固井时放回，固井碰压后再提拉到原处，并固定套管；⑤尽量不采用“双凝水泥法”进行预应力固井。

7.4.4 筛管顶部注水泥固井

7.4.4.1 下入管柱过程中分级箍提前打开

1)原因分析。

筛管顶部注水泥固井工艺的管串结构是(自下而上)：引鞋+筛管串+1~2根套管+盲管+封隔器+压差式分级箍+套管串。在下套管过程中有时会发生分级箍提前打开，其原因主要有以下几个：①套管快速下放时突然停止，套管内液体惯性产生较大的冲击力，使分级箍打开销钉剪断，分级箍打开；②套管快速上提，管内液体对分级箍产生较大回压，使分级箍打开销钉剪断，分级箍打开；③下套管过程中发生井漏，没有及时对环空补钻井液，形成套管内外压差，可能导致分级箍提前打开；④分级箍打开销钉剪切压力偏小等。

2)处理方法。

筛管顶部注水泥施工时，下入管柱过程中分级箍提前打开，应按以下方法处理：①若套管串能够起出，首先考虑起出套管，更换分级箍后再重新下入；②若管串无法起出，首先考虑下面的封隔器无法胀开，为防止水泥浆污染产层，可在水泥浆前面注入稠隔离液，在隔离液出分级箍时，关闭环空，将部分隔离液憋入分级箍以下环空内，再打开环空封井器，继续正常固井施工。

3)预防措施。

筛管顶部注水泥施工时，为防止下入管柱过程中分级箍提前打开的情况发生，应认真做好以下工作：①选择合适的分级箍剪切销钉压力，剪切压力误差要小；②下套管过程中，套管上提、下放速度要慢，并且速度要均匀；③防止下套管时发生井漏，万一发生漏失，要及时给环空补充钻井液；④对于井下较复杂的井，可选用自动灌浆可循环式盲板，既可以减小套管上提、下放的冲击压力，也可以在下套管中途循环，还能自动灌浆。因此，大大减少施工风险。

7.4.4.2 管柱下完后分级箍无法正常打开

1)原因分析。

管柱下完后分级箍无法正常打开的原因主要有以下几个：①分级箍受拉或受压而变形，打开套被挤住不能打开；②分级箍处在造斜井段而导致弯曲变形，打开套被卡死，不能被打开；③剪切销钉硬度偏大，使剪切孔眼变形，不能剪断销钉等。

2)处理方法。

筛管顶部注水泥施工发生管柱下完后分级箍无法正常打开时，应按以下方法处理：①下放或上提套管，改变分级箍受力状况，使分级箍处于中和点位置，然后再加压憋开分级箍；

②如若确实不能憋开分级箍时，可用专制的工具连接于钻具下端，下钻捅开分级箍打开套；③在以上办法都不能解决时，可采用射孔注水泥工艺固井。

3）预防措施。

为防止管柱下完后分级箍打不开的情况发生，应认真做好以下工作：①选择合适的分级箍剪切销钉压力，剪切销钉材料的硬度应小于剪切孔眼的硬度，剪切压力误差要小；②分级箍设计位置应放在井斜变化率较小的井段；③下完管串后固定套管时，应使分级箍处于中和点位置或距离中和点较近的位置。

7.4.5 打水泥塞作业

7.4.5.1 打完水泥塞起钻阻力大

1）原因分析。

打完水泥塞起钻阻力大的原因主要有以下几个：①水泥塞过长，水泥浆黏滞力大，增加钻具上提阻力；②水泥浆发生稠化，水泥浆结构力使钻具上提阻力增加；③水泥浆被钻井液掺混和污染，使水泥浆严重增稠，大大增加流动阻力等。

2）处理方法。

发现打完水泥塞起钻阻力增大时，应按以下方法处理：①快速起钻，起钻到水泥浆返高以上时，再开泵循环钻井液，并在循环时不断活动套管；②若起钻过程中，钻杆中钻井液不回流，说明钻杆内水泥浆已失去流动性，应快速上起。当起钻阻力很小时，说明钻具已超过水泥返高，可开泵试憋通，若能憋通，可循环钻井液，并活动套管。否则，继续起钻。

3）预防措施。

为防止打完水泥塞起钻阻力大的情况发生，应认真做好以下工作：①合理设计水泥浆体系和性能，根据井眼情况、对水泥塞的质量要求和施工时间确定水泥浆体系和性能，重点考虑密度、失水、流动性和稠化时间的合理设计，应因井下情况调整和优化，既能保证水泥塞质量，又能确保施工安全；②水泥浆体系与钻井液相容性好，施工前要做水泥浆抗污染试验，达到抗污染要求；③对于较长的水泥塞，应分两段打塞，即先打下面一段，当下面打完并循环正常后，再打上面一段，这样会大大减少施工风险；④对于较短的水泥塞、深井水泥塞、要求质量高的水泥塞，要使用水泥塞定位器，可大大降低事故发生概率，保证水泥塞质量。

7.4.5.2 水泥塞强度低或探不着水泥塞

1）原因分析。

水泥塞强度低或探不着水泥塞的原因主要有以下几个：①水泥浆体系存在问题或施工时水泥浆密度控制差；②水泥塞与钻井液掺混严重；③水泥浆被替空或基本替空等。

2）处理方法。

探塞时发现水泥塞强度低或探不着水泥塞，应按以下方法处理：①对水泥塞位置要求不严格的井，可在水泥塞顶部位置重新打水泥塞；②对水泥塞位置要求严格的井，如开窗井，必须钻掉原水泥塞，重新再打水泥塞。

3)预防措施。

为防止水泥塞打不住或质量差的情况发生，应认真做好以下工作：①认真做好水泥浆体系设计，并做好室内各种性能试验，各个性能指标必须达到设计要求，保证质量和施工安全；②根据井眼特点和水泥塞要求做好工艺设计，确定塞流顶替还是紊流顶替；③认真精确计量，特别是替浆量更要精确，必须使用两种以上计量手段，防止一旦一种计量方法发生故障时，无法确定替浆数量；④对于质量保证难度大的水泥塞要使用水泥塞定位器，利用替浆碰压来确定水泥塞位置，可使水泥塞准确定位，可大大减少事故，保证质量。

7.5　固井过程中复杂情况处理实例

固井过程中由于井下复杂、设备故障、违规操作、设计缺陷、水泥浆性能不达标等原因，导致出现复杂情况是不可避免的，但若精心设计、严格执行作业规程、做好每个环节的把关，就能够极大地减少复杂情况的发生。如果现场技术人员能熟练掌握处理复杂情况的方法和技巧也能够减少复杂问题的发生，甚至完全消除，保证施工安全。这里介绍几个固井过程中复杂情况的处理实例。

7.5.1　桩6－3井下套管开泵压力异常

7.5.1.1　基本数据

(1)井号：桩6－3井；

(2)井别：生产井；

(3)位置：胜利油田桩西区块；

(4)钻井开次：三开完钻；

(5)钻头尺寸×井深：ϕ215.9mm×4120m；

(6)套管类别及尺寸：ϕ139.7mm生产套管；

(7)井型：直井；

(8)钻井液密度：1.25g/cm^3；

(9)固井方式：常规一次注水泥。

桩6－3井井身结构如图7－6所示。

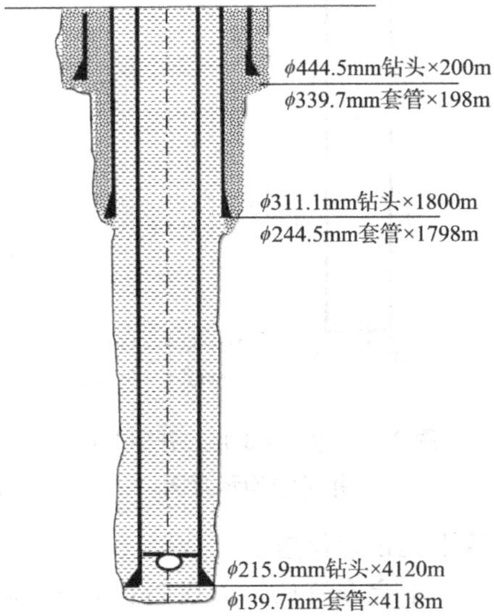

图7－6　桩6－3井固井前井身结构示意图

7.5.1.2　复杂情况

1)复杂现象。

桩6－3井下完套管后，开泵时泵压异常升高，排量为0.2m^3/min时，泵压为28MPa，井下无漏失。

2)原因分析。

根据泵压异常升高，而井下不漏失等现象特征，认为是套管内落物(钻井队当时并没有认可)。事故补救后，经进一步调查核实，事故是由套管通径规掉入井内而引起的。

7.5.1.3　处理方法

(1)循环观察。

经循环3h后，排量为0.2m^3/min时，泵压降低为25MPa。

(2)继续循环。

继续循环3h后，排量为0.2m³/min时，泵压降低为20MPa。

(3)加大排量循环。

将排量调至0.3m³/min时，泵压为26MPa，继续循环。

(4)逐渐提高循环排量。

按以上方式不断增加排量，一直保持高泵压循环，通过循环冲蚀，使堵塞缝隙不断冲大，经过28h的高压循环冲蚀，最后在排量1.2m³/min时，泵压降低为15MPa；满足固井条件，顺利进行固井施工。

7.5.1.4　处理结果

固井施工顺利，固井质量为优质。

7.5.2　郝3－8井下套管开泵失返

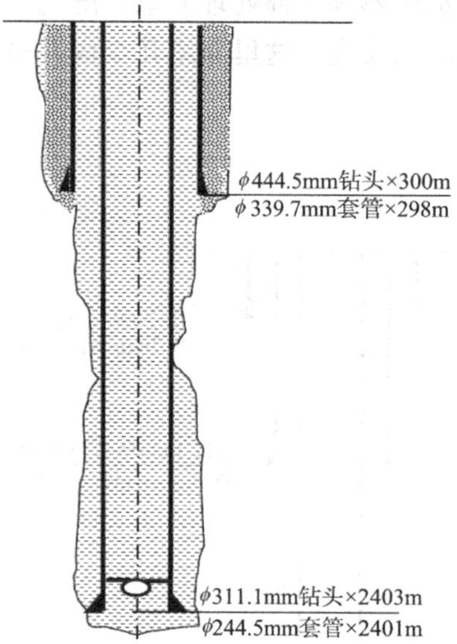

图7－7　郝3－8井二开固井前井身结构示意图

7.5.2.1　基本数据

(1)井号：郝3－8井；

(2)井别：生产井；

(3)位置：胜利油田郝家区块；

(4)钻井开次：二开完钻；

(5)钻头尺寸×井深：ϕ215.9mm×2403m；

(6)套管类别及尺寸：ϕ244.5mm技术套管；

(7)井型：直井；

(8)钻井液密度：1.37g/cm³；

(9)固井方式与设计水泥返高：常规一次注水泥，设计水泥返至井深1000m。

郝3－8井井身结构如图7－7所示。

7.5.2.2　复杂情况

1)复杂现象。

郝3－8井ϕ244.5m技术套管下至井深1200m遇卡，活动套管后解卡，下套管阻力增加，但下入基本顺利，套管下到设计位置。

下完套管后，以0.2m³/min小排量开泵，泵压为3MPa，压力不升高，井口不返钻井液；10min后，排量提高到0.5m³/min，泵压为6MPa，压力不升高，井口仍不返钻井液；20min后，排量提高到1.0m³/min，泵压为13MPa，压力不升高，井口仍不返钻井液；停泵，待研究处理措施。

2)原因分析。

根据以上现象，认为井下有严重漏失层，由于等排量泵入时压力不升，说明吃入量很大。根据钻井过程中在井深1200m左右存在井壁不稳，易粘卡钻现象；下套管时也有卡套管现象，分析认为：可能在井深1200m左右发生了井壁垮塌。

7.5.2.3　处理方法

(1)套管内挤水泥。

由于吃入量很大，按排量1.0m^3/min注入前置液和水泥浆，注入前置液3m^3(原设计5m^3)；注入水泥浆48m^3(原固井设计量没变)；注水钻井液压力6～15MPa。

(2)替钻井液碰压。

替钻井液正常，泵压8～18MPa；替入92m^3(原设计92.5m^3)；停止替入；由于是技术套管，为防止碰坏套管没有碰压。挤水泥流程如图7-8所示。

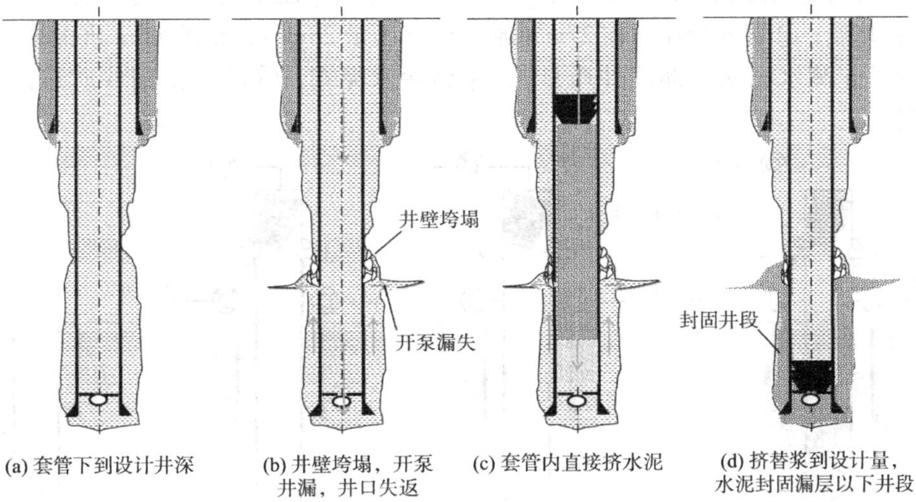

图7-8　郝3-8井ϕ244.5mm技术套管挤水泥流程示意图

(3)测固井水泥返高和固井质量。

水泥返至井深1120m位置，固井质量1900m以下为优质，1900m以上为合格。

7.5.2.4　处理结果

由于技术套管重点封固套管鞋以上100m，能够保证三开钻进和支撑上部套管重量，即达到固井目的。本次挤水泥固井质量优良，水泥返高与设计返高相差不大，而且上部井段没有要封隔的重要层位，因此，上部不再进行挤水泥作业。

7.5.3　胜3-2-2井固井胶塞没压下去

7.5.3.1　基本数据

(1)井号：胜3-2-2井；

(2)井别：生产井；

(3)位置：胜利油田胜利区块；

(4)钻井开次：二开完钻；

(5)钻头尺寸×井深：ϕ215.9mm×2350m；

(6)套管类别及尺寸：ϕ139.7mm生产套管；

(7)井型：直井；

(8)钻井液密度：1.22g/cm^3；

(9)固井方式：常规一次注水泥。

胜3-2-2井井身结构如图7-9所示。

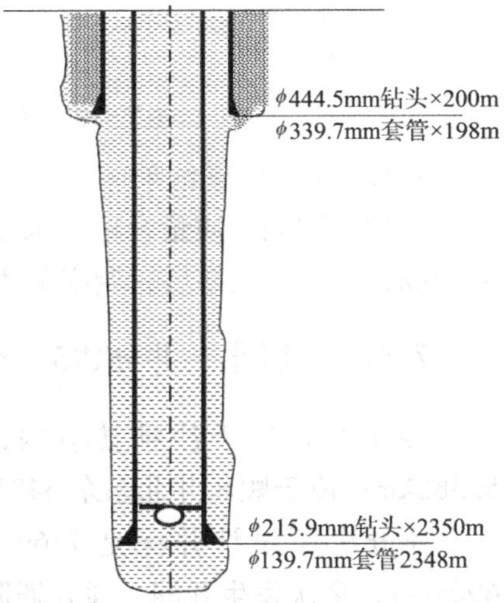

图7-9　胜3-2-2井二开固井前井身结构示意图

7.5.3.2 复杂情况

胜3－2－2井 ϕ139.7mm生产套管固井施工，设计注入水泥浆42m³，注入排量1～1.5m³/min，泵压1～4MPa，注水泥正常，在压碰压胶塞时，泵压突然升高到15MPa，后降至10MPa。分析认为可能是碰压塞遇卡后被击穿，停泵检查发现胶塞挡销没开到位，胶塞被卡死，胶翼被击穿。

7.5.3.3 处理方法

由于胶塞现场无法取出，采取以下步骤处理：①关闭压塞阀门，打开替钻井液管线阀门，替入钻井液；②替入量控制在27m³(原设计替入量28m³)，留约80m水泥塞；③候凝，测固井质量(先测水泥塞上部固井质量)；④钻除水泥塞；⑤测下部固井质量，套管试压(图7－10)。

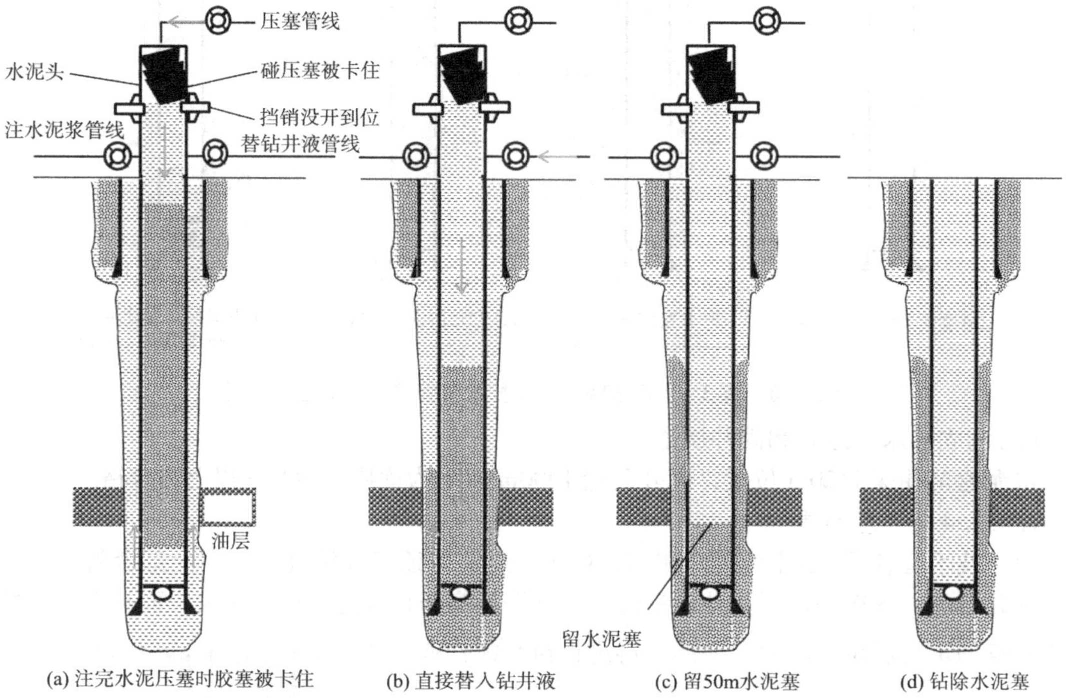

图7－10 胜3－2－2井油层固井卡胶塞事故处理示意图

7.5.3.4 处理结果

上部电测固井质量合格，水泥塞顶部位置井深3235m(承托环位置井深3331m)，留水泥塞96m；钻除水泥塞后，测底部固井质量合格；套管试压合格。

7.5.4 顺北1井 ϕ193.7mm尾管坐挂后开泵失返

顺北1井位于沙雅县境内，该井位于跃南1井南西192°2′3.37″方位，平面距离5.586km；位于顺8井北东东64°26′42.67″方位，平面距离29.333km。

本开次原设计井深是7369m，2013年8月31日钻进至火成岩浸入体(岩层顶深6905m)，多次发生井漏、通井遇阻、卡钻等井下复杂情况，后打水泥塞回填，在6056m处侧钻新井眼，中完井深6895m。

本开次井底温度较高，上下温差大，裸眼段较长，水泥浆静液柱压力高，漏失风险大。为预防漏失，本开次固井设计双凝双密度水泥浆体系。领浆采用密度1.45g/cm³的低密度水泥浆体系，有效降低环空液柱压力，防止漏失；尾浆采用密度1.88g/cm³的常规密度短侯凝体系，快速封固下部地层，领尾浆分界面定在6500m左右。

7.5.4.1 基本数据

(1)井号：顺北1井；

(2)井别×井型×完井方式：预探井×直井×先期裸眼完井；

(3)位置：油田名称：塔河油田顺托果勒低隆北缘；

(4)钻井开次：四开完钻；

(5)钻头尺寸×井深：ϕ241.3mm×6895m；

(6)套管类别及尺寸：ϕ193.7mm尾管；

(7)井底静止温度：137℃/6895m；

(8)钻井液密度：1.38g/cm³，其他性能见表7-1；

(9)固井方式：常规尾管注水泥；

(10)水泥浆体系：粉煤灰低密度水泥浆体系，密度为1.45g/cm³。

顺北1井井身结构见表7-2与图7-11。

表7-1 四开完钻钻井液性能

密度/(g/cm³)	黏度/s	塑黏/mPa·s	动切力/Pa	静切力/Pa	*FLAPI*/mL	*FLHTHP*/mL
1.38	60	21	9	3/10	2.6	8.6
泥饼/mm	pH值	含砂量/%	固含/%	Cl^-/(mg/L)	Ca^{2+}/(mg/L)	混油(原油)/%
0.5	9	0.1	15	17000	400	2%

表7-2 顺北1井井身结构数据

序号	钻头		套管			
	规格/mm	钻深/m	下深/m	规格/mm	壁厚/mm	封固井段/m
一开	660.4	300	299	508	12.7	0~300
二开	444.5	2600	2598.91	339.7	12.19/10.92/12.19	0~2600
三开	311.2	5082	5080	273.1	13.84	5082
四开	241.3	6895	6893	193.7	12.7	4630~6895

注：四开采用尾管悬挂，本开次悬挂器位置4932m±，重叠段150m

7.5.4.2 复杂情况

顺北1井ϕ193.7mm尾管下入顺利，开泵正常，循环排量1.8m³/min，泵压7MPa。循环一周后坐挂尾管悬挂器，坐挂顺利；开泵循环35min井漏失返，泵压7MPa，井口不返钻井液；降低排量开泵，井口仍不返钻井液。

7.5.4.3 原因分析及处理方法

根据憋泵现象分析认为，憋泵的原因是井壁掉块和沉砂在下完尾管循环时，没有完全返

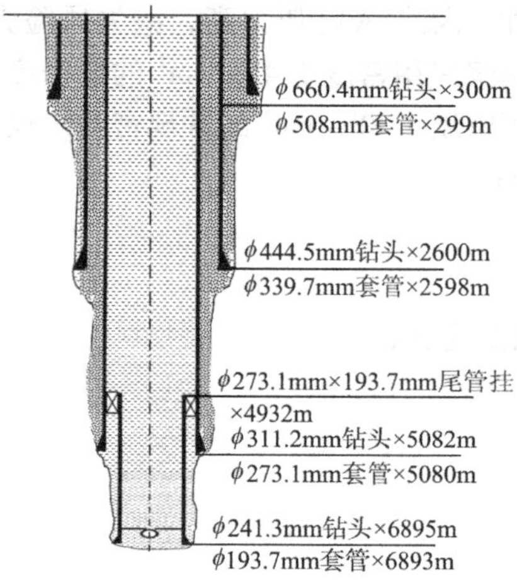

图 7-11 顺北 1 井固井前井身结构示意图

出井口，在坐挂尾管悬挂器过程中，部分沉砂又下落到尾管悬挂器下部，当尾管悬挂器坐挂后开泵时，沉砂逐步聚集在尾管悬挂器的卡瓦处，发生砂桥堵塞，导致憋泵。处理方法和步骤：①停泵静止 20min，使聚集的沉砂下沉，解除堆积；②以 $0.1m^3/min$ 的小排量开泵，堵塞解除，井口返出钻井液；③以 $0.1m^3/min$ 的小排量循环钻井液，泵压 6～7MPa 波动；④当泵压稳定（循环 25min，泵压为 6MPa）时，将排量提高到 $0.2m^3/min$；⑤以 $0.2m^3/min$ 的排量循环钻井液，泵压6～7MPa 波动；⑥当泵压稳定（循环 30min，泵压为 6MPa）时，将排量提高到 $0.3m^3/min$；以此类推，共循环 18h，排量提高到 $1.1m^3/min$，泵压为 6MPa，具备固井施工条件；⑦按固井施工排量不超过 $1.0m^3/min$，固井液柱压力不超过钻井液液柱压力，进行固井施工（图 7-12）。

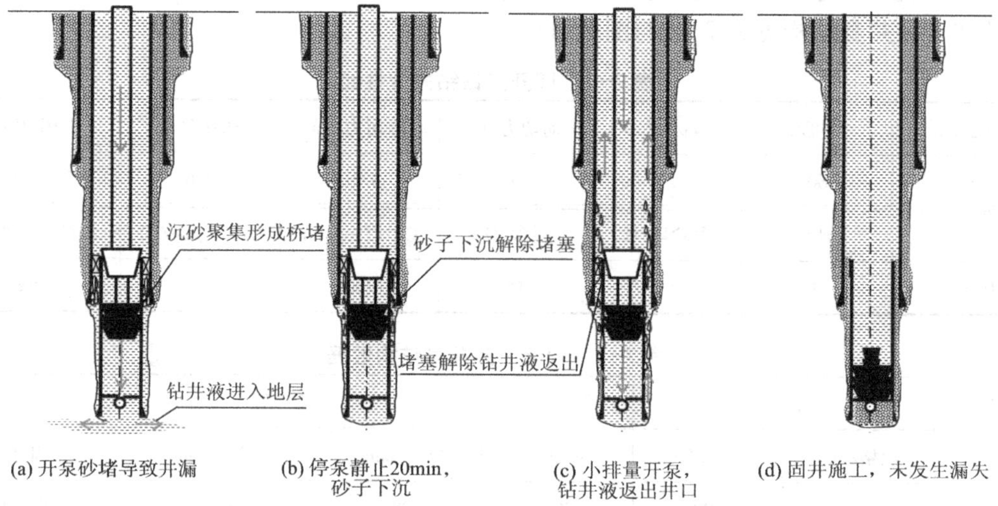

图 7-12 顺北 1 井 ϕ193.7mm 尾管开泵井漏处理步骤示意图

7.5.4.4 处理结果

固井过程未发生漏失，水泥返高超过尾管顶部，循环出超返水泥浆 $5m^3$，施工顺利；电测固井质量合格。

7.5.5 王 78 井注水泥过程憋泵

7.5.5.1 基本数据

(1)井号：王 78 井；

(2)井别：生产井；

(3)位置：胜利油田王家岗区块；

(4)钻井开次：三开完钻；

(5)钻头尺寸×井深：ϕ215.9mm×3907m；

(6)套管类别及尺寸：ϕ139.7mm 生产套管；

(7)井型：直井；

(8)钻井液密度：1.91g/cm^3；

(9)固井方式：常规一次注水泥。

王 78 井井身结构如图 7-13 所示。

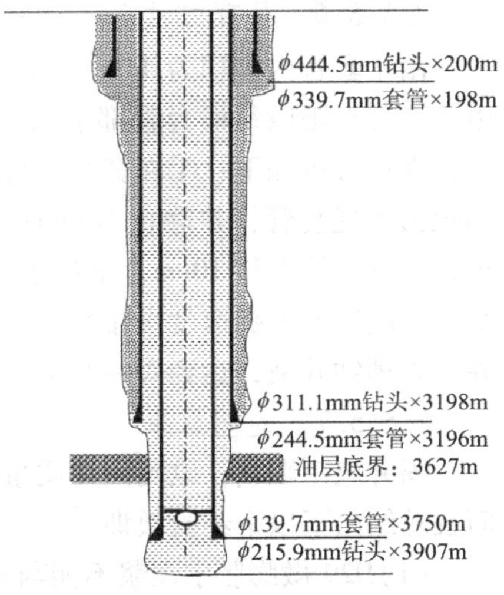

图 7-13　王 78 井固井前井身结构示意图

7.5.5.2　固井前基本情况

(1)ϕ244.5mm 技术套管下深 3196.32m。

(2)三开后钻井参数：钻压 14～15t；转速 65～70r/min；排量 1.7～1.8m^3/min；泵压 16MPa。

(3)最大井斜：2°(深度：3550m；方位：290°)。

(4)油气层情况：油层顶界 2760m；油层底界 3627m。

(5)地层破裂压力：地层破裂压力试验井深 3230m；钻井液密度 1.56g/cm^3；泵压 16MPa；当量钻井液密度 2.06g/cm^3。

(6)井下情况：起下钻正常，开泵顺利，完钻电测顺利。

(7)钻井液性能：密度 1.92g/cm^3；黏度 29s；失水 14mL；泥饼 1mm；切力 0/10Pa；pH 为 10。

7.5.5.3　固井措施

(1)固井排量要求：1.7～2.0m^3/min。

(2)钻井液性能要求：密度 1.87g/cm^3；黏度 30s；失水 14mL；泥饼 1mm；切力 0/10Pa；pH 为 11。

(3)注水泥前先注入 3m^3 浓度为 1% 的磺化丹宁溶液。

(4)水泥浆密度设计：1.90～2.0g/cm^3，平均 1.95g/cm^3。

(5)注入水泥浆 40m^3，其中：前 20m^3 加 0.3% 磺化丹宁，后 20m^3 加 0.3% 气锁膨胀剂 D29，采用双凝水泥浆体系结构，下部高压层采用微膨胀水泥浆体系。

(6)采取环空憋压措施。

(7)压塞液采用 3m^3 磺化丹宁溶液。

(8)注水泥设备：采用 2 台 AC-400 水泥车注水泥。

7.5.5.4　固井注水泥发生憋泵

固井施工开始正常，排量 0.8～1.2m^3/min；泵压 7～8MPa，在注水泥浆 36min，注入量为 35m^3 时，突然泵压由 8MPa 升高到 12MPa，被迫停注，再开泵顶压到 23MPa，无效，发生憋泵事故。

7.5.5.5　原因分析

经过对施工过程分析，可能是水泥浆提前稠化导致憋泵，通过室内模拟试验，磺化丹宁溶液和 D29 溶液以 5∶95 的比例掺混时，稠化时间仅为 37min，与开始注水泥浆施工到发生憋泵的时间(36min)基本吻合，这充分说明憋泵事故是由于 D29 微膨胀水泥浆与低浓度磺化丹宁溶液不配伍而引起的。

7.5.5.6 处理方法

由于套管内容积为45m^3，发生憋泵时注入水泥浆量为35m^3，因此，水泥浆未出套管，由于全部裸眼段每根套管都下入了弹性扶正器，套管粘卡的可能性较小，于是决定试起套管，操作过程如下：①在套管井口位置做标记；②在钻机额定负荷内以套管抗拉强度70%的拉力上提套管，并静止10min；③下放套管，使拉力负荷降为套管浮重；④观察套管标记，发现套管上移10cm，垫吊卡，证明套管没有卡死；⑤重复以上操作，18h提出了一根套管，随后的上提速度慢慢加快，上提相对越来越容易，经过20d将套管全部提出；⑥通井，处理钻井液，达到固井要求；⑦按原固井设计方案进行固井施工。

7.5.5.7 处理结果

固井施工顺利，电测固井质量优质。通过这次憋泵事故处理，不但挽救了一口事故井，而且总结出了以下经验教训：

(1)D29微膨胀水泥浆不能与低浓度磺化丹宁溶液掺混；

(2)使用套管扶正器不但可以提高水泥浆顶替效率，提高固井质量，而且有利于防止套管粘卡；

(3)固井使用新外加剂时，必须详细做好配伍性试验；

(4)固井施工过程中，应防止配伍性不好的不同配浆液或前置液掺混。

第8章　挤水泥补救工艺及应用

对于固井施工期间出现工程事故和固井测井后质量较差的井，以及投产后发现油水层窜通的井，一般要进行挤水泥补救，以满足后期生产作业的要求。常用的挤水泥补救工艺有四种：不射孔挤水泥(多为工程事故井补救挤水泥)、射单孔注水泥、射单孔挤水泥、射双孔挤水泥。

8.1　工程事故井补救挤水泥工艺

工程事故井补救挤水泥工艺是指对发生工程事故的井所采取的挤水泥补救措施的施工工艺，一般用在固井前下完套管开泵不返钻井液的井、固井过程中发生严重漏失的井、固井过程中发生水泥提前稠化、砂堵、井壁垮塌等造成憋泵的井。工程事故井挤水泥补救作业一般在套管内或环空内直接进行。

8.1.1　套管内直接挤水泥工艺

套管内直接挤水泥工艺是指对下完套管后，开泵无法建立循环的井，进行直接挤水泥作业的一种工艺。该工艺是在下完套管后开泵时，因井壁垮塌、砂堵、井漏等原因，造成井口环空不返钻井液，钻井液全部漏入地层，无法建立循环的情况下，采取的一种补救工艺。

8.1.1.1　工艺方法及特点

“套管内直接挤水泥工艺”的特点是：在套管内按原设计(未发生漏失时的固井设计)量和注入程序直接向套管内挤水泥；水泥浆通过套管鞋进入环空封固段；将钻井液挤入漏层；以实现事故井补救。使用“套管内直接挤水泥工艺”必须具备以下条件：①漏失点在产层以上，挤水泥后能封固产层；②漏失层吃入量大，能在泵送压力增加不大的情况下吸收套管内和漏层以下环空的钻井液以及附加的水泥浆量。其工艺方法是：按正常固井工艺方法施工。施工程序为：①挤入前置液、挤入水泥浆、压碰压塞；②替入钻井液、碰压；③放压、候凝、固井结束(图8-1)。用此方法挤水泥，漏层在目的封固段以上最为理想，其施工程序和正常固井一样，注入水泥浆量由吃入量大小而定，吃入量大时，可按原设计量注入，否则，注入量适当减少，以防挤不进去留在套管中，造成留水泥塞事故。“套管内直接挤水泥工艺”具有以下特点：①施工简单，只需要进行一次施工；②产层必须在漏层下部，否则，会漏封产层；③不能按设计封固段进行封固，若需要封固上部井段，还需要射孔挤水泥。

8.1.1.2　水泥浆性能要求

使用正常固井水泥浆体系，根据吃入压力可适当降低失水，延长稠化时间。

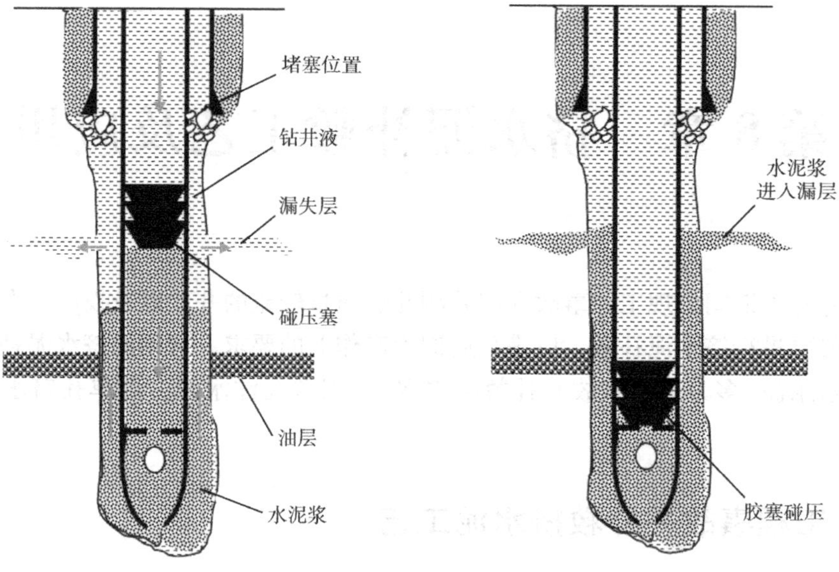

(a) 挤水泥，替浆，钻井液进入漏失层　　(b) 替浆，碰压，水泥浆进入漏失层

图 8-1　套管内直接挤水泥工艺示意图

8.1.2　套管内直接挤水泥及井口环空挤水泥回接工艺

套管内直接挤水泥及井口环空挤水泥回接工艺是指对上部有技术套管的井，套管下完后，开泵无法建立循环，进行直接挤水泥后再进行井口环空挤水泥回接的一种工艺。

8.1.2.1　工艺方法及特点

工艺方法是：在套管内按原设计(未发生漏失时的固井设计)量和注入程序直接向套管内挤水泥；水泥浆通过套管鞋进入环空封固段；将钻井液挤入漏层；完成漏层以下井段封固；再通过井口环空向下挤水泥回接，完成全部设计封固段的固井。“套管内直接挤水泥及井口环空挤水泥回接工艺”必须具备以下条件：①上部具有技术套管；②漏失层吃入量大，能在泵送压力增加不大的情况下吸收套管内和环空的钻井液以及附加的水泥浆量。其工艺方法是：按正常固井工艺方法施工后再环空回挤。施工程序为：①挤入前置液、挤入水泥浆、压碰压塞；②替入钻井液、碰压；③放压、候凝(完成漏层以下井段固井)；④关闭井口环空；⑤挤入前置液、水泥浆、后置液；⑥替钻井液；⑦水泥浆到漏层时停止替入、候凝，固井结束(图 8-2)。用此方法挤水泥，可解决漏层在产层下部的井的补救。该工艺与“套管内直接挤水泥工艺”相比具有以下特点：①可以按设计封固段进行封固；②产层在漏层上部也可以封固；③需要进行两次施工。

8.1.2.2　水泥浆性能要求

使用正常固井水泥浆体系，根据吃入压力可适当降低失水，延长稠化时间。

8.1.3　尾管内直接挤水泥及环空挤水泥回接工艺

尾管内直接挤水泥及环空挤水泥回接工艺是指在尾管下到设计井深后无法建立循环时，直接进行向尾管内挤水泥，使水泥浆从井底返至漏层，再进行环空挤水泥回接的一种固井工

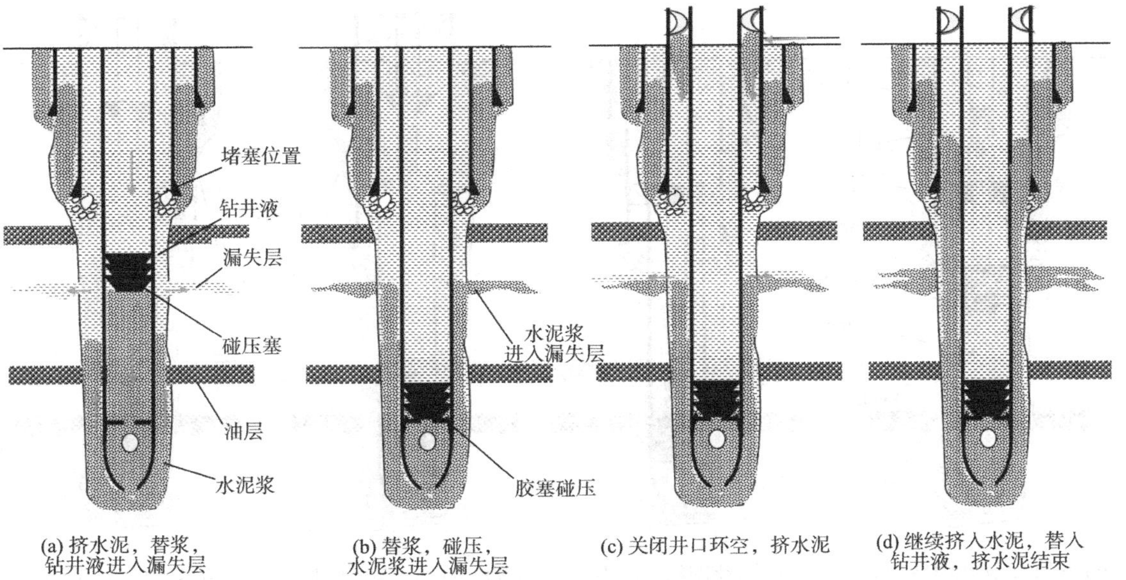

图 8-2 套管内直接挤水泥及井口环空挤水泥回接工艺示意图

艺。该工艺是因井壁垮塌、砂堵、井漏等原因造成尾管下完后无法开泵建立钻井液循环，而采取的一种挤水泥补救工艺。

8.1.3.1 工艺方法及特点

使用该工艺时，井下特点与“套管内直接挤水泥工艺”的井下情况类似，其施工程序和正常尾管固井一样，只是下部挤水泥后，可以从上部再次进行回挤水泥浆，以保证漏层以上井段及套管重合段的密封。施工程序为：①注入前置液、注入水泥浆、释放钻杆塞；②替入钻井液、钻杆塞与空心塞耦合、碰压；③放压、上提钻具起出中心管；④循环、候凝(完成漏层以下挤水泥固井)；⑤从钻杆注入前置液、水泥浆，并替钻井液；⑥前置液出中心管时关闭井口环空；⑦尾管环空回挤水泥；⑧水泥浆到漏失层停止挤入；⑨上提钻具、循环，候凝，挤水泥结束(图 8-3)。“尾管内直接挤水泥及环空挤水泥回接工艺”具有以下特点：①能按设计封固段进行封固；②可直接处理复杂情况，施工简单；③漏失层吃入量要大；④必须有封井器，可开关井口环空。

8.1.3.2 水泥浆性能要求

使用正常固井水泥浆体系，性能上根据吃入压力可适当降低失水，延长稠化时间。

8.1.4 尾管内下堵塞器注(挤)水泥工艺

尾管内下堵塞器(或回接插头)注(挤)水泥工艺是指将端部连接堵塞器的钻杆串下入到井内的尾管顶部，并将堵塞器插入尾管内进行注(挤)水泥的一种施工工艺。该工艺主要用于尾管悬挂器密封失效且尾管无法起出的井，尾管悬挂器密封失效后，无法进行固井作业，可利用该工艺进行补救。尾管内下堵塞器注(挤)水泥工艺分两种情况使用：一种是可以建立循环的情况；另一种是无法建立循环的情况。可以建立循环的情况是“堵塞器直接注水泥工艺”；无法建立循环的情况是“堵塞器直接挤水泥工艺”。对上部有回接筒的尾管悬挂器，可以利用回接插头代替堵塞器，完成以上注(挤)水泥作业。

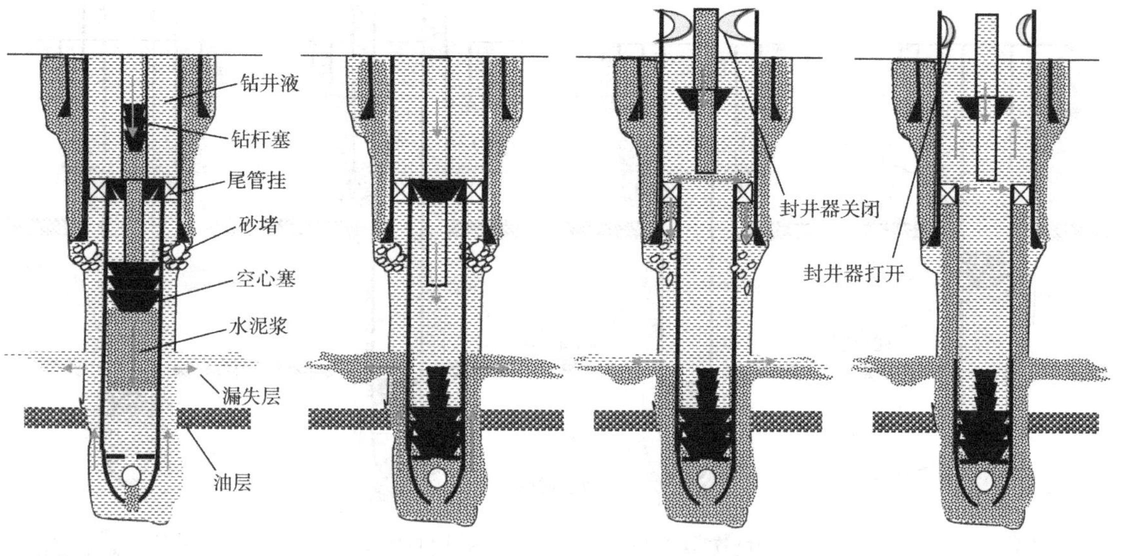

(a) 挤水泥，释放钻杆胶塞，替浆，钻井液进入漏失层　(b) 继续替浆，水泥浆进入漏失层，钻杆胶塞与空心塞偶合碰压　(c) 起出中心管，关封井器，从钻杆向环空挤水泥　(d) 环空挤水泥结束，开封井器，循环钻井液

图 8-3　尾管内直接挤水泥及环空挤水泥回接工艺示意图

8.1.4.1　可以建立循环的尾管注水泥

1)工艺方法及特点。

可以建立循环的尾管使用“堵塞器(或回接插头)注水泥补救工艺”主要针对以下两种情况：①在下入尾管后开泵循环时，发现尾管悬挂器中心管外环空密封套短路，部分(或全部)流体从尾管悬挂器泄漏，流体无法通过尾管内向管外循环，导致无法进行固井施工，但尾管又无法起出；②固井施工过程中尾管悬挂器中心管外环空密封套短路，造成固井失败，多数水泥浆从尾管悬挂器处泄漏，基本没有进入尾管环空，发现后可以将水泥浆循环出井口，保持循环畅通，但套管无法起出。以上两种可以建立循环的情况可采用尾管内下堵塞器(或回接插头)注水泥工艺进行补救。其施工程序和正常尾管固井基本一样，只是无胶塞碰压，根据具体情况在钻杆内可以使用钻杆胶塞隔离钻井液与水泥浆，也可以只用隔离液隔离，在套管内只靠隔离液隔离钻井液与水泥浆，注水泥后定量替泥钻井液，注意：必须留一段水泥塞，以保证底部固井质量。若使用带回接筒的尾管悬挂器，该工艺也可以用“回接插头”代替“堵塞器”，堵塞位置由套管内改为回接筒内，施工工艺和用堵塞器施工工艺相同。可以建立循环的尾管使用堵塞器(或回接插头)注水泥补救工艺施工流程为：①将端部连接有堵塞器的钻杆柱下入井内，将堵塞器插入尾管内；②开泵循环；③注入前置液、注入水泥浆、注入后隔离液；④替入钻井液；⑤留 50~100m 水泥塞，结束替浆；⑥放压、起出钻具、循环、候凝，固井结束(图 8-4)。“堵塞器(或回接插头)注水泥补救工艺”具有以下特点：①可按尾管固井原设计进行固井施工；②可直接处理复杂情况，施工简单；③必须可以建立循环；④由于无法碰压，必须留 50~100m 水泥塞。

2)水泥浆性能要求。

使用正常固井水泥浆体系，性能按原固井设计要求。

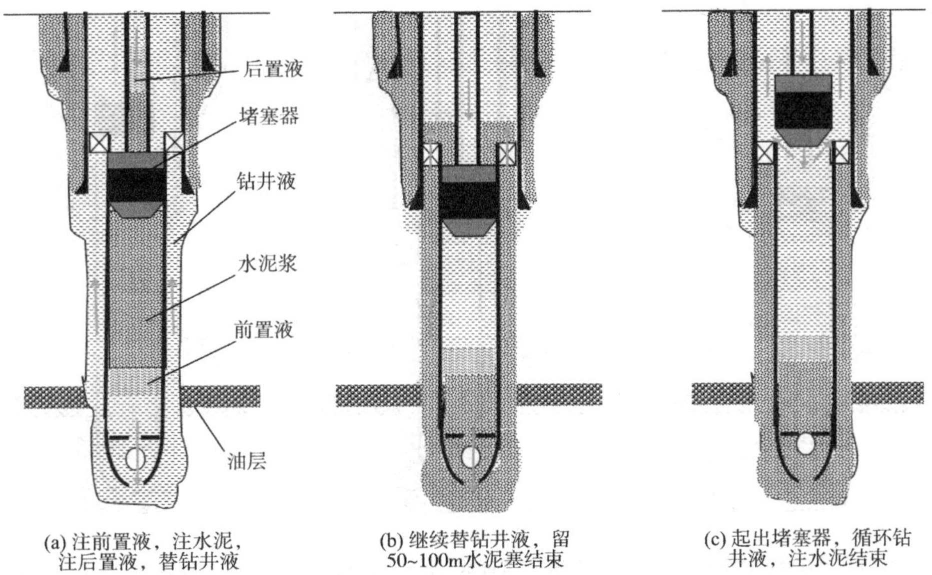

图 8-4　尾管内下堵塞器注水泥工艺示意图

8.1.4.2　无法建立循环的尾管直接挤水泥

无法建立循环的尾管使用堵塞器(或回接插头)直接挤水泥工艺，主要针对尾管固井施工过程钻杆胶塞与空心塞没有耦合或胶塞密封失效，导致未碰压，造成下部替空的井挤水泥补救作业。

1)工艺方法及特点。

对无法建立循环的尾管应用直接挤水泥工艺的必要条件是：替空段有易漏层，且有足够的吃入量。其施工程序为：①将端部连接有堵塞器的钻杆柱下入井内，将堵塞器插入尾管内；②试挤吃入压力和吃入量；③注入前置液、注入水泥浆、注入后隔离液；④替入钻井液，留 50~100m 水泥塞停止替浆；⑤起出钻具、循环、候凝，挤水泥结束(图 8-5)。“堵塞器(或回接插头)直接挤水泥工艺”具有以下特点：①可实现目的层的封隔；②只需要一次挤水泥，施工简单；③替空井段破裂压力不能太高，且要有吃入量；④由于无法碰压，必须留 50~100m 水泥塞。

2)水泥浆性能要求。

使用正常固井水泥浆体系，控制失水，提高流动性，延长稠化时间。

8.1.5　无法建立循环的尾管下钻杆挤水泥

无法建立循环的尾管“下入钻杆挤水泥工艺”主要针对尾管固井施工过程钻杆胶塞与空心塞没有耦合或胶塞密封失效，导致未碰压，造成下部替空的井挤水泥补救作业。

1)工艺方法及特点。

使用“下入钻杆挤水泥工艺”的井，一般替空段没有易漏层，吃入压力较高、吃入量较少。其施工程序为：①将钻杆柱下入井底；②关闭井口环空，试挤吃入压力和吃入量；③打开井口环空，注入前置液、注入水泥浆、注入后隔离液；④替入钻井液；⑤当前置液出钻杆时关闭井口环空，继续替入钻井液；⑥留 50~100m 水泥塞停止替浆；⑦打开井口环空、上

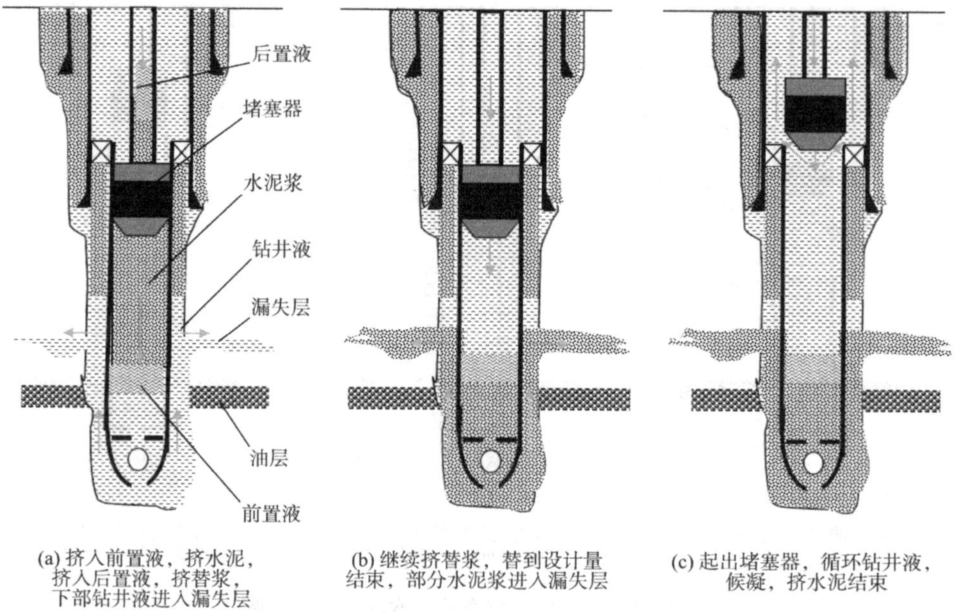

图 8-5　尾管内下堵塞器挤水泥工艺示意图

起钻具、循环、候凝，挤水泥结束(图 8-6)。“下入钻杆挤水泥工艺”具有以下特点：①可实现目的层的封隔；②适合替空井段破裂压力较高、吃入量较小的井；③必须有封井器；④由于无法碰压，必须留 50～100m 水泥塞。

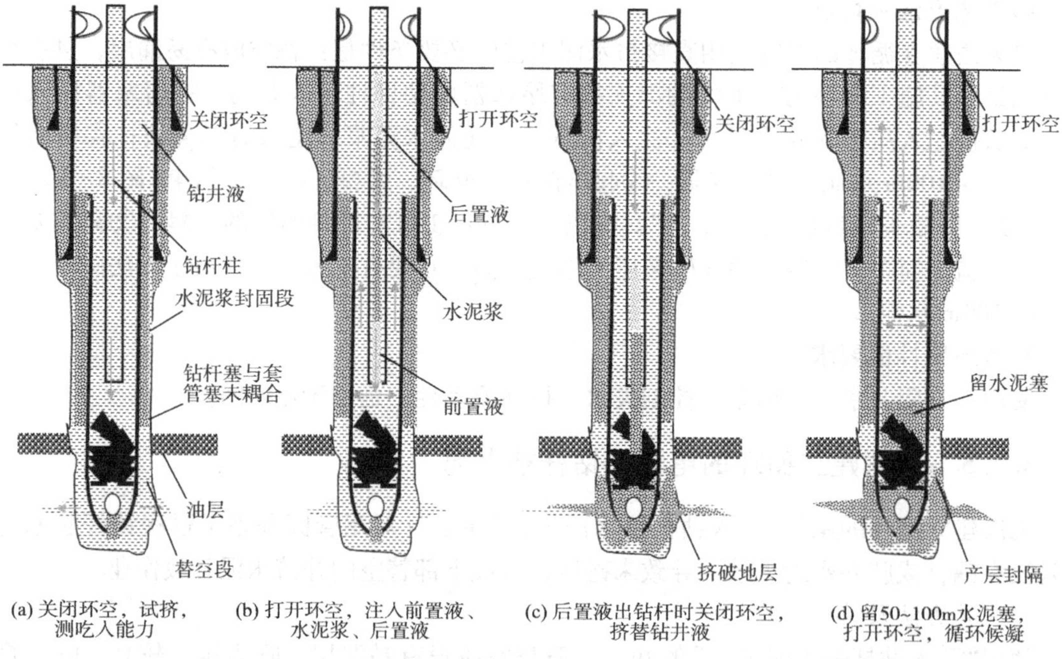

图 8-6　无法建立循环的尾管下钻杆挤水泥工艺示意图

2）水泥浆性能要求。

使用正常固井水泥浆体系，严格控制失水，提高流动性，延长稠化时间，控制挤入量。

8.1.6 用单流桥塞套管内挤水泥工艺

用单流桥塞(承转器)套管内挤水泥工艺是指将带有插座的单流桥塞坐封于套管内底部位置，再将端部连接插头的钻杆串下入井底，并将插头插入插座内进行挤水泥的一种工艺。该工艺一般适用于以下情况：①下套管后开泵时，环空不返钻井液，无法建立循环，且漏失层漏失压力高、吃入量较小的井；②固井时发生套管底部替空的井。“用单流桥塞套管内挤水泥工艺”具有以下特点：①可承载压力高，安全可靠，适合破裂压力高、吃入量较小的地层挤水泥；②由于单流桥塞上有单流阀，水泥浆不倒流；③需要专门坐封桥塞，工序较复杂；④成本高。

8.1.6.1 深井施工程序

对于较深的井，地层挤入压力较高，地层吃入量较小，应尽量减少多余液体进入地层，以减小施工压力，提高施工成功率。其施工程序为：①坐封单流桥塞；②下入装有插头的钻杆(或油管)柱，将插头插入桥塞插座孔内；③试挤，测量吃入压力和吃入排量，并记录；④拔出插入头、注入前置液、按设计量注入水泥浆；⑤当前置液到达钻杆柱底部插头时，将插头插入插座孔眼内；⑥按设计量挤入水泥浆、挤入后置液(或释放胶塞)；⑦挤替钻井液，使水泥浆到达设计位置，停止挤入；⑧起钻杆柱、循环、候凝，挤水泥结束(图8-7)。

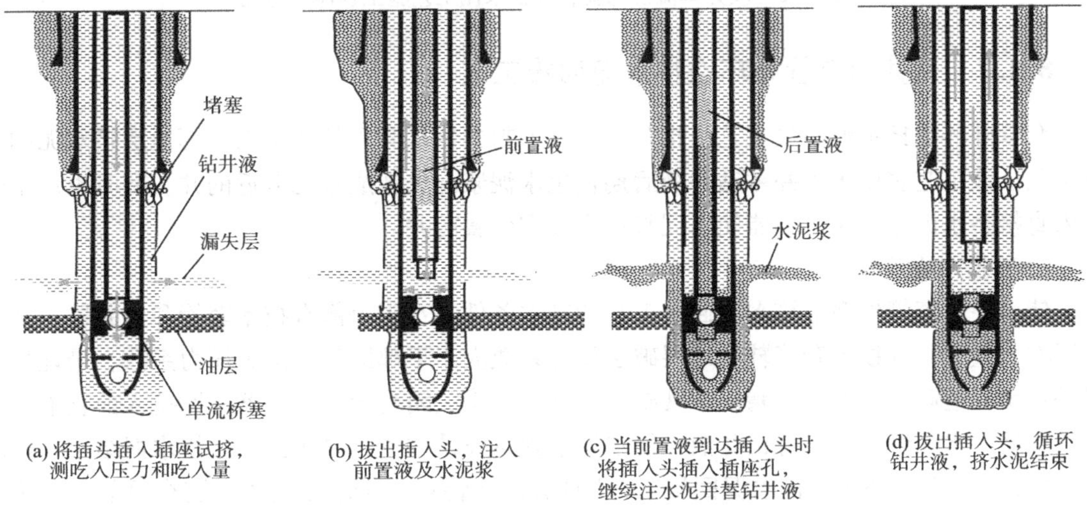

图8-7 深井单流桥塞套管内挤水泥工艺施工程序示意图

8.1.6.2 浅井施工程序

对于较浅的井，挤入压力较低，地层吃入量较大，为简便施工程序，提高施工速度，可将钻杆串内的液体直接挤入地层。其施工程序为：①坐封单流桥塞；②下入装有插头的钻杆(或油管)柱，将插头插入桥塞插座孔眼内；③试挤，测量吃入压力和吃入排量，并记录；④挤入前置液、按设计量挤入水泥浆、挤入后置液(或释放胶塞)；⑤挤替钻井液，使水泥浆到达设计位置，停止挤入；⑥起钻杆柱、循环、候凝，挤水泥结束(图8-8)。

8.1.6.3 水泥浆性能要求

当施工压力低时，使用正常固井水泥浆体系，适当控制失水，提高流动性，延长稠化时间，按原固井设计量注入；当施工压力较高时，在正常固井水泥浆体系的基础上，严格控制失水，提高流动性，延长稠化时间，控制注入量。

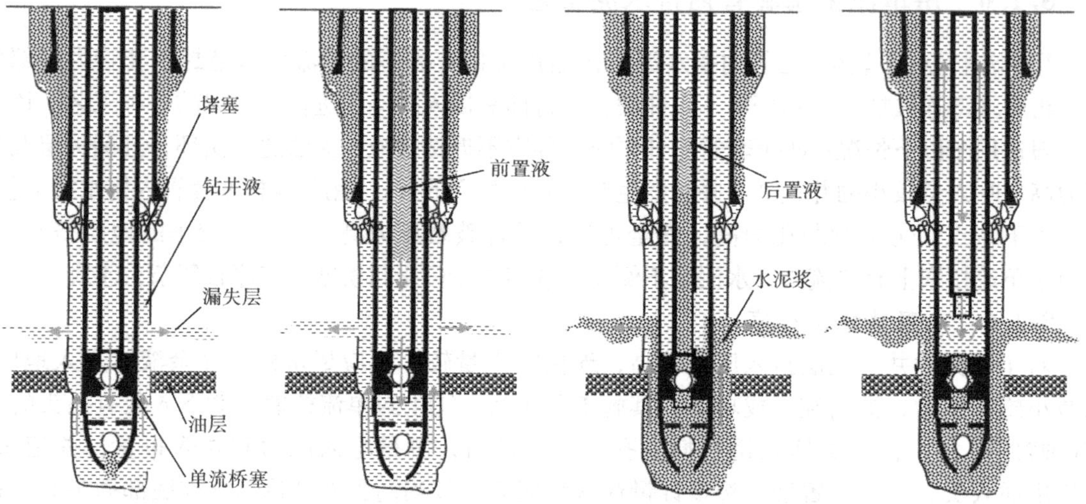

(a) 将插入头插入插座孔眼内试挤，测吃入压力和吃入量　(b) 挤入前置液及水泥浆，底部钻井液被挤入地层　(c) 挤入后置液，按设计量替入钻井液，水泥浆进入地层　(d) 拔出插入头，循环钻井液，挤水泥结束

图 8-8　浅井单流桥塞套管内挤水泥工艺施工程序示意图

8.1.7　从井口套管外环空挤水泥回接工艺

套管外环空挤水泥回接工艺是指关闭套管外封井器从套管外环空向下部地层挤水泥的一种工艺。该工艺多用于固井替钻井液后期发生水泥浆漏失造成水泥低返的井。有时也用于套管内直接挤水泥作业时，不能使水泥浆返到预定位置的井。

1)工艺方法及特点。

使用井口套管外环空挤水泥回接工艺的基本条件是：①上部有技术套管和封井器；②漏失层吃入量大；③技术套管鞋处地层破裂压力系数大于下部漏失层漏失压力系数，最理想情况是在水泥返高处只有一个漏层。其施工程序是：①关闭套管外封井器；②挤入前置液、按设计量挤入水泥浆；③挤替钻井液，使水泥浆到达设计位置，停止挤入、挤水泥结束、候凝(图 8-9)。“套管外环空挤水泥回接工艺”具有以下特点：①施工简单，安全可靠；②施工成本低；③技术套管鞋处地层破裂压力必须大于下部漏失层漏失压力；④要有技术套管和封井器。

2)水泥浆性能要求。

使用正常固井水泥浆体系和性能。

8.1.8　从井口套管外环空挤水泥固井工艺

从井口套管外环空挤水泥固井工艺是指对不能建立循环的井，采用关闭套管外封井器，从井口环空向下部目的井段挤水泥的一种固井工艺。该工艺多用于下套管后开泵循环时，井口不返钻井液，钻井液全部漏失进入地层，且漏失层在井底的井。

8.1.8.1　工艺方法及特点

使用井口套管外环空挤水泥固井工艺，必须具备以下条件：①上部有技术套管；②漏失

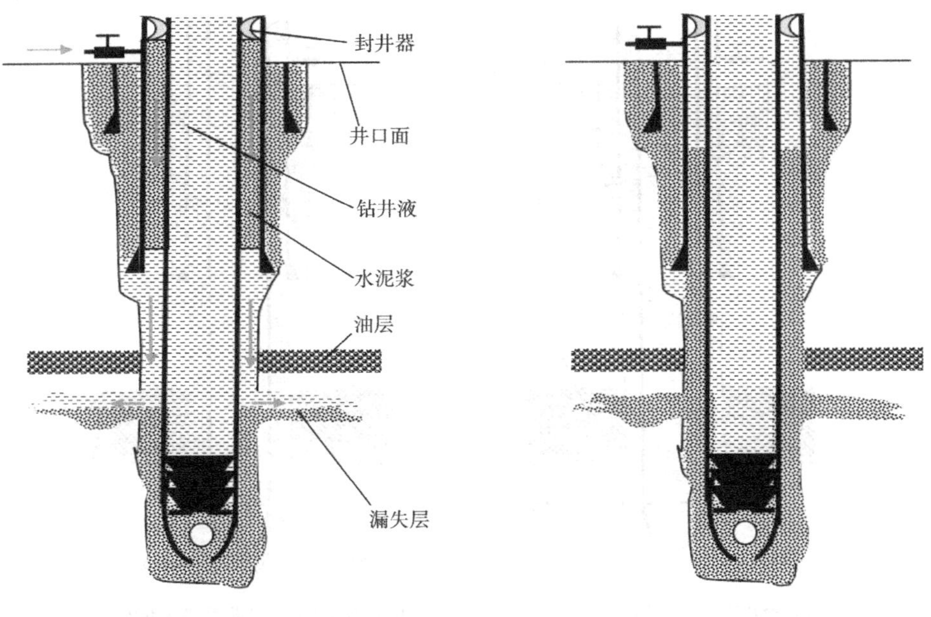

(a) 关封井器，挤入前置液，挤水泥，钻井液开始进入漏失层

(b) 替浆，水泥浆进入漏失层，到达设计位置停止替浆

图 8-9　从井口套管外环空挤水泥回接工艺示意图

层吃入量大；③漏失层在井底；④裸眼井段所有层位的破裂压力都大于井底漏失压力。其施工程序是：①关闭套管外环空封井器；②挤入前置液、按设计量挤入水泥浆；③挤替钻井液，使水泥浆到达设计位置，停止挤入、挤水泥结束、候凝(图 8-10)。“井口环空挤水泥工艺”一般设计水泥浆量时附加量偏大一些，使一些水泥浆进入漏失层，以提高套管鞋处的固井质量。若是技术套管固井，挤入水泥浆量稍多一些，还可以堵住下部漏失层，有利于下步钻进。“井口环空挤水泥工艺”具有以下特点：①施工简单，安全可靠；②施工成本低；③漏失层必须在井底，且技术套管鞋处地层破裂压力必须大于下部漏失层漏失压力；④要有技术套管和封井器。

8.1.8.2　水泥浆性能要求

使用正常固井水泥浆体系，控制失水。

8.1.9　尾管顶部环空挤水泥回接工艺

尾管顶部环空挤水泥回接工艺是指尾管固井低返时，从尾管顶部环空向下挤入水泥浆与底部水泥返高面回接的一种补救工艺。

8.1.9.1　工艺方法及特点

尾管顶部环空挤水泥回接工艺与套管外井口环空挤水泥回接工艺相似，区别是尾管顶部环空挤水泥回接工艺是利用钻杆(或油管)向环空注入水泥浆。施工条件是：①尾管固井时的水泥返高上部必须有漏失层；②漏失层必须有一定的吃入量，吃入量越大施工越容易；③漏失层越靠下，回接效果越好。漏失层若在技术套管底部，挤水泥后只能封固重合套管段。其施工程序为：①下入钻杆柱到尾管顶部；②开泵循环；③停泵、关封井器、试挤，测量吃入压力和吃入排量；④开封井器、注入前置液、注入水泥浆；⑤当前置液到达钻柱底部

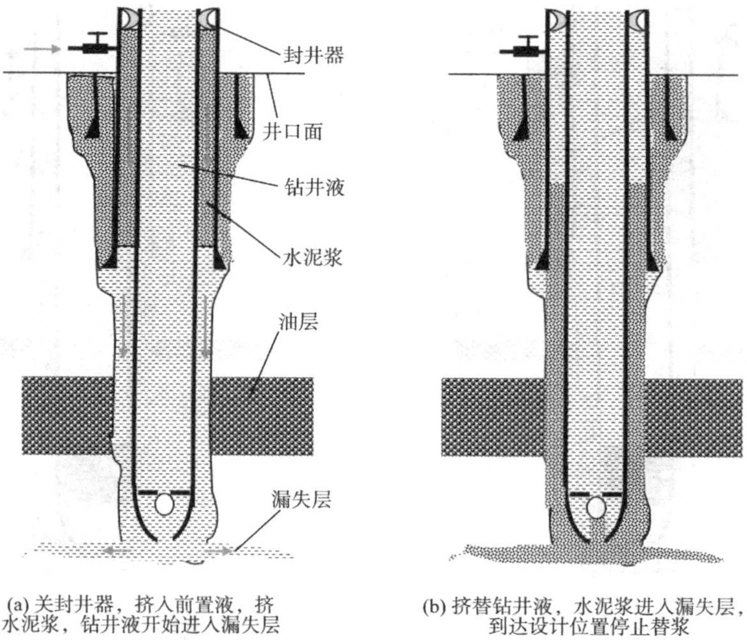

图 8-10　从井口套管外环空挤水泥固井工艺示意图

时关封井器，继续挤入水泥浆到设计量、挤替后置液、挤替钻井液，使水泥末端到达钻柱底部；⑥上提钻柱、循环、起出钻柱，挤水泥结束(图 8-11)。“尾管顶部环空挤水泥回接工艺”具有以下特点：①施工简单，安全可靠；②施工成本低；③技术套管鞋以下必须有漏失层；④要有封井器。

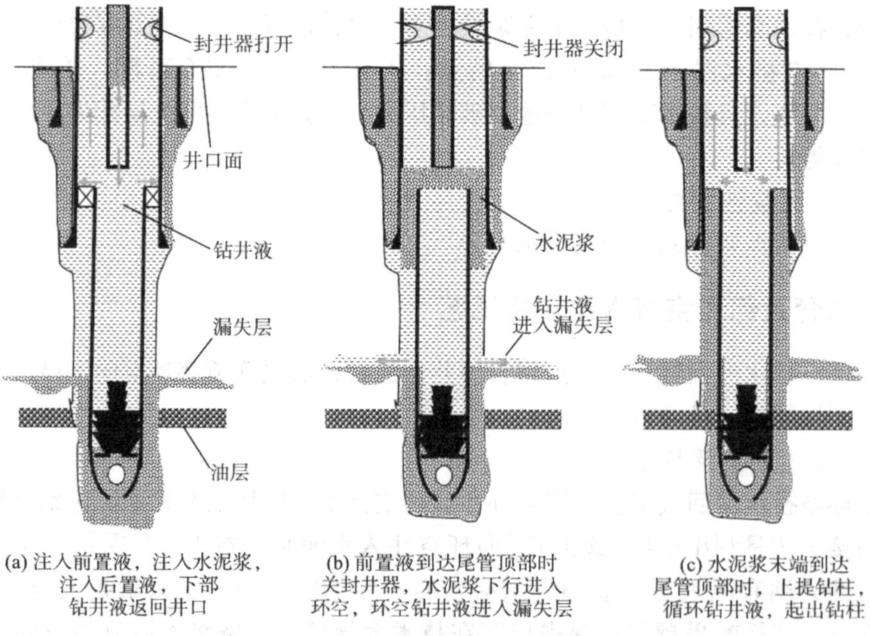

图 8-11　尾管顶部环空挤水泥回接工艺示意图

8.1.9.2　水泥浆性能要求

使用正常固井水泥浆体系，控制失水。

8.1.10　尾管环空内直接挤水泥固井工艺

尾管环空内直接挤水泥固井工艺是指对井底发生严重漏失的井，直接从尾管顶部环空向下部挤入水泥浆，使环空内钻井液全部进入井底漏失层的一种漏失井补救固井工艺。

8.1.10.1　工艺方法及特点

该工艺与从井口套管外环空挤水泥固井工艺相似。施工条件是：①漏失层在井底，下套管后不能建立循环；②严重漏失，吃入量大；③从井底以上到技术套管鞋井段的地层破裂压力系数均大于井底的漏失压力系数。施工工艺与尾管顶部环空挤水泥回接工艺大致相同。不同之处在于下完尾管后，套管内与环空和漏失层是连通的，挤水泥之前必须堵死其尾管内通道，不然，水泥浆会同时进入尾管内和尾管外环空，既造成尾管灌香肠(尾管内灌满水泥)，又造成环空水泥不足，影响固井质量。从尾管环空内直接挤水泥固井工艺施工流程为：下完尾管，开泵循环井口不返，压力在正常循环压力左右，不升高。说明井下严重漏失，且吃入量很大，这时，按以下步骤操作：①释放钻杆塞、泵送钻杆塞；②钻杆塞与套管塞耦合；③碰压、稳压10min；④上提中心管；⑤注入前置液、按设计量注入水泥浆(适当增加附加量)；⑥当前置液到达中心管时关封井器，继续注入水泥浆、注入后置液、替钻井液；⑦水泥浆尾部到达尾管顶部30～50m时结束替浆；⑧上提钻杆、循环、起出钻具，挤水泥结束(图8-12)。“尾管环空内直接挤水泥固井工艺”具有以下特点：①施工简单，安全可靠；②施工成本低；③可有效解决井底漏失固井难题，具有井底堵漏效果，对技术尾管再钻井非常有利；④能保证水泥封固高度；⑤井底漏失层必须具有较大的吃入量；⑥要有封井器。

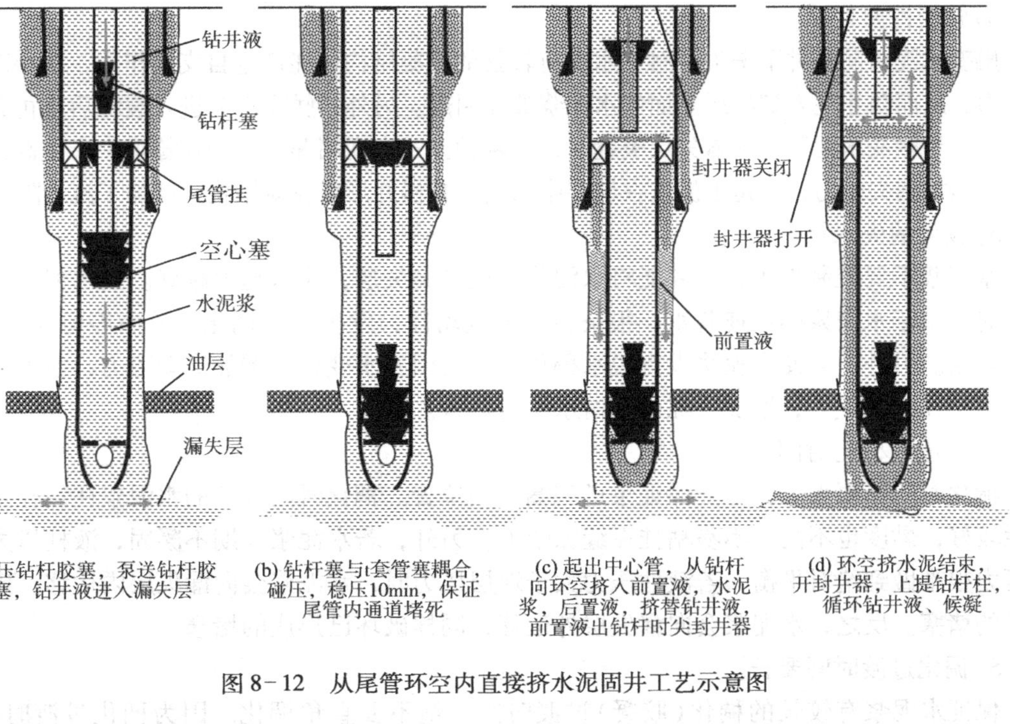

图8-12　从尾管环空内直接挤水泥固井工艺示意图

8.1.10.2 水泥浆性能要求

水泥浆可使用正常固井水泥浆体系，控制失水。

8.2 工程漏失井挤水泥堵漏工艺

工程漏失井挤水泥堵漏工艺是指钻井过程中或下套管前对井眼发生自然漏失的井进行挤水泥堵漏的一种施工工艺。自然漏失井是指因地层破裂压力低、井眼存在裂缝或破碎地层以及存在胶结性差的砂岩高渗层等，造成不能承受液柱压力和循环流动阻力所引起的压力负荷，而在钻井液循环过程中发生钻井液漏失。解决以上漏失的常规办法是调整钻井液性能进行堵漏，漏失较严重时，采用挤水泥的办法进行堵漏。对于不同类型的漏失，堵漏工艺方法也不一样。

8.2.1 裂缝破碎性地层挤水泥堵漏工艺

对于裂缝破碎性地层，在钻井循环过程中，当动液柱压力超过缝隙间的流体压力时，会发生钻井液漏失。为满足工程要求，液柱压力无法降低，因此，解决漏失的办法只有封堵漏失地层，最有效的方法是对破裂层采取挤水泥作业。

8.2.1.1 对水泥浆性能要求

1)较高的稠度。

水泥浆应有足够的稠度，较小的流动度，具有较大的流动阻力，使水泥浆到达地层缝隙时，能粘挂在岩石的缝隙上，从而积累增多堵塞缝隙。为了提高水泥浆黏度，可以在水泥浆中混入坂土粉增黏。

2)触变性要好。

触变水泥可防止井下漏失。触变水泥有较强的胶凝结构，能产生自支撑作用，减小对地层的压力，从而防止注入到漏层上面的水泥浆液面回落。另外，触变水泥进入裂缝后也可在裂缝中防漏。当触变水泥浆进入漏失层裂缝时，以两种方式实现堵漏：一是在缝隙中产生高的渗流黏度，增加漏失阻力；二是水泥浆在地层中的流速减慢并形成胶凝结构，增加了流动阻力。

3)较大的失水量。

水泥浆不要控制失水，只要能将水泥浆泵送到漏失层，失水越大越好。当水泥浆到达漏失层时，由于水泥浆的快速脱水，很快会失去流动性，发生脱水稠化，从而停留在缝隙中，形成堵塞。另外，即使水泥浆没有脱水稠化，也会因脱水变稠，增加流动阻力，使水泥浆进一步粘挂在缝隙壁上，增加缝隙中存留水泥的数量。

4)合适的稠化时间。

稠化时间不要太长，但要保证泵送到漏失层位置。稠化时间过长的水泥浆往往在早期流动性较好，黏度也不高，不易粘挂在缝隙壁上，另外，若水泥浆长期不凝固，液柱压力与地层压力很难做到绝对平衡，若液柱压力大于地层压力时，水泥浆会向漏失层内运移，破坏已形成的堵塞。反之，水泥浆会向漏失层外运移，同样破坏已形成的堵塞。

5)稠化过渡时间要长。

保证水泥浆有较长的稠化(胶凝)过渡时间，绝不要直角稠化。因为稠化过渡时间长，易控制水泥浆进入漏失层缝隙的时间，可控制水泥浆在进入缝隙后，使水泥浆进入稠化期，水泥浆进入稠化期后逐渐变稠，这时可慢慢将变稠的水泥浆送入漏失层缝隙，使接近凝固的水泥浆粘挂在缝隙壁上，形成永久性堵塞。若稠化时间过快，甚至直角稠化，稠化时间点是很难掌握的，一种可能是水泥浆没到漏失层就凝固了，钻塞后不起作用；另一种可能是进入漏失层内部离开了井壁缝隙再发生稠化凝固，也堵不住漏层。只有水泥浆刚进井壁缝隙就发生稠化凝固才能发挥效果，这种概率是相当低的，几乎不可能实现。

6)密度要求。

水泥浆的密度应接近钻井液密度，但是要保证挤入的水泥浆到漏失层时，后部的液柱压力小于或接近漏失层的流体压力，绝不能大于漏失层的流体压力，否则，水泥浆会自动漏入地层内，将无法控制堵漏水泥浆所在的位置。

7)添加纤维堵漏材料。

水泥浆中添加纤维，既能增加水泥浆的稠度，又能增加浆体的粘连性，同时，也增加水泥浆的缝隙桥塞能力。使水泥浆在缝隙的小间隙处形成桥堵，桥堵后的水泥浆在受到压差作用时，会快速脱水，发生稠化，形成永久性堵塞。

8)其他性能。

对于水泥浆的其他性能，没有特别要求，以节约成本和有利于安全施工为主。

8.2.1.2 挤水泥施工程序

裂缝破碎性地层挤水泥堵漏工艺的施工程序为：①将钻杆柱下入井内，置于漏失层以上50m 左右的位置；②关封井器，试挤，测吃入压力和吃入排量，评价吃入能力；③开封井器，挤入前置液、挤入水泥浆、挤入后置液、挤替钻井液；④当水泥浆快出钻杆时，关闭封井器；⑤继续挤替钻井液，水泥浆进入漏失层时降低泵送速度，控制排量在 0.1 ~ 0.3m^3/min，观察泵压；⑥若压力没有增加趋势，采取间歇式挤入；⑦若压力上升，可适当加大挤入速度，保证把水泥浆按设计量挤入漏失层内；⑧井眼内剩约 50m 水泥塞时，结束挤入；⑨起出钻杆柱、候凝(图 8-13)。注意：起钻速度要慢，中途不要循环，以防循环回压将堵漏的水泥浆推到漏层深部，起不到堵漏的作用。

8.2.2 破裂性漏失地层挤水泥工艺

对于破裂性地层，在钻井循环过程中，当动液柱压力超过地层破裂压力时，会发生钻井液漏失。为满足工程要求，无法降低液柱压力，解决漏失的办法只有提高地层破裂压力，对地层挤水泥是提高破裂压力的有效办法。

8.2.2.1 对水泥浆性能要求

1)较好的流动性。

水泥浆应具有较好的流动性，流动阻力小，水泥浆容易进入易破地层孔隙或被压破地层的裂缝内，凝固后提高地层的破裂强度。

2)触变性要好。

触变水泥可用于防止井下存在松软地层造成的破裂性漏失。由于触变水泥有较强的胶凝结构，能产生自支撑作用，减小了对地层的压力，从而防止由此产生的水泥浆液面回落。触变水泥也可用来防止破裂地层继续漏失。当触变水泥浆进入破裂漏失层时，以两种方式实现

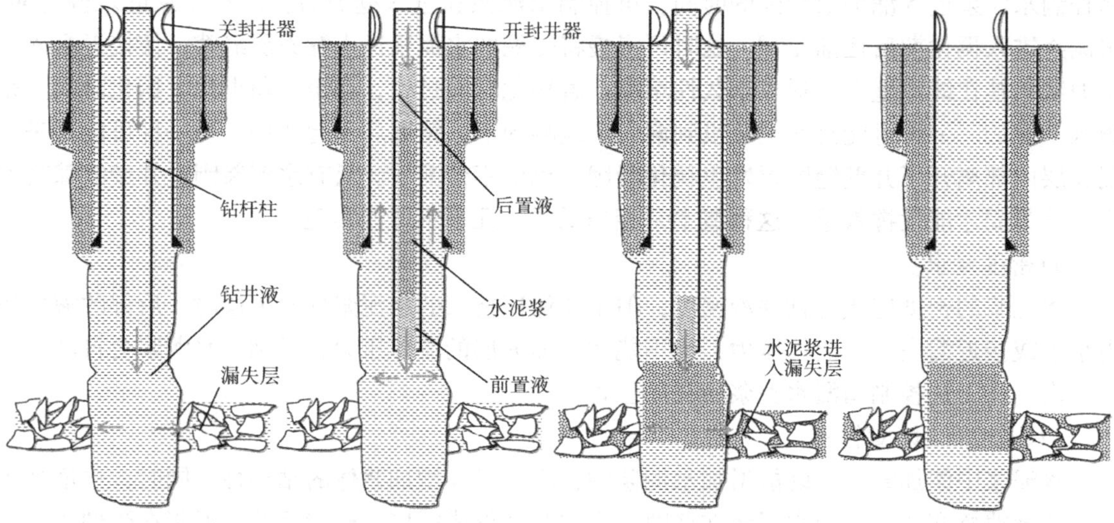

(a) 将钻杆柱下到漏失层以上位置，关封井器，试挤，测吃入压力和吃入量　(b) 注入前置液，注入水泥浆，注入后置液，替入钻井液　(c) 水泥浆前端出钻杆时关封井器，继续替入钻井液，必要时间歇替入　(d) 水泥浆末端出钻杆时停止替入，开封井器，慢慢起出钻杆柱

图 8-13　裂缝破碎性地层挤水泥堵漏工艺施工流程示意图

堵漏：一是在破裂缝隙中产生高的黏度，增加漏失阻力；二是水泥浆在破裂缝隙中的流速减慢并形成胶凝结构，增加了流动阻力。

3）较大的失水量。

失水量大的水泥浆在进入破裂地层后会失水变稠。当水泥浆到达易漏地层时，由于水泥浆的快速脱水，很快会失去流动性，发生脱水稠化，从而停留在易破裂地层中，凝固后能提高地层的承压能力。另外，水泥浆在进入部位脱水稠化后，此部位无法再进入水泥浆，这时，水泥浆会改道进入还没进入水泥浆的其他易漏地层，会发生与前面同样的现象，易漏地层全部进入水泥浆，凝固后，使地层承压能力极大提高。

4）适当延长稠化时间。

与裂缝性堵漏挤水泥相比破裂性漏失地层挤水泥的稠化时间可适当延长，特别是设计留在井眼内的水泥塞部分，稠化时间要更长一些。因为稠化时间长，可有较长的操作时间实施间歇挤入，使水泥浆进入全部易破裂地层，才能提高地层的抗破裂强度。即使水泥浆稠化时间再长，到地层内部脱水后也会稠化。延长稠化时间的目的是尽量使水泥浆进入更多的破裂点，提高堵漏效果。

5）延长稠化过渡时间。

保证水泥浆有较长的稠化（胶凝）过渡时间，因为稠化过渡时间长，易控制水泥浆进入易漏地层的时间，可在水泥浆开始稠化时根据剩余水泥浆量调整挤入速度，在稠化期挤入地层的水泥浆堵漏效果最好，最容易停留在漏失层。因此，延长稠化过渡时间，可使水泥浆尽可能地多进入地层，提高堵漏效果，并且有利于控制裸眼内的水泥塞长度。

6）密度要求。

水泥浆密度设计为阶梯式，前低后高，密度值按常规水泥浆密度进行过渡，过渡范围为：$1.5\sim1.9g/cm^3$。但是，替入水泥浆的流体液柱压力应接近或稍微高于原漏失层破裂压力，最好接近挤水泥后期压力，防止起出钻杆时回吐过多，影响挤水泥效果。

7)其他性能。

对于水泥浆的其他性能，没有特别要求，以节约成本和利于安全施工为主。

8.2.2.2　挤水泥施工程序

破裂性漏失地层挤水泥堵漏工艺的施工程序为：①将钻杆柱下入井内漏失层以下 10m 左右的位置；②开泵循环，调整钻井液性能，保证井下基本不漏失；③停泵，注入前置液、按设计量注入水泥浆、注入后置液；④替入钻井液；⑤当钻杆内水泥浆与钻杆外水泥浆平衡时，上提钻杆柱到水泥面以上 30m；⑥关闭封井器，挤替钻井液，水泥浆进入易漏地层，排量控制在 0.1 ~0.3m^3/min 并观察泵压；⑦若压力没有增加趋势，采取间歇式挤入；⑧若压力上升，可适当加大挤入速度，保证把水泥浆设计量挤入漏失层内；⑨留约 50m 水泥塞结束挤入、起出钻杆柱、候凝(图 8-14)。

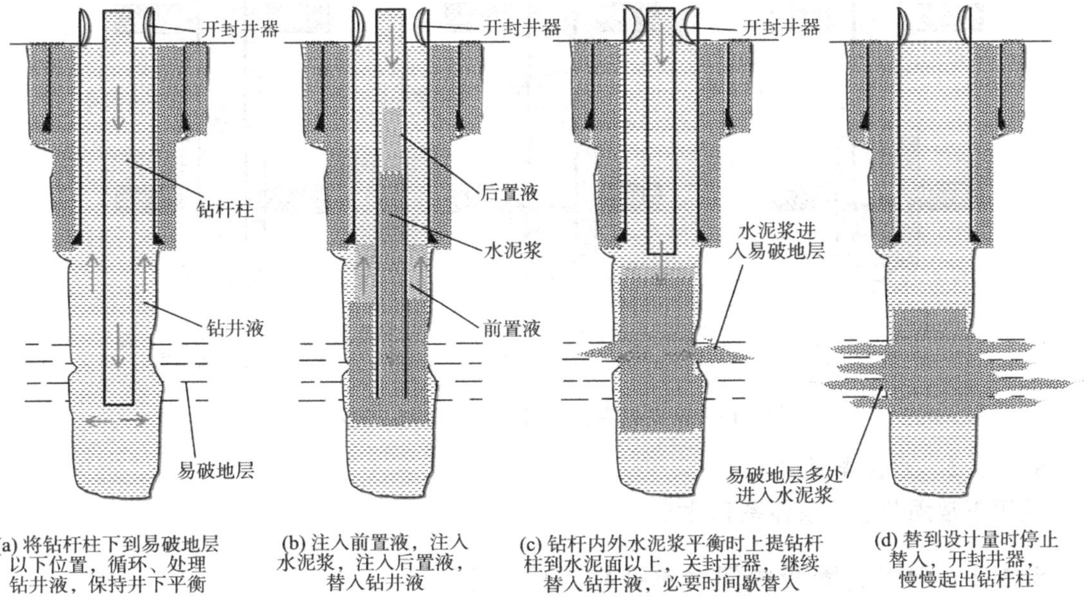

图 8-14　破裂漏失性地层挤水泥堵漏工艺施工流程示意图

8.3　固井质量不合格井挤水泥补救工艺

固井质量不合格井挤水泥补救工艺是指对固井后测井评价固井质量存在问题，无法投入生产的井，或已经投入生产后，发现层间串通的井进行挤水泥补救的一种工艺，多用于固井质量不合格井的修复。

8.3.1　水泥返高顶部射单孔注水泥工艺

水泥返高顶部射单孔注水泥工艺是指对固井施工发生水泥浆低返的井进行射孔挤水泥补救的一种施工工艺。该工艺多用于固井施工过程中发生井壁跨塌、砂堵、水泥浆脱水提前稠化等原因引起憋泵或发生井漏，以及水泥浆误差等原因造成水泥浆返高达不到设计要求的井进行补救作业。

8.3.1.1 工艺方法与施工流程

水泥返高顶部射单孔注水泥工艺方法是：采取在水泥面顶部射孔，建立循环通道，再进行注水泥固井，向上延伸水泥返高，使其达到设计要求。该工艺的施工流程是：①测井确定水泥返高；②在水泥返高顶部射孔；③用水泥车将环空顶通，建立循环，洗井；④注入前置液、注入水泥浆、注入后置液(或释放隔离塞)；⑤替入顶替液；⑥水泥浆尾部到射孔点以上50m左右停止顶替、关井候凝、施工结束(图8-15)。

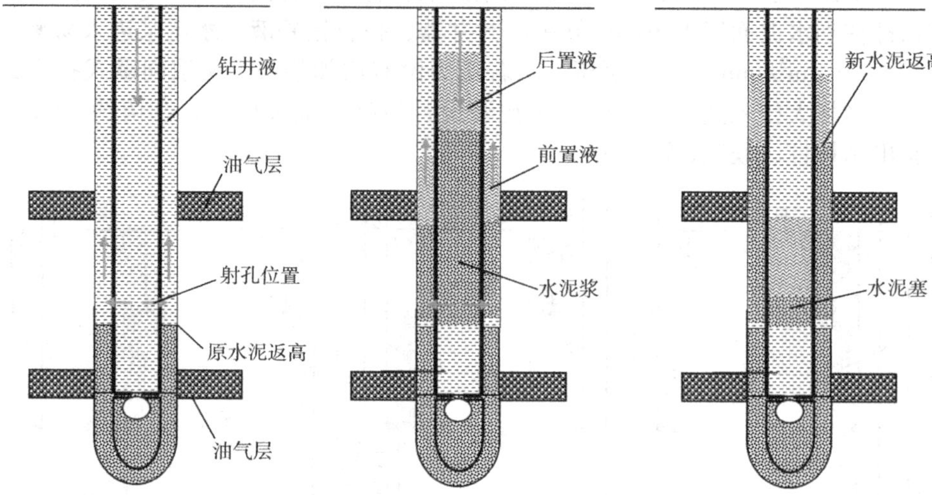

(a) 水泥面顶部射孔，建立循环

(b) 注入前置液，注入水泥浆，注入后置液，替浆

(c) 替将到射孔点以上位置，停泵，关井候凝

图8-15 水泥返高顶部射单孔注水泥工艺示意图

8.3.1.2 水泥浆性能要求

使用正常固井水泥浆体系和性能。

8.3.2 水泥封固段中间射单孔挤水泥工艺

水泥封固段中间射单孔挤水泥工艺是指对油层及水层封隔质量差的井进行油水层之间挤水泥补救的一种施工工艺。该工艺的施工条件是：①油水层距离较远；②油水层之间封固质量差，发生油水窜通，但渗流量较小。施工要点是：①选择离水层较近，离油层较远的部位进行射孔；②根据地层破裂压力和吃入量选择施工方法。

8.3.2.1 射孔位置地层破裂压力较小、吃入量较大的井

对于射孔点地层破裂压力系数较低，地层吃入量较大的井，可采取“封隔器挤入法”进行挤水泥施工。其工艺方法是：在离水层较近并且离油层较远的部位射孔，下入下部安装有封隔器的管柱，用水泥车向射孔地层注液，将地层压破并向地层内挤入水泥，把油层与水层封隔，消除油水间的互相窜通。施工程序是：①选择射孔位置，在固井质量差，距离水层较近的部位进行射孔；②将底部带有封隔器的管柱下入井内，封隔器置于射孔点上部30～50m处；③试挤，测量吃入能力，记录吃入压力和吃入排量；④挤入前置液、水泥浆、后置液；⑤挤顶替液；⑥解封封隔器；⑦上提管柱、开泵循环、起出管柱、挤水泥结束(图8-16)。

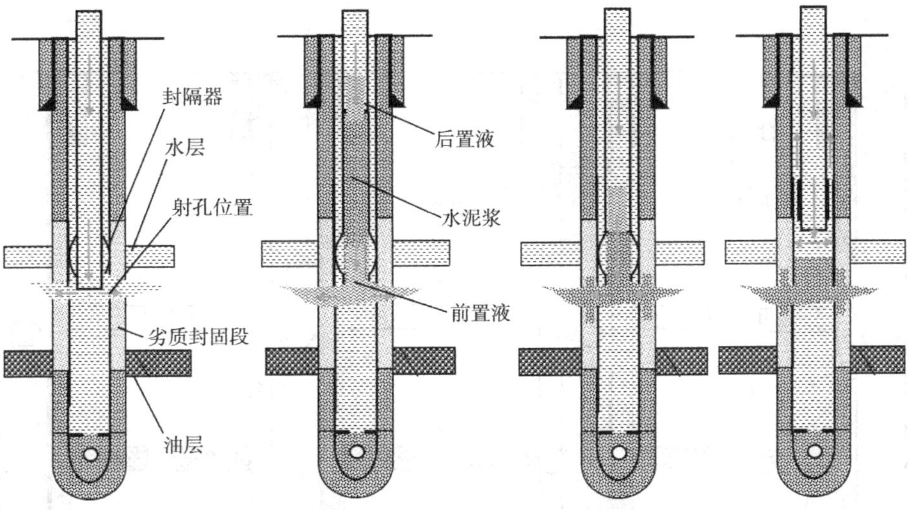

(a) 射孔，下入管柱，胀开封隔器，试挤　(b) 挤入前置液，挤入水泥浆，挤入后置液，挤顶替液　(c) 继续挤顶替液，水泥浆进入劣质封固段和地层　(d) 缩回封隔器，上提管柱，循环

图 8-16　用封隔器射单孔挤水泥工艺示意图

8.3.2.2　射孔位置地层破裂压力较大、吃入量较小的井

若地层破裂压力系数较高，地层吃入量较小时，可采用"单流桥塞(承转器)挤入法"进行挤水泥施工。其施工方法是：在离水层距离较近并且离油层距离较远的部位射孔，向井内送入单流桥塞坐封于射孔点以上位置，向井内下入带有插头的管柱，并插入桥塞的插座孔内，用水泥车向射孔地层泵入液体将地层压破，并向地层内挤入水泥，把油层与水层封隔。施工程序是：①选择射孔位置，在固井质量差，距离水层较近的部位进行射孔；②坐封单流桥塞；③将底部带有插头的管柱下入井内，并将插头插入桥塞插座内；④试挤，测量吃入能力，记录吃入压力和吃入排量；⑤拨出插头，挤入前置液、水泥浆、后置液、顶替液；⑥前置液到插头时，插入插头，继续顶替；⑦水泥浆尾部到插头时，上提管柱、开泵循环、起出管柱，挤水泥结束(图 8-17)。

8.3.2.3　水泥浆性能要求

对地层破裂压力较小、吃入量较大的井，采用常规固井水泥浆体系，控制失水，提高流动性，可适当增加注入量。对地层破裂压力较大、吃入量较小的井，采用低失水水泥浆体系，控制失水(为 0 或小于 10mL)，提高流动性，可选用超细水泥。

8.3.3　修复段两端射孔注水泥补救工艺

修复段两端射孔注水泥补救工艺是指在发生油水窜通的井段两端分别射孔，使其连通并进行注水泥作业，以实现有效封隔的一种挤水泥补救工艺。对于油水层之间固井严重窜槽、封固质量很差，水层与油层有明显窜通现象的井段，由于预计修复段连通性好，若使用单孔挤水泥作业，会把水泥挤入油层，对油层造成污染。为保护油层，应采用射双孔挤水泥工艺，既能提高挤水泥效果，又能保护产层。射双孔挤水泥工艺方法是：在油层上下或油水层之间，间隔一段距离两处分别射孔，下入管柱及封隔器(或单流桥塞)，使两射孔位置在管内隔开，在环空建立循环，并通过管柱注水泥，封隔油水层。该方法一般根据环空修复封固段的长度和环空挤通压力大小选择封隔工具和具体施工工艺。

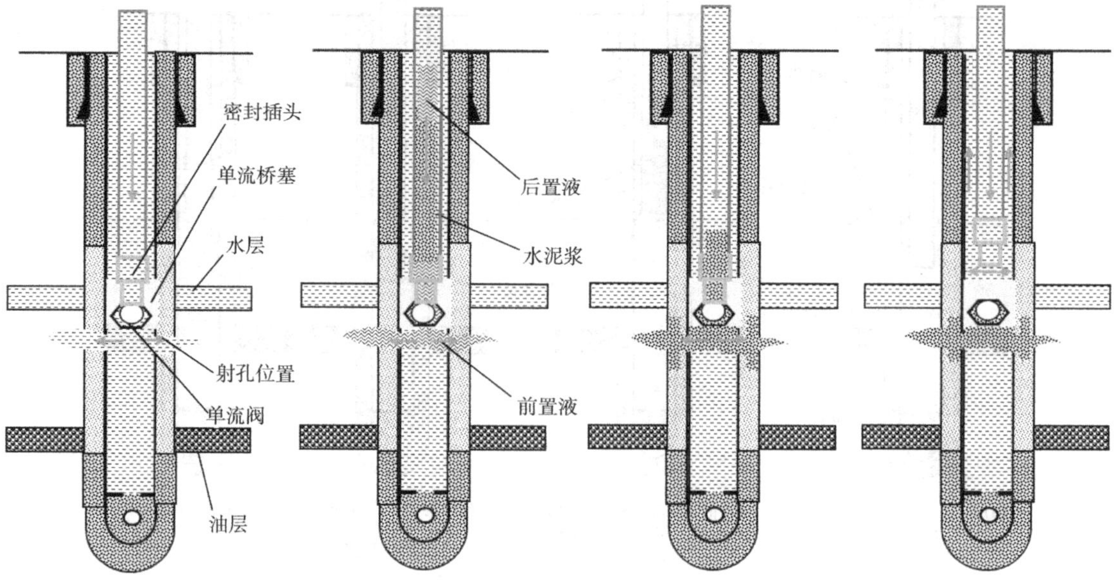

(a) 射孔，坐封桥塞，下入管柱，插头插入桥塞插座，试挤　(b) 挤入前置液，挤入水泥浆，挤入后置液，挤顶替液　(c) 继续挤顶替液，水泥浆进入劣质封固段和地层　(d) 上提管柱，拔出插头，循环

图 8-17　用单流桥塞射单孔挤水泥工艺示意图

8.3.3.1　管柱-封隔器组合射双孔注水泥补救工艺

管柱-封隔器组合射双孔注水泥补救工艺就是在修复段两端射孔，通过下入带封隔器的管柱建立两孔间的循环通道并进行注水泥的一种施工工艺。对于环空修复段较短且窜通明显的井，这种情况下两射孔点距离较近，需要顶通的压力较低，一般封隔器可以承受，因此，可采用"管柱-封隔器组合射双孔注水泥补救工艺"进行施工。工艺方法是：在修复段套管上下位置各射一处孔，下入底部装有封隔器的管柱，将封隔器坐封于两孔之间，把环空顶通，进行注水泥作业。施工程序为：①在修复段套管上选择上下两处位置射孔；②下入底部装有封隔器的管柱(小钻杆或油管)，将封隔器置于两射孔点之间；③胀封封隔器，开泵顶通环空、循环；④注入前置液、水泥浆、后置液；⑤替入顶替液；⑥替到管内水泥浆尾部在上射孔位置上部时停泵；⑦缩回封隔器，上提管柱到上射孔位置以上；⑧循环、起出管柱，注水泥结束(图 8-18)。注意：挤水泥后必须留与封固段同等长度的水泥塞，以保证封固段水泥浆不倒流。水泥浆凝固后将水泥塞钻掉即可。

8.3.3.2　管柱-单流桥塞组合射双孔注水泥补救工艺

管柱-单流桥塞组合射双孔注水泥补救工艺就是在修复段两端射孔，通过在套管内两射孔点之间坐封单流桥塞，再下入管柱建立两孔间的循环通道并进行注水泥的一种施工工艺。若要修复的封固段比较长，两射孔处距离较远，或者修复段窜通不严重，需要顶通的压力比较高，这种情况封隔器的承压能力一般达不到要求；另外，封固段长，注水泥后倒流现象也比较严重，因此需要采用"管柱-单流桥塞组合射双孔注水泥补救工艺"。工艺方法是：在修复段套管上下位置各射一孔，下入单流桥塞坐封于两孔之间，再下入装有插头的管柱，并将插头插入桥塞插座内，开泵把环空顶通，进行注水泥作业。施工程序为：①在修复段套管上下选择两处射孔位置射孔；②在套管内下入单流桥塞坐封于两射孔点之间；③下入装有插

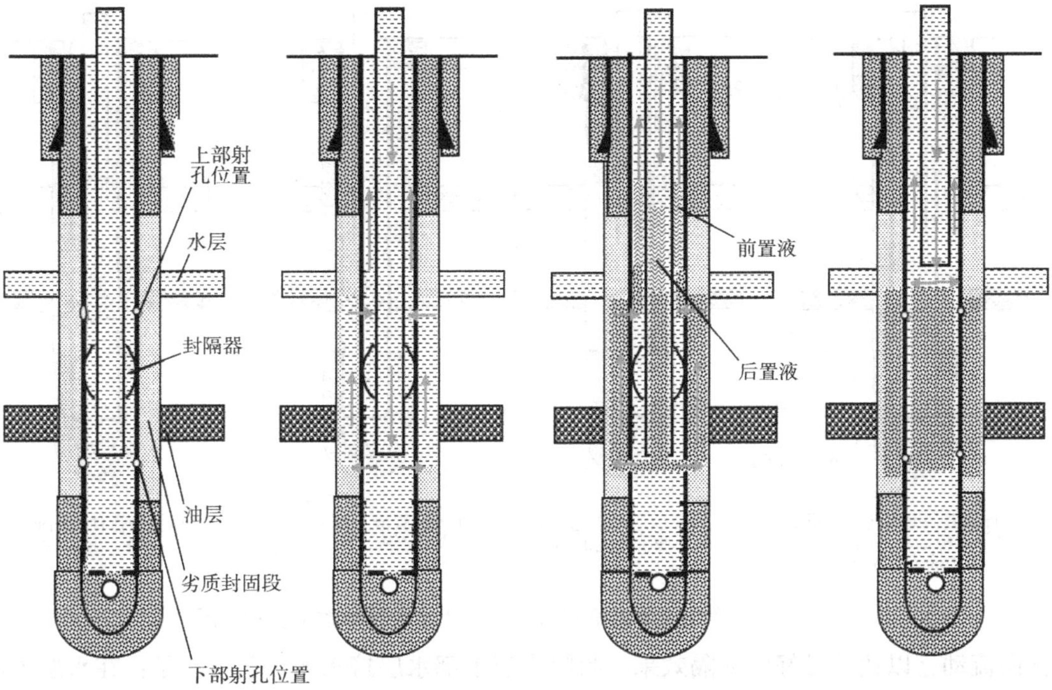

(a) 预计修复段套管上下射孔，下入管柱，胀封封隔器　(b) 开泵顶通环空通道，循环冲洗环空通道　(c) 注入前置液，注入水泥浆，注入后置液，注入顶替液　(d) 缩回封隔器，上提管柱到上部射孔点以上，循环，起出管柱

图 8-18　管柱-封隔器组合射双孔注水泥补救工艺示意图

头的管柱并将插头插入桥塞插座内；④开泵顶通环空，并循环；⑤注入前置液、水泥浆、后置液；⑥替入顶替液；⑦替到管内水泥浆尾部在桥塞上部位置时停泵、上提管柱、循环、起出管柱，注水泥结束(图 8-19)。注意：由于桥塞有单流阀，水泥浆不倒流，桥塞以上没必要留水泥塞。水泥凝固后，将桥塞与水泥钻掉即可。

8.3.3.3　水泥浆性能要求

使用常规固井水泥浆体系，提高密度和稠度(有利于塞流固井)，提高胶结强度，也可选用膨胀水泥浆体系。

8.3.4　对产层套管已射孔井段挤水泥补救工艺

对产层套管已射孔井段挤水泥补救工艺是指对修复井段为已经射孔投产的产层井段挤水泥补救的一种施工工艺。当产层射孔试产时，发现上部或下部水层没有封隔好，造成水窜，或者在生产期间发现产层水窜，都需要挤水泥补救。这种情况的挤水泥补救施工要求是：要在不伤害产层的情况下做到产层与水层的封隔。水层的位置分两种情况：在产层上部和在产层下部。两种情况的挤水泥方法是不同的。

8.3.4.1　封隔产层下部水层挤水泥工艺

封隔产层下部水层的解决思路是：要在保护产层不受损害的情况下将水层封死，射孔点距离产层越远越好，由于一般水层都是孔隙度高、渗透性好的地层，容易将水泥浆挤入，因此射孔点应选择在水层上边沿。挤入水泥浆时，使水泥浆向水层内部和封固段的窜通通道两

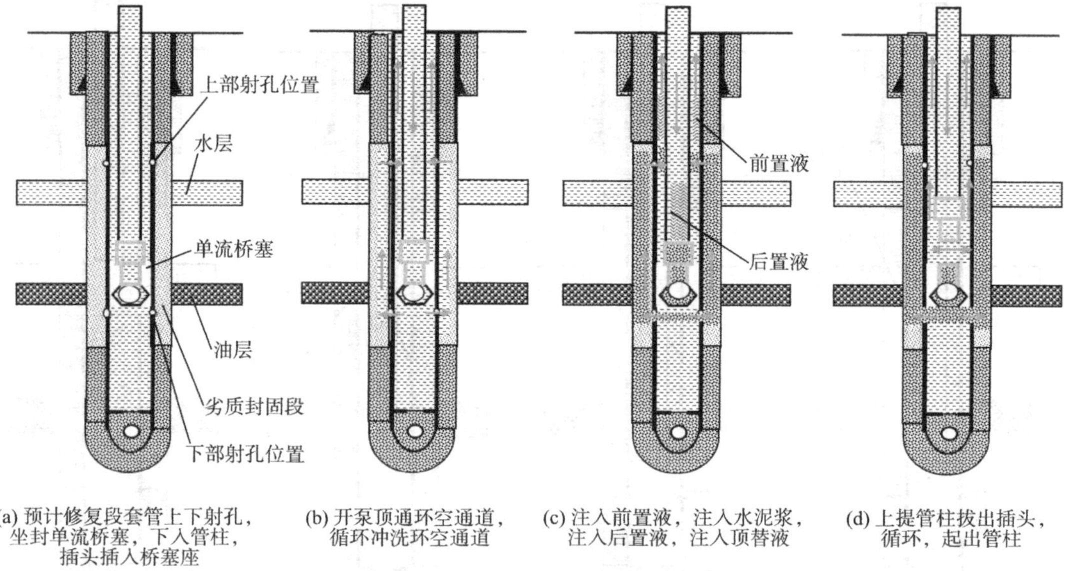

图 8-19 管柱-单流桥塞组合射双孔注水泥补救工艺示意图

个方向流动，以达到最好的封隔效果。封隔产层下部水层挤水泥工艺方法是：在水层顶部位置套管上射孔，使用管柱(油管或小钻杆)和单流桥塞(或套管内封隔器)组合进行挤水泥作业。管柱-单流桥塞组合封隔产层下部水层挤水泥工艺流程是：①在水层顶部射孔；②在射孔顶部坐封单流桥塞；③下入底部带有桥塞插头的管柱并将插头插入桥塞插座；④试挤，测吃入压力和吃入排量；⑤若能建立循环(产层投产时已经射孔)，彻底清洗窜水通道；⑥注入前置液、按设计量注入水泥浆、注入后置液；⑦替入顶替液；⑧水泥浆尾部到达桥塞插座时停泵、上提油管柱、循环、候凝、钻掉桥塞(图 8-20)。

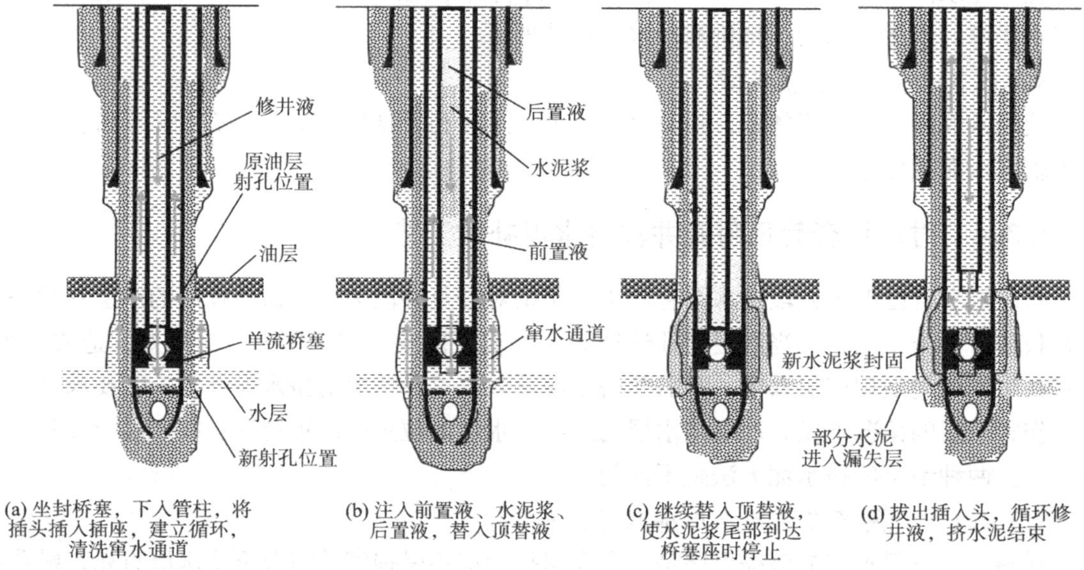

图 8-20 管柱桥塞组合封隔产层下部水层挤水泥工艺流程示意图

对于较浅的井或挤水泥压力不高的井，可用“可回收式套管内封隔器”代替“单流桥塞”进行以上挤水泥作业。由于“可回收式套管内封隔器”安装和取出方便，施工效率更高，但是耐压低，可靠性稍差，只适用挤入压力较低的井。

8.3.4.2　封隔产层上部水层挤水泥

封隔产层上部水层的解决思路是：要在保护产层不受损害的情况下将水层封死，射孔点距离产层越远越好，由于一般水层都是孔隙度高、渗透性好的地层，容易将水泥浆挤入，因此射孔点应选择在水层下边沿。挤入水泥浆时，使水泥浆向水层内部和封固段的窜通通道两个方向流动，以达到最好的封隔效果。封隔产层上部水层挤水泥工艺方法是：先向井内填砂将产层盖住保护好产层，在水层底部射孔，再用管柱(油管或小钻杆)和单流桥塞(或套管内封隔器)进行挤水泥作业。管柱－单流桥塞组合封隔产层上部水层挤水泥工艺流程是：①向井内填砂将产层盖住；②在水层底部射孔；③在射孔点上部坐封单流桥塞；④下入底部带有桥塞插头的管柱并将插头插入桥塞插座；⑤试挤，测吃入压力和吃入排量；⑥拔出插头，注入前置液、按设计量注入水泥浆、注入后置液；⑦替入顶替液；⑧水泥浆快到桥塞插座时将插头插入桥塞插座，继续替入顶替液；⑨水泥浆尾部到达桥塞插座时停泵、上提管柱循环、候凝、钻掉桥塞(图8-21)。

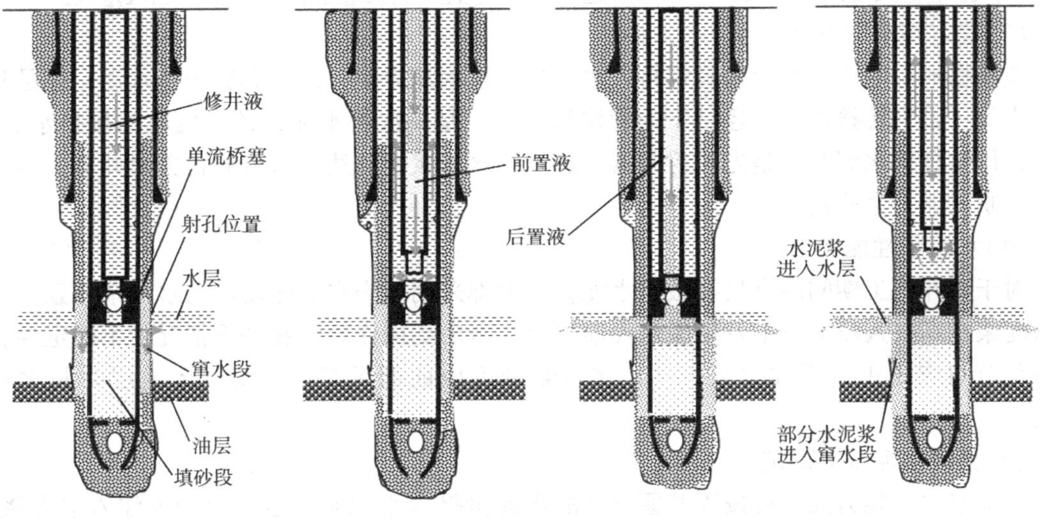

(a) 油层段填砂，下入管柱，将插入头插入插座，试挤，测吃入压力和吃入排量　(b) 拔出插入头，注入前置液，注入水泥浆，注入后置液，替入顶替液　(c) 当前置液到达插入头时将插入头插入插座，继续替入顶替液　(d) 水泥浆尾部到达桥塞时停止顶替，拔出插入头，循环，挤水泥结束

图8-21　管柱－桥塞组合封隔产层上部水层挤水泥工艺流程示意图

对于较浅的井或挤水泥压力不高的井，可用“可回收式套管内封隔器”代替“单流桥塞”进行以上挤水泥作业。由于“可回收式套管内封隔器”安装和取出方便，施工效率更高，但是耐压低，可靠性稍差，只适用挤入压力较低的井。

8.3.4.3　水泥浆性能要求

若射双孔挤水泥，能顶通建立循环，可以使用与固井时相同的水泥浆体系，由于封固段较短、水泥浆量较少，最好采用塞流顶替，因此要求水泥浆具有较高的稠度，胶结强度要好，具有微膨胀性能。若循环不通，且吃入量很小，则要求水泥浆具有较好的流动性，要控制失水，可选用超细水泥。

8.4 挤水泥补救作业施工要点

8.4.1 固井施工期间事故补救挤水泥作业

固井施工期间出现固井事故需要挤水泥补救时，其作业要点要根据具体情况而定，这种作业多数是在下套管后开泵不返浆，或固井前循环时井下坍塌以及施工过程中发生井下垮塌、井漏、砂堵憋泵、水泥浆提前稠化等导致事故的情况下进行的。这类挤水泥施工作业往往不下内管柱和内管封隔器(或带单流阀的桥塞)，直接从套管内挤水泥，在施工中应注意以下几点：

(1)判断憋漏点位置。

准确判断漏点位置是挤水泥成功的关键。要通过测套管卡点位置、地层吃入压力、地层岩性和钻井过程中井眼特征判断卡点位置。

(2)测量漏失层吃入能力。

反映吃入能力的指标有：规定泵送压力下的吃入排量和等压力泵送时的压力变化。规定泵送压力下，排量越大吃入量越大；等压力泵送时，压力上升吃入量小，压力不升吃入量大。

(3)确定挤水泥方案。

应根据地层的吃入能力来确定挤入水泥量和挤水泥方案，是从套管内挤水泥，还是从环空挤水泥；是直接挤水泥，还是下内管柱挤水泥；是一次挤水泥，还是两次回接挤水泥等。例如：用钻杆挤水泥时，是先关封井器，还是当水泥浆快到达挤入点时再关封井器，这要根据地层吃入能力来确定。

(4)水泥浆性能要求。

对于固井施工期间的事故补救挤水泥，一般都采用低失水高流动性的水泥浆体系，尽量使水泥浆在高挤入压力下不发生脱水提前稠化；考虑到操作时间和井下情况的不确定性，附加稠化时间应比正常固井要长一些；水泥浆密度应前低后高，以防进入地层时脱水提前稠化。

(5)挤入水泥量的确定。

若地层吃入能力强，可按固井原设计的水泥量挤入水泥浆，也可以增加注入水泥浆量。若吃入压力高、吃入能力差，可减少水泥浆挤入量，以防止在套管内留水泥塞过长，给后期处理带来麻烦。

(6)应根据施工参数变化调整方案。

注水泥过程要始终观察注水泥压力，若压力异常上升，说明进入地层的水泥浆出现稠化现象，或环空水泥浆因高压脱水而提前稠化，应立即停止挤水泥，进行顶替，以防套管内留过长的水泥塞，钻杆柱无法起出。

8.4.2 工程堵漏挤水泥

工程堵漏挤水泥时应注意以下施工要点：

(1)水泥浆性能确定。

根据堵漏地层的漏失特性设计适合地层特点的水泥浆性能，如：对裂缝破碎性漏失，水泥浆应有足够的稠度，较大的流动阻力，使水泥浆到达地层缝隙时，粘挂在缝隙的岩石上，能够堵塞缝隙，并在水泥浆中添加纤维，既能增加水泥浆的稠度，又能增加浆体的粘连性和缝隙桥塞能力。对破裂性漏失，水泥浆的密度应阶梯式设计，即前低后高，触变性要好，失水量要大等。

(2)掌握施工技巧。

施工前，预先设计好施工程序和备用程序，严格按照设计程序施工，排量增减要缓慢；水泥浆进入漏失层后，挤入速度要慢，给水泥浆脱水稠化的机会，若水泥浆有增稠迹象时，可适当增加挤入速度，尽可能按设计量将水泥浆挤入漏失层；当水泥浆进入1/3后，若还没有压力增长的显示，可采取间歇式挤入，在水泥浆到达稠化时间之前，将设计水泥浆量挤入漏失层内。

(3)液柱压力控制。

对于裂缝破碎性漏失地层，替入水泥浆的液柱压力应小于漏失层的漏失压力，否则，水泥浆会自动漏入漏失层内，将无法控制堵漏水泥浆所在的位置，更无法使水泥浆停留在井壁附近的漏失缝隙内。对于破裂性漏失，挤水泥后的地层压力肯定大于原来的地层压力，顶替完水泥浆后的套管内液柱压力应比原地层破裂压力稍大一些，但不要超过挤水泥结束时的压力。

(4)留50m左右的水泥塞。

留50m左右的水泥塞作用有3个：①对地层压力的平衡作用，防止挤入的水泥浆回吐；②若液柱压力高于地层压力时，可向漏失层内补充水泥浆；③保证漏失层井壁处的水泥质量。

(5)控制起钻速度。

挤水泥结束上提钻柱时，速度要慢，要及时向井内灌入钻井液，维持井内液面，以防钻具抽吸以及液柱压力降低造成挤入漏失层中的水泥浆回流。

(6)起钻中途不要循环钻井液。

对于裂缝破碎性漏失地层挤水泥结束起钻时，中途不要循环钻井液，以防循环压力过大将刚挤入裂缝的水泥浆推入漏失层底部。对于破裂性漏失地层挤水泥结束起钻时，中途可以循环钻井液，但动液柱压力不要超过挤水泥结束时的挤入压力。

8.4.3 固井质量不合格的井补救挤水泥

对于测井后发现固井质量不合格，以及油井投产后发现产层窜水进行的质量补救挤水泥作业，其突出特点是环空水泥已经凝固，即使固井质量不好的地方也有混浆，环空水窜的通道很小，表现为吃入压力高、吃入量少。挤水泥时应注意以下施工要点：

(1)确定挤水泥方案。

根据测井资料和试产情况分析固井质量，研究水窜通道的状况，确定挤水泥方案，是用单孔挤水泥工艺，还是用双孔挤水泥工艺，并选定射孔点位置。固井质量补救挤水泥，一般用下内管柱(小钻杆或油管)挤水泥，根据地层岩性和地层破裂压力资料确定是用封隔器，还是用单流桥塞作为套管内封堵器。

(2)测地层吃入能力。

挤水泥前，对单孔挤水泥工艺应测试地层吃入能力，根据一定压力下的排量和一定排量下的压力变化，判断吃入能力。若采用双孔挤水泥工艺，应将上下射孔点顶通，并大排量循环冲洗，然后注入水泥。如果上下射孔通道顶不通，可改为单孔挤水泥或改变位置。

(3)挤入水泥量的确定。

单孔挤水泥工艺应根据吃入能力确定挤入水泥量；双孔挤水泥工艺应根据封固段长度确定挤入水泥量。

(4)水泥浆性能要求。

对于单孔挤水泥工艺，水泥浆应具有较高的流动性和较低的失水，有利于水泥浆进入地层和进入连通缝隙；对于双孔挤水泥工艺，水泥浆应具有较高的稠度，具有微膨胀功能，较高的胶结强度，适合塞流顶替，对失水没有过高要求。

单孔挤水泥工艺水泥浆密度应前低后高，以防进入地层时水泥浆脱水提前稠化；双孔挤水泥工艺在封固段内用一种密度的水泥浆，但封固段以外的附加水泥浆可采用低密度水泥浆，附加水泥浆的稠化时间要保证能循环出井口。

(5)挤水泥过程观察参数变化。

挤水泥过程要始终观察注水泥压力，若压力异常上升应立即停止注水泥，调整施工程序。

(6)上起管柱时应防止挤入水泥浆返吐。

不使用单流桥塞的挤水泥作业，挤完水泥起内管时，应考虑水泥浆的返吐和倒流，吃入压力越高倒流越严重，一般采用留水泥塞进行平衡。

(7)起出管柱循环时应防粘卡。

挤水泥结束起出管柱循环时，在循环过程中一定要连续活动内管，以防水泥粘卡住内管。特别是单孔挤水泥作业，上提内管高度要超过水泥浆返吐不到的位置，然后再进行循环，并不断活动内管。

8.5 固井工程事故井挤水泥补救实例

8.5.1 赫科1井 ϕ244.5mm 套管挤水泥补救

赫科1井是国家重点探井，其目的是探明胜利油田深部地层有无油气存在。该井井下复杂，钻井、固井难度很大。ϕ244.5mm(9⅝in)技术套管下到4324.8m处遇卡，无法进行钻井液循环，设计要求该层套管全井封固，卡套管事故造成无法按照正常程序固井施工，指标难以实现。由于制定了有效的补救措施，使得该井补救固井取得了良好的效果。

8.5.1.1 赫科1井三开基本数据

赫科1井三开基本数据如下：

(1)井别：国家科学探索井；

(2)地区：胜利油田凹陷中央隆起带西部；

(3)设计井深：5500m；

(4)三开钻头直径：ϕ311mm；

(5)三开完钻井深：4445.47m；

(6)套管类别：技术套管；

(7)套管直径：ϕ244.5mm(9⅝in)；

(8)钻井液密度：1.93g/cm³；

(9)钻井液氯离子含量：18×10^4ppm；

(10)井底温度：180℃；

(11)套管下深：设计 4445m；遇卡时 4324.8m；

(12)卡点位置：2750m；

(13)漏失层位置：2750~2800m。

赫科 1 井三开井身结构如图 8-22 所示。

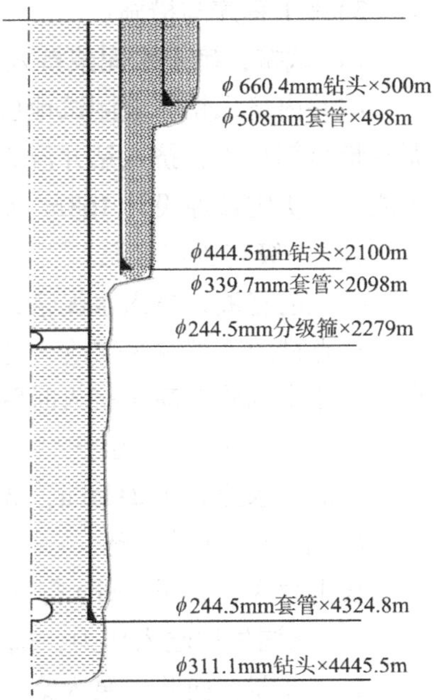

图 8-22　赫科 1 井三开井身结构示意图

8.5.1.2　固井难点

赫科 1 井三开井下十分复杂，钻穿 800m 盐膏层，钻井液盐浸严重，盐膏层缩径，钻井难度很大。设计要求对 φ244.5mm 技术套管全井封固，固井主要难点有：

(1)该井为集高温、高压、盐膏层、缩径、漏失等多种复杂情况为一体的综合复杂井；

(2)φ244.5mm 技术套管下深 4445.47m，属超深井技术套管，钻遇盐膏层 859m，地层复杂，盐浸严重，有严重缩径现象，给套管下入造成严重困难；

(3)该井要探明目的层是否存在高压天然气，因此要求套管全部封固，设计封固段长 4445.47m，属于超长封固段固井；

(4)饱和盐水钻井液体系，密度为 1.91~1.93g/cm³，并且 Cl^- 含量 18×10^4ppm；

(5)井下温度 180℃，压力 90MPa，属高温、高压环境条件，对水泥浆体系和水泥外加剂的抗温性能要求高；

(6)钻井过程中，在 2750~2800m 发生漏失，漏失钻井液 200m³；

(7)套管下至 4130m 时，发生井漏，井口不返钻井液；下至 4324.8m 时遇卡，开泵不返，憋压 28MPa 井漏，只进不出，漏失压力 12~15MPa，吃入排量 0.8~1.2m³/min。

8.5.1.3　挤水泥补救措施

1)固井设计要求及措施。

三开 φ244.5mm 技术套管固井设计封固段为全井封固，即要求封固段长为 4445m；固井施工采用双级注水泥工艺，分级箍位置定在 2400m(因下套管遇卡，实际分级箍位置在 2279m)；水泥浆为饱和盐水双凝水泥浆体系。

2)卡套管后固井方案调整情况。

由于套管下至 4324.80m 遇卡，开泵发生井漏，只进不出，无法建立循环。分析判断：漏失点在 2800m 左右。为把该井处理到最佳效果，达到水泥浆全井封固的目的，将原固井方案调整为以下方案：利用注水泥与挤水泥结合分三段封固段进行施工。漏失层(2800m)以下井段：挤水泥固井；分级箍(2279m)以上井段：注水泥固井；分级箍至漏失层井段：挤水泥固井。施工方法：①首先采用高压挤水泥的形式进行一级固井作业，封固漏失层以下井段；②进行二级注水泥，水泥浆量增加 40m³；③当水泥浆返出井口时，关封井器，继续替浆，向分级箍以下挤水泥，使水泥浆进入分级箍以下环空井段，以封固分级箍以下至漏失层井段，实现全井封固。

3)施工程序与措施。

(1)试挤，确定水泥浆挤入量。

向井内挤入钻井液测试地层吃入压力和吃入排量，确定吃入能力，判断是否能将设计水泥浆量全部挤入；挤入钻井液3m^3，排量1.2m^3/min，泵压15MPa，压力不升高。说明有吃入能力，决定按原设计168m^3 水泥浆量挤入。

(2)一级高压挤水泥。

挤入前置液，挤入水泥浆，释放一级碰压塞，挤替钻井液。

重点措施：按漏失层吃入能力确定挤入水泥浆量，延长水泥浆稠化时间，控制水泥浆失水，防止水泥浆在高压挤入时脱水提前稠化。

(3)一级挤水泥碰压。

一级挤水泥碰压21MPa，放回压不倒流。

(4)打开分级箍循环。

投重力塞，憋压8MPa打开分级箍；循环洗井一周。

(5)测漏失层吃入压力，确定水泥浆向下挤入量。

关封井器，向井内泵入钻井液3m^3，排量1.2m^3/min，泵压10MPa，压力不升高。说明有吃入能力，决定按分级箍以下环空容积增加注入40m^3 水泥浆，分级箍以上二级注水泥需要120m^3 水泥浆，合计需要注入160m^3 水泥浆。

(6)二级注水泥。

打开封井器；注入前置液，注入水泥浆、释放二级碰压塞、替钻井液。

重点措施：由于附加的40m^3 水泥浆是进入分级箍以下环空的量，需要进行挤水泥作业，因此，一定要控制失水，防止水泥浆在高压挤入时脱水提前稠化，适当增加稠化时间。

(7)反回接挤水泥。

继续替入钻井液，在水泥浆返出井口时，关封井器，向套管内挤替钻井液，使水泥浆从分级箍处通过环空向下流动，向漏失层方向充填回接。

(8)二级碰压塞碰压。

挤替钻井液结束，二级碰压塞碰压18MPa，关闭循环孔，挤水泥固井结束，达到全井封固的目的(图8-23)。

8.5.1.4 主要施工参数

赫科1井ϕ244.5mm套管挤水泥补救施工参数见表8-1。

表8-1 赫科1井ϕ244.5mm套管挤水泥补救施工参数

作业方式	段长/m	水泥浆量/m^3	密度/(g/cm^3)	排量/(m^3/min)	压力/MPa	施工特点	施工情况
一级	1524.8	168	1.95~2.10	1.2~1.5	18~12	挤水泥	正常
二级	2279	120	1.90~1.95	1.5~1.8	10~8	注水泥	正常
反回接	521	40	1.90~2.00	1.2~1.4	15	挤水泥	正常

8.5.1.5 施工效果

经以上措施的实施，虽然该井发生了ϕ244.5mm超深技术套管卡套管和开泵井口不返浆

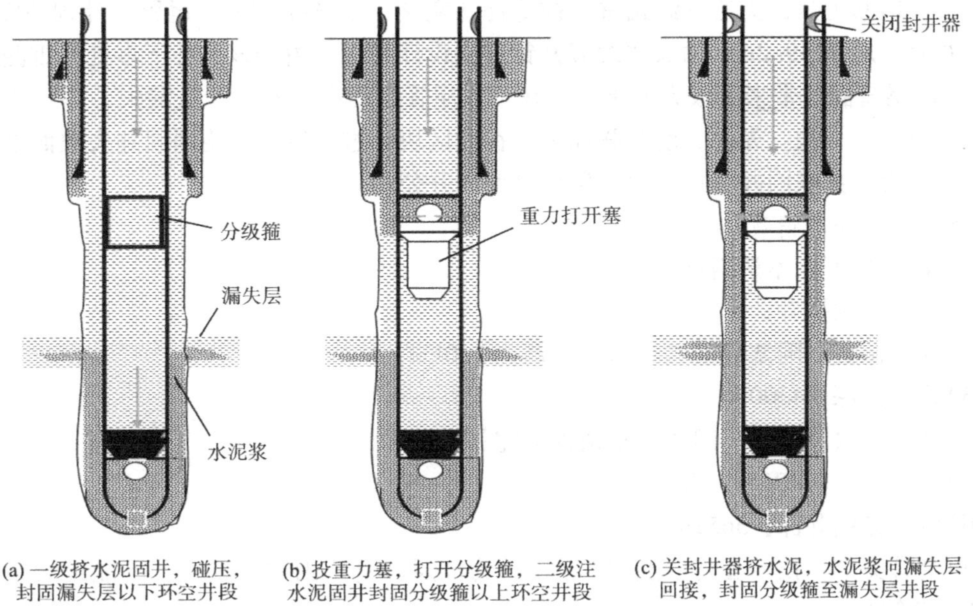

图 8-23　赫科 1 井 ϕ244.5mm(9⅝in) 套管挤水泥补救工艺示意图

的严重事故，但经过有针对性的挤水泥补救工艺的实施，施工效果十分理想，水泥浆全井封固，声波幅度全井小于 15%，并且未发现有水泥断开点，事故井处理取得了良好的效果，避免了重大经济损失，保证了该井继续向深部地层钻探。

8.5.1.6　几点认识

(1) 为了保证挤水泥作业的顺利进行，在挤水泥作业前要对封井器试压检查。

(2) 对工程事故井挤水泥补救，首先应认真分析事故井的事故特点，对于该井，主要是分析卡点位置、漏失点位置、漏失层吃入能力等。合理确定挤水泥工艺，制定挤水泥措施，能够使事故井取得良好的补救效果。

(3) 一级挤水泥和反回接挤水泥，施工压力高，挤水泥量大，挤水泥前一定要进行试挤，测试漏失层吃入能力和吃入压力，若吃入能力小则不能按原设计水泥浆量挤入。

(4) 高压挤水泥必须严格控制水泥浆的失水，否则，水泥浆在高压下遇到高渗透性地层时，会发生脱水提前稠化，造成憋泵事故；同时水泥浆要有好的流动性和充足的稠化时间。对反回接挤水泥也要认真调整好水泥浆性能，保证有好的流动性和较低的失水。

(5) 要实现上下对接的挤水泥作业，必须只有一个漏失层，而漏失层漏失压力系数应小于上层技术套管鞋处的地层破裂压力系数。

8.5.2　Bz-1r 井 ϕ177.8mm 尾管下入过程发生严重漏失的挤水泥补救

Bz-1r 井是阿塞拜疆萨里昂石油公司(CNPC 与国外其他国家的合作公司) Karabagli 油田的一口预探井。该油田投入开发的油藏是上新统中部的生产岩系 I-Ⅷ层，地质条件属河流三角洲沉积的中低渗透性中质油(26OAPI)砂岩油藏。Ⅸ-ⅫI层亦属于合同区的开发层系，但基本上尚未开发，Bz-1r 井在四开钻进过程中，钻井液密度 2.3~2.4g/cm^3，井下漏失严重，经多次堵漏无效，无法继续钻进，被迫提前完钻，下 ϕ177.8mm 尾管。计划 ϕ177.8mm 尾管固井后，用 ϕ149.2mm 钻头继续五开钻进到设计井深。由于该井井下多处严重漏失，给 ϕ177.8mm 尾管固井带来了极大的难度，在下入尾管过程中，发生严重漏失，环空不返钻井液，被迫挤水泥补救。先前，前苏联和美国在此区块钻过三口井，均因固井失败而报废，固井施工单位为前苏联固井公司和美国斯仑贝谢固井公司。

8.5.2.1 基本情况

Bz-1r 井四开基本资料如下：

(1)井别：预探井；

(2)地理位置：阿塞拜疆共和国巴库西南 120km；

(3)设计井深：4300m；

(4)钻井开次：四开，因井下复杂提前完钻；

(5)钻头尺寸：ϕ215.9mm；

(6)四开完钻井深：3652m；

(7)套管类别：技术套管(尾管)(原设计为油层套管，因井下复杂，不能继续钻进，后改为技术套管)；

(8)尾管悬挂器位置：3196m；

(9)井型：直井；

(10)没有可供参考的地质及工程资料，没有准确的地层压力资料；

(11)钻井液密度：2.3～2.4g/cm^3。

Bz-1r 井井身结构如图 8-24 所示。

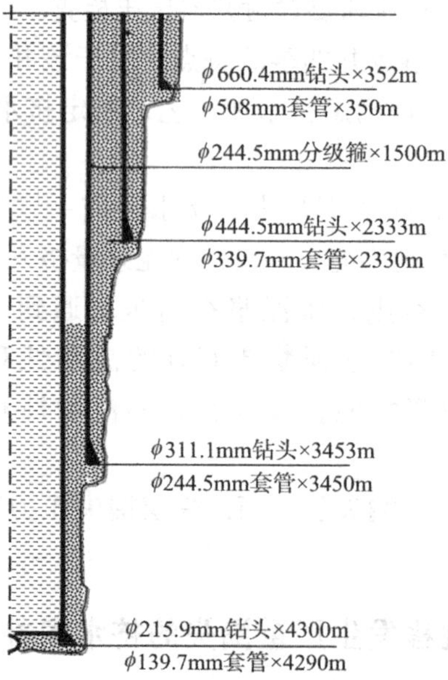

(a) 原设计的井身结构

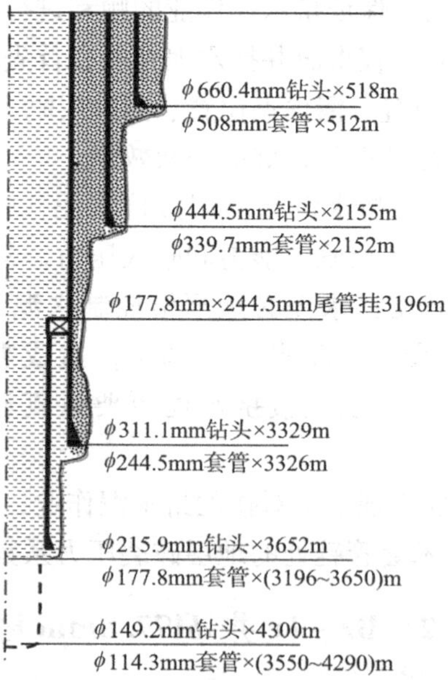

(b) 四开发生严重漏失，修改后的井身结构

图 8-24 Bz-1r 井 7in 井身结构示意图

8.5.2.2　固井难点

Bz－1r井四开之后，井下十分复杂，主要表现在高压、缩径、漏失、井涌等，给固井带来极大困难，其主要特点为：

(1)钻井液密度为2.30～2.40g/cm^3，属超高密度；

(2)地层粘卡严重，多次通井，仍有多处遇阻点；

(3)井底漏失严重，堵漏一个多月无效，开泵循环只进不出，属于长段破裂性漏失，堵漏困难；

(4)高压层活跃，钻井液密度为2.30g/cm^3仍不能有效压稳；

(5)由于地层成岩性差，地层水化膨胀严重，引起井眼缩径严重，钻井液密度、黏度高，切力大，导致循环压耗高、摩阻大；

(6)多压力体系地层，压力窗口小，下部地层容易发生井涌，上部地层易漏，给固井施工造成极大的困难。

8.5.2.3　工艺方法及挤水泥措施

1)解决下套管漏失。

为解决下套管井漏难题，使用了自动灌浆浮箍，以减小下套管回流阻力，防止下套管时井漏，同时防止下套管中途灌钻井液使下套管停顿，导致套管粘卡。

2)挤水泥工艺的确定。

下套管顺利到底，但开泵不能建立正常循环，无法实施正常固井注水泥作业，将尾管固井工艺修改为尾管挤水泥工艺。

3)挤水泥方案。

为解决水泥浆上返困难的问题，采用反挤法挤水泥固井工艺，工艺方法为：先坐挂尾管，再释放胶塞，将尾管内通道塞堵，提出尾管挂中心管，向钻杆内注入水泥浆，当水泥浆到达中心管时，关封井器，使水泥浆改方向进入尾管外环空，并推动钻井液进入地层，继续注入水泥浆到设计量，替浆，使水泥浆尾部到达距中心管30m时停泵，起钻候凝，挤水泥结束。为使五开钻井时不漏，增加注入15m^3水泥浆，以堵死下部漏失层。

4)作业程序。

按下套管作业规程下入套管到设计井深，由于井漏无法开泵循环，进入以下作业程序：

(1)坐挂尾管：按尾管坐挂操作规程坐挂尾管悬挂器。

(2)封堵套管内通道：释放钻杆塞，并泵送至碰压座，碰压，憋压到15MPa，稳压10min。

(3)测地层吃入能力：由于下套管时，一直不返钻井液，泵送胶塞时，排量1.2m^3/min，泵压12MPa，压力不升，说明吃入能力很大。

(4)向套管内注水泥：提出中心管、注入前置液3m^3，注入水泥浆30m^3(原设计为15m^3)，为堵井底漏失层，增加注入量15m^3、注入后置液3m^3、替入钻井液。

(5)向尾管环空反挤水泥：当水泥浆到达尾管喇叭口时，关封井器封死上部环空，迫使水泥浆下行，进入尾管外环空，将尾管外环空钻井液挤入漏失层。

(6)挤水泥结束：继续挤替钻井液，当水泥浆尾部距尾管喇叭口(或中心管)30m时停泵，起钻候凝(图8－25)。

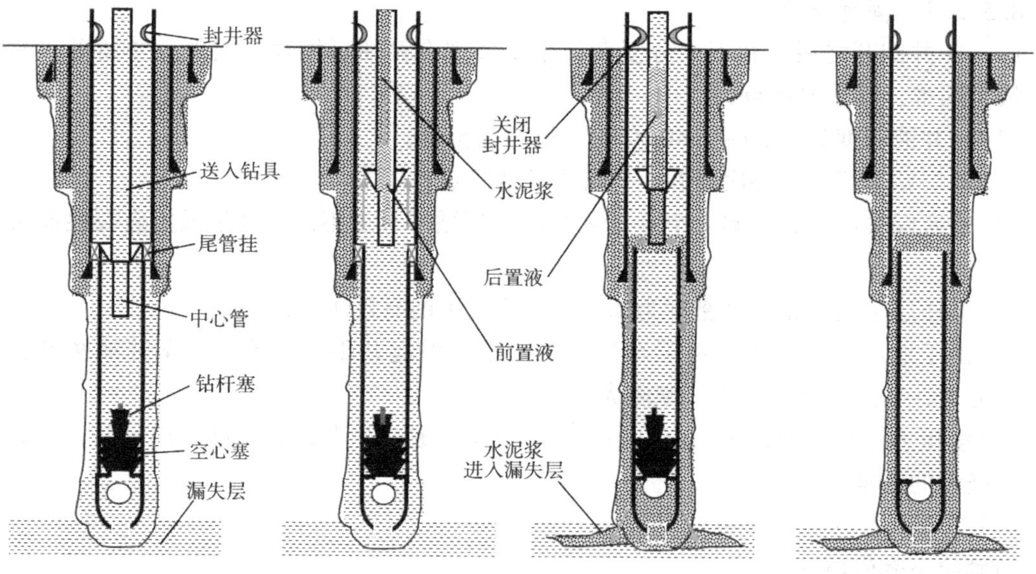

(a)下入尾管，投钻杆塞，钻杆塞与空心塞耦合，碰压并稳压　(b)提出中心管，注入前置液、水泥浆、后置液，替入钻井液　(c)水泥浆出钻杆时关封井器，继续挤替钻井液，向环空挤水泥　(d)水泥浆尾部离中心管30m时停泵，开封井器，起出钻杆柱

图 8-25　Bz-1r 井 ϕ177.8mm 尾管挤水泥补救工艺示意图

8.5.2.4　主要施工参数

Bz-1r 井 ϕ177.8mm(7in)尾管采用反挤法挤水泥工艺补救施工参数见表 8-2。

表 8-2　Bz-1r 井 ϕ177.8mm(7in)尾管挤水泥补救施工参数

作业方式	封固长度/m	水泥浆量/m^3	密度/(g/cm^3)	注水泥排量/(m^3/min)	注水泥压力/MPa	施工情况
挤水泥	454	30	2.40~2.45	1.2~1.5	15~11	正常

8.5.2.5　施工效果

Bz-1r 井 ϕ177.8mm(7in)尾管虽然下套管发生严重漏失，没能采取正常固井施工，但经过实施环空挤水泥补救工艺，施工效果十分理想，水泥浆充满了全部环空，保证了全井封固，固井质量测井显示，声波幅度全井小于 15%，并且未发现有水泥断开点，达到了事故井处理的良好效果。挤水泥最成功的是同时堵住了井底的漏失层，保证了继续向深部钻探工作的进行，在五开钻进时没有发生漏失。

8.5.2.6　几点认识

(1)采用反挤法环空直接挤水泥固井工艺，可有效解决漏失井固井，同时可以对井底漏失层有效堵漏。

(2)挤水泥必须控制失水，否则水泥浆在高压下遇到渗透性地层时，会发生水泥浆脱水稠化提前凝固，无法使水泥浆到达预定位置。

(3)挤水泥作业前要对封井器试压检查。

(4)可采用直接环空挤水泥的井必须是漏失层在井底，否则，挤水泥后，漏失层以下可能没有水泥。

8.5.3 中国石化钻井物理模拟实验室全尺寸试验井挤水泥堵漏

8.5.3.1 试验井基本概况

1)试验井基本数据。

(1)井号：全尺寸试验井。

(2)井别：试验井。

(3)井型：水平井。

(4)井位：井位坐标：纵坐标(X)4446189.243m，横坐标(Y)437631.846m，地面海拔44m；地理位置：北京市昌平区小寨村东南；构造位置：中朝准地台(Ⅰ级)燕山台褶带(Ⅱ级)西山迭坳褶(Ⅲ)门头沟迭陷褶(Ⅳ级)的北部。

(5)设计井深：水平井完钻垂深920m，斜深1332m。

(6)完钻层位：水平井完钻层位为寒武系。

(7)完井方式：裸眼完井。

(8)井斜方位(表8-3)。

表8-3 全尺寸试验井井斜方位数据

测深/m	井斜/(°)	方位/(°)	垂深/m	水平位移/m	闭合方位/(°)
873.50	19.10	262.60	870.70	26.04	283.89

(9)钻井液：由于前期清水强钻，所以钻井液暂为清水。

(10)井身结构(表8-4)。

表8-4 全尺寸试验井井身结构数据

序号	钻头		套管			
	规格/mm	钻深/m	下深/m	规格/mm	壁厚/mm	封固井段/m
一开	444.5	679	678.07	339.7	12.19	0~678.07
二开	311.2	904(设计1232)				

2)井眼漏失及钻井液堵漏情况。

本井二开施工共发生3次严重井漏，曾经多次采用钻井液堵漏，效果均不理想，3次漏失情况如下：

(1)第一次井漏情况。

2015年2月12日12:00下定向钻具至500m，井口持续不返钻井液，停止下钻，静止测漏速4.6m^3/h，累计漏失钻井液量50m^3。后经多次采用堵漏钻井液进行堵漏，至3月2日5:00经过堵漏后，恢复定向钻进。

(2)第二次井漏情况。

2015年3月8日18:00钻进至882.42m(井斜17.3°/863.19m，预计井底井斜20°左右)，钻压80kN，突然放空20cm，排量1.6m^3/min，泵压由14MPa降至13MPa，井口失返，清水强钻至885.0m，强钻时钻具探得井深比原有井深增加了0.8m，故井下总计放空1m左右。本次井漏到恢复钻进共进行了7次钻井液堵漏，堵漏基本成功。

(3)第三次井漏情况。

2015年4月4日16:00钻进至889m(井斜19.1°/873.5m),钻压10kN,突然钻压放空,下放钻具后恢复钻压10kN,排量1.6m^3/min,泵压下降至1MPa,井口失返,18:00起钻到套管内,测量液面高度为86.5m。

2015年4月5日8:00~9:00简化钻具清水强钻,强钻至897m,强钻过程时有憋跳钻现象,考虑到漏失层没有揭穿,重新备清水,22:00~24:00强钻到904m,本次前2m钻时分别为7.4min,后5m钻时分别为20min、15min、11min、13min和14min,且无憋跳钻现象,说明漏失层基本揭穿。

4月6日19:00液面高度为91.5m,4月7日10:00液面高度为74m,4月8日9:00液面高度为72.3m。由于钻井液堵漏不能保持长久封堵,为了彻底将漏失层堵住,准备采取挤水泥堵漏工艺进行堵漏,确保后期正常钻进。

8.5.3.2 堵漏水泥浆设计

1)堵漏目的。

封堵漏失层,提高地层承压能力,为顺利完成本开次钻井施工提供良好的井眼条件。

2)漏失层堵漏技术难点。

(1)漏失层压力系数低,钻井液密度1.0g/cm^3即发生漏失,无法通过降低钻井液密度建立压力平衡。

(2)漏失层段长,第三次漏失段为:889~904m,第二次漏失段也怀疑没有堵好,第二次漏失段为:882~886m,实际可能漏失层段长度为:882~904m,共计22m的漏失井段。通过一次注水泥全部封堵非常困难。

(3)失返性漏失,漏失严重,无法建立钻井液循环,挤水泥堵漏时,让水泥浆停留在井眼漏失位置非常困难。

3)堵漏工艺设计。

(1)采用纤维、坂土、高黏低密度堵漏水泥浆体系;

(2)采用近平衡压力低速间歇式挤注水泥堵漏工艺;

(3)计划将882~904m,共计22m的漏失井段一次挤水泥堵漏。

8.5.3.3 水泥浆设计与试验

1)配方:850g水泥+500g坂土浆。

(1)密度:1.78g/cm^3;

(2)流动度:18cm;

(3)50℃,$\phi600/\phi300/\phi200/\phi100/\phi6/\phi3$的流变读数为:

150/115/90/80/60/59;

(4)强度:4.38MPa/50℃×0.1MPa×10h;

(5)稠化时间:50℃×15MPa,升温20min,稠化时间110min/70Bc(106min/60Bc)。

稠化曲线如图8-26所示。

2)配方:800g水泥+550g坂土浆。

(1)密度:1.70g/cm^3;

(2)流动度:20cm;

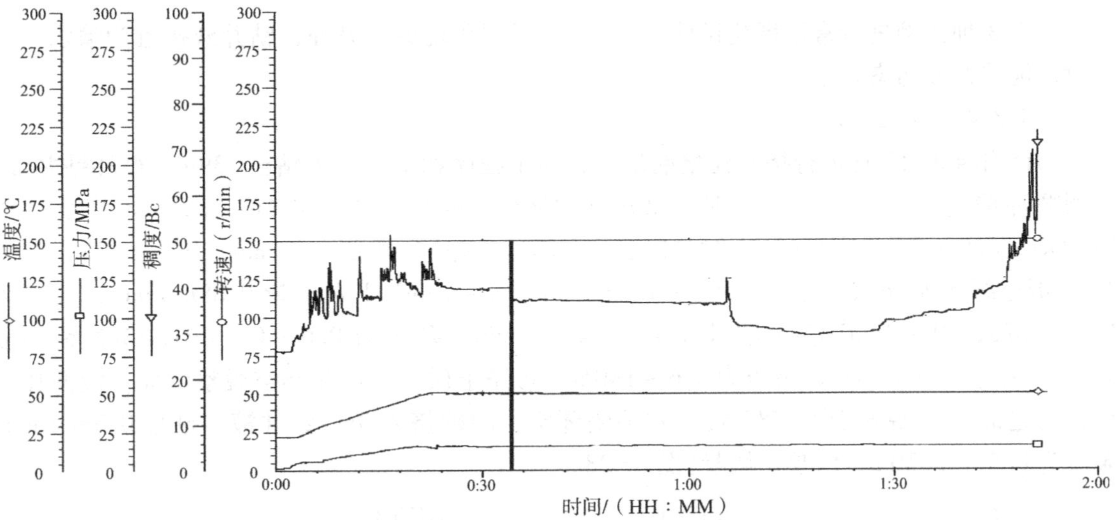

图 8-26　堵漏水泥浆(配方 1)稠化曲线

(3)50℃，$\phi600/\phi300/\phi200/\phi100/\phi6/\phi3$ 的流变读数为：

135/115/88/72/54/50；

(4)强度：1MPa/50℃ ×0.1MPa ×7h；

(5)稠化时间：50℃ ×15MPa，升温 20min，稠化时间 133min/70Bc(123min/40Bc)。

稠化曲线如图 8-27 所示。

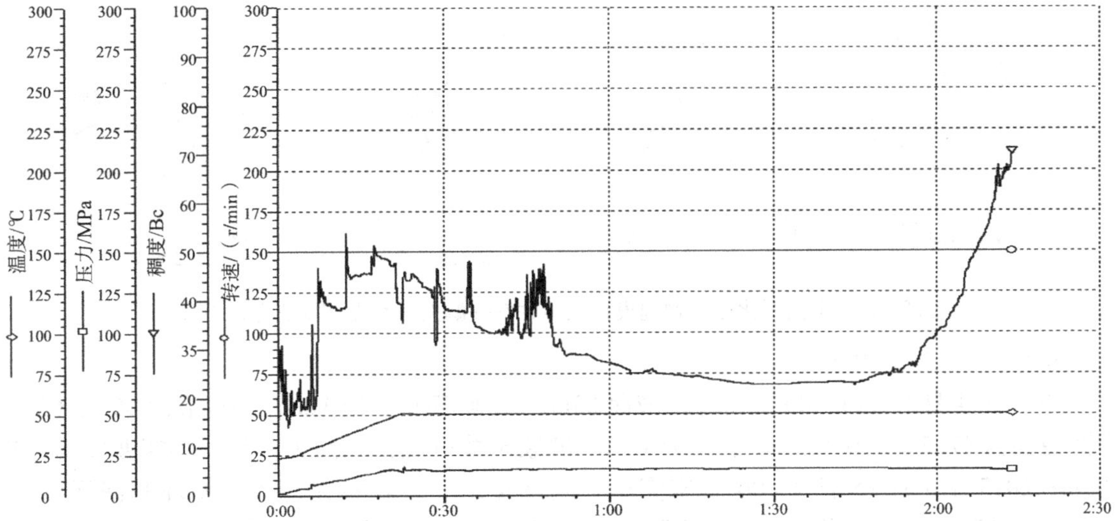

图 8-27　堵漏水泥浆(配方 2)稠化曲线

3)相容性。

水泥浆：凝胶 = $\phi600/\phi300/\phi200/\phi100/\phi6/\phi3$ 的读数如下：

(1)9∶1 = 240/165/130/110/100/90；

(2)3∶1 = 165/105/80/50/17/15；

(3)1∶1 =135/85/68/45/11/9。

以上 3 种比例进行常压稠化试验，均在 3h 无稠化现象。另外，钻井液接近为清水，不会对水泥浆造成污染。

8.5.3.4 施工情况

2015 年 4 月 12 日进行挤水泥堵漏施工，施工程序如下：①下钻至 739m，循环钻井液；②测循环漏速：排量 $2m^3/min$ 时，泵压为 3MPa，漏失速度为 $0.6m^3/min$；③管线试压 15MPa；④注入 $10m^3$ 凝胶(注入时井口返浆，随后关井)，排量 $1m^3/min$，压力 1MPa；注入 $25m^3$ 坂土纤维水泥浆，密度 $1.68 \sim 1.75g/cm^3$；$0 \sim 19m^3$ 注入排量 $0.88m^3/min$，泵压为 1.7 ~2MPa；$20 \sim 25m^3$ 注入排量 $0.4 \sim 0.44m^3/min$，泵压为 0.6 ~0.8MPa；⑤替钻井液 $5.5m^3$，排量 $0.3m^3/min$，泵压为 0.6 ~1MPa；⑥停止顶替，打开环空观察液面，液面在井口；⑦起钻 8 柱(钻柱深度 587m)；⑧关闭环空，间歇挤入 $8m^3$ 钻井液，排量 $0.3m^3/min$，泵压为 0.5 ~1.0MPa，停泵，候凝(图 8-28)。

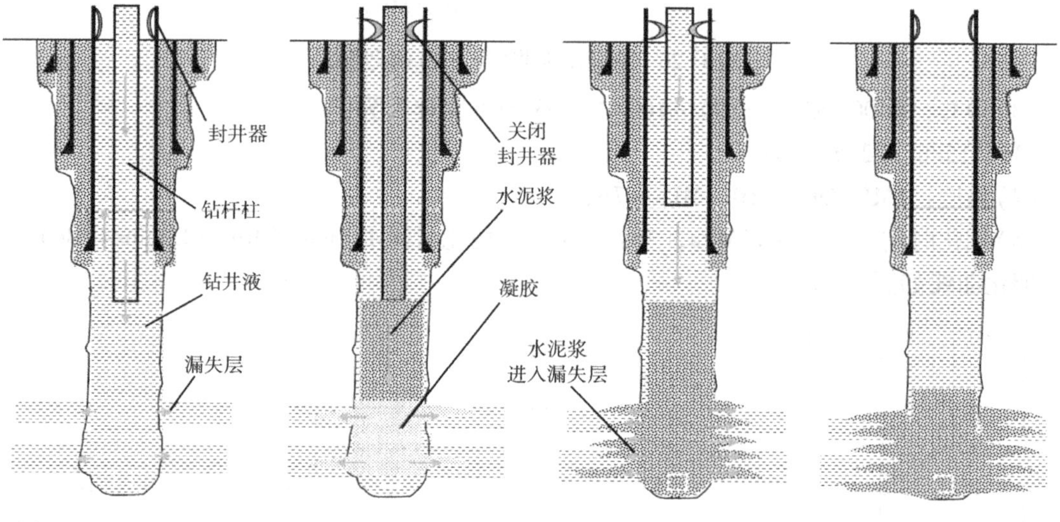

(a) 下入钻杆柱，循环钻井液，测漏速　(b) 关封井器，注入凝胶、水泥浆，替入钻井液　(c) 开封井器，上提钻杆柱，关封井品，间歇替入钻井液挤水泥　(d) 漏失层以上留50m水泥塞，结束挤水泥，开封井器，起出钻柱

图 8-28 中国石化钻井物理模拟试验井钻井漏失挤水泥堵漏工艺示意图

8.5.3.5 施工效果

2015 年 4 月 13 日 6∶00 测得井内液面 63m；7∶00 灌钻井液 $1m^3$，测得液面 46m，60min 后测液面为 47.5m；2015 年 4 月 14 日 0∶00 灌浆至井口观察无漏失；23∶00 探塞塞面高度 793m；2015 年 4 月 15 日 4∶00 扫塞完毕，测漏速，静止观察无漏失，循环测漏无漏失；9∶00下 ϕ127mm 钻杆到井底，循环测漏速，无漏失；10∶00 钻进，井段 904 ~905m；23∶00 清水替浆；循环测漏速，无漏；充分证明堵漏成功。

8.5.4 焦页 197 -4HF 井 ϕ244.5mm 技术套管挤水泥补救固井

8.5.4.1 焦页 197 -4HF 井基本概况

1)二开完钻基本数据。

①井 名：焦页 197 -4HF 井。

②施工队伍：70461JS。

③井 别：开发井。

④构造位置：川东高陡褶皱带万县复向斜平桥背斜南部。

⑤地理位置：重庆市南川区水江镇大顺村 1 组。

⑥二开钻头 × 井深：ϕ 311. 2mm × 2614m。

⑦套管尺寸 × 下深：ϕ 244. 5mm × 2611. 91m。

⑧最大井斜/井深：29. 89°/2575m。

⑨井底温度：70℃。

⑩钻井液密度：1. 37 g/cm^3。

二开固井井身结构见表 8－5 和图 8－29。

表 8－5 二开固井井身结构

开次	钻头尺寸 × 井深/mm × m	套管尺寸 × 下深/mm × m	钢级	壁厚/mm	扣型	封固井段/m
导管	ϕ 660. 4 × 65. 77	ϕ 473. 1 × 65. 77	J55	11. 05	BTC	0 ~ 65. 77
一开	ϕ 406. 4 × 720	ϕ 339. 7 × 719. 07	L80	12. 19	BTC	0 ~ 719. 07
二开	ϕ 311. 2 × 2614	ϕ 244. 5 × 2611. 91	P110	11. 05	LTC	0 ~ 2611. 91

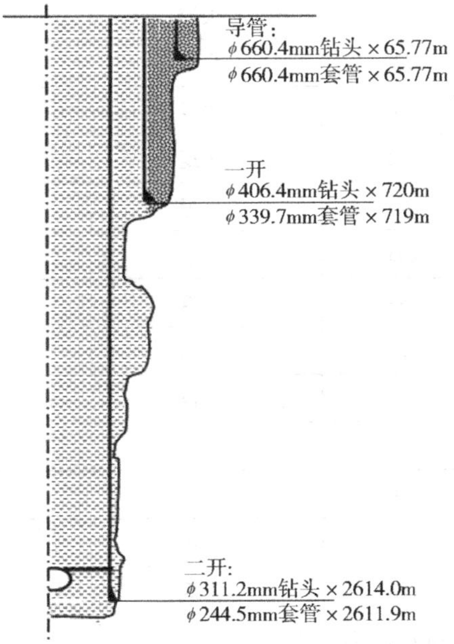

图 8－29 焦页 197－4HF 井二开固井井身结构示意图

2）固井目的及要求。

封固好二开裸眼井段及套管重叠段，为下开钻进和后期评价创造良好的井眼条件。

3）固井方式。

①工艺方法：常规固井。

②浆柱结构：套管鞋以上 500m 常规水泥浆，密度为 1. 90 ~ 1. 95 g/cm^3；井口以下 700m

采用漂珠低密度水泥浆，密度为1.38～1.42 g/cm³；其余井段：充氮泡沫水泥浆，密度为1.38～1.42 g/cm³。

4)固井主要难点。

(1)失返性漏层多。

本井有多处漏失层，二开后发生过20次严重漏失，失返性漏失13次，累计漏失钻井液1774 m³。由于存在多个严重漏失层，发生漏失时钻井液密度均在1.36 g/cm³以下，因此固井漏失风险很大。二开漏失情况见表8-6。

表8-6　二开漏失情况统计

序号	井深/m	层位	漏失量/m³	漏失情况/(m³/h)	钻井液密度/(g/cm³)	堵漏方式
1	1577	韩家店	53	1～17	1.27	桥塞堵漏
2	1656	韩家店	237	失返	1.27	桥塞堵漏
3	1714	韩家店	22	5.42	1.27	桥塞堵漏
4	1782	韩家店	151	失返	1.27	光钻杆堵漏
5	1802	韩家店	20	1.1～15.9	1.27	桥塞堵漏
6	1867	韩家店	61	3.3～25.	1.27	桥塞堵漏
7	1883	韩家店	17	24～62	1.27	桥塞堵漏
8	2013	韩家店	99	失返	1.28	光钻杆堵漏
9	2138	韩家店	77	失返	1.30	桥塞堵漏
10	2167	韩家店	65	失返	1.31	桥塞堵漏
11	2181	韩家店	108	失返	1.31	桥塞堵漏
12	2181	韩家店	70	失返	1.31	光钻杆堵漏
13	2181	韩家店	103	失返	1.31	泥浆固化堵漏
14	2198	韩家店	153	失返	1.31	强行钻进
15	2219	韩家店	124	失返	1.31	强行钻进
16	2237	韩家店	87	失返	1.31	强行钻进
17	2237	韩家店	138	失返	1.31	注水泥堵漏
18	2424	小河坝	19	4.3	1.34	桥塞堵漏
19	2431	小河坝	54	4.4	1.35	桥塞堵漏
20	2539	小河坝	116	失返	1.36	桥塞堵漏
总计	漏失20次，失返性漏失13次，累计漏失量1774m³					

(2)井径不规则。

根据实测井径数据，裸眼段(720～2614m)平均井径320.4mm，平均井径扩大率并不大，仅为3%。但是，在1600m处最大井径为423.54mm，井径扩大率为36.1%，有明显因井壁垮塌而引起的大肚子现象；在975m处最小井径为290.24mm，井径扩大率－6.7%，地层缩径。该井为典型糖葫芦井眼，易沉砂造成砂堵，易窜槽影响固井质量。井径情况如图8-30所示。

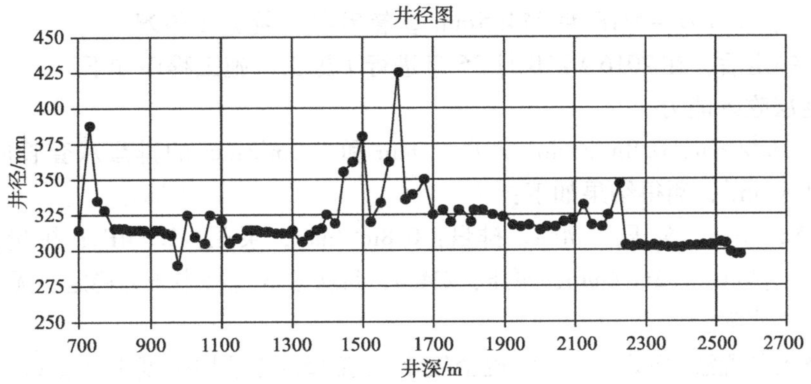

图8-30 焦页197-4HF井二开井径曲线

8.5.4.2 焦页197-4HF井二开完钻下套管情况

(1)244.5mm套管下入顺利。

(2)套管下到位后，开泵井口不返钻井液，无法建立循环，0.3m³/min排量启动泵压3MPa，微流返出1min后发生失返性漏失，漏失压力为1MPa。

(3)停泵后又多次开泵仍失返。

(4)起套管遇卡。

8.5.4.3 焦页197-4HF井244.5mm套管固井补救方案

1)开泵失返分析。

(1)漏层漏失压力低。

由于漏失层有20层之多，且漏失压力较低，漏失时的钻井液密度均低于目前钻井液密度，虽然已进行了堵漏作业，下套管过程中会把封堵层损伤破坏，造成再次漏失。

(2)沉砂堆积。

1400~1700m井段为大肚子井段，易积存泥砂和岩屑，在下套管时下沉，开泵时产生轻微堆积增加了流阻，使动液柱压力大于漏失压力发生井漏。

(3)套管遇卡。

由于缩径井段、沉砂堆积和高渗漏层处的压差吸附套管等原因造成套管遇卡，无法活动套管。

(4)预计漏失位置。

由于大井径井段在1400~1700m处，沉砂段必在1700m以下，而在2000m下部有多层漏失层，而漏失压力上部偏低(发生漏失时的钻井液密度上部较小)，因此，漏失层可能在2000~2200m井段的偏上部。

2)补救固井方案。

根据以上分析拟采用以下方案进行补救固井。

在2000~2612 m(井底)井段：套管内挤水泥固井，在实际环空容积基础上多附加10m³水泥浆，先泵入充氮泡沫水泥浆15m³，井内水泥浆密度为1.38~1.42g/cm³，然后再泵入1.90~1.95g/cm³常规密度水泥浆15m³；700~2000m井段：套管外环空挤水泥回接，泵入充氮泡沫水泥浆40m³，井内水泥浆密度为1.38~1.42g/cm³；井口-700井段：挤入漂珠低密度水泥浆23m³，密度为1.38~1.42g/cm³(由于已备好料，不然全用泡沫水泥也可以)。

8.5.4.4 焦页197-4HF井244.5mm套管固井补救施工情况

补救方案制定后，在2016年10月26日进行了施工，施工程序如下：

1)测试地层吃入能力。

分别以0.5m^3/min、0.8m^3/min、1.0m^3/min和1.2m^3/min的排量从套管向井内泵入钻井液，每次泵入3m^3，测得结果如下：

排量：0.5m^3/min，泵压：1MPa；排量：0.8m^3/min，泵压：1.5MPa；排量：1.0m^3/min，泵压：1.8MPa；排量：1.2m^3/min，泵压：2MPa；每次泵入过程中压力稳定，无上升趋势。

2)套管内挤水泥。

套管内挤入前置液10m^3，挤入常规密度水泥浆15m^3(平均密度1.91g/cm^3)，挤入充氮泡沫水泥15m^3(井下密度1.40g/cm^3)。替浆、碰压正常，替浆压力1~7.5MPa。

3)顶通水泥返高处漏层。

由于水泥返至一定高度会漏失，漏失处即为漏失压力系数最低处，为防止水泥混浆堵塞漏层，在碰压结束后，从环空向井内挤入3m^3钻井液打通漏层通道，保证环空挤水泥回接成功。挤入排量：1.0m^3/min，泵压：1MPa。

4)候凝6h。

由于下部漏层太多，若立即环空挤水泥会造成将已从井底上返的水泥浆推入漏失层，导致固井失败，因此，候凝6h待下部水泥浆初凝后再进行环空挤水泥作业。

5)环空挤水泥。

套管外环空挤入前置液10m^3，挤入充氮泡沫水泥40 m^3(井下密度1.40g/cm^3)，挤入漂珠低密度水泥浆23 m^3，密度1.38~1.42g/cm^3。环空挤水泥压力1~3MPa。

6)补救施工结束，候凝。

8.5.4.5 焦页197-4HF井244.5mm套管补救固井质量情况

72h后，进行了固井质量测井，固井质量综合评价优质，见表8-7。

表8-7 焦页197-4HF井244.5mm套管固井质量测井评价

井段/m	相对声幅/%	变密度		固井质量综合评价
		一界面	二界面	
0~25	80			优质
25~65	50	优	中	
65~90	35	优	差	
90~175	50	优+中	差	
175~400	60	优+中+差	差	
400~650	55	优	中	
650~825	50	优	中+优	
825~925	40	优+中	优+中	
925~1125	30	优+中	中	
1125~1250	40	中+差	中	
1250~1375	20	优+中	优+中	
1375~1475	40	优+差	中+差	
1475~2614	<10	优	优+中	

第 9 章　固井油气层保护技术

固井油气层保护技术就是在固井施工过程中如何保护油气层不受损害的一种技术。钻井与完井的最终目的是钻进储层并形成油气流动的通道，建立油气井良好的生产条件。任何阻碍流体从井眼周围流入井底的现象均称为对储层的损害。实践证明，石油与天然气工业从诞生开始就客观上存在着储层损害的问题。在钻进油气层之前，油气藏岩石及其矿物组分、所含有的流体都相对地处于一种物理的、化学的、热动力学的及水动力学的平衡状态。在钻井、固井、完井、采油、增产及修井等各个施工过程中，均可能由于物理的、化学的、生物的或其复合的作用而破坏原有的平衡状态。严重的储层的损害将极大地影响油气井的产能。必须对各个施工过程对油气层的损害机理加以研究，并制定相应的保护措施，提高油气开发效率。

9.1　油气层保护技术的发展现状

储层损害的原因是十分复杂的，认识储层损害需要多学科的知识，其中主要有矿物学（特别是黏土矿物学）、岩类和岩相学、无机和有机化学、物理化学、胶体和界面化学、储集层地质学、热动力学、油层物理学、流体力学、渗流力学以及钻井、固井、采油、试井、开发、增产等专业知识。不同类型储层有不同的损害规律和特征，储层损害存在于石油工程的各个作业环节中，但是，储层损害是可以控制的，通过实施储层保护，防止污染技术，可使储层损害降至最低程度。储层损害的普遍性和复杂性决定了解决这一问题要用系统工程的观点，需要组织多学科的科技人员和各个作业部门进行合作，因此油气层保护工作必须从各个环节入手，对油气层保护技术进行深入研究，国外从 20 世纪 50 年代开始就开展了保护油气层方面的研究工作。进入 70 年代以后，此项技术受到各产油国能源部门和各石油公司的重视，一些先进的石油大国投入大量的研究力量和经费，在储层测试技术和方法、损害机理研究以及预防和处理损害油气层的工艺技术等方面都取得了很大的进展。美国石油工程师学会（SPE）于 1974 年召开了第一届防止地层损害的国际学术会议，并且，自这一年起每两年定期召开一次，专门讨论和交流这方面的技术问题，至今已发表了数百篇有关地层损害机理和保护油气层的研究论文。前苏联的实际统计资料也表明，使用质量差的钻井液钻开油层将使油井产能普遍降低 33% ~ 50%，因此其石油部门也一直高度重视发展保护储层工艺技术，并进行了大量的科学研究工作。70 年代以来，国际石油界已逐渐摒弃了“好油井是伤害不了的，保护与否没什么关系”等错误观念，使保护油气层防止污染的钻井、固井、完井技术在国际上发展成为油气勘探、开发等各个生产作业过程的一项重要技术。我国在这方面的研究尽管起步较晚，但近 20 年来发展很快，特别是将该技术列为国家“七五”和“八五”重点科技攻关项目以来，在这一领域不但取得了许多有价值的理论性研究成果，而且在生产实践中已取得了明显的经济效益。

近年来，胜利油田对钻井过程油气层保护技术做了大量研究，取得了很好的效果，在固井油气层保护技术研究方面也开始了深入研究，而实践证明，固井过程中水泥浆滤液和水泥细小颗粒会浸入油气层，对油气层的损害是相当严重的，所以对固井油气层保护技术进行深入研究有着十分重要的意义。

9.1.1 国外保护油气层技术的发展动态

早在20世纪50年代，国外就已开展了如何防止储层损害方面的研究工作，而自从阿拉伯石油禁运以后，这方面的研究工作更受到广泛的重视，一些先进的产油大国不惜投入大量人力、物力，在储层的测试技术和方法、损害机理的研究，以及预防和处理损害油气层的工艺技术等方面都取得了很大的进展。80年代以来，这项技术已在国际上全面发展成为在钻井、固井完井、采油、增产等油气生产作业全过程中对油气藏防止污染、进行保护和有效处理的一项重要技术，并被公认为一项关系到石油工业全局的“少投入、多产出”的有效技术，一项涉及多学科、多部门、多专业的系统工程。下面仅针对国外保护油气层技术的发展情况作一扼要的综述。

9.1.1.1 储层损害机理的研究

能否预防和处理好各生产作业环节对不同油气藏的油气层损害问题，关键在于是否搞清损害储层的机理和原因。国外很多学者对储层损害的机理进行了大量和系统的科学研究，已得出一些对生产实践具有指导意义的重要结论。概括起来，该项研究大致经历了以下三个阶段：

(1)经验性总结分析阶段；

(2)通过综合、统计对损害因素进行排序阶段；

(3)使用物理和数学模型研究储层损害机理阶段。

9.1.1.2 储层损害评价技术

储层损害评价技术是研究储层损害机理、保护措施及其效果分析，以及应采取什么预防措施的基础工作。评价分析的数据是做好钻井、完井，以及增产措施保护油气层涉及所必须掌握的技术资料。储层评价技术分为以下几个方面：

1)岩相(类)学分析。

美国岩心公司最早提出X射线衍射分析、薄片矿物鉴定分析以及电镜扫描分析三大技术，通过这些分析可查清储层系统中敏感性矿物的类型、数量和所在位置。综合这三项技术数据就能得出多孔介质中各类矿物成分对油藏敏感性的潜在影响和损害储层的潜在因素。

(1)矿物学技术分析。

矿物学技术是利用矿物分子的专门特征来证实和定量确定沉积矿物，用这些矿物的数据来评价储层岩石对地层损害的潜在敏感性问题。

(2)X射线荧光分析。

用X射线荧光分析能观察出固结良好的和未固结松散岩心中重晶石或钻井液浸入的深度和范围。

(3)X射线CT扫描。

用计算机处理的X射线层析扫描法简称CT扫描技术。CT扫描技术通过围绕物体周围旋转的X射线管可得到许多不同角度的投影，并可观察到物体的任何截面。它可测得固结良好和非固结岩心的钻井液浸入或固相浸入的三维状况。

(4)岩相图像分析(PIA)。

岩相图像分析技术是使用调整图像分析系统和交联的岩相显微镜，可精确地测出岩石物性指数，如孔隙度、渗透率、毛管力、地层系数等。确定井壁取心损害部分与未损害部分孔隙特征，评价地层膨胀或收缩程度，对评选处理剂和堵漏剂的尺寸极为有用。

2)油气层损害室内评价试验技术。

(1)德国Marx等研制出一套模拟井下条件测定油层渗透率变化的装置，该装置可以加压10MPa(100bar)，承受温度140℃，可用于钻井液、完井液污染试验。

(2)美国Vaussard研制了另外一种动态渗透仪，该仪器由一个大加温箱控制温度，在其中盛钻井液、完井液试验液体，并装有锥板形搅拌器。通过控制搅拌速度来控制流体在岩心表面的剪切速率，底部装有岩心夹持器，可以控制回压。岩心滤失试验的最大压力为7.5MPa，最大压差为7.0MPa，最高温度为150℃。

(3)日本田中章一研制了一种在高温高压状态下评价储层损害的试验装置。该装置以裂缝型和孔隙型两种方式模拟地层情况，试验温度为250℃左右，最高回压为8.1MPa。该装置可测定高温高压条件下的渗透率及高温高压养护下的钻井液、完井液性能，并能用毛细管黏度计测试流变性能。

9.1.1.3 完井液的应用

1)清洁盐水聚合物完井液的应用。

为了防止固相污染并强化对储层黏土的抑制性，国外较早地使用了一种清洁盐水作为完井液，它主要是由NaCl、KCl、$CaCl_2$、NaBr、$ZnBr_2$等无机盐配制成具有不同密度的盐水基液，然后加入增稠剂、降滤失剂、pH调节剂、防腐剂等配成。它的优点是：①防止固相浸入地层；②抑制储层中水敏性矿物，因此可提高油井产量。

2)暂堵性聚合物完井液的应用。

这类完井液主要由三个部分组成：携带液、桥堵剂和增黏剂。携带液和增黏剂没有什么特殊之处，重点在于桥堵剂，它分为酸溶性、油溶性和水溶性三种。这类完井液的优点是：①能从“抑制”及“暂堵”两方面来减少对储层的损害，在作业期间桥堵可以起暂堵作用，减轻液体滤失和防止固相入侵；②作业后桥堵剂可以被溶解掉，不会形成堵塞，完井液基本上做到对储层无损害。

3)气体型钻井流体的应用。

气体型钻井流体包括空气(天然气)、雾、充气钻井液及泡沫。其优点是：①泡沫流体含液量少、密度低，可用于压力系数低的漏失井钻井；②黏度高、流阻大不易进入产层；③隔热性好、携砂能力、清砂能力强等。在石油工业中已得到较广泛地应用。

9.1.2 国内保护油气层技术研究概况

9.1.2.1 室内评价方法和储层敏感性评价技术

1)建立岩心分析技术与储层敏感性评价标准。

(1)建立了适应我国油气层岩心分析的方法和技术。

(2)研究制订了《砂岩储层敏感性评价—岩心流动试验程序》标准。

2)储层损害机理研究。

应用岩心分析技术和敏感性评价手段，完成了以下七类典型油气藏的损害机理研究：

(1)华北冀中沙河街储层损害原因以水化膨胀为主，同时试验区为中等或中等偏弱速敏性、盐敏、酸敏较小。

(2)二连油田蒙古林储层具有强水敏性。哈南油田砂岩及阿南油田存在流速敏感性。有些储层对 HC1 有中等偏强的敏感性，对 HF 亦具有中等敏感性。

(3)辽河曙一区稠油油藏，损害储层主要因素为水敏和微粒运移，对 HF 亦有敏感性。

(4)辽河大民屯裂缝型灰岩油藏主要损害因素为固相浸入造成堵塞，同时也存在微粒运移损害及 HF 敏感性。

(5)中原卫域、桥口和马寨试验区通过评价发现它具有强水敏性，同时也有微粒运移的损害，其砂 4 段还有酸敏性损害。

(6)安塞油田长 6 油层具有酸敏性，同时也存在化学沉淀及吸附滞留损害。

(7)川东碳酸盐岩气藏主要损害因素是固相浸入，同时存在泥膜及化学反应物的损害。

3)建立相应的装置和试验评价方法。

(1)建立试验装置。

主要建立了以下装置：JHDS 高温高压动失水仪；SW－1 型高温高压动态损害仪；DSE 高温高压全尺寸动态模拟岩心损害装置。为碳酸盐岩损害流动试验研制了 BR1－100 型流动试验装置，SHY－400 型高温高压流动仪。此外，还研制了 NP－01 型页岩膨胀测试仪和 NX－01 型页岩吸附测试仪等。

(2)确立试验评价方法。

研究应用了通过测定毛管压力快速评价岩心损害的方法等。建立了室内评价程序方法和有关标准，研究了油气层损害机理，找出了损害的主要原因和规律。

9.1.2.2　矿场评价技术

1)砂岩油藏评价技术。

(1)在吸收国外评价技术优点的基础上，根据我国中、低渗透性砂岩油藏的特点攻克了早期试井资料的解释方法，如格林加登典型曲线拟合法、最优化灰色系统早期资料校正法、最优化双对数拟合法和早期资料反卷积校正法等，完善了不稳定试井方法，并研制了相应软件，对大量井的解释取得了良好的效果。

(2)研制了 RAM 流动期压裂井测试资料解释法软件，提出了非自喷井测试资料解释的新途径，研究出油层损害多种评价参数的计算通式。

(3)研制出测井资料解释法，首次提出用坐标旋转分析建立不同污染程序的评价方程式，以及横向图版法和时间推移测井法。

(4)研究和使用了油井产量计算法。

通过以上研究，砂岩油藏矿场评价已基本形成了适合五类油藏特点，以 PST 测试为主和测井法，油井产量法相结合的多种评价油层的有效方法、建立了相应的评价标准。经现场试验，符合率较高，基本解决了中、低渗透性砂岩油藏的矿场评价问题。

2)灰岩油气藏矿场评价技术。

(1)应用不稳定试井技术，研制了GDT软件和改善了WTC软件，并制订了评价方法和标准，填补了碳酸盐岩矿物测试技术的空白。

(2)利用密度测井中光电吸收指数值判断污染情况，并制订了相应的标准。

通过以上工作，奠定了我国进一步深入开展双重介质油气藏矿场评价技术的基础。

9.1.2.3 保护油气层的钻井液、完井液发展概况

1)研究并搞清了钻井液及其组分损害油气层的原因和规律。

钻井液的损害包括滤液、处理剂、固相以及综合影响。滤液浸入深度随渗透率不同而有所区别，一般可达10~100cm，并且80%以上滤失量在动态条件下浸入，应研究测定动态滤失的影响。处理剂损害主要是吸附、滞留作用及化学沉淀。固相损害在泥饼形成以前，浸入深度因储层孔道大小而异，一般可达2~80cm。

2)研制出适合我国实际情况的处理剂、钻井液、完井液配方。

在7类油气藏损害机理研究的基础上，研制了21种处理剂，评选出56种处理剂；研制了60套钻井液、完井液配方，其中新配方28套，基本形成了我国保护油气层钻井液、完井液系列。

3)研制了3类钻井完井液体系。

(1)油基钻井完井液体系。

(2)水基钻井完井液体系。

水基钻井完井液体系包括：无固相清洁盐水体系、无膨润土相钻井完井液体系、低膨润土类钻井完井液体系、水包油型钻井完井液体系和改性钻井完井液体系。

(3)泡沫钻井流体体系。

北京石油勘探开发科学研究院与二连油田、长庆油田联合进行了泡沫钻井、洗井的系统研究试验工作。建立了泡沫评价装置，对50余种泡沫剂及稳定剂进行了评选，研制了5个配方，并自行合成了高温高压泡沫剂F873。研究了泡沫流变性，并对泡沫钻井、洗井编制了计算机程序。通过二连吉2井空气模拟试验及洗井实践，进一步修正了计算机程序。在长庆及二连等7口井的实地试验及17口泡沫洗井工作中，对泡沫钻井、洗井积累了系统的工作经验，并研制了泡沫钻井、洗井系统的装备。辽河石油勘探局用充气钻井液成功地钻成了4口稠油区低压油井，井深范围1575~1662m，密度在0.77~0.80g/cm^{3}范围内，配方为羟基铝、磺化沥青及羧甲基纤维素配成基液后充气。特别值得提出的是：我国已用泡沫成功地钻成井深为3232m的青1井。该井是陕甘宁一口天然气井，井底温度95℃。目前，中石化也在四川、新疆等地广泛应用泡沫钻井技术，极大地提高钻井建设，保护产层。

总之，我国泡沫钻井技术经历了从发泡剂的研制评选、配方研制、设计计算机程序、钻井工艺到钻井装备已基本成型配套的过程，目前已具备了油气井钻井、洗井”的成套技术服务能力。

9.1.2.4 近平衡钻井技术

完善和发展了地震法预测地层压力的方法和模式，使泥页岩地层压力预测的精度高于90%。完善和发展了用声波测井资料预测地层破裂压力的方法和模式，预测的精度高于95%。瞬态波动压力的研究使近平衡钻井的钻井液密度设计更合理。完善和发展后的井控理论和编制的微机程序，提高了压井作业的科学性。研制的DLY-160堵漏模拟试验装置，可满足室内试验的要求。还建成了多口全尺寸平衡钻井及完成了井控技术模拟试验。研制出的钻井数据计算机采集处理及无线传输系统增强了现场实时监测砂、泥岩地层压力的能力。

此外，对复合含盐层蠕变规律的研究和钻井液密度图版的研制也取得了长足进展。

9.1.2.5 固井技术及完井方法

1)固井技术。

通过固井技术课题，研究了注水泥作业对储层损害的机理，防止污染的措施，各种添加剂及工艺、工具的配套等。

(1)对砂岩油气藏，水泥浆滤液是损害储层的主要因素；对碳酸盐储层，固相损害则是主要因素。

(2)为适应各种复杂地层研制了9个系列，40多个类型的油井水泥添加剂。

(3)研制了低密度(1.30~1.60g/cm^3)、低失水API失水<50mL的水泥浆配方。

(4)固井技术完善了分级注水泥技术，筛管顶部注水泥技术，选择固井技术以及尾管固井、套管回接和封隔器完井技术等。此外，还进行平衡压力固井设计，做到防漏、防窜平衡，编制固井软件，模拟井下情况，提高设计精度，进一步保证固井质量。在多个油田采用不同的工艺技术方法，取得了良好的经济成果。

2)完井方法。

(1)适用于块状出砂油气藏的先期防砂完井方法。对优选砾石、充气携砂液和3类(4种尺寸)扩孔钻头进行了研制，经现场试验效果良好。

(2)适用于稠油热采油藏的蒸汽驱完井工艺。从高温水泥品种、预应力固井工艺、双层套管扶正器，以及设计方法等方面全面满足了注蒸汽工艺的需要。

9.1.2.6 负压射孔工艺技术

针对华北油田、中原油田及四川油气田的油、气井进行了攻关研究，取得了以下成果：

(1)在冀中地区进行了负压深射孔工艺技术的研究，成功研制了高温(180~230℃)、高压(60~80MPa)射孔模拟装置，可用于基础研究。进行了射孔损害机理和优化设计原理的研究，证明压实损害是射孔过程主要的损害因素。研究制造了高温(180~230℃)、深射孔弹(287~294mm)和相配套的装置。研制了优质射孔液和射孔发射检测仪。以上各项经过验证，完全满足射孔的需要。

(2)在中原油田，研制出89-1型的射孔弹和油管输送射孔新工艺，在3种射孔工艺的对比试验基础上，提出了新的射孔参数，并通过与低损害压井液配合使用，取得了明显的经济效益。

(3)在四川油气田，研制出深层高压气藏含硫气井油管传输射孔工艺，使射孔成功率大幅度提高。

9.1.2.7 酸化压裂投产技术

先后开展了5个课题的技术攻关，成功研制出适用于我国低渗透砂岩油气藏及碳酸盐岩气藏的5项工艺技术，即水敏性低渗砂岩油层解堵酸化投产工艺技术、二连地区投产压裂技术、低损害压裂液(HT-21)和酸液(L0871)及配套压裂酸化技术、安塞长6低渗透油藏压裂投产工艺技术及碳酸盐岩低渗透气藏酸化投产技术。形成了包括低损害的压裂液、酸液、化学添加剂、井下管柱、快速返排、计算机程序设计及施工评价与监测软件系统等一套完整的投产工艺技术。经华北、二连、中原、长庆、四川等油气田1104井次的现场应用，获得了较好的经济效益。

9.2　各生产过程中可能造成的油气层损害

在钻开油气层、注水泥、射孔试油、酸化、压裂、采油、注水、修井等施工过程中都会不同程度地破坏油气层原有的物理、化学平衡状态，都可能给油气层带来损害。油田开发是由多个相互关联的生产环节组成的整体工程，如果其中某个环节造成了严重的油气层损害，就可能影响油气层的发展，或导致油气井的减产，甚至停产，从而导致油田开发失败。因此，了解生产过程中可能造成的油气层损害，不仅有利于充分考虑防止损害的保护性措施，而且也是分析判别油气层损害机理的基础。

9.2.1　钻井过程

1）钻井液固相的损害。

钻井液中所含的各种悬浮物质（黏土、钻屑、加重材料和堵漏剂等）都有可能对储层造成损害。当它们被强迫进入储层时，便可能逐步地充填油气藏岩石孔隙。在随后以相当高的流量进行生产或注入时，这些物质很可能桥堵在孔隙喉道的进口处，严重地降低井眼附近地带的渗透率。一般情况下，此类损害仅限于井眼周围3in（约7.6cm）内，但最终的渗透率降低值可高达90%。

2）钻井液滤液的损害。

钻井液是最先接触油气层的外来流体。在一定的压差下，钻井液滤液会渗入地层，特别在泥饼形成之前，滤液的渗入是不可避免的。如果钻井液的滤失量太大，将会携带大量的固相颗粒进入储层，产生堵塞而造成损害；同时，进入储层的滤液若与储层不配伍，则会引起黏土水化膨胀、水锁，形成化学沉淀和胶体乳化等，造成油气层的损害。

3）影响钻井液损害程度的因素。

（1）压差。

井筒内液柱压力与地层孔隙压力之差称为压差。如果钻井液中桥堵剂与储层岩石孔径不匹配，则压差越大，钻井液滤液及固相颗粒越易进入地层，并且在井筒周围形成较大的损害带，影响油气层的渗透率。长庆油田勘探局与西南石油大学用不分散聚合物钻井液进行动态试验，研究压差对岩心渗透率的损害表明：当压差由2.0MPa升高到6.0MPa时，渗透率的损害率由20%以下上升到60%左右。又如岔81井地层压力系数仅在1.03～1.05之间，而完井液密度为1.41g/cm^3，在3700m处，钻井液液柱压力超过地层压力13.0MPa，过高的压差将完井液滤液大量压入地层，使测井时错误解释为“水层”，而试油时先排出42m^{3}钻井液后，日产油13.61m^3，日产水3.56m^3。

（2）浸泡时间。

对于非暂堵性钻井液，所形成内泥饼的质量一般较差。此时，钻井液浸泡气层的时间越长，滤液的浸入量则越多，损害程度也就越大。

（3）钻井液循环时的剪切速率。

若钻井液在环空循环时的剪切速率过大，会严重地冲蚀井壁，破坏泥饼，从而使其滤液及固相颗粒易于进入储层。室内研究表明，剪切速率越大，动滤失速率的恒定值越高，岩心的渗透率降低越严重。此外，剪切速率过大，还会造成井径扩大，影响固井质量。

(4)起下钻速度。

快速起钻的抽汲效应会降低钻井液液柱压力，破坏泥饼及已形成的桥堵；而快速下钻的锤击效应则使钻井液液柱压力增大，从而增大压差，使钻井液浸入地层的量增加，从而加重对储层的损害。

(5)钻具对井壁的刮削作用。

若井眼不规则或钻具弯曲，钻具就可能对井壁产生刮削作用，破坏井壁上已形成的泥饼桥堵物，使钻井液易于浸入地层。此外，钻具对井壁的泥抹作用，则会使泥饼中的固相严实地嵌入地层孔隙或裂缝中，造成渗透率下降。

总之，钻井过程中的油气层损害主要是由于钻井液滤液及固相浸入引起的。只有尽可能地减少两者的浸入量，并使钻井液滤液在物理、化学性质上与地层矿物及流体相配伍，才能将损害减小到最低程度。

9.2.2 注水泥

9.2.2.1 水泥浆的损害

注水泥过程中水泥浆对油气层的损害往往来自两个方面：一方面是水泥浆滤液浸入地层；另一方面是水泥固体颗粒浸入地层。

在正常情况下，由于井壁泥饼对地层的保护作用及水泥中的固相颗粒直径较大(20～35μm)，所以水泥中固相颗粒浸入地层不是损害的重要因素，但水泥中的细小颗粒会浸入地层，堵塞通道。但水泥浆一般滤失量较大，注水泥时的压差又很大，其滤液能透过泥饼，进入储层一定的深度。进入储层的滤液可能由以下几个方面原因造成储层损害：

(1)滤液与地层矿物不配伍，造成黏土膨胀分散；

(2)水泥的水化作用使氢氧化物过饱和而重结晶，沉淀在孔隙中；

(3)滤液中的氢氧化物与地层中硅起反应，生成硅质熟石灰成为黏结性化合物；

(4)滤液与富含钙的原生水相接触，易生成碳酸钙或硅酸钙水合物沉淀；

(5)水泥浆滤液有相对高的pH值，它进一步促进地层中的黏土矿物发生水化膨胀。

需要指出的是：固井过程中水泥浆对储层的损害一般小于钻井液对储层的损害。一方面是由于在水泥浆进入地层之前，钻井液滤液已进去了一部分，从而使水泥浆滤液不像钻井液滤液那样容易进入；另一方面是由于水泥浆凝固前在井下的时间短，故与储层的接触时间也是有限的。

9.2.2.2 清洗液与隔离液的损害

在固井注水泥前，需使用冲洗液和隔离液将环空中的钻井液全部排除。在此过程中泥饼可能部分被破坏。在紊流注入的高压差作用下，冲洗液和隔离液的滤液对地层的浸入量会显著增加。此外，如果水泥浆与隔离液之间的交界面发生破坏，会增加对储层的损害。

9.2.2.3 挤水泥过程中造成的损害

采用高压挤水泥被认为是使水泥浆浸入地层的重要原因之一。若使用的压力过高，特别容易对非胶结的高渗透性砂岩储层造成较严重的损害。

9.2.2.4 固井水泥浆漏失对产层造成损害

固井过程中，由于动液柱压力过大可能会压漏地层，而地层破裂压力较低的部位往往是产层，若水泥浆进入产层，会对产层引起严重伤害。

9.2.2.5　固井质量的影响

如果固井质量不好，则后继工作液会沿水泥环渗入地层，造成十分严重的地层损害。因此，固井质量的好坏，是储层受损程度的一个很重要的影响因素。

由上述分析可以看出，为保护油气层，应尽可能控制施工过程的动液柱压力，同时严格控制水泥浆以及隔离液的滤失量，并保证固井质量。

9.2.3　射孔试油

目前，射孔完井已成为我国主要的完井方法。射孔之后，紧接着就进行试油施工。一般来讲，若在钻井、固井过程中油气井周围形成了损害带，则通过射孔施工过程，可将损害部分解除。但是，若在射孔、试油过程中造成新的损害，则难以进行补救。

一般认为，射孔试油过程造成储层渗透率下降的原因包括以下几个方面。

(1)压实带的形成。

在孔眼周围形成压实致密区，是射孔工艺的一个固有特征。

(2)固相堵塞。

若射孔液(压井液)不干净或有害固相含量高，或者循环管线中有钻井液絮块等，在射孔正压差较大的情况下易将固相颗粒压入地层。

(3)射孔液与储层不配伍。

若射孔液或压井液的性质与储层不配伍，则很容易造成地层的严重损害。

(4)高压差、高排量试油。

高压差、高排量试油可能产生以下几种损害：

①引起储层内的微粒运移，导致渗流通道的堵塞。对胶结疏松的储层，可造成严重出砂。

②高压差、高排量试油后，在井眼周围地带形成一个压力亏损带，若用密度较大的压井液进行二次压井，就会引起大量渗漏，造成储层损害。

③如果地下原油的油气比较高或含蜡量高，则高压差、高排量试油后，井眼周围区域压力很快下降，使得原油很容易脱气、结蜡而堵塞渗流通道。

④高压差对地层产生压实作用，造成损害。

9.2.4　酸化

酸化作业是目前用于油层解堵或增产的常用措施。但是，如果酸化作业不当会给地层带来新的损害，酸化可能引起的储层损害有以下几方面。

(1)酸液与地层矿物反应产生沉淀。

当地层中含有一些酸敏性矿物时，用不配伍的酸液处理地层可产生絮状或胶状沉淀物质而堵塞孔喉，导致渗透率降低。

(2)外来固相堵塞。

若作业管线不清洁，则酸液可将铁锈、污泥等物溶解带入地层，引起堵塞。

(3)增加地层微粒。

酸液溶解掉部分岩石骨架及其胶结物(如碳酸盐类)后，会释放出许多不溶于酸的固体颗粒。这些颗粒的增加，使地层中微粒运移现象加剧。

(4)酸液与原油中的沥青质形成胶状沉淀。

当酸液与富含沥青质的原油相接触时，酸与沥青质容易发生反应生成胶状残渣。当有表面活性剂或 Fe^{3+} 存在时，残渣更易生成。

9.2.5 压裂

压裂是低渗油气藏增产的有效措施之一，但若不注意对油气层的保护，仍然可造成对油气层的损害，使增产作业的效果不理想，甚至还可能降低原有的生产能力。压裂过程对地层的损害常来自以下两个方面：

(1)压裂液引起的损害。

如果压裂液与储层不配伍，则可引起储层中的黏土水化膨胀、原油的乳化等损害。对于低渗油气藏，还可能产生水锁现象，损害油气层。

(2)压裂液残渣造成损害。

压裂液中的破胶剂在水解过程中常产生一些不溶于水的物质，薄冻胶在破胶剂的作用下也可生成许多残渣。为防止滤失还加入固相防滤剂，这些固相物质进入裂缝后，绝大部分留在滤饼里或裂缝的压裂液中。这些残渣会以两种情况损害储层：①在裂缝闭合过程中，液体不断滤入地层，裂缝中孔隙空间不断减少，而固体残渣堵塞支撑剂孔道，降低导流能力，引起损害；②如果选择的支撑剂砂粒强度不够，在裂缝闭合过程中，液体不断滤入地层，裂缝中孔隙空间不断减少，而固体残渣堵塞支撑剂孔道，降低导流能力，引起损害。另外，如果选择的支撑剂砂粒强度不够，在裂缝闭合压力作用下有大量砂粒被压碎，形成许多微粒，因而也会加剧微粒运移，引起储层的损害。

9.2.6 采油过程

在采油过程中，如储层受到损害，油井产量的递减率将逐渐增加。目前，已认识到有以下途径会导致油气层损害：

(1)采油速度过高。

当采油速度过高，特别是同时有两种或两种以上不相混溶的流体产出时，原来松散地依附于孔壁的一些矿物微粒容易发生运移，从而对孔隙喉道造成堵塞，降低渗透率。

(2)结垢与结蜡。

生产过程中，由于储层的孔隙压力降低以及有时气体膨胀引起的冷却作用，使某些无机盐溶解度降低而生成无机垢沉淀。对于富含沥青质或蜡质的原油，在其流动过程中由于温度、压力降低，也会引起这些物质在地层中形成蜡垢和有机垢。虽然孔隙壁上的沥青质沉积一般不会明显降低地层孔隙度和绝对渗透率，但在经过这一过程后，岩石将趋向亲油，并降低油的相对渗透率。在一定条件下，若同时产水，还会有助于形成乳状液堵塞。

(3)清蜡、清沥青质过程的影响。

当井内油管结蜡和有机垢时，常用机械(如使用刮蜡片)或热油洗井等方法将其清除。但如果在处理中方法不当也会造成对油层的损害。比如在采油过程中，从油管上刮下的石蜡或沥青有一部分会泵入射孔孔眼和井筒附近的地层孔隙、孔洞或裂缝中去。用热油洗井时，一部分蜡垢也可能堵塞地层孔隙和射孔孔眼而影响产能。

(4)化学处理剂的影响。

如果缓蚀剂、防垢剂或防蜡剂与产层接触，但并不与地层相配伍时，也可能导致油相渗透率降低。

9.2.7　注水过程

在注水过程中不注意对油气层的保护，将会直接影响注水效果，降低油气井产量和采收率。注水过程中可能造成地层损害的主要原因包含以下两个方面：

(1)注入水的水质不符合要求。

如果注入水的水质(矿化度、化学成分、固相含量及粒度范围、细菌量、游离氧含量等)不符合要求，则可能引起地层中黏土矿物的水化膨胀及分散运移堵塞、化学沉淀堵塞、机械杂质堵塞和细菌堵塞等，从而造成储层损害。

(2)注入水强度不当。

如果注水强度过大，即在井眼附近地带水的流速过大，会引起地层中的微粒运移而堵塞孔喉，导致储层渗透率下降。

9.2.8　修井

修井液的性质对油气层损害的影响较大。与其他作业液一样，如果修井液与储层不配伍，则很容易造成油气层中的黏土膨胀、地层水结垢、岩石润湿性反转及原油乳化等一系列的损害。修井盐水(特别是高密度盐水)需用缓蚀剂控制腐蚀。这些缓蚀剂易改变油藏岩石的润湿性，并可能引起乳化堵塞，有时还会引起铁离子在油气藏中生成沉淀。

9.2.9　提高采收率措施

目前，最广泛采用的提高采收率方法有蒸汽驱、碱水驱、二气化碳驱、活性剂驱和聚合物驱等。在这些施工中若不注意对油气层的保护，将可能造成提高采收率失败。在提高采收率方法的生产过程中，可能引起储层损害的情况包括以下几个方面。

9.2.9.1　蒸汽驱

蒸汽驱主要用于稠油藏的开采，而这类油藏大多具有岩石胶结疏松、黏土含量高等特点。因此，高温蒸汽凝析液很容易通过溶解作用使弱胶结砂岩受到破坏，致使释放出的固体微粒发生运移，并引起所含的黏土矿物水化膨胀，导致渗透率下降。

9.2.9.2　碱水驱

碱水驱是以碱的水溶解作为驱油剂的一种提高油层采收率的方法。由于高 pH 值的碱性溶液不但可以溶解砂岩中的部分矿物，使微粒运移加剧，同时还有利于储层中黏土矿物的分散。碳酸钙、硅酸镁以及无定形硅等无机垢也容易在碱水驱的过程中产生。

9.2.9.3　二氧化碳驱

注二氧化碳所引起的储层损害问题包括：

(1)二氧化碳易与储层原油中的的某些组分反应生成有机物沉淀；

(2)二氧化碳是酸性气体，在酸性条件下，容易促使硫酸钡盐垢的生成，并且易与铁的腐蚀产物反应生成碳酸铁沉淀；

(3)会引起碳酸盐矿物溶解及随后的孔隙度变化。

9.2.9.4 表面活性剂驱

现场常用的表面活性剂主要是石油磺酸盐和烷基苯磺酸盐。

石油磺酸盐可与地层水及黏土中可交换高价离子(如Ca^{2+}、Mg^{2+}等)反应形成磺酸盐沉淀，这些沉淀将导致表面活性剂的损失及孔隙堵塞。

9.2.9.5 聚合物驱

聚合物驱是利用高分子聚合物水溶液来提高注入水黏度，降低油水黏度比，增大注入水的波及区域，从而提高水驱油的采收率。

地层水的矿化度过高还会引起聚合物分子聚集。大分子的相互聚集(盐析)不但导致聚合物用量过大，而且还会堵塞油气层，使渗透率降低。

9.3 油气层损害的主要类型

前文已将各生产环节中的油气层损害问题进行了归纳和总结。表面看来，生产过程中可能造成油气层损害的原因有很多，但就其实质来说，可将损害机理概括为以下四个方面：

(1)外来流体与储层岩石矿物不配伍引起的损害；

(2)外来流体与储层流体不配伍引起的损害；

(3)固相颗粒堵塞引起的损害；

(4)毛细现象引起的损害。

其中，每一方面均可能在很大程度上降低油、气的有效渗透率，影响油气井产能的发挥，将高产变为低产，甚至完全停产。

Basan对储层损害的类型和产生的原因进行了更具体的归纳和总结，其要点列于表9-1中。

表9-1 储层损害的类型及原因

损害类型		产生原因
毛细现象	相对渗透率的影响	在孔隙中油、气、水相对含量发生改变
	润湿性的影响	表面活性剂的浸入
	孔隙的液锁	黏性流体的浸入
固相浸入		无机物与有机物颗粒的浸入
结垢		盐的互沉淀
岩石损害	分散运移	离子环境发生改变
	微粒运移	胶结颗粒的松散
	矿物沉淀	矿物溶解后重新化合
	晶格膨胀	过多的水进入晶格
	非胶结	地层结构疏松

另外，美国岩心公司Amaefule等根据全世界近4000口井的资料，对各个作业环节中每种机理所造成损害的严重程度进行了系统的总结，总结情况见表9-2。

表9-2 各井下作业过程中储层损害程度的相对大小

损害原因	建井阶段				油藏开采阶段		
	钻井固井	完井	修井	增产措施	中途测试	开采	注液开采
钻井液固相颗粒堵塞	* * * *	* *	* * *	—	*	—	—
微粒运移	* * *	* * * *	* * *	* * * *	* * * *	* * *	* * * *
黏土水化膨胀	* * * *	* *	* * *	—	—	—	* *
乳化堵塞/水锁	* * *	* * * *	* *	* * * *	*	* * * *	* * * *
润湿反转	* *	* * *	* * *	* * * *	—	—	* * * *
相对渗透率下降	* * *	* * *	* * * *	* * *	—	* *	—
有机垢	*	*	* * *	* * * *	—	* * * *	—
无机垢	* *	* * *	* * * *	*	—	* * * *	* * *
外来颗粒堵塞	—	* * * *	* * *	* * *	—	—	* * * *
次生矿物沉淀	—	—	—	* * * *	—	—	* * *
细菌堵塞	* *	* *	* *	—	—	* *	* * * *
出砂	—	* * *	*	* * * *	—	* * *	* *

注："*"愈多，则损害愈严重。

从表9-2可以看出，微粒运移引起的损害是最普遍的；其次是乳状液堵塞和水锁；再次是润湿反转和结垢等引起的损害。而在钻井和固井作业中，损害最严重的是钻井液固相颗粒堵塞和黏土的水化膨胀。应注意：表9-2中所总结的是带有普遍性的规律。对于不同的油气井，损害类型以及产生原因可能有很大的差别。因此，必须根据具体的储层条件和钻井液等外来流体的组成情况对引起损害的主要原因作出准确的判断，然后有针对性地采取必要的措施以防止或尽量减轻可能造成的损害。

但是，无论哪一类损害，储层本身的内在条件均是主要因素。当储层不能适应外界条件的变化时，损害将不可避免地发生。因此，要研究储层损害的机理，首先要搞清其本身潜在的各种损害因素。

9.4 水泥浆滤液对岩石渗透率的影响

为进一步研究分析水泥浆滤液对岩石渗透率的影响，对失水量不同的水泥浆体系分别在相同条件下对同类岩心进行岩石渗透率损害试验。

9.4.1 水泥浆对岩石渗透性损害的试验方法

为了研究水泥浆对地层的损害，用失水量不同的水泥浆体系分别在相同条件下对近似同类岩心做污染前后的渗透性试验，对比损害率。

9.4.2 试验过程及结果

9.4.2.1 实验仪器

岩心流动实验仪、岩心气体渗透率测定仪、71型高温高压失水仪、加温加压岩心夹持器、HTHP失水仪、流变仪等。

9.4.2.2 实验流程

取天然岩心→洗油后烘干称重→用氮气测原始气体渗透率 K_a→抽真空饱和地层水→求孔隙度 ϕ→测煤油渗透率 K_o→用钻井液(反向)污染(条件：85℃、3.5MPa、2h)→刮去泥饼用水泥浆污染(条件：85℃、3.5MPa、0.5h，用4种不同失水量的水泥浆分别做)→测岩心污染后的煤油渗透率 K_{od}→求渗透损害率 $D=(K_o-K_{od})/K_o\times100\%$

9.4.2.3 水泥浆配方

在相同的水泥浆基浆中，加入不同比例的降失水剂加量，配制出具有相同密度、不同失水性能的水泥浆，测试失水性能(表9-3)。

表9-3 具有不同失水的水泥浆配方及性能

序号	配方	密度/(g/cm³)	失水/mL
1#	水泥+水+0.6%分散剂USZ+1.3%缓凝剂GH-Ⅱ+0.7降失水剂G301	1.85	262
2#	水泥+水+0.6%分散剂USZ+1.3%缓凝剂GH-Ⅱ+0.9降失水剂G301	1.85	186
3#	水泥+水+0.6%分散剂USZ+1.3%缓凝剂GH-Ⅱ+1.1降失水剂G301	1.85	138
4#	水泥+水+0.6%分散剂USZ+1.3%缓凝剂GH-Ⅱ+1.4降失水剂G301	1.85	64

9.4.2.4 实验结果

(1)水泥滤失量与渗透损害率的关系。

不同滤失量的水泥浆对经钻井液污染后的同类岩心再次污染，岩石渗透率受到不同程度的损害，实测数据见表9-4；将表中数据画出渗透损害率随水泥滤失量增加的变化曲线(图9-1)。

表9-4 水泥滤失量与渗透损害率的关系

水泥浆滤失量		岩样				K_o/ $10^{-3}\mu m^2$	K_{od}/ $10^{-3}\mu m^2$	D/ %
水泥浆配方	滤失量/mL	长度/cm	面积/cm²	K_a/ $10^{-3}\mu m^2$	ϕ/%			
1#	262	2.498	4.951	156.25	23.8	47.8	10.6	77.8
2#	186	2.507	4.961	161.94	24.0	47.7	11.0	76.9
3#	138	2.590	4.953	104.08	21.9	37.4	10.4	72.2
4#	64	2.353	4.935	175.58	23.5	28.7	10.3	64.1
不经水泥浆污染	0	2.358	4.956	136.74	23.5	35.2	13.1	62.8

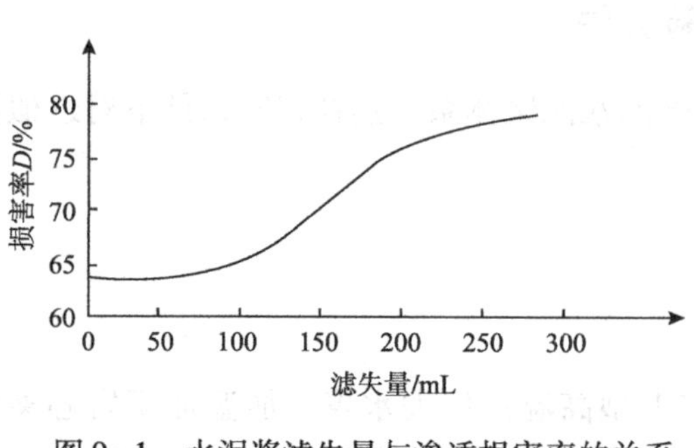

图9-1 水泥浆滤失量与渗透损害率的关系

从表9-4及图9-1中可以看出，钻井液污染后的岩石经水泥浆再污染后，引起较严重的岩石渗透率损害，且损害率随水泥浆滤失量的增加而增加；但是，在水泥浆滤失量为0~70mL范围内，随滤失量增加损害率上升较缓慢；但是在水泥浆滤失量为70~200mL范围内，随滤失量增加，损害率上升加快；水泥浆滤失量大于200mL时，随水泥浆滤失量的增加又变为缓慢。由此看出，固井施工时，将失水控制在 70mL 以内会更有效地减轻地层污染。

(2)水泥浆滤失量与脱水量及污染深度的关系。

用不同滤失性能的水泥浆对同类岩心做脱水量与污染深度试验，试验结果见表 9-5；将表中数据画出脱水量及污染深度随水泥滤失量增加的变化曲线(图 9-2)。

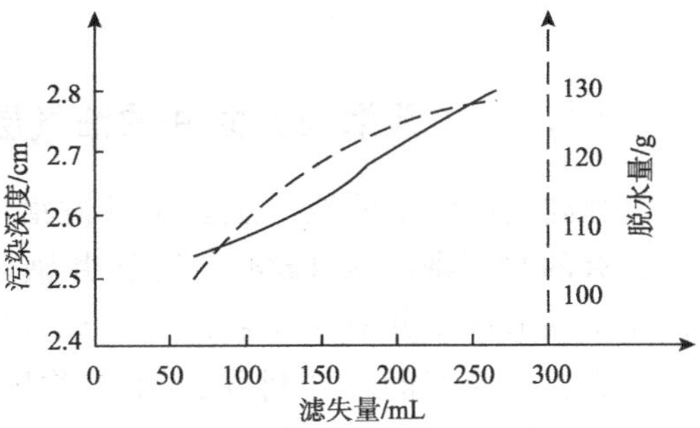

图 9-2　水泥浆滤失量与污染深度的关系

表 9-5　同类岩心中水泥浆滤失量与脱水量及污染深度的关系

水泥浆配方	水泥浆滤失量/mL	脱水量/g	污染深度/cm	备　注
1# 400mL	262	128	2.8	脱水量是指用水泥浆污染岩心时，水泥浆水量的减少
2# 400mL	186	124	2.72	
3# 400mL	136	119	2.62	
4# 400mL	64	116	2.56	

从表 9-5 及图 9-2 中可以看出，在四种水泥浆滤失量相差较大的情况下，它们的污染深度变化不大，水泥浆滤失量增加，污染深度呈增加趋势。

综合分析，从失水量不同的水泥浆对岩石的污染深度看；失水量的大小对污染深度影响并不大，但是对渗透率的影响却非常大，这说明失水大的水泥浆体系，细小水泥颗粒进入岩石，堵塞了孔隙，失水量小的水泥浆，由于降失水剂在岩层处形成一个滤失屏障，使水泥颗粒很少进入岩石，特别是失水在 70mL 以内基本对岩石渗透率影响不大。

9.5　固井过程中油气层保护的配套技术

胜利油田地层复杂，油藏特征差异很大，井下复杂情况也多样化，有高渗高压井、低渗高压井、注水形成的调整井高压井、破裂岩层漏失井、潜山漏失井、渗透性漏失井、压破性漏失井等，在如此多样化的复杂井中进行固井及完井油气层保护，必须结合固井工艺特点使用油气层保护配套技术，研究固井工艺、水泥浆体系，用各种固井新工具和多种性能的水泥浆外加剂，以及特殊完井方式实现提高固井质量和油气层保护的目的。

9.5.1　常规固井工艺油气层保护技术

常规固井工艺是指井下无异常情况、无特殊工艺的固井施工。这种井的油气层保护要点主要是减小水泥浆滤液进入产层。其常用方法是：降低水泥浆失水；减少液柱压力与产层的压差；减小水泥浆与钻井液流动阻力。一般采用低失水、高流动性水泥浆体系，这种水泥浆体系失水量一般都控制在 70mL 以内，自由水接近 0，流动阻力很小，既能在现场可泵流速下达到紊流又有很小的流动阻力，从而在泵送过程中大大减小对油气层的回压，以减少水泥浆滤液和水泥颗粒进入油气层，减少水泥浆滤液及水泥颗粒对地层孔隙的堵塞。近几年，该水泥浆体系在胜利油田生产井及探井中广泛使用，取得了良好的效果。

9.5.2 油藏漏失井固井的油气层保护技术

胜利油田的草桥地区主要是开发潜山油藏，油藏地层压力系数很低，多数在1.1左右，有的井用密度为1g/cm^{3}的钻井液刚好能维持循环钻进，有的井只能用密度小于1g/cm^{3}的泡沫钻井液才能钻进，该地区固井时，采用常规的固井工艺，不但会发生水泥浆漏失，造成层间不能封固，而且严重污染了油气层，造成产能下降。1997年上半年，在该地区用常规方法固井成功率仅51%，草古1-12-12井注水泥17m^{3}返出套管外仅3m^{3}即发生井漏，只进不返，固井质量不合格；有的在固井中水泥浆已返出地面，而在候凝期间又发生漏失，例如草古1-14-14井固井时未发现漏失，水泥浆返出地面约6m^3，测声波显示水泥低返465m；有的井在注水泥时发生漏失，电测管外无水泥，采用管外环空补注水泥也不能实现有效封固，如：草古1-13-13井就是此类情况；草古1-15-9井下套管后开泵循环只进不出。总之，该地区用常规方法固井，既不能保证固井质量，又严重污染了油气层，因此，我们对该地区固井工艺开展了研究，先后研究使用了封隔器-分级箍双级注水泥防漏保护油气层工艺(图9-3)和水泥伞-分级箍双级注水泥防漏保护油气层工艺(图9-4)，使固井成功率有了较大提高，减少了水泥浆对油层的污染，对油气层的保护起到了明显的效果。

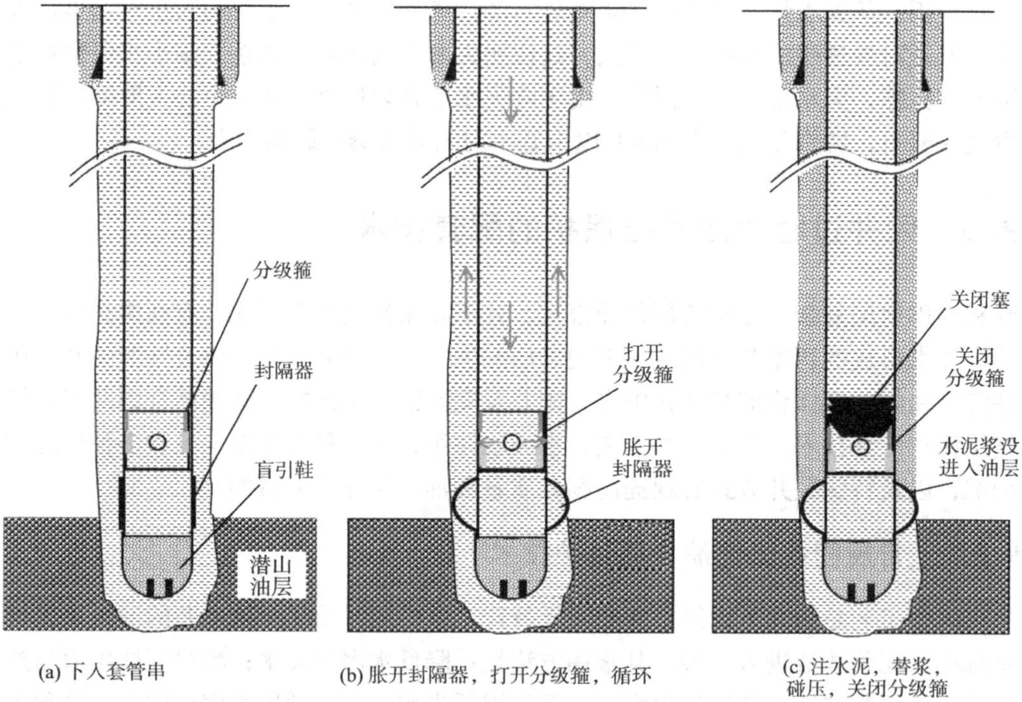

图9-3 封隔器-分级箍双级注水泥防漏保护油气层工艺

9.5.2.1 封隔器-分级箍双级注水泥防漏保护油气层工艺

封隔器-分级箍双级注水泥防漏保护油气层工艺是在底部油藏漏失井(多数为潜山油气藏)固井时，在套管串底部分别安装一个盲引鞋、封隔器和分级箍(压差打开式或机械打开

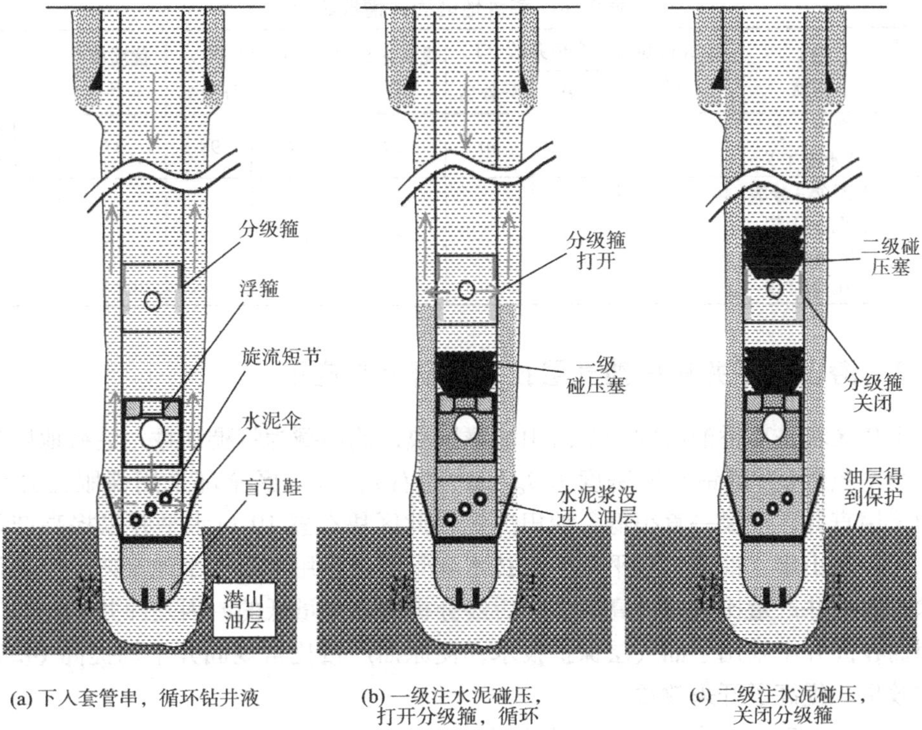

图 9-4　水泥伞 - 分级箍双级注水泥防漏保护油气层工艺

式均可)，当套管串下到井底后，依次胀开封隔器、打开分级箍、进行循环钻井液、然后注水泥固井。这样固井时水泥浆不会向产层漏失，既保护了油气层不被水泥浆污染，又不会因水泥浆漏失造成固井失败。

9.5.2.2　水泥伞 - 分级箍双级注水泥防漏保护油气层工艺

在胜利草桥地区潜山漏失油藏固井时，一开始采用“封隔器 - 分级箍双级注水泥防漏保护油气层工艺”施工，前几口井固井非常成功，但后来有的井在潜山底部井径扩大严重，造成封隔器胀封失败，固井时发生漏失。为解决这一问题，研究了“水泥伞 - 分级箍双级注水泥防漏保护油气层工艺”。该工艺是在套管串底部分别安装一个盲引鞋、水泥伞、旋流短节、浮箍和分级箍(压差打开式或机械打开式均可)，分级箍以下套管长度 30m 左右。当套管串下到井底后，开泵循环，先注水泥封固漏层以上 30m 套管，并打开分级箍循环，由于 30m 封固段压差增加不大，水泥伞可以支撑，不会污染油气层。当水泥浆凝固后，再进行上部套管注水泥固井。这样固井时下部水泥已对漏层封隔，水泥浆不会向产层漏失，既保护了油气层不被水泥浆污染，又不会因水泥浆漏失造成固井失败。

9.5.2.3　施工效果

1998 ~2002 年，在胜利草桥油田试验与推广采用防漏保护油气层工艺以来，共固井 102 口，取得效果显著，固井施工顺利，无发生漏失和低返现象，一次固井合格率由 1997 年的 84%(1997 年刚开始开发草桥潜山漏失井时，固井合格率只有 51%，固井失败率 50% 左右，后逐渐改进工艺，合格率逐步上升)上升到 100%，大大提高了固井质量，同时有效地保护了油气层，油井产量较以前有了不同程度的提高，草桥地区固井质量情况见表 9-6。

表 9-6 草桥地区固井情况统计

固井日期	施工措施	固井口数/口	合格井数/口		优质井数/口	合格率/%		优质率/%	不合格原因
			一次	补救后		一次	补救后		
1997 年	常规一次注水泥工艺	51	43	50	29	84	98	57	水泥低返；管外无水泥
1998 ~ 2002 年	水泥伞 - 分级箍防漏工艺；封隔器 - 分级箍防漏工艺	102	102		78	100		76	

9.5.3 潜山水平井保护油气层技术的研究与应用

草古 100 区块是草桥油田的一个潜山油藏区块，此油藏为特稠油藏，油藏地层为潜山破碎带，压力系数低(当量钻井液密度 1.0g/cm^3 左右)，该地区全部采用裸眼完井或筛管完井，起初采用直井，产量一直很低，油田决定在此区块布置 10 口水平井以提高产量。技术套管进入 *A* 点潜山层，前两口水平井 *A* 点技术套管固井采用常规注水泥工艺，没采用油气层保护技术，水平井产量比直井提高不多，后经分析研究产量低的原因是固井水泥对油层污染所致，因而在固井中采用了油气层保护技术，使原油产量比常规固井平均提高 142%，见到了较好的效果，提高了开采效益。

9.5.3.1 常规固井对潜山油气层的损害

1)草古 100 井常规固井套管结构。

为提高草桥油田古潜山井开发效率，提高单井产量，在该地区采用了水平井开发技术。开始完钻的草古 100 - 平 1 和草古 100 - 平 2 井采用的常规固井工艺，其套管结构为 ϕ339.7mm(13⅜in)表层套管下至 100m，ϕ244.5mm(9⅝in)技术套管下至水平段 *A* 点进入潜山 3 ~ 5m，水平井段下入 ϕ177.8mm(7in)筛管图 9-5。常规固井套管结构没有采取油气层保护措施，增产效果不太理想。

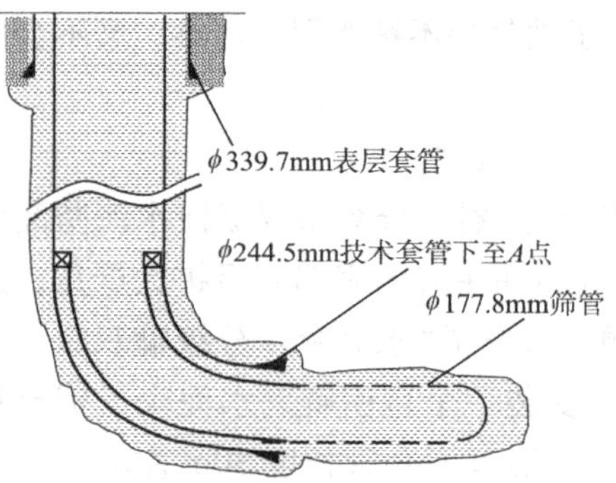

图 9-5 草古 100 水平井 ϕ244.5mm 技术套管常规固井套管结构

2)常规固井措施与对油层的损害。

草古 100 区块水平井固井的关键点是封固好进入水平段 *A* 点的 ϕ244.5mm 技术套管。常规固井采用的方法是一次注水泥，注入粉煤灰石英砂低密度水泥浆体系，密度 1.6 ~ 1.7g/cm^3，由于水平段的 *A* 点(即 ϕ244.5mm 套管鞋处)已进入了潜山层(即油层)，尽管采取了低密度水泥浆防渗措施，但由于液柱压力严重的超过油层孔隙压力，且潜山顶部岩层破碎缝洞发育，因而会有大量的水泥浆渗入油层，大大堵塞了油气通道(图 9-6)，当打开水平段时，使污染区的前部水平段孔隙度降低，极大减少了投产产量。

9.5.3.2 固井工艺的改进

为解决固井过程中水泥浆渗入油气层的问题，对草古 100 水平井固井工艺进行了改进，采用水泥伞—分级箍组合防水泥渗漏保护油气层技术，这样通过两次注水泥和水泥伞的保护可大大减少固井水泥对油层的污染，保证潜山油气层岩层孔隙度，提高产油率。

1)ϕ244.5mm 技术套管管串结构。

草古100水平井ϕ244.5mm技术套管固井工艺改进后其管串结构为：盲鞋+水泥伞+割孔短节(孔在水泥伞内)+3根套管+水泥浮箍+分级箍(连续打开式)+管串(图9-7)。此结构能在A点技术套管固井时防止水泥浆漏失进入油层，能极大减少水泥浆对储层的污染，提高油井产量。

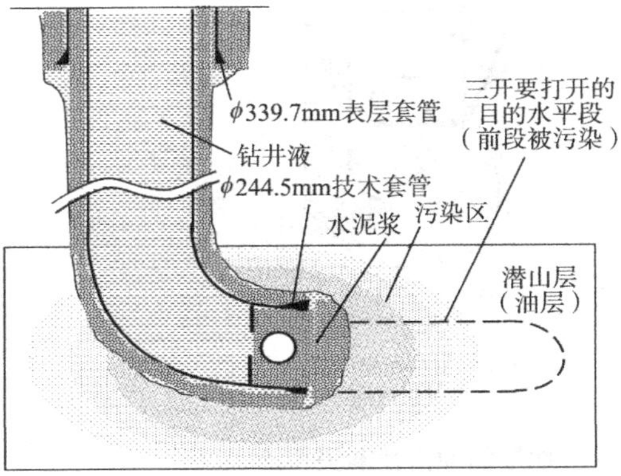

图9-6 草古100水平井ϕ244.5mm技术套管常规固井工艺对油层污染示意图

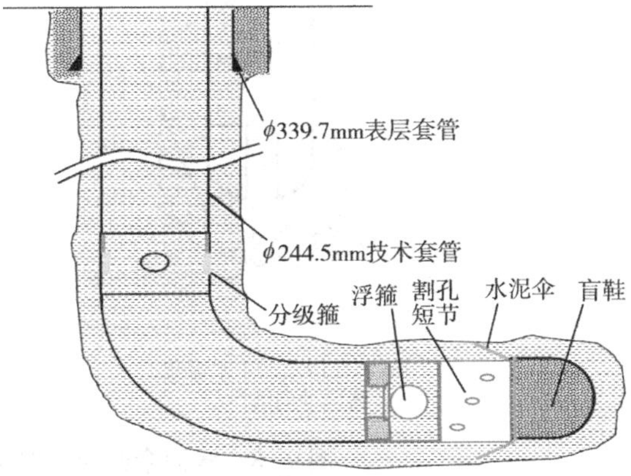

图9-7 改进后的草古100水平井ϕ244.5mm技术套管管串结构

2)施工工艺。

改进后的ϕ244.5mm技术套管固井工艺特点为：①分成两级注水泥，第一级水泥浆封固潜山层顶部30m，将漏层封隔，由于只有30m封固段，增加液柱压力很少，因为下部装有水泥伞，所以不会漏失。②采用连续打开式分级箍可及时将分级箍打开，循环出多余水泥浆，以保证实施二级注水泥固井。③不对产层增加压差。由于一级封固只有30m，而且在水平段，水泥段基本不增加压差，下部水泥伞不但对水泥浆柱有一定的支撑力和防渗作用，同时也改变了水泥浆出套管的流向，改变了对地层的冲击方向(图9-8)，从而保证了水泥浆不渗漏入地层，使油气层不受水泥污染。④二级水泥浆可采用高密度。当一级水泥凝固后，再进行二级注水泥，由于二级注水泥不会发生漏失，因此，可以使用高密度抗高温掺砂水泥浆体系，从而提高油井寿命。草古100水平井ϕ244.5mm技术套管固井工艺改进后其施工流程为：按设计连接套管管串结构并下入井内→循环钻井液→注入一级前置液→注入一级水泥浆→投入打开塞→替钻井液→碰压打开分级箍→循环出多余水泥浆→一级水泥浆候凝→注入二级前置液→注入二级水泥浆→投入关闭塞→替钻井液→碰压，关闭分级箍→候凝，固井结束，钻掉套管内水泥及附件，准备三开钻潜山油气层[图9-9(b)]。

9.5.3.3 草古100潜山水平井固井油气层保护技术应用效果

在草古100区块水平井固井中，从第三口井开始采用水泥伞—分级箍组合防漏保护油气层技术，对ϕ244.5mm技术套管进行固井时，由于水泥浆就不会漏入储层，因此潜山目的层不受水泥浆污染，投产后使原油产量明显提高(图9-10)。在草古100区块共布置水平井10口，前两口采用了常规固井工艺，后8口采用了改进后的“水泥伞—分级箍组合防漏保护油气层固井工艺”，10口水平井全部投产后，进行产量统计，各井投产情况见表9-7。

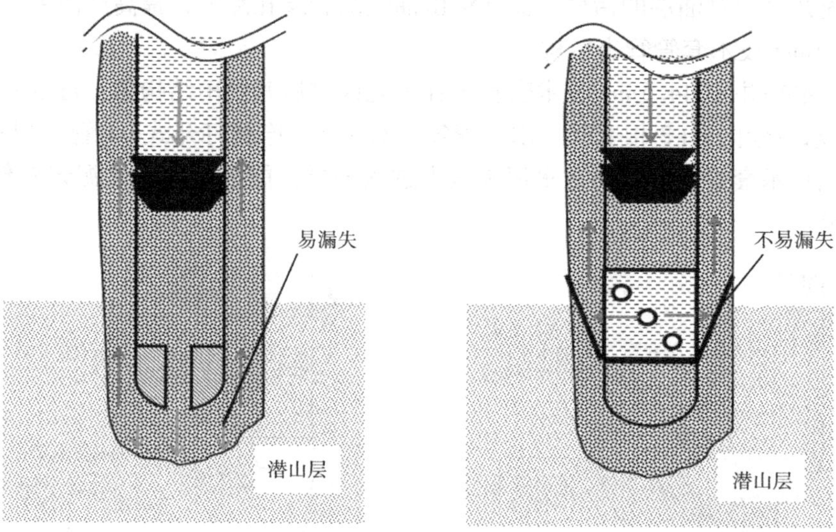

(a) 不使用水泥伞水泥浆流向冲向潜山层

(b) 使用水泥伞改变水泥浆流向

图 9-8 水泥伞改变水泥浆流向减少对地层的冲击性漏失

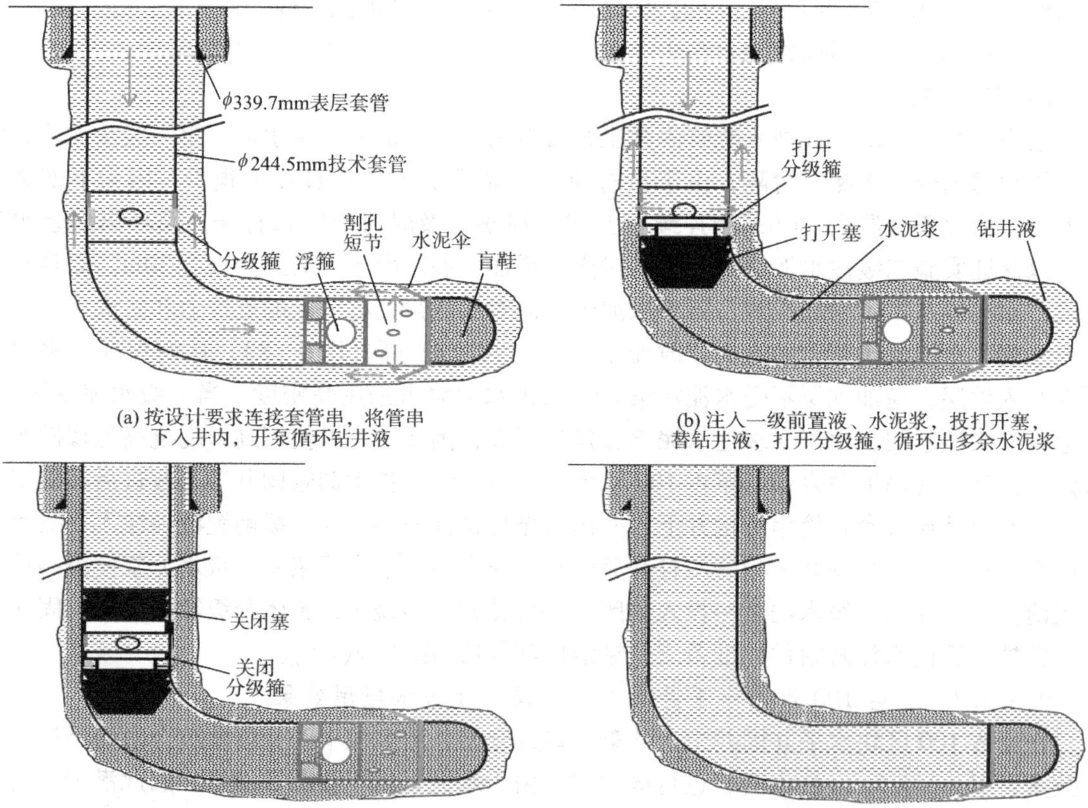

(a) 按设计要求连接套管串，将管串下入井内，开泵循环钻井液

(b) 注入一级前置液、水泥浆，投打开塞，替钻井液，打开分级箍，循环出多余水泥浆

(c) 注二级前置液、水泥，投关闭塞，替钻井液，碰压，关闭分级箍，候凝

(d) 钻掉套管内水泥及附件，准备三开钻潜山油气层

图 9-9 潜山水平井固井油气层保护施工工艺流程

注：分级箍到盲鞋 30～35m。

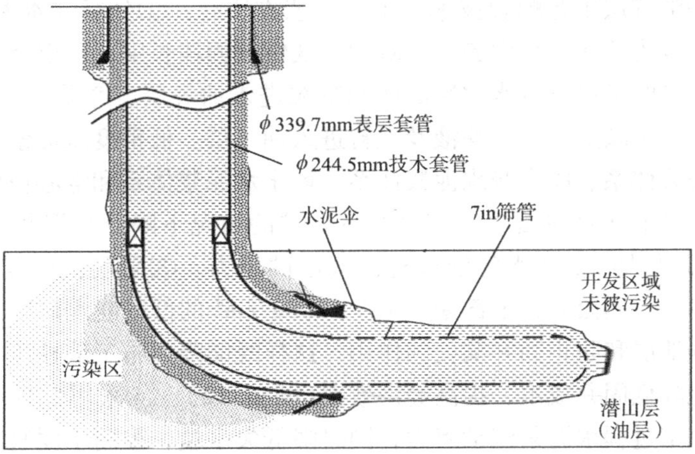

图 9-10　技术套管固井采用油气层保护技术潜山产层不被水泥污染

表 9-7　草古 100 潜山水平井投产情况

井号	固井方式	投产日期	平均日产油/(t/d)	单井平均产油/(t/d)	比老办法提高/%
CG100 - P1	低密度水泥浆常规注水泥	1996. 12. 1	6. 4	11. 7	
CG100 - P2	低密度水泥浆常规注水泥	1999. 1. 25	17		
CG100 - P3	水泥伞 - 分级箍防漏工艺	1999. 7. 11	29	28. 37	142
CG100 - P4	水泥伞 - 分级箍防漏工艺	1999. 9. 2	36		
CG100 - P5	水泥伞 - 分级箍防漏工艺	1999. 7. 11	39		
CG100 - P6	水泥伞 - 分级箍防漏工艺	1999. 7. 17	20		
CG100 - P7	水泥伞 - 分级箍防漏工艺	1999. 7. 14	20		
CG100 - P8	水泥伞 - 分级箍防漏工艺	1999. 11. 1	22. 6		
CG100 - P9	水泥伞 - 分级箍防漏工艺	1999. 8. 21	32		
CG100 - P10	水泥伞 - 分级箍防漏工艺	1999. 11. 7	28. 4		

由表 9-7 中数据看出，使用常规固井工艺施工的 CG100 - P1 井和 CG100 - P2 井，单井平均产量为 11. 7t/d，而采用“水泥伞—分级箍组合防漏保护油气层固井工艺”固井的后 8 口井单井平均产量为 28. 37t/d，比使用常规固井工艺的井提高了 142%。因此，在潜山水平井固井过程中采用防渗漏油气层保护技术能够显著提高原油产量，极大地提高开发效率。

9. 5. 4　长封固段井固井的油气层保护技术

固井水泥封固段过长，在施工过程中不但易造成钻井液窜槽、砂堵憋泵、流阻增大、水泥浆候凝失重等问题，而且长封固段会使液柱与产层之间的压差增加，对油气层也会造成严重损害。原因是液柱压力增高，对地层回压增大，会造成水泥浆产生较大的失水，同时会携带水泥颗粒进入地层，也会因液柱压力过大造成地层漏失，而且破裂压力小的地层多数是油气层，漏失严重，可能会对油气层造成极大污染。

对长封固段井固井施工，为了做好油气层保护工作，胜利油田从 20 世纪末开始研究推广了多种固井保护油气层工艺配套技术，主要工艺方法有：①分级注水泥工艺(图9-11)，把一次注水泥施工改为两次注水泥施工，减少一次性封固段长度，可以降低液柱压力和流动阻力，防止漏失，同时可以减少水泥浆滤液及颗粒进入油气层。②采用低密度水泥浆体系，降低液柱压力，同时可减少水泥浆滤液及颗粒进入油气层。低密度水泥浆体系在胜利油田主要使用了泡沫水泥浆体系、粉煤灰水泥浆体系、坂土水泥浆体系和空心玻璃微珠水泥浆体系等，这些水泥浆体系能在水泥石强度满足井下要求的情况下降低水泥浆密度，一般能降到1.20~1.75g/cm^3，大大降低了水泥液柱对油气层的压力。③采用低密度水泥浆充填技术，对于上部无油层的长封固段井，上部采用1.3~1.5g/cm^{3}的低密度水泥浆作为充填剂，以满足支撑套管、封隔地层和防止固井漏失的作用，这样既能降低施工液柱压力，减少水泥浆对油层的损害，又能降低固井成本，提高经济效率(图9-12)。④采用低失水高分散水泥浆体系，以减小固井施工过程水泥浆流动阻力，同时降低失水量，控制水泥浆滤液及颗粒进入产层，从而保护油层。⑤采用封隔器封隔油气层技术。由于长封固段井水泥浆候凝失重影响较明显，可在油气层顶部使用套管外封隔器，以取代环空憋压，从而减少液柱对油层的压力，降低水泥浆滤液进入产层(图9-13)。以上长封固段固井保护油气层配套工艺技术在胜利油田辛镇、永安、河家、营字号及草桥等油区进行了使用，取得了良好的效果。

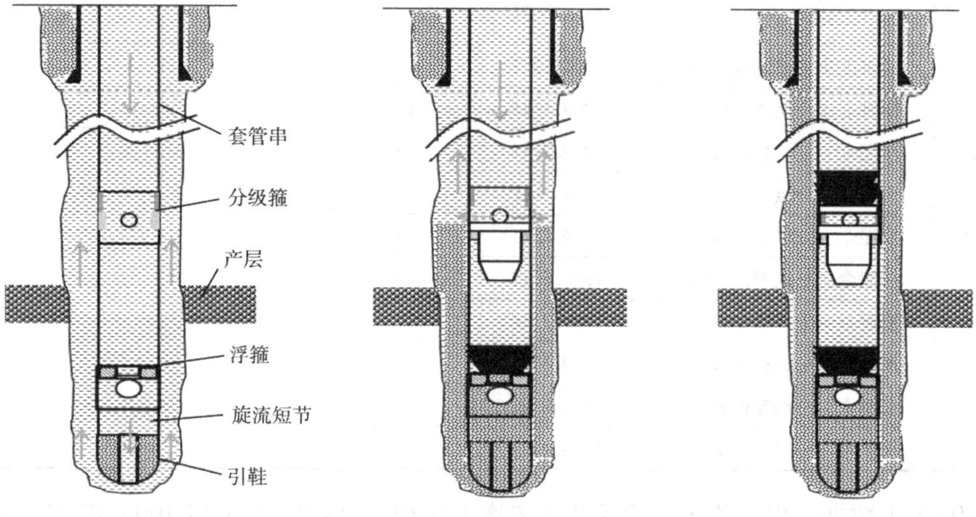

(a) 连接管串结构，下入井内，开泵循环

(b) 一级注水泥碰压，打开分级箍循环，水泥浆柱高度降低，减少对产层污染

(c) 二级注水泥碰压，关闭分级箍，一级水泥浆已凝固，不影响产层

图9-11 双级注水泥工艺降低水泥浆对产层污染

9.5.5 高压低渗井固井的油气层保护技术

高压低渗井的特点是：油层孔隙压力较高，但渗透率很低。如胜利油田的王家岗、史口、坨庄地区的一些高压井都属于高压低渗油藏。这种井由于油层孔隙度较小，本身出油速率就很低，稍有水泥颗粒进入地层就会造成通道堵塞，固井后不能出油；而该类型的井又是高压井，固井作业时为防水泥浆候凝期间失重，多采取压稳候凝(例如提高钻井液密度、双凝水泥、环空憋压等)，而这些措施会加速水泥浆滤液进入油层，造成油层污染。因此，对此类井我们在1995年开始研究应用封隔器完井固井技术。起初采用华北石油管理局橡胶研究所生产的套管外

封隔器进行完井工艺试验，即在油层上下使用封隔器封隔，不注水泥固井，直接完井(图9-14)；后来采取将油层段使用封隔器封隔，封隔器以上井段注水泥固井，这样可固定上部套管和地层，提高油井寿命(图9-15)。通过封隔器完井及固井技术，水泥浆不与油层接触，防止水泥浆对油层的污染，明显起到了保护油气层作用。对于产层渗透率稍大的井，也可采用封隔器防窜工艺，配合采用低失水水泥浆体系和近平衡固井工艺进行固井施工［图9-13(b)］。

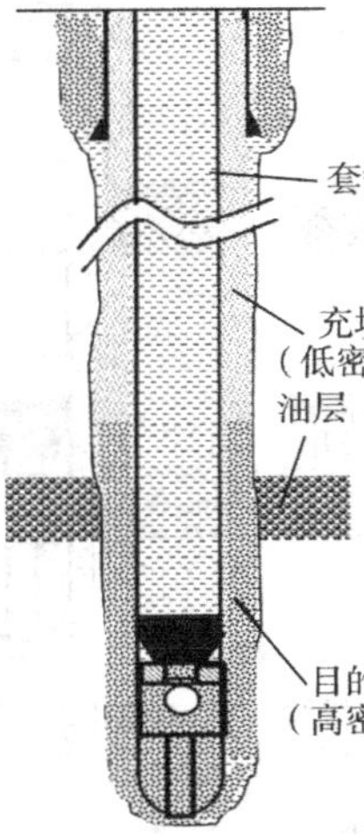

图9-12　充填式固井降低液柱压力减少水泥浆对产层污染

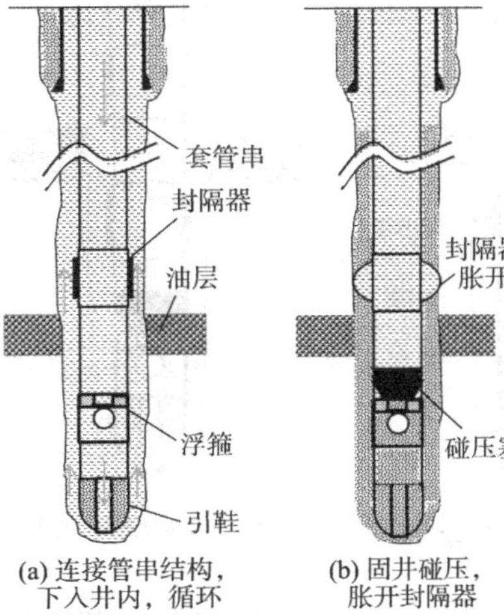

图9-13　封隔器防窜工艺替代环空憋压减少水泥浆污染产层

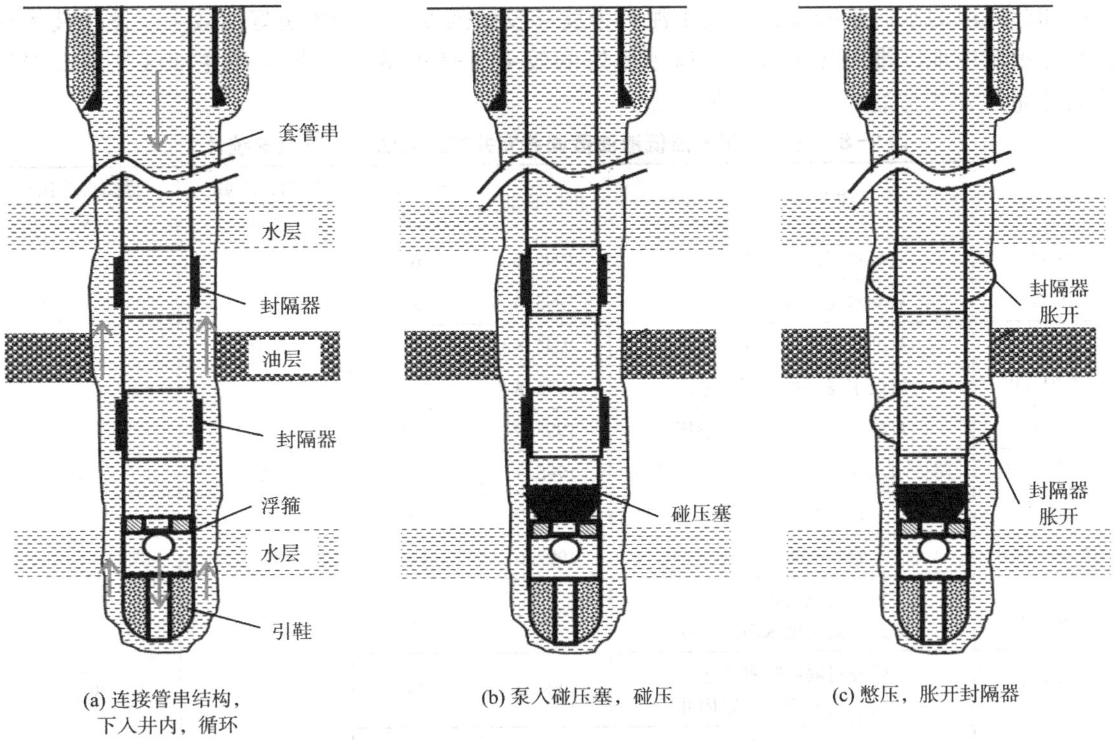

图9-14　简易套管外封隔器完井技术

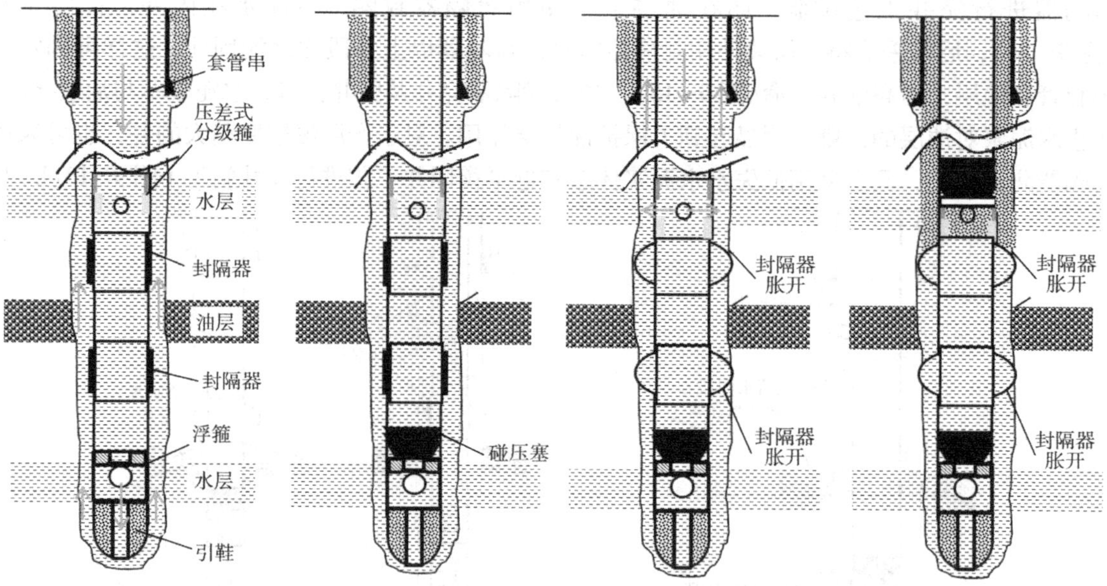

(a) 连接管串结构，下入井内，循环　(b) 泵入碰压塞，碰压　(c) 憋压，胀开封隔器，继续憋压，打开分级箍，循环　(d) 注水泥，碰压，关闭分级箍，候凝

图 9-15　上部注水的套管外封隔器完井技术

由于油层上部有封隔器这样可不用考虑水泥浆失重的影响，不用上部加压，可以有效降低附加液柱压力，从而减少水泥浆滤液和水泥颗粒进入油气层，提高油气层保护效果。同时可增加产层段的水泥浆密度，提高水泥石强度和胶结强度，会产生更好的效果。该项技术在胜利油田坨庄地区推广使用后，取得了良好的效果。表 9-8 中数据是坨庄地区高压低渗油藏固井完井方式与油井生产情况的统计。

表 9-8　坨庄地区高压低渗油藏固井完井方式与油井生产情况统计

井　号	完井固井方式	投产日期	日产量/(t/d)	平均日产量/(t/d)	提高百分比/%
坨 711	双凝水泥固井，环空憋压	1995.6	6	3.16	
坨 712	双凝水泥固井，环空憋压	1995.6	2		
坨 71-8	双凝水泥固井，环空憋压	1995.8	3		
坨 71-9	双凝水泥固井，环空憋压	1995.8	0.6		
坨 71-11	双凝水泥固井，环空憋压	1995.9	4.2		
坨 71-13	降失水水泥浆体系固井，环空鳖压	1995.9	18	18	470
坨 71	管外封隔器完井	1995.9	410	228	7118
坨 71-斜 6	管外封隔器完井	1997.6	46		
坨 143	管外封隔器防窜工艺 低失水高密度水泥浆固井	1999.3	40	31.3	891
坨 144	管外封隔器防窜工艺 低失水高密度水泥浆固井	1999.3	26		
坨 145	管外封隔器防窜工艺 低失水高密度水泥浆固井	1999.4	28		

由表 9-8 中数据看出，采用封隔器完井或采用封隔器防窜工艺固井，使用低失水水泥浆体系，能较好地保护油气层，极大提高油气产量，在坨庄地区提高产量达 4 倍以上，特别是封隔器完井提高产量更加明显。固井油气层保护对探井能有效发现油气层(有些不采取保护产层的低渗井试油时试不出来)，提高勘探效率。

9.5.6　水泥浆充填管外封隔器技术的应用

钻井液充填管外封隔器完井技术，虽然能有效保护油气层，提高油气产量，但是由于封隔器胶囊易腐蚀老化，油井寿命受到影响。为了提高封隔器完井油井寿命，胜利油田研究使用了水泥浆充填管外封隔器技术，极大地延长了油井寿命。水泥浆充填管外封隔器技术不但能有效解决高压低渗井、小井眼井、欠平衡井、漏失井等复杂井固井完井及油气层保护问题，而且解决了钻井液充填封隔器寿命短的问题。在水泥浆充填封隔器工艺的施工过程中，需要使用专用的封隔器胀封工具。图 9-16 是车古 201 井和纯 62-16 井水泥浆充填管外封隔器完井管柱示意图，这 2 口井均是 ϕ177.8mm(7in)技术套管内钻，ϕ152.4mm(6in)井眼，下入 ϕ114.3mm(4½in)尾管，水泥充填封隔器完井。车古 201 井使用 4 只管外封隔器，纯 62-16 井使用 3 只管外封隔器，这 2 口井施工都非常顺利。

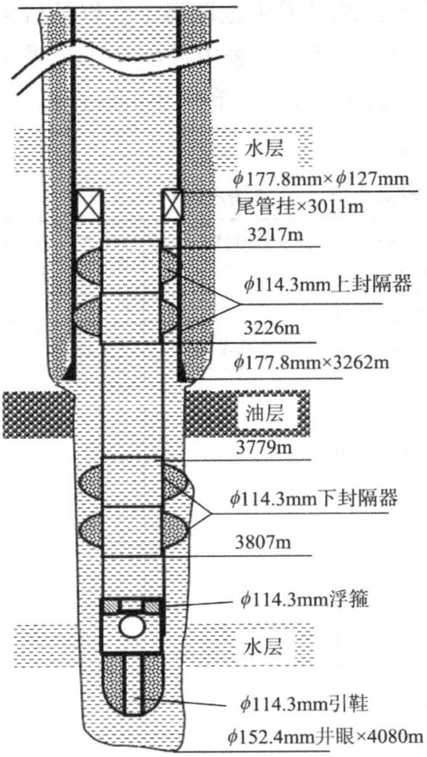

(a) 车古201井水泥浆充填封隔器完井结构

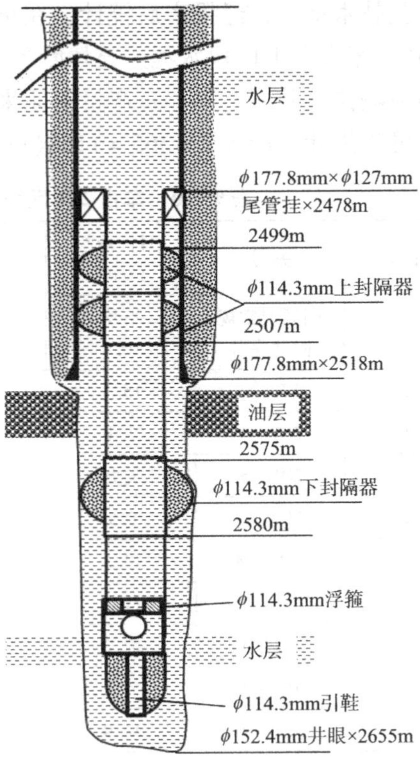

(b) 纯62-16井水泥浆充填封隔器完井结构

图 9-16　水泥浆充填管外封隔器完井结构实例

自 2001 年开始，胜利油田与华北石油管理局橡胶研究所合作研究水泥浆充填管外封隔器技术，在封隔器的改进，胀封工具的研制等方面取得了较快的进展，对封隔器的进液孔尺寸进行扩大，开发了可进行套管内多个封隔器水泥充填胀封工具，在水泥充填封隔器研究应用方面取得了可喜成果，并在车古201区块及纯西区块广泛进行了应用，取得了良好的应用效果，在提高油井寿命的同时有效地避免了固井过程中水泥浆对地层的损害，提高了油井产量和整体效益。纯化地区水泥浆充填管外封隔器完井生产情况统计见表9-9。

表9-9　纯化地区水泥浆充填管外封隔器完井生产情况统计

序　号	井　号	日产液/(t/d)	含水/%	日产油/(t/d)	单井平均日产量/(t/d)	比常规方法提高/%
	纯62-16井周围5口常规固井的井	平均 6.5	平均 1.6	平均 6.4	6.9	
	纯97-5周围4口常规固井的井	7.5	1.3	7.4		
1	纯62-16井	7.2	0.59	7	12.6	83
2	纯97-5	18.3	0.56	18.2		

由表9-9中数据看出，采用水泥充填封隔器完井，可使纯化区块的油井单井平均日产量提高83%，增产效果十分显著。随后在车古201区块进行了整个区块水泥充填封隔器完井工艺技术推广，经投产后统计，在车古201区块整个区块开发中也取得了良好的效果，表9-10是车古201区块水泥浆充填管外封隔器完井生产情况统计。表中数据显示，采用水泥充填封隔器完井后，单井日产量由原来的10.1t/d提高到13.3t/d，单井平均日产增加3.2t，单井可年累计增产3.2×365=1168(t)，其开发经济效益可观。

表9-10　车古201区块水泥浆充填管外封隔器完井生产情况统计

序号	井号	日产液/(t/d)	含水/%	日产油/(t/d)	单井平均日产量/(t/d)	比常规方法提高/%
	同区块常规固井完井	平均 10.4	平均 3.1	平均 10.1	10.1	
1	201-2	15.1	0.66	15	13.3	32
2	201-3	7.4	0.59	7.3		
3	201-5	关井				
4	201-4	8.9	2.3	8.7		
5	201-x8	14.3	1.87	14		
6	201-x21	11.3	6.01	10.7		
7	201-10	17.2	20.32	13.7		
8	201-x9	7.3	1.36	7.2		
9	201-x6	44.9	0.69	44.6		
10	201-22	10.5	51.83	5.1		
11	201-24	7.1	5.14	6.8		
合计	11口井	144	7.57	133.1		

水泥浆充填管外封隔器完井技术在潜山漏失井完井中的应用，能有效地避免完井过程中的水泥浆漏失和水泥浆污染产层等问题，提高油井产量；也可避免采用常规固井可能出现水

泥浆漏失低返的工程复杂问题，不但防止了水泥浆对油层的污染，还保证固井施工的顺利完成，极大地提高了施工成功率，降低钻井成本。同时，对于探井采用该技术，能充分保护油气层，尤其是灰岩裂缝性油藏，有利于发现和认识油气层，提高勘探效率。车古 201 区块及纯西区块是水泥充填封隔器推广区块，这 2 个区采用水泥浆充填管外封隔器的各井施工参数见表 9-11。

表 9-11　车古 201 块和纯西区块水泥浆充填管外封隔器井施工参数统计

序　号	井　号	日　期	上封隔器/下封隔器	悬挂器/井深	备　注
			尺寸×数量×打开压力×位置/(in×只×MPa×m～m)	m/m	
1	车古 201－2	2001.8.16	$4\frac{1}{2}$×1×17×3397.3～3402/ $4\frac{1}{2}$×2×13×3794～3805	3345/4200	
2	车古 201－3	2001.9.5	$4\frac{1}{2}$×1×17×3367～3372/ $4\frac{1}{2}$×2×17×3764～3775		
3	车古 201－5	2001.9.27	$4\frac{1}{2}$×1×17×3243～3248/ $4\frac{1}{2}$×2×13×3932.3～3943.7	3112/4231	
4	车古 201－4	2001.11.2	$4\frac{1}{2}$×2×17×3354.9～3365.5/ $4\frac{1}{2}$×2×13×3939.8～3949.45	3229/4239	
5	车古 201－x8	2001.11.18	$4\frac{1}{2}$×1×17×3494.09～3501/ $4\frac{1}{2}$×2×13×4225.28～4234.8	3366/4538	
6	车古 201－x21	2001.11.26	$4\frac{1}{2}$×2×17×3571～3581.26/ $4\frac{1}{2}$×2×9×4028～4038	3408/4270	
7	车古 201－10	2001.1.12	$4\frac{1}{2}$×2×17×3272.9～3281.6/ $4\frac{1}{2}$×2×13×3818.8～3828.3	3121/4090	
8	车古 201－x9	2001.2.15	$4\frac{1}{2}$×2×13×3472.4～3479.9/ $4\frac{1}{2}$×2×11×4158.8～4168.3	3326/4488	
9	车古 201－x6	2001.2.21	$4\frac{1}{2}$×2×13×3344～3354.5/ $4\frac{1}{2}$×2×9×3956.5～3966	3186/4263	
10	车古 201－22	2002.3.20	$4\frac{1}{2}$×2×13×3191.8～3199.3/ $4\frac{1}{2}$×2×11×3801.9～3811.43	3054/4105	
11	车古 201－24	2001.4.25	$4\frac{1}{2}$×2×13×3240.8～3248.0/ $4\frac{1}{2}$×2×11×3875.5～3884.9	3112/4126	
12	通 61－8	2001.10.2	$5\frac{1}{2}$×3×13×2560～2563，2573～2576，2725～2731/ $5\frac{1}{2}$×2×11×2920.0～2922.9，3171.5～3174.4		循环泵压瞬间高达 20MPa，致使进液阀锁闭
13	纯 62－16	2002.4.7	$4\frac{1}{2}$×2×13×2499.2～2506.7/ $4\frac{1}{2}$×1×11×2575.44～2580.17		井底 2665m

9.5.7　筛管顶部固井保护油气层

筛管顶部注水泥工艺在水平井中使用较多，直井也常使用。这种工艺一般是油层上部下技术套管，打开产层后，在井内下入套管和筛管的组合管柱，产层段为筛管不进行注水泥封固，而只将筛管顶部的套管进行注水泥固井，保证产层与其他层位的有效封隔，使产层段不与水泥浆接触，从而不污染产层(图9-17)。该工艺最早于1990~1992年在胜利油田开始在低渗油藏中采用，取得了很好的效果。该工艺1993年左右在新疆塔里木油田开始应用，后来得到广泛推广。塔中水平1井、水平2井、水平3井、水平4井、JF128井等均采用此工艺，取得日产油千吨的效果。

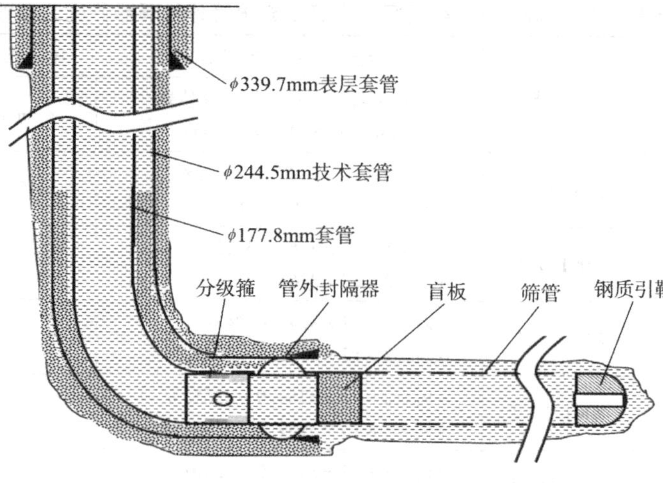

图9-17　水平井筛管顶部注水泥工艺示意图

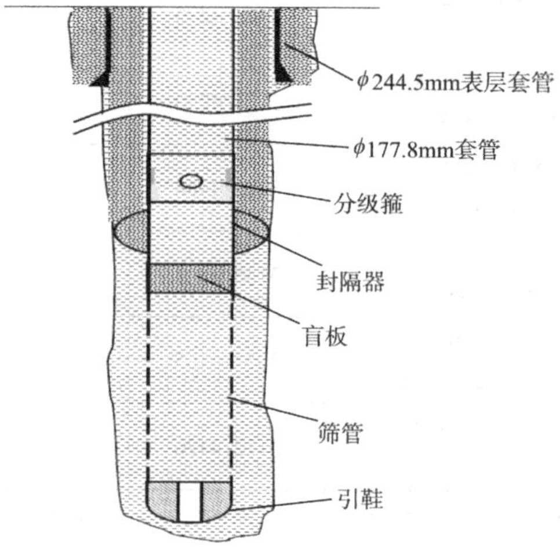

图9-18　裸眼直井筛管顶部注水泥工艺示意图

1999年10月，胜利滨南采油厂与胜利黄河固井公司共同研究，进行了裸眼直井筛管顶部注水泥试验，在郑408-17井首次进行了裸眼直井筛管顶部注水泥施工，完全达到设计要求(图9-18)。裸眼井筛管顶部注水泥，应考虑井壁稳定、封隔器及分级箍位置的选择等难点。该工艺的试验成功解决了低成本下(不下技术套管)的筛管顶部注水泥技术，为大面积推广油气层保护技术奠定了基础，随后胜利滨南采油厂在郑408区块广泛推广了裸眼井筛管顶部注水泥技术，该区块均为直井开发，筛管顶部注水泥技术的使用与推广，取得了良好的效果，增大了开发效益。

9.5.8　管外封隔器在高压低渗油藏完井中的应用(应用实例)

9.5.8.1　概述

胜利油田的低渗透油气藏储量在整个油田储量中占有一定的比例。王68、牛35、河135、史深100、牛104、坨123等区块沙三段的高压低渗油气藏均在陆续开发。在这些油气藏的开发中，完井固井工艺技术对油藏勘探开发、储量计算、油气层保护有着非常重要的影响，常规的一次注水泥方式很难把高压油气层或水层封隔好。由于一次注水泥是高压作业，一方面对固井设备提出了较高的要求，必须满足高压施工安全的需要；另一方面高压挤注水泥浆会造成油气层污染，水泥浆的滤液和微细水泥颗粒堵塞了油气通道，影响了对油气藏的评价和开发生产。实践证明，有的井通过2~4次的酸化压裂、解堵措施的实施，产油效果仍不理想。在坨71区块的2口井中应用了管外封隔器固井工艺，取得了良好的效果。管外封隔器的应用不但避免了水泥浆候凝失重引起的气窜，更重要的是避免了水泥浆对油气层的污染，油气产量明显提高。

9.5.8.2 坨71断块地质特点

坨71断块主要含油层位是沙三下段，油层埋藏深度3015~3526m。通过完钻井的情况看，坨71区块的油层不是一个统一的砂体，是由多个砂体组成的复合体，砂体分布复杂、不稳定，砂体分选差，为含砾不等粒砂岩，孔隙度10.5%~13.4%，平均12.2%；渗透率(9.76~20.18)$\times10^{-3}\mu m^2$，平均15.37$\times10^{-3}\mu m^2$；原始地层压力高，压力系数1.99；地层温度131℃。因此，坨71断块沙三段下是一个砂体分布复杂的高压低渗透砂岩油藏。

坨71断块可分为3个主要砂体：坨71砂体，含油面积0.3km^2，石油地质储量63$\times10^4$t；坨711砂体，含油面积0.2km^2，石油地质储量16$\times10^4$t；坨712砂体，含油面积0.2km^2，石油地质储量21$\times10^4$t；合计含有面积0.7km^2，石油地质储量100$\times10^4$t。

9.5.8.3 坨71断块钻井固井及生产情况

按照地质开发方案，在坨71断块布井7口，其中油井5口，注水井2口，平均单井控制储量20$\times10^4$t，平均单井日产油20t，日产油能力100t建成产能3$\times10^4$t。

1995年5月，在坨71断块的3个主要砂体上布井3口，即坨71井、坨712井，设计井深3600~3800m，技术套管下深在沙三段中，深度3000m，然后打开高压层，钻至油底以下50m完钻。在坨71井、坨712井钻井过程中，井深3000m之前，钻井液密度1.38~1.42g/cm^3，当加重到1.42g/cm^3时都曾发生过井漏，漏失量50~70m^3/h，技术套管固井后，四开即把钻井液密度加重到1.85g/cm^3，仍有油花和气泡，最后加重到1.94~2.05g/cm^3，仍有油气显示。完钻后，采用压稳设计、两凝水泥、环空憋压等综合措施实施固井，水泥浆密度1.95~2.13g/cm^3，施工压力17~19MPa，紊流排量顶替，整个注水泥作业顺利正常。固井后声波测井、变密度测井，质量评价都较差。用102型射孔枪射孔，孔密16孔/米，孔径20mm，射开沙三中下段5层，用ϕ8mm油嘴求产。坨711井自喷产油6t/d，含水为零；第2个月减到2.1t/d；第3个月压裂后改下抽吸，日产3.6t/d，生产期间产量逐渐减少，第7个月后不出油，停产。坨712井投产情况为：第1个月自喷2.1t/d，生产5个月实施压裂措施，压裂后自喷17t/d，4个月后下降到6.9t/d，停喷后下油泵转抽，产量增至12t/d，含水23.1%，生产5个月下降到1.8t/d，含水58.3%。之后陆续在坨71断块上钻井坨71-8#、坨71-9#、坨71-11#，钻井固井情况和原来技术措施相同。投产后，最好的坨71-11井射开3层产油4.2t/d，下泵生产半年后停产，而坨71-9井经多次压裂酸化后下电泵投产，产油只有0.6t/d，坨71-8井压裂后电泵生产，产量只有3t/d，且生产一个月后就不出油，停产关井。

9.5.8.4 管外封隔器的应用

1)高压低产的原因分析。

在钻井过程中，坨71断块5口井油气显示十分活跃，例如坨711井，当钻至3195m时，录井发现17.5m厚的油浸及油斑含砾砂岩，电测解释油层3层，厚11.3m，对该套含油层系进行裸眼中途测试，测试井段3148.5~3195.3m，用ϕ8mm油嘴自喷3h折合产量50.8t/d，不含水。在3218~3262m录井又发现44m后的油浸油斑及油迹含砾砂岩，电测解释油层23.5m，而在投产时原油产量太低，虽然经过压裂酸化等措施，也没有明显效果，产量为12~17t/d。造成低产的原因是高压注水泥作业时，水泥浆体系对油藏产生了污染。水泥浆中的滤液及其固相微颗粒在高压作用下，挤入或渗入地层，诱发油气层的水敏、碱敏、水锁、水化反应，水泥的固相颗粒堵塞了油气通道，形成一系列的低密度高体积钙、铝、硅酸盐水化物，造成孔隙堵塞，导致对渗透性的降低。水泥浆对油气层的损害程度随水泥浆柱与地层之间的压差增大而增大。由于高压固井顶替时对地层产生较大的反回压，造成滤液和水泥颗粒进入地层，另外候凝时的环空憋压也加速了滤液和水泥颗粒进入地层，影响了油井产量。

2)降失水水泥浆体系的尝试。

通过以上分析，在坨71－13井固井施工中，水泥浆中加入了降失水剂和气锁膨胀剂，改善水泥浆性能，保护油气层。该井完钻井深3606.97m水泥浆密度2.04g/cm^3，固井后射开3214.8~3261.5m的油层，用ϕ8mm油嘴自喷，折合产量18t/d，不含水。生产3个月后压裂改造，用电泵生产67t/d，以后连续一年产量稳定在58~63.6t/d。说明油层保护措施使用效果明显。

3)管外封隔器的应用。

坨71井是在坨71断块3个主要砂体中的坨71砂体上布置的1口探井，设计井深3800m。当钻至3618.92m时，钻井液密度已达到2.13g/cm^3，钻遇高压盐水层而提前完钻。钻过沙三段油层15层，共43m。考虑到油层较好，若用常规的一次注水泥方式，容易造成油层污染，如果固井质量不好，造成窜槽，更难保证生产。因此，研究使用管外封隔器工艺完井。

(1)管外封隔器的特点。

选用华北橡胶制品暨防腐技术研究所的TWF系列套管外封隔器，该封隔器膨胀胶筒具有良好的塑性，尽管井径扩大，井壁凹凸不平，胶筒外表可全部贴于井壁上，对井壁施加足够大的径向压力，可压实滤饼，使其具有足够的强度。还可消除由于钻井造成的井壁表面砂岩颗粒或页岩剥块的自由度，甚至还可在径向压力作用下进一步压实地层，如果把它放在松软的砂岩油层部位，它的径向应力对地层的压实作用，对防止在油井生产中的地层出砂极为有利。

(2)在坨71井的应用情况。

坨71井在技术套管3148m以上加2只管外封隔器，在3200m、3280m、3415m、3505m各加1只封隔器，采用管外卡封工艺用钻井液胀封完井，不注水泥浆。射开井底3578~3613m 2层30m试油，用ϕ10mm油嘴自喷，折合产量原油484m^3/d，天然气12980m^3/d，不含水。以后又射开3216~3259m5层28.2m，用ϕ8mm油嘴自喷，折合产量原油204m^3/d。该井当年产油3.18×10^{4}t。到1998年5月，该井已生产了3年，还自喷产油33.2t/d，而其他几口井几次酸化压裂也不出油，即使出油也只有2~6t/d。1997年5月，根据坨71井的生产情况，在坨71断块的边缘新钻井坨71－斜6井，该井亦采用管外封隔器完井工艺，在射孔投产时用ϕ8mm油嘴产原油46m^3/d。说明管外封隔器在高压低渗透油田的应用取得了明显效果。

9.5.8.5　效果评价

坨71断块的高压低渗透油藏自1995年5月开发到1998年底已钻井8口，有5口井已停产，而应用管外封隔器完井的坨71井和坨71－斜6井仍是此断块上的高产井。坨71－13井采用的是降失水保护油气层水泥浆体系，产量虽然不如这2口井，但也维持在每天十几吨的产量。通过实际原油产量的对比，说明了不同的完井方式具有不同的效果。管外封隔器完井工艺是高压低渗透油田开发中较好的完井方式。但是，钻井液膨胀封隔器胶筒容易随时间的延长而发生损坏，如果用水泥浆作为膨胀液，最后形成的是水泥石，封隔器与井壁之间形成的轴向载荷能力是永久性的，不会因橡胶老化而减弱。目前，胜利油田已研究并推广使用水泥浆膨胀封隔器工艺，提高封隔器完井的油井寿命。

9.5.8.6　几点认识

(1)高压低渗透油藏固井完井必须做好油气层的保护工作，否则尽管钻井测试有较好的油气显示，固井后也可能试不出油来或达不到预期产量；

(2)固井中保护油气层首先要严格控制水泥浆体系的失水和游离水，同时提高水泥浆流动性，减小流动阻力对地层的回压，降低水泥浆滤液及颗粒进入地层，对高压井要做好平衡压力固井设计；

(3)用管外封隔器完井是解决高压低渗油气藏完井的较好办法，此工艺能更好地保护油气层；

(4)为提高油井寿命、保证封隔质量，最好使用多个封隔器，并且使用水泥浆胀封封隔器的胶筒。

9.6　结论

近几年，经过针对固井过程中保护油气层技术的大量理论研究、室内实验和现场应用，取得了以下结论和成果：

(1)通过对常规固井工艺条件下水泥浆失水量的室内试验研究与分析，找出了水泥浆失水量的最佳控制范围为0～70mL，在此范围内水泥浆滤液对岩石渗透率影响不大。将水泥浆失水量控制在该范围内，既可以较好地保护油气层，又可以有效控制固井成本。

(2)对易漏失性油藏，采用"水泥伞—分级箍防漏保护油气层工艺"和"封隔器—分级箍防漏保护油气层工艺"固井，可大幅度提高固井质量和有效地保护油气层。该项技术在草桥油田的推广应用表明，固井合格率由过去的84%提高到了100%，同时可提高油井产量。

(3)对胜利油田草桥古潜山油藏的水平井，采用"水泥伞—分级箍组合防漏油气层保护固井工艺技术"，可提高原油产量。应用实践表明，单井平均产量提高了142%。

(4)对高压低渗油藏，采用封隔器完井或低失水高密度水泥浆体系与封隔器防窜工艺配合固井，能较好地保护油气层，充分提高油藏产能，经在胜利坨庄油田应用可以看出，最高可使单井日产量提高4倍。该工艺有利于探井发现油气层，提高勘探效率。

(5)针对油气藏类型和开发要求，各种固井工艺技术、水泥浆体系配和使用，是固井和完井过程中油气层保护的最有效方法。针对不同油气藏的特点和开发方案，从开发的综合效益出发，选择最有效的固井和完井保护油气层配套工艺，既能有效保护油气层又能达到高效开发目的。

第 10 章　固井设备

10.1　概述

固井设备是执行固井设计、完成固井施工任务的工具。固井设备按功用主要包括：注水泥设备、水泥混浆设备、下灰设备、下灰缓冲设备、供水设备、水泥运输设备、压塞车、管汇车、固井参数测量记录及显示设备、水泥混拌设备和水泥试验设备等。其中，水泥车或水泥橇是固井设备的代表设备，也是固井施工的关键设备。

10.1.1　固井设备在固井施工中的作用

10.1.1.1　注水泥设备

注水泥设备主要包括水泥车和水泥橇。水泥车可移动，水泥橇不可移动，它们的作用：是配制水泥浆，并且是将配置好的水泥浆泵送到井下的设计位置，也可作为顶替设备和试压设备使用。

10.1.1.2　水泥混浆设备

水泥混浆设备主要是混浆橇。它的作用是：当注水泥设备上的混配浆系统不能满足固井设计的水泥浆性能要求时，为固井施工承担混配水泥浆任务。

10.1.1.3　下灰设备

下灰设备主要包括下灰罐车和立式下灰罐。它们的作用是：在固井施工现场作为干水泥储存设备使用，并在注水泥施工时，为注水泥设备上的配浆系统供应水泥。下灰罐车也可作为散装运灰车使用。

10.1.1.4　水泥输送设备

水泥输送设备主要包括压风机、输送管汇、助风管线、缓冲罐等。它们的作用是：在注水泥施工时，为注水泥设备上的配浆系统以均匀的速度输送水泥。缓冲罐主要在输送距离较远时使用。

10.1.1.5　供水设备

供水设备主要包括供水车、供水橇、供水泵和储水罐等。它们的作用是：在注水泥施工时，为固井施工提供水源，并且保证均匀不间断地供给施工用水。

10.1.1.6　水泥运输设备

水泥运输设备主要包括散装运灰车、散装运灰船等。它们的作用是：从水泥厂或水泥储存库将水泥以散装的形式运到固井施工现场。散装运灰车为陆上运输，散装运灰船为海上运输。

10.1.1.7　压塞设备

压塞设备是指压塞车或压塞泵。主要用于陆地油田，专门为固井施工压胶塞而设计，其功用就是压胶塞专用设备。在海上固井施工没有专门的压塞设备，一般用泥浆泵或水泥车代替。

10.1.1.8 管汇车

管汇车是在陆上多车固井施工时使用。它装有高低压管汇分配器和高压水龙带，使多台水泥车的高压管汇交汇在一起连接到水泥头，以实现多台水泥车固井的管线连接。

10.1.1.9 固井参数测量记录及显示设备

固井参数测量记录及显示设备主要包括流量计、压力计、密度计、数据采集设备和相应的显示器。它们的作用是：实现对固井施工参数的测量、记录和显示。

10.1.1.10 水泥干混设备

水泥干混设备主要包括原料罐、成品罐、批混罐、管道混合器、控制室、压风机、地仓罐、管汇及阀件等。主要作用是完成水泥和外加剂的干混作业。也可作为散装水泥库使用，安装在码头上的水泥混拌储存系统可以直接向运灰船输送水泥。

10.1.1.11 水泥实验设备

水泥实验设备主要包括高温高压稠化仪、稠度仪、搅拌器、失水仪、强度仪、养护斧、密度计和防气窜测试仪等。它们的作用是：测试和评价水泥浆性能，优选水泥配方和检测水泥及外加剂的质量。

10.1.2 国产固井设备的发展

20世纪80年代初以前，我国的固井水泥车主要是兰州生产的SNC－300型水泥车和进口的AC－400型水泥车。400型水泥车是使用最广泛的固井设备，从罗马尼亚进口量最大，有些油田一直用到上世纪末。80年代，原石油部从美国道威尔·斯伦贝谢(DS)公司引进了50台CPT986双级双泵水泥车，该水泥车最大额定压力49.2MPa，双泵最大排量29.6m^3/min，配有龙卷风混合器和二次混浆系统。该设备主要使用在胜利、四川、华北、安徽、等油田，胜利油田最多，有26台。同时将CPT986水泥车的制造技术一起引进到石油部第四机械厂，即江汉四机厂。90年代以来，江汉四机厂在CPT986水泥车制造技术的基础上，结合我国的实际情况，广泛开展对新水泥车的研究，不断开发出各种新型水泥车。随着国产配备有高能混合装置和二次混浆系统固井设备GJC35－16型(或称SNC35－16型)单机单泵固井车和GJC50－30双机双泵固井车的研制成功，不仅逐渐取代了400型水泥车而成为主流机型，而且使我国油田对进口设备的依赖程度大幅度降低。大功率、高压力、大排量、具有计算机控制自动混浆功能的GJC40－17单机单泵固井车和GJC70－25、GJC100－30双机双泵固井车的研制成功并在国内油田的广泛使用，标志着我国固井设备的研制水平已经进入国际先进行列。

国产固井设备的研制从20世纪80年代起步，最具有代表性的研发制造企业是江汉四机厂。在原石油部大力支持下，先后引进美国DS公司的固井车、FMC公司的高压活动弯头、SPM公司的高压管汇等七项先进设计制造技术，增强了研发实力。江汉四机厂的固井水泥车已经形成系列化产品，压力范围：35～100MPa；排量范围：1600～3500L/min。混浆方式也发生了很大变化，由原来的旋流式发展到现在的喷射式。控制方式由原来的手动控制发展到自动控制，通过计算机自动控制，使水泥浆的密度调节更为均匀和准确，保证了混浆质量，克服了水泥浆密度由人工操作不易控制的缺点。水泥浆密度测量采用非放射性密度计，避免了放射性物质对人身及环境的危害。自动混浆微处理器具备模拟功能，不用水泥，操作人员可模拟实际固井作业，既可提高操作人员的操作水平，又可节省培训费用。

目前，我国的固井设备制造能力已接近世界领先水平，产品性能满足陆地、海洋和沙漠地区油气井的固井作业。1996年以来，为了满足大功率、高压力、大排量和自动化作业的固井工艺需求，在调研国外同类技术发展动态和国内油田需求的基础上，江汉四机厂开发了计算机控制的GJC40－17(压力40MPa，排量1700L/min)、GJC45－21(压力45MPa，排量2100L/min)两种单机单泵自动混浆固井车和GJC50－30(压力50MPa，排量3000L/min)、GJC70－25(压力70MPa，排量2500L/min)、GJC100－30(压力100MPa，排量3500L/min)三种双机双泵自动混浆固井车，混浆系统采用中美合资四机·塞瓦公司的高能混浆装置和计算机控制系统。与国外同类产品相比，具有明显的竞争优势。GJC40－17单机单泵自动混浆固井车获湖北省汽车行业1999年度创新奖、中国石化集团公司2000年度科技进步三等奖。GJC100－30双机双泵固井车采用先进的600HP柱塞泵，在国内油田广泛使用，成为目前固井设备的标志性产品。

近几年，烟台杰瑞公司在水泥车的研发上也取得了很好的成果，多种型号的先进水泥车相继问世，已用于多个油田。

另外，气动下灰车、供水车、管汇车、水泥与添加剂干混设备、水泥浆试验设备与仪器等在湖北天门市、江苏南京市、甘肃兰州市、山东胜利油田、辽宁沈阳市等多个生产厂家相继研究开发制造，并在全国各油田投入使用，在固井生产中起到了重要作用。

10.2 注水泥设备

注水泥设备就是固井施工中的水泥浆配制与泵送设备。注水泥设备的主要功用是在固井施工中用来配制水泥浆、向井下泵送水泥浆、顶替钻井液、顶压和试压作业，还可以用来进行循环钻井液、套管试压、试地层破裂压力等作业。水泥车(水泥橇)的类型分为可移动式和不可移动式两种形式。有汽车底盘的水泥浆配制与泵送设备为可移动式，称为水泥车；没有汽车底盘的水泥浆配制与泵送设备为不可移动式，称为水泥橇。水泥车和水泥橇的台面结构组成和作用功能相同，区别在于水泥车可移动、水泥撬不可自行移动。水泥橇多用于森林、沼泽、路况条件极差的边缘探井，以及海上油气的勘探开发，在海洋钻井平台上使用的注水泥设备全是水泥橇，即是注水泥撬装设备。目前，注水泥设备种类很多，有单机泵组的、双机泵组的，高压(70～100MPa)的、中压(40～50MPa)的和低压(低于35MPa)的，已经全部系列化。进口注水泥设备主要由美国哈里伯顿、斯伦贝谢和BJ公司生产。国产注水泥设备主要是湖北石油四机厂和山东杰瑞公司生产。下面以石油四机厂生产的GJC40－17型水泥车和GJQ100－30Ⅱ型固井橇为例作一介绍。

10.2.1 GJC40－17型水泥车

10.2.1.1 GJC40－17型水泥车结构

GJC40－17型水泥车(或SNC40－17型)是额定最高泵压40MPa、最大排量为1.7m^3/min的单机单泵水泥车。设备的主要部件有：汽车底盘、台面柴油机、传动变速箱、水泥泵、水泥浆混合器、混浆池、喷射泵、混浆泵、机械搅拌器、计量储水柜、供水泵(部分水泥车不安装)、操作台、密度仪、高压管汇、低压管汇等组成(图10－1)。按车上各部件的功用分为十三大系统：行驶(或移动)系统、台面动力系统、传动系统、液压系统、电气控系统、操作系统、配混浆系统、泵送系统、给水系统、高压管汇系统、低压管汇系统、超压保护系统和密度控制系统。各系统的主要部件和作用见表10-1。

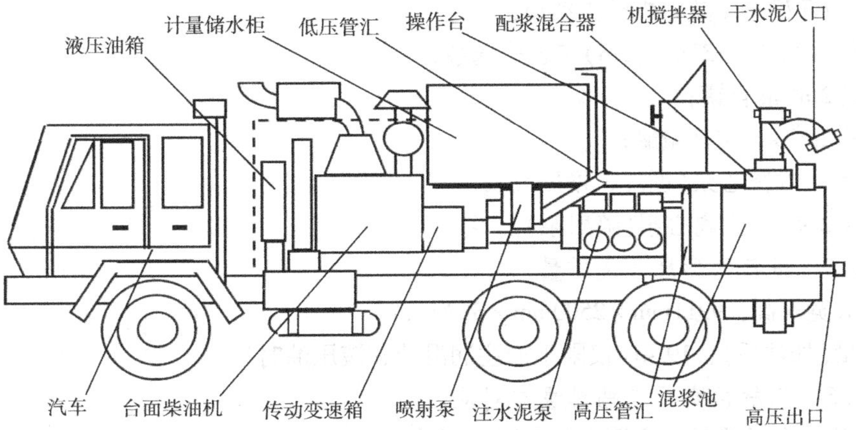

图10-1　GJC40-17型水泥车结构示意图

表10-1　水泥车各系统的作用

系统名称	主要部件	主要作用
行驶系统	汽车底盘	承载台面设备行驶和移动
台面动力系统	台面柴油机、燃油箱等	给台面设备提供动力
传动系统	变速箱、传动轴、链箱等	连接柴油机与水泥泵动力、变速
液压系统	液压泵、液压马达、液压管线等	驱动混浆泵、喷射泵
电气控系统	电路、气路管线、阀件等	传递控制指令、观察参数变化
操作系统	操作台各控制按钮、参数仪表等	发出控制信息的地方
配混浆系统	高能混合器、混浆池、搅拌器等	配置水泥浆
泵送系统	水泥泵(三缸柱塞泵)	泵送水泥浆及其他液体、顶压试压
给水系统	计量储水柜、泵供水(也可以不装)	提供水源、储水、计量
高压管汇系统	水泥泵排出管汇	提供循环及向井下泵送液体通道
低压管汇系统	水泥泵吸入管汇、离心泵管汇	提供水泥泵吸入前的液路通道
超压保护系统	触点压力表、电控气开关、气缸	高压管汇系统超压时切断动力
密度控制系统	密度计、程序处理器、显示仪表	显示入井时的水泥浆密度

10.2.1.2　工作原理

水泥车的配浆和泵送原理：通过供水车和水泥罐车将配浆液(或水)和干水泥供到水泥车上，配浆液(或水)和干水泥到达混合器后，配置成水泥浆，并进行再循环搅拌和密度检测，密度合格后灌注到三缸柱塞泵(水泥泵)吸入口，经过高压管汇由水泥泵泵送到井内。

10.2.1.3　GJC40-17型水泥车工作性能

(1)最大工作压力：40MPa，其中：水泥泵柱塞直径：127mm(5.0in)；

(2)最大排量：1.7m^3/min；

(3)水泥浆密度调节范围：1.0~2.5g/cm^3；

(4)混浆能力范围：0~2.3m^3/min。

10.2.1.4　主要部件

(1)1 台康明斯 KT19－C450 柴油发动机，336kW(2100r/min)；

(2)1 台 HT750DR 液力机械传动箱；

(3)1 台 PG05A×127mm(5in)三缸柱塞泵；

(4)1 只 $2m^3$ 混合罐；

(5)1 只 $2m^3$×2 室计量罐；

(6)1 台 6×5 离心泵(循环、增压泵)；

(7)1 台 2×3×13 离心泵(喷射泵)。

10.2.1.5　设备外形尺寸及质量

(1)长×宽×高：9911mm×2500mm×3670mm；

(2)质量(加油后)：19.4t(仅限于加注润滑油和液压油时)。

10.2.1.6　三缸柱塞泵各挡排量与对应压力

三缸柱塞泵各挡排量对应压力(理论值)见表 10－2。

表 10－2　各挡排量与对应压力

挡位	发动机	5in 直径柱塞			
	转速/(r/min)	冲次/(1/min)	理论排量/(m^3/min)	100% N－P/MPa	70% N－P/MPa
一挡	2100	61	0.294	40	28
二挡		152	0.733	18.42	13
三挡		241	1.16	11.6	8.1
四挡		352	1.699	8	5.6
备　注	机械效率为：90%；容积效率为：100%				

10.2.2　GJQ100－30Ⅱ型固井撬

双机双泵固井撬是分体式的撬装高压泵送设备，它主要由动力系统、传动系统、高压泵送系统、配混浆循环系统、高低压管汇系统、控制系统、仪表系统和液压系统等构成(图 10－2)。

图 10－2　GJQ100－30Ⅱ型固井橇总成图

动力系统主要包括两台柴油发动机。传动系统主要包括两台传动箱。高压泵送系统包括两台三缸柱塞泵。循环配混浆系统主要包括循环泵、增压泵和清水喷射泵、混合罐、高能喷射式混合器、扩散器、混浆搅拌器。高低压管汇系统主要包括高低压管汇、阀门及完成固井作业所必须的接头等。液压系统主要包括液压泵、液压马达、液压缸、泄压阀、液压油箱总成、液压管汇及各液压阀件等。仪表及控制系统主要包括操作台、各显示仪表、各控制手柄、超压自动控制系统组件、密度自动控制系统组件及清水流量计系统组件等。

10.2.2.1　GJQ100－30Ⅱ固井橇工作性能

(1)最大工作压力：100MPa(设备最大试验压力：105MPa)，其中：右泵(3.0in 直径柱塞)：100MPa，左泵(4.5in 直径柱塞)：45MPa；

(2)最大排量：3.0m^3/min(18.74bpm)，其中：右泵(3.0in 直径柱塞)：0.95m^3/min(5.96bpm)，左泵(4.5in 直径柱塞)：2.13m^3/min(13.4bpm)；

(3)水泥浆密度调节范围：1.0～2.7g/cm^3 或 8.33～22.6lb/gal；

(4)混浆能力范围：0～2.3m^3/min 或 0～14.4bpm；

(5)水泥浆密度精度：系统处于接近稳定状态进行注水泥时，在自动控制模式下，密度计读数显示精度为：±0.012g/cm^3(在确保干灰输送系统的稳定和准确输送的前提下)；

(6)额定工作压力为 70MPa 时，设备连续工作时间为 2h。最大排量时的设备连续工作时间为：不低于 3h。

10.2.2.2　主要部件

(1)2 台 CAP C15 柴油发动机，403kW540hp；

(2)2 台 4700 OFS ALLISON(HT750 型的升级)传动箱；

(3)1 台 SJ600S×114.3mm(4.5in)三缸柱塞泵；

(4)1 台 SJ600S×76.2mm(3.0in)三缸柱塞泵；

(5)1 只 2m^3 混合罐；

(6)1 只 2m^3×2 室计量罐；

(7)2 台 6×5 离心泵(循环泵和增压泵)；

(8)2 台 4×3 离心泵(供水泵和喷射泵)；

(9)1 套水泥浆密度自动控制混合系统(ACMⅢ)；

(10)2 只液压油冷却器。

10.2.2.3　设备外形尺寸及质量；

(1)长×宽×高：8100mm×2800mm×3097mm；

(2)质量(加油后)：21.3t(仅限于加注润滑油和液压油时)。

10.2.2.4　发动机；

(1)型号：CAT C15 柴油发动机；

(2)额定功率：403kW(540hp)/2100r/min；

(3)最大扭矩：2440N·m/1350r/min；

(4)启动方式：气启动；

(5)冷却方式：发动机水套通过海水热交换器，或壁挂式风扇冷却；

(6)空气滤清器：干式；

(7)紧急停机：进气紧急停机阀；

(8)消声器：带挠性不锈钢管线的不锈钢消声器。

10.2.2.5 传动箱

(1)型号：ALLISON HD4700OFS 自动变速箱(带有加油口、油尺、变扭器和1800 系列输出法兰)；

(2)最大输入功率：447kW；

(3)最高转速：2300r/min；

(4)最大扭矩：2508N·m；

(5)传动比：一挡：7.63；二挡：3.51；三挡：1.91；四挡：1.43；五挡：1.00(挡位手动选择，倒挡已锁死)；

(6)变扭器锁定状态效率：0.96；

(7)特别说明：油底壳带加油管和油尺；滤清器是旋上式便于拆卸；侧面有取力口用于驱动4×3 离心泵和三缸柱塞泵的润滑油泵；油冷却器是安装在发动机上的热交换器，能将传动箱油冷却到允许值。

10.2.2.6 三缸柱塞泵

柱塞泵是一种往复式、容积式、单作用柱塞泵，可广泛地用于固井作业、间歇式修井作业、酸化压裂等施工。柱塞直径76.2mm(3in)、114.3mm(4.5in)。该泵由动力端总成、减速器和液力端总成组成，减速器根据柱塞泵不同的安装位置有多种安装形式。动力端中曲轴、十字头套筒和活塞销上的所有轴承均通过压力油润滑；液力端为锻钢整体式结构，配置有易于拆卸的吸入凡尔和排出凡尔、可换式凡尔及凡尔座、表面喷涂有耐磨材料的柱塞和可拆卸的盘根，并配置有16000psi 的压力表。下面是该柱塞泵的性能参数及整机工作性能：

(1)型号：SJ600S；

(2)类型：卧式三缸单作用柱塞泵；

(3)最大输入功率：447kW(600hp)；

(4)水功率：283kW(380hp)；

(5)冲程：152.46mm(6in)；

(6)柱塞直径：76.2mm(3.0in)、114.3mm(4.5in)；

(7)最大连杆负荷：45360kg；

(8)额定压力和对应排量(受限于预计水功率)：76.2mm(3.0in)直径柱塞：97.5MPa(14140psi)，对应排量0.17m^3/min(1.1bpm)；114.3mm(4.5in)直径柱塞：43.4MPa(6290psi)，对应排量0.39m^3/min(2.46bpm)；

(9)最大排量：

76.2mm(3.0in)直径柱塞泵：0.95m^3/min(5.96bpm)，114.3mm(4.5in)直径柱塞泵：2.13m^3/min(13.4bpm)，双泵最大排量：3.0m^3/min(19bpm)；

(10)吸入管汇尺寸：102mm(4in)；

(11)容积系数：0.97；

(12)机械效率：90%；

(13)三缸柱塞泵各挡排量表(理论值)(表10-3)。

表 10-3　各挡排量与对应压力

挡位	发动机	3.0in 直径柱塞		4.5in 直径柱塞	
	转速/(r/min)	排量/(m^3/min)	压力/MPa	排量/(m^3/min)	压力/MPa
一挡	2100	0.12	100	0.28	45
二挡		0.27	57	0.61	25
三挡		0.50	31	1.12	14
四挡		0.68	23	1.49	10
五挡	2070	0.94	17	2.11	7
备注	机械效率为：90%；容积效率为：100%				

10.2.2.7　润滑系统

本橇有两个独立的润滑系统。柱塞泵的减速箱和动力端内各轴承、齿轮是采用连续压力油式强制润滑。柱塞泵的液力端各盘根均由气体压油方式提供润滑油润滑。

1)动力端润滑系统。

动力端润滑系统包括：润滑油泵、润滑箱、溢流阀、压力表、温度计、滤清器、吸入端滤网及高压胶管组成。润滑油泵是为三缸柱塞泵动力端提供润滑油的供油设备，它由安装在ALLISON 传动箱侧面的 PTO 驱动，润滑油泵把油箱中的润滑油吸出，通过滤清器经管线流至各润滑点，为三缸柱塞泵动力端提供润滑。

(1)动力端供油管。润滑各滚动轴承、十字头和连杆的滑动轴承。经动力端泵壳回油孔流回油箱。

(2)经动力端供油管流至减速箱，润滑减速箱齿轮和轴承，然后由减速箱回流至油箱。滤清器管路设有紧急旁通管路，以备滤清器堵塞时，润滑油从旁通管路的安全阀(调定压力为0.5MPa)流过，以保证动力端及减速箱的润滑，该系统装有压力表，泵在运转时，应随时观察泵的润滑压力，在冷启动和满速运行时的最高油压约为 1.2MPa，当润滑油已经加热到正常工作温度和柱塞泵在全速运行时，最小允许的油压为 0.8MPa。润滑油的流量应保持在45 ~70L/min。

2)液力端润滑系统。

液力端润滑系统主要是对柱塞、盘根的润滑。该系统主要包括润滑油箱、分配管汇、压力表、压力调节器、流体控制阀等。供油方式为气顶油形式。

液力端润滑系统是利用压缩空气将润滑油箱中的润滑油压至各盘根，润滑油的开或关可通过控制箱侧板上的分离开关控制，润滑量的大小可以通过润滑油箱上的减压阀和下方的节流阀控制。通常将减压阀压力调至 0.2 ~0.3MPa。

采用气顶油式的润滑系统，其润滑油箱被加压到 0.03 ~0.07MPa。打开或关闭润滑油路，对每台泵进行润滑调节。开关及压力调节都布置在混浆罐的边上，并且每个润滑点都设计有一个控制阀，以调节润滑油的油量。

润滑油桶的气路上安装有一个泄放阀。关闭该阀可将压力从润滑油桶中泄放出来。

10.2.2.8　计量罐

计量罐总容量约为 25bbl(桶)，工作容量为 20bbl。计量罐由两个容量为 1.59m^3(10bbl)的储液罐组成，每只储液罐都配有液位标尺，测量刻度单位为 1bbl。储液罐和管汇均由不锈钢制造。计量罐出液口由6in蝶阀与5in管线连接，以保证流向增压泵和柱塞泵的流体的流速满足系统要求。回流释放管线用于使三缸泵的压力排放进入计量罐。用标准3in管线将溢流管线和排放管线连接起来将溢流引向指定位置。3in排放阀同溢流管线相连用于为两个储液罐排放液体。管汇设计配有VICTAULIC接头以便拆卸与安装。

10.2.2.9　配混浆系统

配混浆系统是高能喷射配浆系统与混合系统(图10-3)。它主要由高能混合器、扩散器、混合罐、搅拌器、循环泵和清水泵、清水流量计和密度计组成。混合器能使进入的清水和循环水泥浆中进入的干水泥得到最大程度的湿润，以形成水泥浆流体，从而配制成合格的水泥浆。配制水泥浆所需的高能流体由喷射泵和循环泵供给。水泥浆扩散槽用来除去干灰中的气体，以防影响水泥浆密度。1.27m^3的混浆罐能保证水泥浆有一定的驻留时间，以便使水泥浆得到充分的混合，使水泥浆更加均匀。混浆槽的设计有足够高的深度，深罐设计能保证较好的泵吸入压头，可以有效降低涡流和旋涡效应。液压驱动的搅拌器能保持水泥始终处于流动状态，防止死角处水泥浆长期静止失去流动性，也能有效提高水泥浆质量，使水泥浆密度更加均匀。配混浆系统配有清水流量计和密度计，能有效监控密度变化并加以控制，以保证水泥浆密度达到设计要求。水泥浆的密度控制，既可以实现手控操作，也可以实现水泥浆密度自动控制操作。该系统的主要参数为：

(1)水泥浆密度调节范围：1.0～2.7g/cm^3或8.33～22.6lb/gal；

(2)混浆能力范围：0～2.3m^3/min或0～14.4bpm；

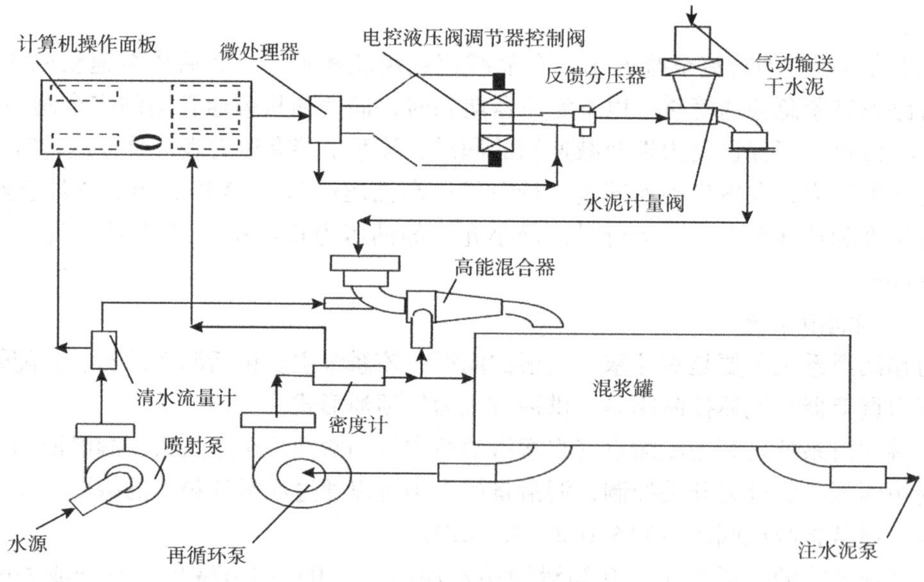

图10-3　GJQ100-30Ⅱ型固井橇配混浆系统流程图

(3)混浆槽出口管线尺寸：152.4mm(6in)；

(4)水泥浆密度精度：水泥浆配制及循环系统处于接近稳定状态下运行时，在自动控制模式下，密度计读数显示精度为：±0.02g/cm^3(在确保干灰输送系统的稳定和准确输送的前提下)。

10.2.2.10 供水离心泵和喷射离心泵

(1)型号：MISSION4×3；

(2)最高转速：3500r/min；

(3)工作转速：2900r/min；

(4)最大流量：1600L/min(清水)；

(5)工作压力：0.18~1.2MPa；

(6)压力为0.77MPa(110psi)时的排量：1.65m^3/min(10.4bpm)；

(7)最高压力：1.2MPa(170psi)；

(8)吸入管尺寸：101.6mm(4in)；

(9)排出管尺寸：76.2mm(3in)。

供水离心泵是通过用4in由壬连接的管汇从外部或计量罐中吸入流体，供水泵和喷射泵能够向混浆槽或计量罐中排放流体。

10.2.2.11 循环离心泵

(1)型号：RA6×5；

(2)工作转速：1900r/min；

(3)最大流量：3200L/min(清水)；

(4)工作压力：0.35MPa；

(5)压力为0.45MPa(64psi)时的排量：3.7m^3/min(23bpm)；

(6)最高压力：0.49MPa(70psi)；

(7)吸入管尺寸：152mm(6in)；

(8)排出管尺寸：127mm(5in)。

循环离心泵能够从混浆槽吸入流体，也可通过混浆槽从计量罐中吸入流体。循环离心泵能够向混浆槽中排放流体用以循环，也能向三缸柱塞泵的吸入管灌注流体。

10.2.2.12 增压(灌注)离心泵

增压(灌注)离心泵型号：RA6×5，性能参数同循环离心泵。

增压离心泵能够从混浆罐、均衡罐和计量罐中吸入流体。增压离心泵能够向混浆槽中排放流体用以循环，也能向三缸柱塞泵的吸入管灌注流体。

注意：一般情况下循环泵和增压泵仅作为实现其功能的专用泵使用，但是，当注水泥施工过程中这两台泵中有一台发生故障时，另一台泵可代替使用，或一台泵同时完成两台泵的任务，只是排量有所下降。若施工前发现其中一台泵损坏，不宜采用上述方法，应采取修理和更换离心泵的办法来解决。

10.2.2.13 液压系统

1)液压泵和液压马达。

液压泵是将机械能转变成液压能的一种装置。液压泵的类型很多，像齿轮泵、变量泵(叶片泵)、柱塞泵等。GJQ100-30Ⅱ型固井橇液压系统所使用的液压泵是变量泵，它们由台面发动机提供动力。其作用就是将发动机的机械能转变成高压液体来驱动各液压马达带动工作机器。

液压马达是液压泵的逆能量转换装置。它是将液压能转变成机械能。最常用的液压马达是变量液压马达，该马达性能可靠，维护简单基本不用保养。GJQ100－30Ⅱ型固井橇上的液压系统所使用的液压马达就是变量液压马达，它的作用是把液压泵的高压液体势能转变成运转的机械能以带动工作机器(离心泵、搅拌器等)。

2)液压系统动力来源和动力传递路线。

GJQ100－30Ⅱ型固井橇液压系统为开式液压系统，动力来源于左右变速箱取力口，动力传递路线是：变速箱取力口→液压泵→液压马达→工作运转设备。液压系统主要有以下三个部分组成(图10-4)：

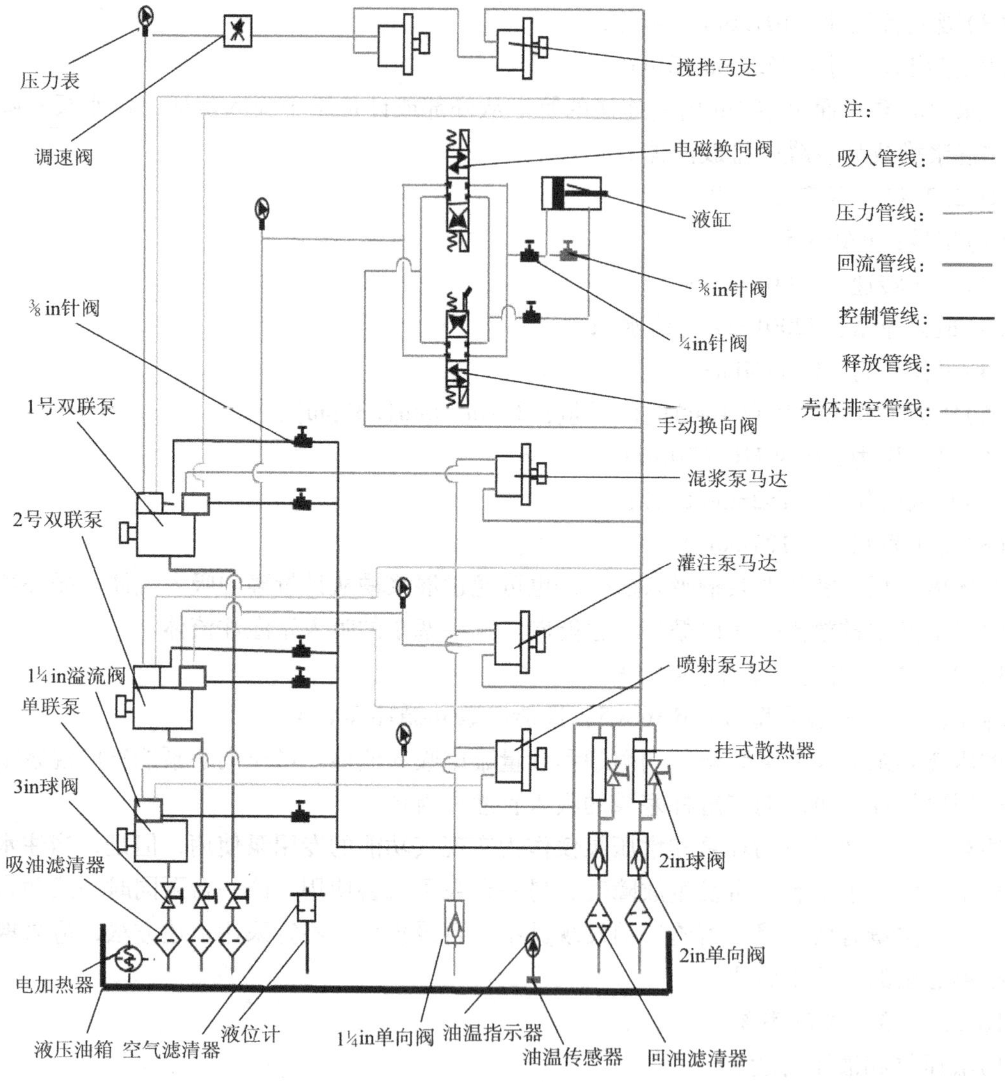

图10-4　GJQ100－30Ⅱ型固井橇液压系统流程原理图

第一部分是由橇上左变速箱取力器驱动一号双联泵，一号双联泵再驱动循环泵液压马达和搅拌器马达。

第二部分是由橇上右变速箱取力器驱动二号双联泵，二号双联泵再驱动灌注泵液压马达和下灰液缸。

第三部分是由橇上左变速箱侧取力器驱动单联泵，该单联泵再驱动喷射泵液压马达。该泵带有尾驱动，给水泥泵动力端润滑泵提供取力口。

3）液压系统主要部件构成。

GJQ100－30Ⅱ型固井橇液压系统主要由以下部件组成（图 10－4）：液压油箱、电加热器、吸油滤清器、3in 球阀、单联泵、2 号双联泵、1 号双联泵、⅜in 针阀、调速阀、压力表、搅拌马达、电磁换向阀、液缸、⅜in 针阀、¼in 针阀、手动换向阀、混浆泵马达、灌注泵马达、喷射泵马达、挂式散热器、2in 球阀、2in 单向阀、回油滤清器、油温传感器、油温指示器、1¼in 单向阀、掖位计、空气滤清器、吸入管线、压力管线、回流管线、控制管线、释放管、壳体排空管线等。

4）主要部件技术参数。

主要部件技术参数见表 10－4。

表 10－4　主要部件技术参数

序　号	部件名称	型　号	形　式	参　数	功　用
1	1 号双联泵	16DCM－B38－B08	双联叶片泵	调整压力 17.5MPa	驱动：循环泵和搅拌器马达
2	2 号双联泵	16DCM－B38－B05	双联叶片泵	调整压力 17.5MPa 和 34.5MPa	驱动：灌注泵马达和下灰液缸
3	单联泵	T16DM－B38	单联叶片泵	调整压力 17.5MPa	驱动：喷射泵马达
4	吸油滤清器		箱外自封	流量：800；过滤精度：80	对液压泵进油过滤
5	回油滤清器		旁通	流量：800；过滤精度：20	对液压泵出油过滤
6	循环泵马达	5×6			
7	罐注泵马达	5×6			
8	喷射泵马达	4×3			
9	调速阀				

5）泄压阀工作原理。

液压系统的泄压阀有两个作用：第一个作用是当工作设备超负荷时，有保护传动部件和设备的作用；第二个作用是用来控制设备运转，完成设备的启动和关闭。所以，该阀也是一个控制阀（称为泄简压阀）。通过泄压阀可控制液压马达及所带设备的转动和停止。在控制管路上装有压力表，能随时观察液力系统的工作压力（管路压力）。液力系统的工作压力的大小反映液压马达所驱动设备的负荷大小，泄压阀的工作原理如图 10－5 所示，A 管路为高压管路直通液压马达；B 管路为低压管路（或泄压管路）直通液压油箱；X 管路为控制管路，经过控制针阀直通液压油箱；Y 为备用孔，用丝堵堵着；X 管路有控制针阀和压力表（都在操作台上），当工作设备（循环泵、灌注泵、喷射泵、下灰液缸和搅拌器）不工作时，控制针阀是打开的，即 X 管路通向液压油箱，管路压力为零（表压），因为 A 管路和 B 管路由弹簧与活塞相隔，因此当 X 管路打开时，活塞顶部的压力与 X 管路的压力为零，则从液压泵中泵出的液压油一小部分从 X 管路流向液压油箱，大部分顶开活塞流向 B 管路回到油箱；当需要设备工作时，即关闭控制管路的针阀，X 管路压力升高，随之活塞后部的压力升高，这个压力与弹簧压力一起顶住活塞，迫使液压油通过A管路到达液压马达，以使马达运转带动工作机；当工作机超负荷时(或被卡死时)，马达速度减慢或停止运转，这时液压油无路可走，使A管路和X管路压力升高(上升最高压力值取决于泄压阀调节值，一般上升到18～19MPa)，以致顶开上部针阀，使液压油流向B管路回到油箱，同时压力急剧下降，使活塞弹簧压力不能压住活塞，使活塞上移，A、B管路连通，A管路的液压油通过B管路回到油箱，使整个转动部件(机械传动部件和液压传动部件)得到保护，当负荷减轻(或卡死现象解除)时，针阀复位、活塞复位，液压油又从新由A管路流向液压马达，设备恢复正常运转。

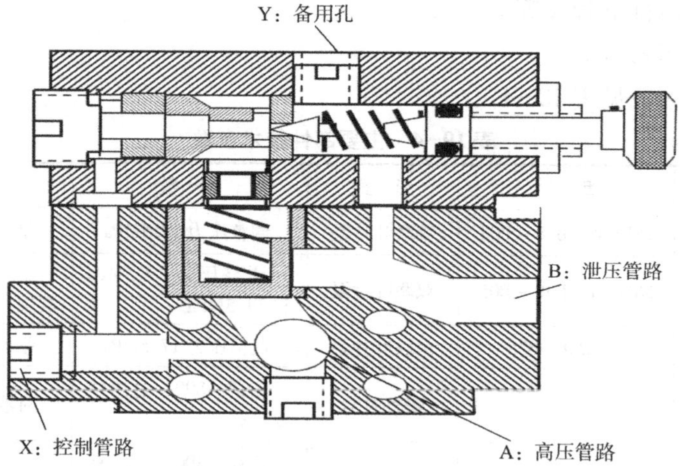

图10-5　泄压阀结构原理示意图

6)泄压阀压力调节与注意事项。

泄压阀的限制压力调整是靠调节泄压阀上的旋扭以变动针阀弹簧的压力来调节泄压阀的最大限制压力的。泄压阀的最大限制压力是根据液压泵和液压马达的功率和传动部件及液压部件的强度来确定的。GJQ100－30Ⅱ型固井橇液压系统使用的泄压阀的最大限制压力是18～19MPa。泄压阀的最大限制压力一般出厂时已经调好，非专业人员不要随意调节，以防盲目调高造成设备损坏。在泄压阀的长期使用中，由于弹簧的疲劳会导致弹簧的胡可系数降低(弹力减小)，使泄压阀的限制压力降低，从而使液压马达的最大承受负荷降低，当马达负荷能力低到一定程度时，会对固井施工带来一些麻烦。如混浆泵马达，当马达负荷能力低时，可能造成混浆能力下降，在水泥浆流动性能差或者水泥浆密度过高时，会发生“煮稀饭”事故(水泥浆搅拌不开，失去流动性)，甚至影响固井质量。因此，必须定期测试检查，以防止发生事故。对泄压阀的最大限制压力也不能盲目调的太高，严禁超过液压泵和液压马达的额定功率及传动部件和液压管线以及液压元件的强度要求，否则，会在工作设备超负荷时(或设备卡死时)，由于管路压力过高损坏以上部件，以造成机械故障。因此，泄压阀的限制压力一定要适当，目的是满足工作和保证安全。

7)液压系统操作。

(1)启动前的检查。

在固井橇固井作业前，首先要对液压系统进行以下项目检查：

①检查液压油箱液面高度应达到要求(液面高度应达到油箱深度的2/3以上)。

②检查液压系统管路，无渗漏、松动、破裂等缺陷；各液压管线有无扭曲、破坏、起泡和受压现象；若管路及软管等出现了擦伤现象后，应予以更换，并重新布线或采取其他措施进行保护以防再次损坏。

③检查液压油泵进油管线球阀是否打开，应全程打开，以防油泵空转发生干磨，造成油泵烧坏。

④检查操作台仪表盘液压系统各参数显示仪表是否完好。

⑤检查各操作手柄是否都在合适位置，是否灵活可靠。

⑥当在寒冷天气作业时，启动前要检查液压油温，如果油温低于10℃液压油需要预热。

(2)液压系统操作。

以上项目检查无误后，启动台面发动机，闭合取力器开关，液压泵启动。

①搅拌马达启动。本液压系统的搅拌马达为双搅拌马达，在搅拌马达前装有调速阀，搅拌器的转速可以通过调速阀来调节，通常转速应调至250r/min左右。

②离心泵的启动。离心泵的工作状态是通过控制带动各离心泵的液压马达来实现的，装在操作台侧面的针形阀控制各液压马达，针形阀顺时针旋转即为阀关闭，离心泵工作；逆时针旋转即为阀开启，离心泵停止工作；如果要使离心泵停止运转或空转30min以上，应将针形阀全打开，这样液压泵就在空负荷(低压下)运转，以减小发动机、液压泵及液压马达负荷。同时，也要考虑减少离心泵的启动频率，以延长离心泵的使用寿命。

③下灰液缸操作。下灰液缸前面有三个针形阀，其中有两个$\frac{1}{4}$in针阀，主要作用是调节下灰阀的回转速度，减小液压冲击。出厂时针阀的开口大小已经调定，如果发现下灰液缸液压冲击较大时，可以通过调节这两个针阀达到满意效果。另外还有一个$\frac{3}{8}$in针阀，通常情况下为关闭状态，在寒冷气候下需要开启循环液压油时，才打开一定时间，然后关闭，固井注水泥作业过程中严禁打开此阀。正常固井注水泥作业时，为了维持液压系统正常工作，橇上发动机转速应保持在1800~2100r/min范围内。

8)液压系统故障分析及维修。

当液压系统工作不正常时，操作者应按表10-5进行检查及维修。

表10-5　液压系统故障分析及排除方法

序号	故障区域	故障现象	可能原因	排除方法	备　注
1	液压油箱	液压油污染	箱盖密封不严	检查更换密封垫	
			液压油长期未更换	更换液压油	
			油箱长期未清洗	清洗油箱	
		液压油温度高	油位过低	添加液压油	
			油品黏度大(型号不对)	更换液压油	
			非工作运转时间太长	工作期间注意	
		油箱内异响	油位过低	添加液压油	
			回油压力高	检查回油管路及回油滤子	

续表

序号	故障区域	故障现象	可能原因	排除方法	备注
2	液压油泵	油泵过热	轴承磨损	更换轴承	
			泵体孔磨损	更换泵体或总成	
			油品黏度大(型号不对)	更换液压油	
		压力过低	油品黏度低(型号不对或变质)	更换液压油	
			油泵磨损过量	更换液压泵	
			溢流阀调整不当	调整溢流阀	
		流量过低	油品黏度低(型号不对或变质)	更换液压油	
			油泵磨损过量	更换液压泵	
			油位过低，产生吸空	添加液压油	
			阀件和吸入滤子不通畅	检修或更换阀件和吸入滤子	
		渗漏	密封圈损坏	更换密封圈	
			泵体裂纹	更换油泵	
		噪声大	安装调整不当	检查从新调整	
			液压油品种不正确	按规定型号更换液压油	
			液压油内含气泡	更换液压油	
			轴承磨损	检查更换轴承	
			吸油阻力大	检修吸入管路和滤子，检查油黏度	
3	溢流阀	调节无效	主阀座弹簧断裂	检修更换弹簧	
			主阀芯阻尼孔堵塞	检修或更换	
		无压力	主阀芯阻尼孔堵塞	检修或更换	
			主阀芯复位弹簧断裂或卡死	检修清洗	
			锥阀调节弹簧断裂	检修或更换	
			锥阀磨损严重	检修或更换	
			液压油污染变质	更换液压油	
		压力调不高	调节弹簧疲软	更换	
			主阀芯有卡滞现象	检修清洗	
			锥阀磨损	更换或配研	
			油品黏度过低(型号不对或变质)	更换	
			油泵磨损	检测、修理或更换	
		有振动和噪声	阀芯粘附污物	检修清洗	
			阀芯与阀座配合精度差	配研或更换	
			锥阀于阀座配合接触不良	配研或更换	
			调节弹簧安装不垂直	检修校平	
		漏油	主阀精度差	检修配研或更换	
			密封圈损坏	更换	
			阀体裂纹	更换总成	

续表

序号	故障区域	故障现象	可能原因	排除方法	备　注
4	吸油滤清器	吸油不畅	液压油污染变质	更换液压油	
			滤芯堵塞	清洗油箱，及时检查清洗滤芯	
		滤芯变形	装卸不当	注意装配质量	
			滤芯清洗不及时	及时检查清洗滤芯	
		滤芯破裂	装卸不当	注意装配质量	
			滤芯清洗不及时，污染严重	及时检查清洗滤芯	
			滤芯质量差	更换	
		污染发讯失灵	滤芯破裂	更换	
			发讯机构故障	检修	
		自封效果差	单向阀与阀座接触不良	检修	
			单向阀弹簧疲软	更换弹簧	
5	回油滤清器	回油不畅	液压油污染变质	更换液压油	
			装配时油箱不清洁	清洗油箱	
			滤芯堵塞	及时检查清洗滤芯	
		滤芯变形	装卸不当	注意装配质量	
			滤芯清洗不及时	及时检查清洗滤芯	
		滤芯破裂	装卸不当	注意装配质量	
			滤芯清洗不及时，污染严重	及时检查清洗滤芯	
			滤芯质量差	更换	
		污染发讯失灵	滤芯破裂	更换	
			发讯机构故障	检修	
		渗漏	密封圈损坏	更换	
			泵体裂纹	更换油泵	
		噪声大	安装调整不当	检查从新调整	
			轴承磨损	检查更换轴承	
			吸油管路阻力大	检查液压油黏度，滤清器清洁	

9)液压油性能要求。

(1)液压油型号。液压系统用油为抗磨液压油，油品型号统一使用 SJ－46 抗磨液压油。在无专业部门推荐和做性能实验对比时不能随意更换液压油型号。

(2)液压油更换时间。新设备到达用户后，建议用户将液压油更换一次。设备正常投入使用后，正常情况下液压系统用油应在设备工作累计 2000～3000h 更换一次。若在使用期间检查发现液压油变质，必须及时更换。

(3)液压油工作温度。液压系统工作油温为 15～65℃，根据具体情况，允许适当地超限，但最高油温不得高于 82℃。

10)液压系统辅件。

(1)吸油过滤器。

吸油过滤器直接安装在油箱侧面，过滤器滤头露在油箱外，吸油筒体浸入油箱内液面以下，出油口通过法兰、管路和液压油泵的吸油口连接，其作用是用以保护油泵和其他液压元件，避免吸入污染杂质，有效防止液压系统污染，提高液压系统清洁度。本过滤器设有自封阀，更换和清洗滤芯时箱内液压油不会出来，使更换、清洗滤芯、维修保养非常方便。同时，过滤器内还设有旁通阀，一旦滤芯被污染堵塞，当压差增至0.02MPa时，旁通阀会自动开启，避免油泵出现吸空现象，此时应该马上清洗或更换滤芯。对于带有发讯器的过滤器，当滤芯被污染物堵塞，过滤器出口真空度为0.018MPa时，发讯器便会发出讯号，提醒操作者及时清洗或更换滤芯。

(2)回油过滤器。

回油过滤器直接安装在液压油箱顶部，过滤器滤头露在油箱外，回油筒体浸入油箱内，进油口与液压系统回油口相连。该过滤器主要用于液压系统回油经过滤滤去油中元件磨损产生的金属粉末、密封件磨损产生的橡胶颗粒以及液压油本身化学变化所产生的油污等，从而使返回油箱中的液压油保持清洁。回油过滤器内也设有旁通阀，一旦滤芯被油污堵塞，或者系统油温过低，流量脉动等因素使压差增至0.4MPa时，旁通阀会自动开启，以保护过滤器不被损坏和液压系统正常工作。对于带有发讯器的过滤器，当滤芯被污染物堵塞，回油压力增至0.35MPa时，发讯器便会发出讯号，提醒操作者及时清洗或更换滤芯，以及采取其他措施。

(3)空气滤清器。

液压油箱设有空气滤清器。空气滤清器直接安装在油箱顶部，用于维持油箱内的压力和大气压力的平衡。并防止空气中的污染颗粒从外部进入油箱内，保持油箱内液压油的清洁，延长液压元件的使用寿命。

11)液压系统的维护保养及注意事项。

液压设备具有很多优点，但是使用不当也会出现各种故障。因此，液压设备的正确使用与保养十分重要，必须做好液压系统的正确使用。

(1)合理调节液压系统工作压力和工作速度，不得超压和超载作业。

(2)按使用说明书规定的油品牌号选择液压油，在向油箱加注液压油时，必须经液压空气滤清器进行过滤，严禁打开人孔直接加油。以防将液压油中的杂质带入油箱，对液压系统造成不必要的损害。

(3)液压系统工作油温为15~65℃，炎热地区油温可适当放宽，但最高不得超过82℃，当油温超过规定温度时，应立即停止工作，检查原因排除故障后方可继续工作。在低温环境下工作时，液压系统应在低负荷或空负荷预热运转，待油温升高后再持负荷运转。

(4)设备运转时，应巡回检查液压油箱液面高度及油温是否符合要求。观察液压表读数是否在规定范围内。

(5)液压系统压力表损坏或失灵应及时更换，不宜在故障状态下工作。以防对液压系统压力失去监督，造成机械故障。

(6)对液压系统的固定部件应定期紧固。液压设备在工作中由于振动、液压冲击等，使管路接头、固定螺栓等可能发生松动，应定期紧固。

(7)定期清洗、更换滤芯。正常情况下，每三个月清洗一次，环境粉尘较大时，清洗周期应适当缩短。清洗滤芯时，应使用柴油或煤油清洗，不得用汽油；滤芯清洗后用压缩空气吹干净。滤芯损坏应及时更换。

(8)定期清洗液压油箱。液压系统工作时，由于金属磨损和润滑油的化学变质，造成油箱底部沉淀、聚集，系统中的油污应定期清洗，正常情况下每六个月清洗一次，环境粉尘较大时，清洗周期应适当缩短。

(9)定期强制过滤或更换液压油。强制过滤是用专用油液过滤装置(如专用过滤机)对液压油进行强制过滤，清除液压油中的污泥及杂质。过滤后对液压油采样化验油质，若性能指标仍符合规定指标可继续使用，若超出规定指标应及时更换液压油。正常情况下，设备连续工作 2000～3000h 更换一次，环境粉尘较大时，更换周期应适当缩短。液压油的更换指标见表 10-6。

表 10-6　液压油的更换指标

<table>
<tr><th rowspan="2">项　目</th><th colspan="2">更换指标</th><th>备　注</th></tr>
<tr><th>一般机械</th><th>精密机械</th><td rowspan="7">对液压设备中的液压油应定期取样化验，表内数据可作为用户更换液压油时的参考依据，一般油中的理化指标达到换油指标后(单项或多项)，即可更换</td></tr>
<tr><td>运动黏度变化率(40℃)/%</td><td>>15</td><td>>10</td></tr>
<tr><td>KOH/(mg/g)</td><td>>0.5</td><td>>0.25</td></tr>
<tr><td>机械杂质/%</td><td>>0.1</td><td>>0.05</td></tr>
<tr><td>污染度(重量法)/(mg/100mL)</td><td>>40</td><td>>10</td></tr>
<tr><td>色度</td><td>>4</td><td>>2</td></tr>
<tr><td>水分/%</td><td>>0.1</td><td>>0.1</td></tr>
</table>

(10)定期更换密封件。液压设备密封件材料，一般为耐油丁腈橡胶和聚氨酯橡胶，长期使用会自然老化，变硬失去弹性，并且液压件长期在受压状态下工作会产生永久性变形，丧失密封性能，必须定期更换。根据我国目前密封件材料和硫化工艺水平，密封件使用寿命一般为三年左右。

12)液压系统安全注意事项。

(1)液压系统各油泵压力设定(泄压阀泄压设定压力)出厂时已经调整好，未经生产厂家技术部门同意或授权严禁私自随意调整油泵压力(特别是调高)。如果无意将设定压力调的过高，可能造成泵的损坏，严重时可能造成其他设备的损坏。

(2)液压系统大部分液压管线、接头和控制阀件均为标准的液压专用件，如果管线或接头因老化、破损需要更换时，必须更换相同型号的标准液压管线和接头。以保证系统的密封性和耐压能力。

(3)液压泵的解体和检修须专业技术人员指导和专业技术工人拆装。未经生产厂家技术部门同意或授权严禁非专业人员私自拆装。

10.2.2.14　低压管汇流程

1)低压管汇流程及主要组成部件。

低压管汇流程主要组成部件有：右柱塞泵、左柱塞泵、计量罐(水柜)、供水泵、喷射泵、灌注泵、循环泵、混浆槽、高能混合器、扩散槽、密度计、清水流量计、过滤器、低压管汇和低压阀门(主要是蝶阀)等(图 10-6)。

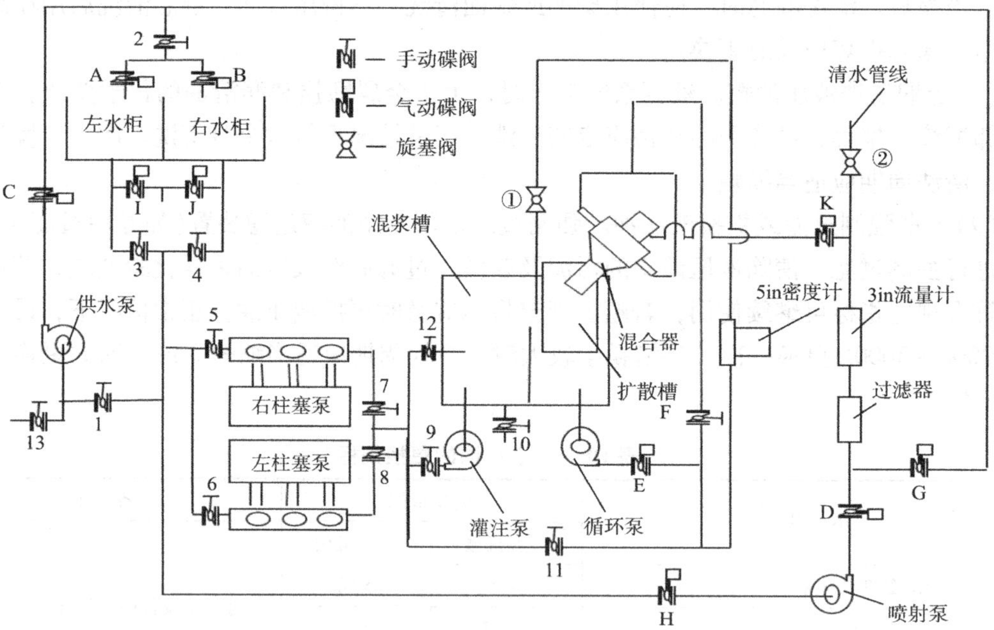

图 10-6　GJQ100－30Ⅱ型固井橇低压管汇流程图

2）各阀门的名称。

低压管汇流程中各阀门的取名一般按阀门的功用取名，按阀门编号各阀门的名称分别为：阀1为柱塞泵外进液阀；阀2为水柜总进液阀；阀3为左水柜出液阀；阀4为右水柜出液阀；阀5为右泵水柜吸入阀；阀6为左泵水柜吸入阀；阀7为右泵灌注阀；阀8为左泵灌注阀；阀9为灌注泵出液阀；阀10为混浆槽放液阀；阀11为灌注循环转换阀（旁通阀）；阀12为混浆槽循环阀；阀13为供水泵进水阀；阀A为左水柜进水阀；阀B为右水柜进水阀；阀C为供水泵出水阀；阀D为喷射泵出液阀；阀E为循环泵出液阀；阀F为再配浆阀；阀G为供水泵配浆阀；阀H为喷射泵进液阀；阀I为左水柜放液阀；阀J为右水柜放液阀；阀K为混合器进液阀；阀①为密度计回流阀；阀②为清水管线出水阀。

10.2.2.15　高压管汇流程

1）高压管汇流程主要组成部件。

高压管汇流程主要组成部件有：右柱塞泵、左柱塞泵、计量罐（水柜）、高压管汇和高压阀门（主要是旋塞阀）等（图10-7）。

2）各阀门的名称。

高压管汇流程中各阀门的取名一般按阀门的功用取名，按阀门编号各阀门的名称分别为：阀1为右泵井下泵送阀；阀2为左泵井下泵送阀；阀3为井下泵送总阀；阀4为备用管线井下泵送总阀；阀5为右泵水柜回流阀；阀6为左泵水柜回流阀；阀7为水柜放压阀。有的设备高压管汇从液力端一边接出，阀门数量会少一些。

10.2.2.16　高低压管汇工作流程

1）向水柜供水流程。

向水柜供水流程是水泥橇自身从外部水源向水柜供水的一个流程（图10-8）。在施工前将水泵进水口通过管线与水源连接，在施工前和施工过程中向水柜供水，以保证施工期间的

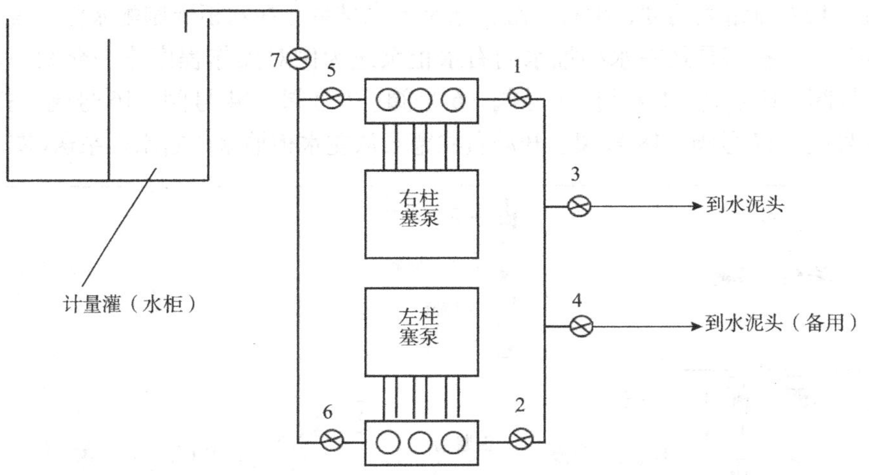

图 10－7　GJQ100－30Ⅱ型固井橇高压管汇流程图

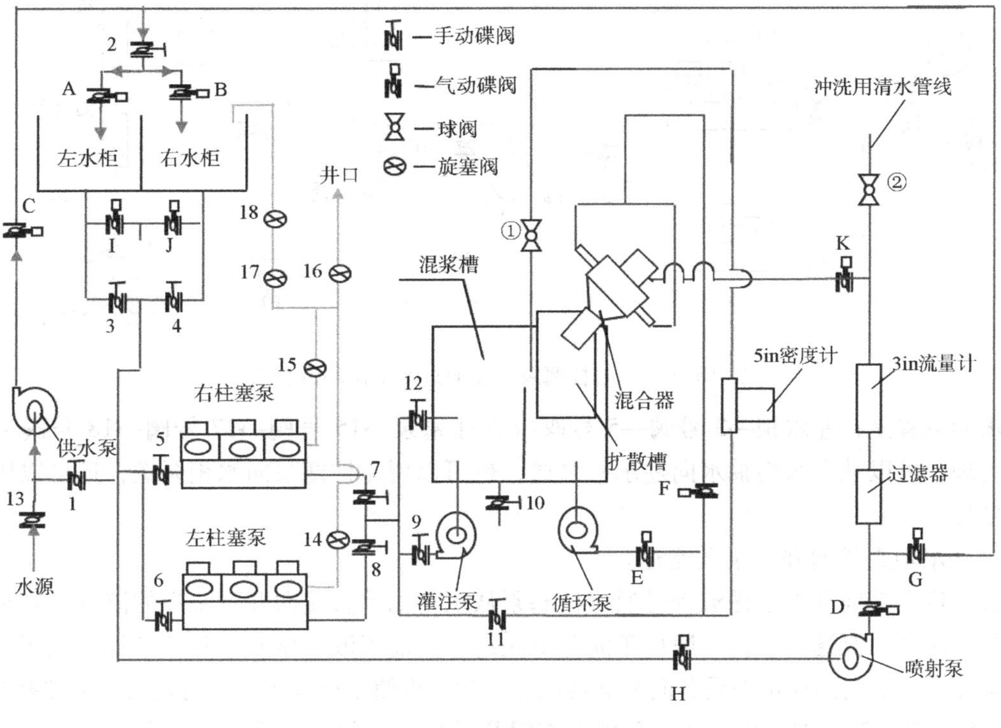

图 10－8　向水柜供水流程图

用水。其操作程序为：连接水泵进水口与水源之间的管线；关闭 1 号阀、G 号阀；打开 A 号阀、B 号阀、C 号阀、2 号阀、13 号阀；开动供水泵向水柜供水。供水流程是：水源→13 号阀→供水泵→C 号阀→2 号阀→A 号和 B 号阀→水柜。特殊情况下可以通过三缸柱塞泵向水柜供水，也可以由三缸柱塞泵从水源抽水向井下直接泵送。

2) 三缸柱塞泵直接通过水柜循环流程。

三缸柱塞泵直接通过水柜循环流程是通过三缸柱塞泵从水柜直接抽水再泵送到水柜的一种循环流程。它是最简单的一种循环流程，既可单泵循环也可双泵循环，主要用于实验三缸柱塞泵上水情况、校对排量表精度、检查三缸柱塞泵上水排量、在水柜配制配浆液、配制前置液等操作。下面以用右柱塞泵从左水柜抽水向右水柜泵送为例对操作程序作一介绍，其操作程序为：关闭 I 号阀、H 号阀、1 号阀、4 号阀、6 号阀、7 号阀、14 号阀、16 号阀；打开 3 号阀、5 号阀、15 号阀、17 号阀、18 号阀。开动右柱塞泵从左水柜抽水向右水柜泵送(图 10-9)。

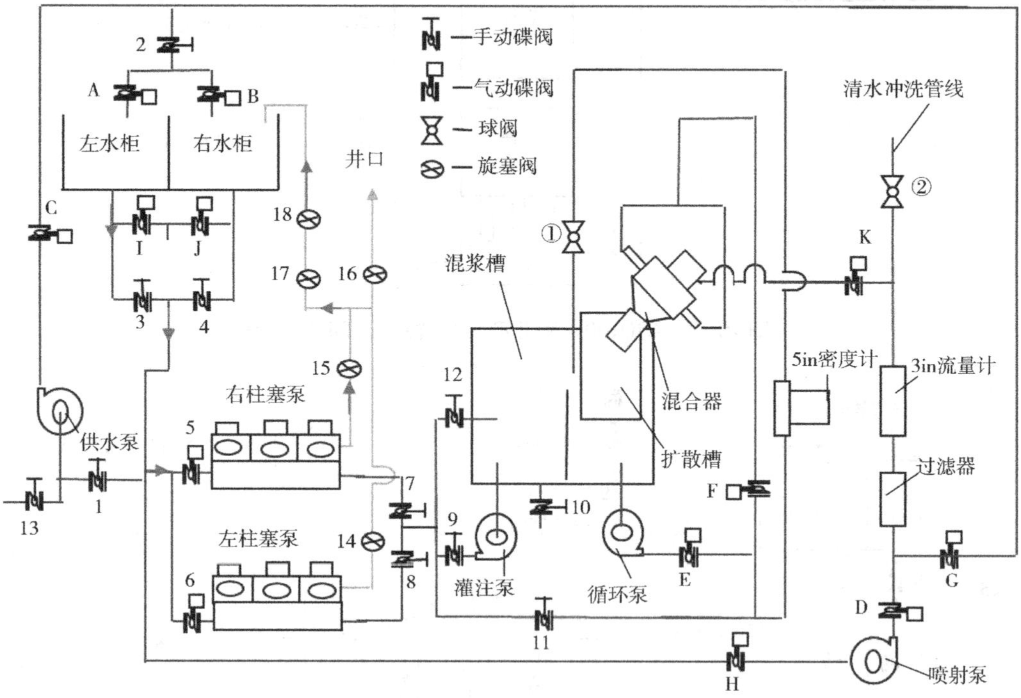

图 10-9　三缸柱塞泵直接通过水柜循环流程图

水的流程是：左水柜→3 号阀→5 号阀→右柱塞泵→15 号阀→17 号阀→18 号阀→右水柜。同理，可以从右水柜抽水向左水柜泵送，也可以用左柱塞泵向水柜泵送，还可以用双泵一起泵送。

3)从水柜直接向井下泵送流程。

从水柜直接向井下泵送流程是通过柱塞泵从水柜抽水直接向井下泵送的流程。它是一种最简单的向井下泵送流程，一般用于向井下注清水、前置液、压塞液和井口管汇试压、套管试压等作业。有时用注水泥设备向井下替钻井液时，也使用该流程。该流程与三缸柱塞泵直接通过水柜循环流程相似，只是柱塞泵排出阀门开关少有变化。其操作程序为：关闭 I 号阀、J 号阀、H 号阀、1 号阀、7 号阀、8 号阀、17 号阀；打开 3 号阀、4 号阀、5 号阀、6 号阀、14 号阀、15 号阀、16 号阀。开动柱塞泵(单泵、双泵均可)从水柜抽水向井下泵送(图 10-10)。

水的流程是：水柜→3 号阀、4 号阀→5 号阀、6 号阀→左右柱塞泵→14 号阀、15 号阀→16 号阀→井下。同理，可以从单个水柜抽水向井下泵送。当向井下泵送的液体需要精确计量时，必须采用从单个水柜抽水向井下泵送，以实现用水柜(计量灌)计量。

4)通过混浆系统向水柜循环流程。

通过混浆系统向水柜循环流程是注水泥设备配浆、混浆、泵注全功能整体运转的一个流程。它主要用于固井前对配浆、混浆、泵注系统设备的试运转，是对各设备的整体性能检测

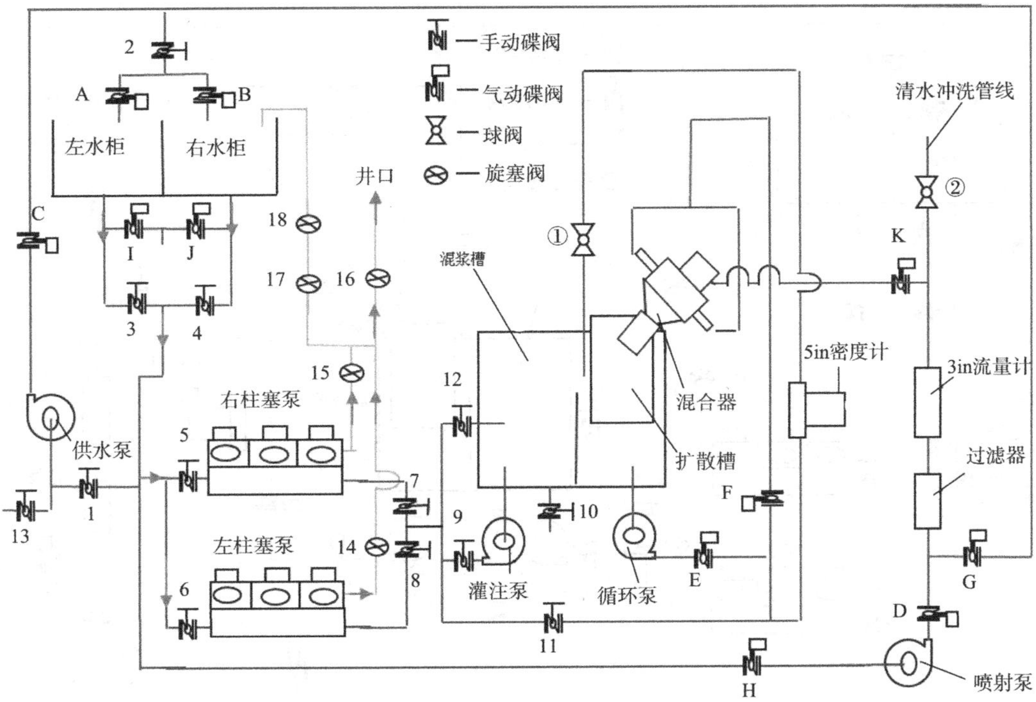

图 10-10　从水柜直接向井下泵送流程图

和各组件设备的性能匹配检测，也是操作人员在注水泥前的操作技能适应。该流程在清洗混浆系统设备时也使用。其操作程序为：

水柜：关闭 I 号阀、J 号阀；打开 3 号阀、4 号阀。供水泵：关闭 1 号阀；打开(需要供水时打开)13 号阀、2 号阀、A 号阀、B 号阀、C 号阀。柱塞泵：关闭 5 号阀、6 号阀、16 号阀；打开 7 号阀、8 号阀、14 号阀、15 号阀、17 号阀、18 号阀。喷射泵：关闭 G 号阀、②号阀；打开 H 号阀、D 号阀、K 号阀。循环泵：关闭 11 号阀；打开 E 号阀、F 号阀。灌注泵：打开 9 号阀、12 号阀。密度计：打开①号阀。混浆槽：关闭 10 号阀。开动喷射泵、循环泵、灌注泵、搅拌器(打开或不打开均可)、柱塞泵(单泵、双泵均可)从水柜抽水通过配、混浆系统向水柜泵送(图 10-11)。

水的流程是：水柜→3 号阀、4 号阀→H 号阀→喷射泵→D 号阀→过滤器→流量计→K 号阀→高能混合器→扩散槽→混浆槽→灌注泵→9 号阀→7 号阀、8 号阀(一部分→12 号阀→混浆槽)→柱塞泵→14 号阀、15 号阀→17 号阀→18 号阀→水柜。另外，混浆槽→循环泵→E 号阀(一部分→密度计→①号阀→混浆槽)→F 号阀→高能混合器→扩散槽→混浆槽。同理，可以用单柱塞泵从水柜抽水通过配浆、混浆系统向水柜循环泵送，也可以从单水柜抽水循环。

5)注水泥流程。

注水泥流程是注水泥设备的水泥浆配制、二次混浆并向井内泵送的复合流程。它是注水泥设备综合性能的体现，该流程与通过混浆系统向水柜循环流程相似，只是柱塞泵出口阀门开关有所不同，但由于该流程需要灰量控制和配浆技巧，同时柱塞泵可能高压作业，因此，操作难度要大得多。注水泥流程主要用于固井注水泥作业和打水泥塞作业、挤水泥作业、修井注水泥作业和注水泥浆堵漏等施工。其操作程序为：

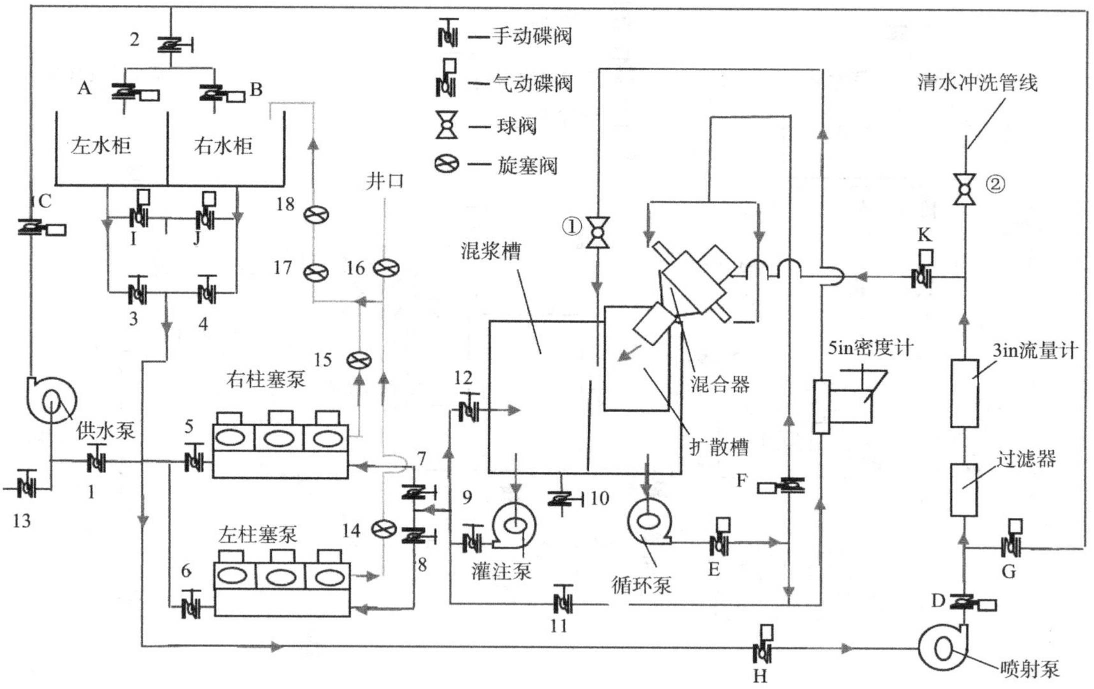

图 10-11　通过混浆系统向水柜循环流程

水柜：关闭 I 号阀、J 号阀；打开 3 号阀、4 号阀。供水泵：关闭 1 号阀；打开(需要供水时打开)13 号阀、2 号阀、A 号阀、B 号阀、C 号阀。柱塞泵：关闭 5 号阀、6 号阀、17 号阀；打开 7 号阀、8 号阀、14 号阀、15 号阀、16 号阀。喷射泵：关闭 G 号阀、②号阀；打开 H 号阀、D 号阀、K 号阀。循环泵：关闭 11 号阀；打开 E 号阀、F 号阀。灌注泵：打开 9 号阀、12 号阀。密度计：打开①号阀。混浆槽：关闭 10 号阀。按操作规程逐步开动喷射泵、循环泵、灌注泵、搅拌器、柱塞泵(单泵、双泵均可)，打开气源气化储灰罐内水泥并开启出灰阀门，开始从水柜抽水配制水泥浆、二次混浆、向井下泵送(图 10-12)。

液体的流程是：水柜→3 号阀、4 号阀→H 号阀→喷射泵→D 号阀→过滤器→流量计→K 号阀→高能混合器→扩散槽→混浆槽→灌注泵→9 号阀→7 号阀、8 号阀(一部分水泥浆→12 号阀→混浆槽)→柱塞泵→14 号阀、15 号阀→16 号阀→井下。另外，混浆槽→循环泵→E 号阀(一部分水泥浆→密度计→①号阀→混浆槽)→F 号阀→高能混合器→扩散槽→混浆槽。同理，可以用单柱塞泵从水柜抽水配制水泥浆、二次混浆、向井下泵送，也可以从单水柜抽水配制水泥浆、二次混浆、向井下泵送。

6)循环泵(或灌注泵)损坏时的注水泥流程。

循环泵或灌注泵有一个损坏时的注水泥流程是指在注水泥施工过程中突然循环泵或灌注泵其中有一个损坏，此时为了不影响注水泥施工，防止造成工程事故，可变换流程继续施工。若在注水泥施工前发现一个泵损坏最好不要采取此流程，应更换泵后再施工。我们以循环泵损坏时的注水泥流程为例作一介绍，其操作程序为：水柜：关闭 I 号阀、J 号阀；打开 3 号阀、4 号阀。供水泵：关闭 1 号阀；打开(需要供水时打开)13 号阀、2 号阀、A 号阀、

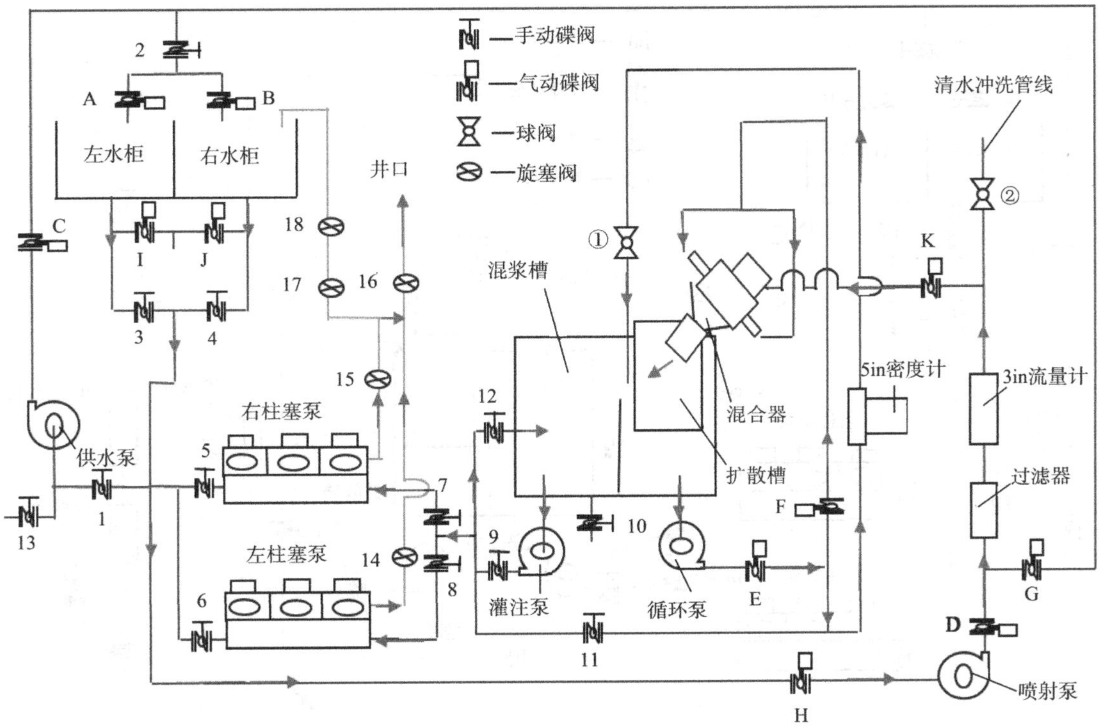

图 10-12　注水泥流程图

B 号阀、C 号阀。柱塞泵：关闭 5 号阀、6 号阀、17 号阀；打开 7 号阀、8 号阀、14 号阀、15 号阀、16 号阀。喷射泵：关闭 G 号阀、②号阀；打开 H 号阀、D 号阀、K 号阀。循环泵：关闭 E 号阀；打开 11 号阀、F 号阀。灌注泵：关闭 12 号阀；打开 9 号阀。密度计：打开①号阀。混浆槽：关闭 10 号阀。按操作程序逐步开动喷射泵、循环泵、灌注泵、搅拌器、柱塞泵(单泵、双泵均可)，打开气源气化储灰罐内水泥并开启出灰阀门，开始从水柜抽水配制水泥浆、二次混浆向井下泵送(图 10-13)。

液体的流程是：水柜→3 号阀、4 号阀→H 号阀→喷射泵→D 号阀→过滤器→流量计→K 号阀→高能混合器→扩散槽→混浆槽→灌注泵→9 号阀(一部分水泥浆到 11 号阀→下面说明!)→7 号阀、8 号阀→柱塞泵→14 号阀、15 号阀→16 号阀→井下。另外，灌注泵出来的水泥浆一部分到 11 号阀(又有一小部分水泥浆→密度计→①号阀→混浆槽)→F 号阀→高能混合器→扩散槽→混浆槽。同理，可以用单柱塞泵从水柜抽水配制水泥浆、二次混浆、向井下泵送，也可以从单水柜抽水配制水泥浆、二次混浆、向井下泵送。

7)喷射泵损坏时的注水泥流程。

喷射泵损坏时的注水泥流程是指在注水泥施工过程中突然喷射泵损坏，此时为了不影响注水泥施工继续进行，防止造成工程事故，可变换流程，用供水泵代替喷射泵继续施工。若在注水泥施工前发现喷射泵损坏最好不要采取此流程，应更换泵后再施工。下面用供水泵代替喷射泵的注水泥流程作一介绍，其操作程序为：水柜：关闭 I 号阀、J 号阀；打开 3 号阀、4 号阀。供水泵：关闭 13 号阀、2 号阀；打开(用水柜的水配浆)1 号阀。柱塞泵：关闭 5 号阀、6 号阀、17 号阀；打开 7 号阀、8 号阀、14 号阀、15 号阀、16 号阀。喷射泵：关闭

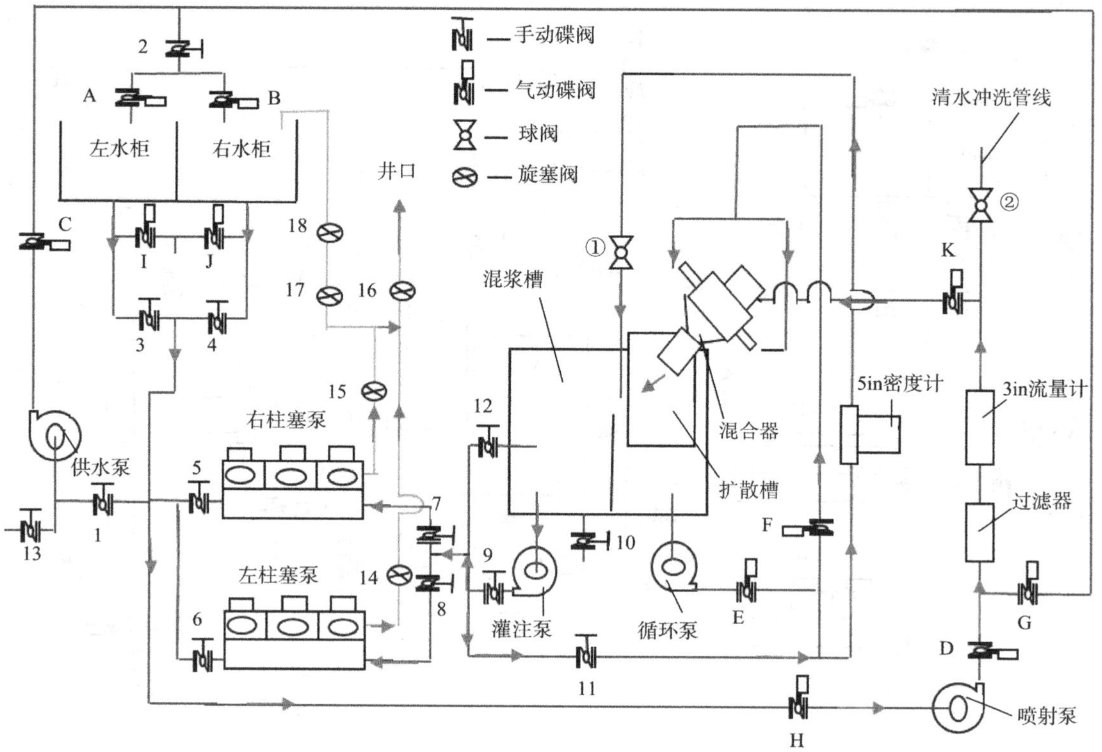

图 10-13　循环泵损坏时的注水泥流程

D 号阀、H 号阀、②号阀；打开 G 号阀、K 号阀。循环泵：关闭 11 号阀；打开 E 号阀、F 号阀。灌注泵：打开 9 号阀、12 号阀。密度计：打开①号阀。混浆槽：关闭 10 号阀。按操作规程开动供水泵、循环泵、灌注泵、搅拌器、柱塞泵(单泵、双泵均可)，水柜储存足够的水(或用其他方式供水)，打开气源气化储灰罐内水泥并开启供灰阀门，开始从水柜抽水配置水泥浆、二次混浆、向井下泵送(图 10-14)。

液体的流程是：水柜→3 号阀、4 号阀→1 号阀→供水泵→C 号阀→G 号阀→过滤器→流量计→K 号阀→高能混合器→扩散槽→混浆槽→灌注泵→9 号阀(一部分到 11 号阀→下面说明!)→7 号阀、8 号阀→柱塞泵→14 号阀、15 号阀→16 号阀→井下。另外，灌注泵出来的水泥浆一部分到 11 号阀(又有一小部分水泥浆→密度计→①号阀→混浆槽)→F 号阀→高能混合器→扩散槽→混浆槽。同理，可以用单柱塞泵从水柜抽水配置水泥浆、二次混浆、向井下泵送，也可以从单水柜抽水配置水泥浆、二次混浆、向井下泵送。

8)各碟阀的密封检测。

各碟阀的密封能力应定期进行检查。不然，若碟阀密封不好不能被及时发现，会造成低压流程连通，导致两种液体掺混，会对施工造成影响，严重时会造成质量下降或工程事故。因此，必须定期检测各碟阀的密封情况。每口井施工前，都要检查关键碟阀的密封。下面介绍碟阀的密封性检测方法(图 10-15)。

(1)对于储液罐放水碟阀的密封检测。

储液罐放水碟阀的密封检测，用储液罐装满液体后观察是否漏失液体来检测密封性能。这种阀主要有：I 号阀、J 号阀、10 号阀。

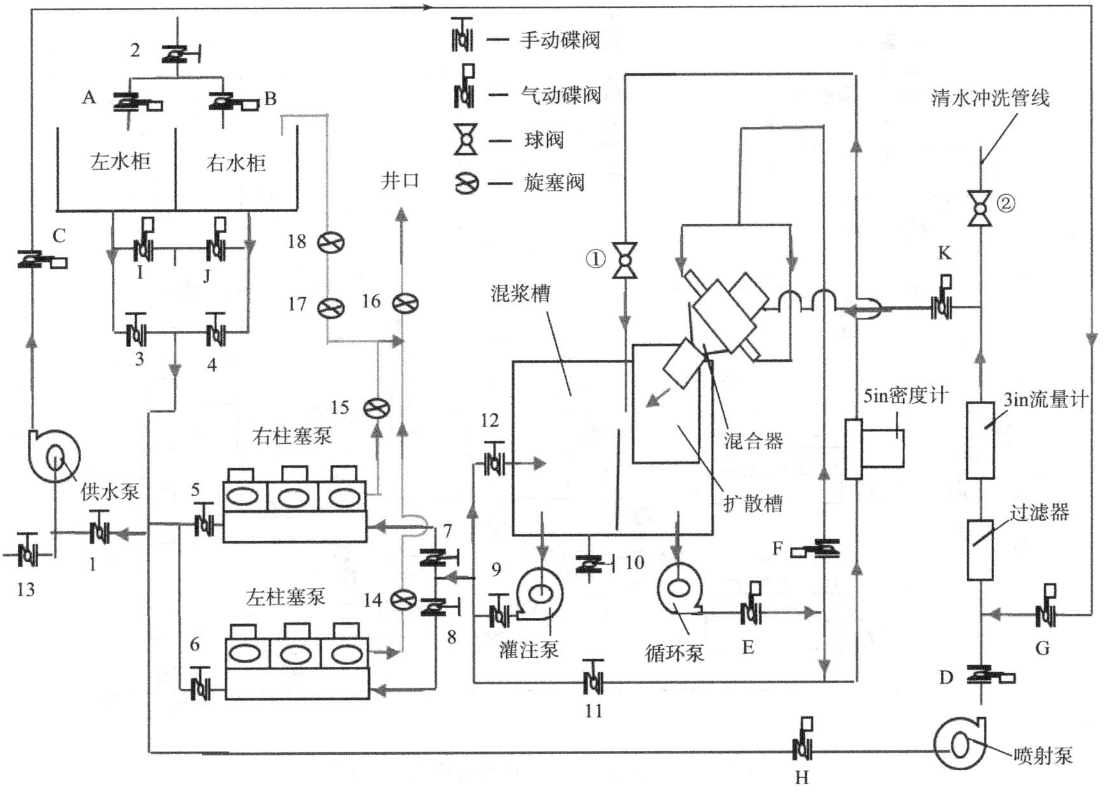

图 10-14　喷射泵损坏时的注水泥流程

(2)对于管线连通碟阀的密封检测。

①供水泵和水柜各碟阀。

供水泵上水通过管线与水源连接，关闭：1 号阀、13 号阀；打开：C 号阀、2 号阀、A 或 B 号阀；启动供水泵抽水，若水柜 A 或 B 出水口不出水，说明 13 号阀密封状态良好。

再打开 13 号阀；关闭 2 号阀；启动供水泵抽水，若水柜 A 或 B 出水口不出水，说明 2 号阀密封状态良好。

再打开 2 号阀；关闭 A 号阀、B 号阀；启动供水泵抽水，若水柜 A 号阀或 B 出水口不出水，说明 A 号阀、B 号阀密封状态良好。

再打开 A 号阀、B 号阀、3 号阀或 4 号阀；关闭 1 号阀、13 号阀、5 号阀、6 号阀、H 号阀；启动供水泵抽水，若水柜 A 或 B 出水口不出水，说明 1 号阀是好的。

再打开 1 号阀；关闭 3 号阀、4 号阀；启动供水泵抽水，若水柜 A 号或 B 出水口不出水，说明 3 号阀、4 号阀是好的。若水柜 A 或 B 出水口出水，再分别验证 3 号阀、4 号阀哪个是坏的。

②喷射泵碟阀。

将水柜供一定量的水，关闭：1 号阀、5 号阀、6 号阀、②号阀、H 号阀、K 号阀；打开：D 号阀、G 号阀、A 号阀或 B 号阀、2 号阀、3 号阀、4 号阀；启动喷射泵抽水，若水柜 A 或 B 出水口不出水，说明 H 号阀是好的。

再关闭：D 号阀；打开：H 号阀；启动喷射泵抽水，若水柜 A 或 B 出水口不出水，说

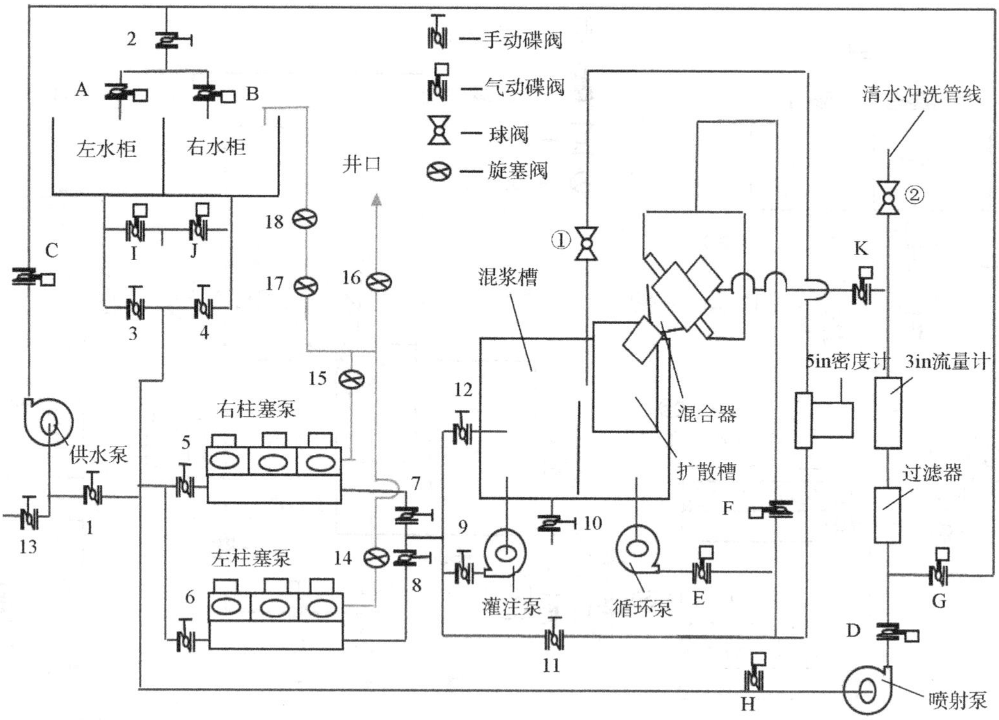

图 10-15　各低压碟阀的密封检测示意图

明 D 号阀密封状态良好。

再关闭：G 号阀；打开：D 号阀；启动喷射泵抽水，若水柜 A 或 B 出水口不出水，说明 G 号阀是好的。若②号阀清水管线不出水，说明②号阀是好的。若高能混合器出水口不出水，说明 K 号阀密封状态良好。

③混浆泵和灌注泵碟阀。

将混浆槽供一定量的水，关闭：E 号阀、①号阀、11 号阀；打开：F 号阀、12 号阀；启动混浆泵抽水，若高能混合器出水口、密度计回流口和灌注泵回流口不出水，说明 E 号阀、①号阀、11 号阀密封状态良好。

再关闭：F 号阀；打开：E 号阀；启动混浆泵抽水，若高能混合器出水口不出水，说明 F 号阀密封状态良好。

再关闭：7 号阀、8 号阀、9 号阀；启动灌注泵抽水，若灌注泵回流口也不出水，说明 9 号阀密封状态良好。

再关闭：12 号阀；打开：9 号阀；启动灌注泵抽水，若灌注泵回流口也不出水，说明 12 号阀密封状态良好。

④柱塞泵进水碟阀。

将水柜和混浆槽各供一定量的水，关闭：1 号阀、5 号阀、6 号阀、7 号阀、8 号阀、16 号阀，打开：3 号阀或 4 号阀、14 号阀、15 号阀、17 号阀、18 号阀。启动右柱塞泵抽水，若柱塞泵水柜回流管线不出水，说明 5 号阀密封状态良好。

再启动左柱塞泵抽水，若柱塞泵水柜回流管线不出水，说明 6 号阀是好的。

再打开：9号阀；关闭：14号阀，启动灌注泵，若柱塞泵水柜回流管线不出水，说明7号阀密封状态良好。

再打开：14号阀；关闭：15号阀，启动灌注泵，若柱塞泵水柜回流管线不出水，说明8号阀密封状态良好。

10.2.2.17　注水泥设备配套系统各组件

注水泥设备系统各组件主要包括：气路控制系统、盘根润滑系统、控制台仪表及控制开关、控制台操作面板、高压排出管汇、计量罐控制系统、清水混合泵及清水排放管汇、混浆泵、均衡罐混合器、下灰组件、密度计和循环离心泵等。

1)气路控制系统。

气路控制系统主要组件如图10-16所示。

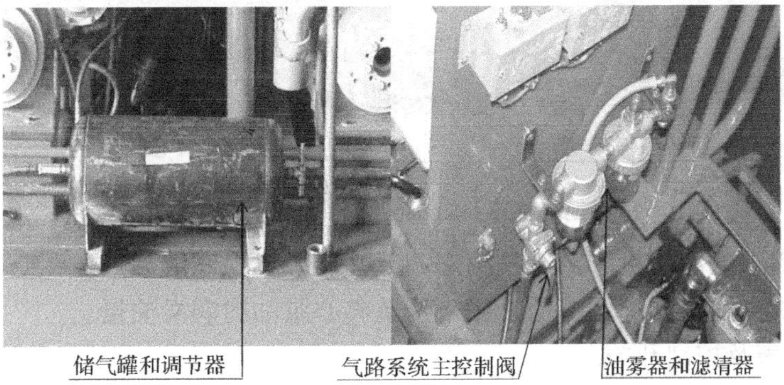

图10-16　气路控制系统主要组件图

(1)储气罐和调节器：储气罐的容积为35L；调节器用来调节气化系统的压力，操作台上系统的压力通常设置在0.75MPa(110psi)。

(2)气路系统主控制阀：用来打开或关闭所有系统的气路。

(3)油雾器和滤清器：用来润滑气路控制系统。

2)三缸柱塞泵盘根润滑和离心泵油封的润滑。

三缸柱塞泵盘根和离心泵油封的润滑系统主要组件如图10-17所示。

三缸柱塞泵盘根润滑和离心泵(循环泵和灌注泵)油封的润滑采用气顶油式润滑系统，其中润滑油箱被加压到0.03~0.07MPa(5~10psi)，打开或关闭润滑油路，对每台泵进行盘根润滑调节，同时可以调节润滑油的油量。润滑油罐的气路上安装有一个泄压阀，关闭该阀可将压力从润滑油桶中释放出来。注意：在润滑油桶未泄压之前，不要打开润滑油罐，也不要向罐内加注润滑油。

(1)盘根润滑油桶：盘根润滑油罐容积为35L，采用13号双曲线润滑油或14号稠化柴油机油。操作注意事项：给盘根润滑油桶加注润滑油时，先打开泄压阀，释放润滑油桶内的压力，然后再慢慢地打开润滑油桶。处于承压状态时，请不要打开盘根润滑油桶。

(2)润滑控制阀：用来打开或关闭三缸柱塞泵盘根和离心泵(循环泵和灌注泵)油封的润滑油供给。

(3)润滑油压调节器：用来将正常的气路系统压力降至盘根润滑所需要的压力0.03~0.07MPa(5~10psi)。

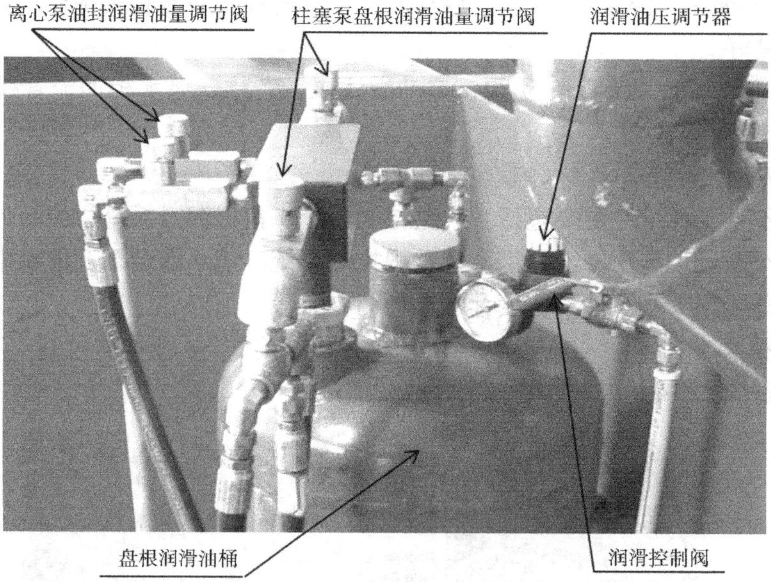

图 10-17　三缸柱塞泵盘根润滑和离心泵油封的润滑组件

(4)柱塞泵盘根润滑油量调节阀：用来调节柱塞泵盘根润滑油量。

(5)离心泵油封润滑油量调节阀：用来调节离心泵油封润滑油量。

3)操作台仪表及控制开关。

(1)操作台布置。

操作台在设备的上方，是整个设备运转的控制中心，单人在操作台上可以完成整个设备的全部操作。操作台上各仪表及控制按钮的布局如图 10-18 所示，操作台上各仪表及控制按钮的布局分上下两个区块，为方便介绍，下面分开说明。

(2)操作台上部控制面板。

操作台上部控制面板仪表及控制按钮布置如图 10-19 所示。仪表及控制按钮主要包括：①混浆系统计算机显示器：用来显示和设定固井作业参数；②左泵压力表：用来显示左泵泵送压力；③气压表：用来显示气路系统压力；④混浆系统计算机开关；⑤右泵压力表：用来显示右泵泵送压力；⑥右传动箱油温表：用来显示右传动箱油温度；⑦液压油温表：用来显示液压油温度；⑧左传动箱油温表：用来显示左传动箱油温度；⑨电压表；⑩搅拌器液路油压表：用来显示搅拌器马达液路液压油压力；⑪灌注泵液路油压表：用来显示灌注泵马达液路液压油压力；⑫循环泵液路油压表：用来显示循环泵马达液路液压油压力；⑬灰量调节阀油压表：用来显示下灰油缸液路液压油压力；⑭喷射泵液路油压表：用来显示喷射泵马达液路液压油压力。

(3)操作台下部控制面板。

操作台下部控制面板仪表及控制按钮布置如图 10-20 所示。仪表及控制按钮主要包括：①左传动箱解锁开关；②左传动箱阅读器；③左传动箱换挡控制器；④电源指示灯：指示电源接通；⑤左传动箱锁定指示灯；⑥左传动箱故障指示灯；⑦左发动机启动按钮；⑧左发动机报警器；⑨电源总开关：用来接通控制台电源；⑩左发动机综合仪表；⑪右发动机综合仪表；⑫右发动机启动按钮；⑬右发动机报警器；⑭右传动箱故障指示灯；⑮右传动箱锁定指示灯；⑯工作灯开关；⑰右传动箱换挡控制器；⑱右传动箱阅读器；⑲右传动箱解锁开

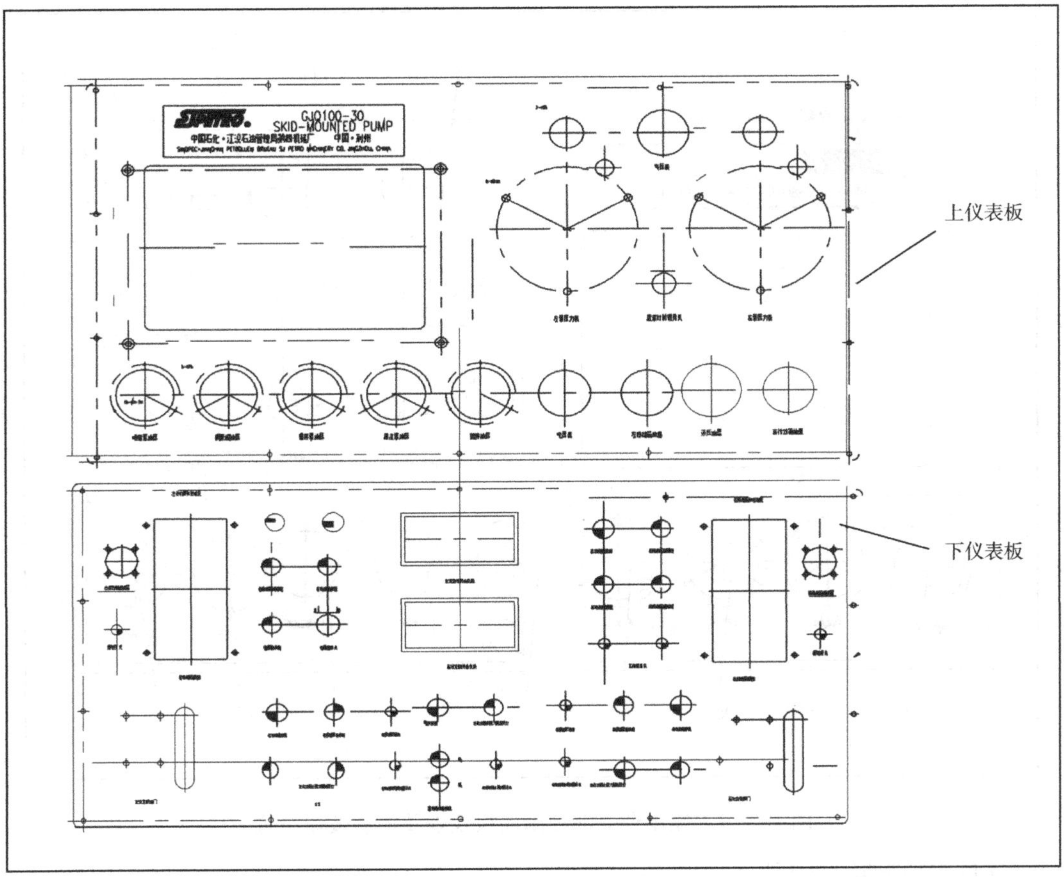

图 10-18　操作台布置图

关；⑳右发动机油门控制器；㉑右发动机诊断器；㉒右发动机停机按钮；㉓右传动箱上取力器指示灯；㉔右泵超压指示灯，右泵超过指定压力时指示灯亮；㉕右传动箱上取力器开关；㉖右泵超压复位按钮，右泵超压后，拨动此按钮使超压电磁阀复位；㉗混浆槽液位报警灯；㉘喇叭开关，按下时气喇叭响；㉙左传动箱上取力器开关；㉚左泵超压复位按钮，左泵超压后，拨动此按钮使超压电磁阀复位；㉛左传动箱上取力器指示灯；㉜左泵超压指示灯，左泵超过指定压力时指示灯亮；㉝左发动机诊断器；㉞左发动机停机按钮；㉟左发动机油门控制器。

4)高压排出管汇阀件。

高压排出管汇阀件布置如图 10-21 所示。

(1)控制总旋塞阀：用来隔离井内压力与固井设备及设备上高压管汇的压力。

(2)隔离旋塞阀：用来隔离左右三缸柱塞泵排出端的压力。

(3)左、右侧旋塞阀：左侧旋塞阀用来隔离左三缸柱塞泵排出管汇和排出端的压力；右侧旋塞阀用来隔离右三缸柱塞泵排出管汇和排出端的压力。

(4)压力传感器：用来测量三缸柱塞泵排出管线压力。电子信号记录排出管线压力数据。

(5)放压旋塞：释放柱塞泵的压力到计量罐(图中未显示)。

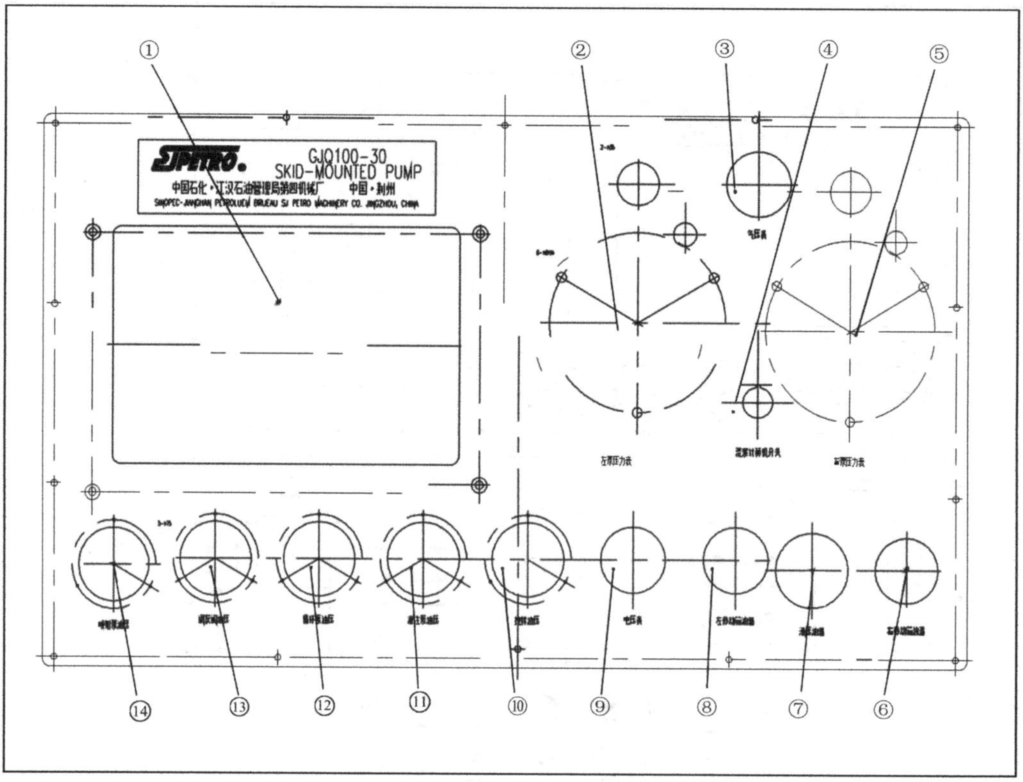

图 10-19　操作台上部控制面板仪表及控制按钮布置

5)计量罐控制系统组件。

计量罐控制系统组件布置如图 10-22 所示。

(1)计量标尺：用来读出计量罐中剩余的流体，计量单位为“桶”。

(2)辅助吸入控制阀：通过该阀使计量罐中的流体(通常是清水或配浆液)与喷射泵的吸入口连接，要实现该功能需打开两个“吸入控制阀”中的任何一个。

(3)吸入控制阀(水柜出水阀)：用于打开和选择计量罐的哪一边向灌注泵供给顶替液(用于顶替作业)和向喷射泵供给清水。

(4)循环(排放)管线控制阀：该阀被用来引导高压循环管汇中的流体流向计量罐两边的任意一边。

(5)清水供给管线和控制阀：通过清水泵向计量罐中供给清水。可以在钻井液供给量不足时，通过清水泵在规定的流量下向计量罐中供给液体。

(6)泥浆供给管线和控制阀：当需要用注水泥设备向井下注替液体时，该阀和管线的作用是通过其他渠道(如钻井泵)将顶替液向计量罐中供给。

(7)计量罐计数器：用于帮助操作者记录已经泵送的流体罐数。

(8)供液控制阀：用于控制流体流向计量罐的哪一边。

(9)计量罐溢流管：用于限制计量罐中流体的液位。溢流管通过 VICTAULIC 型接头与罐底的管线连接，以便将流体引向其他临时性储罐。

6)供水泵、喷射泵及清水排放管汇组件。

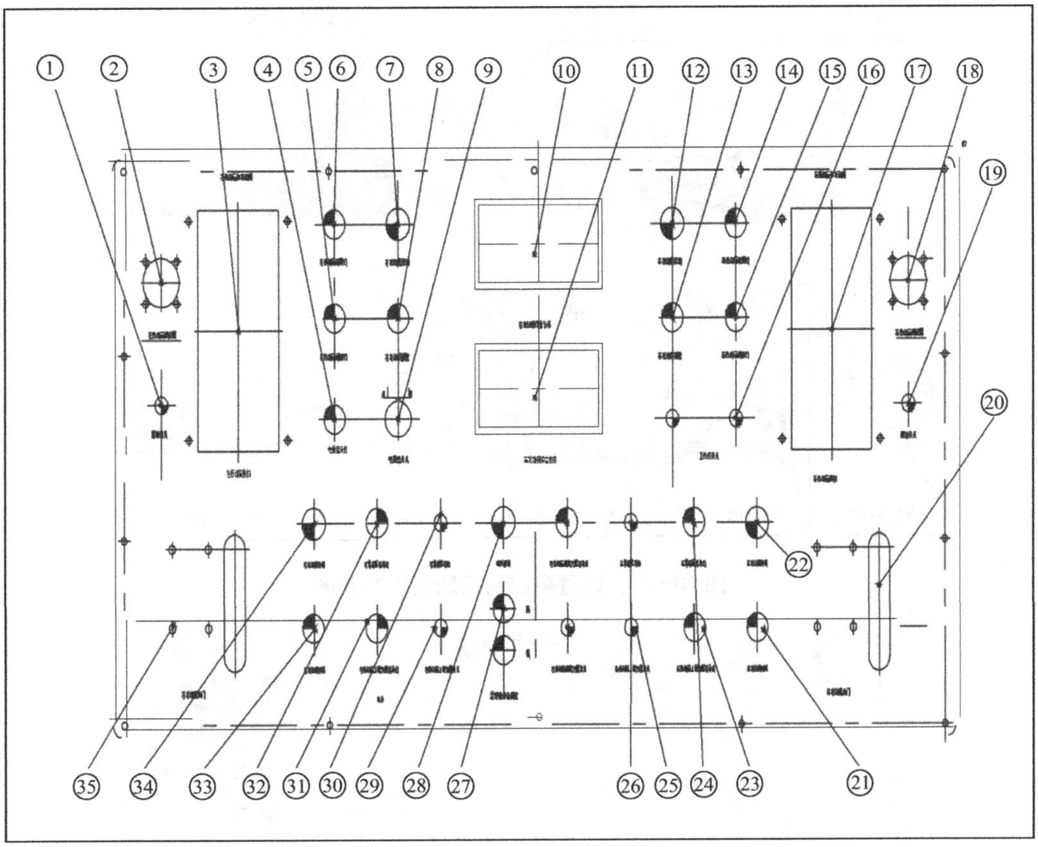

图 10-20　操作台下部控制面板仪表及控制按钮布置图

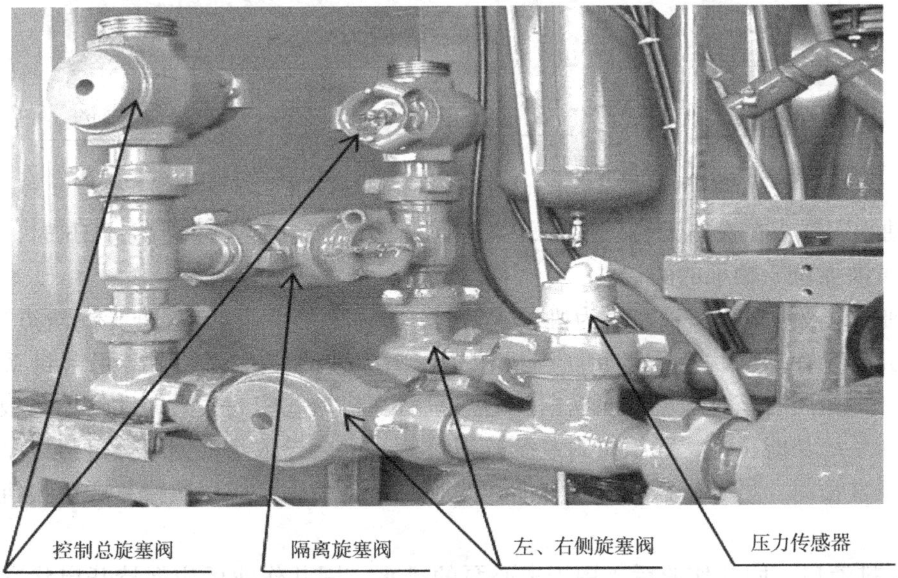

图 10-21　高压排出管汇阀件布置图

供水泵、喷射泵及清水排放管汇组件如图 10-23 所示。

图 10-22　计量罐控制系统组件布置图

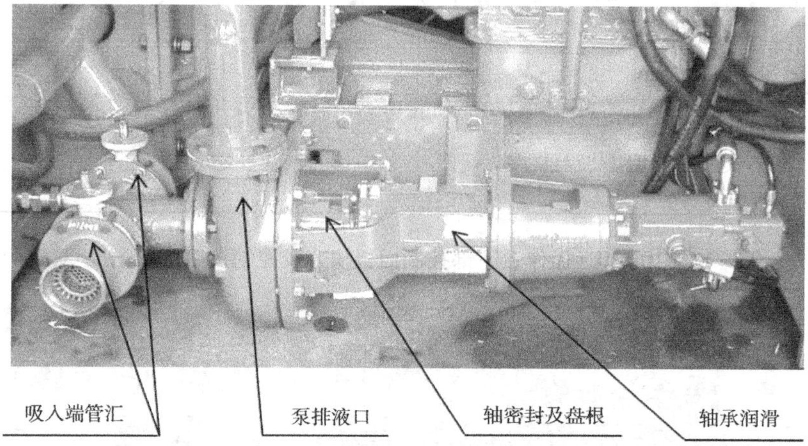

图 10-23　供水泵、喷射泵及清水排放管汇组件布置图

(1)轴承润滑：在炎热天气条件下，泵每隔 3 个星期或每天使用超过 5h 时，轴承必须加黄油。黄油嘴位于轴承的两端。

(2)轴密封及盘根：主轴密封为机械式密封，故不需要润滑(盘根处无润滑点)，尽管如此，也不允许泵在干燥状态下运转。当机械式密封失败时，通常采用备用密封系统盘根密封。注意：不使用时该盘根应处于松懈状态。只有在机械式密封失败时才使用盘根密封。若机械式密封系统功能正常，盘根密封系统拧得过紧，则会导致盘根因摩擦过热以至在使用时盘根不能正常密封。另外，盘根密封只能作为临时密封使用，应尽快修复或更换机械式密封系统。

(3)泵排液口：固井作业后，用于离心泵的排水。固井作业后应保持开启状态，直至下次固井作业。

(4)吸入端管汇：供水泵(或清水泵)的清水供给有两种方式：一种是从外部用管线将吸

入口与水源连接；另一种是从计量罐中引用混浆清水(图 10－6)。

7)混浆罐、均衡罐、混合器、下灰阀及控制系统组件。

混浆罐、均衡罐、混合器、下灰阀及控制系统组件如图 10－24 所示。

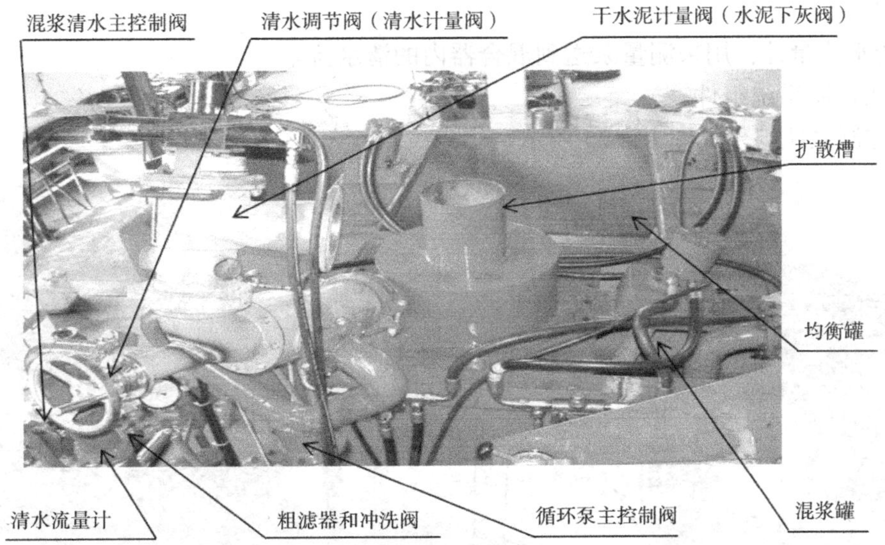

图 10－24　混浆罐、均衡罐、混合器、下灰阀及控制系统组件布置图

(1)混浆清水主控制阀：用来打开或关闭混浆用清水。混浆清水主控制阀为碟阀，这样可以快速打开或关闭混浆用清水，并且能完全切断清水。

(2)清水调节阀(清水计量阀)：用来在配混浆作业中调节清水流量。逆时针方向是打开清水调节阀，转到 10～12 圈时可将其完全打开。需要注意的是清水调节阀为左旋螺纹，因此逆时针旋转时，阀杆实际上是向内转动，这样就可以将阀打开。清水调节阀具有线性特征，因此每转一圈清水的增减流量是相等的。由于水压的不同，每转一圈清水的流量有些误差，一般情况下，每转一圈清水的水流量大约为 0.15m^3/min(40gal/min)，通常清水计量阀的最大流量为 1.9m^3/min(500gal/min)，清水计量阀不能完全切断清水。

(3)干水泥计量阀(水泥下灰阀)：用来安全可靠地计量干灰输送量。该阀即使在输送量较低时也能可靠地计量干灰输送量，且不会形成结块堵塞干灰输送管线。水泥下灰阀具有很强的线性特征(这一点要比碟阀好得多)在输送压力为 0.17～0.21MPa(25～30psi)，阀位处于2～5 之间时，干灰输送量就能保证系统正常工作。如果干灰输送系统压力下降(下灰系统气压不足)，则需要进一步打开水泥计量阀。当需要将水泥下灰阀打开至 80% 的位置时，则表明或是储灰罐水泥已下完，或是输送管线发生堵塞，要么是空压机压力不足。在混浆过程中水泥下灰阀不许弄湿，也不允许用水清洗(除非需要将其拆卸清洗时)。

(4)扩散槽：用来消除干灰中的空气，最大限度地降低水泥浆中的空气含量，并能在正常操作情况下去除混浆罐内的灰尘。

(5)均衡罐：均衡罐的容积为 1.113m^3(7bbl)(带 2 台搅拌器)。

(6)混浆罐：混浆罐的容积为 1.113m^3(7bbl)(带 1 台搅拌器)。

(7)循环泵主控制阀：用于阻止循环水泥浆回流到混合器，该阀通常保持开启状态。当灌注泵不能正常工作时，需关闭此阀，这样循环泵就可以作为灌注泵使用。一旦关闭使用，只有在混浆结束时该阀才能打开。在对设备进行清洗或者需要清除密度计上的水泥垢时也需要使用此阀。

(8)粗滤器和冲洗阀：粗滤器用来清除直径大于0.188in的残渣；冲洗阀用来冲洗粗滤器上的残渣。

(9)清水流量计：用来测量泵送到混合器内的清水流量。

8)下灰控制系统组件。

下灰控制系统组件如图10-25所示。

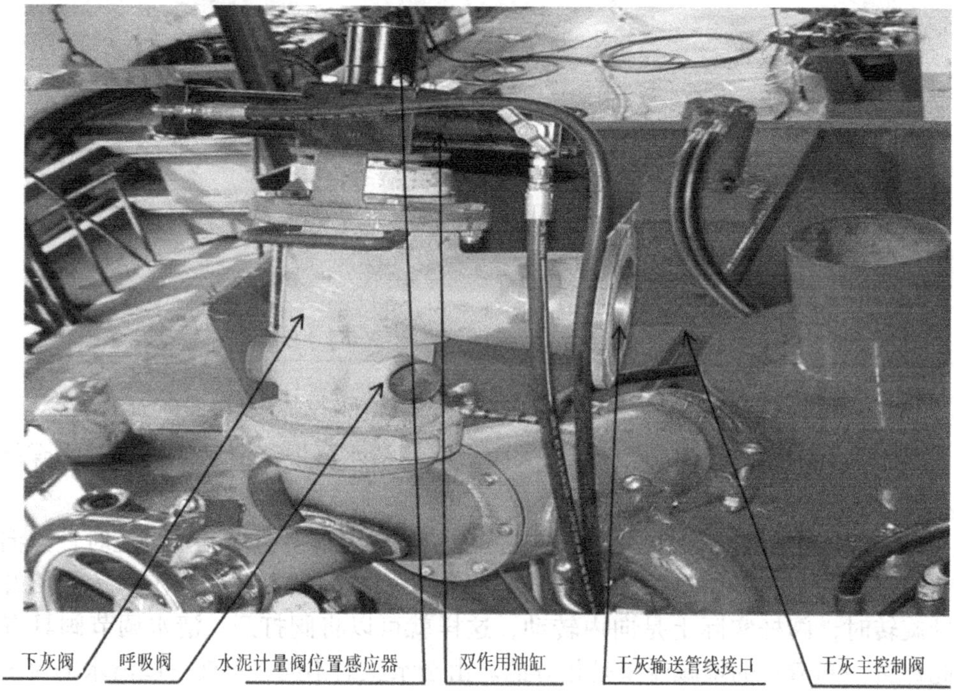

图10-25　下灰控制系统组件布置图

(1)干灰输送管线接口：用来将干水泥从储灰罐输送到混合器。

(2)干灰主控制阀：用来开始或停止从储灰罐向混合器输送干水泥。该阀是一碟阀，打开该阀时要缓慢以减少干灰流量对其造成的压力冲击。压力冲击会影响混合器混合质量，严重时会堵塞混合器。一旦干灰流动稳定后，可将阀完全打开，利用水泥下灰阀(干水泥计量阀)来控制干水泥输送量。

(3)双作用油缸：在水泥浆密度自动控制操作时，用来控制水泥计量阀。

(4)水泥计量阀位置感应器：用来测量水泥计量阀的开启位置并将信号传递到计算机微处理器。

(5)呼吸阀：当真空度过高时，允许混合器吸收空气，以防止混合器内部产生真空，使水泥聚集，尤其是避免混浆排量偏低时水泥在混合器内聚集，从而形成干水泥团失去流动性，造成混合器堵塞事故。

(6)下灰阀：用来控制干水泥输送到混合器里的输送量。旋转约110°可将下灰阀全封闭状态开启到全打开状态。该阀具有线性特征，阀的开启角度与阀的开启位置成正比。在低流量情况下测量效果很好。注意：固井作业后请不要用水对水泥计量阀进行清洗，注意保持干燥。

9）非放射性密度计。

非放射性密度计又称振荡式密度计（图 10-26）。它既可作为密度计也可作为流量计。在注水泥混浆装置中，非放射性密度计仅作为密度计使用。密度计内部有两个相同的平行管道，给内部的功能线圈通电可使两管道振动。由于随着管道内流体密度的变化，管道自然振动频率也发生变化，故通过测量管道振动频率即可测定流体的密度值。这种型号的密度计测量值非常精确，它不像普通的放射性密度计那样经常发生偏差。这种密度计的反应也非常灵敏，所给出的读数为实时密度值，且不会产生延迟响应（即使有延迟响应，也只是微秒延时，完全可以忽略不计）。

图 10-26　非放射性密度计安装图

该型密度计的管道内部直径约为 1.75in，故大于 1.75in 的物料因不能通过而堵塞密度计。另外，如果水泥浆流速过低或水泥浆循环中间停止，密度计也容易被堵塞。一旦密度计发生堵塞，就很难将其清洗干净，所以必须采取有效措施，确保密度计清洁。在施工过程中必须确保水泥浆在密度计中处于流动状态。如果在固井作业期间密度计被水泥堵塞，最好的解决方法是临时关闭“循环泵主控制阀”，强行将堵塞物挤出密度计。

与密度计有关的所有问题都源于固井作业结束后没有及时、正确清洗密度计。一旦密度计因杂物或水泥堵塞，应尽可能快地清洗密度计，因为在水泥浆凝固前清洗相对容易一些，所以在水泥浆凝固前必须将水泥清洗干净。一旦堵塞水泥浆凝固了，就根本无法清洗，唯一的办法就是更换密度计。因此，固井作业后必须尽一切可能将密度计彻底清洗干净。如果清洗不彻底，每次作业后就会有一些零星残渣残留在密度计中，积累残渣就会越来越多，最终导致密度计无法使用。

清洁端口：如果发现密度计被堵塞，必须尽快将其清洗干净。水泥浆停留在密度计的时间越长越难清洗，如果水泥浆停留在密度计时间过长，密度计就无法清洗干净了。密度计上有四个黄铜堵塞，如果发现密度计被杂质或水泥堵塞，最好从清洗端口由上向下用喷射器冲洗密度计，通过压力将堵塞物冲出密度计的入口处，另外，还可以用酸来清洗密度计内的残渣，但清洗堵塞物的效果都不太好。

10）循环泵主要组件。

循环泵是负责水泥浆再循环的离心泵（图 10-27）。

图 10-27　循环泵主要组件布置图

(1)轴输出端润滑：在轴承合两端装有黄油嘴。根据作业时间的长短和作业温度的高低定期润滑轴承。一般来说，每隔三个月应用手动润滑枪对轴承合加注黄油。作业温度高时加注黄油周期要适当缩短。

(2)盘根润滑管线：用来给盘根加注润滑油。

(3)放水口：用于在作业结束后排空泵中残留液体。如果停止作业期间泵中仍存留有流体未排净，对泵的工作性能会造成损害，特别是在冬天会因残留液体冻结而损坏泵。

(4)加水稀释管线：如果在固井作业过程中水泥过稠有失去流动性迹象，无法泵送时，该管线可加水稀释水泥浆，以防止出现煮稀饭事故(水泥浆完全失去流动性)。作业后要冲洗该管线，将水泥浆冲出管线，以防发生堵塞。

注意：该循环离心泵装有多个唇型密封圈，有时也称为盘根。离心泵与盘根、唇型密封圈或机械式密封圈兼容。唇型密封圈不会发生渗漏现象(除非损坏)，但不如盘根易于更换。机械式密封圈不适合密封水泥浆。

11)发动机油门控制及超压保护系统。

发动机油门控制及超压保护系统指的是发动机油门控制系统和超压保护系统，是注水泥工作中的关键部件。发动机油门控制系统用于调节发动机转速，使之与注水泥施工所需要的转速一致。油门控制失灵会使注水泥设备失去控制，可能会带来一系列问题，严重时会造成工程事故。不同的注水泥设备发动机油门控制系统可能有所不同，但基本原理大同小异。超压保护系统是注水泥设备高压作业的超压保护组件，它能在施工压力超过设定压力时使发动机转速回到怠速，以保护注水泥设备。为保证发动机油门控制及超压保护系统的正常使用，这里介绍一下常用的发动机油门控制及超压保护系统。

(1)油门控制及超压保护系统结构原理。

发动机油门控制及超压保护系统是由一个液动式调速油门控制器和一个与超压停车配合使用的气缸总成，以及超压停车压力设定器、电控放气阀、复位开关等部件组成

(图 10-28)。液动部分是液动式油门调速控制器，它是由两个液缸及活塞、传压管和操作手柄组成；气动部分是配合超压停车使用的，主要由一个气缸总成和气管线组成；电控部分是由一个压力设定器、电控放气阀、复位开关等组成。整个油门控制系统的工作原理是：当打开气源后，气压升至 0.7MPa 时，气缸活塞被顶到右端，油门控制杆长度定死，这时操纵控制手柄使 1 号液力活塞下行，迫使液压油进入 2 号液缸，推动 2 号活塞操纵与气缸一起的油门控制杆，以控制调速油门，即可完成油门调速功能。超压停车工作原理是：在注水泥施工前，根据设计的施工最高压力，将压力设定器(或触点式压力表的触点)调到比设计的施工最高压力稍高一点的压力值，在施工过程中，当施工压力(或其他意外发生的压力)到达设定值时，电控放气阀打开，气缸内的气体被放掉，气动活塞无法定位，油门控制杆不能控制油门，油门调速手柄在弹簧的作用下自动回位到怠速位置，由于传动箱带有液力变矩器，柱塞泵停止运转。

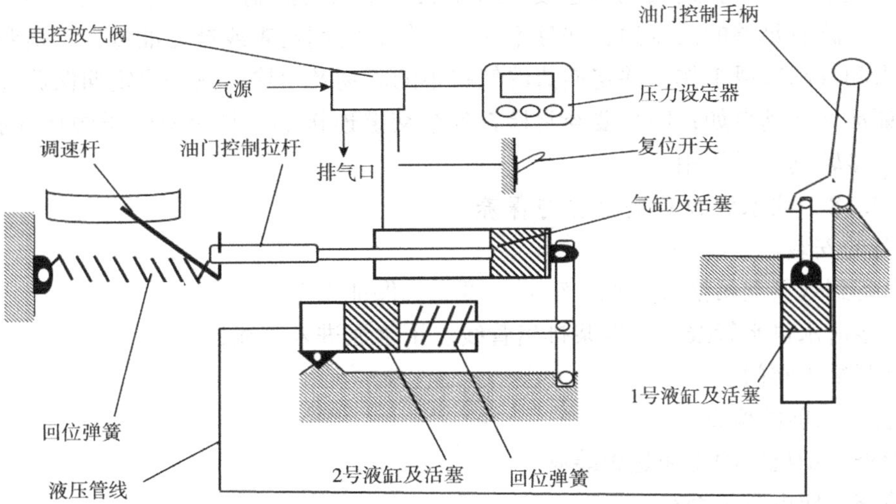

图 10-28　发动机油门控制及超压保护系统结构原理示意图

(2)发动机油门熄火控制系统结构原理。

上面讲的发动机油门控制系统是不能使发动机熄火的。它只能将发动机转速最小调到怠速。若需要使发动机熄火还需要另外一个控制系统，即发动机油门熄火控制系统(图10-29)。这个系统很简单，其主要组成部件有：气缸及活塞、油门顶杆、回位弹簧、油门熄火控制杆、气路管线、气路控制阀和熄火按钮等。发动机油门熄火控制系统原理是：当需要停止发动机运转时，按下熄火按钮，气路控制阀使气体进入气缸，推动活塞，活塞带动油门顶杆将油门熄火控制杆推到断油位置，使发动机停止运转。当发动机熄火后松开按钮，气缸内气体放出，油门熄火控制杆回位。

(3)常见故障及预防。

油门控制系统常见故障主要有四种：第一种是液路故障，传压管及液缸内缺油，或管内有气体，使 2 号液缸内活塞不能移动，造成油门控制失灵；第二种是气路故障，由于现场工作环境差，空气脏或潮湿，以及寒冷天气，在长期工作中管线内聚集尘埃或水、冰，造成气路堵塞，导致气体不能进入气缸或从气缸中放出，从而使油门控制失灵；第三种是气缸故障，气缸故障主要是气缸在长期使用中内部活塞积存尘埃或缺油，造成活塞润滑不良或卡

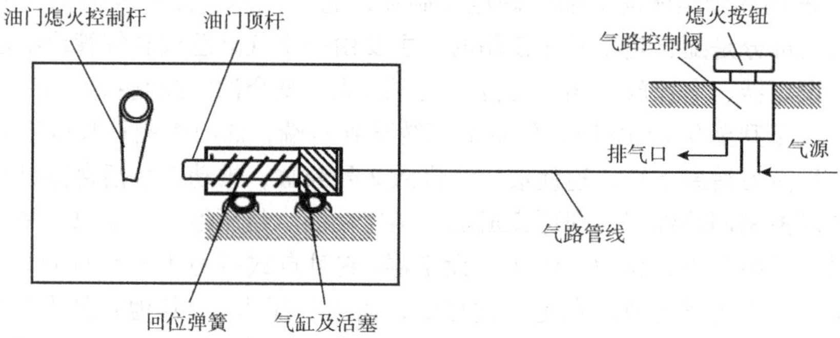

图 10-29 发动机油门熄火控制系统结构原理

死，从而使活塞不能正常运行使油门失控；第四种是机械故障，主要是整个机械连接部位的各种交链销脱落或磨坏，造成机械连接中断，从而使油门控制失灵。为防止以上问题发生，一是要保证液路有足够的液压油，并且不存有空气，定期检查或补充油量；二是要按规定做好气路放水和气路润滑工作，并定期清洗气路中的脏物及尘埃；三是要定期保养气缸并上油润滑，保证活塞运动自如；四是要经常检查各个交链连接部位是否有销子磨坏或脱落现象，保证交链连接转动灵活好用。

10.2.2.18 注水泥设备的操作与保养

1)设备的安装。

(1)设备到现场起吊摆放平稳、牢固、可靠、保证安全；

(2)连接清水供水管线、水泥浆排出管线、干水泥进入管线；

(3)打开供水阀门。

2)设备启动前的检查。

(1)检查发动机燃油箱油是否装满；

(2)检查电瓶电量是否充足；

(3)检查气路油雾器润滑油是否加满；

(4)检查发动机润滑油油位是否合适；

(5)检查发动机水箱水(或防冻液)是否装满；

(6)检查各运转部位是否有铁棒或其他固体杂物，以免设备启动时伤人和损坏设备；

(7)检查水柜内是否有脏物或杂物，应保证水柜内清洁；

(8)检查下灰(干水泥)系统连接是否符合要求，即水泥储存罐—缓冲罐(恒压罐)—混配浆系统进灰口。下灰系统压力：0.2~0.3MPa。

3)操作程序。

(1)打开气源总开关(开关在操作台下面)；

(2)打开电源总开关；

(3)打开电脑，设置好参数；

(4)将混浆泵(循环泵)和喷射泵置于不工作状态(松开控制阀)；

(5)关闭旁通阀，让搅拌器处于静止状态；

(6)打开循环泵出口阀(E 号阀)；

(7)关闭喷射泵手轮(针形阀)；

(8)打开密度计上端球形阀(Ⅰ号阀)；

(9)关闭右泵水柜进水阀(5 号阀)，选择右泵泵注流程；

(10)检查确认气路系统压力为 0.65 ~ 0.7MPa；

(11)打开润滑油箱球阀，让喷射泵、混浆泵的盘根处于润滑状态；

(12)合上发动机(柴油机)启动电磁阀，启动发动机；

(13)若发动机启动困难，检查排除故障，然后再启动(注意：先启动柴油机再开启电脑，先关电脑再熄灭柴油机)；

(14)观察各个仪表是否正常；

(15)让发动机怠速运转 4 ~ 5min；

(16)将发动机转速提高到 1800r/min；

(17)启动喷射泵(关闭喷射泵液压针阀)，使喷射泵运转；

(18)旋开高能混合器手轮，让混浆槽液面达到搅拌器叶片的位置；

(19)打开搅拌器液路旁通阀，让搅拌器处于工作(运转)状态；

(20)将发动机转速提高到 2100 ~ 2200r/min；

(21)启动循环泵(关闭循环泵液压针阀)，使循环泵运转；

(22)打开下灰阀(干水泥进入阀)；

(23)计算机自动控制液压执行机构来调节进入混合器的干水泥量，让水泥浆密度达到设定值；

(24)操作控水手轮(控制针形阀)调整水泥浆液面高度；

(25)接到向井下泵送指令后，打开水泥泵排出阀，关闭水泥泵水柜循环阀，按设计徘量挂上泵挡，逐步提高发动机转速到 2100 ~ 2200r/min，开始向井下泵送；

(26)观察压力表压力、泵送排量和水泥浆密度，并随时进行调整；

(27)施工结束时，先通知下灰人员关闭灰罐出灰阀，将管路的灰下净，并将混浆槽的合格水泥浆抽完后，关闭混合器进灰阀；

(28)将发动机转速降到怠速，摘掉泵挡，注水泥结束；

(29)停止混浆作业(见停止混浆操作程序)；

(30)施工完后，清洗各管路和设备，直到清洗干净为止(注意：密度计必须反复清洗，一旦洗不干净可能损坏密度计)；

(31)设备清洗完后，排净管路、离心泵和水泥泵液力端的水，防止冬天冻裂。

4)混浆泵操作程序。

混浆泵操作程序如图 10-30 所示。

(1)混浆前操作规程。

①启动供水泵(43 离心清水泵)，给管线灌注清水；给计量罐的一边泵送约 0.8m^3(5bbl)的清水；打开灌注泵，给柱塞泵的上水管线注满水。打开增压管路和循环管路之间的转换阀(也叫旁通阀，为 11 号阀)，灌注循环回路。关闭旁通阀。

②关闭增压泵。

③关闭干灰输送主控制阀。

④将水泥计量阀打开到 1 ~ 2 之间的位置，启动循环泵至全速，循环泵压力约 0.24MPa

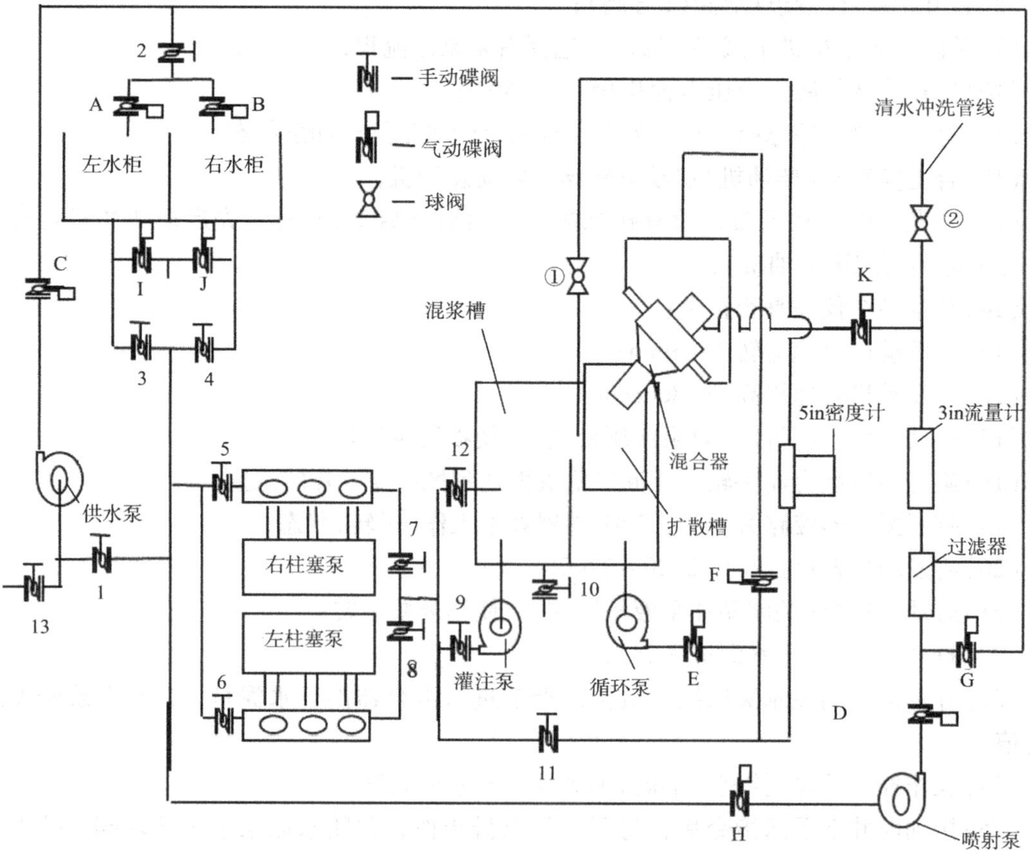

图 10-30　GJQ100-30Ⅱ型固井橇低压管汇流程图

(3.5psi)，将干灰输送系统压力增至约0.17~0.24MPa(25~35psi)，缓慢打开干灰输送系统主控制阀。一旦水泥浆液位升到搅拌器叶片位置时即打开搅拌器，并将其速度调至最高速度，但不允许引起飞溅。其目的是提高水泥浆的质量和均匀度，同时避免出现漩涡或飞溅现象。

⑤当水泥浆密度值达到所设计的密度值 ±0.02g/cm^3(±0.2lb/gal)后，关闭干灰输送主控制阀。

(2)连续混浆操作(手动控制)。

①启动喷射泵，将清水计量阀拧开约2~3圈，再打开配浆清水主控制阀；同时开启干灰输送主控制阀，水泥计量阀处于开启状态，以便干水泥能流下来。

②注意观察混浆槽液位，当混浆槽液位距顶部约18in(0.45m)时开始向井内泵送水泥浆。调节柱塞泵泵速，使混浆槽的液位保持在12~24in(0.3~0.6m)。也可以通过调节水泥浆配制速度来调整混浆槽液位。注意：调整水泥浆配制速度时应同时调整清水流量和干灰输送量，以保持水泥密度符合设计要求。建议最好按照设定的排量进行作业，只采用更改柱塞泵泵速来保持混浆槽液位。这样采用手动混浆作业时，就能较好地保证水泥浆密度。

③当干水泥输送系统压力下降时，若保持水泥浆密度不变，就需要逐渐打开水泥计量阀。但只能将阀打开至指示刻度1/4~1/2(即2.5~2.75或3.0)。

④当更换水泥储灰罐时，需要减少水泥计量阀的位置，以便保证正确的干灰输送量。原

因是更换的新储灰罐压力较高(作业前处于气化受压状态)，干灰输送量会增大，所以依据作业排量就需要减小水泥计量阀的开启度。注意：注水泥排量越大，干灰输送系统的压力下降就越快，同时对空气压缩机的要求也就越高。空气压缩机的功率越大，压力越稳定从而使得干灰输送量越稳定。

⑤当要求结束混浆作业时，应先通知关闭储灰罐阀门，此时水泥计量阀仍处于完全开启位置，应允许干灰输送系统管线的水泥下干净，并将混浆槽的合格水泥浆泵送干净，再结束混浆，并把混浆槽灌满清水，进入设备清洗作业，或进入顶替作业。当发生特殊情况井下不正常时，执行现场工程师命令。

(3)顶替操作。

作业前：①关闭计量管汇上的流体供给阀；②将顶替液源与橇架连接好，做好泵送准备；③作业之前用顶替液供满计量罐；④将计量罐计数器调至“0”位置。

顶替操作：①将计量罐计数器(单位：bbl)确认设置为“0”；②选择先泵送计量罐的哪一边；③关闭灌注吸入口阀门(7、8 号阀)；④打开计量罐吸入口阀门(5、6 号阀)；⑤泵送完计量罐一边(1.59m^3 或 10bbl)后，更换另一边计量罐，并移动一个计数器垫片，打开和关闭相应的阀门以从新供满空罐，并开始供液。

注意：在用增压泵灌注通过柱塞泵向井下泵送作业时，增压泵(灌注泵)的压力为 0.18～0.34MPa(20～50psi)，当柱塞泵排量较低时，应用较小的压力增压。当井下处于真空时，如果灌注压力较高就会导致灌注泵通过柱塞泵的吸排凡尔向井下直接泵送流体，这样导致流量表出现错误。当柱塞泵排量增大时，应相应增加灌注泵压力，确保泵正常工作。根据以往经验，增压泵压力过高会导致柱塞泵的运行效果不好。

5)离心泵的备用功能。

通常情况下，灌注泵和循环泵只用来实现设计功能(即灌注泵仅用于为柱塞泵供给流体并增压；循环泵用来循环来自混浆槽的水泥浆，并将其输送到混合器内再混合)。然而，如果灌注泵或循环泵其中一台在工作中发生故障，就可以用另一台代替，在这种情况下，这台剩下的泵既要作为灌注泵使用，又要作为循环泵使用。

(1)灌注泵出现故障时的操作步骤。

①如果柱塞泵不需要灌注，只打开重力供给的旁通阀即可。

②如果需要将循环泵作为灌注泵和循环泵的两个功能使用，请打开循环管汇和增压管汇之间的旁通阀(11 号阀)。由于循环泵同时为混合器和柱塞泵供给流体，因此，有必要将混浆流量和泵送排量降至 0.8m^3/min(5bpm)，同时，将循环泵的液力驱动系统的速度调节到最高速度。混浆程序(注水泥作业)完成后，关闭循环管路的主控制阀(F 号阀)，这样就不必限制柱塞泵的排量了。另外，要注意的是，必须使顶替液供给到循环泵在混浆罐吸入口处，或是用供水泵直接将顶替液泵入混浆罐，但这样就不能用计量罐计量顶替液了。

(2)循环泵出现故障时的操作步骤。

①将灌注泵的速度调至最高速度，使其尽可能地满足灌注和循环两个功能。

②关闭循环泵排出口和密度之间的手动碟阀。

③打开循环管汇和增压管汇之间的旁通阀(11 号阀)。由于循环泵同时为混合器和柱塞泵供给流体，因此，有必要将混浆流量和泵送排量降至 0.8m^3/min(5bpm)，同时，将循环

泵的液力驱动系统的速度调到最高速度。

6)停止混浆操作程序(手动作业状态)。

(1)灰罐出灰阀关闭后，逐渐打开水泥量控制阀，清除管线中的水泥，使输灰管线降压；

(2)继续保持正常清水流量，保持水泥浆密度；

(3)关闭混合器主进灰阀；

(4)关闭喷射泵；

(5)使循环泵继续运转(清洗水泥浆)，当混浆槽液位降至搅拌器叶片位置时，重新启动喷射泵；

(6)继续循环将水泥浆泵出；

(7)混浆槽快干净时，关闭循环阀，使全部流体经密度计循环，最好高速循环，以彻底清楚密度计中的所有水泥浆(注意：此项操作非常重要)；

(8)用冲洗软管冲洗混浆槽的其余部分，及其他有水泥浆溅到的地方；

(9)将水泥计量阀从混合器上卸下，用水冲洗混合器的内部；

(10)冲洗水泥计量阀，不要冲洗水泥计量阀内部，关闭干灰主阀，防止潮湿气体进入水泥计量阀，关闭水泥计量阀；

(11)慢慢地使发动机进入怠速运转，关闭所有液压系统，让发动机怠速运转10min，使发动机冷却，关闭发动机；

(12)用合适的打印机打印出作业数据资料；

(13)关闭电源；

(14)关闭气源；

(15)盖上操作台罩。

10.3 散装水泥储存设备及密闭输送(下灰)系统

水泥储存设备就是储存散装水泥的设备，也叫散装水泥罐。散装水泥罐一般都具备气动装卸灰功能，体积较大的散装水泥罐往往在水泥储备库使用，体积较小的散装水泥罐一般用于固井现场或海上钻井平台，为固井施工储存水泥，目前国内各油田散装水泥库大多数是国产的(胜利油田万邦公司设计制造的较多)。散装水泥密闭输送系统是指把散装水泥密闭搬运的设备，它是通过气力密闭输送散装水泥的，通过输送管线将散装水泥从一个容器移动到另一个容器，或者将散装水泥送到注水泥设备，并在固井施工时为注水泥设备提供速度稳定的干水泥供给，以保证注水泥设备正常混配水泥浆和向井内注入。散装水泥储存设备及密闭输送(下灰)系统多用于陆地固井现场、海上钻井平台和水泥储备库等。

10.3.1 散装水泥储存及密闭输送系统的主要构件

陆地井场使用的散装水泥密闭输送下灰系统比海上平台使用的相对简单，一般没有除尘器和缓冲罐。主要用途是：一是在井场上储存水泥；二是在固井施工时，向注水泥设备输送干水泥，也就是现场的下灰设备。

10.3.1.1　陆地井场散装水泥储存及密闭输送下灰系统

国内有多家厂家生产陆地散装水泥储存及密闭输送系统，以万邦石油科技有限责任公司生产的陆地井场散装水泥储存及密闭输送下灰系统为例，其主要构件包括：储灰罐、气化系统、压风机、储气灌、输料管汇、出料管汇、排空管汇、供气管汇、控制系统及控制室和各种阀件压力表等(图 10-31)。

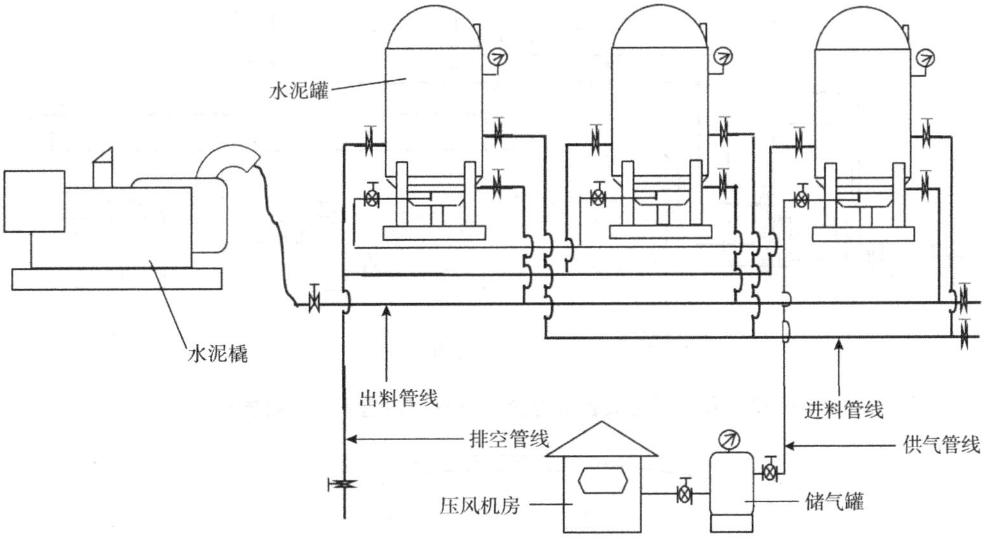

图 10-31　陆地井场散装水泥储存及密闭输送系统主要构件示意图

10.3.1.2　海洋平台散装水泥储存及密闭输送下灰系统

目前，我国海上平台使用的散装水泥储存设备及密闭输送下灰系统有两种，一种是进口的，另一种是国产的。国产海洋平台散装水泥储存及密闭输送下灰系统多数都是万邦石油科技有限责任公司生产的。散装水泥储存及密闭输送系统主要构件包括：储灰罐、气化系统、缓冲罐、压风机、储气灌、除尘器、输料管汇、出料管汇、排空管汇、供气管汇、控制系统及控制室和各种阀件压力表等(图 10-32)。

10.3.2　散装水泥罐结构和工作原理

10.3.2.1　散装水泥罐结构

以万邦石油科技有限责任公司散装水泥罐结构为例，散装水泥罐主要由以下部件组成(图 10-33)：上检修人孔、排空管挡灰罩、排空管线、储灰器壳体、气压表、排空管出口阀门、下检修人孔、支腿、侧风管线等、梯子、底座、安全阀、进灰管线、观察孔、气化床、进料口阀门、出料口阀门、侧风进气阀、底风进气阀、总进气阀。

10.3.2.2　散装水泥罐工作流程

散装水泥罐主要有装灰、卸灰和储存三个功能。

1)装灰流程。

散装水泥罐在装干水泥前应先将水泥罐进料口与卸水泥设备出料口用输灰管线连接，打开进料阀门和排空阀门，然后接通气源，在卸水泥设备上先将干水泥气化，卸水泥设备一般是散装水泥运灰罐车、地仓罐或者其他散装水泥罐，干水泥在卸水泥设备上气化好后，打开

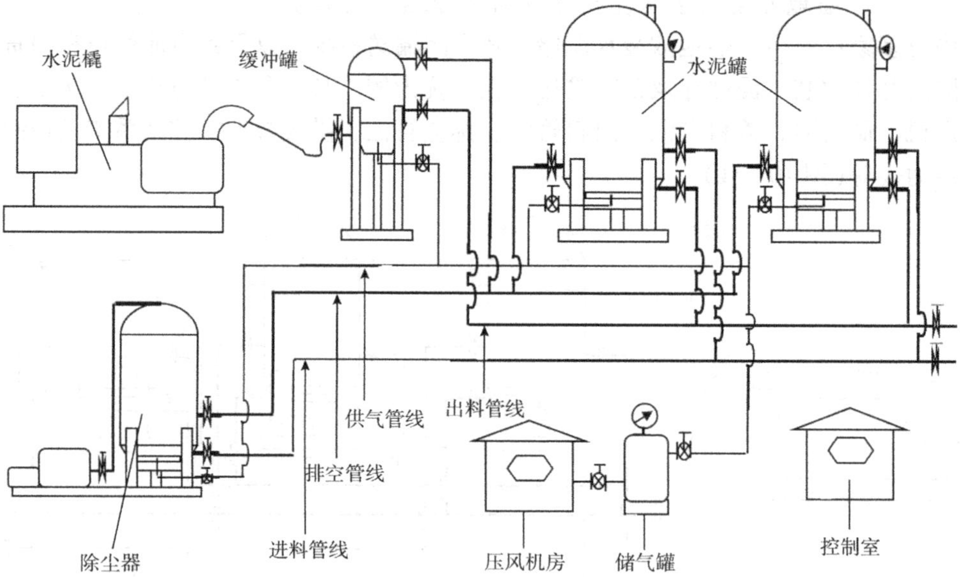

图 10-32 海洋平台散装水泥储存及密闭输送系统主要构件示意图

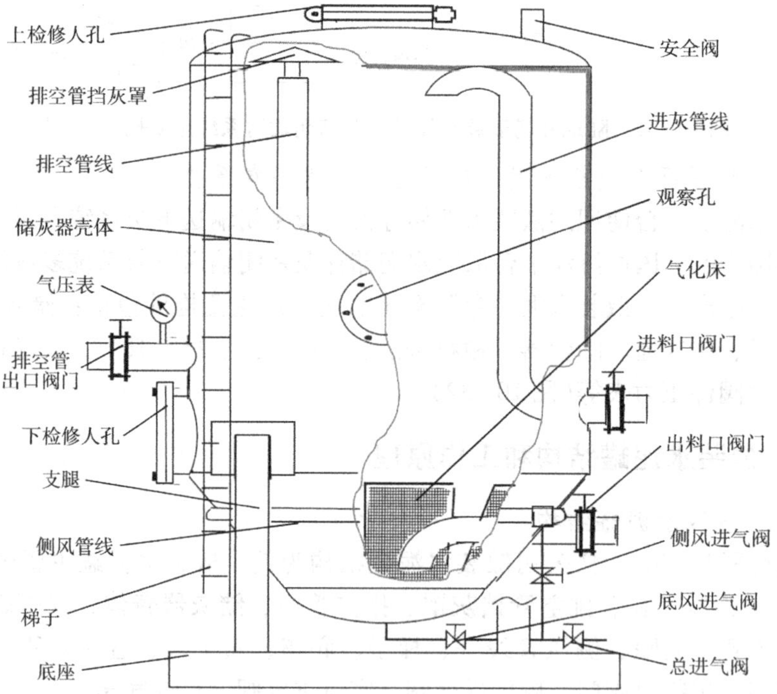

图 10-33 万邦石油科技有限责任公司散装水泥罐结构示意图

卸灰出料阀门，干水泥通过输灰管线从进料口进入灰罐，同时灰罐的空气从排空管线排出，直到灰罐装满为止(卸水泥设备输送压力升高)，给散装水泥罐装满水泥后卸灰罐排空，关闭各阀门(图 10-34)。

2)卸灰流程。

散装水泥罐卸灰前应先将水泥罐出料口与装(或用)水泥设备进料口用输灰管线连接，

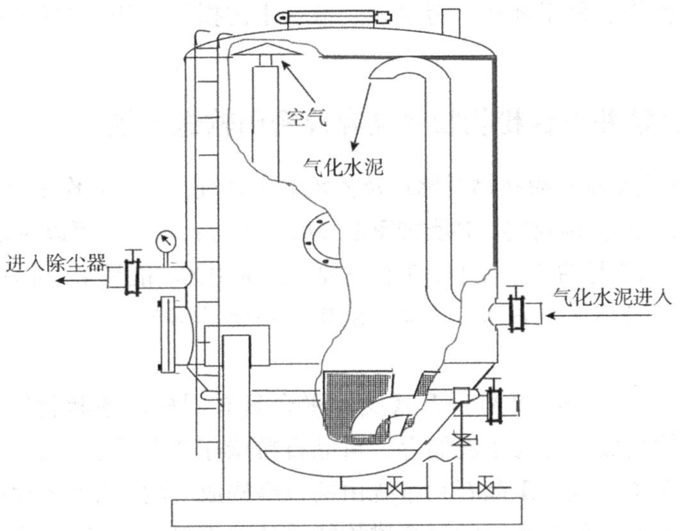

图 10-34　装灰流程示意图

装(或用)水泥设备一般是散装水泥运灰罐车、其他散装水泥罐，或者是注水泥设备的配浆系统，打开装(或用)水泥设备上的进料阀门、排空阀门，然后接通散装水泥罐气源，并打开总进气阀门、侧风进气阀门将干水泥气化，最后打开出料阀门、底风进气阀门，干水泥通过输灰管线从出料口进入装灰罐或者注水泥设备的配浆系统，同时装灰罐的空气从排空管线排出，直到装灰罐装满为止(散装水泥罐输送压力升高)，给装灰罐装满水泥后散装水泥罐排空，关闭各阀门(图 10-35)。

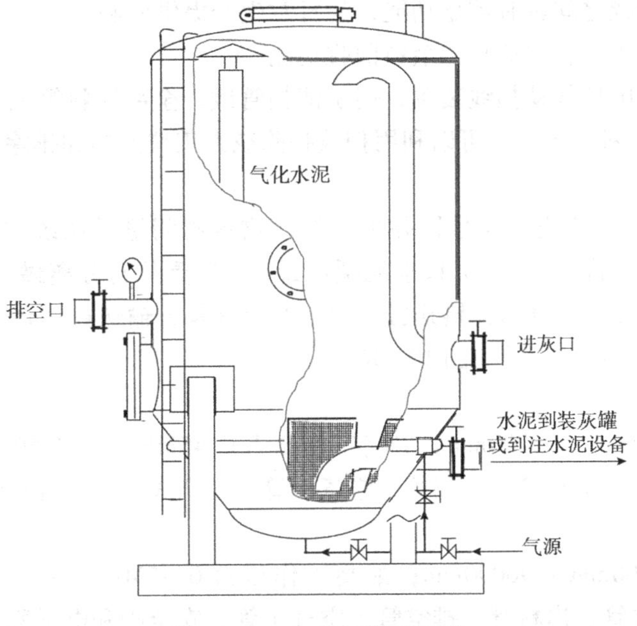

图 10-35　卸灰流程示意图

3)储存干水泥。

用散装水泥灌储存干水泥，具有装卸方便、水泥与外加剂及外掺料干混容易、密封防潮、易实现自动化操作、易于环保、劳动强度低、水泥损耗少和节约包装费等优点，目前在各油田广泛使用。

10.3.3 海上钻井平台粉状物料储存及密闭输送系统

每个海上钻井平台都配有粉状物料储存及密闭输送系统，其主要作用是：储存固井用水泥、油井水泥外加剂、粉状钻井液材料、各类加重剂及减轻剂等；现场也可以对以上材料按比例要求进行气动混拌作业，以满足钻井过程中的工程需要。最常用的功能是储存水泥和重晶石粉。

10.3.3.1 中油海5号、6号、7号、8号自升式钻井平台

1)系统概述。

中油海5号、6号、7号、8号自升式钻井平台具有同样的粉状物料密闭输送系统，每个平台均由5只储罐构成，分为水泥储存、重晶石粉储存两个系统。水泥储存系统由3只罐及配套的控制流程系统构成，重晶石粉系统由两只罐构成。两个系统分别独立，又可以根据现场需要进行快速联通，两个系统的每个罐均能单独地进料、出料，可以实现在钻井平台两舷供应物料。每个罐在完成卸料作业后，罐内物料的最大残留量不大于满载容量的5%。本系统安装于海洋钻井平台，控制阀门全部采用电控气动阀，该系统具有以下特点：

(1)结构紧凑，流程安装充分体现人性化，日常使用及维护、保养方便。

(2)所有操作均在控制台模拟流程上集中控制。

(3)各罐物料质量、压力、阀位开启状态均在显示屏上显示，便于监控。

(4)储料罐及排空管线均设有安全泄压阀，具有超压报警及自停功能，确保整个系统的安全可靠性。

(5)相同物料储罐之间具有倒罐功能，为日常生产提供便利。

(6)具有统一除尘、管线清扫、余料回收功能。

(7)本系统设有电控气动扫线装置，用于清扫管线。全部输料管汇采用卡箍式连接，当出现管道堵塞造成输料不畅时，可以利用扫线扫除或人工快速拆卸排除。

2)结构组成

中油海5号、6号、7号、8号钻井平台粉状物料密闭输送系统主要由以下部件组成：3只水泥储罐，2只重晶石储罐，1只水泥缓冲罐，1只重晶石分离罐，1只压缩空气储罐，1只除尘器(带引风机)、1套水泥输送控制台、1套重晶石输送控制台，以及与之配套的管线流程、各种阀门和显示仪表等(图10-36)。

(1)水泥储灌。

外形尺寸ϕ3200mm×H6000mm；最高工作压力0.45MPa。每个罐均配套有流化床、人孔、观察孔、进料管、出料管、排空管、空气干管、安全阀和电子称重装置等。

(2)重晶石储罐。

外形尺寸：ϕ3200mm×H6000mm；最高工作压力0.45MPa。每个罐均配套有流化床、人孔、观察孔、进料管、出料管、排空管、空气干管、安全阀和电子称重装置等。

(3)水泥缓冲罐。

水泥缓冲罐应用于密闭输灰系统与固井注水泥设备之间，主要是保证输送管线水泥的流态化，稳定注水泥设备混浆系统的干水泥均匀供给，防止输送管线气流冲击和堵塞及水泥浆

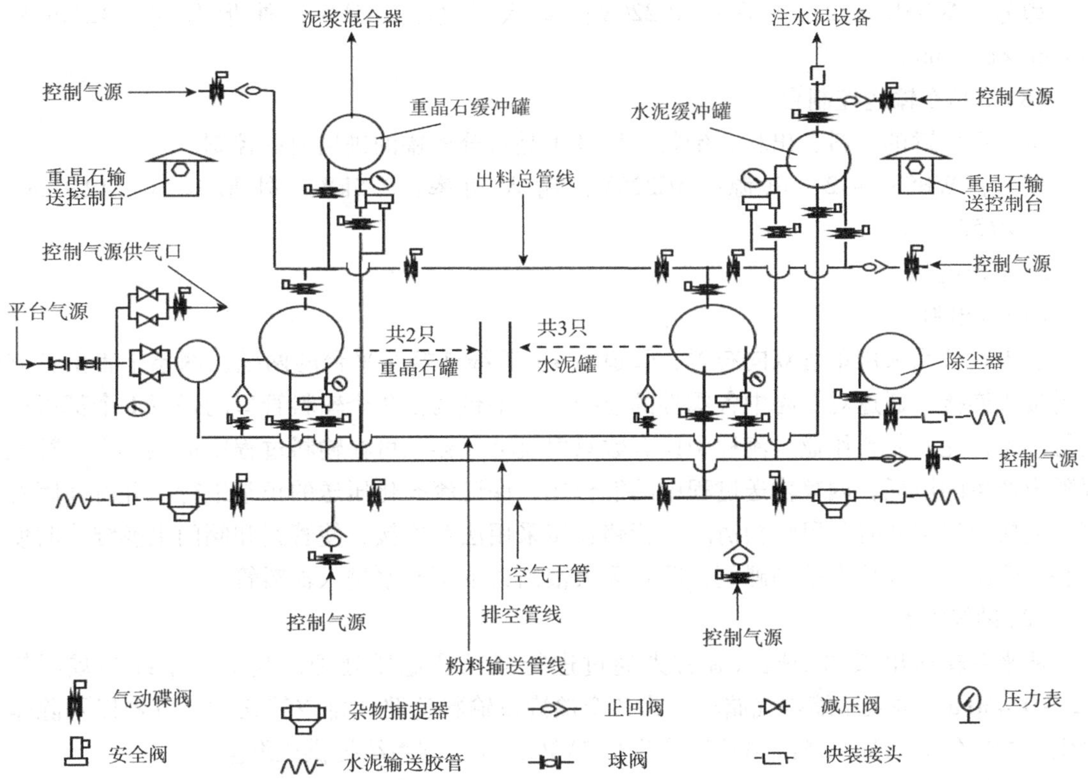

图 10-36　中油海 5 号、6 号、7 号、8 号平台粉料密闭储存输送系统结构原理图

倒灌，减少水泥浆中的气泡，提高水泥浆的配浆质量，以保证给固井施工提供合格、稳定的水泥浆体系。

外形尺寸：ϕ1400mm × H3400mm；工作压力 0.1 ~ 0.2MPa。它由进料管、出料管、稳压系统、排空、补气和分气筒等组成。

(4)重晶石分离罐。

它应用于密闭输灰系统与泥浆池之间，主要作用是控制气固两相的分离，稳定混浆系统的重晶石供给，减少钻井液中的气泡，提高钻井液的配浆质量。

外形尺寸：ϕ800mm × H2900mm，它由进料管、出料管和排空组成。

(5)压缩空气储罐及减压阀组。

降低平台供气压力，储存压缩空气，起到缓冲蓄能的作用。

外形尺寸：ϕ1200mm × H1600mm，它由进气管、出气管、排污管、安全阀和压力表组成。

(6)缓冲除尘器(带引风机)。

排空出的粉尘气体经除尘和引风机强力抽吸后排入大气，降低环境污染。排空干管上设有气动扫线装置，保障排空干管畅通。

外形尺寸：ϕ2000mm × H3200mm，它由进气管、出气管、排污管和引风机等组成。

(7)水泥输送控制台。

水泥储罐的进料、出料、倒料，以及水泥稳压罐的进出料的控制。

型号：WBSK - 2；电源：AC220V；输入功率：2.5kW；外形尺寸：1250mm × 850mm × 650mm。

(8)重晶石输送控制台。

重晶石储罐的进料、出料、倒料，以及重晶石分离罐的进出料的控制。

型号：WBSK - 2；电源：AC220V；输入功率：2.5kW；外形尺寸：1250mm × 850mm × 650mm。

3)工作流程。

(1)进出料管系。

进出料管系采用单管双向布置，管道由4in管线连接至平台的两弦，两条干管由特制的输料接头连接，通过对管路中各阀件的遥控，使平台两弦2个输料管口的任意1个都可以接通每个罐，完成装料作业。流程中设有数只射流补气器，可在输料过程中提供助力，补充流程阻力产生的压耗，调整输送过程中的混合比，保证流态化压送的正常进行。并可在因意外事故造成管道堵塞时分段喷扫清除。管路连接采用法兰连接，使管路和阀门更换维修时便于拆装，管路出口处均设手动碟阀，防止风大浪高或下雨时水进入输料管。

(2)供气管系。

从平台输送出来的干燥风源首先通过进行减压及稳压处理，其中一条线路减压值为0.2～0.4MPa，进入压缩空气储罐；为各个储罐及输料管路和排空管路的补气器以及除尘器提供压缩空气。另外一条线路减压值为0.5MPa，为控制系统提供压缩空气。

(3)排空管系。

各个罐的废气经由1根5in干管连接至平台的左舷或右舷，可以直接外排入海，也可通过除尘器并经引风机强力抽吸后排入大气，降低环境污染。排空干管上设有气动扫线，保障排空干管畅通。

4)系统操作。

(1)水泥进料。

首先控制柜接通电源，确定各仪表、指示灯显示正常，各阀门处于关闭状态。确定控制气源压力达到0.5MPa。

①打开除尘罐排空的手动阀门和进口阀门，启动引风机。

②打开需进料罐的排空和进料及所需打开的进料总线阀门。

③进料前先清扫管线2～3次，看到除尘罐排空口有气冒出，开始进料。

④如果进料需要助力，可以短时间打开进料扫线。

⑤进料罐装满时(显示屏光柱满)，先打开下一进料罐的排空和进料阀门，再关闭现进料罐的进料和排空阀门。

⑥所有进料罐装满或者来料已打完时，要清扫管线2～3次，然后关闭进料总线阀门、进料阀门和排空阀门，关闭除尘罐的进气阀门和引风机电源。关闭控制柜电源和除尘罐排空的手动阀门。结束操作。

(2)水泥出料。

首先控制柜接通电源，确定各仪表、指示灯显示正常，各阀门处于关闭状态。确定控制气源压力达到0.5MPa。

①打开除尘罐排空的手动阀门和进气阀门，启动引风机。

②打开出料扫线阀门、所有出料总线、电动比例阀和缓冲罐（稳压罐）出料阀门，清扫管线 2 ~ 3 次。

③打开出料罐的进气阀门，将水泥储罐依次憋压到 0.25 ~ 0.35MPa。

④打开缓冲罐补气阀门和出料罐的出料阀门。

⑤看到缓冲罐的料位报警指示灯亮，或者罐体上的第一个观察孔被灰埋没，或者缓冲罐压力达到 0.15MPa，打开缓冲罐出料阀门开始出料。工作时缓冲罐内的压力不要超过 0.2MPa。

⑥如果出料需要助力，可以短时间打开出料扫线阀门。

⑦当出料罐水泥用尽时，先打开下一出料罐的进气阀门，再关闭现出料罐的进气和出料阀门。然后再打开下一出料罐出料阀门。

⑧所有出料罐水泥用尽或者所需料已够时，要先关闭进气阀门和出料阀门，打开出料扫线清扫管线 2 ~ 3 次。

⑨关闭出料扫线阀、处于开启状态的出料总线阀、电动比例阀和缓冲罐出料阀。

⑩打开所有出料罐的排空阀，依次将罐内余压泄掉，然后将它们全关闭。

⑪打开排空扫线阀，清扫排空管线 2 ~ 3 次，然后关闭排空扫线。

⑫关闭除尘罐的进气阀门和引风机电源。

⑬关闭控制柜电源和除尘罐排空的手动阀门。结束操作。

（3）重晶石进料。

首先，控制柜通电，确定各仪表、指示灯显示正常，各阀门处于关闭状态。确定控制气源压力达到 0.5MPa。

①打开除尘罐排空的手动阀门和进气阀门，启动引风机。

②打开需进料罐的排空和进料阀及所需打开的进料总线阀门。

③进料前先清扫管线 2 ~ 3 次，看到除尘罐排空口有气冒出，开始进料。

④如果进料需要助力，可以短时间打开进料扫线。

⑤进料罐装满时，先打开下一进料罐的排空和进料，再关闭现进料罐的进料和排空。

⑥所有进料罐装满或者来料已打完时，要清扫管线 2 ~ 3 次，然后关闭进料总线阀门，进料阀门和排空阀门、关闭除尘罐的进气阀门和引风机电源。

⑦关闭控制柜电源和除尘罐排空的手动阀门，结束操作。

（4）重晶石出料。

首先，控制柜通电，确定各仪表、指示灯显示正常，各阀门处于关闭状态。确定控制气源压力达到 0.5MPa。

①敞开除尘罐排空的手动阀门和进气阀门，启动引风机。

②打开出料扫线阀门、所需出料总线、分离罐进出料阀门，清扫管线 2 ~ 3 次。

③关闭出料扫线阀门、出料不需要的出料总线阀门。

④打开出料罐的进气阀门，将储罐依次憋压到 0.25 ~ 0.36MPa。

⑤打开出料罐的出料阀门开始出料。

⑥如果出料需要助力，可以短时间打开出料扫线阀。

⑦出料罐卸完时，先打开下一出料罐的进气，再关闭现出料罐的进气和出料阀。然后再打开下一出料罐出料阀门。

⑧所有出料罐卸完或者所需料已够时，要关闭进气阀门和出料阀门，打开出料扫线清扫管线2~3次。

⑨关闭出料扫线、开启状态的出料总线、分离罐进出料阀门。

⑩打开所有出料罐的排空阀，将罐内余压依次泄掉，然后将它们都关闭。

⑪打开排空扫线，清扫排空管线2~3次，然后关闭排空扫线。

⑫关闭除尘罐的进气阀门和引风机电源。

⑬关闭控制柜电源和除尘罐排空的手动阀门。结束操作。

(5)工作注意事项。

①在进出料工作状态下，若发现输料压力显示明显升高，则将相应的射流补气器打开。当控制气源压力低于0.4MPa时，必须查清原因，待压力升至0.5MPa时，再启动电控气动阀。

②每次工作前，必须进行一次巡回检查，手动阀位置必须正确，通气后首先进行输料管清扫，若发现压力上升，则表示管路不通，必须找出原因并排除之。每次工作完毕，需清除除尘器内积灰。

③当整个输料流程全部堵死后，应进行分段清除扫通，若无效则卸开输料软管进行分段清扫。

④将控制碟阀开启后，应注意观察阀位指示情况。

5)维护与保养。

(1)对各罐的压力称重装置经检验合格安装调试后，能长期可靠运行，无需维修保养，其他操作部分如控制按钮固态继电器、电磁指示灯也均能长期工作，无需维修保养。

(2)刚开始工作时，应开机半小时待各仪表预热好进入稳定状态后，再按操作步骤进行操作。操作使用时，严格按操作规程进行。各按键要轻按，并且要按到位，不可用力太猛，也不可用力太轻而不到位。

(3)长时间不使用时，应定期通电，去除湿气。

(4)对各检测仪表、显示仪表应定期校验。

(5)不工作时，应切断电源，以免长时间供电而烧坏固态继电器。

(6)检查线路时，一定要加装隔离开关，切掉总电源。

6)常见故障及排除。

该装置为一组合装置，其中设备元件及仪表甚多。对流程各设备、元件及仪表的结构、原理、维护保养及简单故障排除，用户主要参照其使用说明及有关规定进行操作。以下主要介绍系统流程工作过程中可能出现的故障及排除措施。

(1)当气动阀开启或关闭时，模拟屏上未显示，存在如下原因：

①控制气压太低，应使气源压力符合工作要求；

②气动阀尼龙管脱开或松了，应重新插紧；

③阀门挡板卡死，应用扳手活动；

④阀门开关不到位，应视情况检查阀门内卡堵或调整阀位显示簧片；

⑤阀位指示灯坏或遥控操作台线路故障，应排除；

⑥接线箱内电磁阀故障，应排除。

(2)储罐不进料或不出料，存在如下原因：

①进料或出料相应阀门未开启；

②未充气或气压不足；

③管线堵塞，应打开相应扫线或卸开排除；

④进料罐排空阀门未开；

⑤排空管路堵塞。

(3)除尘器故障，原因可能是：

①引风机不能正常工作，应检查排除；

②除尘器余灰太多，堵死排空管，应清除；

③除尘器阀门倒错。

(4)输料管路漏灰，原因可能是：

①管线支撑松脱，法兰接触面不平行，从新固定；

②法兰及有关配件松脱，从新固定；

③管线磨损穿透，焊补修复。

10.3.3.2　中油海 9 号、10 号钻井平台粉状物料储存及密闭输送系统

1)系统概述。

中油海 9 号、10 号自升式钻井平台配备相同的粉状物料储存及密闭输送系统，每个平台均由 6 只储罐构成，分为水泥储存、重晶石粉储存两个系统。水泥储存系统由 3 只罐及配套的控制流程系统构成，重晶石粉系统由 3 只罐及配套的控制流程系统构成。两个系统分别独立，又可以根据现场需要进行快速连通，两个系统的每个罐均能单独地进料、出料，可以实现在钻井平台两舷供应物料。每个罐在完成卸料作业后，罐内物料的最大残留量为满载容量的 5%。本系统安装于海洋钻井平台，控制阀门大部分采用电控气动阀，该系统与 5 号、6 号、7 号、8 号钻井平台上的粉状物料储存及密闭输送系统有相同的特点。

2)系统结构。

中油海 9 号、10 号钻井平台上配备的粉状物料储存及密闭输送系统主要由以下部件组成：3 只水泥储罐、2 只重晶石储罐、1 只土粉储罐、1 只水泥稳压罐(缓冲缸)、1 只重晶石分离罐、1 只缓冲除尘器(带引风机)、1 套水泥输送控制台、1 套重晶石输送控制台以及与之配套的管线流程、各种阀门、显示仪表等(图 10-37)。

(1)水泥储罐。

外形尺寸：ϕ3600mm × H5100mm，2 只；容积：35m^3 ×2 =70m^3。

ϕ4400mm × H5100mm，1 只；容积：50m^3；最高工作压力：0.45MPa。每个罐均配套有流化床、人孔、进料管、出料管、排空管、空气干管、安全阀、电子称重装置等。

(2)重晶石及土粉储储罐。

重晶石储罐：外形尺寸：ϕ3600mm × H5100mm，1 只；容积：35m^3；ϕ4200mm × H5100mm，1 只容积：45m^3。

土粉储罐：外形尺寸：ϕ4000mm × H5100mm，1 只；容积：40m^3；最高工作压力：

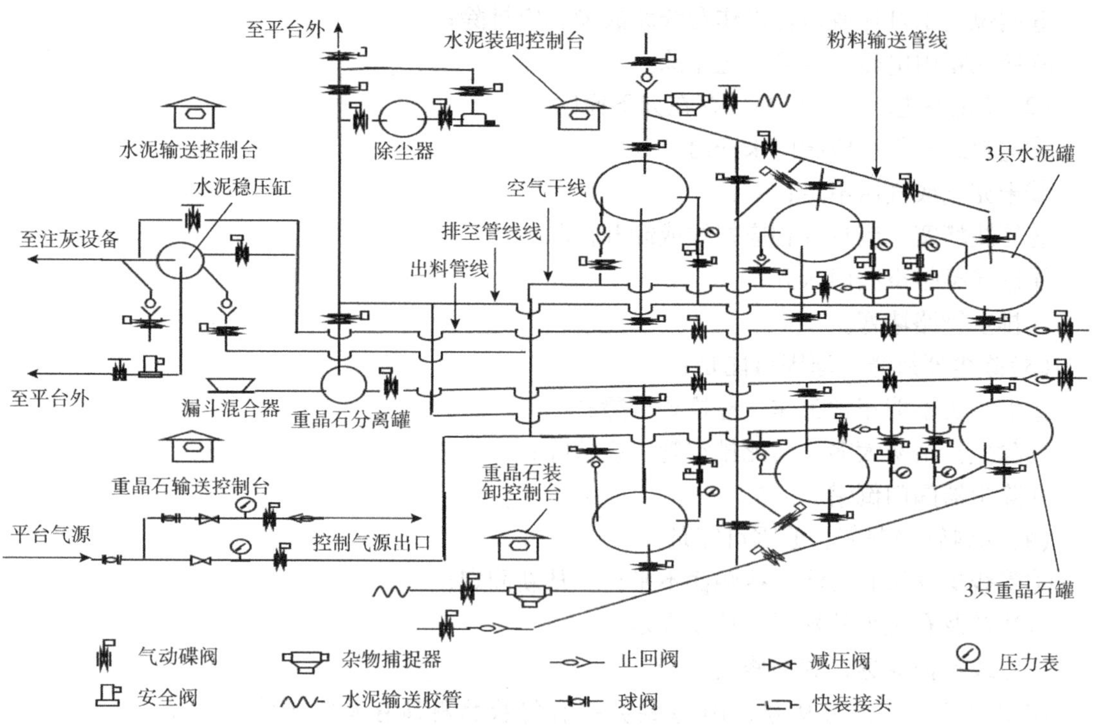

图 10-37 中油海 9 号、10 号平台粉料密闭储存输送系统结构原理图

0.45MPa。每个罐均配套有流化床、检查人孔、进料管、出料管、排空管、空气干管、安全阀、电子称重装置等。

(3)水泥缓冲灌(稳压罐)。

水泥缓冲罐应用于密闭输灰系统与固井注水泥设备之间，主要是保证输送管线水泥的流态化，稳定注水泥设备混浆系统的干水泥均匀供给，防止输送管线气流冲击和堵塞及水泥浆倒灌，减少水泥浆中的气泡，提高水泥浆的配浆质量，以保证给固井施工提供合格、均匀的水泥浆体系。

外形尺寸：$\phi1400\times H3100$mm；工作压力：0.1～0.2MPa；它由进料管、出料管、稳压系统、排空、补气和分气筒等组成。

(4)重晶石分离罐。

它应用于密闭输送系统与泥浆配制漏斗之间，主要作用是控制气固两相的分离，稳定混浆系统的重晶石供给，减少泥浆中的气泡，提高泥浆的配浆质量。

外形尺寸：$\phi800\times H2900$mm，它由进料管、出料管、排空组成。

(5)减压阀组。

降低平台供气压力以达到系统工作压力要求，同时也起到进行分组供压的作用。它由减压阀以及与之配套的手动球阀、安全阀和压力表等组成。

(6)除尘器(带引风机)。

排空出的粉尘气体经除尘器除尘后，再经引风机强力抽吸排入大气，提高排气速度，降低环境污染。排空干管上设有气动扫线装置，保障排空干管畅通。

外形尺寸：$\phi1400$mm $\times H3200$mm，它由进气管、出气管、排污管和引风机等组成。

(7)水泥输送控制台。

在控制台上可以完成水泥储罐的进料、出料、倒料，以及水泥稳压罐的进出料的控制。

型号：WBSK－2；电源：AC220V；输入功率：2.5kW；外形尺寸：1250mm×850mm×650mm。

(8)重晶石输送控制台。

在控制台上可以完成重晶石储罐的进料、出料、倒料，以及重晶石分离罐的进出料的控制。

型号：WBZK－2；电源：AC 220V；输入功率：2.5kW；外形尺寸：1250mm×850mm×650mm。

3)工作流程。

(1)进出料管系。

进料管系采用双向布置，管道由4in管线连接至平台的两弦，两条干管由特制的输料接头连接，通过对管路中各阀件的控制，使平台两弦2个输料管口的任意1个都可以接通每只罐，完成物料输送。

出料管系采用单向布置，管道由5in管线连接，水泥出料系统是从水泥储罐输送到水泥稳压罐，然后再到固井泵组。重晶石出料系统是从重晶石储罐输送到重晶石分离罐。流程中设有数只射流补气器，可在输料过程中提供助力，补充流程阻力产生的压耗，调整输送过程中的混合比，保证流态化压送的正常进行。并可在因意外事故造成管道堵塞时分段喷扫清除。

管路连接采用V型接头连接，使管路和阀门更换维修时便于拆装，进料管路出口处设手动碟阀，防止风大浪高或下雨及雾气时水进入输料管。

(2)供气管系。

从平台输送出来的干燥风源首先通过进行减压及稳压处理，其中一条线路减压值为0.2～0.4MPa，为各个储罐及输料管路和排空管路的补气器以及除尘器提供压缩空气。另外一条线路减压值为0.5MPa，为控制系统提供压缩空气。

(3)排空管系。

各只罐的废气经由1根5in干管连接至平台的左舷，可以直接外排入海，也可通过除尘器并经引风机强力抽吸后排入大气，降低环境污染。排空干管上设有气动扫线保障排空干管畅通。

4)系统操作。

(1)水泥进料。

首先，水泥控制台接通电源，确定各仪表、指示灯显示正常，各阀门处于关闭状态。确定控制气源压力达到0.5MPa。

①敞开除尘罐排空的手动阀门和进口阀门，启动引风机。

②打开需进料水泥储罐的排空和进料阀门以及所需配合打开的进料总线阀门。

③进料前先清扫管线2～3次，看到左舷排空口处有气冒出，开始进料。

④如果进料需要助力，可以短时间打开进料扫线阀门。

⑤进料水泥储罐装满时(显示屏光柱满)，先打开下一进料水泥储罐的排空和进料阀门，

以及所需配合打开的进料总线阀门。再关闭当前水泥储罐的进料和排空阀门。

⑥依次类推，直到所有进料水泥储罐装满或者来料已输送完毕，要清扫管线2~3次，然后关闭进料总线阀门、进料阀门和排空阀门，关闭除尘罐的进气、排空阀门和引风机电源。关闭水泥控制台电源，结束操作。

(2)水泥出料。

首先，水泥控制台接通电源，确定各仪表、指示灯显示正常，各阀门处于关闭状态。确定控制气源压力达到0.5MPa。

①打开除尘罐排空和进气阀门，启动引风机。

②打开出料扫线阀门、所有出料总线阀门、电动比例阀和缓冲(稳压)罐出料阀门，清扫管线2~3次，再关闭缓冲罐出料阀门。

③打开出料水泥储罐的进气阀门，将水泥储罐依次憋压到0.2~0.3MPa，打开稳压罐补气阀门和出料罐的出料阀门。

④看到缓冲罐的料位报警指示灯亮，或者罐体上的第一个观察孔被灰埋没，或者稳压罐压力达到0.1~0.15MPa，打开出料阀门开始出料。工作时缓冲罐内的压力不要超过0.15MPa。

⑤如果出料需要助力，可以短时间打开出料扫线阀。

⑥出料水泥储罐卸完时，提前打开下一出料水泥储罐的进气充气阀，再关闭现出料水泥储罐的进气和出料阀，打开下一出料水泥储罐的出料阀。

⑦依次类推，所有出料水泥储罐水泥卸完或者所需水泥已够时，要关闭进气阀门和出料阀门，打开出料扫线阀清扫管线2~3次。

⑧关闭出料扫线阀门、出料总线阀门、电动比例阀门，稳压罐出料阀门。打开所有出料水泥储罐的排空阀门，依次将罐内余压泄掉，然后将它们都关闭。打开排空扫线阀门，清扫排空管线2~3次，然后关闭排空扫线阀门。

⑨关闭除尘罐的进气、排空阀门和引风机电源。

⑩关闭水泥控制台电源，结束操作。

(3)重晶石进料。

首先，重晶石控制台通电，确定各仪表、指示灯显示正常，各阀门处于关闭状态。确定控制气源压力达到0.5MPa。

①打开除尘罐排空的手动阀门和进气阀门，启动引风机。

②打开需进料重晶石储罐的排空和进料及所需打开的进料总线阀门。

③进料前先清扫管线2~3次，看到左舷排空口有气冒出，开始进料。

④如果进料需要助力，可以短时间打开进料扫线。

⑤进料重晶石储罐打满时，提前打开下一进料重晶石储罐的排空和进料阀门，再关闭现进料重晶石储罐的进料和排空阀门。

⑥依次类推，所有进料重晶石储罐装满或者来料已输送完毕，要清扫管线2~3次，然后关闭进料总线阀门、进料阀门和排空阀门，关闭除尘罐的进气、排空阀门和引风机电源。

⑦关闭重晶石控制台电源，结束操作。

(4)重晶石出料。

首先，重晶石控制台接通电源，确定各仪表、指示灯显示正常，各阀门处于关闭状态。确定控制气源压力达到0.5MPa。

①打开除尘罐排空的手动阀门和进气阀门，启动引风机。

②打开出料扫线阀门、所需出料总线阀门、分离罐进出料阀门，清扫管线2~3次。关闭出料扫线阀门以及出料不需要的出料总线阀门。打开出料重晶石储罐的进气阀门，将储罐依次憋压到0.2~0.3MPa。

③打开出料重晶石储罐的出料阀门开始出料。如果出料需要助力，可以短时间打开出料扫线阀。

④出料重晶石储罐卸完时，提前打开下一出料重晶石储罐的进气阀门，再关闭现出料罐重晶石储罐的进气和出料阀门，打开下一出料重晶石储罐的出料阀门。

⑤所有出料重晶石储罐卸完或者所需料已够时，要关闭进气阀门和出料阀门，打开出料扫线清扫管线2~3次。

⑥关闭出料扫线阀门、开着的出料总线阀门以及分离罐进、出料阀门。打开所有出料重晶石储罐的排空阀门，将罐内余压依次泄掉，然后将它们都关闭。

⑦打开排空扫线阀门，清扫排空管线2~3次，然后关闭排空扫线阀门。关闭除尘罐的进气、排空阀门和引风机电源。

⑧关闭重晶石控制台电源，结束操作。

(5)工作注意事项。

①在操作之前，一定要先熟悉各流程的管路和阀门布置，以及在控制台所对应的管路和阀门布置。

②在进料流程开始时，一定要根据是在平台的左舷还是右舷进料，并尽量采用左舷(水泥)、右舷(重晶石)，然后再决定水泥进料或重晶石进料所需要打开的甲板上和船舱内相应的手动和气动阀门。

③在进、出料工作过程中，若发现输料压力显示明显升高，则将相应的射流补气器打开。

④当控制气源压力低于0.4MPa时，必须查清原因，待压力升至0.5MPa时，再启动电控气动阀。

⑤每次工作前，必须进行一次巡回检查，手动阀位置必须正确，通气后首先进行输料管清扫，若发现压力上升，则表示管路不通，必须找出原因并排除之。

⑥每次工作完毕，须清除除尘器内积灰。

⑦当整个输料流程全部堵死后，应进行分段清除扫通，若无效则卸开输料软管进行分段清扫。

⑧将控制碟阀开启后，应注意观察阀位指示情况。

⑨工作结束后，要关闭所有阀门，防止湿气进入。

5)系统维护与保养。

系统维护与保养与中油海5号、6号、7号、8号平台相同。

6)常见故障及排除。

常见故障及排除与中油海5号、6号、7号、8号平台相同。

10.3.3.3 中油海33号钻井平台粉状物料储存及密闭输送系统

1)系统概述。

中油海33号钻井平台粉状物料密闭储存与输送系统分为水泥储存及转运、重晶石粉储存及转运两个子系统。水泥储存及转运子系统由4只储罐及其配套的流程构成，重晶石粉储存及转运子系统由4只储罐及其配套的流程构成。两个系统分别独立，且两个系统的每个罐均能单独地进料、出料，可以实现在钻井平台两舷输送物料。每个储罐在完成卸料作业后，储罐内物料的最大残留量为满载容量的5%。

本系统主要控制阀门采用电控气动阀，该系统与中油海5号、6号、7号、8号钻井平台粉状物料密闭储存与输送系统有相同的特点。

2)系统结构。

中油海33号钻井平台粉状物料密闭储存与输送系统主要由以下部件组成：4只水泥储罐、4只重晶石储罐、1只水泥稳压罐(缓冲罐)、1只重晶石分离罐、2只压缩空气储罐、1套水泥输送控制台、1套重晶石输送控制台，以及与之配套的管线流程、各种阀门、显示仪表等(图10-38)。

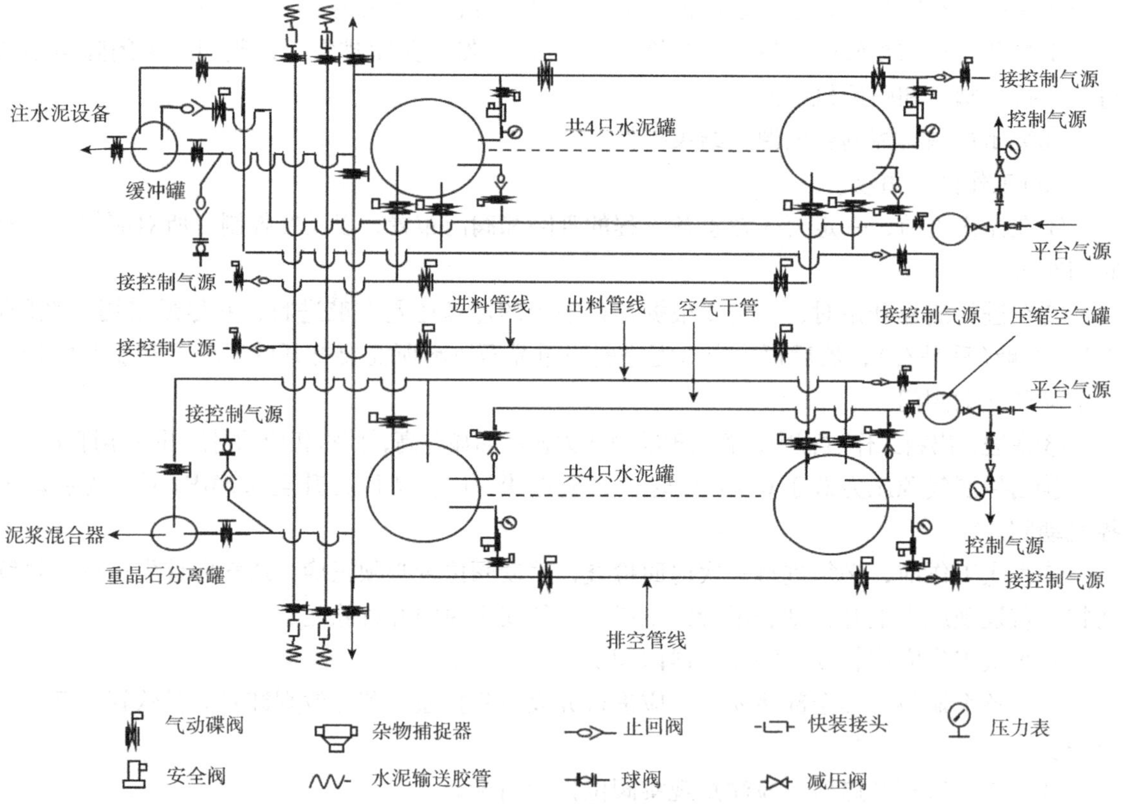

图10-38 中油海9号、10号平台粉料密闭储存输送系统结构原理图

(1)水泥储罐。

外形尺寸：ϕ3600mm×H4400mm；最高工作压力：0.45MPa。每个罐均配套有流化床、人孔、进料管、出料管、排空管、空气干管、安全阀和电子称重装置等。

(2)重晶石储罐。

外形尺寸：ϕ3600mm × H4400mm；最高工作压力：0.45MPa。每个罐均配套有流化床、人孔、进料管、出料管、排空管、空气干管、安全阀和电子称重装置等。

(3)水泥缓冲罐(稳压罐)。

水泥缓冲罐应用于密闭输灰系统与固井注水泥设备之间，主要是保证输送管线水泥的流态化，稳定注水泥设备混浆系统的干水泥均匀供给，防止输送管线气流冲击和堵塞及水泥浆倒灌，减少水泥浆中的气泡，提高水泥浆的配浆质量，以保证给固井施工提供合格、稳定的水泥浆体系。

外形尺寸：ϕ1400mm × H3100mm；工作压力：0.1 ~ 0.2MPa；它由进料管、出料管、稳压系统、排空、补气和分气筒等组成。

(4)重晶石分离罐。

重晶石分离罐应用于密闭输送重晶石(或土粉)系统与泥浆混合器之间，主要作用是控制气固两相的分离，稳定泥浆配制系统的重晶石(或土粉)供给，减少泥浆中的气泡，提高泥浆的配浆质量。

外形尺寸：ϕ800mm × H2200mm，它由进料管、出料管和排空管组成。

(5)压缩空气储罐及减压阀组。

压缩空气储罐及减压阀组主要是降低平台供气压力，以使气压达到系统工作要求，储存压缩空气，减小工作过程中的压力波动，起到缓冲、蓄能的作用。

外形尺寸：ϕ1000mm × H2180mm，它由进气管、出气管、排污管、安全阀和压力表组成。

(6)水泥输送控制台。

水泥输送控制台用来集中实现水泥储罐的进料、出料、倒料，以及水泥缓冲罐的进出料的自动控制。

型号：WBSK－2；电源：AC220V；输入功率：2.5kW；外形尺寸：750mm × 400mm × 1650mm。

(7)重晶石输送控制台。

重晶石输送控制台用来集中实现重晶石储罐的进料、出料、倒料，以及重晶石分离罐的进出料的控制。

型号：WBZK－2；电源：AC220V；输入功率：2.5kW；外形尺寸：750mm × 400mm × 1650mm。

3)工作流程。

(1)进出料管系。

①进料流程：进料管线分为两路，水泥进料管路和重晶石进料管路，通过5in管道分别接到平台的两舷，两进料干管的两端分别焊有输送专用的快装接头，通过控制管路中的各阀件，使平台两舷的进料管可分别联通各自所对应的罐，完成装卸料作业，在进料管路设有清扫管路，在管路堵塞时，分段进行喷扫清除，容易堵塞的管路位置采用卡箍连接，便于管路

的拆卸，管路进出口处设有手动碟阀，防止潮气进入管汇，以及在风大浪高或下雨时水进入输料管内。

②出料流程：出料流程分为两路，水泥出料管路和重晶石出料管路。水泥出料管路是由5in管线输送到水泥稳压罐，然后由水泥稳压罐再输送至注水泥橇的水泥进口管路；重晶石出料管路由5in管路输送至重晶石分离罐的进料口，然后再由重晶石分离罐输送至射流混合漏斗。流程中设有数只射流补气器，可在输料过程中提供助力，补充流程阻力产生的压耗，调整输送过程中的混合比，保证流态化压送的正常进行。并可在因意外事故造成管道堵塞时分段喷扫清除。

(2)供气管系。

从平台输送出来的干燥风源首先通过进行减压及稳压处理，其中一条线路减压值为0.2~0.4MPa，进入压缩空气储罐；为各个储罐及水泥稳压管、输料管路和排空管路的补气器提供压缩空气。另外一条线路减压值为0.5MPa，为控制系统提供压缩空气。

(3)排空管系。

各个罐的废气由1根5in干管连接至平台的左舷和右舷，可以直接排至弦外，排空干管上设有气动扫线保障排空干管畅通。

4)系统操作。

系统操作与中油海5号、6号、7号、8号平台相同。

5)维护与保养。

维护与保养与中油海5号、6号、7号、8号平台相同。

6)常见故障及排除。

常见故障及排除与中油海5号、6号、7号、8号平台相同。

10.4 固井远距离下灰缓冲设备

海上钻井平台上水泥储存系统一般都距离注水泥设备较远，直接由储灰罐向注水泥设备下灰会发生下灰不均匀、气体冲击和水泥堵塞等问题，因此，远距离干水泥输送必须使用专用设备。常用的远距离干水泥输送方法是使用管道助风系统和水泥缓冲罐(又称稳压罐)。助风用来提高水泥流动的动力；水泥缓冲罐用来使水泥流动匀同时降低水泥含气量。通过使用远距离干水泥输送设备，以保证干水泥均匀地连续不断地向水泥橇的混配浆系统输送。目前，国内海上平台使用的水泥缓冲罐有两种，一种是进口的，另一种是国产的，中油海平台上使用的水泥缓冲罐是万邦石油科技有限责任公司生产的WB－HC－Ⅱ型水泥缓冲罐。下面对WB－HC－Ⅱ型水泥缓冲罐作一介绍。

10.4.1 用途及特点

WB－HC－Ⅱ型水泥缓冲罐是万邦石油科技有限责任公司开发研制的专利产品，它主要应用于油气钻井固井施工中。当下灰罐距离注水泥浆设备较远时，水泥罐下灰系统会出现下灰速度不均匀和干水泥堵塞现象，造成水泥浆密度不好控制，严重时会造成干水泥堵塞事故。使用 WB－HC－Ⅱ型水泥缓冲罐可以避免此问题的发生。WB－HC－Ⅱ型水泥缓冲罐的特点是：

(1)结构紧凑，便于安装。使用时将缓冲罐连接于密闭水泥供给罐与水泥浆高能混合器之间。

(2)处理量大，每分钟可处理 25m^3 灰气混合物。能满足远距离水泥输送大排量固井注水泥施工，远距离重晶石输送的钻井液配置。

(3)操作控制容易掌握。

(4)性能可靠，故障率低。

(5)可实现远程控制。

10.4.2　结构组成

如图 10－39 所示，WB－HC－Ⅱ型水泥缓冲罐主要由以下部件组成：罐体、人孔盖、出料碟阀、出料管线、主罐应急排料碟阀、出料管扫线管线、出料管扫线球阀、主罐补气管线、主罐补气球阀、支撑腿、安全阀、观察孔玻璃、进料管线、主罐排气管线、稳压包、稳压包排气管扫线球阀、侧风管线、底风管线、侧风底风球阀、主减压阀、储气包、储气包排污阀、系统减压管、系统减压阀、活塞、超压泄压管线、总放空管线、总放空管碟阀 2、总放空管线碟阀 1、主罐放空球阀和主罐放空管线。

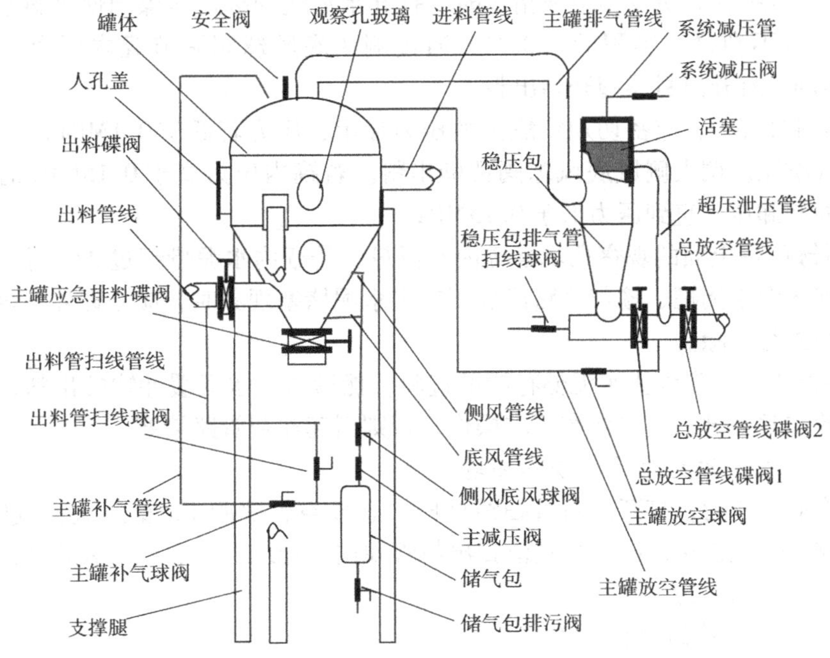

图 10－39　WB－HC－Ⅱ型水泥缓冲罐结构示意图

10.4.3　工作原理

WB－HC－Ⅱ型水泥缓冲罐的工作原理如图 10－39 所示。在工作前，通过系统调压阀将系统压力调到额定工作压力，当储灰罐下灰工作时，储灰罐的水泥通过水泥缓冲罐进灰管进入缓冲罐主罐内，罐内气化装置通过侧风气化，并通过底风将气化好的水泥从出料管线排出，以向注水泥配浆设备供给稳定的水泥，当罐内压力太高时，稳压包活塞上行，打开超压泄压管线通过放空管线泄压，以保证系统压力均衡。另外，当系统压力过低时，可以打开补气阀，通过补气管线向主罐补气，当主罐压力异常高时，也可以打开主罐放空球阀，通过主罐放空管线排气，以保证系统压力稳定，保证向注水泥配浆设备稳定供灰。

10.4.4 操作方法

10.4.4.1 施工前的安装连接准备

水泥缓冲罐底座固定后，把水泥缓冲罐进料管口通过接头法兰与水泥储罐的出料管口连接；水泥缓冲罐出料管口通过法兰接头与固井泵组配浆系统的进料管口连接；水泥缓冲罐的储气包的进气口与压缩空气源输出管口连接。最后把观察灯的电源接好，配上电源空气开关。

10.4.4.2 注水泥过程操作步骤

接受任务后按以下步骤操作：

(1)先设定好系统减压阀的输出压力(工作时的最高压力)，系统减压阀的压力设定0.2MPa，主减压阀的压力设定0.15MPa，(出厂时已设置好，若发现改变可自行设置)。再打开总放空管碟阀2。

(2)当注水泥操作人员发出下灰指令时，打开水泥缓冲罐进料碟阀使进料管进料，当水泥稳压罐水泥量不到罐内容积的1/3时，通过侧风底风球阀调节罐内压力，使压力达到0.12～0.14MPa，打开出料碟阀开始出料。

(3)在出料过程中，应密切观察罐内的压力显示，压力若低于0.1MPa时，可通过补气球阀进行补气增压。调大侧风底风球阀帮助出料。若罐内压力高于0.15MPa时，可通过主罐放空球阀控制卸压，直到压力低于0.15MPa。

(4)通过罐的最上面的观察孔观察罐内水泥量，若罐内水泥量超过2/3时，应减缓进料速度。若出现水泥浆倒罐、输灰管路或稳压罐内水泥堵塞现象时，应立即停止供料，可通过应急排料碟阀进行排除。

(5)固井结束后，先停止水泥储存罐的进料，然后再关水泥缓冲罐的出料，最后再停固井泵。此步骤非常关键，应严格按要求操作，否则引起输灰管路堵塞。

10.4.4.3 注水泥结束后的操作步骤

注水泥作业完成后，打开出料管扫线球阀、总放空管碟阀1、稳压包排气管扫线球阀、主罐放空球阀、储气包排污阀，分别清扫出料管线内、稳压器内、压力表管路内的余灰，以及分气包的凝结水和泥污。

10.4.4.4 收工前的操作步骤

全部作业结束，准备收工时，关闭所有阀门，防止湿气进入，擦洗设备外表，保持设备清洁。

10.4.5 技术参数

(1)外形尺寸：$\phi1400mm \times H3100mm$；

(2)单罐容积：2.25m^3；
(3)质量：1.31t；
(4)处理量：1500m^3/h；
(5)工作压力：0.1~0.2MPa；
(6)设计压力：0.45MPa；
(7)试验压力：0.67MPa；
(8)进口尺寸：5in 法兰；
(9)出口尺寸：5in 法兰。

10.4.6 故障判断及排除

故障判断及排除方法见表 10-7。

表 10-7 故障判断及排除方法

故障现象	可能原因	排除方法
输料不畅	出料罐内压力过低	开补气阀门，进行补压
	进料罐排气不畅	检查排气阀门、排空管线
	管线内有异物	检查排除
	有关阀门被异物卡而开关不到位	检查拆卸取出
管线堵塞	有关阀门开关失误	检查处理后，分段扫通
	由于不畅通而没有及时处理	检查处理后，分段扫通
管线漏	有关阀门紧固不好	停止工作后重新紧固
	胶管固定不好	停止工作后捆扎紧固
	管线(特别是拐弯处)有砂眼	停止工作后进行补焊
储气包有灰	可能止回阀不好	检查拆卸清理

10.5 固井水泥干混设备

随着固井新技术的不断发展，固井技术对水泥浆体系的要求越来越高，目前使用的水泥浆体系一般需要在纯水泥中加入几种到十几种水泥外加剂或外掺料，以满足固井对水泥浆性能的要求。因此，固井时必须将水泥与水泥外加剂均匀地混合在一起，才能保证水泥浆质量。水泥与其外加剂混合的方式有两种：一种是湿混方式；另一种是干混方式。湿混方式是固井前预先将外加剂加入配浆液中，在固井时用配浆液与水泥混合以达到水泥中加入外加剂的目的。湿混方式只能解决加量比例较小并且能在水中溶解的添加剂，而且具有劳动强度高、外加剂浪费、混后较长时间不使用性能会变质、以及部分外加剂不能湿混等缺点。干混方式是将外加剂混入干水泥中，用水泥与外加剂的混合物进行配置水泥浆，以达到水泥中加入外加剂的目的。干混方式具有可混拌不溶于水的外加剂和加量比例较大的外加剂，而且具有劳动强度低、外加剂不浪费、混后较长时间不使用性能不变质、可实现自动化混拌、有利于环保等优点。因此，近几年研究发展了固井水泥干混设备。国内的固井水泥干混设备发展于20世纪80年代中后期，最早研发于胜利油田，经过20多年的不断改进和完善，目前已达到世界先进水平。在全国各油田都建有自己的水泥干混设备，干混设备可以与水泥库建在一起，这样更有利于生产作业。胜利油田渤海固井水泥干混库，可储存水泥4000t，具有每天混拌700t水泥的能力。中石油海洋工程有限公司固井事业部使用的HGH－Ⅰ型(HGH："海洋、固井、混拌"的第一个拼音字母)固井水泥干混设备是胜利油田万邦石油科技有限责任公司生产制造的。下面以中石油海洋工程有限公司固井事业部使用的固井水泥干混设备为例开展介绍。

10.5.1 水泥混拌系统用途及特点

在石油钻井固井作业中，为了满足井下不同情况对水泥浆性能的不同要求，需要向纯油井水泥中加多种不同的外加剂。并且油井水泥和外加剂需要按照一定的比例混拌均匀，才能满足固井要求。原始的水泥混拌工艺是将水泥和外加剂按比例加入罐中，然后通过两个罐来回吹装、倒卸进行混拌。其特点是混拌速度慢，劳动强度大，工作环境差，材料损耗大，生产效率低。万邦石油科技有限责任公司经过多年对水泥混拌工艺的研究，开发了多项应用于该工艺的专利产品，最终研究设计出了环保高效的多级全密闭水泥混拌系统，该系统是专门为油田钻井固井用水泥混拌而设计的，它可同时混拌多种水泥、添加剂和外掺料，并且混拌均匀度高，混拌速度快，劳动强度低，不污染环境，材料损耗小，可实现粉尘回收再利用，生产效率高。同时，本系统也可以满足其他两种或者两种以上干粉物料均匀混拌。

10.5.2 水泥混拌系统结构与管线流程

固井水泥混拌系统主要由以下部件组成：压风机房、空气包、原料罐、混合罐、球阀、碟阀、控制室、管道混合器、引风机、除尘器、灰气分离器、成品罐、保险阀、地仓罐、压力表、气管线、装灰口、卸灰口、装卸灰管线、排空管线、加料漏斗和涡轮碟阀等。以上部件组成了一个密闭的混拌流程，油井水泥需要与外加剂或外掺料混拌时，可以由一人操作完成整个混拌过程。混拌速度快、工作强度低、混拌质量高、不污染环境。混拌系统设备及管路流程如图10－40所示。

10.5.3 混拌原理及混拌程序

本系统采用多级混拌技术，以期达到混拌目的及性能要求(图10－41)。系统混拌原理及混拌程序为：首先通过粉状物料气力输送技术从原料罐向初混罐输送一定量的水泥；然后按设计要求从地仓罐向初混罐输送足量的外加剂(本批混拌应混入的外加剂)；再从原料罐向初混罐输送足量的水泥(本批的剩余部分)；关闭初混罐进料阀门，打开初混罐底部的混拌阀门，使压缩空气从初混罐底部进入从顶部排出，水泥和外加剂在初混罐内进行悬浮对流混拌；当水泥和外加剂在初混罐内对流混拌一定时间，即完成系统第一级混拌。

第一级混拌完成后，将混拌料通过粉状物料气力输送设备从初混罐输送到批混罐，在初混罐和批混罐物料输送流程中间安装有管道混合器，物料在通过管道混合器时产生发散、变向、旋流、集中，即完成系统第二级混拌。

混拌料进入批混罐，关闭批混罐进料阀门，打开批混罐底部的混拌阀门，使压缩空气从

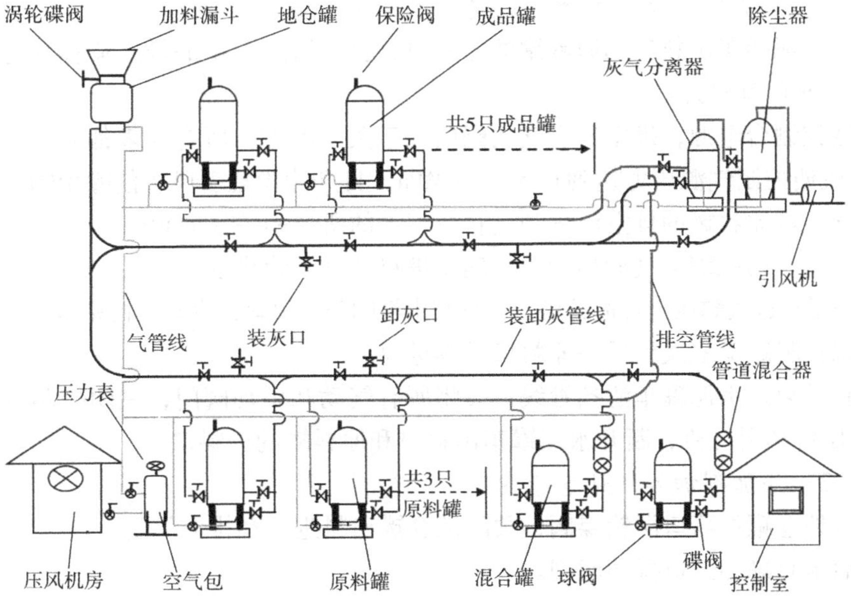

图 10-40　水泥混拌库系统流程示意图

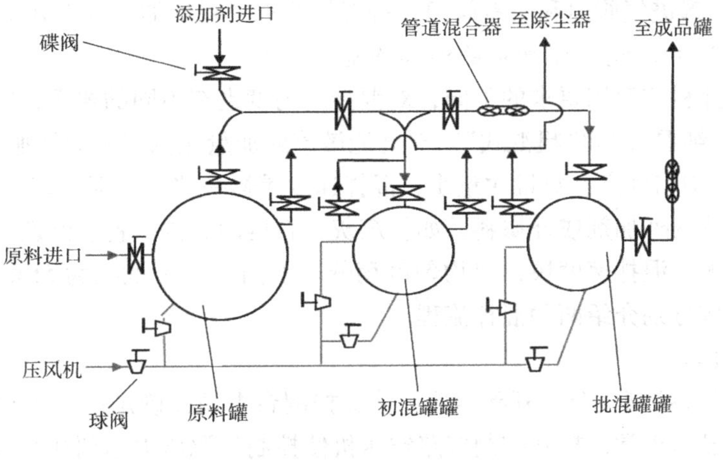

图 10-41　水泥混拌系统平面流程图

批混罐底部进入从顶部排出，混拌料在批混罐内进行对流混拌；当混拌料在批混罐内悬浮对流混拌一定时间，即完成系统第三级混拌。

最后，通过粉状物料气力输送设备将混拌料从批混罐通过管道混合器进行第四次混合后输送到成品罐；完成一个系统混拌周期。

10.5.4　混拌库的各项作业任务操作步骤

水泥混拌库的各项作业主要包括：水泥罐车将油井水泥输送到水泥原料罐；添加剂加入到地仓罐内；油井水泥及其配套添加剂的混拌作业，并将混拌好的成品水泥输送到成品罐；将成品水泥由成品罐输送到水泥罐车。

10.5.4.1 水泥罐车将油井水泥输送到水泥原料罐

(1)连接水泥罐车出料口和原料罐的进料口，将需进原料罐的排空流程和进料流程上的所有相关手动阀门都打开。

(2)接通控制台电源，确定所有气动阀门处于关闭状态，所有仪表都显示正常，打开控制气路空压机使控制气源压力达到0.5~0.6MPa，打开除尘罐引风机使除尘罐开始工作。

(3)打开需进原料罐的排空流程和进料流程上的所有相关气动阀门。

(4)水泥罐车用压缩空气清扫管线，确定进料和排空管线畅通。

(5)水泥罐车进气憋压至合适的压力，打开出料阀开始出料，直至出料完毕或者进料罐满。

(6)如果进料罐满就换到另一原料罐继续进料。

(7)进料结束，水泥罐车清扫管线，关闭所有气动和手动阀门，关闭控制台电源，关闭控制气路空压机和引风机，断开水泥罐车出料口和原料罐的进料口。

10.5.4.2 外加剂加入到地仓罐内

(1)打开地仓罐加药口涡轮碟阀，关闭地仓罐出料进气和排空阀门。

(2)开启地仓罐加药口振动滤网。

(3)将外加剂加入到地仓罐振动滤网上，外加剂振动落入地仓罐内。

(4)加药完毕，关闭振动滤网电源和地仓罐加药口涡轮碟阀。

(5)打开地仓罐进气阀门和出料阀门，按混拌要求量将外加剂输送到初混罐。

10.5.4.3 油井水泥与外加剂的混拌作业

通常根据混拌料和使用要求的不同，对混拌均匀度也有不同的要求，因此，一般分为两种方式混拌，即“细混式”和“粗混式”。对性能敏感或加量比例较小的外加剂一般采用“细混式”，其特点是：均匀度高，每批次量小，混拌速度稍慢一些。“粗混式”一般用于加量比例较大且性能不敏感的外加剂或外掺料，如粉煤灰、石英砂、铁矿粉、漂珠、土粉等，其特点是：每批次量较大，混拌速度快，但均匀度稍低。下面以一个批次为5t油井水泥和其配套的药品外加剂为例分别介绍两种混拌流程。

1)细混式操作。

(1)开电源、开控制气源、开除尘器。接通控制台电源，确定所有气动阀门处于关闭状态，所有仪表都显示正常，打开控制气路空压机使控制气源压力达到0.5~0.6MPa，打开除尘罐引风机使除尘罐开始工作。

(2)开混拌气源。打开空压机(混拌输送空压机)，使工作气源压力达到0.3~0.35MPa。

(3)从原料罐向初混罐供料(水泥)。打开原料罐进气阀门，憋压至0.15MPa，开始出料至初混罐，当初混罐物料达到2t时停止进料，关闭原料罐进气阀门。

(4)从地仓罐向初混罐供外加剂。开启地仓罐进气阀门，憋压至0.25MPa，开始出料至初混罐，当初混罐所进外加剂足量(5t水泥设计加入的添加剂)时，关闭地仓罐进气和出料阀门，开启原料罐进气和出料阀门。

(5)再从原料罐向初混罐供料。向初混罐供料，当初混罐再进油井水泥3t，关闭原料罐进气和出料阀门，开启管线扫线，将余料扫进初混罐内，关闭初混罐进料阀门。

(6)初混罐混拌，并将料输入批混罐。开启初混罐混拌阀门6~10min，关闭混拌阀门和排空阀门，开启补气阀门将初混罐憋压至0.15~0.25MPa，开始出料至批混罐。

(7)批混罐混拌，并将料输入成品罐。关闭批混罐进料阀门，开启批混罐混拌阀门，混拌6~10min。关闭批混罐混拌阀门和排空阀门，开启批混罐补气阀门，憋压至0.2~0.25MPa，将混拌料输送到成品罐，输送完毕关闭批混罐进气和出料阀门，关闭成品罐进料和排空阀门。

(8)开始第二个混拌循环。重复(3)~(7)的操作。

(9)收工操作。混拌结束，放空所有罐内压力，清扫所有管线，关闭所有阀门，关闭混拌及控制空压机和引风机电源，关闭控制台电源结束操作。

2)粗混式操作。

(1)开电源、开控制气源、开除尘器。接通控制台电源，确定所有气动阀门处于关闭状态，所有仪表都显示正常，打开控制气路空压机使控制气源压力达到0.5~0.6MPa，打开除尘罐引风机使除尘罐开始工作。

(2)开混拌气源。打开混拌空压机，使工作气源压力达到0.3~0.35MPa。

(3)从原料罐向初混罐供料。打开原料罐进气阀门，憋压至0.15MPa，开始出料至初混罐。当初混罐物料达到5t时停止进料，关闭原料罐进气阀门。

(4)从地仓罐向初混罐供外加剂。开启地仓罐进气阀门，憋压至0.25MPa，开始出料至初混罐。当初混罐所进外加剂足量，关闭地仓罐进气和出料阀门，开启管线扫线，将余料扫进初混罐内，关闭初混罐进料阀门。

(5)初混罐混拌，并将料输入批混罐。开启初混罐混拌阀门6~10min，关闭混拌阀门和排空阀门，开启补气阀门将初混罐憋压至0.15~0.25MPa，开始出料至批混罐。

(6)批混罐混拌，并将料输入成品罐。关闭批混罐进料阀门，开启批混罐混拌阀门，混拌6~10min。关闭批混罐混拌阀门和排空阀门，开启批混罐补气阀门，憋压至0.2~0.25MPa，将混拌料输送到成品罐，输送完毕关闭批混罐进气和出料阀门，关闭成品罐进料和排空阀门。

(7)开始第二个混拌循环。重复(3)~(6)的操作。

(8)收工操作。混拌结束，放空所有罐内压力，清扫所有管线，关闭所有阀门，关闭大小空压机和引风机电源，关闭控制台电源结束操作。

10.5.4.4 由成品罐将成品水泥输送到水泥罐车

(1)连接管线、打开阀门。用管线连接水泥罐车进料口和成品罐的出料口，将水泥罐车的排空流程和进料流程上的所有相关阀门都打开。

(2)打开输送气源和除尘器。确定成品罐所有仪表都显示正常，打开空压机，使工作气源压力达到0.3~0.35MPa，打开除尘罐引风机使除尘罐开始工作。

(3)扫线。打开成品罐出料管线扫线阀门，扫线1~2次，确定出料管线畅通之后关闭。

(4)成品罐充气、出料。打开成品罐的进气阀门，给成品罐充气至0.2MPa时，开始出料(装灰)，当成品罐进气正常，但成品罐压力骤降至0.05MPa时，该罐出料完毕。

(5)装灰结束、扫线。成品罐出料已完或者水泥罐车进料已满，开启成品罐出料扫线阀门，清扫出料管线1~2次，结束出料操作。

(6)收工操作。放空成品罐压力，拆除水泥罐车进料口和成品罐出料口的连接，关闭所有阀门，关闭空压机和引风机电源。

10.5.4.5 操作提示

(1)出料时，出料罐内压力在0.1~0.3MPa缓慢变化时，为正常；每一只罐出料快完毕时，罐内压力会迅速降低，甚至降到0.02~0.03MPa，此为正常现象；当罐内压力迅速增大时，进、出料管线无物料流动显示时，管线堵塞，要停车检查。

(2)如果出料时管线堵塞，可以回扫，方法是：关闭出料罐进气碟阀和扫线阀门，开启出料罐排空阀门，关闭进料罐的进料和排空碟阀，开启进料罐扫线阀，回扫管线，如果不通则分段拆除管线排除故障，通了后可继续出料。

10.5.5 粉尘回收式除尘器

FQC-IIH型粉尘回收式粉状物料气力输送除尘器是专为粉状物料(特别是水泥、石英粉、粉煤灰和铁矿粉等)气力运输、混拌、储存而研制开发的专用设备，是东营万邦石油科技有限责任公司的专利产品。该设备在除尘效率、降低劳动强度、环保、除尘系统自动化控制等方面具有独特的优势，广泛应用于固井水泥干混库、钻井平台、水泥厂、石英粉厂、重晶石厂，以及相应的除尘库等领域，它不但能解决大库容量粉状物料气力输送系统的有效除尘，达到国家环保标准，而且能实现密闭粉尘回收，减少了粉尘再污染，并且使废物再利用，减少了人工清除粉尘的劳动工作量，大大提高了经济效益和环保质量。该除尘器在胜利油田、滇黔桂油田、辽河油田、威德福公司、中石油海洋公司、阿塞拜疆等油田投产后深受用户欢迎，对环境保护、自动化操作、废物利用都起到重要的作用。

10.5.5.1 性能及特点

FQC-IIH型粉尘回收式粉状物料气力输送除尘器利用旋流离心、脉冲清灰、布袋过滤、真空抽吸等多级除尘功能综合除尘，除尘效率高，可密闭回收粉尘废料，不污染环境，粉尘废料回收再利用，节约成本，减少劳动量，该设备结构紧凑，占地面积小，部件可靠，设备故障率低，使用寿命长，适合大输送量工作场合。由于是密闭除尘和密闭气力回收粉尘，因此该除尘器可野外露天安装。

10.5.5.2 结构组成

FQC-IIH型粉尘回收式粉状物料气力输送除尘器主要由以下部件组成(图10-42)：8in排气接口、脉冲气流发生器、上检修人孔、除尘器壳体、中检修人孔、扶梯、观察孔、支腿、下检修人孔、底座、隔尘布袋、5in含尘气体进口、料位报警器、4in粉尘回收接口、侧风进入接口和底风进入接口等。

10.5.5.3 工作原理

FQC-IIH型粉尘回收式粉状物料气力输送除尘器工作原理分三个过程：除尘、清灰和粉尘回收。下面分别介绍。

1)除尘。

含尘气体进入除尘器后，首先经过旋流离心、碰撞，然后再经过隔尘布袋的过滤，粉尘被滤袋阻挡，粉尘下落，沉积到回收室。净化后的气体，透过滤袋经出气口由引风机排出。

2)清灰。

随着除尘过程的不断进行，滤袋外表面的粉尘不断增多，系统阻力同步升高，及时彻底地将其清除是保证除尘器正常运行的关键，采用低压脉冲压缩空气清灰方式，压缩空气经脉

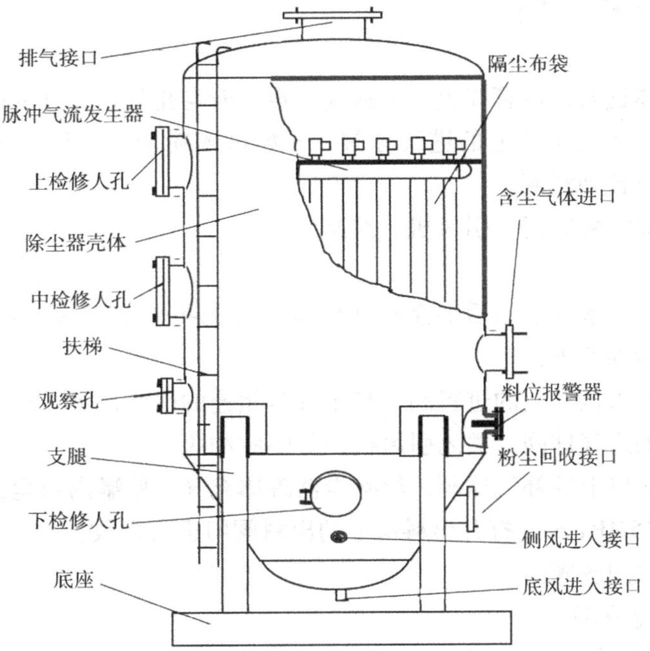

图10-42 FQC-IIH型粉尘回收式粉状物料气力输送除尘器结构示意图

冲阀和控制装置转换为脉冲气体，经吹管进入喷嘴，同时诱发周围空气成为瞬时膨胀暴发气体，反向将滤袋表面的粉尘除掉，整个过程实现自动化。

3)粉尘回收。

当粉尘室沉积的灰尘达到料位报警器传感器时，报警器报警，对粉尘室沉积的粉尘通过锥体上的底风进入接口充气，对粉尘进行流态化处理，然后通过出料管线进行粉尘回收。也可以不到报警时间进行粉尘回收操作。

10.5.5.4 主要参数

(1)罐体外形尺寸：ϕ3000mm×H8500mm；

(2)容积：50m^3；

(3)除尘效率：99.8%；

(4)粉尘排放浓度：30mg/m^3；

(5)引风机功率：7.5kW。

10.5.5.5 安装程序

(1)安装前仔细阅读说明书。

(2)在合适的位置安装固定除尘器罐体、引风机和控制台。

(3)根据现场情况做好以下管线连接：①含尘气体进口与被除尘系统放空管出口连接；②排气口与引风机吸气口连接；③出料口与粉尘回收罐入口连接；④底风进入接口与起源管线连接。

(4)固定好控制柜，连接好电缆，调试好脉冲阀(最长8s循环一次)。脉冲气压设定为0.5~0.6MPa。

(5)安装料位警报器。

10.5.5.6 使用操作程序

1)除尘、清灰。

先打开含尘气体进入接口管线上的进料阀，再打开与排气口相连的引风机吸入阀门和排气阀门，打开脉冲气流发生器上的进气球阀。开始进入粉尘气体后，通过控制台开启引风机，打开脉冲阀进行自动清灰。

工作结束后，关闭各阀门、引风机、控制台。

2)粉尘回收。

当除尘工作告一段落或过滤后的余料达到料位计的报警上限时(开始报警时)，进行粉尘回收操作。操作步骤如下：

关闭含尘气体进入接口上的进料阀，与排气口相连的引风机吸入阀门和排气阀门，以及脉冲气流发生器上的进气球阀。关闭引风机，关闭脉冲阀。

打开底风进入接口上的补气球阀，给除尘器罐体充气，使罐内粉尘进入流态化。当罐内压力达到0.12~0.15MPa时，打开出料口上的出料阀门进行回收。

工作结束后，关闭各阀门。

10.5.5.7 注意事项

(1)脉冲阀供气压力应≥0.5MPa。

(2)回料操作时，除尘操作应停止。

(3)控制柜应先开电预热，看显示是否正常。

10.5.6 水泥混拌库的维护与保养

10.5.6.1 供气设备

系统空压机、冷干机、过滤器要定期保养(详见空压机、冷干机说明书)。

10.5.6.2 储气罐

储气罐底部排污口要经常排污；如果没有空气罐，要在空气管线下部加装排污口，以便经常排污。

10.5.6.3 除尘系统

除尘罐中的积灰要定期清理，余灰量不得大于下部容积的1/2。

10.5.6.4 安全系统

安全阀要一年检查校准一次，校准压力0.35MPa，安全阀出气口内部应半年涂抹一次黄油，保持内部螺栓和弹簧的安全可靠及拆装方便。

10.5.6.5 压力变送器

压力变送器要一年检查校准一次，校准误差在0.02MPa以内，压力变送器要保持外部清洁。

10.5.6.6 止回阀件

进气用止回阀和扫线用止回阀，要半年检查一次可靠性，以免止回阀出现问题，粉状物料进到气管线，造成系统使用效果下降甚至瘫痪。

10.5.6.7 阀门

阀门要半年检查一次灵活性和密闭性，防止开关不灵活造成系统使用效果下降，防止阀门关闭不严造成气体和粉状物料外泄。手动阀门手柄上的固定螺栓和安装固定阀门的螺栓要半年涂抹一次黄油，保持螺栓的拆卸灵活。

10.5.6.8 气路软管

气路软管工作前，要检查外观，以免破损，造成不必要的事故。

10.5.6.9 气化系统

罐内物料打不出来，内部气化系统出了故障，要找专业维修人员及时维修处理。

10.5.6.10 控制台

系统控制台在长时间不用时，要定期通电防潮。

10.5.6.11 除尘罐

除尘罐内粉尘料要定期清除。

10.5.7 水泥混拌库常见故障与排除

10.5.7.1 储罐不进气

检查气路是否有阀门没有打开，如果都显示打开，检查各阀门阀板是否都随手柄转动，如果有阀板不动，更换该阀门，如果阀板都没有问题，要检查管线是否堵塞，如果管线没有堵塞，其故障应为气化床损坏，必须由专业人员维修。

10.5.7.2 储罐不排气

向罐内进气时，罐体上的压力变送器和压力表显示压力上升，但开启排空阀时排空口无气排出。检查排气阀门是否都打开，如果都显示打开，检查各阀门阀板是否都随手柄转动，如果有阀板不动，更换该阀门，如果阀板都没有问题，要检查管线是否堵塞，首先开启排空扫线，如果有气从排空口排出，堵塞位置在通往储罐的支管线内；如果没有气排出，堵塞位置在排空管线的主管线内，首先用小锤敲打可疑管系的外部，发出沉闷声音处即为堵塞点，拆除检查、并清除堵塞物，储罐排空堵塞多为异物堵塞，有时敲打听不出异样，要从头逐级拆卸检查。

10.5.7.3 储灰罐不出料

如果是罐内不进气，检查进气阀门是否都打开，如果都显示打开，检查各进气阀门阀板是否都随手柄转动，如果有阀板不动，更换该阀门。如果进气但不出料，开启出料扫线看是否有气排出，如果无气排出，检查出料管线阀门是否都打开，如果都显示打开，检查各阀门阀板是否都随手柄转动，如果有阀板不动，更换该阀门，如果阀板都没有问题，要检查管线是否堵塞，首先用小锤敲打可疑管线的外部，发出沉闷声音处即为堵塞点，拆除检查并清除堵塞物。如果有气排出，说明内部气化系统出了故障，必须由专业维修人员及时维修处理。

10.5.7.4 安全阀漏气

检查安全阀设置压力上限和罐内压力，罐内压力超限应检查排除，如果安全阀设置上限压力太低需调节，如果是安全阀故障需更换。

10.5.7.5 压力变送器失准

压力变送器与实际压力相差太多或者不显示，需更换压力变送器。如果是压力变送器与控制台显示不符，要检查线路是否连通，如果线路正常，要检查仪表参数是否被人修改，如果参数正常，就要更换仪表。

10.5.7.6　储罐憋不住压力

检查止回阀，如果止回阀回气需更换止回阀，如果排气口出气，阀门关闭不严或者密封不严，需关严或更换。如果进气口阀门没关严或者密封不严，需关严或者检查阀门及管线，阀门损坏需更换阀门，管线损坏需修补。

10.5.7.7　控制台指示灯不准确

首先检查阀门指示限位开关是否移位，其次检查指示灯下部的线路和电阻是否损坏。

10.5.7.8　控制台开关不灵

清除开关内的灰尘，如果还不灵活，要更换。

10.6　散装水泥运输设备

散装水泥运输设备分陆上运输和水上运输两种。陆上运输主要使用散装运灰车，也称水泥罐车或下灰车，散装运灰车可作为陆上油田固井水泥运输，也可作为现场固井施工下灰设备使用。水上散装水泥运输设备是散装水泥运灰船，它是从码头向平台运输水泥的设备，也可作为远距离水泥运输使用。

10.6.1　散装运灰车(水泥罐车或下灰车)

10.6.1.1　水泥罐车的用途

水泥罐车(也称气动下灰车)是用来运送散装水泥及陆地现场施工时储存干水泥的设备，同时也可在陆地固井时配合水泥车(注水泥橇)或专用混浆车(专用混浆橇)配制水泥浆时作为下灰设备使用。水泥罐车的水泥装卸采用气体输送，车上配有专门的气源，可供自身水泥装卸和现场下灰使用。特殊情况下也可外接气源运输部门的水泥罐车(水泥运输车)，只作为散装水泥运输工具使用。

10.6.1.2　水泥罐车结构

目前，我国生产水泥灌车的厂家很多，不同的水泥罐车其结构基本相同，JSJ5252GXHW 型水泥罐车是湖北石油三机厂生产制造的。下面以该车为例介绍水泥罐车的结构组成(图 10-43)。JSJ5252GXHW 型下灰车为卧式水泥罐车，主要由底盘汽车、空压机、储灰罐、进灰管线、出灰管线、气控系统管汇和气化系统等部件组成，分为五大系统：行驶(移动)系统，主要包括汽车底盘部分；配气及管汇系统，主要包括空压机、管汇总成；储料、气化系统，主要包括罐体、气化床等；装、卸料系统，主要包括进料管汇、出料管汇、入孔口、气动进灰管接口、出灰管接口等；其他结构系统，主要包括付大梁总成、上罐梯子、罐顶走道、侧部防护拦等。

10.6.1.3　水泥罐车的工作原理

下灰车工作原理：利用车装空压机所产生的压缩空气(也可采用外接风源)，借助管汇总成、配气系统和气化装置，将罐内物料流态化，再利用罐内外压差，将物料输送出储料罐。

10.6.1.4　水泥罐车类型及技术参数

水泥罐车的种类很多，按储灰罐的形状分为立式水泥罐车和卧式水泥罐车两种。按水泥

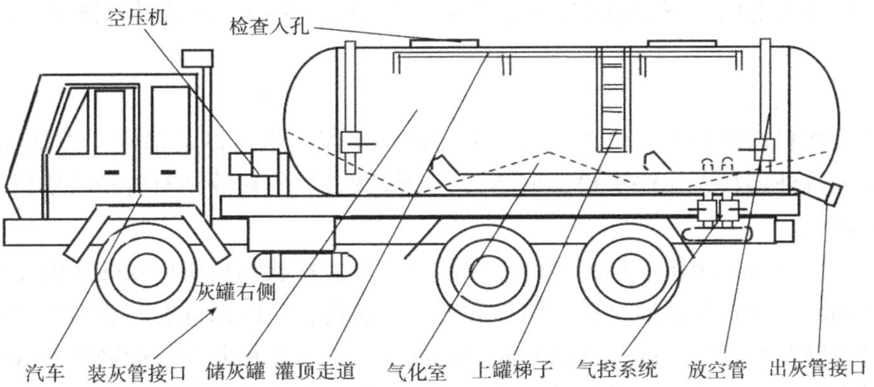

图 10-43　JSJ5252GXHW 型下灰车结构示意图

罐车的载重量分为轻型水泥罐车（载重量小于 20t）和重型水泥罐车（载重量大于 20t）。按驱动车和载罐车的连接形式分为整体式水泥罐车和托挂式水泥罐车两种。目前，最常用的是轻型整体式水泥罐车（载重量小于 20t）。JSJ5252GXHW 型下灰车就是一台轻型整体式水泥罐车，底盘选用斯太尔 ZZ1252M4340X 载货汽车底盘，发动机选用 WD615.67 型，发动机功率为 206kW，整车总质量 25000kg，采用双气室双料仓结构的圆柱形罐体，罐体直径 2112mm，罐体长度 6140mm，额定装载量 18000kg，工作压力≤0.2MPa，卸灰剩余量≤0.3%（特定条件下），空压机型号：SLT80 型无油润滑滑片压缩机，排气压力：0.2MPa，排气量：7.1m^3/min。整车重心低，装载量大，卸灰效率高，运行可靠。几种常用水泥罐车的性能参数见表 10-8。

表 10-8　几种常用的气动下灰车性能参数

下灰车型号	底盘车	生产厂家	性　能				
			形式	有效容量/t	输送能力/m	卸料速度/(t/min)	剩灰率/%
SJ1491×HT	斯特尔 1491	石油三机厂	立式圆罐	15	水平 15 垂直 5	≥1	≤0.5%
JSJ5252GXHW	斯特尔 1491	石油三机厂	卧式圆罐	18	水平 15 垂直 5	1.2	≤0.3%
LQZ5320GSN	斯特尔 1491	临清专用汽车制造厂	卧式圆罐	19	水平 15 垂直 5	≥1.1	≤0.4%
NYC5320GSN	斯特尔 1491	南京压缩机股份有限公司	卧式圆罐	20	水平 15 垂直 5	1.2	≤0.4%

10.6.2　散装粉状物料运灰船

水泥的海上运输是由散装粉状物料运输船来完成的。6200P 散装粉状物料运输船就是最常用的一种海上散装粉状物料运输设备，船上的粉状物料密闭输送系统是由万邦石油科技有限责任公司设计制造的。下面以6200P散装粉状物料运输船为例对运灰船粉状物料密闭输送系统作一介绍。

10.6.2.1 用途

散装粉状物料运灰船不仅可以向海上平台运送水泥，也可以运输水泥外加剂及外掺料、钻井液外加剂及外掺料，如铁矿粉、重晶石、粉煤灰、坂土粉等。有时粉状物料长途运输也使用散装运输船。

运输船粉状物料密闭输送系统是用于海洋钻井平台粉状物料供应及转运的专用设备，它可以通过气动输送方式有效地接收、储存和转运粉状物料，既保证粉状物料的密封，又不污染环境。可为钻井平台海上固井提供水泥及外加剂，也可为钻井平台配制钻井液以及为钻井液加重提供助剂材料；当平台移位需要减载时，可将平台上的粉状物料转运到码头、运灰罐车或者其他运输船。

10.6.2.2 结构流程及原理

水泥运输船粉状物料密闭输送系统，是利用粉状物料气化悬浮流动的原理实现对粉状物料密闭输送。其核心技术是罐体内部的气化装置和气体动力的合理使用，以及储灰罐和管汇的合理布局。系统主要组件有：储料罐、进料管汇、出料管汇、气路管汇、排空管汇、空压机、控制台和各种阀门等(图10-44)。工作原理是：从码头储灰罐或者车载运灰罐吹过来的气灰混合物，到达罐体内部经过旋风分离，气体从罐体上部的排空口排出，灰料则由于重力作用留在了罐内；当要出料时，首先开启空压机给罐内进气，将粉状料气化，压力足够时将气化的粉状物料即气灰混合物吹到平台密闭储灰罐系统或者其他地方。

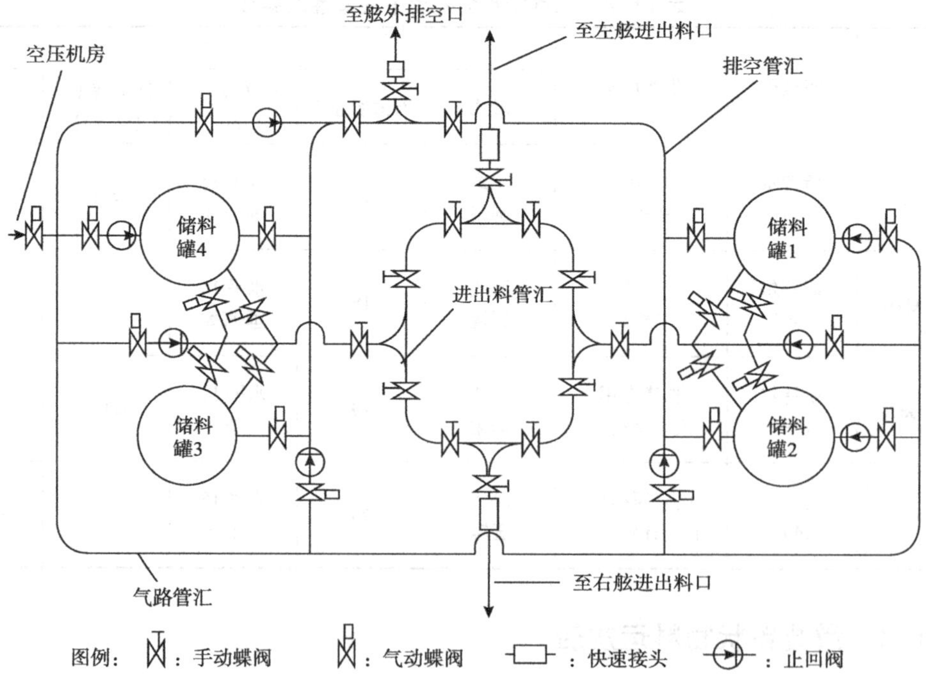

图10-44 6200P运输船粉状物料密闭输送系统结构原理示意图

10.6.2.3 系统操作

1)进料操作。

(1)打开甲板排空碟阀，将排空软管甩出舷外。

(2)接通控制台电源，确定灰罐舱内各阀门处于关闭状态，打开空压机(控制风源)使控制气源压力达到0.5~0.6MPa。

(3)如果前舱进料，打开前舱排空总线阀门，如果1#罐进料，再打开1#罐进料和1#罐排空气动碟阀；如果左舷进料，打开左舷手动和气动进料总线阀门，如果右舷进料打开右舷手动和气动进料总线阀门和1#、2#罐之间的气动阀门。

(4)管线联通后，码头或车载罐首先进行清扫管线，当发现排空软管出气顺畅，即可进行进料。

(5)当1#罐上料位显示红灯、排空口有灰冒出或者罐内压力稍微变大时，打开2#罐进料和排空气动碟阀，关闭1#罐进料和排空气动碟阀，2#罐开始进料。

(6)1#、2#罐进料满时，关闭前舱内所有阀门改进后舱3#罐，打开3#罐进料和排空气动阀门，如果左舷进料，打开左舷进料总线阀门，如果右舷进料，打开右舷进料总线阀门，3#罐进料满时，关闭3#罐进料和排空阀门，开4#罐进料和排空阀门。

(7)4#罐进料满时，进料结束、码头或者车载罐清扫管线，清扫管线完毕，关闭所有气动和手动阀门，关闭控制台电源，关闭控制气源空压机，将排空软管拖上船。

注意：如果进料时，管线堵塞，可以通过船载空压机回扫。方法是：关闭进料罐进料碟阀，打开冷却泵、冷干机和空压机1#或者空压机2#，工作气源压力为0.3MPa时，前舱开进出料扫线，后舱开左右舷进出料扫线，如果扫通，结束操作；如果不通，分段扫，先扫通甲板上的管线，再扫通舱内管线。

2)出料操作。

(1)打开甲板排空碟阀，将排空软管甩出舷外。

(2)接通控制台电源，确定灰罐舱内各阀门处于关闭状态，打开控制气源空压机，使控制气源压力达到0.5~0.6MPa。

(3)如果前舱出料，打开前舱排空总线阀门，如果后舱出料，打开后舱排空总线阀门。

(4)打开冷却泵、冷干机和空压机1#或者空压机2#，当工作气源压力为0.3MPa时，如果前舱1#罐出料，开前舱扫线和左舷进出料总线阀门或者右舷进出料总线阀门，清扫管线1~2min，看到粉状料接收方排空口有气体冒出，开1#罐进气阀门，进气压力为0.3MPa时，开始出料。

(5)当1#罐出料完毕，关闭1#罐出料和进气阀门，开前舱扫线1~2min，开2#罐进气阀门，进气压力为0.3MPa时，2#罐开始出料。

(6)前舱出料完毕，开前舱扫线清扫管线1~2min，关闭前舱所有阀门，开启1#、2#罐排空阀门，将罐内余气泄掉。

(7)如果后舱左舷出料，开左舷扫线阀门，如果后舱右舷出料，开右舷扫线阀门，清扫进出料管线1~2min，看到粉状料接收方排空口有气体冒出，打开3#罐进气阀门，憋气压力0.3MPa时，开3#罐出料阀门开始出料。

(8)当3#罐出料完毕，开进出料扫线阀门，清扫管线1~2min，开4#进气阀门，憋气压力0.3MPa时，开4#罐出料阀门开始出料。

出料完毕，清扫出料管线1～2min，同时通过排空放掉3#、4#罐内压力，结束清扫进出料管线，开前后舱排空扫线阀门，清扫排空管线1～2min，结束扫线操作；关闭各手动和气动阀门，关闭冷却泵、冷干机、空压机和控制汽源空压机，关闭控制台电源，将排空软管拖上船。

3)注意要点。

(1)出料时罐内压力在0.3～0.45MPa缓慢变化时，为正常；每一个罐出料即将结束时，罐内压力会降低，甚至降到0.2～0.3MPa，此为正常现象；当罐内压力迅速增大时，进出料管线无物料流动时，管线堵塞，要停车检查。

(2)如果出料时管线堵塞，可以回扫，方法是：关闭出料罐出料和进气碟阀和扫线阀门，打开非出料罐的进料和排空碟阀，关闭甲板最外头的出料阀，全开甲板最外头的助吹阀，回扫管线，如果不通则分段回扫，通了后继续出料。

10.6.2.4　维护与保养

(1)系统空压机、冷干机、过滤器保养说明(详见空压机、冷干机说明书)。

(2)空气罐底部排污口要经常排污；如果没有空气罐，要在空气管线下部加装排污口，以便经常排污。

(3)安全阀要一年检查校准一次，校准压力0.45MPa，安全阀出气口内部半年涂抹一次黄油，保持内部螺栓和弹簧的安全可靠及拆装方便。

(4)压力变送器要一年检查校准一次，校准误差在0.02MPa以内，压力变送器要保持外部清洁，以便在压力变送器表头看到罐内压力。

(5)进气用止回阀，扫线用止回阀，要半年检查一次可靠性，以免止回阀出现问题，造成粉状物料进到气管线，造成系统使用效果下降甚至瘫痪。

(6)阀门要半年检查一次灵活性和密闭性，防止开关不灵活造成系统使用效果下降，防止阀门关闭不严造成气体和粉状物料外泄。

(7)手动阀门手柄上的固定螺栓和安装固定阀门的螺栓要半年涂抹一次黄油，保持螺栓的拆卸灵活。

(8)气路软管工作前要检查外观，以免破损，造成不必要的事故。

(9)罐内物料难以输送出来，内部气化系统出了故障，要找专业维修人员及时维修处理。

(10)三联体要保证油杯内油位在刻度线以上，水杯有水要放掉，压力调节阀要调节到0.5～0.6MPa之间。

(11)排空口软管要确保不会有水泥块，以免影响系统排空效果，如果有水泥块要砸碎清除。

(12)系统控制台在长时间不用时，要定期通电防潮。

10.6.2.5　常见故障及排除

(1)储罐不进气。

检查气路是否有阀门没有打开，如果都显示打开，检查各阀门阀板是否都随手柄转动，如果有阀板不动，更换该阀门，如果阀板活动正常，要检查管线是否堵塞，如果管线堵塞，多为气化床故障，需找专业人员维修。

(2)储罐不排气。

往罐内进气罐体上的压力变送器压力上升，但开启排空阀排空口无气排出。检查排气阀门是否都打开，如果都显示打开，检查各阀门阀板是否都随手柄转动，如果有阀板不动，更换该阀门，如果阀板都没有问题，要检查管线是否堵塞，首先开启排空扫线，如果有气从排空口排出，堵塞管线在通往储罐的支管线；如果没有气排出，堵塞在排空管系的主管系，首先用小锤敲打可疑管系的外部，发出沉闷声音处为可疑堵塞点，拆除检查问题并清除堵塞物，储罐排空堵塞多为异物堵塞，有时敲打听不出异样，要从头逐级拆卸检查。

(3)储罐不出料。

如果是不进气，检查进气阀门是否都打开，如果都显示打开，检查各进气阀门阀板是否都随手柄转动，如果有阀板不动，更换该阀门。如果进气但不出料，开启出料扫线，看是否有气排出，如果无气排出，检查出料管线阀门是否都打开，如果都显示打开，检查各阀门阀板是否都随手柄转动，如果有阀板不动，更换该阀门，如果阀板都没有问题，要检查管线是否堵塞，首先用小锤敲打可疑管系的外部，发出沉闷声音处为可疑堵塞点，拆除检查问题并清除堵塞物。如果有气排出，内部气化系统故障，要找专业维修人员及时维修处理。

(4)安全阀漏气。

检查安全阀设置压力上限和罐内压力，罐内压力超限应检查排除，如果安全阀设置上限压力太低需调节，如果是安全阀故障需更换。

(5)压力变送器失准。

压力变送器与实际压力相差太多或者不显示，需更换压力变送器。如果压力变送器与控制台显示不符，要检查线路是否连通，如果线路正常，要检查仪表参数是否被人修改，如果参数正常，就要更换仪表。

(6)储罐憋不住压力。

检查止回阀，如果止回阀回气需更换止回阀，如果排气口出气，阀门关闭或者密封不严，需关严或更换。如果进气口没关严或者密封不严，需关严或者检查阀门及管线，阀门损坏需更换阀门，管线损坏需修补。

(7)三联体不出油。

需调节上部调油螺栓，若还不合适需更换三联体；三联体减压阀要在0.5～0.6MPa之间，如果调节不了要更换三联体；三联体水杯和油杯安装要加密封胶圈防止漏气。

(8)排空软管内有水泥成块。

要砸碎清除。排空最外部阀门在系统不用时一定要关闭。

(9)控制台指示灯不准确。

首先检查阀门指示限位开关是否移位，其次检查指示灯下部的线路和电阻是否损坏。

(10)控制台开关不灵。

清除开关内的灰尘，如果还不灵活，需要进行更换。

10.7　固井施工参数测量记录显示设备

固井施工参数测量记录显示设备是测量、记录和显示固井施工参数的设备和仪器，固井施工参数主要包括固井施工过程中的瞬时排量、累计排量、施工压力和水泥浆密度。最早的固井施工瞬时排量和累计排量的测量设备是计量罐和秒表，记录是靠人工记录，水泥车和供水车上的水柜就是一个带刻度的计量罐，也有专门的计量罐，当注水泥和替钻井液需要计量时，就用计量罐和秒表来实现，后来发展到流量计计量。压力测量是采用压力表。水泥浆密度测量最早是采用杠杆密度计，由于杠杆密度计不能测量瞬时密度，后来研究发展了放射性密度计、“U”型管密度计和振荡密度计。随着技术的发展，目前可将固井参数集中记录和远程显示，下面把几种典型的测量记录显示设备作一介绍。

10.7.1　流量计

10.7.1.1　涡轮流量计

涡轮流量计由一次仪表和二次仪表组成(图10-45)。一次仪表是一只两端带由壬的涡轮壳体总成和传感器，二次仪表是一台脉冲频率计算器和数据显示器。工作原理是：将一次仪表串接在固井液流经的管道中，通过电缆将二次仪表和一次仪表连接，流量通过叶轮的旋转变为电脉冲信号输出，二次仪表接收传来的电脉冲信号后放大、整形并加以运算处理，最终以单位体积的形式直观显示。在一定的流速范围内，液体的流速与叶轮的角速度成正比，而叶轮的角速度又和脉冲信号的频率成正比，所以脉冲信号的变化就代表了液体流速的变化。目前使用的LW—70涡轮变速器的测量范围是0.4～4.0m^3/min，涡轮变速器的耐压不小于26MPa。多年来涡轮流量计的发展缓慢，一次仪表的改进除了延长使用寿命和提高测量精度外，流量计缠、卡的致命弱点始终未能克服。二次仪表则从分离元件过渡到集成电路，20世纪90年代变换成电脑式的智能仪器。

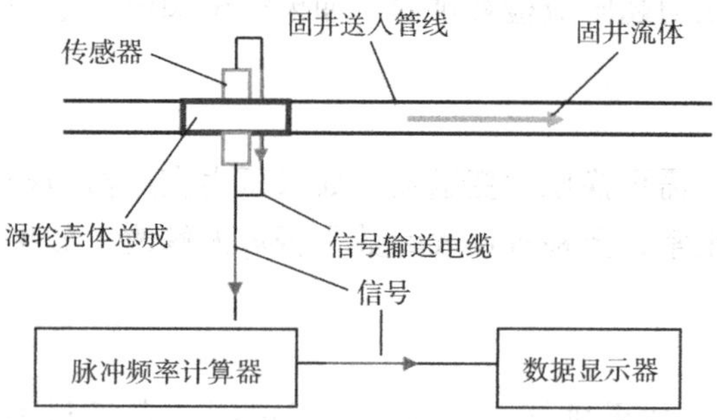

图10-45　涡轮流量计工作流程示意图

影响涡轮流量计误差的因素是多方面的，设备误差可通过提高操作人员素质和责任心来克服，而被测介质中非液体物质的干扰，则是长久以来困扰人们的棘手难题，如固井液中的固体硬块把叶轮卡住使测量失败；混在固井液中的棕绳、尼龙带、棉纱等长纤维杂质，可以把叶轮缠住使测量出现误差；特别是当混在固井液中的气体过多时，由于气泡是在低压下流经流量计的变速器，而到井下高压时体积大幅度压缩，导致测量的数据与实际会有较大的误差。对流量计进行定期鉴定(或校验)是保证计量准确的重要手段，为此，在固井公司内建立了一套校验台，对全部涡轮流量计定期检验并收到满意的效果。

10.7.1.2　容积式流量计

由于涡轮流量计存在怕卡、怕缠，每次运转时间不能太长等缺点，1986年随着CPT—

986 水泥车的引进，容积式流量计在较大范围得到了应用。CPT—986 水泥车上配置的容积式流量计有机械式和电子式两种，机械式的显示仪表安装在水泥车的操作台上，而电子式的显示仪表是一台数据显示器(PACR 电脑)，专供固井时有关数据的记录和储存。

容积式流量计的测量原理是：柱塞泵活塞往复一次排出液量是一定的，活塞的频率与减速箱齿轮轴的转速成正比，而减速箱齿轮轴的转速又与传动轴的转速成正比，所以传动轴转速的变化就代表了排出液量的变化。机械式流量计的信号类似于汽车上的转速表，信号从柱塞泵减速箱齿轮轴上输出，然后传到工作台的显示仪表上。电子式流量计是将一个电磁传感器，安装在与传动轴平行的附件位置上，传动轴旋转时切割电磁传感器的磁场，在传感器的线圈上产生电脉冲信号，数据采集器在接受电脉冲信号后，经过放大、整形、运算处理后显示在屏幕上，同时打印机将数据打印做文字记录。

容积式流量计的误差取决于柱塞泵的上水效率，当上水效率差或无水可上时会出现较大的正偏差；而当柱塞泵迟于灌注泵启动时又会出现负偏差。容积式流量计和涡轮流量计相比，具有不怕卡、不怕缠及长时间运转不需经常保养等优点。

10.7.2　密度计

水泥浆密度是否达到要求是保证固井质量的关键，过去一直靠人工间断取样、杠杆称重的办法测量水泥浆的密度，这种方法简单易行但数据不连续，且测量出的数据误差比较大。1984 年，研制推广 NNF—新 212 型核辐射密度计，在 1986 年 CPT—986 水泥车引进后，水泥浆密度的自动化测量才得以实现。目前，最常用的自动化测量水泥浆密度的密度计有三种，即杠杆密度计、放射性密度计和振动式密度计。

10.7.2.1　杠杆密度计

杠杆密度计是以杠杆原理进行测量密度的密度计。它由液体容积桶、容积桶盖、刻度杆和支座组成(图 10-46)。该密度计结构简单、便于携带、操作容易，但数据不连续且测量出的数据误差比较大，数据反映滞后。

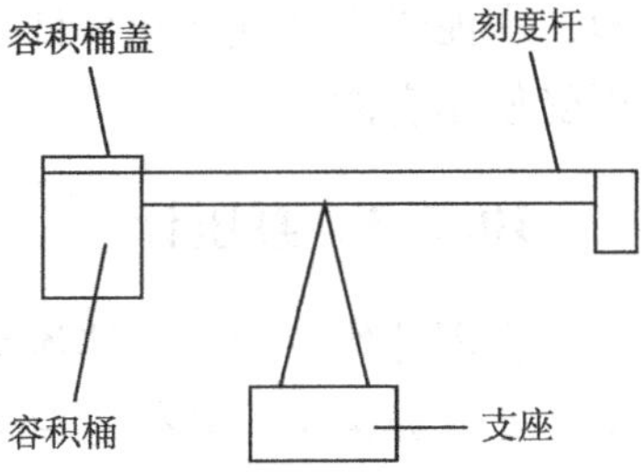

图 10-46　杠杆密度示意图

10.7.2.2　放射性密度计

放射性密度计又称核辐射密度计，它由放射源、探测器、二次仪表和被测管道组成。放射源使用的放射性物质是铯 137，密封在不锈钢制成的圆柱形筒内，该筒又放在一个双层的铅罐内，铅罐厚度由放射性物质的剂量来决定。铯 137 的 β 射线具有穿透物质的能力，而不同密度的物质对 β 射线的吸收程度是不一样的，物质的密度越高吸收 β 射线的能力越强，也就是说 β 射线穿透该物质后衰减的越厉害。因此，只要检测出被衰减后 β 射线的强度，就能判断出被穿透物质的密度了。通过铅罐内外层的转动可打开或关闭放射源，当放射源处于中心位置时关闭，放射源处于表皮位置时被打开。为了避免放射源对人体的伤害，只有在测量时才把放射源打开，平时不用时放射源处于关闭状态。CPT—986 水泥车密度计放射源的剂量是 50 毫居里。探测器是专门接受放射线转换成电信号的装置，探测器输出的电信号可转换成密度值，并最终直观显示在二次仪表上。二次仪表可输出 0～20mA 的电流信号供数据采集器记录，使用过程中二次仪表需 12V 直流电源供电，并把 12V 变换成 15V 给探测器供电。测量时探测器和放射体分别固定在管道的两侧，放射体、管道轴中心线和探测器中心三点成一线。被测管道是柱塞泵垂直上水管的一部分，垂直安装的目的是保持管壁清洁和防止气泡干扰。二次仪表在使用前需要进行校核。放射性密度计的测量范围是1.00～2.16g/cm^3，其测量的准确性取决于标定者的责任心和水泥浆内含气泡的多少，水泥浆内含气泡越多，其测量的偏差就越大。

10.7.2.3　振荡式密度计

1998年，开始使用配浆橇上装有的振荡式密度计。振动式密度计由"U"型管、振荡器、频率采集器和二次仪表所组成。"U"型管和水泥浆循环主管道并联，通过三通把水泥浆分流一部分经过"U"型管。众所周知，几何形状相同而物质成分不同的物体其固有振荡频率不同，"U"型管内充满不同密度的水泥浆时，"U"型管的固有振荡频率也会因水泥浆密度的变化而变化，因此只要测出"U"型管的固有振荡频率就可以判断出管内水泥浆的密度了。"U"型管的几何形状由设计来确定，工作时，"U"型管做悬臂梁式的自由振荡。振荡器由电磁铁充当，是使"U"型管产生振动的动力源，振荡器信号频率和"U"型管自由振荡同步，使"U"型管产生无阻尼振荡。频率采集器由压电陶瓷片充当，固定在"U"型管振荡变形最明显的部位，压电陶瓷片把"U"型管振荡频率转换成电脉冲后送到二次仪表。二次仪表由一台工业电脑充当，它把频率采集器送来的信号加工处理后，一路送显示器作测量结果的直接显示，另一路进行功率放大后送振荡器补充能量，第三路把实测密度值和设计密度值相比较，控制水灰比实现水泥浆密度的恒定配制。

振荡式密度计不需要进行校验，只要保持管壁清洁就可以了。检查管壁清洁的方法是先在"U"型管内充满水，看其固有振荡频率是否有漂移即可。保持"U"型管内清洁的方法是：在配制工作结束后，立即用清水循环冲洗。振动式密度计的测量误差主要来自水泥浆中的气泡，水泥浆中含气泡越少计量就越准确。振荡式密度计和放射性密度计相比，对人身无伤害更受使用者的欢迎。

10.7.3　泵压计

在固井作业中，流体流动状态应该是畅通、平稳的，若流体流动受阻表明施工出现了异常，此时异常情况若得不到及时、有效地解决，最终会导致固井作业失败，甚至是油井报废。检查流体通道是否畅通的仪表即压力指示器（通称压力表），所以在固井作业的全过程，施工指挥者都会一直关注压力的变化。现场常使用的压力指示器有：机械压力表、抗震压力表和电子压力传感器等。

10.7.3.1　普通机械压力表

20世纪60和70年代初期，普通机械压力表在固井水泥车上被广泛使用，但因压力表指针在泵送工作时大幅度摆动，在固井作业中不易观察、读数也不准。另外，由于压力表波纹管内腔和被测液体直接联通，水泥浆易进入波纹管凝固后造成压力表报废，所以在70年代中期被耐震压力表所代替。

10.7.3.2　耐震压力表

耐震压力表是在普通机械压力表的基础上改进而成的。它在压力表的空腔内充有液压油，使指针移动变得平稳、读数更加准确，在波纹管和被测液体之间加有隔膜，使液体无法进入压力表延长了压力表使用寿命。

10.7.3.3　触点式压力表

触点式压力表就是在抗震压力表上设计增加了一个可调的压力指针触点和配套的电路。当表针接触触点时电路联通，并控制动力设备或传动机构来保护设备。CPT—986 水泥车上的压力表不仅具备抗震压力表的优点，还在表上设置了超压停泵装置，对高压井作业增加了安全保证。控制原理是在表盘上加了一个限压指针，作业前将限压指针调到比施工最高压力稍高的位置，当柱塞泵泵压因不可预料的意外情况突然升高时，压力表的指针与限压触点相碰后，电磁阀线圈通电，电动气开关打开，将发动机油门拉杆中气缸内的气放掉，使油门自动复位为怠速位置，由于带动柱塞泵的传动箱内有液力变矩器，机泵组停止运转，保护了设备和施工的安全。

10.7.3.4　压力传感器

压力传感器分为液力压力传感器和电子压力传感器两种。液力压力传感器由一个带有液体的胶囊装置通过装有液压油，液力管线与压力表连接，通过压力表远距离显示压力信号。电子压力传感器是将压力信号通过压电元件，转换成电子信号后由二次仪表直接显示，由三次仪表进行记录的装置，实现了泵压连续自动记录和数据远距离显示。CPT－986 水泥车上配置的压力传感器，其测量范围为 0～105MPa。

10.7.4　数据采集器

10.7.4.1　PACR 数据采集器

为便于固井质量的分析和资料查询，要将每口井固井中的各项数据真实地记录下来。随着 CPT—986 水泥车的引进，PACR 数据采集器能把固井中的排量、密度、泵压三个参数连续记录和打印，同时能与固井作业的时间相互对应。

10.7.4.2　IFM－Ⅲ智能固井参数仪

IFM－Ⅲ智能固井参数仪是东营新大陆科技开发有限责任公司研制开发的固井参数智能监测设备，是用来测量、记录和显示固井综合参数的智能仪器，它利用固井水泥车原有的流量、压力及密度传感器作为信号源，开发配套的固井参数测量显示系统。

1）基本组成。

IFM－Ⅲ智能固井参数仪由二次仪表 CPTI－Ⅳ固井参数无线数传仪和无线接收显示仪组成。IFM－Ⅲ智能固井参数仪仪表前面板如图 10-47 所示，IFM－Ⅲ智能固井参数仪仪表后面板如图 10-48 所示。仪表前面板由 LCD 数据显示窗口、参数设定键、控制键和指示灯组成。仪表后面板由流量、压力传感器插座及数据存储键、数据通讯接口、充电座、电源保险座、电源开关组成。手持无线接收显示仪面板上设有“背光“键，用于打开液晶 LCD 的背光灯，以便夜间或黑暗时查看数据。

2）IFM－Ⅲ智能固井参数仪系统功能。

IFM－Ⅲ智能固井参数仪系统功能如下：

（1）一次仪表。

CPTI－Ⅳ固井参数无线数传仪与固井水泥车原始配置的流量、压力及密度传感器配套实现注水泥流量、压力及密度的测量、显示和存储。

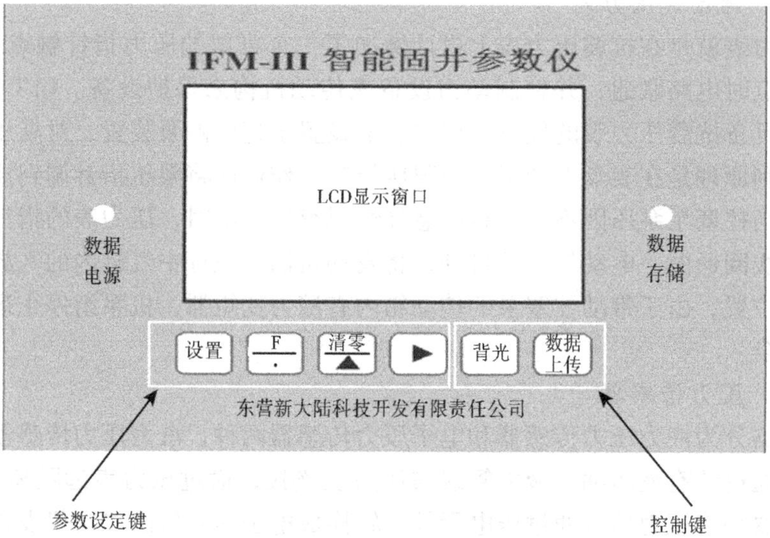

图 10-47　IFM-Ⅲ智能固井参数仪仪表前面板示意图

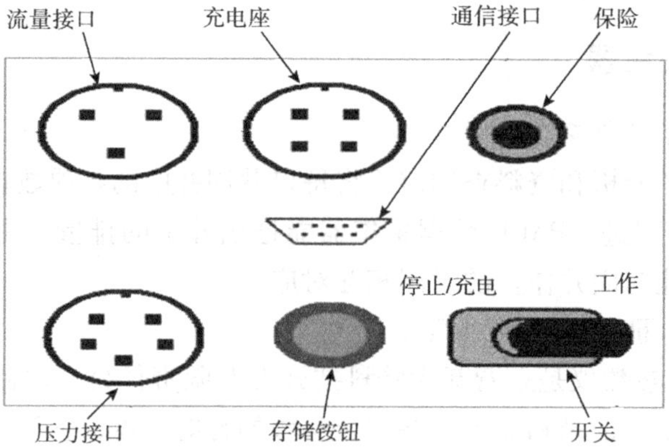

图 10-48　IFM-Ⅲ智能固井参数仪仪表后面板示意图

(2)二次仪表。

CPTI-Ⅳ固井参数无线数传仪与涡轮流量传感器配套实现对注水泥施工过程中注水泥及顶替流量的测量、显示和存储。

(3)数据远距离无限传送。

所测数据通过仪表内的数传电台无线发射出去，施工指挥或甲方手持无线接收显示仪在距现场1000m范围内的安全地带接收查看上述数据，以便现场指挥和监督。

(4)数据储存。

整个固井过程中所测的数据(瞬时排量、累计排量、压力及密度)全部存入仪表内部的非易失存储器(断电不丢失)。

(5)绘制记录参数曲线。

通过配套专用软件可将仪表内存储的数据下载到计算机中，绘制出完整的瞬时排量、压力和密度曲线。本仪表按照国家标准GB/T—1150的有关规定进行设计制造，并获防爆安全检验的认证批准。

10.8　固井设备研发与应用实例

10.8.1　FQC－ⅡH 粉尘回收式除尘器的研制与应用

10.8.1.1　概述

随着石油勘探开发新技术的不断发展，对固井技术有了更高的要求，油井水泥的散装化是固井新技术发展的一个必然趋势。它方便水泥运输、储存，适合水泥与外加剂的干混，易于自动化操作，密闭防潮，减少劳动强度。目前，散装水泥的运输、储存、混拌和气力输送已在各油田广泛使用。各油田都建有自己的油井水泥库、干混站。但是粉状物料的运输、混拌、储存的自动化，对气体输送的要求越来越高，针对粉状物料对环境污染的特点和国家对环境保护要求的不断提高，粉状物料的除尘越来越受到人们重视。而目前各油田使用的除尘系统都是社会上使用的传统除尘器，除尘能力低、需人力清除粉尘、劳动强度高、易产生二次污染。针对这个问题，2007 年初，胜利油田渤海固井公司和东营万邦石油科技有限责任公司大胆探索，成功研制成功了 FQC－ⅡH 型粉尘回收式粉状物料气力输送除尘器(简称 FQC－ⅡH 粉尘回收式除尘器)，已获国家专利(F：粉状物料；Q：气力输送；C：除尘器；Ⅱ：二次改进型；H：粉尘回收式)。该设备在除尘效率和环保方面具有独特的优势，具有容量大、除尘能力强、可密闭回收粉尘、劳动强度低等优点，克服了常规除尘器的弊端，非常适合油井水泥及外加剂以及钻井液药品的储存、混拌场所使用。FQC－ⅡH 粉尘回收式除尘器投产后很受现场欢迎，目前广泛应用于油井水泥库、水泥干混站、钻井平台以及相应的粉状物料库等领域，它不但能解决大库容量粉状物料气力输送系统的有效除尘，达到国家环保标准，而且能实现密闭粉尘回收，减少了粉尘再污染，并且使废物再利用，减少了人工清除粉尘的劳动量，大大提高了经济效益和环保质量。

10.8.1.2　结构组成

FQC－ⅡH 型粉尘回收式粉状物料气力输送除尘器(简称 FQC－ⅡH 粉尘回收式除尘器)主要由以下部件组成：8in 排气口、脉冲气流发生器、上检修人孔、除尘器壳体、中检修人孔、扶梯、观察孔、支腿、下检修人孔、隔尘布袋、5in 含尘气体进口、料位报警器、料位报警器口、4in 出料口、底风进入口和底座等(图 10-49)。

10.8.1.3　工作原理

为进一步说明 FQC－ⅡH 型粉尘回收式除尘器的工作原理，我们结合中石油海洋固井水泥混拌库系统流程原理图(图 10-50)加以说明。

1)除尘过程。

当含尘气体从原成品罐和原料罐通过排空管线经过 3 号阀、4 号阀到达灰气分离器，进行初级分离除尘后再经过 5 号阀到达除尘器。含尘气体进入除尘器后，首先经过旋流离心、碰撞，然后再经过隔尘布袋的过滤，粉尘被滤袋阻挡，粉尘下落，沉积到回收室。净化后的气体，透过滤袋经出气口由引风机排出。

2)清灰过程。

随着除尘过程的不断进行，滤袋外表面的粉尘不断增多，系统阻力同步升高，及时彻底

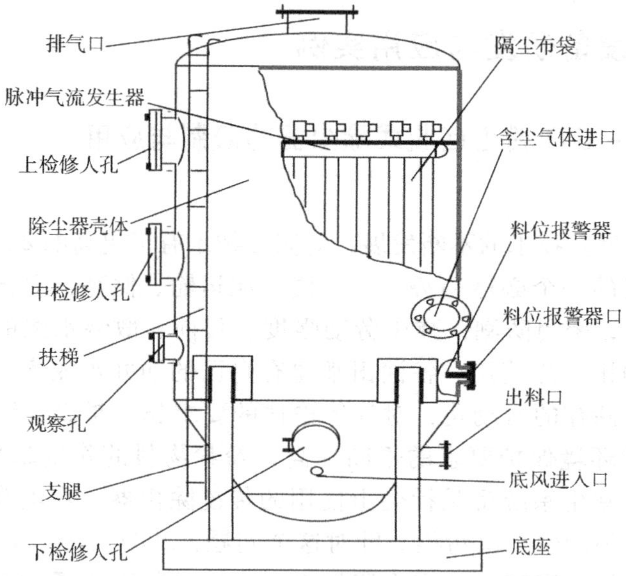

图 10-49　FQC-ⅡH 型粉尘回收式粉状物料气力输送除尘器结构示意图

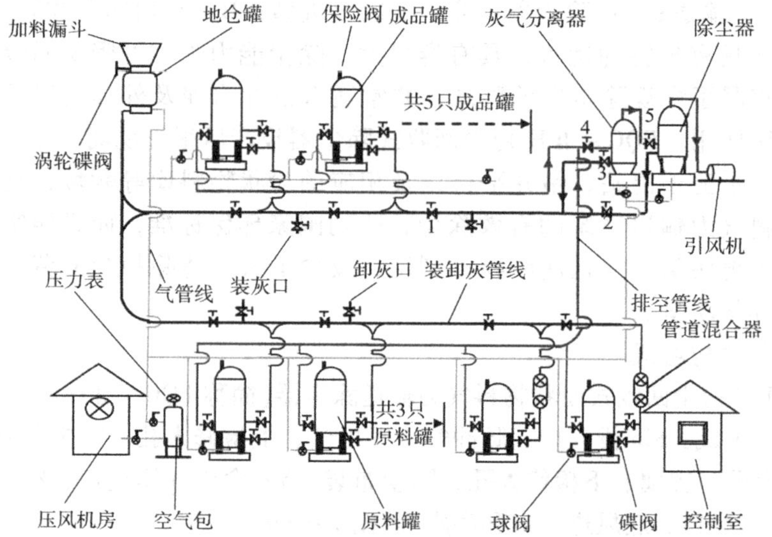

图 10-50　中石油海洋固井水泥混拌库系统流程原理图

地将其清除是保证除尘器正常运行的关键，采用低压脉冲压缩空气清灰方式，压缩空气经脉冲阀和控制装置转换为脉冲气体，经吹管进入喷嘴，同时诱发周围空气成为瞬时膨胀暴发气体，反向将滤袋表面的粉尘除掉，整个过程实现自动化。

3)回收过程。

除尘器粉尘室出料口通过出料管线和成品罐进料口连接。当粉尘室沉积的灰尘达到料位报警器传感器时，报警器报警，对粉尘室沉积的粉尘通过锥体上的底风进入口充气，对粉尘进行流态化处理，然后通过出料管线经过 3 号阀、2 号阀、1 号阀进入成品罐，进行粉尘回收。也可以不到报警时进行粉尘回收操作。

10.8.1.4　性能及特点

FQC－ⅡH 型粉尘回收式除尘器利用旋流离心、脉冲清灰、布袋过滤、真空抽吸等多级除尘功能综合除尘，除尘效率高，可密闭回收粉尘废料，不污染环境，粉尘废料回收再利用，节约成本，减少劳动量，该设备结构紧凑，占地面积小，部件可靠，设备故障率低，使用寿命长，适合大风量工作场合。FQC－ⅡH 型新型粉尘回收式除尘器与传统除尘器的不同及先进之处见表 10－9。

表 10－9　FQC－ⅡH 型粉尘回收式除尘器与传统除尘器的特点对比

特点＼除尘器／项目	传统除尘器	FQC－ⅡH 型粉尘回收式除尘器	备注
形状	立方体	立式圆罐	
承压能力	不能承压	除尘器(罐)内能承压	
除尘方式	布袋过滤除尘	旋流分离、碰撞、布袋的过滤，脉冲清粉尘多级除尘方式	
清理粉尘方式	人工清理	气动密闭回收	
安装环境要求	室内安装	野外露天安装	
粉尘处理	污染环境	粉尘再利用	

10.8.1.5　主要参数

(1)罐体外形尺寸：ϕ3000mm × H8500mm；

(2)容积：50m^3；

(3)除尘效率：99.8%；

(4)粉尘排放浓度：30mg/m^3；

(5)引风机功率：7.5kW。

10.8.1.6　现场使用情况

FQC－ⅡH 型粉尘回收式除尘器研制生产后，2007 年 3 月首先在胜利渤海固井公司安装使用，使用 2 个月后，现场反映很好。2007 年 5 月又安装了第二台，两台使用一年后，进行了与传统除尘器综合性能对比(表 10－10)。

表 10－10　胜利渤海固井油井水泥储存混拌站两种除尘器使用情况对比

除尘器／项　目	传统除尘器	FQC－ⅡH 型除尘器	备　注
水泥日进库量/t	300～400	300～400	
水泥日出吐量/t	300～400	300～400	
水泥日混拌量/t	300～400	300～400	
使用除尘器数量/个	3	2	
可靠性	经常堵塞	从不堵塞	
除尘器清理粉尘周期/d	3	7	
每个除尘器次清理粉尘量/t	0.7	2.5	
年粉尘处理量/t	250	250	

续表

项目＼除尘器		传统除尘器	FQC－ⅡH 型除尘器	备　注
清理方式		人工露天掏出	密闭回收	
粉尘处理		作为垃圾	回收再利用	
二次污染情况		有二次污染	无二次污染	
劳动强度		雇用民工	气动回收	
年节约民工费用/万元		0	12	
粉尘再利用节约资金/万元		0	17.5	按水泥 700 元/吨
效益	经济效益		29.5 万元/年	
	社会效益		环保	

根据表 10－10 中数据对比显示：FQC－ⅡH 型粉尘回收式除尘器具有除尘效率高、可靠性强、可密闭回收粉尘废料、不二次污染环境、粉尘废料回收再利用、节约成本、减少劳动量等优点。并且每年可直接节约成本 29.5 万元，有很好的推广价值。目前，在胜利渤海固井公司水泥库及干混站、中石化西南钻井工程公司临盘分公司水泥库及干混站、中石油海洋工程有限公司海岸基地水泥库及干混站、中石油长城固井公司（辽河油田）水泥库及干混站、中石油川庆固井公司水泥库及干混站等已广泛使用，并且取得了很好的效果。

10.8.1.7　几点认识

（1）FQC－ⅡH 型粉尘回收式粉状物料气力输送除尘器比较适合石油工程使用的各种密度的粉状物料除尘，如水泥、石英砂、重晶石、铁矿粉、土粉、粉煤灰、漂珠、硅粉等。

（2）由于除尘器粉尘室容量大，一般很长时间不用清理。每个除尘器每天负责处理（进水泥、出水泥、混水泥数量之和）粉状料 500t 的工作量时，除尘器需要 7～10d 清理一次粉尘。

（3）由于除尘器是密闭气动回收粉尘，所以适合自动化控制作业。

（4）由于除尘器是多级除尘，隔尘袋过流面积大，除尘效率高，隔尘袋不易堵塞，使用寿命长。

（5）由于内部空间大，检修及换件方便。

（6）由于除尘器是罐体形状，可充分利用上部空间，占据位置少。并且是除尘和密闭粉尘回收，不怕风吹雨淋，适合露天野外安装。

（7）该除尘器不适合黏性物质除尘。

10.8.2　充氮泡沫水泥设备的研制及应用

10.8.2.1　概述

低密度泡沫水泥具有密度低、强度较高、渗透性低、驱替能力强、弹韧性好、防气窜能力强、导热系数低等优点，在墨西哥湾、北美页岩区块、阿曼 Marmul 油田、胜利油田、新疆油田、长庆油田等相关区域得以广泛应用，先后形成了化学发泡法和机械充气法两种泡沫水泥固井工艺。由于在使用中发现化学发泡法形成的泡沫水泥浆存在诸多缺点，其发气量与化学反应条件有关，由于温度、压力、流体性质等的影响，往往会产生发气量不足或过多、密度不均和密度不易控制等问题，因此，用机械充气法形成泡沫低密度水泥越来越被人们重视，哈里伯顿公司、斯伦贝谢公司一直致力于机械充氮泡沫水泥浆固井技术的研究和设备研发，而国内目前主要以化学发泡泥为主，对机械充氮泡沫设备研究较少，国内没有自制的充氮造浆设备。因此，中国石化石油工程技术研究院针对机械充氮泡沫水泥配制工艺及配套设备行了系统研究，利用气体音速喷射理论，研制出水泥浆新型泡沫发生器，实现氮气排量的线性控制，形成了先进的充氮泡沫水泥造浆系统，克服了化学发泡水泥的不足，经过现场3口井的成功应用，设备各项功能良好、操作方便，参数达到设计要求，解决了现场固井中水泥漏失、浅层气窜的难题，填补了国内自制充氮泡沫水泥固井设备的空白，为充氮泡沫水泥浆固井奠定了基础。

10.8.2.2 油气开发对泡沫水泥浆的需求

根据我国“十二五”油气发展规划，国内油气发展面向三大发展趋势，一是陆上油气已进入高难度区块的勘探，深井、超深井、复杂井不断增多；二是非常规油气的勘探开发，使特殊开采及储层改造的井不断增多，如水平井分段压裂、稠油热采、地热井等；三是深海油气的勘探开发。由于泡沫水泥浆体系所具有的独特优势和特点，在以上勘探开发领域中能起到其他水泥浆体系不可替代的作用。在高难度区块的勘探开发中，漏失井、高压低渗井和长封固井必然增多，泡沫水泥的低密度、高强度，抑制体浸入能力及低渗透能力可发挥巨大优势；在非常规油气的勘探开发中，泡沫水泥的高强度、优良的弹韧性、优良的保温性能等对分段压裂、低压易漏非常规固井、热采井固井、地热井固井具有很大的优势；在深海油气的勘探开发中，漏失井和长封固段井是深海固井的突出难点之一，泡沫水泥可发挥其独特的优势。

目前，非常规油气的勘探开发是我国的开发热点，我国页岩气资源预计可达 $100\times10^{12}m^3$，页岩气资源具有巨大的勘探开发潜力。页岩气大型压裂和分段压裂不仅要求固井胶结质量良好，而且水泥石应具有高强度和好的弹塑性以及耐久性。这些性能泡沫水泥浆体系全都具备，另外根据目前开发的页岩气井情况统计，低压漏失井占据较大比例，截至2014年年底，统计国内涪陵区块页岩气井漏失情况，在96口完钻井中，62.65%的井存在漏失，且多为缝洞、裂缝性漏失，固井中普遍面临着低压漏失、水泥浆失返的问题，往往需要环空挤水泥作业，严重影响了固井质量，使用泡沫水泥浆体系完成非常规低压漏失井固井，可大大减少漏失现象发生，同时保证水泥石的胶结强度和弹韧性。国外在俄克拉荷马州 Woodford 页岩的勘探和生产实践表明，使用泡沫水泥浆固井比用常规水泥浆固井所获得的天然气峰值产量平均多23%。

10.8.2.3 氮气泡沫水泥浆的优点

国内外研究表明，氮气泡沫水泥主要具有以下优点：

(1)氮气泡沫水泥浆与其他泡沫水泥浆相比，具有泡沫细小、均匀，密度易控制等优点；

(2)密度低，强度相对较高，渗透率相对较低；

(3)良好的弹韧性，抗冲击能力强。试验证明，常规水泥石冲击20余次，水泥环就出现了裂缝，而泡沫水泥浆冲击300余次，水泥环仍保持很好的完整性(图10-51)；

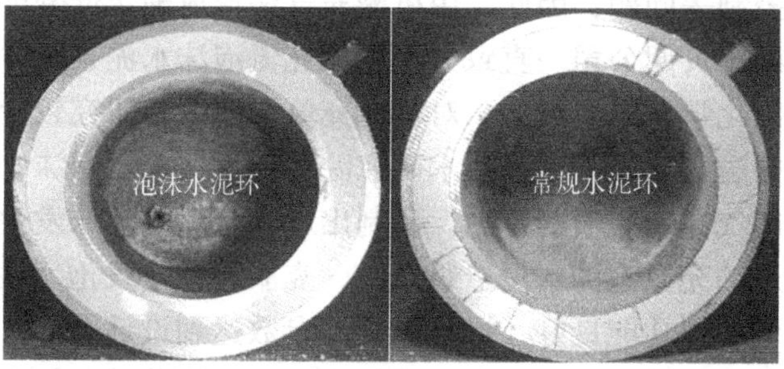

图 10-51　泡沫水泥环的抗冲击效果试验

(4)防窜性良好：泡沫水泥浆在高压下有弹性，可随外压变化胀缩，能够使水泥浆在整个凝结过程中保持足够的压力，抵制地层油气的浸入；

(5)低失水：水泥浆密度越小，气泡越多，同体积的水泥浆含水量少，同时气泡的表面积大，使液体离开浆体所需走的路径长，因而失水量低；

(6)低导热率：泡沫水泥的导热系数在 0.25～0.7W/(m·℃)范围内，比普通水泥 1.1W/(m·℃)要低；

(7)泡沫水泥浆的流动阻力大，驱替效果好，能提高水泥浆顶替效率。

10.8.2.4　充氮泡沫水泥浆设备研制

1)充氮泡沫水泥固井系统设备组成。

泡沫水泥浆可以采用 N_2 或空气作为减轻剂，考虑 N_2 的保持系数可达 90%，同时，N_2 为惰性气体，研究表明，N_2 对水泥浆的水化反应与基本性能几乎无影响，因此 N_2 是作为泡沫水泥浆气体介质的最理想气体。在现场施工中，可以利用液氮汽化充气的方式来制造泡沫水泥浆。如图 10-52 所示，充氮泡沫水泥固井系统主要包括以下设备和部件：水泥浆泵送设备、氮气注入设备、泡沫发生器、发泡液注入设备、发泡液与水泥浆混合器、水泥浆高压管汇系统、发泡液高压管汇系统、供氮管汇系统、自动控制系统和固井参数实时监控系统。

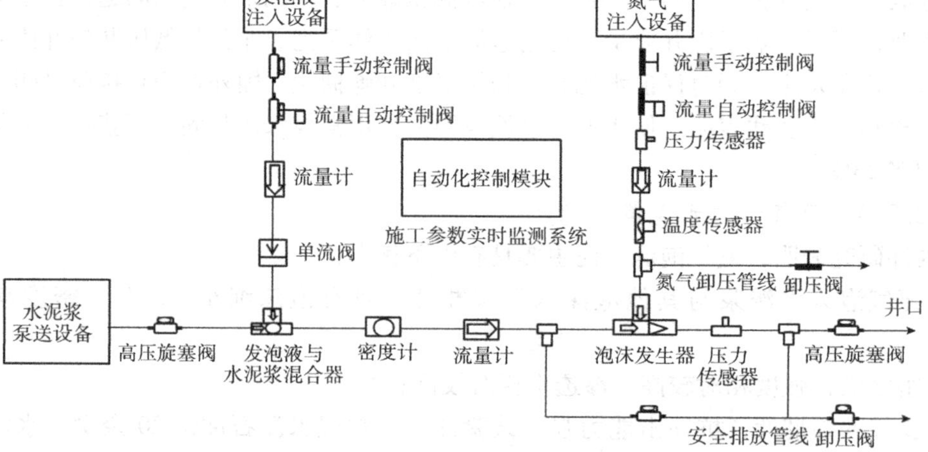

图 10-52　充氮泡沫水泥固井系统设备组成及工作流程示意图

2)充氮泡沫水泥浆固井核心设备。

(1)泡沫发生器的设计。

泡沫发生器是产生泡沫水泥浆的核心部件。不同于气液两相泡沫，水泥浆中含有固相颗粒，为三相泡沫流体，一般气液泡沫发生器不能产生满足固井需求的泡沫发生器，同时，不能承受高压。因此，设计了“T”型三通式泡沫发生器(图 10-53)。现场压力密封测试表明，该泡沫发生器可满足压力 30MPa 时使用。

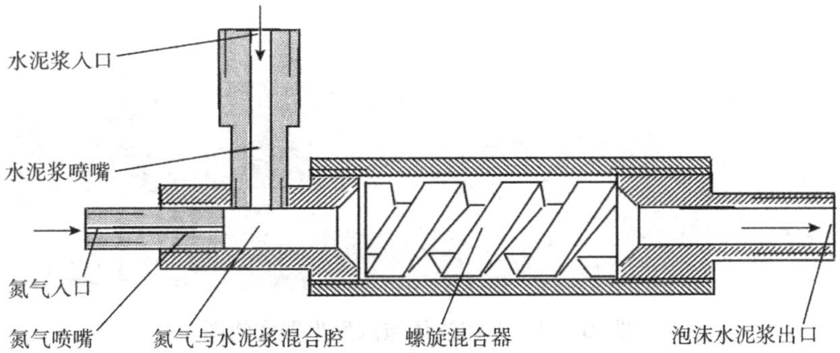

图 10-53　泡沫发生器工作原理示意图

三相泡沫发生器的工作原理：水泥浆通过水泥浆入口从喷嘴喷出，氮气通过氮气入口从喷嘴喷出，两者在混合腔内混合形成氮气泡沫与水泥浆混合体后，利用高压氮气喷射剪切、卷吸作用，提供三相泡沫流体需要的剪切能量，在压力下产生气泡，然后通过螺旋混合器，利用螺旋流动碰撞、摩阻作用，粉碎三相泡沫浆体中的大气泡，形成气泡均匀、细腻的泡沫水泥浆，并从出口流出。

根据圣维南定理，当气体流经渐缩喷嘴时，保持喷嘴上游端压力 p_0、T_0 不变，当喷嘴下游端压力下降到某一压力 p_c 时，通过喷嘴的质量流量达到最大，喷嘴出口的流速达到当地音速，继续降低下游端压力，通过喷嘴的质量流量将不再增加，流速将保持音速不变。该压力 p_c 被称为临界压力，p_c/p_0 称为临界压力比，此时通过喷嘴的流量称为临界流量。

气体临界流量的计算公式如下：

$$q_m = \frac{AC_d C_*}{\sqrt{\frac{R}{M}T_0}} p_0 \tag{10-1}$$

式中　A——喷嘴喉部面积，m^2；

C_d——流出系数，无量纲；

C_*——实际气体临界流函数；

R——通用气体常数，$J \cdot mol^{-1}K^{-1}$；

M——摩尔质量，$kg \cdot mol^{-1}$；

T_0——喷嘴入口处的滞止温度，K；

p_0——喷嘴入口处的气体的绝对滞止压力，Pa。

对于可压缩氮气，临界压力比 p_c/p_0 为 0.528，即满足喷嘴上游端压力为下游端压力的 1.89 倍以上时，可按公式(10-1)计算喷嘴气体流量，可以看出，在喷嘴直径一定的情况下，喷嘴出口的气体流量仅与喷嘴上游端的压力、温度有关，不再受下游端压力的影响。根据收缩喷嘴这一特性，在泡沫发生器中设计有不同型号的喷嘴。如图 10-54 所示，为研制出的注氮气泡沫发生器，内部的喷嘴可更换，整体结构简单，内部无活动部件；同时，在泡沫发生器的前后端均安装有压力传感器、流量传感器等，可实时采集现场施工动态数据。对不同型号的喷嘴进行压力、流量关系测试，得出测试曲线(图 10-55)。从曲线图可以看出，随着注氮气压力的增加，标准状况下的氮气排量呈线性增加趋势。施工前根据预计的井口压力，选择合适的喷嘴，通过改变注氮气压力的方式，改变注氮气量的大小，实现泡沫水泥密度的控制。

图 10-54　三相流体泡沫发生器实物图

在现场高压下通过泡沫发生器制备出泡沫水泥石(图 10-56)，从图中可以看出，利用三相泡沫发生器制备的泡沫水泥石，气泡直径细小，胶结强度好，将泡沫水泥石长期放置在干环境中，几乎没有出现水泥石的收缩或界面脱胶的情况，可满足固井施工要求。

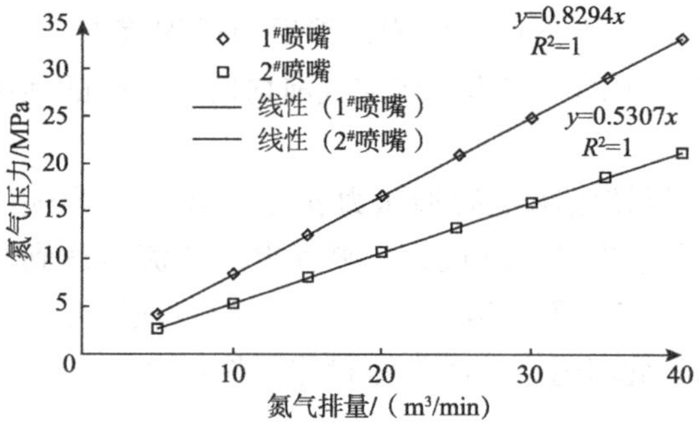

图 10-55　不同型号喷嘴条件下氮气排量与注氮压力关系曲线

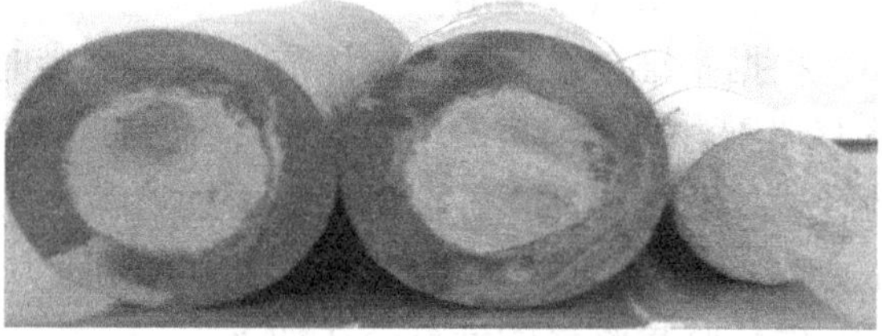

图 10-56　现场泡沫发生器制备的泡沫水泥石样品

(2)泡沫水泥施工数据采集、自动控制及密度监控系统。

在研制的充氮泡沫水泥固井系统中，设计有流量、压力、温度传感器，动态采集充氮泡沫水泥施工参数，如氮气压力、氮气排量、水泥浆密度、水泥浆排量、各点的压力等。现场选择好喷嘴型号后，由远程控制系统实时调节注氮气压力，根据水泥浆密度、排量，自动配比发泡液、氮气量的大小，起到实时控制泡沫水泥的作用。

在一口井水泥浆密度一定的条件下，充氮泡沫水泥的密度主要取决于注氮气量的大小。泡沫水泥浆密度计算如下：

$$\rho_f = \frac{V_L}{V_L + V_g}\rho_s + \frac{V_g}{V_L + V_g}\rho_g \tag{10-2}$$

式中　ρ_f——泡沫水泥浆的密度，g/cm³；

ρ_s——水泥浆的密度，g/cm³；

ρ_g——氮气在一定温度、压力下的密度，g/cm^3；

V_g——一定温度、压力下的氮气体积，m^3；

V_L——水泥浆的体积，m^3。

图 10-57 为注氮气压力与泡沫水泥密度关系曲线。设计水泥泵车排量 0.5m^3/min，水泥浆密度 1.90g/cm^3，泡沫发生器选择 1#喷嘴进行注氮气进行发泡，充氮压力由 5MPa 逐渐升高为 25MPa，井口泡沫水泥密度由 1.18g/cm^3 降低为 0.46g/cm^3，井下泡沫水泥密度由 1.6g/cm^3 降低为 1.1g/cm^3。

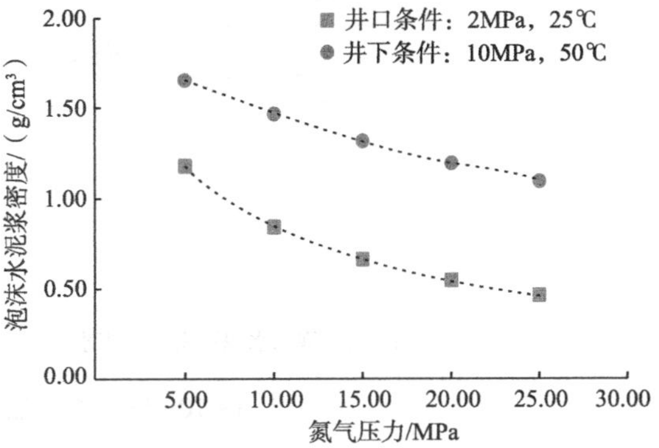

图 10-57 泡沫水泥密度与氮气压力的关系

10.8.2.5 充氮泡沫水泥浆体系性能

为测试充氮泡沫水泥浆性能，按以下方法配制泡沫水泥浆，先配制水泥浆和发泡液，并按一定比例掺混，然后混入不同比例的高压氮气，获得不同密度的泡沫水泥浆，泡沫水泥浆的性能测试结果见表 10-11。

表 10-11 不同密度充氮泡沫水泥浆性能

泡沫水泥密度/(g/cm^3)	API 失水/mL (80℃×0.7MPa)	流变参数 (K/n 值)	抗压强度/MPa (48h×80℃)	弹性模量/GPa	气测渗透率/$10^{-3}\mu m^2$
1.6	32	1.13/0.7	16.3	8	0.05
1.5	30	1.36/0.7	14.5	5.4	0.08
1.4	28	1.94/0.65	12.1	4.9	0.1
1.3	26	2.2/0.64	9.6	4	0.12
1.1	24	2.5/0.67	5.4	3.1	0.5
1.0	10	3.4/0.62	4.2	2.3	0.8

注：未充气前的水泥浆，配方：嘉华 G 级水泥 +4% 降失水剂 +0.05% 缓凝剂 +44% 水，密度 1.90g/cm^3。

从表 10-11 数据可以看出，随着泡沫水泥浆密度的降低，其中的气泡比例增加，API 失水逐渐降低，泡沫水泥浆的黏度增加，具有一定的触变性，抗压强度降低，弹性模量减小，气测渗透率增加。当水泥浆密度降低为 1.0g/cm^3 的泡沫水泥石，抗压强度为 4.2MPa，仍能满足固井封固要求，同时弹性模量在 2.3GPa，表现为良好的弹韧性能。

配置的泡沫水泥石密度可小于水的密度[图 10-58(a)]，利用扫描电镜，来观察泡沫水泥石中的气孔结构，放大倍数为 100 倍。泡沫水泥石中的气泡呈球形状，气泡直径最大为 450μm，一般在 100~200μm，气泡与气泡之间是相互分散、独立的，表明形成的泡沫水泥石具有好的稳定性[图 10-58(b)]。

10.8.2.6 充氮泡沫水泥浆固井现场应用

(1)泡沫水泥浆与低密度漂珠、粉煤灰水泥浆体系应用效果对比。

为对比泡沫低密度水泥浆和漂珠低密度水泥浆以及粉煤灰低密度水泥浆的固井应用效

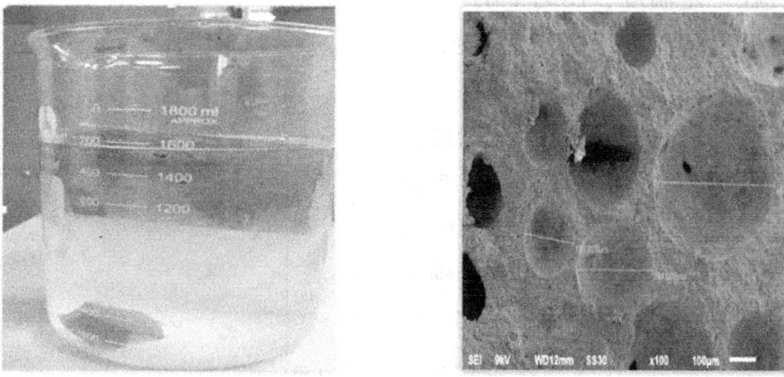

（a）充气泡沫水泥石密度小于水　　（b）密度为1.0g/cm³泡沫水泥石扫描电镜图

图 10-58　充气加压养护后形成泡沫水泥石

果，分别在两口井中设计相同密度的水泥浆体系组合(漂珠水泥浆和泡沫水泥浆、粉煤灰水泥浆和泡沫水泥浆)，现场应用效果见表 10-12。

表 10-12　泡沫水泥浆与漂珠水泥浆、粉煤灰水泥浆应用效果对比

井　号	井径扩大率/%	套管尺寸/mm	水泥浆体系	水泥浆密度/(g/cm^3)	封固段/m	胶结良好率/%	质量评定
营 922 斜 7 井	17	244.5	漂珠水泥浆	1.50	0～650	60	合格
			泡沫水泥浆	1.50	650～850	80	优质
2-3 斜更 93 井	15	139.7	粉煤灰水泥浆	1.60	250～550	50	合格
			泡沫水泥浆	1.55	550～1100	85	良好

由表 10-12 可以看出，在井眼极度不规则、扩大率大的情况下，1.50～1.55g/cm^3 的泡沫水泥浆体系具有更好的封固效果，胶结良好率在 80% 以上，两口井综合评定为优良，固井质量整体优于漂珠水泥浆体系和粉煤灰水泥浆体系。

(2)低密度氮气泡沫水泥浆在页岩气井中的应用。

在涪陵焦石坝页岩气区块，固井普遍面临的问题是井漏水泥失返、浅层气窜等问题。焦页 9 井二开完钻井深 1954m，ϕ339.7mm 套管下深 1952m，固井面临的难题如下：①封固段长，低密度水泥浆封固段长达 1500m；②环空间隙大，存在大肚子井段，测井显示平均井径为 433.2mm，井径的平均扩大率 6.7%，在 625～670m 井段存在大肚子井眼，井径的扩大率为 18.14%，影响固井顶替效率；③存在多个漏失层、在钻进过程中，钻井液密度 1.1～1.2g/cm^3，上部地层嘉陵江组发生裂缝型漏失，严重时导致失返；④存在浅层气层，嘉陵江组、飞仙关组为含气层。

为封固上部易漏、易塌和浅层气层，固井领浆采用低密度泡沫水泥浆体系，尾浆采用常规密度防窜水泥浆体系。现场采取穿鞋、戴帽式的固井工艺方式，施工中井口压力 3～5MPa，注氮气压力 12～16MPa；井下泡沫水泥浆封固段 50～1600m，顶部充氮泡沫水泥浆密度最低为 0.65g/cm^3，底部泡沫水泥浆密度最高为 1.55g/cm^3(图 10-59)。

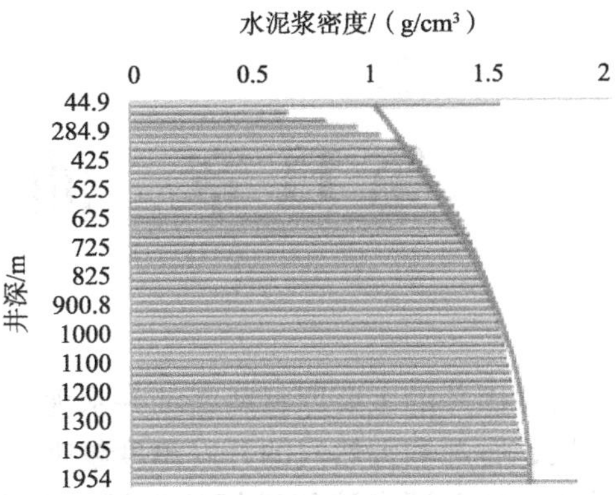

图10-59　井下封固段水泥浆密度分布曲线

为考察泡沫水泥浆的长期密封效果，在完钻后2个月重新测全井声幅，全井声幅值小于20%，固井质量整体表现为优质（图10-60）。结果表明，采用低密度泡沫水泥浆固井技术，可提高页岩气井易漏井、长封固段井的固井质量，提高固井顶替效率，解决水泥浆漏失失返、浅层气窜的问题。

10.8.2.7　结论

（1）新型氮气泡沫发生器结构设计合理，形成的充氮泡沫水泥浆可满足固井施工要求；在喷嘴直径一定的情况下，控制注氮压力为出口压力的1.89倍以上，氮气流量仪与注氮气压力呈线性关系，可实现泡沫水泥浆密度的快速调节。

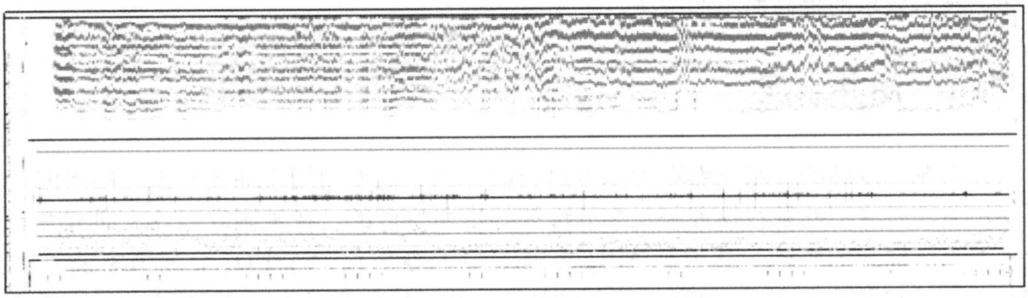

图10-60　焦页9井泡沫水泥浆固井测井曲线

（2）随着泡沫水泥浆密度的降低，水泥浆的API失水降低，浆体黏度增加，具有一定的触变性；同时，水泥浆石抗压强度降低，弹性模量减小，气测渗透率增加。水泥浆密度降低至1.0g/cm³的泡沫水泥石，仍能满足固井封固要求。

（3）现场应用结果表明：相同密度的低密度水泥浆体系，泡沫水泥浆固井效果要优于漂珠水泥浆体系和粉煤灰水泥浆体系。

（4）由于氮气泡沫水泥浆具有低密度和低弹性模量的特点，可解决低压易漏页岩气固井难题，也可以作为非常规油气井固井水泥浆体系使用，对于非低压漏失井，密度选为1.5～1.6g/cm³效果更好。

第 11 章　油井水泥及外加剂

油气井固井的主要原材料是油井水泥、水泥外加剂以和掺料。多年来，随着石油工业的不断发展，石油和天然气的开发难度越来越高，由于油气井勘探的区域越来越广，钻井深度越来越深，加上深海油气勘探的发展、非常规油气的发展等，使固井环境越来越恶劣(高温、高压、超低压漏失、深水、高腐蚀环境等)，固井工艺越来越复杂，对固井技术的要求也越来越高。固井技术的进步对所使用的油井水泥、水泥外加剂以及外掺料的性能也不断提出新的要求。因此，油井水泥、水泥外加剂以及外掺料也在不断地发展和完善，其性能随固井工艺、技术要求的提高而不断改进。

11.1　油井水泥

油井水泥是以硅酸盐水泥熟料为基本材料的水泥，是专门用于油气井固井的水泥。它是按照使用条件所规定的某些物理和化学的性能标准而生产的。在美国有好几个研究并制定硅酸盐水泥生产标准的机构。其中有 ACI(美国混凝土协会)、AASHO(美国国家公路协会)、ASTM(美国材料试验协会)、API(美国石油协会)和联邦政府的各有关部门。石油工业界所熟知的是处理结构与建筑水泥的 ASTM 和制定油井专用水泥标准的 API。关于油井水泥的国家标准，我国首次发布于 1988 年，标准号为：GB 10238—88，并于 1989 年 10 月 1 日起实施。1996 年首次修订，1998 年 10 月发布“油井水泥”国家标准 GB 10238—1998，于 1999 年 4 月 1 日起实施。任何一个单位制定水泥标准时，都要由使用单位与水泥厂商双方代表根据他们工业生产中的利益和使用要求而共同参与。

11.1.1　油井水泥的生产

油井水泥属于硅酸盐水泥。生产硅酸盐水泥的主要材料是石灰石(碳酸钙)和黏土或页岩。若黏土或页岩中铁、铝的含量不够时，还要补加含铁、铝成分较高的材料。硅酸盐水泥的生产过程是：①把生产硅酸盐水泥的材料破碎后，按比例混合并磨细，调配成质量均匀的生料，称为生料粉磨或叫生料制备；②然后送入旋转窑内，在 1450 ~ 1650℃ 的高温下煅烧至部分熔融，煅烧后得到以硅酸钙为主要成分的物质称为水泥熟料，这个过程称为孰料煅烧；③将孰料冷却后，进行磨细并混入少量石膏，有时还加入一部分混合材料或外加剂共同磨细成水泥，即可得到水泥产品(图 11-1)。石膏用来控制水泥产品的凝结时间，其他材料用来调节水泥的性能。

11.1.2　油井水泥化学性能要求

油井水泥以硅酸盐水泥熟料为基本材料，不同种类的油井水泥只是矿物组成和配料方案

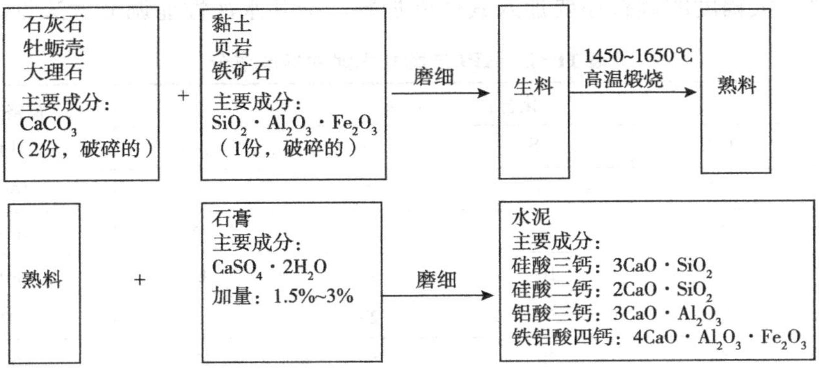

图 11-1　硅酸盐水泥生产过程示意图

不同。熟料是水泥的主要组分，水泥的质量基本上取决于熟料质量。

硅酸盐水泥熟料主要由氧化钙（CaO）、氧化硅（SiO_2）、氧化铝（Al_2O_3）、氧化铁（Fe_2O_3）四种氧化物组成，约占95%，其他氧化物主要有硫酐（SO_3）、氧化镁（MgO）、氧化钾（K_2O）、氧化钛（TiO_2）、氧化磷（P_2O_5）和氧化钠（Na_2O）等组成，约占5%。油井水泥主要成分见表11-1。

表 11-1　典型的硅酸盐水泥氧化物成分及所占比例

氧化物	百分比/%
氧化钙（CaO）	64.77
二氧化硅（SiO_2）	22.43
三氧化二铝（Al_2O_3）	4.76
三氧化二铁（Fe_2O_3）	4.10
三氧化硫（SO_3）	1.67
氧化镁（MgO）	1.14
氧化钾（K_2O）	0.08
其他	0.51
烧失量	0.54

在水泥熟料中的氧化钙、氧化硅、氧化铝、氧化铁等不以单独的氧化物存在，而是经高温煅烧后，以两种或两种以上的氧化物反应生成的多种矿物集合体的形式存在，其结晶很小，一般为30～60μm。因此，水泥熟料是一种多矿物组成的结晶细小的人造岩石。在硅酸盐水泥熟料中主要形成四种矿物：①硅酸三钙：$3CaO \cdot SiO_2$，可简写为：C_3S；②硅酸二钙：$2CaO \cdot SiO_2$，可简写为：C_2S；③铝酸三钙：$3CaO \cdot Al_2O_3$，可简写为：C_3A；④铁铝酸四钙：$4CaO \cdot Al_2O_3 \cdot Fe_2O_3$，可简写为：$C_4AF$。

硅酸三钙和硅酸二钙的含量共占75%左右，统称为硅酸盐矿物；铝酸三钙和铁铝酸四钙含量占22%左右。在煅烧过程中，后两种矿物与氧化镁、碱等在1250～1280℃开始逐渐熔融成液相，促进了硅酸三钙的顺利形成，故称为熔剂矿物。另外，还有少量的游离氧化钙（f－CaO）、方解石（结晶氧化镁）、含碱矿物以及玻璃体等。

API 油井水泥标准成分见表11-2。水泥的性能可通过控制各组分的量调整，以及控制细度进行调整，大幅度的调整还要加入其他外加剂。油井水泥性能调节方法见表11-3。

表11-2 API硅酸盐水泥的标准成分

API水泥	化合物百分比/%				瓦格聂尔细度/(g/cm^2)
	C_3S	C_2S	C_3A	C_4AF	
A级	53	24	8^+	8	1600~1800
B级	47	32	5^-	12	1600~1800
C级	58	16	8	8	1800~2200
D和E级	26	54	2	12	1200~1500
G和H级	50	30	5	12	1600~1800

表11-3 API硅酸盐水泥的性能调节

性　能	实现方法
提高早期强度	增加C_3S含量，细磨
增加稠化时间	控制C_3S和C_3A含量，粗磨
降低水化热	限制C_3S和C_3A含量
提高抗硫能力	限制C_3A含量

11.1.3 油井水泥的水化机理

油井水泥的主要矿物成分是硅酸三钙，硅酸三钙在水泥中的含量约占50%，有时高达60%以上。硅酸三钙主要由硅酸二钙和氧化钙反应生成。水泥浆水化凝固的性能很大程度上取决于C_3S的水化作用、产物以及所形成的结构。

C_3S在常温下的水化反应，可大致用下列方程式表示：

$$3CaO \cdot SiO_2 + nH_2O = xCaO \cdot SiO_2 \cdot yH_2O + (3-x)Ca(OH)_2$$

即

$$C_3S + nH = xC-S-H + (3-x)CH \tag{11-1}$$

式(11-1)表明：其水化产物是水化硅酸钙和氢氧化钙。

硅酸三钙的水化速率一开始很快，但随后在不同时间段有很大差别。其水化过程根据水化放热速率与时间变化曲线(图11-2)进行分析。

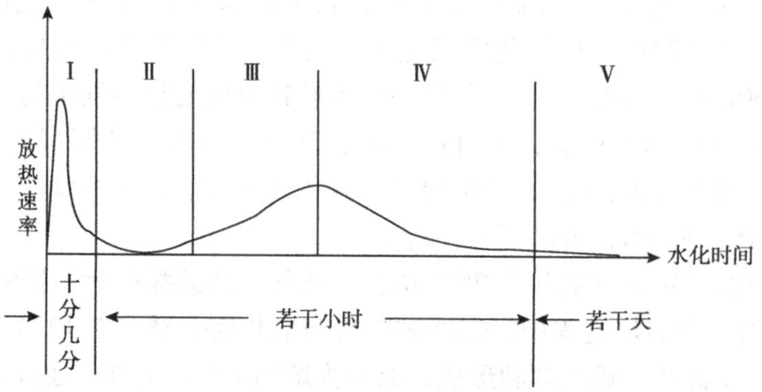

图11-2 C_3S水化放热速率随时间变化曲线

硅酸三钙的水化速率可以划分为五个阶段，即：

(1)诱导前期：加水后立即发生急剧反应，但该阶段时间很短，在 15min 以内结束。

(2)诱导期：这一阶段反应速率极其缓慢，又称静止期，一般持续 1～4h，是硅酸盐水泥浆体能在几小时内保持具有流动性的原因。初凝时间基本上就是诱导期结束。

(3)加速期：反应重新加快，反应速率随时间而增长，出现第二个放热峰，在达到峰顶时本阶段即宣告结束，一般需要 4～8h。此时水泥浆终凝已结束，开始进入硬化期。

(4)减速期：反应速率随时间下降的阶段，一般持续 12～24h，水化作用逐渐受扩散速率的控制。

(5)稳定期：反应速率很低，为基本稳定的阶段，水化作用完全受扩散速率的控制。有时将第(4)期与第(5)期合称为扩散控制期。

由此可见，在加水初期，反应非常迅速，但很快就进入诱导期，反应速度变得相当缓慢。在该阶段末，水化才重新加速，生成较多的水化产物。然后，水化速率随时间的增长而逐渐下降。另外，可笼统地分为三个阶段，即将诱导前期和诱导期合并称为水化早期，加速期和减速期成为水化中期，稳定期称为水化后期。C_3S 各阶段的水化可综合为图 11-3 所示。

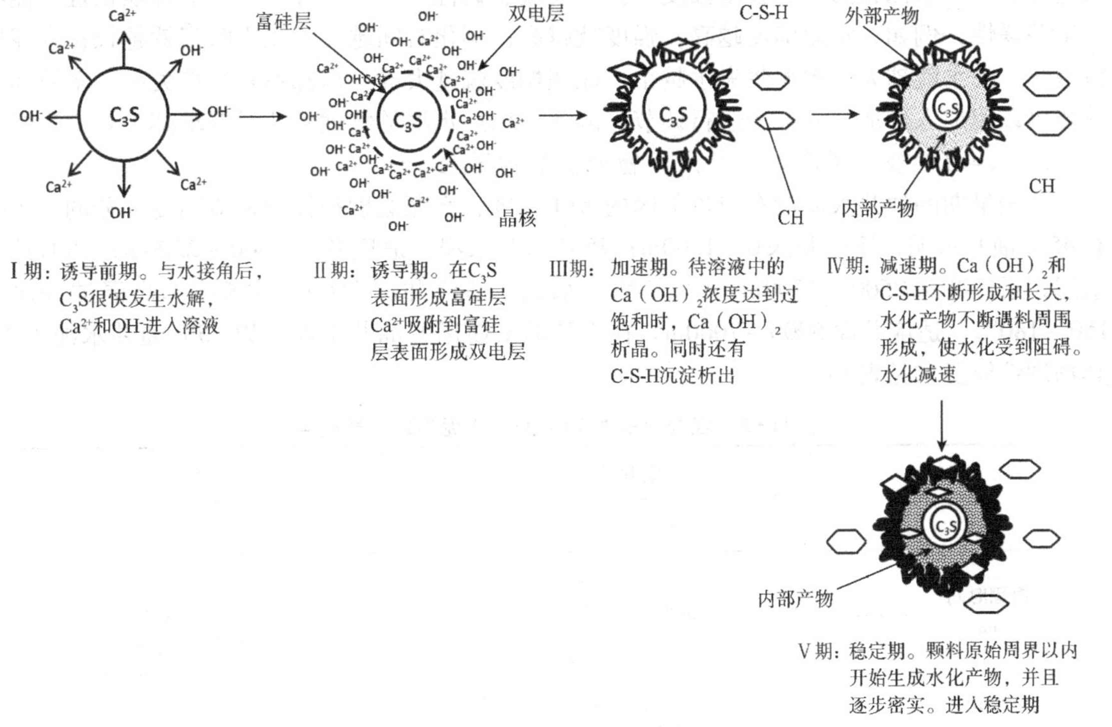

图 11-3　C_3S 水化机理及水化过程示意图

C_3S 水化期间，在每一个阶段都有不同的化学反应过程和不同的动力学行为特征。C_3S 水化各阶段的化学过程和动力学行为见表 11-4。

表 11-4　C_3S 水化各阶段的化学过程和动力学行为

时　期	反应阶段	化学过程	动力学行为
早期	诱导前期 诱导期	初始水解，离子进入溶液 继续溶解，早期 C-S-H 形成	反应很快 反应慢
中期	加速期 减速期	稳定水化产物开始成长 水化产物继续生长，微结构发展	反应快 反应慢
后期	稳定期	微结构逐渐密实	反应很慢

11.1.4　油井水泥物理性能

固井作业对水泥物理性能是有严格要求的，首先水泥浆性能必须满足施工要求，必须能保证固井施工的顺利实施，满足施工的性能主要表现在稠化时间、凝固时间、稠度、流动性、失水和沉降稳定性等方面；另外必须要保证水泥石的性能，以满足固井后的油气开发和套管支撑要求，保证固井质量的性能的指标主要有：水泥的细度、安定性、抗温能力、防气窜能力，以及水泥石强度、胶结强度、弹性模量、韧性、渗透率等。水泥的各项物理性能有一定关联性，例如，水泥细度越高，强度就越高；稠化时间越长，凝固时间就越长；水泥颗粒越粗，失水就越大；水泥浆失水越小，往往稠度就越大等，但都不是线性关系。多数物理性能可以用加入外加剂的办法进行调节，因此对出厂水泥的物理性能只要求其中几个指标。

11.1.4.1　我国早期对油井水泥物理性能的要求

我国早期的油井水泥没有引进美国的 API 标准，水泥级别是按照适应温度划分的，主要有 45℃ 油井水泥，适应井深 0～1500m；75℃ 油井水泥，适应井深 1500～2500m；95℃ 油井水泥，适应井深 2500～3500m；120℃ 油井水泥，适应井深 3500～5000m 和高温油井水泥 150～180℃，适应井深 5000～7000m。在胜利油田使用的油井水泥是以 75℃ 油井水泥为主，其物理性能要求见表 11-5。

表 11-5　我国早期对 75℃油井水泥物理性能的要求

项　目	实验条件	性　能
细度	4900 孔/cm^2 筛	筛余量≤15%
凝固时间/min	水/灰：50%； 试验温度：75℃； 试验压力：常压	初凝：≥105； 终凝：≤165； 初凝至终凝≤90
流动度/cm	水/灰：50%；试验温度：常温； 试验压力：常压	≥17
体积安定性	标准稠度水泥浆制成试饼 用沸煮法试验	试体体积变化均匀
强度/MPa	水/灰：50%；养护温度：75℃； 养护时间：48h	22

11.1.4.2　API 油井水泥物理性能的要求

美国石油学会油井水泥标准化委员会制定了油井水泥材料和试验规范，统一规定了试验仪器、试验方法和试验程序。并对 API 油井水泥试验方法和物理性能提出了具体要求，API 油井水泥的物理性能见表 11-6。我国的油井水泥标准是参考了 API 油井水泥标准，又根据国内实际情况综合考虑而制定的。

表 11-6　API 油井水泥物理性能的要求

项　目	试验条件		油井水泥级别							
			A	B	C	D	E	F	G	H
水/灰/%			46	46	56	38	38	38	44	38
安定性最大值/%	蒸压膨胀		0.8	0.8	0.8	0.8	0.8	0.8	0.8	0.8
细度(比表面)最小值/(m^2/kg)			150	160	220	—	—	—	—	—
自由水最大值/mL			—	—	—	—	—	—	3.5	3.5
抗压强度/MPa	养护压力和温度按 API 规范	养护 8h	1.7	1.4	2.1	—	—	—	2.1	2.1
		养护 24h	12.4	10.3	13.8	—	—	—	—	—
稠化时间/min	按 API 规范试验		90	90	90	100	154	190	120	120
稠度最大值/Bc	15～30min 搅拌周期		30	30	30	30	30	30	30	30

11.1.4.3　我国对油井水泥浆性能要求

我国国家能源局在 2010 年 8 月 27 日修订并颁布了《油井水泥浆性能要求》行业标准(2012 年 12 月 15 日实施)。对我国石油行业油井钻探中的套管固井用油井水泥浆性能提出了具体要求。在 2012 年 12 月 23 日又修订并颁布了《油井水泥试验方法》国家标准(2013 年 07 月 05 日实施)。进一步规定了油井水泥应用性能的试验方法和有关参数的计算，对于水泥石抗压强度试验和水泥浆稠化时间试验，还给出了具有代表性的试验方案。我国油井水泥浆性能要求见表 11-7～表 11-10。

表 11-7　表层套管注水泥对水泥浆基本性能的要求

项　目		指标要求
初始稠度/Bc		<30
稠化时间/min		注水泥施工时间＋安全附加时间
抗压强度/MPa	养护 8h	>3.5
	养护 24h	>7.0
安全附加时间根据各油田井型，施工条件等自行规定		

表 11-8　技术套管(尾管)注水泥对水泥浆基本性能的要求

项　目		指标要求	
		领浆	尾浆
失水量/mL(30min/6.9MPa)		<500	<150
抗压强度/MPa	养护 24h	>3.5	>7.0
	养护 48h	>7.0	>14.0
稠化时间/min		≥注水泥施工时间+安全附加时间	
初始稠度/Bc		<30	<30
游离液/%		<1.4	<1.0

注：(1)高温井和稠油热采井要求水泥浆在高温条件下养护 7d 后水泥石强度不衰退；
(2)安全附加时间根据各油田井型，施工条件等自行规定。

表 11-9　生产套管(尾管)注水泥对水泥浆基本性能的要求

项　目	指标要求	
	领浆	尾浆
失水量/mL(30min/6.9MPa)	<250	<100
抗压强度/MPa(24h)	>7.0	>14.0
稠化时间/min	≥注水泥施工时间+安全附加时间	
初始稠度/Bc	<30	<30
游离液/%	<1.4	<0.4
相容性	各种比例混合后流体性能应满足稠化时间规定的指标要求	
渗透率/$10^{-3}\mu m^2$	—	<0.01
沉降稳定性/(g/cm^3)	<0.03	<0.02

注：(1)高温井和稠油热采井要求水泥浆在高温条件下养护 7d 后水泥石强度不衰退；
(2)安全附加时间根据各油田井型，施工条件等自行规定。

表 11-10　气井和大斜度(水平)井注水泥对水泥浆基本性能的要求

项　目	指标要求	
	气井	大斜度(水平)井
失水量/mL(30min/6.9MPa)	<50	<50
抗压强度/MPa(24h)	>14.0	>14.0
顶部抗压强度/MPa(24h)	>7.0	—
稠化时间/min	≥注水泥施工时间+安全附加时间	
初始稠度/Bc	<30	<30
稠化过渡时间/min	<30	<30
游离液/%	0	0
相容性	各种比例混合后流体性能应满足稠化时间规定的指标要求	
渗透率/$10^{-3}\mu m^2$	<0.01	<0.02
沉降稳定性/(g/cm^3)	<0.02	<0.02

注：(1)高温井和稠油热采井要求水泥浆在高温条件下养护 7d 后水泥石强度不衰退；
(2)要求水泥浆不收缩；
(3)安全附加时间根据各油田井型、施工条件等自行规定。

11.1.5 固井基本水泥的发展

石油工业所使用的水泥主要是按API标准10A《油井水泥及水泥添加剂标准》生产的。自美国得克萨斯州达拉斯的美国石油学会于1953年公布了第一份油井水泥标准后，每年均重新出版，并根据石油工业的需要，每年对该标准进行修订。过去API将基本油井水泥分为：A、B、C、D、E、F、G、H、J共9级。由于J级水泥存在着生产工艺困难、质量稳定性差、水化速度慢难以满足深井对强度发展的要求、长封固段的上部水泥浆凝固时间很长、高温高压下稳定性差、早期强度低、与外加剂的相容性差等缺点，同时采用G级水泥加砂再加适当的外加剂能达到深井固井的要求，因此ISO取消了J级水泥。现已简化成A、B、C、D、E、F、G、H共8级，而且归结为一类基本水泥。由于D、E、F级水泥可由G、H级水泥加缓凝剂来代替，所以常用的基本水泥只有A、B、C、G、H共5级。

11.1.6 固井基本水泥

美国《世界石油》杂志邀请一批专家编写了世界六大公司及其他水泥制造公司的《固井产品及外加剂汇总》。他们根据各种水泥及外加剂的发展情况，特别是在开发墨西哥湾时钻井井深不断增加带来的需求，将固井基本水泥由1995年的8类增加至13类。它们是：①API的A、B、C、G、H级普通油井水泥(波特兰水泥)；②高铝水泥；③低密度水泥；④膨胀水泥；⑤微细波特兰水泥；⑥微细波特兰水泥和微细高炉矿渣混合物；⑦高细度水泥；⑧高炉水淬矿渣；⑨微细高炉矿渣；⑩波特兰水泥和高炉矿渣的混合物；⑪可储存水泥；⑫酸溶水泥；⑬合成树脂水泥。

11.1.7 普通油井水泥级别和类型

5种基本水泥(A、B、C、G、H级)可分为普通型(O)、中抗硫酸盐型(MSR)和高抗硫酸盐型(HSR)三类，各级水泥规定如下：

11.1.7.1 A级油井水泥

该产品在无特殊性能要求时使用，仅有普通型(O)。可在对水泥无特殊性能要求的情况下，使用于井深由地面至1900m的井。

11.1.7.2 B级油井水泥

该产品适合于井下条件对水泥要求中抗或高抗硫酸盐时使用，有中抗硫酸盐型(MSR)和高抗硫酸盐型(HSR)两种类型。可在需要水泥具有中抗硫酸盐或高抗硫酸盐的条件下，使用于井深由地面至1900m的井。

11.1.7.3 C级油井水泥

该产品适合于井下条件对水泥要求有高的早期强度时使用，有普通型(O)、中抗硫酸盐型(MSR)和高抗硫酸盐型(HSR)三种类型。可在需要水泥具有高早期强度的情况下使用，使用于井深由地面至1900m的井。

11.1.7.4 G、H级油井水泥

该产品是一种具有与外加剂混合使用功能的基本油井水泥，有中抗硫酸盐型(MSR)和高抗硫酸盐型(HSR)两种类型。可用于井深由地面至2500m井深范围内的井。加促凝剂或缓凝剂可在较宽广的井深范围内使用。

A、B、C、D、E、F 级水泥是由水硬性硅酸钙为主要成分的硅酸盐水泥熟料，加入适量的石膏和助磨剂磨细制成的产品。在粉磨与混合 D、E、F 级水泥过程中，允许掺加适量的调凝剂。

G、H 级油井水泥是由水硬性硅酸钙为主要成分的硅酸盐水泥熟料，加入适量的石膏和水磨细制成的产品。在粉磨与混合 G、H 级水泥过程中，不允许掺加任何其他外加物。

11.1.8 国际水泥标准

水泥标准是衡量水泥产品质量的技术依据，是联系生产与使用的纽带。积极采用国际标准和国外先进标准是我国的一项重要技术、经济政策。

ISO——国际标准化组织，是专门从事除电工、电子领域以外其他所有方面标准化工作的国际组织，成立于 1947 年，中国是创始国之一。自 1978 年开始，国家技术监督局代表我国恢复参加 ISO 组织。

国际标准化组织 ISO/TC74 委员会正式颁布的水泥标准如下：

(1)ISO 679：1989(E)水泥强度试验方法；

(2)ISO 6957：1989(E)水泥标准稠度凝结时间和安定性试验方法；

(3)ISO 680：1990(E)水泥化学分析试验方法；

(4)ISO 863：1990(E)火山灰水泥的火山灰性能试验方法；

(5)ISO/N246：1989 水泥组分的定量测定；

(6)ISO/N247E：1989 水泥细度的试验方法；

(7)ISO/N248：1989 水泥抽样和制样方法；

(8)ISO/N249：1989 水泥中氧化物、二氧化碳和碱含量测定方法。

一些国家制定了本国的水泥标准，或沿用其他先进国家的有关标准。美国、泰国、菲律宾、韩国等采用美国 ASTM(美国材料实验学会)标准；英国、新加坡、马来西亚等采用英国 BS 标准体系。

11.1.9 我国油井水泥标准

我国于 1982～1984 年研制成 APIspec10 各级油井水泥，1993 年底我国石油使用的油井水泥实现 API 油井水泥全部转化。在此阶段，修订了适用于我国油气井注水泥作业用水泥的生产、检验和验收的标准 GB 10238。具体来讲，进行了两次标准修订，分别是 1988 年和 1998 年。其中，GB 10238—1988《油井水泥》参照采用 APIspec10(1986 年第 3 版)，GB 10238—1998《油井水泥》等效采用 APIspec10A(1995 年第 22 版)。我国油井水泥标准在 2005 年又进行了一次修订，形成了 GB 10238—2005《油井水泥》最新版标准，由中国国家标准化管理委员会发布实施，本标准规定了 8 个级别油井水泥的定义、要求、试验方法、标志、包装等，本标准适用于 A、B、C、D、E、F、G 和 H 级油井水泥的生产和检验。

11.1.10 特种水泥

特种水泥是指一些用于油气井固井的水泥质材料，但它们并不属于 API 或国家标准分类中的任何一种水泥。这些材料不一定按公认的水泥标准出售，所以它们的质量和均匀性一般由厂家掌握。这些材料有：火山灰硅酸盐水泥、火山灰石灰水泥、纤维树脂水泥、石膏水泥、膨胀水泥、高铝水泥和高寒水泥等。

11.1.10.1　火山灰硅酸盐水泥

火山灰包括天然的和人造的火山灰，经过加工或未加工的任何硅质材料，它与石灰和水混合后具有水泥性能。火山灰可分为天然火山灰和人造火山灰两大类。天然火山灰主要为火山喷出的产物，人造火山灰则主要由煅烧黏土、页岩及某些硅质岩石而得到。

飞灰也叫粉煤灰，是煤燃烧的副产品，在石油工业中广泛作为火山灰使用。它是唯一列入 API 及 ASTM 标准中的火山灰。也被列入我国石油行业标准。

硅酸盐水泥水化时要产生氢氧化钙。该化合物本身对水泥强度和防水没有任何作用，且易被水滤走。水中加入粉煤灰则可与氢氧化钙结合，从而有利于提高水泥石的强度和防水性能。

硅酸盐水泥的密度为 $3.1 \sim 3.2g/cm^3$，而粉煤灰则依产地不同约在 $2.0 \sim 2.7g/cm^3$ 之间。由于粉煤灰密度比水泥小，就使得粉煤灰水泥浆密度降低。因此，可作为一种低密度水泥浆体系应用在固井施工中。

11.1.10.2　火山灰石灰水泥

火山灰石灰水泥或石灰水泥一般是由火山灰或粉煤灰、熟石灰及少量氧化钙混合而成。这些产品水化后生成硅酸钙。温度较低时它们的反应速度比硅酸盐水泥中的同类反应慢。一般可在井温高于60℃的井内注水泥使用。该水泥的优点是易于缓凝，密度低、经济和高温下强度稳定。

11.1.10.3　纤维树脂水泥

纤维树脂水泥是在 API 油井水泥的 A、B、G 或 H 级水泥中的任一种水泥中混合纤维树脂材料而成，可以粉状固体掺混，也可以液体在配浆液中掺混。一般使用在裸眼选择性堵漏、挤堵炮眼、高渗地层固井施工中。该类水泥的特点是：当对这种水泥施加压力时，可把其中的纤维树脂挤入渗透层或漏失层，在地层中形成密封，以达到堵漏的效果。根据井下复杂情况对水泥浆的其他性能要求也可与其他添加剂配合使用。

11.1.10.4　石膏水泥

石膏水泥是在 API 油井水泥的 A、G 或 H 级水泥中的任一种水泥中混合一定量的半水石膏($CaSO_4 \cdot 1/2H_2O$)或含粉状树脂添加剂的水石膏而成，该水泥的特点是：凝固快、早期强度高、水泥石正向膨胀(约 0.3%)。可用于浅井堵漏和修井作业。由于凝固快，使用时要注意防止在泵送过程中发生早凝。

11.1.10.5　膨胀水泥

膨胀水泥是指水泥在凝固过程中体积能够膨胀的水泥，膨胀水泥是在水泥原料中加入可在凝固过程中发生稍微膨胀的材料，常用的膨胀水泥有：

(1)K 型膨胀水泥：其水泥中含有硫铝酸钙，是由专门厂家将硫铝酸钙与硅酸盐水泥混合而成。K 型膨胀水泥用水配制成水泥浆后，由水化反应所产生的膨胀率约为0.05% ~0.2%。

(2)S 型膨胀水泥：是美国波兰德水泥公司提出的一种高 C_3A 含量的水泥，与 API 的 A 级水泥相似，约含石膏 10% ~15%。其膨胀性能类似于 K 型膨胀水泥。

(3)M型膨胀水泥：是在硅酸盐水泥中加入少量高铝水泥，以产生一定的膨胀能力而制成。

由于近年来对膨胀水泥的不断研究，使膨胀水泥的制作更加方便实用，膨胀效果更好按要求控制，目前的膨胀水泥趋于向在成品水泥中加入膨胀剂的方向发展。目前研究出的膨胀剂有：氢气膨胀剂，它是在水泥凝固过程中产生氢气使其膨胀，根据加量多少膨胀率可控制在2%～20%；氮气膨胀剂，它是在水泥凝固过程中产生氮气使其膨胀，根据加量多少膨胀率可控制在2%～15%；晶格膨胀剂，它是在水泥凝固过程中材料晶格发生膨胀，从而使水泥石膨胀，根据加量多少膨胀率可控制在1%～3%。这些新型膨胀剂都在固井中起到了很好的作用。

11.1.10.6　高铝水泥

高铝水泥就是铝酸钙水泥，也叫耐火水泥，是把铁钒土与石灰石混合，并在反射炉内加热至熔化而制成。使用最广的两种高铝水泥是留姆奈艾特(lumnite)(美国印第安那州加里地区通用阿特拉斯水泥公司生产)和方敌水泥(Ciment Fondu)(英国和法国拉法日水泥公司生产)。由于用铁钒土代替制造硅酸盐水泥用的黏土或页岩，所以这种水泥的分析成分与硅酸盐水泥不同。高铝水泥的典型分析表明，它含有约40%的石灰及少量石英和铁。这种水泥中的铝酸钙可产生高早期强度、较强的耐高温及抗化学腐蚀能力。高铝水泥可用于火烧油层的原地燃烧井。在燃烧过程中井内温度可达400～1100℃。

通过使用促凝剂或缓凝剂可使这种水泥适用于不同条件下的井，但其缓凝性能与硅酸盐水泥不同。在高铝水泥中加入硅酸盐水泥时会引起水泥浆闪凝。因此，现场使用这两种水泥时必须分开存放，不能混用。

11.1.10.7　高寒水泥

高寒水泥是能在0℃以下的低温环境下凝固的水泥。一般用于高寒冷地区，高寒冷地区覆盖着很厚的永久冻土层，固井时需要不融化冻土的快凝、低水化热水泥。由于石膏是冰冻点以下寒冷气候时能够凝固的少数几种材料之一，所以石膏－水泥混合物很适用于永久冻土地区，可作为高寒水泥使用。石膏－水泥混合物可以促凝或缓凝，且在水泥浆结冰之前能在－9.4℃温度下凝固。对于表层固井该水泥浆的可泵送时间可控制在120～240min之内。其强度发展很快，在温度－6～27℃之间变化不大。研究试验证明：一般硅酸盐水泥或高早强水泥(API的C级水泥)用盐或其他促凝剂配的水泥浆并不能作为高寒水泥使用。

11.1.11　常用水泥浆体系

随着油气勘探开发和钻井技术的不断发展，复杂井固井、特殊工艺井固井逐年增多，油井水泥的发展也随之进步，用以解决一些固井复杂问题的水泥浆体系也随之发展。近年来，经过固井研究部门和生产单位的不断研究和实践，发展形成了数十种不同类型的水泥浆体系，为解决固井后水泥浆柱液面回落、水泥浆漏失、水泥浆凝固收缩形成微环隙、固井及候凝过程环空气窜、井下高温、盐岩层固井、超高压固井、高腐蚀环境下固井等一系列技术难题提供了手段。以下介绍近几年发展起来的常用水泥浆体系。

11.1.11.1　常规密度水泥浆体系

常规密度水泥浆体系一般指密度介于1.75～2.10g/cm^{3}的水泥浆体系，该水泥浆体系是使用基本油井水泥不加任何减轻剂或加重剂所配制的水泥浆体系，主要在井下无漏失、无高压层的井固井时使用，是固井生产的主要水泥浆体系。水泥浆其他性能可使用外加剂进行调节，以满足固井施工要求。

11.1.11.2 低密度水泥浆体系

低密度水泥浆体系一般指密度介于1.30～1.75g/cm^3 的水泥浆体系，该水泥浆体系主要用来解决高渗低压易漏井和地层破裂压力较低的井固井问题。有时也作为长封固段井的上部封固段充填水泥浆使用。主要外加剂是粉煤灰、漂珠、火山灰、坂土粉水玻璃等，以及相配套的其他性能的外加剂。充气水泥浆和泡沫水泥浆也是常用的低密度水泥浆体系。

11.1.11.3 超低密度水泥浆体系

超低密度水泥浆体系是指密度小于1.30g/cm^3 的水泥浆体系，该水泥浆体系主要供超低压潜山、裂缝、破碎地层漏失井和地层破裂压力很低的井固井使用。主要外加剂是漂珠、空心微珠等，以及相配套的其他性能的外加剂。充气水泥浆和泡沫水泥浆在较浅的井中使用时也可作为超低密度水泥浆体系。

11.1.11.4 高密度水泥浆体系

高密度水泥浆体系是指密度介于2.10～2.40g/cm^3 的水泥浆体系，该水泥浆体系是在高压井固井时使用。适应完钻钻井液密度2.00～2.30g/cm^3 的井，主要外加剂是重晶石或铁矿粉、悬浮剂以及调整其他性能的外加剂。

11.1.11.5 超高密度水泥浆体系

超高密度水泥浆体系是指密度大于2.4g/cm^3 的水泥浆体系，该水泥体系在超高压井固井时使用。适应完钻钻井液密度大于2.30g/cm^3 的井，主要外加剂是精制铁矿粉、纯铁粉等，以及悬浮剂和调整其他性能的外加剂。

11.1.11.6 触变水泥浆体系

触变水泥浆体系具有触变性，在流动状态下黏度较低，当静止时可以迅速形成胶凝结构。当这种胶凝结构再次流动时会破坏，水泥浆的可泵性重新好转。由于其胶凝结构在短时间内不可能被完全破坏，所以每一次流动和静止的过程中，水泥浆的胶凝结构会逐步加强。

触变水泥浆可用于防止井下存在松软地层造成的轻微漏失。由于触变水泥有较强的胶凝结构产生自支撑作用，减小了对地层的压力，从而防止由此产生的水泥浆柱液面回落。另外，触变水泥也可用来处理在钻井期间的井漏问题。当触变水泥浆进入漏失层时，以两种方式实现堵漏：一是在渗透性地层中产生高的渗流黏度，增加漏失阻力；二是水泥浆在地层中的流速减慢并形成胶凝结构，增加了流动阻力。触变水泥的其他用途有：挤水泥施工中难于建立挤注压力时，作为领浆使用；在某些环境下防止气窜；个别情况下修补破损的套管。

触变水泥有四种类型：黏土基水泥体系、硫酸钙体系、硫酸铝与硫酸亚铁体系和交联聚合物体系。

11.1.11.7 膨胀水泥浆体系

膨胀水泥具有凝固过程中体积膨胀的效果，该水泥浆体系主要用于易产生“微环隙”的井固井施工，一般要求其膨胀率不超过5%，以免产生副作用。

在水泥与套管或水泥与地层之间的界面上出现“微环隙”的原因主要有：顶替效率低、井壁残留过多的泥饼；内部压力或热应力变化导致的套管伸缩；钻井液或地层流体引起的水泥污染等。

实践表明：膨胀水泥可以有效消除微环隙，提高水泥胶结强度。即使在套管或地层的表面留有钻井液，采用这种水泥也会获得良好效果。

可以产生膨胀性的水泥浆体系有四种：①凝固后产生大量钙铝矾晶体的钙铝矾基水泥浆体系；②盐水水泥浆体系；③加入铝粉等发气材料的发气水泥浆体系；④掺入煅烧氧化镁的水泥浆体系。

钙铝矾基水泥浆体系在70℃后不能产生明显的膨胀，因此其使用的静止温度不应超过70℃；发气水泥浆体系也只适用于浅井，由于气体可压缩性很强，在深井中膨胀效果不明显；而盐水水泥浆体系则在温度高达204℃时仍然有效；煅烧的氧化镁水泥浆体系可以用于288℃的温度条件。

11.1.11.8　盐水水泥浆体系

盐水水泥浆体系主要指含有较多数量 NaCl 或 KCl 的水泥浆体系。主要用于盐岩层固井和无淡水区域的固井施工，也可用于水敏性较强地层的固井施工。在沙漠及海上固井施工时，有时难以获得充足淡水，可以配制盐水水泥浆体系；在盐岩层固井时，为抵抗地层盐离子对水泥浆的入浸，造成水泥浆性能突变带来工程事故，也可以将盐作为外加剂改善水泥体系的性能，使水泥浆具有抵抗盐离子入浸的能力。必要时，可配制饱和盐水水泥浆体系。

NaCl 和 KCl 对含盐水泥的性能影响主要区别是：KCl 对水敏性黏土地层的保护作用较 NaCl 强；KCl 对外加剂特别是降失水剂的破坏作用比 NaCl 强，水泥浆中加入 3% KCl 可能相当于 18% NaCl 的掺量；高浓度的 NaCl 使水泥石早期强度发展缓慢并产生过渡缓凝，而 KCl 在高浓度时则会过度提高水泥浆黏度。

盐水水泥浆体系的配制方法就是以盐作为外加剂，以盐水作为配浆水配制水泥浆。盐水水泥浆体系的主要用途是：①解决泥页岩和膨润土水敏性地层的固井问题；②应用于大段盐膏层固井；③用于无淡水区域的固井施工，如沙漠及海上淡水不足时。特别指出：为解决在大段盐岩层固井后的地层溶解、水泥石破坏、胶结质量差等问题，对盐水的浓度和水泥浆返速问题出现了许多不同的推荐方法，并都有相应的成功实例。但从水泥石长期稳定的角度看，只有饱和盐水水泥浆可以防止离子不平衡问题导致的水泥失效，虽然饱和盐水水泥浆存在过度缓凝并且形成抗压强度迟缓等问题。

11.1.11.9　胶乳水泥浆体系

胶乳水泥浆体系就是由乳胶剂配制的水泥浆体系，乳胶剂是乳化聚合物的通称，这种材料的通常粒径为200～500μm，可以用于固井的胶乳有醋酸乙烯、氯化乙烯、聚丙烯、乙烯、苯乙烯和丁二烯等。油井水泥中最早使用的是聚醋酸乙烯酯(50℃以内)，经过多年的发展，目前以苯乙烯和丁二烯乳胶应用最为成熟。国内使用最多的聚乙烯醇(PVA)类降失水剂，实际与聚醋酸乙烯酯相似，因为聚醋酸乙烯酯水解后生成聚乙烯醇。

胶乳水泥有如下优点：①与亲油表面和亲水表面的固结质量较好；②有较好的韧性，射孔时水泥环的破裂度较低；③抗钻井液污染的能力强；④失水较小；⑤水泥石孔隙度及渗透率低；⑥有较好的防气浸性能；⑦延长水泥石寿命。自 1985 年开始，苯乙烯—丁二烯乳胶就作为防止环空气窜的有效外加剂，在温度高达 176℃ 的情况下仍然有效，经过多年的应用和研究，使胶乳水泥技术取得了很大的进步。21 世纪初，我国在胶乳水泥浆体系方面得到了长足的发展，相继研发出了丁苯胶乳、苯丙胶乳等产品。这些产品都在固井中起到了很好的作用。该类产品的特点与作用机理为：

(1)抑制油气浸。

胶乳水泥浆是一种无胶凝水泥浆，有很好的候凝防油气浸能力。一般来说，在水泥水化前胶乳颗粒要在水泥浆中缔结，这些缔结物在压差的作用下聚集，形成抑制渗透的乳胶膜，从而防止气体或液体浸入到水泥浆柱中，也阻止了气体在环空中的上窜；小粒径的乳胶颗粒填充于水泥颗粒间的空隙，堵塞通道，降低了渗透率，有效地防止气浸；胶乳中较多的表面活性剂，对浸入的气体有束缚和分散作用。

(2)较低的失水。

胶乳水泥浆中，乳胶粒径为 0.05～0.5μm，比水泥颗粒粒径(一般约在 20～50μm)小得多，胶粒具有弹性，水泥浆形成滤饼时一部分胶粒挤塞、填充于水泥颗粒间的空隙中使滤饼的渗透率降低，另一方面，胶粒在压差的作用下，在水泥颗粒间聚集成膜，这层覆盖在滤饼表面的膜，阻止水泥浆的滤失，API 失水最低可达到 10mL 以下，从而保证水泥浆在高渗地层中不脱水稠化。

(3)零自由水。

由于胶乳中聚合物胶粒被乳化剂包裹成球形颗粒，稳定地分散在水泥浆中，并悬浮水泥颗粒，使水泥浆的水分很难自由析出，自由水几乎为零，在斜井和水平井中能有效防止水泥环上部形成自由水通道，提高斜井及水平井固井质量。

(4)胶凝过渡时间短。

胶凝过渡时间极短，可实现直角稠化。能在水泥浆凝固期间减少失重时间，有效传递液柱压力，确保平衡和压稳高压层，有效遏制地层高压流体进入环空破坏水泥基体的完整性。

(5)优秀的水泥浆分散性能。

胶乳中聚合物胶粒被乳化剂包裹成球形颗粒，稳定地分散在水泥浆中，对水泥浆体系具有分散和润滑作用，水泥浆体系的黏度低，流变性好，易于实现紊流，同时水泥浆的摩擦阻力小，能防止地层在注水泥作业过程中被压裂，诱发漏失，破坏环空压力平衡。

(6)抗冲击能力强。

随着水泥水化过程的深入，在水化产物表面积聚的胶粒形成连续薄膜并和水化产物连接在一起，从而形成一种有聚合物和水化产物互相渗透复合的网状结构。最终形成聚合物薄膜覆盖 C－S－H 的凝胶。同时，由于胶乳在水泥微缝隙间形成桥接并抑制了缝隙的发展从而增强了水泥石的弹性，提高了抗冲击性能，并且降低了水泥石渗透率，提高了抗地层流体腐蚀的能力。

(7)胶结能力强。

胶乳水泥浆中具有较多的表面活性剂，降低了界面张力，提高界面间的亲和力，使界面胶结强度增加；胶乳的胶束颗粒填充在水泥颗粒之间，胶乳水泥浆体系具有较好的塑性，可以防止水泥水化时的体积收缩，提供良好的界面胶结。

11.1.11.10　SFP 弹韧性水泥浆体系

弹韧性水泥浆体系是一种与常规水泥相比其水泥石具有较高韧性的一种水泥浆体系。该水泥浆体系适用于非常规油气井固井、储气库固井以及开窗井固井。SFP 弹韧性水泥浆体系是中石化石油工程技术研究院研究开发的一种弹韧性体系，形成的水泥石特性主要表现在两个方面：①良好的力学性能，弹性和韧性明显改善；②基本性能良好，满足水平井固井施工需求。SFP 主要功能性新材料包括增加弹韧性材料 SFP－1 和 SFP－2。SFP－2 作为增弹外掺料对胶凝后水泥石的抗压强度和抗折强度参数有较大的影响，在合理加量条件下，SFP－1 作为具有可压缩性的高弹性材料，在受外力压缩时，处于水泥石孔隙内部的 SFP－1 受挤压变形，依然能有效填充孔隙内部，起到有效的支持作用，能有效地支撑空隙内壁四周，SFP－1颗粒的变形也能吸收外部功，增加外力作用下的变形能力和水泥石的抗丛集能力，而常规硬质固体填充材料在水泥石孔隙承受挤压时，孔隙内壁局部区域将会产生应力集中，导致孔隙周围产生裂纹，降低水泥石的变形能力。

SFP－2 作为 SFP 主要功能性材料，其主要作用表现在增强、增韧、阻裂上。作为水泥石阻裂功能性材料，其作用既存在于水泥基体未硬化的塑性阶段，也存在于水泥基体的硬化阶段，在硬化过程中。首先分散在水泥石中的 SFP－2 能够阻止由于水化收缩引起的裂纹的扩展，在形成水泥石后，水泥石受到外部应力的影响导致水泥石部分破坏，分散在水泥石中的 SFP－2 能够有效地阻止水泥石裂纹的扩展。水泥石基体不仅抗拉强度低，尤其是在井下复杂条件下存在一定的内部缺陷，加入 SFP－2 可使其在拉应力条件下保证其良好的抗拉强度。同样，在外载作用下，即使水泥发生开裂，SFP－2 可横跨裂缝，承受拉应力并可使水泥石具有一定的延展性，这意味着水泥石韧性在一定程度上有所增加。

1）SFP 水泥浆体系基本性能。

SFP 水泥浆体系基本性能见表 11－11。

表 11－11　SFP 水泥浆体系基本性能

井底静止温度/℃		井底循环温度	90℃	井底压力	40MPa
水泥型号		JHG	混合水		
水泥浆配方		领浆：JHG＋5％FSAM＋2.5％DZJ－Y＋0.5％H＋1.5％DZS＋0.3％DZH－2＋44％H_2O 尾浆：JHG＋4％SFP－1＋0.05％SFP－2＋5％FSAM＋2.5％DZJ－Y＋0.5％H＋1.6％DZS＋0.3％DZH－2＋44％H_2O			
配方序号	密度/(g/cm³)	剪切应力读数	API 失水(30min)		自由液
1	1.91	冷浆：290/161/113/62/5/4 90℃：146/81/56/29/3/2	90℃×6.9MPa	35mL	0mL
2	1.88	冷浆：294/159/111/5/4/2 90℃：232/140/105/67/21/18	90℃×6.9MPa	34mL	0mL

续表

井底静止温度/℃	井底循环温度		90℃	井底压力	40MPa	
配方序号	试验条件	稠化试验				
		稠度/Bc	30	40	70	100	初始稠度/Bc
1	90℃ ×40MPa ×40min	时间/min	260	260	267	268	8
2	90℃ ×40MPa ×40min	时间/min	251	252	258	259	18
配方序号	强度/MPa					
	养护条件	抗压强度		养护条件	抗压强度	
1	50℃ ×48h	17.7		90℃ ×48h	24.5	
2	90℃ ×24h	18.39		90℃ ×48h	22.1	
试验依据						
试验结果评价		水泥浆体系基本满足现场施工要求				

由表 11-11 看出，在加入 4% SFP-1 和 0.05% SFP-2 的情况下，水泥浆具有良好的流变性，浆体零析水、失水低，稳定性和抗压强度也达到标准要求。

2) SFP 水泥浆体系力学性能。

根据现场需求配制水泥基浆后，再分别加入不同比例的 SFP 材料，并进行力学试验，试验数据见表 11-12、表 11-13。

表 11-12　SFP 水泥浆体系力学性能

配方(SFP-1 加量)	养护条件	抗压强度(48h)/MPa	抗折强度(48h)/MPa	抗压/抗折
①(0%)	85℃(常压)	24	4.2	6.40
②(4%)	85℃(常压)	20.2	5.1	3.56
③(6%)	85℃(常压)	18.3	5.7	3.32
④(8%)	85℃(常压)	13.1	3.3	3.97
⑤(4%)	75℃(常压)	21.1	5.9	3.57
⑥(6%)	75℃(常压)	19.0	5.2	3.65
⑦(4%)	40℃(常压)	13.7		
⑧(6%)	40℃(常压)	10.2		

表 11-12 中配方为：

①JHG +0.1% DZH +1.2% DZS +6% FSAM +44% H_2O；

②JHG +4% SFP-1 +0.05% SFP-2 +0.1% DZH +1.8% DZS +6% FSAM +44% H_2O；

③JHG +6% SFP-1 +0.15% SFP-2 +0.1% DZH +2% DZS +6% FSAM +44% H_2O；

④JHG +8% SFP-1 +0.05% SFP-2 +0.1% DZH +2% DZS +6% FSAM +44% H_2O；

⑤JHG +6% SFP-1 +0.12% SFP-2 +0.10% SFP-2 +0.1% DZH +2% DZS +6% FSAM +44% H_2O；

⑥JHG +4% SFP-1 +0.10% SFP-2 +0.1% DZH +1% DZS +6% FSAM +44% H_2O；

⑦JHG +4% SFP +0.2% SFP -2 +0.1% DZH +1% DZS +6% FSAM +44% H_2O;

⑧JHG +6% SFP +0.3% SFP -2 +0.1% DZH +1% DZS +6% FSAM +44% H_2O。

表 11-13 SFP 水泥浆体系弹韧性与基浆对比

配方(SFP-1 加量)	泊松比	动态弹性模量/GPa	抗压强度(48h)/MPa
①(0%)	0.39	17.3	31
②(3%)	0.42	12.6	21
与基浆对比	提高 7.7%	降低 27.2%	32.3

表 11-13 中配方为:

①JHG +0.1% DZH +1% DZS +6% FSAM +44% H_2O;

②JHG +3% SFP -1 +0.1% SFP -2 +0.15% DZH -2 +2.3% DZS +6% FSAM +8.3% B +1% DZJ - Y +2% Msi +0.2% H +44% H_2O。

由表 11-12、表 11-13 中数据可以看出，4% SFP 的加量能够满足弹韧性水泥浆体系的力学性能标准。通过水泥石机械性能分析可以发现，提高水泥石弹韧性主要表现在泊松比的增加、弹性模量的降低，但是在相同体系条件下，提高水泥石弹性会降低水泥石的抗压强度和抗折强度。

3) SFP 水泥石破坏形态。

对基浆水泥石与 SFP 加量为 3% 的水泥石进行加压试验，使之破坏，将其破坏形态进行对比可以看出：基浆水泥石易破碎，表现出脆性；加有 SFP 的水泥石不易粉碎，表现出较好的韧性(图 11-4)。

(a) 基浆水泥石破坏形态　　(b) 3%SFP水泥石破坏形态

图 11-4　原浆水泥石与 3% SFP 水泥石破坏形态对比

4) 水泥石弹性模量的动态测试分析。

对基浆水泥石和 SFP 加量为 6% 的水泥石进行机械弹性模量测试，弹性模量随压应力的变化现象如图 11-5 所示。

通过对比不同加量的 SFP 水泥石弹性模量的动态测试发现，常规水泥浆弹性模量仅为 16GPa，而 SFP 加量达到 6% 时，弹性模量降低为 7GPa，但是随着加量的增加，弹性模量降低量不明显，综合水泥石抗压强度试验，初步确定 SFP 合理加量为 3% ~6%。

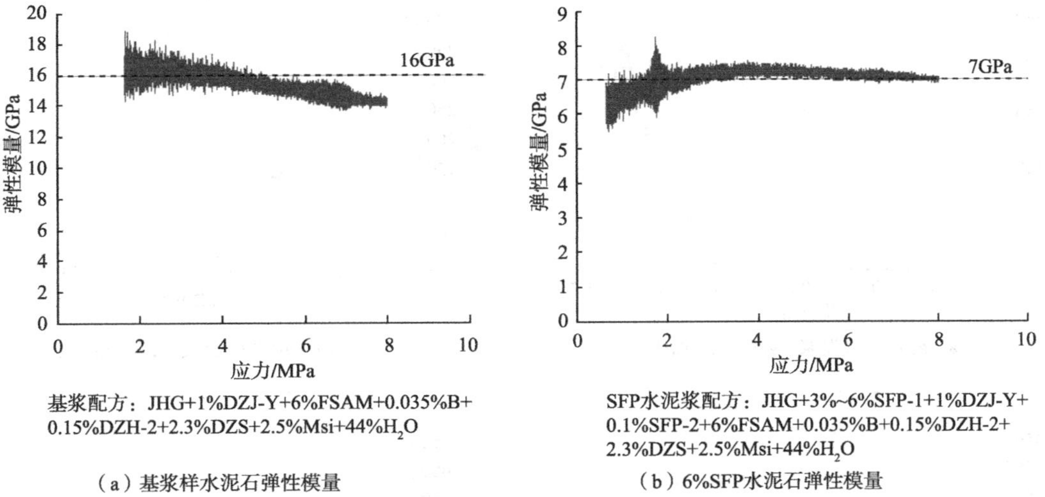

图 11-5 基浆样水泥石与 SFP 水泥石弹性模量对比

5）不同纤维及不同加量对抗折机械性能的影响。

采用德国高精密抗折试验机进行抗折机械性能测试。本次选择四种配方，即不加 FSA 和纤维材料的基浆和另外三种分别加入 3% SFP 和不同种类及不同加量的纤维材料（DZH）的水泥浆（表 11-14）。制作 12 块样品分别进行测试，从测试结果可以看出，加入 SFP－1、SFP－2 对水泥石起裂强度影响不大，都在载荷 150N 左右，但是对后期裂纹扩展影响较大，图 11-6（a）为基浆抗折试验曲线，消除自由挠度后的实际加载挠度仅为 0.3mm 时，试件断裂，且峰值小于 250N，后期无假塑裂纹扩展，充分反映了原浆在起裂后裂纹的快速扩展过程，以及原浆的脆性。图 11-6（b）～图 11-6（d）为 SFP 加量相同，但纤维产品不同且加量也不同时对水泥石柔性系数的影响。对比图 11-6（b）和图 11-6（c）可以发现，在适当增加纤维体积率的情况下，能够有效地提高水泥石的抗折性能（柔性），同时纤维的抗拉强度、弹性模量、断裂延伸率以及纤维表面处理程度都在很大程度上影响水泥石的柔性。表 11-14 为采用 JCI－SF4 解释方法的解释结论，表中弯曲韧性系数是对水泥石柔性的评价系数，该数值越高，水泥石柔性、抗弯曲性能越好。

表 11-14 样品配方及解释结果

配方编号	配方	弯曲韧性系（JCI－SF4）
1	JHG＋6% FSAM＋0.1% DZH＋43% H_2O	3521.5
2	HG＋3% SFP＋1.5% DZS＋6% FSAM＋0.1% DZH＋0.1% FB-1＋44% H_2O	4965.6
3	JHG＋3% SFP＋1.5% DZS＋6% FSAM＋0.1% DZH＋0.2% FB-2＋44% H_2O	6743
4	JHG＋3% SFP＋1.5% DZS＋6% FSAM＋0.1% DZH＋0.3% FB-2＋44% H_2O	8613.2

6）水泥浆水化过程膨胀性分析。

将 SFP 水泥浆与常规水泥浆采用 CHANDLER 5265U 分析仪器对水泥浆水化过程中的膨胀性进行试验分析，其膨胀特性曲线如图 11-7 所示。

由图 11-7 看出，常规水泥浆在水化凝固过程中随时间的增加而发生轻微收缩；而 SFP

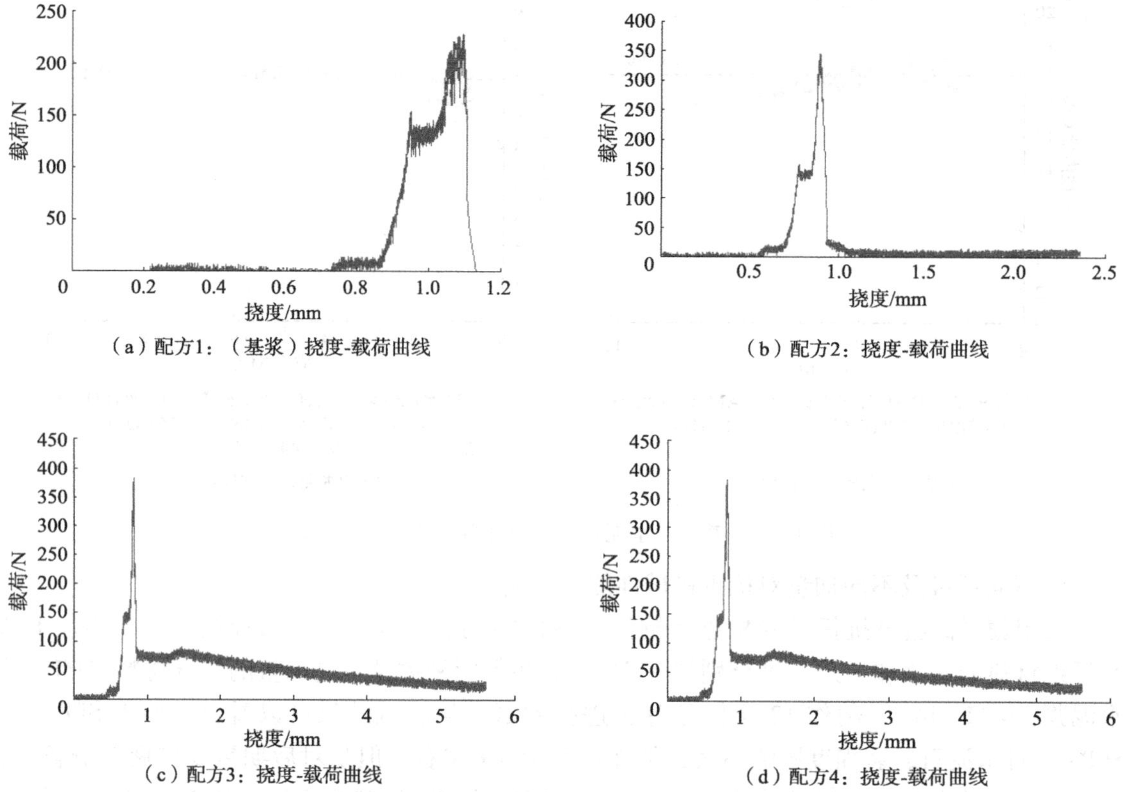

（a）配方1：（基浆）挠度-载荷曲线　（b）配方2：挠度-载荷曲线

（c）配方3：挠度-载荷曲线　（d）配方4：挠度-载荷曲线

图 11-6　不同纤维及不同加量对抗折机械性能的影响

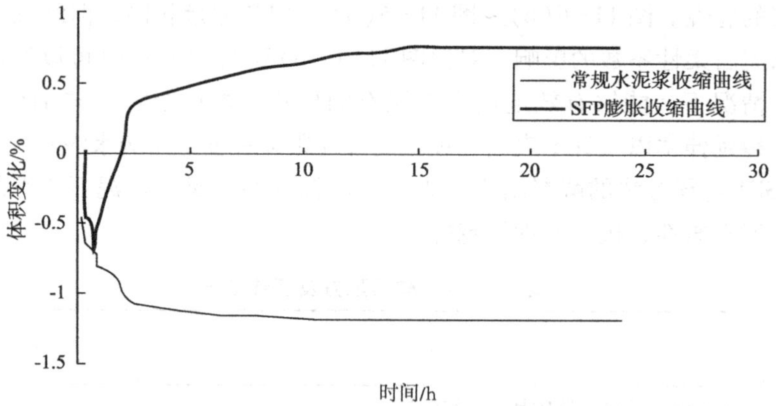

SFP水泥浆配方：JHG+3%SFP-1+0.1%SFP-2+0.15%DZH-2+2.3%DZS+6%FSAM+0.3%B（FASM质量）+1%DZJ-Y+2%Msi+0.2%H+44%H_2O

图 11-7　SFP 水泥浆与常规水泥浆膨胀特性曲线对比

水泥浆在水化凝固过程中随时间的增加开始发生轻微收缩后立即发生体积增加，最后处于微膨胀状态。

11.1.11.11　柴油水泥浆体系

柴油水泥浆体系主要由 API 水泥中 A、B、G、H 级水泥的一种与加有表面活性剂的柴油或煤油配制而成。一般使用于钻进井或生产井中的堵水作业。通常使用两种类型的表面活性剂中的任何一种，其中一种一旦接触到水即发生胶凝。柴油水泥浆体系能有很长的可泵送时间，当顶替到井内水层附近时，表面活性剂失效，水泥浆才会凝固。在水层处柴油水泥浆吸收地层水以后，可以凝固成致密的水泥石。表面活性剂的作用是减少润湿水泥颗粒表面所需柴油的数量。另一种则是用来推迟胶凝。有些柴油使用阴离子表面活性剂，其作用是延长反应时间，使水泥浆进入地层较深部位。柴油水泥浆体系主要用于堵水，也可用于修复套管漏失、堵塞地层漏失、封堵套管外水泥石的钻井液窜槽及减少水泥浆渗漏。

11.1.11.12　镁氧水泥(酸溶水泥)浆体系

镁氧水泥(酸溶水泥)浆体系是由镁氧水泥为主要原料形成的水泥浆体系。镁氧水泥又称索瑞尔水泥(Sorel cement)；是以菱镁矿和天然白云石经煅烧后生成的具有反应活性的 MgO 再与 $MgCl_2$ 浓溶液反应而成。该体系常用 $MgO-MgCl_2-H_2O$ 表示。镁氧水泥具有快凝、早强和酸溶特性，因此用于钻井、完井、修井工程中漏失地层或井段的封堵。对于生产层或注水层，可以在完成封堵后，用盐酸酸化解堵，恢复生产。具有成本低、高效、地层伤害小、恢复生产快等优点。在世界各油田得到广泛应用。

镁氧水泥用来作为黏结材料，如黏结木材、玻璃、矿物纤维、高分子材料、釉砖、彩陶等。镁氧水泥还可以通过添加外加剂改善其使用性能，如添加磷酸盐来增强其防水性能，用于建筑物的防水涂料。

镁氧水泥在潮湿条件下，由于氯盐吸湿性强，可能引起硬化结构网的破坏，故防水性差。为一定程度上提高其抗水性，可在体系中加入少量的磷酸或磷酸盐。此外，还可以加入少量水溶性树脂来提高防水性能。除此之外，还可用 $MgSO_4$ 或 $FeSO_4$ 来代替 $MgCl_2$ 以调制 MgO，避免氯盐吸湿性强的问题，由此提高体系的抗水性。不过，$MgO-MgSO_4$ 体系的抗压强度却远不如前者。

11.1.11.13　抗腐蚀水泥浆体系

抗腐蚀水泥浆体系是指抗含有 Cl^-、SO_4^-、HCO_3^- 等离子地层流体腐蚀的特种油井水泥浆体系。由于上述腐蚀介质对油(气)井套管的腐蚀损坏，使产层油气水窜严重，影响油气井的生产寿命。对水泥环的腐蚀作用可分为溶蚀、离子交换、结晶膨胀三种类型。腐蚀行为以哪种为主，取决于水泥的组成、水泥石的精细结构，以及腐蚀介质的性质。一般情况下，此三种腐蚀作用并存、目前常用的有：白土、矾土、粉煤灰和微粒硅等抗腐蚀水泥浆体系。

抗腐蚀水泥浆体系主要有微硅水泥，其抗腐蚀性能最好；其次是粉煤灰水泥，具有一定的抗腐蚀能力，常用于三采 CO_2 驱 HCO_3^- 的防腐。其他还有火山灰或矿渣水泥浆体系，有一定的抗腐蚀作用。

11.1.11.14　微细水泥浆体系

微细水泥的颗粒大小主要分布于 $1\sim15\mu m$ 范围，微细水泥浆体系是指水泥颗粒的 Blaine 平均细度在 $6500\sim9000cm^2/g$ 的水泥浆体系。它是适应石油工业特殊需求(挤水泥、堵水、堵漏、充填微细孔隙)而发展起来的。

微细水泥既可采用延长波特兰水泥粉磨时间的方法来生产，也可通过对快硬波特兰水泥或抗硫酸盐水泥的颗粒分级或选粉来生产。目前，国外油田所用的微细水泥按组分，主要有三种类型：微细高炉矿渣、微细波特兰水泥和微细高炉矿渣与微细波特兰水泥的混合物，前两种都是纯净的矿渣或波特兰水泥，具有密度低、胶凝强度发展快的优点，但也存在高温强度易衰退的不足。微细高炉矿渣由于反应活性低，在低于20℃时则可单独使用，也可加入一定量的NaOH等来激活。

11.1.11.15　纤维水泥浆体系

纤维水泥浆体系是一种含有纤维或增韧材料，凝固后具有较好韧性的一种水泥浆体系。在一般情况下，水泥凝固体是脆性材料，其抗拉、抗剪和抗冲击性能较差。用于油井注水泥作业，其固结井壁的水泥环厚度较薄，并受到与其物理机械性能不完全相符合的外力作用，从而造成了水泥环的破碎和密封质量的下降，直接影响到油气田的产能和合理的开发；在井下，影响水泥环密封质量的外力，表现在以下几个方面：①在继续钻井过程中，井壁与套管间的水泥环受旋转钻柱与钻头的撞击作用；②在大斜度及水平井中，水泥环承受着较大的拉力和剪切力的作用；③在油气层射孔和增产措施中，水泥环受到较大冲击、振动和内压力的作用。

在水泥中加入纤维材料或其他增韧材料，使水泥具有一定韧性是提高水泥石承受井下外力作用的较好方法。纤维水泥在建筑行业应用已有60多年的历史。最早使用的纤维水泥是钢筋混凝土，随着金属加工技术的提高及有机纤维和无机纤维加工技术的发展，使之出现不同成分、不同直径和不同长度的纤维混凝土和水泥石。

1993年以来，国内已开展油井纤维水泥的研究，并建立多功能材料动态性能测试装置和固井综合试验装置，研制出以碳纤维、石棉纤维、丙纶纤维为主体的纤维水泥体系。

11.1.11.16　耐高温水泥浆体系

耐高温水泥浆体系是一种凝固后水泥石强度在高温下衰减速度较慢的一种水泥浆体系。凡井底静止温度(BHST)高于110℃固井所采用的水泥，均称为高温水泥，一般高温水泥使用范围110～350℃，但有些上万米的井及火烧油层的井，所用水泥的耐温程度应达到950℃。在高温条件下，水泥石强度达到一个高值就会产生衰退，而且决不会获得在较低的养护温度下所达到的强度。

1)提高水泥石耐高温的方法。

水泥中加入石英砂或硅粉可提高水泥石高温抗衰减能力。因此，石英砂和硅粉是一种抗高温强度退化剂。

硅粉提高水泥石耐温的机理：加砂水泥在高温水热条件下，SiO_2可吸收水泥熟料水化时析出的$Ca(OH)_2$，水热合成CSH(B)，降低了“液相”中的Ca^{2+}浓度，这就打破了C_2SH_2、$C_2SH(A)$和$C_2SH(C)$等高钙水化硅酸盐的水化平衡，它们将继续逐渐水化为低钙硅酸盐，使CSH(B)成为水泥石的主要水化产物，而纤维状的CSH(B)单体高温稳定强度高达325kg/cm^3，因此提高了硅酸盐油井水泥在高温下的强度和热稳定性。人们从生产和实践研究中了解水泥的强度衰退问题，可通过加入硅砂来降低水泥石中的$Ca(OH)_2$和钙硅比(C/S)，有效抑制硅酸盐油井水泥在高温下的强度衰退现象。

2)硅粉或石英砂的使用方法。

美国石油学会调查25个大公司各自在何种条件下用硅粉来阻止水泥石的强度衰退和硅粉掺入数量。调查研究表明：使用硅粉的最低温度为110℃，因为在此温度下，纯水泥石出现强度下降。大多数井底静止温度在110～204℃条件下，石英粉的掺量为35%～40%，对于蒸汽注入井或蒸汽采油井，硅粉掺量通常在60%以上；对于密度低于1.92g/cm^{3}的水泥浆通常采用细硅粉；对于密度在1.92～2.3g/cm^{3}的增加密度的水泥浆体系，最好用粗硅粉材料。为了控制我国的硅粉生产，要求硅粉纯度在 96% 以上。

为提高水泥高温下的抗渗透性能，有时除加入 50μm(200 ~ 325 目)的颗粒硅粉外，还加入一定数量的 2μm(6250 目)的细硅粉。

加硅粉耐高温水泥浆体系的最高温度为 358℃，高于此温度，这一体系不稳定，SiO_2 在高温高压水蒸气下被溶出，形成间隙和空洞，这就引出了耐高温的高铝水泥，在美国已把它列为注水泥的基本水泥浆体系。

3) 高铝水泥。

高铝水泥是一种特种材料，早期是为了满足对耐火胶结材料的需要而生产的。在油井中，用于火驱采油井的固井，也用于封固永冻地层。初期这种水泥的成分为铝酸一钙(CA)。当在铝酸一钙中加入水时，将开始产生三种介稳态的水合物。最后，三种水合物转化为 C_3AH_6。

温度低于 225℃时，C_3AH_6 大概是唯一稳定的铝酸钙水合物。在更高温度下，含水量开始减少，在 275℃时，将会析出 C_3AH_{15}。温度继续升高时，C_3AH_{15} 将发生分解并析出 CaO (C)。温度介于 550 ~ 950℃时，会发生再结晶，最后生成 C 和 $C_{12}A_7$。应当指出，高铝水泥不能用在超高温井中维持抗压强度。温度达到 500℃时，其强度下降比例比不稳定的波特兰水泥经验数值要大。高铝水泥之所以被采用是由于它不含有氢氧化钙，在温度波动范围较大的情况下，也能保持稳定。

11.1.11.17　泡沫水泥浆体系

泡沫水泥浆体系是一种浆体中含有均匀泡沫的一种水泥浆体系，又是一种低密度水泥浆体系。它是在水泥浆中充入气体(氮气或空气)，并加入表面活性剂以稳定泡沫。

制造泡沫水泥的方法有两种：一种是机械充气法。这种方法可根据需要在水泥浆中充入任意设计量的气体，并通过人工干预形成均匀、细小的泡沫。但所需设备较多，工艺设计和施工都较为复杂。另一种是化学发气法。它是利用化学剂在水泥浆中反应产生氮气而形成泡沫水泥，由于发气量较小，有时需要在水泥基浆中加入微珠以降低基浆密度，随着技术的不断提高，目前研究出了发气量较大的化学发泡泡沫水泥浆体系，该工艺无须添加太多辅助设备，设计简单，施工方便。

11.1.11.18　钻井液转化为水泥浆技术

钻井液转化为水泥浆技术(简称：MTC)是 20 世纪 90 年代世界前沿的固井技术。目前只有美国的少数几家石油公司掌握此项技术。

近一个世纪以来，用波特兰水泥固井一直是地层封隔和支撑套管的主要手段。自 20 世纪 50 年代起，人们就开始探索将钻井液转化为水泥浆进行固井，因为转化的固井液和钻井液的相容性好，提高了顶替效率；即使在钻井液顶替不充分的情况下，亦能得到较好的地层封隔。90 年代初期，世界各国对环境保护的要求越来越高，不允许排放废钻井液；随着性能优异的水泥分散剂和促凝剂的开发，推动了 MTC 技术的发展。MTC 技术的发展可分为三个阶段。

(1) 可固化的钻井液。

采用超缓凝波特兰水泥、潜在水化材料或可交联聚合物等材料配制成钻井液，使用它钻至设计深度，固井时通过加入促凝剂或加热(加热是随套管下入一个特制的加热设备来实现)、激活剂和交联剂，使它们转变成可直接用于固井的固井液进行固井作业。但此种做法成本高，难以推广应用。

(2)钻井液转为"水泥浆"。

固井作业时，在钻井过程中所使用的钻井液中，加入促凝剂、激活剂等水泥外加剂，然后加入矿渣或水泥等水化材料，将其转化为固井液进行固井作业。此方法尽管不能使泥饼完全固化，但与钻井液相容性好，不改变固井施工程序，目前已用于油田固井作业中。

(3)多功能钻井液与MTC技术相结合。

使用加有适量水化材料(如矿渣、火山灰、粉煤灰等)的钻井液(称为多功能钻井液)钻进，进行固井作业时，再向钻井液中加入足量的水化材料和其他外加剂，将其转化为固井液进行固井作业。由于井壁上所形成的泥饼和未替净的钻井液中均含有一定量的水化材料，在固井液的活性成分的渗透和扩散下亦发生固化，从而提高了界面的胶结性能。

尽管以上几种方法都发表了专利，而且也有成功应用的实例，但是得到较为广泛的工业应用的只有波特兰水泥转化方法和矿渣转化方法。在这两种转化方法中，矿渣转化法由于其独特的水化机理，使它与水泥转化法相比具有以下优点：①矿渣中游离CaO含量甚低，使钻井液受到钙离子污染较轻，钻井液体系适用范围广；②矿渣MTC固化体强度发展快，受钻井液影响小，不影响测井；③能在很宽的温度范围内固化，可应用于长封固段井固井；④可配制的矿渣MTC浆的密度范围宽。我国矿渣资源丰富，价格低，它的水化产物耐化学腐蚀性要好于油井水泥，更适合于井下作业。因此，使矿渣作为MTC技术的水化材料有较好的发展前途。

在MTC技术中所使用的主要材料有钻井液或水、矿渣、激活剂、分散剂和缓凝剂等，它分别起到悬浮固井的主体材料、激活、改善流动性和延长稠化时间等作用。

11.1.11.19　磁化处理水泥浆

磁化处理水泥浆就是将水泥浆以一定流速通过磁场，引起水泥浆体系内能的改变，获得磁化处理效果。当水泥浆流经磁场时，切割磁力线，产生电动势能，所产生的电动势能大小反映了磁化处理效果，电动势能越高，磁化处理效果越好。

前苏联早在1986年以前就开始进行研究磁化处理在油井水泥浆中的应用，根据1989年前苏联的报道，油井水泥浆经磁化处理后的水泥石的抗压强度提高60%～110%、抗折强度提高45%～46%和抗胶结强度提高12%左右。自1990年开始，大庆石油学院对磁化处理油井水泥浆的应用和应用机理进行了全面系统地研究。后在大庆、吉林和长庆等油田进行了现场试验，取得了明显的效果；通过微观试验和应用机理研究，从而在应用理论上证实了磁化处理油井水泥浆的效果是可靠的，磁化处理水泥浆将成为提高固井质量的一项新技术。

11.2　油井水泥外加剂及外掺料

在油气井固井施工中用来调节水泥浆性能的材料称为油井水泥外加剂及外掺料。一般认为，主要目的是用来调节水泥浆性能的材料称为外加剂(一般加量在10%以内)；主要目的是用来节约水泥或调整水泥浆密度而混入的材料称为外掺料(一般加量大于10%)。调节水泥浆性能最好的方法是在水泥浆中加入水泥外加剂或外掺料。适合使用外加剂或外掺料的水泥一般是G级和H级水泥，这两种水泥属于基本油井水泥，可以与外加剂或外掺料混合以实现不同固井对水泥浆性能的要求，从而达到安全施工和保证固井质量的目的。

常用的油井水泥外加剂及外掺料按功能可分为 17 个种类，即促凝剂、缓凝剂、分散剂、降失水剂、增韧剂、高温强度稳定剂（硅质材料）、防气窜剂、消泡剂、稳泡剂、早强剂、膨胀剂、游离水控制剂、固体悬浮剂、胶结增强剂、减轻剂、加重剂、堵漏剂。另外还有充填型外掺料、隔离液和化学冲洗液或前置液。

调节水泥浆性能的主要手段是使用外加剂，由于各种外加剂的使用条件和适用范围不同，要正确使用外加剂必须熟悉和掌握各种外加剂的使用条件和适用范围。目前，国内外已有 100 多种油井水泥外加剂产品，通常把它们划分成 20 类。

11.2.1　促凝剂（催凝剂）

11.2.1.1　功能及用途

促凝剂是用来缩短水泥浆稠化时间的化学剂。多在浅井或表层套管固井施工中使用，虽然水泥浆性能满足了泵送的要求，但往往存在稠化时间长、强度发展慢的问题，严重影响钻井进尺和固井质量；另外，水泥浆中因加入其他外加剂，如分散剂、降失水剂等会引起过缓凝。此时，加入促凝剂可以加速水泥水化反应和提高水泥早期强度。促凝剂主要适用于漏失井固井、气井固井、浅井固井、钻井工程堵漏等要求水泥浆快速凝固的工程施工。

11.2.1.2　种类及作用机理

常用的促凝剂主要包含氯化物促凝剂、无氯促凝剂。

常见促凝剂按阳离子或阴离子促凝强弱排列出下列顺序：

$Ca^{2+} > Mg^{2+} > Li^{+} > Na^{+} > H_2O$；

$OH^{-} > Cl^{-} > NO_3^{-} > SO_4^{2-} > H_2O$。

1）氯化物促凝剂。

氯化物促凝剂主要包括氯化钙、氯化钠、氯化钾和海水等。

（1）氯化钙（$CaCl_2$）。

氯化钙一直被成功地用作促凝剂，也有很理想的早强作用。其正常加量为 2% ~4%（质量分数）。其稠化时间在 50℃条件下可由 152min 缩短到 59min（表 11-15）。当加量超过 6%（质量分数）时可能发生先期凝固，而且其结果难以预计。

表 11-15　$CaCl_2$ 水泥浆体系的稠化时间和抗压强度

$CaCl_2$ 水泥浆体系的稠化时间/min			
$CaCl_2$ 质量分数/%	32℃	40℃	45℃
0	240	210	152
2	77	71	61
4	75	62	59

$CaCl_2$ 水泥浆体系的抗压强度/MPa									
$CaCl_2$ 质量分数/%	15.5℃			28℃			38℃		
	6h	12h	24h	6h	12h	24h	6h	12h	24h
0	—	0.4	2.9	0.3	2.6	8.8	2.6	5.9	12.5
2	0.88	3.4	10.6	2.9	7.1	17.6	7.8	16.6	27.6
4	0.88	4.6	11.0	3.8	8.7	20.0	9.2	17.9	31.2

氯化钙是一种极强的吸水材料，可以是片状或粉末状，常规纯度的含量是77%；无水级是粒状或片状，含量为96%。对大多数需要情况，常规纯度的加量为2%，而无水级的加量为1.6%就有最佳促凝效果。

(2)氯化钠(NaCl)。

氯化钠影响油井水泥的稠化时间和抗压强度的发育。这取决于它的浓度和环境温度。一般说来，氯化钠对水泥质量分数在10%以下时为促凝剂，含量在10%～18%范围内既不促凝也不缓凝，其稠化时间与新鲜水配浆时相似；而当氯化钠对水泥质量分数提高到18%以上时表现出缓凝作用。显然，氯化钠不是一种很好的促凝剂，只有在现场上氯化钙缺货或特殊情况下才使用它。

(3)氯化钾(KCl)。

氯化钾能促进水泥浆凝固，对其流动性略有影响，与氯化钙复合使用效果更好。在泥岩、页岩、夹缝砂岩、石灰岩等注水泥时，若在水泥浆、隔离液或冲洗液中加入0.3%～1%的氯化钾，可以抑制黏土膨胀，防止造浆作用，以免影响胶结强度。

(4)氯化钙复合物。

据介绍，氯化钙与氯化钠或氯化铵等混合使用效果更好。1%氯化钙与2%氯化铵的混合物，或者2%氯化钙与2%氯化钠的混合物都是良好的复合促凝剂。使用这些复合促凝剂，既能可靠地加速水泥浆凝结和硬化，又不影响水泥浆的流动性能，还能降低水泥浆的游离水。它们也可以增加水泥的水化热，使温度升高，提高水泥石的抗渗透性能。

2)无氯促凝剂。

无氯促凝剂主要包括碳酸盐、硅酸盐、铝酸盐、硝酸盐、硫酸盐、硫代硫酸盐、石膏等无机物，以及钠、钾、铵的氢氧化物和甲酰胺、甲酸钙、草酸、三乙醇胺等小分子有机物。

(1)硅酸钠。

硅酸钠通常用作水泥的充填料，但它也有促凝作用。在水泥浆液相中硅酸钠和钙离子反应生成水化硅酸钙胶核，从而促使水泥水化诱导期提前结束。

(2)三乙醇胺$(HOCH_2CH_2)_3N$。

三乙醇胺一般被用作促凝剂、塑化剂和助磨剂。它主要可加速C_3A的水化。先生成六方、后生成立方铝酸盐水化物，并在$C_3A-CaSO_4-H_2O$体系中加快钙矾石的生成，同时延缓C_3S和C_2S的水化。所以，三乙醇胺在铝酸盐中促凝，在硅酸盐中缓凝，一般不单独使用，而是与其他外加剂配伍使用，以缓解或消除由某些分散剂或降失水剂引起的过缓凝。

(3)碳酸钠(Na_2CO_3)。

碳酸钠也称纯碱或苏打。为白色粉末，易溶于水，水溶液呈碱性。纯碱用于固井工程是作为油井水泥的增强剂，也可在纤维素类降失水剂中加入纯碱增加流动性。如果水泥浆的初凝和终凝时间相隔较长，加入纯碱之后可以缩短这个区间，但是稠化时间受影响：在加量不同的情况下，有时长，有时短，并不是随加量的增加或减少有规律性的变化，所以使用时应特别慎重。

(4)甲酰胺$(HCONH_2)$。

甲酰胺为无色油状液体，能溶于水或醇，能促进水泥浆凝结，缩短水化时间，增加水泥石强度，并可以改善水泥浆流动性能。加量为占水泥质量的1%～2.5%。它的促凝效果与氯化钙相当，对金属也无腐蚀作用，但价格却比氯化钙贵得多。

(5)石膏。

石膏是常用的促凝早强剂，指的是无水石膏或半水石膏，而二水石膏还有缓凝作用，它的加量大小直接影响促凝效果。由半水石膏和相等质量干燥水泥配制的石膏水泥，是为控制特种注水泥或满足浅井的需要而专门设计的“快干”水泥，也可以根据需要决定石膏与水泥的比例。

3)其他促凝剂。

另外，还有一些其他促凝剂，如三聚氰胺甲醛树脂、高铝水泥、铝氧熟料、链烷醇胺—硫氨酸体系、三乙醇胺—氯化钠(或氯化钾)体系、三异丙醇胺—亚硝酸钠体系等。

11.2.1.3　常用促凝剂型号与使用条件

每一种促凝剂都有它的使用条件，如：适应温度、最佳加量范围、与其他添加剂的配伍性、抗盐能力、对水泥浆其他性能的影响等。常用促凝剂型号与使用条件见表 11-16。

表 11-16　常用促凝剂型号与使用条件

产品代号	适用温度/℃	加量范围/%	作用机理	主要成分及物理特征	生产厂家
G201	30～60	0.3～2.0	通过促进水泥 C_3S 的水化速度，改变水泥浆液相 pH 值，达到促凝和提高水泥石早期强度的目的	由碱性无机盐组成，外观为白色颗粒或粉末。干混或湿混均可	河南卫辉
G202	30～90	0.8～1.5	通过改变水泥水化时的离子浓度，加速了水泥组分的溶解，加速了 C_3A 的反应和钙矾石的生成，从而使水泥石的结构致密，达到促凝和早强	由无机早强材料改性而成，外观为白色或略带灰色粉末，无毒、无臭	河南卫辉
SWC-1	30～120	0.5～2.0	通过促进水泥 C_3S 的水化速度，缩短水泥浆的稠化时间，提高水泥石低温下的早期强度和后期强度	由多种化学材料组成，外观为灰白色固体粉末，无气味	山东沃尔德
DZC	30～120	0.5～2.0	过促进水泥 C_3S 的水化速度，缩短水泥浆的稠化时间	由多种化学材料组成，外观为亮白色固体	中国石化工程院

11.2.2　缓凝剂

11.2.2.1　功能及用途

针对固井作业的需要，在固井施工中需要在水泥浆中添加延长稠化时间的外加剂，即缓凝剂，以增加水泥浆的稠化时间、降低黏度、延长可泵送时间、改善流变性能等。固井施工时，由于井的深浅不同，需要注入的水泥浆量不同，需要的泵送速度不同，工艺方法也不同，因此所需要的施工时间是不一样的。在水泥浆中加入缓凝剂就可以调节水泥浆稠化时间，以满足不同的施工要求。缓凝剂已成为深井和超深井固井水泥浆必不可少的成分。随着油气井钻井深度的增加，目标地层的温度和压力也不断增加，井底和井口温度差增大，尤其是在长封固段固井工作中，固井作业难度越来越大。从水泥浆性能上解决这个问题的途径是采用具有高温缓凝效果的缓凝剂。

缓凝剂的作用就是能够有效地延长或维持水泥浆处于液态和可泵性的时间。最好的缓凝剂应该是在任何温度区间都具有缓凝作用，且稠化时间的长短还与其加量的多少成正比，并与各种油井水泥有很好的适应性，也与不同类型的其他外加剂配伍使用时，有很好的相容性。也就是说，不影响水泥浆的其他性能。对指定配方的水泥浆，其稠化时间有很好的预测性和重复性。

11.2.2.2　种类及作用机理

缓凝剂种类较多，按其化学成分可分为无机缓凝剂和有机缓凝剂两大类。其中，无机缓凝剂包括：磷酸盐、锌盐、硫酸铁、硫酸铜、硼酸盐、氟硅酸盐等；有机缓凝剂包括：木质素磺酸及其盐、羟基羧酸及其盐、有机膦酸及其盐、糖类及碳水化合物、合成聚合物等。

1）无机缓凝剂。

许多无机化合物具有延缓油井水泥水化作用的功能，主要分为以下两类：①酸及其盐，如硼酸（盐）、磷酸（盐）、铬酸（盐）和氟化氢；②氧化物，如氧化锌、氧化铅。

固井中常使用的无机缓凝剂为氧化锌（ZnO）及锌盐（$ZnSO_4$），一般使用掺量为0.2%～0.6%。氧化锌与木质素磺酸钙、铁铬盐、磺甲基丹宁等缓凝剂复合使用，可以用于4000m以上的中深井固井；氧化锌与酒石酸等缓凝剂复合使用，可以用于6000m以上的深井固井。该类缓凝剂高温稳定、析水量少、价格便宜，虽然使水泥浆流动度稍有下降，但仍能满足固井施工对流动度的要求，不影响固井施工的正常进行。

ZnO的缓凝作用是由于$Zn(OH)_2$可沉淀在水泥颗粒表面上，加之$Zn(OH)_2$的溶解度很低，且以凝胶形式沉淀，形成低渗透率的沉淀层。当凝胶状$Zn(OH)_2$最后转变成碱式锌酸钙晶体时，缓凝作用终止。

2）有机缓凝剂。

有机缓凝剂包括：木质素磺酸及其盐、羟基羧酸及其盐、有机膦酸及其盐、糖类及碳水化合物等。

（1）木质素磺酸及其盐类。

木质素磺酸盐（简称木盐）本身组成复杂，分子结构变化不一，相对分子质量分布从几百到几十万。木盐对所有的波特兰水泥都有较好的缓凝效果，一般加量范围在0.1%～1.5%BWOC，有效使用温度可达122℃（BHCT），与其他缓凝剂复配后的有效使用温度可扩展到315℃。有关木盐对油井水泥的缓凝作用研究较多，研究表明影响其缓凝性能的因素包括相对分子质量、阳离子种类及含糖量等。

国内木质素磺酸盐产品有由木质素磺酸盐、无机硼酸盐等多种原料复配制得的油井水泥分散缓凝剂，具有水泥浆流变性良好、稠化时间易调、现场使用方便、固井费用低等优点。通过将木质素磺酸盐再次深度磺化改性合成的缓凝剂，能有效控制水泥浆凝固时间，无早凝、过缓凝现象，能经受200℃的高温，可满足深井长井段条件下固井作业的要求。

（2）羟基羧酸及其盐类。

羟基羧酸及其盐类缓凝剂有：葡萄糖酸、柠檬酸、酒石酸、苹果酸、葡庚糖酸及它们的盐、纤维素。羟基羧酸的分子结构中带有羟基官能团和羧基官能团，它们具有很强的缓凝能力，很容易在井底循环温度低于93℃时造成过度缓凝，在温度接近150℃时仍然有效。

酒石酸、柠檬酸以及苹果酸对温度敏感性强，缓凝作用非常明显，使用温度可高达 250～280℃，满足深井、超深井固井施工的要求；但是当掺量相差万分之几时，可使凝结时间相差一倍以上；并且有一定的浓度使用范围（此范围以下产生速凝），因此对掺量要求十分严格，必须通过试验找准用量。其缓凝机理主要是：缓凝剂吸附在水泥颗粒的表面，降低水泥的溶解和水化速度，其阴离子与 Ca^{2+} 形成微溶性沉淀，因而降低了水泥浆中的 Ca^{2+} 浓度从而导致缓凝。

(3)纤维素衍生物。

纤维素衍生物是由木材或其他植物材料衍生的多聚糖化合物，在水泥浆碱性条件下具有一定的稳定性。它的活性物质是环氧乙烷链和羧酸官能团，其缓凝作用可能是由于活性物质在水泥水化产物表面上产生吸附所造成的。

最常用的纤维素缓凝剂是羧甲基羟乙基纤维素（CMHEC）和羧甲基羟纤维素（CMC），通常使用掺量为 0.2%～0.8% BWOC，适用于 135℃，更高的温度下纤维素缓凝剂将会分解造成缓凝减弱或失效。这类缓凝剂不仅缓凝效果明显，还有降滤失作用，但是添加纤维素缓凝剂后会提高水泥浆的黏度，使水泥浆流动度显著下降。因此，CMC、CMHEC 作为油井水泥缓凝剂常与分散剂复合使用，以便使水泥浆具备优良的施工性能。

(4)有机膦酸（盐）类。

有机膦酸（盐）又称烷基膦酸（盐）也可作为油井水泥的缓凝剂，如：氨基三甲叉膦酸（盐）、二乙撑三胺五甲叉膦酸（盐）、丙二胺四甲叉膦酸（盐）、尿素四甲叉膦酸等。

有机膦酸（盐）的优点是具有优异的水解稳定性，对水泥组分的细微变化不敏感，且有助于降低高密度水泥浆的黏度，耐盐耐高温性能好。有机膦酸（盐）类缓凝剂的作用机理可能是从两个方面产生作用，一是表面吸附机理：有机膦酸（盐）缓凝剂中的 C－P－O 键是一种强电子配位体，具有很强的吸附能力，吸附在水泥颗粒表面，抑制水泥颗粒凝聚，从而起到缓凝作用。二是螯合机理：有机膦酸（盐）对水泥中的 Ca^{2+}、Al^{3+} 等具有很强的螯合作用，通过螯合，减少了水泥浆液相中的 Ca^{2+}、Al^{3+} 浓度，从而减缓了水泥水化过程。

(5)糖类及碳水化合物类。

糖类缓凝剂包括葡萄糖（单糖）、蔗糖（二糖）及其衍生物、糖蜜及其衍生物。这类缓凝剂中，缓凝效果最好的是具有五元环的蔗糖和棉子糖，但是由于该类化合物缓凝效果对微小的浓度改变极为敏感，即在合理的掺量范围内，随着缓凝剂掺量的增加，缓凝作用增强，但是不会影响后期（28d）强度；超剂量使用缓凝剂有时可能产生严重的缓凝，并且引起水泥后期强度增长缓慢，也有可能转为促凝，故而在固井中不常用。

蔗糖作为一种价廉、高效、多功能的糖类缓凝剂，它具有非常强烈的延缓水泥水化的作用。由于蔗糖钙、葡萄糖钙和果糖钙是一种亲水性表面活性剂，当水泥与水混合时，它们能吸附在水泥颗粒表面，使水泥－水体系的自由焓降低，抑制了水泥颗粒的凝聚，同时因为表面活性剂的亲水基团能吸附大量水分子使扩散层增厚，并改变了原来水泥颗粒在水化中形成的网状结构体，使吸附在网状结构体中的水释放出来。

蔗糖钙、葡萄糖钙虽然都是通过附着在水泥颗粒表面而起作用，但因其分子大小各异（蔗糖钙 > 葡萄糖钙 > 单糖钙），作用的结果亦不同。大分子的蔗糖钙吸附到水泥颗粒表面后，增大了颗粒间的相互斥力，使之难以团聚，从而延缓了水泥的水化，提高了水泥的可塑性，延长了凝结时间；分子大小居中的葡萄糖钙，能较充分地吸附在水泥颗粒表面并置换出吸附在网状结构体中的水而减小水泥的需水量，提高了流动度；单糖钙分子的作用类似于葡萄糖钙分子，只是它的相对分子质量很小，吸附在水泥颗粒表面后对增大其颗粒间的斥力作用不大。

(6)合成聚合物。

合成高分子类缓凝剂具有一些天然材料或小分子材料无法比拟的特点，因而成为各国研究人员竞相开发的重点。例如：近年来开发的AMPS共聚物系列使用温度范围宽，与其他外加剂的相容性好，对水泥石强度发育无副作用，是优秀的缓凝剂。

11.2.2.3 常用缓凝剂型号与使用条件

每一种缓凝剂都有它的使用条件，如适应温度、最佳加量范围、与其他添加剂的配伍性、抗盐能力等。常用缓凝剂型号与使用条件见表11-17。

表11-17 常用缓凝剂型号与使用条件

产品代号	适用温度/℃	加量范围/%	作用机理	主要成分及物理特征	生产厂家
GH-Ⅱ	110~170	0.7~2.0	通过吸附在水泥水化物表面抑制与水的接触，且通过螯合钙离子，从而防止了晶核的过早形成，达到缓凝的目的	由磺酸盐、有机盐类等复合而成，外观为浅黄色粉末或棕色粉末。一般适于干混	河南卫辉
GH-1	<110	0.1~1.0	通过吸附在水泥水化物表面抑制与水的接触，以及吸附在水化物的晶核上阻止晶核的进一步增大，达到延缓水泥浆水化的目的	由纤维素衍生物、羟基羧酸等多种化合物组成，外观为浅黄色粉末。一般适于干混	河南卫辉
GH-7	110~140	0.5~2.0	通过吸附在水泥水化物表面抑制与水的接触，以及吸附在水化物的晶核上阻止晶核的进一步增大，达到延缓水泥浆水化的目的	由葡萄糖酸盐、羟基羧酸等多种化合物组成，外观为棕色液体。适于湿混	河南卫辉
GH-9	60~180	0.3~2.5	在水泥颗粒表面与钙离子形成溶剂化膜，优先吸附于铝酸三钙，减缓了水化作用，表现了很强的缓凝作用，而对硅酸三钙则表现出较弱的吸附性能，从而也保证了后期水泥强度的发育	由磺酸盐、有机酸等聚合而成	河南卫辉
SWH-2	100~150	0.2~1.5	通过吸附在水泥水化物表面抑制与水的接触，且通过螯合钙离子，从而防止了晶核的过早形成，达到缓凝的目的	白色无气味颗粒状固体粉末，既可干混也可湿混	山东沃尔德
SWH-3	90~150	0.2~2.0	通过吸附在水泥水化物表面抑制与水的接触，且通过螯合钙离子，从而防止了晶核的过早形成，达到缓凝的目的	灰褐色液体	山东沃尔德

续表

产品代号	适用温度/℃	加量范围/%	作用机理	主要成分及物理特征	生产厂家
DZH2	70～140	0.1～2.0	对水泥中的钙、铝离子等具有很强的螯合作用，通过螯合，减少了水泥浆液相中的离子浓度，从而减缓了水泥水化过程	浅粉色液体	中国石化工程院
DZH3	70～180	0.5～4.0	对水泥中的钙、铝离子等具有很强的螯合作用，通过螯合，减少了水泥浆液相中的离子浓度，从而减缓了水泥水化过程	棕褐色液体	中国石化工程院

11.2.3　分散剂(减阻剂)

11.2.3.1　功能及用途

分散剂又称减阻剂，其主要通过调节水泥颗粒表面电荷来降低水泥浆的塑性黏度和屈服值，使水泥浆获得最佳流变参数。它可以提高水泥浆的可泵送性，降低一定流速下的泵压，使注水泥施工顺利；能实现低排量下的紊流，提高对钻井液的顶替效率和固井质量；能在不破坏水泥浆流变性的条件下，减少水的用量，配出较高密度的水泥浆；还可使稠化时间曲线趋于直角，提高水泥石强度和抗渗透能力。

11.2.3.2　种类及作用机理

油井水泥分散剂按其化学组分可归纳为以下几类：

(1)木质素磺酸盐及其衍生物。

目前，国内普遍使用的是木质素磺酸钙和铁铬盐，一般用作缓凝剂，直接作为分散剂使用的很少。分散作用只不过是用它作缓凝剂的副作用，所以有人常称之为分散型缓凝剂或有缓凝作用的分散剂。这种材料是由提取酒精后的木质纸浆废液经蒸发、磺化、浓缩和干燥制成的一种棕黄色粉末，常简称 M 剂。其中木质素磺酸钙占 60% 左右，含糖量低于 12%，水不溶物含量不高于 2.5%。

木质素磺酸盐具缓凝和分散双重作用，其加量应根据稠化时间和流变性的综合要求来确定，一般是 0.2%～1.0% 较为适宜。

(2)聚萘磺酸盐型。

聚萘磺酸盐是 β－萘磺酸盐与甲醛的缩合产物，缩写为 PNS 或 NSFC，相当于简称为 FDN 的 β－萘次甲基磺酸钠。该产品的支化度和相对分子质量变化范围都很大。市场上出售的产品有棕黄色粉末和 40% 水溶液两种。用淡水配浆时，正常加量为 0.5%～1.5%。对于高含盐水泥浆体系，则需增大加量，有时可高达 4%。

由于其化学结构中带芳族共轭环，可牢固地吸附于水泥颗粒表面，所以分散效果较好。其特点是：减水作用明显，引气量较小，早期强度发展快。缺点是容易引起水泥颗粒沉降，凝固时间受温度影响较大，而且有一定的缓凝作用。

(3)磺化醛酮缩合物。

甲醛和丙酮缩聚物使用温度可达 150℃，是目前国内最好的高温水泥分散剂。该类分散剂为阴离子型表面活性剂。分子的极性端决定了分散剂分子对水泥颗粒的亲和力，而非极性端的结构则通过诱导效应、共轭效应以及空间效应等方式对极性端的吸附、分散能力施加影响。

此外，还有水溶性密胺树脂、磺化乙烯基类聚合物及其衍生物、柠檬酸类、AMPS(2－丙烯酰胺－2－甲基丙烷磺酸)聚合物类、糖类、羟基羧酸盐类等分散剂。

11.2.3.3　常用分散剂型号与使用条件

每一种分散剂都有它的使用条件。常用分散剂型号与使用条件见表11－18。

表11－18　常用分散剂型号与使用条件

产品代号	适用温度/℃	加量范围/%	作用机理	主要成分及物理特征	生产厂家
USZ	30～150	0.3～0.8	通过调节水泥颗粒表面电荷以获得合适的水泥浆流变性，达到降低泵压，提高顶替效率	由甲醛、丙酮等原料聚合改性而成，为桔黄色粉末，具有一定的缓凝作用，可干混或湿混	河南卫辉
SWJZ－1	30～90	0.3～1.0	能有效地吸附在水泥颗粒表面，形成吸附双电层，分散水泥浆，降低水泥浆的初始稠度，改善水泥浆的流变性能	是一种有机合成的磺化酮醛缩合物，外观为棕黑色粉末，适于干混	山东沃尔德
DZS	20～150	0.5～1.6	能有效地吸附在水泥颗粒表面，形成吸附双电层，分散水泥浆，降低水泥浆的初始稠度，改善水泥浆的流变性能	丙酮甲醛磺化缩聚物，棕褐色液体	中国石化工程院

11.2.4　降失水剂(降滤失剂)

11.2.4.1　功能及用途

固井施工时，水泥浆在压力下经过高渗透地层时将发生“渗滤”。水泥浆滤液进入地层，其后果为：一是使水泥浆失水，流动性变差，严重者可使施工失败；二是滤液进入储层对储层形成不同程度的伤害。原浆的API滤失率通常超过1500mL/min。在固井作业中，一般要求不超过250mL/min，有时要求滤失量不超过50mL/min(固尾管)。为达到这个目的，通常在水泥浆设计中使用降失水剂。

降失水剂是降低水泥浆滤液向地层中滤失的化学材料。水泥浆在井眼中流动时，它可以减少水泥浆中的水分向地层中流失，以保证水泥浆的流动性。降失水剂主要适用于长封固段井固井、小间隙井固井、具有渗透性地层的井固井、挤水泥作业、以及水平井固井。

11.2.4.2　种类及作用机理

降失水剂种类较多，按其材料来源主要分为以下三大类。

(1)颗粒材料。

最早用于水泥浆降失水的颗粒材料是膨润土。这种黏土的颗粒尺寸极小，可以进入到水泥滤饼之间，从而降低滤饼的渗透性能，降低了水泥浆的失水。类似于膨润土用于水泥降失水的颗粒材料还有：碳酸盐细粉、沥青、石英粉、火山灰、飞灰、硅藻土、硫酸钡细粉、滑石粉和热塑性树脂等。超细的颗粒材料通常分散于其他水溶性高分子溶液，或与其他材料复配作为水泥浆降失水剂(表 11－19)。

表 11－19　颗粒材料作为油井水泥降失水剂的研究

序　号	类　别	选用方法概述
1	黏土(1～100μm)	分散于羧甲基纤维素或其他纤维素衍生物中，中温条件下效果较好
2	有机黏土	悬浮于纤维素衍生物或丙烯酰胺类共聚物中，并和表面活性剂、分散剂共同使用；该体系不引起水泥过度缓凝和沉淀
3	高岭土	用白油作为载体，悬浮于纤维素醚和极性溶剂分散剂中；无毒，可生物降解，对地层无伤害
4	硅酸胶体(1～10nm)	1%～30%的硅酸胶体悬浮液；具有降失水、防气窜、稳定水泥浆浆体以及抗高温强度退化等作用
5	微硅(0.088μm)	作为复合降失水剂使用，失水要求不高时可作为单一降失水剂使用
6	硬沥青粉	具有弹性、憎水性、价廉等特点，可用于腐蚀严重的地区防腐，也具有较好的利用前景
7	胶乳	优良的失水控制力，不仅可增大水泥石弹性，还因憎水可抗腐蚀
8	CMAS	硅铝酸钙－镁熔融聚集体的粉状物，不但可控制失水，还有控制流变性、稠化时间、游离水及提高水泥石强度等性能
9	花生壳粉	能使水泥浆在高渗透地层中不漏失，不影响水泥浆强度的流变性能，不污染地层，并使水泥浆稠度均一、抗压强度提高

颗粒材料只是利用级配关系堵塞部分水泥大颗粒之间的空隙，形成致密的水泥滤饼来控制水泥浆中的液体向地层流失，从而达到降失水的目的。但单独使用颗粒材料的降失水能力十分有限，它一般作为辅助降失水材料。

(2)天然高分子及其改性物。

天然高分子及其改性物是目前国内外降失水剂产品的一类主要组分(表 11－20)。天然高分子有纤维素、木质素、淀粉、褐煤、单宁等；天然高分子改性物主要有羧甲基纤维素(CMC)、羟乙基纤维素(HEC)、羟甲基羟乙基纤维素(CMHEC)、纤维素－丙烯酰胺接枝共聚物、淀粉接枝共聚物、木质素衍生物等。对这类产品应当研究不同种类的改性基团、改性基团比例等对降失水能力以及水泥浆体系其他性能的影响，特别是怎样克服其影响流变性和低温缓凝的问题。目前，对纤维素系列改性物作为降失水剂研究较多，对其他系列改性的研究较少。

表 11－20　天然高分子及其改性物作为油井水泥降失水剂的研究

序　号	类　别	产品特点
1	纤维素类	有羧甲基纤维素(CMC)、羟乙基纤维素(HEC)、羧甲基羟乙基纤维素(CMHEC)等，其中CMC价格较低，应用较广。 缺陷：增稠，缓凝，高价阳离子及高温时降滤失能力较弱。 改善：接枝共聚乙烯单体，改善其分散性，流变性，耐热性
2	木质素类	来源丰富、价格低，其中磺酸盐耐高温、耐盐、抗剪切。 改善：接枝共聚乙烯单体，能提高耐温、耐盐性能；或胺基化，能降低其缓凝作用

续表

序　号	类　别	产品特点
3	淀粉类	热稳定性差、增黏能力不高，易受微生物侵蚀，应用较少。 改善：接枝或嵌段共聚物能有效地改变淀粉的性能
4	褐煤类 （1～10nm）	经化学改性的褐煤可用作降失水剂。接枝后的褐煤可用于油井水泥降失水剂，能在较宽的温度及 pH 值范围内使用，能耐盐、耐高温
5	单宁类	分为两种：缩合类单宁和水解类单宁。经改性接枝乙烯类单体的单宁用作油井水泥降失水剂

天然高分子及其改性物作为降失水剂有两个弱点：一是增加水泥浆的稠度，影响流变性，必须配合适当的分散剂使用；二是有较强的缓凝作用，尤其是在低温条件下可能 24h 无强度，而且难找到好的促凝剂。这类降失水剂适应的温度范围 80～110℃，在高温下，因分子本身降解使其控制失水能力大大降低。

（3）合成聚合物。

人工合成的聚合物类降失水剂主要分为以下四大类。

阴离子型聚合物：阴离子型聚合物有磺化水溶性树脂，丙烯酰胺/丙烯酸共聚物，丙烯酰胺/丙烯酸/马来酸共聚物，丙烯酰胺/2 －丙烯酰胺－ 2 －甲基丙磺酸钠（AMPS）共聚物，磺化聚苯乙烯（SPS），磺化聚甲基苯乙烯（SPVT）以及衣康酸、N －甲基－ N －乙烯基乙酰胺、N，N －二甲基丙烯酰胺、乙烯磺酸盐、AMPS 的二元或三元共聚物等。这类化合物主要通过增加滤饼颗粒表面的负电荷密度，提高对水分子的极化能力来控制失水。

阳离子型聚合物：阳离子型聚合物有聚乙烯亚胺、聚烯丙基胺、二甲基－二烯丙基氯化铵。甲基丙烯酰胺基三甲基氯化铵等共聚物。这类降失水剂主要是聚胺类，而聚胺类是优秀的降失水剂，在国外有较多研究，国内对阳离子型聚合物降失水剂的研究和应用较少。主要缺点是与常用的阴离子分散剂和缓凝剂的配伍性能差，加入后水泥浆的流变性和稳定性得不到保证。

两性离子聚合物：两性离子聚合物有二甲基－二烯丙基氯化铵、丙烯酰胺、乙烯磺酸盐共聚物。两性离子聚合物作为水泥降失水剂在国内外研究报道都不多见。调节好聚合物中正、负电荷的比例使水泥颗粒与流动介质的相对电荷达到一种最优状态，水泥颗粒就能充分分散而不絮凝，是其有良好的降失水效果的关键。

非离子聚合物：非离子型聚合物有聚乙烯醇、聚乙稀吡咯烷酮以及乙烯基吡咯烷酮与顺丁烯二酸酐、苯乙烯磺酸钠的共聚物等。这类降失水剂的显著特点在于主链上强吸水基团少，主要是靠堵塞空隙，形成低渗透膜来降低失水。由于不是强吸水聚合物，因此水自由度与不加降失水剂体系差别不大，不影响稠化时间，可用在很低的温度下，而且这类降失水剂适用于 $CaCl_2$ 等常用促凝剂。

聚乙烯醇（Polyvinyl Alcohol，简称 PVA）的化学结构稳定，10% 热分解温度大于 200℃，在碱性水溶液中 165℃高温处理 3h，分子结构和相对分子质量仍能保持不变。PVA 属于非离子型聚合物，这类降失水剂的显著特点在于主链上强吸水基团少，主要是靠封堵孔隙，形成低渗透膜来降失水，对水泥浆凝结时间影响小。与共聚物和改性纤维素类降失水剂相比，配伍性好，有明显价格优势，适合作为耐高温油井水泥降失水剂组分。但是，直接使用线性 PVA，不仅加量大，重复性、稳定性差，而且只适合循环温度低于 50℃的地层。与硼酸钠等物理共混交联后，线性 PVA 分子与凝胶剂通过络合成膜控制失水，使降失水性能显著提高。但是，低于 40℃时难形成均匀络合物膜，高于 95℃时络合物膜又易分解，因此共混交联 PVA 不能作为耐高温降失水剂。采用化学交联，能够增强 PVA 聚合物膜的强度，适当改善其耐高温和抗盐性能。

目前，在固井中使用的大部分降失水剂由高分子材料组成，常用的有纤维素衍生物（CMC、HEC、CMHEC）、丙烯酰胺或丙烯酸的聚合物及其衍生物、聚乙烯吡咯烷酮复合体系、聚乙烯醇、丁苯或丁苯胶乳体系、AMPS 的共聚物等。另外，一些微细颗粒材料对水泥浆的降失水也有辅助作用，如微硅等固体材料。

关于在水泥浆中降失水剂如何发挥作用的机理，学术上主要有三种观点：①物理充填堵塞作用：用降失水剂配制的水泥浆，在一定的压差作用下，分散在水泥浆中的降失水剂超细颗粒进入滤饼微孔隙中，并堆积在水泥颗粒之间，形成了可降低渗透性的水泥滤饼，控制水泥浆中液体向渗透性地层漏失的速度，达到降低水泥浆失水的目的。②吸附和聚集作用：聚合物类材料降失水剂控制失水的主要方式有吸附和聚集。在含聚合物的水泥浆中，聚合物分子通过其吸附基团和水化基团吸附在水泥颗粒表面，形成“水泥颗粒—线性高分子或有机物—水分子吸附层”这一结构，阻塞水泥内部孔隙；同时聚合物可以通过互相交联桥接作用形成网状胶结聚集体来束缚游离水，此水泥浆在一定的压差下，与滤饼和地层交界面处形成薄薄的非渗透性的韧性膜是薄而致密的非渗透性滤饼，阻止自由水的滤失，达到控制失水的目的。③提高液相黏度：聚合物水溶液的黏度和聚合物浓度与其相对分子质量大小有关。高分子聚合物通过增大液相黏度来增大游离液向地层滤失的阻力，从而降低了水泥浆向渗透性地层失水，但这种聚合物将导致水泥浆稠度大，因而很少单独使用。①、②两种观点所提到的作用机理可以归结为“通过降失水剂来改善滤饼的内部结构，以形成良好的滤饼，控制失水”，而观点③则是从改善水泥浆的液相黏度出发控制失水。

11.2.4.3　常用降失水剂型号与使用条件

每一种降失水剂都有它的使用条件，如适应温度、最佳加量范围、与其他添加剂的配伍性、抗盐能力等。常用降失水剂型号与使用条件见表 11-21。

表 11-21　常用降失水剂型号与使用条件

产品代号	适用温度/℃	加量范围/%	作用机理	主要成分及物理特征	生产厂家
G301	40～120	0.8～2.0	通过提高水泥浆水相黏度和形成聚合物聚集链束堵塞水泥固相滤饼的孔隙，达到减小滤饼渗透率，降低失水的目的	由多种纤维素衍生物及其他相关助剂组成，外观为棕色粉末，可使 API 失水小于 250mL，干混或湿混均可	河南卫辉
G302	30～90	1.2～2.0	通过形成致密的聚合物薄膜及提高水相黏度来达到降低失水的目的	由水溶性高分子及其他相关助剂组成，外观为灰色或浅灰色粉末，API 失水小于 150mL，适于干混	河南卫辉

续表

产品代号	适用温度/℃	加量范围/%	作用机理	主要成分及物理特征	生产厂家
G315	40～120	5～7	通过形成致密的聚合物薄膜及提高水相黏度来达到降低失水的目的	由多种水溶性聚合物和其他助剂复合而成，外观为无色透明粘稠液体，适于湿混	河南卫辉
G310	30～150	3～6	水溶性高分子链束聚集降低水泥浆滤饼渗透率。在聚合物中引入多种功能团增强抗高温抗盐性能	由低分子酰胺、多羟基羧酸聚合改性而成，为粘稠液体	河南卫辉
SWJ－1	70～120	0.4～2.0	在水泥浆中能够有效地吸附于水泥颗粒表面，改变水泥颗粒表面的物理化学性能，形成一种以水泥颗粒为节点的网状聚集体，在颗粒表面迅速覆盖孔道形成致密的滤饼，从而有效降低水泥浆的滤失	由高分子聚合物掺以特定的辅助材料组成，外观为棕褐色粉末，适于干混	山东沃尔德
SWJ－2	90～110	0.4～2.5	在水泥浆中能够有效吸附于水泥颗粒表面，改变水泥颗粒表面的物理化学性能，高分子之间形成贯穿整个体系的交联网络，在水泥浆与地层间存在一定压差时，水泥颗粒表面交联网络于界面处形成致密的薄膜，从而有效降低水泥浆的滤失	由聚烯类的高分子聚合物并掺以特定的辅助材料组成，外观为白色或微红固体粉末，适于干混	山东沃尔德
SWJ－3	90～150	3.0～5.0	通过吸附和聚集双重作用，在水泥浆中形成弱胶联的胶体，可稳定的嵌入泥滤饼，减小孔隙尺寸，有效地通过提高水相黏度和降低滤饼渗透率来降低水泥浆失水	是一种水溶性聚合物，外观为无色透明黏稠液体，具有抗盐作用，适于湿混	山东沃尔德
DZJ－Y	60～160	4.0～6.0	通过提高水泥浆水相黏度和形成聚合物聚集链束堵塞水泥固相滤饼的孔隙，达到减小滤饼渗透率，降低失水的目的。具有一定的缓凝效果，延长水泥浆稠化时间，提高水泥石早期强度。优异的抗盐性能，在饱和盐水条件下，使水泥浆的 API 失水量控制在 100mL 以内	主要成分丙烯酸、丙烯酰胺等的三元共聚物，外观为无色黏性液体，适于湿混	中国石化工程院
FSAM	30～90	3～8	通过形成致密的聚合物薄膜及提高水相黏度来达到降低失水的目的	主要成分聚乙烯醇，外观为无色黏性液体，适于湿混	中国石化工程院
FSAM－H	30～145	3～8	通过形成致密的聚合物薄膜及提高水相黏度来达到降低失水的目的	主要成分聚乙烯醇，外观为无色黏性液体，适于湿混	中国石化工程院
SCF	30～180	2～6	通过提高水泥浆水相黏度和形成聚合物聚集链束堵塞水泥固相滤饼的孔隙，达到减小滤饼渗透率，降低失水的目的	主要成分丙烯酸、丙烯酰胺等的五元共聚物，外观为无色黏性液体，适于湿混	中国石化工程院

11.2.5　增韧剂

11.2.5.1　功能及用途

增韧剂是提高水泥石韧性的材料。水泥原浆凝固后形成的水泥石表现为较强的脆性，韧性较差。在固井后的套管射孔投产和压裂进行储层改造时，水泥石极易发生破裂，影响施工效果，严重时会造成水泥环破坏，影响密封。水泥浆中加入增韧剂，能提高水泥石韧性，克服以上问题。增韧剂主要适用于产层射孔段固井；固井后需要进行压裂改造的井固井；投产后后期作业较多的井固井；开窗井固井；以及后期钻进时间较长的深井技术套管固井的施工中。

11.2.5.2　种类及作用机理

增韧剂的增韧性能主要依靠材料阻裂和增韧的特性，使水泥石内部缺陷的应力集中减小，增加水泥石的抗冲击能力；在挠曲载荷作用下提高水泥石形成可见裂缝时的载荷能力，防止水泥石的应力开裂，在疲劳载荷作用下阻止裂缝扩展，并在强冲击载荷作用下对裂纹尖端应力场形成屏蔽而提高水泥石的抗断裂韧性。常用的增韧剂是纤维材料、磨碎橡胶和胶乳。

11.2.5.3　常用增韧剂型号与使用条件

常用增韧剂型号与使用条件见表 11－22。

表 11－22　常用增韧剂型号与使用条件

产品代号	适用温度/℃	加量范围/%	作用机理	主要成分及物理特征	生产厂家
G211	30～90	30～60	通过具有合适比重的混合物不同颗粒大小分布和最优比例选择，提高水泥石的抗破碎能力。主要用来配制低密度水泥浆	主要由超矿渣、粉煤灰、微硅、稻草硅等组成的灰色粉末	河南卫辉
F17F	30～150	1.8～2.0	利用纤维对载荷的传递，使水泥石内部缺陷的应力集中减小，增加水泥石的抗冲击能力	混合纤维	江苏海德曼
SFP－2	30～150	0.1～0.5	利用纤维对载荷的传递，使水泥石内部缺陷的应力集中减小，增加水泥石的抗冲击能力	有机纤维	中国石化工程院
SFP－3	30～180	0.5～2	利用纤维对载荷的传递，使水泥石内部缺陷的应力集中减小，增加水泥石的抗冲击能力	无机纤维	中国石化工程院

11.2.6　高温强度稳定剂

11.2.6.1　功能及用途

高温强度稳定剂是用来减少水泥石高温强度衰减速度的材料，主要是石英砂(硅粉)。在深井、地热井和蒸汽注入井中，凝固的水泥石常处于高于 110℃ 的条件下，其强度随时间增长而下降，加入适当数量的硅粉，能改善高温下水泥石的初始抗压强度，明显地延缓水泥石强度衰退和渗透率的增加。

11.2.6.2　种类及作用机理

硅粉细度分为三种，即砂、硅粉、微硅。硅粉的纯度必须大于96%，并对粒度分布和级配作出了明确规定。砂(粗硅粉)的粒径约为120μm，硅粉(细硅粉)的粒径约为50μm左右。对密度低于1.92～2.30g/cm^{3}的水泥浆，使用粗硅粉(砂)。硅粉加量与温度有关，对于井底静止温度处于110～204℃的井，硅粉加量为35%～40%，对蒸汽注入井或蒸汽采油井，硅粉加量通常在60%以上。为了提高水泥高温下的防渗透性能，除加入硅粉外，还加入一定数量微硅。

热采井固井作业中已经广泛采用硅粉来减少和防止水泥石强度衰退。但对硅粉纯度、粒度分布和级配没有明确的质量要求。对于不同类别的井亦没有采用不同颗粒级别的硅粉。加硅粉耐高温水泥体系的最高温度为358℃。超过此温度，二氧化硅在高温高压水蒸气下被溶出形成间隙和空间。为了提高水泥石热稳定性，美国研制出耐高温的高铝水泥，把它作为注水泥的基本水泥体系。

硅粉在高温下的作用机理：在高于110℃条件下，油井水泥水化生成的水化硅酸钙(C－S－H)凝胶和C_2SH_2转变成孔隙率高的板块状产物C_2SH。加入一定量的硅粉，使大部分C_2SH转化为雪钙硅石($C_5S_6H_5$)，可以降低水泥体系中的Ca/Si比，改变所形成的水化产物的形貌及性能，达到改善高温下水泥石强度衰退现象的目的。

11.2.6.3　常用高温强度稳定剂类型

常用高温强度稳定剂类型见表11－23。

表11－23　常用高温强度稳定剂种类与使用条件

材　料	产品类型	产品形态
砂	晶体硅过100目筛，常规相对密度2.65	粒状固体
硅粉	晶体硅过200目筛或更细，常规相对密度2.65	细粉末
微硅	晶体硅常规相对密度2.65	细粉末

11.2.7　防气窜剂

11.2.7.1　功能及用途

在油气井注水泥中，特别是某些高压气井毗邻环空的地层，含有一定压力的原生气，这种气体能够进入注水泥后的环空，形成气体浸窜，也称气浸。水泥浆候凝时由于体积收缩，或水泥浆失重、液柱压力降低产生油气运移。需要加入防气窜剂，或减少其失水，或改变水泥的胶结强度，或增加基质流动阻力，或使水泥石体积微量膨胀，以提高固井质量，增加固井的安全性。防气窜剂主要适用于气井固井或封固段内有气层的井固井。

11.2.7.2　种类及作用机理

防气窜剂就是配置可压缩水泥、不渗透水泥、触变性水泥、零游离水水泥和不胶凝水泥等所需使用的外加剂。按防气窜作用机理将此类外加剂分为四类。

(1)增加基质流动阻力或阻塞。

使用苯乙烯—丁二烯类胶乳、硅灰或共聚物等外加剂配成的非渗透水泥体系，由于降失水剂具有增黏作用，因此降失水水泥浆体系也具有防气窜作用。另一类较好的防气窜剂是成膜类的非渗透防气窜剂，由高分子聚乙烯醇、交联剂组成，其作用原理为：①在水泥和水混合初期，水泥浆表现为水泥颗粒悬浮于水中的“悬浮液”，为液体传压特性，可以保持对油气层的压力。此时，添加在水泥浆中的非渗透剂和交联剂在水泥浆碱性条件下发生络合反应，形成络合结构。当水泥浆中非渗透剂和交联剂浓度较高时，络合物分子之间就会相互连接形成连续的凝胶结构(非渗透薄膜)。在压差的作用下，水泥颗粒、非渗透凝胶颗粒、未络合的非渗透剂分子、交联剂分子均向失水的井壁方向运移，各种组分的分子浓度相对增大，进一步促使未络合的非渗透剂分子和交联剂分子发生络合反应生成络合物，形成胶凝结构。而且，不断增加的凝胶结构分子会相互靠近、接触、黏结成连续的凝胶结构，进而形成均匀稳定的不渗透膜。不渗透膜可以迅速降低滤失渗透率和水泥浆失水量。②在水泥凝胶过渡期，由于水泥浆在保持液态情况下已经发生交联反应生成了非渗透膜，正是由于非渗透膜的作用，增加了气层气体浸入水泥浆内的运移阻力。此时，虽然水泥浆失重仍然存在，但是随着非渗透剂交联作用的增强，气体在水泥浆中运移阻力也在加大，保证了环空静压力和油气在环空中的流动阻力之和大于油气层压力，阻止环空气窜。③在水泥浆凝固后期，水泥浆凝固形成水泥石，在水泥石内部留有大量的非渗透膜，降低了水泥石的渗透率，阻止了气体的浸入。

(2)改变水泥浆的可压缩性。

由气体膨胀剂而配制的膨胀水泥浆体系就有很好的防气窜作用。因此，加入水泥浆中的发气剂，如铝粉、气体膨胀剂等都属于防气窜剂；泡沫水泥也具有防气窜功能。气膨胀水泥或泡沫水泥的防气窜机理是：由于气体的可压缩性，当地层高压流体进入水泥浆体后，气体被压缩，使压力升高，从而阻止了流体的进入。

(3)改变水泥浆的触变性。

触变性强的水泥浆具有停止流动后马上形成结构力的特性，使高压流体难以进入水泥浆内，因此具有防气窜功能。能增加水泥浆触变性的材料有石膏、交联聚合物等。

(4)缩短胶凝过度时间。

直角稠化水泥浆体系，或近直角稠化水泥浆体系具有胶凝过度时间短的特点，胶凝过度时间短能减少失重时间，缩短高压流体浸窜的机会，因此具有防气窜功能。胶乳水泥浆体系具有胶凝过度时间短的特点。

气窜现象是在水泥浆固化初期的可塑性阶段发生的。防气窜效果最好的是不渗透水泥，胶乳是这种水泥浆体的主要外加剂之一。胶乳是最好的胶结辅助剂、防气窜剂、基质增强剂和降失水剂，它还能够增强水泥石的弹性和具有抗腐蚀性流体的能力。使用苯乙烯—丁二烯类胶乳主要成分的胶乳防气窜剂，常用在高压气井固井中。胶乳中聚合物胶粒的粒径为0.05～0.5μm，比水泥颗粒(一般约在20～50μm)小得多，胶粒在水泥颗粒间聚集形成气体不能渗透的一层膜，从而起到防气窜作用。

综上所述，可以看出胶乳与部分交联聚合物的区别在于：胶乳是固相聚合物的水分散体，其中包括表面活性剂来保护胶体，这种胶体使分散体具有稳定性。由于胶乳具有成膜能力，因此当胶膜与气体接触时，或是颗粒的浓度超过一定临界值时，胶膜颗粒就聚结形成了不渗透的聚合物屏障，阻止了气体进一步往环空上窜。部分交联的聚乙烯醇是水溶性的，在水泥浆中它通过部分交联反应形成聚合物包裹的微颗粒结构，当水泥浆通过渗滤性地层时，稍有压差就相聚成膜，使气体无法移动，从而防止气窜的发生。

微硅水泥用于防气窜始于1983年，在美国用微硅低密度水泥体系解决浅气层气窜问题获得成功。随后微硅防气窜水泥体系从浅井扩展到中深井作业，水泥浆密度从1.54g/cm^{3}扩展到1.95g/cm^3，取得满意效果。

微硅水泥防气窜机理：与水泥颗粒相比，微硅粒径很小，在微硅水泥石中微硅分布于水泥颗粒之间，使得孔隙(水泥颗粒之间存在)变得更小，增加了流体流动阻力，从而起到防气窜作用。微硅量越大，孔隙就越小，防气窜性能越好。

铝粉发气防气窜剂是用氧化剂与铝粉发生化学反应，使铝粉表面生成一层薄而致密的保护膜，可以控制发气速度。保护膜的特性决定了水泥浆的初发和持续发气时间，调节缓蚀剂含量、反应时间等不同因素，就可得到不同初发时间的气窜控制剂，形成用于不同井深(如：3000m、5000m、7000m)的系列产品。

11.2.7.3 常用防气窜剂型号与使用条件

每一种防气窜剂都有它的使用条件。常用防气窜剂型号与使用条件见表11-24。

表11-24 常用防气窜剂型号与使用条件

产品代号	适用温度/℃	加量范围/%	作用机理	主要成分及物理特征	生产厂家
FSAM	25~120	5~8	通过形成致密的聚合物薄膜及提高水相黏度来增加气体的流动阻力，且静胶凝强度增长迅速，水泥石的早期强度发展快，从而达到防气窜的目的	水溶性聚乙烯醇聚合物，外观为无色黏性液体，适于湿混	中国石化工程院
OSP	30~130	8~12	胶乳中聚合物胶粒在水泥颗粒间聚集形成气体不能渗透的一层膜，从而起到防气窜作用	苯丙胶乳，外观乳白色液体，适于湿混	中国石化工程院
DC200	30~170	8~12	胶乳中聚合物胶粒在水泥颗粒间聚集形成气体不能渗透的一层膜，从而起到防气窜作用	丁苯胶乳，外观乳白色液体，适于湿混	中国石化工程院
SWP-1	40~140	0.3~1.0	使水泥浆的体积膨胀，提高水泥柱支撑套管和分隔地层的能力，能有效改善水泥环柱与套管和地层的胶结力，补偿水泥浆固化时的液柱压力，防止气窜	由几种无机化合物混合而制得的氮气膨胀剂，灰白色、无气味的固体粉末	山东沃尔德

11.2.8 消泡剂

11.2.8.1 功能及用途

消泡剂是控制或减少水泥浆中产生气泡的化学剂。在一些固井中，由于水质或某种材料之间产生化学作用等原因，使水泥浆混合初期产生气泡，影响配浆设备配制出合格的水泥浆密度，从而影响固井质量。在配浆液中加入消泡剂，能及时消灭水泥浆中产生的气泡，使设备提高配浆质量，配制出密度合格的水泥浆。消泡剂主要适用于配浆水矿化度较高的固井，或固井前对水泥中加入的外加剂进行室内试验或大样复查时发现配浆初期产生气泡的固井施工中。

11.2.8.2 种类及作用机理

消泡剂应由主消泡剂、辅助消泡剂、载体、乳化剂、稳定剂组成。国外消泡剂主要采用大相对分子质量醇、多元醇及其他剂，其使用效果不够理想。我国消泡剂有聚乙二醇、甘油聚醚、硬脂酸铝、辛醇、有机硅、磷酸三丁酯、斯潘－80、环氧烷聚合物类等。

消泡要先从稳泡说起，泡沫能稳定有几种作用力，增强泡沫存在的原因主要是存在于界面的表面活性物质。要消泡，就是减少它在泡沫表面的浓度。一种就是使用更低表面张力的物质，由于与体系相容性有限的缘故，会快速在气液界面扩散，从而降低了表面活性物质浓度，促使泡内液体排出，进而破泡。还有一种就是能吸附表面活性物质的材料，如石英粉，它可以吸附泡沫表面的活性物质，从而使泡沫稳定性降低，通常主要用于高黏度体系。

11.2.8.3　常用消泡剂型号与使用条件

每一种消泡剂都有它的使用条件，常用消泡剂型号与使用条件见表 11－25。

表 11－25　常用消泡剂型号与使用条件

产品代号	适用温度/℃	加量范围/%	作用机理	主要成分及物理特征	生产厂家
XP－Ⅰ	＞－30	0.1～0.5	通过降低液体表面张力达到消泡的目的	为高分子聚醚类消泡剂，外观为无色或淡黄色黏稠液体	河南卫辉
SWX－1	＞－30	0.1～0.3	通过降低液体表面张力达到消泡的目的	有机脂类，为无色透明或微黄色油状液体，不溶于水	山东沃尔德
DZX	＞－30	0.05～0.1	通过降低液体表面张力达到消泡的目的	主要成分为磷酸三丁酯，外观为无色液体	中国石化工程院
DZX－2	＞－30	0.05～0.1	通过降低液体表面张力达到消泡的目的	主要成分为有机硅，外观为乳白色液体	中国石化工程院

11.2.9　稳泡剂

11.2.9.1　功能及用途

稳泡剂是控制泡沫水泥浆中产生的气泡不破灭，保证较长时间相对稳定的化学剂。在泡沫固井中，不论是充气泡沫固井还是化学泡沫固井，都需要所形成的泡沫稳定，不然，在固井过程中泡沫会加速破裂，导致气体与水泥浆分离（称为气脱现象）。气体会带走浆体中的水分，使水泥浆脱水变稠，失去流动性。在配浆液中加入稳泡剂，能使气泡不易破裂，提高泡沫水泥浆的稳定性。稳泡剂主要适用于化学泡沫水泥浆固井和机械充气泡沫水泥浆固井施工。

11.2.9.2　种类及作用机理

常见稳泡剂及其作用机理如下：

（1）大分子物质。

如聚丙烯酰胺、聚乙烯醇、蛋白、多肽、淀粉、纤维素等。该类物质由于能够提高泡沫的黏度，降低泡沫流动性，从而具有一定的稳泡效果。但使用操作复杂，效果有限，发泡量降低。

（2）硅树脂聚醚乳液类（MPS）。

该类分子能够控制气泡液膜的结构稳定性，使表面活性剂分子在气泡的液膜上有秩序地分布，赋予泡沫良好的弹性和自修复能力。优点：稳泡效果明显，使用方便。缺点：合成异构体多，难以控制，使用范围仅限于对十二烷基硫酸钠(K12)、脂肪醇聚氧乙烯醚硫酸钠(AES)和α-烯基磺酸钠(AOS)等阴离子表面活性剂的稳泡。

(3)非离子表面活性剂。

十二烷基二甲基氧化胺、烷基醇酰胺，该类物质稳泡机理是降低液膜阴离子表面活性剂阴离子基团的排斥力，从而实现稳泡。稳泡效果一般，且十二烷基二甲基氧化胺和烷基醇酰胺产品繁多，质量难辨，副产物和不利于稳泡的杂质较多。

11.2.10 早强剂

11.2.10.1 功能及用途

早强剂是用来加快水泥浆凝固过程中早期强度发展的材料。在一些特殊水泥浆或特殊环境固井中使用，如粉煤灰水泥浆、坂土粉水泥浆、低温固井等施工，水泥浆的强度发展很慢，影响套管支撑、油气水层快速封隔、固井质量测井、或钻井进度等。在水泥浆中加入早强剂，可加快水泥浆凝固过程中的强度发展速度，解决以上问题。早强剂主要适用于各种低密度固井、外掺料比例较大的水泥浆固井、浅层大套管固井、海上导管及表层固井中。

11.2.10.2 种类及作用机理

早强剂与促凝剂成分类似，主要成分是无机盐，常用的无机盐有$CaCl_2$、NaCl 等以及它们与一些改进成分的复合物。一般在低密度水泥浆体系中使用。

11.2.10.3 常用早强剂型号与使用条件

常用早强剂型号与使用条件见表11-26。

表11-26 常用早强剂型号与使用条件

产品代号	适用温度/℃	加量范围/%	作用机理	主要成分及物理特征	生产厂家
G204	30~90	1.0~5.0	通过架桥和改变水泥浆离子浓度，在低密度水泥浆中起到稳定、增强作用	以无机早强材料为主组合而成，外观为白色粉末	河南卫辉
G209-L	25~110	1.51~4.0	通过改变水泥浆水化时离子浓度，促进C_3S、C_3A水化反应，并与之生成钙矾石等，改善水泥石晶体结构，从而提高水泥石的抗压强度	以无机盐为主体制成，外观为土黄色黏稠状液体	河南卫辉
DZA	20~50	2.0~4.0	通过改变水泥浆水化时离子浓度，促进C_3S、C_3A水化反应，并与之生成钙矾石等，改善水泥石晶体结构，从而提高水泥石的抗压强度	主要成分$CaCl_2$，外观为无色液体，易溶于水	中国石化工程院
DZH	20~120	0.5~2.5	促进C_3S、C_3A水化反应，并与之生成钙矾石等，改善水泥石晶体结构，从而提高水泥石的抗压强度	以无机盐为主体制成，外观为微黄色黏稠状液体	中国石化工程院

11.2.11　膨胀剂

11.2.11.1　功能及用途

膨胀剂是能够使水泥浆在凝固过程发生体积膨胀的材料。在一些复杂井固井中，往往会发生窜油、窜气，界面窜槽，胶结质量差，存在环空微间隙等问题，严重影响固井质量。在水泥浆中加入膨胀剂，可使水泥浆在凝固过程中体积发生膨胀，膨胀压力可以减小水泥失重，同时提高水泥石与套管及地层之间胶结强度，较大程度地克服了以上问题，大大提高固井质量。膨胀剂主要适用于存在高压油、气、水层的井固井、不规则井眼（糖葫芦井眼）固井、泥饼较厚的井眼固井等。

11.2.11.2　种类及作用机理

国内外使用的膨胀剂品牌有数十种，根据膨胀源和作用机理可以分为两大类：晶体膨胀材料和发气材料。晶体类膨胀剂主要的膨胀源是晶体材料重结晶或晶型转变时产生的结晶膨胀压；发气材料主要依靠碱活性金属粉末与水泥浆中的碱溶液反应产生的气体作为膨胀源。

1）晶体类膨胀材料。

钙矾石类晶体膨胀材料是以钙矾石（$C_3A \cdot 3CaSO_4 \cdot 32H_2O$）为膨胀源的膨胀剂，主要组分为硫铝酸盐和铝酸盐等。该类膨胀剂在水泥水化时生成钙矾石晶体，晶体在水化过程中不断长大使水泥石体积增大，可以补偿水泥硬化时发生的体积收缩并在一定程度上改善水泥石结构。但是其作用主要发生在水泥水化早期，对水泥基材料后期收缩的补偿作用不大；且水化产物钙矾石的物理化学性质不稳定，在 70～80℃之间可能发生分解。国内的 SEP 系列膨胀剂即为钙矾石类膨胀剂，在井下有限空间和高压条件下，其线性膨胀率为 0.2% 左右。随着研究的深入，人们发现水泥浆体收缩主要发生在水泥浆终凝以后，即主要是硬化体收缩，因此单纯以钙矾石为膨胀源的膨胀剂已渐渐无法满足固井的需要。

2）碱土金属氧化物类膨胀材料。

该类膨胀剂主要是利用 CaO 水化形成 $Ca(OH)_2$ 或 MgO 水化形成 $Mg(OH)_2$ 而产生体积膨胀。也有将 CaO · MgO 及 Al_2O_3 等复合形成多膨胀源的膨胀剂。

CaO 膨胀剂：CaO 膨胀剂属轻烧氧化钙，具有早期膨胀效果好、原材料资源丰富等特点。但存在膨胀过快、膨胀源 $Ca(OH)_2$ 在压力水作用下溶解度较大等问题。

MgO 膨胀剂：MgO 膨胀剂是依靠煅烧 MgO 在水泥水化过程中生成 $Mg(OH)_2$ 时固相体积增大，从而使水泥发生体积膨胀。MgO 膨胀剂具有水化需水量少、水化产物物理化学性质稳定、使用温度高及应用范围广泛等特点。但是 MgO 膨胀剂产生的膨胀属于延迟膨胀，对于水泥浆早期收缩补偿不够。另外，对于 MgO 的安定性评价也是 MgO 膨胀剂应用过程中需要克服的难点。

目前，碱土金属氧化物类膨胀剂已得到广泛研究与应用，单一的碱土金属氧化物用作膨胀剂存在一定的局限性，不同碱土金属氧化物复合或碱土金属氧化物与钙矾石类膨胀剂复合形成多膨胀源，可扩大膨胀剂使用的温度范围，使其产生更好的膨胀效果。该类膨胀剂是在市场上主要的产品，国内主要有天津中油渤星公司的 BCP 系列和江苏海特曼公司的 F17 系列膨胀剂等。

3)发气类膨胀材料。

该类膨胀剂利用金属粉产生气体膨胀，膨胀源主要有氢气和氮气。

(1)膨胀源为氢气的膨胀剂。

此类膨胀剂主要的发气剂是经过钝化处理的铝粉。氢气主要由经过钝化处理的铝粉在强碱性水泥浆体中与氢氧根离子反应时放出。

(2)膨胀源为氮气的膨胀剂。

此类膨胀剂主要是由氮气发气材料、稳气材料和特种表面活性剂组成，其在38℃以上的温度养护下可以放出氮气，在75℃以下膨胀效果较为明显。

发气类膨胀材料主要适用于低压浅井，国内主要的产品有DG-29、ZG系列和KQ系列等。

钙矾石类膨胀剂的作用机理：目前研究人员对钙矾石的作用机理已进行了深入研究，主要提出了固相体积增大、原位化学反应、吸水肿胀和结晶压力共4种膨胀机理，但主要倾向于吸水肿胀和结晶压力两种机理。吸水肿胀理论认为水泥浆中形成的钙矾石是具有胶体特征的似凝胶物质，极化水分子在带负电和高比表面积的钙矾石粒子的吸引下围绕在钙矾石晶体周围，使颗粒之间产生排斥力，造成整个体积膨胀。结晶压力理论认为钙矾石晶体交叉生长，互相产生压力，结果使得水泥浆体膨胀。单位体积内结晶晶核数和晶体生长速度决定了水泥浆体的膨胀。晶核数越多，晶体越细小，产生的膨胀越大。但是该理论的基础是晶体必须在受限状态下生长，才能产生有效膨胀。

CaO膨胀剂的作用机理：在水化生成$Ca(OH)_2$时，$Ca(OH)_2$相主要堆积在CaO颗粒表面，发生局部化学反应，使固相体积增大。另外，石灰颗粒表面水化产物的沉积使颗粒的粒径增大，故增大了水化后石灰颗粒的堆积孔隙体积，同时伴随水泥石孔隙率增大，导致水泥浆体膨胀。

MgO膨胀剂的作用机理：MgO的水化反应活性由两个方面因素决定。MgO颗粒本身的活性和MgO的水化反应区域的大小，它们分别由MgO颗粒的晶体结构和MgO的比表面积所决定。

11.2.11.3 常用膨胀剂型号与使用条件

每一种膨胀剂都有它的使用条件，常用膨胀剂型号与使用条件见表11-27。

表11-27 常用膨胀剂型号与使用条件

产品代号	适用温度/℃	加量范围/%	作用机理	主要成分及物理特征	生产厂家
QJ-625	30~150	0.3~0.6	通过产生微气泡均布于水泥浆体系，有效补偿水泥“胶凝失重”和“水化体积减缩”造成压力降，提高水泥环胶结强度，从而有效防止地层中油、气、水外窜	为棕色粉末，无毒、无嗅，由发气剂、稳泡剂和降失水剂等原料复合制成	河南卫辉
SWP-1	40~140	0.3~1.0	使水泥浆的体积膨胀，提高水泥柱支撑套管和分隔地层的能力，能有效改善水泥环柱与套管和地层的胶结力，补偿水泥浆固化时的液柱压力，防止气窜	由几种无机化合物混合而制得的氮气膨胀剂，灰白色、无气味的固体粉末	山东沃尔德

续表

产品代号	适用温度/℃	加量范围/%	作用机理	主要成分及物理特征	生产厂家
F17A	30～170	3.0～4.0	主要依靠高性能晶体材料的水化产物晶体膨胀，能补偿水泥浆（石）的体积收缩并产生体积膨胀，有利于防窜；压缩水泥石孔隙并改善孔隙分布，达到提高水泥石的强度和降低渗透率的目的；在受限状态下产生预应力，提高水泥环的抗压胶结强度	主要由高性能晶体材料组成，外观为灰白色粉末，易溶于水，适于干混	江苏海特曼
DZP－2	60～160	2.0～3.5	主要依靠高性能晶体材料的水化产物晶体膨胀，能补偿水泥浆（石）的体积收缩并产生体积膨胀，有利于防窜；压缩水泥石孔隙并改善孔隙分布，达到提高水泥石的强度和降低渗透率的目的；在受限状态下产生预应力，提高水泥环的抗压胶结强度	碱金属氧化物，外观为灰白色粉末，易溶于水，适于干混	中国石化工程院

11.2.12　游离水（自由水）控制剂

11.2.12.1　功能及用途

游离水控制剂是控制水泥浆静止过程中析出的自由液体。水泥浆混配好后，静止一段时间以致凝固，在水泥浆体顶部会析出一层液体，液体成分主要由水、外加剂及微细水泥颗粒及杂质组成。游离水会在水平井或大斜度井固井时，在环空顶部形成水槽，影响固井质量；也会在双级固井、尾管回接等施工中，两次施工的上下两段水泥浆连接处形成断接。游离水控制剂可有效控制游离水的产生，特殊要求时可将游离水控制到零，有效解决以上问题。游离水控制剂主要用于水平井或大斜度井固井；需要上下水泥浆段连接的特殊固井施工和水泥充填封隔器等。

11.2.12.2　种类及作用机理

游离水控制剂主要包括降失水剂、纤维素、改性纤维素和微硅等。主要通过束缚水分子的移动和吸附自由水分子发挥作用。

11.2.13　固相悬浮剂

11.2.13.1　功能及用途

固相悬浮剂是用来悬浮水泥浆固体颗粒的化学剂。由于不同物质密度差的作用，水泥浆中的密度较重的固体颗粒会发生下沉，特别是加重水泥浆，表现更为明显。颗粒下沉会使水泥浆上下密度不均匀，下沉严重时底部水泥浆密度逐渐变高，以致失去流动性，在固井中会带来工程事故。在水泥浆中加入固相悬浮剂，可控制颗粒不下沉，提高水泥浆的沉降稳定性，对控制自由水也起到很好的作用。固相悬浮剂主要适用于水泥粒径或外掺料粒径较大的水泥浆体系；外掺料密度与水泥密度差较大的加重水泥浆体系。

11.2.13.2　种类及作用机理

固相悬浮剂主要是有机聚合物、生物聚合物、水玻璃及膨润土、硅灰等。以提高水泥浆滤液黏度为主的降失水剂，都具有悬浮固相颗粒的作用。

11.2.14 胶结增强剂

11.2.14.1 功能及用途

胶结增强剂是用来提高水泥浆在凝固时与套管或地层胶结强度的化学剂。在一些固井需要后期作业的井中，如注蒸汽稠油热采井、需要压裂储层改造的井等，对水泥胶结强度有特殊要求，不然会影响后期作业，影响开发效果。水泥浆中加入胶结增强剂，可提高水泥与套管和地层之间的胶结强度，满足后期作业施工，保证后期开发。胶结增强剂主要适用于稠油热采井固井、非常规固井和地热井固井等。

11.2.14.2 作用机理

胶结增强剂主要通过提高化学结合力，凝固过程体积膨胀力提高胶结力。

11.2.15 减轻剂

11.2.15.1 功能及用途

减轻剂是用来降低水泥浆密度的外加剂。在漏失井或易漏失井固井时，为防止固井过程中发生水泥浆漏失，往往在水泥浆中加入比水泥密度低的材料，该材料主要用于降低水泥浆密度，称为减轻剂。使用减轻剂可防止固井过程中发生水泥浆漏失。当减轻剂主要用于增加造浆率以节约水泥为目的时，又称为充填剂或外掺料。作为减轻剂一般是从技术性考虑，目的是通过降低水泥浆密度以降低环空静液柱压力，防止压裂薄弱地层造成井漏；作为充填剂一般是从经济性考虑，目的是提高水泥浆造浆率以减少水泥用量。作为减轻剂使用时，一般成本不作为重点考虑。作为充填剂使用时必须考虑减轻剂成本，减轻剂价格必须低于水泥价格。

11.2.15.2 种类及作用机理

减轻剂分为固体减轻剂、液体减轻剂和气体减轻剂。固体减轻剂有：粉煤灰、火山灰、坂土粉、石英粉、漂珠、玻璃空心微珠等；液体减轻剂有：水玻璃等；气体减轻剂有：氮气、氢气、空气。减轻原理：低密度材料占据水泥浆体空间，以降低水泥浆密度。

11.2.15.3 常用减轻剂型号与使用条件

每一种减轻剂都有它的使用条件，常用减轻剂型号与使用条件见表11-28。

表11-28 常用减轻剂号与使用条件

产品名称	加量范围/%	作用机理	主要成分及物理特征
漂珠	可调	漂珠的密度为0.7g/cm^{3}左右，以一定的比例和水泥混合后，有效降低其混合物的实际密度。漂珠作为减轻材料，可制备出密度低至1.20g/cm^{3}的水泥浆	漂珠在水泥浆中具有一定活性，其主要化学成分为氧化硅、氧化铝，还有少量的氧化铁、氧化钙和氧化镁，外观为灰白色流动性颗粒
中空玻璃微球	可调	中空玻璃微珠的真实密度为0.32～0.60g/cm^3，抗压强度14～124MPa。以一定的比例和水泥混合后，有效降低其混合物的实际密度。利用中空玻璃微球作为减轻材料可制备出低至0.9g/cm^{3}密度的水泥浆	是一种人工合成的碱石灰硅酸盐，外观为白色流动性颗粒，不溶于水和油，具有不可压缩性，呈低碱性，与大多数的体系兼容性好，有降低黏度和提高流动性的功能

续表

产品名称	加量范围/%	作用机理	主要成分及物理特征
黏土	可调	黏土的密度为 2.6 ~ 2.7g/cm^3，有极强的吸水性能，在水中的体积可膨胀十几倍，造浆率高，使水泥含水容量增大，水泥浆密度降低	主要成分为蒙脱石
粉煤灰	可调	粉煤灰的密度约为 2.1g/cm^3，具有较高的比表面积，造浆率高，使水泥含水容量增大，水泥浆密度降低。可制备出密度低至 1.45g/cm^3 的水泥浆	粉煤灰是火电站煤焚烧过的灰烬，主要由含二氧化硅的微细玻璃体组成
水玻璃	可调	可制备出密度低至 1.40g/cm^3 的水泥浆	主要成分是液体硅酸钠
泡沫水泥	可调	泡沫水泥是由水、水泥、发泡剂、稳泡剂、氮气和其他外加剂组成的一种气、液、固三相并存的流体。可制备出密度低于 1.0g/cm^3 的水泥浆	密度可大大降低，用以解决裂缝性地层、高渗透性地层、多孔隙地层和溶洞性地层等弱地层的固井问题

11.2.16　加重剂

11.2.16.1　功能及用途

增加水泥浆密度的外加剂或外掺料称加重剂。其自身密度都比水泥大。一般要求加重材料颗粒粒度分布要与水泥相当，颗粒太大容易从水泥浆中沉降出来，太小又容易增加水泥浆稠度。用水量要少，且在水泥水化过程中应呈惰性，并与其他外加剂有很好的相容性。

在高压井固井时，为增加水泥浆与钻井液密度差，防止固井施工或候凝过程中发生油气浸窜，往往在水泥浆中加入比水泥密度高的材料，来提高水泥浆密度，压稳高压油、气、水层，以提高固井质量。该材料主要用于增加水泥浆密度称为加重剂。普通低成本加重剂也可以作为充填料使用，如重晶石。加重剂主要在高压井及超高压井固井时使用。有时为提高顶替效率增加水泥浆与钻井液密度差时也可以使用。

11.2.16.2　种类及作用机理

加重剂分为固体加重剂和液体加重剂。固体加重剂有：重晶石、铁矿粉、钛铁矿粉、赤铁矿粉、铁粉等；液体加重剂有盐水等。对于固体加重剂来说，单独加工的特殊粒度分布的加重材料更有助于配制出高密度的水泥浆(颗粒级配)。加重原理：高密度材料占据水泥浆体空间，以增加水泥浆密度。

11.2.16.3　常用加重剂型号与使用条件

1)重晶石。

重晶石的化学名称是硫酸钡，分子式为 $BaSO_4$，是水泥最常用的加重剂。它是以硫酸钡为主要成分的矿物，经机械加土而成为适宜细度的粉末，纯品为白色，一般工业品都含有少许杂质，所以呈淡黄色或棕黄色。重晶石是不溶于水和酸的惰性物质，不易吸水，但受潮后易结块。用于加重钻井液的重晶石粉研磨得较细，一般要通过 325 目方孔筛。这种过细的重晶石粉用于水泥浆，就需要增加水灰比，因而减弱了对水泥浆的加重作用，并使水泥石强度降低。通常用于油井水泥作加重剂的是通过 200 目方孔筛或专门加工通过 6 ~ 20 号方孔筛的粗颗粒重晶石，这就无需增加大量的水。可使水泥浆密度增加到 2.28 ~ 2.40g/cm^3。

2)钛铁矿。

钛铁矿是黑色颗粒材料，经机械加工而研磨成适宜细度的粉末，颜色为褐色。钛铁矿具有密度大，耐研磨的特点。不溶于水，能部分地和盐酸发生反应。不易吸水，但受潮后易结块。这种材料作为油井水泥的加重剂对水泥浆的稠化时间或抗压强度影响很小。对于粗颗粒的钛铁矿粉，需调整合适的水泥浆黏度或屈服值，以防止沉淀。钛铁矿粉可把水泥浆密度加重到2.40g/cm^{3}以上。

3)赤铁矿。

赤铁矿即Fe_2O_3，有天然磁性，密度4.95g/cm^{3}以上，细度过40～200目筛。它对化学缓凝剂也有吸附作用，因此使用时应预先测定稠化时间。由于赤铁矿比重晶石所需附加水少，因而可将密度升高到2.4g/cm^{3}以上，水泥石强度降低得也少。若把赤铁矿粉与分散剂一起使用，可将水泥浆密度增加到2.64g/cm^{3}以上。

其他加重剂还有磁铁矿(Fe_3O_4)、还原铁粉、锰矿粉和方铅矿等。

11.2.17 堵漏材料

11.2.17.1 功能及用途

堵漏材料是用来防止水泥浆向低破裂压力地层或高渗透性地层漏失的材料。在漏失井或易漏井固井中，一旦发生水泥浆漏失，就可能造成水泥浆低返，带来质量事故。为解决固井过程水泥浆漏失问题，在水泥浆中加入堵漏材料是解决固井漏失的方法之一。堵漏材料使用和选择要根据井的漏失类型和漏失程度进行确定。

11.2.17.2 种类及作用机理

在钻井或注水泥期间，钻井液和水泥浆常会全部或部分地漏失到高渗透地层、自然的或诱发的裂缝性地层、孔隙或孔洞性地层，造成严重后果，这就是井漏。为了控制井的漏失，人们虽然已经研究和发展了许多常规的和特殊的堵漏材料，但处理严重漏失的堵剂并不多，且仍以各种水泥和少部分的化学堵剂及其混合物最为常用，如防漏材料、聚合物和胶凝材料、桥塞剂和堵漏堵水两用剂等。

堵漏原理：主要靠通过形成网状屏蔽结构，提高地层的承压能力、增加流体在小通道中的流动阻力和堵塞小流体通道，避免或减少水泥浆经过渗漏、诱导性漏失或压力系数低的较大漏失地层时发生漏失。常用的堵漏材料有粗砂、云母、赛璐珞、硬沥青、细煤粉、纤维、尼龙聚脂、橡胶、木削等，触变水泥、超细水泥、聚合物可用来堵微细裂缝。

11.2.17.3 常用堵漏材料与使用条件

1)防漏材料。

在注水泥中，防止井漏常用的方法是降低水泥浆密度、缩短水泥柱高度和减小环空摩擦阻力，以达到平衡压力固井；也可使用硅酸钾溶液作前置液，或在水泥浆中加入片状、纤维状、颗粒状或凝胶状材料，如赛璐路、玻璃纤维、云母片和硬沥青等帮助控制漏失。当然还可以使用触变性水泥。

2)桥塞剂。

桥塞剂一般是颗粒状、薄片状、纤维状和封包吸液颗粒。在使用中可以根据不同情况加到钻井液、水泥浆中或者与聚合物一起直接封堵漏层。如滤水性珍珠岩、经压实的堵漏材料、膨胀团粒等。

3)有机聚合物。

通常所说的化学堵漏剂指的就是有机聚合物堵漏剂。它们主要是树脂类、丙烯腈类和胶乳类等。

4)无机胶凝剂。

以水泥和石膏等无机胶凝材料为基础的堵漏浆液是应用最早、成本最低的堵漏剂。但是，随着整个堵漏工艺水平的提高，这类堵剂的应用呈日益缩小的趋势。如低密度封堵液、快凝水泥、触变性水泥等。

5)温敏变形堵漏材料。

温敏变形堵漏材料是一种用特殊材料预制的小颗粒材料，可在温度的控制下变形形成短纤维状，使用时混在水泥中，到井下时温度升高，材料由颗粒变为纤维与水泥浆一起堵塞漏层。

11.2.18　充填剂(外掺料)

11.2.18.1　功能及用途

充填剂是为节约水泥、减少成本、提高水泥浆造浆率而混入水泥浆的材料。

作为充填剂一般是从经济性考虑，价格必须低于水泥，使用目的是提高水泥浆造浆率以减少水泥用量，节约成本。一般低成本的减轻剂都可以作为充填剂使用。低成本的加重剂也可以作为充填剂使用。但是，由于加重剂价格相对高，加工也困难，因此，用加重剂作为充填剂使用的很少。

11.2.18.2　种类及作用机理

充填剂分为固体充填剂、液体充填剂和气体充填剂。固体充填剂有：粉煤灰、火山灰、坂土粉、石英粉等；液体充填剂有：水玻璃等；气体充填剂有：氮气、氢气、空气。充填原理：充填材料占据水泥浆体空间，减少水泥用量。

11.2.19　隔离液

11.2.19.1　功能及用途

隔离液是用于固井注水泥时隔离钻井液与水泥浆的液体。隔离液的用途有两个：一是防止水泥浆被钻井液污染；二是调节液柱压力。隔离液和冲洗液统称为前置液。

11.2.19.2　隔离液性能及种类

隔离液的作用侧重于隔离开钻井液和水泥浆，防止其相互接触污染。同时还应有悬浮固相颗粒，防止井塌，抑制井漏等多方面作用。隔离液在顶替中，有紊流顶替和塞流顶替两种方式，不同的顶替方式要求隔离液有不同的性能。

1)紊流隔离液。

紊流隔离液适宜于紊流顶替，它有较低的黏度和较低的紊流临界返速。在较低的返速下实现紊流顶替，可相应延长紊流接触时间，要求紊流接触时间为 10min，至少应有 7min。

2)黏性隔离液。

黏性隔离液使用于塞流顶替，隔离液应有一定的黏度和较大的切力。一般塑性黏度应在

40 ~ 180mPa · s。动切力应大于钻井液 10Pa 左右。塞流顶替临界返速很低，由于"U"型管效应等原因，一般较难控制。黏性隔离液由于有一定的黏度和较大的动切力，对"U"型管效应能有所控制，因而适于塞流顶替。

3）黏弹性隔离液。

黏弹性隔离液既有黏性流体的特征，又有弹性固体的特征。它与黏性流体的主要区别是外力消除后产生部分的应变回复。黏弹流体存在着法向应力差，在流动过程会出现挤出膨胀现象。在固井顶替中，有助于将井径处滞留的钻井液顶替出来。

4）隔离液的密度调节。

隔离液的密度在较大的范围内可以调节，一般要求介于钻井液和水泥浆之间。特别是在套管不居中的井眼内，用黏性隔离液进行塞流顶替时，使隔离液与钻井液保持一定的密度差、切力差。充分发挥隔离液对钻井液的浮力效应，尤为重要。

5）隔离液的悬浮能力。

对隔离液，特别是加重隔离液，要求有悬浮加重剂固相颗粒的能力，这不仅有利于固井施工的安全，而且有利于隔离液的配制、存放。

6）隔离液的控制失水能力。

隔离液要有控制失水能力，一般失水量应小于 150mL/30min，7MPa。低的失水量对于控制井壁坍塌和减少地层损害有一定意义，并可以在固井施工中大段使用，能更好地发挥作用。

7）隔离液分类。

隔离液种类繁多，常见品种如下：

（1）油酰胺分散剂体系。基本组分为油包淡水乳化液。主要含：液烃、水、乳化剂（含油酰胺）、特种表面活性剂及适量的加重剂。

（2）磺酸盐—油酰胺分散剂体系。主要由加重剂、聚合物增黏剂、抗盐剂、磺酸盐分散剂和脂肪油酰胺分散剂组成。增黏剂为水溶性聚多糖类聚合物，特别是取代非离子型纤维素的聚合物，如轻烷基纤维素或纤维素醚。该隔离液所用水和水基液为淡水或含多种盐类的饱和盐水。盐用来抑制黏土膨胀，浓度以 1% ~6% 为宜。所用加重剂是惰性细颗粒材料。

（3）抗高温隔离液。这是一种单相水基隔离液，由水、活性白土、锌盐（加重剂）、亲水性表面活性剂、水泥缓凝剂组成。其优点是耐高温，在 260℃井底循环温度下性能稳定，而其与油基和水基钻井液都有良好的配伍性。该配方还有良好的控滤失性能。其中，表面活性剂能提供亲水效应，增加水泥环的胶结强度。

（4）表面活性剂隔离液。基本组分为水、表面活性剂、加重材料、增黏剂等。以石英砂、重品石、菱铁矿、粉煤灰、氧化铁等作为加重剂。所用增黏剂一般为纤维素、生物胶及其衍生物等。

（5）微乳液隔离液。主要含四种组分：两性表面活性剂、多成分表面活性剂、烃类和水。特别适合油基钻井液使用，因微乳液隔离液有足够的黏度和密度，可有效地分隔钻井液和水泥浆，还能有效地从井眼各处除去油膜。其中所含的两性表面活性剂具有较强的抗盐性。

（6）高黏度高密度隔离液。主要由水、海泡石、重晶石配成。密度可达 1.8g/cm^3 以上，适用于 260℃高压气井。

11.2.20　冲洗液

11.2.20.1　功能及用途

冲洗液是在固井时用来清洗井壁和降低临界流速的液体。冲洗液的作用有两个：一是用来清洗井壁、洗掉井壁上的虚泥饼，提高水泥浆与地层和套管的胶结能力；二是改变流型，降低临界流速，以提高水泥浆顶替钻井液效率。隔离液和冲洗液统称为前置液。

11.2.20.2　种类及作用机理

冲洗液可分为化学型和研磨型。冲洗液在功能上侧重于稀释钻井液，冲洗井壁和套管壁，机械摩刷井壁与套管壁，以提高对钻井液的顶替效率和水泥环界面胶结质量，其性能特点主要有以下几点：

(1)具有较低的基浆密度。密度一般在 1～1.03g/cm^3，也可在流体中加了研磨性固相颗粒时，密度不受限制，但要低于水泥浆的密度。

(2)有很低的黏度。基浆流型应接近牛顿型，在井底循环温度下，有很低的紊流临界返速，一般在 0.3～0.5m/s 或更低，用于紊流顶替。

(3)能明显降低钻井液的黏度和切力。特别是化学型冲洗液对环空滞留的静止钻井液，有一定的渗透力，降低黏土颗粒间的连接力，使钻井液或泥饼的结构松驰、拆散，易于顶替。

(4)研磨型冲洗液，是在冲洗液中加了一定细度、数量的固相颗粒的物质。配合紊流顶替，高速冲刷井壁和套管壁，提高水泥环界面胶结质量，此冲洗液应有一定的悬浮能力。

因此，冲洗液密度较低，黏度很低，对失水量没有严格要求，对于存在井喷、井塌等复杂情况下固井时，应慎用。

化学型冲洗液一般加有原钻井液的稀释剂。如焦磷酸钠、磷酸四钠、单宁、铁铬盐、氢氧化钠、碳酸钠等，另外还加有洗涤剂、紊流剂、润湿剂、渗透剂等表面活性剂。

研磨型冲洗液常加有硅藻土、石英砂、沸石、火山灰、珍珠岩、橡胶、石棉纤维等固相颗粒物质。

11.2.20.3　SCW 冲洗液

SCW 冲洗液是中国石化石油工程研究院开发的一种高效冲洗液。能高效清洗油基钻井液完井的井眼，适用于油基钻井液完钻井下套管固井作业。

1)作用机理。

(1)渗透溶胀作用。

SCW 冲洗液是一种油基钻井液冲洗液，其表面活性剂会在油基钻井液的泥饼表面吸附，其疏水基一端吸附泥饼的表面，亲水基一端伸入水中，这样一来，油基钻井液表面覆盖了一层表面活性剂分子。由于吸附层中的表面活性剂分子的亲水基伸入水中，所以油基钻井液具有了亲水性能，使 SCW 冲洗液中的溶剂和水易在油基钻井液的表面渗入，产生溶胀作用，削弱油泥饼的内聚力的结构力，同时也削弱了油泥饼和套管之间的作用力，然后在 SCW 冲洗液的冲刷下，一方面油泥饼会逐渐被剥离，另一方面，油泥饼会逐渐卷起，在卷起过程中形成的新表面立即有表面活性剂分子吸附上去，产生新的润湿和溶胀作用，最终油泥饼会从界面上彻底卷起，冲掉的油基钻井液会被 SCW 冲洗液中的表面活性剂分子形成的胶束包裹，分散到油基钻井液冲洗液中。

(2)物理冲刷作用。

SCW 冲洗液具有一定的切力和黏度，在水利机械作用下起到对油浆和油膜的拖拽作用，同时油基钻井液冲洗液中的惰性固相颗粒起到很好的冲刷套管壁和井壁，加快清除油污以达到提高一、二界面胶结强度的目的。

(3)隔离、压稳作用。

SCW 冲洗液具有一定的黏度和较宽的密度调控范围，通过合理的黏度或密度设计，可有效隔开钻井液和水泥浆，同时在固井施工和候凝过程中可通过调节密度达到压稳的效果，保证固井质量。

2)SCW 冲洗液冲洗时间对比试验。

本试验采用旋转黏度计装置进行冲洗评价试验，具体试验步骤为：

(1)将旋转黏度计的外筒浸泡在油基钻井液中，并以 300r/min 的转速转动 1min(目的是使油基钻井液在外筒上充分润湿)。

(2)将旋转黏度计的外筒在油基钻井液中静止 2min。并记录外筒所粘油基钻井液厚度。

(3)将粘有油基钻井液的旋转黏度计的外筒浸泡在冲洗液中，并以 300r/min 的转速进行冲洗，直到外筒上的油基钻井液被完全冲净为止，并记录冲净时间，试验数据见表11-29。

表 11-29　不同冲洗液对油基钻井液冲洗时间对比

序　　号	冲洗液类型	冲洗时间/min	冲洗效率/%
1	白　油	4.5	100
2	柴　油	4.0	100
3	SCW 油基钻井液冲洗液	1.5	100
4	HK 油基钻井液冲洗液	2.5	100
5	XSY 油基钻井液冲洗液	3.0	100
试验条件	常温；$\gamma = 300$/min；泥饼厚度 1～2mm		

从表 1-29 中数据看出，SCW 冲洗液对油基钻井液的冲洗时间只有 1.5min，冲洗时间远远小于其他冲洗液的冲洗时间。

3)SCW 冲洗液冲洗效果对比试验。

依据渗透溶胀和冲刷原理，我们把黏上油基钻井液的套筒和泥饼分别用国内某公司冲洗液和中石化工程院的 SCW 冲洗液，以一定量和一定冲洗时间进行如下对比试验(图11-8)。

图 11-8(a)是国内某公司冲洗液以 300r/min 速度冲洗油基钻井液 1min 效果图；图 11-8(b)是 SCW 冲洗液以 300r/min 速度冲洗油基钻井液 1min 效果图；图 11-8(c)是利用 OCA 20 滴外形界面流变测定仪来测定某公司冲洗液清洗后的滤饼相变角为 65°～67°；图 11-8(d)是利用滴外形界面流变测定仪来测定 SCW 冲洗液清洗后的滤饼相变角为 33°～38°。相变角变化大小反映了固体表面润湿铺展性能，相变角越小，表明水滴在固体表面的润湿性越好。

从以上对比试验可以看出，SCW 冲洗液相变角仅为 33°～38°，说明冲洗液的润湿反转性能好，因此 SCW 冲洗液的冲洗效果相比国内同类冲洗液冲洗更好。从图 11-8(a)和图 11-8(b)的 1min 冲洗效果图也可以看出，SCW 冲洗液的冲洗效果也远远好于其他产品。

4)界面胶结强度评价。

为了评价油膜被冲洗后水泥环的界面胶结状况，进行了界面胶结强度试验，试验结果见表 11-30。

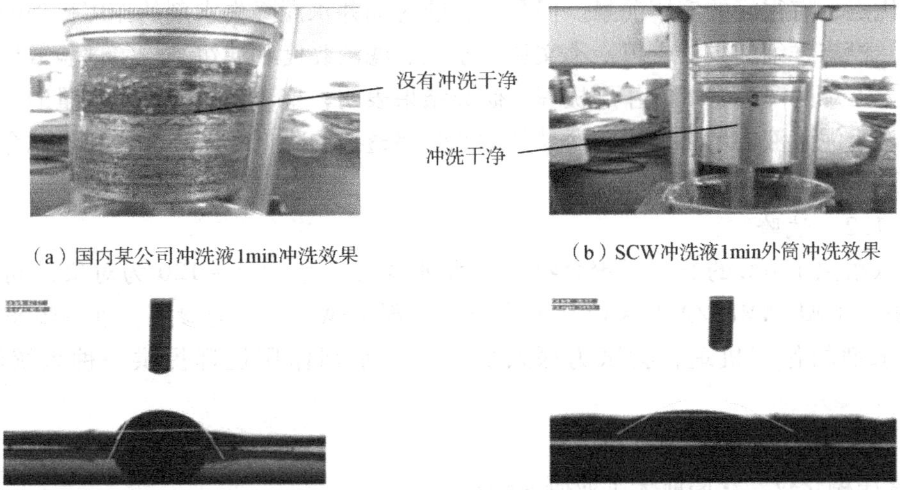

（a）国内某公司冲洗液1min冲洗效果 （b）SCW冲洗液1min外筒冲洗效果

（c）国内某公司冲洗液滤饼相变角 （d）SCW冲洗液滤饼相变角

图 11-8 SCW 冲洗液与其他冲洗液对油基钻井液冲洗效果对比

表 11-30 水泥环界面胶结强度试验数据

序 号	配方（按顺序冲洗）	一界面胶结强度/MPa
1	原 模	1.43
2	原模（表面粘水）	1.15
3	原模 + SCW 冲洗液	1.32
4	粘油未冲洗原模	0
5	柴油（1min）+ SCW 冲洗液（1min）	1.24
6	柴油（1min）+ SCW 冲洗液（加重，1min）	1.29

从表 11-30 中数据可以看出，SCW 冲洗液对水泥界面不但无不良影响（与原模表面粘水相比），而且可提高水泥环的界面胶结强度。分析原因：首先是由于 SCW 油基钻井液冲洗液对界面水泥浆具有分散性，增加了水泥浆的密实性；其次是 SCW 冲洗液中的表面活性剂成分提高了界面的润湿性能，即水泥浆与界面的亲和能力，从而增强了水泥石与界面胶结强度。

11.3 油井水泥外加剂研发与应用实例

11.3.1 成膜降失水剂的作用机理探讨

11.3.1.1 概述

油井水泥降失水剂是一种能控制水泥浆中液相向渗透性地层滤失，从而保持水泥浆适当水灰比的材料，其对保证固井质量和保护油气层起着重要的作用。成膜聚乙烯醇（PVA）油井水泥降失水剂具有价格适中，对水泥浆缓凝时间和抗压强度影响小，且有一定的成膜防气窜作用等优点，有很好的应用前景。但是，目前对油井水泥降失水剂的作用机理的研究认识多是推测，没有详细的数据支撑。本文从失水量、滤液黏度和滤饼结构等试验数据出发，探讨了成膜聚乙烯醇降失水剂的作用机理。研究结果表明，聚乙烯醇降低失水量的主要影响因素不是其对水泥浆液的增黏作用，而是其对滤饼渗透率的降低，即在滤饼和过滤介质表面形成的一层致密聚合物膜。

11.3.1.2　试验

本文以耐温120℃的非离子聚合物降失水剂聚乙烯醇PVA－120为对象，同时以耐温160℃的阴离子型(AMPS/AM/AA)共聚物降失水剂JHW－160为参照，进一步研究聚乙烯醇类降失水剂的作用机理，尝试为深入探讨降失水剂作用机理提供一种系统性的研究思路。

1)仪器。

(1)常压稠化仪，沈阳航天工业研究院；

(2)高温高压降失水仪，沈阳航天工业研究院；

(3)Zeta电位仪，上海中晨公司JS94H型。

2)样品。

JHW－160，工业产品，以丙烯酸(AA)、丙烯酰胺(AM)、2－丙烯酰胺基－2－甲基丙烷磺酸钠(AMPS)聚合而成三元共聚物；PVA－120，工业产品，以聚乙烯醇17－88经交联得到。

3)水泥浆配制。

按照石油天然气行业标准SY/T 5546—92规定的方法制备水泥浆。

水灰比0.44，嘉华G级水泥，4000r/min转速下将水泥和含有一定量外加剂的水溶液在15s内加入浆杯，然后将转速调至12000r/min搅拌35s完成配浆，水泥浆密度1.89g/cm^3。

4)失水量测定。

参照石油天然气行业标准SY/T 5546—92《油井水泥应用性能试验方法》中第8章规定的方法，在75℃下测定。对于试验不到30min就发生脱水的水泥浆，采用式(11－2)计算30min失水量：

$$Q = Q_t \times \frac{5.477}{\sqrt{\tau}} \tag{11-2}$$

式中　Q_t——时间的失水量，mL；

τ——失水试验结束的时间，min。

5)滤液黏度测定。

采用乌氏黏度计，测定(25±0.1)℃下的水泥净浆滤液的流出时间和加剂水泥浆滤液的流出时间计算加剂水泥浆滤液的相对黏度。

6)滤饼电性质测定。

失水试验得到的滤饼，按滤饼:水＝1:10的比例重新分散在去离子水中，超声分散5min，采用Zeta电位仪测定电泳迁移率U。

11.3.1.3　试验结果分析

1)失水量与加剂量及滤液黏度的关系。

表 11-31 是降失水剂加量对水泥浆失水量和滤液黏度影响的测量数据；图 11-9 是以表 11-31的数据作降失水剂加量与失水量的关系变化图。

表 11-31 降失水剂加量对水泥浆失水量和滤液黏度的影响

降失水剂	加量/%（BWOC）	Q/mL·30min^{-1}	η_γ
PVA-120	0	1126	1.00
	0.2	1074	1.13
	0.3	951	-
	0.4	34	1.29
	0.5	26	1.29
	0.7	26	1.30
JHW-160	0	1126	1.00
	0.2	441	1.81
	0.3	162	2.24
	0.4	43	3.31
	0.7	30	-

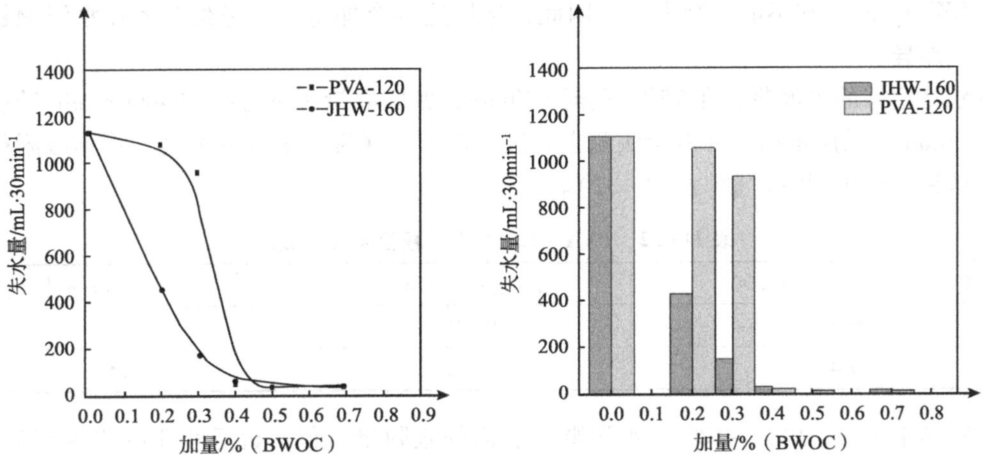

图 11-9 降失水剂加量与失水量的关系

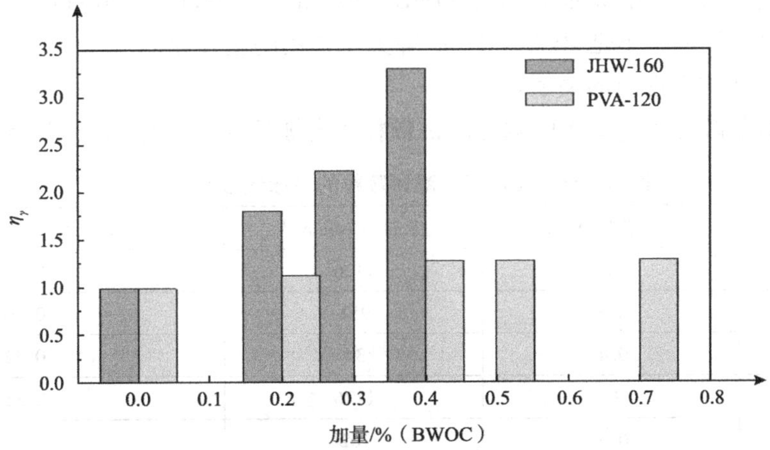

图 11-10 滤液黏度与加量的关系

从表11-31中可以看出，JHW-160随着剂量的增加，失水量逐渐减小。而PVA-120在加量小于0.4%（BWOC）时，失水量很大，随着加量进一步增大，失水量从951mL·30min^{-1}急剧降至34mL·30min^{-1}，如图11-9所示，这种现象称作"门限效应"。当进一步增加降失水剂量，失水量不再明显降低。由此可见，二者的失水规律不同，降失水机理也不相同。

再作滤液黏度与加量关系的柱状图，如图11-10所示。从图中可以看出PVA-120的滤液黏度随加量变化不明显，而JHW-160的滤液黏度随着加量增大逐渐增加，表现出相关性。当PVA-120的加量从0.3%（BWOC）增加到0.4%（BWOC）时失水量从从951mL·30min^{-1}急剧降至34mL·30min^{-1}，而滤液黏度几乎没有任何变化。这说明滤液黏度不是聚乙烯醇降失水剂PVA-120能够控制水泥浆失水的原因。相反对于离子聚合物类降失水剂JHW-160来说，聚合物黏度或浓度的作用是不可忽视的。随着加量的增加，加有JHW-160的水泥浆滤液黏度逐渐增加，失水量逐渐减小。

2）失水量与吸附量的关系。

当PVA-120加量在0.4%（BWOC）时，75℃的失水量为34mL·30min^{-1}，而加量在0.3%（BWOC）时，却不能控制失水。因此，选用这两个加量点，考察二者在水泥颗粒表面的吸附量差异。

分别将配好的水泥浆，在75℃下养护20min，各取等量用离心机在4000r/min转速下离心分离30min，采用重铬酸钾氧化法测定滤液中化学交联聚乙烯醇的浓度。根据吸附前后的浓度和体积计算表观吸附量（表11-32）。

表11-32　PVA-120在水泥颗粒表面的吸附

PVA-120加量/%（BWOC）	Γ/mg·g^{-1}水泥	Q/mL·30min^{-1}
0.3	0.041	951
0.4	0.053	34

试验结果表明，PVA-120在水泥颗粒表面的吸附量极低，远远小于降失水剂的加量。同时，当PVA-120加量在0.4%（BWOC）和0.3%（BWOC）时，二者在水泥颗粒表面的吸附量没有太大差别，而二者的失水分别为34mL·30min^{-1}和951mL·30min^{-1}。说明吸附在水泥颗粒表面的聚乙烯醇，不是PVA-120起降失水作用的主要原因。

3）失水量与滤饼电性质的关系。

将滤饼重新分散在去离子水中测定滤饼颗粒的电泳迁移率，得到表11-33数据。

表11-33　失水量与滤饼颗粒的电泳迁移率的关系

降失水剂	加量/%（BWOC）	Q/mL·30min^{-1}	电泳迁移率U/μm·cm·δ^{-1}·ν^{-1}
PVA-120	0	1126	0.31
	0.3	951	0.30
	0.4	34	0.22
JHW-160	0	1126	0.31
	0.3	162	-1.25
	0.4	43	-1.49

研究 PVA－120 和 JHW－160 的滤饼可知，当 PVA－120 能控制住失水时，在滤饼与过滤介质的交界处形成一层厚度小于 1mm 的，具有一定韧性的致密聚合物薄膜；同时在薄膜上层有一层较薄的滤饼，滤饼内部可见明显的不完整的薄膜夹层。而 JHW－160 只形成滤饼，且加剂量越大，失水量就越小，滤饼也会更薄。

分别将加有两种聚合物水泥浆失水试验得到的滤饼重新分散在去离子水中测定滤饼颗粒的电泳迁移率。发现加有 PVA－120 的水泥滤饼的电泳迁移率随加剂量增加变化不大，且与净浆滤饼的数值基本一致。说明滤饼的电性质没有改变，其降失水作用与此无关。这主要是由于 PVA－120 是非离子聚合物，不是以静电力作用吸附于水泥颗粒表面。而对于 JHW－160 随着加量增大，滤饼的电泳迁移率会由净浆的正值变为负值，同时当加量逐渐增大时，U 的绝对值会更大。说明随着 JHW－160 的加入，水泥颗粒表面的电性质发生了本质上的改变，这种改变势必会对滤饼结构、润湿性等产生影响，进而对控制失水产生作用。

4)失水量与滤膜的关系。

研究结果表明，在滤饼与滤网处所形成的致密聚合物薄膜是聚乙烯醇类降失水剂控水的关键，只要达到形成薄膜所需的聚合物浓度，失水量就不会有明显变化。要想进一步降低失水，就必须要了解这层薄膜的结构组成和形成过程。

如图 11－11 所示，该图是降失水剂 PVA－120形成的滤饼结构，上方是形成的具有韧性的滤膜。收集滤膜，将其在清水中反复冲洗干净，于室温自然晾干得到干燥的滤膜，用电子显微镜观察其结构如图 11－12 所示。

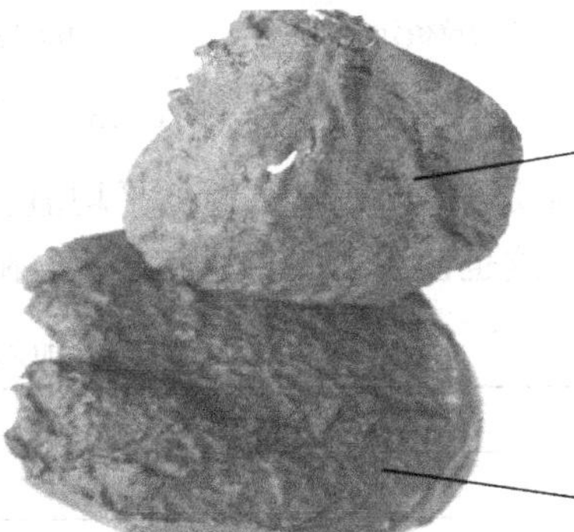

图 11－11 聚乙烯醇降失水剂形成的滤饼和滤膜结构

从电子显微镜下我们可以清楚地看到滤膜的全貌结构图，进行局部放大可以看到滤膜是由许多粒径小于 100μm 的颗粒相互堆积而成的，在颗粒间有粘连结构。推测滤膜的形成是由 PVA 分子和水泥颗粒共同组成的整体，其中水泥颗粒相互堆积，并以 PVA 分子相互粘连。同时，水相法激光粒度仪测量水泥颗粒粒径分布的结果[图 11－13(a)，$D50=17.4\mu m$]显示水泥颗粒的粒径确实是主要分布在 100μm 以下，这与电子显微镜下观察到的粒径大小布基本吻合。

当滤膜形成后，水泥浆的失水状态得到明显改善，失水量会瞬间减少，但是依然会有少量流出。这可能是由于滤膜结构是由水泥颗粒堆积而成，而水泥颗粒的直径分布显示其中粒径小于 1μm 的颗粒很少，这样滤膜上颗粒堆积会留有一些小的空隙不能被有效封堵(在电镜图中表现为黑色空洞)，它们一旦串通就会表现出失水量的不断增加。所以推测，如果加入小粒径的材料封堵住这部分空隙，失水量将减小。

固定 PVA－120 加量 0.8%(BWOC)，0.5%缓凝剂 DZH－2，以水灰比 0.44，嘉华 G 级水泥的基浆配方，在 100℃测定其失水为 17.2mL(表 11－34)。由于水泥的粒径主要分布在 1～100μm [图 11－13(a)]，所以分别选用中等粒径的材料超细硅粉[图 11－13(b)，$D50=8.3\mu m$]，小粒径材料纳米锰粉[图 11－13(c)，$D50=0.9\mu m$]考察其对失水的改善效果，结果见表 11－34。

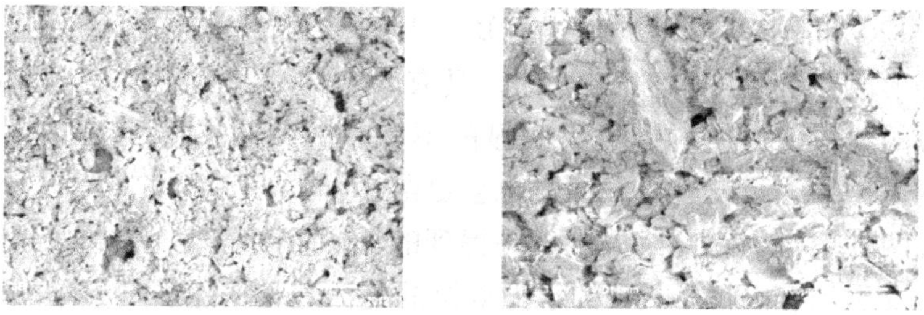

（a）放大130倍　　（b）放大370倍

图 11-12　聚乙烯醇降失水剂滤膜结构电镜显微照片

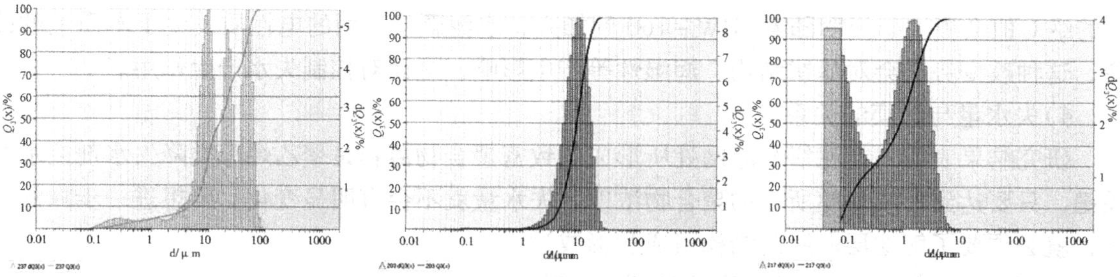

（a）水泥颗料的粒径分布　　（b）超细硅粉的粒径分布　　（c）纳米猛粉的粒径分布

图 11-13　配制浆体材料粒径分布图

表 11-34 是 100℃三次试验的平均值。从数据结果看，随着加入材料粒径的减少，失水量逐渐减小。这也证明了改善滤膜堆积空隙结构能够提高其控失水效果的推测。

表 11-34　加入小粒径材料的失水数据

浆　体	Q/mL · 30min^{-1}
基　浆	17.2
加 1%（BWOC）超细硅粉	15.2
加 1%（BWOC）纳米锰粉	11.6

5）降失水剂的作用机理。

油井水泥浆降失水剂作为油井水泥外加剂中最重要的一类外加剂，其使用直接关系到固井施工的成败和油井寿命、产能等一系列问题。目前应用较多就是阴离子聚合物体系（以 AMPS 为主要单体）和非离子聚合物体系（含胶乳体系和聚乙烯醇体系）。通过上文研究，进一步证明了这两类降失水剂的作用机理是不同的。阴离子聚合物体系是通过改变滤饼电性，增加游离液黏度实现控水的；在滤饼与滤网处形成致密聚合物薄膜是聚乙烯醇类降失水剂控水的关键。

其整个过程可以描述如下：

（1）聚乙烯醇类降失水剂：在失水试验中，压差的作用使水泥浆中水泥颗粒，PVA 分子向压力降低的滤网处运移，在滤饼与过滤网处，水泥颗粒浓度和 PVA 分子浓度不断增大，当这些分子相互靠近时，由 PVA 分子作为黏结剂，水泥颗粒提供架桥颗粒相互粘连共同组成了连续的凝胶结构——固体膜。致密的固体膜迅速地降低了滤失渗透率，失水量急剧减小。在失水初期的很短时间内(一般只有十几秒钟)，聚合物膜尚未形成，所以瞬时失水量大，表现出了失水的“门限效应”。在成膜后，随着进一步失水，薄膜变厚，同时薄膜上压差减小，积聚成的滤饼内部的 PVA 分子也形成不连续的凝胶结构，进一步降低了失水量。

(2)阴离子聚合物降失水剂：共聚物一开始吸附在水泥颗粒表面，通过提高滤饼的电荷密度，改善滤饼润湿性来稳定滤饼中的水。当增大加量后，颗粒表面电荷增加趋缓，随着溶液中聚合物浓度增加，使滤液黏度增加，在一定程度上增加了水分子的滤失阻力。当滤饼形成后，颗粒表面吸附饱和后，共聚物黏度对降低失水起主要作用。

6)降失水剂的设计原则。

通过上述研究，对于油井水泥降失水剂的开发可以借鉴以下原则：

(1)阴离子聚合物电性变化与降失水量变化规律说明低浓度时改变滤饼电性，高浓度时黏度增加使其对降失水发挥重要的作用。阴离子降失水剂的设计合成重点应该注重单体的选择和不同电性单体的比例；在满足水泥浆基本性能需要的前提下，应尽可能地增加降失水剂分子对滤饼的吸附性，同时注意调整聚合物的相对分子质量。

(2)聚乙烯醇降失水剂在水泥颗粒表面的吸附量很低，远小于其在体相的加有浓度；同时滤液黏度的研究表明其对失水量影响也不大；另外滤饼的电性也没有太大改变，这三点说明滤液黏度和滤饼结构性质不是该类降失水剂性能的决定因素。研究表明，滤膜才是决定其性能的最主要因素。如何增强滤膜的耐温性，改善滤膜的结构才是提高其抗温性能，增加其降失水效率的关键。

11.3.1.4　结论

(1)阴离子聚合物 JHW－160 是通过改变滤饼电性，增加游离液黏度实现控水的。

(2)在滤饼与滤网处形成致密聚合物薄膜是聚乙烯醇类降失水剂 PVA－120 控水的关键。

(3)增强聚乙烯醇类降失水剂滤膜的耐温性，改善滤膜的结构才是提高其抗温性能，增加其降失水效率的关键。

11.3.2　耐高温油井水泥降失水剂的合成和性能评价

11.3.2.1　概述

油井水泥降失水剂是一种能控制水泥浆中液相向渗透性地层滤失，从而保持水泥浆适当水灰比的材料。它是油井水泥三大主要外加剂之一，其使用直接关系到固井施工的成败和油井寿命、产能等一系列的问题。目前，国内使用的大多数油井水泥降失水剂是以 2－丙烯酰胺基－2－甲基丙磺酸(AMPS)和丙烯酰胺(AM)为主要单体的聚合物。这些降失水剂有一定的缺点，分子中的酰胺基团在温度升高、压力增大的碱性水泥浆中水解作用会加快，使分子结构中的吸附基团羧基增多，造成水泥浆过度缓凝。另外，由于高温时降失水剂的水解和基团的脱吸附，造成了高温水泥浆的失水不可控，耐高温性能差。为了克服这些缺点，中国石化石油工程技术研究院通过自由基聚合制备了在高温及含盐条件下综合性能良好的 AMPS/DMAA/AHPS/AA 四元共聚物降失水剂，即以 2－丙烯酰胺基－2－甲基丙磺酸(AMPS)、N，N－二甲基丙烯酰胺(DMAA)、3－烯丙氧基－2－羟基－1－丙磺酸(AHPS)和丙烯酸(AA)为原料，合成了新型油井水泥降失水剂，并通过红外光谱对其进行了表征。室内实验评价了添加新型油井水泥降失水剂的水泥浆综合性能。结果表明，加有降失水剂的水泥浆 API 滤失量可以控制在50mL以下，抗温可达180℃。降失水剂使水泥浆的稠化时间稍有延长，抗压强度略有降低，抗析水能力增强；其抗盐能力可达到36%。

11.3.2.2 实验

1)原料与仪器。

主要原料：2－丙烯酰胺基－2－甲基丙磺酸(AMPS)，工业级，寿光松川化工有限公司；N，N－二甲基丙烯酰胺(DMAA)，工业级，上海德茂化工有限公司；3－烯丙氧基－2－羟基－1－丙磺酸(AHPS)，工业级，湘潭高新区林盛化学有限公司；丙烯酸(AA)，工业级，济南远祥化工有限公司；氯化钠、亚硫酸钠、过硫酸铵、氢氧化钠，分析纯，天津光复精细化工有限公司；嘉华G级油井水泥；石英砂；缓凝剂SCR，中国石化石油工程技术研究院；去离子水。

主要仪器：DF－101S型集热式恒温加热磁力搅拌器、TLJ－2型电动搅拌器、500mL四口烧瓶、Thermo IR200型傅里叶红外光谱分析仪、OWC－9360UD型恒速搅拌器、TG－1220C型常压稠化仪、OWC－9710型高温高压失水仪、Chandler 8040型高温高压稠化仪、Chandler 4207D型抗压强度分析仪、乌氏黏度计、上海中晨基本型Zeta电位测定仪等。

2)降失水剂的合成。

在四口烧瓶中加入适量自来水，按照比例称取一定量的AMPS、DMAA、AHPS和AA至四口烧瓶中搅拌溶解，然后加入NaOH调节溶液pH值等于7，同时加热到60℃，保持0.5h；然后在搅拌状态下加入少量过硫酸铵和亚硫酸氢钠，搅拌状态下反应3h，然后自然冷却至室温，得到具有一定黏度的耐温抗盐油井水泥降失水剂(有效浓度为25%)，代号为SCF。

在降失水剂SCF的分子结构设计中，抗盐、耐温磺酸盐基团(AMPS/AHPS)为主要构成。同时，引入含羧基基团单体丙烯酸(AA)增强分子与水泥颗粒或水泥凝胶表面的吸附；引入N，N－二甲基丙烯酰胺(DMAA)改善分子的耐温和抗盐性。

3)降失水剂的结构表征与性能测试。

产物经丙酮萃取后干燥，采用Thermo IR200红外光谱仪进行结构表征。

用OWC－9710型高温高压失水仪对降失水剂的降失水性能进行测试，用Chandler 8040型高温高压稠化仪对降失水剂的稠化性能进行测试。

(1)水泥浆配制：水灰比0.44；各外加剂掺量为占水泥干灰质量的百分数；温度高于110℃时，加入35%的硅粉。

(2)失水量测定：按照API标准，配制好的水泥浆在设定温度下于常压稠化仪中养护20min，然后放入高温高压失水仪中，在指定温度下测定水泥浆失水量。

(3)抗压强度测定：在直径2.54cm×2.54cm的模块中倒入水泥浆，置于常压养护釜中养护后脱模，测定其抗压强度。

采用乌氏黏度计和Zeta电位测定仪对降失水剂相关性能测定。

(1)采用乌氏黏度计，测定(25±0.1)℃下的水泥净浆滤液的流出时间t_0和加入降失水剂水泥浆滤液的流出时间t计算加剂水泥浆滤液的相对黏度$\eta_\gamma=\eta/\eta_0=t/t_0$。

(2)失水试验得到的滤饼，按滤饼∶水＝1∶10的比例重新分散在去离子水中，超声分散5min，采用Zeta电位仪测定电泳迁移率U。

11.3.2.3　结果与讨论

1)降失水剂 SCF 的红外光谱分析。

对合成的共聚物 SCF 通过分离提纯处理后进行红外光谱分析测试。由测试结果可知，3422.70cm^{-1}为 AMPS 中 N－H 伸缩振动吸收峰；2929.18cm^{-1}为－CH_2 的伸缩振动吸收峰；1573.27cm^{-1}为 －CON－ 的特征吸收峰；1406.26cm^{-1}为 C－N 伸缩振动吸收峰；1312.55cm^{-1}、1220.18cm^{-1}和 1046.06cm^{-1}为磺酸基的特征吸收峰；1635～1620cm^{-1}处未见碳碳双键的特征吸收峰，表明单体进行了充分的聚合反应(图 11－14)。

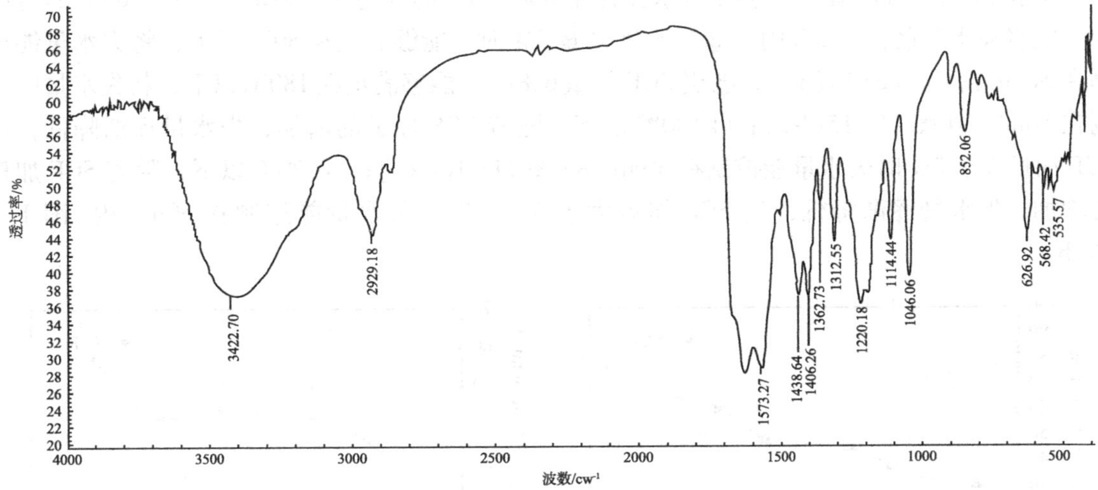

图 11－14　SCF 的红外光谱图

2)降失水剂 SCF 的性能评价。

(1)降失水剂 SCF 的控失水性能。

选用嘉华 G 级油井水泥，水泥浆密度 1.88g/cm^3。温度高于 110℃时，加占水泥干重 35%的硅粉和 3%的缓凝剂 SCR。不同温度下失水试验为 6.9MPa、30min 的失水。SCF 加量对水泥浆失水量的影响见表 11－35 所示。

表 11－35　不同温度下的降失水性能

序　号	温度/℃	SCF 加量/%(BWOC)	API 失水量/mL·$30min^{-1}$
1	30	3	30
2	50	3	37
3	60	3	45
4	80	3	48
5	90	3	60
6	100	3	64
7	100	3.5	46
8	100	4	41
9	100	4.5	36
10	100	5	33
11	100	6	28
12	120	4	64
13	120	5	56
14	120	5.5	43

续表

序　号	温度/℃	SCF 加量/%(BWOC)	API 失水量/mL·30min⁻¹
15	120	6	40
16	120	6.5	31
17	130	6	42
18	150	6	43
19	160	6	44
20	180	6	42

由表 11-35 可以看出：①在占水泥比重 3% ~6% 的加量下，SCF 在 30 ~180℃ 的范围内，能将失水控制在 50mL 内；②当 SCF 加量 3% 时，能够满足在 80℃ 以下，将失水量能控制在 50mL 内[图 11-15(a)]；③当 SCF 加量 6% 时，能够满足在 180℃ 以下，将失水量能控制在 50mL 内[图 11-15(b)]；④100℃ 以下，随着 SCF 加量的增加，失水量逐渐降低，当 SCF 加量大于 3% 时失水量能控制在 50mL 内[图 11-16(a)]；⑤120℃ 以下，随着 SCF 加量的增加，失水量逐渐降低，当 SCF 加量大于 5.5% 时，失水量能控制在 50mL 内[图 11-16(b)]。

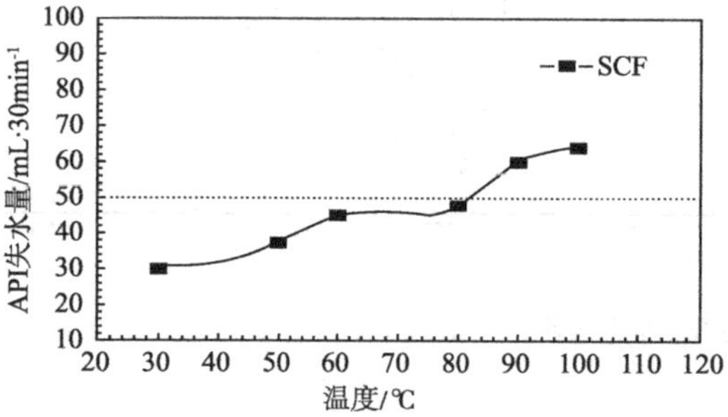

(a) 3%SCF加量不同温度下失水量

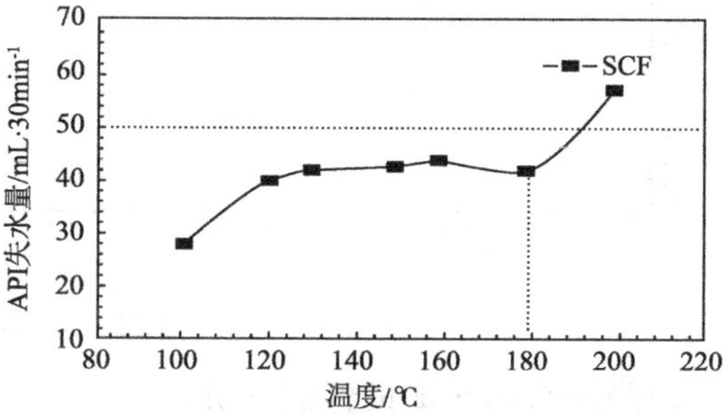

(b) 6%SCF加量不同温度下失水量

图 11-15　不同 SCF 加量下失水量随温度的变化曲线

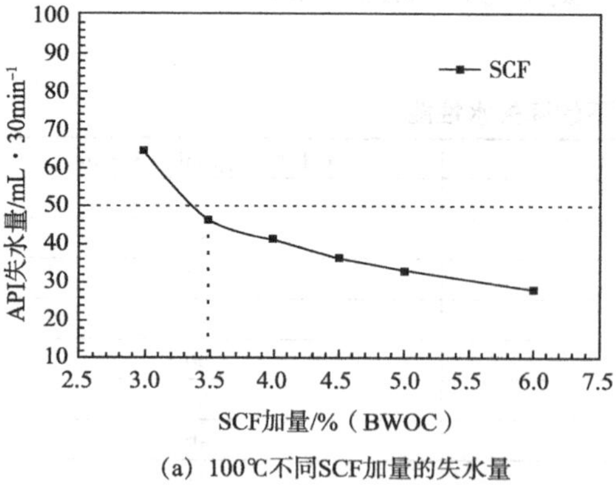

(a) 100℃不同SCF加量的失水量

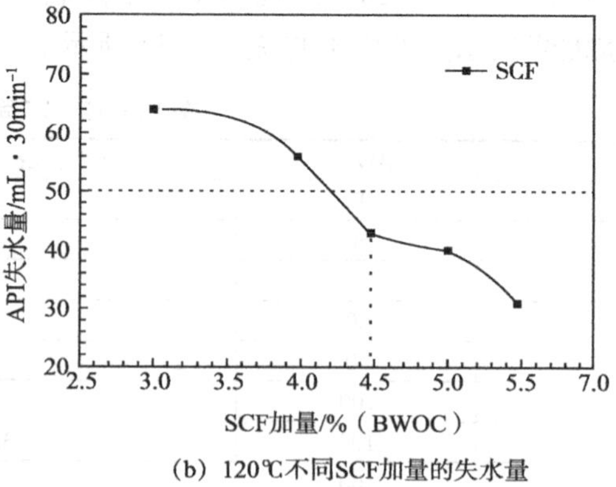

(b) 120℃不同SCF加量的失水量

图 11-16　不同温度下失水量随 SCF 加量的变化曲线

(2)降失水剂 SCF 的耐盐性能。

为了适应不同地区、不同区块的固井施工作业，除要求降失水剂具有良好的耐温性能外，还要具有一定的抗盐性能。分别对 NaCl 质量分数为 18% 和 36% 的含盐水泥浆体系的

API 失水量进行了测试，测试条件为 130℃、6.9MPa，SCF 加量 6%，测试结果见表 11-36。

表 11-36　1.88g/cm³ 盐水水泥浆体系（130℃，SCF 加量 6%）

加盐/%	沉降稳定性	自由液/mL	流变性(93℃养护)	失水/mL·30min⁻¹
0	1.88/1.88/1.88	0	198/113 83/51 7/4	43
18	1.88/1.88/1.88	0.1	178/98 67/42 6/4	32
36	1.88/1.88/1.88	0.1	179/100 69/45 6/4	33

由表 11-36 可知，降失水剂 SCF 具有优良的抗盐性能。SCF 加量 6%、温度 130℃时，当氯化钠质量分数为 18% 和 36% 时，失水量均控制在 50mL 以内，小于不加氯化钠水泥浆的失水。这主要是由于合成的降失水剂中引入了大量具有磺酸基的单体，磺酸基团稳定，对外界阳离子不敏感，所以抗盐能力就得到大大增强。

(3)降失水剂 SCF 对水泥石强度影响。

将制备好的未加降失水剂的净浆和不同 SCF 加量的水泥浆分别在室温和 90℃下养护 24h，测定所形成水泥石的抗压强度，结果见表 11-37。

表 11-37　水泥石 24h 抗压强度试验

样　品	温度/℃	SCF 加量/%(BWOC)	抗压强度/MPa(24h)
净浆	室温	0	5.0
3% SCF	室温	3	9.1
净浆	90	0	25.1
3% SCF	90	3	24.3
4% SCF	90	4	22.7
6% SCF	90	6	20.3

由表 11-37 可以看出，在水泥浆中加入 SCF 降失水剂对水泥石的抗压强度影响不大，随着 SCF 加量的增加，水泥石抗压强度略有下降。

(4)降失水剂 SCF 对稠化时间的影响。

降失水剂 SCF 加入前后水泥浆游离水和稠化时间见表 11-38。

表 11-38　游离水和稠化时间

温度/℃	SCF180L 加量/%(BWOC)	稠化时间/min	游离水/mL
30	3	128	0
50	3	97	0
75	0	87	3.2
75	3	88	0
100	0	79	3.7
100	4	129	0
100	6	131	0

由表 11-38 可知，加入 SCF 降失水剂后，水泥浆的稠化时间较原浆有所延长。这种轻微的缓凝作用可能是由于 SCF 中的羟基和羧基吸附在水泥颗粒表面后，一定程度上屏蔽了

水泥颗粒和水的接触，降低水化速度。加入 SCF 降失水剂后，水泥浆的游离水明显减少，说明这类降失水剂对于改善水泥浆的稳定性有一定作用。

3)不同密度水泥浆体系的控失水性能。

固井施工时会采用不同密度水泥浆体系来满足不同井况对压力的需求。本书考察了降失水剂 SCF 在不同密度水泥浆体系中的使用效果，结果见表 11－39。从表 11－39 中可以看出，含有 SCF 的不同密度水泥浆的浆体稳定性和流变性好，自由液为零，失水量均控制在 50mL 以内，故可以满足不同密度水泥浆体系的固井作业。

表 11－39　不同密度水泥浆体系性能(130℃，SCF 加量 6%)

密　度/(g/cm^3)	沉降稳定性	自由液/mL	流变性(93℃养护)	失水/mL・$30min^{-1}$
1.50	1.495/1.495/1.495	0	119/67 53/33 7/4	43
1.88	1.88/1.88/1.88	0	252/150 105/60 6/4	42
2.35	2.35/2.35/2.35	0	243/135 94/52 6/4	39

注：1.50g/cm^3 为粉煤灰低密度水泥浆；1.88g/cm^3 为常规密度水泥浆；2.35g/cm^3 为赤铁矿、锰矿粉高密度水泥浆。

4)降失水剂 SCF 的作用机理研究。

目前，对降失水剂的作用机理研究表明，降失水剂发挥作用主要通过三种方式：①增大水泥液相黏度，从而增大向地层的滤失阻力；②改变水泥颗粒表面电性质，增加滤饼表面润湿性；③改善水泥滤饼的质量，使其更加致密，减少其渗透性。本书从水泥浆液相黏度和滤饼表面电性质变化两方面讨论降失水剂 SCF 的作用机理。表 11－40 是 25℃时，不同 SCF 加量下测得的水泥浆失水，水泥浆滤液黏度和滤饼颗粒的电泳迁移率数据。

表 11－40　不同 SCF 加量下失水、黏度和电泳迁移率

SCF 加量/%(BWOC)	25℃失水/mL・$30min^{-1}$	η_γ	电泳迁移率 U/$\mu m \cdot cm \cdot \delta^{-1} \cdot v^{-1}$
0	1126	1.00	0.31
1	441	1.81	－0.76
1.5	162	2.24	－1.25
2	43	3.31	－1.49
3	29	4.19	－1.51

从表 11－40 中可以看出，降失水剂 SCF 随着剂量的增加，失水量逐渐减少，而其滤液黏度随着加量增大逐渐增加，表现出相关性。说明 SCF 对水泥浆失水性能的改变与其黏度有关，即增大水泥浆液相黏度，从而增大向地层的滤失阻力，减少失水。

同时，随着 SCF 加量增大，滤饼的电泳迁移率(U)会由净浆的正值变为负值。当加量逐渐增大时，U 的绝对值会更大。说明随着 SCF 的加入，水泥颗粒表面的电性质发生了本质上的改变，这种改变会增加滤饼润湿性，减少水的滤失。

SCF 的作用机理可以推测为：SCF 分子吸附在水泥颗粒表面，通过提高滤饼的电荷密度，改善滤饼润湿性来稳定滤饼中的水。当增大加量后，颗粒表面的电荷增加趋缓。随着溶液中 SCF 聚合物浓度增加，滤液黏度增加，在一定程度上增加了水分子的滤失阻力。当滤饼形成，颗粒表面吸附饱和后，共聚物黏度对降低失水起主要作用。

11.3.2.4 结论

(1)针对目前降失水剂存在的问题，选择了具有特殊官能团的单体，通过自由基聚合制备了在高温及含盐条件下综合性能良好的 AMPS/DMAA/AHPS/AA 四元共聚物降失水剂 SCF，并对其性能进行了评价。

(2)SCF 在 30~180℃的范围内，在占水泥比重 3%~6%的加量下，能将失水控制在 50mL 内；SCF 具有优良的抗盐性能，加量 6%、温度 130℃、饱和盐水时，失水量能控制在 50mL 以内；SCF 使水泥浆的稠化时间稍有延长，抗压强度略有降低，抗析水能力增强，但都能达到施工要求和行业标准要求。

(3)降失水剂 SCF 靠改变滤饼的电性质和增加水泥浆体液相黏度来实现对失水的控制。

(4)降失水剂 SCF 合成工艺简单，综合性能良好，没有丙烯酰胺类降失水剂存在的过缓凝问题，具有良好的应用前景。

11.3.3 大温差高温油井水泥缓凝剂 SCR180L 的研发及应用

11.3.3.1 概述

随着勘探开发进程的不断深入，高温复杂深井日益增多。在深井、超深井或长封固段固井作业中，面对高温问题的同时，还需面对水泥浆柱顶部与底部温度差异大，即“大温差”的难题。如新疆塔河油田顺南区块，井深一般都在 6000~7000m，井下温度高(顺南 2 井底测试温度达到 196℃)，裸眼段长在 2000m 左右；四川元坝地区实测地温资料统计表明，该地区海相储层地温介于 113~158℃之间，完钻的开发井中，四开尾管固井封固段井底静止温度普遍在 160℃左右，封固段长达 2000m 以上。在高温、大温差的情况下，如果油井水泥缓凝剂选择不当或者性能不好，往往会造成水泥浆柱顶部超缓凝或水泥石强度发展慢，严重影响固井质量。因此，有必要开发出适用于高温、大温差条件下的新型缓凝剂，以解决这一难题。

中国石化石油工程技术研究院从分子结构设计出发，以 2-丙烯酰胺基-2-甲基丙磺酸(AMPS)、N-乙烯基吡咯烷酮(NVP)和衣康酸(IA)为原料开发了新型高温缓凝剂 SCR180L，并用红外光谱对共聚物的结构进行了表征。室内研究表明，该缓凝剂具有很好的耐温性能，适用温度范围广，可满足循环温度范围为 70~180℃的固井需求；水泥浆稠化时间随缓凝剂的加量增加而有规律地延长；缓凝剂抗盐能力可达到 18%；大温差(80℃)条件下强度发展良好，即在 API 规定的适宜稠化时间下，24h 水泥石强度大于 14MPa。

11.3.3.2 缓凝剂 SCR180L 的研制

通过分子结构设计，以含磺酸基团的 2-丙烯酰胺基-2-甲基丙磺酸(AMPS)为主要单体，引入双羧基单体衣康酸(IA)和含刚性基团单体 N-乙烯基吡咯烷酮(NVP)，在水溶液中以过硫酸钾和亚硫酸氢钠为氧化还原引发剂体系，进行自由基聚合。

缓凝剂分子结构中 2-丙烯酰胺基-2-甲基丙磺酸(AMPS)为主要单体，其分子中的磺酸基团具有耐温和抗盐的特点；衣康酸单体中的双羧基能够牢固地吸附在水泥颗粒表面与钙离子作用，同时在 C-S-H 和 $Ca(OH)_2$ 表面形成极为致密的水化层，降低水泥颗粒的水化速度；此外，分子结构中引入带有刚性基团的单体 N-乙烯基吡咯烷酮(NVP)，该单体的特点在于分子结构中的吡咯烷酮刚性基团具有一定的空间阻力部分消弱了双羧基单体衣康酸(IA)较强的吸附能力，这一分子结构上的改进基于两方面的考虑：一是缓凝剂分子吸附能力过于强烈不利于高温下水泥浆浆体的稳定；二是缓凝剂过强的吸附会影响降失水剂的控制失水性能。

1）试验药品及仪器。

试验药品：2－丙烯酰胺基－2－甲基丙磺酸（AMPS）、衣康酸（IA）、N－乙烯基吡咯烷酮（NVP）和氢氧化钠，工业级，北京北化开元化学品有限公司；氯化钠 NaCl、过硫酸钾和亚硫酸氢钠，分析纯，国药试剂；嘉华 G 级油井水泥；石英砂；降失水剂 SCF、磺化丙酮缩甲醛分散剂 DZS、硅粉，中国石化石油工程技术研究院；去离子水。

试验仪器：DF－101S 型集热式恒温加热磁力搅拌器、TLJ－2 型电动搅拌器、500mL 四口烧瓶、Thermo IR200 型傅里叶红外光谱分析仪、OWC－9360UD 型恒速搅拌器、TG－1220C 型常压稠化仪、OWC－9710 型高温高压失水仪、Chandler 8040 型高温高压稠化仪、Chandler 4207D 型抗压强度分析仪等。

2）缓凝剂的合成。

在带有温度计的三口烧瓶中加入一定量的去离子水，采用机械搅拌 150r/min 的搅拌速度下，加入一定比例的单体 AMPS、IA 及 NVP；加入一定量的 NaOH 调节反应体系的 pH 值到 7。然后，升温至 55℃，待反应物完全溶解后，向反应体系中加入过硫酸钾和亚硫酸氢钠引发剂，反应 2h，最后自然冷却至室温，得到具有一定黏度的无色液体缓凝剂（有效浓度为 20%），代号为 SCR180L。

3）红外光谱分析。

产物经丙酮萃取后干燥，采用 Thermo IR200 红外光谱仪进行结构表征。

11.3.3.3　结果与讨论

1）缓凝剂 SCR180L 的红外光谱分析。

合成的聚合物产物经三次丙酮萃取后干燥，进行红外光谱分析测试。由测试结果可知，3352.55cm^{-1}为 AMPS 中 N－H 伸缩振动吸收峰；2934.39cm^{-1}为－CH_2 的伸缩振动吸收峰；1567.84cm^{-1}为－CON－的特征吸收峰；1405.04cm^{-1}为 C－N 伸缩振动吸收峰；1310.02cm^{-1}、1220.35cm^{-1}和 1049.03cm^{-1}为 AMPS 中磺酸基的特征吸收峰；1635～1620cm^{-1}处未见碳碳双键的特征吸收峰，表明单体进行了充分的聚合反应（图 11－17）。

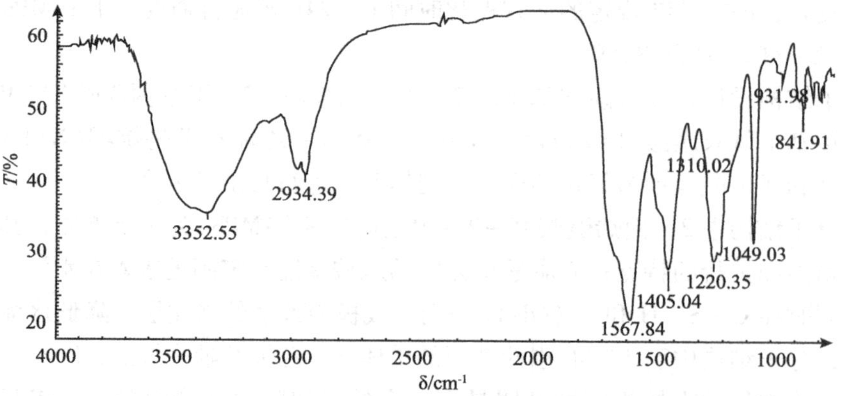

图 11－17　SCR180L 的红外光谱图

2)缓凝剂 SCR180L 的性能评价。

(1)SCR180L 的缓凝性能。

考察了以 SCR180L 为缓凝剂的水泥浆体系，在不同温度和缓凝剂加量下的稠化时间，基浆配方为嘉华 G 级油井水泥 +35% 硅粉(>110℃时) +4% 降失水剂 SCF200L + 缓凝剂 SCR180L +0.2% 分散剂 DZS +44% 水。结果见表 11-41。

表 11-41　缓凝剂 SCR180L 的缓凝性能评价

编号	SCR180L/%	测试温度/压力/℃/MPa	稠化时间/min	过渡时间/min	养护温度/℃	温差/℃	48h 强度/MPa
1	0.5	70/35	135	14	25	45	19.6
2	1.5	100/50	260	6	25	75	18.1
3	2.5	120/60	310	5	50	70	19.5
4	3.0	150/75	288	5	80	70	14.2
5	3.5	170/85	340	5	100	70	17.7
6	4.0	180/100	315	4	100	80	17.3

从表 11-41 可知，缓凝剂 SCR180L 在 70～180℃范围内可有效地调节水泥浆稠化时间，且过渡时间短，说明该缓凝剂具有良好的耐温性能，适用温度范围广；在 100～180℃范围内，缓凝剂满足 80℃温差时，48h 水泥石顶部强度大于 14MPa，说明缓凝剂 SCR180L 适应大温差固井作业，能够满足深井、超深井或长封固段固井作业需求。

表 11-42　缓凝剂 SCR180L 的缓凝性能评价

100℃/50MPa	SCR180L/%	稠化时间/min	150℃/75MPa	SCR180L/%	稠化时间/min
1	0.9	127	5	2.7	214
2	1.2	183	6	3.0	288
3	1.5	260	7	3.3	356
4	1.8	331	8	3.6	409

表 11-42 考察了 100℃和 150℃两个温度下不同加量时，缓凝剂 SCR180L 的缓凝性能。结果表明，SCR180L 在实验温度下加量规律性明显，即随着缓凝剂加量增加，水泥浆的稠化时间逐渐延长，线性良好。

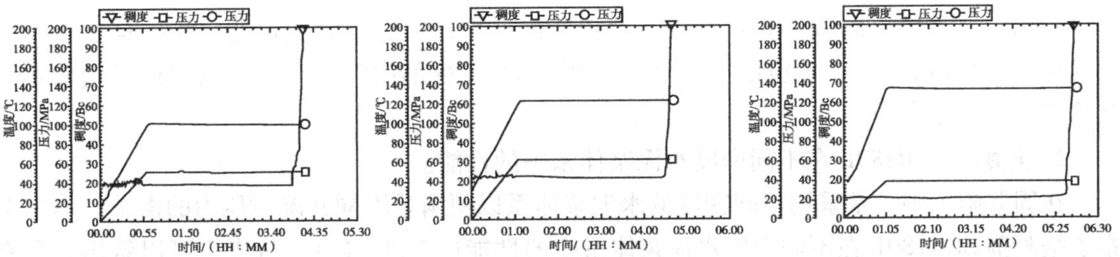

(a) 水泥浆在100℃下的稠化曲线　(b) 水泥浆在150℃下的稠化曲线　(c) 水泥浆在180℃下的稠化曲线

图 11-18　缓凝剂 SCR180L 水泥浆在不同温度下的稠化曲线

表11－43考察了SCR180L在2.5%加量时的敏感性。从表中可以看出，在相同SCR180L加量下，水泥浆稠化时间随着实验温度的升高而缩短，且具有良好的线性关系。

表11－43　加量2.5%时不同温度下缓凝性能评价

编　号	测试条件	稠化时间/min
1	100℃/60MPa	413
2	110℃/60MPa	367
3	120℃/60MPa	310
4	150℃/75MPa	172

图11－18分别是100℃、120℃、180℃下缓凝剂SCR180L水泥浆的稠化曲线图。从图中可以看出，水泥浆在不同温度下的稠化过程中，其初始稠度为10～20Bc，稠化曲线平坦，没有出现“鼓包”和严重的下降趋势，这说明水泥浆的稳定性良好；各稠化曲线的过渡时间都很短，呈“直角”稠化，这有利于防止环空油气水窜，特别是在高温高压气井的固井中有利于提高固井质量。

(2)缓凝剂SCR180L的抗盐性能。

为了适应不同情况下的固井施工作业(如盐膏层固井)，要求缓凝剂还要具有一定的抗盐性能。本书考察了120℃温度下，缓凝剂SCR180L在含盐(氯化钠)水泥浆体系中的缓凝效果，结果见表11－44。由表11－44可以看出，缓凝剂SCR180L具有良好的抗盐性能，含盐量18%的水泥浆的稠化时间较淡水水泥浆稠化时间略有延长，且水泥浆稠化时间随着缓凝剂SCR180L加量的增大而变长。相关文献表明，一般会存在含盐水泥浆的稠化时间比淡水水泥浆长的现象。

表11－44　缓凝剂SCR180L的抗盐性能评价

编　号	水泥浆配方	含盐量/%	稠化时间/min	过渡时间/min
1	基浆＋2.5%SCR180L	0	310	5
2	基浆＋2.5%SCR180L	18	345	7
3	基浆＋2.7%SCR180L	18	375	6

以表11－44中配方2配制水泥浆，在120℃下做稠化，其曲线如图11－19所示。从图中可以看出，水泥浆初始稠度小于20Bc，稠化曲线平坦，水泥浆的稳定性良好，且过渡时间都很短，呈“直角”稠化。说明缓凝剂SCR180L具有良好的抗盐性能，可以适用于盐水水泥浆体系的固井作业。

3)缓凝剂SCR180L在不同密度水泥浆体系中的性能。

在固井施工中，常采用不同密度的水泥浆体系以便满足不同井况对压力的需求。本书考察了缓凝剂SCR180L在不同密度水泥浆体系中的性能(表11－45)。从表中可以看出，含有SCR180L的不同密度水泥浆的流动度在21～23cm之间，浆体稳定，强度发展良好，试验结果表明缓凝剂SCR180L可以满足不同密度水泥浆体系的固井作业需求。

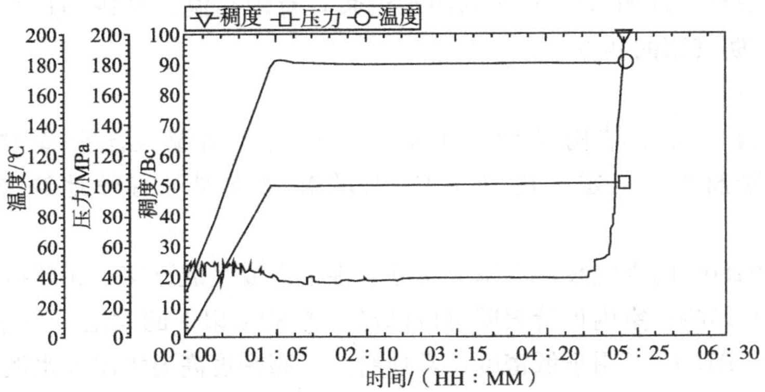

图 11－19　水泥浆在 120℃下的稠化曲线

表 11－45　SCR180L 在不同密度水泥浆体系中的综合性能

密度/（g/cm^3）	BHCT/℃	SCR180L/%	流动度/cm	游离液/%	API 失水/mL	稠化时间/min	顶部温度/℃	48h 强度/MPa
1.3	145	3.0	23	0	42	318	70	7.2
1.5	145	3.0	22	0	47	190	70	6.1
2.0	160	3.5	21	0.1	39	384	90	15.9
2.2	160	3.5	22	0.2	40	328	90	17.6
2.4	160	3.5	22	0.1	42	305	90	18.4

注：1.3g/cm^3 为漂珠低密度水泥浆；1.5g/cm^3 为粉煤灰低密度水泥浆；2.0g/cm^3、2.2g/cm^3、2.4g/cm^3 为赤铁矿高密度水泥浆。

4）现场应用。

缓凝剂 SCR180L 在中石化新疆顺南与顺托两区块应用 3 井次，分别是顺南 5－2 井、顺南 6 井和顺托 1 井，井底循环温度分别是 145℃、150℃和 145℃。以顺南 6 井为例介绍其应用情况。顺南 6 井中完井深 7250m，井底实测静止温度 178℃；计算地温梯度 2.30℃/100m，计算井底循环温度：150℃；封固段顶部 5906m，计算静止温度为 146℃。采用防气窜高密度水泥浆密度 2.15g/cm^3，现场水泥浆混配良好，水泥浆配方及性能见表 11－46，固井后试压 30MPa 合格，实现了对气层的有效封固。

表 11－46　顺南 6 井水泥浆配方及性能

<table>
<tr><td>领浆</td><td colspan="7">AG +57% 加重剂 +55% 硅粉 +3% 微硅 +1.0% SFP +1.8% DZJ +3.3% SCR180L +10% DC200 +1.2% SD +1.5% DZX +8.0% SCLS +0.6% DZS +67% H_2O</td></tr>
<tr><td>尾浆</td><td colspan="7">AG +57% 加重剂 +55% 硅粉 +3% 微硅 +1.0% SFP +1.8% DZJ +3.0% SCR180L +10% DC200 +1.2% SD +1.5% DZX +8.0% SCLS +0.6% DZS +67% H_2O</td></tr>
<tr><td rowspan="2">类型</td><td rowspan="2">密度/（g/cm^3）</td><td colspan="2">API 失水，7.0MPa ×30min</td><td rowspan="2">自由液/mL</td><td rowspan="2">稠化（过渡）时间/min</td><td rowspan="2">SPN</td><td rowspan="2">48h 强度/MPa</td></tr>
<tr><td>温度/℃</td><td>失水/mL</td></tr>
<tr><td>领浆</td><td>2.15</td><td>150</td><td>32</td><td>0</td><td>372（2）</td><td>0.30</td><td>29.2</td></tr>
<tr><td>尾浆</td><td>2.15</td><td>150</td><td>34</td><td>0</td><td>213（2）</td><td>0.43</td><td>20.7</td></tr>
</table>

从应用情况来看，以 SCR180L 配制的水泥浆具有耐高温，具备“直角稠化”（过渡时间短，SPN 值小），防气窜的特点。

11.3.3.4 结论

（1）通过合理的分子结构设计，开发了一种适合高温大温差固井需求的缓凝剂 SCR180L，该缓凝剂性能稳定，在 70～180℃的温度范围可有效地调节水泥浆的稠化时间。

（2）加入 SCR180L 的水泥浆在高温大温差条件下强度发展迅速，无超缓凝的现象，对后期强度发展无不良影响；室内评价表明可以满足温差 80℃以上的大温差固井需求。

（3）缓凝剂 SCR180L 可用于低密度、常规密度、高密度高温大温差水泥浆体系中，在深井、超深井及长封固段、大温差固井当中，具有良好的应用前景。

11.3.4 复合空心微珠低密度水泥浆的研究与应用

11.3.4.1 概述

目前，国内各油田固井普遍应用的低密度水泥浆减轻剂有漂珠、粉煤灰、空心玻璃微珠等。粉煤灰作为密度减轻材料，浆体的密度能降至 1.50g/cm^3 左右，但密度更低的稳定成熟的粉煤灰低密度水泥浆体系相对难以调整。漂珠是火电厂粉煤灰沸腾燃烧方式的副产品，具有质轻、空心、密闭、粒细、活性好等特点，但其产量质量不稳定，单独使用抗压能力有限。相比之下，空心玻璃微珠作为一种新型人工烧结轻质材料，在具备漂珠优点的同时，具有质量均一、抗压强度高、流动性好等特点，但价格较高。中国石化石油工程技术研究院针对低密度水泥浆应用日益增多及现阶段常用的一些低密度固井水泥浆存在的问题，以漂珠和空心玻璃微珠复合使用作为密度减轻材料，根据颗粒级配紧密堆积理论，以水泥、稳定剂 DZW 以及其他各种外加剂进行合理配比，设计出一种密度为 1.28g/cm^3 的低密度水泥浆体系。性能评价结果表明：该体系满足沉降稳定性要求，流动性好，65℃下滤失量小于 50mL，24h 抗压强度大于 14MPa。并将该水泥浆体系应用于现场，取得良好的结果，现场应用表明，复合空心微珠低密度水泥浆体系能够应用于易漏失井，能有效地解决这些地区地层压力低、固井时易漏的问题。同时，降低了固井工程作业成本。

11.3.4.2 漂珠和空心玻璃微珠的特点

漂珠作为火电厂粉煤灰沸腾燃烧方式的副产品，是一种从粉煤灰漂浮物中筛选出来的物质，在常压下密度大约为 0.7g/cm^3，是优良的耐热超低密度材料。漂珠为细小的空心圆球，但质量不稳定，单独使用承压能力有限，在一定的压力条件下，水泥浆中的水进入空心圆球内部或漂珠被压碎，会造成水泥浆密度一定程度的增加。

空心玻璃微珠是一种人工烧结的中空圆球细粉状轻质无机非金属材料，是近几年发展起来的一种用途广泛、性能优异的新型轻质材料，它具有质量轻、体积大、导热系数低、抗压强度高、流动性好等特点。空心玻璃微珠与漂珠相比，有极高的强度密度比，耐高压，在井下压力下不会破碎，但价格较高。

11.3.4.3 水泥浆体系设计

采用漂珠和空心玻璃微珠复合作为减轻剂。减轻材料颗粒直径比水泥直径大，其中漂珠的密度约为 0.70g/cm^3，颗粒直径 60～200μm，承压能力 30～35MPa；空心玻璃微珠密度约为0.60g/cm^3，颗粒直径5～70μm，承压能力60～65MPa。选用悬浮稳定材料DZW，具有增加水泥石强度和提高水泥浆浆体稳定性的作用，颗粒直径在0.1～10μm之间，几种材料与水泥按一定比例混合可减轻密度，形成良好的空间堆积，符合颗粒级配堆积原理。这些材料具有较大的比表面积和反应活性，能提高并加速水泥矿物熟料的水化程度，提高水泥浆体的反应速度，加速水泥浆的硬化，提高低密度水泥石早期强度。其中，悬浮稳定材料DZW部分可以充填于水泥石结构的空隙和裂缝中，形成致密的水泥石，进一步增强水泥石的强度。配方优选需要注意以下问题：

(1)水泥浆在一定条件下，浆体不发生分层，形成的水泥石纵向密度分布要基本一致，游离液少、体积收缩小。

(2)选择减轻剂的类型和级别粒径，不能盲目增大用水量，用水量应严格控制在所选择减轻剂的最大允许范围内。

(3)不能盲目追求水泥浆的流变性能和滤失量控制，而损害水泥浆的抗压强度和稳定性。选择不同粒径的低密度材料紧密堆积并辅以外加剂，以提高早期强度。

11.3.4.4 试验材料及仪器

嘉华G级高抗硫酸盐水泥，四川嘉华水泥厂；漂珠、空心玻璃微珠、稳定剂DZW、降失水剂FSAM、降失水剂DZJY、分散剂DZS、缓凝剂DZH1、早强剂DZC，中石化石油工程技术研究院。

变速搅拌器，压力试验机，8240型高温高压稠化仪，7120型高温失水仪，美国千德乐工业仪器公司；OWC－9350A型常压稠化仪，沈阳航空工业学院应用技术研究所；DNN－D6型六速旋转黏度计，数显密度计，青岛海通达专用仪器厂；OWC－118型双温强度养护箱，沈阳航空工业学院应用技术研究所。

水泥浆的配制、养护以及各项性能测试，按照API规范推荐方法进行。

11.3.4.5 低密度水泥浆性能

1)流变性。

用漂珠和空心玻璃微珠配制的1.28g/cm^{3}水泥浆，水泥浆配方见表11－47，表中的总水为水、降滤失剂、分散剂、早强剂和缓凝剂的总质量。

表11－47 1.28g/cm^{3}低密度水泥浆配方

编号	水泥/g	玻璃微珠/g	漂珠/g	DZW/g	FSAM/g	DZJY/g	DZS/g	DZC/g	DZH1/g	总水/g
1	100	35	0	11	0	6	2.5	2.5	0.9	90
2	100	0	60	25	18	0	3	2.5	0.6	120
3	100	30	15	15	0	6	3.6	2.5	0.8	95
4	100	25	15	15	0	6	3.5	2.5	0.8	92

用漂珠和空心玻璃微珠配制的低密度水泥浆具有良好的流变性能，流性指数n值大于0.7，实验结果见表11－48。低密度水泥浆的稠度系数K值比较高，表明水泥浆中的水泥、漂珠、空心微珠和稳定剂等材料之间能形成稳定的网架结构，可以阻止水泥浆中易沉降颗粒的沉降和空心微珠的上浮，使水泥浆能够保持良好的稳定性。

表 11-48　不同体系低密度水泥浆流变性能

编　号	ϕ_{300}	ϕ_{200}	ϕ_{100}	ϕ_6	ϕ_3	n	$K/Pa\cdot s^n$
1	210	161	95	11	8	0.721	1.20
2	195	148	87	20	14	0.733	1.03
3	232	170	98	13	8	0.783	0.90
4	226	152	89	10	6	0.847	0.59

2)滤失量及稠化性能。

用漂珠和空心玻璃微珠配制的 1.28g/cm³ 水泥浆，其失水(65℃)及稠化(65℃ ×40MPa ×30min)性能见表 11-49。由此可知，漂珠、空心玻璃微珠与水泥浆的配伍性较好，配制的水泥浆的性能满足施工要求。

表 11-49　低密度水泥浆的滤失量及稠化性能

编　号	流动度/cm	滤失量/mL	初始稠度/Bc	稠化时间/min
1	22	35	18	339
2	21	42	27	204
3	22	33	21	285
4	22	36	22	281

3)稳定性。

由于漂珠和空心玻璃微珠的密度仅为 0.60g/cm³ 左右，与水泥的密度差异较大，配置水泥浆的稳定性差。为了保证水泥浆的稳定性，采用了稳定剂 DZW，它能使水泥浆形成具有致密网架结构的悬浮体系，以增加水泥浆的黏度，使水泥浆保持良好的稳定性。同时，由于漂珠和空心玻璃微珠为空心易破碎减轻材料，配浆时为防止其被搅拌器打碎，采用搅拌器固定转速 4000r/min 进行搅浆，搅浆时间 50s。

表 11-50 给出 4 种水泥浆体系在加压前后的浆体平均密度变化(承压条件 65℃ ×40MPa ×60min)、游离液和沉降稳定性数据。

表 11-50　低密度水泥浆的承压性能

编　号	$\rho_{前}$/(g/cm³)	$\rho_{后}$/(g/cm³)	游离液/mL	最大沉降密度差/(g/cm³)
1	1.28	1.280	0.1	0
2	1.28	1.360	0	0.02
3	1.28	1.285	0.2	0.01
4	1.28	1.290	0.1	0.01

如表 11-50 所示，1 号空心玻璃微珠浆经过加压后基本没有破碎，承压性能良好；2 号漂珠浆经过加压后破碎明显，承压性能差；漂珠和空心玻璃微珠的混合浆(3 号、4 号)加压后有少许破碎，密度升高较少，且空心玻璃微珠含量高的 3 号较 4 号密度升高得少。1 号、3 号和 4 号浆的游离液均为 0.1 ~0.2mL 左右，水泥浆最大密度差为 0 ~0.01g/cm³；2 号纯漂珠水泥浆的游离液量为 0，水泥浆最大密度差为 0.02g/cm³。结果表明，1 号、3 号和 4 号

浆承压强度好，游离液和沉降稳定性符合要求，浆体能够满足固井施工，其中 3 号和 4 号浆为漂珠和空心玻璃微珠的混合浆，减少了空心玻璃微珠的使用量，降低了固井材料成本，较为经济。

4) 水泥石抗压强度。

低密度水泥浆中的稳定剂 DZW 能够提高水泥石的抗压强度，4 种不同的低密水泥石的强度见表 11-51。结果表明，低密度水泥石均有较好的强度。

表 11-51　不同水泥浆在不同温度下的抗压强度

编　号	24h 抗压强度/MPa		48h 抗压强度/MPa	
	30℃	65℃	30℃	65℃
1	4.3	14.8	7.2	23.6
2	3.5	13.3	6.6	20.5
3	4.7	15.5	7.4	22.8
4	4.8	15.2	7.8	22.1

11.3.4.6　现场应用

彭页 HF-4 井为渝东南地区彭水区块页岩气井水平井探井，设计垂深 2384.24m，设计斜深 3667.54m。三开 ϕ215.9mm 钻头钻至 3652.00m，ϕ139.7mm 套管下至 3645.38m；*A* 靶点垂深 2059.00m，斜深 2201.50m；*B* 靶点垂深 2373.00m，斜深 3652.00m。

该井在钻进至目标层位龙马溪组时漏失较为严重，降低循环油基钻井液密度至 1.25g/cm^3，并加入刚性封堵剂与页岩封堵剂控制住漏失。下套管后小排量顶通，再逐步增大排量并循环一周后，在固井施工前逐步筛除堵漏材料，固井施工中的防漏任务尤为艰巨。本次固井采用驱油型前置液，双凝水泥浆结构，领浆采用 1.28g/cm^3 的漂珠和空心玻璃微珠复合低密度水泥浆体系封固；尾浆采用常规密度 1.89g/cm^3 的弹韧性水泥浆体系，返至 *A* 靶点 200m 以上。施工结束候凝 72h 后测井，结果显示，水平段封固优质率达到 90% 以上，直井段合格率达到 95% 以上，固井质量综合评定为优质，在降低固井成本的同时保证了固井质量。

11.3.4.7　结论

(1) 利用颗粒级配原理，优化了水泥与漂珠—空心玻璃微珠复合低密度充填材料之间的粒度分布，减少了材料颗粒之间的空隙，大大改善了水泥浆体系的整体性能，尤其是水泥石的强度。

(2) 漂珠—空心玻璃微珠复合低密度水泥浆体系适合渝东南地区的地质特点，能解决该地区的固井漏失问题，保证了该地区的固井质量。

(3) 建议在渝东南地区推广应用漂珠—空心玻璃微珠复合低密度水泥浆体系，为该地区页岩气的开发做出贡献。

11.3.5　SCMS 纳米 SiO_2 防气窜乳液（液硅）的研究与应用

11.3.5.1　概述

SCMS 纳米 SiO_2 防气窜乳液（简称纳米防气窜乳液或 SCMS 纳米防气窜乳液）是一种纳米

活性硅颗粒乳液。通过有效的分散技术使单个纳米颗粒分散在溶液中，克服了纳米颗粒材料表面团聚的缺陷，当在水泥浆液中使用时，单个活性硅颗粒能够重复填充于水泥石的孔隙，提高水泥浆和水泥石的综合性能。纳米 SiO_2 防窜乳液固含量达到了 45%，粒径（*D*50）162nm，密度 1.37g/cm^3，稳定期可达 1 年，无沉淀、流动性良好，乳液还具有高温储存稳定性，乳液中的纳米 SiO_2 颗粒呈球形。是一种理想的高压气井防气窜剂，特别适用于加重水泥浆防气窜固井。为解决高压井防气窜问题，特别是顺南地区高压缝洞型储层固井的气窜难题，中国石化石油工程技术研究院研究在 2014 年研发了 SCMS 纳米防气窜乳液，该乳液在顺南地区高压缝洞型储层固井中进行了多口井应用，解决了固井气窜难题，取得了好的效果。

11.3.5.2 SCMS 纳米防窜乳液对水泥浆性能的影响

1）加量对水泥浆性能的影响。

按高压井常用配方配制基浆以及基浆中加入 10% 和 15% SCMS 的水泥浆，分别测试水泥浆性能并进行对比，对比结果见表 11-52。

表 11-52 CMS 加量对水泥浆性能的影响

项目	试验条件	SCMS 加量		
		配方 1：不加	配方 2：10%	配方 3：15%
自由液/mL	93℃ ×0.1MPa ×20min	0	0	0
沉降稳定性	93℃ ×0.1MPa ×20min	1.90/1.90/1.90	1.90/1.90/1.90	1.90/1.90/1.90
600300/200/100/6/3，读数/转	93℃ ×0.1MPa ×20min	255/141/98/52/4/3	276/162/118/73/5/4	294/171/124/74/5/4
API 失水/mL	6.9MPa ×30min ×120℃	57	37	33
抗压强度/MPa	120℃ ×24h ×21MPa	28	30	31
稠化时间/min	120℃ ×70MPa ×60min	156	160	153
过渡时间/min	30 ~ 100Bc	4	6	4
气窜系数 SPN		1.7	1.6	1.0
渗透率/$10^{-3}\mu m^2$		0.326	0.112	0.097

配方 1：G 级油井水泥 +30% 硅粉 +5% DZJ - Y（降失水剂）+0.3% DSZ（分散剂）+0.8% DZH - 2（缓凝剂）+0.5% DZX（消泡剂）+54% 水；

配方 2：G 级油井水泥 +30% 硅粉 +5% DZJ - Y（降失水剂）+10% SCMS（纳米液硅）+0.6% DSZ（分散剂）+0.8% DZH - 2（缓凝剂）+0.5% DZX（消泡剂）+54% 水；

配方 3：G 级油井水泥 +30% 硅粉 +5% DZJ - Y（降失水剂）+15% SCMS（纳米液硅）+0.8% DSZ（分散剂）+0.8% DZH - 2（缓凝剂）+0.5% DZX（消泡剂）+54% 水

由表中数据看出：①水泥浆常规性能随着加量的增加，失水降低，强度增加，气窜系数降低，对其他性能影响不大；②水泥石性能随着加量的增加，强度增加，渗透率降低。这说明由 SCMS 纳米防气窜乳液配制的水泥浆具有降低失水和增强防气窜能力，同时对水泥石具有增加强度、降低渗透率的功能。

2）加量对水泥石强度发展的影响。

对表 11-52 中的水泥浆配方按 120℃ ×21MPa 养护条件分别养护不同的天数，测试强度变化，其结果见表 11-53。

表 11-53 SCMS 加量对水泥石强度发展的影响

	养护条件：120℃ ×21MPa × 天数(d)					
SCMS 加量	1D	3D	5D	7D	14D	21D
配方 1：0%	22	28	35	39	41	42
配方 2：10%	26	32	39	47	51	51
配方 3：15%	27	39	43	50	55	56

注：各水泥浆配方同表 11-52。

由表中数据看出：水泥石强度发展随着加量的增加，强度的发展仍然是上升趋势，SCMS 加量越大，水泥石会以更高的强度随时间基本以同比例增加。

3)胶凝强度发展试验。

将 SCMS 纳米防气窜水泥浆(水泥浆配方：G 级水泥 +3.5% DZJ - Y +10% SCMS +0.6% DZS +0.5% DZX +45% 水)与基浆(水泥浆配方：G 级水泥 +3.5% DZJ - Y +45% 水)分别在 80℃ ×21MPa 条件下做胶凝强度试验，试验结果如图 11-20 所示。

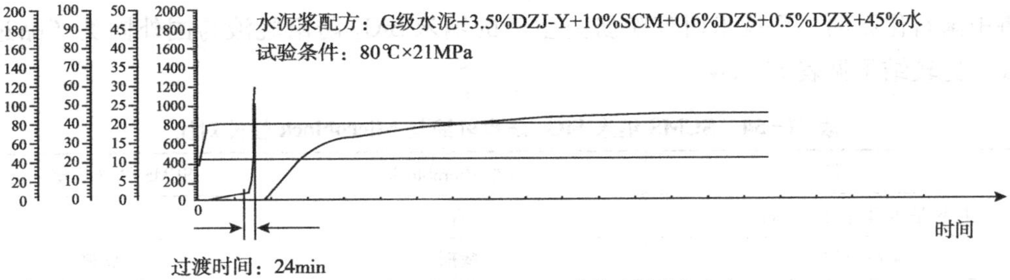

(a) SCMS纳米防气窜水泥浆静胶凝强度试验

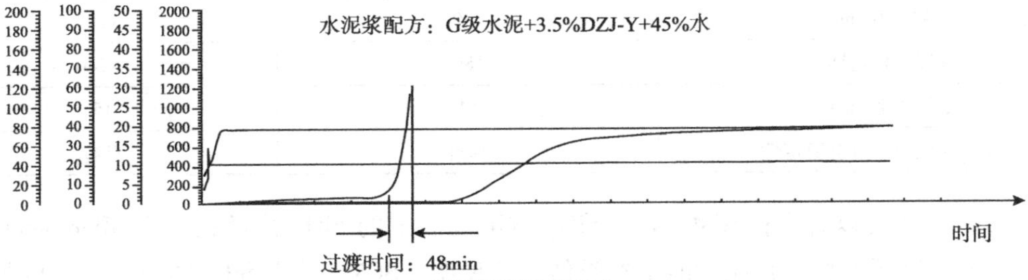

(b) 基浆静胶凝强度试验

图 11-20 SCMS 纳米防气窜水泥浆静胶凝强度与基浆对比试验

从图中可以看出：纳米防窜乳液水泥浆体系静胶凝强度发展快，静胶凝强度发展时间为：24min[图 11-20(a)]；基浆同等条件下的胶凝强度发展时间为：48min[图 11-20(b)]；纳米防窜乳液水泥浆体系静胶凝强度发展时间短(过渡时间短)，有利于固井候凝期间防止气窜。

4)防气窜试验。

对表 11-52 中的配方 2 在 120℃条件下，做防气窜模拟试验。试验中模拟液柱压力：7.6MPa，模拟气层压力：6.9MPa。试验结果如图 11-21 所示。从气窜模拟试验图中可以看出：当水泥浆进入失重阶段后，虽然水泥浆内部孔隙压力降低，但整个过程没有发生气窜。

5)SCMS 纳米 SiO_2 防窜乳液与 Microblock 性能对比。

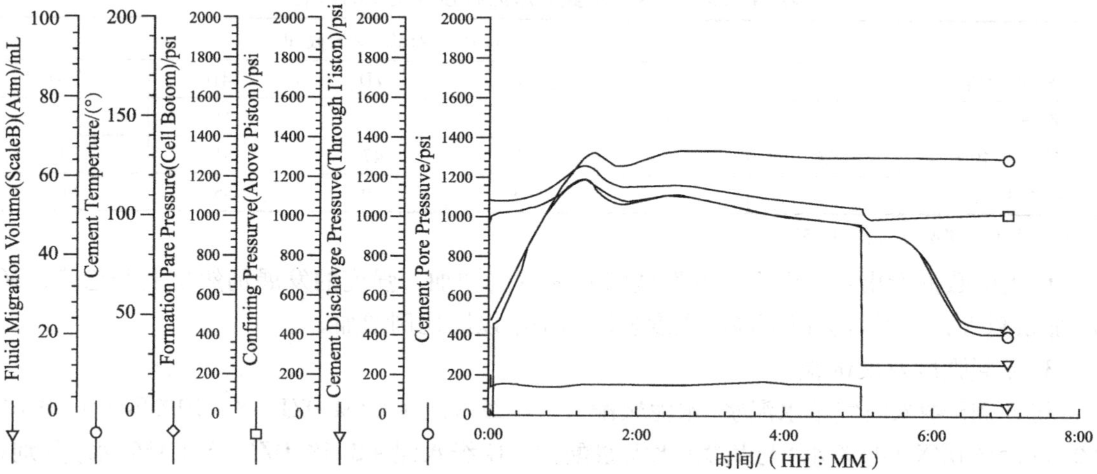

图 11－21　SCMS 纳米防气窜水泥浆气窜模拟实验

将中国石化石油工程技术研究院研究生产的纳米 SiO_2 防窜乳液与国外同类产品进行性能比较，比较结果见表 11－54。

表 11－54　SCMS 纳米 SiO_2 防窜乳液与 Microblock 性能对比

项　　目	国外 Microblock	SCMS 纳米防窜乳液
颗粒是否具有反应活性	有	有
颗粒形貌	球形	球形
有效固含量/%	45	45
粒　径/nm	330	160
室温下稳定期/d	180	>240
表观黏度/mPa·s	14	15
60℃环境是否具有稳定性	具有	具有

由表 11－54 可以看出；SCMS 纳米 SiO_2 防窜乳液中的 SiO_2 粒径远小于 Microblock 的粒径，但稳定期反而更长，其他性能基本类似。这说明：SCMS 纳米 SiO_2 防窜乳液中的悬浮和分散材料具有更高的性能。

6）现场应用情况。

纳米防窜乳液在川西高压气井和塔中顺南地区生产套管固井进行了推广应用，应用 3 口井，取得了良好的效果，固井质量均为优质，图 11－22 为纳米防气窜乳液在江沙 33－16 井应用中固井质量测井图。经过与邻井固井质量对比，江沙 33－16 井固井质量明显优于邻井。另外，塔中顺南地区的顺南 5－2 井，应用纳米防气窜水泥浆配合胶乳，极大地提高了水泥浆防气窜能力，是顺南地区第一口没有在固井后发生气窜的井。

7）结论。

（1）SCMS 纳米防气窜乳液具有防气窜、降低失水、增加水泥石强度、降低渗透率等优点；

（2）SCMS 纳米防气窜水泥浆是用球形纳米活性 SiO_2 颗粒配制而成，防窜机理是填充效

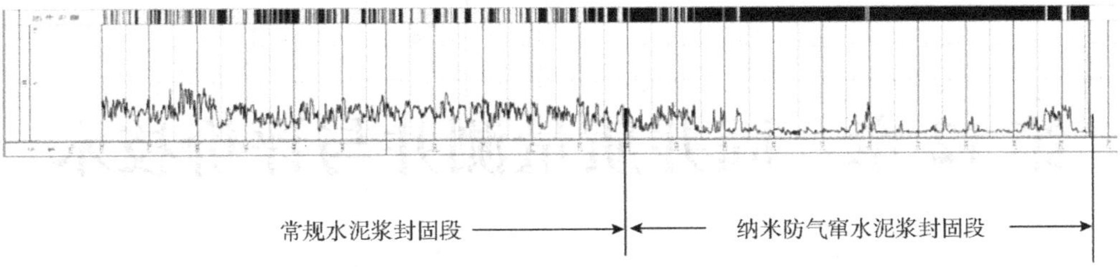

图 11-22　纳米防气窜水泥浆在江沙 33-16 井应用效果

应，并能够参与水化反应，提高水泥石强度和长久密封性，可改善水泥浆游离水、稳定性等综合性能；

(3) 该乳液稳定性好，敏感性低，易于使用；

(4) 该乳液具有一定的降低水泥石弹性模量的作用，纳米 SiO_2 颗粒可提高界面胶结质量；

(5) 比较适合作为高密度水泥浆降失水剂使用。

第 12 章　固井质量测井与评价技术

钻井完钻并下入套管后，需要对套管与地层中间的环形空间内注入水泥，也就是进行固井作业。固井的目的在于封固疏松地层，封隔油气水层，防止互相窜通，保证油气井正常开采，注水井正常注水，满足油气开发的需要。

如果地层间没有做到有效封隔，在油气生产时，可能会出现油、气、水同出的现象，严重时会只出水而不出油，给生产管理带来许多问题，造成很大的经济损失。由于水泥石的封固效果受到诸多因素影响，固井时在某些层段可能会出现钻井液窜槽，或钻井液与水泥浆掺混等现象，也可能出现注入水泥浆质量差达不到设计密度和水泥石强度的情况，这些情况都会造成该井段固井质量差的问题。为了找出这些固井质量差的井段，以及时采取补救措施，确保油气井投产后能正常生产，在固井以后，要在适当的时候进行固井质量检查，确定固井水泥是否有效地封隔了地层。固井质量测井就是检查水泥与套管(通常称为第一界面)、水泥与地层(通常称为第二界面)封隔情况的测井方法的统称。

随着油田生产实践的不断发展，固井质量测井与评价技术也以较快的速度发展，由早期使用的仅确定水泥返高位置的温度测井，发展到评价水泥环与套管(第一界面)胶结情况的声波幅度测井(CBL)和不仅可以评价第一界面水泥胶结质量，还能较好地评价第二界面水泥胶结质量的声波变密度测井(VDL)，目前又推广了能直观、详细地反映水泥沟槽和空隙的扇区水泥胶结(成像)测井(SBT)，以及能对套管外环空环境描述的套后成像测井技术(IBC)。下面将固井质量测井技术的国内外发展现状、常用测量技术、固井质量综合评价方法、固井质量综合解释应考虑的因素等作一简要介绍。

12.1　国内外技术现状

我国固井质量评价测井技术，是以引进西方技术和消化吸收相结合的方式发展起来的。目前，主要使用声波幅度测井(CBL)技术和声波变密度测井(VDL)技术；一些油田也开始引进使用一些更先进的固井质量测井技术；国内一些生产厂家也已开始研究开发自己的固井质量测井仪器，例如：长城钻探测井公司在消化吸收俄罗斯同类仪器的基础上，研制了变密度—水泥密度组合仪。该套仪器的研制成功不但填补了国内固井仪器的空白，而且解决了声波类固井质量测井的很多缺陷，能更好地适应国内的生产测试环境。该仪器在辽河油田已经得到了广泛的应用，并打开了大港、中原、吉林油田等市场。

国外固井质量测井技术发展较早，最有代表的是美国的斯伦贝谢公司和阿特拉斯公司，推出的固井质量测井新技术较多，俄罗斯也相继推出了一些固井质量测井技术，国外推出的比较有代表性的固井质量测井技术见表 12-1。

表12-1　国外有代表性的固井质量测井技术

序　号	固井质量测井技术	推出时间	推出厂家
1	声幅测井	约在1954年	阿特拉斯公司
2	CBL/VDL测井	约在1962年	斯伦贝谢公司
3	CET	约在1983年	斯伦贝谢公司
4	SBT	约在1990年	斯伦贝谢公司 阿特拉斯公司 康普乐公司
5	USIT	约在1990年	斯伦贝谢公司
6	声波变密度-伽马密度测井	1996年(俄罗斯仪器在中国推出时间)	俄罗斯
7	Isolation Scanner	2003年	斯伦贝谢公司

美国斯伦贝谢(Schlumberger)公司水泥评价测井仪(CET)是在20世纪80年代推出的一种用于检查固井质量的仪器。它利用反射声波来确定套管的平均直径、椭圆度、偏心度及反映水泥声阻抗等，弥补了声幅测井仪和声波全波列测井仪的不足。

套后成像测井技术(IBC)是斯伦贝谢公司开发的一种固井质量测井技术。该技术采用常规超声脉冲回波与弯曲波(挠曲波)成像技术，通过对超声波脉冲回波和弯曲波波场的独立测量实现对套管环空环境的描述以及对不同类型水泥固井质量的评价。

西方阿特拉斯公司的扇区水泥胶结测井仪(SBT)，利用推靠臂把六个极板推靠到套管内壁上去，相邻四个滑板构成螺旋状双发双收声衰减测量系统，把管外环形空间六等分，分别考察水泥胶结质量，实现测量的高分辨率360°全方位覆盖，并用相对方位资料确定水泥沟槽的相对方位。

康普乐公司的扇区水泥胶结测井仪(SBT)采用两组相连的压电陶磁晶体作为全方位发射器，一组用于CBL/VDL的声波发射，发射频率为25kHz。另一组用于SBT的发射，发射频率为80~120kHz。SBT声系由处于同截面的八个发射探头和处于另一截面的八个接收探头组成，两截面相距0.61m(2ft)，每个发射探头和处于另一载面的接收探头组成一组，分别探测截面45°角范围内的套管外水泥胶结质量的好坏。8组探头组合就能探测套管外360°的水泥胶结质量，实现了测量高分辨率360°全方位覆盖。

俄罗斯的MAK-2声波测井仪和СГДТ-НВ伽马密度—厚度测井仪，其中的СГДТ-НВ是一种用放射性方法对固井质量监测的复合型仪器。利用MAK-2和СГДТ-НВ两种测井资料进行综合解释，可解决由于水泥上返地面和尾管固井水泥上返至喇叭口的井，测井时不受没有可供刻度的纯钻井液段及微间隙对声波幅度测井资料的影响。

各种测井仪器和测井方法都有其优缺点。只靠一种测井方法是不能完全准确地评价固井质量的。固井质量是否合格，主要是要看是否能满足生产要求。固井难度较大的复杂井，对固井质量的要求一般会适当降低。由于测井时也可能会有一些不可预见的干扰因素，造成测井结果不真实，因此固井质量的评价还要参考施工质量和油气试采情况，以综合评价固井质量是否合格。目前，国内各石油公司对固井质量探测以声波变密度测井(CBL/VDL)为主，研制并推出了一些较为先进的固井质量测井技术，同时引进了少量国外最先进的测井技术。多年来，固井质量评价依据一直按各油田的企业标准进行。2004年，石油钻井工程专业标准化委员会通过了 SY/T 6592《固井质量评价方法》，并由国家发展和改革委员会发布实施，我国从此有了固井质量评价行业标准，为国内固井质量评价确定了科学依据。2015 年对该行业标准又进行了修订，使内容进一步切合生产实际，进一步提高了解释结果的真实性。

12.2 固井质量测井技术

目前，国内各油田固井质量测井的主要方法是声波幅度测井和声波变密度测井。水泥评价测井(CET)、扇区水泥胶结测井(SBT)、套后成像测井(IBC)等在一些油田也有使用。

12.2.1 声学基本概念

12.2.1.1 声波在介质中的传播

声波从一种介质向另一种介质传播，在两种介质形成的界面(波阻抗界面)上，将发生声波的反射和折射(透射)。反射波的幅度取决于两种介质的声阻抗。所谓声阻抗(Z)就是介质密度ρ和声波在该介质传播速度 v 的乘积($Z=\rho \cdot v$)。两种介质形成的声阻抗差别越大，声能量越不易从介质Ⅰ传到介质Ⅱ中去。通过界面在介质Ⅱ中传播的折射波的能量就越小。如果两介质声阻抗相近，声波几乎都形成折射波通过界面在介质Ⅱ中传播，这时反射波的能量就非常小。

也就是说，声波通过速度不同的两种介质分界面时，波的一部分能量被界面反射形成反射波，且反射角等于入射角；另一部分能量则透过界面在第二种介质中传播，称为折射波或透射波。

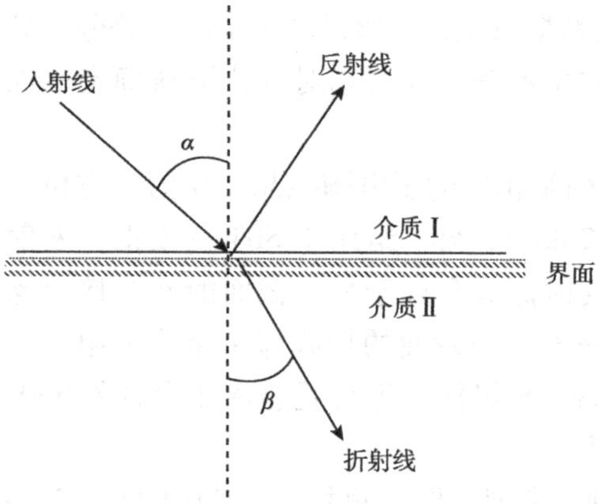

图 12-1 声波在两种介质分界面的反射和折射

入射角 α、折射角 β、介质Ⅰ传播速度 v_1 和介质Ⅱ传播速度 v_2 有如下关系(图 12-1)：

$$\sin\alpha/\sin\beta = v_1/v_2 \qquad (12-1)$$

12.2.1.2 滑行波概念

当介质Ⅰ中的声波速度 v_1 小于介质Ⅱ中的声波速度 v_2 时，即在 $v_2>v_1$ 的条件下，当折射角大到某一角度时，为直角时，此时折射波将沿着界面在介质Ⅱ中传播，这样的折射波在声波测井中叫滑行波，此时的入射角叫临界角。滑行波在沿界面传播时必然引起介质Ⅰ中质点震动而产生新的扰动。由滑行波在介质Ⅰ中造成的波称为首波。

声波经过两种不同声速的介质传播时，可在界面附近产生滑行波。产生滑行波的条件为：

条件一：$v_2>v_1$；

条件二：α 为临界角。

如图 12-2 所示，当声传播具备滑行波产生的条件时，折射波将在第Ⅱ介质中以 v_2 的速度沿界面传播，称为滑行波。

发射器激发声波后，一部分声波能量在套管中以滑行波的方式沿套管传播，形成套管波，另一部分产生折射进入水泥环中传播，还有一部分穿过水泥环传入地层，分别形成水泥环波和地层波。

声波在介质中传播，其幅度会逐渐减弱，声波幅度的衰减在声波频率一定的情况下是和介质密度、弹性等因素有关的。声波测井就是通过测量声波幅度的衰减变化来认识地层特点以及水泥胶结等情况的。

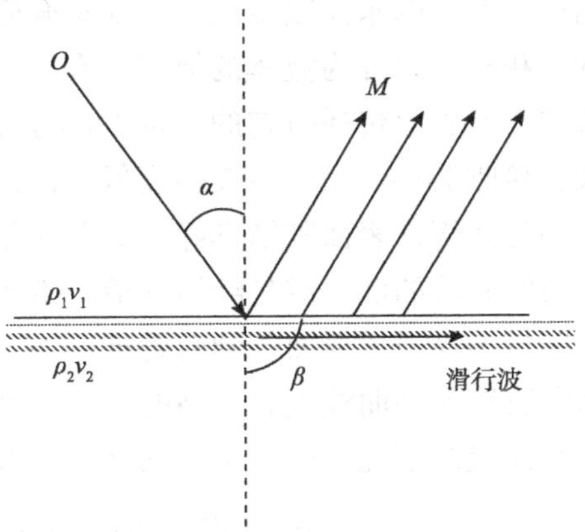

图 12－2 声波在第Ⅱ介质中形成滑行波

12.2.2 声波幅度测井(CBL)

声波幅度测井(CBL)也称声波水泥胶结测井，此方法只记录声波波列中的首波幅度，因而只能提供水泥环与套管(第一界面)的封固情况，不能评价第二界面的水泥结质量。

12.2.2.1 基本原理

声波幅度测井使用单发单收声系，源距 0.91m(3ft)(图 12－3)，接收器接收的声信号为沿套管传播的滑行纵波(叫套管波)。由于传播的路径和穿过的介质基本固定，套管及管内介质的影响是一个定值，因此波的衰减与介质的吸收及不同介质界面上的反射系数有关，其幅度与套管内外介质的性质与分布有关。因此，接收器收到的声信号幅度主要取决于套管外介质的性质及分布。如果水泥环与套管外壁胶结良好，相对于管外为流体的情况，由于水泥环的声阻抗与套管的差别小，声波传入水泥环，套管波的首波幅度低。如果水泥环与套管胶结不好，其中残留有钻井液，致使两者的声阻抗差别加大，反射系数大，大部分声波能量沿套管传播，套管波的首波幅度大。如果套管外只有钻井液或空气时，套管波首波幅度与胶结好的首波相比，其幅度通常可增加 10 倍以上，甚至更高。因此，可根据 CBL 测得的声波幅度曲线来判断水泥固井质量的好坏。仪器测井原理(CBL)是：①声波发射器发射声脉冲，经井液折射入套管，产生套管波；②套管波沿最短路径传播，折射入井液，最后被 0.9/m(3ft)源距接收器接收；③在固定时间窗内提取接收到的声波波列中首波的幅度；④将声波幅度转换为相应的电压值并予以记录；⑤当仪器沿井身移动时，就测出一条随井深变化的声幅曲线。

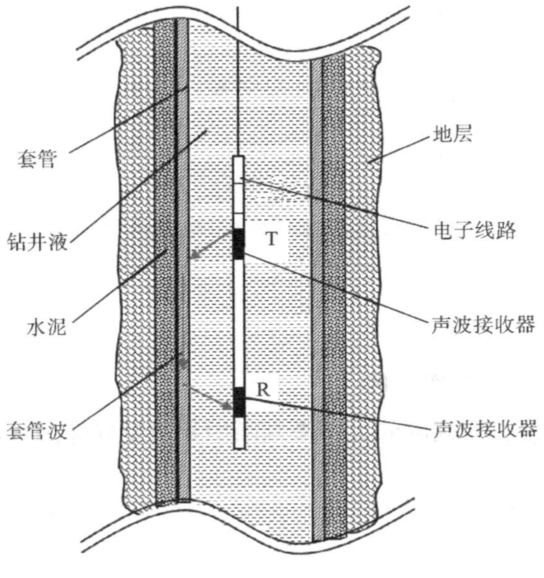

图 12－3 固井声波幅度测井

12.2.2.2 声波幅度测井的固井质量评价方法

声波幅度测井是检查固井质量好坏的常用测井方法，在注水泥后的套管内进行，只能检测第一界面的水泥胶结质量。如果套管与水泥胶结良好，则套管外就有一层水泥环紧贴于套管。相对于管外为流体的情况，套管与水泥的声阻抗差别较小，界面上的声耦合更好。当套管波在套管上传播时它的能量大部分被耦合到水泥环中去了，只有小部分能量折回井中被记录，接收器接收到的声波幅度低。因此，对应记录声幅的水泥胶结曲线上有低值时，说明水泥环与套管外表面胶结良好，固井质量好。反之，如果套管与水泥环胶结差，则套管外是水泥与钻井液的混浆或是纯钻井液，由于套管与钻井液声阻抗差别大，界面声耦合差，套管波的能量不易通过界面传到套管外面去，大部分能量折回井中被记录。因此，对应记录声幅的水泥胶结测井曲线上有较高的值，也就是说明固井质量差。所以，可以通过声幅相对幅度判断水泥胶结情况，以评价井固井质量好坏(图 12-4)。

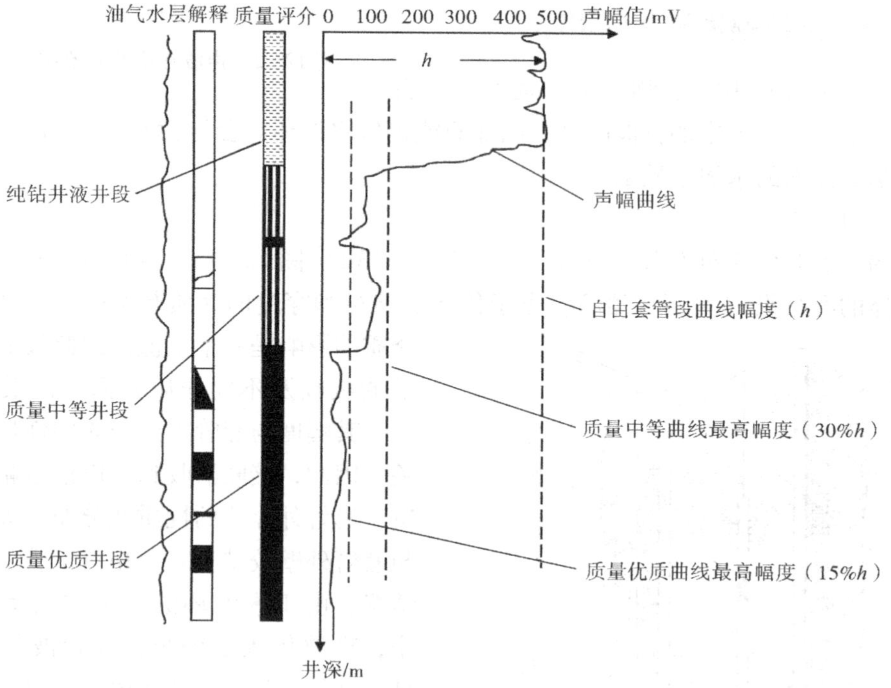

图 12-4　固井声幅测井曲线实例

声波幅度测井对固井质量的评价是使用声波相对幅度的大小来判断固井质量好坏的。声波相对幅度 K 值按式(12-2)计算。

$$K = H/h \times 100\% \qquad (12-2)$$

式中　K——相对幅度,%；

H——目的井段曲线幅度；

h——自由套管段曲线幅度。

自由套管段意指管外为纯钻井液的井段。该井段对应的曲线幅度为自由套管曲线幅度。

实际测井作业过程中，在水泥返高以上的这一段套管为自由套管，测井时该段的声波幅度最大，可作为 CBL 的评定标准，因此能够做到半定量解释。

通常，相对幅度越小，固井质量越好；反之，相对幅度越大，固井质量越差。一般固井质量分为三个等级，胶结良好、胶结中等和胶结差。所采用的相对幅度值为：

当 K 值小于 15% 时，为胶结良好；

当 K 值介于 15% ~30% 或 15% ~40%，为胶结中等；

当 K 值大于 30% 或 40%，为胶结差。

12.2.2.3　影响因素

(1)测井时间。

注水泥后，水泥有一个凝固过程。未凝固的水泥其声学性质与钻井液相似。如果此时测井，会有较高的声幅值。当水泥凝固后，声幅值显示变低，此时测固井质量，测出的数据才能真实。因此，水泥胶结测井，要求必须在注水泥 24h 后进行，如果水泥浆中加有缓凝剂或其他延缓水泥强度发展的外加剂，测井时间还要延长，一般根据具体情况确定在24 ~72h之间进行固井质量测井。测井时间过迟，也会因钻井液沉淀、固结、井壁坍塌造成无水泥井段声幅值降低，导致显示失真，也可能会出现套管内钻井液变稠或沉淀造成仪器下不去。

(2)水泥环厚度。

厚度大于 19.05mm(约 3/4in)的水泥环对套管波的衰减基本是一个定值。厚度小于 19.05mm 时，水泥环越薄对套管波的衰减越小，测得的声幅值越高，容易把胶结好的井段判断为胶结差，产生误判。解释时应参考井径曲线，对环空间隙较小(水泥环相对较薄)的井段予以注意。此外，水泥环较薄时，硬地层的地层波将掩盖套管波，也会造成误解释。

(3)气浸钻井液。

气浸的钻井液声阻抗低于正常钻井液，测自由套管井段声幅值时，在气浸井段测的套管声幅值将会超过真正的自由套管声幅值 h。由于 h 值变大，$K = H/h \times 100\%$ 就会变小，会把质量差的井段解释为好的井段。同理，在水泥被气浸段测量的声幅值也将明显高于正常值，使 H 值变大；因而可能会把质量好的井解释成质量差，造成误解释。

(4)混浆段。

注水泥施工时，前面注入的低密度水泥浆(有时注入密度小于 $1.5g/cm^3$ 的水泥浆以提高水泥浆的流动性和紊流接触时间)与前置液和钻井液的混浆，可能被误认为自由套管钻井液。该井段实际声幅(h)较小，但被当成自由套管段，也容易造成误解释。

(5)套管。

套管波在套管中传播时，套管本身要吸收能量。套管可视为均匀介质，它对波能的吸收是固定的。试验表明，对目前使用的声系($L = 1m$ 或 $L = 0.91m$)，自由套管对声波的衰减为 2.4db/m，套管越薄，对声波的衰减越大，因此声幅值越低。

(6)微间隙。

由于水泥凝固时的体积收缩、通井或钻水泥塞时对套管的撞击振动、热效应及压力变化等原因造成水泥环与套管和地层之间产生微间隙，对固井水泥胶结测井评价产生不利影响，使 CBL 呈高值响应，对测井资料解释评价造成了严重干扰。微间隙厚度一般不到 0.1mm，不足以形成液流通道，但却使声波测井无法真实反映实际的固井质量。微间隙的识别，目前除了通过加压测井进行验证外，还没有较为简单的方法。

(7)仪器偏心。

当仪器偏心时，水泥胶结测井曲线可能以低声幅显示，与水泥胶结好坏无关。这是由于不同方位到达接收器的套管波相位不同，相互抵消，造成低声幅值。

12.2.3 声波变密度测井

套管固井后实际油气生产表明，即使在第一界面固井质量好的情况下，第二界面的固井质量也不一定好。当水泥环与地层(第二界面)封固不好时，生产中就易发生油水层窜通，影响井的正常使用。水泥胶结测井只能显示套管与水泥的胶结情况，而不能显示水泥环与井壁(地层)之间的胶结情况。然而评价固井质量的好坏，水泥环与地层的胶结也是至关重要的。为了全面评价水泥环的两个界面的胶结情况，后来又提出了声波变密度测井，声波变密度测井可以较全面地评价固井水泥胶结质量。

声波变密度测井是由声幅测井发展而来的。其原理是利用水泥和泥浆(或水)声阻抗的较大差异，使其对沿套管轴向传播的声波的衰减产生不同影响，来反映水泥与套管间以及套管与地层间的胶结状况。井下仪器的源距有两种：0.91m(3ft)和1.52m(5ft)。0.91m的用于声幅测量，1.52m的用于变密度测量。

声波变密度测井(VDL)除记录首波外，还记录到后继波(沿套管传播的套管波和通过水泥环沿地层传播的地层波等)，不仅可以评价第一界面的水泥胶结状况，还能较好地评价第二界面的水泥胶结状况，更好地满足油田开发中对固井质量检查的需要。

12.2.3.1 声波变密度测井基本原理

声波幅度测井(CBL)测量的是套管波的首波幅度。首波幅度的大小取决于水泥与套管外壁的胶结程度，因此只能检测第一界面(套管外壁与水泥环的界面)的质量问题，而第二界面(水泥环与井壁之间的界面)是否胶结良好是无法检测的。为了解决这个问题，需要对套管井中声波的传播进行分析，在固井后的套管井中，声波能量从发射器到接收器有四种可能的传播途径：沿套管传播、沿水泥环传播、沿地层传播和通过井内钻井液直接传播。其实只有三种途径传播的声波能量起主要作用：沿套管传播的套管波、通过套管及水泥环沿地层传播的地层波、以及通过井内钻井液直接传播的钻井液波(图12-5)。只要源距足够大，接收到的波先后顺序就是套管波、地层波、钻井液波。为什么没有沿水泥滑行的波呢？这是因为水泥的声速(V_c)远低于钢的声速(V_p)，也低于地层的声速(V_s)，根据产生滑行波的条件，不符合$v_2 > v_1$的条件，滑行波是不可能产生的。钻井液声速(V_m)较低，低于套管声速，也低于地层声速，钻井液波是直达波。

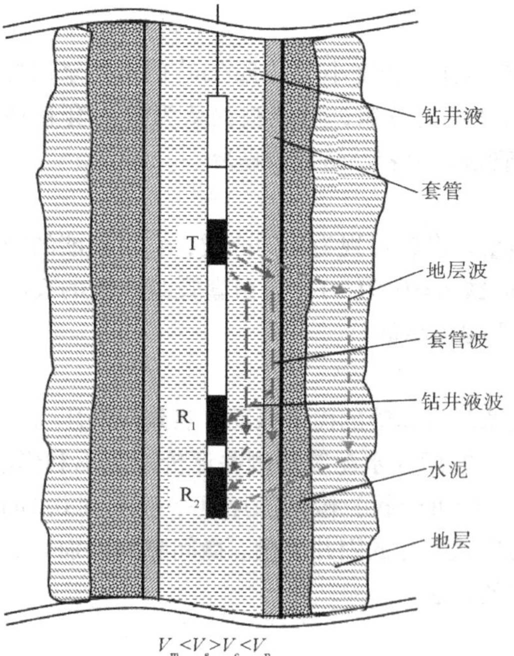

图12-5 声波变密度测井在套管井中接收到的波

声波变密度测井第二个接收器的源距为1.52m(5ft)，接收的是变密度测井(VDL)数据，可以接收套管波、水泥环波(由于水泥石声阻抗接近于套管，显示不明显或没有)、地层波和直达波(钻井液波)，可以检查套管井第一、第二界面的胶结情况。接收电子线路把信号转换为与其幅度成正比的电信号。经电缆传至地面，检波后只保留其正半周部分，这部分电信号加到示波器或显像管上，调制其光点亮度。波幅大，电压高，光点就亮，测井图上显示条带为黑色。而光点亮度低时，测井图上显示为灰色条带。负半周电压为零，光点不亮，测井图上显示为白色条带。变密度测井图就是黑（灰）白色相间的条带，以其颜色的深浅表示接收到的信号的强弱，条带的宽度和亮度取决于声幅的大小及声信号的频率，条带的相对位置取决于地层性质。声波幅度越大，黑色条带越黑。通过黑白条带的亮暗程度就可以知道套管波、地层波的幅度，通过对变密度测井图上显示的套管波、地层波和直达波（钻井液波）的强弱程度分析，来确定套管与水泥环和水泥环与地层胶结质量的好坏，以确定第一、第二界面的胶结情况。

如果不是快速地层[其声波时差小于 57（μs/ft）]，那么在变密度图上，最早到达的是套管波，接着是地层纵波和地层横波。在地层波很弱的情况下，流体波（又称“泥浆波”）一般比较明显。

12.2.3.2　声波变密度测井的资料分析与评价方法

套管井中的变密度测井，接收器收到的全波列如图 12－6 所示。波列中，套管波是最先到达接收器的波；其次是地层纵波、地层横波和假瑞利波的组合波；最后是钻井液波，其特征是稳定，频率低、幅度变化不大。

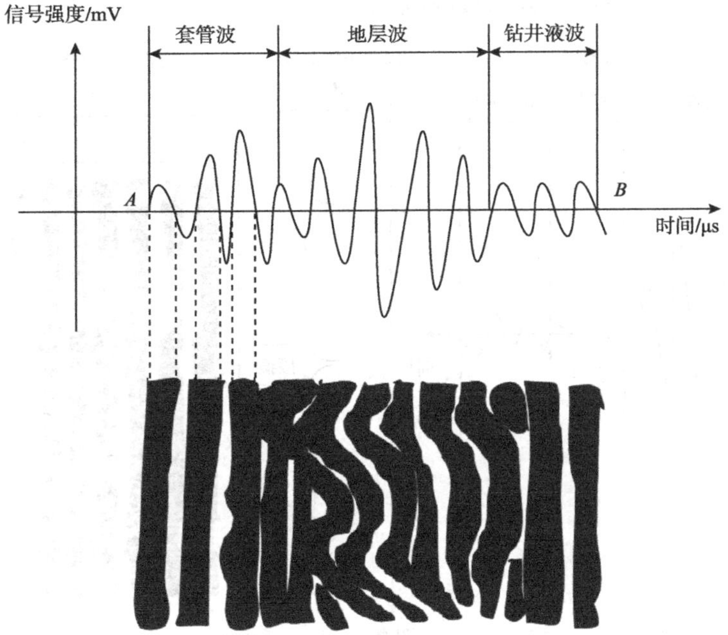

图 12－6　声波变密度测井全波列波形图

为了把接收器收到的波列记录成随深度变化的连续记录，而每个深度点的波列又不互相干扰，采用了变密度测井的记录方式，因此叫变密度测井。变密度测井的常用记录方式是调辉记录。

调辉记录，首先将如图 12－6 所示的全波列信号进行削波处理，削去负半周波，然后将剩下的正半周信号放大，变为宽度一致而幅度与波幅成正比的矩形波。将矩形波列作为示波管光点的辉度控制信号，当示波管的光点从 A 到 B 扫描时，由于矩形波的幅度不同，于是在荧光屏上显示出一条亮暗相间等宽的扫描线。扫描线上亮斑的亮度与矩形波幅度成正比。对一个波列信号，扫描线在同一水平线上被摄相仪感光在相纸上。当仪器在井中上提测量时，相纸同步走动，这样就连续地把不同深度的扫描线拍摄成了变密度测井图。在图中，左边的条纹代表套管波，中间是地层波，右边是钻井液波(图 12-6)。

12.2.3.3 变密度图的解释

变密度图中套管波的强弱与第一声学界面有关，而地层波的强弱又与第二声学界面有关，因此可以从变密度测井图上了解套管与水泥环和水泥环与地层两个界面的胶结状况。两个界面的胶结状况不同，变密度测井图有如下几种测井响应特征。

1)自由套管。

在水泥面以上，套管外被钻井液包围，形成套管与钻井液的第一声学界面。

在全波列波形图上，由于套管外无水泥，界面波阻抗差别大，所以套管波反射很强，大部分声波能量沿套管传播，传到地层中的声波能量很小，地层波较弱或没有。因此，在变密度图上出现强套管波信号，声波在套管壁上反复震荡形成前 6~8 个波全是套管波，出现平直的条纹，越靠近左边，反差越明显，变密度相线的差别不大，基本是均匀分布，在套管接箍位置传播时间稍有增加，套管波幅度变小，变密度曲线在接箍处人字纹显示。地层波很弱或完全没有(图 12-7)。CBL 声幅为最高幅值。

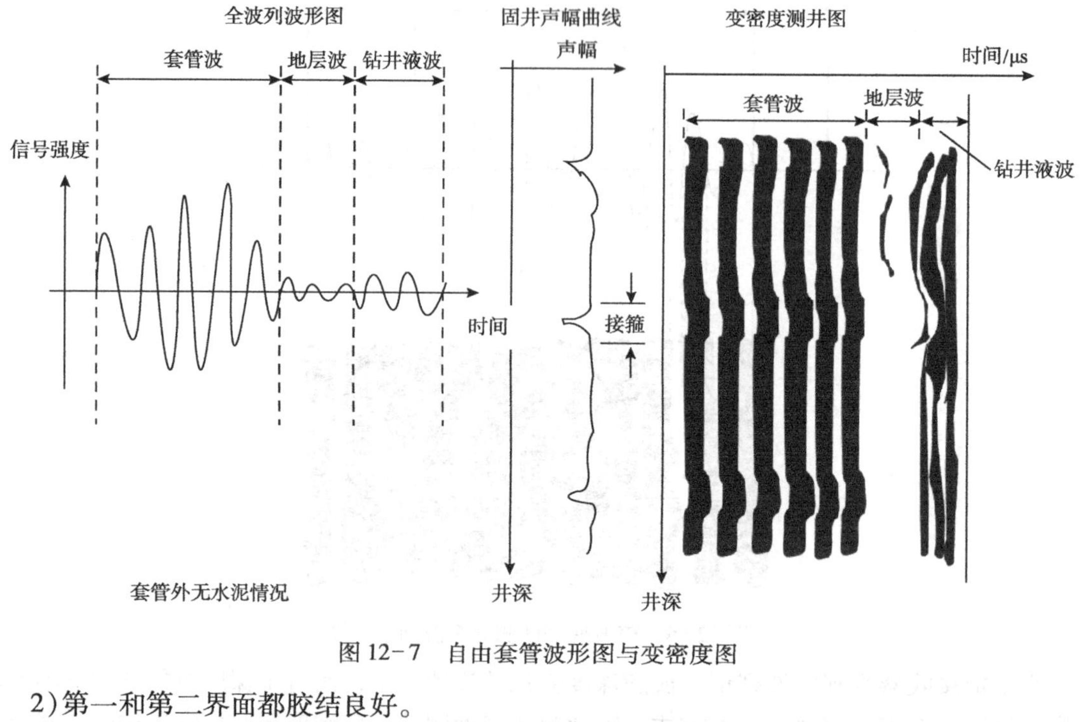

图 12-7 自由套管波形图与变密度图

2)第一和第二界面都胶结良好。

在水泥与套管和地层胶结都良好的井段，声幅测量值最低。这与自由套管相反。在全波列波形图上表现为：套管波很弱，地层波很强。因此，在变密度图上套管波信号很弱或没有，图中已看不见，而地层波信号很强。甚至某些快速地层的地层波会出现在套管波的位置上。在变密度图上，左边的条纹模糊或消失，右边的条纹反差大(图 12-8)。

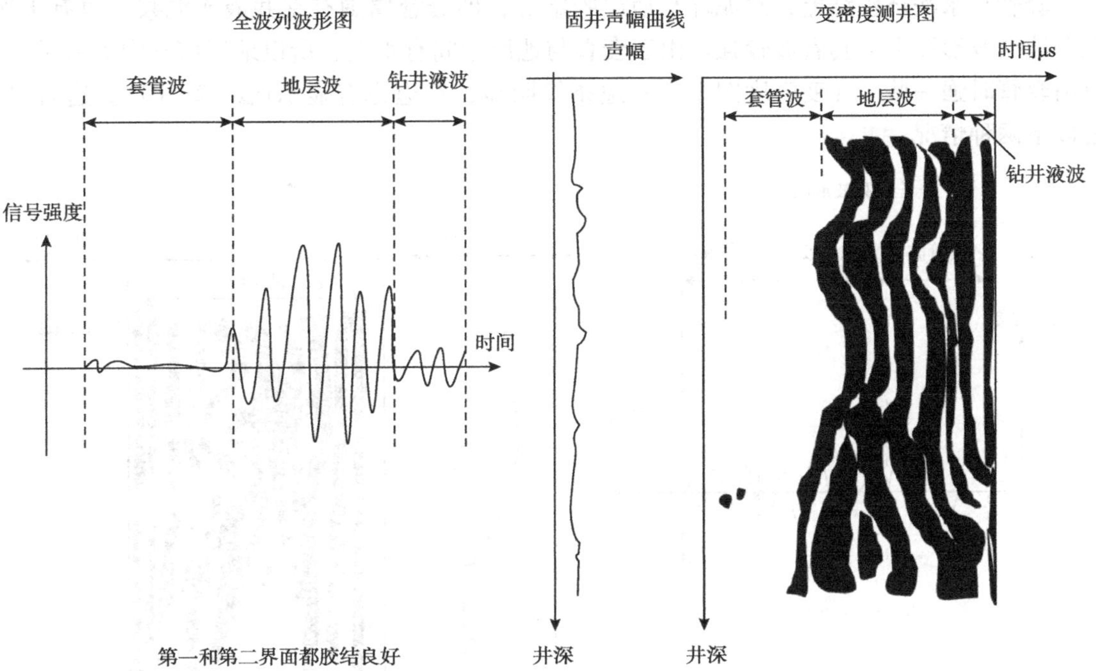

图 12-8　第一和第二界面胶结良好情况下的波形图与变密度图

3)第一界面胶结好，第二界面胶结差。

当水泥与套管胶结好与地层胶结差时，套管波很弱，地层波也弱或消失。在变密度测井图上，左侧及中间条纹模糊，信号很弱(图 12-9)。在这种情况下，如果只看水泥胶结测井曲线其幅度值低，显示胶结良好。但情况并非如此，第二界面胶结不好。

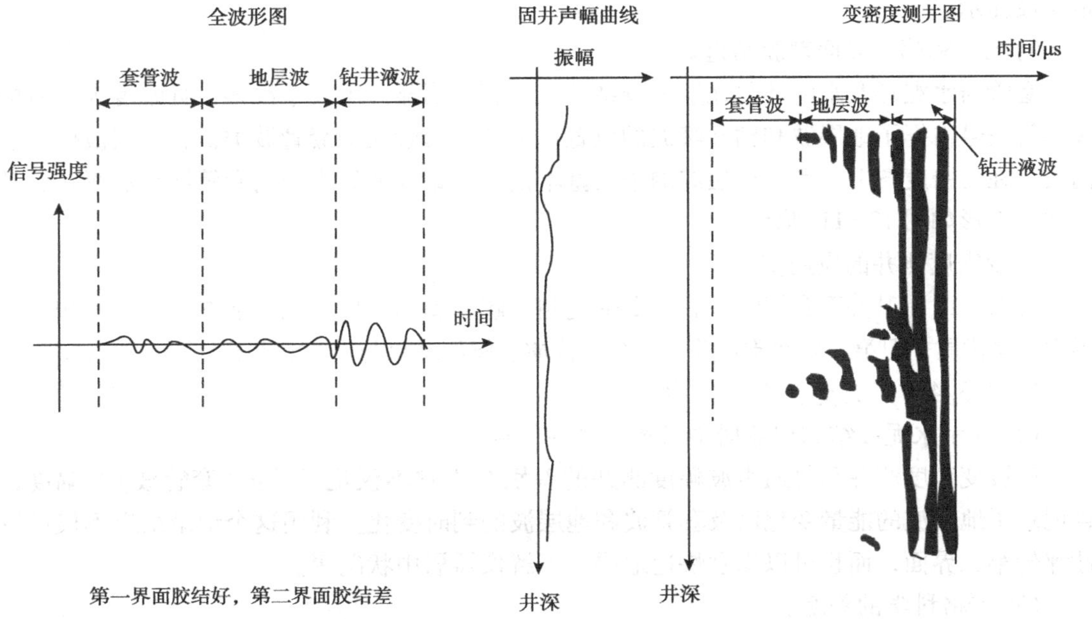

图 12-9　第一界面胶结好，第二界面胶结差波形图与变密度测井图

4)第一界面胶结差，第二界面胶结好。

套管与水泥环胶结差，水泥环与地层胶结好，即套管周围有钻井液或混浆，也有水泥，在全波列波形图上，套管波较强。由于套管与地层中间有水泥，所以地层信号中等显示，比自由套管时强一些。在变密度图上，左边条纹明显，右边也有显示(图 12-10)。这时要考虑以下两种情况。

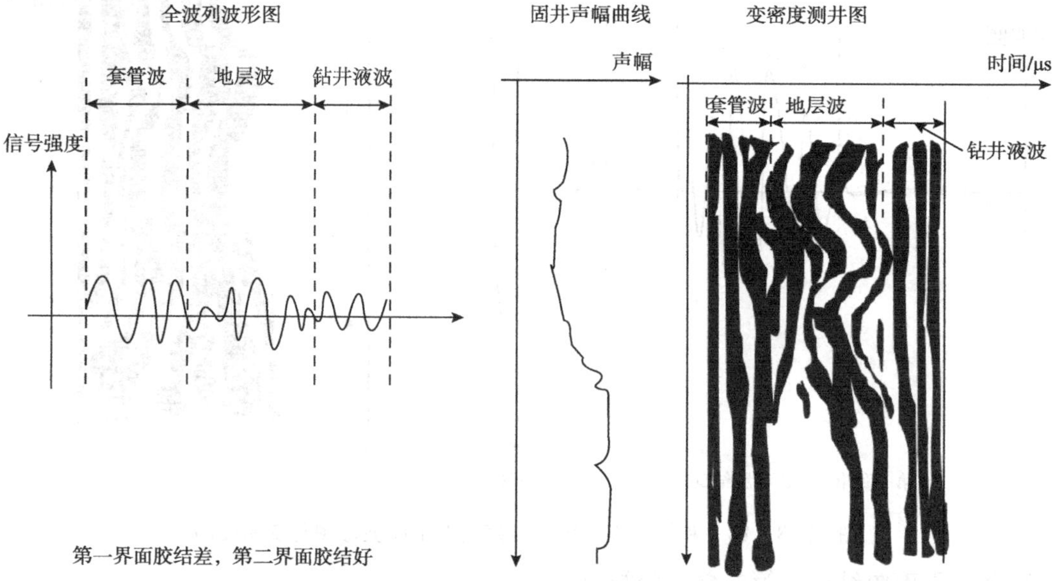

图 12-10　第一界面胶结差，第二界面胶结好波形图与变密度测井图

(1)如果地层疏松或井眼很大，都可使地层信号减弱；

(2)如果水泥与套管之间间隙很大，会影响声能的传递，也可造成强的套管波而较弱的地层波显示。

5)第一和第二界面都胶结差。

套管与水泥环及水泥环与地层都胶结差，套管波明显，不仅条纹多，且幅度大，有的井段套管信号占据了地层波和钻井液波的位置，与自由套管式的套管波类似，地层波微弱以至消失。在变密度图上，反映地层波的条纹基本消失。钻井液波由于受套管波等的影响，条纹出现波浪形如图 12-11 所示。

6)变密度测井的应用实例。

图 12-12 是某井下套管固井后，变密度测井解释图的一段截图。从图中可以看出，第一界面质量优质，但第二界面质量并不是全部优质。解释结果与声幅测井相比更加符合实际。

12.2.3.4　声波变密度测井的优点

(1)显示水泥胶结和仪器居中状态等多种信息。

声波变密度测井和普通声波幅度测井的差别在于它不仅记录首波(套管波)的幅度，而且记录了地层波的能量变化以及套管波和地层波的到时变化。利用这个记录结果不仅可以定性评价第二界面，而且可以识别快速地层，了解仪器居中状况等。

(2)严格科学的刻度。

声波变密度测井具有严格科学的刻度，保证测井资料质量符合标准的技术规范要求。在

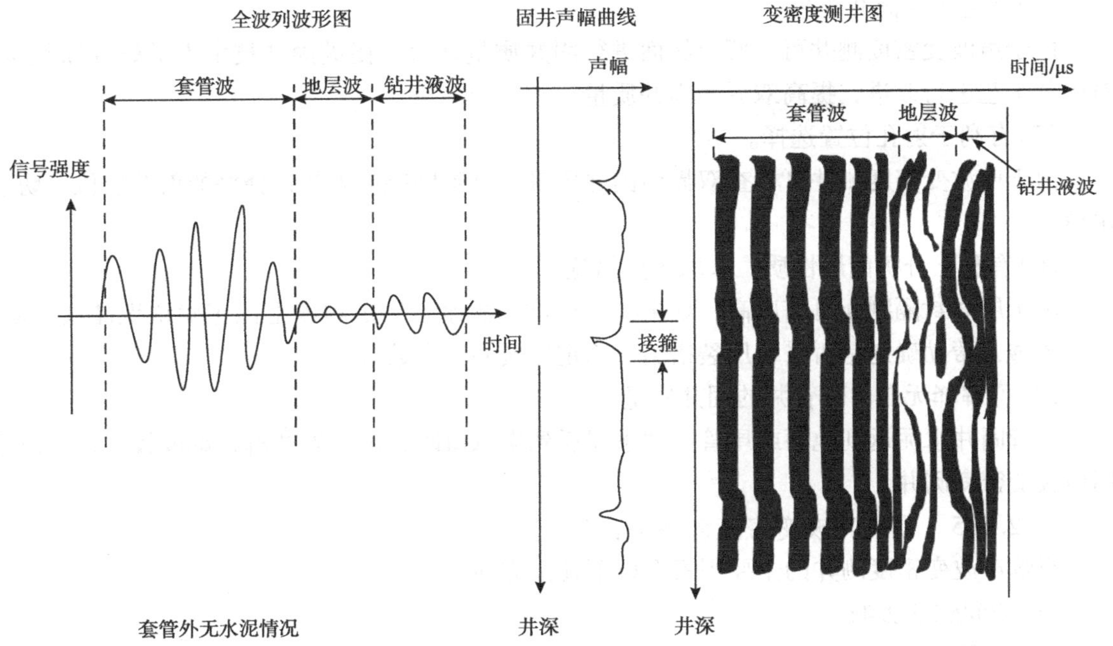

图 12-11　第一和第二界面都胶结差波形图与变密度测井图

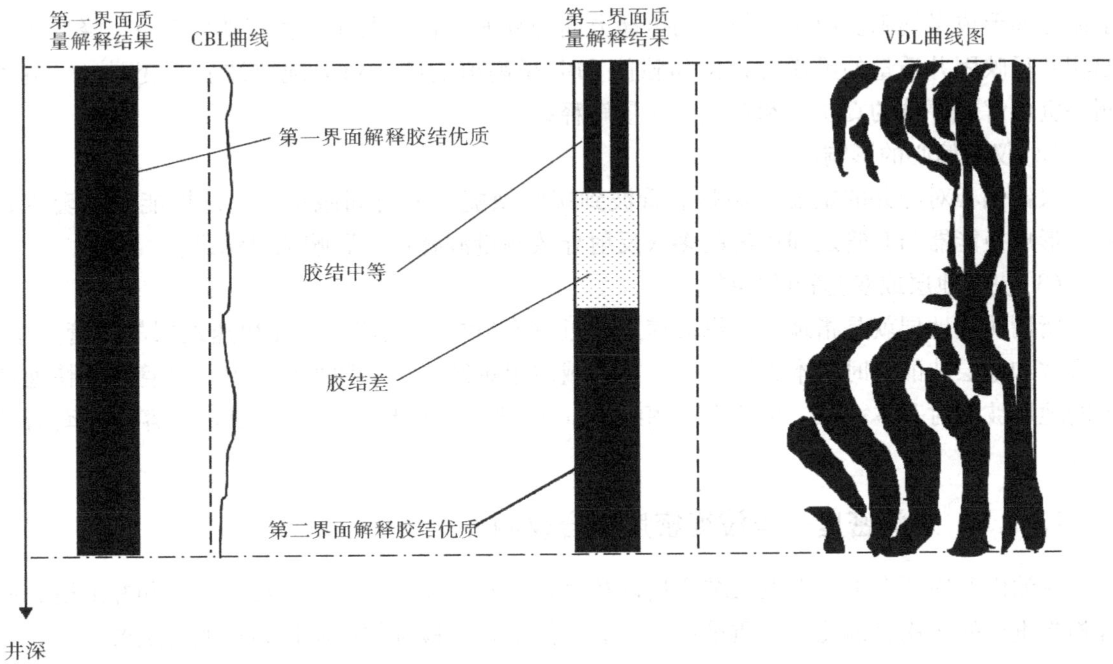

图 12-12　某井固井变密度测井实例

自由套管的声波幅度信号(设此时的声幅信号幅度值为 100%)以每次 40% 的衰减率依次进行刻度，衰减到 1% 为止。保证变密度图有一个适当的反差和线性工作精度。

(3)施工效率提高。

声波变密度测井采用组合测井方式，降低了劳动强度，缩短了测井周期。

(4)促进提高固井质量。

由于声波变密度测井可对两个界面进行固井质量评价，促进固井技术人员研究新技术，对固井工艺进行改进，提高双界面固井质量。

(5)有利于射孔位置选择。

由于声波变密度测井可检查双界面固井质量，可帮助决策人员选择好的射孔层位，防止水窜。

(6)有利于分析储层性质，采取生产措施。

由于层间封隔判断可信度高，如果射孔后试油出水，一定程度上能正确认识储层性质，在低渗透井帮助确定是否采取压裂措施、确定压裂井段参数等。

(7)可解释无自由套管井的固井质量。

套管固井水泥返到地面或尾管固井水泥返到喇叭口时，声幅测井解释难度较大，可以采用声波变密度测井。

12.2.3.5　影响声波变密度测井的因素

影响声波变密度测井的主要因素有以下几个方面。

(1)微间隙的影响。

若水泥胶结时先是膨胀继而收缩从而形成界面间的微小间隙，称为微环空间隙，简称微间隙。固井候凝期间对套管内的加压或下入钻具施工(如钻水泥塞、通井等)也会使套管与水泥之间形成微间隙。由于套管波的传播方向与界面平行，微间隙使声耦合变差，降低了声幅测井反映固井质量的灵敏度，微间隙使 CBL 呈高值响应，VDL 地层波显示变弱，影响了测井资料解释评价的真实性和对固井质量解释结果。

(2)仪器偏心的影响。

仪器偏心对测井的主要影响是套管波到接收换能器的时间减小，以及换能器离套管过近，形成换能器与套管之间声波的多次反射导致测量波叠加，影响测量结果。

(3)快速地层或双套管的影响。

所谓快速地层就是指地层的纵波速度接近钢套管的纵波速度。在快速地层的套管井中，套管波和地层波的到时基本相同，因此在时域内很难区分是那种胶结情况。套管波和快速地层的地层波到时基本一致，波形特征相似，而慢速地层中地层波到时较晚很容易与套管波区分。

12.2.4　水泥密度—声波变密度组合仪测井

在油田勘探开发中，水泥胶结质量以及套管技术状况对完井后的油气生产和井下措施起着相当重要的作用，因此固井质量评价和套管技术状况检查的准确性显得尤为重要。

长期以来，一直以声幅的分析解释作为主要检查手段，但声幅不能对高速地层进行有效地评价，并且无法评价二界面的胶结质量，以及一些其他的复杂问题。近年来，声幅/变密度、声成像测井(SBT、PET)开始用于固井质量的检测评价中，它们不但可以分析一界面胶结情况，而且可以分析二界面及环空水泥充填情况。尽管如此，声波测井方法仍有其固有缺陷，例如：不能区分微间隙，且一界面胶结不好时，对二界面及环空水泥充填量的解释结果的准确性往往大大降低。

水泥密度测井仪器的研制为固井质量的评价提供了一条新的思路，在一些方面很好地补充了声波测井的不足，例如：不受一、二界面的影响，且对微间隙和高速地层的评价有其独特的优势，并能较好地反映套管外水泥的充填情况。

长城钻探测井公司在消化吸收俄罗斯同类仪器的基础上，研制了变密度—水泥密度组合仪。该套仪器的研制成功不但填补了国内固井仪器的空白，而且解决了进口仪器的很多缺陷，能更好地适应国内的生产测试环境。

12.2.4.1　仪器结构及测井原理

变密度—水泥密度组合测井仪由变密度测井仪、磁定位仪和 LHYL－CDT 水泥密度测井仪组成(图 12－13)。它们可以根据需要进行单独测井也可以进行组合测井。

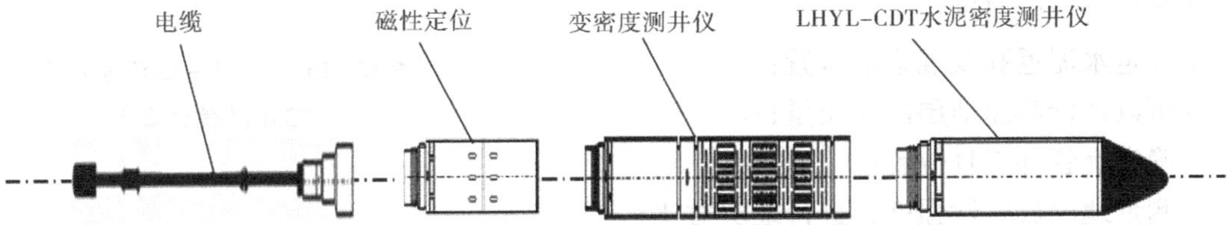

图 12－13　变密度—水泥密度组合仪结构示意图

1)变密度测井仪。

(1)测井原理。

评价水泥胶结质量的各种声幅测井仪通常采用单发双收声系(图 12－14)。测井时，发射探头 T 发射声脉冲，R_1 和 R_2 两个接收探头接收经套管、水泥环、地层、钻井液传播的声信号并将声信号转换为电信号，再通过电缆传输到地面，从而得到两个全波列曲线图。地面仪对其检波、处理可将两个全波列图转变成两个相应的有黑(灰)白相间条带的变密度图。分区水泥胶结测井的变密度探头与上面所说的 R_2 探头的测井原理基本一致。

(2)仪器用途。

①检查固井质量，评价两个界面的胶结情况；

②确定套管接箍位置。

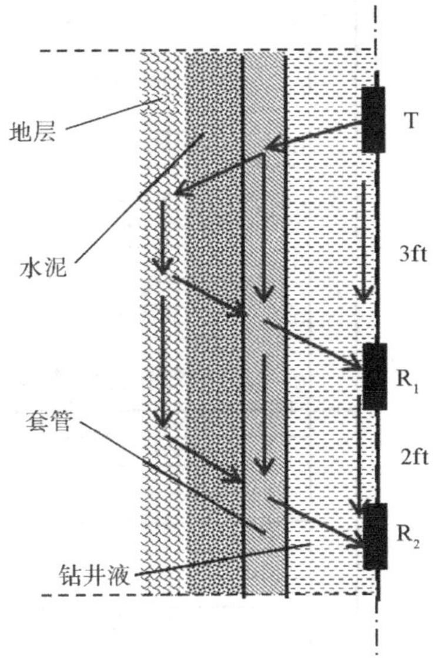

图 12－14　变密度测井井下仪器示意图

2)LHYL－CDT 水泥密度测井仪。

(1)测井原理。

水泥密度测井仪的发射探头 T 选用137Cs 伽马源，源强度为240 毫居里。如图 12－15 所示，T 与 R_1 之间的距离是 0.21m，R_1 与 R_2 之间的距离也是 0.21m。GR 探头可以探测地层的自然伽马射线，用于地层对比及校深；厚度探头对套管壁厚的变化较灵敏，用于测量套管壁厚的变化的情况；由沿周向排列的 6 个小探头构成的密度探头因具有更大的径向探测范围，故用于测量套管与地层之间充填介质的密度。测井时，仪器在套管内居中，伽马源向周围介质发射 0.662mV 的伽马射线，射线与套管内介质、套管、水泥环以及地层中的物质发生康普顿散射等作用，由 R_1、R_2 探头接收经过散射的能量下降的射线，从而可得到套管壁厚度计数曲线、6道密度计数曲线、综合密度计数曲线。

利用伽马密度评价系统，将密度和厚度探头的计数率转换为充填介质平均密度(g/cm^3)、套管壁厚度(mm)和套管偏心率，并且可以计算管外水泥充填率(图12-16)。

(2)仪器用途。

①测量环空充填介质密度及套管偏心率；

②确定套管程序及管外扶正器位置；

③测量套管壁厚度；

④确定水泥返高及混浆带位置；

⑤可以评价高速地层固井质量；

⑥确定套管外工具位置；

⑦测量地层放射性强度，进行地层对比；

⑧确定管外水泥充填率。

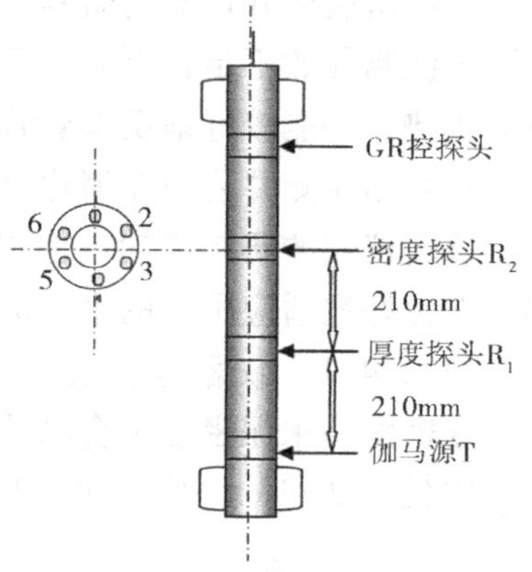

图12-15　LHYL-CDT水泥密度测井仪器示意图

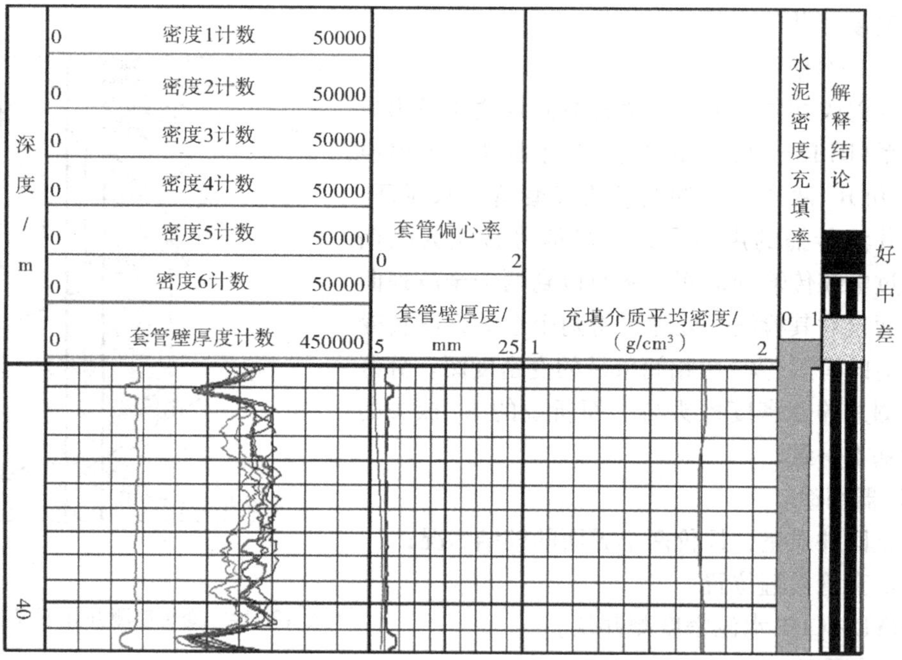

图12-16　LHYL-CDT水泥密度解释图

12.2.4.2　变密度-水泥密度组合仪用途及仪器特点

(1)LHYL-CDT水泥密度测井仪不但可以完成固井质量的评价，而且还可以检测套管的技术状况，仪器根据测量水泥环、套管的伽马散射射线计算水泥环体积密度、套管壁厚，进而确定水泥环固结质量和套管技术状况(偏心、破损、腐蚀、扶正器、射孔位置、管外异物等)；

(2)结合声波变密度测井仪处理结果进行综合评价，可以确定套管—水泥环—地层的微间隙、界面胶结、水泥环孔道、空洞和水泥缺失等现象，为寻找套管外封固段中的窜槽、混浆带等提供准确的检测手段；

(3)变密度－水泥密度组合仪在继承俄罗斯进口仪器的优点以外又有所创新，仪器生产系列化(ϕ64mm、ϕ110mm)，可以适用于多种井眼环境(5in、5½in、7in)；

(4)提高了仪器耐温耐压指标(进口仪器耐温 120℃、耐压 80MPa，变密度－水泥密度组合仪耐温 150～175℃、耐压 120MPa)；

(5)可以根据要求提供多种校深曲线(GR、NGR、CCL 等曲线)，提高测井时效(进口仪器需要测三串仪器，测井时间较长)；

(6)变密度－水泥密度组合仪只需测一串，测井时间较短，节约测井时间；

(7)只需一次校深就可以进行资料解释(进口仪器需 3 次校深)，提高解释效率。

12.2.4.3　变密度－水泥密度组合仪资料解释及用途

1)综合资料解释。

通过解释软件的计算，可以得到较丰富的信息，包含 10 个解释结论(图 12-17)，综合解释结果如下。

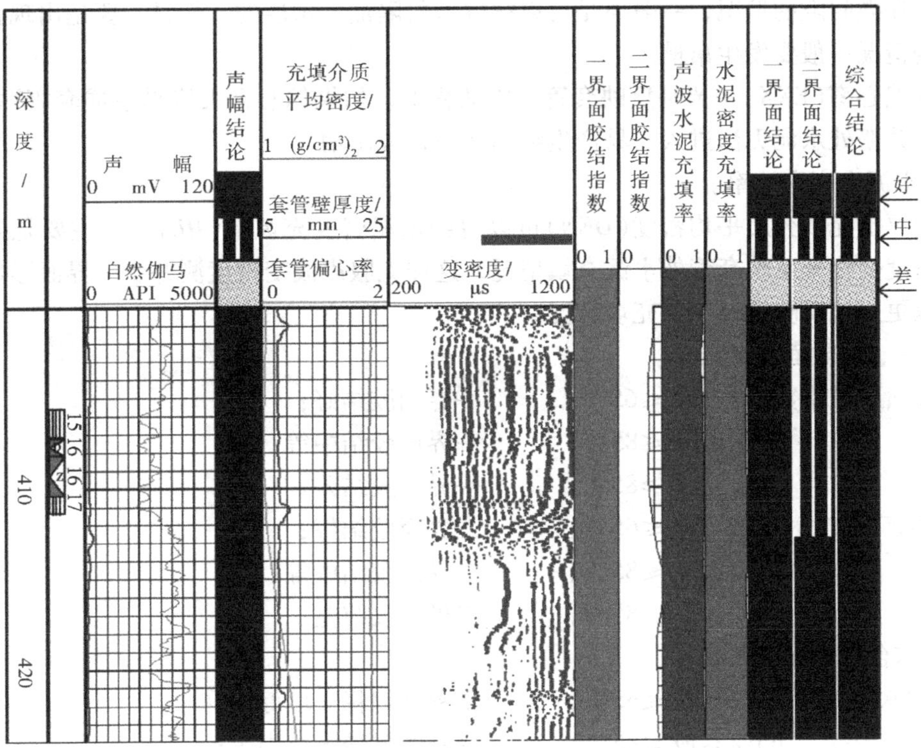

图 12-17　变密度—水泥密度组合仪资料解释图

(1)声幅结论。

通过计算声幅曲线(CBL3)可以得到声幅结论，它可以快速直观地评价固井质量。它的应用历史最久，使用范围最广，但它只能评价一界面，不能评价二界面的胶结情况。

(2)一、二界面胶结指数和声波水泥充填率。

通过计算变密度(WF1、WF2)可以得到一、二界面胶结指数(FD、SD)和声波水泥充填率(FL)，它们主要是反映一、二界面的胶结情况和套管外水泥充填情况，但是如果一界面胶结不好对二界面和水泥充填的评价有很大的影响，这主要是由于一界面胶结不好破坏了声波的传播路径而造成的，这是声波检查固井质量上的一个难题，至今还没有得到很好地解决。

(3)套管壁厚度。

通过计算套管壁厚度计数曲线(TL)可以得到套管壁厚度(THK)，它主要是反映套管壁厚度变化的情况和套管接箍位置，另外，在一定情况下还可以反映破损、腐蚀、扶正器、射孔位置、管外异物等情况。

(4)充填介质平均密度和套管偏心率。

通过计算6条水泥密度度计数曲线(SEL1 ~ SEL6)可以得到充填介质平均密度(DEN)和套管偏心率(EXX)曲线。

充填介质平均密度(DEN)主要是反映管外环形空间内的水泥密度和充填情况，另外，在一定情况下还可以反映套管外异物等情况。它还可以和变密度解释结论一起综合判断套管外水泥胶结情况，判断一、二界面是否存在微间隙、孔洞、水泥缺失等情况。如果一、二界面只是存在微间隙的情况，一般还是可以很好地封隔油气水层的，但是，要是出现孔洞、水泥缺失的情况一般要发生窜槽。

套管偏心率(EXX)主要是反映套管居中的程度，如果偏心太大容易造成套管贴靠井壁，套管贴靠井壁处水泥无法进入，易产生纵向沟道造成窜槽。

(5)水泥密度充填率。

通过评价充填介质平均密度(DEN)可以得到水泥密度充填率(HL)，它主要是通过套管外水泥密度变化来反映套管外水泥充填情况，这样克服声波变密度测井受一界面影响大的问题，可以更好地反映管外水泥充填情况。

(6)一、二界面胶结结论。

一界面胶结指数FD：$FD \leqslant 65\%$，　一界面胶结好；
$65\% \leqslant FD \leqslant 85\%$，　一界面胶结中等；
$FD \geqslant 85\%$，　一界面胶结差。

二界面胶结指数SD：$SD \leqslant 65\%$，　二界面胶结好；
$65\% \leqslant SD \leqslant 85\%$，　二界面胶结中等；
$SD \geqslant 85\%$，　二界面胶结差。

(7)综合结论。

声波水泥充填率FL：$FL \leqslant 65\%$，　变密度解释充填好；
$65\% \leqslant FL \leqslant 85\%$，　变密度解释充填中等；
$FL \geqslant 85\%$，　变密度解释充填差。

水泥密度充填率HL：$HL \leqslant 65\%$，　水泥密度解释充填好；
$65\% \leqslant HL \leqslant 85\%$，　水泥密度解释充填中等；
$HL \geqslant 85\%$，　水泥密度解释充填差。

综合解释结果见表12-2。

表 12-2　变密度—水泥密度组合仪测井资料综合解释结果

声波变密度解释结论	伽马密度解释结论	综合解释结论
充填好	充填好	充填好
充填好	充填中等	充填好
充填中等	充填好	充填好
充填差	充填好	充填好
充填中等	充填中等	充填中等
充填差	充填中等	充填中等
充填差	充填差	充填差

2)组合测井仪器主要用途。

(1)检查固井质量，评价两个界面的胶结情况；

(2)确定套管接箍位置；

(3)测量地层放射性强度，进行地层对比；

(4)确定水泥返高及混浆带位置；

(5)可以评价高速地层固井质量；

(6)确定管外工具位置；

(7)测量环空充填介质密度及套管偏心率；

(8)确定套管程序及管外扶正器位置；

(9)测量套管壁厚度；

(10)区分水泥环的微间隙与水泥量缺失，确定管外水泥充填情况。

12.2.4.4　水泥密度、变密度组合测井的优点

水泥密度、变密度组合测井评价固井质量与其他单一测井方法相比具有较多的优点，不但具有变密度和水泥密度的技术优势，而且可以对微间隙与胶结差的部位加以区分。水泥密度、变密度组合测井与其他单一测井技术性能对比见表 12-3。

表 12-3　不同固井质量测井方法技术性能对比表

方　法	测量内容	测量方式	优　点	缺　点
声幅测井	声波幅度	平均化测量	在一定程度上快速、简单、直观、用于评价一界面的固井质量	对二界面及高速地层固井质量的评价无能为力
声波变密度测井	声波幅度及变密度	平均化测量	可以确定一界面的胶结情况；在一界面胶结好的情况下，还可以确定二界面的胶结情况	一界面胶结不好无法判断二界面胶结情况； 无法识别微间隙； 不能反映纵向的窜槽
水泥密度测井	套管外环形空间密度	周向 6(或 3、或 4)探头的放射性测量	测量环空充填介质密度及套管偏心率，确定套管程序、管外扶正器位置及套管壁厚度； 不受高速地层影响	没有方向性、对较小的沟槽反映不灵敏
水泥密度、变密度组合测井	声波幅度、变密度及套管外环形空间密度	声波幅度、变密度及水泥环密度的组合测量方式	不但具有变密度和水泥密度测井的技术优势，而且可以对间隙及胶结差的部位加以区分	没有方向性、对较小的沟道反映不灵敏

12.2.4.5　测井实例

如图12-18所示，本井共进行了两次变密度测井和一次水泥密度测井。两次变密度资料中*A*段和*C*段反映固井质量变化不大，都为固井质量差，但*B*段变化较大，固井质量由差变好；由密度曲线发现*A*段密度数值较低，在$1.3g/cm^3$左右，与井内钻井液密度相同，*B*段和*C*段数值较高，在$1.8 \sim 1.9g/cm^3$之间，在本井水泥浆密度变化范围之内。综合变密度和水泥密度资料分析认为，*A*段应为自由套管段，*B*段为固井质量好井段，*C*段界面存在微间隙情况，但固井质量好。*B*段变密度反映固井质量由差变好是由于候凝时间不足造成的。

如图12-19所示，根据固井评价结论，对*C*段中的20层进行射孔、压裂、试油发现，20层日产油26.81t、日产水2.92t，说明20层没有与下部26层水层发生窜槽。

12.2.5　套后成像测井技术(IBC)

套后成像测井技术Isolation Scanner(IBC)是斯伦贝谢公司开发的一种固井质量测井技术。该技术采用常规超声脉冲回波与弯曲波(挠曲波)成像技术，通过对超声波脉冲回波和弯曲波波场的独立测量实现对套管—地层环空环境的描述以及对不同类型水泥固井质量的评价。全方位测量覆盖整个套管圆周，探测深度达3in(1in＝2.54cm)，可发现水泥环内的窜槽，确定固井作业是否达到套管外环空有效的水泥封隔，了解套管的居中情况和水泥厚度，辅助固井效果评价和指导后续工程作业。套后成像测井数据以三维方式显示，可直接观察套管腐蚀或变形、内径和壁厚的变化，验证入井管串结构。

12.2.5.1　仪器结构与测量原理

套后成像测井技术通过组合脉冲回波技术与兰姆波衰减率技术评价套后固井质量，其测量可靠性高。兰姆波衰减率技术是利用发射器产生套管中的弯曲波，并通过两个接收器接收信号，从两个接收器的信号之间计算出信号衰减，提供与脉冲回波测量匹配的独立响应，该响应与试验测得的数据库相比较得到套后效果图像。套后成像测井技术可以确定出层位封隔、固井水泥中各点的精确定位、环空介质性质，同时还可探测井筒中套管的居中情况。

脉冲回波声波阻抗测量采用由四个换能器的旋转短节进行。超声波换能器(USI)垂直放置于仪器的一侧，用于发射和检测脉冲回波；另外三个换能器(一个发射器，两个接收器)位于仪器的另一侧，成一定角度倾斜排列，测量弯曲波衰减(图12-20)。测井时，旋转探头以7.5r/s的速度旋转，超声波换能器(USI)向套管发射一个稍微发散的波束，使套管转入厚度共振模式，提供一个5°或10°方位分辨率，从而在每个深度产生36个或72个独立波形。弯曲波发射器同时发射250kHz左右的高频脉冲波束，在套管内激发弯曲振动模式。随着高频脉冲波束的传播，该振动模式将声能传入环空；声能会在具有声阻抗差异的界面(如水泥/地层界面)产生反射，以弯曲波的形式通过套管回传，从而将能量再传回套管内流体。从地层井壁回波得到新的测量值，除提供固体—液体—气体(SLG)图像用于识别套后环空充填效果外，套后成像测井技术还用于从环空/地层界面反射回波中提取信息，或从定量描述的套管和地层之间的环空状态回波中提取相关信息。100%代表完全居中，0%表示套管完全偏心，处于贴井壁状态。如果已知井眼直径，时间差处理可以进一步转换为材料波速，并显示为环空声速图像。与传统CBL-VDL测井方法相比，套后成像测井不受环境、快速地层

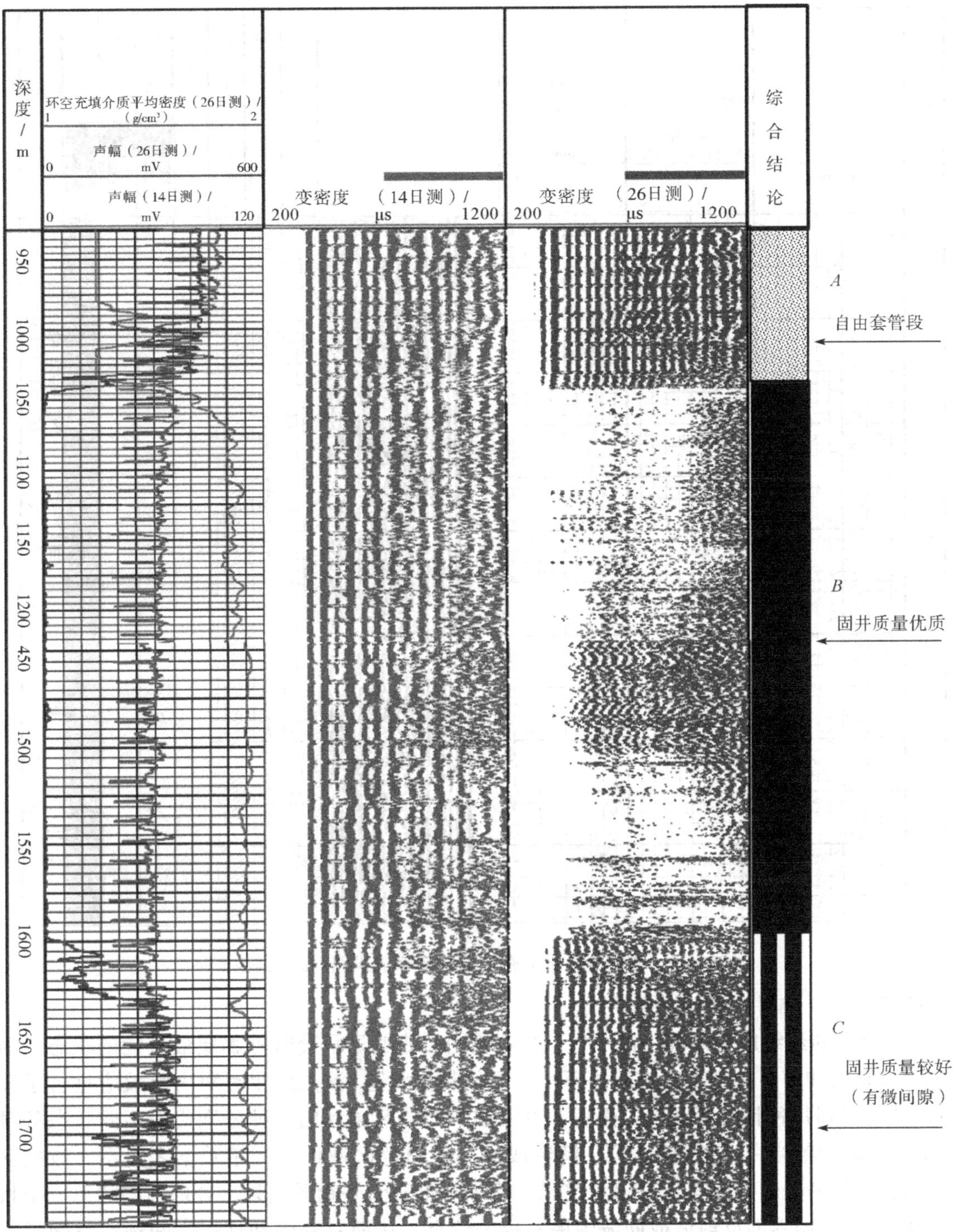

图 12-18　变密度—水泥密度综合解释成果图(不同候凝时间对比)

和双层套管影响，能适应厚壁套管(最大到 20mm)和重钻井液(最大到 2.2g/cm³)环境，对评价的水泥密度没有特殊要求。

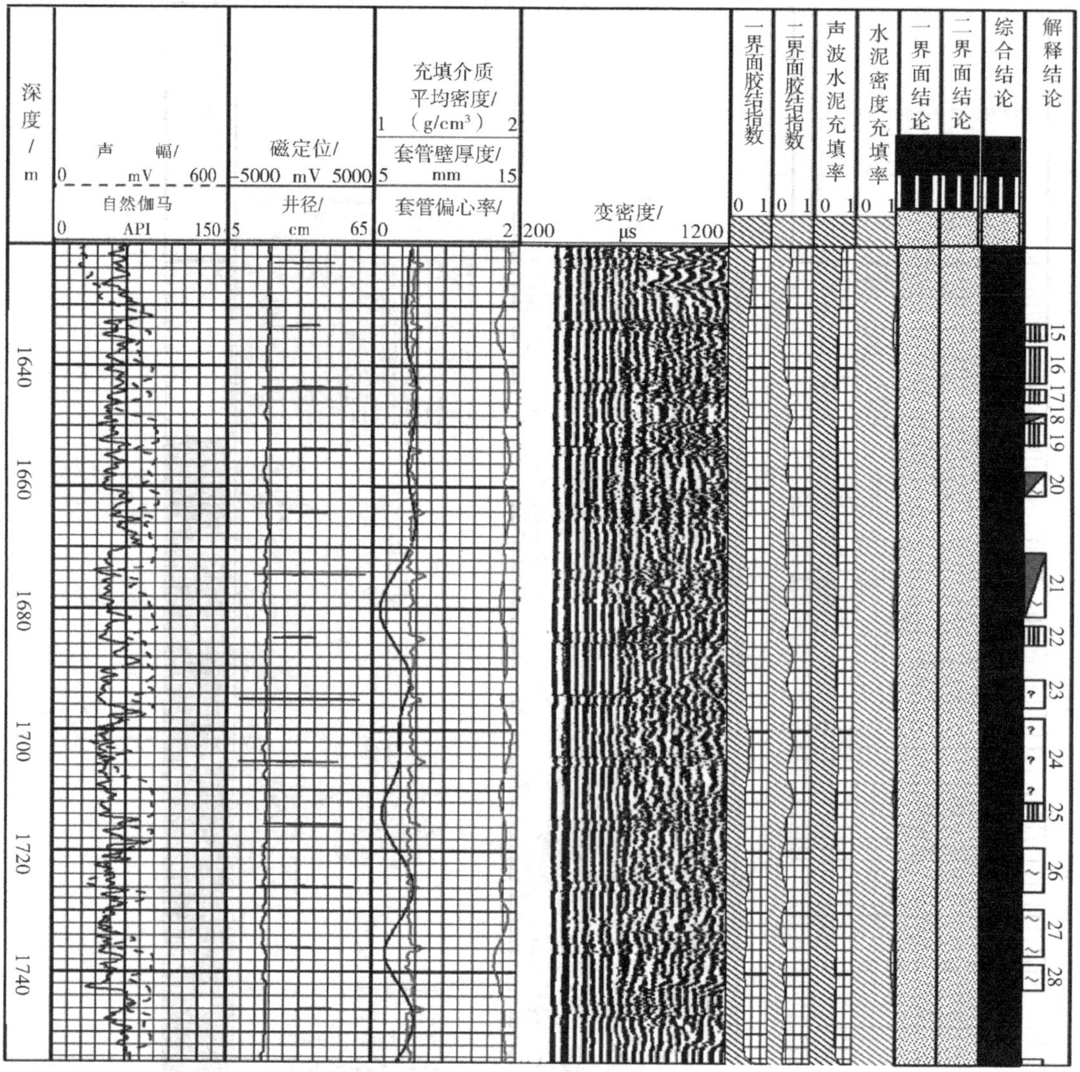

图 12-19　变密度—水泥密度综合解释成果图(试油结论)

12.2.5.2　测井资料解释与用途

IBC 测量的最终成果是固—液—气(SLG)相图，能够显示套管外物质最可能的状态。通过弯曲波衰减和声阻抗交汇确定管外环空介质的物质状态(测量结果针对内流效应进行了校正)，从而得到每种状态所覆盖的面积，可以在不同的区域利用三种分别代表不同状态的颜色(图 12-21)绘制平面测量图。SLG 解释成果图中白色区域代表测量数据之间不一致的区域，如套管接箍处便可能会出现这种情况。除了评价套管外物质之外，处理程序的另一个目的是从环空/地层界面反射波或回波中提取相关信息，从而对套管和地层之间环空空间进行更详细的描述，包括套管在井眼中的位置以及井眼几何形态等方面的信息。

1)固井质量评价。

对套管外环空介质的固、液、气(SLG)状态进行评价(图 12-22)。

(1)可评价出套管外是水泥还是钻井液或气体，或者是水泥中含有多少钻井液或气体；

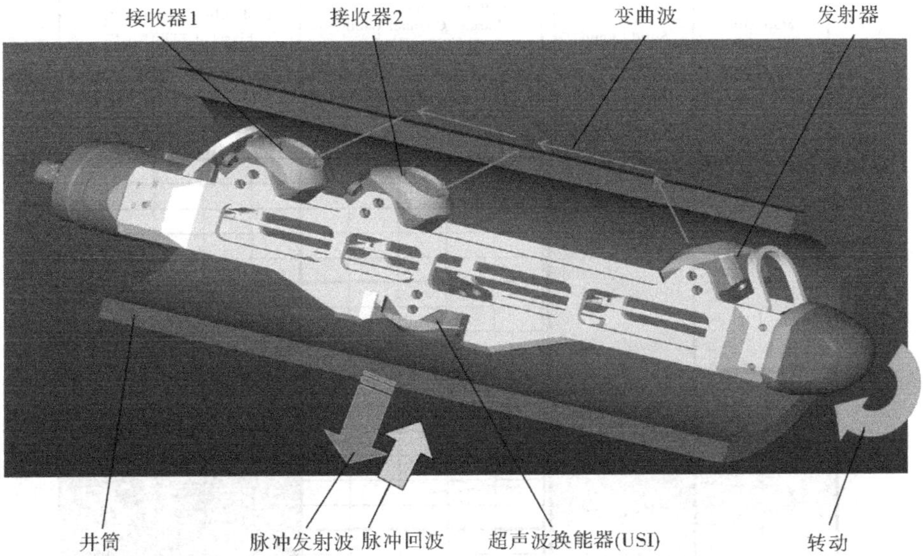

图 12-20　套后成像测井仪(IBC)主要部件组成示意图

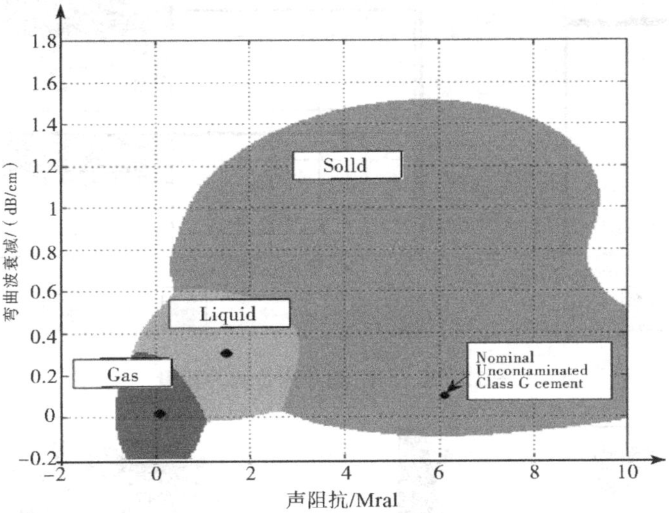

图 12-21　在弯曲波衰减和声阻抗交汇图上确定各方位上的物质状态

(2)可识别窜槽大小、方位和连通性；

(3)对套管外面的物质状态测量比较直观；

(4)不受密度的影响，可信度更高；

(5)适用于包括低密度水泥在内的各类水泥，以及受污染的水泥(混浆)。

2)第二界面信息。

可以对固井第二界面的封固情况进行较正确地判断(图 12-23)。

(1)测量套管居中度(%)；

(2)协助分析对层间封隔的判断；

(3)为改善完井、钻磨、开窗侧钻和修井方案提供支持。

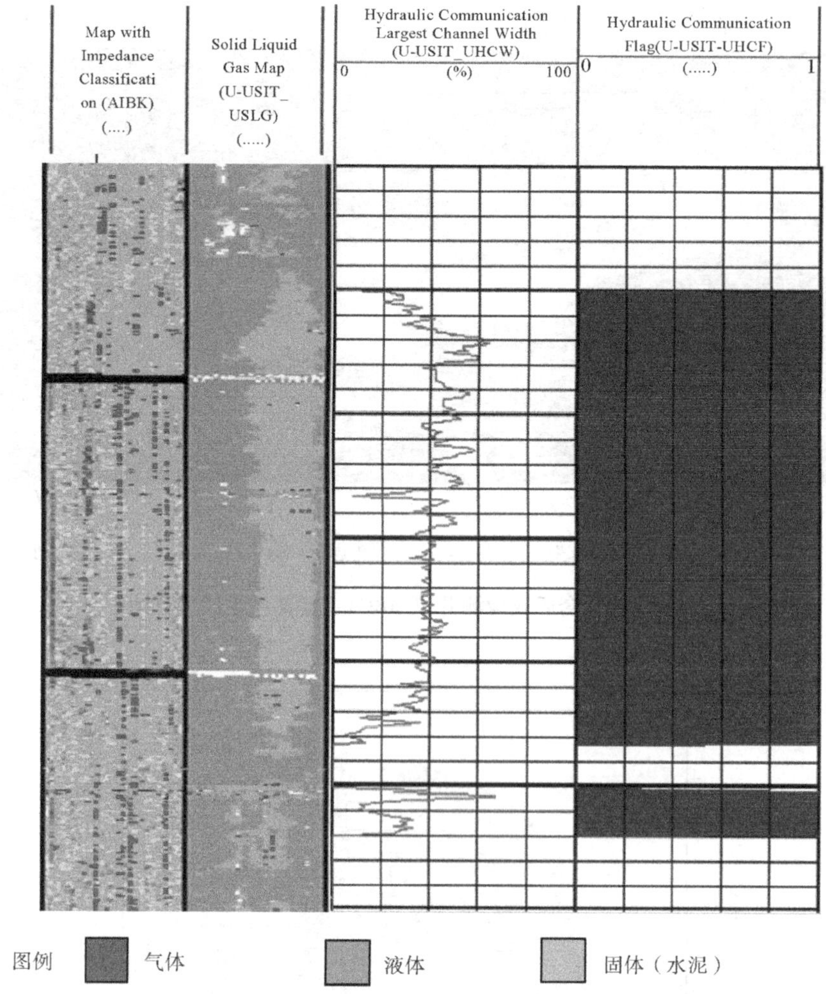

图 12-22 IBC 测井评价固井质量

（a）套管偏心

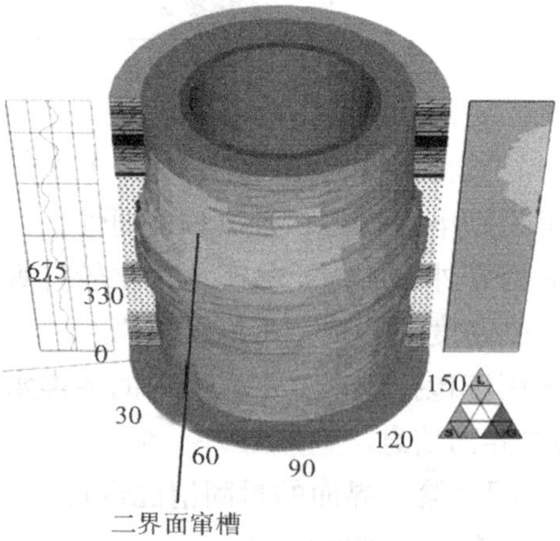

（b）第二界面窜槽

图 12-23 IBC 测井评价第二界面情况

3)套管信息。

可以掌握套管的损坏情况(图 12-24)。

(1)可提供套管精确的内径、壁厚和内表面粗糙度;

(2)评价内、外壁腐蚀、变形和钻井造成的套管磨损。

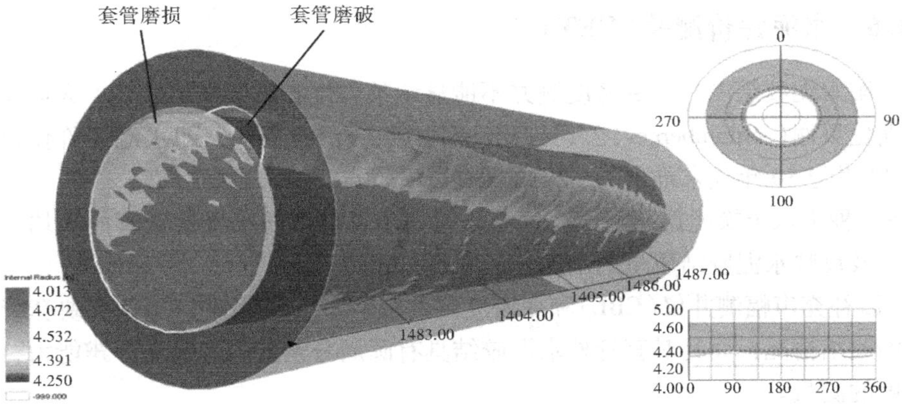

图 12-24　IBC 测井评价套管情况

12.2.5.3　缺点

1)易受气泡、井内杂物的影响。

SLG 交会解释是 IBC 仪器的亮点，弯曲波衰减信号对介质密度的敏感使其具有水泥类型评价等功能。但 IBC 仪器测井质量容易受气泡、井内杂物等异常介质突变的影响。IBC 测井要求测井前进行通井、刮井壁和循环井液洗井，以减少井况的影响。套损的存在，同样会影响对固井质量的评价。由于超声波在水泥中回波变弱，在 SLG 相图上会出现白点，解释存在多解性；套管接箍位置常出现规律的白色细线。

2)声波信号受井筒扰动干扰。

IBC 测井时钻井内不能有气泡，要尽量保持钻井液均匀和稳定(不要灌浆)。例如，某直井段测量到 2150m 时，发现数据质量变差，直到 1725m 影响才消失。经咨询井队，此时正在灌浆，从相图上也发现井浆性质突变，或因灌浆流体扰动引起。

3)仪器居中的影响。

IBC 仪器对居中有如下要求：USI 探头偏心度小于 0.1 套管内径(in)×套管壁厚(in)；弯曲波探头偏心度小于 USI 的两倍。在一次水平井测井过程中发现，在井斜大于 50°井段曾因仪器居中太差导致回波信号丢失，经调整居中扶正器柔性短节位置后重新测井，居中度变好，达到了测量要求。

12.2.5.4　结论

(1)IBC 可以同时进行固井质量评价和套管损坏评价。

(2)IBC 测井成果采用三维成像显示和分类统计分析，图中的 SLG 相图能显示套管外物质的情况。

(3)IBC 套后成像测井在水平井中应用也可获得了良好的效果，与常规多臂井径套损检查仪器相比，仪器使用受井斜影响较小，但声波信号容易受井筒扰动影响，测量过程要求井浆均匀、稳定、无气泡。

(4)IBC 套后成像测井仪和其他套损检查仪器有类似局限性，为保证测井数据质量，测井前需要进行通井、刮井壁和循环钻井液洗井。

(5)水平井段测井时，仪器串应尽可能居中、减少仪器偏心，仪器居中太差可能导致回波丢失。

12.2.6 水泥评价测井(CET)

为了克服水泥胶结测井和变密度测井不能显示某方位胶结不好的缺点，人们研制了水泥评价仪。斯伦贝谢(schlumberger)公司推出一种固井质量检查仪，即水泥评价仪(CET)。该仪器是在20世纪80年代末推出的，仪器具有以下特点：

(1)是一种带八个换能器的超声波仪器，它利用反射声波来确定套管的平均直径、椭圆度、偏心度及反映水泥胶结质量的水泥抗压强度。

(2)可以补充声幅测井仪(CBL)和变密度测井仪(VDL)的不足，不仅反映套管井中两个声学界面的胶结情况，而且对套管外水泥胶结具有圆周分辨能力和纵向分辨能力，可提供水泥抗压强度的测量。

(3)以高灵敏度声波井径反映各方位的套管内径，指示套管变形、腐蚀及磨损情况。

(4)与声幅测井仪(CBL)和变密度测井仪(VDL)三者配合使用，可使固井质量的检查得到较圆满的结果。

12.2.7 扇区水泥胶结测井(SBT)

为了解释环向水泥胶结的不均匀性，探测水泥沟槽和空隙，更好地评价由于水泥上返至地面和尾管固井水泥上返至喇叭口时没有可供刻度的自由套管段(环空纯钻井液井段)井的固井水泥胶结情况，一些油田引进了西方阿特拉斯公司和康普乐公司的水泥胶结评价测井仪，即扇区水泥胶结成像测井仪(SBT)，并在现场广泛应用，获得良好效果。该仪器刻度简易、灵活且精度高，水泥成像图直观、准确地反映水泥沟槽和空隙，并有助于识别微间隙，正确评价水泥胶结质量。

12.2.7.1 阿特拉斯公司扇区水泥胶结成像测井仪(SBT)特点

(1)6个独立的60°补偿衰减测量系统，可以探测出水泥沟槽及环向水泥胶结不均匀的情况；

(2)水泥成像图显示详细、直观；

(3)相对方位 *RB* 可确定水泥沟槽的相对位置；

(4)可利用1.52m(5ft)源距的变密度图评价水泥环与地层的胶结状况。

12.2.7.2 康普乐公司的扇区水泥胶结成像测井仪(SBT)特点

(1)可以探测出水泥沟槽及环向水泥胶结不均匀情况；

(2)扇区水泥成像图显示直观、清楚；

(3)能识别套管外的孔洞、孔道；

(4)与声波变密度测井(VDL)相比，SBT受薄水泥环和快速地层的影响较小。

12.3　固井质量综合解释与固井质量评价

固井质量的综合评价是指使用多种方法或多种测井技术对固井质量进行分析、判断和评价，最终得出评价结论。但是，并不是所有的固井质量都需要综合评价，对于容易判断，没有疑问的井，用一种方法就可以准确判断固井质量好坏，没必要花更多的钱进行多种形式的测井。多种方法并用的固井质量的综合评价技术主要用于固井施工质量差的井、对质量有特殊要求的井，或投产后发生水窜的井。目前使用最多的情况是固井施工作业质量和声波变密度测井解释相结合评价固井质量。

在评价固井质量时，各种测井仪器的测量结果都有自己的长处与不足。对于用单一测井方法测井异常、疑点较多的井，单靠一种测井方法很难断定固井质量的真实性，盲目判断会造成误判，可能给出错误结论，影响后期措施的制定。为使解释结果更为真实，最好的办法是对有疑点或有争议的井，采用多种方法测量，然后进行综合分析解释，最后得出评价结论。我国石油行业标准"固井质量评价方法"就是采用此种方法处理质量异常井和争议井的固井质量解释的，更加确保了固井质量评价的正确性。

12.3.1　固井施工作业评价

对固井质量评价，首先应对施工作业进行评价。施工作业合格的井，绝大多数固井质量都合格。对于施工质量差的井再用仪器测井的办法进行评价分析，对于疑点多的井可采取多种测井方法进行综合分析解释，综合评价固井质量。

12.3.1.1　固井施工作业对固井质量评价的影响因素

(1)水泥浆性能。

固井施工作业时，实际注入的水泥浆性能是否符合固井施工设计对固井质量测井结果有很大影响。影响较严重的是水泥浆密度，由于水泥浆密度与水泥石强度基本是正相关，对声阻抗也是正相关，因此，对声幅测井和声波变密度测井影响较大；水泥浆的流动性对顶替效率也有影响；失水及游离水的大小对施工安全和斜井及水平井固井质量也有影响等。所以，在评价固井质量时，一定要参考注入的水泥浆性能情况。

(2)水泥浆注入量。

实际注入水泥浆量应符合设计要求。过少会造成水泥浆低返，或是混浆带下移，影响固井质量。如果因某种原因造成留水泥塞，也可能使进入环空的水泥浆量变少，发生水泥浆低返，或混浆带下移问题。因此，评价固井质量时必须参考。

(3)钻井液性能。

固井施工作业时，其钻井液性能的好坏对固井质量也有较大影响，主要是影响顶替效率和井下安全。切力低、黏度小、流动性好的钻井液，有利于提高顶替效率，提高固井质量，但过低会造成井壁不稳定，井壁坍塌；密度低也有利于提高顶替效率，但过低会造成不能压稳油气水层，引起油气浸窜。因此，必须将钻井液性能控制在设计范围内。施工时钻井液性能也是固井质量解释的一个重要参考。

(4)固井前循环钻井液。

固井前是否彻底循环钻井液对固井质量有很大影响。循环钻井液至少有两大作用：一是彻底洗井，将井底的岩屑和泥砂清洗干净；二是调整钻井液性能，将钻井液性能循环均匀，达到固井施工要求。衡量循环钻井液达到施工要求的标准有4点：①震动筛无泥砂返出；②钻井液性能符合固井设计要求；③排量不变时，压力表压力没有较大波动；④循环不少于两周。评价固井质量时必须进行参考。

(5)前置液性能及数量。

前置液的性能与注入量对固井质量有较大影响。冲洗液的冲洗能力强、注入量大，有利于减少钻井液窜槽和提高胶结强度；隔离液可减少水泥浆与钻井液掺混，防止工程事故，也可平衡地层压力，防止漏失；但前置液性能和用量不当会带来质量问题和工程事故。因此，固井质量评价时也应进行参考。

(6)扶正器。

使用扶正器质量和数量不当会影响套管居中度，套管居中度对固井质量影响较大。下套管前必须进行计算和使用固井软件校核；下套管过程中必须监督并按设计落实扶正器的质量和数量。固井质量解释时作为重点参考。

(7)注替排量。

固井施工的注水泥排量和替浆排量是影响固井质量的关键因素。注替排量直接影响顶替效率，施工时必须按设计执行。固井质量解释时必须参考。

(8)施工是否连续。

连续施工有利于事故预防，特别是防漏、防憋泵。由于水泥浆触变性较强，固井施工时中途停顿，启动时会增加启动压力，造成井漏或发生憋泵事故。如果水泥浆性能好且井下不复杂，短时间施工停顿不影响固井质量。

(9)活动套管。

在固井施工时的水泥浆上返过程中，活动套管对提高固井质量十分有利。既有利于提高顶替效率，又可将已窜槽的井壁及套管附近的钻井液稀释到水泥浆中，消灭窜槽通道，提高固井质量。

(10)施工和候凝过程压稳情况。

施工和候凝过程对高压油气水层是否压稳对固井质量的影响极大。必须保证固井施工和候凝过程中液柱压力(或动液柱压力)大于油气水层压力，否则，会发生油气水浸入水泥浆中，影响固井质量。因此，必须落实并严格实施各种压稳措施，并作为固井质量评价的参考依据。

(11)施工过程漏失情况。

对于易漏失井固井，即使采取了防漏措施，固井施工过程中也可能发生水泥浆漏失，水泥浆漏失会造成水泥浆低返，造成油气层漏封或混浆带下移，影响固井质量。发生憋泵事故的井也可能造成水泥浆漏失。因此，评价固井质量时必须进行参考。

(12)碰压是否正常。

固井替浆结束时碰压不正常，一般表现为两种情况：即起压突变不明显和替浆超量没碰压。碰压时起压突变不明显可能是水泥浆稠化造成替浆没到位，可能会出现留水泥塞。留水泥塞会造成两个问题：一是环空水泥浆低返，或混浆带下移，造成油气层漏封或影响固井质量；二是需要钻水泥塞，造成套管振动产生微间隙，影响测井质量。替浆超量没碰压的情况可能引起套管底部水泥浆替空，造成底部环空没水泥，严重影响固井质量。

(13)候凝方式。

候凝方式一般有三种：敞压候凝、关井候凝(不憋压)、憋压候凝。在憋压候凝时，套管在候凝期间承受内压力，当放掉压力后，套管会收缩，套管与水泥间产生微间隙，影响水泥胶结测井效果；关井候凝时，由于水泥凝固期间放热，套管内液体受热膨胀，会使套管内压力升高，当温度冷却后收缩，对套管与水泥的胶结面也有一定影响，但比憋压候凝轻得多；敞压候凝就不会发生以上问题。因此，固井质量解释时应予以考虑候凝方式。

以上因素均要在施工作业中进行评价。

12.3.1.2　固井施工作业评价内容及方法

1)施工设计。

固井施工前要根据井身结构、井眼情况、井下复杂情况、钻井液情况等制定有针对性的固井施工设计，设计内容应符合《固井施工设计》标准要求。对于因井下复杂、工程事故等特殊原因固井设计达不到标准要求的，应降低质量要求。

2)施工质量。

(1)施工设备。

固井设备数量及主要性能参数：额定最高压力、最大排量、额定功率、混配浆能力、参数(压力、排量、密度)仪表齐全完好等应满足固井施工设计要求，并能实时检测施工压力、瞬时排量、累计排量、水泥浆密度。必要时，应配备固井数据采集系统。

(2)施工记录。

根据固井施工的关键项点及对固井质量的影响因素编制“固井施工质量评价表”(表12-4)，施工时作好记录，对各关键项点的技术要求完成情况进行打分。得分大于要求分数的，则施工质量应评价为“合格”；否则，应通过其他方法检测固井质量。固井施工过程中由固井工程师、固井监督、施工负责人同时监督记录，施工后核对确认并签字。

表 12-4　固井施工质量评价表

区块号：	井号：	井别：
井队号：	固井队号：	水泥车型号：
水泥浆设计密度：	外径×下深：	分段壁厚：
固井时间：　　年　月　日	外加剂混拌方式：	固井井段：　　m～　　m

参　数	技术要求	满足要求得分	实际值	实得分
钻井液屈服值	若 $\rho_m<1.3g/cm^3$，则屈服值 $<5Pa$； 若 ρ_m 为 $1.3\sim1.8g/cm^3$，则屈服值 $<8Pa$； 若 $\rho_m>1.8g/cm^3$，则屈服值 $<15Pa$	10		
钻井液塑性黏度	符合设计要求	10		
钻井液滤失量	符合设计要求	5		
钻井液循环	>2 循环周	5		
水泥浆密度波动范围	若自动混拌水泥浆，则 $\pm0.025g/cm^3$ 若手动混拌水泥浆，则 $\pm0.035g/cm^3$	10		

续表

区块号：	井号：	井别：		
井队号：	固井队号：	水泥车型号：		
水泥浆设计密度：	外径×下深：	分段壁厚：		
固井时间：　　年　月　日	外加剂混拌方式：	固井井段：　　m～　　m		

参　数	技术要求	满足要求得分	实际值	实得分
前置液接触时间	>10min	5		
水泥浆稠化时间	符合设计要求	10		
水泥浆滤失量	符合设计要求	5		
注、替浆量	符合设计要求	5		
注替排量	符合设计要求	5		
套管扶正器加放	符合设计要求	5		
活动套管	是	10(奖励)		
固井作业中间停止时间	<3min	5		
施工过程中复杂情况	无	5		
碰压	是	5		
试压	符合设计要求	5		
候凝方式	符合设计要求	5		
总分数		100	实际总得分	

施工负责人：	固井工程师：	制表人：
评价时间：　　年　　月　　日		固井监督：

注：在注水泥过程中，若活动套管，则奖励10分；未活动套管不扣分。

3)施工质量评价方法。

(1)对于井下没有复杂情况，施工工艺简单，质量要求不高的井，可根据固井施工记录评价固井质量。

(2)对于大斜度井、水平井、大位移井、使用超高密度钻井液的井以及情况恶劣地区的外围探井等，在无法进行固井质量测井的情况下，可根据固井施工记录评价固井质量。

(3)出现下列情况之一，施工质量不可通过评价，可用其他方法评价：

①施工过程中发生严重井涌，环空封固段可能出现油气水通道；

②固井过程发生井漏，可能造成水泥浆低返或漏封油气层；

③固井替浆时，替量超过设计量但没碰压，可能替空；

④灌香肠或留大段水泥塞；

⑤套管未下至设计井深，造成沉砂口袋不符合设计要求；

⑥固井后出现环空冒油、气、水现象；

⑦水泥浆注入量未达到施工设计要求；

⑧试油验窜发现油气层未得到有效封固。

12.3.2　CBL/VDL 测井或分扇区声幅型测井

12.3.2.1　水泥胶结评价

可将声幅测井的声幅转换为水泥胶结强度，再用胶结强度评价固井质量。CBL/VDL 测井或分扇区声幅型测井的 0.91m(3ft)源距声幅可转换为水泥胶结强度；分扇区衰减率也可转换为水泥胶结强度。也可将声幅转换为水泥胶结比来评价固井质量，特别适合于低密度水泥声幅测井和分扇区非标准源距声幅测井固井质量评价，也特别适合于新区声幅型水泥胶结测井固井质量评价；衰减率也可转换为水泥胶结比，特别适合于低密度水泥固井质量评价，也特别适合于新区衰减率型水泥胶结测井固井质量评价。转变方法如下：

1)声幅(CBL)转换为水泥胶结强度。

(1)声幅曲线标准化。

对于以“毫伏(mV)”为单位的声幅曲线，应转换成以自由段套管为 100% 的相对声幅曲线。

$$U=\frac{A}{A_{fp}}\times 100\% \tag{12-3}$$

式中　A——计算深度点的声幅值，mV；

A_{fp}——自由段套管的声幅值，mV；

U——相对声幅值，%。

(2)在水泥环厚度≥19.5mm(3/4in)时，由相对声幅值转换为水泥胶结强度。

根据公式(12-4)(公式来自行业标准)，将相对声幅值转换为水泥胶结强度：

$$S=(1.8097T^2-15.58T+57.71)\left(\frac{T+2.54}{83.33}\alpha\right)^p\times 10^{-3} \tag{12-4}$$

式中　S——水泥胶结强度，MPa；

T——套管壁厚，mm；

p——指数。

按式(12-5)给出：

$$p=-0.00434T^2-0.0622T+4.44 \tag{12-5}$$

式中　α——声波衰减率，dB/m。

按式(12-6)给出：

$$\alpha=-21.8723\times \log U-0.0137\times d+49.62 \tag{12-6}$$

式中　d——套管外径，mm；

U——相对声幅值，%。

当采用英制单位时，式(12-4)、式(12-5)和式(12-6)分别表达为式(12-7)、式(12-8)和式(12-9)。

$$S=(169.33T^2-57.4T+8.37)[(T+0.1)\cdot\alpha]^p \tag{12-7}$$

式中　S——水泥胶结强度，psi；

T——套管壁厚，in；

p——指数。

按式(12-8)给出：

$$p=-2.8T^2-1.58T+4.44 \tag{12-8}$$

式中　α——声波衰减率，dB/ft。

按式(12-9)给出：

$$\alpha=-6.6667\times\log U-0.1061\times d+15.11 \tag{12-9}$$

式中 d——套管外径，in；

U——相对声幅值，%。

(3)在水泥环厚度<19.5mm(3/4in)时，由相对声幅值转换为水泥胶结强度。

根据式(12-6)将相对声幅值转化为衰减率 α，再用式(12-10)对衰减率进行水泥环厚度校正：

$$\alpha_c=0.8255\times t^{-0.5385}\alpha \tag{12-10}$$

式中 t——水泥环厚度，mm；

α——现场采集的原始声波衰减率，dB/m；

α_c——经过校正的声波衰减率，dB/m。

当采用英制单位时，式(12-9)中衰减率 α 应通过式(12-11)进行水泥环厚度校正。

$$\alpha_c=4.7122\times t^{-0.5385}\alpha \tag{12-11}$$

式中 t——水泥环厚度，in；

α——由 CBL 测井资料得到的未经水泥环厚度校正的声波衰减率，dB/ft；

α_c——经过校正的声波衰减率，dB/ft。

注：当水泥环厚度小于7.5mm(0.3in)时，式(12-10)或式(12-11)的转换方法误差不可忽视。

最后，令 $\alpha=\alpha_c$，并代入式(12-4)或式(12-7)，即可得到薄水泥环的水泥胶结强度。

2)由声波衰减率转换为水泥胶结强度。

根据下面的公式(公式来自行业标准)，可将衰减率转换为水泥胶结强度：

$$S=0.7651\times[(T+2.54)(\alpha-\alpha_{fp})]^{2.5}\times10^{-3} \tag{12-12}$$

式中 S——水泥胶结强度，MPa；

α——计算深度点的声波衰减率，dB/m；

α_{fp}——自由段套管衰减率，dB/m；

T——套管壁厚，mm。

可根据式(12-13)计算：

$$\alpha_{fp}=3.03\times10^{-5}T^5-2.52\times10^{-3}T^4+7.1604\times10^{-2}T^3-0.79275T^2+4.3566T-8.7517 \tag{12-13}$$

当采用英制单位时，式(12-12)可表达为式(12-14)。

$$S=48.5\times[(T+0.1)(\alpha-\alpha_{fp})]^{2.5} \tag{12-14}$$

式中 S——水泥胶结强度，psi；

T——套管壁厚，in；

α——计算深度点的声波衰减率，dB/ft；

α_{fp}——自由段套管衰减率，dB/ft。

在英制单位下，式(12-13)可表达为式(12-15)。

$$\alpha_{fp}=97.6402T^5-319.703T^4+357.643T^3-155.893T^2+33.729T-2.66447 \tag{12-15}$$

式中 T——套管壁厚，in；

α_{fp}——自由段套管衰减率，dB/ft。

特别提出：利用最小衰减率 *ATMN* 和式(12-15)计算当前深度点的最小水泥胶结强度为：

$$S_{mn}=48.5\times[(T+0.1)(\alpha_{mn}-\alpha_{fp})]^{2.5} \quad (12-16)$$

式中　T——套管壁厚，in；

α_{mn}——计算深度点的最小衰减率，即 *ATMN*，dB/ft；

α_{fp}——自由段套管衰减率[式(12-15)]，dB/ft；

S_{mn}——最小水泥胶结强度，psi。

3)由声幅(CBL)转换为胶结比。

可用式(12-17)将套管波幅度转换为胶结比：

$$BR=\frac{\log A-\log A_{fp}}{\log A_g-\log A_{fp}} \quad (12-17)$$

式中　BR——胶结比；

A——计算点的声幅值,%或 mV；

A_{fp}——自由段套管声幅值,%或 mV；

A_g——当次固井水泥胶结最好井段的声幅值,%或 mV。

4)由声波衰减率转换为胶结比。

根据式(12-18)可将衰减率转换为胶结比：

$$BR=\frac{\alpha-\alpha_{fp}}{\alpha_g-\alpha_{fp}} \quad (12-18)$$

式中　α——计算点的衰减率，dB/m 或 dB/ft；

α_g——当次固井水泥胶结最好井段的衰减率，dB/m 或 dB/ft；

α_{fp}——自由段套管的衰减率，dB/m 或 dB/ft。

5)水泥胶结评价方法。

根据声幅曲线、衰减率曲线或它们的转换曲线胶结比，都可评价水泥胶结状况(图 12-25、图 12-26 和表 12-5)。如图 12-25 所示，位于"中等"左上方和右下方的两组曲线，在与给定套管外径对应的两条同色曲线上与给定套管壁厚对应的两个点，分别是胶结中等的相对声幅上、下限。如图 12-26 所示，位于"中等"上方和下方的两条衰减率曲线，在与给定套管壁厚对应的两个点，分别是胶结中等的衰减率上、下限。对于厚度小于 15mm 的薄水泥环，或厚度小于 9mm 的薄壁套管，优先使用胶结比评价固井质量。当测井仪器明显偏心时，图 12-25、图 12-26 和表 12-5 的评价指标仅作固井质量定性评价之用。

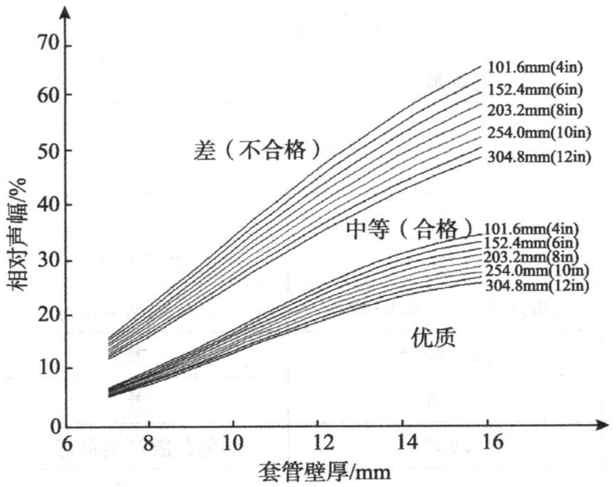

图 12-25　相对声幅评价图板

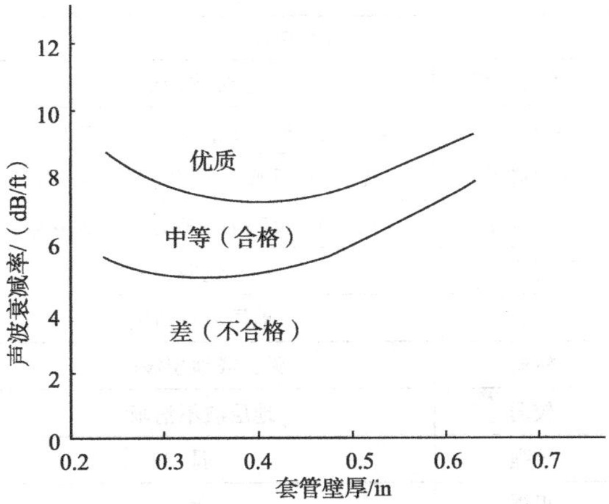

图 12-26　扇区衰减率评价图板

表 12-5　一般套管常规密度水泥浆固井胶结评价基本方法

测井曲线或转换曲线	水泥胶结评价结论
小于图 12-25 中的胶结“优”声波幅度上限	优
大于图 12-26 中的胶结“优”衰减率下限	
$BR \geqslant 0.8$	
大于图 12-25 中的胶结“优”声波幅度上限，而小于胶结“差”声波幅度下限	中等(合格)
小于图 12-26 中的胶结“优”衰减率下限，而大于胶结“差”衰减率上限	
$0.5 \leqslant BR < 0.8$	
大于图 12-25 中的胶结“差”声波幅度下限	差(不合格)
小于图 12-26 中的胶结“差”衰减率上限	
$BR < 0.5$	

6)水泥胶结综合评价。

(1)水泥实际返高。

油气层固井水泥返高应符合设计要求，实际封过油气层顶部不少于50m。其中，要求第一界面胶结合格的水泥环段，浅于2000m的井不少于10m，深于2000m的井不少于20m。

(2)水泥胶结基本评价方法。

几乎所有的井都可选择相对声幅、衰减率、胶结比或胶结强度(调整井的延时声波变密度测井除外)进行水泥胶结评价，只是对气井、调整井等对质量要求较高的井可适当提高标准。进行水泥胶结评价时，首先，根据所选测井曲线(或转换曲线)查相应的图板(图 12-25、图 12-26)，以确定评价指标。然后，按照表 12-5 评价水泥胶结状况。

评价过程中，还应根据 VDL(或全波波列)评价第二界面胶结状况。

7)第二界面胶结 VDL 定性评价。

在套管波幅度相同的井段，地层波越清晰连续，则第二界面胶结越好。与物性相同的其他井段相比地层波明显减弱甚至没有出现，则第二界面胶结很可能较差。在 CAL 曲线显示扩径严重井段或者泥饼较厚的井段，第二界面胶结通常较差。

根据 VDL 可定性评价水泥环第一界面和第二界面的胶结状况(表 12-6)。

表 12-6　常规密度水泥固井 VDL 定性评价

VDL 特征		水泥胶结定性评价结论	
套管波特征	地层波特征	第一界面胶结状况	第二界面胶结状况
很弱或无	地层波清晰，且相线与 AC[a] 良好同步	优	优
很弱或无	无，AC 反映为松软地层，未扩径	优	优
很弱或无	无，AC 反映为松软地层，大井眼	优	差
很弱或无	较弱	优	部分胶结
较弱	地层波较清晰	部分胶结(或微间隙)	部分胶结至良好
较弱	无，或地层波弱	部分胶结	差
较弱	地层波不清晰	中等	差
较强	弱	较差	部分胶结至良好
很强	无	差	无法确定

注：a 为在裸眼井中测量的纵波时差曲线。

8)识别气浸。

在套管外环空水泥充填较好、被气浸的情况下，固井质量测井响应特征随测井仪器类型而变，但可概括如下：

(1)气层井段固井质量显示明显变差；

(2)气层及上、下方储层甚至相邻的非储层井段水泥胶结测井显示明显变差；

(3)VDL套管波和地层波均较为清晰。

9)识别水泥沟槽。

同一深度点分扇区声幅测量值最大差异大于10%，且水泥胶结图的差异识别较大，则套管外环空存在水泥沟槽。

除套管接箍处外，同一深度点分扇区衰减率型水泥胶结测井的平均衰减率和最小衰减率差异 $ATAV-ATMN \geqslant 6.6$dB/m(2dB/ft)的连续井段2m以上，且该井段ATMN均小于1.38MPa，则可解释为"水泥沟槽"。

12.3.2.2　层间封隔评价

1)评价指标。

(1)胶结比和最小有效封隔长度指标。

在不进行水力压裂的条件下，可根据胶结比由图12-27查得最小纵向有效封隔长度指标。

(2)水泥胶结强度和最小有效封隔长度指标。

在不进行水力压裂的条件下，可根据水泥胶结强度由图12-28确定最小纵向有效封隔长度指标。

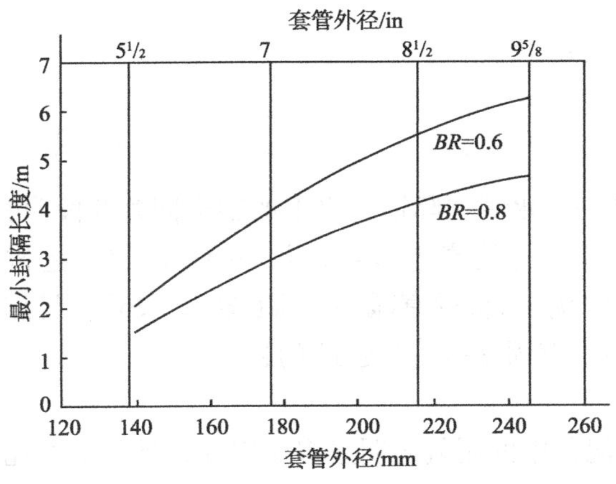

图12-27　层间最小有效封隔长度图板：胶结比

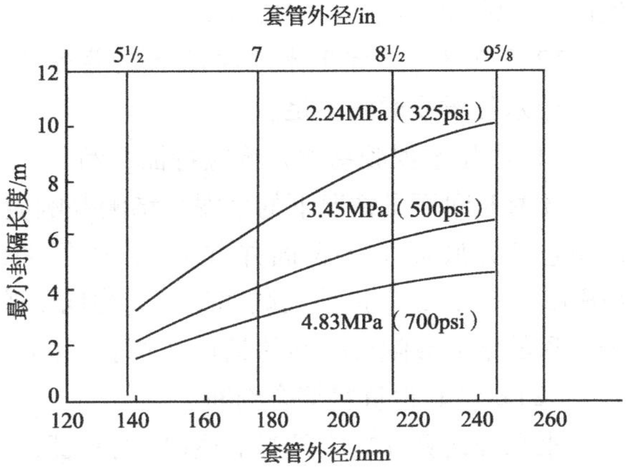

图12-28　层间最小有效封隔长度图板：胶结强度

对于分扇区衰减率型水泥胶结测井，图12-28中的水泥胶结强度由"最小水泥胶结强度"S_{mn}替换：

$$S_{mn}=0.7651\times[(T+2.54)(\alpha_{mn}-\alpha_{fp})]^{2.5}\times10^{-3} \qquad (12-19)$$

式中　T——套管壁厚，mm；

S_{mn}——最小水泥胶结强度，MPa；

α_{mn}——计算深度点的最小衰减率，即 $ATMN$，dB/m；

α_{fp}——自由段套管衰减率[由式(12-13)计算]，dB/m。

2)层间封隔评价标准。

综合分析第一界面和第二界面胶结状况，判断水泥环层间封隔能力(表 12-7)。当需水力压裂时，最小有效封隔长度应为由图 12-27 或图 12-28 确定的相应值的 3 倍(即 $L_{mn}=3L_{mn}^{b}$)。只要水泥环存在窜槽的井段或第二界面胶结差的井段将两个地层连接起来，都应评价为“窜通”。

表 12-7　常规密度水泥环层间封隔评价方法

第一界面胶结状况	油层井段水泥环有效封隔长度 L	第二界面胶结状况	评价结论
优	$L \geq L_{mn}^{b}$	优	不窜
	$L \geq L_{mn}$	中等—优	不窜的可能性大
	$L_{mn} > L \geq 0.5L_{mn}$	优	不窜的可能性大
	$0.5L_{mn} > L \geq 0.25L_{mn}$	优	窜通的可能性大
	$L < 0.25L_{mn}$	优	窜通
中等(合格)	$L \geq L_{mn}$	优或中等	不窜的可能性大
	$L_{mn} > L \geq 0.5L_{mn}$	优或中等	窜通的可能性大
	$L < 0.5L_{mn}$		窜通
差(不合格)			窜通

注：1. 该方法针对相邻油层和气层相互之间以及油、气层与水层之间，评价水泥环层间封隔能力；
2. L_{mn}^{b}为由图 12-27 或图 12-28 确定的最小有效封隔长度。

在邻层为常压气层的情况下，最小有效封隔长度应为图 12-27 或图 12-28 确定的相应值的 1.5 倍(即 $L_{mn}=1.5L_{mn}^{b}$)。

12.3.2.3　不宜用水泥胶结类测井资料评价的情况

1)水泥候凝时间不足。

(1)根据水泥胶结测井响应特征判断。

候凝时间不足情况下的水泥胶结测井响应特征：水泥实际返高之下的整个固井井段(可以不包括井底以上 1/3 固井井段)，声幅曲线基本上均高于胶结“优”对应的 CBL 上限(图 12-25)，或者声波衰减率基本上均低于胶结“优”对应的衰减率下限(图 12-26)，且随着井深的增加或随着时间的延长(时间推移测井)，有固井质量“变好”的趋势。

(2)参考其他资料综合判断。

水泥胶结测井响应具有上述(1)的特征，水泥浆中的缓凝剂明显多于固井设计书中的比例，水泥浆密度明显低于设计值，井眼实际温度明显低于水泥浆配方试验温度，则可判断为候凝时间不足。

2)第一界面微间隙。

(1)根据水泥胶结测井响应特征判断。

微间隙条件下的水泥胶结测井响应特征：水泥实际返高之下的固井井段，声幅曲线基本上均高于胶结“优”对应的 CBL 上限(图 12-25)，或者声波衰减率基本上均低于胶结“优”对应的衰减率下限(图 12-26)，且随着井深的增加或者随着时间延长(时间推移测井)，没有固井质量变好的趋势。

(2)参考其他资料综合判断。

水泥胶结测井响应具有上述(1)的特征，且在水泥候凝期间套管内憋压过大、憋压时间过长；或在即将水泥胶结测井前进行套管内试压，或用低密度钻(完)井液替换较高密度的钻(完)井液，或进行过井下作业(如钻水泥塞、射孔、起下工具等)。根据这些情况，可判断套管与水泥环之间出现了微间隙。

套管外壁存在化学涂层或固井前置液未能清洗掉油基钻井液，在套管外壁形成的油膜，水泥胶结测井响应也具有与微间隙类似的特征。

12.3.2.4　特殊测井响应的定性解释

1)快速地层。

在快速地层井段，当套管波传播时间小于自由套管波传播时间且随裸眼井声波时差的增大而成正比地增大，VDL 上地层波与套管波同时到达或早于套管波到达时，第一界面水泥胶结至少可评价为“合格”；当 VDL 套管波无或很弱而地层波清晰时，水泥胶结即可评价为“优”。被分析井段的套管波传播时间大于自由段套管波传播时间，可根据声幅曲线和 VDL 的“水泥胶结评价方法”评价水泥环两个界面的水泥胶结状况。在评价第一界面和第二界面水泥胶结状况后，可按“水泥环封隔评价”方法评价水泥环层间封隔性能。

快速地层井段的分扇区衰减率型水泥胶结测井响应仍可按“水泥胶结评价方法”评价固井质量。

2)双层套管。

在实测套管波传播时间小于或等于内层水泥环胶结良好井段的外层套管波传播时间 t_{oc}：

$$t_{oc} = 3 + \Delta t_{fp} + 2 \times \Delta t_{cm} \times h_{cm} \tag{12-20}$$

式中，Δt_{cm}为水泥石声波时差；h_{cm}为水泥环厚度；$\Delta t_{fp} = 57\mu s/ft$，数值稳定。VDL 套管波较强，但套管波传播时间比自由段套管的套管波传播时间延迟不到半个周期的井段，第一界面水泥胶结至少可评价为“合格”；在 VDL 的内层套管波第一相线无或很弱而后续套管波强的井段，水泥胶结可评价为“优”。在实测套管波传播时间大于自由段套管的套管波传播时间或数值不稳定的井段，可用声幅曲线评价水泥胶结和层间封隔性能。在评价第一界面和第二界面水泥胶结状况后，可按表 12-7 评价水泥环层间封隔性能。

双层套管井段的分扇区衰减率型水泥胶结测井响应仍可按“水泥胶结评价方法”评价固井质量。

3)测井响应与地层孔渗性能有关。

当声幅曲线(或衰减率曲线)与自然伽马(或裸眼井声波时差、自然电位等与地层岩性和孔渗性能有关的测井曲线)的形态，至少大致呈同步起伏或镜像相关关系时，套管外环空纵向上水泥分布较为均匀，但具有不同孔渗性能地层井段的水泥环界面剪切强度存在明显差异。

在水泥胶结测井具有这种测井响应特征的井段，固井质量可评为“合格”。在此情况下，当所有非渗透层恰好水泥胶结为“优”，第二界面水泥胶结良好，不存在窜槽时，水泥环层间封隔性能可以评价为“不窜”；当相邻储层之间的地层井段水泥胶结变“差”时，对于油层与邻层之间，水泥环层间封隔性能可以评价为“不窜的可能性大”；对于气层与邻层之间，可评价为“窜通的可能性大”。

12.3.2.5　低密度水泥浆体系固井的评价

1)固井质量测井对水泥浆密度的适用性。

低密度水泥48h抗压强度应高于10MPa。目前，国内主要使用的固井质量测井方法对于低密度水泥固井的适用性见表12-8。

表12-8　低密度水泥固井质量测井适用性

仪　　器	适用的固井水泥密度范围/(g/cm^3)
CBL/VDL测井、分扇区声幅型水泥胶结测井	>1.50
分扇区衰减率型水泥胶结测井	>1.40
声波变密度-伽马密度测井	>1.40
声阻抗类测井	>1.50
套后声波成像测井	>1.20

2)第一界面水泥胶结评价。

低密度水泥固井的相对声幅或衰减率评价指标与常规密度水泥固井评价指标相比，可适当放松。表12-9给出了相对声幅固井质量评价的经验指标。

表12-9　低密度水泥固井相对声幅评价指标

CBL	评价结论
≤20%	优
20%<*CBL*≤40%	中等(合格)
>40%	差(不合格)

对于密度为1.30～1.75g/cm^3的低密度水泥，可以用胶结比*BR*评价水泥胶结质量(表12-10)，也可以用胶结比和水泥环纵向有效封隔长度来评价层间封隔性能。

表12-10　低密度水泥固井胶结比评价指标

BR	评价结论
≥0.8	优
0.5≤*BR*<0.8	中等(合格)
<0.5	差(不合格)

对于特定密度的低密度水泥，利用适合于探测的声波变密度-伽马密度测井、声阻抗类测井以及套后声波成像的测井资料，评价第一界面水泥胶结状况。

3)第二界面水泥胶结定性评价。

根据VDL(或全波波列)定性评价第二界面水泥胶结状况(表12-11)。利用该表中“第一界面水泥胶结状况”定性评价结论验证利用声幅曲线对第一界面水泥胶结状况的评价结论。当两者矛盾时，应分析声幅曲线是否受到快速地层、外层套管或仪器偏心的影响。

表12-11　根据低密度水泥固井井段VDL定性评价固井质量

VDL特征		固井质量定性评价结论	
套管波特征	地层波特征	第一界面水泥胶结状况	第二界面水泥胶结状况
弱	地层波清晰	优	优
弱	地层波较弱，地层松软，未扩径	优	优

续表

VDL 特征		固井质量定性评价结论	
套管波特征	地层波特征	第一界面水泥胶结状况	第二界面水泥胶结状况
弱	地层波较弱，地层松软，大井眼	优	差
较弱	弱	优	部分胶结
较弱	地层波较弱	部分胶结(或微间隙)	部分胶结至良好
较弱	无，或地层波弱	部分胶结	差
较强	地层波弱	中等	差
强	无，或很弱	较差	部分胶结至良好
很强	无	差	无法确定

4)层间封隔评价。

对于特定密度的低密度水泥，在利用适合于探测的声波变密度－伽马密度、声阻抗类以及套后声波成像的测井资料进行固井质量评价时，根据第一界面水泥胶结状况，按照“常规密度水泥环层间封隔评价方法”评价水泥环层间封隔。

12.3.2.6　高密度水泥浆体系固井的评价

高密度水泥固井质量评价方法与常规密度水泥固井相同。

12.3.3　水泥声阻抗类测井

12.3.3.1　影响因素分析

(1)识别微间隙影响。

微间隙井段的实测声阻抗比实际值明显降低。在地层孔渗性能较好井段出现声阻抗降低，很可能与第一界面微间隙或较大间隙有关。

(2)识别混浆带和管外环空局部固体堆积。

固井井段上部水泥声阻抗或衰减率随深度由深至浅逐步下降，很可能是水泥胶结过渡带(混浆带)的显示。其顶部井段可间断出现声阻抗－衰减率交会点接近固体－液体边界，此处所谓“固体”很可能是井液重质成分、井壁地层坍塌物或者领浆重质成分的局部堆积。

(3)识别套管内壁磨损影响。

在套管内壁磨损严重井段，会引起仪器偏心，在测井图上，内壁反射幅度道颜色变深，反映套管内壁粗糙和厚度有变化。套损会干扰固井质量评价，因为超声波在水泥中回波变弱(散射)，影响 SLG 交会解释，这样 SLG 图上会出现白点。

12.3.3.2　管外环空水泥分布分析

1)确定管外环空介质的物理性质。

识别管外介质的方法如下：

(1)$Z \geqslant Z_{水泥}$，则为水泥；

(2)$Z_{水泥} > Z > Z_{天然气}$，且 $Z > 0.3 \times 10^6 kg/(m^2 \cdot s)$，则为液体；

(3)$Z \leqslant Z_{天然气}$，则为天然气；

(4)$0.3 \times 10^6 kg/(m^2 \cdot s) > Z > Z_{天然气}$，则给出“含气标志”。

其中，$Z_{水泥}$为区分固体水泥与流体的声阻抗下限值。对于常规密度水泥，$Z_{水泥} = 2.6 \times$

$10^6 kg/(m^2 \cdot s)$；对于低密度水泥，$Z_{水泥}$降低，例如泡沫水泥声阻抗下限值 $Z_{水泥} = 2.0 \times 10^6 kg/(m^2 \cdot s)$。

$Z_{天然气}$为区分液体与天然气的声阻抗上限值[$0.1 \times 10^6 kg/(m^2 \cdot s)$]。

水泥未受到气浸，则根据水泥胶结测井套管波幅度或衰减率计算的胶结指数与水泥声阻抗类测井算得的胶结指数（合格水泥圆周百分比）曲线吻合。在水泥环中存在气浸的井段，根据水泥胶结测井套管波幅度或衰减率计算的胶结指数大于根据水泥声阻抗类测井数据算得的胶结指数。

2）识别套管外环空中水泥沟槽。

在周向上声阻抗局部连续的情况很低，在声阻抗成像上呈现相对于周围背景色调的纵向浅色带状图形或独特的"木纹"图形，而且连续性良好，则为水泥沟槽。

3）层间封隔评价。

（1）当待评价井段管外环空的固体充填率高于90%，管外环空不存在水泥沟槽时，水泥环层间封隔良好。

（2）当固体介质充填率介于80%～90%，其纵向长度大于图12-27中$BR=0.8$曲线对应的最小有效封隔长度，仅零星存在纵向连续长度小于2m的水泥沟槽时，层间封隔可靠。

（3）当套管外环空虽不存在纵向长度大于2m的连续水泥沟槽，但固体介质充填率小于80%，或纵向封隔长度小于图12-27中$BR=0.8$曲线对应的最小有效封隔长度时，层间封隔存在风险。

（4）当套管外环空显示无水泥或水泥沟槽将两个产层连接起来时，则为层间窜通。

（5）当待评价井段套管外环空介质为固体且无较大水泥沟槽时，则不能进行补注水泥作业。

12.3.4 套后声波成像测井

12.3.4.1 确定管外环空介质的物理性质

由套后声波成像测井弯曲波衰减率和声阻抗交会SLG图确定包括低密度水泥固井在内的套管外环空介质的物理状态（固体、液体或气体）（图12-29）。

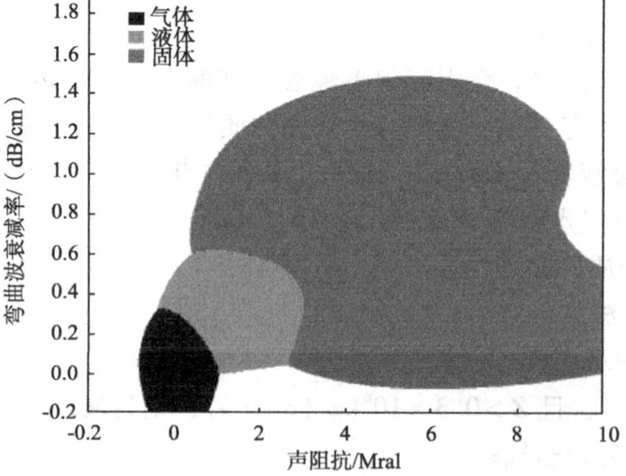

图12-29 固-液-气（SLG）相图

在 SLG 图中，固体、液体和气体均以特征色调显示。白色区域则代表声阻抗及衰减率交会数据点落在的三个特征色调区域之外，介质物理性质无法确定。这样的情况往往对应套管内壁附有残留物、仪器严重偏心或套管接箍处等。

12.3.4.2　识别管外环空中水泥沟槽

衰减率和声阻抗均局部很低，在 SLG 图像上呈现相对于周围背景色调的纵向浅色带状图形或独特的“木纹”图形，而且连续性良好，则为水泥沟槽。

12.3.4.3　层间封隔评价

在 SLG 图上，凡是连续 2m 井段出现的流体区域，都被保留显示在水力联通图上。根据管外环空流体分布及沟通情况，可将固井质量分为如下几种：

(1)环空内基本为水泥，没有沟槽，则固井质量“优”。

(2)分布纵向连通长度小于 2m 小沟槽，但没有联通到一起，则固井质量“中等”(合格)。

(3)SLG 图上有大于或等于 2m 的连续蓝色流体(沟槽)，则固井质量“差”(不合格)。

根据管外环空固体充填率、水泥沟槽和 SLG 图特征，评价水泥环层间封隔性能(表 12-12)。

(4)层间封隔评价注意事项：

表 12-12　根据套后声波成像测井资料评价水泥环层间封隔

固体填充度/%	沟槽或微间隙	固井质量评　价	SLG 固液气图特征	水泥环层间封隔评价
≥90	无	优	环空内固结水泥占绝大部分，没有或有零星液体点孤立分布，没有沟通形成小沟槽的趋势	能形成有效封隔
	有，但液体沟槽宽度<10%套管圆周，长度<1m	良（中等）		
70~90	有，但液体主沟槽宽度<20%套管圆周，长度<2m	中等（合格）	存在长度和宽度较小的沟槽且分布密度不大，或液体点较多，但空间位置上均不连续，没有形成沟通大沟槽的趋势	能形成一定的有效封隔
	有，但液体主沟槽宽>20%套管圆周，长度>2m	差（不合格）		可能窜通
10~70	有，液体主沟槽宽度>20%套管圆周，长度>2m	差（不合格）	存在若干沟通的流体充填窜槽或空的微间隙，其宽度>20%，固结水泥较少	窜通
<10	液体主沟槽宽度>90%套管圆周，长度>2m	自由套管		
<10	气充填(空)微间隙>90%套管圆周，长度>2m	气充填(空)微间隙		

①气充填微间隙对气井是有害的，即使第一界面后面环空有水泥也影响封隔质量；

②液体充填微间隙是指与套管外壁接触的厚度小于 0.25mm 的液体充填间隙或液膜，测井响应特征为弯曲波衰减增大，但仍解释为固体，微间隙大于 0.25mm 时，则解释为液体；

③当套后声波成像测井测量井段还测有 VDL 时，在水力联通图解释的基础上，要按“常规密度水泥固井”或“低密度水泥固井”评价第二界面水泥胶结状况(尤其是在地层压力系数较低或者裸眼扩径较大井段)，最后，综合给出水泥环层间封隔评价结论。

12.3.4.4 套管居中程度评价

由套后声波成像测井方位VDL识别并追踪弯曲波后得到的井壁反射波(TIE)，详细描述套管在井眼中的位置以及井眼几何形态等。反映井壁位置的裸眼井壁反射波到达越早，则套管离开井壁越近；反之越远。

12.3.5 声波变密度－伽马密度测井

12.3.5.1 第一界面水泥胶结评价

平均充填介质密度能够反映水泥的顶替效率，数值越高，越接近入井的水泥浆密度，固井质量越好。平均充填介质密度越低，固井质量越差。平均介质密度接近于钻井液密度，为自由套管的测井响应。

12.3.5.2 第二界面水泥胶结评价

综合利用声波变密度和伽马密度测井资料，可评价第二界面的水泥胶结状况(表12－13)。

表12－13 水泥环第二界面评价

第一界面胶结质量	测井响应特征	第二界面胶结质量评价
中等或差	水泥环平均密度中等偏大，地层波能量较大	优
	水泥环平均密度偏小，甚至接近钻井液密度，地层波能量很小	差(不合格)
	水泥环平均密度中等	无法确定
良好	水泥环平均密度较大，甚至接近水泥密度，地层波能量较大	优
	水泥环平均密度较小，地层波能量低	差(不合格)
	水泥环平均密度中等，地层波能量较大	优
	水泥环平均密度中等，地层波能量较小，高自然伽马	中等(合格)
	水泥环平均密度中等，地层波能量较小，低自然伽马	差(不合格)

12.3.5.3 综合评价

声波变密度－伽马密度测井固井质量综合评价方法见表12－14。

表12－14 根据声波变密度－伽马密度测井资料对固井质量综合评价

声波变密度测井响应			伽马密度测井响应		综合评价		
注 $\Delta T/(\mu s/ft)$	$\alpha_k/(dB/ft)$	地层波	EXX	环空介质密度	Ⅰ胶结	Ⅱ胶结	结论
$178 \leq \Delta T \leq 190$	很低	没有或很低		接近于$\rho_m^{(7)}$	P(1)	P	自由套管
	低—中等	中等—不清晰	≤0.7	明显低于$\rho_{cm}^{(8)}$	P	—	P
	偏低—偏高	纵波中等—不清晰，横波较清晰	≤0.7	接近于ρ_{cm}	微间隙	G	G
	中等	中等—较清晰	>0.7	明显低于ρ_{cm}	—	—	水泥沟槽
	中等	中等—较清晰	≤0.7	中等	M	M	M(污染)
	较低	弱或没有	≤0.7	接近于ρ_{cm}	G	G	G(2)
$190 < \Delta T \leq AC$	较高	中等	≤0.7	中等	G	G	G(3)
	较高	中等	≤0.7	中等	G	M	M

续表

声波变密度测井响应			伽马密度测井响应		综合评价		
注 $\Delta T/(\mu s/ft)$	$\alpha_k/(dB/ft)$	地层波	EXX	环空介质密度	Ⅰ胶结	Ⅱ胶结	结论
ΔT 接近 AC(4)	高	清晰	≤0.7	接近于 ρ_{cm}	G	G	G
		弱、间断或没有	≤0.7	接近于 ρ_{cm}	G	微间隙	G
		弱、间断或没有	≤0.7	中等	G	P	P
		地层(5)波弱或没有	≤0.7	接近于 ρ_{cm}	G	G	G
	低	清晰	≤0.7	接近于 ρ_{cm}	G	G	G(6)

注：(1)P 表示“胶结差”，M 表示“胶结中等”，G 表示“胶结好”；(2)双层套管井段；(3)管外环空存在孔洞或气浸；(4)AC 为裸眼声波时差；(5)慢速地层，或高强水泥；(6)快速地层井段；(7)井液密度；(8)平均水泥密度。

对于具有 MAK 测井衰减率比胶结良好井段明显降低或有所降低，全波波列或 VDL 上套管波清晰或有间断，而地层波则较为清晰这种测井响应的井段，不能简单地解释为固井质量不好，而要结合伽马密度测井资料进行综合分析：当管外环空充填介质平均密度低于水泥最小密度时，反映存在体积型的胶结问题，即存在水泥沟槽或孔洞；当管外环空充填介质平均密度在水泥浆密度允许范围内波动且偏心率≤0.7 时，反映存在面积型的胶结问题，即水泥环和套管之间存在微间隙。最后的固井质量评价结论应取评价较为乐观的那个结论。

12.4　固井质量综合解释应考虑的因素

任何测井方法都不能 100% 地正确解释固井质量，各种测井方法都有其局限性，除应用多种测井方法综合分析解释外，还要参考其他影响因素，如固井设计、井下复杂情况、井径等曲线、固井施工情况、水泥浆体系、使用的添加剂类型、水灰比、凝固时间、水泥上返速度和扶正器使用情况以及测井情况等，必须综合多方面资料，才能得出准确可靠的判断。

12.4.1　固井设计

固井设计是影响固井质量的因素之一。固井设计中与固井质量关系密切的因素主要有：固井方法、水泥浆体系、水泥浆上返速度、套管居中度、水泥浆稠化时间要求、防漏措施、压稳措施、有效封固段长度设计、水泥浆接触时间、其他提高固井质量的措施等。以上措施的使用对提高固井质量和测井效果具有重要的意义，但是使用不当可能带来工程事故，造成前功尽弃，因此必须认真做好固井设计。对于特殊复杂井，可能牺牲一些质量，来获得施工安全，比如说，对于严重漏失井，好多质量措施都难以充分使用，排量不能过高、水泥浆密度不能过高、有效封固段不能过长、扶正器不能足量使用等，这些措施都不利于提高固井质量，但是，不采取这些办法，固井时可能会发生水泥浆漏失、造成固井失败。因此，只有牺牲一些质量，来保证施工安全，这样固井质量可能不能达到优质，但能保证固井成功，质量合格。

12.4.2　固井施工参数

固井施工参数对固井质量有较大影响，影响固井质量较大的固井参数有：水泥浆密度、水泥浆注入量、水泥浆上返速度、前置液性能、前置液量、水泥浆与钻井液密度差、套管居中度、钻井液性能、固井过程的漏失情况和高压油气水层的压稳系数等。施工参数如果达不到设计要求，在测井分析时就要作为一个考虑的因素。

12.4.3 测井时间

测井时间也是影响固井质量解释的一个重要因素。由于水泥浆体系不同，不但水泥浆的凝固时间不同，而且水泥石强度的发展速度也不同，有的水泥浆强度上升较快，有的水泥浆则较慢。当水泥浆强度没有上升到预定值时，测出的声幅值偏高，固井质量解释就会变差，其他测井方法虽然可以减轻影响，但仍然影响解释结果。因此，测井时间应根据水泥浆体系和稠化时间的不同而确定。

12.4.4 仪器居中度

使用所有固井质量测井仪器测井时，对仪器居中度都有要求，居中度在规定范围内，测量误差不会太大，基本不影响解释结果。当仪器居中度较低或严重偏心时，对测量结果有较大的影响，甚至会发生信号丢失。因此，在测井仪器操作过程中必须保持居中度在规定范围内。

12.4.5 快速地层或双套管的影响

所谓快速地层就是指地层的纵波速度接近钢套管的纵波速度。快速地层或双套管主要对“声幅测井”和“声波变密度测井”影响较大。在快速地层井段的套管井中，一界面水泥胶结差的套管波和完全胶结良好情况的地层波的到达时间基本相同，因此在时域内很难区分是哪种胶结情况。套管波和快速地层的地层波到时基本一致，波形特征相似，很难区分，而慢速地层中地层波的到达时间较晚很容易与套管波区分。在快速地层或双套管中，水泥环外边界光滑且边界两侧介质存在明显声阻抗差异时，在边界上会出现较强的反射回波，影响测量结果。

12.4.6 水泥浆密度

水泥浆密度变化较大对测井解释也有影响。主要表现在“声幅测井”和“声波变密度测井”中。由于不同密度的水泥浆凝固后声阻抗差别较大，影响解释结果，对声幅测井最为明显，低密度水泥与高密度水泥相比声幅明显偏高。在质量解释时应予以考虑。水泥浆密度对套后成像测井影响不大。

12.4.7 憋压候凝

固井替浆结束时回压凡尔失灵，往往采取憋压候凝措施，水泥浆凝固后再将套管内的压力放掉，这种情况由于水泥浆凝固时套管内有压力，而水泥凝固后将压力突然释放，会使套管收缩，在套管与水泥环间(一界面)形成微间隙。对于声波变密度测井来讲，微间隙会影响测井结果，由于套管波的传播方向与界面平行，微间隙使声耦合变差，降低了固井测井的灵敏度，影响固井质量解释结果。

12.4.8　候凝期间套管振动

固井后水泥浆候凝期间套管发生振动，如钻水泥塞，反复通井、双级注水泥施工时一级水泥凝固期间进行二级施工等，都会引起套管振动，套管剧烈振动会使套管与水泥环间(一界面)形成微间隙，影响固井质量解释结果。

12.4.9　自由套管段取值

对于声幅测井和声波变密度测井，一般需要在自由套管段测取纯钻井液井段数据，作为水泥封固井段的对比依据或参考依据。在固井施工时，有时混浆段很长，没有明显的分界面，特别是前面注入低密度水泥浆的井或者井眼不规则以及钻井液性能差造成严重窜槽的井，更容易出现长段混浆现象，给确定水泥返高位置带来麻烦。有时选的自由套管段可能是混浆段，影响固井质量解释结果。

第 13 章　水泥浆试验仪器设备

水泥浆试验设备和仪器是测试水泥浆性能的设备。主要用于固井水泥浆性能的检测、水泥配方的选择、水泥及外加剂质量的检查等。水泥浆试验设备和仪器主要有：增压稠化仪、高温高压养护釜、液压式压力试验机、胶凝强度仪、搅拌失水仪、流变仪、旋转黏度计、水泥石渗透仪及高精度电子天平、电子秤和装备精良的水分析仪等。这些仪器设备能完成油井水泥浆稠化时间测定、油井水泥石抗压强度测定、油井水泥浆失水量测定、油井水泥浆游离水含量测定、油井水泥浆密度测定、油井水泥浆流变性能测定、油井水泥浆膨胀率测定、油井水泥浆凝结时间测定及对现场水样分析等项目。下面对固井试验最主要的仪器设备作一介绍。

13.1　搅拌仪(器)

13.1.1　3060/3070 型恒速搅拌仪(常速搅拌器)

13.1.1.1　概述

3060/3070 型恒速搅拌仪是美国千德乐公司按 API 标准设计生产的(图 13-1)用来配制油井水泥浆样品的仪器。能按照 API 规范 10 的要求完成搅拌水泥浆的所有必须工作，也可以用于搅拌其他对剪切敏感的干性或者液体材料。

图 13-1　千德乐 3060/3070 型恒速搅拌器

API 最近介绍的试验表明，水泥浆的搅拌方法对稠化时间影响很大，3060 和 3070 搅拌器设计是依照 API 规范 10 要求，不受水泥加入混合水的速率和电源电压变化的影响，保持恒定转速。

API 试验表明，搅拌叶片磨损或者侵蚀将引起稠化时间的显著不同，3060 和 3070 使用的是加硬叶片，避免了对水泥浆稠化时间的影响，加硬叶片可抵抗搅拌水泥浆时对叶片的侵蚀，并能保持长久不变形，其寿命远远长于常规工业搅拌器上的标准叶片。

13.1.1.2　仪器结构特点

(1)按键选择转速；常(恒)速操作；有两个预设恒定速度(4000r/min 和 12000r/min)；

(2)耐用的不锈钢浆杯和高硬度搅拌叶片在高速搅拌水泥浆时更加耐磨，工业级搅拌器、坚固底座和控制面板，确保长寿命运行；

(3)维持剪切速率恒定，确保稠化时间实验可靠；

(4)加入水泥的同时可快速选择API速度；

(5)对剪切敏感的干性材料或者液态材料可选择不同搅拌转速；

(6)闪光数字显示器与眼齐平，易于查看转速；

(7)加重底座保证仪器稳定，控制机箱设计能保证安全和易于操作；

(8)预设的转速可方便设置为新转速，从1000～16000r/min的预设转速方便可调，可在API Spec10以外的运用场合使用。

13.1.1.3　主要性能参数

(1)低挡转速为：4000r/min；

(2)高挡转速为：12000r/min；

(3)预设转速：1000～16000r/min；

(4)浆杯容量：3060型搅拌仪为1L；3070型搅拌仪为4L。

13.1.2　TG－3060A恒速搅拌器

13.1.2.1　概述

TG－3060A型恒速搅拌器是由沈阳泰格石油仪器设备制造有限公司设计生产的水泥浆搅拌仪器(图13-2)。该仪器可按照美国石油协会(API)规范10中第5章的要求完成各种水泥浆的配制工作。也可以用于搅拌其他干性和湿性材料。

13.1.2.2　仪器结构特点

(1)搅拌浆叶经过硬化处理，浆杯材料为不锈钢，抗腐蚀、不变形、寿命长。

(2)搅拌器可放在通用实验室工作台上，搅拌器的控制面板高度正好为操作人平视高度。每次操作时，只需按动两个控制按钮，这两个按钮控制搅拌器按预定搅拌速度搅拌水泥浆。

(3)组装时仪器加有专用电子线路和轴密封，确保仪器可靠耐用。

(4)三个选择按钮，快速选择所需转速，直接显示每分钟转速。

(5)两个独立可调的恒定转速，出厂按API规范预调至4000r/min和12000r/min。

图13-2　泰格TG－3060A恒速搅拌器

13.1.2.3　主要性能参数：

(1)低挡转速为：4000r/min；

(2)高挡转速为：12000r/min；

(3)可调转速：0～18000r/min；

(4)浆杯容积：1000mL；

(5)电源功率：220V，50Hz，1000W。

13.2 稠化仪

稠化仪分为常压稠化仪和增压稠化仪。目前，国内使用的稠化仪主要是从美国进口的，国内沈阳等地也有公司生产，但都是按API标准设计。稠化仪在固井水泥浆性能评价中是比较重要的仪器之一。由于水泥浆稠化时间直接影响固井施工安全和固井质量，水泥浆稠化时间过短，会造成工程事故，稠化时间过长会引起油气浸和水泥石强度不足。稠化仪就是用来测定油井水泥浆稠化时间的仪器。既可用于固井生产，也可用于水泥浆的技术研究。

13.2.1 常压稠化仪

13.2.1.1 1200型常压稠化仪

1)概述。

1200型常压稠化仪是美国千德乐公司按API标准设计生产的(图13-3)。该仪器主要用来测定油井水泥浆的稠化时间，也可以配合完成水泥浆失水、游离水和流变性的试验，以优选出符合固井作业要求的水泥浆。

图13-3 千德乐1200型常压稠化仪

1200型常压稠化仪主要由浆杯、电位计、水箱、温度控制系统和动力控制系统组成。试验前，预先把水箱的温度加热至设定温度，浆杯在水箱中旋转的同时试样升温至设计温度，通过稠化仪的电位计值读出水泥浆的稠度值。1200型常压稠化仪适用的温度为27～93℃，试验的压力为常压。1200型常压稠化仪可以完成以下工作：

(1)按API规范10第9节的要求，测定常压条件下水泥浆的稠化时间；

(2)按API规范10附录B的规定，为游离水含量测定试验养护水泥浆试样；

(3)按API规范10附录H的规定，为测定流变性试验养护水泥浆试样；

(4)按API规范10附录F的规定，为失水试验养护水泥浆试样；

(5)根据现场具体项目要求进行其他试验。

1200型常压稠化仪可以用于准备测试水泥浆各种参数试验所需要的水泥浆，完全符合API Spec10A/B。

水泥浆检测需要测量稠化时间、自由水含量、黏度、流变性能、失水性能和其他各种性能。1200型稠化仪也能以简单而且准确的调制方法，为以上试验提供水泥浆。API规范10A/B章节概述了试验要求并提供了常压稠化仪设计与操作的基本原则。水泥浆按照API章节10A/B准备好后，迅速倒入仪器上的两个可用的水泥浆杯中的任一个浆杯，插入搅拌浆叶和在浆杯上放置好电位计，然后将浆杯放入温度可控制的水浴池并开始搅拌。仪器设计的搅拌操作可在 1min 以内或者更少的时间开始，符合 API Spec10A/B 规定。

2)仪器结构特点。

(1)使用了基于微处理器的温度控制器，温度测量控制准确；

(2)水浴池升温速率可控制与 API Spec A/B 要求一致。也可满足其他想要的升温梯度；

(3)不锈钢水浴池能确保在正常腐蚀性水泥试验环境下，长时间操作不会发生故障或腐蚀，且使用一个马达搅拌水浴池维持温度均匀，消除水泥浆杯中的任何热不均匀点；

(4)操作简单，不会发生操作错误，新手简短培训即可操作，性能可靠、故障率低；

(5)直接扭矩弹簧读数允许以泊(Bc)为单位，即时确定水泥稠度；

(6)仪器标准净重标定简单快捷，维持测量精度；

(7)浆杯转速由驱动马达总成维持常速，工厂设置在 150r/min。可选不同转速用于研究时，水泥浆杯转速可以超过 150r/min；

(8)内部冷却夹套可快速冷却水泥浆；

(9)1200 型常压稠化仪用于实验室油井水泥配方研究、水泥外加剂的研究和测试、水泥生产质量检测，也适用于固井服务公司试验室和现场使用，符合 API 规范 10A/B 的场合；

(10)水浴池温度可显示在 1200 型稠化仪的温度控制面板上。

3)主要性能参数。

(1)浆杯转速：150r/min；

(2)适用温度范围：27～93℃；

(3)试验的压力：常压；

(4)电源电压：220V/50Hz。

13.2.1.2　TG－1250 型常压稠化仪

1)概述。

TG－1250 型常压稠化仪由沈阳泰格石油仪器设备制造有限公司设计生产(图 13－4)。该仪器按照美国石油学会 API 规范 10 的要求设计，完全符合 GB 10238—2005(油井水泥国家标准)的要求。用于测定水泥浆稠化时间，配合测试水泥浆失水、游离水和流变性的试验，以优选符合固井作业要求的水泥浆的仪器。

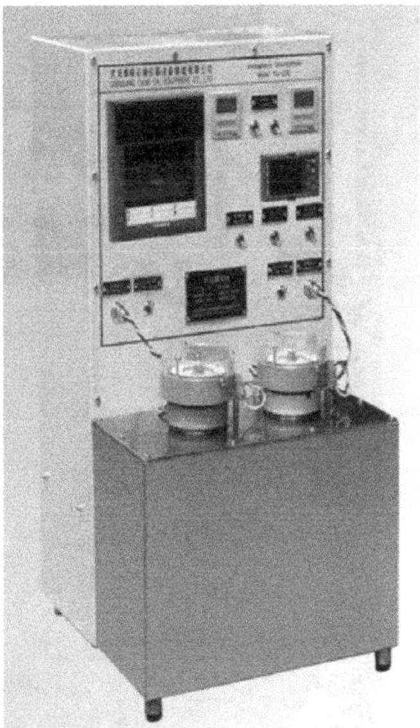

图 13－4　泰格 TG－1250 型常压稠化仪

该常压稠化仪是由加热器、电机、电器部分温度控制器、不锈钢水箱和稠度记录仪等组成。该常压稠化仪设有双筒，可以同时做两个水泥浆试样的试验，在面板的右上方设有温度控制器，用来控制水箱温度。水泥浆按照 API 章节 10A/B 准备好后，迅速倒入仪器上的两个可用的水泥浆杯中的任一个浆杯，插入搅拌浆叶和在浆杯上放置好电位计，然后将浆杯放入温度可控制的水浴池并开始搅拌。仪器设计的搅拌操作可在 1min 以内或者更少的时间开始，符合 API Spec10A/B 规定。

2)仪器结构特点。

(1)仪器带有加热套的样品室、样品搅拌浆叶、自动循环水浴;

(2)温度控制器;

(3)温度采集电偶精确采集温度,温度测量控制准确,数显自动控温(英国);

(4)稠度记录仪自动显示稠度数值并绘制水泥浆稠度曲线;

(5)水浴池升温速率可控制与 API Spec A/B 要求一致,也可满足其他想要的升温梯度;

(6)操作简单,不会发生操作错误,新手简短培训即可操作,性能可靠、故障率低;

(7)1250 型常压稠化仪带有一个隔离图形记录仪,可永久记录温度和稠度;

(8)设有一个稠度警报,设置范围从低于 30Bc 到 100Bc,警报时证明一个指定稠度已达到,可提醒操作者用于记录或者执行其他操作;

(9)内部冷却夹套可快速冷却水泥浆。

3)主要性能参数。

(1)工作电压:220V ± 10%,50Hz;

(2)工作压力:常压;

(3)工作最高温度:97℃;

(4)加热功率:2.5kW;

(5)浆杯转速:150r/min ± 15%;

(6)稠度范围:0 ~ 100Bc。

13.2.2 增温增压稠化仪

增温增压稠化仪是用来测定油井水泥浆在高温高压下稠化时间的仪器。它可以模拟井下高温、高压的各种条件进行水泥浆的稠度试验。增温增压稠化仪主要由釜体、浆杯、电位计、动力系统、温度控制系统、增压系统和供油系统组成。工作时将配置好的水泥浆灌入浆杯,然后将浆杯置入充满矿物油的釜体内并密封。浆杯在设定的温度和压力下,以 150r/min 恒定的转速转动,在浆杯内有叶片和电位计连在一起。当水泥浆随着浆杯一起转动时,水泥浆与叶片之间产生旋转扭力,水泥浆越稠则产生的扭力越大,该扭矩通过电位计转换成电信号,以计量单位“Bc”表示出来,达到测定稠度的目的。

图 13-5 千德乐 8040 高温高压稠化仪

13.2.2.1 8040D10 型高温高压稠化仪

1)概述。

8040 D10 高温高压稠化仪是美国千德乐公司设计制造的(图 13-5),专门设计用于严格按照 API 规范 10A 和 API RP-10B 的试验方案测量水泥的稠化时间。另外也可以为测量自由水含量、黏度、失水性能、流变性能等各种试验准备所需要的水泥浆。

8040 D10 稠化仪有很宽的温度和压力操作范围，浆杯驱动轴可以采用磁力驱动密封，也可采用盘根－密封管密封类型，由于仪器可对水泥施加很高的温度和压力，所以可模拟各种真实井底环境，所测的稠化时间可用于实际固井水泥的配方研究。

水泥浆按 API10A 第 5 节和 API RP－10B 规范描述的方法，采用 3060 或者 3070 常速搅拌器制备水泥浆，然后将水泥浆倒入浆杯并放入稠化仪，接着稠化仪根据 API 固井推荐的温度压力方案或者针对特定的油井条件加压加温到设计的温度和压力，浆杯以恒定转速 150r/min旋转带动浆杯中水泥转动。

2)仪器结构特点。

(1)由于使用了微处理器的温度控制器，温度测量控制准确；

(2)数字温度显示，具有可编程多段温度控制器；

(3)压力釜采用特殊合金钢制作，抗腐蚀耐用，不锈钢机箱，美观防腐蚀；

(4)结构合理、易于使用，性能可靠、设计耐用；

(5)大功率水泥浆加热器，加热速度快，可记录稠度和温度(压力可选)，可调稠度警报值；

(6)压力釜带冷却水夹套，压力釜密封采用通用“O”型圈和金属备份圈；

(7)浆杯转速 150r/min，可根据需要选择配置单缸或双缸；

(8)出厂前采用实际水泥浆做过测试。

3)主要性能参数。

(1)最高适应压力：275MPa(4000psi)；

(2)最高适应温度：315℃(600 ℉)；

(3)稠度范围：0～100Bc；

(4)浆杯转速：150r/min；

(5)电源电压：220V/50Hz。

13.2.2.2　8240 型水泥浆高温高压稠化仪

1)概述。

8240 型高温高压稠化仪是由美国千德乐公司设计制造的(图 13-6)，该仪器应严格按照 API 规范 10A 和 API RP－10B 的试验方案测量水泥的稠化时间。另外也可以为测量自由水含量、黏度、失水性能、流变性能等各种试验准备所需要的水泥浆。

8240 型稠化仪有很宽的温度和压力操作范围，浆杯驱动轴可以采用磁力驱动密封，也可采用盘根－密封管式类型的密封，由于仪器可对水泥浆施加很高的温度和压力，所以可模拟各种真实井下环境，所测的稠化时间可用于实际固井施工和水泥的配方研究。

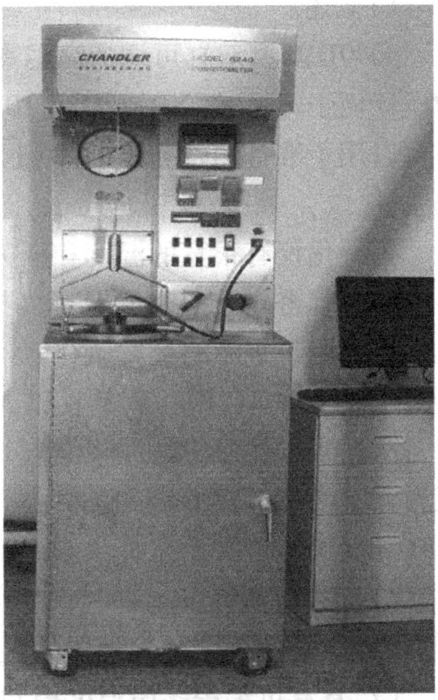

图 13-6　千德乐 8240 型水泥浆高温高压稠化仪

水泥浆按 API10A 第 5 节和 API RP－10B 规范描述的方法(或按国标：GB 10238—88 附录 D 所规定的方法)，采用 OWC－9360 常速搅拌器制备水泥浆，然后将水泥浆倒入浆杯并放入稠化仪，接着稠化仪根据API固井推荐的温度和压力方案或者针对特定的油井条件加压及加温到设计的温度和压力，浆杯以恒定转速150r/min旋转带动浆杯中水泥转动。

2）仪器结构特点。

（1）由于使用了微处理器的温度控制器，温度测量控制准确；

（2）浆杯转速150r/min，可选配单缸或双缸；

（3）具有可编程多段温度控制器；

（4）压力釜采用特殊合金钢，抗腐蚀耐用，不锈钢机箱，美观防腐；

（5）最大操作压力：275MPa（40000psi）；最大操作温度315℃（600 ℉）；

（6）结构合理、便于操作使用，性能可靠、设计耐用；

（7）大功率水泥浆加热器，压力釜带冷却水夹套；

（8）可记录稠度和温度（压力可选），实现数字温度显示，可调稠度警报值；

（9）磁力密封或者盘根－密封管密封；压力釜密封采用通用“O”型圈和金属备份圈；

（10）出厂前采用实际水泥浆做过测试。

3）主要性能参数。

（1）最高适应温度：315℃（600 ℉）；

（2）最高适应压力：275MPa（40000psi）；

（3）稠度范围：0～100Bc；

（4）浆杯转速：150r/min；

（5）电源电压：220V/50Hz。

13.2.2.3　8040 D10型双缸可调速高温高压稠化仪

1）概述。

8040D10型双缸可调速高温高压稠化仪由美国千德乐公司设计制造（图13－7），该设备的设计用于严格按照API规范10A和API RP－10B的试验方案测量水泥的稠化时间，另外也可以用于准备测量自由水含量、黏度、失水性能、流变性能等各种性能试验所需要的水泥浆。

该稠化仪有很宽的温度和压力操作范围，浆杯驱动轴可以采用磁力驱动密封也可采用盘根－密封管密封类型，仪器可模拟各种真实井底环境。所测的稠化时间可用于实际固井作业，也可用于水泥的配方研究。

水泥浆按API10A第5节和API RP－10B规范描述的方法，采用OWC9360常速搅拌器制备水泥浆，然后将水泥浆倒入浆杯并放入稠化仪，接着稠化仪根据API固井推荐的温度、压力方案或者针对特定的油井井下条件加压、加温到设定的温度和压力，浆杯以恒定转速150r/min旋转，带动浆杯中水泥转动，开始对水泥浆进行测试。

2）仪器结构特点。

（1）由于使用了微处理器的温度控制器，温度测量控制准确；

（2）具有可编程多段温度控制器；数字温度显示；

（3）结构合理、易于操作，性能可靠；压力釜采用特殊合金钢，抗腐蚀耐用；可按要求选配单缸或双缸；

图 13-7　千德乐 8040D10 型双缸可调速高温高压稠化仪

(4)不锈钢机箱，美观防腐；

(5)大功率水泥浆加热器，加热速度快；

(6)可记录稠度和温度(压力可选)；可调稠度警报值；

(7)磁力密封或者盘根-密封管密封；

(8)压力釜采用通用“O”型圈和金属备份圈密封，压力釜带冷却水夹套；

(9)出厂前采用实际水泥浆做过测试。

3)主要性能参数。

(1)最高适用压力：275MPa(40000psi)；

(2)最高适用温度：315℃(600 ℉)；

(3)稠度范围：0~100Bc；

(4)浆杯转速：150r/min；

(5)电源电压：220V/50Hz。

13.2.2.4　TG-7716 型便携式增压稠化仪

1)概述。

TG-7716 型便携式稠化仪是沈阳泰格石油仪器设备制造有限公司严格按照(API)标准规范 10 设计生产的(图 13-8)。该仪器具有无电位计稠度测量，高可靠性、体积小、重量轻、方便携带等特点，更适用于现场环境对固井水泥浆体系配方进行现场检验。

图 13-8　泰格 TG-7716 型便携式稠化仪

2)仪器结构特点。

(1)无电位计结构，操作更加简便、可靠；

(2)采用扭矩传感器代替传统稠化仪的电位计，从扭矩信号上获取水泥浆稠度信号；

(3)采用英国欧陆3504控制器，原装进口压力传感器；

(4)美国原装气驱液体增压泵，美国原装高压阀；

(5)重量轻，体积小，便于携带；

(6)操作简便，维护方便；

(7)TG－5270电脑数据采集系统，RS－232/485接口，实现温度、压力、稠度连续记录、存储、打印等操作。

3)主要性能参数。

(1)最高温度：177℃；

(2)最高压力：112MPa；

(3)浆杯转速：(150±15)r/min；

(4)稠度范围：0～100Bc；

(5)电源：220V/50Hz；

(6)最大功率：3kW。

13.2.2.5 TG－7720型便携增压稠化仪

1)概述。

TG－7720型便携增压稠化仪由沈阳泰格石油仪器设备制造有限公司设计生产的(图13-9)，该仪器体积紧凑，使用方便，非常适用于野外固井生产现场。TG－7720型便携式增压稠化仪之所以能做到体积紧凑并兼顾性能，主要归功于釜体设计采用了高强度合金。符合美国石油协会规定的水泥浆杯，采用旋转浆杯固定浆叶结构。釜体能够完成绝大多数美国石油协会试验方案的高温高压试验。沈阳泰格公司TG－7720型便携式稠化仪设计结构灵活，精度高。

图13-9 泰格TG－7720型便携式增压稠化仪

TG－7720型便携式稠化仪的操作简便，所有控制阀门和开关均方便地布置在面板上。稠度、压力和温度可由装在面板上的显示仪表和记录仪读出。该仪器的设计使得密闭釜体加温、加压能够快速完成。从而保证了满足美国石油协会规范10第8章中要求试验前尽量缩短延迟时间的要求。

2)仪器结构特点。

(1)仪器体积紧凑，使用方便，非常适用于野外固井生产现场；

(2)温度控制器能自动控制水泥浆样的升温速率，也能自动保持恒定的目标温度；

(3)压力控制通过调整气驱动液力泵的输入气压来实现，压力控制均匀；

(4)配有计算机和显示器，稠度、压力和温度可由装在面板上的显示仪表和记录仪读出，仪器仪表板上的温度控制器也同时显示釜体内的实时温度；

(5)温度和稠度数值由系统三笔记录仪绘制，可实现数据存储与打印；

(6)釜体能够完成绝大多数美国石油协会试验方案的高温高压试验。

3)主要性能参数。

(1)最高试验温度：204℃；

(2)最高试验压力：137MPa；

(3)加热器功率：3kW；

(4)浆杯转速：(150 ± 15)r/min；

(5)稠度范围：0 ~ 100Bc；

(6)电源：220V/50Hz；

(7)最大功率：3kW；

(8)压缩空气压力：0.3 ~ 0.7MPa；

(9)便携式稠化仪配有数据采集系统。

13.3 失水仪

目前，国内使用的失水仪主要是从美国进口的，国内沈阳等地也有公司生产，但都是按API标准设计。失水仪在固井水泥浆性能评价中是比较重要的仪器之一。在向井内注入钻井液或者水泥浆的时候，如果钻井液或者水泥浆经过渗透性地层并与其接触时，钻井液或水泥浆就会发生失水。水泥浆失水会导致水泥浆性能发生变化，影响固井质量，严重的水泥浆失水甚至会引起固井施工失败，造成固井工程事故，甚至会造成全井报废。因此，必须对水泥浆失水加以控制。失水仪就是用来测量和评价水泥浆失水性能的仪器。

13.3.1 7120 搅拌型失水仪

1)概述。

美国千德乐公司制造的7120搅拌型失水仪是按API标准设计(图13-10)，专门用来测定油井水泥浆失水特性的仪器。使用该仪器测定水泥浆的失水时，可将加温搅拌和测量失水在一个桶内完成，与普通失水仪相比既可免去搅拌的工序，又可避免操作人员被烫伤的风险，且更加接近模拟的井下实际状态。

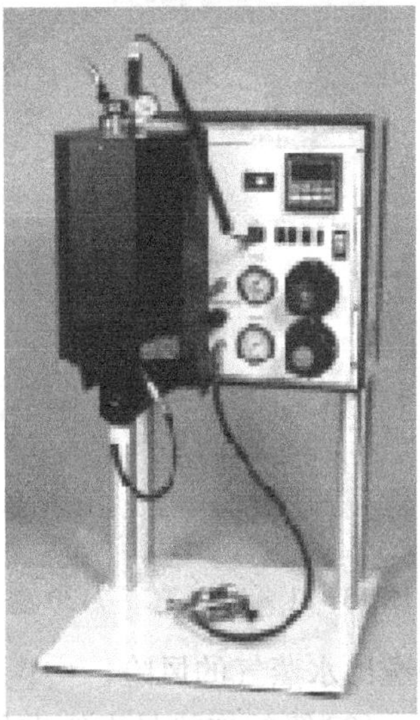

图 13-10　美国千德乐 7120 搅拌型失水仪

7120搅拌型失水仪用于根据API10和13规范要求测量油井泥浆和水泥浆的失水性能，按API规范要求，恒速搅拌水泥浆，失水性能的测量结果可表达为水泥浆滤失的水分的体积。

7120搅拌型失水仪在同一个釜中完成水泥养护与测量失水，避免了在常压稠化仪中养护，然后将热水泥浆倒入失水仪进行失水试验，减少了水泥沉淀的机会，水泥浆混合也更加均匀，效率高，安全可靠。尤其对于温度超过100℃的试验特别有用，操作者不再需要转移热水泥浆，避免了烧伤的风险和保证了实验时间的连续性。

2)仪器结构特点。

(1)设计上充分考虑了操作安全，同一个釜中完成水泥养护与测量失水，无须接触高温水泥浆；

(2)可在高温、高压下，高速搅拌水泥浆；

(3)仪器能模拟井底环境完成高温、高压滤失试验；

(4)控制阀门和仪表放置在前面板，方便压力设置和测量；

(5)有编程温度控制器，方便升温和保温操作；

(6)体积小、重量轻，便于在实验室工作台上安装；

(7)具有稳定底座，易于工作；有釜体冷却水夹套。

3)主要性能参数。

(1)样品釜体积：250mL；

(2)最高适用温度：205℃(400 ℉)；

(3)最高适用压力：14MPa(2000psi)；

(4)电源电压：220V/50Hz。

13.3.2 TG－7120型翻转式失水仪

TG－7120型翻转式失水仪是沈阳泰格石油仪器设备制造有限公司严格按照美国石油学会(API)规范10的要求进行设计制造的搅拌式失水实验装置(图13－11)。该装置是用来检测水泥浆失水性能的仪器，它可在高温高压条件下测试水泥浆失水，是一个高温、高压滤失检测仪。失水仪外套内有一个浆筒，浆筒内有一个以(150±15)r/min转速转动的浆叶。浆叶的转速与稠化仪浆叶在做稠化试验时的转速相同。在完成模拟稠化试验后，把浆筒倒转并开始失水试验。对水泥浆加压，并配一个刻度量筒，接收测量水泥浆的失水量。

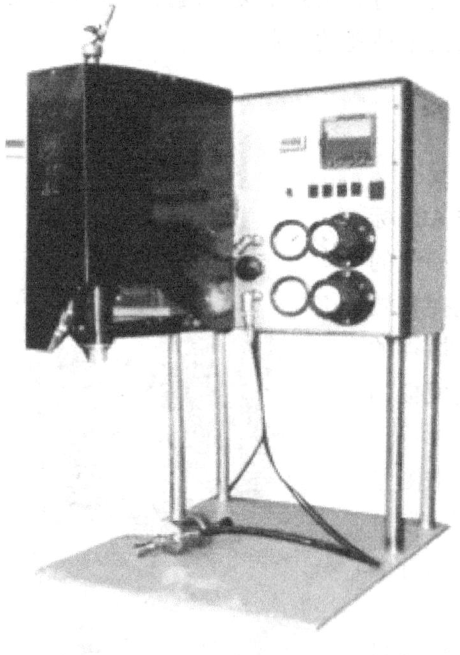

图13－11 泰格TG－7120型翻转式失水仪

仪器由一个空气、氮气或者其他惰性气体的高压气源提供压力。供给浆筒和滤压腔的压力是由安装在操纵台上的筒压调节器和滤压调节器调节的，浆筒的卸压使用操纵台上的卸压阀。

1)仪器结构特点。

(1)本装置可对水泥浆在同一个浆筒内搅拌和测试，避免了热水泥浆从一个筒转移到另一个筒和逸出水蒸气的风险；

(2)筒的加热是由绕在外面的一个管状电阻加热器提供的。温度是通过一个热电偶来传递的，并由EUROTHERM2404型温度控制器控制，能准确均匀升温和维持恒温；

(3)装有一个冷却水套管，用以冷却试验浆筒；

(4)搅拌浆筒可在很高的加温加压高速转动情况下搅拌水泥浆；

(5)仪器性能可靠、耐腐蚀、操作安全方便。

2)主要性能参数。

(1)筒压调节器的压力：0~14MPa(2000psi)；

(2)滤压调节器的压力：0~1.1MPa(160psi)；

(3)可编程温度控制器：0~232℃(450 ℉)；

(4)输入电压：240V，50/60Hz；

(5)浆叶旋转速率：150r/min；

(6)带刻度量筒的容积：50mL。

13.4　强度仪

强度试验仪是用来测量水泥石抗压强度的设备。将水泥浆在养护釜中按规定温度和压力条件下养护成水泥石试样模块或水泥试块，然后在强度仪上测试其强度。压力试验机是专门用来挤压水泥石试块的，通过养护釜养护出模的试块放在压力试验机上做破坏性试验，试块被压裂瞬间的压强即为水泥石的抗压强度。有的强度仪不用专门养护水泥试块，可通过超声波在养护过程中进行测量(如胶凝强度仪)。

13.4.1　TG-300B抗压强度测试仪

1)概述。

TG-300B抗压强度测试仪是沈阳泰格石油仪器设备制造有限公司设计生产的抗压强度测试仪器。该仪器是一个全自动恒应力水泥压力试验机。主要用于水泥石抗压强度试验，能够按照GB/T 17671—2005水泥石强度检验方法以及GB/T 10238—2005油井水泥、GB/T 19139—2003油井水泥试验方法的要求自动完成试验，适用于各种科研单位和教学院校。

2)仪器结构特点。

试验机由框架、液压系统、电控系统和控制用PLC一体机组成，具有结构紧凑，外形美观，操作简便，安全可靠等优点。

(1)机体部分。由底座、横梁、支架及两根立柱组成整体，并设有安全防护罩，保证试验人员在试验过程中的安全。固定在机座上的油缸，其活塞行程为45mm，当活塞上升时，为防止灰尘进入油缸，在柱塞上装有防尘罩。油缸和活塞上采用组合密封，在油缸的内壁上专门设有溢油孔，这种结构可使工作油缸与活塞间的摩擦系数减少到极小限度，并且能形成保护。从而保证了试验机的精度及安全。

(2)液压系统。整个液压系统包括油箱、液压专用油泵电机组、单向阀、比例溢流阀、溢流阀、电磁阀、高精度滤油器等。

(3)控制系统。通过控制界面操作按钮进行操作(图13-12)，可以匀速增加负荷及负荷保持控制，具有试验数据和曲线的液晶屏幕显示及保存打印、数据库管理等功能(图13-13)，具有手动和自动两种加载方式。

由工业触屏控制，PLC一体机控制系统，实现了试验力的闭环控制，具有等速试验力控

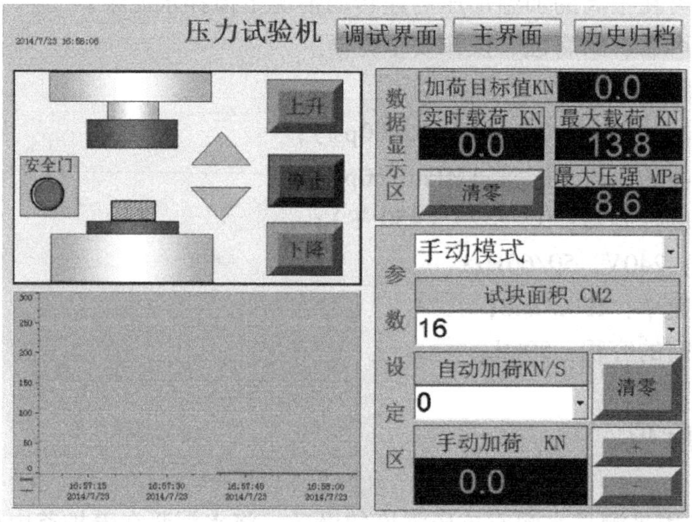

图 13-12 操作界面

	时间	模式 手动0/自动1	自动加荷速率 KN/S	试块面积 CM2	最大载荷 KN	最大压强 Mpa
1	2014/7/23 11:01:27				99.6	
2	2014/7/23 11:18:24	0	0.0	16	0.0	0.0
3	2014/7/23 11:19:40	0	0.0	16	99.9	62.4
4	2014/7/23 11:20:15	0	0.0	16	16.5	10.3
5	2014/7/23 11:23:50	0	0.0	16	109.5	68.4
6	2014/7/23 11:24:12	0	0.0	25	15.3	6.1
7	2014/7/23 11:26:07	1	0.0	25	49.8	19.9
8	2014/7/23 11:26:55	1	2.4	25	84.0	33.6
9	2014/7/23 11:27:28	1	0.0	25	108.3	43.3
10	2014/7/23 11:28:38	1	0.0	25	14.1	5.6
11	2014/7/23 11:29:17	1	0.0	25	13.8	5.5
12	2014/7/23 11:30:49	0 u.	0.0 u.	0 u.	0.0 u.	0.0 u.
13	2014/7/23 13:05:39	0	0.0	25	13.8	5.5
14	2014/7/23 16:56:17	0	0.0	16	13.8	5.5

图 13-13 数据归档界面

制功能以及试验力、峰值、试验曲线的屏幕显示功能，可以按标准 GB/T 17671—2005 的要求完成试验的数据处理。全触控操作和控制模式智能设置专家系统，多通道参数文件存储，用于试验过程的模拟再现和试验数据的再分析。全数字程控放大器保证调零、换挡全部由计算机自动进行。软件系统充分发挥了计算机虚拟仪器的强劲功能。多种试验曲线显示功能和全过程试验参数保存功能保证了试验数据的再处理。

3）主要性能参数。

（1）最大试验力：300kN；

（2）试验力测量范围：18 ~ 300kN；

（3）试验力示值精度：±1%；

（4）活塞直径：ϕ125mm；

（5）活塞行程：0 ~ 45mm；

(6)活塞空载最大移动速度：35mm/min；

(7)压缩空间：0 ~ 80mm；

(8)整机外形尺寸：697mm × 775mm × 1450mm。

13.4.2　5265 型静胶凝强度分析仪(超声波强度分析仪)

1)概述。

5265 型静胶凝强度分析仪(超声波强度分析仪)是美国千得乐公司设计制造(图 13-14)，是专门用来观察油井水泥浆静胶凝强度发展和抗压强度形成过程的仪器。该分析仪利用超声波技术，把入釜的水泥浆由稀变稠直至成型变硬的整个过程，在计算机屏幕上以曲线形式显示出来。它可以帮助设计人员优化设计方案，对固井水泥浆候凝过程中防止油、气、水窜有重要的指导作用。仪器具有自动控温、自动产生静胶凝力、自动记录和断电后保存数据避免重复试验的功能。

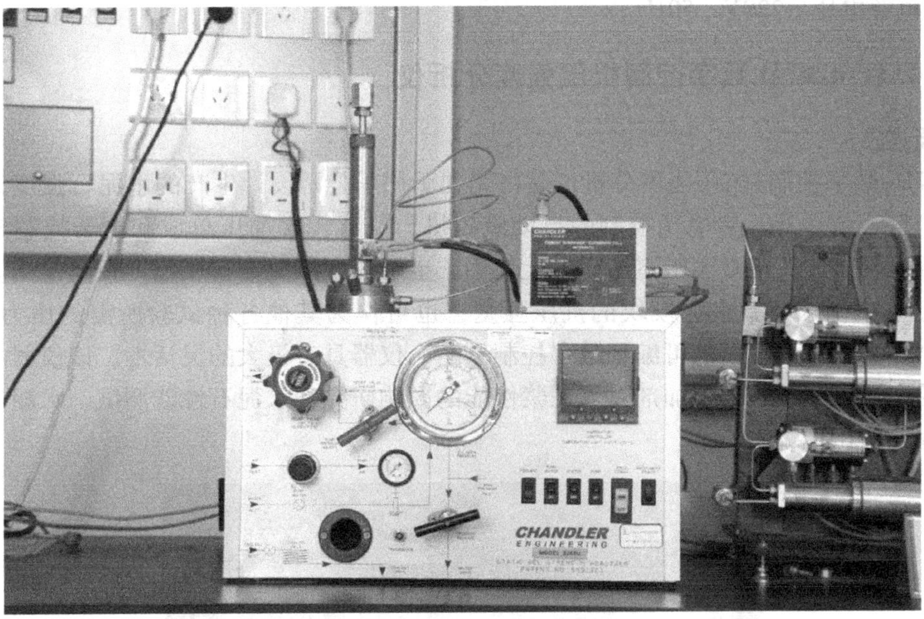

图 13-14　千德乐 5265 型静胶凝强度分析仪

千德乐 5265 静胶凝强度分析仪可模拟油井水泥在井底高温、高压环境下养护过程，并同时分析水泥的静胶凝强度和抗压强度的发展情况。与标准的超声波水泥分析仪类似，通过测试超声波穿过养护水泥样品时的传送时间分析水泥性能。通过真实的试验测试，验证了千德乐专利的静胶凝强度和抗压强度计算方法，并可广泛应用于包括低密度、高密度、乳胶型等各类不同密度和配方的水泥浆。

水泥浆按 API10A 第 5 节和 API RP - 10B 规范描述的方法，采用 OWC - 9360 常速搅拌器制备水泥浆，然后将水泥浆倒入静胶凝强度养护浆杯并放入静胶凝强度分析仪，接着静胶凝强度分析仪根据 API 固井推荐的温度、压力方案或者针对特定的油井条件加压、加温到设定的温度和压力，开始静胶凝强度测试。试验时，温度控制器自动控制温度，压力通过微调控压阀和自动泄压阀精确控制，通过千德乐 5270 数据采集与控制系统实时采集试验数据，软件可自动绘制实时的温度、压力、传送时间和计算出来的抗压强度曲线。

2)仪器结构特点。

(1)可实时分析静胶凝强度发展;

(2)可实时分析抗压强度发展;

(3)可用于预测水泥等待(WOC)时间;

(4)可用于预测水泥气窜和液窜敏感性;

(5)使用非破坏性方式分析水泥石强度变化;

(6)具有成熟的专利算法;

(7)配备千德乐5270数据采集与控制系统。

3)主要性能参数。

(1)最高适用温度:204℃(400℉);

(2)最高适用压力:137MPa(20000psi);

(3)电源电压:220V,50Hz。

13.4.3 4207D数字控制抗压强度分析仪

1)概述。

4207D(数字控制)抗压强度分析仪是由美国千德乐公司设计生产的水泥石强度试验设备(图13-15)。它就是一台电子控制的自动液压机,仪器包含加压总成和电子控制液压系统两大部分,既可放在正常实验室工作台上使用,也可以直接放在实验室地板上使用。可以按API规范10的要求试验水泥模块的抗压强度,也可作为其他各种试验所需的压力机使用。由于控制主板采用了最新的可编程数字控制电路,仪器具有极大的灵活性。该仪器主要用于实验室的水泥研究、水泥外加剂对水泥浆性能的影响研究和水泥石性能测试、水泥生产质量检测和固井公司现场实验室。

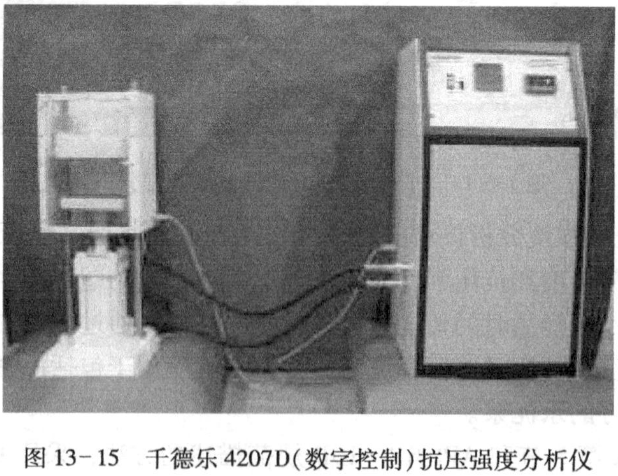

图13-15 千德乐4207D(数字控制)抗压强度分析仪

由于需要做水泥抗压强度试验的原因很多,如:验证水泥强度是否符合生产厂质量标准、测试抗压强度是否符合行业标准、保证固井中使用的水泥有足够的抗压强度等。生产的水泥要使用API标志时,必须执行API所要求的实验。

过去许多抗压强度实验采用的仪器,在给试样加压力载荷时,采用手动控制液压泵,造成加压不稳定，也不均匀，测试结果波动很大。很难准确测量实际抗压强度，4207D 抗压强度分析仪解决了测试结果的不可靠的问题。

抗压强度测试要求快速对水泥试样施加一个准确控制的渐增的载荷，要达到这个要求，只有自动控制才能实现。自动控制可采用电子方式也可采用液压方式，也可混合使用二者。4207D 抗压强度分析仪使用了一个用电子智能控制器控制的自动液压阀，这个液压阀可对试样施加光滑、准确的线性载荷，配上自动控制系统可避免操作失误，可提供良好的实验结果。

4207D 抗压强度分析仪可对 2in 水泥试样施加足够的载荷测定试样的抗压强度，程序控制系统能严格按 API10 第 7 节的要求选择负载速率，可以试验各种场合下使用的不同水泥，从超低密度发泡水泥到特别重的高密度水泥均可试验检测。

2)仪器结构特点。

(1)采用可编程数字控制电路，可编程自动控制加载速率；

(2)控制单元和试块加载单元独立分开，操作简单，易控制，安全可靠；

(3)聚碳酸酯护罩和安全门锁；

(4)控制箱远离压力机仪器，既适合放在正常实验室工作台上使用，也可以直接放在实验室地板上使用；

(5)采用静音电机及液压泵沉入油箱，提供液压动力，无噪声；

(6)一个控制方案可设置多个时间段的加载速率，实现多段、梯度加载速率；

(7)负载速率电子控制系统和液压释放阀可精确控制压力加载和卸载；

(8)加载推力和抗压强度直观显示，可选 5270 数据采集系统；

(9)装有超温保护电路，自动停机保护系统。

3)主要性能参数。

(1)最大负载：222kN；

(2)加载速率：178kN/min；

(3)软管最大承受压力：13.8MPa；

(4)电源电压：220V/50Hz。

13.4.4　4265 - HT 超声波高温养护强度仪(或称强度检测养护釜)

1)概述。

4265 - HT 超声波高温养护强度仪(或称高温强度检测养护釜)由美国千德乐公司设计生产，它是一个适应较高温度的超声波高温强度仪和养护釜的混合装置(图 13-16)。常规的水泥试样养护法养护的水泥试样只能用于测试养护后强度。如果在某些施工中，需要精确、有效地规划施工当中的最小水泥等待时间或者水泥浆在规定时间内是否会强度衰减或失效，则需要了解水泥浆在养护过程中抗压强度的发展情况和规定时间内强度的变化情况，以确定水泥浆从强度产生到规定时间的变化过程。4265 - HT 超声波水泥高温养护强度仪可对水泥浆在超高温和高压环境下抗压强度的发展过程进行模拟检测，并得出分析数据。符合 API10A 要求。超声波高温养护强度仪是通过监测超声波在水泥浆硬化过程中的传输速率的变化，来确定水泥强度的变化。随着水泥浆硬化，超声波传送时间缩短，再结合被油气行业

图 13-16　千德乐 4265 - HT 超声波高温养护强度仪(或称高温强度检测养护釜)

认可的专用经验算法，计算出对应的抗压强度值。

2)仪器结构特点。

(1)整个试验过程可实时观察抗压强度变化；

(2)预测水泥等待(WOC)时间；

(3)对试样采用无损方式检测；

(4)抗压强度计算采用工业标准专利算法；

(5)试验温度范围更宽，既可选高温试验，也可选低温试验；

(6)可采用千德乐 5270 数据采集系统与控制软件；

(7)可选用自动压力控制；

(8)可选用 4268ES 水泥收缩膨胀釜。

3)主要性能参数。

(1)单缸设计，最高工作温度：316℃；

(2)最大工作压力：138MPa；

(3)养护试模数量：16 块；

(4)电源电压：220V/50Hz。

13.4.5　德国 ToniPRAX 水泥石抗压抗折强度测试一体机

1)概述。

ToniPRAX 水泥石抗压抗折强度测试一体机是德国兹威克公司设计生产的强度试验仪器(图 13-17)。该仪器的设计符合 DIN196 - 1、ISO697、ASTM C349、ASTM C109、DIN51220 以及 DIN EN ISO 7500 - 1，是全自动液压伺服的高精度压力机，其精度等级为 Class1，ToniPRAX 可以高效和连续地对水泥石和混凝土块进行压力试验。其性能和所有的技术参数经过优化后，分别可测试 40mm × 40mm × 160mm 的半棱柱和 50mm 的立方体。试验简单、操作容易，工作效率高。可选配的 10kN 的加载架专门用于弯曲试验，测试水泥石的弹性模量、泊松比和杨氏模量。

仪器操作程序是：①根据测试内容制取相应的水泥块，脱模，处理水泥块表面；②取出对应的弯曲刀具和 DMS 载荷力测试盒，将弯曲刀具按照要求夹到水泥块表面，DMS 载荷力测试盒与测试主机和弯曲刀具连接好；③将夹好的水泥块放到测试平台上，关闭玻璃挡板；④打开测试软件，设定测试参数，点击开始按钮测试开始；⑤等试验运行结束，打开玻璃挡板，取出夹好的水泥块，拆卸弯曲刀具和 DMS 载荷力测试盒。

图 13－17　德国 ToniPRAX 水泥石抗压抗折强度测试一体机

2）仪器结构特点。

（1）全自动测试底盘，微电脑伺服液压控制；

（2）全系统结构紧凑，各单元安装、连接后运行；

（3）允许安装第三个测试架，混凝土压力试验用的 3000kN 测试架；

（4）不同的测试架转换可全自动操作，软件控制转换；

（5）可多达 99 次测试数据的存储；

（6）两种选择显示，稳定性和加载力。

3）主要性能参数。

（1）最大载荷：300kN（抗压），10kN（抗折）；

（2）测试范围：30～300kN（抗压），0.1～10kN（抗折）；

（3）测试模块尺寸：40mm×40mm；

（4）活塞移动距离：60mm。

13.5　养护釜

养护釜是用来将水泥浆在规定温度和压力下养护成水泥石模块试样（或试块）的设备，是为水泥石强度试验做准备的设备。养护釜主要由釜体、试模、控温系统和增压系统组成，备好的水泥浆倒入试模放进釜体后密封，根据设计方案加温、加压养护到规定龄期后出炉。养护好的水泥石试块放到压力试验机上进行挤压测试，做破坏性试验，试块被压裂瞬间的压强即为水泥石的抗压强度。

13.5.1　常压养护釜

常压养护釜又称强度养护箱，是在常压条件下为水泥凝固和强度养护提供不同温度环境的设备。以 TG－1280 常压养护箱为例作一介绍。

1）概述。

TG－1280 常压养护箱是沈阳泰格石油仪器设备制造有限公司设计生产的水泥养护仪器（图 13－18）。TG－1280 常压养护箱是按照美国石油学会 API 规范 10 的要求设计的。完全符合 GB 10238—2005（油井水泥国家标准）的要求。用于水泥试块的常压养护。TG－1280 常压养护箱使用方便、简洁，试验前调节温控仪，将各参数调到所需要的值，将水箱升到预定温

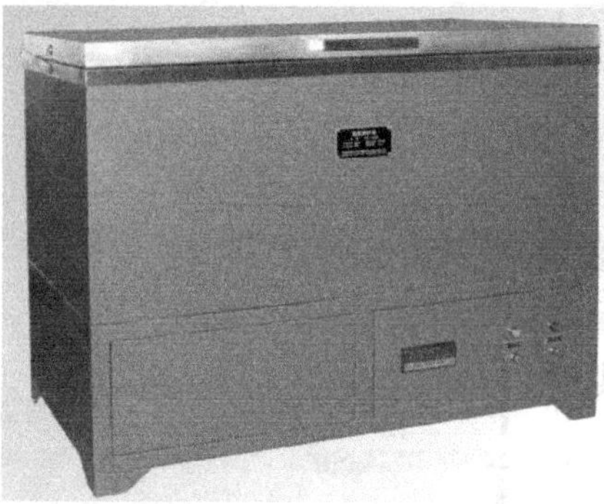
图 13－18　泰格 TG－1280 常压强度养护箱

度。将按照 GB 10238—2005 中关于水泥浆配制方法的要求制备水泥浆倒入铜试模中直到满为止。在预先设置温度的水箱中进行养护，达到试验规定的时间。

2）仪器结构特点。

（1）配有温度自动控制电路；温度控制器（英国），配有采集温度的热电偶，温控准确，读数方便；

（2）大功率加热器，不锈钢的水浴箱，加热快，抗腐蚀；

（3）配套有水泥强度试模；

（4）结构简单，性能可靠，易操作。

3）主要性能参数。

（1）电源功率：220V，50Hz，3000W；

（2）工作电压：220V ±10%；

（3）工作压力：常压；

（4）最高温度：100℃；

（5）加热功率：4.5kW；

（6）外形尺寸：905mm ×510mm ×820mm。

13.5.2　19/73 系列养护釜

1）概述。

73 系列和 19 系列高温高压养护釜是美国千德乐公司设计生产的水泥养护仪器（图 13－19）。该仪器严格按照美国石油协会（API）规范 10 第七节规定设计，对水泥抗压强度试验所需的水泥试块进行养护。高温高压养护釜具有可编程控制加热速率系统，用于养护标准 2in 水泥方块试样。这两个系列养护釜具有很宽的温度与压力范围，可模拟油井水泥实际运用环境。被测的水泥浆采用 30 ~60r/min 常速搅拌器，按照 API10 第 5 章的要求制备，然后将水泥浆倒入水泥模子，再放入养护釜，加温、加压到特定的设定条件（API Spec10 中对典型水泥模子升温升压数值有详细描述），样品在养护釜中通常养护 8h，12h，24h 或者 7d 之后再做强度试验，确定试样的抗压强度。该养护釜主要用于实验室油井水泥配方研究、不同水泥外加剂配方的水泥石强度研究和测试、水泥生产质量检测，以及固井公司化验室和现场使用。

高温高压养护釜的所有操作控制阀门及开关均放置在前面板上，操作方便，温度和压力控制参数可方便地在前面板和数字显示器上显示。养护温度控制使用 7050 温度控制器，通过面板键盘可方便地设置 APISpec10 要求的多段温度方案。养护釜不仅具有控制实验期间的温度升高和保持养护期间的恒定温度功能，还可以在试验结束阶段通过连接冷却水控制冷却速率。压力通过空气增压泵产生，压力调节通过卸压阀控制。

2）仪器结构特点。

（1）智能多段温度控制器，大功率加热器，温控准确，加热快；

(2)不锈钢压力釜，抗腐蚀耐用；

(3)金属对金属密封圈密封效果好，耐温耐压；

(4)基于微处理器的温度控制器的数字温度显示；

(5)压力釜配有冷却夹套，冷却速度快；

(6)根据需求可选择单缸或者双缸配置；

(7)设计易于操作，耐用；

(8)操作简单，性能可靠；

(9)最高操作指标已在工厂测试。

3)主要性能参数。

73 系列高温高压养护釜：

(1)最高养护压力：35MPa(5000psi)；

(2)最高养护温度：450℃(850 ℉)；

(3)工作电压：220V ±10%/50Hz。

19 系列高温高压养护釜：

(1)最高养护压力：210MPa(30000psi)；

(2)最高养护温度：370℃(700 ℉)；

(3)工作电压：220V ±10%/50Hz。

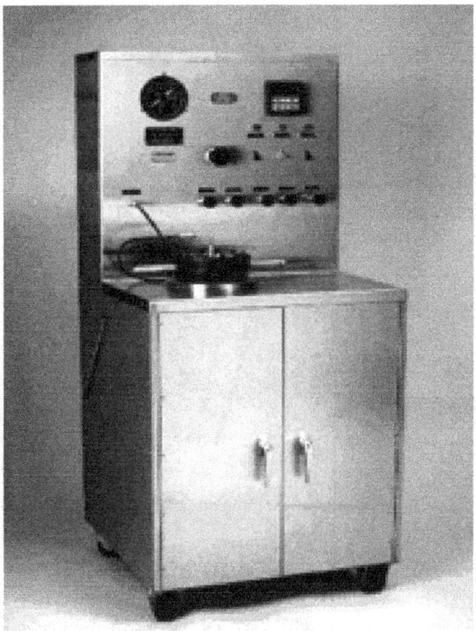

图 13-19　73 系列和 19 系列高温高压养护釜

13.5.3　7375 型水泥石高温高压强度养护釜

1)概述。

7375 型水泥石高温高压强度养护釜是美国千德乐公司设计生产的水泥强度养护仪器(图 13-20)。仪器可以按照 API 和 IOS 规范养护 2in 的水泥样品模块，以测试油井水泥抗压强度。仪器提供了较宽量程的温度和压力范围，可以很好地模拟井底不同温度和压力环境的养护过程，进行对水泥石养护。其养护出来的水泥模块可供抗压强度分析仪进行抗压强度的测试和分析。也可供压力试验机进行抗压强度测试。

进行水泥浆养护时，水泥浆按 API 10A 第 5 节和 API RP－10B 规范描述的方法，采用 OWC－9360 常速搅拌器制备水泥浆，然后将水泥浆倒入模子并放入养护釜，接着养护釜根据 API 固井推荐的温度压力方案或者针对特定的油井条件加压加温到设计的温度压力，开始高温高压水浴养护。

2)仪器结构特点。

(1)可精确控制水泥试样环境的温度和压力；

(2)金属高压密封环密封，密封效果好；

(3)大功率加热器，加热速度快；

(4)使用方便、性能可靠、坚固耐用；

(5)压力釜带冷却套，养护结束时可快速降温；

(6)工厂严格测试达到最高工作温度压力；

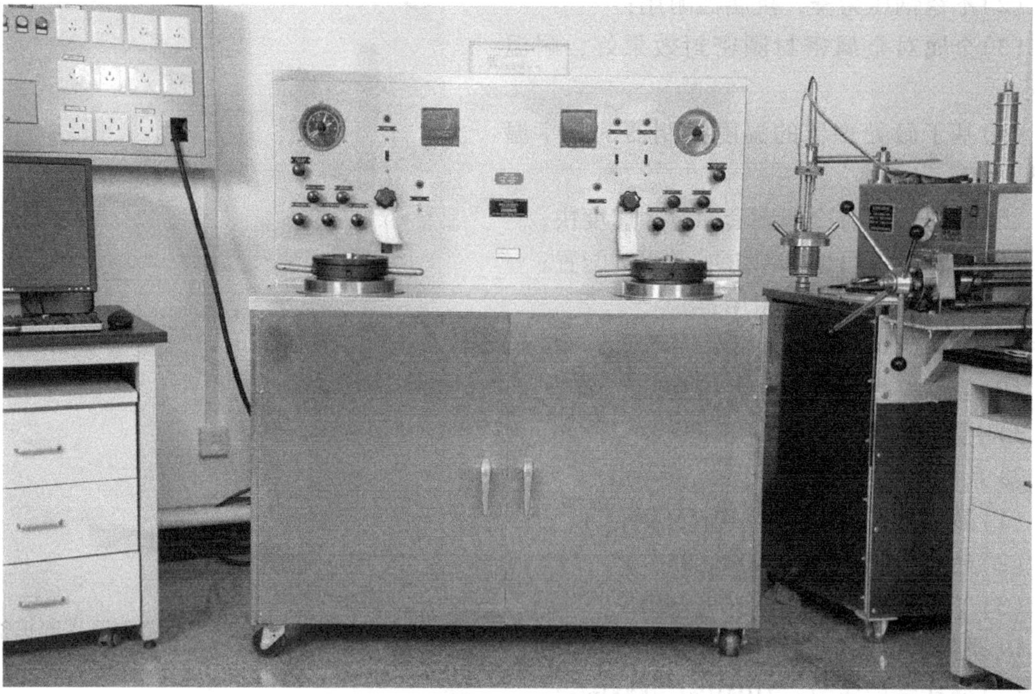

图 13-20　千德乐 7375 型水泥石高温高压强度养护釜

(7)釜体内温度均匀，保障试样均匀养护；

(8)模子有不锈钢和铜两种材质，可根据实际需要选择；

(9)操作简单，短期培训即可掌握使用。

3)主要性能参数。

(1)最高养护压力：35MPa(5000psi)；

(2)最高养护温度：370℃(700 ℉)；

(3)工作电压：220V ±10%/50Hz。

13.6　水泥浆防气窜分析仪

水泥浆防气窜分析仪是分析水泥浆凝固期间的防气窜能力的仪器，可以对水泥浆防气窜性能进行评价，以优选出适合气井固井使用的水泥浆。

13.6.1　7200 型水泥气窜模拟分析仪

1)概述。

7200 型水泥浆防气窜模拟分析仪由美国千德乐公司设计生产(图 13-21)，是用来分析水泥浆防气窜能力的仪器。可以精确测量评估油井水泥的四个特性：①水泥浆气窜敏感性；②水泥的水化程度；③水泥浆凝固收缩膨胀率；④水泥石气体渗透率。

7200 型水泥浆防气窜能力分析仪是一个闭环系统，在水泥水化过程中，用氮气一直往水泥浆柱底部注射，同时在浆柱顶部测试孔隙压力，通过测量水泥浆柱顶部的水泥孔

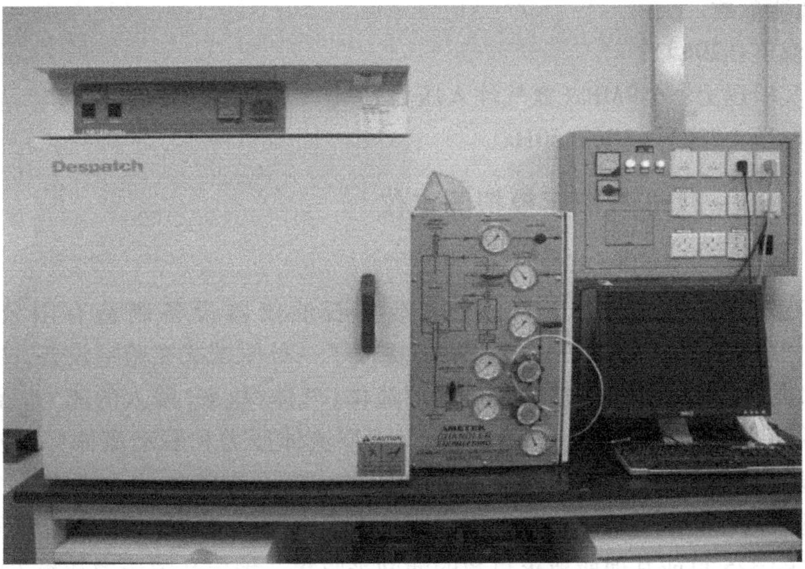

图 13-21　千德乐 7200 型水泥气窜模拟分析仪

隙压力，以及测量是否有注射的氮气通过水泥浆压向上运移到达水泥柱顶部，从而判断水泥浆对气窜的敏感性。气窜将导致顶部水泥孔隙压力升高，并有可能使顶部水泥孔隙压力达到与底部气体注射压一样的压力，如果没有气窜发生，水泥在水化过程中孔隙压力将持续下降(由于水泥收缩和失水)并有可能持续降低到真空。仪器采用气体质量流量计测量气体注入水泥的流速。气体注入给水增压，水又给水泥增压，气体流速就反映了水泥的收缩/膨胀性能以及水化程度。同样，通过测量内部水泥温度的变化可预测水泥水化程度以及进程，水泥水化反应放出的热量导致水泥温度上升。在实验最后可用该仪器大致判断水泥的气体渗透率，通过打开孔隙压力端(顶部)的样品压力，使顶部压力与常压相同，再继续注射氮气进入样品，测量气体流速以及压力，可大致判断水泥的气体渗透率。仪器的操作分以下步骤：①试验浆杯预热到实验室温度后，打开固定支架取下上盖，并将水泥浆倒入浆杯中，水泥浆到离上盖 1cm 左右的位置；②放好隔热挡片，盖好上盖，插好热电偶，关闭试验腔体门，打开进水阀门，将浆杯内的空气排出；③设置试验温度和压力，打开加热器按钮和压力阀门，开始试验；④打开电脑软件，采集试验数据，微调氮气注入压力阀门，保证浆体底端的压力与试验测定的孔隙压力相当；⑤当孔隙压力下降到初始时刻的显示数值时，通过电脑程序打开氮气注入压力阀门，测定气窜流量；⑥试验结束时，关闭加热器开关和氮气压力开关，冷却设备，设备冷却到 90℃ 以下时拆下试验浆杯，取出水泥浆并清洗干净。

2)仪器结构特点。

(1)可测试不同场景气窜性能(严格条件和非严格条件)；

(2)操作简便；

(3)7200 专用数据采集与控制软件：控制、采集、记录；

(4)试验过程可无人值守；

(5)特殊设计避免管线堵塞、易于清洁清理。

3)主要性能参数。

(1)最高温度：204℃；

(2)最高实验压力：6.9MPa(氮气注入压力)；

(3)工作电压：220V ±10%/50Hz。

13.6.2 TG－7150 气液窜模拟测定仪

1)概述。

TG－7150 气液窜模拟测定仪由沈阳泰格石油仪器设备制造有限公司设计生产(图 13-22)。TG－7150 气液窜测定仪(FMA)提供了一种便携式实验室设备，它可逼真地测试井下注入水泥浆之后，水泥浆配方控制地层流体(气体/盐水)浸入的能力。该设备可实际地模拟井下各种参数，例如温度、浆柱压力、地层流体压力和驱动流体穿过水泥浆柱的压力。FMA 实验釜体与 API HTPT 失水釜体有相同的内径。在釜体的上部有一个空心水力活塞，依靠水对活塞施加压力来模拟加在水泥浆上的静液柱压力。水泥浆的滤液可以通过釜体底部标准失水的 325 目或其他所要求目数的滤网来收集。地层孔隙压力和浸入的流体在釜体的底部被模拟。浸入水泥浆的流体由压力传感器检测。驱动流体运移至水泥浆的压力差也被模拟。所有的压力、温度都被连续自动计算、分析和显示。

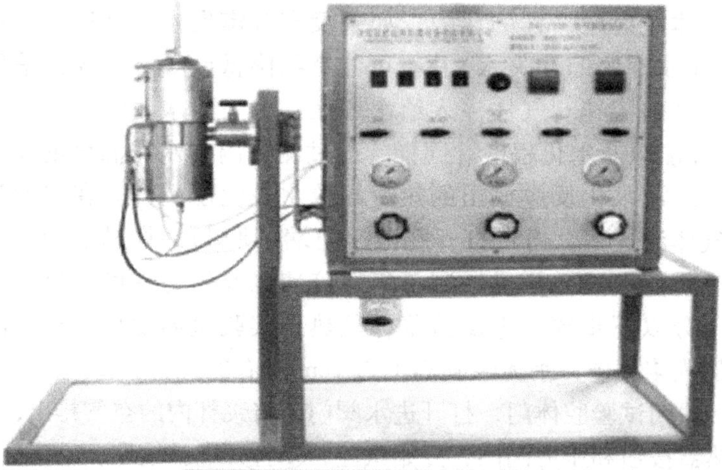

图 13-22　泰格 TG－7150 气液窜模拟测定仪

SPE 19522“比例缩小法”(Scale-Down TestMethod)专门研究水泥封固前通过水泥环的液/水窜问题，用于针对特定井况选择水泥配方的实验方案。TG－7150 液气窜测定仪可执行“比例缩小法”试验，并可执行灵活定制的各种试验方案。

在实验室操作“比例缩小法”，水泥浆胶凝强度的发展过程用于预测水泥柱最大的压力下降。由于胶凝强度的发展，随着时间的变化，净液柱压力可用公式计算出来。得出的净液柱压力用于计算水泥进入模拟气层时对水泥浆应施加的压差。施加在水泥试样上的压差大小用 Darcy 定律计算，压差确定后，水泥的气体流入量就可测量出来。实验结果可帮助分析判断固井设计的水泥浆配方是否能控制气液上窜问题。

2)仪器结构特点。

(1)可以用来模拟地层温度、水泥浆静液柱压力、地层孔隙的气或液压力以及气液窜入水泥环的压力;

(2)可以用标准失水滤网进行测试;

(3)气/液流量都可检测并记录;

(4)能模拟不同井型、不同井下条件、水泥浆的防气液窜情况;

(5)配有加热和冷却夹套的样品室、样品温度控制器、压力控制系统;

(6)配有计算机和显示系统、处理软件(终身免费升级)、可数据存储/打印。

3)主要性能参数。

(1)最高温度:205℃;

(2)最高压力:14MPa;

(3)输入电压:200~240V/50/60Hz;

(4)气源:280~980kPa;

(5)水源:140~980kPa;

(6)质量:93kg。

13.7 水泥收缩/膨胀评价仪

水泥收缩/膨胀评价仪是测量水泥浆凝固过程中体积发生收缩或膨胀变化的仪器。水泥浆凝固过程中发生收缩会影响水泥与套管或水泥与地层的胶结强度，严重时会产生微间隙影响固井质量。水泥凝固的收缩或膨胀的性能就是评价水泥浆性能的重要指标之一。

13.7.1 TG-4268 水泥收缩/膨胀分析仪

1)概述。

TG-4268 水泥收缩/膨胀分析仪是沈阳泰格石油仪器设备制造有限公司设计生产的水泥缩胀评价仪器(图 13-23)。仪器釜体内样品的升温由可编程温度控制系统控制，具有压力控制功能，压力控制精度可保持在 ±1MPa，精密压力控制是水泥收缩/膨胀准确测量的关键。通过智能压力控制器和智能温度控制器，仪器完成多段压力、温度自动控制的试验方案。

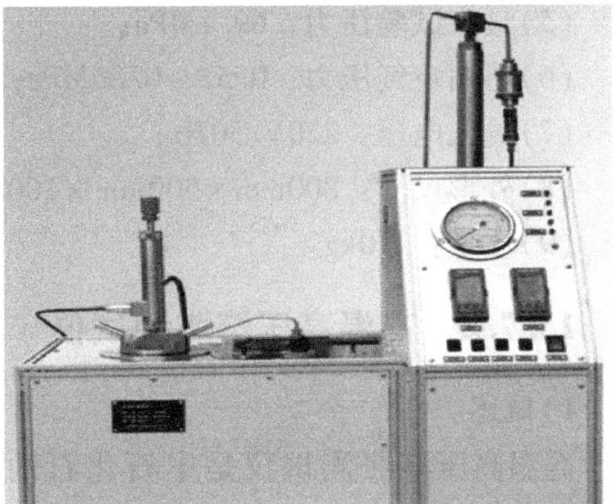

图 13-23　泰格 TG-4268 水泥收缩/膨胀分析仪

TG-4268 水泥收缩/膨胀仪配以精密压力控制，可连续测量水泥样品在高温高压下的收缩/膨胀性能。

TG-4268 系统采用隔膜将样品与增压介质隔离开，配备的位移活塞上装有精密位移传感器，水泥在高温高压下随着时间发展，体积发生变化，水泥体积变化带动活塞移动，活塞位移由位移传感器测量。这样通过测量活塞的

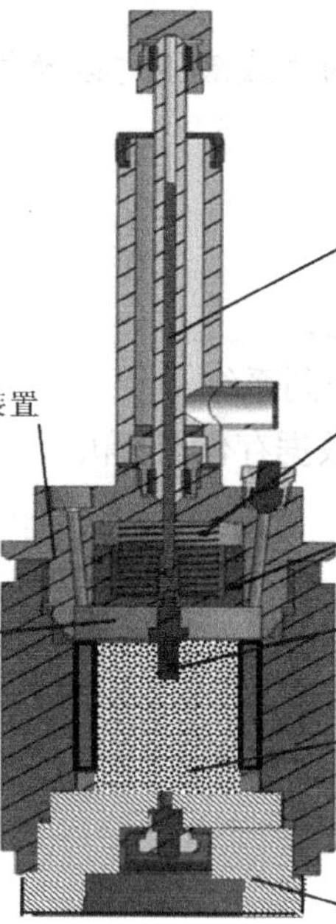

图 13-24　TG-4268 水泥缩、胀分析仪釜体结构示意图

位移可确定水泥的收缩/膨胀性能，活塞的位移量可转换为水泥的收缩/膨胀量(单位：mL)或者百分比的收缩/膨胀率。

实验数据通过 TG-5270 计算机数据采集系统采集并以曲线方式显示在计算机屏幕上。

2)仪器结构特点。

(1)釜体总成包括：加热和冷却加套的样品室、样品温度控制器、压力控制系统。釜体结构由一个容器、上部堵塞装置、底部堵塞装置、隔膜、活塞、位移传感器装置和一些密封垫组成(图 13-24)；

(2)配套数据采集系统用于温度及各路压力显示部分，包括计算机和数据显示、处理软件、输入/输出及各种电缆、数据存储/打印；

(3)试验在一个釜体内完成，保证了样品测量时，试验温度/压力为设定条件；

(4)水泥样品与增压介质完全隔离；

(5)测量范围：+10% 膨胀(20mL)，-16% 收缩(32mL)；

(6)可编程序保证温度与压力的精密控制，压力控制精度可保持在 ±1MPa；

(7)高温高压下连续测量(最大 69.1MPa/204℃)；

(8)操作方便，使用简单，安全可靠。

3)主要性能参数。

(1)釜体容积：200mL；

(2)测量范围：水泥样品体积最大变化：20mL；活塞最大位移：32mL；

(3)位移传感器测量范围：±12.7mm；

(4)最高试验温度：204℃；

(5)最大试验压力：69.1MPa；

(6)压缩空气压力：0.52~0.86MPa；

(7)输入电压：220V/50Hz；

(8)外形尺寸：800mm×500mm×1000mm；

(9)质量：110kg。

13.7.2　高温高压溶胀测试仪

1)概述。

高温高压溶胀测试仪是中石化石油工程技术研究院自主研发的水泥溶胀测试仪器(图 13-25)。该仪器能够检测高温高压条件下水泥石在油气中的溶胀情况，以评价在水泥石破坏后油气通过时会否发生自修复。仪器通过计算机采集数据，实时观察水泥石高温高压条件下的溶胀情况，通过对比水泥石的溶胀率，优选满足自修复要求的水泥浆配方。

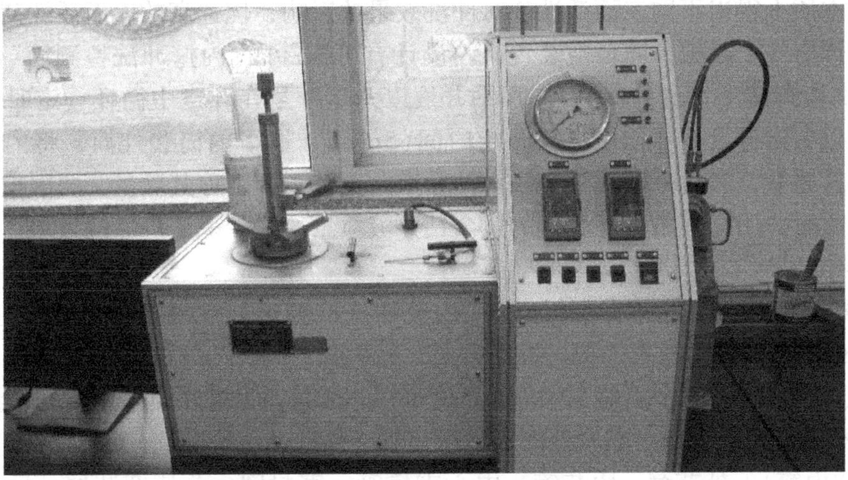

图 13-25　（中国石化）高温高压溶胀测试仪

2）仪器结构特点。

（1）釜体采用国际先进优质耐压、耐腐蚀不锈钢材料；

（2）选用高精度位移传感器和高精度压力传感器，选用国际先进的英国欧陆公司过程控制器对系统进行精密控制；

（3）位移传感器在水泥石养护浆杯顶端，整个养护浆杯充满油或者天然气，通过外筒对养护浆杯加温，通过油浴传递压力；

（4）在养护的过程中通过位移变化计算得出水泥石在高温高压条件下遇油气的溶胀量。

3）主要性能指标。

（1）釜内介质：油、水、天然气；

（2）工作压力：60MPa，温度：160℃；

（3）水泥块成型模具；

（4）整体防爆设计。

13.8　冲洗液冲洗效果评价仪

1）概述。

冲洗液冲洗效果评价仪是中石化石油工程技术研究院自主研发的冲洗液顶替效率模拟评价装置（图 13-26）。该仪器是通过模拟井眼斜率、井下温度、钻井液滤饼和冲洗液环空返速等来测量冲洗液在规定时间内的冲洗效率。是通过一个内壁检测筒和一个外壁检测筒进行对冲洗效果的评价，通过测试筒上泥饼在冲洗前后的质量差定量分析冲洗液的冲洗效率。既可为固井施工选择合格的冲洗液，也可用于冲洗

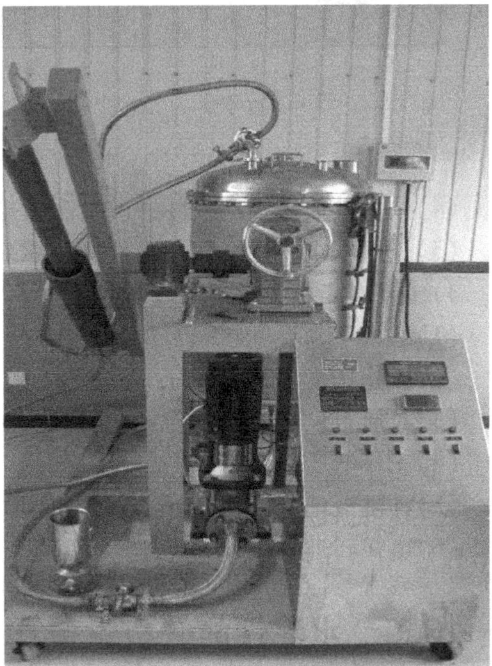

图 13-26　（中国石化）冲洗液冲洗效果评价仪

液研究，从本质上得出不同表面活性剂对冲洗效果的影响，优选高效表面活性剂。测试原理为：仪器设计有一个模拟井筒环空装置，内设计有可拆卸的“内壁冲洗检测筒”（简称内筒）和“外壁冲洗检测筒”（简称外筒）。先用钻井液以一定排量在环空中循环一定时间（10min），再用冲洗液以一定排量在环空中循环一定时间（5min），取下内筒和外筒，将内筒和外筒晾干，分别称其质量，然后分别洗干净残余钻井液，再晾干分别称其质量，两次质量之差即为残余钻井液质量，用同等条件下测得的残余钻井液质量的多少来评价冲洗效果。

2）仪器结构特点。

（1）仪器模拟井筒内设计有可拆卸的“内壁冲洗检测筒”（简称内筒）和“外壁冲洗检测筒”（简称外筒），采取无丝扣连接，拆卸方便，易检测；

（2）由于对冲洗残余的钻井液采用称其质量评价，因此对冲洗液的冲洗效果可以量化分析；

（3）仪器模拟井筒结构主要由外筒管、内筒管、外壁冲洗检测筒（简称外筒）、内壁冲洗检测筒（简称内筒）、外节箍、内节箍、中心支撑管、密封圈、前堵塞装置、后堵塞装置和支撑架组成（图13-27）；

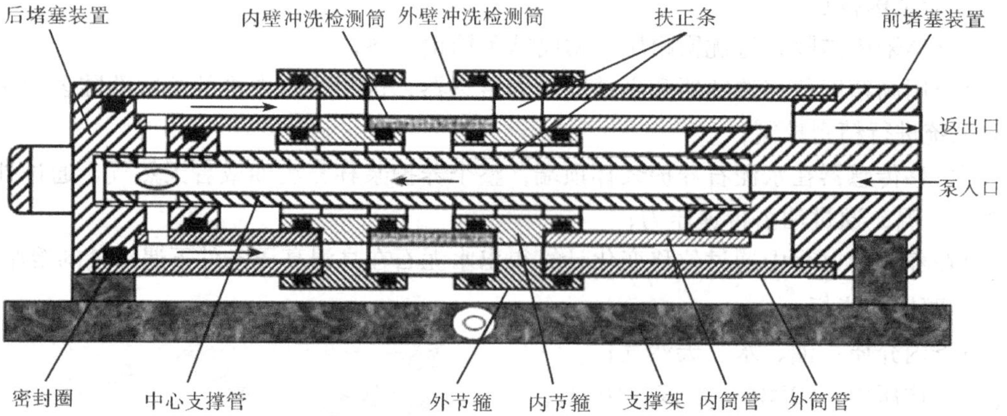

图 13-27　冲洗液冲洗效果评价仪模拟井筒结构示意图

（4）模拟井筒可根据实际井的情况模拟任意井斜（0°～90°）；

（5）使用安全、操作简单、性能可靠。

3）主要性能指标。

（1）最大工作温度：90℃；

（2）工作压力：0～1MPa；

（3）总质量：1500kg；

（4）工作电压：380V；

（5）冲洗液池容积：300L；

（6）电机转速：300r/min。

13.9　水泥性能分析设备

水泥性能分析设备是指对干水泥成分、颗粒大小、孔隙分布、比表面积等物理及化学特性进行分析的仪器。

13.9.1　金埃谱 V-sorb-2800P 型 BET 比表面积分析仪

1）概述。

V-Sorb-2800P 型 BET 比表面积分析仪是中国北京金埃谱科技公司自主研发的比表面积及孔径分析仪器（图 13-28）。采用静态容量法测量原理，仪器可进行单点、多点 BET 比表面积、Langmuir 比表面积、BJH 中孔、孔分布、孔大小及总孔体积和面积、平均孔大小等的多种数据分析。比表面积及孔径分析仪应用领域包括：超微粉体、纳米材料、颗粒及纤维状材料比表面积、中孔及微孔等孔径分析测定；粉体材料生产及应用企业的生产现场产品质量监测；高校及科研单位材料研究测试，吸附科学及 BET（Brunauer-Emmett-Teller）、Langmuir、BJH（Barrett-Joyner-Halenda）等理论教学实验；电池材料、催化剂、添加剂、吸附剂、MOF 材料、陶瓷烧结材料、磁性材料、储能材料等相关性能测定和其他与材料表面性能相关的研究工作。可参照静态容量法测量的相关测试方法和标准，对样品进行比表面积测定。

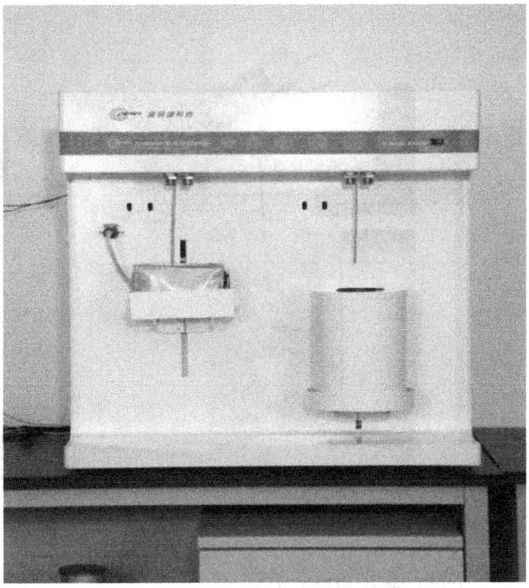

图 13-28　金埃谱 V-sorb-2800P 型 BET 比表面积分析仪

2）仪器结构特点。

（1）独创一体化集装式管路系统，采用进口集装管路，显著减少管路连接点，大大降低漏气率，提高极限真空度；

（2）模块化结构设计，一体式集装管路，需人工进行连接的部件少，有利于根据用户需求按需配置及后期功能扩展，有利于维修更换；

（3）德国进口双级真空泵，噪声小，运行稳定，防油返功能卓越，极限真空度高，可达 4×10^{-2}Pa；

（4）采用工业控制级的可编程控制器电磁阀控制系统，抗干扰能力强，稳定性大大提高，安装及拆卸非常方便；

（5）独特设计的测试系统管路和样品处理管路分离结构，有效防止样品处理过程中产生的杂质对测试管路的污染。

3）主要性能指标。

（1）比表面积测定范围：0.01（m^2/g）以上；

（2）孔径测定范围：0.35～500nm；

（3）测量精度：重复性误差小于 1.5%。

13.9.2　日本电子 JSM-6510 型扫描电镜

1）概述。

JSM-6510 型扫描电镜是日本电子株式会社设计生产的仪器（图 13-29）。该仪器可观测导电固体、粉末或喷金后的非导电固体和粉末。理论观测放大率根据所需观测情况进行调节。可用于测试水泥块和外掺料等固相的微观结构，广泛应用于固井类固体材料的微观结构分析。

图 13-29　日本电子 JSM-6510 型扫描电镜

仪器操作程序为：

(1)开机和关机步骤：①使用钥匙开启机器。确保主要断路器处于开启状态，开机时，使用钥匙拨至“start”，然后松开，钥匙自动回拨到“Ⅰ”。在 10s 后，开启外围设备(计算机)。开启点扫描电子显微镜配套软件“SEMMainMenu”。当“HT”按钮变成“HT off”时，即可观测。②关机时，首先应拿出样品室里面的样品，然后按“EVAC”将样品室抽真空。然后关闭软件和计算机，最后回拨钥匙至“O”，完成关机操作。

(2)软件操作步骤：①制作样品，如果样品为导电类型，则直接粘附在导电胶上，确定没有游离状态的样品即可；若样品不导电，则应首先进行喷金操作，视情况确定喷金时间和喷金电压；②放入样品之前，应测量样品高度，将样品高度输入软件，已保证在操作过程中，样品顶部不会触及探头；③放入样品时，首先应进行进气操作，让气体进入真空样品室。点击“vent”按钮，待 50s 之后进气完毕，拉开样品室，放入样品。(注意：应确定样品高度不要超过探头高度)；④样品放入样品室之后，推合样品室，在观察之前必须抽真空，在软件上找到“EVAC”按钮，按下“EVAC”按钮，待 50s 之后，抽真空操作完毕，“HT off”按钮，会变成蓝色，点击“HT off”按钮，“HT off”按钮会变成“HT on”，就可以观察样品了。

2)仪器结构特点。

(1)直观的操作界面设计，简明易懂便于迅速掌握操作；

(2)单个用户可以根据常用功能设置相应的图标，营造快捷的操作环境。用户登录时，即可加载已注册过的设定；

(3)画面上并列显示二次电子成像和背散射电子成像这两种实时图像。可同时观察样品的形貌和组成分布；

(4)适合于多种测量功能。可在观察图像上直接进行测量。也可将测量结果贴至 SEM 图像，保存在文件中；

(5)工厂预置中心灯丝，十分便于更换。

3)主要性能指标。

(1)理论观测放大范围：5～300000 倍，根据所需观测情况进行调节，可用于测试水泥块和外掺料等固相的微观结构；

(2)加速电压：0.5～30kV；

(3)样品最大可装直径：150mm；

(4)X 轴、Y 轴、Z 轴移动量：$X=80$mm，$Y=40$mm，$Z=5\sim48$mm；

(5)允许倾斜角：$-10°\sim90°$；

(6)可旋转角 =360°；

(7)最高分辨率：4.0nm；

(8)放大倍数：可以从 5～300000 倍之间调节；

(9)二次电子分辨率分别为 3.0nm(30kV)，8.0nm(3kV)，15.0nm(1kV)。

13.9.3　德国飞驰 ANALYSETTE22MicroTec plus 激光粒度仪

1)概述。

ANALYSETTE22MicroTec plus 激光粒度仪是德国飞驰公司设计生产的力度测定仪器(图 13-30)。该仪器用于测量粉体材料的颗粒粒度分布情况，采用聚焦激光散射或激光衍射的原理进行样品颗粒粒度的检测。仪器操作程序为：

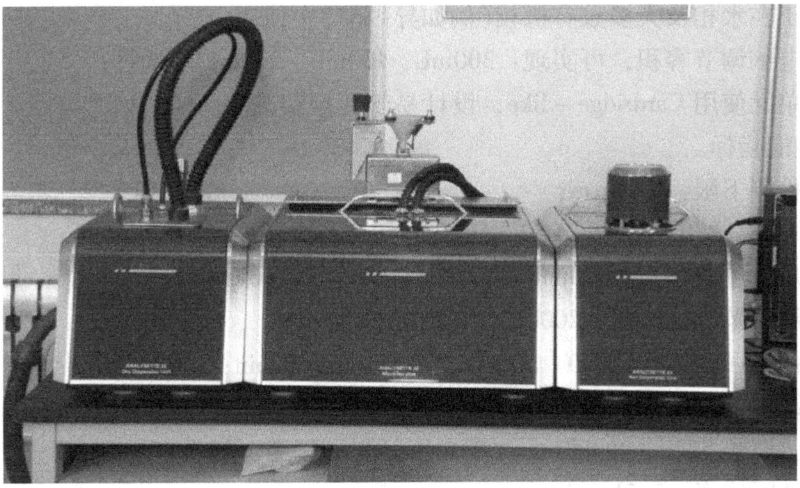

图 13-30　德国飞驰 ANALYSETTE22MicroTec plus 激光粒度仪

(1)湿法测试：①将湿法镜头移至主机内；②依次打开主机背后电源，打开湿法测试器电源开关；③打开电脑，进入软件界面；④准备待测样品；⑤点击软件界面操作栏中 NEWMeasurement，然后根据待测试样品预计粒径分布范围，双击选择相应的测试量程；⑥在 name 栏中填写本次试验名称，然后按下 StartMeasurement 按钮进行测试；⑦等待系统自动检测完毕，出现 Sample Dilution 对话框，此时加入待测样品粉末或悬浮液，并同时观测软件加料指示窗口，直至样品遮光率达到10%～15%，且变为绿色时，停止加料，等待系统自动进入测试环节。如出现加料过多，软件加料指示窗口样品遮光率大于15%时，停止加料，点击“稀释”按钮，系统自动稀释溶液，直到软件加料指示窗口指示条恢复正常绿色为止，静置等待系统自动进入测试环节；⑧测试完毕，系统自动进行一次清洗作业，清洗完毕后，即可进行下一次测试；⑨测试完毕，依次关闭软件、计算机、仪器电源和水源开关。

(2)干法测试：①将干法镜头移至主机内，将干法加料器移至加料口处；②依次打开主机背后电源，打开干法测试器电源开关，打开空气压缩机电源；③打开电脑，进入软件界面；④准备待测样品，将待测样品加入干法加料器中，加量至加料器的一半位置；⑤点击软件界面操作栏中NEWMeasurement按钮，然后根据待测试样品大概粒径范围，双击选择相应的测试量程；⑥在name栏中填写本次试验名称，然后按下StartMeasurement按钮；⑦等待仪器自动测试结束后，将加料器中残余样品清除干净，即可准备进行下次测试；⑧测试完毕，依次关闭软件，计算机、仪器电源和空气压缩机开关。

2)仪器结构特点。

(1)大量程激光粒度仪A22MicroTec Plus，可完全替代以前的紧凑型、微米型、大量程微米型激光粒度仪；

(2)双激光三束设计：绿光2束(532nm)，红色激光1束(940nm)；

(3)先进的曲光系统；高效的自动光束测量阵列；可调节的超声波探头；

(4)具有双测量位置；测量时无须使用搅拌器；

(5)测量系统和湿法分散系统独立分开设计；

(6)适用于在水相及大多数有机相(例如异丙醇)中使用；

(7)通过电脑调节容积，可实现：300mL、400mL、500mL的选择；

(8)测量单元使用Cardridge－like，设计易于转换和改变。

3)主要性能指标。

(1)最低检测下限：0.08μm；

(2)额定电压：230V，频率：50～60Hz；

(3)外部尺寸：520mm×620mm×350mm，净质量：30kg，

(4)湿法测量范围：0.08～2000μm，测量时间：10s；

(5)分析样品回路体积：300～500mL，测量周期：2min；

(6)测量结果的重现性：$D50\leqslant 2\%$；

(7)光源：波长512nm和940nm；激光衍射测量深度：4mm；

(8)液体抽吸比率：5.5L/min；

(9)最大操作密度：14g/cm^3。

13.9.4 法国Rheolaser LAB光学法微流变仪

1)概述。

Rheolaser LAB光学法微流变仪是法国Formulaction公司生产的微流变测试仪(图13-31)。该仪器是利用光学法对物质进行微流变学分析的仪器，微流变学是流变学领

域中的一个新的分支，主要分析软物质在微米尺度的黏弹性特性，通过测量软物质(如凝胶、聚合物、乳液、分散剂)中的颗粒由于热能(布朗运动)而产生的位移，就可以得到它们本身所具有的黏弹性性能。仪器操作程序为：

图 13-31　法国 Rheolaser LAB 光学法微流变仪

(1)样品制备：不同的制样方法(将样品倒入或泵入样品池)，样品结构的恢复将是不同的。因此，要进行几个样品的比较，样品制备方法就要严格的控制。

(2)Alpha 工具：数据处理过程，需要测样品的 Alpha 值。这个 Alpha 值必须在制样的时候同时测量，Alpha 工具分 0 ~ 9 级。①将样品涂满工具中；②水平盖上玻璃片；③读数：Alpha 值对应的是你鞥看到的黑灰相间的最后一节。

(3)启动软件。

(4)运行测量：①打开现有文件夹或建立一个新的文件夹；②点击“开始”按钮；③启动你所需要的测量头，点 1Hz，如果你希望测量频率在 1Hz；④输入你希望的 Analysis duration 如果没有可以不填，测量会持续直到被用户停止；⑤输入你希望的“limit d2 curve duration”。如果没有可以不填，测量将一直持续到相关曲线完成(d2 equal to 0.98)；⑥输入你希望的“inter d2 curve time”。如果不填，系统默认为“0”，也就是两条相关曲线之间的间隔时间为 0；⑦选择样品池体积：20mL 或 4mL，依据使用的是什么体积的样品池；⑧点击绿色按钮开始测量。

(5)结束测量：①点击“停止”按钮；②标记“keep the currentlymeasured decorrelaion curve”可选框，测量会持续到最后一条相关曲线画完为止；③停止测量。

2)仪器结构特点。

(1)颗粒的运动轨迹可以反映物质的结构。根据颗粒位移均方根曲线就可以得到不同的参数，如弹性模量、黏性模量、弛豫时间、晶格尺寸。

(2)测量完全在静止状态下进行：测量完全没有机械的剪切力，可以测量特别脆弱的样品，如弱凝胶、酸奶、奶油等，可以得到完全没有经过任何修饰的黏弹性的原始结果。

(3)非接触性测量：样品被放置在20mL的玻璃样品池中测量。可以检测对同一样品的黏弹性对老化时间的变化：稳定性分析、复原测试等。

(4)微观结构分析：测量是在微米尺度上进行的，可以分析物质的微观结果如：物质晶格尺寸、弛豫时间，异质性。

(5)颗粒的运动(布朗运动)是通过多斑扩散波光谱学来测量的。

3)主要性能指标。

(1)温度测量范围：5~60℃；

(2)温度控制精度：0.1℃；

(3)频率范围：10^{-4}~10Hz；

(4)最大测试体积：20mL，测试数量：6；

(5)输入电压：230V/50Hz；

(6)外形尺寸：500mm×300mm×350mm；

(7)质量：20kg。

13.9.5 德国耐驰LFA467水泥石导热性能分析仪

1)概述。

LFA467水泥石导热性能分析仪是德国耐驰公司设计生产的仪器(图13-32)。该仪器是利用激光闪射法(LFA)对水泥石导热性能进行分析测量。激光闪射法(LFA)是一种快速灵活的测量方法，近年来发展十分迅速，不仅能精确地直接测量物质的热扩散系数，也可通过对物质比热的测量或输入比热值进一步计算得到导热系数。仪器可用于水泥石导热系数测试。

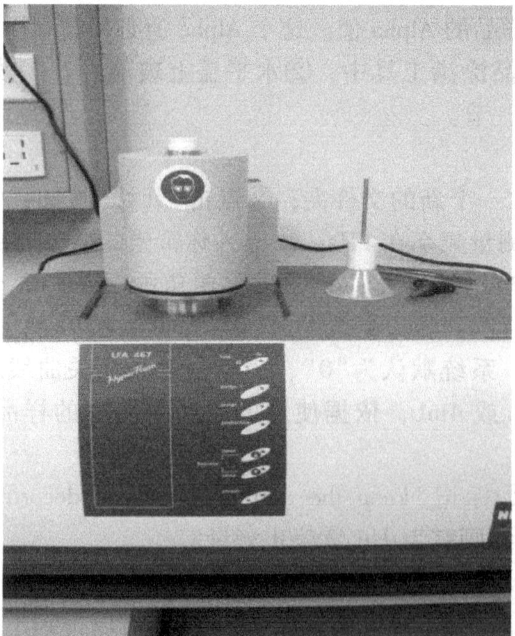

图13-32 德国耐驰LFA467水泥石导热性能分析仪

仪器的操作程序为：①等待仪器面板开锁键亮起，再同时按住“open”和“安全钮”将测试样品放入相应的支架位置；②等待仪器面板闭锁键亮起，再同时按住“close”和“安全钮”将测试腔体舱门关闭；③在冷却腔处灌入液氮，液氮以刚刚加满冷却腔体为佳；④按照软件程序设计步骤，填写运行参数，开始软件测量；⑤软件测量结束后，等仪器主机“power”灯熄灭，再关闭测试软件。

2)仪器结构特点。

耐驰公司提供的LFA可以覆盖各类测试材料与极为宽广的温度范围，其遵从的国际标准包括：ASTM E 1461 DIN EN 821、DIN 30905。

3)主要性能指标。

(1)测量范围：25~500℃；

(2)精确度：3%；

(3)升温速率：50K/min；

(4)热扩散系数：0.01～1000mm²/s；

(5)导热率：0.1～2000W/(m·K)；

(6)外形尺寸：500mm×400m×500mm；

(7)质量：40kg。

13.9.6　德国 ToniCal 水泥水化热分析仪

1)概述。

ToniCal 水泥水化热分析仪是德国兹威克公司设计生产的水泥性能分析仪器(图 13-33)。该仪器是一种电脑控制的热流计(差动式扫描热量计)，多用于黏结材料水化热分析，尤其用于水泥的连续水化热测试。使用电脑操作仪器，可以直接计算出在特定时间内材料的水化热释放速率(J/g)。该仪器常用于水泥质量控制，其试验结果很好地符合于标准 EN196－8，温度范围：3～50℃。对水泥浆体系的水化反应过程进行测量，并优选化学单体，指导化学单体的合成。仪器操作程序为：①打开桌面 ToniDCA 测试软件；②选中"Measurement device 1"，再点击菜单栏里的"Measuring device"选中"New Measurement"并点击打开，输入试样名称及注释，选择试验温度，输入记录下的固体与液体的质量，输入测试时间，最后在"Zero posit:"一项中输入控制器上显示的"Measuring cell 1(mV)"中的数值；③点击 OK，Measurement device 1 开始测试；④旋转加液杆，使液体全部注入固体中；⑤测试时间到后测试结束，记录试验数据，保存测试结果；⑥取出并清理试样。

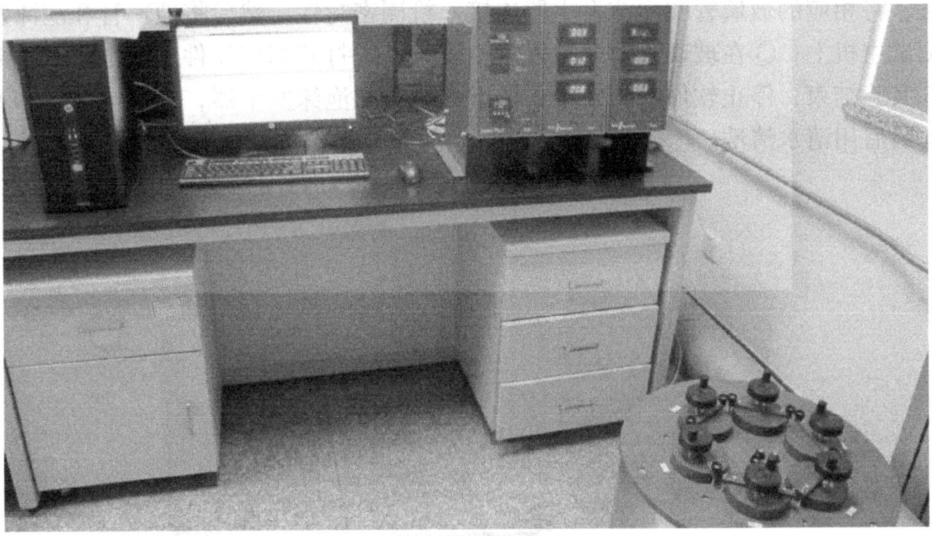

图 13-33　德国 ToniCal 水泥水化热分析仪

2)仪器结构特点。

(1)坚固耐用的测试系统，外部输入电源可适用于工厂和试验室，带 DKD 显示校对和自校装置；

(2)对于不同类型的水泥在三种不同的测试范围中选择合适的量程，测试灵敏度会比较高；

(3)测试程序可侦测高平台上的初始峰值，具有很好的重复性；
(4)工作区和环境的温度区分；
(5)可以延迟注入添加剂；
(6)测试结果采用数据或者图表方式输出。
3)主要性能指标。
(1)温度测量范围：5～50℃；
(2)温度控制精度：0.01℃；
(3)恒温介质：空气；
(4)最大测试体积：20mL；
(5)测试数量：6；
(6)输入电压：220V/50Hz；
(7)外形尺寸：500mm×500mm×760mm；
(8)质量：40kg。

13.9.7 德国KrussDFA100动态泡沫分析仪

1)概述。

KrussDFA100动态泡沫分析仪由德国Kruss公司设计生产(图13-34)。该仪器广泛用于护肤品、灭火剂、食品行业、泡沫清洗、高分子泡沫、絮凝剂开发等，也适合用于消泡领域的去泡剂、洗涤剂、油漆油墨、生物行业等。仪器操作程序为：①配制好测试样品；②根据测试方法，将相应的玻璃管和泡沫发生器连接，检测密封性，然后将玻璃管和泡沫发生器整体架到测试主机上；③在玻璃管上端贴好限位胶条；④打开测试软件，测定测试参数，开始实验；⑤实验结束，停止软件数据采集，取下玻璃管和泡沫发生器，断开玻璃管和泡沫发生器连接，最后用清水清洗。

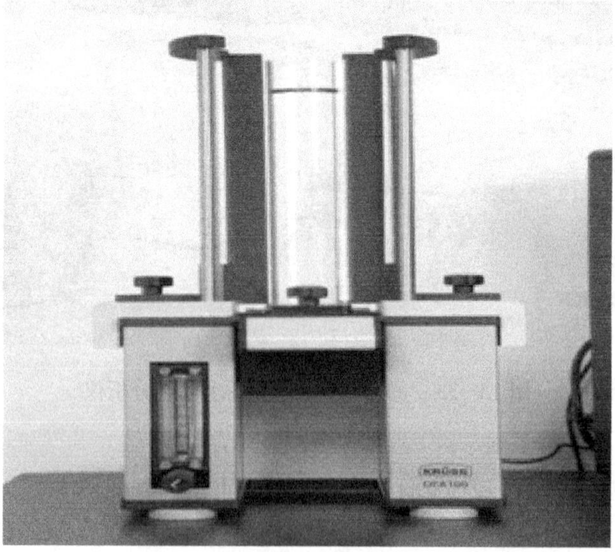

图13-34 德国KrussDFA100动态泡沫分析仪

2）仪器结构特点。

（1）非接触式检测，极为灵敏、精确、无污染；

（2）模块化设计、玻璃样品桶可随意拆卸，极易清洗；

（3）内置空压机，多种模式产生泡沫；

（4）良好的重现性和稳定性；

（5）最少仅需 20mL 溶液。

3）主要性能指标。

（1）气流流速：0. 2 ~ 1. 0L/min；

（2）最小样品体积：20mL；

（3）最大测量体积：200mL；

（4）光源类型：连续 LED 光源，最大速度：20 照片/秒；

（5）检测器类型：高灵敏度带状检测器，高度分辨率：0. 125mm。

参考文献

[1]李克向，解浚昌等．钻井手册(甲方)[M]．北京：石油工业出版社，1990. 6.

[2]中国石油勘探与生产分公司工程技术与监督处．钻井监督[M]．北京：石油工业出版社，2003. 5.

[3]樊世忠，鄢杰年等．钻井液完井液及保护油气层技术[M]．东营：石油大学出版社，1996. 4.

[4]丁岗．刘东清．油井水泥工艺及应用[M]．东营：石油大学出版社，2000. 5.

[5]杜春常，郭小阳，刘宗建．SY/T 5322—2000《套管柱强度设计方法》[M]. 2000. 12.

[6]魏涛，王永松，宋周成．SY/T 6592—2016《固井质量评价方法》[M]. 2016.

[7]张绍槐，罗平亚编著．保护储集层技术[M]．北京：石油工业出版社，1993.

[8]樊世忠，陈元千编著．油气层保护与评价[M]．北京：石油工业出版社，1988.

[9]樊世忠，鄢捷年，周大晨编著．钻井液完井液及保护油气层技术[M]. 1996.

[10]张明昌，张新亮，高剑伟．新型 XPJQ 系列下套管漂浮减阻器的研制与试验[J]．石油钻探技术，2014，42(5)：114 ~ 118.

[11]冯德杰，李国锋，赵勇．ϕ139. 7mm 筛管顶部注水泥免钻塞固井完井技术[J]．石油钻探技术，2014，42(5)：131 ~ 134.

[12]王建全，刘国祥，王红，等．超高压防气窜固井回接装置关键技术[J]．石油钻探技术，2015，43(3)：125 ~ 129.

[13]赵苏文，黄小龙，熊爱江，等．水下释放塞注水泥工艺关键技术[J]．石油钻探技术，2015，43(6)：54 ~ 58.

[14]刘学鹏，张明昌，丁士东，等．接枝改性聚乙烯醇的合成及性能评价[J]．石油钻探技术，2012，40(3)：58 ~ 61.

[15]刘学鹏，张明昌，冯明慧，等．复合空心微珠低密度水泥浆的研究与应用[J]．石油钻采工艺，2014，36(6)：39 ~ 41.

[16]刘学鹏，张明昌，方春飞．耐高温油井水泥降失水剂的合成和性能[J]．钻井液与完井液，2015，32(6)：61 ~ 64.

[17]刘崇建，黄柏宗，徐同台，等．油气井注水泥理论与应用[M]．北京：石油工业出版社，2001.

[18]陈涓，彭朴，汪燮卿．化学交联聚乙烯醇的降滤失机理[J]．油田化学，2002，19(2)，101 ~ 104.

西安石油大学国际学生特色教材建设项目

岩土工程概论及实践

Geotechnical Engineering Overview and Practice

（双语教材）

吕　高 ◎ 主编

中国石化出版社
·北京·

内容提要

This textbook takes into account both the systematic nature of the professional knowledge in the geotechnical engineering courses and the basic characteristics and requirements of international students in learning bilingual courses. Through optimizing the content of the textbook, it aims to achieve the learning of professional knowledge and the cultivation and improvement of Chinese-English bilingual abilities. The content covers the basic classification methods of geotechnical engineering and typical geotechnical projects, the mechanical properties and testing methods of geotechnical materials, the relevant calculation theories, design methods, construction techniques and equipment in geotechnical engineering, common engineering disasters in geotechnical engineering and their prevention and control, the relationship between digitalization technology and geotechnical engineering, as well as the aspects of the characteristics of the petroleum field. Each chapter is both interrelated with others and can stand on its own, which conveniently meets the needs of readers at different levels.

This textbook can be used as a bilingual textbook for international students majoring in civil engineering in colleges and universities, and can also serve as a reference material for postgraduates in relevant disciplines and for engineering technicians in their studies.

本教材既考虑岩土工程课程专业知识上的系统性，也兼顾留学生学习双语的基本特点与要求，通过优化教材内容，实现专业知识的学习和汉英双语能力的培养提高。内容涵盖岩土工程的基本分类方法与典型岩土工程，岩土材料的力学特性和测试方法，岩土工程相关计算理论、设计方法、施工技术和装备，岩土工程常见工程灾害与防治，数字化技术与岩土工程的关系以及石油特色方向等内容。章与章之间既相互联系，又可自成一体，方便满足不同层次读者的需求。

本教材可作为高校土木工程类专业国际留学生的双语教材，也可作为相关学科领域研究生以及工程技术人员学习参考资料。

图书在版编目（CIP）数据

岩土工程概论及实践：英汉对照 / 吕高主编 .
北京：中国石化出版社，2025. 6. -- ISBN 978-7-5114-7849-8

Ⅰ. TU4

中国国家版本馆 CIP 数据核字第 2025FJ2553 号

中国石化出版社出版发行

地址：北京市东城区安定门外大街 58 号
邮编：100011　电话：(010)57512500
发行部电话：(010)57512575
http://www.sinopec-press.com
E-mail: press@sinopec.com
河北宝昌佳彩印刷有限公司印刷
全国各地新华书店经销
*
787 毫米 ×1092 毫米　16 开本　12.25 印张　200 千字
2025 年 6 月第 1 版　2025 年 6 月第 1 次印刷
定价：46.00 元

Preface

With the development of society and the progress of science and technology, the expansion and utilization of human living space have shown an unprecedented scale and depth. From skyscrapers that pierce the clouds to the crisscross underground transportation networks, from magnificent bridges spanning rivers to large-scale water conservancy and hydropower projects that ensure energy supply, all these great engineering feats require a solid foundation of geotechnical engineering as support. In this process, geotechnical engineering is faced with numerous complex and highly challenging problems, which involve not only the physical and mechanical properties of rock and soil masses themselves and the diversity of geological structures but also the interaction between engineering structures and geotechnical media under various complex environmental conditions.

This book aims to provide a comprehensive and systematic overview of geotechnical engineering and, combined with abundant practical cases, deeply analyze the core content in this field. It has widely referred to the latest research results at home and abroad as well as classic academic works, striving to combine the most cutting-edge theoretical knowledge with mature methods that have been tested in practice. Meanwhile, it also incorporates the valuable experience and profound insights gained by the author team in the practice of geotechnical engineering.

This book has received strong support from the International Student Characteristic Textbook Construction Project of Xi'an Shiyou University, the Construction and Practice of the Geotechnical Engineering Teaching Case Base in the Postgraduate Special Teaching Reform Project of Xi'an Shiyou University (2024-X-YAL-005), the Science and Technology Research and Development Plan Project of the Housing and Urban-Rural Development Department of Shaanxi Province (2020-K41), the Key Project of Teaching Reform Research in Shaanxi Higher Education (23BZ028), the 2023 University-level Education and Teaching Reform Research Project of Xi'an Shiyou University (JGZD202301), and the 2022 International Student Englishtaught Course Construction and Characteristic First-class Course Project "Building Architecture" of Xi'an Shiyou University. Thanks are hereby expressed!

Lv Gao was responsible for writing Chapters 1 to 8, 11 and 12, with a total of 150,000 words. Cui Ying was responsible for writing Chapters 9 and 10, with a total of 50,000 words. Bilingual manuscripts have their particularities, and there are relatively few experiences and samples for reference. Coupled with the limitations of the authors' levels, there may inevitably be some omissions in the book. We sincerely hope that readers will give their criticisms and corrections.

前　言

随着社会的发展与科技的进步，人类对生存空间的拓展和利用呈现出前所未有的规模和深度。从高耸入云的摩天大楼到纵横交错的地下交通网络，从跨越江河的宏伟桥梁到保障能源供应的大型水利水电工程，这些伟大的工程壮举无不需要坚实的岩土工程基础作为支撑。在这个过程中，岩土工程面临着诸多复杂且极具挑战性的问题，这些问题不仅涉及岩土体本身的物理力学性质、地质构造的多样性，还包括各种复杂环境条件下工程结构与岩土介质之间的相互作用。

本教材旨在对岩土工程进行全面而系统的概述，并结合丰富的实践案例深入剖析这一领域的核心内容；广泛参考了国内外最新的研究成果和经典的学术著作，力求将最前沿的理论知识与经过实践检验的成熟方法相结合；同时，也融入了作者团队自身在岩土工程实践中所获得的宝贵经验和深刻感悟。

本书获西安石油大学国际学生特色教材建设项目、西安石油大学研究生专项教改项目岩土工程教学案例库建设与实践（2024-X-YAL-005）、陕西省城市公共交通空间综合规划与开发工程研究中心项目（CK20241101）、陕西省住房城乡建设科技科研开发计划项目（2020-K41）、陕西高等教育教学改革研究重点项目(23BZ028)、西安石油大学2023年校级教育教学改革研究项目（JGZD202301）、西安石油大学2022年国际学生英文授课课程建设暨特色一流课程项目“房屋建筑学”等项目的大力支持，在此表示感谢！

吕高负责编写第1~8章、第11、12章，共计15万字，崔莹负责编写第9、10章，共计5万字。双语书稿有其特殊性，可参照的经验和样本较少，加上作者水平所限，书中难免有疏漏之处，敬请广大读者批评指正。

前 言

[illegible]社会的发展与科技的进步，人类对生存空间的拓展和利用呈现出前所未有的广度和深度。从高耸入云的摩天大楼到[illegible]，从[illegible]工程[illegible]。[illegible]

[illegible]

[illegible]土工程[illegible]的问题。[illegible]提出了[illegible]

[illegible]的[illegible]。

本书[illegible]土工程[illegible]系统的[illegible]，[illegible]研究[illegible]的[illegible]成果和学术[illegible]。同时，[illegible]

[illegible]专业的[illegible]。

本书[illegible]（2021-X-[illegible]）[illegible]（CK202[illegible]）[illegible]（2020-K-41）[illegible]（[illegible]）[illegible]（[illegible]）[illegible]2023年[illegible]的大力支持，在此表示感谢！

[illegible]共[illegible]章，[illegible]12[illegible]。[illegible]，[illegible]不足之处，恳请[illegible]批评指正。

目　录

1 Overview 概述

1.1 Definition

According to the "Standard for Foundamental Terms of Geotechnical Engineering" (GB/T 50279—2014), geotechnical engineering is defined as "the science and technology related to the utilization, treatment or transformation of rocks and soils in civil engineering". It takes soil mechanics, rock mechanics, engineering geology (hydrogeology), foundation engineering and other basic theories as the foundation, mainly engaged in geotechnical engineering investigation, design, treatment (construction), monitoring and supervision, etc., to solve and handle all the engineering technical problems related to rock and soil masses in engineering construction. In some foreign countries and regions, geotechnical engineering is also known as "geotechnical engineering" "soil mechanics engineering" or "soil engineering".

1.1 定义

《岩土工程基本术语标准》（GB/T 50279—2014）中，岩土工程的定义为“土木工程中涉及岩石和土的利用、整治或改造的科学技术”。它是将土力学、岩体力学、工程地质学（水文地质学）、地基基础工程学等作为基础理论，主要从事岩土工程勘察、设计、治理（施工）、监测和监理等工作，以解决和处理在工程建设中出现的所有与岩土体有关的工程技术问题的新型专业技术科学。在国外某些国家和地区，岩土工程又被称为“大地工程”“土力工程”或“土质工程”。

1.2 Development History

1.2.1 Ancient Origin Stage

At the beginning of the birth of human civilization, geotechnical engineering activities already existed. In the early days, primitive humans began to live in caves to avoid floods, fierce beasts, wind, frost, rain and snow, which was the earliest activity related to rock and soil. For example, during the Yangshao Culture period in the Yellow River Basin of China, people lived in caves in the high and dry loess areas, and experienced the evolution from natural caves to primitive ground houses; in the Hemudu Culture in the middle and lower reaches of the Yangtze River, people used the support of trees to form an elevated living surface, and the building formed with an elevated bottom layer already had a structure similar to piles.

1.2.2 Stage of Experience Accumulation (18th Century to Early 20th Century)

The Industrial Revolution in the 18th century promoted the development of productivity, and geotechnical engineering construction began to develop from pure manual operation and physical labor to semi-mechanized or partially mechanized operations. During this period, land transportation entered the railway era, and the construction of docks, reservoirs and other projects brought a series of new geotechnical engineering technical problems, prompting people to start theoretical exploration.

1.2 发展历程

1.2.1 古代起源阶段

人类文明诞生初期，岩土工程活动就已经存在。原始人类为了躲避洪水猛兽和风霜雨雪，开始利用洞穴居住，这是最早的与岩土相关的活动。比如，我国黄河流域的仰韶文化时期，人们穴居于地势高亢燥爽的黄土地带，经历了从自然洞穴到原始地面房舍的演变过程；长江中下游一带的河姆渡文化，人们借助树木的支撑构成架空居住面，底层架空的建筑形式中已出现类似桩的结构。

1.2.2 经验积累阶段（18 世纪至 20 世纪初）

18 世纪工业革命推动了生产力的发展，岩土工程施工开始从纯粹的手工操作、体力劳动向半机械化或局部机械化作业发展。这一时期，陆上交通进入铁路时代，码头、水库等工程的兴建带来了一系列新的岩土工程技术问题，促使人们开始进行理论探索。

1.2.3 Stage of Theoretical Foundation (1920s to 1970s)

In 1927, Terzaghi published his famous work on soil mechanics, marking the entry of the geotechnical engineering discipline into the period of theoretical foundation. Since then, the theory of soil mechanics has been continuously developed and perfected, such as Rankine's earth pressure theory and Coulomb's earth pressure theory, providing an important theoretical basis for the design and analysis of geotechnical engineering.

1.2.3 理论奠基阶段（20世纪20至70年代）

1927年，太沙基发表了土力学名著，标志着岩土工程学科进入理论奠基阶段。此后，土力学理论不断发展和完善，如朗肯土压力理论、库仑土压力理论等，为岩土工程设计和分析提供了重要的理论基础。

1.2.4 Stage of Rapid Development (1970s to Present)

From the end of the 1960s to the beginning of the 1970s, geotechnical engineering gradually combined soil mechanics and foundation engineering, engineering geology, and rock mechanics into one and applied them to the actual civil engineering, forming a new discipline system. With the development of electronic technology and computer technology, the computational analysis ability and testing ability have been continuously improved, and the computer analysis ability and indoor and outdoor testing techniques of geotechnical engineering have been greatly developed. At the same time, various new materials and techniques have been applied in geotechnical engineering, such as the emergence of geotextiles, which is regarded as a revolution in geotechnical engineering.

1.2.4 快速发展阶段（20世纪70年代至今）

20世纪60年代末至70年代初，岩土工程将土力学及基础工程、工程地质学、岩体力学三者逐渐结合为一体并应用于土木工程实际，形成了新的学科体系。随着电子技术和计算机技术的发展，计算分析能力和测试能力不断提高，岩土工程的计算机分析能力和室内外测试技术得到了极大的发展。同时，各种新型材料和技术在岩土工程中得到应用，如土工合成材料的出现被称为岩土工程的一次革命。

1.3 Basic Principles and Theories

1.3 基本原理和理论

1.3.1 Soil Mechanics Theories

1.3.1 土力学理论

Effective Stress Principle: It is one of the most important principles in soil mechanics. It states that the total stress in soil is equal to the sum of the effective stress and the pore water pressure. The effective stress determines the deformation and strength characteristics of the soil mass, and plays a crucial role in understanding foundation settlement, slope stability and other issues.

有效应力原理：是土力学中最重要的原理之一，它指出土中总应力等于有效应力与孔隙水压力之和。有效应力决定了土体的变形和强度特性，对于理解地基沉降、土坡稳定等问题具有关键作用。

The Shear Strength Theory of Soil: It includes Coulomb's law and Mohr-Coulomb strength theory. Coulomb's law states that the shear strength of soil is related to the normal stress, the internal friction angle and the cohesion of the soil; Mohr-Coulomb strength theory uses Mohr circles to represent the stress state of a point in the soil, and judges whether the soil mass will be destroyed by comparing with the shear strength envelope line. This theory is the basis for analyzing slope stability, foundation bearing capacity and other issues.

土的抗剪强度理论：包括库仑定律和莫尔-库仑强度理论。库仑定律指出土的抗剪强度与法向应力和土的内摩擦角、黏聚力有关；莫尔-库仑强度理论则用莫尔圆来表示土中一点的应力状态，通过与抗剪强度包线的关系判断土体是否发生破坏，该理论是分析土坡稳定性、地基承载力等问题的基础。

Compression Theory of Soil: It mainly studies the compression deformation characteristics of soil mass under pressure. Terzaghi's one-dimensional consolidation theory is a classic compression theory of soil, which is used to analyze the process of settlement development with time of soft clay foundation under load, and is of great significance for predicting the settlement of building foundations.

土的压缩理论：主要研究土体在压力作用下的压缩变形特性。太沙基一维固结理论是经典的土的压缩理论，用于分析软黏土地基在荷载作用下沉降随时间发展的过程，对于预测建筑物地基的沉降具有重要意义。

1.3.2 Rock Mechanics Theories

1.3.2 岩体力学理论

Rock Mass Structure Theory: It emphasizes the

岩体结构理论：强调岩体

influence of the structural characteristics of rock mass on its mechanical properties and stability. There are various structural surfaces in rock mass, such as joints, fractures, faults, etc. The distribution, shape and properties of these structural surfaces determine the strength, deformation and permeability of rock mass.

的结构特征对其力学性质和稳定性的影响。岩体中存在着各种结构面，如节理、裂隙、断层等，这些结构面的分布、形态和性质决定了岩体的强度、变形和渗透性。

Strength Theory of Rock: It includes uniaxial compressive strength, uniaxial tensile strength, triaxial strength and other theories. Rocks show different strength characteristics under different stress states. Understanding the strength theory of rock is very important for the design and construction of rock engineering such as tunnels and underground projects.

岩石的强度理论：包括单轴抗压强度、单轴抗拉强度、三轴强度等理论。岩石在不同的应力状态下表现出不同的强度特性，了解岩石的强度理论对于隧道、地下工程等岩石工程的设计和施工非常重要。

Stability Analysis Theory of Rock Mass: Commonly used methods include limit equilibrium method, numerical analysis method, etc. The limit equilibrium method analyzes the stress state of rock mass to determine the potential sliding surface and safety factor of rock mass; numerical analysis methods such as finite element method and discrete element method can simulate the complex mechanical behavior of rock mass, providing more accurate results for the design and analysis of rock mass engineering.

岩体的稳定性分析理论：常用的方法有极限平衡法、数值分析法等。极限平衡法通过分析岩体的受力状态，确定岩体的潜在滑动面和安全系数；数值分析法（如有限元法、离散元法等）可以模拟岩体的复杂力学行为，为岩体工程的设计和分析提供更准确的结果。

1.3.3 Engineering Geology Theories

1.3.3 工程地质学理论

Geological Origin Theory: It studies the formation process and geological history of rock and soil masses, and understands the differences in the genetic types, distribution laws and engineering properties of rock and soil masses. For example, due to different formation conditions, formation ages, constituent components and stress histories, the engineering properties of soils in different regions have obvious regional characteristics.

地质成因理论：研究岩土体的形成过程和地质历史，了解岩土体的成因类型、分布规律和工程性质的差异。例如，不同地区的土由于形成条件、形成年代、组成成分、应力历史不同，其工程性质具有明显的区域性。

Geological Structure Theory: It analyzes the influence of geological structures on geotechnical engineering, such as faults, folds and other geological structures will change the structure and stress state of rock mass, thereby affecting the stability of engineering.

地质构造理论：分析地质构造对岩土工程的影响，如断层、褶皱等地质构造会改变岩体的结构和应力状态，从而影响工程的稳定性。

Geological Disaster Theory: It studies the occurrence mechanism, prediction methods and prevention measures of geological disasters, such as landslides, mudslides, earthquakes and other geological disasters that will cause damage to geotechnical engineering and the corresponding engineering prevention measures.

地质灾害理论：研究地质灾害的发生机制、预测方法和防治措施，如滑坡、泥石流、地震等地质灾害对岩土工程的破坏作用以及相应的工程防治措施。

1.4 Application Range

1.4 应用范围

1.4.1 Field of Architectural Engineering

1.4.1 建筑工程领域

Foundation engineering is an important application of geotechnical engineering in architectural engineering. It includes the design and construction of shallow foundations (such as strip foundations, independent foundations, raft foundations, etc.) and deep foundations (such as pile foundations, caisson foundations, underground continuous walls, etc.). Appropriate foundation forms need to be selected according to the properties of rock and soil masses and engineering requirements to ensure the stability and safety of buildings. Shown in Figure 1.1.

地基基础工程是岩土工程在建筑工程中的重要应用。包括浅基础（如条形基础、独立基础、筏板基础等）和深基础（如桩基础、沉井基础、地下连续墙等）的设计与施工，需要根据岩土体的性质和工程要求选择合适的基础形式，确保建筑物的稳定性和安全性。如图1.1所示。

In the development of urban underground space, geotechnical engineering is involved in the construction of underground shopping malls, subways, underground parking lots and other underground projects. Geotechnical engineering investigation needs to be carried out to

在城市地下空间开发中，岩土工程涉及地下商场、地铁、地下停车场等地下工程的建设。需要进行岩土工程勘察，了解地下岩土体的分布和

Figure 1.1 Foundation
图 1.1 地基

understand the distribution and characteristics of underground rock and soil masses, and design reasonable support structures and construction schemes to ensure the smooth progress of underground projects.

特性，设计合理的支护结构和施工方案，保证地下工程的顺利进行。

1.4.2 Field of Transportation Engineering

1.4.2 交通工程领域

In road engineering, geotechnical engineering is mainly used for the design and construction of road subgrades. The subgrade soil needs to be investigated and tested to determine the bearing capacity and settlement characteristics of the subgrade, and corresponding reinforcement measures such as filling, compaction and drainage need to be taken to ensure the smoothness and stability of the road. Shown in Figure 1.2.

在道路工程中，岩土工程主要用于道路路基的设计和施工。需要对路基土进行勘察和试验，确定路基的承载力和沉降特性，采取相应的加固措施（如填方、压实、排水等），保证道路的平整度和稳定性。如图1.2所示。

In bridge engineering, the foundations of piers and abutments usually need to penetrate into rock and soil masses. The investigation and design of geotechnical engineering are crucial for the safety and stability of bridges. For example, in the construction of large bridges, the design and construction of pile foundations need to

在桥梁工程中，桥墩和桥台的基础通常需要深入岩土体中，岩土工程的勘察和设计对于桥梁的安全性和稳定性至关重要。例如，在大型桥梁的建设中，需要进行桩基础的设

Figure 1.2 Roadbed
图 1.2 路基

be carried out, considering the interaction between piles and rock and soil masses to ensure the bearing capacity of bridges.

计和施工，考虑桩与岩土体的相互作用，确保桥梁的承载能力。

1.4.3 Field of Hydraulic Engineering

1.4.3 水利工程领域

In reservoir engineering, geotechnical engineering needs to investigate and design the dam foundation and dam body. The stability of the dam foundation is the key to the safety of the dam. Geological investigation needs to be carried out to determine the properties of rock and soil masses and geological structures of the dam foundation, and corresponding anti-seepage and reinforcement measures need to be taken. At the same time, the filling materials and construction techniques of the dam body also need to be selected and designed according to the characteristics of rock and soil masses. Shown in Figure 1.3.

在水库工程中，岩土工程需要对大坝的坝基和坝体进行勘察和设计。坝基的稳定性是大坝安全的关键，需要进行地质勘察，确定坝基的岩土体性质和地质构造，采取相应的防渗和加固措施。同时，坝体的填筑材料和施工工艺也需要根据岩土体的特性进行选择和设计。如图1.3所示。

In river regulation engineering, geotechnical engineering is used for the protection and reinforcement of riverbanks. Appropriate revetment structures and bank protection projects need to be designed according to the flow characteristics of the river and the properties of rock

在河道整治工程中，岩土工程用于河岸的防护和加固。需要根据河道的水流特性和岩土体的性质，设计合理的护坡结构和护岸工程，防止河岸的

Figure 1.3 Dam foundation
图 1.3 坝基

and soil masses to prevent the scouring and collapse of riverbanks.

冲刷和坍塌。

1.4.4 Field of Mining Engineering

1.4.4 矿业工程领域

In mine mining, geotechnical engineering is involved in the construction of mine shafts and the geotechnical problems during the mining process. Such as the support of mine tunnels, the treatment of mined-out areas, the stability of slopes, etc. Theories and techniques of geotechnical engineering need to be used for analysis and design to ensure the safe production of mines.

在矿山开采中，岩土工程涉及矿井的建设和开采过程中的岩土问题。如井巷的支护、采空区的处理、边坡的稳定性等，需要运用岩土工程的理论和技术进行分析和设计，确保矿山的安全生产。

The construction of tailings ponds is also an important application field of geotechnical engineering. Strict geotechnical engineering investigation and analysis need to be carried out for the site selection, dam body design and construction of tailings ponds to ensure the safe operation of tailings ponds. Shown in Figure 1.4.

尾矿库的建设也是岩土工程的重要应用领域。需要对尾矿库的选址、坝体的设计和施工进行严格的岩土工程勘察和分析，确保尾矿库的安全运行。如图1.4所示。

1.4.5 Field of Environmental Engineering

1.4.5 环境工程领域

Geotechnical engineering plays an important role in the design and construction of landfills. Considerations needs to be given to issues such as landfill methods,

岩土工程在垃圾填埋场的设计和建设中具有重要作用。需要考虑垃圾的填埋方式、防

Figure 1.4　Tailings pond
图 1.4　尾矿库

anti-seepage measures, gas emissions, etc. Appropriate rock and soil materials and engineering techniques need to be selected to prevent the pollution of the surrounding environment by garbage.

渗措施、气体排放等问题，选择合适的岩土材料和工程技术，防止垃圾对周围环境的污染。

In soil remediation and geological disaster control, geotechnical engineering can use techniques such as grouting, solidification, soil nail wall, etc. to remediate polluted soils and control geological disasters such as landslides and mudslides, improving environmental quality and ensuring the safety of people's lives and property. Shown in Figure 1.5.

在土壤修复和地质灾害治理方面，岩土工程可以采用灌浆、固化、土钉墙等技术，对污染土壤进行修复，对滑坡、泥石流等地质灾害进行治理，改善环境质量和保障人民生命财产安全。如图1.5所示。

Figure 1.5　Ecological restoration
图 1.5　生态恢复

1.5 Development Trends

1.5.1 In Terms of Technological Innovation

Application of Digital and Intelligent Technologies: With the rapid development of information technology, digital and intelligent technologies will be widely applied in geotechnical engineering. For example, using unmanned aerial vehicles, laser scanning, geographic information systems (GIS) and other technologies for geotechnical engineering investigation to obtain more accurate and comprehensive geological information; using artificial intelligence and machine learning algorithms to analyze and predict geotechnical engineering data, providing a more scientific basis for engineering design and construction.

Research and Development of New Materials and Technologies: Continuously research and develop and apply new geotechnical engineering materials and technologies, such as high-performance concrete, new geotextiles, green and environmentally friendly reinforcement materials, etc. to improve the quality and durability of geotechnical engineering. At the same time, promote the application of green construction techniques to reduce the impact on the environment.

Development of Monitoring Technologies: Geotechnical engineering monitoring technologies will continue to improve, enabling real-time and continuous monitoring of parameters such as rock and soil mass deformation, stress, groundwater, etc. Through technologies such as the Internet of Things and sensor networks, the monitoring data will be transmitted to the

1.5 发展趋势

1.5.1 技术创新方面

数字化与智能化技术的应用：随着信息技术的快速发展，数字化和智能化技术将在岩土工程中得到广泛应用。例如，利用无人机、激光扫描、地理信息系统（GIS）等技术进行岩土工程勘察，获取更准确、全面的地质信息；采用人工智能和机器学习算法对岩土工程数据进行分析和预测，为工程设计和施工提供更科学的依据。

新型材料和技术的研发：不断研发和应用新型岩土工程材料和技术，如高性能混凝土、新型土工合成材料、绿色环保的加固材料等，提高岩土工程的质量和耐久性。同时，推广应用绿色施工技术，减少对环境的影响。

监测技术的发展：岩土工程监测技术将不断提高，实现对岩土体变形、应力、地下水等参数的实时、连续监测。通过物联网、传感器网络等技术，将监测数据实时传输到控制中心，实现远程监控和

control center in real time, enabling remote monitoring and early warning, and improving the safety and reliability of engineering.

预警，提高工程的安全性和可靠性。

1.5.2 In Terms of Interdisciplinary Integration

1.5.2 学科交叉融合方面

Integration with Environmental Science: In the context of increasing awareness of environmental protection, geotechnical engineering will be more closely integrated with environmental science. In engineering construction, the impact of geotechnical engineering on the environment needs to be fully considered, and corresponding environmental protection measures need to be taken. At the same time, use geotechnical engineering techniques for environmental remediation and pollution control, such as soil remediation, groundwater pollution control, etc.

与环境科学的融合：在环境保护意识日益增强的背景下，岩土工程将与环境科学更加紧密地结合。在工程建设中，需要充分考虑岩土工程对环境的影响，采取相应的环境保护措施。同时，利用岩土工程技术进行环境修复和污染治理，如土壤修复、地下水污染治理等。

Crossing with Biology: Bio-geotechnical engineering is an emerging research field, applying the principles and methods of biology to geotechnical engineering. For example, using the action of microorganisms to reinforce and remediate rock and soil masses, studying the interaction between plant roots and rock and soil masses, improving the stability of slopes, etc.

与生物学的交叉：生物岩土工程是一个新兴的研究领域，将生物学的原理和方法应用于岩土工程中。例如，利用微生物的作用进行岩土体的加固和修复，研究植物根系与岩土体的相互作用，提高边坡的稳定性等。

Collaborative Development with Other Engineering Disciplines: The connection between geotechnical engineering and other engineering disciplines such as structural engineering, hydraulic engineering, transportation engineering, etc. will be more closely. In large and complex engineering construction, multi-disciplinary collaborative cooperation is required to jointly solve the geotechnical problems in engineering,

与其他工程学科的协同发展：岩土工程与结构工程、水利工程、交通工程等其他工程学科的联系将更加紧密。在大型复杂工程的建设中，需要多学科协同合作，共同解决工程中的岩土问题，实现工程的整体优化。

and achieve the overall optimization of engineering.

1.5.3 In Terms of Internationalization and Sustainable Development

Strengthening of International Cooperation: With the development of economic globalization, international cooperation in geotechnical engineering will continue to strengthen. Chinese geotechnical engineering enterprises will actively participate in international engineering construction, introduce advanced foreign technologies and management experiences, and improve the international competitiveness of Chinese geotechnical engineering. At the same time, strengthen international academic exchanges and collaborative research to promote the development of the geotechnical engineering discipline.

Requirements of Sustainable Development: Sustainable development is an important development direction of geotechnical engineering in the future. In engineering construction, the principles of resource conservation and environmental friendliness need to be followed, green and environmentally friendly technologies and materials need to be used, energy consumption and waste emissions need to be reduced. At the same time, pay attention to the long-term performance and durability of geotechnical engineering, improve the service life of engineering, and achieve the coordinated development of economy, society and environment.

1.5.3 国际化与可持续发展方面

国际化合作的加强：随着经济全球化的发展，岩土工程领域的国际化合作将不断加强。我国的岩土工程企业将积极参与国际工程建设，引进国外先进的技术和管理经验，提高我国岩土工程的国际竞争力。同时，加强国际间的学术交流和合作研究，推动岩土工程学科的发展。

可持续发展的要求：可持续发展是未来岩土工程的重要发展方向。在工程建设中，需要遵循资源节约、环境友好的原则，采用绿色环保的技术和材料，减少能源消耗和废弃物排放。同时，注重岩土工程的长期性能和耐久性，提高工程的使用寿命，实现经济、社会和环境的协调发展。

2 Fundamentals of Geotechnical Physics and Mechanics

岩土物理力学基础

2.1 Composition of Geotechnical Materials

2.1 岩土的组成

2.1.1 Composition of Soil

Soil is a three-phase system composed of solid particles, liquid water, and gas. Shown in Figure 2.1.

2.1.1 土的组成

土是由固体颗粒、液体水和气体三部分组成的三相体系。如图2.1所示。

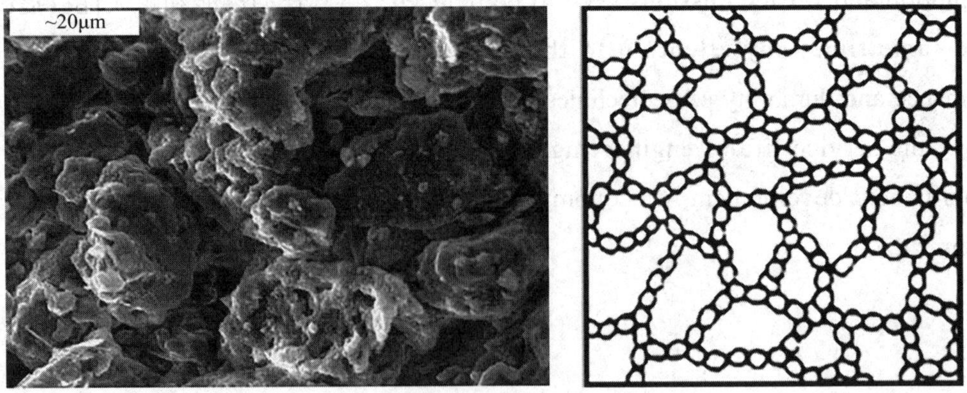

Figure 2.1 Microscopic particles of soil

图2.1 土壤的微观颗粒

Solid Particles: They form the skeleton of the soil. The particle sizes vary greatly. According to the particle size groups, they can be divided into the boulder group, coarse particle group, and fine particle group. The boulder group has a particle size larger than 60 mm, such as boulders and cobbles. The proportion of them in the soil has a great impact on the engineering properties of the soil. The coarse particle group has a particle size between 0.075~60 mm, including sand grains and gravel grains. The shape and gradation of these particles will affect the compactness and permeability of the soil. The fine particle group has a particle size smaller than 0.075 mm, mainly consisting of silt and clay particles. The mineral composition and surface characteristics of clay particles play a crucial role in the plasticity, swelling and shrinking properties of the soil.

固体颗粒：是土的骨架部分。颗粒大小差异很大，按照粒组可分为巨粒组、粗粒组和细粒组。巨粒组粒径大于60mm，如漂石、卵石等，它们在土中所占比例对土的工程性质有很大影响。粗粒组粒径在0.075~60mm，包括砂粒和砾粒，其颗粒形状、级配等会影响土的密实度和透水性。细粒组粒径小于0.075mm，主要是粉粒和黏粒，黏粒的矿物成分和表面特性对土的可塑性、胀缩性等性质起着关键作用。

Liquid Water: The water in the soil can be divided into bound water and free water. Bound water is the water adsorbed on the surface of soil particles, including strongly bound water and weakly bound water. Strongly bound water is tightly adsorbed on the particle surface, unable to transmit hydrostatic pressure and without the ability to dissolve salts. Its properties are close to those of a solid. Weakly bound water is located outside the strongly bound water. It can move on the surface of soil particles and has an important impact on the plasticity and viscosity of the soil. Free water includes gravitational water and capillary water. Gravitational water flows in the pores of the soil under the action of gravity, and its existence will affect the permeability and the shear strength of the soil. Capillary water is the water existing in the soil pores under the action of capillarity, which will increase the water content of the soil and may cause problems such as collapsibility

液体水：土中的水分为结合水和自由水。结合水是被土颗粒表面吸附的水，包括强结合水和弱结合水。强结合水紧密吸附在颗粒表面，不能传递静水压力，没有溶解盐类的能力，其性质接近固体。弱结合水位于强结合水之外，它可以在土颗粒表面移动，对土的可塑性和黏性有重要影响。自由水包括重力水和毛细水，重力水在重力作用下在土的孔隙中流动，它的存在会影响土的渗透性和抗剪强度。毛细水是在毛细作用下存在于土孔隙中的水，它会使土的含水量增加，在某些情况下可能导致土的湿

of the soil under certain circumstances.

Gas: The gas in the soil exists in the pores. When the soil is subjected to external forces, the volume of the gas will change. In soils with a lower degree of saturation, the gas content is relatively high, which will increase the compressibility of the soil.

陷等问题。

气体：土中的气体存在于孔隙中，当土受到外力作用时，气体体积会发生变化。在饱和度较低的土中，气体含量相对较高，会使土的压缩性增大。

2.1.2 Composition of Rocks

Rocks are mainly composed of minerals and are natural solid mineral aggregates formed under various geological processes. Shown in Figure 2.2.

2.1.2 岩石的组成

岩石主要由矿物组成，是在各种地质作用下形成的自然固体矿物集合体。如图2.2所示。

Figure 2.2 Rock structure
图 2.2 岩石结构

Mineral Composition: Different rocks have different main mineral compositions. For example, granite is mainly composed of quartz, feldspar, and mica. Quartz has high hardness and strong chemical stability, making granite have high strength and durability; the types and contents of feldspar will affect the color and some physical properties of the rock; mica is flaky, and its distribution will affect the anisotropy of the rock. Besides the main minerals, rocks may also contain a small amount of accessory minerals, such as zircon and apatite.

矿物成分：不同的岩石有不同的主要矿物成分。例如，花岗岩主要由石英、长石和云母组成。石英硬度高、化学稳定性强，使花岗岩具有较高的强度和耐久性；长石的种类和含量会影响岩石的颜色和某些物理性质；云母呈片状，其分布会影响岩石的各向异性。除了主要矿物，岩石中还可能含有少量的副矿物，如锆石、磷灰石等。

Substance Composition in Structure and Texture: The structure of rocks includes crystalline structure, cryptocrystalline structure, and glassy structure, etc. Rocks with a crystalline structure are composed of crystalline minerals, and their particle sizes, shapes, and arrangements are different. For example, rocks with an equigranular structure have uniform particle sizes and good isotropy; rocks with a porphyritic structure have larger phenocrysts and fine matrices, and their mechanical properties may vary in different directions. The texture of rocks refers to the shapes, sizes, and interrelationships of mineral aggregates in rocks, such as massive texture, layered texture, and schistosity texture. The mechanical properties and permeability of rocks with a layered texture are often different in the directions perpendicular and parallel to the bedding plane.

结构和构造中的物质组成：岩石的结构包括结晶结构、隐晶结构和玻璃质结构等。结晶结构的岩石由结晶矿物组成，其颗粒大小、形状和排列方式不同。例如，等粒结构的岩石颗粒大小均匀，各向同性较好；斑状结构的岩石有较大的斑晶和细小的基质，其力学性质在不同方向上可能存在差异。岩石的构造是指岩石中矿物集合体的形状、大小和相互关系，如块状构造、层状构造和片理构造等。层状构造的岩石在垂直和平行层面方向上的力学性质和渗透性等往往不同。

2.2 Structure of Geotechnical Materials

2.2 岩土的结构

2.2.1 Structure of Soil

The structure of soil refers to the way in which soil particles are arranged and connected to each other. There are mainly single-grained structure, honeycomb structure, and flocculent structure.

Single-grained Structure: It mainly exists in coarse-grained soils such as sand and gravel. There is almost no cohesive force between the particles. The arrangement of the particles can be loose or dense. The soil with a loose single-grained structure has larger pores. When subjected to vibration or other external forces, the particles are prone to move, increasing the compactness of the soil; the soil with a dense single-grained structure

2.2.1 土的结构

土的结构是指土颗粒之间的相互排列和联结方式。主要有单粒结构、蜂窝结构和絮状结构。

单粒结构：主要存在于粗粒土中，如砂和砾石。颗粒之间几乎没有黏结力，颗粒的排列方式分为疏松和密实。疏松单粒结构的土孔隙较大，在受到振动或其他外力作用时，容易发生颗粒移动，使土的密实度增加；密实单粒结构的土孔

has small pores and relatively high strength and stability.

Honeycomb Structure: It generally appears in silt. There is a certain connection between the particles, and the particle shapes are mostly round or approximately round. The soil with this structure has relatively small pores, but due to the relatively weak connection between the particles, the structure of the soil may be damaged under certain conditions, such as when the water content changes. Figure 2.3 shows soil types by clay, silt and sand composition as used by the USDA.

隙小，强度和稳定性相对较高。

蜂窝结构：一般出现在粉土中。颗粒之间有一定的联结，颗粒形状多为圆形或近似圆形。这种结构的土孔隙较小，但由于颗粒间的联结相对较弱，在一定条件下，如含水量变化时，土的结构可能会发生破坏。图2.3所示为美国农业部使用的按黏土、粉砂土和砂组成的土壤类型。

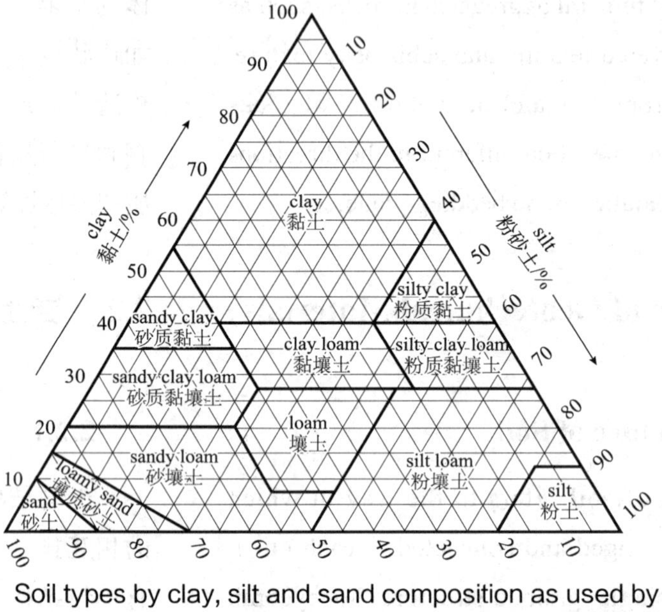

Figure 2.3 Soil types by clay, silt and sand composition as used by the USDA
图 2.3 美国农业部使用的按黏土、粉砂土和砂组成的土壤类型

Flocculent Structure: It is commonly found in cohesive soils. Clay particles are connected to each other through electrostatic and molecular attractions to form flocculent aggregates. The soil with this structure has a large void ratio and has certain plasticity when the water content is high. However, when subjected to relatively large external forces, the structure of the soil is easily damaged and the strength is reduced.

絮状结构：常见于黏性土中。黏粒之间通过静电引力和分子引力相互联结，形成絮状集合体。这种结构的土孔隙比大，含水量高时具有一定的可塑性。但当受到较大的外力作用时，土的结构容易被破坏，强度降低。

2.2.2 Structure of Rocks

The structure of rocks includes the size, shape, degree of crystallization, and connection method of their mineral particles.

Classification by Particle Size: There are boulder structure (particle diameter larger than 60 mm), coarse-grained structure (particle diameter between 2~60 mm), medium-grained structure (particle diameter between 0.5~2 mm), fine-grained structure (particle diameter between 0.075~0.5 mm), and a micro-grained structure (particle diameter smaller than 0.075 mm). Rocks with different particle sizes have significantly different mechanical properties. For example, rocks with a boulder structure have high strength, but due to the relatively few contact points between the particles, they are prone to damage at the particle contact points when subjected to concentrated forces.

Classification by Particle Shape: There are granular structure (such as the approximately equiaxed mineral particles in granite), columnar structure (such as the columnar mineral crystals in some volcanic rocks), and flaky structure (such as the flaky mineral arrangement in schist). Rocks with columnar and flaky structures have obvious differences in mechanical properties in different directions and are anisotropic.

Classification by Particle Connection Method: There are crystalline connection and cementitious connection. Crystalline connection means that mineral particles are connected by the mutual embedding of lattices. This connection method has high strength. For example, the crystalline connection of quartzite makes it

2.2.2 岩石的结构

岩石的结构包括其矿物颗粒的大小、形状、结晶程度和颗粒之间的联结方式等。

按颗粒大小分类：有巨粒结构（颗粒直径大于60mm）、粗粒结构（颗粒直径在2~60mm）、中粒结构（颗粒直径在0.5~2mm）、细粒结构（颗粒直径在0.075~0.5mm）和微粒结构（颗粒直径小于0.075mm）。颗粒大小不同的岩石，其力学性质有很大差异。例如，巨粒结构的岩石强度高，但由于颗粒之间的接触点相对较少，在受到集中力作用时，容易在颗粒接触处发生破坏。

按颗粒形状分类：有粒状结构（如花岗岩的矿物颗粒近似等轴状）、柱状结构（如某些火山岩中的柱状矿物晶体）和片状结构（如片岩中的片状矿物排列）。柱状和片状结构的岩石在不同方向上的力学性质差异明显，存在各向异性。

按颗粒联结方式分类：有结晶联结和胶结联结。结晶联结是指矿物颗粒通过晶格的相互嵌入而联结，这种联结方式强度高，如石英岩的结晶联结使其具有很高的强度。胶结

have high strength. Cementitious connection means that mineral particles are connected by cementitious materials (such as siliceous, calcareous, and ferrous cementitious materials). The composition and degree of cementation of the cementitious materials will affect the strength and durability of the rocks.

联结是指矿物颗粒通过胶结物（如硅质、钙质、铁质胶结物）联结，胶结物的成分和胶结程度会影响岩石的强度和耐久性。

2.3 Physical Properties of Geotechnical Materials

2.3 岩土的物理性质

2.3.1 Physical Properties of Soil

Three-phase Proportional Indicators of Soil: They include specific gravity of soil particles, water content, and unit weight. The specific gravity of soil particles is the ratio of the mass of soil particles to the mass of pure water at 4°C with the same volume. It reflects the mineral composition and relative density of soil particles. Different types of soil particles have different specific gravities. For example, quartz particles have a relatively large specific gravity. The water content is the ratio of the mass of water in the soil to the mass of soil particles. It has a great impact on the physical state and mechanical properties of the soil. The unit weight is the weight of a unit volume of soil, including natural unit weight, saturated unit weight, dry unit weight, etc. The natural unit weight refers to the weight of a unit volume of soil in its natural state. It is related to the compactness and water content of the soil; the saturated unit weight is the unit weight when the pores of the soil are completely filled with water; the dry unit weight is the unit weight when there is no water in the soil.

2.3.1 土的物理性质

土的三相比例指标：包括土粒比重、含水量和重度。土粒比重是土粒质量与同体积4℃时纯水的质量之比，它反映了土粒的矿物成分和相对密度，不同类型的土粒比重不同，如石英颗粒比重较大。含水量是土中水的质量与土粒质量之比，它对土的物理状态和力学性质有很大影响。重度是单位体积土的重量，包括天然重度、饱和重度、干重度等。天然重度是指土在天然状态下单位体积的重量，它与土的密实程度和含水量有关；饱和重度是土孔隙中完全充满水时的重度；干重度是土中完全没有水分时的重度。

Physical State Indicators of Soil: For coarse-grained soils, the main indicator is compactness. Compactness can be measured by relative density. Relative density is an indicator that reflects the compactness of cohesionless soils. It is related to the maximum and minimum void ratios of the soil. For fine-grained soils, the main indicator is consistency. Consistency is represented by the liquidity index. The liquidity index is calculated based on the liquid limit, plastic limit, and water content of the soil. It can determine whether the soil is in a solid, semi-solid, plastic, or flowing state. When the liquidity index is less than 0, the soil is in a solid state; when the liquidity index is between 0 and 0.25, the soil is in a semi-solid state; when the liquidity index is between 0.25 and 0.75, the soil is in a plastic state; when the liquidity index is greater than 0.75, the soil is in a flowing state.

土的物理状态指标：对于粗粒土，主要是密实度。密实度可以用相对密度来衡量，相对密度是反映无黏性土密实程度的指标，它与土的最大和最小孔隙比有关。对于细粒土，主要是稠度。稠度用液性指数来表示，液性指数是根据土的液限、塑限和含水量计算得到的，它可以判断土是处于固态、半固态、可塑状态还是流动状态。当液性指数小于0时，土处于固态；当液性指数在0~0.25时，土处于半固态；当液性指数在0.25~0.75时，土处于可塑状态；当液性指数大于0.75时，土处于流动状态。

Compressibility of Soil: It refers to the characteristic of the density of the soil increases with the increase of compaction work under the action of a certain compaction energy. In engineering, the compaction curve of the soil can be obtained through compaction tests, such as the compaction curve. The compaction curve has a peak, and the corresponding water content is called the optimal water content. With the optimal water content, the soil can reach the maximum dry density. The compressibility of the soil is related to factors such as the type of soil, particle gradation, and water content.

土的压实性：是指土在一定的压实能量作用下，土的密度随压实功的增加而增大的特性。在工程中，通过压实试验可以得到土的压实曲线，如击实曲线。击实曲线有一个峰值，对应的含水量称为最优含水量，在最优含水量下，土可以达到最大干密度。土的压实性与土的类型、颗粒级配、含水量等因素有关。

2.3.2 Physical Properties of Rocks

2.3.2 岩石的物理性质

Density and Unit Weight of Rocks: The density of rocks refers to the mass of a unit volume of rocks,

岩石的密度和重度：岩石的密度是指单位体积岩石的

including particle density and bulk density. Particle density refers to the density of the solid mineral particles of the rocks. It mainly depends on the mineral composition. Bulk density refers to the mass of a unit volume of rocks including pores. It is related to the porosity of the rocks. The unit weight of rocks is the weight of a unit volume of rocks. Similar to the concept of density, it is also divided into natural unit weight, saturated unit weight, etc., and its size is related to the density of the rocks and the water content in the pores.

质量，包括颗粒密度和块体密度。颗粒密度是指岩石固体矿物颗粒的密度，它主要取决于矿物成分。块体密度是指岩石包括孔隙在内的单位体积质量，它与岩石的孔隙率有关。岩石的重度是单位体积岩石的重量，和密度的概念类似，也分为天然重度、饱和重度等，其大小与岩石的密度和孔隙中的含水量有关。

Porosity of Rocks: It is represented by porosity and void ratio. Porosity is the ratio of the volume of pores in the rocks to the total volume of the rocks. Void ratio is the ratio of the volume of pores in the rocks to the volume of solid particles. Porosity and void ratio reflect the compactness of the rocks. Rocks with a high porosity generally have lower strength and stronger permeability.

岩石的孔隙性：用孔隙率和孔隙比表示。孔隙率是指岩石中孔隙体积与岩石总体积之比；孔隙比是指岩石中孔隙体积与固体颗粒体积之比。孔隙率和孔隙比反映了岩石的致密程度，孔隙率高的岩石，其强度一般较低，渗透性较强。

Water Absorbency of Rocks: It mainly includes water absorption rate and saturation water absorption rate. The water absorption rate is the ratio of the weight of water absorbed by the rocks under atmospheric pressure to the weight of dry rocks. It reflects the ability of the rocks to absorb water in the natural state. The saturation water absorption rate is the ratio of the weight of water absorbed by the rocks in the forced saturation state to the weight of dry rocks. The saturation water absorption rate is greater than the water absorption rate, and the difference between them can reflect the ability of the rocks to absorb water in the small pores.

岩石的吸水性：主要包括吸水率和饱水率。吸水率是指岩石在大气压力下吸收水分的重量与干燥岩石重量之比，它反映了岩石在自然状态下吸收水分的能力。饱水率是指岩石在强制饱和状态下吸收水分的重量与干燥岩石重量之比。饱水率大于吸水率，二者的差值可以反映岩石中微小孔隙的吸水能力。

2.4 Mechanical Properties of Geotechnical Materials

2.4.1 Mechanical Properties of Soil

Compressibility of Soil: The volume of the soil will shrink under the action of pressure, and this property is called compressibility. The compression of the soil is mainly due to the rearrangement of soil particles, the discharge of pore water, and the compression of the soil particles themselves. In engineering, the compressibility of the soil is usually measured by compression coefficient and compression modulus. The compression coefficient is the decrease in the void ratio of the soil under the action of a unit pressure increment. The compression modulus is the ratio of the vertical additional stress to the vertical strain of the soil under the condition of complete lateral confinement. The larger the compression coefficient, the stronger the compressibility of the soil; the larger the compression modulus, the weaker the compressibility of the soil.

The Shear Strength of Soil: The shear strength of the soil refers to the ability of the soil body to resist shear failure. Coulomb's law states that the shear strength of the soil is composed of the internal friction angle and cohesion, and the expression is $\tau = c + \Sigma\tan\varphi$, where τ is the shear strength, c is the cohesion, Σ is the normal stress, and φ is the internal friction angle. The internal friction angle is related to the shape and gradation of the soil particles. The cohesion mainly comes from the binding force and electrostatic attraction between the soil particles. In actual engineering, such as the analysis

2.4 岩土的力学性质

2.4.1 土的力学性质

土的压缩性：土在压力作用下体积会缩小，这种性质称为压缩性。土的压缩主要是由于土颗粒的重新排列、孔隙水的排出和土颗粒本身的压缩。在工程中，常用压缩系数和压缩模量来衡量土的压缩性。压缩系数是指在单位压力增量作用下土的孔隙比的减小值。压缩模量是指土在完全侧限条件下竖向附加应力与竖向应变之比。压缩系数越大，土的压缩性越强；压缩模量越大，土的压缩性越弱。

土的抗剪强度：土的抗剪强度是指土体抵抗剪切破坏的能力。库仑定律指出，土的抗剪强度由内摩擦角和黏聚力两部分组成，表达式为$\tau = c + \Sigma\tan\varphi$，其中$\tau$为抗剪强度，$c$为黏聚力，$\Sigma$为法向应力，$\varphi$为内摩擦角。内摩擦角与土的颗粒形状、级配等有关，黏聚力主要来自土颗粒之间的黏结力和静电引力等。在实际工程中，

of soil slope stability and the calculation of foundation bearing capacity, the shear strength of the soil needs to be considered.

如土坡稳定分析和地基承载力计算等都需要考虑土的抗剪强度。

Permeability of Soil: The permeability of the soil refers to the property that the soil allows water to pass through. It is represented by the permeability coefficient, which is the seepage velocity when the hydraulic gradient is 1. The permeability of the soil is related to factors such as the particle size, void ratio, and mineral composition of the soil. Coarse-grained soils have stronger permeability, while fine-grained soils have weaker permeability. In engineering problems such as groundwater seepage and foundation treatment, the permeability of the soil is an important consideration.

土的渗透性：土的渗透性是指土体允许水通过的性能。用渗透系数来表示，渗透系数是水力梯度为1时的渗流速度。土的渗透性与土的颗粒大小、孔隙比、矿物成分等因素有关。粗粒土的渗透性较强，细粒土的渗透性较弱。在地下水渗流和地基处理等工程问题中，土的渗透性是一个重要的考虑因素。

2.4.2 Mechanical Properties of Rocks

2.4.2 岩石的力学性质

Strength of Rocks: It includes compressive strength, tensile strength, and shear strength. The compressive strength is the ability of the rocks to resist failure under the action of uniaxial pressure. It is one of the most important strength indicators of the rocks. The tensile strength is the ability of the rocks to resist tensile failure. The tensile strength of the rocks is much smaller than the compressive strength, and it is usually measured by indirect test methods. The shear strength is the ability of the rocks to resist shear failure. The shear strength of the rocks is related to factors such as the structure, mineral composition, and stress state of the rocks. In rock engineering, such as tunnel excavation and slope stability analysis, the accurate assessment of the strength of the rocks is required.

岩石的强度：包括抗压强度、抗拉强度和抗剪强度。抗压强度是指岩石在单轴压力作用下抵抗破坏的能力，它是岩石最重要的强度指标之一。抗拉强度是岩石抵抗拉伸破坏的能力，岩石的抗拉强度远小于抗压强度，一般通过间接试验方法来测定。抗剪强度是岩石抵抗剪切破坏的能力，岩石的抗剪强度与岩石的结构、矿物成分和应力状态等因素有关。在岩石工程中，如隧道开挖和边坡稳定分析等，需要准确评估岩石的强度。

Deformation of Rocks: Rocks will deform under the action of forces. It is measured by elastic modulus,

岩石的变形性：岩石在受力作用下会发生变形，用弹

Poisson's ratio, etc. The elastic modulus is the ratio of stress to strain within the elastic deformation range of the rocks. It reflects the stiffness of the rocks. Poisson's ratio is the ratio of transverse strain to longitudinal strain when the rocks are subjected to uniaxial tension or compression. It reflects the transverse deformation characteristics of the rocks. The deformation of the rocks is different under different types of rocks and different stress states.

性模量、泊松比等来衡量。弹性模量是指岩石在弹性变形范围内应力与应变之比，它反映了岩石的刚度。泊松比是指岩石在单向受拉或受压时，横向应变与纵向应变之比，它反映了岩石在受力时的横向变形特性。不同类型的岩石和不同的应力状态下，岩石的变形性不同。

2.5 Deformation and Failure Mechanisms of Geotechnical Materials

2.5 岩土的变形和破坏机理

2.5.1 Deformation and Failure Mechanisms of Soil

Deformation Mechanism: Under the action of pressure, the soil particles will be rearranged and the pore water will be squeezed out. This is the main process of soil deformation. For saturated cohesive soils, in the early stage of loading, since the pore water cannot be discharged in time, the soil mainly undergoes elastic deformation. With the passage of time, the pore water is gradually discharged and the soil undergoes consolidation deformation. For non-saturated soils, in addition to the rearrangement of particles and the change of pore water, the compression and discharge of pore gas will also affect the deformation of the soil.

Failure Mechanism: The failure of the soil is mainly shear failure. When the shear stress in the soil reaches the shear strength, the soil will fail. During the shearing process, for cohesionless soils such as sand, it is mainly

2.5.1 土的变形和破坏机理

变形机理：在压力作用下，土颗粒会发生重新排列，孔隙水被挤出，这是土发生变形的主要过程。对于饱和黏性土，在加载初期，由于孔隙水不能及时排出，土主要发生弹性变形，随着时间的推移，孔隙水逐渐排出，土发生固结变形。对于非饱和土，除了颗粒的重新排列和孔隙水的变化外，孔隙气体的压缩和排出也会对土的变形产生影响。

破坏机理：土的破坏主要是剪切破坏。当土中的剪应力达到抗剪强度时，土就会发生破坏。在剪切过程中，对于无

the sliding and rolling of particles between them, and the failure surface is relatively obvious; for cohesive soils, in addition to the relative sliding of particles, it is also accompanied by the destruction of the soil structure, such as the destruction of the flocculent structure, and the failure surface is not so regular.

黏性土（如砂），主要是颗粒之间的滑动和滚动，破坏面比较明显；对于黏性土，除了颗粒之间的相对滑动外，还伴随着土结构的破坏，如絮状结构的破坏，破坏面不那么规则。

2.5.2 Deformation and Failure Mechanisms of Rocks

2.5.2 岩石的变形和破坏机理

Deformation Mechanism: In the initial stage of being subjected to forces, rocks mainly undergo elastic deformation, and the deformation amount is linearly related to the stress, conforming to Hooke's law. With the increase of stress, rocks may experience plastic deformation, which is due to the generation and expansion of micro-cracks inside the rocks. When the stress is further increased, the rate of rock deformation accelerates, and finally the rocks are destroyed.

Failure Mechanism: The failure forms of rocks mainly include brittle failure and ductile failure. Brittle failure means that rocks suddenly fail without obvious plastic deformation, such as some high-strength rocks that suddenly break when reaching the ultimate compressive strength in the uniaxial compressive test. Ductile failure means that rocks experience large plastic deformation before failure, which usually occurs under special conditions such as high temperature, high pressure, or in some rocks with good toughness. The failure mechanism of rocks is closely related to factors such as the structure, mineral composition, and stress state of the rocks.

变形机理：岩石在受力初期，主要发生弹性变形，其变形量与应力呈线性关系，符合胡克定律。随着应力的增加，岩石可能会出现塑性变形，这是由于岩石内部微裂隙的产生和扩展。当应力进一步增加时，岩石的变形速率加快，最终导致岩石的破坏。

破坏机理：岩石的破坏形式主要有脆性破坏和延性破坏。脆性破坏是指岩石在没有明显塑性变形的情况下突然发生破坏，如在单轴抗压试验中，一些高强度的岩石在达到极限抗压强度时会突然断裂。延性破坏是指岩石在破坏前经历了较大的塑性变形，这种情况通常出现在高温、高压等特殊条件下或者某些具有良好韧性的岩石中。岩石的破坏机理与岩石的结构、矿物成分、应力状态等因素密切相关。

Geotechnical Exploration and Testing
岩土勘探与试验

3

3.1 Purposes of Exploration

3.1.1 Ascertaining Geological Conditions

The primary purpose of geotechnical exploration is to comprehensively understand the geological conditions of the site. This includes determining the distribution, thickness, and lithological changes of the strata. For example, in the exploration of a construction site, it is necessary to clarify what types of geotechnical materials the underground consists of, whether it is cohesive soil, sandy soil, or rock, as well as their distribution at different depths. For the exploration of a multi-story building site, understanding the stratigraphic structure of the foundation soil in the shallow layer (such as within the depth range of 0~10 meters) and the deep layer (deeper than 10 meters) is crucial for the selection of foundation types.

3.1 勘探的目的

3.1.1 地质条件查明

岩土勘探的首要目的是全面了解场地的地质条件，包括确定地层的分布、厚度和岩性变化。例如，在建筑场地勘探中，需要明确地下是由何种岩土组成的（是黏性土、砂性土还是岩石），以及它们在不同深度的分布情况。对于多层建筑场地，了解地基土在浅层（如0~10m深度范围）和深层（大于10m深度）的地层结构，对于基础形式的选择至关重要。

Identifying geological structures is also a key aspect. Geological Structures such as faults and folds can have a significant impact on the stability of geotechnical materials. When carrying out engineering construction in mountainous areas, if there is a fault near the site, it may lead to problems such as landslides and uneven settlement of the foundation. Through exploration, the location, strike, and activity status of the fault can be determined, providing a basis for risk assessment in engineering design.

查明地质构造也是关键内容，如断层、褶皱等地质构造会对岩土体的稳定性产生显著影响。在山区进行工程建设时，若场地附近存在断层，可能导致山体滑坡、地基不均匀沉降等问题。通过勘探可以确定断层的位置、走向和活动情况，为工程设计提供风险评估依据。

The exploration of groundwater conditions is equally indispensable. It is necessary to determine the depth of the water table, the range of water level fluctuations, the types of groundwater (such as phreatic water, confined water), and its chemical composition. For example, during the construction of a deep foundation pit in an area with a high water table, the buoyancy and seepage pressure of the groundwater may affect the stability of the foundation pit, and its chemical composition may cause corrosion to the foundation materials.

对地下水情况的勘探同样不可或缺。需要确定地下水位的深度、水位的变化幅度、地下水的类型（如潜水、承压水）及其化学成分。例如，在地下水位较高的地区进行深基坑施工，地下水的浮力和渗透压力可能会影响基坑的稳定性，而其化学成分可能会对基础材料产生腐蚀作用。

3.1.2 Evaluating Geotechnical Engineering Properties

3.1.2 岩土工程性质评估

Exploration helps to obtain the parameters of the physical and mechanical properties of geotechnical materials. These parameters include the density, water content, void ratio, shear strength, compressibility of soil, as well as the compressive strength, elastic modulus, Poisson's ratio of rock, etc. For the design of the foundation of a large bridge, accurate geotechnical mechanical parameters can be used to calculate the bearing capacity of the pile foundation, ensuring the

勘探有助于获取岩土的物理力学性质参数。这些参数包括土的密度、含水量、孔隙比、抗剪强度、压缩性等，以及岩石的抗压强度、弹性模量、泊松比等。对于大型桥梁基础的设计，准确的岩土力学参数可以用来计算桩基础的承载力，确保桥梁在使用年限内

safety of the bridge within its service life.

Assessing the uniformity of geotechnical materials is also one of the important purposes. For example, on a construction land, if the properties of the geotechnical materials vary significantly in the horizontal or vertical direction, different foundation treatment methods or foundation types may be required. For instance, if in a site, one part is a dense sand layer and another part is a weak muddy soil, the foundation needs to be designed appropriately according to this non–uniformity.

的安全性。

评估岩土体的均匀性也是重要目的之一。例如，在一片建筑用地上，如果岩土体的性质在水平方向或垂直方向上差异较大，可能需要采用不同的地基处理方法或基础形式。如在一个场地中，一部分区域是密实的砂层，另一部分是软弱的淤泥质土，就需要根据这种不均匀性来设计合适的基础。

3.1.3 Judging the Suitability for Engineering

Through exploration, it can be determined whether the site is suitable for specific engineering construction. For example, for a high–fill embankment project, it is necessary to explore whether the geotechnical materials on the site have sufficient bearing capacity to withstand the weight of the filled soil and whether excessive settlement or landslide will occur due to filling. If exploration reveals that there is a thick soft soil layer underground on the site, the site may need to be reinforced or relocated.

Providing basic data for engineering design is also an important objective of exploration. Designers conduct reasonable foundation design, slope design, etc. based on the stratigraphic information, geotechnical property parameters, etc. provided by exploration. For example, in the design of a high–rise building, based on the bearing capacity and deformation parameters of the foundation soil obtained through exploration, appropriate types of

3.1.3 工程适宜性判断

通过勘探可以判断场地是否适合特定的工程建设。例如，对于高填方路堤工程，需要勘探场地的岩土是否有足够的承载能力来承受填方土体的重量，以及是否会因填方而产生过大的沉降或滑坡等问题。如果勘探发现场地地下存在软土层且厚度较大，可能需要对场地进行加固处理或者重新选址。

为工程设计提供基础资料也是勘探的重要目标。设计师根据勘探所提供的地层信息、岩土性质参数等，进行合理的基础设计、边坡设计等。如在高层建筑设计中，依据勘探得到的地基土承载力和变形参数，选择合适的桩基础类型

pile foundations (such as cast-in-place piles or precast piles) and pile lengths are selected.

（如灌注桩或预制桩）和桩长。

3.2 Methods of Exploration

3.2 勘探的方法

3.2.1 Engineering Geological Mapping

3.2.1 工程地质测绘

Engineering geological mapping is the basic work of geotechnical exploration. It involves observing and describing the geological phenomena on the ground using geological and engineering geological theories and plotting them on topographic maps. The mapping contents include topography and landforms, stratigraphic lithology, geological structures, and adverse geological phenomena.

工程地质测绘是岩土勘探的基础性工作。它是运用地质、工程地质理论，对地面的地质现象进行观察和描述，并将其绘制在地形图上。测绘内容包括地形地貌、地层岩性、地质构造和不良地质现象等。

Topographic and landform mapping mainly records the morphological features of the site such as the undulations, slopes, valleys, and ridges of the terrain. For example, during mapping in mountainous areas, the slopes and slope surface forms of the mountains need to be described in detail because these factors are closely related to the stability of the mountains and possible geological disasters.

地形地貌测绘主要记录场地的地形起伏、坡度、山谷、山脊等形态特征。例如，在山区进行测绘时，要详细描绘山体的坡度和坡面形态，因为这些因素与山体稳定性和可能发生的地质灾害密切相关。

Stratigraphic lithology mapping is to determine the age, lithology, thickness, and distribution laws of the strata. Through the observation and analysis of outcropping rocks and the inference of the surrounding geological environment, a stratigraphic profile can be drawn. For example, in a sedimentary rock area, different stratigraphic units can be divided according to the bedding, color, and composition changes of the rocks. Shown in Figure 3.1.

地层岩性测绘是确定地层的时代、岩性、厚度和分布规律。通过对露头岩石的观察和分析，以及对周围地质环境的推断，可以绘制出地层剖面图。例如，在一个沉积岩地区，根据岩石的层理、颜色和成分变化，可以划分不同的地层单元。如图3.1所示。

Figure 3.1 Geological Mapping
图 3.1 地质测绘

Geological structure mapping focuses on discovering and recording structural phenomena such as folds, faults, and joints. By observing the deformation characteristics of rocks and the dislocation of strata, the type, scale, and strike of the geological structure can be determined. For example, by observing the discontinuity of the strata and the fragmentation of the rocks, the location and nature of the fault can be inferred.

地质构造测绘侧重于发现和记录褶皱、断层、节理等构造现象。通过观察岩石的变形特征、地层的错动情况等，可以确定地质构造的类型、规模和走向。例如，通过观察地层的不连续和岩石的破碎情况，可以推断断层的位置和性质。

Adverse geological phenomena mapping mainly targets geological phenomena that may cause harm to engineering such as landslides, mudslides, and karst. For a landslide area, information such as the range of the landslide body, the sliding direction, and the location of the sliding surface needs to be recorded to provide a basis for subsequent engineering prevention and control.

不良地质现象测绘主要针对滑坡、泥石流、岩溶等可能对工程造成危害的地质现象。对于滑坡区域，要记录滑坡体的范围、滑动方向、滑动面的位置等信息，为后续的工程防治提供依据。

3.2.2 Pit Exploration Works

3.2.2 坑探工程

Pit exploration is a direct exploration method. It involves digging test pits, trenches, or shafts to observe the conditions of geotechnical materials. Test pits are

坑探是一种直接的勘探方法，通过挖掘探坑、探槽或竖井等来观察岩土体的情况。探

generally used for shallow exploration, with a depth usually not exceeding 3~5 meters, mainly used to expose the lithology, thickness, and groundwater conditions of the shallow strata. For example, during the preliminary exploration of a small construction site, digging a test pit can directly observe the soil conditions within 1~2 meters below the surface to determine whether there is a weak soil layer.

坑一般用于浅层勘探，深度通常为3~5m，主要用于揭露浅层地层的岩性、厚度和地下水情况。例如，在小型建筑场地的初步勘探中，挖掘探坑可以直接观察到地表以下1~2m内的土层情况，判断是否存在软弱土层。

Trenches are mainly used to expose geological structures and stratigraphic boundaries. When it is necessary to determine the location and nature of a fault or divide the boundaries of different strata, digging a trench can provide a clear observation surface. The length and depth of the trench are determined according to the specific exploration purpose and geological conditions. Generally, the length can range from several meters to tens of meters, and the depth can reach several meters.

探槽主要用于揭露地质构造和地层界线。当需要确定断层的位置和性质或者划分不同地层界线时，挖掘探槽可以提供清晰的观察面。探槽的长度和深度根据具体的勘探目的和地质条件而定，一般长度可以从数米到数十米，深度可达数米。

Shafts are mainly used for deep exploration, especially when it is necessary to understand the properties of deep geotechnical materials or conduct long-term observations of the groundwater level. The depth of the shafts can reach tens of meters or even hundreds of meters according to need. However, shaft exploration has a high cost, is difficult to construct, and requires consideration of many factors such as safety.

竖井主要用于深层勘探，尤其是当需要了解深部岩土体的性质或者进行地下水位的长期观测时。竖井的深度可以根据需要达到数十米甚至上百米。不过，竖井勘探成本较高，施工难度较大，需要考虑安全等诸多因素。

3.2.3 Drilling Engineering

3.2.3 钻探工程

Drilling is one of the most commonly used deep exploration methods in geotechnical exploration. It involves using a drilling rig to drill holes underground to obtain geotechnical core samples to understand the lithology, structure, and physical and mechanical

钻探是岩土勘探中最常用的深层勘探方法之一。它是利用钻机在地下钻孔，获取岩土芯样，以了解地层的岩性、结构和岩土的物理力学性质。钻

properties of the strata. There are various types of drilling rigs, such as rotary drilling rigs and percussion drilling rigs, and different types of drilling rigs are suitable for different stratigraphic conditions.

机的类型有多种，如回转钻机、冲击钻机等，不同类型的钻机适用于不同的地层条件。

Rotary drilling rigs are suitable for strata such as cohesive soil, silt, and soft rock. They cut the geotechnical materials by rotating the drilling tools to take out the geotechnical core samples. During the drilling process, by controlling parameters such as the drilling speed and pressure, better-quality core samples can be obtained. For example, in cohesive soil strata, a rotary drilling rig can drill out relatively complete soil cores. By observing and testing the soil cores, parameters such as the stratification of the soil and the water content can be obtained.

回转钻机适用于黏性土、粉土和软岩等地层。通过旋转钻具，切削岩土体，将岩土芯样取出。在钻进过程中，可以通过控制钻进速度、压力等参数，获取质量较好的芯样。例如，在黏性土地层中，回转钻机可以钻出较为完整的土芯，通过对土芯的观察和试验，可以得到土的分层情况、含水量等参数。

Percussion drilling rigs are mainly used for sandy gravel strata and hard rock strata. They break the geotechnical materials by the up-and-down impact of the drill bit and bring the broken geotechnical debris to the ground. In sandy gravel strata, a percussion drilling rig can effectively drill, although the integrity of the obtained core samples may not be as good as that of the rotary drilling rig, but the stratigraphic situation can be understood through the analysis of the debris.

冲击钻机主要用于砂卵石地层和硬岩地层。通过钻头的上下冲击，破碎岩土体，将破碎后的岩土屑带出地面。在砂卵石地层中，冲击钻机可以有效地钻进，虽然获取的芯样完整性可能不如回转钻机，但可以通过岩屑的分析来了解地层情况。

During the drilling process, borehole logging is also required to record information such as the depth of the borehole, changes in the strata, and the core recovery rate. The core recovery rate is the ratio of the actual length of the core taken out to the drilling footage, and it is an important indicator for measuring the quality of the core. A high core recovery rate can ensure an accurate judgment of the strata.

钻探过程中还需要进行钻孔编录，记录钻孔的深度、地层变化、岩芯采取率等信息。岩芯采取率是指实际取出的岩芯长度与钻孔进尺的比值，它是衡量岩芯质量的一个重要指标。高的岩芯采取率可以保证对地层的准确判断。

3.2.4 Penetration Testing and Geophysical Exploration

Penetration testing is an indirect exploration method, including static penetration testing and dynamic penetration testing. Static penetration testing involves pressing a conical probe into the soil at a certain constant rate and inferring the properties of the soil by measuring the resistance of the probe. The resistance of the probe includes the tip resistance and the sidewall friction resistance. Based on these resistances, parameters such as the bearing capacity and compressibility of the soil can be calculated. For example, in the exploration of soft soil foundations, static penetration testing can quickly obtain the mechanical properties of the soil layer, providing a basis for foundation treatment.

Dynamic penetration testing uses a certain mass of a heavy hammer to drive the probe into the soil at a certain drop height. The properties of the soil are judged according to the ease of penetration of the probe into the soil (expressed by the penetration depth). Dynamic penetration testing is divided into light, medium, and heavy dynamic penetration testing, and different types are suitable for different soil types and exploration depths. For example, light dynamic penetration testing is mainly used for the shallow exploration of cohesive soil and silt, and heavy dynamic penetration testing can be used for the deep exploration of sandy soil and gravel soil.

Geophysical exploration utilizes the differences in the physical properties of geotechnical materials to detect the underground geological structure. Commonly used geophysical methods include seismic exploration,

3.2.4 触探与地球物理勘探

触探是一种间接的勘探方法，包括静力触探和动力触探。静力触探是将圆锥形探头按一定速率匀速压入土中，通过测量探头阻力来推断土的性质。探头阻力包括锥尖阻力和侧壁摩阻力，根据这些阻力可以计算出土的承载力、压缩性等参数。例如，在软土地基勘探中，静力触探可以快速地获取土层的力学性质，为地基处理提供依据。

动力触探是利用一定质量的重锤，以一定的落距将探头打入土中，根据探头入土的难易程度（以贯入度表示）判断土的性质。动力触探分为轻型、中型和重型动力触探，不同类型适用于不同的土类和勘探深度。例如，轻型动力触探主要用于黏性土和粉土的浅层勘探，重型动力触探可用于砂土和碎石土的深层勘探。

地球物理勘探是利用岩土体的物理性质差异来探测地下地质结构。常用的地球物理方法有地震勘探、电法勘探和重

electrical exploration, and gravity exploration. Seismic exploration is based on the difference in the propagation speed of seismic waves in different geotechnical materials. By exciting and receiving seismic waves, the interfaces and structures of the underground strata are determined. For example, in petroleum exploration, seismic exploration is used to search for underground oil storage structures. Electrical exploration is based on the difference in the conductivity of geotechnical materials to detect the underground geological situation, such as searching for underground karst caves or groundwater channels. Gravity exploration measures the slight changes in the Earth's gravitational field to infer the distribution and density differences of underground geological bodies.

力勘探等。地震勘探是基于地震波在不同岩土体中的传播速度差异，通过激发和接收地震波来确定地下地层的界面和构造。例如，在石油勘探中，地震勘探可以用来探寻地下的储油构造。电法勘探是根据岩土体的导电性差异来探测地下地质情况，如寻找地下的溶洞或地下水通道。重力勘探则是通过测量地球重力场的微小变化来推断地下地质体的分布和密度差异。

3.3 Classification and Principles of Tests

3.3 试验的分类和原理

3.3.1 Laboratory Tests

(1) Physical Property Tests

The particle size analysis test of soil is to determine the content of different particle sizes in the soil. Its principle is to separate and measure the distribution of particles by the sieving method (suitable for particles with a diameter larger than 0.075 mm) and the hydrometer method (suitable for particles with a diameter smaller than 0.075 mm). For example, in the quality inspection of construction sand, through particle size analysis, it can be judged whether the gradation of the sand meets the requirements. A good gradation can ensure the compactness and permeability of the sand.

3.3.1 室内试验

（1）物理性质试验

土的颗粒分析试验是确定土中不同粒径颗粒的含量。其原理是通过筛分法（适用于粒径大于0.075mm的颗粒）和比重计法（适用于粒径小于0.075mm的颗粒）分离和测定颗粒的分布。例如，在建筑用砂的质量检测中，通过颗粒分析可以判断砂的级配是否符合要求，良好的级配可以保证砂的密实性和透水性。

The water content test is mainly to determine the content of water in the soil. Its principle is to dry the soil sample at a temperature of 105~110°C until it reaches a constant weight, and calculate the water content based on the mass difference of the soil sample before and after drying. This test is important for evaluating the physical state and mechanical properties of the soil because changes in the water content will significantly affect the consistency and the shear strength of the soil.

含水量试验主要是测定土中水分的含量。其原理是通过烘干法，将土样在105~110℃的温度下烘干至恒重，根据烘干前后土样的质量差来计算含水量。该试验对于评估土的物理状态和力学性质很重要，因为含水量的变化会显著影响土的稠度和抗剪强度等。

The density tests include the ring knife method and the wax sealing method. The ring knife method is suitable for determining the density of fine-grained soil. Its principle is to take out a certain volume of soil sample by using a ring knife, and calculate the density of the soil by measuring the mass of the soil sample and the volume of the ring knife. The wax sealing method is mainly used for determining the density of easily broken soil samples or irregularly shaped soil samples. The density is calculated by sealing the soil sample with wax and then measuring its mass and volume.

密度试验包括环刀法、蜡封法等。环刀法适用于测定细粒土的密度，其原理是利用环刀取出一定体积的土样，通过测量土样的质量和环刀的体积，计算出土的密度。蜡封法主要用于测定易破裂土样或形状不规则土样的密度，通过将土样用蜡密封后测量其质量和体积计算密度。

(2) Mechanical Property Tests

（2）力学性质试验

The compression test of soil is to study the deformation characteristics of soil under pressure. The test is to place the soil sample in a rigid container and measure the vertical deformation of the soil sample under different vertical pressures. Based on the test results, parameters such as the compression coefficient and the compression modulus of the soil can be obtained, which are important for calculating the settlement of the foundation. For example, in the design of soft soil foundation treatment, by conducting a compression test to determine the compressibility of the soil, and then selecting an appropriate foundation treatment method,

土的压缩试验是研究土在压力作用下的变形特性。该试验是将土样置于刚性容器中，在不同的竖向压力下，测量土样的竖向变形。根据试验结果可以得到土的压缩系数、压缩模量等参数，这些参数对于计算地基沉降有重要意义。例如，在软土地基处理设计中，通过压缩试验确定土的压缩性，进而选择合适的地基处理方法，如预压法或深层搅拌法。

such as the preloading method or the deep mixing method.

The shear strength tests of soil mainly include the direct shear test, the Triaxial shear test, and the unconfined compressive strength test. The direct shear test is to place the soil sample between the upper and lower boxes, apply a horizontal shear force under a certain normal pressure, and make the soil sample undergo shear failure, thereby obtaining the shear strength parameters (internal friction angle and cohesion) of the soil. The Triaxial shear test is to place the soil sample in a Triaxial multiple state test pressure chamber, apply confining pressure and axial pressure, and make the soil sample undergo failure under different stress states, which can more accurately simulate the stress situation of the soil in actual engineering and obtain more reliable shear strength parameters. The unconfined compressive strength test is mainly used for cohesive soil. It is to apply an axial pressure to the soil sample without applying lateral pressure until the soil sample fails. Through the test results, the undrained shear strength of the cohesive soil can be calculated.

土的抗剪强度试验主要有直接剪切试验、三轴剪切试验和无侧限抗压强度试验。直接剪切试验是将土样置于上下盒之间，在一定的法向压力下，施加水平剪切力，使土样发生剪切破坏，从而得到土的抗剪强度参数（内摩擦角和黏聚力）。三轴剪切试验是将土样置于三轴压力室内，施加围压和轴向压力，使土样在不同的应力状态下发生破坏，能更准确地模拟土在实际工程中的受力情况，得到的抗剪强度参数更可靠。无侧限抗压强度试验主要用于黏性土，是在不加侧向压力的情况下，对土样施加轴向压力，直至土样破坏，通过试验结果可以计算出黏性土的不排水抗剪强度。

The mechanical tests of rock mainly include the uniaxial compressive strength test, the tensile strength test, and the shear strength test. The uniaxial compressive strength test is to place the rock specimen on a press and apply pressure along the axial direction until the rock breaks, obtaining the uniaxial compressive strength of the rock. The tensile strength test has direct tensile methods and indirect methods (such as the Brazilian splitting test). The indirect method is to apply pressure in the diameter direction of the rock specimen, making the rock split along the diameter direction, thereby

岩石的力学试验主要包括单轴抗压强度试验、抗拉强度试验和抗剪强度试验。单轴抗压强度试验是将岩石试件置于压力机上，沿轴向施加压力，直至岩石破坏，得到岩石的单轴抗压强度。抗拉强度试验有直接拉伸法和间接法（如巴西劈裂试验）。间接法是通过在岩石试件的直径方向施加压力，使岩石沿直径方向拉裂，从而

calculating the tensile strength of the rock. The shear strength test mainly includes the direct shear test and the Triaxial multiple state test. The principle is similar to that of the shear strength test of soil, but considering the characteristics of rock, the test equipment and loading methods are different. Shown in Figure 3.2.

计算出岩石的抗拉强度。抗剪强度试验主要有直剪试验和三轴试验，其原理与土的抗剪强度试验类似，但考虑岩石的特性，试验设备和加载方式有所不同。如图3.2所示。

Figure 3.2 Triaxial multiple state test
图3.2 三轴试验

3.3.2 In Situ Tests

(1) Load Test

The load test is a test method for determining the bearing capacity and deformation characteristics of foundation soil in situ. It is to place a rigid bearing plate on the surface of the foundation soil or at a certain depth, apply vertical loads step by step, and simultaneously measure the settlement of the bearing plate. Based on the test results, a load-settlement curve is drawn, and from the curve, parameters such as the characteristic value of the bearing capacity of the foundation soil and the deformation modulus can be determined. For example, in the exploration of the foundation of a large industrial plant, through the load test, the bearing capacity of the

3.3.2 原位测试

（1）载荷试验

载荷试验是一种在现场原位测定地基土承载力和变形特性的试验方法。它是在地基土表面或一定深度处放置刚性承载板，通过逐级施加竖向荷载，同时测量承载板的沉降量。根据试验结果绘制荷载沉降曲线，从曲线中可以确定地基土的承载力特征值、变形模量等参数。例如，在大型工业厂房的地基勘察中，通过载荷试验可以准确地评估地基土的

foundation soil can be accurately evaluated, providing reliable data for the design of the foundation. Shown in Figure 3.3.

承载能力，为基础设计提供可靠的数据。如图3.3所示。

Figure 3.3 Load Test
图 3.3 载荷试验

The shallow plate load test is suitable for shallow foundation soil, and the test depth is generally not more than 3 meters. The deep plate load test is mainly used for deep foundation soil or foundation soil below the water table. By conducting the test at the bottom of the drilling hole, the mechanical properties of the deep soil can be obtained.

浅层平板载荷试验适用于浅层地基土，试验深度一般不超过3m。深层平板载荷试验主要用于深层地基土或地下水位以下的地基土，通过在钻孔底部进行试验，可以获取深部土的力学性质。

(2) Vane Shear Test

（2）十字板剪切试验

The vane shear test is mainly used to determine the in situ shear strength of saturated soft clay. The principle of the test is to insert the vane head into the soil and rotate the vane head by applying torque, making the soil sample undergo shear failure in situ. Based on the relationship between the torque and the shear strength of the soil, the undrained shear strength of the soil can be calculated. The advantage of this test method is that it can avoid the disturbance of the soil sample during

十字板剪切试验主要用于测定饱和软黏土的原位抗剪强度。试验原理是将十字板头插入土中，施加扭矩使十字板头旋转，使土样在原位发生剪切破坏。根据扭矩与土的抗剪强度的关系，可以计算出土的不排水抗剪强度。这种试验方法的优点是可以避免土样在取样

sampling and transportation and can truly reflect the in situ shear strength of the soil, which is important for the stability analysis of soft soil foundations and the design of foundations. Shown in Figure 3.4.

和运输过程中的扰动，能真实地反映土的原位抗剪强度，对于软土地基的稳定性分析和基础设计有重要意义。如图3.4所示。

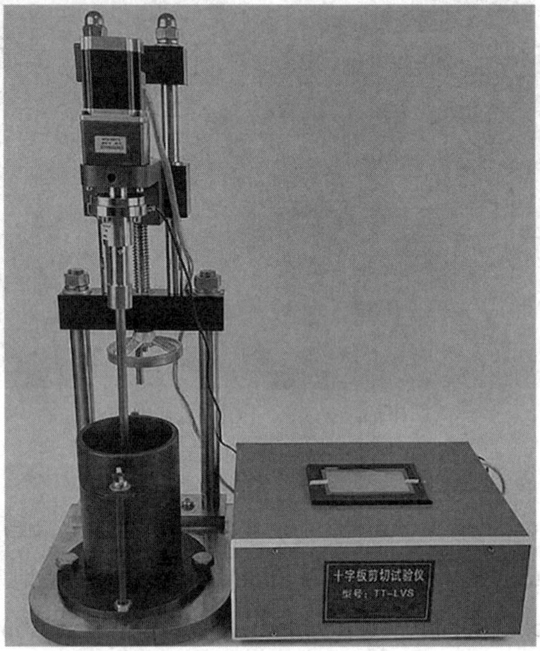

Figure 3.4 Vane Shear Test
图3.4 十字板剪切试验

(3) Pressuremeter Test

The pressuremeter test is to place the pressuremeter in the drilling hole, apply lateral pressure to the soil on the wall of the hole, and simultaneously measure the deformation of the soil to determine the strength and deformation parameters of the soil. The pressuremeter is generally divided into pre-drilled pressuremeters and self-drilled pressuremeters. The pre-drilled pressuremeter requires to drill a hole first and then place the pressuremeter in the hole for the test; the self-drilled pressuremeter can conduct the test while drilling, reducing the disturbance of the drilling to the soil. The

（3）旁压试验

旁压试验是通过将旁压器放入钻孔内，对孔壁土体施加侧向压力，同时测量土体的变形，确定土体的强度和变形参数。旁压器一般分为预钻式旁压仪和自钻式旁压仪。预钻式旁压仪需要先钻孔，然后将旁压器放入孔中进行试验；自钻式旁压仪可以在钻进过程中同时进行试验，减少了钻孔对土体的扰动。旁压试验可以得到

pressuremeter test can obtain parameters such as the pressuremeter modulus and the limited pressure of the soil, which are helpful for evaluating the properties of the soil and designing the foundation. Shown in Figure 3.5.

土体的旁压模量、极限压力等参数，这些参数对于评价土体的性质和设计基础有很大的帮助。如图3.5所示。

Figure 3.5 Pressuremeter Test
图 3.5 旁压试验

(4) Field Wave Velocity Test

The field wave velocity test is mainly to determine the propagation velocities of elastic waves (longitudinal waves and transverse waves) in geotechnical materials. Its principle is to excite elastic waves on the surface of geotechnical materials or in the drilling hole, receive the elastic waves at a certain distance, and calculate the wave velocity based on the propagation time and the propagation distance. The wave velocity is closely related to the mechanical properties of geotechnical materials such as the elastic modulus and Poisson's ratio. For example, in earthquake engineering, through the field wave velocity test, the seismic response characteristics of the site can be evaluated, providing a basis for seismic design. Shown in Figure 3.6.

（4）现场波速试验

现场波速试验主要是测定岩土体中的弹性波（纵波和横波）传播速度。其原理是通过在岩土体表面或钻孔内激发弹性波，在一定距离外接收弹性波，根据波的传播时间和传播距离计算波速。波速的大小与岩土体的弹性模量、泊松比等力学性质密切相关。例如，在地震工程中，通过现场波速试验可以评估场地的地震反应特性，为抗震设计提供依据。如图3.6所示。

Figure 3.6　Field Wave Velocity Test
图 3.6　现场波速试验

3.4　Analysis and Processing of Exploration and Test Data

3.4　勘探和试验数据的分析处理

3.4.1　Data Sorting

During the process of geotechnical exploration and testing, a large amount of data will be collected, such as the depth of strata and lithological descriptions in drilling records, resistance values in penetration tests, and various physical and mechanical parameters in laboratory tests. Firstly, this data needs to be sorted out to make them organized.

For drilling data, the basic information of boreholes (such as borehole numbers, locations, and depths, etc.) should be combined with the stratigraphic information (stratigraphic layering, lithological characteristics, thicknesses, etc.) to form a borehole log. The borehole log is an important part of the geotechnical exploration report and can intuitively display the vertical distribution of strata.

The sorting of penetration test data includes listing

3.4.1　数据整理

在岩土勘探和试验过程中，会收集到大量的数据，如钻探记录中的地层深度、岩性描述，触探试验中的阻力值，室内试验中的各种物理力学参数等。首先需要对这些数据进行整理，并使其条理化。

对于钻探数据，要将钻孔的基本信息（如钻孔编号、位置、深度等）与地层信息（地层分层、岩性特征、厚度等）进行汇总，形成钻孔柱状图。钻孔柱状图是岩土勘探报告的重要组成部分，它能够直观地展示地层的垂直分布情况。

触探数据整理包括将不同

the penetration resistance values at different depths and drawing penetration curves. For example, the static penetration curve can clearly show the changes of tip resistance and sidewall friction resistance with depth. By analyzing the penetration curves, the changes of soil layers, such as the hardness or softness of soil layers and the existence of interlayers, can be judged.

深度的触探阻力值进行列表整理，并绘制触探曲线。例如，静力触探曲线可以将锥尖阻力和侧壁摩阻力随深度的变化情况清晰地展示出来，通过分析触探曲线可以判断土层的变化情况，如土层的软硬变化、是否存在夹层等。

The sorting of laboratory test data should be classified according to the test types. For example, the data of physical property tests of soil (such as density, water content, etc.) and the data of mechanical property tests of soil (such as compression coefficient, shear strength, etc.) should be sorted separately. Meanwhile, the test conditions (such as test temperatures, test methods, etc.) and the basic information of soil samples (such as soil sample numbers, sampling depths, etc.) should be recorded for the convenience of subsequent analysis and comparison.

室内试验数据的整理要按照试验类型进行分类，如将土的物理性质试验数据（密度、含水量等）和力学性质试验数据（压缩系数、抗剪强度等）分别整理。同时，要记录试验条件（如试验温度、试验方法等）和土样的基本信息（如土样编号、取样深度等），方便后续的分析和对比。

3.4.2 Data Analysis Methods

3.4.2 数据分析方法

Statistical Analysis: For a large amount of geotechnical data, statistical analysis methods can be adopted. For example, statistical parameters such as mean values, standard deviations, and coefficients of variation can be calculated. In a construction site, if tests have been carried out on the same soil layer of multiple boreholes, the typical physical and mechanical parameters of this soil layer can be obtaincd by calculating the mean value; the standard deviation and the coefficient of variation can reflect the degree of data dispersion, thus judging the uniformity of geotechnical materials. If the coefficient of variation is large, it indicates that the properties of

统计分析：对于大量的岩土数据，可以采用统计分析方法。例如，计算平均值、标准差、变异系数等统计参数。在一个建筑场地，如果对多个钻孔的同一土层进行了试验，通过计算平均值可以得到该土层的典型物理力学参数；标准差和变异系数可以反映数据的离散程度，从而判断岩土体的均匀性。如果变异系数较大，说明岩土体在场地内的性质差异

geotechnical materials vary significantly within the site and need to be considered in engineering design.

较大，需要在工程设计中予以考虑。

Correlation Analysis: The correlation between different data is studied. For example, the relationship between the water content of soil and its shear strength, or the relationship between the density of rock and its compressive strength is analyzed. Through correlation analysis, empirical formulas can be established to provide a basis for engineering design and prediction. For example, if it is found that an increase in the water content of soil will lead to a decrease in its shear strength, the stability of the foundation can be improved by controlling the water content of soil in actual engineering.

相关性分析：研究不同数据之间的相关性。例如，分析土的含水量与抗剪强度之间的关系，或者岩石的密度与抗压强度之间的关系。通过相关性分析，可以建立经验公式，为工程设计和预测提供依据。如发现土的含水量增加会导致抗剪强度降低，就可以在实际工程中通过控制土的含水量来提高地基的稳定性。

Data Fitting and Modeling: Mathematical models are used to fit the data to better describe the properties and behaviors of geotechnical materials. For example, in the compression test of soil, a hyperbolic model or an exponential model can be used to fit the load-settlement curve. The parameters obtained through fitting can more accurately predict the settlement of the foundation under different loads. When establishing a geotechnical mechanics model, the nonlinearity, anisotropy and other characteristics of geotechnical materials should be considered to make the model more realistically reflect the actual situation.

数据拟合与建模：利用数学模型对数据进行拟合，以更好地描述岩土体的性质和行为。例如，在土的压缩试验中，可以采用双曲线模型或指数模型对荷载沉降曲线进行拟合，通过拟合得到的参数可以更准确地预测地基在不同荷载下的沉降情况。在建立岩土力学模型时，要考虑岩土体的非线性、各向异性等特性，使模型能够更真实地反映实际情况。

3.4.3 Application and Verification of Data

3.4.3 数据的应用与验证

The exploration and test data after analysis and processing are mainly applied to geotechnical engineering design. For example, the size and type of the foundation are designed according to the bearing

经过分析处理后的勘探和试验数据主要应用于岩土工程设计。例如，根据地基土的承载力和变形参数设计基础的尺

capacity and deformation parameters of the foundation soil, and the slope stability analysis and the design of support structures are carried out according to the shear strength parameters of the geotechnical materials on the slope. During the design process, the reliability and representativeness of the data should be fully considered.

寸和类型，根据边坡岩土的抗剪强度参数进行边坡稳定性分析和设计支护结构。在设计过程中，要充分考虑数据的可靠性和代表性。

The verification of data is also an important segment. During the engineering construction process, the accuracy of the exploration and test data can be verified by the on-site monitoring data. For example, during the foundation construction process, the accuracy of the compressibility parameters of the foundation soil obtained through previous tests can be verified by monitoring the settlement of the foundation. If the monitoring data does not match the design expectations, the design scheme needs to be adjusted in a timely manner, and the exploration and test data needs to be re-evaluated.

数据验证也是很重要的环节。在工程施工过程中，可以通过现场监测数据来验证勘探和试验数据的准确性。例如，在基础施工过程中，通过监测地基的沉降情况验证之前通过试验得到的地基土的压缩性参数是否准确。如果监测数据与设计预期不符，需要及时调整设计方案，同时对勘探和试验数据重新进行评估。

4 Geotechnical Engineering Geology
岩土工程地质学

4.1 Concept and Tasks

Geotechnical engineering geology is an interdisciplinary subject formed by the intersection and integration of geology and geotechnical engineering. Based on geological theories, it studies the distribution, origin, properties of geotechnical bodies, as well as the relationship between the geological environment and human engineering activities. Geotechnical engineering geology regards geological conditions as the key elements for analyzing and solving geotechnical engineering problems. Through in-depth research on the geological characteristics of geotechnical bodies, it provides a scientific basis for the planning, design, construction, and maintenance of geotechnical engineering.

4.1 概念及任务

岩土工程地质学是地质学与岩土工程相互交叉融合形成的一门学科。它以地质学理论为基础，研究岩土体的分布、成因、性质以及地质环境与人类工程活动相互作用的关系。岩土工程地质学将地质条件视为岩土工程问题分析和解决的关键要素，通过深入研究岩土体的地质特征，为岩土工程的规划、设计、施工和维护提供科学依据。

4.1.1 Geological Condition Investigation and Evaluation

Conduct detailed geological investigations on engineering sites, including aspects such as topography and landforms, stratigraphic lithology, geological structures, and groundwater. Accurately identify the types, distribution, thickness, and spatial variation patterns of geotechnical bodies to provide basic data for subsequent geotechnical engineering design. For example, in large construction engineering sites, it is necessary to determine whether the underground at different depths consists of cohesive soil, sandy soil, or rock, as well as their specific layers and thickness variations, which is crucial for selecting appropriate foundation types.

Evaluate the impact of geological conditions on engineering and analyze the stability of the geological environment. Judge whether there are potential geological disaster risks such as landslides, mudslides, karst, and seismic activities on the site, and the extent of harm these factors may cause to the engineering. For example, when constructing projects in mountainous areas, it is necessary to assess the possibility of mountain landslides and their potential threats to buildings.

4.1.2 Research on Engineering Properties of Geotechnical Bodies

Conduct in-depth research on the physical properties (such as density, porosity, water content, etc.), mechanical properties (such as compressive strength, shear strength, compressibility, etc.), and hydrogeological properties (such as permeability, water absorption, etc.) of geotechnical bodies. Obtain accurate geotechnical

4.1.1 地质条件勘察与评价

对工程场地进行详细的地质勘察，包括地形地貌、地层岩性、地质构造、地下水等方面。准确查明岩土体的类型、分布、厚度、空间变化规律，为后续的岩土工程设计提供基础资料。例如，在大型建筑工程场地，需要确定地下不同深度是黏性土、砂土还是岩石，以及它们的具体层次和厚度变化，这对于选择合适的基础形式至关重要。

评估地质条件对工程的影响，分析地质环境的稳定性。判断场地是否存在滑坡、泥石流、岩溶、地震活动等地质灾害隐患，以及这些因素对工程可能造成的危害程度。如在山区建设工程时，要评估山体滑坡的可能性及其对建筑物的潜在威胁。

4.1.2 岩土体工程性质研究

深入研究岩土体的物理性质（如密度、孔隙率、含水量等）、力学性质（如抗压强度、抗剪强度、压缩性等）和水理性质（如渗透性、吸水性等）。通过室内试验和原位测

parameters through laboratory tests and in-situ tests to provide a basis for geotechnical engineering design and calculation. For example, when designing bridge foundations, accurate data on the compressive strength and shear strength of geotechnical body was required to determine the bearing capacity of pile foundations.

试等手段，获取准确的岩土参数，为岩土工程设计和计算提供依据。例如，在设计桥梁基础时，需要精确的岩土体抗压强度和抗剪强度数据确定桩基础的承载力。

Analyze the variation patterns of geotechnical body properties under engineering actions. Consider the changes in geotechnical body properties caused by factors such as engineering loads, groundwater changes, and temperature changes, and predict possible engineering problems. For example, in areas where the groundwater level changes frequently, study the change in the shear strength of soil with the water content to prevent slope instability.

分析岩土体性质在工程作用下的变化规律。考虑工程荷载、地下水变化、温度变化等因素对岩土体性质的改变，并预测可能出现的工程问题。如在地下水位变化频繁的地区，研究土体的抗剪强度随含水量变化的情况，以防止边坡失稳。

4.1.3 Prediction and Prevention of Geological Disasters

4.1.3 地质灾害预测与防治

Predict the geological disasters that may be triggered during the construction and operation of engineering projects. For example, when conducting large-scale underground mining projects, predict the possibility and scope of surface subsidence, ground fissures, and other disasters. At the same time, for the potential geological disasters existing around the engineering site, also evaluate the impact of engineering activities on them. For example, reservoir construction may induce earthquakes or exacerbate the risk of landslides on the surrounding mountains.

预测在工程建设和运营过程中可能引发的地质灾害。例如，在进行大规模的地下开采工程时，要预测地表塌陷、地裂缝等灾害的发生可能性和范围。同时，对于工程场地周边存在的潜在地质灾害，也要评估工程活动对其的影响，如水库建设可能诱发地震或加剧周边山体滑坡的风险。

Formulate corresponding geological disaster prevention measures. According to the types, causes, and prediction results of disasters, propose reasonable engineering prevention schemes, such as using slope

制定相应的地质灾害防治措施。根据灾害的类型、成因和预测结果，提出合理的工程防治方案，如采用加固边坡、

reinforcement, setting up drainage systems, and conducting foundation treatment methods to reduce the harm of geological disasters to engineering. In landslide prevention, measures such as anti-slide piles, retaining walls, and slope cutting and unloading can be adopted.

设置排水系统、进行地基处理等方法来降低地质灾害对工程的危害。在滑坡防治中，可以采用抗滑桩、挡土墙、削坡减载等措施。

4.1.4 Provide Guidance for Geotechnical Engineering Design and Construction

4.1.4 为岩土工程设计与施工提供指导

In the geotechnical engineering design stage, based on the results of geological investigations and research on the properties of geotechnical bodies, assists engineers in selecting appropriate foundation types, structural forms, and construction methods. For example, for buildings on soft soil foundations, depending on factors such as the thickness and bearing capacity of the soft soil, it is recommended to adopt raft foundations or pile foundations, and determine the length and spacing of piles.

在岩土工程设计阶段，依据地质勘察和岩土体性质研究结果，协助工程师选择合适的基础类型、结构形式和施工方法。例如，对于软土地基上的建筑，根据软土的厚度、承载力等因素，建议采用筏板基础或桩基础，并确定桩的长度和间距。

During the construction process, provide real-time geological technical support. Solve the geological problems encountered during construction. For example, when encountering underground obstacles or abnormal geological conditions, propose reasonable treatment suggestions to ensure the smooth progress of construction. For example, when encountering karst caves during tunnel construction, guide the construction party to take appropriate treatment measures such as filling or spanning.

在施工过程中，提供实时的地质技术支持。解决施工中遇到的地质问题，如遇到地下障碍物、异常地质条件时，提出合理的处理建议，确保施工顺利进行。如在隧道施工中遇到溶洞，指导施工方采取填充、跨越等合适的处理措施。

4.2 Basic Contents

4.2 基本内容

4.2.1 Geological Basics

4.2.1 地质基础

Earth Evolution and Geological Processes:

地球演化与地质作用：阐

Elaborate on the formation and evolution process of the Earth, as well as the impact of endogenetic geological processes (such as crustal movement, magmatic activity, metamorphic process) and exogenetic geological processes (such as weathering, erosion, transportation, deposition) on the formation and distribution of geotechnical bodies. Understanding these geological processes helps to understand the origin and property differences of geotechnical bodies. For example, the igneous rocks formed by volcanic eruptions have unique mineral compositions and structures, and their engineering properties are significantly different from those of sedimentary rocks.

述地球的形成和演化过程，以及内动力地质作用（如地壳运动、岩浆活动、变质作用）和外动力地质作用（如风化、侵蚀、搬运、沉积）对岩土体形成和分布的影响。了解这些地质作用有助于理解岩土体的成因和性质差异。例如，火山喷发形成的岩浆岩具有独特的矿物成分和结构，其工程性质与沉积岩有很大不同。

Stratigraphy and Petrology: Study the division and correlation of strata and the classification and characteristics of rocks. Mastering the types and distribution laws of rocks in different stratigraphic ages is of great significance for determining the geological history of engineering sites and the stability of geotechnical bodies. For example, the rocks in ancient strata may have experienced multiple geological tectonic movements, and the development degree of joints and fractures may affect the strength of the rocks.

地层学与岩石学：研究地层的划分、对比和岩石的分类、特征。掌握不同地层时代的岩石类型和分布规律，对于确定工程场地的地质历史和岩土体的稳定性有重要意义。例如，古老地层中的岩石可能经历了多次地质构造运动，其节理和裂隙的发育程度可能影响岩石的强度。

Structural Geology: Focus on studying the types, forms, attitudes, and formation mechanisms of geological structures (such as folds, faults, joints, etc.). Geological structures have a significant impact on the integrity and stability of geotechnical bodies. For example, the geotechnical bodies near fault zones are often fragmented and have reduced strength, which requires special attention in engineering construction.

构造地质学：重点研究地质构造（如褶皱、断层、节理等）的类型、形态、产状和形成机制。地质构造对岩土体的完整性和稳定性有显著影响，如断层带附近的岩土体往往破碎，强度降低，在工程建设中需要特别注意。

4.2.2 Characteristics of Geotechnical Bodies

Material Composition and Structure of Geotechnical Bodies: Analyze the mineral composition, particle size, shape, and arrangement mode of geotechnical bodies. For example, when the content of montmorillonite minerals in cohesive soil is high, the soil has strong water absorption and expansibility; whether the particle gradation of sandy soil is good or not directly affects its compactness and permeability. Studying the structure of geotechnical bodies can help understand their deformation and destruction mechanisms under stress.

Physical and Mechanical Properties of Geotechnical Bodies: Introduce in detail the meanings, testing methods, and interrelationships of various physical and mechanical parameters of geotechnical bodies. For example, the liquid-plastic limit test of soil is used to determine the consistency state of the soil, and the shear strength of the soil under different stress conditions is obtained through the triaxial compression test. The uniaxial compressive strength, elastic modulus, and other parameters of rocks are crucial for rock engineering design.

Hydrogeological Properties of Geotechnical Bodies: Study the properties of the interaction between geotechnical bodies and water, including permeability, capillarity, water absorption, etc. The flow of groundwater in geotechnical bodies will change the stress state of the geotechnical bodies and affect the stability of engineering. For example, when conducting foundation pit dewatering in sandy gravel strata with high permeability, it is necessary to consider the impact of dewatering on the surrounding environment.

4.2.2 岩土体特性

岩土的物质组成与结构：分析岩土体的矿物成分、颗粒大小、形状和排列方式等。例如，黏性土中的蒙脱石矿物含量高时，土具有较强的吸水性和膨胀性；砂土的颗粒级配良好与否直接影响其密实度和渗透性。研究岩土体的结构可以帮助理解其在受力时的变形和破坏机制。

岩土的物理力学性质：详细介绍岩土体的各种物理力学参数的含义、测试方法和相互关系。如土的液塑限试验用于确定土的稠度状态，通过三轴压缩试验获取土在不同应力条件下的抗剪强度。岩石的单轴抗压强度、弹性模量等参数对于岩石工程设计至关重要。

岩土的水理性质：研究岩土体与水相互作用的性质，包括渗透性、毛细性、吸水性等。地下水在岩土体中的流动会改变岩土体的应力状态，影响工程的稳定性。例如，在高渗透性的砂卵石地层中进行基坑降水时，要考虑降水对周边环境的影响。

4.2.3 Geological Environment and Geological Disasters

Topography and Landform and Geological Environment: Describe different types of topography and landforms (such as mountains, plains, valleys, coasts, etc.) and their formation geological processes. Topography and landforms conditions affect the site selection and layout of geotechnical engineering, and are also closely related to the occurrence of geological disasters. For example, when conducting engineering construction in valley areas, it is necessary to pay attention to the impact of floods and the stability of riverbanks.

Types and Mechanisms of Geological Disasters: Comprehensively introduce the formation causes, development processes, and influencing factors of common geological disasters (such as landslides, mudslides, collapses, ground subsidence, earthquakes, etc.). Understanding the mechanisms of geological disasters is the basis for prediction and prevention. For example, landslides are usually caused by the combined action of weak surfaces inside geotechnical bodies, the action of groundwater, and external loads.

Environmental Geological Problems: Focus on the impact of human engineering activities on the geological environment, such as groundwater pollution, soil erosion, land desertification, etc. In geotechnical engineering construction, it is necessary to minimize the damage to the environment and take corresponding environmental protection measures.

4.2.3 地质环境与地质灾害

地形地貌与地质环境：描述不同类型的地形地貌（如山地、平原、河谷、海岸等）及其形成的地质过程。地形地貌条件会影响岩土工程的选址和布局，同时也与地质灾害的发生密切相关。例如，在河谷地区进行工程建设时，要注意洪水的影响和河岸的稳定性。

地质灾害的类型与机制：全面介绍常见地质灾害（如滑坡、泥石流、崩塌、地面塌陷、地震等）的形成原因、发育过程和影响因素。了解地质灾害的机制是预测和防治的基础，如滑坡通常是由岩土体内部的软弱面、地下水作用和外部荷载共同作用导致的。

环境地质问题：关注人类工程活动对地质环境的影响，如地下水污染、土壤侵蚀、土地沙漠化等。在岩土工程建设中，要尽量减少对环境的破坏，并采取相应的环境保护措施。

4.2.4 Geotechnical Engineering Geological Investigation

Investigation Methods and Technologies: Include the principles, applicable ranges, and operation steps of methods such as engineering geological mapping, exploration (drilling, pit exploration, penetration testing, etc.), in-situ tests (load test, static penetration test, pressuremeter test, etc.), and laboratory tests. Different investigation methods complement each other to obtain comprehensive and accurate geological information. For example, drilling can obtain core samples of deep geotechnical bodies, but it may cause disturbance to soft soil. At this time, combining with a static penetration test can better understand the mechanical properties of soft soil.

Preparation of Investigation Reports: Standardize the content and format of investigation reports, requiring accurate and detailed reflection of the geological conditions of engineering sites, the properties of geotechnical bodies, and the investigation conclusions. Investigation reports are important bases for geotechnical engineering design and construction, and should include geological overviews, investigation methods and workloads, geotechnical parameters, analysis of geological problems, and suggestions, etc.

4.2.4 岩土工程地质勘察

勘察方法与技术：包括工程地质测绘、勘探（钻探、坑探、触探等）、原位测试（载荷试验、静力触探试验、旁压试验等）和室内试验等方法的原理、适用范围和操作步骤。不同的勘察方法相互补充，以获取全面准确的地质信息。例如，钻探可以获取深部岩土体的芯样，但对于软土可能会有扰动，此时结合静力触探可以更好地了解软土的力学性质。

勘察报告的编制：规范勘察报告的内容和格式，要求准确、详细地反映工程场地的地质条件、岩土体性质和勘察结论。勘察报告是岩土工程设计和施工的重要依据，应包括地质概况、勘察方法和工作量、岩土参数、地质问题分析和建议等内容。

4.3 Methods

4.3.1 Geological Survey Methods

Engineering Geological Mapping: Apply geological theories and methods to conduct on-site observations,

4.3 方法

4.3.1 地质调查方法

工程地质测绘：运用地质理论和方法，对工程场地及其

measurements, and recordings of engineering sites and their surrounding areas. Through drawing geological maps, cross-sections, etc., intuitively reflect the distribution and interrelationships of geological elements such as topography and landforms, stratigraphic lithology, and geological structures. The mapping scale is determined according to the scale of the engineering project and the complexity of the geological conditions. Generally, large-scale projects adopt smaller scales, and detailed investigations adopt larger scales.

周边地区进行实地观察、测量和记录。通过绘制地质图、剖面图等直观地反映地形地貌、地层岩性、地质构造等地质要素的分布和相互关系。根据工程规模和地质条件的复杂程度确定测绘比例尺，一般大型工程采用较小的比例尺，详细勘察时采用较大的比例尺。

Remote Sensing Geological Interpretation: Utilize aerial and satellite remote sensing image data to interpret the geological conditions of large areas. By analyzing the tone, texture, shape, etc. of remote sensing images, identifying information such as geological structures, stratigraphic lithology, and landform types. The remote sensing method can quickly obtain the geological overview of large areas, providing guidance for subsequent on-site investigations, especially suitable for areas with inconvenient transportation or complex terrains.

遥感地质解译：利用航空航天遥感影像资料，对大面积的区域地质条件进行解译。通过分析遥感图像的色调、纹理、形状等特征，识别地质构造、地层岩性、地貌类型等信息。遥感方法可以快速获取大面积的地质概貌，为后续的实地勘察提供指导，尤其适用于交通不便或地形复杂的地区。

4.3.2 Exploration and Testing Methods

4.3.2 勘探与测试方法

Drilling: Use a drilling rig to drill holes underground to obtain geotechnical core samples for observation and testing. Drilling can reach a relatively deep depth and is an important means to understand the properties of deep strata and geotechnical bodies. During the drilling process, it is necessary to record the changes in drilling speed, drilling pressure, and drilling fluid to judge the changes in strata and the properties of geotechnical bodies. At the same time, detailed logging of the taken core samples should be carried out, including the length,

钻探：使用钻机在地下钻孔，获取岩土芯样进行观察和试验。钻探可以达到较深的深度，是了解深部地层和岩土体性质的重要手段。在钻探过程中，要注意记录钻进速度、钻压、冲洗液的变化等情况，以判断地层的变化和岩土体的性质。同时，对取出的岩芯要进行详细的编录，包括岩芯长

integrity, rock name, and weathering degree of the core samples.

度、完整性、岩石名称、风化程度等。

Pit Exploration: Directly observe geotechnical bodies by digging test pits, trenches, shafts, etc. Test pits and trenches are suitable for shallow geological investigations and can clearly expose stratigraphic boundaries, geological structures, and the characteristics of geotechnical bodies. Shafts can be used for deep geological investigations and groundwater level observations. The pit exploration method is intuitive, but has a high cost and is limited by depth, and is generally suitable for small projects or local key investigation areas.

坑探：通过挖掘探坑、探槽、竖井等方式直接观察岩土体。探坑和探槽适用于浅层地质勘察，可以清晰地揭露地层界线、地质构造和岩土体的特征。竖井则可用于深部地质调查和地下水位观测等。坑探方法直观，但成本较高，且受深度限制，一般适用于小型工程或局部重点勘察区域。

Penetration Testing: Include static penetration testing and dynamic penetration testing. Static penetration testing presses the probe into the soil at a constant speed and infers the properties of the soil by measuring the resistance of the probe. Dynamic penetration testing uses a certain mass of heavy hammer to drive the probe into the soil and judges the type and property of the soil according to the penetration depth of the probe. The penetration testing method is easy to operate and quick, and can obtain a large amount of soil layer information in a short time, and is often used in sites where the soil layer changes are large.

触探：包括静力触探和动力触探。静力触探是将探头匀速压入土中，通过测量探头所受的阻力来推断土的性质。动力触探则是利用一定质量的重锤将探头打入土中，根据探头的贯入度判断土的类型和性质。触探方法操作简便、快速，可以在较短时间内获取大量的土层信息，常用于土层变化较大的场地。

In-Situ Testing: Conduct mechanical property tests on geotechnical bodies on site, such as load test, pressuremeter test, vane shear test, etc. The load test can directly determine the bearing capacity and deformation modulus of foundation soil; the pressuremeter test measures the deformation of soil by applying pressure to the soil on the wall of the hole to determine the strength and deformation parameters of the soil; the vane shear

原位测试：在现场对岩土体进行力学性质测试，如载荷试验、旁压试验、十字板剪切试验等。载荷试验可直接测定地基土的承载力和变形模量；旁压试验通过向孔壁土体施加压力，测量土体的变形来确定土体的强度和变形参数；十字

test is mainly used to determine the in-situ shear strength of saturated soft clay. In-Situ testing can more truly reflect the mechanical properties of geotechnical bodies in the in-situ state, reducing the disturbance impact during sampling and transportation.

板剪切试验主要用于测定饱和软黏土的原位抗剪强度。原位测试能更真实地反映岩土体在原位状态下的力学性质，减少了取样和运输过程中的扰动影响。

Laboratory Testing: Conduct physical, mechanical, and hydrogeological property tests on the collected geotechnical samples in the laboratory. Commonly used tests include particle analysis, density test, water content test, compression test, shear strength test, etc. Laboratory testing can precisely control the test conditions and obtain the basic parameters of geotechnical bodies, but due to the limited number of samples and the problem of sampling disturbance, the test results need to be combined with in-situ testing data for comprehensive analysis.

室内试验：对采集的岩土样品在实验室进行物理、力学和水文地质特性试验。常用的试验包括颗粒分析、密度试验、含水量试验、压缩试验、抗剪强度试验等。室内试验可以精确控制试验条件，获取岩土体的基本参数，但由于样品数量有限且存在取样扰动问题，试验结果需要结合原位测试数据综合分析。

4.3.3 Analysis and Evaluation Methods

4.3.3 分析评价方法

Qualitative Analysis: Based on the data obtained from geological surveys and investigations, make empirical judgments and descriptions of geological conditions and geotechnical engineering problems. For example, by observing the geological structures and the appearance characteristics of geotechnical bodies, judge the stability of geological bodies and the possible existing problems. The qualitative analysis method is simple and intuitive, but has a certain subjectivity and requires rich practical experience.

定性分析：根据地质调查和勘察所获得的资料，对地质条件和岩土工程问题进行经验性的判断和描述。例如，通过观察地质构造和岩土体的外观特征，判断地质体的稳定性和可能存在的问题。定性分析方法简单直观，但具有一定的主观性，需要丰富的实践经验。

Quantitative Analysis: Apply mathematical models and calculation methods to conduct numerical calculations on the mechanical behavior of geotechnical bodies and engineering problems. For example, use

定量分析：运用数学模型和计算方法，对岩土体的力学行为和工程问题进行数值计算。如利用有限元法、有限差

numerical simulation methods such as the finite element method and the finite difference method to analyze problems such as foundation settlement, slope stability, and underground structure stress. Quantitative analysis can more accurately predict the performance and safety of engineering, but requires reliable geotechnical parameters and reasonable model assumptions.

分法等数值模拟方法，分析地基沉降、边坡稳定性、地下结构受力等问题。定量分析可以更准确地预测工程的性能和安全性，但需要可靠的岩土参数和合理的模型假设。

Comprehensive Evaluation: Combine qualitative analysis and quantitative analysis, comprehensively consider factors such as geological conditions, properties of geotechnical bodies, and engineering requirements, and conduct comprehensive evaluations of geotechnical engineering problems. The comprehensive evaluation result is more in line with the actual situation and provides a scientific and reasonable decision-making basis for geotechnical engineering design and construction.

综合评价：将定性分析和定量分析相结合，全面考虑地质条件、岩土体性质、工程要求等因素，对岩土工程问题进行综合评价。综合评价结果更符合实际情况，为岩土工程设计和施工提供科学合理的决策依据。

4.4 Applications in Geotechnical Engineering

4.4 在岩土工程中的应用

4.4.1 Engineering Site Selection and Planning

4.4.1 工程选址与规划

In the engineering site selection stage, geotechnical engineering geology studies the regional geological conditions to evaluate the suitability of different sites. For example, for important projects such as nuclear power plants and large dams, it is necessary to select sites with stable geological structures and good geotechnical body properties, avoiding construction on active faults, karst-developed areas, or soft soil foundations. For urban planning, it is necessary to consider the impact of

在工程选址阶段，岩土工程地质学通过对区域地质条件的研究，评估不同场地的适宜性。例如，对于核电站、大型水坝等重要工程，要选择地质构造稳定、岩土体性质良好的场地，避免在活动断层、岩溶发育区或软土地基上建设。对于城市规划，要考虑地质条件

geological conditions on different types of buildings (such as high-rise buildings, underground buildings, traffic facilities, etc.), and reasonably divide functional areas.

对不同类型建筑（如高层建筑、地下建筑、交通设施等）的影响，合理划分功能区。

In the engineering planning aspect, determine the overall layout and scale of the engineering according to the geological and topographical conditions of the site. For example, when constructing highways in mountainous areas, plan the route direction and curve radius according to factors such as the slope of the mountain and the stability of the geotechnical bodies, avoiding geological disasters or increasing the difficulty of engineering construction due to unreasonable planning.

在工程规划方面，根据场地的地质地形条件，确定工程的总体布局和规模。如在山区建设公路时，要依据山体的坡度、岩土体稳定性等因素规划路线走向和弯道半径，避免因不合理的规划导致地质灾害或增加工程建设难度。

4.4.2 Foundation Engineering Design and Construction

4.4.2 基础工程设计与施工

Provide geological basis for foundation engineering design. According to the bearing capacity, deformation characteristics, and groundwater level of geotechnical bodies, select appropriate foundation types (such as shallow foundations, pile foundations, raft foundations, etc.). For example, on hard soil foundations with high bearing capacity and small deformation, shallow foundations can be adopted; while on soft soil foundations or for high-rise and heavy-load buildings, pile foundations or raft foundations are often required. At the same time, determine the design parameters such as the size, burial depth, and bearing capacity of the foundation to ensure the stability and safety of the foundation during use.

为基础工程设计提供地质依据。根据岩土体的承载力、变形特性和地下水位等条件，选择合适的基础类型（如浅基础、桩基础、筏板基础等）。例如，在承载力较高、变形较小的硬土地基上，可以采用浅基础；而在软土地基或高层、重载建筑中，往往需要采用桩基础或筏板基础。同时，确定基础的尺寸、埋深和承载能力等设计参数，保证基础在使用过程中的稳定性和安全性。

During the foundation construction process, guided the construction party to deal with complex geological situations. For example, in pile foundation construction,

在基础施工过程中，指导施工方应对复杂的地质情况。在桩基础施工中，如果遇到地

if encountering underground obstacles or hard rock layers, it is necessary to adjust the construction process according to the geological investigation data, such as using different types of drilling rigs such as percussion drills and rotary drills, or changing the length and diameter of piles. In deep foundation pit construction, according to the permeability and groundwater level of geotechnical bodies, formulate reasonable dewatering and support schemes to prevent foundation pit collapse and groundwater leakage.

下障碍物或坚硬岩石层，需要根据地质勘察资料调整施工工艺，如采用冲击钻、旋挖钻等不同类型的钻机，或改变桩的长度和直径。在深基坑施工中，依据岩土体的渗透性和地下水位情况，制定合理的降水和支护方案，防止基坑坍塌和地下水渗漏。

4.4.3 Slope Engineering Design and Construction

4.4.3 边坡工程设计与施工

In slope engineering design, analyze the properties of slope geotechnical bodies, geological structures, and groundwater conditions to evaluate the stability of the slope. Calculate the safety factor of the slope to determine the reasonable slope gradient, slope height, and support form. For geotechnical bodies with poor properties, the existence of weak layers, or abundant groundwater, reinforcement measures such as anchor bolts, anchor cables, retaining walls, anti–slide piles, etc. needs to be adopted. At the same time, consider the adverse factors such as earthquakes and rainfall on the stability of the slope to improve the disaster resistance ability of the slope.

在边坡工程设计中，分析边坡岩土体的性质、地质构造和地下水条件，评估边坡的稳定性。通过计算边坡的安全系数，确定合理的边坡坡度、坡高和支护形式。对于岩土体性质较差、存在软弱夹层或地下水丰富的边坡，需要采用加固措施，如锚杆、锚索、挡土墙、抗滑桩等。同时，考虑地震、降雨等不利因素对边坡稳定性的影响，提高边坡的抗灾能力。

In the slope construction process, adjust the construction scheme in time according to the changes in geological conditions. For example, when excavating, if the geotechnical bodies are found to be different from the investigation data, re– 评估 the stability of the slope, add or adjust the support structure. During the rainy season construction, strengthen the drainage measures of the

在边坡施工过程中，根据地质条件变化及时调整施工方案。如在开挖过程中发现岩土体与勘察资料有差异时，要重新评估边坡稳定性，增加或调整支护结构。在雨季施工时，要加强边坡的排水措施，防止

slope to prevent the slope from losing stability due to rainwater infiltration.

雨水渗入导致边坡失稳。

4.4.4 Underground Engineering Design and Construction

For underground engineering (such as tunnels, underground parking lots, underground malls, etc.), the application of geotechnical engineering geology is even more crucial. In the design stage, through geological investigations, understand the types, strength, permeability, and geological structures of underground geotechnical bodies to determine the burial depth, cross-sectional shape, and support structure form of the tunnel. For example, when constructing a tunnel in soft rock strata, stronger support measures such as steel arches and sprayed concrete need to be adopted; in water-rich strata, an effective waterproof and drainage system needs to be designed.

In the underground engineering construction, predict the possible problems according to the changes in geological conditions. For example, when constructing a tunnel, when encountering a fault fracture zone, take reinforcement measures in advance to prevent collapse; when encountering a karst cave, formulate corresponding treatment schemes such as filling, spanning, or bypassing. At the same time, consider the impact of underground engineering construction on the surrounding geological environment, such as causing ground settlement, groundwater level changes, etc., and take corresponding control measures.

4.4.4 地下工程设计与施工

对于地下工程（如隧道、地下停车场、地下商场等），岩土工程地质学的应用更为关键。在设计阶段，通过地质勘察了解地下岩土体的类型、强度、渗透性和地质构造等情况，确定隧道的埋深、断面形状和支护结构形式。例如，在软岩地层中修建隧道，需要采用较强的支护措施，如钢拱架、喷射混凝土等；在富水地层中，要设计有效的防水和排水系统。

在地下工程施工中，依据地质条件变化预测可能出现的问题。如在隧道施工中，遇到断层破碎带时，要提前采取加固措施，防止塌方；遇到岩溶洞穴时，要制定相应的处理方案，如填充、跨越或绕行等。同时，考虑地下工程施工对周边地质环境的影响，如引起地面沉降、地下水水位变化等，并采取相应的控制措施。

4.4.5 Prevention and Control of Geological Disasters and Environmental Geotechnical Engineering

In terms of the prevention and control of geological disasters, geotechnical engineering geology provides technical support for the assessment, prediction, and treatment of disasters. Through the research on the formation mechanisms and development trends of geological disasters, targeted prevention and control schemes are formulated. For example, in the treatment of landslides, appropriate treatment measures (such as anti-slide piles, drainage works, slope cutting and unloading, etc.) are selected according to factors such as the scale of the landslide, the properties of the geotechnical bodies, and the location of the sliding surface, so as to reduce the harm degree of the landslide. In the prevention and control of mudslides, measures such as blocking and diversion are taken to reduce the damage of mudslides to the downstream areas.

In environmental geotechnical engineering, the impact of geotechnical engineering activities on the environment is considered. For example, in the design and construction of landfills, the anti-seepage performance of geotechnical bodies should be studied to prevent the pollution of groundwater and soil by landfill leachate. After mine mining, land reclamation and geological environment restoration are carried out to reduce the damage of mining activities to the ecological environment.

4.4.5 地质灾害防治与环境岩土工程

在地质灾害防治方面，岩土工程地质学为灾害的评估、预测和治理提供技术支持。通过对地质灾害形成机制和发展趋势的研究，制定针对性的防治方案。如在滑坡治理中，根据滑坡的规模、岩土体性质和滑动面位置等因素，选择合适的治理措施（如抗滑桩、排水工程、削坡减载等），降低滑坡的危害程度。在泥石流防治中，采取拦挡、排导等措施，减少泥石流对下游地区的破坏。

在环境岩土工程中，考虑岩土工程活动对环境的影响。例如，在垃圾填埋场的设计和建设中，要研究岩土体的防渗性能，防止垃圾渗滤液污染地下水和土壤；在矿山开采后，进行土地复垦和地质环境修复，减少开采活动对生态环境的破坏。

5 Mechanical Problems in Geotechnical Engineering
岩土工程中的力学问题

5.1 Mechanical Fundamentals

5.1.1 Mechanical Properties of Geotechnical Materials

(1) Mechanical Properties of Soil

Soil is a three-phase medium composed of solid particles, pore water, and pore gas. The mechanical properties of soil are closely related to the proportion and interaction of its three-phase components. For example, cohesive soil has a relatively high content of clay particles, and there are strong molecular and electrostatic attractions between the particles, which endows the cohesive soil with certain viscosity and plasticity. In contrast, sandy soil has coarser particles, and the frictional force between the particles plays a major role, making its mechanical behavior more like that of granular materials.

5.1 力学基础

5.1.1 岩土的力学性质

（1）土的力学性质

土是由固体颗粒、孔隙水和孔隙气体组成的三相介质。土的力学性质与其三相组成的比例和相互作用密切相关。例如，黏性土中黏粒含量较高，颗粒间存在着较强的分子引力和静电引力，这使得黏性土具有一定的黏性和可塑性。而砂性土颗粒较粗，颗粒间的摩擦力起主要作用，其力学行为更倾向于散粒体。

The shear strength of soil, which is the ability of soil to resist shear failure, is one of the most important properties in soil mechanics. Coulomb's law states that the shear strength of soil consists of the internal friction angle and cohesion. The internal friction angle is related to the shape, size, gradation, and compactness of soil particles. For example, well-graded sandy soil has a larger internal friction because of the stronger interlocking effect between the particles. Cohesion mainly comes from the cementation, electrostatic attraction, and molecular attraction between soil particles, and it is particularly evident in cohesive soil.

土的抗剪强度是土抵抗剪切破坏的能力，是土力学中最重要的性质之一。库仑定律指出，土的抗剪强度由内摩擦角和黏聚力两部分组成。内摩擦角与土颗粒的形状、大小、级配及密实度有关。例如，级配良好的砂土内摩擦角较大，因为颗粒之间的咬合作用更强。黏聚力主要来源于土颗粒间的胶结作用、静电引力和分子引力等，在黏性土中表现得尤为明显。

The compressibility of soil refers to the characteristic of the volume of soil decreases under pressure. The compression of soil is mainly due to the drainage of pore water and the rearrangement of soil particles. In saturated cohesive soil, the compression process takes a certain amount of time, which involves the theory of consolidation. For example, when constructing buildings on soft soil foundations, the compressibility of soft soil needs to be considered to predict the settlement of the buildings.

土的压缩性是指土在压力作用下体积减小的特性。土的压缩主要是由于孔隙水的排出和土颗粒的重新排列。在饱和黏性土中，压缩过程需要一定的时间，这涉及固结理论。例如，在软土地基上建造建筑物时，需要考虑软土的压缩性，以预测建筑物的沉降量。

(2) Mechanical Properties of Rocks

（2）岩石的力学性质

The mechanical properties of rocks are related to their mineral composition, structure, and texture. For example, granite is mainly composed of minerals such as quartz, feldspar, and mica. Quartz has high hardness and strong stability, making granite have relatively high strength. The structure of rocks includes the degree of crystallization, particle size, and shape. For example, fine-grained rocks tend to have higher strength than coarse-grained rocks because the contact area between

岩石的力学性质与其矿物成分、结构和构造有关。例如，花岗岩主要由石英、长石和云母等矿物组成，石英硬度高、稳定性强，使得花岗岩具有较高的强度。岩石的结构包括结晶程度、颗粒大小和形状等。例如，细粒结构的岩石往往比粗粒结构的岩石强度更

the particles is larger and the stress distribution is more uniform.

高，因为颗粒间的接触面积更大，应力分布更均匀。

The strength of rocks includes compressive strength, tensile strength, and shear strength. The compressive strength of rocks is usually much greater than the tensile strength. This is because when rocks are under compression, the frictional and interlocking effects between the particles can be better exerted, while these effects will be weakened when rocks are under tension. The shear strength of rocks is related to the internal friction angle and cohesion of the rocks, and their failure modes usually include shear failure and tensile failure.

岩石的强度包括抗压强度、抗拉强度和抗剪强度。岩石的抗压强度通常远大于抗拉强度，这是因为岩石在受压时颗粒间的摩擦力和咬合作用能够更好地发挥作用，而在受拉时这些作用会减弱。岩石的抗剪强度与岩石的内摩擦角和凝聚力有关，其破坏形式通常有剪切破坏和拉伸破坏等。

The deformation characteristics of rocks are also important mechanical properties. Rocks usually exhibit elastic deformation in the initial stage of being subjected to force, conforming to Hooke's law. However, with the increase of stress, rocks may experience plastic deformation due to the generation and expansion of microcracks inside the rocks. Under high stress, rocks will eventually be destroyed.

岩石的变形特性也是其重要的力学性质。岩石在受力初期通常表现为弹性变形，符合胡克定律。但随着应力的增加，岩石可能会出现塑性变形，这是由于岩石内部微裂隙的产生和扩展。在高应力下，岩石最终会发生破坏。

5.1.2 Application of Basic Mechanical Laws in Geotechnical Engineering

5.1.2 力学基本定律在岩土工程中的应用

Newton's Second Law: In geotechnical engineering, Newton's Second Law is of great importance when analyzing the relationship between the external forces acting on geotechnical materials and their accelerations. For example, when studying the dynamic response of geotechnical materials under seismic action, it is necessary to consider the acceleration of geotechnical materials caused by seismic forces (external forces). According to Newton's Second Law $F = ma$ (where F is the resultant force, m is the mass, and a is the

牛顿第二定律：在岩土工程中，当分析岩土体所受外力与加速度的关系时，牛顿第二定律有着重要应用。例如，在研究地震作用下岩土体的动力响应时，需要考虑地震力（外力）使岩土体产生的加速度。根据牛顿第二定律$F = ma$（其中F为合力，m为质量，a为加速度），可以计算出岩土体在地

acceleration), the force acting on geotechnical materials under seismic forces can be calculated, and then the possible failure modes can be analyzed.

震力作用下的受力情况，进而分析其可能的破坏模式。

Hooke's Law: For the stress-strain relationship of geotechnical materials within the elastic deformation range, Hooke's law is an important theoretical basis. When measuring the elastic modulus of geotechnical materials and analyzing the deformation of geotechnical materials under relatively small loads, Hooke's law can be expressed as $\Sigma=E\varepsilon$ (where Σ is the stress, E is the elastic modulus, and ε is the strain). For example, when designing shallow foundations, if the foundation soil is in the elastic deformation stage under the building load, Hooke's law can be used to estimate the deformation of the foundation soil.

胡克定律：对于岩土体在弹性变形范围内的应力－应变关系，胡克定律是重要的理论基础。在进行岩土体的弹性模量测定以及分析在较小荷载作用下岩土体的变形时，胡克定律可以表示为$\Sigma=E\varepsilon$（其中Σ为应力，E为弹性模量，ε为应变）。例如，在设计浅基础时，如果地基土在建筑物荷载作用下处于弹性变形阶段，就可以利用胡克定律来估算地基土的变形量。

5.2 Mechanical Analysis

5.2 力学分析

5.2.1 Stress Analysis

5.2.1 应力分析

(1) Stress State in Geotechnical Materials

Self-Weight Stress: The stress generated in geotechnical materials due to their own weight is called self-weight stress. For a homogeneous soil layer, the self-weight stress increases linearly with depth. To calculate the self-weight stress at a certain point in the soil layer, the formula $\Sigma_{cz}=\gamma z$ can be used (where Σ_{cz} is the vertical self-weight stress, γ is the unit weight of the soil, and z is the depth of the point). When calculating the self-weight stress of rocks, it is necessary to consider the unit weight of the rocks and the thickness of different rock layers. For example, in the design of deep mines,

（1）岩土中的应力状态

自重应力：岩土体由于自身重量而产生的应力称为自重应力。对于均质土层，自重应力随深度呈线性增加。计算土层中某点的自重应力时，可根据公式$\Sigma_{cz}=\gamma z$（其中Σ_{cz}为竖向自重应力，γ为土的重度，z为该点的深度）。在计算岩石的自重应力时，需要考虑岩石的重度和不同岩层的厚度。例如，在深部矿井设计中，了解岩石

understanding the self-weight stress of rocks is crucial for evaluating the stability of roadways and chambers, because excessive self-weight stress may lead to the destruction of rocks.

的自重应力对于评估巷道和硐室的稳定性至关重要，因为过高的自重应力可能导致岩石的破坏。

Additional Stress: The stress caused by external loads such as building loads and vehicle loads in geotechnical materials is called additional stress. The distribution law of additional stress is relatively complex. It is not only related to the size, shape, and distribution of the loads, but also to the properties and depth of the geotechnical materials. For example, for the foundation under the action of a uniformly distributed rectangular load, the additional stress at any point in the foundation can be calculated by the Boussinesq solution. In urban construction, the construction of underground rail transit, high-rise buildings, etc. will generate additional stress in the foundation, which will affect the stability of the foundations of surrounding buildings and the safety of underground pipelines.

附加应力：由建筑物荷载、车辆荷载等外加载荷在岩土体中引起的应力称为附加应力。附加应力的分布规律比较复杂，它不仅与荷载的大小、形状和分布有关，还与岩土体的性质和深度有关。例如，对于均布矩形荷载作用下的地基，通过布辛奈斯克解可以计算出地基中任意点的附加应力。在城市建设中，地下轨道交通、高层建筑等建设都会在地基中产生附加应力，这些附加应力会影响周围建筑物的地基稳定性和地下管线的安全。

(2) Stress Calculation Methods

（2）应力计算方法

Analytical Method: Under some simple load and geological conditions, the analytical method can be used to calculate the stress in geotechnical materials. For example, for the case where a concentrated force acts on the surface of a semi-infinite space body, the stress components at any point in the space can be calculated by the Boussinesq solution. This method is based on elastic theory and is of great significance in theoretical research and some specific engineering simplified calculations. However, the load and geological conditions in actual engineering are often more complex, and the application of the analytical method is limited.

解析法：在一些简单的荷载和地质条件下，可以使用解析法计算岩土体中的应力。例如，对于半无限空间体表面作用着集中力的情况，可以利用布辛奈斯克解计算出空间内任意点的应力分量。这种方法基于弹性理论，在理论研究和一些特定的工程简化计算中具有重要意义。然而，实际工程中的荷载和地质条件往往较为复杂，解析法的应用受到一定限制。

Numerical Calculation Methods: With the development of computer technology, numerical calculation methods have been widely used in stress analysis in geotechnical engineering. The finite element method, finite difference method, and discrete element method are commonly used numerical calculation methods. The finite element method discretizes geotechnical materials into a finite number of elements, calculates the stress by establishing the stiffness matrix of the elements and solving the overall equilibrium equation. It can handle complex geometric shapes, material nonlinearities, and boundary conditions. The finite difference method solves the stress by making difference approximations to the control equations and has certain advantages in dealing with dynamic problems and large deformation problems. The discrete element method is suitable for simulating the discrete characteristics of geotechnical materials, such as granular flow problems, and can well simulate the mechanical behavior of discontinuous surfaces such as joints and fractures in rocks.

数值计算方法：随着计算机技术的发展，数值计算方法在岩土工程应力分析中得到了广泛应用。有限元法、有限差分法和离散元法是常用的数值计算方法。有限元法将岩土体离散为有限个单元，通过建立单元的刚度矩阵和求解整体平衡方程来计算应力。它可以处理复杂的几何形状、材料非线性和边界条件。有限差分法通过对控制方程进行差分近似来求解应力，在处理动态问题和大变形问题方面有一定优势。离散元法适用于模拟岩土体的离散特性，如颗粒流问题，可以很好地模拟岩石的节理、裂隙等不连续面的力学行为。

5.2.2 Deformation Analysis

(1) Causes and Characteristics of Geotechnical Deformation

Causes of Deformation: The deformation of geotechnical materials is mainly due to the change in the internal stress state under the action of external forces. For soil, the deformation may be due to the change in pore water pressure and the rearrangement of soil particles. For example, when saturated cohesive soil is subjected to a load, the pore water cannot be drained in time in the initial stage, and the soil body will produce

5.2.2 变形分析

（1）岩土变形的原因和特点

变形原因：岩土体的变形主要是由于外力作用下其内部应力状态的改变。对于土来说，变形可能是由于孔隙水压力的变化和土颗粒的重新排列。例如，在饱和黏性土受到荷载作用时，孔隙水在初期不能及时排出，土体会产生瞬时

instantaneous elastic deformation. With the passage of time, the pore water is gradually drained, and the soil body undergoes consolidation deformation. For rocks, the deformation may be due to the expansion and closure of microcracks inside the rocks and the relative displacement between rock particles. In underground engineering, such as tunnel excavation, the surrounding rocks will deform due to the redistribution of stress.

的弹性变形，随着时间的推移，孔隙水逐渐排出，土体发生固结变形。对于岩石，变形可能是由于岩石内部微裂隙的扩展、闭合以及岩石颗粒间的相对位移。在地下工程中，如隧道开挖，周边岩石由于应力的重新分布会产生变形。

Characteristics of Deformation: The deformation of geotechnical materials has the characteristics of nonlinearity, time-dependence, and spatial variability. Nonlinearity means that the stress-strain relationship of geotechnical materials does not completely conform to the linear elastic theory, and plastic deformation will occur under relatively large loads. Time-dependence is manifested as the deformation of some geotechnical materials (such as soft soil) will develop over time, and factors such as consolidation time need to be considered. Spatial variability means that the properties and deformation laws of geotechnical materials at different locations may be different. Even within the same engineering site, the geotechnical materials in different areas may have different deformation characteristics due to differences in sedimentary environment and other factors.

变形特点：岩土体的变形具有非线性、时效性和空间变异性等特点。非线性是指岩土体的应力-应变关系并非完全符合线性弹性理论，在较大荷载作用下，会出现塑性变形。时效性表现为一些岩土体（如软土）的变形会随着时间而发展，需要考虑固结时间等因素。空间变异性是指岩土体在不同位置的性质和变形规律可能不同，即使在同一工程场地内，不同区域的岩土体可能由于沉积环境等因素的差异而有不同的变形特性。

(2) Deformation Calculation and Prediction Methods

（2）变形计算与预测方法

Elastic Theory Method: When geotechnical materials are in a state of small deformation and approximate elasticity, the elastic theory can be used to calculate the deformation. For example, for the settlement calculation of the foundation soil under a shallow foundation, under the assumption of an elastic

弹性理论方法：在岩土体处于小变形且近似弹性的情况下，可以使用弹性理论来计算变形。例如，对于浅基础下地基土的沉降计算，在弹性半空间假设下，可以根据弹性理

half-space, the settlement of the foundation soil can be calculated according to the formula of elastic theory. This method is simple to calculate, but there may be some errors in dealing with the complex deformation situation of actual geotechnical materials, because it does not consider the nonlinearity and plastic deformation of geotechnical materials.

论公式计算出地基土的沉降量。这种方法计算简单，但对于实际岩土体的复杂变形情况可能存在一定误差，因为它没有考虑岩土体的非线性和塑性变形。

Methods Considering Time Effects (Consolidation Theory, etc.): For geotechnical materials with obvious time effects, such as saturated cohesive soil, the consolidation theory needs to be used to calculate the deformation. The Terzaghi one-dimensional consolidation theory is a classic theory. It considers the dissipation of pore water pressure and the change in soil compression over time. Through consolidation tests, the consolidation parameters of the soil can be obtained, and then the development process of the settlement of the soil under the action of a load can be predicted. In large-area preloading foundation treatment projects, the consolidation theory is of great guiding significance for predicting the settlement of the foundation and the reinforcement effect.

考虑时间效应的方法（固结理论等）：对于饱和黏性土等具有明显时间效应的岩土体，需要使用固结理论来计算变形。太沙基一维固结理论是经典的理论之一，它考虑了孔隙水压力的消散和土体的压缩随时间的变化关系。通过固结试验可以获取土的固结参数，进而预测在荷载作用下土体的沉降随时间的发展过程。在大面积堆载预压等地基处理工程中，固结理论对于预测地基的沉降和加固效果具有重要的指导意义。

Numerical Simulation Methods: Similar to stress analysis, numerical simulation methods also play an important role in predicting the deformation of geotechnical materials. By establishing a numerical model of geotechnical materials, factors such as the nonlinearity, anisotropy, complex boundary conditions, and loading process of geotechnical materials can be considered to more accurately simulate the deformation process of geotechnical materials. For example, when analyzing the long-term settlement of the foundation of a high-rise building or the deformation of a large slope

数值模拟方法：与应力分析类似，数值模拟方法在岩土体变形预测中也发挥着重要作用。通过建立岩土体的数值模型，可以考虑岩土体的非线性、各向异性、复杂的边界条件和加载过程等因素，更准确地模拟岩土体的变形过程。例如，在分析高层建筑地基的长期沉降或大型边坡在降雨等复杂条件下的变形时，数值模拟

under complex conditions such as rainfall, numerical simulation methods can provide detailed deformation information, providing a basis for engineering design and decision-making.

方法能够提供详细的变形信息，为工程设计和决策提供依据。

5.2.3 Stability Analysis

(1) Slope Stability Analysis

Limit Equilibrium Method: This is one of the most commonly used methods in slope stability analysis. It is based on the principle of static equilibrium and assumes that the slope is in a limit equilibrium state, that is, the geotechnical materials on the slope are about to slide. By analyzing the force situation of the sliding soil body, the safety factor is calculated. Common limit equilibrium methods include the Swedish slice method and the Bishop method. The Swedish slice method divides the sliding soil body into several vertical slices and does not consider the interaction between the slices. It is simple to calculate but has relatively low accuracy. The Bishop method considers the interaction between the slices on the basis of the Swedish slice method, and the calculation result is more accurate. In slope engineering, according to the properties of the geotechnical materials on the slope, the geometric shape, and the load conditions, an appropriate limit equilibrium method is selected to evaluate the stability of the slope. For example, in the design of soil slopes, the slope gradient and whether support measures are needed can be determined according to experience and calculation results.

Application of Numerical Analysis Methods in Slope Stability: Numerical analysis methods (such as the finite element method and the discrete element method) can more comprehensively consider the

5.2.3 稳定性分析

（1）边坡稳定性分析

极限平衡法：这是边坡稳定性分析中最常用的方法之一。它基于静力平衡原理，假设边坡处于极限平衡状态，即边坡上的岩土体即将发生滑动。通过分析滑动土体的受力情况，计算出安全系数。常见的极限平衡法有瑞典条分法、毕肖普法等。瑞典条分法将滑动土体分成若干垂直条块，不考虑条块间的作用力，计算简单但精度相对较低。毕肖普法在瑞典条分法的基础上考虑了条块间的作用力，计算结果更准确一些。在边坡工程中，根据边坡的岩土体性质、几何形状和荷载条件等，选择合适的极限平衡法来评估边坡的稳定性，如在土质边坡设计中，可根据经验和计算结果确定边坡的坡度和是否需要采取支护措施。

数值分析方法在边坡稳定性中的应用：数值分析方法（如有限元法、离散元法等）可以更全面地考虑边坡岩土体的

influence of factors such as the mechanical properties of slope geotechnical materials, geological structures, and groundwater on slope stability. The finite element method can simulate the stress–strain state of the slope under different working conditions and analyze the position and development process of potential sliding surfaces. The discrete element method has unique advantages in simulating the stability of rock slopes containing joints and fractures and can intuitively display the movement and interaction of rock blocks. For example, in the analysis of the stability of high–steep rock slopes, the discrete element method can simulate the loosening and sliding process of rock blocks under the action of earthquakes, weathering, etc., providing a basis for slope reinforcement design.

(2) Foundation Stability Analysis

Stability of Shallow Foundations: For shallow foundations, the bearing capacity and overall stability of the foundation are mainly considered. The bearing capacity of the foundation soil is the ability of the foundation soil to bear the building load. According to theories such as Terzaghi's theory, the ultimate bearing capacity of the foundation can be calculated, and by introducing a safety factor, the allowable bearing capacity of the foundation can be determined. In the calculation process, factors such as the properties of the foundation soil (such as shear strength, unit weight, etc.), the shape and size of the foundation need to be considered. At the same time, the overall stability of the foundation under complex loads such as eccentric loads and inclined loads also needs to be evaluated to prevent the foundation from sliding or tilting as a whole.

Stability of Deep Foundations (such as Pile

力学性质、地质构造和地下水等因素对边坡稳定性的影响。有限元法可以模拟边坡在不同工况下的应力–应变状态，分析潜在的滑动面位置和发展过程。离散元法对于模拟含有节理、裂隙等不连续面的岩石边坡稳定性具有独特优势，可以直观地显示岩石块体的运动和相互作用。例如，在高陡岩石边坡稳定性分析中，离散元法可以模拟在地震、风化等作用下岩石块体的松动和滑动过程，为边坡加固设计提供依据。

（2）地基稳定性分析

浅基础地基稳定性：对于浅基础，主要考虑地基承载力和整体稳定性。地基承载力是指地基土能够承受建筑物荷载的能力。根据太沙基理论等，可以计算出地基的极限承载力，并通过引入安全系数来确定地基的允许承载力。在计算过程中，需要考虑地基土的性质（如抗剪强度、重度等）、基础的形状和尺寸等因素。同时，还要评估地基在偏心荷载、倾斜荷载等复杂荷载作用下的整体稳定性，防止地基发生整体滑动或倾斜。

深基础（如桩基础）地基

Foundations): The stability analysis of pile foundations includes the stability of single piles and group piles. The bearing capacity of a single pile is mainly composed of the side friction resistance and the end resistance of the pile. The ultimate bearing capacity of a single pile can be determined by methods such as the static load test of the pile. When analyzing the stability of group piles, factors such as the interaction between piles and the group pile effect need to be considered. The group pile effect will make the bearing capacity of the group piles not equal to the sum of the bearing capacity of single piles, which may either reduce or increase the overall stability of the group piles. In addition, in the design of deep foundations, the settlement stability of the foundation soil under long–term loads also needs to be considered, especially for deep foundation projects on soft soil foundations.

稳定性：桩基础的稳定性分析包括单桩和群桩的稳定性。单桩的承载力主要由桩侧摩阻力和桩端阻力组成。通过桩的静载试验等方法可以确定单桩的极限承载力。在分析群桩稳定性时，需要考虑桩与桩之间的相互作用、群桩效应等因素。群桩效应会使群桩的承载力不等于单桩承载力之和，可能会降低或提高群桩的整体稳定性。此外，在深基础设计中，还需要考虑地基土在长期荷载作用下的沉降稳定性，特别是对于软土地基上的深基础工程。

(3) Underground Engineering Stability Analysis

（3）地下工程稳定性分析

Tunnel Stability: Tunnel excavation will cause the redistribution of stress in the surrounding geotechnical materials, leading to the deformation and possible destruction of the geotechnical materials. In the analysis of tunnel stability, factors such as the depth of the tunnel, the properties of the geotechnical materials, the groundwater situation, and the excavation method need to be considered. For example, in soft rock tunnels, due to the low strength and poor self–stabilizing ability of soft rock, appropriate support measures (such as anchor bolts, spray concrete, etc.) need to be adopted to maintain the stability of the tunnel. Through numerical simulation or on–site monitoring, the displacement and stress changes of the geotechnical materials around the tunnel can be analyzed, the stability of the tunnel can be

隧道稳定性：隧道开挖会引起周围岩土体应力的重新分布，导致岩土体的变形和可能的破坏。在隧道稳定性分析中，需要考虑隧道的埋深、岩土体的性质、地下水情况以及开挖方法等因素。例如，在软岩隧道中，由于软岩的强度低、自稳能力差，需要采用合适的支护措施（如锚杆、喷射混凝土等）来维持隧道的稳定性。通过数值模拟或现场监测，可以分析隧道周边岩土体的位移、应力变化情况，评估隧道的稳定性，并及时调整支

evaluated, and the support parameters can be adjusted in a timely manner.

护参数。

Underground Chamber Stability: For large underground chambers (such as underground factories, underground warehouses, etc.), the stability analysis is more complex. Besides considering the basic mechanical properties and stress state of the geotechnical materials, factors such as the shape, size, distance between adjacent chambers, and their mutual influence also need to be considered. In the design stage, through numerical simulation, the stability problems of the chambers during excavation and use, such as the collapse of the roof arch and the extrusion of the side walls, can be predicted, and corresponding reinforcement measures (such as setting anchor cables, lining, etc.) can be taken.

地下洞室稳定性：对于大型地下洞室（如地下厂房、地下仓库等），其稳定性分析更为复杂。除了考虑岩土体的基本力学性质和应力状态，还需要考虑洞室的形状、尺寸、相邻洞室之间的距离和相互影响等因素。在设计阶段，通过数值模拟可以预测洞室在开挖和使用过程中的稳定性问题，如洞室顶拱的坍塌、边墙的挤出等，并采取相应的加固措施（如设置锚索、衬砌等）。

5.3 Safety Evaluation

5.3 安全评价

5.3.1 Safety Evaluation Indicators

5.3.1 安全评价指标

Safety Factor: The safety factor is one of the most commonly used indicators in safety evaluation in geotechnical engineering. In slope stability analysis, the safety factor is the ratio of the anti–sliding force to the sliding force of the slope. For example, when the calculated safety factor of the slope is greater than 1, it indicates that the slope is in a stable state; when the safety factor is less than 1, it indicates that the slope may slide. In the calculation of the bearing capacity of the foundation, the safety factor is the ratio of the ultimate bearing capacity to the design load. The value of the safety factor needs to be determined by comprehensively considering factors such as the importance of the

安全系数：安全系数是岩土工程安全评价中最常用的指标之一。在边坡稳定性分析中，安全系数是指边坡抗滑力与滑动力的比值。例如，当计算出的边坡安全系数大于1时，表示边坡处于稳定状态；当安全系数小于1时，表示边坡可能会发生滑动。在地基承载力计算中，安全系数是极限承载力与设计荷载的比值。安全系数的取值需要综合考虑工程的重要性、岩土体性质的不确定

engineering project and the uncertainty of the properties of geotechnical materials. For important engineering structures such as nuclear power plants and dams, a relatively high safety factor is usually required.

Reliability Index: The reliability index is a safety evaluation indicator based on probability theory. It takes into account the uncertainty of parameters such as the properties of geotechnical materials and loads. By using probability statistical methods to quantify various uncertain factors in geotechnical engineering, the reliability index of the engineering structure is calculated. The higher the reliability index, the higher the safety of the engineering. Compared with the safety factor, the reliability index can more scientifically reflect the actual safety status of the engineering, especially when dealing with complex geological conditions and engineering problems with large uncertainties.

性等因素。对于重要的工程结构，如核电站、大坝等，安全系数通常要求较高。

可靠度指标：可靠度指标是基于概率理论的安全评价指标。它考虑了岩土体性质、荷载等参数的不确定性。通过概率统计方法，将岩土工程中的各种不确定因素量化，计算出工程结构的可靠度指标。可靠度指标越高，工程的安全性越高。与安全系数相比，可靠度指标更能科学地反映工程的实际安全状况，尤其是在处理复杂地质条件和不确定性较大的工程问题时。

5.3.2 Safety Evaluation Methods and Processes

Deterministic Methods: Deterministic safety evaluation methods are based on determined geotechnical material parameters and load conditions for calculation. For example, when using the limit equilibrium method for slope stability analysis, the parameters such as the shear strength and unit weight of the geotechnical materials are regarded as fixed values, and the safety factor is calculated. This method is simple and direct, but it ignores the uncertainty of parameters. In actual engineering, if the properties of geotechnical materials are relatively accurately known and the engineering geological conditions are relatively simple, the deterministic method can quickly make a preliminary

5.3.2 安全评价方法与流程

确定性安全评价方法：确定性安全评价方法是基于确定的岩土体参数和荷载条件进行计算。例如，在使用极限平衡法进行边坡稳定性分析时，将岩土体的抗剪强度、重度等参数视为定值，计算出安全系数。这种方法简单直接，但忽略了参数的不确定性。在实际工程中，如果对岩土体性质了解较为准确，且工程地质条件相对简单，确定性方法可以快速地对工程安全进行初步评价。

evaluation of engineering safety.

Probability Analysis Methods: Probability analysis methods take into account the probability distribution of geotechnical material parameters and loads. First, through on-site investigation, testing, etc., the statistical characteristics (such as mean value, standard deviation, etc.) of geotechnical material parameters and the probability distribution of loads are obtained. Then, by using probability theory (such as Monte Carlo simulation, etc.), the reliability index or failure probability of the engineering structure is calculated. Probability analysis methods can more comprehensively evaluate the safety risks of engineering, but the calculation process is relatively complex and requires more computing resources and data support.

概率分析方法：概率分析方法考虑了岩土体参数和荷载的概率分布。首先，通过现场勘察、试验等手段获取岩土体参数的统计特征（如均值、标准差等）和荷载的概率分布情况。然后，利用概率理论（如蒙特卡洛模拟等）计算工程结构的可靠度指标或失效概率。概率分析方法能够更全面地评估工程的安全风险，但计算过程相对复杂，需要较多的计算资源和数据支持。

Safety Evaluation Process: Generally speaking, the safety evaluation process of geotechnical engineering includes engineering geological investigation, determination of geotechnical body parameters, load analysis, selection of an appropriate safety evaluation method (either deterministic or probabilistic), calculation of safety indicators, judgment of the safety of the project based on the safety indicators and proposing improvement measures (such as adjusting design parameters, strengthening support, etc.). Throughout this process, it is necessary to continuously analyze and feed back the investigation data and calculation results to ensure the accuracy and effectiveness of the safety evaluation.

安全评价流程：一般来说，岩土工程安全评价流程包括工程地质勘察、岩土体参数确定、荷载分析、选择合适的安全评价方法（确定性或概率性）、计算安全指标、根据安全指标判断工程的安全性并提出改进措施（如调整设计参数、加强支护等）。在整个过程中，需要不断地对勘察数据和计算结果进行分析和反馈，以确保安全评价的准确性和有效性。

The mechanical problems in geotechnical engineering form a complex and interrelated system. The research and solution of these problems play a crucial role in ensuring the safety, stability and economically

岩土工程中的力学问题是一个复杂且相互关联的体系，这些问题的研究和解决对于保证岩土工程的安全、稳定和经

reasonable design of geotechnical engineering. In actual engineering projects, it is necessary to comprehensively apply various theories, methods and techniques, taking full account of the complex nature of geotechnical bodies and the specific circumstances of the project.

济合理设计具有至关重要的作用。在实际工程中，需要综合运用多种理论、方法和技术，充分考虑岩土体的复杂性质和工程的具体情况。

Groundwater Problems in Geotechnical Engineering

岩土工程中的地下水问题

6

6.1 Basics of Groundwater

6.1 地下水基础

6.1.1 Formation and Storage of Groundwater

6.1.1 地下水的形成与储存

Groundwater mainly comes from the infiltration of atmospheric precipitation, the recharge of surface water, and condensed water. Atmospheric precipitation infiltrates underground through soil pores, rock fractures, and other channels and accumulates to form groundwater under certain geological conditions. For example, in mountainous areas, rainfall seeps down along rock fractures and is stored in the permeable layers underground. Surface water such as rivers and lakes also exchanges recharge with groundwater. When the water level of a river is higher than the groundwater level, the river water will recharge the groundwater; conversely, the groundwater will discharge into the river.

地下水主要来源于大气降水的入渗、地表水的补给及凝结水等。大气降水通过土壤孔隙、岩石裂隙等通道渗入地下，在一定的地质条件下聚集形成地下水。例如，在山区，降雨顺着岩石的裂隙下渗，在地下的透水层中储存起来。地表水如河流、湖泊等也会与地下水相互补给。当河流的水位高于地下水位时，河水会补给地下水；反之，地下水会向河流排泄。

The storage spaces of groundwater are mainly the pores and fractures in geotechnical materials. In loose sediments such as sandy soil and gravel, the pores are large and interconnected, capable of storing and transmitting a large amount of groundwater. Such an aquifer is called a porous aquifer. In hard rocks, groundwater is mainly stored in rock fractures and dissolution cavities, forming fractured aquifers or karst aquifers. For example, karst caves in limestone areas can store abundant groundwater.

地下水的储存空间主要是岩土体中的孔隙和裂隙。在松散的沉积物中，如砂土和砾石，孔隙较大且相互连通，能够储存和传输大量的地下水，这种含水层被称为孔隙含水层。而在坚硬的岩石中，地下水主要储存在岩石的裂隙和溶蚀孔洞中，形成裂隙含水层或岩溶含水层。例如，石灰岩地区的岩溶洞穴中可以储存丰富的地下水。

The permeability of geotechnical materials determines the storage and flow of groundwater within them. Permeability refers to the ability of geotechnical materials to allow water to pass through, usually represented by the permeability coefficient. The magnitude of the permeability coefficient is related to factors such as the particle size and pore structure of geotechnical materials. For example, the permeability coefficient of coarse sand is larger than that of fine sand because the pores between coarse sand particles are larger and water can pass through more easily.

岩土体的渗透性决定了地下水在其中的储存和流动情况。渗透性是指岩土体允许水通过的能力，通常用渗透系数来表示。渗透系数的大小与岩土体的颗粒大小、孔隙结构等因素有关。例如，粗砂的渗透系数比细砂大，因为粗砂颗粒之间的孔隙更大，水更容易通过。

6.1.2 Types and Distribution Patterns of Groundwater

6.1.2 地下水的类型与分布规律

According to the burial conditions of groundwater, it can be divided into phreatic water and confined water. Phreatic water refers to the gravitational water with a free water surface that is buried above the first stable aquiclude beneath the surface. The water level of phreatic water will change with seasons, precipitation, and other factors. For example, during the rainy season,

根据地下水的埋藏条件，可分为潜水和承压水。潜水是指埋藏在地表以下第一个稳定隔水层之上，具有自由水面的重力水。潜水的水面会随着季节和降水等因素而变化。例如，在雨季，潜水水位会上

the phreatic water level will rise, and it will fall during the dry season. Phreatic water is widely distributed in plains, mountainous areas, and other places. Confined water refers to the groundwater in the aquifer sandwiched between two aquicludes, which bears a certain hydrostatic pressure. When a borehole penetrates the confining roof of the confined aquifer, the confined water will rise to a certain height under the action of the water head pressure. The distribution of confined water is greatly affected by geological structures and is usually stored in structures such as synclinal basins.

升，旱季则会下降。潜水的分布广泛，在平原、山区等地都有分布。承压水是指充满于两个隔水层之间的含水层中的地下水，其承受一定的静水压力。当钻孔穿透承压含水层的隔水顶板时，承压水会在水头压力的作用下上升到一定高度。承压水的分布受地质构造的影响较大，通常在向斜盆地等构造中储存。

The distribution of groundwater is also related to topography, landforms, and stratigraphic lithology. In valley areas, groundwater often converges towards the bottom of the valley, forming a water-rich zone. In contrast, groundwater is relatively scarce on ridge tops. From the perspective of stratigraphic lithology, strata with good permeability (such as sand layers) are prone to storing groundwater, while aquicludes (such as clay layers) will impede the flow and storage of groundwater. For example, in a multi-layered stratigraphic structure where sand layers and clay layers are alternately distributed, groundwater is mainly stored in the sand layers, and the clay layers act as aquicludes.

地下水的分布还与地形地貌、地层岩性等因素有关。在山谷地区，地下水往往向山谷底部汇集，形成富水带。而在山脊部位，地下水相对贫乏。从地层岩性来看，透水性能好的地层（如砂层）容易储存地下水，而隔水层（如黏土层）则会阻碍地下水的流动和储存。例如，在多层地层结构中，砂层和黏土层相间分布，地下水主要储存在砂层中，黏土层起到隔水的作用。

6.2 Groundwater Flow and Water Pressure

6.2 地下水流动和水压力

6.2.1 Basic Principles of Groundwater Flow

6.2.1 地下水流动的基本原理

The flow of groundwater in geotechnical materials follows Darcy's law. Darcy's law states that the seepage

地下水在岩土体中的流动遵循达西定律。达西定律指

velocity of groundwater is proportional to the hydraulic gradient, and its expression is $v = -K\mathrm{d}h/\mathrm{d}l$, where v is the seepage velocity, K is the permeability coefficient, and $\mathrm{d}h/\mathrm{d}l$ is the hydraulic gradient. The hydraulic gradient refers to the head loss per unit distance along the seepage direction. For example, in a simple horizontal seepage experiment, when the head difference is Δh and the seepage path length is L, the hydraulic gradient is $\Delta h/L$.

出，地下水的渗流速度与水力梯度成正比，其表达式为$v = -K\mathrm{d}h/\mathrm{d}l$，其中$v$为渗流速度，$K$为渗透系数，$\mathrm{d}h/\mathrm{d}l$为水力梯度。水力梯度是指沿渗流方向单位距离上的水头损失。例如，在一个简单的水平渗流实验中，当水头差为Δh、渗流路径长度为L时，水力梯度为$\Delta h/L$。

The flow direction of groundwater is from places with high water heads to those with low water heads. In actual engineering, by measuring the groundwater levels at different locations, the flow direction of groundwater can be determined. For example, by setting up multiple water level observation wells around a construction site, the groundwater contour map can be drawn according to the water levels of each observation well, and then the flow direction of groundwater can be judged.

地下水的流动方向是从水头高的地方流向水头低的地方。在实际工程中，通过测量不同位置的地下水位，可以确定地下水的流动方向。例如，在一个建筑场地周围设置多个水位观测井，根据各观测井水位的高低，就可以绘制出地下水等水位线图，进而判断地下水的流动方向。

The flow of groundwater will also be affected by the boundary conditions of geotechnical materials. For example, at an impermeable boundary, the streamlines of groundwater will be refracted; at a permeable boundary, the flow rate of groundwater will change. When studying the impact of groundwater on foundation pit engineering, the retaining structure of the foundation pit is equivalent to an impermeable boundary, which will change the flow path of groundwater.

地下水的流动还会受到岩土体边界条件的影响。例如，在不透水边界处，地下水流线会发生折射；在透水边界处，地下水的流量会发生变化。在研究地下水对基坑工程的影响时，基坑的围护结构就相当于一个不透水边界，会改变地下水的流动路径。

6.2.2 Calculation and Influence of Water Pressure

6.2.2 水压力的计算与影响

Hydrostatic pressure is the pressure exerted by groundwater on geotechnical materials in a static

静水压力是地下水在静止状态下对岩土体产生的压力。

state. For phreatic water, the formula for calculating hydrostatic pressure is $P = \gamma_w h$, where P is the hydrostatic pressure, γ_w is the unit weight of water, and h is the vertical distance from the calculation point to the free water surface. For confined water, in addition to considering the height of the water head, the thickness of the confining roof of the confined aquifer and other factors also need to be considered when calculating the hydrostatic pressure. For example, in a confined aquifer, when a borehole penetrates the confining roof, the pressure corresponding to the height to which the confined water rises is the hydrostatic pressure.

对于潜水，静水压力的计算公式为$P = \gamma_w h$，其中P为静水压力，γ_w为水的重度，h为计算点到自由水面的垂直距离。对于承压水，其静水压力除了考虑水头高度外，还需要考虑承压含水层的隔水顶板的厚度等因素。例如，在承压含水层中，当钻孔穿透隔水顶板后，承压水上升的高度所对应的压力就是静水压力。

Dynamic water pressure is the pressure exerted by groundwater on geotechnical materials during the flow process. The magnitude of dynamic water pressure is related to factors such as the seepage velocity and the unit weight of water, and its calculation formula is $P_d = \gamma_w v$ (in the case of one-dimensional seepage), where P_d is the dynamic water pressure. Dynamic water pressure will have an impact on the stability of geotechnical materials. For example, in slope engineering, when the direction of dynamic water pressure is the same as the sliding direction of the slope, the risk of slope instability will increase.

动水压力是地下水在流动过程中对岩土体产生的压力。动水压力的大小与渗流速度、水的重度等因素有关，其计算公式为$P_d = \gamma_w v$（在一维渗流情况下），其中P_d为动水压力。动水压力会对岩土体的稳定性产生影响。例如，在边坡工程中，当动水压力方向与边坡滑动方向一致时，会增加边坡失稳的风险。

Groundwater pressure also has an important impact on geotechnical engineering structures. In underground structures such as tunnels and basements, the hydrostatic pressure and dynamic water pressure of groundwater need to be considered during the design and construction. For example, during tunnel construction, if effective waterproof and drainage measures are not taken, the hydrostatic pressure of groundwater may cause deformation and destruction of the tunnel lining

地下水压力对岩土工程结构也有重要影响。在地下结构如隧道、地下室等的设计和施工中，需要考虑地下水的静水压力和动水压力。例如，在隧道施工中，如果没有采取有效的防水和排水措施，地下水的静水压力可能会导致隧道衬砌结构的变形和破坏；动水压

structure; dynamic water pressure may cause scouring and loss of the geotechnical materials around the tunnel, affecting the stability of the tunnel.

力可能会引起隧道周围岩土体的冲刷和流失，影响隧道的稳定性。

6.2.3 Treatment Methods for Groundwater Problems

6.2.3 地下水问题的处理方法

(1) Drainage Methods

Open Ditch Drainage: Open ditch drainage is a simple and effective drainage method. It involves excavating open ditches on the ground or in the foundation pit to lead groundwater into a sump well and then pumping the water out with a water pump. Open ditch drainage is suitable for situations where the groundwater level is shallow and the water volume is small. For example, during the construction of some small building foundation pits, when the groundwater level is not high, open ditches can be excavated around the foundation pit to collect groundwater into the sump well for drainage. The depth and width of the open ditches are determined according to the flow rate of groundwater and drainage requirements.

Well Point Dewatering: Well point dewatering is a commonly used method to lower the groundwater level. It involves burying well point pipes underground and using pumping equipment to pump out groundwater, thereby lowering the groundwater level. Well point dewatering includes various types such as light well points, jet well points, and deep well points, which are suitable for different geological conditions and dewatering requirements. For example, light well points are suitable for silty clay and sandy soil layers with a small permeability coefficient and a low groundwater level; deep well points are suitable for deep aquifers

（1）排水方法

明沟排水：明沟排水是一种简单有效的排水方法。这种办法是在地面或基坑内开挖明沟，将地下水引入集水井，然后通过水泵将水排出。明沟排水适用于地下水位较浅、水量较小的情况。例如，在一些小型建筑基坑施工中，当地下水位不高时，可以在基坑周边开挖明沟，将地下水汇集到集水井中排出。明沟的深度和宽度根据地下水的流量和排水要求确定。

井点降水：井点降水是一种常用的降低地下水位的方法。通过在地下埋设井点管，利用抽水设备将地下水抽出，从而降低地下水位。井点降水包括轻型井点、喷射井点、深井井点等多种类型，适用于不同的地质条件和降水要求。例如，轻型井点适用于渗透系数较小、地下水位较低的粉质黏土和砂土等土层；深井井点则适用于地下水位较高、水量较

with a high groundwater level and a large water volume. When conducting well point dewatering, the positions and spacings of the well point pipes need to be arranged reasonably to achieve good dewatering effects.

Drainage Plate Drainage: Drainage plate drainage is mainly used for the drainage and consolidation of soft soil foundations. A drainage plate is a plastic plate with drainage channels. Inserting the drainage plate into the soft soil foundation allows the pore water in the foundation to be drained through the drainage plate, accelerating the consolidation of the foundation. The spacing and insertion depth of the drainage plate are determined according to factors such as the thickness and permeability of the soft soil foundation. For example, in large-area soft soil foundation treatment projects, by inserting drainage plates, the water content of the foundation can be effectively reduced and the bearing capacity of the foundation can be improved.

(2) Waterproof Methods

Waterproof Roll Waterproofing: Waterproof rolls are a commonly used underground waterproofing material. They are used by pasting waterproof rolls on the outer surface of underground structures to prevent the infiltration of groundwater. There are various types of waterproof rolls, such as SBS modified asphalt waterproof rolls and polymer waterproof rolls. When using waterproof rolls, the quality of roll pasting needs to be ensured, such as the lap width between rolls and the firmness of adhesion. For example, in basement waterproofing projects, first clean the base layer thoroughly, and then paste the waterproof rolls according to the specified construction process to effectively prevent the infiltration of groundwater into the basement.

大的深层含水层。在进行井点降水时，需要合理布置井点管的位置和间距，以达到良好的降水效果。

排水板排水：排水板排水主要用于软土地基的排水固结。排水板是一种带有排水通道的塑料板，将排水板插入软土地基中，使地基中的孔隙水通过排水板排出，加速地基的固结。排水板的间距和插入深度根据软土地基的厚度、渗透性等因素确定。例如，在大面积的软土地基处理工程中，通过插入排水板，可以有效地降低地基的含水量，提高地基的承载力。

（2）防水方法

防水卷材防水：防水卷材是一种常用的地下防水材料。通过将防水卷材粘贴在地下结构的外表面，阻止地下水的渗入。防水卷材的种类繁多，如SBS改性沥青防水卷材、高分子防水卷材等。在使用防水卷材时，需要保证卷材的铺贴质量，如卷材之间的搭接宽度、粘结牢固程度等。例如，在地下室防水工程中，先将基层清理干净，然后按照规定的施工工艺铺贴防水卷材，能够有效地防止地下水渗入地下室。

Waterproof Coating Waterproofing: Waterproof coatings are used to form a waterproof membrane on the surface of underground structures by brushing waterproof coatings to prevent the infiltration of groundwater. Waterproof coatings have the advantages of convenient construction and the ability to adapt to complex structure surfaces. For example, in some waterproofing projects of underground pipes, due to the irregular shape of the pipe surface, using waterproof coatings can better cover the pipe surface to achieve the purpose of waterproofing. Commonly used waterproof coatings include polyurethane waterproof coatings and cement-based permeation-crystallization type waterproof coatings.

防水涂料防水：防水涂料是通过在地下结构表面涂刷防水涂料，形成一层防水膜来阻止地下水的渗入。防水涂料具有施工方便、能够适应复杂结构表面等优点。例如，在一些地下管道的防水工程中，由于管道表面形状不规则，使用防水涂料可以更好地覆盖管道表面，达到防水的目的。常用的防水涂料有聚氨酯防水涂料、水泥基渗透结晶型防水涂料等。

Concrete Self-Waterproofing: Concrete self-waterproofing uses the anti-seepage performance of concrete itself to achieve the purpose of waterproofing. By adjusting the mix proportion of concrete, such as increasing the cement content and adding waterproof agents, the anti-seepage grade of concrete can be improved. For example, in some underground water tanks, tunnel linings, and other projects, using concrete with a high anti-seepage grade can effectively prevent the leakage of groundwater. At the same time, during the construction of concrete, attention should be paid to vibrating it thoroughly to avoid quality problems such as honeycombs and pits that may affect the self-waterproofing performance of the concrete.

混凝土自防水：混凝土自防水是利用混凝土自身的抗渗性能达到防水的目的。通过调整混凝土的配合比，如增加水泥用量、添加防水剂等，可以提高混凝土的抗渗等级。例如，在一些地下水池、隧道衬砌等工程中，采用抗渗等级较高的混凝土，能够有效地防止地下水的渗漏。同时，在混凝土施工过程中，要注意振捣密实，避免出现蜂窝、麻面等质量问题，影响混凝土的自防水性能。

(3) Comprehensive Measures for Groundwater Control

（3）地下水控制的综合措施

In actual geotechnical engineering, it is often necessary to comprehensively use drainage and waterproofing measures to control groundwater. For example, in deep foundation pit engineering, it is

在实际岩土工程中，往往需要综合运用排水和防水措施来控制地下水。例如，在深基坑工程中，既需要采用井点降

necessary to use well point dewatering to lower the groundwater level and also use waterproof rolls or waterproof coatings on the bottom and sidewalls of the foundation pit for waterproof treatment to prevent the leakage of groundwater and the heave of the foundation pit bottom. At the same time, the water level and water quality of groundwater need to be monitored, and the groundwater control measures should be adjusted in a timely manner according to the monitoring results.

水降低地下水位，又需要在基坑底部和侧壁采用防水卷材或防水涂料进行防水处理，以防止地下水的渗漏和基坑底部的突涌。同时，还需要对地下水的水位和水质进行监测，根据监测结果及时调整地下水控制措施。

For some special geotechnical engineering problems, such as groundwater treatment in karst areas, special comprehensive measures need to be taken. In karst areas, due to the great influence of karst caves and fractures on the flow and storage of groundwater, problems such as the collapse of underground karst caves and the sudden gushing of groundwater may occur. In this case, comprehensive measures such as filling karst caves, setting up cut-off curtains, and strengthening drainage can be taken to control groundwater and ensure the safety of geotechnical engineering.

对于一些特殊的岩土工程问题，如岩溶地区的地下水处理，需要采取特殊的综合措施。在岩溶地区，由于地下水的流动和储存受岩溶洞穴和裂隙的影响较大，可能会出现地下溶洞塌陷、地下水突涌等问题。在这种情况下，可以采用填充溶洞、设置截水帷幕、加强排水等综合措施控制地下水，确保岩土工程的安全。

7 Basic Problems in Geotechnical Engineering

岩土工程中的基础问题

7.1 Concepts of Foundations

A foundation is the lower structural part of a building or other structure that transfers the loads from the superstructure to the ground. Its role is of crucial importance, just like the roots of a big tree, being the key to the stability of the entire structure. For example, in high-rise buildings, the foundation has to bear huge vertical loads, including the weight of the building itself and the imposed loads (such as the weight of people, furniture, etc.), and also resist horizontal loads (such as the horizontal forces generated by wind loads and seismic loads). The foundation spreads these loads into the ground so that the stress on the foundation soil is within its bearing capacity, thus ensuring the stability of the building.

The foundation can adjust the uneven settlement

7.1 基础概念

基础是建筑物或其他结构物下部的结构部分，它将上部结构的荷载传递给地基。其作用至关重要，就像大树的根基一样，是整个结构稳定的关键。例如，在高层建筑中，基础要承受巨大的竖向荷载，包括建筑物自身的重量、使用荷载（如人员、家具等的重量），同时还要抵抗水平荷载（如风荷载、地震荷载产生的水平力）。基础通过将这些荷载扩散到地基中，使得地基土所受的应力在其承载能力范围内，从而保证建筑物的稳定性。

基础能够调整地基的不均

of the ground. Due to the possible differences in the soil quality of the natural ground at different locations, for example, there may be soft soil in some places and hard soil in others, the foundation can coordinate this unevenness through its own structural form and stiffness. For example, a raft foundation can span over a certain range of soft soil areas and evenly distribute the loads to the underlying layer, reducing problems such as building tilting or cracking caused by uneven ground.

匀沉降。由于天然地基的土质在不同位置可能存在差异，比如有的地方是软土，有的地方是硬土，基础可以通过自身的结构形式和刚度协调这种不均匀性。例如，筏板基础可以跨越一定范围内的软土区域，将荷载均匀地分布到下卧层，减少因地基不均匀而导致的建筑物倾斜或开裂等问题。

7.2 Types and Characteristics of Foundations

7.2 基础的类型及特点

7.2.1 Shallow Foundations

7.2.1 浅基础

Isolated Foundation: An isolated foundation is the foundation under a single column and is generally in the form of a block. It is suitable for situations where the column load is small and the bearing capacity of the foundation soil is high. Its advantages are simple construction and low cost. For example, in some small industrial plants, the column spacing is large and the column load is relatively small, and an isolated foundation can effectively transfer the load from the column to the ground. The design of an isolated foundation should consider the size, depth, and interaction with the foundation soil of the foundation. The required bottom area size is calculated according to the foundation bearing capacity formula to ensure that the pressure on the bottom surface of the foundation does not exceed the allowable bearing capacity of the foundation soil.

独立基础：独立基础是单个柱子下的基础，一般呈块状。它适用于柱荷载较小且地基承载力较高的情况。其优点是施工简单、造价较低。例如，在一些小型工业厂房中，柱子间距较大，柱荷载相对较小，采用独立基础可以有效地将柱子传来的荷载传递到地基中。独立基础的设计要考虑基础的尺寸、埋深以及与地基土的相互作用，根据地基承载力公式计算所需的底面尺寸，保证基础底面压力不超过地基土的允许承载力。

Strip Foundation: A strip foundation is a

条形基础：条形基础是

continuously set foundation along the direction of the connection line of walls or columns. When the building is a load-bearing wall structure and the bearing capacity of the foundation soil is low, a strip foundation is often used. It can evenly distribute the load from the wall to the ground. For example, in a general multi-story brick-concrete structure residential building, the load of the wall is transferred through the strip foundation. Strip foundations can be divided into wall-strip foundations and column-strip foundations. The width of the wall-strip foundation is determined according to the load of the wall and the bearing capacity of the foundation soil. Its design should consider the internal force calculation and reinforcement of the foundation to meet the requirements of strength and stability.

沿着墙或柱的连线方向连续设置的基础。当建筑物为承重墙结构且地基承载力较低时，常采用条形基础。它可以将墙体传来的荷载均匀地分布到地基上。例如，在一般的多层砖混结构住宅中，墙体荷载通过条形基础传递。条形基础分为墙下条形基础和柱下条形基础。墙下条形基础宽度根据墙体荷载和地基承载力确定，其设计要考虑基础的内力计算和配筋，以满足强度和稳定性要求。

Raft Foundation: A raft foundation is an integral reinforced concrete slab that covers the entire bottom surface of the building. It is suitable for situations where the upper load is large, the bearing capacity of the foundation soil is low, or the ground is uneven. The raft foundation can evenly disperse the load of the building to the ground, reducing the uneven settlement of the ground. For example, it is widely used in some high-rise buildings or buildings on soft ground. The design of the raft foundation needs to consider the thickness, reinforcement, punching and shear checks, etc. of the raft to ensure its safety under load.

筏板基础：筏板基础是一块整体的钢筋混凝土板，覆盖整个建筑物的底面。它适用于上部荷载较大、地基承载力较低或地基不均匀的情况。筏板基础能将建筑物的荷载均匀地分散到地基中，减少地基的不均匀沉降。例如，在一些高层建筑或软弱地基上的建筑物中广泛应用。筏板基础的设计需要考虑筏板的厚度、配筋、冲切和剪切验算等，以确保其在荷载作用下的安全性。

Box Foundation: A box foundation is an integral spatial structure composed of a reinforced concrete bottom plate, a top plate, and longitudinal and transverse walls. It has great stiffness and can effectively resist uneven settlement and adjust the base pressure. The

箱形基础：箱形基础是由钢筋混凝土底板、顶板和纵横墙组成的整体空间结构。它具有很大的刚度，能有效地抵抗不均匀沉降和调整基底压力。

internal space of the box foundation can be used as a basement. It is often used in some important buildings with extremely high settlement requirements, such as high-rise office buildings, large hospitals, etc. Its design should comprehensively consider the strength, stiffness, and stability of the structure as well as the use function of the basement, and there are strict requirements for the wall thickness, reinforcement, and opening settings of the box foundation.

箱形基础内部空间可作为地下室使用。在一些对沉降要求极高的重要建筑（如高层写字楼、大型医院等）中常采用。其设计要综合考虑结构的强度、刚度、稳定性以及地下室的使用功能，对箱形基础的墙体厚度、配筋、洞口设置等都有严格要求。

7.2.2 Deep Foundations

Pile Foundation: A pile foundation transfers the load to the deeper, harder soil layers or rock layers through piles. It is suitable for situations where the shallow foundation soil is weak, the bearing capacity is insufficient, or the building has strict requirements for settlement. According to the stress situation of the piles, they can be divided into friction piles and end-bearing piles. Friction piles mainly rely on the frictional force of the soil on the side of the pile to bear the load. For example, in soft ground, the frictional force between the pile body and the surrounding soil is an important part of the bearing capacity. End-bearing piles have their pile tips seated on the hard bearing layer and mainly bear the load by the resistance at the pile tip. Like the pile foundation on the rock ground. The design of the pile foundation includes the selection of pile types (such as precast piles, cast-in-place piles), pile length, pile diameter, pile layout, and the calculation of the bearing capacity of single piles and group piles. During the construction process, attention should be paid to the construction quality of the piles, such as the hole-forming quality of cast-in-place piles and the concrete

7.2.2 深基础

桩基础：桩基础是通过桩将荷载传递到深层较坚硬的土层或岩层上。桩基础适用于浅层地基土软弱、承载力不足或建筑物对沉降要求严格的情况。根据桩的受力情况可分为摩擦桩和端承桩。摩擦桩主要依靠桩侧土的摩擦力来承受荷载，如在软土地基中，桩身与周围土体的摩擦力是承载的重要部分。端承桩则是桩端坐落在坚硬的持力层上，主要由桩端阻力承受荷载，如在岩石地基上的桩基础。桩基础的设计包括桩的类型选择（如预制桩、灌注桩）、桩长、桩径、桩的布置以及单桩和群桩的承载力计算等。在施工过程中，要注意桩的施工质量，如灌注桩的成孔质量、混凝土灌注质量等。

pouring quality.

Caisson Foundation: A caisson foundation is a shaft-like structure. By excavating soil inside the well, the caisson gradually sinks to the designed elevation under its own weight. The caisson foundation is suitable for situations where the deep soil ground has a relatively small impact on the surrounding environment. For example, in the foundation of bridge piers and abutments, if the underground water level is high and the soil is soft, using a caisson foundation can carry out construction without affecting the surrounding water area and waterway. The design of the caisson foundation should consider the size, wall thickness, and sinking coefficient of the caisson. During the construction, the sinking speed and direction should be controlled to prevent tilting and deviation.

沉井基础：沉井基础是一种井筒状的结构物，通过在井内挖土，使沉井在自重作用下逐渐下沉至设计标高。沉井基础适用于深层土质地基且对周边环境影响要求较小的情况。例如，在桥梁墩台基础中，如果地下水位较高、土质松软，采用沉井基础可以在不影响周围水域和航道的情况下进行施工。沉井基础的设计要考虑沉井的尺寸、壁厚、下沉系数等，在施工中要控制下沉速度和方向，防止倾斜和偏移。

7.3 Foundation Treatment and Design

7.3 地基处理和基础设计

7.3.1 Foundation Treatment

Replacement Method: When there is a weak soil layer in the shallow foundation soil, the replacement method can be used. That is, the weak soil layer is excavated and replaced with materials with higher strength and lower compressibility, such as sand, gravel, lime-soil, etc. For example, in some small building sites, if there is a thick layer of silt on the surface, it can be excavated and replaced with a sand and gravel cushion. The thickness and range of the replacement should be determined according to the thickness of the weak soil layer, the building load, etc. After the

7.3.1 地基处理

换填法：当浅层地基土存在软弱土层时，可采用换填法。即将软弱土层挖除，换填强度较高、压缩性较低的材料，如砂、碎石、灰土等。例如，在一些小型建筑场地，如果地表有较厚的淤泥层，可将其挖除，换填砂石垫层。换填的厚度和范围要根据软弱土层的厚度、建筑物荷载等因素确定。换填后要保证地基的承载

replacement, it should be ensured that the bearing capacity and deformation of the foundation meet the design requirements. At the same time, attention should be paid to the gradation and compaction quality of the replacement materials to improve the stability of the foundation.

力和变形满足设计要求，同时要注意换填材料的级配和压实质量，以提高地基的稳定性。

Dynamic Compaction Method: The dynamic compaction method applies a powerful impact energy to the foundation soil by dropping a heavy hammer from a high place, making the foundation soil dense. It is suitable for treating foundation soils such as gravelly soil, sandy soil, silt and clay with low saturation, collapsible loess, and miscellaneous fill. The parameters such as the energy of dynamic compaction, the spacing between tamping points, and the number of tamping times should be determined according to the type and nature of the foundation soil. For example, when treating the foundation in the collapsible loess area, appropriate dynamic compaction parameters can eliminate the collapsibility of the loess and improve the bearing capacity of the foundation. During the dynamic compaction process, attention should be paid to the impact on the surrounding environment, such as the vibration and noise that may interfere with nearby buildings and residents.

强夯法：强夯法是通过重锤从高处自由落下，对地基土施加强大的冲击能，使地基土密实。它适用于处理碎石土、砂土、低饱和度的粉土与黏性土、湿陷性黄土、杂填土等地基。强夯的能量、夯点间距、夯击次数等参数要根据地基土的类型和性质确定。例如，在处理湿陷性黄土地区的地基时，合适的强夯参数可以消除黄土的湿陷性，提高地基的承载力。强夯过程中要注意对周围环境的影响，如振动和噪声可能对附近的建筑物和居民产生干扰。

Deep Mixing Method: The deep mixing method mixes a solidifying agent such as cement with the foundation soil at a deep level, making the soft soil harden into cement–soil pile bodies or walls with integrity, water stability, and a certain strength. This method is suitable for treating soft soils such as silt, silty clay, silt, and clay with high water content and low bearing capacity of the foundation soil. During

深层搅拌法：深层搅拌法是利用水泥等固化剂与地基土在深层进行搅拌，使软土硬结成具有整体性、水稳定性和一定强度的水泥土桩体或墙体。这种方法适用于处理淤泥、淤泥质土、粉土和含水量较高且地基承载力较低的黏性土。在

the construction, the deep mixer forces the cement slurry or powder to mix with the foundation soil to form a cement-soil composite foundation. The deep mixing method can improve the bearing capacity of the foundation and reduce the settlement. For example, in the treatment of soft ground in coastal areas, the deep mixing method can effectively reinforce the foundation and provide stable support for the building.

施工中，通过深层搅拌机将水泥浆或粉体与地基土强制搅拌，形成水泥土复合地基。深层搅拌法可以提高地基的承载力，减少沉降。例如，在沿海地区的软土地基处理中，深层搅拌法可以有效地加固地基，为建筑物提供稳定的支撑。

Preloading Method: The preloading method applies a preload to the foundation before the building is constructed, making the foundation soil complete part or all of the consolidation in advance, thereby improving the bearing capacity of the foundation and reducing the settlement. The preloading method can be divided into surcharge preloading and vacuum preloading. Surcharge preloading is piling up earth and stone and other heavy objects on the foundation to apply a vertical load to the foundation. Vacuum preloading is to set up a drainage system and a sealing film in the foundation, extract air to form a vacuum, and make the pore water in the foundation soil drained. For example, in large-area soft ground treatment projects, such as the construction of airport runways, the preloading method can be used. Through long-term preloading, the performance of the foundation soil can be improved.

预压法：预压法是在建筑物建造之前，对地基预先施加荷载，使地基土预先完成部分或全部固结，从而提高地基的承载力和减少沉降。预压法可分为堆载预压和真空预压。堆载预压是在地基上堆填土石等重物，给地基施加竖向荷载。真空预压是通过在地基中设置排水系统和密封膜，抽出空气形成真空，使地基土中的孔隙水排出。例如，在大面积的软土地基处理工程中，如机场跑道建设，可采用预压法，通过长时间的预压，使地基土的性能得到改善。

7.3.2 Foundation Design

7.3.2 基础设计

Design Principles: Foundation design should follow the principles of safety, reliability, economic rationality, and advanced technology. Safety and reliability mean that the foundation can bear various load combinations within the designed service life and ensure the stability and normal use of the building. Economic rationality requires

设计原则：基础设计要遵循安全可靠、经济合理、技术先进的原则。安全可靠是指基础在设计使用年限内能够承受各种荷载组合，保证建筑物的稳定性和正常使用。经济合

minimizing the cost of the foundation on the premise of meeting safety requirements. Advanced technology means adopting reasonable design methods and new technologies and materials to improve the quality of foundation design. For example, when selecting the foundation type, it is necessary to comprehensively consider the foundation conditions, building type, and load situation, and select the most suitable foundation form to avoid over-design or under-design.

理要求在满足安全要求的前提下，尽量降低基础的造价。技术先进则是要采用合理的设计方法和新技术、新材料，提高基础设计的质量。例如，在基础选型时，要综合考虑地基条件、建筑物类型和荷载情况，选择最合适的基础形式，避免过度设计或设计不足。

7.3.3 Design Steps

7.3.3 设计步骤

Data Collection and Analysis: First, collect the engineering geological investigation report to understand the type, distribution, physical and mechanical properties (such as bearing capacity, compression modulus, internal friction angle, etc.) of the foundation soil, and the groundwater situation. At the same time, collect the design data of the building, including the type of building (such as residential building, office building, industrial plant, etc.), scale (number of floors, height, area, etc.), use function, and load situation (dead load, live load, wind load, earthquake load, etc.). Analyze this data to provide a basis for foundation design.

资料收集与分析：首先要收集工程地质勘察报告，了解地基土的类型、分布、物理力学性质（如承载力、压缩模量、内摩擦角等）、地下水情况等。同时要收集建筑物的设计资料，包括建筑物的类型（如住宅、办公楼、工业厂房等）、规模（层数、高度、面积等）、使用功能和荷载情况（恒载、活载、风载、地震载等）。其次对这些资料进行分析，为基础设计提供依据。

Foundation Type Selection: Select the appropriate foundation type according to the foundation conditions and the characteristics of the building. As mentioned above, if the bearing capacity of the foundation soil is high, the building load is small and uniform, an isolated foundation or a strip foundation among the shallow foundations can be selected; if the foundation is weak and the load is large, a raft foundation, a pile foundation, etc. among the deep foundations may be needed. During

基础选型：根据地基条件和建筑物的特点选择合适的基础类型。如前所述，如果地基承载力较高、建筑物荷载较小且均匀，可选择浅基础中的独立基础或条形基础；如果地基软弱、荷载较大，则可能需要选择筏板基础、桩基础等深基础。在选型过程中，要对多

the selection process, compare multiple schemes and consider factors such as construction difficulty, cost, and construction period.

种方案进行比较，考虑施工难度、造价、工期等因素。

Foundation Size Calculation: Calculate the size of the foundation according to the selected foundation type and the requirements of the foundation bearing capacity. For shallow foundations, calculate the bottom area and depth of the foundation. For example, in the design of an isolated foundation, calculate the bottom area size of the foundation according to the formula $p_k \leqslant f_a$ (where p_k is the average pressure at the bottom surface of the foundation, f_a is the characteristic value of the corrected foundation bearing capacity). For pile foundations, determine the diameter, length, and spacing of the piles and the layout method, and calculate the bearing capacity of single piles and group piles to ensure that they meet the requirements of the upper load.

基础尺寸计算：根据所选基础类型和地基承载力要求，计算基础的尺寸。对于浅基础，要计算基础的底面面积、埋深等。例如，在独立基础设计中，根据地基承载力公式$p_k \leqslant f_a$（其中p_k为基础底面处的平均压力，f_a为修正后的地基承载力特征值）计算基础底面尺寸。对于桩基础，要确定桩的直径、长度、间距和布置方式，计算单桩和群桩的承载力，保证满足上部荷载的要求。

Internal Force Analysis and Reinforcement Design: Calculate the internal forces of the foundation under various loads, such as bending moment, shear force, and axial force. Design the reinforcement according to the results of the internal force calculation to ensure that the foundation has sufficient strength. In raft foundations and box foundations, also consider punching and shear checks to prevent the foundation from being damaged under local loads. The reinforcement design should comply with relevant design specifications and standards, considering the type, diameter, spacing, and layout method of the reinforcement.

内力分析与配筋设计：计算基础在各种荷载作用下的内力，如弯矩、剪力、轴力等。根据内力计算结果进行配筋设计，保证基础有足够的强度。在筏板基础和箱形基础中，还要考虑冲切和剪切验算，以防止基础在局部荷载作用下发生破坏。配筋设计要符合相关的设计规范和标准，考虑钢筋的种类、直径、间距和布置方式。

Stability Check: Conduct stability checks on the foundation, including overturning stability check and sliding stability check. In the case of horizontal loads, such as when high-rise buildings are subjected to wind

稳定性验算：对基础进行稳定性验算，包括抗倾覆稳定性和抗滑移稳定性验算。在有水平荷载作用的情况下，如高

loads or seismic loads, it is necessary to ensure that the foundation will not overturn or slide. The overturning stability check can be judged by calculating the ratio of the overturning moment resistance to the overturning moment. The sliding stability check is evaluated by calculating the ratio of the frictional force between the bottom surface of the foundation and the ground to the horizontal load.

层建筑受到风荷载或地震荷载时，要确保基础不会发生倾覆或滑移。抗倾覆稳定性验算可通过计算抗倾覆力矩与倾覆力矩的比值来判断。抗滑移稳定性验算则通过计算基础底面与地基之间的摩擦力与水平荷载的比值评估。

Settlement Calculation: Calculate the settlement of the foundation to predict the settlement situation of the building during its use. For shallow foundations, methods such as the stratified summation method can be used for calculation; for pile foundations, consider the settlement of the piles and the settlement of the soil between the piles. The settlement calculation results should meet the requirements of the building for settlement. For example, the allowable settlement of general buildings has certain specification standards. If the settlement is too large, it may cause problems such as building cracking and tilting.

沉降计算：计算基础的沉降量，预测建筑物在使用过程中的沉降情况。对于浅基础，可采用分层总和法等计算方法；对于桩基础，要考虑桩的沉降和桩间土的沉降。沉降计算结果要满足建筑物对沉降的要求，如一般建筑物的允许沉降量有一定的规范标准。如果沉降量过大可能导致建筑物开裂、倾斜等问题。

7.4 Foundation Construction and Monitoring

7.4 基础施工和监测

7.4.1 Foundation Construction

7.4.1 基础施工

(1) Shallow Foundation Construction

（1）浅基础施工

Isolated Foundation Construction: First, carry out positioning and setting out to determine the position of the foundation. Then conduct earthwork excavation. The depth and size of the excavation should meet the design requirements. During the excavation process, avoid over-excavation. If abnormal situations such as

独立基础施工：首先进行定位放线，确定基础的位置。其次进行土方开挖，开挖的深度和尺寸要符合设计要求。在开挖过程中要注意避免超挖，如果遇到软弱土层等异常情

weak soil layers are encountered, take timely treatment measures. After the excavation is completed, clean the foundation bottom and conduct a foundation trench inspection to check whether the soil quality at the bottom of the foundation conforms to the investigation report. Then carry out cushion construction. The cushion is generally made of plain concrete, and its function is to provide a flat working platform and uniform stress distribution for the foundation. After that, bind the foundation reinforcement and set up the formwork. The specifications, quantity, and position of the reinforcement should be strictly in accordance with the design requirements. The formwork should ensure its strength, stiffness, and stability to prevent deformation during the concrete pouring process. Finally, pour concrete. During the pouring process, pay attention to vibrating the concrete thoroughly to ensure the quality of the concrete.

况，要及时采取处理措施。开挖完成后，对基底进行清理和验槽，检查基底的土质是否符合勘察报告。然后进行垫层施工，垫层一般采用素混凝土，其作用是为基础提供平整的工作平台和均匀的应力分布。之后进行基础钢筋的绑扎和模板的支设，钢筋的规格、数量和位置要严格按照设计要求，模板要保证其强度、刚度和稳定性，防止在混凝土浇筑过程中变形。最后进行混凝土浇筑，浇筑过程中要注意振捣密实，保证混凝土的质量。

Strip Foundation Construction: The construction of strip foundations has similarities with that of isolated foundations. After positioning and setting out and earthwork excavation, conducting foundation bottom treatment and foundation trench inspection. For wall-strip foundations, when using brick and stone foundations, build the bricks and stones according to the design requirements to ensure the quality of the masonry, such as the thickness of the mortar joints and the fullness of the mortar. When using reinforced concrete strip foundations, carry out reinforcement binding, formwork setting up, and concrete pouring, etc. The arrangement of the reinforcement should consider the stress situation of the foundation. For example, in areas with large bending moments, appropriately increase the reinforcement. During the construction process, pay attention to the

条形基础施工：条形基础施工与独立基础施工有相似之处。在定位放线和土方开挖后，进行基底处理和验槽。对于墙下条形基础，当采用砖石基础时，要按照设计要求砌筑砖石，保证砌体的质量，如灰缝的厚度、砂浆的饱满度等。当采用钢筋混凝土条形基础时，要进行钢筋绑扎、模板支设和混凝土浇筑等工作，其中钢筋的布置要考虑基础的受力情况，如在受弯较大的部位要适当增加钢筋。在施工过程中，要注意条形基础的整体性，特别是在基础的转角和交

integrity of the strip foundation, especially at the corners and intersections of the foundation, to ensure a firm connection.

接处，要保证连接牢固。

Raft Foundation Construction: The construction of raft foundations first requires large-scale earthwork excavation. Since the area of the raft foundation is large, the amount of earthwork excavation is large, so it is necessary to reasonably arrange the excavation sequence and transportation route. After the excavation is completed, conduct foundation bottom treatment. For example, in soft soil areas, the foundation may need to be reinforced. Then bind the raft foundation reinforcement. The raft foundation has a large amount of reinforcement with various specifications, and it is necessary to ensure the accurate arrangement of the reinforcement. At the same time, set up reinforcement supports to prevent the reinforcement from sinking during the concrete pouring process. The formwork of the raft foundation is generally made of brick formwork or wooden formwork, and it is necessary to ensure the sealing and stability of the formwork. During the concrete pouring, use the method of layered pouring and layered vibrating because the raft foundation is thick. Pouring the concrete all at once may cause quality problems such as honeycombs and pits inside the concrete. Reasonably arrange the supply and pouring time of the concrete to ensure the continuous construction of the concrete.

筏板基础施工：筏板基础施工首先要进行大面积的土方开挖，由于筏板基础面积较大，土方开挖量较大，要合理安排开挖顺序和运输路线。开挖完成后，进行基底处理，如对软土地区的地基可能需要进行加固处理。然后进行筏板的钢筋绑扎，筏板钢筋用量大、规格多，要保证钢筋的布置准确无误。同时要设置好钢筋的支撑，防止钢筋在混凝土浇筑过程中下沉。筏板的模板一般采用砖胎膜或木模板，要保证模板的密封性和稳定性。在混凝土浇筑时，要采用分层浇筑、分层振捣的方法，因为筏板厚度较大，一次性浇筑可能导致混凝土内部出现蜂窝、麻面等质量问题。要合理安排混凝土的供应和浇筑时间，保证混凝土的连续施工。

Box Foundation Construction: The construction of box foundations is more complex. After earthwork excavation, first carry out waterproof treatment of the basement, such as laying waterproof rolls or brushing waterproof coatings. Then bind the reinforcement of the box foundation. The walls, bottom plate, and

箱形基础施工：箱形基础施工较为复杂。在土方开挖后，要先进行地下室的防水处理，如铺设防水卷材或涂刷防水涂料。然后进行箱形基础的钢筋绑扎，箱形基础的墙体和

top plate of the box foundation have a large amount of reinforcement, and attention should be paid to the connection and anchoring of the reinforcement. Then set up the formwork. The formwork of the box foundation should bear a large concrete side pressure, so it is necessary to ensure its strength and stability. During the concrete pouring process, pay attention to the pouring order and vibrating of the concrete inside and outside the box to ensure the density and integrity of the concrete. At the same time, reasonably set up construction joints and post-cast strips to prevent cracks caused by concrete shrinkage and temperature changes.

底板、顶板都有大量的钢筋，要注意钢筋的连接和锚固。最后进行模板支设，箱形基础的模板要承受较大的混凝土侧压力，要保证模板的强度和稳定性。在混凝土浇筑过程中，要注意箱体内外混凝土的浇筑顺序和振捣，保证混凝土的密实性和整体性。同时，要合理设置施工缝和后浇带，以防止混凝土收缩和温度变化引起的裂缝。

(2) Deep Foundation Construction

（2）深基础施工

Precast Pile Construction: Precast piles include concrete precast piles and steel piles. When constructing precast piles, first make the piles to ensure that the quality of the piles meets the design requirements, such as the strength of concrete precast piles and the reinforcement configuration. Then they transport the piles to the construction site. When driving the piles, methods such as hammering and static pressing can be used. Hammering is to drive the piles into the ground with the impact force of the pile hammer. Pay attention to controlling the drop distance of the pile hammer and the driving sequence of the piles to prevent the pile body from tilting or breaking. Static pressing is to press the piles into the ground with a static pile press. This method has less impact on the surrounding environment, but it has certain requirements for the flatness of the site and the bearing capacity of the ground. During the driving process, control the verticality and elevation of the piles to ensure the accurate position of the piles.

预制桩施工：预制桩包括混凝土预制桩和钢桩。预制桩施工时，首先要进行桩的制作，保证桩的质量符合设计要求，如混凝土预制桩的强度、钢筋配置等。然后将预制桩运输到施工现场。打桩时，可采用锤击法、静压法等。锤击法是利用桩锤的冲击力将桩打入地基，要注意控制桩锤的落距和打桩顺序，防止桩身倾斜或断裂。静压法是通过静压桩机将桩压入地基，这种方法对周围环境的影响较小，但对场地的平整度和地基承载力有一定要求。在打桩过程中，要进行桩的垂直度控制和标高控制，保证桩的位置准确。

Construction of Cast-in-place Piles: Cast-in-

灌注桩施工：灌注桩是在

place piles are formed by directly drilling holes on the construction site and then pouring concrete to form piles. The construction methods of cast-in-place piles include drilled cast-in-place piles and hand-dug cast-in-place piles. When constructing drilled cast-in-place piles, drilling is carried out first. The drilling equipment includes rotary drills and impact drills. Appropriate drills are selected according to the stratum conditions. During the drilling process, parameters such as the drilling speed and the mud specific gravity should be controlled to ensure the stability of the hole wall. After the drilling is completed, the holes are cleared to remove the sediment at the bottom of the holes. Then the reinforcement cage is lowered and the concrete is poured. When pouring the concrete, the continuity of the concrete should be ensured to prevent the occurrence of broken piles. Hand-dug cast-in-place piles are dug manually and are suitable for situations where the underground water level is low and the soil quality is good. During the digging process, safety precautions should be taken, and ventilation and hole wall protection measures should be implemented.

施工现场直接成孔，然后灌注混凝土形成桩。灌注桩的施工方法包括钻孔灌注桩、挖孔灌注桩等。钻孔灌注桩施工时，先进行钻孔，钻孔设备有回旋钻机、冲击钻机等，根据地层条件选择合适的钻机。在钻孔过程中，要控制钻进速度、泥浆比重等参数，保证孔壁的稳定性。钻孔完成后，进行清孔，清除孔底的沉渣。然后进行钢筋笼的下放和混凝土的灌注，灌注时要保证混凝土的连续性，防止出现断桩现象。挖孔灌注桩则是人工挖孔，适用于地下水位较低、土质较好的情况，在挖孔过程中要注意安全，做好通风和护壁措施。

Construction of Caisson Foundations: The construction of caisson foundations begins with the fabrication of the caisson. The first section of the caisson is poured on the fabrication site, and its height is generally determined according to the sinking stability and the convenience of operation. After the fabrication is completed, drainage and waterproofing facilities are set up around the caisson to prevent the influence of groundwater on the construction. Then soil is excavated inside the well. The excavation methods include mechanical excavation and manual excavation, and the appropriate method is selected according to the

沉井基础施工：沉井基础施工首先要进行沉井的制作，在制作场地浇筑沉井的第一节，其高度一般根据下沉稳定性和操作方便确定。制作完成后，在沉井周围设置排水和防水设施，防止地下水对施工的影响。然后在井内挖土，挖土方式有机械挖土和人工挖土，要根据沉井的大小和土质情况选择。在挖土过程中，要控制沉井的下沉速度和方向，通过

size of the caisson and the soil conditions. During the excavation process, the sinking speed and direction of the caisson should be controlled. The position and speed of excavation are adjusted by measuring the verticality and elevation of the caisson. When the caisson sinks to the designed elevation, the bottom sealing and the construction of the internal structure are carried out.

测量沉井的垂直度和标高来调整挖土的位置和速度。当沉井下沉到设计标高后，要进行封底和内部结构的施工。

7.4.2 Foundation Monitoring

(1) Monitoring Purposes

Foundation monitoring is to grasp the state of the foundation during the construction and use processes, discover problems in a timely manner and take measures. Through monitoring, the settlement, displacement, internal force changes, etc. of the foundation can be understood, and the safety and stability of the foundation can be evaluated. For example, during the construction of high–rise buildings, the settlement monitoring of pile foundations can promptly detect the abnormal settlement of piles, determine whether it is caused by construction quality problems or changes in geological conditions, and then take corresponding remedial measures.

(2) Monitoring Contents

Settlement Monitoring: Settlement monitoring is an important part of foundation monitoring. By setting up settlement observation points on the foundation or the building and using surveying instruments such as levels to regularly measure the elevation changes of the observation points, the settlement situation of the foundation or the building can be obtained. The layout of the settlement observation points should be reasonable so as to comprehensively reflect the settlement characteristics of the foundation. For example,

7.4.2 基础监测

（1）监测目的

基础监测是为了掌握基础在施工和使用过程中的状态，及时发现问题并采取措施。通过监测可以了解基础的沉降、位移、内力变化等情况，评估基础的安全性和稳定性。例如，在高层建筑施工过程中，对桩基础的沉降监测可以及时发现桩的异常沉降，判断是由于施工质量问题还是地质条件变化引起的，从而采取相应的补救措施。

（2）监测内容

沉降监测：沉降监测是基础监测的重要内容。通过在基础或建筑物上设置沉降观测点，使用水准仪等测量仪器定期测量观测点的高程变化，从而得到基础或建筑物的沉降情况。沉降观测点的布置要合理，能够全面反映基础的沉降特征。例如，在筏板基础上，可在四角、中心和周边等位置

on a raft foundation, observation points can be set up at the four corners, the center, and the periphery, etc. The frequency of settlement monitoring is determined according to the construction progress and the use situation of the building. During the construction stage, it may be necessary to observe once a day or once a week, and during the use stage, the observation period can be appropriately extended.

设置观测点。沉降监测的频率要根据施工进度和建筑物的使用情况确定，在施工阶段可能需要每天或每周观测一次，在使用阶段可适当延长观测周期。

Displacement Monitoring: Displacement monitoring includes horizontal displacement monitoring and vertical displacement monitoring. Horizontal displacement monitoring can be carried out by using total stations and other surveying instruments. The horizontal displacement situation of the foundation is determined by measuring the coordinate changes of the observation points in the horizontal direction. Vertical displacement monitoring includes, in addition to settlement monitoring, the monitoring of situations such as the floating of the foundation. For example, in cases where the underground water level changes significantly or there is a buoyancy effect, it is necessary to monitor whether the foundation floats. Displacement monitoring is of great significance for evaluating the stability of the foundation under the action of horizontal loads (such as wind loads and earthquake loads).

位移监测：位移监测包括水平位移和竖向位移监测。水平位移监测可采用全站仪等测量仪器，通过测量观测点在水平方向上的坐标变化确定基础的水平位移情况。竖向位移监测除了沉降监测外，还包括基础的上浮等情况的监测。例如，在地下水位变化较大或有浮力作用的情况下，要监测基础是否有上浮现象。位移监测对于评估基础在水平荷载（如风荷载、地震荷载）作用下的稳定性有重要意义。

Internal Force Monitoring: Internal force monitoring is to measure the internal force changes of the foundation under the action of loads by embedding strain gauges, reinforcement stress gauges and other sensors in the foundation. For example, in the pile foundations of large bridges, embedding reinforcement stress gauges can real-time monitor the axial force, bending moment and other internal force situations of the pile body,

内力监测：内力监测是通过在基础内埋设应变片、钢筋应力计等传感器，测量基础在荷载作用下的内力变化。例如，在大型桥梁的桩基础中，埋设钢筋应力计可以实时监测桩身的轴力、弯矩等内力情况，了解桩在不同荷载组合下

understand the stress state of the pile under different load combinations, and provide a basis for evaluating the safety of the pile and optimizing the design.

的受力状态，为评估桩的安全性和优化设计提供依据。

Environmental Monitoring: Environmental monitoring mainly monitors the environmental factors that affect the foundation, such as the groundwater level, water quality, and temperature. Changes in the groundwater level may affect the buoyancy of the foundation and the properties of the foundation soil. Changes in water quality may cause corrosion to the foundation materials. Temperature changes may cause the foundation to expand and contract. Through environmental monitoring, the changes of these factors can be grasped in a time, and corresponding protective measures can be taken.

环境监测：环境监测主要是对影响基础的环境因素进行监测，如地下水水位、水质、温度等。地下水水位的变化可能影响基础的浮力和地基土的性质，水质变化可能对基础材料产生腐蚀作用，温度变化可能引起基础的热胀冷缩。通过环境监测，可以及时掌握这些因素的变化情况，采取相应的防护措施。

Analysis and Processing of Monitoring Data: Analyzing and processing the monitoring data is a crucial step in foundation monitoring. Through the analysis of data such as settlement, displacement, and internal forces, variation curves can be plotted to observe the changing trends of the data. For example, by observing the settlement curve, it can be determined whether the settlement of the foundation is stable, whether it is uniform or non-uniform. If abnormal data are detected, such as a sudden increase in the settlement rate or displacement exceeding the allowable range, the reasons should be promptly analyzed. It may be caused by construction quality problems, changes in geological conditions, or changes in loads, etc. Then corresponding treatment measures should be taken, such as adjusting the construction process, strengthening the foundation, or imposing load restrictions, etc. Meanwhile, the monitoring data should be compared with the designed

监测数据分析与处理：对监测数据进行分析和处理是基础监测的关键环节。通过对沉降、位移、内力等数据的分析，可以绘制变化曲线，观察数据的变化趋势。例如，通过沉降曲线可以判断基础的沉降是否稳定，是均匀沉降还是不均匀沉降。如果发现数据异常，如沉降速率突然增大、位移超出允许范围等，要及时分析原因，可能是由于施工质量问题、地质条件变化或荷载变化等引起的。然后采取相应的处理措施，如调整施工工艺、加固基础或采取限制荷载等措施。同时，要将监测数据与设计值进行对比，若监测数据持

values. If the monitoring data continuously deviates from the design expectations, the rationality of the foundation design needs to be re–evaluated. If the settlement data show that although the settlement amount is within the allowable range but close to the critical value, the monitoring frequency can be increased, and potential influencing factors in the surrounding environment should be checked, such as whether there is new engineering construction nearby that causes changes in the groundwater level or soil disturbance. For abnormal displacement data, in addition to considering the horizontal external forces, it is also necessary to analyze whether it is caused by the non–uniform deformation or local instability of the soil beneath the foundation. When the internal force monitoring data are abnormal, combined with the structure calculation model, it should be checked whether it is because the actual stress state is going to be inconsistent with the design assumptions. For example, the local stress concentration of the foundation may be caused by the deviation in the arrangement of reinforcing bars or defects in concrete pouring. Through detailed and in–depth data analysis and processing, the safe and reliable operation of the foundation throughout its life cycle can be ensured, providing valuable practical experience and improvement basis for subsequent similar projects.

续偏离设计预期，需重新评估基础设计的合理性。若沉降数据显示沉降量虽在允许范围内但接近临界值，可增加监测频率，并检查周边环境是否存在潜在影响因素，如附近是否有新的工程施工导致地下水位变化或土体扰动。对于位移数据异常，除了考虑水平外力影响外，还要分析是否是由于基础下方土体的不均匀变形或局部失稳造成的。在内力监测数据异常时，结合结构计算模型，检查是否是因为实际受力状态与设计假设不一致，例如基础局部应力集中可能是由于钢筋布置偏差或混凝土浇筑缺陷所致。通过详细深入的数据分析和处理，保障基础在整个生命周期内的安全可靠运行，为后续类似工程提供宝贵的实践经验和改进依据。

8 Problems Related to Slopes and Retaining Walls in Geotechnical Engineering

岩土工程中的边坡和挡土墙问题

8.1 Foundations of Slopes and Retaining Walls

8.1 边坡和挡土墙的基础

8.1.1 Basic Concepts of Slopes and Factors Affecting Their Formation

8.1.1 边坡基础概念与形成因素

A slope refers to the exposed surface of geotechnical materials with a certain inclination formed under the influence of natural or artificial factors. There are various reasons for its formation. In terms of natural factors, geological processes such as mountain uplift caused by crustal movement and river erosion are common causes. For example, on the concave bank of a river, the continuous erosion of the riverbank by the river water forms a slope with a certain gradient. Weathering also causes rocks to break and peel off, gradually forming slopes. In mountainous areas, long-term weathering causes the particles on the rock

边坡是指在自然或人工因素作用下形成的具有一定倾斜度的岩土体临空面。其形成原因多种多样，自然因素方面，地壳运动导致的山体抬升、河流冲刷等地质作用是常见原因。例如，在河流的凹岸，河水不断冲刷河岸，使河岸形成一定坡度的边坡。风化作用也会使岩石破碎剥落，逐渐形成边坡。在山区，长期的风化作用使得岩石表面的颗粒逐渐脱

surface to gradually fall off and accumulate under the action of gravity to form slopes. Artificial factors include engineering activities such as road construction and open-pit mining. When building a mountainous highway, it is necessary to excavate the mountain, thus forming an artificial slope.

落，在重力作用下堆积形成边坡。人工因素包括道路建设、露天采矿等工程活动。在修建山区公路时，需要开挖山体，形成人工边坡。

A retaining wall is a structure used to support natural or artificial slopes to maintain the stability of the soil mass. It is set up to prevent the collapse and sliding of the slope soil mass and protect the safety of buildings or roads and other facilities at the toe of the slope. There are various types of retaining wall foundations, and different forms can be selected according to different geological conditions and engineering requirements. These ones include shallow foundations and deep foundations. Shallow foundations are suitable for situations where the bearing capacity of the foundation soil is high and the soil quality is uniform. For example, in some small retaining wall projects, when the wall height is low and the foundation conditions are good, a strip foundation can be used. Deep foundations are used for situations where the foundation soil is weak or bears a large load. For example, pile foundations can transfer the load of the retaining wall to deeper and more stable soil layers or rock layers.

挡土墙是一种用于支撑天然或人工边坡以保持土体稳定的结构物。它的设置是为了防止边坡土体坍塌、滑移，保护坡脚建筑物或道路等设施的安全。挡土墙的基础类型多样，根据不同的地质条件和工程要求可选择不同的形式。常见的有浅基础和深基础。浅基础适用于地基承载力较高、土质均匀的情况，如在一些小型挡土墙工程中，当墙高较低且地基条件良好时，可采用条形基础。深基础则用于地基软弱或承受较大荷载的情况，如桩基础可将挡土墙的荷载传递到更深更稳定的土层或岩层上。

8.1.2 Geotechnical Mechanical Properties of Slope and Retaining Wall Foundations

8.1.2 边坡和挡土墙基础的岩土力学特性

For slopes, the physical and mechanical properties of geotechnical materials are crucial to their stability. The unit weight of geotechnical materials affects the self-weight stress of the slope. The greater the unit weight, the greater the vertical load on the slope. The

对于边坡，岩土体的物理力学性质对其稳定性至关重要。岩土体的重度影响边坡的自重应力，重度越大，边坡所受的竖向荷载越大。内摩擦角

internal friction angle and cohesion are key indicators for measuring the shear strength of geotechnical materials. In sandy soil slopes, the internal friction angle is relatively large, and the stability mainly depends on the frictional force between particles. In cohesive soil slopes, cohesion plays an important role in its stability. For example, during the rainy season, the cohesion of cohesive soil slopes may decrease due to the increase in water content, thus increasing the risk of slope instability.

和黏聚力是衡量岩土体抗剪强度的关键指标。在砂土边坡中，内摩擦角较大，主要依靠颗粒间的摩擦力维持稳定；而黏性土边坡的黏聚力在其稳定性中起重要作用。例如，在雨季，黏性土边坡由于含水量增加，可能会降低黏聚力，从而增加边坡失稳的风险。

The loads borne by the retaining wall foundation include the earth pressure behind the wall, the self-weight of the wall body, etc. The calculation of earth pressure is an important basis for designing the retaining wall foundation. According to the displacement situation of the retaining wall, earth pressure can be divided into at-rest earth pressure, active earth pressure, and passive earth pressure. At-rest earth pressure is the pressure exerted by the soil behind the wall on the wall when the retaining wall is stationary. Active earth pressure is the earth pressure when the retaining wall moves forward and the earth pressure behind the wall gradually decreases to the minimum value. At this time, the soil mass has a tendency to slide down. Passive earth pressure is the earth pressure when the retaining wall moves backward and the earth pressure behind the wall increases to the maximum value. At this time, the soil mass has a tendency to be squeezed upward. In the design, it is necessary to accurately calculate the magnitude and distribution of earth pressure to determine the size and bearing capacity of the retaining wall foundation.

挡土墙基础所承受的荷载包括墙后土压力、墙身自重等。土压力的计算是设计挡土墙基础的重要依据。根据挡土墙的位移情况，土压力可分为静止土压力、主动土压力和被动土压力。静止土压力是当挡土墙静止不动时，墙后土对墙的压力；主动土压力是挡土墙向前移动，墙后土压力逐渐减小至最小值时的土压力，此时土体有下滑趋势；被动土压力则是挡土墙向后移动，墙后土压力增大至最大值时的土压力，土体有被挤压向上的趋势。在设计中，要准确计算土压力的大小和分布，以确定挡土墙基础的尺寸和承载能力。

8.2 Stability Analysis and Design

8.2.1 Analysis Methods and Design Key Points of Slope Stability

Limit Equilibrium Method: This is one of the most commonly used methods in slope stability analysis. It is based on the principle of static equilibrium and assumes that the slope is in a limit equilibrium state, that is, it is about to slide. The safety factor is calculated by analyzing the force situation of the sliding soil mass. Common limit equilibrium methods include the Swedish slice method and the Bishop method. The Swedish slice method divides the sliding soil mass into several vertical slices and does not consider the interaction between slices. It is simple to calculate but has relatively low accuracy. The Bishop method considers the interaction between slices on the basis of the Swedish slice method, and the calculation result is more accurate. In slope design, according to the properties of geotechnical materials, the geometric shape of the slope, and possible load conditions, an appropriate limit equilibrium method is selected to calculate the safety factor. Generally, the safety factor is required to be greater than 1. The larger the safety factor, the more stable the slope. For example, when designing a soil slope, the shear strength parameters of the soil are obtained through tests, and then the limit equilibrium method is used to calculate the safety factor under different slope heights and slope angles to determine a reasonable slope design scheme.

Numerical Analysis Methods: With the development of computer technology, numerical analysis methods

8.2 稳定性分析和设计

8.2.1 边坡稳定性分析方法与设计要点

极限平衡法：这是边坡稳定性分析中最常用的方法之一。它基于静力平衡原理，假设边坡处于极限平衡状态，即将发生滑动。通过分析滑动土体的受力情况来计算安全系数。常见的极限平衡法有瑞典条分法、毕肖普法等。瑞典条分法将滑动土体分成若干垂直条块，不考虑条块间的作用力，计算简单但精度相对较低。毕肖普法在瑞典条分法的基础上考虑了条块间的作用力，计算结果更准确一些。在边坡设计中，根据岩土体的性质、边坡的几何形状和可能的荷载条件，选择合适的极限平衡法计算安全系数。一般要求安全系数大于1，安全系数越大，边坡越稳定。例如，在设计一个土质边坡时，通过试验获取土的抗剪强度参数，然后使用极限平衡法计算不同坡高和坡角下的安全系数，以确定合理的边坡设计方案。

数值分析方法：随着计算机技术的发展，数值分析方

have been widely used in slope stability analysis. Finite element method, discrete element method, etc. are commonly used numerical methods. The finite element method can simulate the stress-strain relationship of slope geotechnical materials, considering the nonlinearity, anisotropy, and complex boundary conditions of geotechnical materials. Through finite element analysis, the stress distribution and potential failure areas of the slope under different working conditions can be obtained. The discrete element method is more suitable for simulating geotechnical materials with discrete characteristics, such as rock slopes containing a large number of fissures or blocks. It can intuitively display the movement and interaction of rock blocks and analyze the stability of the slope under complex load conditions such as earthquakes and blasting. In large and complex slope projects, numerical analysis methods can provide more detailed and accurate information for design.

法在边坡稳定性分析中得到了广泛应用。有限元法、离散元法等是常用的数值方法。有限元法可以模拟边坡岩土体的应力-应变关系，考虑岩土体的非线性、各向异性和复杂的边界条件。通过有限元分析，可以得到边坡在不同工况下的应力分布和潜在的破坏区域。离散元法更适合模拟具有离散特性的岩土体，如含有大量裂隙或块体的岩石边坡。它可以直观地显示岩石块体的运动和相互作用，分析在地震、爆破等复杂荷载作用下边坡的稳定性。在大型复杂边坡工程中，数值分析方法能够为设计提供更详细准确的信息。

Key Points of Slope Design: Slope design should consider not only stability but also economy and environmental factors. When determining the slope gradient, the properties of geotechnical materials, the height of the slope, and the service life should be comprehensively considered. For high and steep slopes, it may be necessary to adopt the method of graded slope cutting, setting platforms at different slope sections to reduce the sliding force of the slope body. At the same time, slope surface protection measures should be considered, such as vegetation protection and mortar rubble protection. Vegetation protection can improve the stability of the slope by fixing the soil with plant roots and also has the function of beautifying the environment. Mortar rubble protection is suitable for

边坡设计要点：边坡设计不仅要考虑稳定性，还要考虑经济性和环境因素。在确定边坡坡率时，要综合考虑岩土体的性质、边坡高度和使用年限等。对于高陡边坡，可能需要采取分级放坡的方式，在不同的坡段设置平台，以减小坡体下滑力。同时，要考虑坡面防护措施，如植被防护、浆砌片石防护等。植被防护可以通过植物根系固土提高边坡的稳定性，还具有美化环境的作用；浆砌片石防护则适用于防止坡面受雨水冲刷和风化作用。在

preventing the slope surface from being washed and weathered by rainwater. For slopes with groundwater, a drainage system such as intercepting ditches, drainage ditches, and seepage ditches should be set up to lower the groundwater level and reduce the adverse effects of groundwater on slope stability.

有地下水的边坡，还需要设置排水系统，如截水沟、排水沟和渗沟等，以降低地下水水位，减小地下水对边坡稳定性的不利影响。

8.2.2 Stability Analysis and Design of Retaining Walls

8.2.2 挡土墙稳定性分析与设计

Analysis of Anti-Sliding Stability: The anti-sliding stability of a retaining wall refers to its ability to resist sliding along the bottom surface of the foundation. The formula for checking the anti-sliding stability is $F_s = \frac{\Sigma V_n \tan\varphi + cB}{\Sigma H_t} \geqslant [F_s]$, where F_s is the anti-sliding safety factor, ΣV_n is the resultant force perpendicular to the foundation base, $\tan\varphi$ is the friction coefficient of the foundation base (related to the properties of the geotechnical materials at the foundation base), c is the cohesion of the foundation base, B is the width of the foundation base, ΣH_t is the resultant force parallel to the foundation base, and $[F_s]$ is the specified anti-sliding safety factor. In the design, the properties of the geotechnical materials at the foundation base should be determined according to the geological survey data, and the anti-sliding safety factor should be calculated. If the requirement is not met, measures should be taken, such as increasing the width of the foundation base or using anti-sliding foundations.

抗滑稳定性分析：挡土墙的抗滑稳定性是指挡土墙抵抗沿基础底面滑动的能力。其抗滑稳定性验算公式为 $F_s = \frac{\Sigma V_n \tan\varphi + cB}{\Sigma H_t} \geqslant [F_s]$，其中 F_s 为抗滑安全系数，ΣV_n 为垂直于基底的合力，$\tan\varphi$ 为基底摩擦系数（与基底岩土性质有关），c 为基底黏聚力，B 为基底宽度，ΣH_t 为平行于基底的合力，$[F_s]$ 为规定的抗滑安全系数。在设计中，要根据地质勘察资料确定基底岩土的性质，计算抗滑安全系数，若不满足要求，则需要采取措施，如增大基底宽度、采用防滑基础等。

Analysis of Anti-Overturning Stability: The anti-overturning stability of a retaining wall refers to its ability to resist overturning around the toe of the wall. The formula for checking the anti-overturning stability

抗倾覆稳定性分析：挡土墙的抗倾覆稳定性是指挡土墙抵抗绕墙趾转动倾覆的能力。抗倾覆稳定性验算公式为

is $F_t=\Sigma M_y / \Sigma M_0 \geqslant [F_t]$, Where F_t is the anti-Overturning safety factor, ΣM_y is the stabilizing moment (such as the stabilizing moment generated by the self-weight of the wall body, etc. on the toe of the wall), ΣM_0 is the overturning moment (mainly the moment generated by the earth pressure behind the wall on the toe of the wall), and $[F_t]$ is the specified anti-Overturning safety factor. In the design, the height, thickness, and the dimensions of the toe and heel of the wall should be reasonably determined to ensure sufficient anti-Overturning ability. For example, by increasing the length of the toe of the wall, the stabilizing moment can be increased, thereby improving the anti-Overturning ability.

Key Points of Retaining Wall Design: There are various types of retaining walls, including gravity retaining walls, cantilever retaining walls, and buttressed retaining walls. Gravity retaining walls rely on their own gravity to maintain stability and are generally built with rubble or concrete. They are suitable for situations where the wall height is low and the foundation conditions are good. The design of gravity retaining walls should calculate the thickness and weight of the wall body according to the wall height and the earth pressure behind the wall to ensure anti-sliding and anti-Overturning abilities. Cantilever retaining walls are composed of a vertical wall, a toe plate, and a heel plate. They use the self-weight of the wall body and the earth weight on the heel plate to balance the earth pressure. They are suitable for situations where the wall height is high and the foundation conditions are good. When designing cantilever retaining walls, the dimensions and reinforcement of each part should be accurately calculated. Buttressed retaining walls are based on

$F_t=\Sigma M_y / \Sigma M_0 \geqslant [F_t]$，其中$F_t$为抗倾覆安全系数，$\Sigma M_y$为稳定力矩（如墙身自重等产生的对墙趾的稳定力矩），ΣM_0为倾覆力矩（主要是墙后土压力产生的对墙趾的力矩），$[F_t]$为规定的抗倾覆安全系数。在设计时，要合理确定挡土墙的墙高、墙厚和墙趾、墙踵的尺寸，以保证足够的抗倾覆能力。例如，通过增加墙趾的长度可以增大稳定力矩，提高抗倾覆能力。

挡土墙设计要点：挡土墙的类型多样，包括重力式、悬臂式、扶壁式等。重力式挡土墙依靠自身重力来维持稳定，一般用块石或混凝土砌筑，适用于墙高较低、地基条件较好的情况。其设计要根据墙高和墙后土压力计算墙体的厚度和重量，保证抗滑和抗倾覆能力。悬臂式挡土墙由立壁、墙趾板和墙踵板组成，利用墙身自重和踵板上的土重来平衡土压力，适用于墙高较高、地基条件较好的情况。在设计悬臂式挡土墙时，要准确计算各部分的尺寸和配筋。扶壁式挡土墙则是在悬臂式挡土墙的基础上，每隔一定距离设置扶壁，以增强墙身的刚度和稳定性，适用于更高的挡土墙。挡土墙

cantilever retaining walls, and buttresses are set at certain intervals to enhance the stiffness and stability of the wall body. They are suitable for higher retaining walls. The design of retaining walls should comprehensively consider engineering geological conditions, the earth pressure behind the wall, the wall body materials, and construction conditions, etc., and select appropriate retaining wall types and design parameters.

的设计要综合考虑工程地质条件、墙后土压力、墙身材料和施工条件等因素，选择合适的挡土墙类型和设计参数。

8.3 Construction and Monitoring

8.3 施工和监测

8.3.1 Key Points and Quality Control of Slope Construction

8.3.1 边坡施工要点与质量控制

Excavation Construction: Slope excavation should follow the principles of top-down excavation, sectional and alternate excavation, and timely support. Top-down excavation can avoid the disturbance of the upper geotechnical materials to the lower ones during the excavation process, reducing the risk of slope instability. Sectional and alternate excavation means dividing the slope into several sections and excavating them at intervals so that each section of the slope has enough time for stress adjustment and support. During the excavation process, attention should be paid to controlling the excavation gradient to avoid over-excavation or under-excavation. If there is a change in geological conditions, such as the discovery of weak interlayers or groundwater, the construction plan should be adjusted in a timely manner. For example, when encountering groundwater, drainage treatment should be carried out first, and temporary drainage holes or drainage ditches can be set up.

开挖施工：边坡开挖应遵循自上而下、分段跳槽、及时支护的原则。自上而下开挖可以避免开挖过程中上部岩土体对下部的扰动，减少边坡失稳的风险。分段跳槽开挖是指将边坡分成若干段，间隔开挖，这样可以使每段边坡有足够的时间进行应力调整和支护。在开挖过程中，要注意控制开挖坡度，避免超挖或欠挖。如果遇到地质条件变化，如发现软弱夹层或地下水等情况，要及时调整施工方案。例如，当遇到地下水时，要先进行排水处理，可设置临时排水孔或排水沟。

Support Construction: Slope support construction should be closely coordinated with excavation construction. For bolt support, first, the position, length, and diameter of the bolts should be determined. When drilling holes, it is necessary to ensure that the verticality and depth of the holes meet the design requirements, and then insert the bolts into the holes and pour cement mortar to make the bolts closely combined with the surrounding geotechnical materials. When spraying concrete for support, the mix proportion of the concrete, the spraying thickness, and the spraying angle should be controlled. The mix proportion of the concrete should ensure its strength and durability, the spraying thickness should be uniform and meet the design requirements, and the spraying angle should be appropriate to ensure that the concrete can firmly adhere to the slope surface. For cable bolt support, its construction process is relatively complex, including drilling, cable bolt making, installation, and tensioning, etc. Each link should be strictly in accordance with the design and specification requirements to ensure the anchoring effect of the cable bolt.

支护施工：边坡支护施工要与开挖施工密切配合。对于锚杆支护，首先要确定锚杆的位置、长度和直径等参数。钻孔时要保证孔的垂直度和深度符合设计要求，然后将锚杆插入孔中，灌注水泥砂浆，使锚杆与周围岩土体紧密结合。在喷射混凝土支护时，要控制混凝土的配合比、喷射厚度和喷射角度。混凝土的配合比要保证其强度和耐久性，喷射厚度要均匀且达到设计要求，喷射角度要合适，以保证混凝土能牢固地附着在坡面上。对于锚索支护，其施工工艺相对复杂，包括钻孔、锚索制作、安装和张拉等环节，每个环节都要严格按照设计和规范要求进行，以确保锚索的锚固效果。

Quality Control: The key to quality control in slope construction lies in ensuring the stability of geotechnical materials and the quality of support structures. During the excavation process, the geotechnical materials on the excavation surface should be inspected, such as observing the properties of the geotechnical materials and whether there are fissures. For support structures, the pull-out test results of bolts and cable bolts should be checked to ensure that their anchoring forces meet the design requirements. The strength of sprayed concrete should be tested to check whether there are

质量控制：边坡施工的质量控制关键在于保证岩土体的稳定性和支护结构的质量。在开挖过程中，要对开挖面的岩土体进行检查，如观察岩土体的性状、是否有裂隙等。对于支护结构，要检查锚杆、锚索的拉拔试验结果，确保其锚固力符合设计要求。喷射混凝土要进行强度检测，检查其是否有裂缝、空鼓等质量问题。同

cracks, voids, etc. in it. At the same time, all data during the construction process should be recorded, such as excavation depth, support time, etc., for subsequent quality traceability and analysis.

时，要对施工过程中的各项数据进行记录，如开挖深度、支护时间等，以便后续的质量追溯和分析。

8.3.2 Construction and Quality Control of Retaining Walls

8.3.2 挡土墙施工与质量控制

Foundation Construction: The construction of retaining wall foundations is a crucial step. For shallow foundations, accurate positioning and setting out should be carried out before excavation to ensure the accuracy of the position and size of the foundation. During the excavation process, attention should be paid to checking the flatness and bearing capacity of the foundation base. If the bearing capacity of the foundation base is insufficient, it should be treated, such as by replacement and compaction. For deep foundations, such as pile foundation construction, it should be carried out according to the construction process of pile foundations to ensure the quality of the piles. After the foundation construction is completed, the concealed works of the foundation should be inspected in a timely manner to check whether the quality of the reinforcement, concrete, etc. of the foundation meets the design requirements.

基础施工：挡土墙基础施工是关键环节。对于浅基础，在开挖前要进行精确的定位放线，保证基础的位置和尺寸准确。开挖过程中要注意基底的平整度和承载力检查，若基底承载力不足，要进行处理，如换填夯实等。对于深基础，如桩基础施工，要按照桩基础的施工工艺进行，保证桩的质量。在基础施工完成后，要及时进行基础的隐蔽工程验收，检查基础的钢筋、混凝土等质量是否符合设计要求。

Wall Body Construction: The construction of retaining wall wall bodies varies according to different types. For gravity retaining walls, during the masonry process, the quality of masonry between stones or concrete blocks should be ensured, such as the thickness of mortar joints and the fullness of mortar. For reinforced concrete retaining walls, reinforcement binding, formwork setting up, and concrete pouring should be carried out. The reinforcement binding should

墙身施工：挡土墙墙身施工根据不同的类型有不同的方法。对于重力式挡土墙，在砌筑过程中要保证石块或混凝土块之间的砌筑质量，如灰缝的厚度、砂浆的饱满度等。对于钢筋混凝土挡土墙，要进行钢筋的绑扎、模板的支设和混凝土的浇筑。钢筋绑扎要符合设

meet the design requirements of specification, quantity, and spacing. The formwork should ensure its strength, stiffness, and stability. The concrete pouring should be vibrated thoroughly to avoid quality problems such as honeycombs and pits. During the wall body construction process, drainage holes and deformation joints should be reserved. The drainage holes should ensure smooth drainage, and the deformation joints should ensure that their width and filling materials meet the design requirements to adapt to the deformation of the wall body.

计要求的规格、数量和间距，模板要保证其强度、刚度和稳定性，混凝土浇筑要振捣密实，避免出现蜂窝、麻面等质量问题。在墙身施工过程中，要注意预留排水孔和变形缝等构造，排水孔要保证排水通畅，变形缝要保证其宽度和填充材料符合设计要求，以适应墙身的变形。

Quality Control: The quality control of retaining wall construction mainly includes raw material quality control, construction process control, and finished product protection. Raw materials such as cement, sand, and steel bars should meet the quality standards, and the incoming raw materials should be inspected. Construction process control should ensure that each construction link meets the design and specification requirements, such as the pouring process of concrete and the masonry process. In terms of finished product protection, the wall body should be protected from being collided, squeezed, etc. during the construction process, especially when the strength of the concrete has not reached the design requirements, heavy objects should not be placed on the wall body.

质量控制：挡土墙施工质量控制主要包括原材料质量控制、施工工艺控制和成品保护。原材料如水泥、砂石、钢筋等要符合质量标准，对进场的原材料要进行检验。施工工艺控制要保证每个施工环节符合设计和规范要求，如混凝土的浇筑工艺、砌筑工艺等。成品保护方面，要防止墙身在施工过程中受到碰撞、挤压等破坏，特别是在混凝土强度未达到设计要求时，要避免在墙身上堆放重物。

8.3.3 Monitoring of Slopes and Retaining Walls

8.3.3 边坡和挡土墙的监测

(1) Monitoring Purposes

The purpose of monitoring slopes and retaining walls is to timely grasp their state changes during construction and use, evaluate their stability, predict

（1）监测目的

边坡和挡土墙监测的目的是及时掌握其在施工和使用过程中的状态变化，评估其稳

possible safety hazards, and provide a basis for construction and maintenance. Through monitoring, the displacement, deformation, stress changes, etc. of slopes and retaining walls can be detected, so that measures can be taken in the early stage of problems to avoid accidents. For example, during the rainy season, through monitoring slopes, the displacement changes of slopes caused by rainwater infiltration can be detected in a timely manner, and reinforcement measures can be taken.

定性，预测可能出现的安全隐患，为施工和维护提供依据。通过监测可以发现边坡或挡土墙的位移、变形、应力变化等情况，以便在问题出现初期采取措施，避免事故的发生。例如，在雨季，通过对边坡的监测可以及时发现因雨水渗透导致的边坡位移变化，从而采取加固措施。

(2) Monitoring Contents

（2）监测内容

Displacement Monitoring: Displacement monitoring is an important part of monitoring slopes and retaining walls, including horizontal displacement and vertical displacement. Horizontal displacement monitoring can be carried out by using total stations, GPS, etc. By setting up monitoring points at key parts of slopes or retaining walls and regularly measuring their coordinate changes, horizontal displacement data can be obtained. Vertical displacement monitoring can be carried out by using levels to measure the elevation changes of monitoring points. For slopes, monitoring points can be set up at the top of the slope, the toe of the slope, and the middle of the slope surface. For retaining walls, monitoring points can be set up at the top of the wall, the toe of the wall, and key parts of the wall body.

位移监测：位移监测是边坡和挡土墙监测的重要内容，包括水平位移和垂直位移。水平位移监测可采用全站仪、GPS等测量技术，通过在边坡或挡土墙的关键部位设置监测点，定期测量其坐标变化来获取水平位移数据。垂直位移监测可使用水准仪，测量监测点的高程变化。对于边坡，可在坡顶、坡脚和坡面中部等位置设置监测点；对于挡土墙，可在墙顶、墙趾和墙身关键部位设置监测点。

Stress Monitoring: Stress monitoring is achieved by embedding stress sensors in slope geotechnical materials or retaining wall structures. For slopes, the earth pressure, pore water pressure, etc. of geotechnical materials can be measured to understand the internal stress state of geotechnical materials. In retaining walls, the earth pressure behind the wall, the stress of wall body

应力监测：应力监测通过在边坡岩土体或挡土墙结构内埋设应力传感器实现。对于边坡，可测量岩土体的土压力、孔隙水压力等应力变化，了解岩土体内部的受力状态。在挡土墙中，可测量墙后土压力、

steel bars, etc. can be measured to evaluate the stress situation of the retaining wall. Stress monitoring data can help analyze whether there are local stress concentrations and other problems in slopes and retaining walls, providing a basis for stability analysis.

墙身钢筋应力等，以评估挡土墙的受力情况。应力监测数据可以帮助分析边坡和挡土墙是否存在局部应力集中等问题，为稳定性分析提供依据。

Environmental Monitoring: Environmental monitoring mainly targets environmental factors that affect the stability of slopes and retaining walls, such as rainfall, groundwater level, temperature, etc. The monitoring of rainfall can analyze the scouring and infiltration effects of rainwater on slopes and retaining walls. The change in groundwater level has a significant impact on slope stability. By monitoring the groundwater level, the risk of slope instability caused by the rise of groundwater can be detected in a timely manner. Temperature changes may cause the expansion and contraction of geotechnical materials and structures, affecting the stability of slopes and retaining walls.

环境监测：环境监测主要针对影响边坡和挡土墙稳定性的环境因素，如降雨量、地下水位、温度等。降雨量的监测可以分析雨水对边坡和挡土墙的冲刷和渗透作用。地下水位的变化对边坡稳定性影响较大，通过监测地下水位可以及时发现因地下水上升导致的边坡失稳风险。温度变化可能引起岩土体和结构的热胀冷缩，影响边坡和挡土墙的稳定性。

Analysis and Processing of Monitoring Data: The analysis and processing of monitoring data is the core of monitoring work. Through the analysis of displacement, stress, and environmental data, variation curves can be drawn to observe the changing trends of the data. For example, through the displacement variation curve, it can be determined whether slopes or retaining walls are in a stable state, a slowly deforming state, or a rapidly deforming state. If abnormal data are detected, such as a sudden increase in displacement or stress exceeding the design value, the reasons should be analyzed in a timely manner. It may be caused by construction disturbance, change in geological conditions, or extreme weather, etc. According to the analysis results, corresponding measures should be taken, such as strengthening

监测数据分析与处理：对监测数据进行分析和处理是监测工作的核心。通过对位移、应力和环境数据的分析，可以绘制变化曲线，观察数据的变化趋势。例如，通过位移变化曲线可以判断边坡或挡土墙是处于稳定状态、缓慢变形还是急剧变形阶段。如果发现数据异常，如位移突然增大、应力超过设计值等，要及时分析原因，可能是由施工扰动、地质条件变化或极端天气等因素引起的。根据分析结果采取相应的措施，如加强支护、调整施

support, adjusting the construction sequence, or taking emergency protection measures, etc. At the same time, the monitoring data should be compared with the design value. If the long–term data shows a large deviation from the design expectation, it may be necessary to adjust and optimize the design scheme.

工顺序或采取应急防护措施等。同时，要将监测数据与设计值进行对比，若长期数据显示与设计预期偏差较大，可能需要对设计方案进行调整和优化。

The problems related to slopes and retaining walls in geotechnical engineering involve multiple aspects. From basic theories to actual construction and monitoring, each link needs to be carefully designed and strictly controlled to ensure the safety and reliability of slopes and retaining walls throughout their life cycles.

岩土工程中的边坡和挡土墙问题涉及多个方面，从基础理论到实际施工和监测，每个环节都需要精心设计和严格把控，以确保边坡和挡土墙在整个生命周期内的安全可靠。

9 Problems Related to Tunnels and Underground Works in Geotechnical Engineering

岩土工程中的隧道和地下工程问题

9.1 Foundations of Tunnels and Underground Works

9.1 隧道和地下工程的基础

9.1.1 Assessment of Geological Conditions

9.1.1 地质条件评估

Geological conditions are an important foundation for tunnels and underground works and have a decisive impact on the feasibility, design schemes, and construction methods of the entire project. In the early stage of the project, detailed geological surveys are required. For example, folded structures may lead to the undulation of strata and the deformation of rocks, affecting the alignment and gradient design of tunnels. The top of an anticline is prone to collapse due to the tensile force acting on it, resulting in broken rocks; while the trough of a syncline is under compression, with hard rocks but possible enrichment of groundwater.

地质条件是隧道和地下工程的重要基础，对整个工程的可行性、设计方案和施工方法有着决定性影响。在工程前期，需要对地质构造进行详细的勘察。例如，褶皱构造可能导致地层的起伏和岩石的变形，影响隧道的走向和坡度设计。背斜顶部因受张力作用，岩石破碎，易出现坍塌问题；向斜槽部受挤压，岩石坚硬，但可能存在地下水富集的情况。

The existence of faults poses a significant challenge

断层的存在是隧道施工中

in tunnel construction. Rocks near fault zones are fragmented, with low rock mass strength and possible groundwater activities, which are prone to causing disasters such as collapses and water inrushes. During the survey process, the location, scale, and nature of faults need to be accurately determined. For example, in the construction of some railway tunnels in mountainous areas, special construction techniques and support measures are required when encountering large faults.

的重大挑战。断层带附近岩石破碎，岩体强度低，可能伴有地下水活动，容易引发塌方、涌水等灾害。在勘察过程中，要准确确定断层的位置、规模和性质。如在一些山区铁路隧道建设中，遇到大断层时，需要特殊的施工技术和支护措施来应对。

The types and properties of rocks are also crucial. Hard rocks such as granite have high strength but may have well-developed joints and fractures; while soft rocks such as shale have low strength and are prone to weathering. During the construction of soft rock tunnels, attention should be paid to preventing excessive deformation of the surrounding rock. In addition, the attitude of strata (such as dip angle and strike) also affects the stress situation of tunnels. For example, when excavating a tunnel in horizontal strata, tensile stress concentration is likely to occur on the roof, while in inclined strata, the forces on both sides of the tunnel may be uneven.

岩石的类型和性质也至关重要。花岗岩等坚硬岩石具有较高的强度，但可能存在节理裂隙发育的情况；而页岩等软岩强度低、易风化。对于软岩隧道，在施工过程中要注意防止围岩变形过大。此外，地层的产状（如倾角、走向）也会影响隧道的受力情况，例如水平岩层中开挖隧道，顶板易出现拉应力集中，而倾斜岩层则可能使隧道两侧受力不均。

Groundwater is another key factor. The water level, volume, quality, and flow direction of groundwater need to be accurately grasped. Tunnel construction in areas with high groundwater levels may face large water pressures and is prone to water inrush accidents. The chemical composition of groundwater may cause corrosion to tunnel linings. For example, groundwater containing acidic substances will erode concrete linings, affecting the service life of tunnels.

地下水是另一个关键因素。地下水的水位、水量、水质及其流动方向都需要精确掌握。高水位地区的隧道施工可能面临较大的水压力，容易造成涌水事故。地下水的化学成分可能对隧道衬砌产生腐蚀作用，如含有酸性物质的地下水会侵蚀混凝土衬砌，影响隧道的使用寿命。

9.1.2 Analysis of Geotechnical Mechanical Properties

The mechanical properties of geotechnical materials are an important basis for the design and construction of tunnels and underground works. The unit weight of geotechnical materials affects the self-weight load of the structure. When calculating the forces on tunnel linings or underground structures, it needs to be accurately considered. For example, in soft soil strata, the unit weight of the soil is relatively small, but there may be large lateral pressures.

The internal friction angle and cohesion are key indicators for measuring the shear strength of geotechnical materials. For frictional materials such as sandy soil, the internal friction angle determines its stability under the action of shear forces. During the excavation of tunnels, when the shear stress of the soil exceeds its shear strength, a collapse may occur. The cohesion of cohesive soils provides a certain bonding force for the soil mass. When analyzing the stability of cohesive soil surrounding rocks, cohesion is an important parameter.

The elastic modulus and Poisson's ratio of geotechnical materials reflect their deformation characteristics. The larger the elastic modulus, the smaller the deformation of geotechnical materials when subjected to forces. When designing tunnel linings, the stiffness of the linings should be determined according to the elastic modulus of the geotechnical materials to adapt to the deformation of the geotechnical materials. Poisson's ratio is related to the lateral deformation of geotechnical materials when subjected to axial forces.

9.1.2 岩土力学特性分析

岩土体的力学特性是隧道和地下工程设计与施工的重要依据。岩土体的重度影响结构的自重荷载，在计算隧道衬砌或地下结构的受力时，需要准确考虑。例如，在软土地层中，土体重度相对较小，但可能存在较大的侧向压力。

内摩擦角和黏聚力是衡量岩土体抗剪强度的关键指标。对于砂土等摩擦型材料，内摩擦角决定了其在剪切力作用下的稳定性。在隧道开挖过程中，当土体的剪应力超过其抗剪强度时，就可能发生坍塌。黏性土的黏聚力则为土体提供了一定的黏结力，在分析黏性土围岩的稳定性时，黏聚力是重要的参数。

岩土体的弹性模量和泊松比反映了其变形特性。弹性模量越大，岩土体在受力时的变形越小。在设计隧道衬砌时，要根据岩土体的弹性模量确定衬砌的刚度，以适应岩土体的变形。泊松比则与岩土体在受轴向力时的横向变形有关，不同类型的岩土体泊松比差异较大，准确的泊松比数据有助于

Different types of geotechnical materials have significant differences in Poisson's ratio, and accurate Poisson's ratio data helps to analyze the deformation situation of geotechnical materials more precisely.

更精确地分析岩土体的变形情况。

9.2 Design and Construction

9.2 设计和施工

9.2.1 Design of Tunnels and Underground Works

9.2.1 隧道和地下工程设计

Design Principles and Objectives: The design of tunnels and underground works should follow the principles of safety, reliability, economic rationality, and technical feasibility. Safety and reliability are the primary objectives, ensuring the stability of the structure during the construction period and the service life and the safety of personnel. For example, when designing subway tunnels, corresponding disaster prevention facilities should be set up considering extreme situations such as earthquakes and fires. Economic rationality requires minimizing the project cost on the premise of meeting safety and service functions. Technical feasibility requires selecting appropriate design schemes according to the current construction technology level and engineering geological conditions.

设计原则与目标：隧道和地下工程设计要遵循安全可靠、经济合理、技术可行的原则。安全可靠是首要目标，要确保在施工期间和使用年限内结构的稳定性和人员的安全。例如，在设计地铁隧道时，要考虑地震、火灾等极端情况，设置相应的防灾设施。经济合理要求在满足安全和使用功能的前提下，尽量降低工程造价。技术可行则需要根据当前的施工技术水平和工程地质条件，选择合适的设计方案。

Types of Tunnels and Basis for Selection: There are various types of tunnels, including mountain tunnels, underwater tunnels, and urban underground tunnels. Mountain tunnels mainly consider terrain, geological conditions, and the requirements of crossing mountain ridges. For example, when crossing high mountains, deep-buried tunnels or mountainside tunnels may be adopted. Deep-buried tunnels can utilize the self-bearing

隧道类型与选型依据：隧道类型多样，包括山岭隧道、水底隧道和城市地下隧道等。山岭隧道主要考虑地形、地质条件和越岭线路的要求。例如，当穿越高山时，可能采用深埋隧道或傍山隧道的形式，深埋隧道可以利用山体围岩的

capacity of the surrounding rock of the mountain, but the construction is difficult; mountainside tunnels should pay attention to the problem of unbalanced pressure. Underwater tunnels should consider water pressure, geological conditions, and navigation requirements. Urban underground tunnels, in addition to geological conditions, should also take into account urban planning, underground pipelines, and the impact on surrounding buildings. When selecting, these factors should be comprehensively analyzed to choose the most suitable tunnel type and design parameters.

自承能力，但施工难度较大；傍山隧道则要注意偏压问题。水底隧道要考虑水压力、地质条件和通航要求等。城市地下隧道除了地质条件外，还要兼顾城市规划、地下管线和周边建筑物的影响。在选型时，要综合分析这些因素，选择最适合的隧道类型和设计参数。

Key Points of Structural Design: The structural design of tunnels and underground works includes lining design, portal design, etc. Linings are the main support structures of tunnels. Their design should consider loads such as geotechnical pressure, water pressure, and self-weight of the structure. According to the geological conditions and service requirements of tunnels, different types of linings can be selected, such as integral linings and composite linings. Integral linings are suitable for situations where the surrounding rock conditions are poor. They have high strength and integrity; composite linings consist of initial support and secondary lining. The initial support can support the surrounding rock in a timely manner, and the secondary lining is constructed after the deformation of the surrounding rock is stabilized, playing roles such as providing a safety reserve and waterproofing. Portal design should combine terrain, geological conditions, and aesthetic requirements, with various forms such as end-wall portals and wing-wall portals. Their role is to maintain the stability of the slope at the tunnel entrance, prevent the collapse of the entrance, and make the tunnel coordinated with the

结构设计要点：隧道和地下工程的结构设计包括衬砌设计、洞门设计等。衬砌是隧道的主要支护结构，其设计要考虑岩土体压力、水压力和结构自重等荷载。根据隧道的地质条件和使用要求，可以选择不同类型的衬砌，如整体式衬砌、复合式衬砌等。整体式衬砌适用于围岩条件较差的情况，具有较高的强度和整体性；复合式衬砌则由初期支护和二次衬砌组成，初期支护可以及时支护围岩，二次衬砌在围岩变形稳定后施作，起到安全储备和防水等作用。洞门设计要结合地形、地质条件和美观要求，有端墙式、翼墙式等多种形式。其作用是保持洞口边坡的稳定，防止洞口坍塌，并使隧道与周边环境相协调。

surrounding environment.

9.2.2 Construction of Tunnels and Underground Works

Selection of Construction Methods: There are numerous tunnel construction methods, mainly including the drill and blast method, shield tunneling method, and tunnel boring machine method. The drill and blast method excavates tunnels by drilling holes, charging explosives, and blasting. It is applicable to various geological conditions, but it causes relatively large disturbances to the surrounding rock. When using the drill and blast method, the layout of blast holes, the amount of explosives, and the sequence of detonation should be reasonably designed to control the degree of damage to the surrounding rock caused by blasting. The shield tunneling method is mainly used for tunnel construction in soft soil strata. It utilizes a shield machine to advance underground while performing excavation, support, and lining operations simultaneously. The type of shield machine is selected according to geological conditions and tunnel diameter, etc. For example, an earth pressure balance shield machine is suitable for cohesive soil strata, and a muddy water shield machine is more suitable for sandy soil strata with high water pressure. The tunnel boring machine method is applicable to rock strata, especially hard rock tunnels. The tunnel boring machine can efficiently cut rocks, reducing the labor intensity of workers, but the equipment cost is high.

Key Technologies in the Construction Process: During the construction of tunnels, support of the

9.2.2 隧道和地下工程施工

施工方法选择：隧道施工方法众多，主要有钻爆法、盾构法、掘进机法等。钻爆法是通过钻孔、装药、爆破的方式开挖隧道，适用于各种地质条件，但对围岩的扰动较大。在使用钻爆法时，要合理设计炮孔的布置、装药量和起爆顺序，以控制爆破对围岩的破坏程度。盾构法主要用于软土地层的隧道施工，它利用盾构机在地下推进，同时进行开挖、支护和衬砌作业。盾构机的类型根据地质条件和隧道直径等因素选择，如土压平衡盾构机适用于黏性土地层，泥水盾构机则更适合于高水压的砂土地层。掘进机法适用于岩石地层，特别是硬岩隧道，掘进机可以高效地切割岩石，减少人工劳动强度，但设备成本较高。

施工过程中的关键技术：在隧道施工过程中，围岩支护

surrounding rock is one of the key technologies. For different geological conditions, different support methods are adopted. In weak surrounding rock sections, advanced support techniques such as advanced bolts and advanced small pipe grouting can be used to enhance the stability of the surrounding rock and prevent the collapse of the surrounding rock during the excavation process. Bolt support involves driving bolts into the surrounding rock to connect the surrounding rock with the lining structure, improving the self-bearing capacity of the surrounding rock. Shotcrete support can quickly seal the surface of the surrounding rock, prevent the weathering of the surrounding rock and the erosion of water, and jointly act with bolt support and other support measures to form a support system. In addition, attention should be paid to the treatment of groundwater during construction, such as using a drainage system to drain groundwater out of the tunnel or using grouting to block water to prevent the impact of groundwater on construction.

是关键技术之一。对于不同的地质条件，采用不同的支护方式。在软弱围岩地段，可采用超前支护技术，如超前锚杆、超前小导管注浆等，以增强围岩的稳定性，防止在开挖过程中围岩坍塌。锚杆支护通过在围岩中打入锚杆，将围岩与衬砌结构连接在一起，提高围岩的自承能力。喷射混凝土支护可以及时封闭围岩表面，防止围岩风化和水的侵蚀，同时与锚杆等支护措施共同作用，形成支护体系。此外，在施工中还要注意地下水的处理，如采用排水系统将地下水排出隧道，或采用注浆堵水的方法，防止地下水对施工的影响。

Construction Safety and Environmental Protection: Construction safety of tunnels is of crucial importance, and a series of measures should be taken to ensure the safety of construction personnel. For example, in tunnels with harmful gases such as methane, a ventilation system should be set up to ensure air circulation and prevent methane explosions. At the same time, dust and noise during the construction process should be controlled to reduce the harm to the health of construction personnel. In terms of environmental protection, the impact of construction on the surrounding environment should be avoided. For urban underground tunnels, attention should be paid to reducing the impact on underground pipelines

施工安全与环境保护：隧道施工安全至关重要，要采取一系列措施保障施工人员的安全。例如，在有瓦斯等有害气体的隧道中，要设置通风系统，保证空气的流通，防止瓦斯爆炸。同时，要对施工过程中的粉尘、噪声等进行控制，减少对施工人员健康的危害。在环境保护方面，要避免施工对周边环境的破坏。对于城市地下隧道施工，要注意减少对地下管线和周边建筑物的

and surrounding buildings. For example, by using a reasonable construction sequence and settlement control measures, problems such as settlement and cracking of surrounding buildings due to tunnel construction can be prevented. For tunnels crossing ecologically sensitive areas, corresponding ecological protection measures should be taken, such as avoiding the destruction of surface vegetation and reducing soil erosion.

影响，如采用合理的施工顺序和沉降控制措施，防止因隧道施工导致周边建筑物沉降、开裂等问题。对于穿越生态敏感区的隧道，要采取相应的生态保护措施，如避免破坏地表植被、减少水土流失等。

9.3 Monitoring and Management

9.3 监测和管理

9.3.1 Importance and Purpose of Monitoring

9.3.1 监测的重要性与目的

Monitoring of tunnels and underground works is a key link to ensure the safety and quality of the project. Through monitoring, the state of the project during construction and use can be grasped in real time, and potential safety hazards and quality problems can be detected in a timely manner. For example, during the construction of a tunnel, monitoring can detect the deformation of the surrounding rock, the stress situation of the support structure, etc., providing a basis for construction adjustments. During the use stage, monitoring can evaluate the structural health status of the tunnel, detect problems such as lining cracking and water leakage in a timely manner, and ensure the normal operation of the tunnel.

隧道和地下工程监测是保证工程安全和质量的关键环节。通过监测可以实时掌握工程在施工和使用过程中的状态，及时发现潜在的安全隐患和质量问题。例如，在隧道施工过程中，监测可以发现围岩的变形、支护结构的受力情况等，为施工调整提供依据。在使用阶段，监测可以评估隧道的结构健康状况，及时发现如衬砌开裂、渗漏水等问题，保障隧道的正常运营。

The purpose of monitoring also includes verifying the rationality of the design. The assumptions about the mechanical parameters of geotechnical materials and engineering loads in the design process may deviate from

监测的目的还包括验证设计的合理性。设计过程中对岩土体的力学参数和工程荷载的假设可能与实际情况存在偏

the actual situation. Through monitoring data, feedback and corrections can be made to the design. For example, if monitoring shows that the actual stress on the tunnel lining is far greater than the design value, the design scheme needs to be re-evaluated. It may be necessary to strengthen the lining structure or adjust the construction method.

差，通过监测数据可以对设计进行反馈和修正。例如，如果监测发现隧道衬砌的实际受力远大于设计值，就需要重新评估设计方案，可能需要加强衬砌结构或调整施工方法。

9.3.2 Monitoring Contents and Methods

9.3.2 监测内容与方法

Deformation Monitoring: Deformation monitoring is an important part of monitoring tunnels and underground works, including the deformation of tunnel surrounding rock, the deformation of linings, and surface settlement. For tunnel surrounding rock deformation monitoring, multi-point displacement gauges can be buried in the surrounding rock to measure the displacement of the surrounding rock at different depths. Lining deformation monitoring can be achieved by installing strain gauges or displacement sensors on the inner surface of the lining. Surface settlement monitoring sets settlement observation points on the surface above the tunnel and uses leveling instruments or total stations to regularly measure the settlement values. Through the analysis of deformation data, the stability of tunnels and underground works can be judged. For example, when the deformation rate of the surrounding rock suddenly increases or the surface settlement exceeds the warning value, it may indicate that there are safety hazards in the project.

变形监测：变形监测是隧道和地下工程监测的重要内容，包括隧道围岩的变形、衬砌的变形和地表沉降等。对于隧道围岩变形监测，可以在围岩中埋设多点位移计，测量不同深度处围岩的位移情况。衬砌变形监测可通过在衬砌内表面安装应变片或位移传感器实现。地表沉降监测则在隧道上方地表设置沉降观测点，使用水准仪或全站仪等测量仪器定期测量沉降值。通过对变形数据的分析，可以判断隧道和地下工程的稳定性，如当围岩变形速率突然增大或地表沉降超过警戒值时，可能预示着工程存在安全隐患。

Stress Monitoring: Stress monitoring mainly targets the stress changes of tunnel support structures and surrounding rock. Stress sensors are buried in support

应力监测：应力监测主要针对隧道支护结构和围岩的应力变化。在支护结构（如衬砌、

structures (such as linings, bolts, etc.) to measure their stress changes during construction and use. For surrounding rock stress monitoring, earth pressure boxes and other sensors can be used to measure the pressure of geotechnical materials on support structures. Stress monitoring data helps to analyze whether there are local stress concentrations and other problems in support structures and to judge whether the stress state of the surrounding rock is in line with the design.

锚杆等）中埋设应力传感器，测量其在施工和使用过程中的应力变化情况。对于围岩应力监测，可以采用土压力盒等传感器测量岩土体对支护结构的压力。应力监测数据有助于分析支护结构是否存在局部应力集中等问题，以及判断围岩的受力状态是否与设计相符。

Other Monitoring Contents: It also includes groundwater monitoring, environmental monitoring, etc. Groundwater monitoring should focus on changes in the groundwater level, changes in the volume of water, and changes in the quality of water. Changes in the groundwater level may affect the water pressure of the tunnel and the stability of the surrounding rock, and changes in the quality of water may cause corrosion to the lining structure. Environmental monitoring includes monitoring the air temperature, humidity, concentration of harmful gases in the tunnel, as well as monitoring the surrounding environment (such as the settlement, tilt, etc. of surrounding buildings). These monitoring data is of great significance for evaluating the safety and environmental impact of the tunnel.

其他监测内容：还包括地下水监测、环境监测等。地下水监测要关注地下水位的变化、水量的增减和水质的变化。地下水位的变化可能影响隧道的水压力和围岩的稳定性，水质变化可能对衬砌结构产生腐蚀作用。环境监测包括对隧道内空气温度、湿度、有害气体浓度等的监测，以及对周边环境（如周边建筑物的沉降、倾斜等）的监测。这些监测数据对于评估隧道的安全和环境影响具有重要意义。

9.3.3 Analysis and Processing of Monitoring Data

9.3.3 监测数据的分析与处理

Analyzing and processing monitoring data is the key to play the monitoring role. By sorting and analyzing a large amount of monitoring data, various variation curves can be drawn, such as displacement–time curves, stress–time curves, etc., to intuitively observe the

对监测数据进行分析和处理是发挥监测作用的关键。通过对大量监测数据的整理和分析，可以绘制各种变化曲线，如位移－时间曲线、应力－时

changing trends of the data. For example, through the displacement–time curve, it can be determined whether the deformation of the surrounding rock or the lining is in a stable development stage, an accelerated development stage, or has already stabilized.

间曲线等，直观地观察数据的变化趋势。例如，通过位移–时间曲线可以判断围岩或衬砌的变形是处于稳定发展阶段、加速发展阶段还是已经趋于稳定。

When abnormal data appears in the monitoring data, the reasons should be analyzed in a timely manner. Abnormal data may be caused by construction process problems, changes in geological conditions, or structural damage, etc. For example, if the displacement data suddenly increases in a certain construction stage, it may be due to unreasonable blasting parameters causing excessive disturbance to the surrounding rock, or encountering an unobserved weak interlayer. According to the analysis results, corresponding measures should be taken, such as adjusting the construction process, strengthening the support, or performing structural repair. At the same time, a long–term monitoring database should be established to compare and analyze data from different stages, providing a basis for the long–term maintenance and management of the project.

当监测数据出现异常时，要及时分析原因。异常数据可能是由于施工工艺问题、地质条件变化或结构损伤等引起的。例如，如果在某一施工阶段位移数据突然增大，可能是爆破参数不合理导致围岩扰动过大，或者是遇到了未勘察到的软弱夹层。根据分析结果，采取相应的措施，如调整施工工艺、加强支护或进行结构修复等。同时，要建立长期的监测数据库，对不同阶段的数据进行对比和分析，为工程的长期维护和管理提供依据。

9.3.4 Engineering Management Measures

9.3.4 工程管理措施

Construction Management: Construction management includes aspects such as construction progress management, quality management, and safety management. In construction progress management, a reasonable construction plan should be formulated. According to the engineering geological conditions and construction methods, the time and order of each

施工管理：施工管理包括施工进度管理、质量管理和安全管理等方面。在施工进度管理方面，要制定合理的施工计划，根据工程地质条件和施工方法，合理安排各个施工环节的时间和顺序。对于复杂地

construction link should be reasonably arranged. For tunnel construction under complex geological conditions, a certain flexibility in the construction period should be reserved to deal with possible geological disasters and other problems. Quality management should strictly control the quality of construction materials, the execution of construction processes, and the project acceptance process. For example, for tunnel lining concrete, its strength, impermeability, etc. should be ensured to meet the design requirements, and the quality of each batch of concrete should be inspected. Safety management should establish a complete safety management system, strengthen the safety education of construction personnel, and equip necessary safety protection equipment. For example, in high-gas tunnels, gas detectors should be equipped for construction personnel.

质条件下的隧道施工，要预留一定的工期弹性，以应对可能出现的地质灾害等问题。质量管理要严格控制施工材料的质量、施工工艺的执行和工程验收环节。例如，对于隧道衬砌混凝土，要保证其强度、抗渗性等指标符合设计要求，对每一批次的混凝土都要进行质量检验。安全管理要建立完善的安全管理制度，加强对施工人员的安全教育，配备必要的安全防护设备，如在高瓦斯隧道中为施工人员配备瓦斯检测仪等。

Operation Management: Tunnels and underground works also need scientific management during the operation stage. A regular inspection system should be established to conduct comprehensive inspections of tunnel structures, equipment and facilities, etc. The inspection contents include the integrity of linings, the smoothness of drainage systems, the running status of lighting systems and ventilation systems, etc. For the problems found, timely maintenance and repair should be carried out, such as patching cracks in linings, cleaning drainage pipes, etc. At the same time, an emergency response plan should be formulated to deal with possible sudden events such as fires, earthquakes, etc. The emergency response plan should clearly define the emergency response process, personnel evacuation

运营管理：隧道和地下工程在运营阶段也需要科学管理。要建立定期的检查制度，对隧道结构、设备设施等进行全面检查。检查内容包括衬砌的完整性、排水系统的通畅性、照明系统和通风系统的运行状况等。对于发现的问题要及时进行维修和保养，如对衬砌的裂缝进行修补、清理排水管道等。同时，要制定应急预案，应对可能出现的突发事件，如火灾、地震等。应急预案要明确应急响应流程、人员疏散路线和救援措施等，保障

routes, and rescue measures, ensuring the safety of personnel and the safety of the project in emergency situations.

在紧急情况下人员的生命安全和工程的安全。

Problems related to tunnels and underground works in geotechnical engineering are a complex system engineering that requires comprehensive consideration of all links from basic geological surveys, design, construction to monitoring and management to ensure the successful implementation and safe operation of the project.

岩土工程中的隧道和地下工程问题是一个复杂的系统工程，需要从基础地质勘察、设计、施工到监测和管理等各个环节全面考虑，以确保工程的顺利实施和安全运营。

Problems Related to Earthquakes and Disasters in Geotechnical Engineering

10 岩土工程中的地震和灾害问题

10.1 Foundations of Earthquakes and Disasters

10.1 地震和灾害基础

10.1.1 Causes and Types of Earthquakes

10.1.1 地震的成因与类型

Tectonic Earthquakes: These are earthquakes caused by the movement of the earth's crust, where the lithospheric plates compress, stretch, or shear against each other, resulting in the rupture and dislocation of underground rocks. Tectonic earthquakes are the predominant type of earthquakes. For example, in areas such as subduction zones and collision zones at plate boundaries, tectonic earthquakes are prone to occur. The Pacific Plate subducts beneath the Eurasian Plate, triggering frequent tectonic earthquakes near the Japanese archipelago. These earthquakes are of huge energy and often cause severe damage.

构造地震：这是由于地壳运动，岩石圈板块相互挤压、拉伸或剪切，导致地下岩石破裂和错动而产生的地震，是最主要的地震类型。例如，板块边界处的俯冲带、碰撞带等地区容易发生构造地震。太平洋板块向欧亚板块俯冲，在日本列岛附近引发频繁的构造地震，这些地震能量巨大，常常造成严重破坏。

Volcanic Earthquakes: They are related to volcanic activities. The movement of magma and the explosion of volcanic gases during volcanic eruptions can cause tremors in the earth's crust. In areas with active volcanoes, such as around Mount Vesuvius in Italy, volcanic earthquakes occur from time to time. Although their magnitudes are generally relatively small, they may exacerbate the damage caused by volcanic disasters during volcanic eruptions.

火山地震：与火山活动相关，火山喷发时岩浆的运动、火山气体的爆炸等会引起地壳震动。在火山活跃地区，如意大利的维苏威火山周围，火山地震时有发生。虽然其震级一般相对较小，但在火山喷发期间可能会加剧火山灾害的破坏程度。

Collapse Earthquakes: These are mostly caused by the collapse of underground caves or mine pits. When the rocks on the top of a cave lose support due to long-term dissolution, or when the roof of a mine pit collapses due to over exploitation, earthquake waves are generated. Such earthquakes are generally of small magnitude and limited in scope, but if they occur in densely populated areas, they may still cause damage to local buildings.

陷落地震：多因地下溶洞或矿坑等的塌陷引起。当溶洞顶部岩石因长期溶蚀失去支撑，或矿坑开采过度导致顶板垮塌时，就会产生地震波。这种地震一般震级较小，范围也较局限，但如果在人口密集区发生，仍可能对局部建筑物造成损害。

Induced Earthquakes: Human engineering activities such as reservoir impoundment and oil extraction may induce earthquakes. After a large reservoir is filled with water, the increased weight of the water exerts pressure on the earth's crust, changing the stress state of the underground rocks and potentially triggering earthquakes. For example, during the construction and operation of the Three Gorges Reservoir in China, earthquake activities have been closely monitored to assess the possibility and impact of induced earthquakes.

诱发地震：人类工程活动如水库蓄水、石油开采等可能诱发地震。大型水库蓄水后，水体重量增加对地壳产生压力，改变了地下岩石的应力状态，有可能引发地震。比如我国的三峡水库在建设和运行过程中，就对地震活动进行了密切监测，以评估其诱发地震的可能性和影响。

10.1.2 Earthquake Waves and Their Propagation Characteristics

10.1.2 地震波及其传播特性

Body Waves: Body waves propagate inside the earth and are divided into primary waves (P–waves) and

体波：体波在地球内部传播，分为纵波（P波）和横波（S

secondary waves (S-waves). P-waves are compressional waves that cause the particles of the medium to undergo density changes in the direction of wave propagation. They travel relatively fast and usually reach the earth's surface first. During an earthquake, the up-and-down jolting that people first feel is caused by P-waves. S-waves cause the particles to vibrate perpendicular to the direction of wave propagation. Their propagation speed is slower than that of P-waves, and they cause the ground to shake from side to side or back and forth, which is one of the main factors causing damage to buildings. For example, during a strong earthquake, P-waves make buildings vibrate up and down briefly first, and then S-waves arrive, causing the buildings to shake violently, which may lead to wall cracking and collapse.

波）。纵波是压缩波，它能使介质的质点在波的传播方向上产生疏密变化，传播速度较快，一般先到达地表。在地震时，人们首先感觉到的上下颠簸就是纵波引起的。横波则使质点在垂直于波传播方向上振动，其传播速度比纵波慢，导致地面左右或前后摇晃，是造成建筑物破坏的主要因素之一。例如，在一次强烈地震中，纵波使建筑物先有短暂的上下振动，随后横波到来，引起建筑物的剧烈摇晃，可能导致墙体开裂、倒塌等。

Surface Waves: Surface waves propagate along the earth's surface and mainly include Rayleigh waves and Love waves. The particle motion trajectory of Rayleigh waves is elliptical, with vibrations in both the vertical direction to the ground and the propagation direction. Its energy is concentrated near the surface, and it has a strong destructive power on ground buildings. Love waves cause the particles to vibrate in the horizontal direction perpendicular to the propagation direction, similar to a serpentine motion, and also have a great destructive effect on ground structures. At the scene of an earthquake disaster, one can see severe damage phenomena such as surface undulations and building tilting caused by surface waves.

面波：面波是沿着地球表面传播的波，主要有瑞利波和勒夫波。瑞利波的质点运动轨迹呈椭圆形，在垂直于地面方向和传播方向上都有振动，它的能量集中在地表附近，对地面建筑物的破坏力很强。勒夫波使质点在与传播方向垂直的水平方向上振动，类似蛇形运动，对地面结构也有很大的破坏作用。在地震灾害现场，可以看到面波造成的地表起伏、建筑物倾斜等严重破坏现象。

10.1.3 Impacts of Earthquake Disasters on Geotechnical Bodies

10.1.3 地震灾害对岩土体的影响

Soil Liquefaction: Under the action of an

土体液化：在地震作用

earthquake, loose soil such as saturated sandy soil or silty soil may undergo liquefaction. The vibration of the earthquake causes the soil particles to tend to compact, but if the pore water cannot be drained in time, the pore water pressure will rise sharply. When the pore water pressure equals or exceeds the pressure of the overlying soil layer, the soil will lose its shear strength and exhibit properties similar to those of a liquid. In areas with a large amount of saturated loose sandy soil, such as coastal areas or river alluvial plains, soil liquefaction during an earthquake may cause buildings to sink, tilt, or even collapse. For example, during the 1964 Niigata Earthquake in Japan, many buildings suffered severe damage due to liquefaction of the foundation soil.

下，饱和砂土或粉土等松散土体可能会发生液化现象。地震振动使土体颗粒趋于密实，但如果孔隙水无法及时排出，孔隙水压力就会急剧上升，当孔隙水压力等于或超过上覆土层压力时，土体就会失去抗剪强度，表现出类似液体的性质。在沿海或河流冲积平原等存在大量饱和松散砂土的地区，地震时土体液化可能导致建筑物下沉、倾斜甚至倒塌。例如，1964年日本新潟地震中，许多建筑因地基土液化而遭受严重破坏。

Landslides and Rockfalls: The inertial force generated by an earthquake will disrupt the original equilibrium state of mountains. In mountainous areas, earthquakes may trigger landslides and rockfalls, especially on slopes where the geotechnical body structure is loose, there are weak interlayers, or joints and fractures are well developed. The geotechnical bodies of landslides and rockfalls may bury roads, villages, and block rivers, causing huge casualties and property losses. For example, during the 2008 Wenchuan Earthquake, a large number of landslides and rockfalls were one of the important reasons for the heavy disaster losses.

山体滑坡和崩塌：地震产生的惯性力会破坏山体原有的平衡状态。在山区，地震可能引发山体滑坡和崩塌，尤其是在岩土体结构松散、有软弱夹层或节理裂隙发育的山坡。滑坡和崩塌的岩土体可能掩埋道路、村庄，阻断河流，造成巨大的人员伤亡和财产损失。如2008年汶川地震中，大量山体滑坡和崩塌是导致灾害损失惨重的重要原因之一。

Ground Fissures: Earthquakes may cause the ground to develop fissures. The causes are complex and may be due to the stretching, squeezing, or uneven settlement of the earth's crust. Ground fissures will damage buildings, roads, and other infrastructure and may also cut off

地裂缝：地震可能导致地面出现裂缝，其成因复杂，可能是地壳的拉伸、挤压或不均匀沉降引起的。地裂缝会破坏建筑物、道路等基础设

underground pipelines, affecting the normal operation of cities. In some earthquake-stricken areas, one can see crisscrossing ground fissures dividing the ground into different blocks.

施，还可能切断地下管线，影响城市的正常运行。在一些地震灾区，可以看到地裂缝纵横交错，将地面分割成不同的块体。

10.2 Analysis and Evaluation

10.2 分析和评价

10.2.1 Methods of Earthquake Hazard Analysis

10.2.1 地震危险性分析方法

Deterministic Method: This method is based on the understanding of potential seismic source areas and assumptions about specific earthquake events. First, the earthquake sources that may affect the study area are identified, such as active faults. Then, based on seismological theories and historical earthquake data, it is assumed that earthquakes of a specific magnitude occur at these sources, and the intensity of earthquake waves when they propagate to the study area is calculated. For example, for a known active fault, it is assumed that a magnitude 7 earthquake on the Richter scale occurs there, and by calculating the attenuation law of earthquake waves in the surrounding area, the possible degree of earthquake impact on the area is evaluated. The advantage of the deterministic method is that the calculation results are intuitive, but it depends on the accurate understanding of the seismic sources and the rationality of the assumptions.

确定性方法：这种方法基于对潜在震源区的认识和对特定地震事件的假设。首先确定可能对研究区域产生影响的地震源，如活动断层。然后根据地震学理论和历史地震数据，假设在这些震源发生特定震级的地震，并计算地震波在传播到研究区域时的强度。例如，对于一条已知的活断层，假设发生一次里氏7级地震，通过计算地震波在周边地区的衰减规律，评估该地区可能受到的地震影响程度。确定性方法的优点是计算结果直观，但它依赖于对震源的准确认识和假设的合理性。

Probabilistic Method: This method takes into account the randomness and uncertainty of earthquake occurrence. It is based on a large amount of historical earthquake data, geological structure information,

概率性方法：考虑了地震发生的随机性和不确定性。它基于大量的历史地震数据、地质构造信息等，建立地震发生

etc., to establish a probability model of earthquake occurrence. Through statistical analysis, the probabilities of earthquakes of different magnitudes occurring within a certain time period and in a certain area are calculated. For example, using the earthquake records of an area for hundreds of years and the geological structure characteristics of the area, the probability of an earthquake of magnitude 6 or above on the Richter scale occurring in the area within the next 50 years is calculated. The probabilistic method can better reflect the long-term laws of earthquake activity, but the calculation process is complex and requires a large amount of reliable data.

的概率模型。通过统计分析，计算在一定时间内、一定区域内发生不同震级地震的概率。例如，利用某地区数百年的地震记录和该地区的地质构造特征，计算出未来50年内该地区发生里氏6级以上地震的概率。概率性方法能更好地反映地震活动的长期规律，但计算过程较为复杂，且需要大量可靠的数据。

10.2.2 Evaluation Indicators of Geotechnical Engineering Earthquake Disasters

10.2.2 岩土工程地震灾害评价指标

Ground Motion Parameters: These include peak acceleration, peak velocity, and earthquake response spectra. Peak acceleration reflects the intensity of ground motion and is an important indicator for measuring the magnitude of the force exerted by an earthquake on structures. In seismic design, different areas determine the seismic resistance grade of buildings according to the possible peak acceleration of earthquakes they may encounter. Peak velocity is related to the destructive energy of ground motion on structures. For some structures that are sensitive to velocity, such as long-span bridges, peak velocity is an important design parameter. The earthquake response spectra describe the response laws of structures at different periods under the action of earthquakes, providing a basis for the seismic design of structures. According to the response spectra, the

地震动参数：包括峰值加速度、峰值速度、地震反应谱等。峰值加速度反映了地震动的强烈程度，是衡量地震对结构物作用力大小的重要指标。在抗震设计中，不同地区根据其可能遭遇的地震峰值加速度来确定建筑物的抗震等级。峰值速度与地震动对结构的破坏能量有关，对于一些对速度敏感的结构，如长跨度桥梁，峰值速度是重要的设计参数。地震反应谱则描述了不同周期结构在地震作用下的反应规律，为结构的抗震设计提供依据，根据地震反应谱可以确定结构

vibration characteristics and stress situation of structures in earthquakes can be determined.

在地震中的振动特性和受力情况。

Site Condition Evaluation Indicators: Site conditions have a great impact on earthquake disasters. The main evaluation indicators include site soil type, overlying layer thickness, and topography. Different types of site soil (such as sandy soil, clay, rock, etc.) have different effects on the propagation and amplification of earthquake waves. Soft soil foundations amplify earthquake waves and increase the risk of buildings being damaged by earthquakes. The overlying layer thickness affects the propagation speed and waveform of earthquake waves. A thicker overlying layer may cause earthquake waves to be reflected and refracted multiple times within it, enhancing the intensity of ground motion. Topography also affects the distribution of ground motion. For example, in valleys, ridges, etc., ground motion may be locally amplified or reduced.

场地条件评价指标：场地条件对地震灾害的影响很大，主要评价指标包括场地土类型、覆盖层厚度、地形地貌等。不同类型的场地土（如砂土、黏土、岩石等）对地震波的传播和放大作用不同。软土地基对地震波有放大作用，会增加建筑物遭受地震破坏的风险。覆盖层厚度影响地震波的传播速度和波形，较厚的覆盖层可能使地震波在其中多次反射和折射，增强地震动强度。地形地貌也会影响地震动的分布，如在山谷、山脊等特殊地形处，地震动可能会出现局部放大或减小的情况。

Geotechnical Body Stability Indicators: For areas where landslides, rockfalls, etc. may occur, it is necessary to evaluate the stability of the geotechnical body. Commonly used indicators include shear strength, internal friction, and cohesion. Through the analysis of geotechnical body samples, combined with geological structure and topographical conditions, the stability coefficient of the geotechnical body under the action of an earthquake is calculated. When the stability coefficient is less than 1, it indicates that the geotechnical body is in an unstable state and may experience landslides or rockfalls.

岩土体稳定性指标：对于可能发生滑坡、崩塌等灾害的区域，需要评估岩土体的稳定性。常用的指标有抗剪强度、内摩擦角、黏聚力等。通过对岩土体样本的试验分析，结合地质构造和地形条件，计算岩土体在地震作用下的稳定性系数。当稳定性系数小于1时，表示岩土体处于不稳定状态，可能发生滑坡或崩塌等灾害。

10.3 Prevention and Response Measures

10.3.1 Earthquake Prevention Measures

Engineering Site Selection: When carrying out large-scale engineering construction (such as urban planning, nuclear power plant construction, etc.), earthquake factors should be fully considered, and areas with relatively weak earthquake activity should be selected. Avoid building important facilities near active faults, in earthquake-prone areas, or in areas prone to geological disasters (such as landslide and debris flow-prone areas). For example, the site selection of a nuclear power plant requires strict seismic safety assessment and should be far away from areas that may produce strong earthquakes to reduce the risk of serious accidents such as nuclear leakage caused by earthquakes.

Seismic Design Codes: Develop and improve seismic design codes for various buildings and infrastructure. For different types of structures (such as residential buildings, office buildings, bridges, dams, etc.), adopt different seismic design standards according to their importance and the earthquake hazard of the area where they are located. Seismic design codes cover aspects such as structure type selection, material use, component dimensions, and connection methods. For example, in areas with high seismic intensity, buildings mostly adopt framed structures or shear wall structures with good seismic performance, and special designs are made for the connections of structural nodes to enhance the integrity and stability of the structure in an earthquake.

10.3 防治和应对措施

10.3.1 地震预防措施

工程选址：在进行大型工程建设（如城市规划、核电站建设等）时，要充分考虑地震因素，选择地震活动相对较弱的地区。避免在活动断层附近、地震频发区或容易发生地质灾害（如滑坡、泥石流易发区）的地方建设重要设施。例如，核电站的选址要经过严格的地震安全性评估，远离可能产生强烈地震的区域，以降低地震引发核泄漏等严重事故的风险。

抗震设计规范：制定和完善各类建筑物和基础设施的抗震设计规范。对于不同类型的结构（如住宅、办公楼、桥梁、水坝等），根据其重要性和所在地区的地震危险性，采用不同的抗震设计标准。抗震设计规范涵盖了结构的选型、材料的使用、构件的尺寸和连接方式等方面。例如，在高地震烈度地区，建筑物多采用抗震性能好的框架结构或剪力墙结构，并对结构的节点连接进行特殊设计，以增强结构在地震中的整体性和稳定性。

Earthquake Early Warning Systems: Establish earthquake early warning systems that take advantage of the difference in the propagation speed of earthquake waves to gain warning time. When an earthquake occurs, the P-waves propagate before the S-waves and surface waves. After detecting the P-waves, the early warning system quickly sends out alarms to the potentially affected areas. Although the warning time is short (ranging from a few seconds to tens of seconds), for some critical facilities (such as high-speed trains, chemical enterprises, etc.), Emergency measures such as immediate braking and equipment shutdown can be taken to reduce the losses caused by the earthquake. For example, the earthquake early warning system in Japan can quickly issue warning information across the country when an earthquake occurs, giving people time to take shelter. Some advanced technologies can even automatically control elevators to stop at the nearest floor and open the door to ensure the safety of passengers.

地震预警系统：建立地震预警系统，利用地震波传播速度的差异争取预警时间。地震发生时，纵波先于横波和面波传播，预警系统在检测到纵波后，迅速向可能受影响的地区发出警报。虽然预警时间很短（几秒到几十秒），但对于一些关键设施（如高速列车、化工企业等），可以及时采取紧急制动、关闭设备等措施，减少地震带来的损失。例如，日本的地震预警系统在地震发生时能够迅速向全国发布预警信息，使人们有时间躲避，一些先进的技术甚至可以自动控制电梯停靠在最近楼层打开门，保障乘客安全。

10.3.2 Earthquake Disaster Response Measures

10.3.2 地震灾害应对措施

Emergency Rescue Plans: Develop comprehensive emergency rescue plans that include contents such as personnel search and rescue, medical treatment, and establishment of temporary shelters after an earthquake. Government departments, fire departments, medical institutions, etc. should clearly define their respective responsibilities and action procedures. After an earthquake occurs, the rescue operation should be quickly launched, professional teams should be organized to conduct search and rescue in the rubble, and life detection devices should be used to look for buried

应急救援计划：制定完善的应急救援计划，包括地震发生后的人员搜救、医疗救治、临时避难所设置等内容。政府部门、消防、医疗等相关机构应明确各自的职责和行动流程。在地震发生后，迅速启动救援行动，组织专业队伍进行废墟搜救，利用生命探测仪等设备寻找被掩埋的人员。同时，建立临时医疗点，对伤员

people. At the same time, temporary medical points should be established to treat and transfer the injured to ensure that seriously injured people can get timely and effective treatment.

进行救治和转运，确保重伤员能得到及时有效的治疗。

Earthquake Relief Supplies Reserve: Reserve sufficient earthquake relief supplies in advance, such as tents, food, drinking water, medical supplies, etc. These supplies should be reasonably distributed in various potentially affected areas so that they can be quickly allocated after an earthquake occurs. Establish a supply management and allocation mechanism to accurately distribute supplies according to the disaster situation to ensure the basic living needs of the affected people. For example, in earthquake-prone areas, multiple supply reserve warehouses are set up, and the supplies are regularly checked and updated to ensure that they can be used normally when needed.

抗震救灾物资储备：提前储备充足的抗震救灾物资，如帐篷、食品、饮用水、医疗用品等。这些物资应合理分布在各个可能受灾的地区，以便在地震发生后能迅速调配。建立物资管理和调配机制，根据受灾情况准确分配物资，保障受灾群众的基本生活需求。例如，在地震多发地区，设置多个物资储备仓库，定期检查和更新物资，确保其在需要时能正常使用。

Post-Disaster Reconstruction and Recovery: After an earthquake disaster, post-disaster reconstruction work should be carried out in a scientific and orderly manner. Re-evaluate the geological conditions of the affected area, consider the impact of the earthquake on the site and geotechnical body, and rationally plan the layout of the reconstruction area. In the reconstruction process, more advanced seismic technologies and materials should be used to improve the seismic resistance of buildings and infrastructure. At the same time, pay attention to the psychological counseling of the affected people and the restoration of social order to enable the affected area to quickly return to normal life and production. For example, in the reconstruction after the Wenchuan Earthquake, many new buildings adopted technologies such as seismic isolation and energy

灾后重建与恢复：在地震灾害过后，要科学有序地进行灾后重建工作。对受灾地区的地质条件进行重新评估，考虑地震对场地和岩土体的影响，合理规划重建区域的布局。在重建过程中，采用更加先进的抗震技术和材料，提高建筑物和基础设施的抗震能力。同时，注重对受灾群众的心理疏导和社会秩序的恢复，使受灾地区尽快恢复正常生活和生产。例如，在汶川地震后的重建中，许多新建筑采用了隔震、消能减震等新技术，同时加强了社区建设和心理干预工

dissipation and shock absorption, and at the same time, community construction and psychological intervention work were strengthened to help the people in the disaster area regain their confidence in life.

作，帮助灾区人民重新建立生活信心。

Problems related to earthquakes and disasters in geotechnical engineering involve various aspects of knowledge and technology, and comprehensive implementation from basic research, analysis and evaluation to prevention and response measures is required to reduce the harm of earthquakes and related disasters to human society.

岩土工程中的地震和灾害问题涉及多方面的知识和技术，需要从基础研究、分析评价到防治应对措施等环节全面落实，以减轻地震和相关灾害对人类社会的危害。

11 Geotechnical Engineering Issues for Buried Oil and Gas Pipelines

埋地油气管道岩土工程问题

11.1 Basic Issue of Buried Oil and Gas Pipelines

(1) Foundation Stability Problem

When the pipeline is laid on soft soil foundation, the bearing capacity of soft soil is low. With the self-weight of the pipeline and the transported medium, the foundation may produce excessive settlement. For example, in coastal areas or river deltas where soft soil is widely distributed, buried pipelines are prone to uneven settlement, causing the pipeline to be deformed and may even lead to leakage or rupture at the pipeline interface.

In some mountainous or hilly areas, the foundation along the pipeline may become unstable due to geological disasters such as landslides and collapses. For example, in the rainy season, the water content of the soil in mountainous areas increases and the shear strength of

11.1 埋地油气管道的基本问题

（1）地基稳定性问题

当管道敷设在软土地基时，软土的承载力较低，在管道和输送介质的自重作用下，地基可能会产生过量的沉降。例如，在沿海或河流三角洲地区，软土分布广泛，埋地管道容易出现不均匀沉降，使管道产生弯曲变形，甚至可能导致管道接口处发生泄漏或破裂。

在一些山区或丘陵地带，管道沿线的地基可能会因为山体滑坡、崩塌等地质灾害而失稳。比如在雨季，山区土体含水量增加，土体抗剪强度降

the soil decreases, which is easy to trigger landslides and bury or damage buried oil and gas pipelines. Shown in Figure 11.1.

低，容易引发山体滑坡，掩埋或损坏埋地油气管道。如图11.1所示。

Figure 11.1 Slope foundation
图 11.1 边坡地基

(2) Slope Stability Problem

For buried pipelines crossing slopes or filled sections, the stability of the slope is of crucial importance. If the anti-sliding force of the slope soil is less than the sliding force, a landslide phenomenon will occur. For example, for the artificial slope formed during pipeline construction, if there is no reasonable support, under the action of factors such as rainwater scouring, the slope soil may slide and endanger pipeline safety. Shown in Figure 11.2.

（2）边坡稳定性问题

对于穿越山坡或填方地段的埋地管道，边坡的稳定性至关重要。如果边坡土体的抗滑力小于下滑力，就会出现滑坡现象。例如，在管道建设过程中开挖形成的人工边坡，若没有进行合理的支护，在雨水冲刷等因素的作用下，边坡土体可能会滑动，危及管道安全。如图11.2所示。

(3) Soil Corrosion Problem

Different types of soil have great differences in corrosion to pipelines. For example, in soil environments such as saline-alkali land that contain a large number of corrosive ions (such as chloride ions and sulfate ions), the external anti-corrosion layer of buried oil and gas pipelines is easily damaged. When the external anti-

（3）土壤腐蚀性问题

不同类型的土壤对管道的腐蚀性差异较大。例如，在盐碱地等含有大量腐蚀性离子（如氯离子、硫酸根离子）的土壤环境中，埋地油气管道的外防腐层容易被破坏。当外防腐

Figure 11.2 Slope stability
图 11.2 边坡稳定性

corrosion layer is damaged, the pipeline metal material will have an electrochemical corrosion reaction with the corrosive medium in the soil, reducing the wall thickness of the pipeline and may eventually lead to pipeline perforation and leakage. Shown in Figure 11.3.

层出现破损后，管道金属材料会与土壤中的腐蚀性介质发生电化学腐蚀反应，使管道壁厚减薄，最终可能导致管道穿孔泄漏。如图11.3所示。

Figure 11.3 Soil corrosion
图 11.3 土壤腐蚀

(4) Frozen Soil Problem

In permafrost areas at high latitudes or high altitudes, the freeze–thaw cycle of the permafrost layer will have an adverse impact on buried pipelines. In winter, the freezing and expansion of the soil will

（4）冻土问题

在高纬度或高海拔的冻土地区，冻土层的冻融循环会对埋地管道产生不利影响。在冬季，土壤冻结膨胀会对管道产

generate an upward lifting force on the pipeline; in summer, when the permafrost melts, the pipeline will sink again. This periodic freeze-thaw effect will cause fatigue damage to the pipeline and even cause pipeline deformation and displacement, affecting the normal use of the pipeline. Shown in Figure 11.4.

生向上的抬升力；到了夏季，冻土融化，管道又会下沉。这种周期性的冻融作用会使管道产生疲劳损伤，甚至造成管道变形、移位，影响管道的正常使用。如图11.4所示。

Figure 11.4 Frozen soil

图 11.4 冻土

11.2 Basic Principles of Buried Oil and Gas Pipelines

11.2 埋地油气管道的基本原理

(1) Soil Mechanics Principles

The stress-strain relationship of soil is crucial. When a buried oil and gas pipeline is laid underground, the weight of the pipeline itself and the weight of the medium in the pipe will generate additional stress on the foundation soil. According to elastic theory and Boussinesq's solution in soil mechanics, the magnitude and distribution of additional stress at the bottom and around the soil mass of the pipeline can be calculated. For example, in a homogeneous foundation, the additional stress will gradually decrease with the increase of depth.

（1）土力学原理

土的应力-应变关系是关键。当埋地油气管道铺设在地下时，管道自身重量以及管内介质重量会对地基土产生附加应力。根据弹性理论和土力学中的布辛奈斯克解，可计算出管道底部及周围土体的附加应力大小和分布。例如，在均质地基中，附加应力会随着深度的增加而逐渐减小。

The shear strength of soil determines the stability of the foundation. For the foundation of buried pipelines, the shear strength of soil must be able to resist the shear stress generated by the weight of the pipeline and the medium to prevent shear failure of the foundation soil. The Mohr–Coulomb strength theory is a commonly used theory to judge the shear strength of soil.

土的抗剪强度决定了地基的稳定性。对于埋地管道的地基，土的抗剪强度必须能够抵抗管道及介质重量所产生的剪应力，以防止地基土发生剪切破坏。摩尔-库仑强度理论是一种常用的判断土的抗剪强度的理论。

(2) Geotechnical Seepage Principle

（2）岩土体渗流原理

The seepage of groundwater in rock and soil mass will have a buoyancy effect on buried pipelines. When the pipeline is located below the groundwater level, according to Archimedes' principle, the pipeline will be subjected to an upward buoyancy. The magnitude of buoyancy is equal to the weight of the displaced liquid.

地下水在岩土体中的渗流会对埋地管道产生浮力作用。当管道位于地下水位以下时，根据阿基米德原理，管道会受到向上的浮力。

Seepage may also lead to piping and quicksand phenomena. If the hydraulic gradient of groundwater is large, in sandy soil and other foundation soils with strong permeability, soil particles may be carried away by the water flow and piping may occur; in fine sand and other soil bodies, quicksand phenomena may occur, thereby destroying the soil structure around the pipeline and endangering pipeline safety.

渗流还可能导致管涌和流沙现象。如果地下水的水力梯度较大，在砂性土等透水性较强的地基中，可能会使土颗粒被水流带走，从而发生管涌；在粉细砂等土体中，可能会出现流沙现象，从而破坏管道周围的土体结构，危及管道安全。

(3) Geotechnical Freezing and Thawing Principle

（3）岩土体冻融原理

In frozen soil areas, the freezing and thawing cycle of soil will have an impact on pipelines. When the soil freezes, the moisture in it will freeze and the volume will expand. Because to the fact that the density of ice is less than that of water (the density of ice is about 0.9g/cm^3, and the density of water is about 1g/cm^3), the volume will expand by about 9%. This expansion force will have an upward lifting effect on the pipeline.

在冻土地区，土的冻融循环会对管道产生影响。当土体冻结时，其中的水分会结冰，体积膨胀。根据冰的密度小于水的密度（冰的密度约为0.9g/cm^3，水的密度约为1g/cm^3），体积会膨胀约9%。这种膨胀力会对管道产生向上的抬升作用。

When the frozen soil thaws, the strength of the soil decreases, and the pipeline may sink due to its own gravity. Repeated freezing and thawing cycles will damage the soil structure around the pipeline, leading to problems such as pipeline deformation and displacement.

当冻土融化时，土体强度会降低，管道可能会因为自身重力而下沉。反复的冻融循环会使管道周围的土体结构遭到破坏，导致管道变形、移位等问题。

11.3 Buried Oil and Gas Pipelines Case

11.3 埋地油气管道案例

(1) Case of Pipeline Settlement in Coastal Soft Soil Foundation

A buried oil and gas pipeline is laid in a coastal city. The foundation soil in this area is mainly soft soil. After the pipeline has been in operation for a period of time, obvious uneven settlement of the pipeline is found.

（1）某沿海软土地基管道沉降案例

某沿海城市铺设了一条埋地油气管道，该地区地基土主要为软土。在管道运行一段时间后，发现管道出现了明显的不均匀沉降。

The reason is that the bearing capacity of soft soil is low. Under the action of the weight of the pipeline and the oil and gas in the pipe, the pores in the foundation soil are compressed. According to on–site investigation and soil mechanics calculation, the additional stress at the bottom of the pipeline exceeds the bearing capacity of soft soil. To solve this problem, foundation treatment methods are adopted, such as laying a sand cushion under the pipeline to diffuse the pipeline load. At the same time, grouting reinforcement is carried out in some areas with serious settlement to improve the bearing capacity of the foundation soil, thus ensuring the normal operation of the pipeline.

原因是软土的承载力较小，在管道和管内油气的重量作用下，地基土中的孔隙被压缩。根据现场勘察和土力学计算，管道底部的附加应力超过了软土的承载力。为了解决这一问题，采用了地基处理方法，如在管道下方铺设砂垫层，以扩散管道荷载，同时对部分沉降严重的区域进行了注浆加固，提高地基土的承载力，从而保证了管道的正常运行。

(2) Case of Pipeline Slope Instability in Mountainous Areas

（2）山区管道边坡失稳案例

A buried oil and gas pipeline laid in a mountainous area passes through a hillside. In the rainy season, a landslide occurs on the hillside, resulting in the pipeline

在某山区铺设的埋地油气管道，其中一段穿越了一个山坡。在雨季，该山坡发生了滑

being buried and damaged.

After analysis, due to the reduction of the shear strength of the hillside soil under the scouring and soaking of rainwater, and the steep slope of the hillside, under the action of gravity, the sliding force of the soil mass is greater than the anti-sliding force. According to the slope stability analysis (such as calculating the safety factor of the slope by using the Swedish slice method in the limit equilibrium method), the safety factor is less than 1, resulting in slope instability. Subsequent measures such as setting retaining walls on the slope, carrying out slope protection (such as planting grass, etc.) and improv the drainage system are taken to improve the stability of the slope and avoid the recurrence of similar accidents.

坡，导致管道被掩埋和损坏。

经过分析，由于山坡土体的抗剪强度在雨水的冲刷和浸泡下降低，同时山坡的坡度较陡，在重力作用下，土体的下滑力大于抗滑力，根据边坡稳定性分析（如采用极限平衡法中的瑞典条分法计算边坡的安全系数），安全系数小于 1，导致了边坡失稳。后续采取了在边坡上设置挡土墙、进行坡面防护（如种植草皮等）和完善排水系统等措施来提高边坡的稳定性，避免了类似事故的再次发生。

(3) Case of Pipeline Freezing and Thawing Damage in Frozen Soil Areas

（3）冻土区管道冻融破坏案例

A buried oil and gas pipeline in a frozen soil area in Northeast China shows obvious lifting in winter and sinking in summer. After several freezing and thawing cycles, the pipeline deformed and leaks.

在我国东北某冻土区的埋地油气管道，冬季时管道出现了明显的抬升现象，夏季又出现下沉，经过几个冻融循环后，管道发生了变形和泄漏。

This is because in frozen soil areas, the soil freezes and expands in winter, generating an upward lifting force on the pipeline. In summer, the frozen soil thaws and the pipeline loses support and sinks. To deal with this situation, thermal insulation measures are adopted, such as wrapping insulation materials around the pipeline to reduce the heat exchange between the frozen soil layer and the pipeline. At the same time, a pipeline support structure is set up to enhance the stability of the pipeline during the freezing and thawing process, effectively solving the problem of pipeline freezing and thawing damage.

这是因为在冻土区，冬季土壤冻结膨胀，对管道产生向上的抬升力，夏季冻土融化，管道失去支撑而下沉。为了应对这种情况，采用了隔热保温措施，如在管道周围包裹隔热材料，减少冻土层与管道之间的热量交换。同时设置了管道支撑结构，增强管道在冻融过程中的稳定性，有效解决了管道冻融破坏的问题。

Example and Practice 12
案例与实践

12.1 Beijing Daxing International Airport

12.1.1 Project Overview

(1) Geographical Location and Importance

Beijing Daxing International Airport is strategically located between Daxing District, Beijing and Guangyang District, Langfang City, Hebei Province. It is located at the core of the Beijing–Tianjin–Hebei region, which is of great strategic significance for promoting the development of regional economic integration and strengthening international exchanges and cooperation.

As a major national landmark project, the construction of Beijing Daxing International Airport is an important measure to implement the national transportation power strategy and the Beijing–Tianjin–Hebei coordinated development strategy. It not only

12.1 北京大兴国际机场

12.1.1 项目概况

（1）地理位置及重要性

北京大兴国际机场位于中国北京市大兴区与河北省廊坊市广阳区之间，地理位置得天独厚。其处于京津冀地区的核心位置，对于推动区域经济一体化发展、加强国际交流与合作具有重大战略意义。

作为国家重大标志性工程，北京大兴国际机场的建设是落实国家交通强国战略、京津冀协同发展战略的重要举措。它不仅提升了中国的国际

enhances China's international air transport capacity, but also injects strong impetus into regional economic development.

航空运输能力，也为区域经济发展注入了强大动力。

(2) Design Concept and Team

Design Concept: The design concept of Beijing Daxing International Airport is advanced and unique, and the shape of "phoenix spreading its wings" implies a new gateway and new landmark of Beijing. This design concept not only reflects the auspicious symbol of the phoenix in traditional Chinese culture, but also shows the innovation and vitality of modern architecture.

Design Team: The airport was designed by the Aéroports Engineering Company de Paris (ADPI) in France and the world's leading design teams including Zaha Hadid Architects. These teams have brought their wealth of experience and creativity to create an architectural masterpiece full of art and functionality for the airport.

（2）设计理念与团队

设计理念：北京大兴国际机场的设计理念先进且独特，"凤凰展翅"的造型寓意着北京的新门户、新地标。这一设计理念既体现了中国传统文化中凤凰的祥瑞象征，又展现了现代建筑的创新与活力。

设计团队：该机场由法国巴黎机场工程公司（ADPI）与扎哈·哈迪德建筑事务所等世界顶尖设计团队联合设计。这些团队凭借其丰富的经验和卓越的创造力，为机场打造了一个充满艺术感和功能性的建筑杰作。

(3) Geotechnical Investigation

Purpose and Content of the Survey: In the early stage of the project, detailed geotechnical investigation work was carried out. The purpose of the survey is to fully understand the engineering geological conditions and mechanical properties of the rock and soil of the site, and to provide a reliable basis for the design and construction of the airport. The survey content includes geological mapping, drilling, in–situ testing, laboratory testing, etc.

Survey Results: The survey results show that the airport construction site is located in the middle of the alluvial fan of the Yongding River, and the terrain is relatively flat. The geotechnical conditions in the site are complex, and the main soil layers include silt, silty clay,

（3）岩土工程勘察

勘察目的与内容：在项目前期，进行了详细的岩土工程勘察工作。勘察目的是全面了解场地的工程地质条件和岩土的力学特性，为机场的设计和施工提供可靠依据。勘察内容包括地质测绘、钻探、原位测试、室内试验等。

勘察结果：勘察结果显示，机场建设场地地处永定河冲洪积扇中部，地形较为平坦。场地内的岩土工程条件较为复杂，主要土层包括粉土、粉质黏土、

sand, etc. There is a soft soil layer of a certain thickness in the site, which has low bearing capacity and high compressibility. At the same time, the groundwater in the site is relatively abundant, which has a certain impact on the construction of the project.

砂土等。场地内存在一定厚度的软弱土层，其承载力较小，压缩性较强。同时，场地内的地下水较为丰富，对工程建设带来了一定的影响。

12.1.2 Project Scale

12.1.2 项目规模

(1) Floor Area and Total Construction Area

Beijing Daxing International Airport covers an area of about 27 square kilometers, of which the terminal area is 700,000 square meters. Such a large area and floor area provide ample space for the airport's various functional facilities. Shown in Figure 12.1.

（1）占地面积与总建筑面积

北京大兴国际机场占地面积约27km^2，其中航站楼面积为70万m^2。如此庞大的占地面积和建筑面积为机场的各项功能设施提供了充足的空间。如图12.1所示。

Figure 12.1 Beijing Daxing International Airport
图 12.1 北京大兴国际机场

(2) The Number and Specifications of Runways

The airport has four runways, three of which are parallel and one is sideways. The specifications of the runway are built in strict accordance with international standards, which can meet the take-off and landing needs of various large passenger aircraft. Parameters

（2）跑道数量与规格

机场共四条跑道，其中三条为平行跑道，一条为侧向跑道。跑道的规格严格按照国际标准建设，能够满足各种大型客机的起降需求。跑道长度、

such as runway length, width, and strength are carefully designed and calculated to ensure the safety and stability of the aircraft during take-off and landing.

宽度和强度等参数经过精心设计和计算，确保飞机在起降过程中的安全和稳定。

(3) Terminal Structure and Layout

（3）航站楼结构与布局

Five-finger Corridor Design: The terminal adopts the five-finger corridor design, like a phoenix with wings spread. This design is not only beautiful and atmospheric, but also highly practical. The walking distance from the center of the terminal to the farthest boarding gate is no more than 600 meters, which greatly improves the travel efficiency of passengers.

五指廊造型设计：航站楼采用了五指廊的造型设计，宛如一只展翅的凤凰。这种设计不仅美观大气，而且具有很高的实用性。旅客从航站楼中心到最远端登机口步行距离不超过600m，大大提高了旅客的出行效率。

Internal Space Layout: The internal space layout of the terminal building is reasonable, and the functional partition is clear. There are multiple functional areas such as check-in area, security check area, waiting area, and business area, providing passengers with a convenient and comfortable travel environment. At the same time, a large number of rest areas, dining areas, shopping areas, etc. are also set up in the terminal to meet the various needs of passengers.

内部空间布局：航站楼内部空间布局合理，功能分区明确。设有值机区、安检区、候机区、商业区等多个功能区域，为旅客提供了便捷、舒适的出行环境。同时，航站楼内还设置了大量的休息区、餐饮区、购物区等，满足旅客的各种需求。

(4) The Scale of Geotechnical Engineering Construction

（4）岩土工程建设规模

Pile Foundation Engineering: In terms of geotechnical engineering, a large number of pile foundations were used in airport construction to improve the bearing capacity of the foundation and reduce settlement. The pile type mainly includes cast-in-place piles and prestressed pipe piles, etc., and the pile length varies according to the geological conditions of different regions, generally between 20 meters and 40 meters. The construction volume of pile foundation engineering is large and the technical requirements are high, and

桩基础工程：在岩土工程方面，机场建设采用了大量的桩基础，以提高地基的承载力和减小沉降。桩型主要包括灌注桩和预应力管桩等，桩长根据不同区域的地质条件有所差异，一般在20~40m。桩基础工程的施工量大、技术要求高，需要严格控制施工质量和进度。

the construction quality and progress need to be strictly controlled.

Underground Works: The underground works of the airport are also very large, including underground parking lots, baggage transfer channels, equipment rooms, etc. The depth of underground works is generally between 10 and 15 meters, and the depth of local areas can reach more than 20 meters. The construction of underground engineering requires a number of complex geotechnical engineering measures such as foundation pit support and waterproofing treatment.

地下工程：机场的地下工程也非常庞大，包括地下停车场、行李传输通道、设备用房等。地下工程的深度一般在10~15m，局部区域深度可达20m以上。地下工程的建设需要进行基坑支护、防水处理等多项复杂的岩土工程措施。

12.1.3 The Main Characteristics and Uses

12.1.3 主要特点及用途

(1) Advanced Design and Technical Characteristics

The Artistic and Practical Value of the "Phoenix Spreading Wings" Modeling: The shape of the "Phoenix Spreading Wings" not only has high artistic value, but also performs well in terms of practicality. The design of the five-finger corridor makes the layout of the terminal more reasonable and the travel of passengers more convenient. At the same time, this shape also facilitates natural lighting and ventilation in the terminal, reducing energy consumption.

Efficient Transportation Hub Design: The airport integrates aviation, high-speed rail, subway, highway and other transportation modes to form an efficient and convenient comprehensive transportation hub. Passengers can quickly reach the airport with a variety of modes of transportation, making the transition seamless. This kind of transportation hub design improves the travel efficiency of passengers and also promotes the development of the regional economy.

（1）先进的设计与技术特点

"凤凰展翅"造型的艺术与实用价值："凤凰展翅"的造型不仅具有很高的艺术价值，而且在实用性方面也表现出色。五指廊的设计使得航站楼的布局更加合理，旅客的出行更加便捷。同时，这种造型也有利于航站楼的自然采光和通风，降低了能源消耗。

高效的交通枢纽设计：机场集航空、高铁、地铁、公路等多种交通方式于一体，形成了高效便捷的综合交通枢纽。旅客可以通过多种交通方式快速到达机场，实现了无缝衔接。这种交通枢纽设计不仅提高了旅客的出行效率，也促进了区域经济的发展。

Application of Green Environmental Protection Concept: Beijing Daxing International Airport has fully considered environmental protection factors in the construction process and adopted a number of green building technologies. For example, the roof of the terminal building is designed with natural light, which reduces the energy consumption of artificial lighting. There is also a large amount of green landscaping in the airport to improve the surrounding environment. At the same time, the airport's energy management system also adopts advanced energy-saving technologies to reduce energy consumption and carbon emissions.

绿色环保理念的应用：北京大兴国际机场在建设过程中充分考虑了环保因素，采用了多项绿色建筑技术。例如，航站楼的屋顶采用了自然采光设计，减少了人工照明的能耗。机场内还设置了大量的绿化景观，改善了周边环境。同时，机场的能源管理系统也采用了先进的节能技术，降低了能源消耗和碳排放。

(2) Main Uses

（2）主要用途

International Air Transport Hub: As an important international aviation hub in China, Beijing Daxing International Airport has further enhanced China's international air transport capacity and strengthen economic and cultural exchanges with other countries around the world. The scale of the airport's construction and state-of-the-art facilities are able to meet the growing demand for international air transport.

国际航空运输枢纽：作为中国的重要国际航空枢纽，北京大兴国际机场进一步提升了中国的国际航空运输能力，加强与世界各国的经济、文化交流。机场的建设规模和先进设施，能够满足日益增长的国际航空运输需求。

Engine of Regional Economic Development: The construction of the airport has driven the economic development of the surrounding area and promote the process of regional integration. The operation of the airport was brought a large number of jobs, attract investment and promote the development of related industries. At the same time, the airport's function as a transportation hub has also promoted the development of trade, tourism, logistics and other industries in the region.

区域经济发展的引擎：机场的建设带动了周边地区的经济发展，促进区域一体化进程。机场的运营带来了大量的就业机会，吸引投资，推动相关产业的发展。同时，机场的交通枢纽功能也促进了区域内的贸易、旅游、物流等产业的发展。

Scientific and Technological Innovation and Demonstration Base: The construction of Beijing Daxing

科技创新与示范基地：北京大兴国际机场的建设采用了

International Airport has adopted a large number of advanced technologies and innovative concepts, such as advanced geotechnical engineering technology and green building technology. The application of these technologies and concepts will provide valuable experience and demonstrations for China's engineering construction field. At the same time, the airport will also become an important platform for scientific and technological innovation, promoting technological progress and development in related fields.

大量的先进技术和创新理念，如先进的岩土工程技术、绿色建筑技术等。这些技术和理念的应用，将为中国的工程建设领域提供宝贵的经验和示范。同时，机场也将成为科技创新的重要平台，推动相关领域的技术进步和发展。

12.1.4 Application of Geotechnical Engineering Technology

12.1.4 岩土工程技术应用

(1) Pile Foundation Technology

Cast-in-place Pile Construction Technology: cast-in-place pile is a form of pile foundation widely used in airport construction. The construction technology of cast-in-place piles mainly includes drilling, hole cleaning, steel cage production and installation, concrete pouring and other links. During the construction process, it is necessary to strictly control the drilling depth, hole diameter, verticality and other parameters to ensure the quality and bearing capacity of the cast-in-place pile. Shown in Figure 12.2.

(1)桩基础技术

灌注桩施工技术：灌注桩是机场建设中广泛应用的一种桩基础形式。灌注桩施工技术主要包括钻孔、清孔、钢筋笼制作与安装、混凝土灌注等环节。在施工过程中，需要严格控制钻孔深度、孔径、垂直度等参数，确保灌注桩的质量和承载能力。如图12.2所示。

Figure 12.2 Pile foundation
图 12.2 桩基础

Prestressed Pipe Pile Construction Technology: Prestressed pipe pile is also one of the commonly used pile foundation forms in airport construction. The construction technology of prestressed pipe pile mainly includes the production, transportation, and sinking of piles. In the process of pile sinking, it is necessary to choose the appropriate pile sinking method according to the geological conditions and the specifications of the pile, such as hammering method, static pressure method, etc. At the same time, it is also necessary to strictly control the speed and strength of pile sinking to avoid damage to the pile body.

预应力管桩施工技术：预应力管桩也是机场建设中常用的桩基础形式之一。预应力管桩施工技术主要包括桩的制作、运输、沉桩等环节。在沉桩过程中，需要根据地质条件和桩的规格选择合适的沉桩方法，如锤击法、静压法等。同时，还需要严格控制沉桩的速度和力度，避免对桩身造成损坏。

(2) Foundation Pit Support Technology

（2）基坑支护技术

Soil Nailing Wall Support Technology: Soil nailing wall support technology is a common form of foundation pit support. In the construction of airport underground engineering, soil nailing wall support technology is widely used in the support of shallow foundation pits. The soil nail wall support technology mainly includes the production and installation of soil nails, shotcrete surface layer and other links. In the construction process, it is necessary to strictly control the length, spacing, angle and other parameters of the soil nail to ensure the stability and safety of the soil nail wall.

土钉墙支护技术：土钉墙支护技术是一种常见的基坑支护形式。在机场地下工程的建设中，土钉墙支护技术被广泛应用于浅基坑的支护。土钉墙支护技术主要包括土钉的制作与安装、喷射混凝土面层等环节。在施工过程中，需要严格控制土钉的长度、间距、角度等参数，确保土钉墙的稳定性和安全性。

Row Pile Support Technology: Row pile support technology is a form of support suitable for deep foundation pits. In the construction of airport underground engineering, the pile support technology is applied to the foundation pit with a large local depth. The pile support technology mainly includes the production and construction of piles, the reinforcement of soil between piles, and the setting of crown beams and

排桩支护技术：排桩支护技术是一种适用于深基坑的支护形式。在机场地下工程的建设中，排桩支护技术被应用于局部深度较大的基坑。排桩支护技术主要包括桩的制作与施工、桩间土的加固、冠梁和支撑的设置等环节。在施工过

supports. In the construction process, it is necessary to strictly control the quality and construction accuracy of the piles to ensure the effect of pile row support.

程中，需要严格控制桩的质量和施工精度，确保排桩支护的效果。

(3) Groundwater Treatment Technology

（3）地下水处理技术

Drainage Technology: The groundwater in the site is relatively abundant, which has a certain impact on the construction of the project. In order to ensure the smooth progress of the project, the technology of lowering and drainage, such as well point precipitation, drainage blind ditch, etc., was adopted. These technologies can effectively reduce the groundwater level and ensure the safety of engineering construction.

降排水技术：场地内的地下水较为丰富，对工程建设带来了一定的影响。为了确保工程的顺利进行，采取了降排水技术，如井点降水、排水盲沟等。这些技术能够有效地降低地下水位，保证工程建设的安全。

Waterproof Treatment Technology: At the same time, in order to prevent the erosion of groundwater to underground works, waterproof treatment technology is adopted, such as laying waterproof membranes, setting up waterstops, etc. These technologies can effectively prevent the infiltration of groundwater and ensure the quality and safety of underground works. Shown in Figure 12.3.

防水处理技术：同时，为了防止地下水对地下工程的侵蚀，采取了防水处理技术，如铺设防水卷材、设置止水带等。这些技术能够有效地防止地下水的渗透，保证地下工程的质量和安全。如图12.3所示。

Figure 12.3 Groundwater treatment
图 12.3 地下水处理

12.1.5 Project Management and Quality Control

(1) Project Management Model

The geotechnical engineering project of Beijing Daxing International Airport adopts an advanced project management mode, including project general contracting mode, whole-process engineering consulting mode, etc. These management models effectively integrate the resources of all parties and improve the management efficiency and quality of the project.

(2) Quality Control System

Establish a Sound Quality Control System: In order to ensure the quality of geotechnical engineering projects, a perfect quality control system has been established. The system includes quality objectives, quality plans, quality control measures, quality inspection and acceptance. In the construction process, management and control are carried out in strict accordance with the requirements of the quality control system to ensure that the quality of the project meets the design requirements and relevant standards.

Strengthen Quality Control During Construction: During the construction process, the quality control of all links was strengthened. From the procurement and inspection of raw materials to the implementation of construction technology and quality inspection, strict management and control have been carried out. At the same time, it has also strengthened the supervision and inspection of the construction site to find and solve quality problems in a timely manner.

(3) Safety Management Measures

Establish a Sound Safety Management System: In order to ensure the safety of geotechnical engineering

12.1.5 项目管理与质量控制

（1）项目管理模式

北京大兴国际机场岩土工程项目采用了先进的项目管理模式，包括项目总承包模式、全过程工程咨询模式等。这些管理模式有效地整合了各方资源，提高了项目的管理效率和质量。

（2）质量控制体系

建立完善的质量控制体系：为了确保岩土工程项目的质量，建立了完善的质量控制体系。该体系包括质量目标、质量计划、质量控制措施、质量检验与验收等环节。在施工过程中，严格按照质量控制体系的要求进行管理和控制，确保工程质量符合设计要求和相关标准。

加强施工过程中的质量控制：在施工过程中，加强了对各个环节的质量控制。从原材料的采购、检验到施工工艺的执行、质量检验等环节，都进行了严格的管理和控制。同时，还加强了对施工现场的监督和检查，及时发现和解决质量问题。

（3）安全管理措施

建立健全的安全管理体系：为了确保岩土工程项目的

projects, a sound safety management system has been established. The system includes safety objectives, safety plans, safety management systems, safety training and education. In the construction process, management and control are carried out in strict accordance with the requirements of the safety management system to ensure construction safety.

安全，建立了健全的安全管理体系。该体系包括安全目标、安全计划、安全管理制度、安全培训与教育等环节。在施工过程中，严格按照安全管理体系的要求进行管理和控制，确保施工安全。

Strengthen the Safety Management of the Construction Site: At the construction site, the safety management of all links has been strengthened. From the safety inspection of construction equipment to the safety protection of construction personnel, the implementation of safety operation procedures and other links, strict management and control have been carried out. At the same time, it has also strengthened the safety supervision and inspection of the construction site, and found and eliminated potential safety hazards in a timely manner.

加强施工现场的安全管理：在施工现场，加强了对各个环节的安全管理。从施工设备的安全检查到施工人员的安全防护、安全操作规程的执行等环节，都进行了严格的管理和控制。同时，还加强了对施工现场的安全监督和检查，及时发现和消除安全隐患。

12.1.6 Significance and Impact of the Project

12.1.6 项目意义与影响

(1) Promoting Regional Economic Development

The construction of Beijing Daxing International Airport has significantly boosted the economic development of the Beijing-Tianjin-Hebei region. The airport’s operation has brought a large influx of people, logistics, and capital, greatly stimulating the development of industries such as trade, tourism, and logistics within the region. Meanwhile, the airport’s construction has also driven infrastructure development and urbanization in surrounding areas, enhancing the region’s comprehensive competitiveness.

（1）推动区域经济发展

北京大兴国际机场的建设，极大地推动了京津冀地区的经济发展。机场的运营带来大量的人流、物流和资金流，极大促进了区域内贸易、旅游、物流等产业的发展。同时，机场的建设也带动了周边地区的基础设施建设和城市化进程，提高了区域的综合竞争力。

(2) Strengthening International Exchanges and Cooperation

As an important international aviation hub, Beijing Daxing International Airport has enhanced economic and cultural exchanges and cooperation between China and other countries around the world. The airport's construction has improved China's international air transportation capacity, providing more convenient channels for trade and personnel exchanges between China and the rest of the world. At the same time, the airport's construction has also elevated China's international image and influence.

(3) Facilitating Scientific and Technological Innovation and Development

The construction of Beijing Daxing International Airport has adopted a large number of advanced technologies and innovative concepts, including advanced geotechnical engineering technologies and green building technologies. The application of these technologies and concepts has promoted scientific and technological innovation and development in related fields in China, and improved China's engineering construction standards and comprehensive strength.

(2)加强国际交流与合作

作为重要的国际航空枢纽，北京大兴国际机场加强了中国与世界各国的经济、文化交流与合作。机场的建设提高了中国的国际航空运输能力，为中国与世界各国的贸易往来、人员交流提供更加便捷的通道。同时，机场的建设也提升了中国的国际形象和影响力。

(3)促进科技创新与发展

北京大兴国际机场的建设采用了大量的先进技术和创新理念，包括先进的岩土工程技术、绿色建筑技术等。这些技术和理念的应用，促进了中国在相关领域的科技创新与发展，提高了中国的工程建设水平和综合实力。

12.2 Huangjinxia Water Control Project

12.2 黄金峡水利枢纽

12.2.1 Project Overview

12.2.1 项目概况

(1) Geographic Location

The Huangjinxia Water Control Project is located in the upper reaches of the main stream of the Han River in Yangxian County, Hanzhong City, Shaanxi Province. It is located in the Qinba mountain area in southern Shaanxi.

(1)地理位置

黄金峡水利枢纽位于陕西省汉中市洋县境内汉江干流上游峡谷段，地处陕南秦巴山区，是汉江干流上游梯级开发

It is the first stage in the cascade development plan of the upper reaches of the main stream of the Han River. Its geographical location is very important and has crucial significance for regional water resources allocation, flood control, power generation and so on. Shown in Figure 12.4.

规划中的第一级。其地理位置十分重要，对于区域水资源调配、防洪、发电等具有重要意义。如图12.4所示。

Figure 12.4 The Huangjinxia Water Control Project
图 12.4 黄金峡水利枢纽

(2) Natural Conditions

The terrain in the area where the project is located fluctuates greatly, the river valley is deeply cut, and the mountains on both sides of the river are steep. The canyon section presents a typical “V” shaped landform, with a narrow riverbed and turbulent water flow. This terrain condition poses a greater challenge to engineering construction, especially in aspects such as foundation excavation and slope support.

The surrounding mountainous areas are relatively densely vegetated, mainly subtropical evergreen broad-leaved forests, and the ecological environment is relatively fragile. During the engineering construction process, ecological protection issues need to be fully considered, and effective measures should be taken to reduce damage to vegetation and the impact on the

（2）自然条件

枢纽所在区域地形起伏较大，河谷深切，两岸山体陡峭。峡谷段呈现出典型的“V”字形地貌，河床狭窄，水流湍急。这种地形条件给工程建设带来了较大的挑战，尤其是在基础开挖和边坡支护等方面。

周边山地植被较为茂密，以亚热带常绿阔叶林为主，生态环境相对脆弱。在工程建设过程中，需要充分考虑生态保护问题，采取有效的措施减少对植被的破坏和对生态环境的影响。

ecological environment.

Huangjinxia Town belongs to the subtropical humid monsoon climate zone, with four distinct seasons and a mild climate. The annual average temperature is about 14°C. The extreme maximum temperature can reach 38°C, and the extreme minimum temperature is about –10°C. Precipitation is abundant, ranging from 800 to 1200 millimeters annually, and precipitation is mainly concentrated in summer, mostly in the form of rainstorms. This precipitation characteristic poses higher requirements for the construction organization and flood prevention of the project. During the rainy season, the construction progress may be affected. At the same time, it is necessary to strengthen the protection of slopes and other parts to prevent geological disasters caused by rainwater scouring.

黄金峡镇属于亚热带湿润季风气候区，四季分明，气候温和。年平均气温在14℃左右，极端最高气温可达38℃，极端最低气温约–10℃。降水丰富，年降水量在800~1200mm，且降水主要集中在夏季，多以暴雨形式出现。这种降水特点对工程的施工组织和防洪度汛提出了较高的要求。在雨季，施工进度可能会受到影响，同时需要加强对边坡等部位的防护，防止雨水冲刷引发地质灾害。

The Han River is the largest tributary of the Yangtze River and has abundant water volume. The average annual runoff at the dam site of the Huangjinxia Water Control Project is about 27.2 billion cubic meters. The water level of the river changes greatly. The water level rises rapidly during the flood season, and the water level is relatively low during the dry season. The sediment content of the river water is relatively small and the water quality is good, meeting Class Ⅱ water standards. However, during the flood season, due to rainstorm scouring, the sediment content will increase. The complexity of hydrological conditions requires full consideration of hydraulic factors in engineering design to ensure the safety, stability and long-term operation of dams and other buildings.

汉江是长江的最大支流，水量充沛。黄金峡水利枢纽坝址处多年平均径流量约为272亿m^3。河流的水位变化较大，汛期水位上涨迅速，枯水期水位相对较低。河水含沙量较小，水质较好，为Ⅱ类水标准。但在汛期，由于暴雨冲刷，含沙量会有所增加。水文条件的复杂性要求在工程设计中充分考虑水力学因素，确保大坝等建筑物的安全稳定和长期运行。

12.2.2 Project Scale

(1) Dams and Related Buildings

The dam of the Huangjinxia Water Control Project is a concrete gravity dam with a maximum dam height of about 100 meters and a dam crest length of about 300 meters. The dam adopts advanced concrete pouring technology and quality control measures to ensure the strength and stability of the dam. The dam body is divided into multiple dam sections, and each dam section is designed according to functional and structural requirements. Facilities such as drainage systems and corridors are set up inside the dam body to meet the needs of monitoring, drainage and maintenance during the operation period of the dam.

The flood discharge structure includes the overflow dam section and flood discharge tunnel. The overflow dam section is located in the middle of the dam and is equipped with multiple overflow holes with strong total flood discharge capacity, which can effectively discharge floods and ensure the safety of the dam and downstream areas. In the design, the energy dissipation problem of water flow is considered, and energy dissipation methods such as jet flow energy dissipation are adopted to reduce the scouring of the downstream riverbed by water flow. The flood discharge tunnel is arranged on one side of the dam in the form of a pressurized tunnel. The section size of the flood discharge tunnel is designed according to the flood discharge flow requirements. Lining and other protective measures are adopted in the tunnel to ensure the safety and stability of the tunnel body. During the construction process, strict requirements are imposed on the excavation and support of the flood discharge tunnel

12.2.2 项目规模

（1）大坝及相关建筑物

黄金峡水利枢纽大坝为混凝土重力坝，最大坝高约100m，坝顶长度约300m。大坝采用了先进的混凝土浇筑技术和质量控制措施，确保了大坝的强度和稳定性。坝体分为多个坝段，每个坝段根据功能和结构要求进行设计。在坝体内部设置了排水系统、廊道等设施，以满足大坝运行期的监测、排水和检修等需要。

泄水建筑物包括溢流坝段和泄洪洞等。溢流坝段位于大坝中部，设有多个溢流孔，总泄洪能力较强，能够有效宣泄洪水，保障大坝和下游地区的安全。在设计上，考虑了水流的消能问题，采用了挑流消能等方式，减少水流对下游河床的冲刷。泄洪洞布置在大坝一侧，为有压隧洞形式。泄洪洞的断面尺寸根据泄洪流量要求进行设计，洞内采用了衬砌等防护措施，保证洞身的安全稳定。在施工过程中，对泄洪洞的开挖和支护要求严格，确保施工质量和安全。

to ensure construction quality and safety.

The power generation plant is a plant behind the dam and is located on the downstream side of the dam. Multiple sets of hydroelectric generating units are installed in the plant, with a total installed capacity of 135,000 kilowatts. The structural design of the power generation plant is reasonable and can meet the installation, operation and maintenance requirements of the units. The plant is equipped with advanced power generation equipment and an automated control system, realizing remote monitoring and operation of the units and improving power generation efficiency and operational reliability.

发电厂房为坝后式厂房，位于大坝下游侧。厂房内安装了多台水轮发电机组，总装机容量达到13.5万kW。发电厂房的结构设计合理，能够满足机组的安装、运行和维护要求。厂房内配备了先进的发电设备和自动化控制系统，实现了对机组的远程监控和操作，提高了发电效率和运行可靠性。

(2) Water Conveyance Project

（2）输水工程

The diversion tunnel in the water conveyance project is one of the key parts, with a total length of about 98.3 kilometers. The tunnel passes through the mountain, with complex geological conditions and great construction difficulty. During the construction process, advanced tunnel excavation technologies such as the combination of TBM (tunnel boring machine) construction and drilling and blasting methods are adopted to improve construction efficiency. In order to ensure the stability and impermeability of the tunnel, lining treatment is carried out on the tunnel, and high-strength concrete and impermeable materials are used as lining materials. At the same time, multiple monitoring points are set up along the tunnel to monitor the deformation and seepage of the tunnel in real time.

输水工程中的引水隧洞是关键部分之一，隧洞全长约98.3km。隧洞穿越山体，地质条件复杂，施工难度较大。在施工过程中，采用了先进的隧洞开挖技术，如TBM（隧道掘进机）施工和钻爆法相结合的方式，提高了施工效率。为了保证隧洞的稳定和防渗，对隧洞进行了衬砌处理，衬砌材料采用了高强度的混凝土和防渗材料。同时，在隧洞沿线设置了多个监测点，对隧洞的变形、渗流等情况进行实时监测。

The canal adopts a concrete lining structure to reduce seepage losses during water conveyance. Buildings such as check gates and diversion gates are set up along the canal to regulate water level and flow and meet different

渠道采用了混凝土衬砌结构，以减少输水过程中的渗漏损失。渠道沿线设置了节制闸、分水闸等建筑物，用于调

water demands. In the design and construction of the canal, terrain conditions and flow characteristics are fully considered to ensure the water conveyance capacity and safe operation of the canal. At the same time, the ecological environment around the canal is protected, and measures such as greening are taken to reduce the impact on the ecology.

节水位和流量，满足不同用水需求。在渠道的设计和施工中，充分考虑了地形条件和水流特性，确保渠道的输水能力和安全运行。同时，对渠道周边的生态环境进行了保护，采取了绿化等措施，减少对生态的影响。

12.2.3 Main Characteristics and Uses

12.2.3 主要特点及用途

(1) Main Characteristics

First of all, the geological structure of the area where the Huangjinxia Water Control Project is located is relatively complex, and there are various rock types such as sandstone, shale, and limestone, and the rock joints and fissures are well developed. During the engineering construction process, corresponding foundation treatment and slope support measures need to be taken according to different geological conditions. For example, during the foundation excavation of the dam, some soft rock strata were encountered and reinforcement treatment was needed. Technologies such as cast-in-place piles and curtain grouting were adopted to improve the bearing capacity and impermeability of the foundation. For slopes, support methods such as anchors, anchor cables, and shotcrete are adopted to ensure slope stability.

Secondly, due to the limitations of topography and geological conditions, engineering construction faces many technical difficulties. For example, for dam concrete pouring, construction needs to be carried out in a narrow river valley. The construction site is limited, and the layout of concrete transportation and

（1）主要特点

首先，黄金峡水利枢纽所在区域地质构造较为复杂，存在多种岩石类型，如砂岩、页岩、灰岩等，且岩石节理裂隙发育良好。在工程建设过程中，需要针对不同的地质条件采取相应的基础处理和边坡支护措施。例如，在大坝基础开挖过程中，遇到了部分软岩地层，需要进行加固处理，采用了灌注桩、帷幕灌浆等技术，提高了基础的承载能力和防渗性能。对于边坡，采用了锚杆、锚索、喷混凝土等支护方式，确保边坡的稳定。

其次，由于地形地貌和地质条件的限制，工程施工面临诸多技术难题。如大坝混凝土浇筑，需要在狭窄的河谷中进行施工，施工场地有限，混凝土运输和浇筑设备的布置难度

pouring equipment is difficult. The excavation length of the diversion tunnel is long, and it passes through different geological strata, which have high requirements for construction technology and equipment. During construction, by optimizing the construction plan and adopting advanced construction technologies and equipment, such as TBM construction, the efficiency and quality of tunnel excavation are improved. At the same time, geological prediction and monitoring during the construction process are strengthened, and construction parameters are adjusted in time to ensure construction safety.

较大。引水隧洞的开挖长度较长，且穿越不同的地质地层，对施工技术和设备要求高。在施工中，通过优化施工方案，采用先进的施工技术和设备，如TBM施工，提高了隧洞开挖的效率和质量。同时，加强了施工过程中的地质预报和监测，及时调整施工参数，确保施工安全。

Not only that, because the project is located in the Qinba mountain area with a relatively fragile ecological environment and there are abundant animal and plant resources around, the requirements for ecological environmental protection are high. During the engineering construction process, great importance is attached to ecological environment protection, and a series of measures are taken to reduce the impact on the ecological environment. During construction, the construction site is reasonably planned to minimize damage to vegetation. Waste residues and waste water generated during construction are properly treated to prevent environmental pollution. At the same time, after the project is completed, through ecological restoration measures, the surrounding ecological environment is restored. For example, greening is carried out around the dam and along the canal, and plants suitable for local growth are planted to improve the stability of the ecosystem.

不仅如此，由于项目位于生态环境较为脆弱的秦巴山区，周边有丰富的动植物资源，所以对生态环保要求高。在工程建设过程中，高度重视生态环境保护，采取了一系列措施减少对生态环境的影响。在施工过程中，合理规划施工场地，尽量减少对植被的破坏。对施工产生的废渣、废水等进行妥善处理，防止污染环境。同时，在工程建成后，通过生态修复措施，恢复周边的生态环境，如在大坝周边和渠道沿线进行绿化，种植适合当地生长的植物，提高生态系统的稳定性。

(2) Uses

(2)用途

The Huangjinxia Water Control Project is one

黄金峡水利枢纽是引汉济

of the important water sources of the Hanjiang-to-Weihe River Diversion Project. One of its main tasks is to supply water to the Guanzhong area. Through the water conveyance project, Hanjiang water is transported to the Guanzhong area to alleviate the problem of water shortage in this area. The annual water supply is expected to reach 1 billion cubic meters, which can meet the needs of urban domestic water, industrial water and agricultural irrigation water in the Guanzhong area, and is of great significance for promoting economic and social development and ensuring people's livelihood in the Guanzhong area.

渭工程的重要水源地之一，其主要任务之一是为关中地区供水。通过输水工程，将汉江水输送到关中地区，缓解该地区水资源短缺的问题。预计年供水量可达10亿m^3，可满足关中地区城市生活用水、工业用水和农业灌溉用水等需求，对于促进关中地区经济社会发展和保障民生具有重要意义。

Using the abundant hydropower resources of the Han River for power generation is another important function of the Huangjinxia Water Control Project. The total installed capacity of the power station is relatively large, and the annual power generation can reach 351 million kilowatt-hours. After the generated power is connected to the grid, it can provide clean energy for local and surrounding areas, which has a positive effect on optimizing the regional energy structure and reducing carbon emissions. At the same time, the power generation benefit also provides certain financial support for the operation and maintenance of the project.

利用汉江丰富的水能资源进行发电，是黄金峡水利枢纽的另一个重要功能。电站总装机容量较大，年发电量可达3.51亿kW·h。所发电力接入电网后，可为当地及周边地区提供清洁的能源，对于优化区域能源结构、减少碳排放等具有积极作用。同时，发电效益也为工程的运行和维护提供了一定的资金支持。

After the dam is completed, it can effectively regulate the flood flow in the upper reaches of the Han River and improve the flood control capacity of downstream areas. By reasonably scheduling the reservoir water level, flood water is stored during the flood season, the flood peak is reduced, and the flood control pressure on downstream areas is reduced.

大坝建成后，有效调节了汉江上游的洪水流量，提高下游地区的防洪能力。通过合理调度水库水位，在汛期拦蓄洪水，削减洪峰，减轻下游地区的防洪压力。

According to analysis and calculation, the Huangjinxia Water Control Project can increase the flood

经分析计算，黄金峡水利枢纽可使下游地区的防洪标准

control standard of downstream areas from once in 100 years to once in 200 years, effectively protecting the safety of people's lives and property and infrastructure in downstream areas.

由原来的100年一遇提高到200年一遇，有效地保护了下游地区人民生命财产安全和基础设施的安全。

It provides irrigation water for farmland around the Han River Basin, improves agricultural irrigation conditions, and promotes agricultural increases in production and income. Through the water conveyance channel and supporting irrigation facilities, the surrounding farmland can be irrigated. The guarantee of irrigation water helps to improve the stability of local agricultural production, promote the development of agricultural modernization, and also plays a certain role in ensuring national food security.

为汉江流域周边的农田提供灌溉用水，改善农业灌溉条件，促进农业增产增收。通过输水渠道和配套的灌溉设施，可灌溉周边的农田。灌溉用水的保障有助于提高当地农业生产的稳定性，推动农业现代化发展，同时也对保障国家粮食安全起到一定的作用。

12.2.4 Project Significance

12.2.4 项目意义

The construction of the Huangjinxia Water Control Project plays an important role in promoting economic development in Hanzhong City and surrounding areas. During the project construction period, it has driven the development of related industries such as building materials, mechanical equipment, and transportation, creating a large number of employment opportunities. After the project is completed, the functions of water supply and power generation will provide water resources and energy guarantees for regional industrial development, which is conducive to attracting investment, promoting industrial upgrading and economic structure adjustment, and promoting the sustainable development of the regional economy.

黄金峡水利枢纽的建设对于促进汉中市及周边地区的经济发展具有重要推动作用。工程建设期间，带动了相关产业的发展，如建筑材料、机械设备、交通运输等行业，创造了大量的就业机会。工程建成后，供水和发电等功能的发挥，为区域工业发展提供了水资源和能源保障，有利于吸引投资，促进产业升级和经济结构调整，推动区域经济的可持续发展。

It is of great significance in cross-basin water resources allocation, realizing the reasonable allocation of Hanjiang water to the Guanzhong area, alleviating

在跨流域水资源调配方面具有重要意义，实现了汉江水向关中地区的合理调配，缓解

the contradiction between supply and demand of water resources in the Guanzhong area, and promoting the optimal allocation and comprehensive utilization of regional water resources.

了关中地区水资源供需矛盾，促进了区域水资源的优化配置和综合利用。

It is conducive to ensuring the urban domestic water, industrial water and agricultural irrigation water needs of the Guanzhong area, improving water resources utilization efficiency, and supporting the sustainable development of the regional economy and society.

有利于保障关中地区的城市生活用水、工业用水和农业灌溉用水需求，提高水资源利用效率，支撑区域经济社会的可持续发展。

Although the project construction had a certain impact on the ecological environment, through a series of ecological protection and restoration measures, the regional ecological environment has been improved to a certain extent. For example, the formation of the reservoir increases the water area, which is conducive to regulating the local climate and improving the ecological microclimate. At the same time, through reasonable water resources scheduling, the downstream ecological water demand can be guaranteed, and the stability and biodiversity of the Han River ecosystem can be maintained.

虽然工程建设过程中对生态环境有一定的影响，但通过采取一系列生态保护和修复措施，在一定程度上改善了区域生态环境。例如，水库的形成增加了水域面积，有利于调节局部气候，改善生态小气候。同时，通过合理的水资源调度，可以保障下游生态用水需求，维护汉江生态系统的稳定和生物多样性。

12.2.5 Project Progress and Achievements

12.2.5 项目进展及成果

As of January 2024, the geotechnical engineering project of the Huangjinxia Water Control Project has achieved important phased results. The main project of the dam has been basically completed, the quality of concrete pouring is excellent, and all indicators meet the design requirements. The appearance quality of the dam is good, the lines are smooth, reflecting a high level of engineering construction. The foundation treatment and slope support work of the dam has also been completed.

截至2024年1月，黄金峡水利枢纽岩土工程项目已取得了阶段性的重要成果。大坝主体工程已基本完成，混凝土浇筑质量优良，各项指标均符合设计要求。大坝的外观质量良好，线条流畅，体现了较高的工程建设水平。大坝的基础处理和边坡支护工作也已完

After testing, the bearing capacity of the foundation and the stability of the slope met the design standards. During the construction of the dam, advanced construction techniques and management methods such as mass concrete temperature control technology and digital construction management have been adopted to ensure project quality and progress.

成，经过检测，基础的承载能力和边坡的稳定性均满足设计标准。在大坝建设过程中，采用了先进的施工工艺和管理方法，如大体积混凝土温控技术、数字化施工管理等，确保了工程质量和进度。

The diversion tunnel has been completely penetrated, and most of the lining work of the tunnel has been completed. During the tunnel construction process, many difficulties such as complex geological conditions have been overcome. By strengthening geological prediction and construction monitoring, some adverse geological problems have been dealt with in time to ensure the safety and quality of tunnel construction. The construction of the water conveyance channel is also advancing steadily, and most sections of the concrete lining work of the channel have been completed. By December 2023, structures along the canal, including check gates and distribution gates, had been completed, and equipment installation and debugging were fully finished.

引水隧洞已全线贯通，隧洞的衬砌工作也已大部分完成。在隧洞施工过程中，克服了地质条件复杂等诸多困难，通过加强地质预报和施工监测，及时处理了一些不良地质问题，保证了隧洞施工的安全和质量。输水渠道的建设也在稳步推进，渠道的混凝土衬砌工作已完成了大部分段落。2023年12月，渠道沿线的建筑物，节制闸、分水闸等已建成，设备安装和调试工作均已完成。

The main structure of the power generation plant has been completed, and the installation of hydroelectric generating units is in progress. Electrical equipment, automated control systems, etc. in the plant are also being installed and debugged simultaneously. In March 2024, the first unit was connected to the power grid for power generation, marking the Golden Gorge Water Control Project's entry into the comprehensive operation phase.

发电厂房的主体结构已完工，水轮发电机组的安装工作正在紧张进行中。厂房内的电气设备、自动化控制系统等也在同步安装和调试。2024年3月，首台机组并网发电，黄金峡水利枢纽工程进入全面运行阶段。

Through the construction of the geotechnical engineering project of the Huangjinxia Water Control Project, not only have a series of innovative

通过黄金峡水利枢纽岩土工程项目的建设，不仅在工程技术方面取得了一系列创新成

achievements been made in engineering technology, such as foundation treatment technology under complex geological conditions and long-distance tunnel construction technology, but also a group of high-quality engineering technical talents and management talents have been cultivated, accumulating valuable experience for my country's water conservancy project construction. At the same time, the construction of the project has also made positive contributions to local social and economic development and ecological environment protection, realizing a win-win situation of economic, social and ecological benefits.

果，如复杂地质条件下的基础处理技术、长距离隧洞施工技术等，还培养了一批高素质的工程技术人才和管理人才，为我国水利工程建设积累了宝贵的经验。同时，项目建设也为当地社会经济发展和生态环境保护作出了积极贡献，实现了经济、社会和生态效益的多赢。

12.3 Yan'an New District

12.3 延安新区

12.3.1 Project overview

(1) Construction Background

The old city center of Yan'an faces many serious challenges due to its narrow topography. Only 36 square kilometers of urban area but accommodates nearly 500,000 people, the population density of 14,700 people per square kilometer, even more than Beijing and Shanghai. Official data show that the per capita construction land in Yan'an is only 72 square meters, far below the national standard. At the same time, with the development of the city, 168 old revolutionary sites around the environment is constantly being encroached upon and eaten up, to protect the old revolutionary sites and historical and cultural city from great difficulty and pressure, which is extremely disproportionate to the status of the holy land of the revolution, but also with the development of red tourism requirements have a big gap.

12.3.1 项目概况

（1）建设背景

延安老城区由于地形狭窄，面临着诸多严峻挑战。仅36km^{2}的城区却容纳了近50万人口，人口密度达到每平方公里1.47万人，局部地区甚至超过北京和上海。官方数据显示，延安人均建设用地仅为72m^2，远低于国家标准。同时，随着城市的发展，168处革命旧址周边环境不断受到侵占和蚕食，保护革命旧址和历史文化名城的难度与压力巨大，这与革命圣地的地位极不相称，也与发展红色旅游的要求有很大差距。此外，交通拥堵问题严重，一

In addition, traffic congestion is a serious problem, the general urban radius of each additional 1 kilometer can increase the construction of land more than 10,000 acres, while Yan'an can only increase less than 700 acres. Shown in Figure 12.5.

般城市半径每增加1km可增加建设用地1万亩（1亩≈667平方米，15亩=1公顷，下同）以上，而延安只能增加不足700亩。如图12.5所示。

Figure 12.5 Yan'an New District
图12.5 延安新区

(2) Construction Planning

In order to break through these difficulties, Yan'an has implemented the strategy of "expanding from the center and building a city on the mountain". Planning area of 78.5 square kilometers of Yan'an new area is divided into the north, east and west. North District is located in Yan'an Qingliangshan north–south axis, planning for the municipal administrative center, an area of about 38 square kilometers, carrying a population of 15~20 million people. The spatial structure is "one center, two axes, five districts and six corridors", and it will be constructed as a municipal administrative office, commercial district, educational district and residential district. The East District is located in the southeast of Baota Mountain and on the south bank of Yanhe River,

（2）建设规划

为了突破这些困境，延安实施"中疏外扩、上山建城"战略。规划面积达78.5km^2的延安新区分为北区、东区和西区。北区位于延安清凉山南北中轴线北部，规划为市级行政中心，面积约38km^2，承载人口15万~20万人。空间结构为"一心、二轴、五区、六廊"，将建设市级行政办公区、商业区、教育区和居民居住区。东区位于宝塔山东南，延河南岸，规划为区级行政中心，面积约32.3km^2，承载人口同样

and is planned to be the administrative center of the district, with an area of about 32.3 square kilometers and a population of 150,000~200,000 people. The planning structure is "one corridor, two wings, six districts", focusing on the development of sports, tourism services, leisure and vacation and high-grade residential clusters showing the regional style of loess. The West District is located on the west side of Phoenix Hill, adjacent to the old city, with red culture as the core, covering an area of about 8.2 square kilometers, carrying a population of 20,000~30,000 people, and creating a new "window" to display the historical memory of the holy land of Yan'an.

为15万~20万人。规划结构为"一廊、两翼、六片区"，以发展体育、旅游服务、休闲度假和展示黄土地域风貌的高档住宅群为主。西区位于凤凰山西侧，毗邻老城，以红色文化为核心，面积约8.2km^2，承载人口2万~3万人，打造展示圣地延安历史记忆的新"窗口"。

12.3.2 Scale of the Project

(1) Scale of Earthwork

the total amount of earthwork of Yan'an New District project is 363 million cubic meters, of which 200 million cubic meters are excavated and 163 million cubic meters are filled. the first phase of Yan'an New District (North) project started in April 2012 is one of the largest geotechnical engineering projects in China, which is "cutting down the mountain, filling up the ditch, creating the land, and constructing the city" in wet-sagging loess area. One of the largest geotechnical projects in China. Such a huge earthwork not only requires advanced technology and equipment support, but also strong organization and management ability. Shown in Figure 12.6.

(2) Scale of Floor Area

There are several major projects in Yan'an New Area with sizable scale of floor area. For example, in the planning and design program of D1-14 plot in the new area, the plot is divided into D1-14-01 and D1-14-

12.3.2 项目规模

(1)土方工程规模

延安新区工程土方总量3.63亿m^3，其中挖方2.0亿m^3，填方1.63亿m^3。2012年4月开工的延安新区(北区)一期项目，是目前国内湿陷性黄土地区"削山、填沟、造地、建城"规模最大的岩土工程之一。如此浩大的土方工程，不仅需要先进的技术和设备支持，更需要强大的组织和管理能力。如图12.6所示。

(2)建筑面积规模

延安新区有多个重大项目，建筑面积规模可观。例如，新区D1-14地块规划设计方案中，该地块分为D1-14-

Figure 12.6 Scale of earthwork
图 12.6 土方工程规模

02 plots, with a net land size of 18.50 acres and 11.89 acres respectively. In addition, Yan'an New Area Energy Science and Technology Innovation Service Town covers a total area of 218.85 acres, with a total construction area of 175,000 square meters, plot ratio ≤ 1.2, building density ≤ 30%, and green space rate ≥ 35%. It is mainly a science and technology innovation service town integrating science and technology innovation, energy headquarters base, high-tech enterprise incubation and innovation, and high-tech energy product R&D and production. Star hotel project is located in the east area of Yan'an New District, energy industry service town center area P2-03 land, planning a total land area of 65.56 acres, floor area ratio ≤ 1.2, a total construction area of 52,400 square meters, the main construction content includes star hotels, commercial streets and part of the supporting apartments. The planning and construction of these projects will greatly enrich the functions and modes of Yan'an New Area and enhance the attractiveness and competitiveness of the new area.

01与D1-14-02地块，净用地大小分别为18.50亩与11.89亩。此外，延安新区能源科技创新服务小镇总占地面积218.85亩，总建筑面积17.5万m^2，容积率≤1.2，建筑密度≤30%，绿地率≥35%。主要建设集科技创新、能源总部基地、高新企业孵化创新、高科技能源产品研发生产等一体化科技创新服务小镇。星级酒店项目位于延安新区东片区能源产业服务小镇中心区P2-03地块，规划总占地面积65.56亩，容积率≤1.2，总建筑面积5.24万m^2，主要建设内容包括星级酒店、商业街区及部分配套公寓。这些项目的规划建设，将极大地丰富延安新区的功能和业态，提升新区的吸引力和竞争力。

12.3.3 Project Characteristics

(1) Location Advantage

Yan'an new area and the old city are closely linked to form an organic whole. North District is located in the north of Yan'an Qingliang Mountain north-south axis, backed by the main vein, east and west of the mountains surrounded by protection, facing the Yanhe River, looking at the Pagoda; East District is located in the southeast of the Pagoda Mountain, the south bank of the Yanhe River, and the North District of the new city across the river; West District is located in the west side of the Phoenix Hill, adjacent to the old city. This close location relationship allows the resources between the old and new towns can be effectively integrated and shared. On the one hand, the rich historical and cultural resources of the old city provide the new district with a deep cultural heritage and tourism attraction; on the other hand, the modernization and development of the new district also provide support and impetus for the protection and renewal of the old city.

(2) Scientific Planning

The planning of Yan'an New Area is highly scientific. Functional distinction is clear, the North District as the municipal administrative center, to modern trade, financial services, education and training functions; East District planning for district-level administrative center, sports, tourism services, leisure and high-grade residential groups; West District to the red culture as the core, the development of cultural tourism industry. This clear functional zoning allows each area to give full play to its own advantages and

12.3.3 项目特点

（1）区位优势

延安新区与老城区紧密相连，形成了有机的整体。北区位于延安清凉山南北中轴线北部，背依主脉，东西护山环绕，面向延河，眺望宝塔；东区位于宝塔山东南，延河南岸，与北区新城隔川相望；西区位于凤凰山西侧，毗邻老城。这种紧密的区位关系使得新老城区之间的资源能够得到有效整合和共享。一方面，老城区丰富的历史文化资源为新区提供了深厚的文化底蕴和旅游吸引力；另一方面，新区的现代化建设和发展也为老城区的保护和更新提供了支持和动力。

（2）规划科学性

延安新区的规划具有高度的科学性。功能区分明确，北区作为市级行政中心，以现代商贸、金融服务、教育培训等功能为主；东区规划为区级行政中心，以体育、旅游服务、休闲度假和高档住宅群为主；西区以红色文化为核心，发展文化旅游产业。这种明确的功能分区使得各个区域能够充分

realize synergistic development. At the same time, the new area also focuses on the construction of ecological green corridors, the formation of "a center, two axes, five districts, six corridors" "a corridor, two wings, six areas" and other spatial layout, realizing the green corridors through the arterial roads, multi–level support for the overall layout of the growth of the group. In addition, the new district in the planning process also gave full consideration to rainwater collection, water reuse, clean energy use, public transportation, slow–moving systems, comprehensive pipeline corridors and other infrastructure construction, providing a guarantee for the sustainable development of the new district.

(3) Positioning

The construction of Yan'an New Area is positioned as livable, workable and swimmable. In terms of livability, the new district pays attention to the construction of ecological environment and creates an urban green belt, green network and green corridor through large–scale, high–density and multi–tree vegetation system, realizing the ecological beauty of flowers in three seasons and green in four seasons. At the same time, the new district is also equipped with comprehensive public service facilities, such as comprehensive three–A hospitals, schools, kindergartens, commercial streets, parks, etc., providing residents with convenient living conditions. In terms of industry–friendliness, the new district focuses on functions such as public services, finance and commerce, education and scientific research, and high–tech industries, and actively cultivates urban industries to enhance the follow–up power of urban development. For example, it has built an

发挥自身的优势，实现协同发展。同时，新区还注重生态绿廊的建设，形成了“一心、二轴、五区、六廊”“一廊、两翼、六片区”等空间布局，实现了绿廊贯通、干道串接、多级支撑的组团生长总体布局。此外，新区在规划过程中还充分考虑了雨水收集、中水回用、清洁能源利用、公共交通、慢行系统、综合管廊等基础设施建设，为新区的可持续发展提供了保障。

（3）定位高瞻性

延安新区的建设定位为宜居、宜业、宜游。在宜居方面，新区注重生态环境建设，通过大规模、高密度、多树种的植被系统打造城市绿带、绿网、绿廊，实现了三季有花、四季见绿的生态美景。同时，新区还配备了完善的公共服务设施，如综合三甲医院、学校、幼儿园、商业街、公园等，为居民提供了便捷的生活条件。在宜业方面，新区以公共服务、金融商贸、教育科研、高新产业等功能为主，积极培育城市产业，增强城市发展后续动力。例如，建设能源科技创新服务小镇，集科技创新、能源总部基地、高新企业

energy science and technology innovation service town, which integrates science and technology innovation, energy headquarters base, high-tech enterprise incubation and innovation, and high-tech energy product research and development and production; and it has built a star hotel project to improve the level of tourism services. In terms of tourism, the new district gives full play to its own red cultural resources and natural landscape advantages to create a number of tourist attractions and cultural projects, such as restoring important historical buildings in the Holy Land, excavating and expanding the Red culture, and experiencing the beacon years in the Holy Land; and constructing large parks, such as the People's Park, the Cultural Park, the Luyi Eco-Park, and the Learning Study Hill Park, which provide tourists with a rich tourism experience.

孵化创新、高科技能源产品研发生产等为一体；打造星级酒店项目，提升旅游服务水平。在宜游方面，新区充分发挥自身的红色文化资源和自然景观优势，打造了多个旅游景点和文化项目，如恢复圣地重要历史建筑，挖掘、拓展红色文化，感受圣地烽火岁月；建设大型公园，如人民公园、文化公园、鲁艺生态公园、学习书院山体公园等，为游客提供了丰富的旅游体验。

12.3.4 Purpose of the Project

(1) Public Services

Yan'an New Area is committed to providing comprehensive public services. The completed Yan'an Grand Theatre, Learning Academy and Citizen Service Center provide residents with rich cultural activities and convenient government services. Meanwhile, the stepping up of public service facilities such as the Comprehensive Tertiary Hospital, Luyi Ecological Park, Cultural Park, People's Park and Mountain Park will further enhance the quality of life of residents. For example, the parks in the new district not only provide residents with a good place for leisure and recreation, but also improve the ecological environment. People's Park, Culture Park and other five large parks have been

12.3.4 项目用途

（1）公共服务

延安新区致力于提供完善的公共服务。已建成的延安大剧院、学习书院、为民服务中心等为居民提供了丰富的文化活动场所和便捷的政务服务。同时，综合三甲医院、鲁艺生态公园、文化公园、人民公园和山体公园等公共服务设施的加紧推进，将进一步提升居民的生活质量。例如，新区内的公园不仅为居民提供了休闲娱乐的好去处，还改善了生态环境。人民公园、文化公园等5个

completed and opened, more than 5,700 acres of green space system, nearly 4,000 acres of mountain parks, so that the new district is more green. In addition, the new district is constantly improving education, medical and other public service facilities, providing residents with quality educational resources and medical services. Shown in Figure 12.7.

大型公园陆续建成开放，5700余亩的绿地系统、近4000亩的山体公园，让新区更加绿意盎然。此外，新区还在不断完善教育、医疗等公共服务设施，为居民提供优质的教育资源和医疗服务。如图12.7所示。

Figure 12.7 Public Services
图 12.7 公共服务

(2) Finance and Trade

The new area is planned to be the municipal administrative center of the northern part of the development of modern trade, financial services and other functions. With the continuous construction of the new district, more and more commercial complexes are opened and operated, laying the foundation for the development of finance and trade. For example, the People's Park food street area, the creative catering neighborhoods of Xintianyou and Fusheng Tangyuan have been fully launched, the "trunk economy" of Central Plaza has become a Netflix hit, and the night

（2）金融商贸

新区规划为市级行政中心的北区以发展现代商贸、金融服务等功能为主。随着新区的不断建设，越来越多的商业综合体开业运营，为金融商贸的发展奠定了基础。例如，人民公园美食街区、信天游和复盛唐苑等创意餐饮街区全面启动，中环广场的“后备箱经济”已成为网红打卡地，大剧院广场夜市经济发展良好。这些商

market economy of the Grand Theater Plaza has been developing well. These commercial districts and economic activities have not only enriched the lives of residents, but also injected new vitality into the economic development of the new district. At the same time, the new district actively attracts investment and attracts many enterprises and investors, providing strong support for the development of finance and commerce.

业街区和经济活动不仅丰富了居民的生活，也为新区的经济发展注入了新的活力。同时，新区积极招商引资，吸引了众多企业和投资者，为金融商贸的发展提供了有力支持。

(3) Educational Research

Yan’an New Area attaches great importance to the development of educational research. At present, five schools have begun to operate, planning to build a number of primary and secondary schools and kindergartens, which can provide 38,000 places. Meanwhile, Yan’an Education and Teaching Research Center combines the “three classrooms” to maintain the correctness and innovation and to make steady progress, and promotes the sharing and balanced development of high-quality education resources by borrowing the ladder to make up for the shortcomings, the classroom revolution in action, and the sharing of all the resources of famous schools. For example, Jiangnan Middle School in Wuxi City, Yixing City, Jiangsu Province, Hunan Experimental School of Yixing City, Jiangsu Province, Xi'an Second School for the Deaf and Mute have set up online synchronous classes and established online classroom resource libraries for relevant schools in Yan'an City to promote the sharing of high-quality educational resources. In addition, Yan’an City also actively carries out basic education research projects to promote teachers’ professional growth and education quality improvement.

（3）教育科研

延安新区高度重视教育科研的发展。目前已有5所学校开始办学，规划建设多所中小学和幼儿园，可提供学位38000个。同时，延安市教育教学研究中心结合“三个课堂”守正创新、行稳致远，通过借梯登高补短板、课堂革命在行动、名校资源全共享等措施，推动优质教育资源共享和均衡发展。例如，无锡市江南中学、江苏省宜兴市湖汉实验学校、西安市第二聋哑学校等学校为延安市相关学校开设在线同步课堂、建立网络课堂资源库，推动优质教育资源共享。此外，延安市还积极开展基础教育科研课题研究，促进教师专业成长和教育质量提升。

(4) High-Tech Industry

The new district focuses on the cultivation of high-tech industry to enhance the follow-up power of urban development. Projects such as the new campus of Yan'an University, Yan'an Big Data Industry Base and Shuangchuang Community have been started one after another, which provide platforms and opportunities for the development of high-tech industries. For example, the construction of Yan'an Big Data Industry Base will promote the development of digital economy in the new district and enhance the scientific and technological innovation capacity of the new district. At the same time, the new district actively creates a good business environment to attract high-tech enterprises to move in and inject new vitality into the economic development of the new district.

（4）高新产业

新区注重高新产业的培育，增强城市发展后续动力。延安大学新校区、延安大数据产业基地、双创社区等项目陆续开工，为高新产业的发展提供了平台和机遇。例如，延安大数据产业基地的建设将推动新区数字经济的发展，提升新区的科技创新能力。同时，新区积极营造良好的营商环境，吸引高新技术企业入驻，为新区的经济发展注入新的活力。

(5) Red Culture and Tourism Industry

Yan'an New District takes red culture to its core and develops culture and tourism industry. Located on the west side of Phoenix Mountain, adjacent to the old city, the West District is mainly focusing on restoring the important historical buildings in the Holy Land, excavating and expanding the red culture, experiencing the beacon years in the Holy Land, and creating a new "window" to display the historical memory of the Holy Land of Yan'an. At the same time, the new area actively promotes the deep integration of red culture and tourism industry, organizing all kinds of red culture and tourism activities. In addition, the new area also strengthens the protection of the old revolutionary sites, plays the function of the educational base, and promotes the high-quality development of red tourism. At present, there are

（5）红色文化旅游产业

延安新区以红色文化为核心，发展文化旅游产业。西区位于凤凰山西侧，毗邻老城，以恢复圣地的重要历史建筑为主线，挖掘、拓展红色文化，感受圣地的烽火岁月，打造展示圣地延安历史记忆的新“窗口”。同时，新区积极推动红色文化与旅游产业深度融合，举办各类红色文化旅游活动。此外，新区还加强对革命旧址的保护，发挥教育基地功能，助推红色旅游高质量发展。目前全市有革命旧址445处，仅延安市区内就有革命旧址168处，

445 old revolutionary sites in the city, only Yan'an City. There are 168 old revolutionary sites, is the national revolutionary base in the city of the old site preservation of the largest scale, the largest number, the most complete layout, the most rich in content of the city, is the national patriotism, revolutionary traditions, Yan'an spirit of the three major educational bases.

是全国革命根据地城市中旧址保存规模最大、数量最多、布局最为完整、内容最为丰富的城市，是全国爱国主义、革命传统、延安精神三大教育基地。

13 Conclusion 结语

In the extensive exploration and practice journey of geotechnical engineering, we seem to be in a magnificent maze of knowledge, with each step full of challenges and surprises. From the profound foundation of theory to the vast field of practice, geotechnical engineering shows its infinite charm and important value as a key pillar in the modern engineering field.

在对岩土工程的广泛探索与实践历程中，我们仿若置身于一座知识的宏伟迷宫，每一步都充满挑战与惊喜。从理论的深邃根基到实践的广袤天地，岩土工程展现出其作为现代工程领域关键支柱的无穷魅力与重要价值。

Through the analysis of the physical and mechanical properties of geotechnical materials, we have uncovered the hidden mysteries beneath the earth. Those seemingly ordinary geotechnical bodies actually contain the codes that determine the fate of engineering projects. Just like deciphering ancient and mysterious documents, we search for clues to ensure the safety and stability of engineering projects in the friction between particles, the water pressure in pores, and the deformation laws of soil masses. Each test and each set of data are the keys to

通过对岩土的物理力学性质剖析，我们揭开了大地之下隐藏的奥秘。那些看似平凡的岩土体，实则蕴含着决定工程命运的密码。如同解读古老而神秘的文献，我们在颗粒间的摩擦、孔隙中的水压以及土体的变形规律中，找寻着保障工程安全稳定的线索。每一次的试验、每一组数据都是打开这

opening this door of knowledge, leading us to a deeper understanding of the reactions of geotechnical materials under various stressed environments.

扇知识之门的钥匙，引领我们更深入地理解岩土在各种应力环境下的反应。

In the design stage of geotechnical engineering, we are like highly skilled architects. However, what we are shaping is not just a beautiful appearance, but also engineering works that are structurally stable and can withstand the erosion of time and the impact of external forces. Whether it is the foundation design of skyscrapers that soar into the sky or the planning of tunnel support deep underground, each plan is the crystallization of wisdom and experience. This process is like painting a magnificent picture. It is necessary to comprehensively consider the diversity of geological conditions, the complexity of load distribution, and the constraints of the surrounding environment, so that each stroke of the line accurately falls on the coordinates that ensure the safety and functionality of the engineering project.

在岩土工程的设计环节，我们如同技艺精湛的建筑师，但我们塑造的并不只是美观的外形，更是结构稳固、能抵御岁月侵蚀和外力冲击的工程作品。无论是高耸入云的摩天大楼地基设计，还是深埋地下的隧道支护规划，每一个方案都是智慧与经验的结晶。这一过程犹如绘制一幅宏大的画卷，需综合考虑地质条件的多样性、荷载分布的复杂性以及周边环境的制约性，让每一笔线条都精准地落在保障工程安全和功能实现的坐标上。

When it comes to the construction stage of geotechnical engineering, it is undoubtedly an exciting feast of practice. The construction site is like a huge stage, with various machinery as actors, geotechnical materials as special props, and construction workers as directors, jointly performing a wonderful drama of engineering construction. From the precise drilling, the lowering of the reinforcement cage, and the pouring of concrete during the construction of cast-in-place piles, to the constant attention and protection of the slope stability during the earthwork excavation process, every action must be accurate. There is not only the roar of machinery and the shouts of workers, but also the adherence to engineering quality and the vigilance against potential risks. It is like sailing on a rough

而当谈及岩土工程的施工阶段，那无疑是一场惊心动魄的实践盛宴。施工现场就像一个巨大的舞台，各种机械是演员，岩土体是特殊的道具，施工人员则是导演，共同演绎着工程建设的精彩剧目。从钻孔灌注桩施工时的精确钻进、钢筋笼下放和混凝土灌注，到土方开挖过程中对边坡稳定性的时刻关注和防护，每一个动作都必须精确无误。这其中不仅有机械的轰鸣声、工人的呼喊声，更有对工程质量的坚守和对潜在风险的警惕，如同在波

sea, where any negligence could lead to disastrous consequences.

Monitoring work is the watchful eye of the entire geotechnical engineering. It is like a lighthouse that never goes out, continuously shining and heating up throughout the long life cycle of the engineering project. Through the real-time monitoring of parameters such as settlement, displacement, and stress, we can detect any abnormal changes in the engineering project at the first moment. These data are like early warning signals before an earthquake, giving us the opportunity to take measures before the problem worsens and prevent problems before they occur. It witnesses every moment of the engineering project from its birth to maturity, providing the most intuitive reflection of the health status of the project, ensuring that the project always moves forward on a safe and reliable track.

Looking back on the past, the development history of geotechnical engineering is a magnificent epic of the contest and mutual understanding between humans and the earth. We have accumulated experience in countless successes and failures, sought a balance between innovation and tradition, and continuously moved forward in the mutual promotion of theoretical research and practical application. Looking ahead to the future, with the rapid development of science and technology, geotechnical engineering will inevitably face more new challenges and opportunities. The application of new materials, the integration of digital technologies, and a deeper understanding of complex geological conditions will inject new vitality into geotechnical engineering, enabling it to continue to play an irreplaceable role in the journey of humans building a better homeland. We

涛汹涌的大海中航行，任何一个疏忽都可能导致船毁人亡。

监测工作则是整个岩土工程的守护者之眼。它犹如一盏永不熄灭的灯塔，在工程的漫长生命周期中持续发光发热。通过对沉降、位移、应力等参数的实时监测，我们能在第一时间捕捉到工程的任何异常变化。这些数据就像地震前的预警信号，让我们有机会在问题恶化之前采取措施，防患未然。它见证了工程从诞生到成熟的每一个瞬间，为工程的健康状况提供了最直观的反映，确保工程始终沿着安全可靠的轨道前行。

回首过往，岩土工程领域的发展历程是一部人类与大地相互较量、相互理解的壮丽史诗。我们在无数次的成功与失败中积累经验，在创新与传统之间寻找平衡，在理论研究与实践应用的相互促进中不断前行。展望未来，随着科技的飞速发展，岩土工程必将面临更多新的挑战和机遇。新型材料的应用、数字化技术的融入以及对复杂地质条件的更深入认识，都将为岩土工程注入新的活力，使其在人类建设更美好家园的征程中继续发挥不可替代的作用。我们期待着在这

are looking forward to continuing to write the glorious chapters belonging to geotechnical engineers in this promising field and laying a more solid foundation for human engineering undertakings.

片充满希望的领域中，继续书写属于岩土工程师们的辉煌篇章，为人类的工程事业铸就更为坚实的基础。

参考文献

[1] 谢定义. 岩土工程学 [M]. 北京：高等教育出版社，2008.
[2] 武秀丽. 土木工程专业英语 [M]. 北京：中国铁道出版社，2000.
[3] 刘爱华. 岩土工程概论 [M]. 北京：中国水利水电出版社，2016.
[4] 郎煜华. 土力学 [M]. 北京：北京大学出版社，2012.
[5] 段树金. 土木工程概论 [M]. 重庆：重庆大学出版社，2018.